Barrier Free Design, Its Certification &
Universal Design
for Built Environment and Facilities

Barrier Free Design 및 BF인증

— 건 축 · 토 목 · 조 경 · 도 시 계 획 —

저자 이 기 영

Barrier Free Design 및 BF인증
- 도 시 계 획 · 건 축 · 토 목 · 조 경 -

초판 1쇄 발행 2021년 05월 31일

저자 이기영

펴낸곳 대성당
출판등록 제2~3427호
주소 서울 중구 을지로 16길 27 (태극빌딩 2층)
전화 02-2275-2347
ISNB 978-89-952561-3-8
판매처 이응셋
전화 031-709-0141

이기영
- 조경기술사 ｜ 도시계획가 ｜ 형상디자이너
- 미국 USC(남가주대학) 도시개발대학원(도시계획전공, 석사)
- 서울대환경대학원 환경조경학과(수료)

- 보건복지부 및 국토교통부 BF운영위원 역임
- (현) BF 심의위원
  한국토지주택공사, 한국장애인개발원, 한국장애인고용공단, 한국생산성본부,
  한국부동산원, 한국환경건축연구원, 한국건물에너지기술원
- (현) 친환경녹색인증심의위원
  한국토지주택공사, 한국에너지기술연구원, 한국부동산원, 한국환경산업기술원, 한국시설안전공단,
  한국교육녹색환경연구원, 한국그린빌딩협의회, 크레비즈인증원, 한국생산성본부인증원, 한국환경건축연구원
- (현) 국가건설기준위원

- (현) ㈜제일엔지니어링종합건축사사무소 부사장
- (현) 가천대학교 건축학과 겸임교수
- (현) 건설산업교육원 외래교수
- (전) 평택대학교 지역개발학과 및 전주대학교 도시공학과 겸임교수
- (전) 한국토지공사 근무

| PREFACE |

Statistics Korea has recently released a surprising report that the population of physically inconvenient (senior citizens over age 65, pregnant women, children under age 13, and the persons with disabilities by Korea laws) would reach over 20 million by 2030. This will constitute 38.7% of total population. The senior citizens are projected to be around 25.0% of total population and the persons with disabilities 2.5 million 4.9 % of total population.

Built environment and facilities especially need to be designed and constructed with this section of population in mind. Paths, malls, sidewalks, parks, parking lots, bike ways, plazas, riverside walks, bus and taxi stops, children playgrounds, recreational and athletic facilities, etc should be barrier-free for these people.

Since the 1990s, the Korean government has enacted numerous barrier-free laws and provided guidelines for these people. Among them are six major laws and one Barrier-Free Living Environment Certificate system as follows:

(1) (April 1997) Act on Guarantee of Promotion of Convenience of Persons with Disabilities, the Aged, Pregnant Women, etc

(2) (January 2005) Act on Promotion of the Transportation Convenience of Mobility Disadvantaged Persons

(3) (April 2007) Act on the Prohibition of Discrimination against Persons with Disabilities, Remedies against Infringement of their rights, etc.

(4) (May 2008) Convention on the Right of Persons with Disabilities

(5) (September 2010) Implementation Guidelines for Barrier-Free Living Environment Certificate

(6) (August 2012) Pedestrian Safety and Convenience Enhancement Act

In addition to the laws and guidelines for the establishment of the barrier-free areas, we need to further develop and promote barrier-free design and construction with practical knowledge and detailed case studies.

In this book, I introduce Korea's laws and practices regarding the barrier-free system as well as basic theories of barrier-free design or universal design. However, my explanation and suggestions should be supplemented with further technical studies.

My hope is that our outdoor spaces and facilities will be more convenient, more accessible, non-discriminatory, and safer. I am sure there are many other specialists who share this view with me. I expect urban planners, architects, civil engineers, and landscape architects to continually do their parts to make our world a better place to live in.

| Barrier Free Design 또는 Universal Design을 처음 접하는 분께 |

Universal Design을 포함하는 Barrier Free Design 분야는 학제(學制)로는 융합적이며 사회학적으로는 통합적이다. 참여 학문인 토목·건축·기계·조경·교통·도시계획·전기·미술·장애복지 등 관련 실무자 60여만 명이 참여하는 분야이고 이들의 설계와 시공을 통해 사회적으로 수혜를 받는 대상은 장애인·노인·어린이·임산부·영유아 동반자 등 약자(弱子) 계층으로 2020년 말 약 1천6백만 명이다.

통계청 추산 2030년에 이들 약자 계층은 우리나라 전체 인구의 38.7%인 2천만 명이 된다. 이 계층이 각종 외부 공간과 건축물 등 시설물을 이용함에 있어 장애와 불편이 없도록 법령과 지방자치단체 조례가 부분적으로나마 제정되었다. 2007년 보건복지부 및 국토교통부가 장애물 없는 생활환경 인증제도 시행을 공고하였고 현재까지 228개 자치단체 중 21개 자치단체가 장애물 없는 생활환경 조례를 제정하였고 11개 자치단체가 UD조례를 제정하였다.

이러한 특징을 갖는 장애물 없는 설계 시공 분야가 우리나라에 2007년 소개·시행되어 정착 단계로 들어서고 있으나 이 분야에 대한 기초 이론, 제도, 법령, 실무적 기술을 융합적으로 엮어 소개하는 책이 별로 없어 이 분야에 실제 참여하는 설계 시공 실무자들에게 시행착오와 애로점이 많다.

이 분야와 관련된 해외 서적 번역서, 학문적 이론서, 분야별 해설서, 연구서 등이 있으나 이들을 참고하여 실제 설계 시공에 응용하기에 낯설고 방향 설정에 어려움이 있는 현실 때문에 길잡이가 필요하여 부족하나마 이 책을 엮게 되었다. 설계 시공 시에 융합적으로 생각해야 할 사항으로 여러 법령에 산재한 기술적 규정이나 법정신, 공간 및 시설 기초 이론, 장애 및 차별 유발 원인과 대응, 공간 이용의 사회심리적 현상, 설계와 시공 시 실무적 방법론 등을 몰라서 융합적이 아닌 매뉴얼식 설계와 시공을 하려는, 단편적 경향이 아직도 상존하고 있다.

장애물 없는 설계와 시공에 참여하는 일은 수혜자가 약자이면서 머지않은 2030년에 전체 인구의 근 40%가 된다는 점 때문에 보람이 크고 아울러 큰 책임감을 느끼는 분야이기도 하다. 2022년 10월부터는 국가적으로 이 분야가 더 확대·강화되어 이 분야에 참여하는 실무자와 학생들에게는 급하게 그리고 꼭 익혀야 할 지식이 되었으나 아직 생소하여 처음 접하는 분을 위해 매우 쉽게 이해되도록 강조도 하였다.

'장애물 없는 설계와 시공이 무엇인가'라는 질문에 '생명이 무엇인가'를 답하면 도움이 된다. 생명은 순수하며 신비하고 아름다우며 귀하다. 생명(生命)이 활동(活動)하기에 이를 생활(生活)이라 하며 그 생활을 보호하고 억압당하지 않도록 해야 하는 것이다.

강자와 약자는 상대적 개념이며 강자는 어떤 면에서 약자이기도 하다. 생활공간에서는 약자이든 강자이든 모두가 자유롭고 평등하고 평화롭게 생명권을 누려야 하지 않을까. 아름다운 공간을 만들고 다듬고 유지하는 설계자와 시공자에게도 이러한 가치 의식이 필요하다.

아파트 외부 공간, 길거리, 공원, 광장, 상점가, 보행자도로, 놀이터, 산책로, 고속버스터미널, 기차역 등 각종 외부 공간과 시설들은 특정의 사람들이 사용하는 공간과 시설이 아닌 모두의 공유(共有)의 것이다. 공공재(公共財)이다. 배타적이어서 아니 되고 차별적이어서도 아니 되며 장애물이 되어서도 아니 된다.

즉 장애물 없는 설계와 시공이란, 일상적 생활환경인 공공재(公共財)를 모두가 동등하게 그리고 아름답게 이용해야 한다는 가치를 실현하게 한다.

우리나라는 사회적 약자인 장애인 등을 위해 「장애인복지법」을 1989.12.30.에 그리고 「장애인·노인·임산부등의편의증진보장에관한법률」을 1997.4.10.에 제정하였다. 그러던 중 2006.12.13. UN 총회는 「장애인권리협약」을 채택하였다. 이에 힘입어 우리나라는 「장애인차별금지및권리구제등에관한법률」을 2007.4.10. 제정하고 UN 협약인 장애인권리협약이 2008.12.2 국회의 비준 동의를 받아 2008.5.3 다자간 국제 조약 제1928호로 「장애인의권리에관한협약(Convention on the Right of Persons with Disabilities)」이 발효되었다.

이러한 국제적인 시대정신에 맞추어 「교통약자의이동편의증진법」을 2005.1.27에 제정하고, 기 시행하던 「장애인·노인·임산부등의편의증진보장에관한법률」과 「교통약자의이동편의증진법」에 의거해 2007년 7월에는 '장애물 없는 생활환경 인증제도'를 시행함으로써 도시의 공간 구조와 체계에 대하여, 일상에서 공유하는 보도, 공원, 여객시설에 대하여, 그리고 건축물 내외부 시설 및 교통수단의 시설에 대하여 설계와 시공의 공공성을 강화하도록 하고 있다.

설계와 시공의 강화 방향은 일상생활에서 사용되는 공간과 시설에 대해 신체적·정신적 약자를 포함한 모든 사람에게 보다 질이 높은 접근성, 이용성, 편의성, 쾌적성, 안전성 및 비차별성을 제공하여 생활에서 삶의 질을 높이고 행복하도록 함이다. 따라서 장애물 없는 설계와 시공에 다음과 같은 구체적 방향이 제시되고 있다.

일상생활의 행태 및 행위 단계에서 정보를 알 수 없거나 또는 접근할 수 없거나, 이용 시 불편하거나, 장애를 유발하거나, 안전하지 않거나, 이용할 시설물이 없거나 있어도 이용할 수 없거나, 시설물의 성격이 차별적이거나 하는 등의 상태를 유발하는 것을 장애물이라고 할 수 있는 것이다. 정보 및 시설에 대한 접근성, 안전성, 이용성, 편의성, 비차별성, 쾌적성 등이 사회적 약자를 위한 장애물 없는 설계(Barrier Free Design) 또는 보편적 설계(Universal Design)의 내용이다.

1) 이용 욕구 또는 필요성 발생: 생활에 필요한 기본적 활동 (생존권 및 기본권)
2) 이용물 정보 접근: 욕구 충족시킬 이용 대상물 이해
3) 이용물 대한 접근 수단 선택 : 비차별적인 접근 수단
4) 공간 이동 : 보행, 차량, 자전거, 휠체어, 보호자 동반 등으로 공간 이동
5) 시설물 접근: 최종 시설물 접근
6) 시설물 이용: 시설물의 조작 등을 통한 생존권 및 기본권 향유

장애물은 계량 가능하기도 하고 비계량적이기도 하며 보이는 것이기도 하고 보이지 않는 것이기도 하다. 사람에 따라 장애물이기도 하고 아니기도 한 상대적이기도 하다. 다음의 작은 예화가 장애물을 이해하는데 조금의 도움이 될 것이다.

진달래가 피는 따뜻한 봄날, 장가간 아들이 이사를 하여 두 살배기 손녀(법적인 교통약자, 어린이)를 볼 겸하여 집 구경을 간 75세의 할머니(법적인 교통약자, 고령자)께서 오후 2시경에 손녀와 함께 인근에 위치한 근린공원(법적인 편의시설 설치대상)에 가려고(생활의 기본 욕구 발생) 간신히 휴대폰(정보접근 수단)으로 찾아보니 글씨가 작아서 근린공원(편의시설 대상)까지 접근 방법을 찾아 내지 못하였다(정보 내용 접근 불가). 며느리에게 전화를 하였으나 전화를 받지 않아 구청에 전화 걸어 집에서부터 공원까지 가는 길에 대한 설명대로 집을 나섰으나 안전한 보도가 없는 차도(보차혼용도로, 보행안전구역 불비)를 따라 조심하며 손녀의 손을 잡고 걸었다. 공원에 이르는 경로 안내판(안내시설 불비)이 없어 주민들에게 물어(인적 정보) 손녀를 손에 잡고 간신히(불편 야기) 공원에 도착하였다.

공원 입구에는 30 여개에 달하는 계단(접근 매개시설, 차별적 시설)이 있는데 할머니는 무릎이 아파서 오를 수 없기에(접근성 미확보) 계단(접근 매개시설)이 없는 안전하고 편리한 경사로(접근 매개시설)를 찾아 이리저리 헤매도 없기에(매개시설 미비, 불편 유발) 지나가는 젊은이를 불러(인적 서비스) 아이를 맡기고 오르려니 계단의 손잡이(편의시설 미비)가 없어 천천히 계단에 손을 대고 올라 공원에 들어섰다.

활동적인 손녀가 뛰어 놀기에는 포장면이 평탄하지 않고 돌부리처럼 울퉁불퉁하기에(불편 또는 장애 야기) 할머니는 뛰어노는 손녀 곁을 쫓아다닐 수밖에 없었다. 목마르다는 손녀에게 다행히 근처에 있는 음수대(편의시설)에 가서 물을 먹이려 하니 음수전의 꼭지가 어린이용이 아닌 높은 위치의 어른용만(이용불가) 있어 할머니는 물을 두 손에 모아 손녀에게 먹이었다.

오랜만에 매우 힘들게 공원을 다녀왔으나, 따뜻한 봄날 손녀와 꽃구경도 하고 신나게 뛰는 모습을 보니 한결 마음이 아름다워진 하루였다.

위 가상적 설계 시공의 공원 사례처럼, 우리의 반성 없었던 생각이 할머니와 어린이를 더욱 더 「약자」로 만들어 버렸다. 어쩔 수 없는 설계와 시공이었다고 변명할 수 있지만, 이처럼 우리 이웃을 약자로 만들어 왔던 우리의 전통적 사고와 이론 그리고 경제적 인색함을 버리고 앞으로는 우리 모두에게 더 편안하고 안전하고 즐겁게 외부 공간이나 시설을 이용하면 좋지 않을까. 당연한 것인데.

| 첫걸음 |

저술 동기는 글 쓰는 동기와 다를 것인데 아직도 일반인, 기술자, 전문직 종사자 및 정책관련자들이 장애물 없는(Barrier Free) 설계와 시공 그리고 이와 관련된 현행 법령, 유관 지식 및 경험에 대해 익숙하지 않음을 알게 되어 이 분야를 좀 더 구체적으로 알리고 싶은 것 때문에 실용적 입장에서 쓴 글이 책이 되었다. 동시에 여러 장애인들과 자연스레 담소도 나누고 그들이 겪어 온 관점도 이해하게 된 것도 이 책을 쓰게 한 계기이다.

매우 전문 분야이면서 폭 넓은 지식과 경험이 필요한 융합적·통합적 이 분야에 대하여 단상(斷想)이 아닌 책으로 엮어 내는데 어려움이 있는 것은, 아직도 경험이 부족하여 다양한 이해와 가치를 판단하여 획일화하는 것이 될 수 있기 때문이다. 비장애인의 관점에서 설계와 시공된 생활공간과 시설이 다양한 여러 계층의 약자에게 장애, 사고, 불편 등의 틈을 유발한다. 이 틈을 메우는 작업이 장애물 없는(BF) 설계와 시공이다. 물론 이 벌어진 틈을 좁히는 산재된 여러 법령은 있으나 실제적으로는 잘 작동하지 않고 있다. 외부 공간과 시설물을 설계하는 전문가들까지도 이에 대한 기초적 이해가 부족하다는 생각을 지울 수 없는 것은 이에 관한 홍보, 교육, 관심 및 접촉 기회가 우리에게서 멀리 있어 보이기 때문이다.

매우 놀랍게, 생활공간이나 시설 이용에 어려움을 겪는 약자를 만나면 아직도 그들에게서 밝은 웃음과 여유 있는 양보심을 발견하게 된다. 스스로 장애가 없다고 생각하는 비장애인의 자기가 배우고 쌓은 전통적 지식에 대한 강한 확신이 생활공간과 시설에 장애를 유발하는 가장 큰 원인일 수 있다. 또 살며시 들어 온 편견이나 그동안 접하지 못한 몰이해가 장애를 유발하는 것을 알게 한다.

이 책은 외부 공간을 다루는 설계자와 시공자들을 위한 매우 기초적 책이다. 도시계획, 토목, 건축, 조경, 기계설비, 교통 등 분야 60만여 명에게 특히 필요하다. 실제 현장에서 벌어지는 실무는 다양한 관점과 이론이 요구되고 상세한 설계와 철저한 마감을 필요하기에 Barrier Free 전문가의 도움이 필요하다.

현행 법령에 기초한 기본 규정을 정리하거나 여러 이론에 근거한 실무적 내용을 담고자 하였으나 부족한 부분이 많다. 책의 부피로 알찬 설계와 시공 사례를 더욱 풍부히 소개하지 못한 점이 아쉽다. 그동안 장애인, 노인, 어린이, 임산부, 영유아동반자 등을 위해 노력한 많은 분들이 기반을 닦아 온 것에 감사하며 이 분들의 진정어린 마음을 발전시켜야 함은 당연하다.

의학적·법률적 비장애인인 설계·시공자에게 이제까지 익힌 전통적 지식 위에 그리고 몰이해와 편견에서 벗어난 장애물 없는(Barrier Free) 설계와 시공은 필수적 가치가 되었다. 선진국에 비해 약 30년 정도 뒤떨어진 이 분야가 2022년 10월 이후에는 법률에 의해 주요 생활공간과 시설에 대한 의무적 BF시행으로 많은 발전이 있을 것임이 확실하나 깊고 다양한 연구와 꾸준한 실천이 요구된다.

| 감사드리는 분 |

이 책에 귀한 생각·자료·조언·성원·경험·지식을
나누어 주신 여러분께 진심으로 감사를 드립니다.

배진·이예연·이예준·이주용	가족
이혜선·영옥·희옥님	누님
강병근 교수님	건국대학교 명예교수
강양석 교수님	홍익대학교 명예교수
권택홍 대표님	UNC기술사사무소
김기환 교수님	부경대학교
김이두 교수님	울산대학교
김인순 박사님	한국장애인개발원
김인철 교수님	성균관대학교 명예교수
김향자 박사님	한국문화관광연구원
김형우 교수님	홍익대학교 명예교수
김형주 전문위원님	한국토지주택공사
박수홍 상임이사님	한국토지주택공사(전, 도시환경본부장)
박춘우 관장님	정립회관
서봉교 교수님	가천대학교
서재원 과장님	한국장애인고용공단(전)
설재훈 박사님	한국교통연구원(전)
윤형조 박사님	미국 북가주 친구
양병이 교수님	서울대학교 환경대학원 명예교수
이규목교수님	서울시립대 명예교수
이소영 교수님	중앙대학교
이태경 부사장님	대한컨설탄트
임채형 대표님	출판사 대성당
전명진 실장님	출판사 대성당
최기수 교수님	서울시립대 명예교수
최수경 교수님	한서대학교
최문숙 이사님	현우그린
허주현 관장님	전라남도장애인권익옹호기관
황기원교수님	서울대학교 환경대학원 명예교수
홍현근 편의정책국장님	한국지체장애인협회

| 존재에서 실존으로 |

Barrier Free Design 관련 분야인 도시계획, 건축, 토목, 조경, 교통, 기계설비, 전기, 시각디자인, 미학, 복지 등의 분야는 20세기 초 실존주의 철학이 꽃핀 이후에도 실존에 대한 숙제를 계속하고 있다. 2030년 우리나라 추정 인구는 약 51,926천명인데 이중 어린이, 노인, 장애인, 임산부, 영유아 동반자인 교통약자는 총인구의 약 39%인 2천만 명이 된다.

이런 인구 구성 변화를 예측하여 2007년에 장애물 없는(Barrier Free) 생활환경 인증 제도를 시행하기 위해 「장애인·노인·임산부등의편의증진보장에관한법률」과 「교통약자의이동편의증진법」을 제·개정해 왔고 이에 맞추어 21개 지방자치단체는 장애물 없는(BF) 생활환경 조례를 제정하였다. 중앙정부가 시행 중인 BF인증 분야는 총 6개 부문이다. 법령 제정 초기에는 자발적 인증을 시행하다가 2015.7.29부터는 국가 및 지자체의 공공 건축물을, 2021.12.4부터는 도시공원과 민간의 공공적 성격의 건축물을, 그리고 2022.10.21부터는 도로, 여객시설 및 교통수단에 대하여 의무적으로 인증을 받도록 확대되었다. 즉 2022.10.21부터는 도시 내 모든 주요 시설에 대하여는 BF인증이 의무화 되었다. 2017년부터 매년 1천여 건의 예비인증과 본인증이 있었으나 2020년에는 2,258건이 있었는데 2023년부터는 6개 전 부분의 BF인증 의무화 시행으로 매년 5천 건 이상으로 급격히 증가될 것으로 추정된다.

따라서 Barrier Free Design에 종사하는 설계 및 시공 관련 실무자 60여만 명에게 Barrier Free Design 또는 BF인증 절차 숙지는 물론 BF 관련 재료 선정과 시공 방법 등에 관한 내용이 필수적 지식이 되었다.

그간 간간이 우리나라에 소개된 여러 Barrier Free Design 관련 서적이 발간되어 왔으나 해외 번역서와 개념 위주의 책들이 많았고 우리나라 실정에 적용이 용이한 전문서적이 전무하였다. 2022년 10월 이후 본격적인 BF 시행에 맞추어 이러한 문제점을 해결하기 위해 현행 6개 기본 BF법령을 포함하여 관련 법령 80여 가지를 종합하고 또 Barrier Free Design에 관한 이론 이해와 효율적 BF인증을 위해서 체계적인 해설을 우리 실정에 맞도록 실무적으로 소개하는데 초점을 두었다.

이 책은 BF 전문용어 사전 등을 포함하여 노인, 장애인, 어린이, 임산부 등 약자의 신체적 특성과 행태에 관한 기본 이론, 장애 유발 원인 및 회피 설계 방법, BF 외부 공간 설계와 시공에 관한 법령, BF 생활환경 인증 지표에 맞는 설계 시공에 관한 방법론 등을 쉽게 설명함으로써 대학교재, 도시계획·건축·토목·조경·교통·기계설비·전기·미학 등 분야의 설계자, 이들 관련 감독·감리·시공 관련자, 그리고 학생 및 수험생에게 도움이 되도록 하였다.

이 책의 발간까지 격려와 생각에 도움주신 많은 분께 진심의 감사를 드리며 도시공간이 박제가 아닌 더욱 아름답고 편리하게 만들어져 우리의 삶이 더욱 밝고 행복하여 진정한 실존에 다가서기를 빈다.

2021. 05. 15 저자 이기영 드림

| 읽어두기 |

- 장애물 없는(barrier free) 설계와 시공의 핵심 개념은 노인, 어린이, 임산부, 장애인 등 약자의 장애(disabilties)를 이해하고 물리적 공간에 장애물(barriers)이 없도록 보행자를 위한 안전성, 접근성, 편의성, 쾌적성, 비차별성을 제공하는 것이라 할 수 있다. 이들 개념을 반영하지 않으면 장애, 불편, 불쾌, 불안, 차별, 위험, 사고 등의 요소가 있음을 의미한다.
- 장애물 없는 설계, 시공 및 인증 시 참고해야 할 기본 법령은 아래와 같으며 서로 보완적이어서 동시에 숙지하는 것이 바람직하다.
  - 「장애인·노인·임산부등의편의증진보장에관한법률」
  - 「교통약자의이동편의증진법」
  - 「장애인차별금지및권리구제등에관한법률」
  - 「보행안전및편의증진에관한법」
  - 「장애인의권리에관한협약」(CRPD)
  - 「장애물 없는 생활환경 인증에 관한 규칙」 및 인증 지표
- 현행법상 장애물 없는(BF) 생활환경 인증 대상은 지역, 도로, 공원, 여객시설, 건축물 및 교통수단이 총 6개 부문이다. 지역, 도로, 여객시설, 교통수단 부문의 모법(母法)은 「교통약자의이동편의증진법」이고 공원 및 건축물 부문의 모법은 「장애인·노인·임산부등의편의증진보장에관한법률」이다. 국가 및 지자체의 건축물은 2015.7.29.부터, 도시공원 및 민간의 공공적 건축물은 2021.10.4.부터, 그리고 도로, 여객시설 및 교통수단은 2022.10.21부터 BF인증 의무 대상 시설로 확대되었다.
- 이 책은 장애물 없는 설계, 시공 및 우리나라에서 시행 중인 BF 인증에 관한 내용을 다루나, 인증을 받기 위해서는 관련 법령과 장애물 없는 생활환경의 관련 인증 부문을 참고하여야 한다. 이 책 제5장의 표 5-1-1은 외부 공간의 장애물 없는 설계 시공을 위한 일종의 점검표(checklist)이다.
- 법령에 규정한 기준과 장애물 없는 생활환경 인증 지표는 서로 같거나 다르다. BF 인증 지표는 법령의 기준보다 단계별로 강화되고 섬세한 기준을 갖고 있다.
- 장애물 없는 외부 공간이란 건축물의 외부 공간(outdoor)과 도로, 보도, 공원, 광장, 아파트 외부공간, 대지 내 접근로, 산책로, 녹지, 유원지, 하천, 주차장 등의 오픈스페이스(open space)를 말한다. 이들 오픈스페이스 및 그에 부속되는 시설이 장애물 없는 외부 공간 설계 시공의 카테고리(category)이다.
- 이 책의 설명이나 판단은 장애물 없는 보편화된 지침(guidelines)이 아니며 참고이다. 장애의 유형은 성별, 나이, 장애, 주변 환경 정도에 따라 매우 민감한 사항으로 일률적 기준 설정이 어렵다. 연구 등을 통해 꾸준히 보완되어야 할 사항이 포함되어 있다.
- 참고로 부록에 BF용어해설, 법령의 간단한 이해 요령, BF인증 기준, 시각장애인협회 매뉴얼(발췌) 및 회전교차로에 관한 미국 연구 사례 등을 별첨하였다.

| Barrier Free 설계와 시공 기본 요령 |

- 장애물 없는 설계 시공의 주요 목표는 안전성·접근성·편의성·쾌적성·비차별성(SACAN)이며 이들 목표에 의해 최종 평가된다.
- 특정 계층이 아닌 모두를 위한 설계 시공의 방향을 구상한다. 신체적 약자를 포함한 모든 이의 신체적·정신적 능력, 선호도 및 취향에 따른 선택 수단을 제공하고 최종적으로 장애인, 노인, 어린이 임산부, 영유아 동반자 등의 관점에서 설계 시공의 재료 선정, 공법 채택, 마감을 재확인한다.
- 법령 기준을 우선 반영하고 장애물 없는 생활환경 인증 기준을 참조하되 매뉴얼식 표준도를 인용하는 방식이 아닌 통합적 설계를 처음부터 진행한다.
- 시각적·청각적·촉각적 실마리나 정보를 독립적 또는 연속적으로 제공한다.
- 토공설계를 통해 계단과 경사로를 없애는 방법을 강구한다.
- 기존 대지경계석을 철거 후 재시공 시에 대지경계석의 당초 높이를 유지해야 한다. 높이(G.L.) 상향은 보도 횡단경사가 심해져 보행의 어려움 또는 사고를 유발한다.
- 공개공지 또는 공공공지는 보도와 통합적인 설계로 접근성을 높인다.
- 자동차 및 자전거는 보행과 혼용이 아닌 분리 방식을 택한다.
- 횡단보도 인근의 보차도경계석의 높이는 12cm 이하로 함이 매우 좋다. 보도 내 연석경사로 또는 부분경사로 구간에는 각종 맨홀을 위치하지 않도록 한다.
- 자동차 및 자전거가 보행 구간과 만나는 곳(차량 진출입구 등)은 고원식 보도로 조성한다.
- 장애물구역·보행안전구역·보행제한시설을 두고 보행장애물 회피 설계를 한다.
- 접근로, 산책로, 주차장 입구 등 주요 보행로는 전방 20m 구역까지의 시야를 넓게 확보하고 사전 위험, 경고 및 안내가 필요 시 약 10m 이전 전방에서부터 시작하여 해당 부위에 안내판 등을 둔다.
- 1.5m 이하의 접근로 등이 135도 이하의 각도이거나 서로 만나는 경우 내각 부위를 약 1m 확폭하여 보행자나 휠체어 등이 부드럽게 이동하도록 한다.
- 개별 시설은 전·후면유효거리, 측면 접근, 회전공간, 수평참, 휴식참, 손잡이가 선택적으로 필요하다.
- 보행 장애 유발시설물은 알코브(alcove) 공간에 설치하여 보행 흐름을 방해하지 않도록 한다.
- 경사도가 다른 두 횡단경사가 만나는 왜곡 포장면은 적극적인 완화 구간이나 안전시설을 강구한다.
- 계단만을 주된 접근로로 두어서는 안 된다. 경사로나 승강기가 함께 있어야 한다.
- 경사로는 길이가 9m가 적정하며 총 길이가 20m가 넘지 않도록 한다.
- 목재로 마감하는 포장이나 계단의 디딤판은 내구성, 수리 및 관리, 그리고 보행자와 자전거에 이용에 불리하므로 제한적으로 사용하거나 관리를 잘 해야 한다.

| 차례 |

PREFACE ··· 3
Barrier Free Design 또는 Universal Design을 처음 접하는 분께 ················ 4
첫걸음 ·· 7
감사드리는 분 ·· 8
존재에서 실존으로 ··· 9
읽어두기 ··· 10
장애물 없는 외부 공간 설계 시공 기본 요령 ··· 11

표 차례 ·· 24
그림 차례 ·· 27
사진 차례 ·· 30
색인 ·· 613

제1장 장애물 없는 외부 공간 설계 시공 개요

1-1 장애물 없는 설계 시공 대상으로서의 외부 공간 ······················· 34
    1-1-1 장애물 없는 외부 공간과 시설물의 의의 ·································· 34
    1-1-2 외부 공간 이용자, 외부 공간 및 시설물 구성 ···························· 35
    1-1-3 외부 공간의 장애물 없는 설계 요소, 목적 및 목표(S.A.C.A.N) ······· 38
        가. 안전성 (安全性, Safety) ·· 40
        나. 접근성 (接近性, Accessibility) ·· 40
        다. 편의성 (便宜性, Convenience) ·· 41
        라. 쾌적성 (快適性, Amenity) ·· 41
        마. 비차별성 (非差別性, Non-Discrimination) ······························ 42
    1-1-4 장애물 없는 외부 공간 설계의 접근법 ····································· 43
    1-1-5 공공(公共), 공용(公用), 공용(共用), 전용(專用), 우선(于先) 및 범용(汎用) ······ 43
    1-1-6 장애인 등에 대한 비차별적 설계 ·· 45
    1-1-7 장애인전용주차구역은 왜 전용인가 ······································· 46
    1-1-8 외부 공간 이용에 있어서 약자의 법률적 의의 ··························· 46

1-2 외부 공간 설계의 패러다임 ·· 48
    1-2-1 고대 문헌의 장애인을 위한 차별금지 및 설계 기준 ····················· 48
    1-2-2 미와 상징을 추구하는 디자인 ··· 48
    1-2-3 기능을 추구하는 디자인 ··· 49
    1-2-4 생태와 환경을 추구하는 디자인 ·· 49
    1-2-5 기술의 발전과 혁신에 의한 스마트 디자인 ······························· 49
    1-2-6 기계 중심의 디자인에서 사람 중심의 디자인 ···························· 49
    1-2-7 에너지 중심의 디자인 ·· 50
    1-2-8 다양성과 인권을 추구하는 통합적인 공공디자인 (Integrated & Public Design) ······ 50

1-3 Barrier Free Design과 Universal Design ·· 51
    1-3-1 Barrier Free Design과 유사 용어 ·· 51

1-3-2 Universal Design 7 원칙 · 53
1-3-3 Universal Design을 이해하는 언어 · 56

1-4 인체공학 · 58
1-4-1 우리나라 성인 인체 규격 · 58
1-4-2 눈의 시각적 구조 · 61
1-4-3 거리에 따른 안내판 가독성 · 61
1-4-4 정지 공간의 영역성 · 62
1-4-5 움직이는 보행자의 영역성 · 63
1-4-6 보도 폭원의 결정 · 65
1-4-7 보행 포장 경사 · 67

1-5 장애물 없는 설계 시공의 기초 개념 · 68
1-5-1 공간 사용자의 범위 · 68
1-5-2 장애인 분류와 유형 · 71
1-5-3 교통약자 등의 인구 현황과 특징 · 73
1-5-4 장애물의 유형 · 74
    가. 물리적 장애물과 비물리적 장애물 · 75
    나. 절대적 장애물과 상대적 장애물 · 75
    다. 2차원 또는 3차원의 장애물 · 75
    라. 외부 자연환경에 의한 장애 · 76
    마. 재료에 의한 장애 · 76
    바. 이용자와 공간 상호작용에 의한 사회·심리적 장애물 · 76
    사. 정보 누락에 의한 장애 · 77
    아. 설계 시공 부실 및 오류 등에 의한 장애 · 77
    자. 사람에 의한 차별적 장애 · 77
1-5-5 기본권과 공간 및 시설 이용의 장애 유형 · 77
1-5-6 설계 시공 등에 의한 인위적 장애 유발 원인 · 81
    가. 전통적 이론에 대한 집착이나 가치에 대한 편견 · 81
    나. 인체공학, 인간공학 및 장애 유형에 대한 인식 미비 · 81
    다. 사회적 심리 및 행동 패턴에 대한 인식 부족 · 81
    라. 계획 및 설계 시 이해 및 지식 결여 · 81
    마. 시공 시의 미시공, 부실, 하자, 오류, 오차 등 · 81
    바. 차별적 행위 및 판단 · 81
    사. 관리상 무지 및 소홀 · 82
    아. 국가 정책 및 제도상의 미비 등 · 82
1-5-7 장애 유발을 방지·완화할 수 있는 감각기관과 반응 · 82

1-6 장애인 등 행동 특성 및 설계 시공 유의점 · 83
1-6-1 목발(클러치, crutch) 사용자 · 83
1-6-2 휠체어(wheelchair) 사용자 · 85
1-6-3 상지(上肢)장애인 · 89
1-6-4 전맹장애인 · 89
1-6-5 약시장애인 · 90

| 차례 |

- 1-6-6 청각장애인 · · · · · · · · 92
- 1-6-7 지적장애인 · · · · · · · · 92
- 1-6-8 노인 또는 고령자 · · · · · · · · 93
- 1-6-9 임산부 · · · · · · · · 94
- 1-6-10 어린이 · · · · · · · · 94
- 1-6-11 외국인 · · · · · · · · 95

1-7 통계로 보는 편의시설, 이동편의시설 및 도로교통사고 · · · · · · · · **96**
- 1-7-1 편의시설 및 이동편의시설의 기준적합성 확인·심사 · · · · · · · · 96
- 1-7-2 편의시설 설치 현황 · · · · · · · · 96
- 1-7-3 이동편의시설 설치 현황 · · · · · · · · 99
- 1-7-4 도로교통사고 현황 · · · · · · · · 102
  - 가. 일반적 교통사고 현황 · · · · · · · · 102
  - 나. 보행자의 교통사고 현황 · · · · · · · · 104
  - 다. 연령대별 교통사고 · · · · · · · · 107
  - 라. 어린이 교통사고 · · · · · · · · 108
  - 마. 노인 교통사고 · · · · · · · · 110
  - 바. 자전거 교통사고 · · · · · · · · 111
  - 사. 교통사고 요약 · · · · · · · · 113

1-8 장애물 없는 외부 공간의 설계 시공 및 관리 · · · · · · · · **114**
- 1-8-1 설계 시공 개요 · · · · · · · · 114
- 1-8-2 구상 및 계획 단계 · · · · · · · · 116
- 1-8-3 기본설계 단계 · · · · · · · · 116
- 1-8-4 실시설계 단계 · · · · · · · · 117
- 1-8-5 인허가 단계 · · · · · · · · 117
- 1-8-6 시공 단계 · · · · · · · · 118
- 1-8-7 공사 준공 단계 · · · · · · · · 119
- 1-8-8 이용 및 관리 단계 · · · · · · · · 119

1-9 장애물 없는 외부 공간의 설계 시공 및 인증 관련 법령 · · · · · · · · **120**
- 1-9-1 최상위법과 국민의 생활환경 · · · · · · · · 120
- 1-9-2 외부 공간 및 시설에 관한 법령 · · · · · · · · 120
- 1-9-3 장애물 없는 설계 시공 및 인증 관련 법령 · · · · · · · · 122
- 1-9-4 개별 법령 간 해석 · · · · · · · · 123
- 1-9-5 외부 공간 및 시설 관련 주요 법령 내용 · · · · · · · · 128

제2장 장애물 없는 생활환경 인증 제도

2-1 장애물 없는 생활환경 인증 제도의 태동 · · · · · · · · **136**

2-2 인증 제도의 법제화 · · · · · · · · **137**

2-3 인증 대상 및 분야 · · · · · · · · **138**
- 2-3-1 「장애인·노인·임산부등의편의증진보장에관한법률」 상의 인증 대상시설 · · · · · · · · 138

2-3-2 「교통약자의이동편의증진법」 상의 인증 대상 지역 및 시설·································· 140

2-4 인증 지표 및 평가 내용의 특징··· 142

2-5 인증 지표 내용·· 143
　　2-5-1 지역 인증 지표 구성·· 143
　　　가. 지역 인증 개요··· 144
　　　나. 지역 인증 지표의 특성··· 144
　　2-5-2 도로 인증 지표 구성·· 145
　　2-5-3 공원 인증 지표 구성·· 146
　　2-5-4 여객시설 인증 지표 구성··· 147
　　2-5-5 건축물 인증 지표 구성··· 148
　　2-5-6 교통수단 인증 지표 구성··· 148

2-6 인증의 시행··· 149
　　2-6-1 인증의 시행 절차·· 149
　　　가. 인증 신청··· 149
　　　나. 인증 지표와 타 법령 등과의 관계··· 151
　　　다. 인증 심사··· 151
　　　라. 인증 심의 및 인증··· 151
　　　마. 인증 사후 운용 보고··· 152
　　　바. 재인증·· 152
　　2-6-2 인증의 종류·· 152
　　　가. 예비인증·· 153
　　　나. 본인증·· 153
　　2-6-3 인증 등급 및 평가 기준·· 154
　　2-6-4 인증 대상의 내용 및 범위에 따른 인증 유형··· 154
　　　가. 단일인증·· 154
　　　나. 복합인증·· 155
　　　다. 부분인증·· 155
　　　라. 분할인증·· 155
　　　마. 단계별 인증··· 155
　　　바. 제척인증·· 156
　　　사. 확장인증·· 156
　　　아. 변경인증·· 157

2-7 연차별 인증 현황··· 158
　　2-7-1 인증 실적·· 158
　　2-7-2 인증 실적 분석·· 161

2-8 인증 제도의 운영 및 과제··· 164

2-9 장애물 없는 외부 공간의 설계 시공에 관한 가치 평가····························· 167
　　2-9-1 경제성과의 관계·· 168
　　2-9-2 정성적 가치 판단·· 169

| 차례 |

제3장 장애물 없는 생활환경 인증 시 발생 오차론

3-1 장애물 없는 생활환경 인증 시 발생 오차 등에 관한 개요 ···················· 172

3-2 인증 시 발생하는 오차등(誤差等) 의의 ·· 174
  3-2-1 본인증 전 발생하는 오차등 ··· 174
  3-2-2 본인증 시 발생하는 오차등 ··· 177

3-3 오차등의 구체적 발생 사례와 해소 방안 ·· 179
  3-3-1 본인증 전 단계에서 발생하는 오차등의 해소 ······································· 179
    가. 도면 해석의 미흡 또는 도면 누락 ·· 179
    나. 도면 보완 시의 누락 및 미흡 ·· 180
    다. 설계업체 및 컨설팅의 협력 관계 및 숙련도 미비 ································· 180
    라. 설계자 및 인증신청자의 예비인증 심의 불참 ·· 181
    마. 설계상의 여유값 부족 및 불명확성 ··· 181
  3-2-2 시공 과정에서 오차등의 해소 ·· 182
    가. 시공측량 보정 누락 및 임의 시공 ·· 182
    나. 신규 시설의 추가 ·· 183
    다. 기존 설계 시설의 삭제 ·· 183
    라. 기존 설계 시설의 위치 변경 또는 부분 변경 ·· 183
    마. 자재 검측의 누락 또는 BF용에 적절하지 않은 자재 반입 ··················· 183
    바. 제작 오차 ··· 183
    사. 시공 오차 ··· 184
    아. 사소한 또는 부득이한 시공 ·· 184
    자. 시공 오류 및 하자 ·· 185
    차. 부실시공 ··· 185
    카. 미시공 ··· 185
  3-2-3 본인증 현장 시설물 측정 시 발생 오차등 ··· 185
  3-2-4 기타 원인에 의한 오차 등 ·· 186

3-4 오차등의 해석과 판단 기준 설정 ·· 187

3-5 차별적 또는 장애적 관점을 고려한 설계 시공 ·· 189

3-6 요약 및 결론 ··· 190

제4장 장애물 없는 설계 시공의 교육, 윤리 및 UN장애인권리협약

4-1 사회적 인식 확대와 교육 및 시대정신 ··· 192

4-2 국내외 장애물 없는 설계 교육 현황 ··· 194

4-3 세계정신: UN 장애인권리협약(CRPD)에 나타난 장애물 없는 환경 부문 내용(발췌) ····· 196
  4-3-1 인권 부문 ·· 197
  4-3-2 대상 ··· 197
  4-3-3 장애 개념 확충 ··· 197
  4-3-4 장애 요인 및 장애인 정의 ·· 197

4-3-5 접근성(accessibility) 보장 · 198
　가. 정보 및 의사소통에 대한 접근 · 198
　나. 합리적 편의 · 198
　다. 보편적 설계(Universal Design) · 198
　라. 접근성 보장 원칙 · 198
　마. 물리적 환경에 대한 접근 장애 또는 장벽 회피 대상(Barrier Free Design) · · · · · · · · · · · · 198
　바. 장애 또는 장벽 회피 조치 방식(Barrier Free Design): · 199
4-3-6 장애인의 자립적인 생활과 지역사회 통합 · 199
4-3-7 문화생활, 레크리에이션, 여가 및 스포츠에 대한 참여 환경 · 199
4-3-8 의견, 표현 및 정보 접근의 자유 · 200
4-3-9 모니터링 실시 · 200

제5장 장애물 없는 외부 공간 및 시설의 설계 시공

5-1 장애물 없는 외부 공간의 설계 시공 개요 · 202
5-1-1 아름답고 조화로운 설계 시공의 방향 · 203
5-1-2 설계 시공의 절차 · 204

5-2 토공 설계와 접근성 · 208
5-2-1 장애물 없는 설계에서 토공 설계의 중요성 · 208
5-2-2 토공 설계와 배수계획 · 209
5-2-3 토공 설계 개요 · 210
5-2-4 토공 설계와 보행 접근 유형 · 211
　1) 제 1 유형 · 211
　2) 제 2 유형 · 212
　3) 제 3 유형 · 212
　4) 제 4 유형 · 212
　5) 제 5 유형 · 212
　6) 제 6 유형 · 212
　7) 제 7 유형 · 213
　8) 제 8 유형 · 213
5-2-5 토공 설계 사례 · 213
　가. 대지가 전면에 접한 보도와 같은 높이의 평탄한 지형 · 213
　나. 전면 보도의 높이보다 낮은 지형 · 214
　다. 전면 보도의 높이보다 높은 평탄한 지형 · 214
　라. 전면 보도의 높이보다 높고 경사진 지형 · 216
　마. 시설 부지 면적이 넓고 산지형인 지형 · 216
　바. 전면 보도가 경사진 지형 · 217
　아. 예외적 지형 또는 위치 · 217

5-3 보행장애물의 회피 설계와 시공 · 218
5-3-1 보행장애물의 유형 · 218
5-3-2 보행 공간 내 장애물구역(Barrier Zone) 도입 · 219
5-3-3 보행제한시설 도입 · 220
5-3-4 시설제한구역 설정 (보행안전지대 또는 보행안전구역) · 220

| 차례 |

    5-3-5 경사진 벽체, 기둥이나 키 낮은 시설물 · 221
    5-3-6 계단 하부 접근 방지 · 222
    5-3-7 벽면 또는 외벽 돌출 장애물 · 222
    5-3-8 포장에서의 보행장애물 · 223
    5-3-9 건축 시설 관련 장애 없는 활동공간 등 · 223

5-4 보도 · 224
    5-4-1 보도의 정의와 관련 법령 · 224
    5-4-2 보도의 결정 기준 · 225
    5-4-3 보도의 구조 및 설치 기준 · 225
    5-4-4 보행자전용도로의 결정기준과 구조 및 설치 기준 · 227
    5-4-5 보행자우선도로의 결정기준과 구조 및 설치기준 · 228
    5-4-6 「교통약자의이동편의증진법」 시행규칙 상의 보도 구조 및 시설에 관한 기준 · · · · · · · · · · · 229
    5-4-7 보도의 각종 부대시설 · 230
    5-4-8 보도의 장애물구역 (Barrier Zone) · 230
        가. 장애물구역의 의의 · 230
        나. 장애물구역의 설치 위치 및 방법 · 232
        다. 장애물구역의 유효폭 · 232
    5-4-9 보도의 보행안전구역 (Barrier Free Zone) · 233
        가. 보행안전구역의 의의 · 233
        나. 보행안전구역의 설치방법 · 233
        다. 보행안전구역의 유효폭과 교행구간 · 234
        라. 보행안전구역의 기울기 및 휴식참 · 234
        마. 보행안전구역의 연속성 · 234
        바. 보행안전구역의 유효 안전 높이 · 234
        사. 보행안전구역의 바닥 재질 및 색상 · 235
        아. 보행안전구역의 배수로 · 235
        자. 보도의 배수 · 235
    5-4-10 보도 폭원의 결정 · 236
    5-4-11 보도에 면한 공개공지의 설계 시공 · 236

5-5 접근로 · 238
    5-5-1 접근로의 의의 · 238
    5-5-2 접근로의 유효폭 · 240
    5-5-3 접근로의 적정 경사도 설정 등 유의사항 · 243
    5-5-4 장애물 없는 생활환경 인증에서의 접근로 유형 및 평가항목 · · · · · · · · · · 243
    5-5-5 접근로의 배치와 선정 · 244
    5-5-6 접근로의 조건과 구조 · 245
    5-5-7 경사진 도로와 접한 대지의 접근로 · 245
    5-5-8 보차분리 및 주차장에서의 접근로 · 246
    5-5-9 접근로 선형과 접근 각도 · 247
    5-5-10 접근로상의 자전거도로 · 248
    5-5-11 휠체어 이용 가능한 경사로 등의 위치 표기 · 250

- 5-5-12 드롭존(Drop Zone) 및 일시적 정차 · 250
- 5-5-13 접근로의 예외 · 251

5-6 단차 · 252

- 5-6-1 단차와 턱의 의의 · 252
- 5-6-2 한계 단차 2cm의 의미 · 253
- 5-6-3 단차 3cm 이상의 의미 · 253
- 5-6-4 단차를 유발하는 요소와 유형 · 254
- 5-6-5 단차 극복 수단 · 254
- 5-6-6 애매한 단차 · 255
- 5-6-7 챌면의 불연속적 단차 · 256
- 5-6-8 재료분리대와 단차 · 256
- 5-6-9 출입구의 단차 · 257
- 5-6-10 경사진 보도에 면한 건축물 출입구 · 257
- 5-6-11 보도가 아닌 차도에 건축물이 직접 면한 접근로 · 258
- 5-6-12 접근로 측면의 단차 또는 길어깨 등 · 258

5-7 차도 횡단 · 259

- 5-7-1 차도 횡단 방식 및 유형 · 259
- 5-7-2 연석경사로와 부분경사로의 정의 · 262
- 5-7-3 연석경사로의 문제점 · 263
- 5-7-4 「도로안전시설설치및관리지침」상의 연석경사로 유형 · · · · · · · · · · · · · · · · · · 266
- 5-7-5 교차로 또는 회전 구간에서의 연석경사로 문제점 · 270
- 5-7-6 보도 종단 2단 경사로 · 270
- 5-7-7 부분경사로 · 271
- 5-7-8 장애물 없는 생활환경에서의 부분경사로 구조 · 273
- 5-7-9 연석경사로 또는 부분경사로의 판석 포장 · 274
- 5-7-10 연석경사로 및 부분경사로의 설계 시공 유의점 · 274
- 5-7-11 횡단보도 앞 보도의 진입부 경고 방식 · 275

5-8 고원식(高原式) 횡단보도 · 276

- 5-8-1 고원식 횡단보도의 의의 · 276
- 5-8-2 고원식 횡단보도의 구조 · 276

5-9 고원식 보도(차량 진출입부 등) · 278

- 5-9-1 고원식 보도의 의의 · 278
- 5-9-2 고원식 보도의 구조 · 280
- 5-9-3 고원식 보도 인증 기준 및 시공 · 281

5-10 고원식 교차로 · 283

5-11 속도저감시설 · 284

- 5-11-1 지그재그 도로 · 284
- 5-11-2 차도 폭 좁힘 · 285
- 5-11-3 요철 포장 · 285

| 차례 |

    5-11-4 (가상) 과속방지턱 · 285
    5-11-5 안전 노면 표시 · 286
    5-11-6 생활도로구역(30구역) 지정 · 286

5-12 차도 입체 횡단시설 · 287

5-13 보행섬식 횡단보도 · 289

5-14 보행지원시설 · 290

5-15 승하차시설 · 291

5-16 주차장 · 294
    5-16-1 주차장 계획의 의의 · 294
    5-16-2 장애인전용주차구역 · 296
    5-16-3 장애인전용주차구역의 접근로 · 296
    5-16-4 장애인전용주차구역의 설계 시공 · 296
    5-16-5 장애인전용주차구역의 특별 시공 · 299
    5-16-6 장애인전용주차구역의 미확보 · 299
    5-16-7 노외주차장의 장애인전용주차구역 · 299
    5-16-8 전기차 충전구역 · 300

5-17 포장 설계 시공 · 301
    5-17-1 포장재의 선정 · 302
    5-17-2 교통약자 등에게 불리한 포장재 · 304
    5-17-3 횡단경사 완화 또는 제거 · 305
    5-17-4 포장면의 장애 요소 · 305
    5-17-5 보도 곡선부에서의 맨홀과 연석경사로 설계 시공 · · · · · · · · · · · · · · 306
    5-17-6 포장면의 끝 마감(길어깨 등) · 306
    5-17-7 포장의 단면(스펀지 현상) · 307
    5-17-8 포장의 배수시설 · 308
    5-17-9 포장 구역 내 맨홀 시공 · 309

5-18 목재 포장재 · 311
    5-18-1 목재의 비열(比熱)에 대하여 · 311
    5-18-2 목재의 열전도율(熱傳導率)에 대하여 · 311
    5-18-3 외부 공간에 설치된 목재의 재료 공학적 특성 · · · · · · · · · · · · · · · · · · · 312
    5-18-4 목재 포장이 불리한 구역 · 313

5-19 옥외 계단 설계 시공 · 315
    5-19-1 계단의 혼잡 밀도 · 315
    5-19-2 계단의 유형과 안내시설 · 315
    5-19-3 계단의 구성 요건 · 316
    5-19-4 계단의 기본 치수 · 317
    5-19-5 계단의 시작과 끝 수평참, 점형블록 및 트렌치 · · · · · · · · · · · · · · · · · · 319
    5-19-6 중간참 · 320

5-19-7 난간, 손잡이, 수평손잡이, 2중손잡이, 중간손잡이 및 추락방지턱 ······················ 320
　　　5-19-8 점형블록 및 점자표지판 ··· 321
　　　5-19-9 계단의 재료 및 마감 ··· 322
　　　5-19-10 계단 하부 공간 처리 ··· 322
　　　5-19-11 계단의 빗물 배수 및 세굴방지 ··· 322
　　　5-19-12 계단 형태의 설계 시공 유의 사항 ·· 323
　　　　　가. ㄱ자형 계단 ·· 323
　　　　　나. 곡선형 계단 ·· 323
　　　　　다. 나선형 계단 ·· 323
　　　　　라. 사다리꼴 또는 나팔구 형상의 계단 ··· 324
　　　　　마. 중간참에서 직각이 아닌 각도로 꺾인 계단 ·· 324

5-20 옥외 경사로 ·· 325
　　　5-20-1 경사로 설계 시공 목표 ··· 325
　　　5-20-2 경사로 유형 검토 ·· 326
　　　5-20-3 경사로 설계 시공 요소 ··· 326
　　　5-20-4 경사로 설계 시공의 유의점 ··· 328
　　　5-20-5 좋지 않은 경사로 유형 ··· 328

5-21 계단과 경사로의 배치 형상 및 차별성 ·· 330

5-22 산책로 ·· 332
　　　5-22-1 산책로의 의의 ·· 332
　　　5-22-2 공원에서의 산책로와 보행로 등의 관계 ·· 332
　　　5-22-3 광로인 대로, 녹지시설 등에서의 산책로와 녹도 ································ 333
　　　5-22-4 건축물 시설 또는 여객시설 등 대지 내 공지의 산책로 ······················· 333
　　　5-22-5 산책로의 설계 시공 ··· 333
　　　5-22-6 공원 산책로(BF보행로)의 인증 평가 ··· 335
　　　5-22-7 위험하거나 불쾌한 부적격의 산책로 유형 ··· 336

5-23 광장 ··· 337
　　　5-23-1 광장의 의의 ··· 337
　　　5-23-2 광장의 보행 축과 보행장애물 ·· 337
　　　5-23-3 경사진 광장의 공간 분할 ·· 338
　　　5-23-4 장애물구역과 보행안전구역 ··· 338
　　　5-23-5 잔디광장 ·· 339
　　　5-23-6 긴급차량 및 자전거 동선 ·· 339

5-24 점자블록과 바닥 포장의 정보 기능 ·· 340
　　　5-24-1 점자블록 종류와 기능 ·· 340
　　　5-24-2 점자블록 사용의 유의점 ·· 341
　　　5-24-3 유도 및 경고용 띠 ·· 343
　　　5-24-4 독립기둥에 대한 경고 ·· 344

5-25 자전거도로, 자전거주차장 및 자전거보관대 등 ··································· 345

| 차례 |

5-26 공연장 또는 공연무대 · 349

5-27 바닥분수 · 350

5-28 자동차진입억제용 말뚝(볼라드) · 351

5-29 선홈통 · 353

5-30 조회대 및 단상 · 354

5-31 음수대(음수전) 및 세족(洗足)시설 · 355

5-32 휠체어 보관소 · 356

5-33 파고라(pergola 그늘시렁), 정자 및 벤치 · 357

5-34 유희시설 등 · 358
   5-34-1 어린이 유희시설 · 358
   5-34-2 전문 유희시설 · 359
   5-34-3 장애인 전용 유희시설 · 359

5-35 보도교(교량) · 360

5-36 생활형 하천 · 362

5-37 수경관시설 · 364

5-38 공원계획 · 365
   5-38-1 입구 및 주차장 계획 · 365
   5-38-2 시설물 배치, 구조 및 토지이용계획 · 366
   5-38-3 공원 내외부 접근로 및 산책로(BF보행로 등) · · · · · · · · · · · · · · · 366
   5-38-4 휠체어 사용자 등을 위한 동등한 배려 · 368
   5-38-5 공원 내 산림이 포함된 경우 · 368
   5-38-6 문화재 등 시설물의 보전이 필요한 경우 · · · · · · · · · · · · · · · · · · · 369
   5-38-7 공원 내 관리시설 · 369
   5-38-8 공원 내 도시농업시설 · 369
   5-38-9 공원 내 편의시설 · 369
   5-38-10 벤치 등 조경시설 · 370
   5-38-11 환경조각, 시계탑, 상징물 등 보행장애물 · · · · · · · · · · · · · · · · · 370

5-39 운동시설 · 371

5-40 캠핑장 · 372

5-41 시설물의 색채계획 · 373

5-42 IT 시설 이용 · 375

5-43 정보 제공 및 안내시설 · 376

5-44 교통신호기(횡단보도용) · 381

5-45 조명시설 ··· 382

5-46 배식 및 식재계획 ·· 384

5-47 틈과 구멍 ··· 386

5-48 회전교차로 ·· 388

5-49 불편, 장애 및 사고를 일으키는 설계 시공 등 ·· 390

제6장 장애물 없는 설계 시공 방향 찾기 ···394

제7장 향후 과제

7-1 우수 설계 시공 사례 보급 ··· 396
7-2 자재 생산 및 개발 ·· 396
7-3 인증 제도 연구 및 확대 ··· 396
7-4 법령의 정비 및 교육 ··· 396
7-5 시공 및 감리 ·· 397
7-6 설계도서 보완 ·· 397
7-7 BF 옥외 연구 대상시설 ·· 397
7-8 장애물 없는 생활환경 인증 제도 운영 및 과제 ····································· 398

참고도서 목록 ··· 399

제8장 부록

부록 1 장애물 없는 설계 시공 관련 용어 사전 ··· 402

부록 2 우리나라 법령 구성 및 체계의 이해 ··· 423

부록 3 한국시각장애인연합회 발행 편의시설 설치 매뉴얼 ······················ 434

부록 4 미국 회전교차로, 부분 경사로 등 설계 참고자료 ··························· 443

부록 5 기타자료 ·· 471
1. 경사로 기울기 산정표 ··· 471
2. 점자 알람표 ··· 473
3. 지문자 ··· 474
4. 국제 접근성 심볼에 대하여 ·· 475
5. 행정안전부 장애인화장실 의견 ·· 480

부록 6 장애물 없는 생활환경 인증지표 및 기준 ······································ 484
1. 지역 인증지표 및 기준 ·· 485
2. 도로 인증지표 및 기준 ·· 490
3. 공원 인증지표 및 기준 ·· 542
4. 여객시설 인증지표 및 기준 ·· 555
5. 건축물 인증지표 및 기준 ··· 576
6. 교통수단 인증지표 및 기준 ·· 602

| 표 차례 |

표 1-1-1	국민 일 평균 여가시간	37
표 1-1-2	2018년 여가시간 이용한 공간 상위 10개 : 1+2+3순위	37
표 1-1-3	2018년 이용을 희망하는 여가공간(개별) 상위 10개	37
표 1-1-4	장애물 없는(Barrier Free) 외부 공간 조성 절차	45
표 1-4-1	안내판 거리별 심볼 및 문자 최소 크기	61
표 1-4-2	우리나라 연령별 보행 동작	63
표 1-4-3	평지에서의 보행속도, 영역성 및 혼잡도	65
표 1-4-4	계단에서의 보행속도, 영역성 및 혼잡도	65
표 1-4-5	보행자 서비스 수준	66
표 1-4-6	보행장애물에 의한 방해폭(Wo)	67
표 1-5-1	장애 관련 유사 용어 개념	69
표 1-5-2	「장애인복지법」에 따른 15가지 장애 유형	72
표 1-5-3	우리나라 장애 유형별 인구 현황	73
표 1-5-4	우리나라 교통약자 등 인구 현황 및 추정	74
표 1-5-5	접근권의 유형	79
표 1-5-6	감각기관과 반응 요소	82
표 1-6-1	보행장애인의 행동 특성 및 설계 시공 유의점	84
표 1-6-2	휠체어 사용자의 행동 특성 및 설계 시공 유의점	88
표 1-6-3	상지장애인의 행동 특성 및 설계 시공 유의점	89
표 1-6-4	시각장애인의 행동 특성 및 설계 시공 유의점	91
표 1-6-5	청각장애인의 행동 특성 및 설계 시공 유의점	92
표 1-6-6	지적장애인의 행동 특성 및 설계 시공 유의점	92
표 1-6-7	노인의 변화 유형	93
표 1-6-8	나이에 따른 신체 변화의 특징	93
표 1-6-9	노인의 행동 특성 및 설계 시공 유의점	94
표 1-6-10	임산부의 생리적 변화 등의 특징	94
표 1-6-11	어린이의 심리적 또는 인지적 특징	95
표 1-7-1	2013년 장애인 편의시설설치 현황	97
표 1-7-2	2018년 장애인 편의시설 실태 전수조사 결과	97
표 1-7-3	지역별 편의시설 실태조사 결과	98
표 1-7-4	교통약자 이동편의시설 기준 적합 설치현황	99
표 1-7-5	여객시설 보행접근로(외부매개시설) 및 장애인전용주차구역 기준 적합 설치 현황	100
표 1-7-6	버스정류소 이동편의시설 기준 적합 설치 현황	101
표 1-7-7	연차별 교통약자 이동편의시설 기준 적합 설치율 현황	101
표 1-7-8	우리나라 각종 사고의 유형별 연차별 현황	102
표 1-7-9	연차별 교통사고 및 보행 중 사상자 현황	104
표 1-7-10	2018년 보행자의 보행 중 교통사고 유형별 현황	104
표 1-7-11	세계 각국의 교통사고 현황	105
표 1-7-12	세계 각국의 보행 중 및 자전거 사망자 수	105
표 1-7-13	연차별 보행자 사고 현황	106
표 1-7-14	2018년 보행자 사고 현황	106

표 번호	제목	페이지
표 1-7-15	보차혼용도로에서의 사상자	107
표 1-7-16	2016-2018년 도로 형태별 보행자 교통사고 현황	107
표 1-7-17	2018년 교통사고 연령대별 현황	108
표 1-7-18	2018년 보행 사상자 연령대별 현황	108
표 1-7-19	연차별 어린이 교통사고 현황	109
표 1-7-20	2018년도 어린이 사고 도로형태별 현황	109
표 1-7-21	연차별 어린이보호구역 (스쿨존) 교통사고 추세	109
표 1-7-22	연차별 노인 교통사고 연차별 현황	110
표 1-7-23	2018년도 노인 교통 사고 도로형태별 현황	110
표 1-7-24	연차별 자전거 사고 및 전체 교통사고 현황	111
표 1-7-25	2018년 자전거 사고 연령대 현황	112
표 1-7-26	2018년도 자전거 가해 운전자 사고 도로형태별 현황	113
표 1-8-1	BF 설계 시공 시 해야 할 것과 하지 말아야 할 것	114
표 1-8-2	디자인의 여러 원칙	115
표 1-8-3	장애물 없는 외부 공간 설계 시공 및 관리 흐름도	115
표 1-9-1	외부 공간 설계 시공 관련 주요 법령	121
표 1-9-2	장애물 없는 외부 공간 및 시설 관련 설계 시공 주요 법령	125
표 1-9-3	장애물 없는 외부 공간 및 관련 대상시설의 법령 개요	128
표 2-3-1	편의시설 인증 의무 대상시설	139
표 2-3-2	장애물 없는 생활환경 부문별 인증 주요 내용 및 평가 사항	141
표 2-5-1	지역 인증 지표 구성	144
표 2-5-2	도로 위계에 따른 인증 지표의 물리적 요소	146
표 2-5-3	공원 인증 지표의 물리적 요소	147
표 2-5-4	여객시설 인증 지표의 물리적 요소	147
표 2-5-5	건축물 인증 지표의 물리적 요소	148
표 2-5-6	교통수단 인증 지표의 물리적 요소	148
표 2-6-1	장애물 없는 생활환경 인증 절차 예시도	150
표 2-6-2	인증신청자	150
표 2-6-3	예비인증의 시기별 장단점	153
표 2-6-4	본인증 신청 시기	153
표 2-7-1	부문별 최초 인증(1호) 현황	158
표 2-7-2	연차별 인증 총괄 현황 I	159
표 2-7-3	연차별 인증 총괄 현황 II	160
표 2-7-4	예비인증 부문별·연차별 인증 현황	160
표 2-7-5	본인증 부문별·연차별 인증 현황	160
표 2-7-6	2008년~2019년 인증 등급 현황	161
표 2-7-7	2008년~2019년 예비인증 및 본인증 비율	163
표 2-9-1	장애물 없는 생활환경 구축의 편익 효과	167
표 3-1-1	연차별 예비인증 및 본인증 건수	172
표 3-2-1	장애물 없는 생활환경 본인증 전 발생 오차등의 유형	176
표 3-2-2	장애물 없는 생활환경 본인증 시 발생 오차등의 유형	178
표 3-3-1	장애물 없는 생활환경 예비인증 시 발생 오차등 해소책	182
표 3-3-2	장애물 없는 생활환경 인증 시설물 시공 시 오차등 해소책	185
표 3-6-1	장애물 없는 생활환경 인증 시 발생하는 주요 오차등 해소책	190

표 4-2-1	국가별 장애물 없는 관련 법령 및 교육 현황	194
표 5-1-1	장애물 없는 외부 공간 설계 시공 사업 단계별 절차도	206
표 5-1-2	장애물 없는 설계 시공 단계별 점검표	207
표 5-3-1	보행장애물의 유형 및 설계상 유의점	219
표 5-3-2	각종 건축 시설의 장애 없는 활동공간 및 유효폭 등	223
표 5-4-1	도로상의 각종 부대시설	230
표 5-4-2	보도에 설치되는 장애 가능 시설	231
표 5-5-1	보행 속도	241
표 5-5-2	각종 보행 공간 유효 폭원	242
표 5-5-3	인증 부문별 접근로 시설 기준 개요	244
표 5-5-4	연차별 자전거 가해자 사고 추세	249
표 5-5-5	2018년 자전거 가해자 사고 유형별 현황	249
표 5-5-6	연차별 자전거 피해자 사고 추세	250
표 5-6-1	단차 발생 유형 및 사례	254
표 5-7-1	관련 법령의 보도 및 연석경사로 규정	260
표 5-7-2	장애물 없는 생활환경 도로 부문상의 차도 횡단 유형	261
표 5-7-3	연석경사로의 문제점	263
표 5-7-4	연석의 높이에 따른 보도 폭원 요건	264
표 5-7-5	연석의 높이에 따른 연석경사로 제원 비교	265
표 5-7-6	연석경사로 및 부분경사로의 장단점	273
표 5-8-1	장애물 없는 생활환경 고원식 횡단보도 인증 기준	277
표 5-14-1	보행지원시설 지표 및 평가 내용	290
표 5-15-1	버스정류소 설치 시설	292
표 5-16-1	장애인전용주차구역의 설계 시공 기준 및 평가 내용	298
표 5-17-1	포장 내 빗물 배수 시설 유형 등	308
표 5-19-1	옥외 계단 설계의 구성과 요건	316
표 5-19-2	챌면 높이(R)와 디딤판 너비(T)의 적정 규격	317
표 5-20-1	옥외 경사로 설계의 구성과 요건	327
표 5-20-2	지체장애인의 특성별 경사로 경사의 최대치	327
표 5-20-3	고저차별 경사로 기울기 완화표	328
표 5-22-1	공원 내 산책로 중 보행로의 평가 지표	335
표 5-24-1	관련 법령 등에 의한 점자블록 설치 내용	342
표 5-25-1	자전거도로의 종류	348
표 5-41-1	색상별 인지 특성	373
표 5-41-2	보색 대비 조화가 잘된 배색	374
표 5-41-3	색각이상자에게 색 구분이 가능한 색채	374
표 5-41-4	색각이상자에게 시인성이 높은 배색	374
표 5-41-5	장애물 없는 생활환경을 위한 배색	374
표 5-43-1	일반 보행자 및 차량운전자 간 거리별 안내시설 글자의 최소 크기	377
표 5-43-2	각종 도로안전표지	378
표 5-45-1	P 조명등급 매개변수	383
표 5-48-1	회전교차로 문제점	388
표 5-49-1	불편·장애·차별·사고 발생 유형	390

그림 차례

그림 1-1-1	일상적 범위의 장애물 없는 외부 공간 및 시설 개념도	38
그림 1-4-1	우리나라 16세~69세 남녀 손발 평균 치수	58
그림 1-4-2	우리나라 남녀 16세~69세 평균 인체 치수	59
그림 1-4-3	우리나라 남녀 16세~69세 팔 벌리고 든 평균 인체치수	59
그림 1-4-4	우리나라 16세~69세 남녀 앉은 자세 평균 인체 치수	59
그림 1-4-5	인체 비례 관계식	60
그림 1-4-6	앉은 사람들의 적정 거리 (미국)	60
그림 1-4-7	공간별 및 행태별 거리 (미국)	60
그림 1-4-8	외부 공간의 편안한 시각의 범위	61
그림 1-4-9	보행자용 안내판 심볼 크기와 거리의 적정성	62
그림 1-4-10	관찰자와 주변 시설물과의 거리에 따른 공간 폐쇄감과 개방감	63
그림 1-4-11	보행자의 전면 영역성(spatial bubble)	64
그림 1-4-12	일반 보행 시 전면 영역성과 보행자 평균 이동 거리	64
그림 1-4-13	보행 적정 경사도	67
그림 1-5-1	장애 부위	71
그림 1-6-1	목발 사용자 유형 및 최소 폭원	84
그림 1-6-2	목발 사용자의 행동 반경과 보행 행태	84
그림 1-6-3	휠체어 제원과 사용자의 눈높이	85
그림 1-6-4	휠체어 통과 유효폭	85
그림 1-6-5	휠체어 사용자의 팔사용 거리	85
그림 1-6-6	휠체어의 등판각도	85
그림 1-6-7	접근로의 유효폭	87
그림 1-6-8	휠체어 사용자의 공간 유효 한계	87
그림 1-6-9	상지장애인의 활동 공간	89
그림 1-6-10	시각장애인의 보행 행태	90
그림 5-1-1	옛 서울역사 정면도	202
그림 5-2-1	인근 보도와 단차가 없는 평탄한 부지로의 접근로	213
그림 5-2-2	주변 보도보다 낮은 부지의 접근로	214
그림 5-2-3	인근 보도에서의 승강기를 이용한 접근 유형	216
그림 5-2-4	보도 높이보다 높은 지형의 부지	216
그림 5-2-5	경사진 보도에서의 접근	217
그림 5-3-1	계단 하부 접근 방지	222
그림 5-3-2	통로의 벽면 돌출 장애물	222
그림 5-4-1	보행안전구역 확보 및 장애물구역 등과 점자블록의 설치	232
그림 5-4-2	보행안전구역 및 장애물구역의 개념	233
그림 5-4-3	보행안전구역의 시설제한, 자료 한국시각장애인연합회	235
그림 5-4-4	공개공지를 보행자 위주로 보도와 통합하여 설계한 사례	237
그림 5-4-5	공개공지를 보도와 통합하여 설계하지 않은 불편한 사례	237

그림 5-5-1	「보도설치및관리지침」상의 유효폭	242
그림 5-5-2	접근로의 접근 각도에 따른 보행 흐름	247
그림 5-6-1	어린이용 모래 놀이터 공간의 단차	256
그림 5-6-2	접근로 측면의 길어깨 안전 처리	258
그림 5-7-1	주변의 건물(승강기, 계단, 에스컬레이터) 또는 육교를 이용한 입체 횡단방식	260
그림 5-7-2	차도와 보도 사이의 연석 설치 유형	262
그림 5-7-3	보도 상에 설치되는 경사로의 기본 유형	266
그림 5-7-4	보도 및 차도 상에 설치되는 경사로 등의 유형	267
그림 5-7-5	연석경사로, 부분경사로 및 보행섬의 점자블록 설치 사례	269
그림 5-7-6	보도 종단 방향으로 형성하는 2단 경사로	271
그림 5-7-7	부분경사로의 여러 유형	272
그림 5-7-8	횡단보도 및 BF용 부분경사로	273
그림 5-8-1	고원식 횡단보도 개념도	276
그림 5-9-1	고원식 보도 개념도	282
그림 5-10-1	고원식 교차로 개념도	283
그림 5-11-1	지그재그, 폭 좁힘 및 고원식 횡단보도 등으로 속도저감시설을 한 주택지	284
그림 5-11-2	지그재그형 도로	285
그림 5-11-3	차도 폭 좁힘 유형	285
그림 5-11-4	과속방지턱	286
그림 5-12-1	보행 육교 및 승강기에 의한 입체 횡단시설 및 점자블록 배치도	288
그림 5-12-2	육교 및 승강기에 의한 입체 횡단시설	288
그림 5-12-3	건물 등을 이용한 입체 횡단방법	288
그림 5-12-4	경사로와 계단에 의한 입체 횡단시설	288
그림 5-13-1	보행섬식 횡단보도	289
그림 5-15-1	버스승하차구역 개념도	292
그림 5-15-2	버스정류소 내 점자블록 설치 개념도	293
그림 5-15-3	보도 내에 접한 버스승하차 시설 개념도	293
그림 5-16-1	주차장 입구 시야를 차단하는 수목	294
그림 5-16-2	주차장 계획 및 장애인전용주차구역의 배치 사례	295
그림 5-16-3	주차장내 고원식 보도의 종단면 사례	296
그림 5-16-4	주차장 시설 및 포장 횡단경사 한계	297
그림 5-16-5	주차장 안내표지와 장애인전용주차구역	298
그림 5-17-1	지반 형상과 표면 배수 유형	308
그림 5-19-1	계단의 구성	316
그림 5-19-2	계단의 디딤 보폭	317
그림 5-19-3	계단 구성의 형상별 기준	318
그림 5-19-4	계단 손잡이 형상과 치수	319
그림 5-19-5	T자형 계단 및 외부공간에서의 점자블록 설치 방법	321
그림 5-19-6	장애를 유발할 수 있는 계단 형상과 잘된 예	324
그림 5-20-1	경사로와 계단의 기본적 시설 개념도	326
그림 5-20-2	경사로와 계단과의 관계	329

그림 5-21-1	경사로와 계단의 상호 배치 유형	331
그림 5-22-1	좋은 산책로 접속 각도에 따른 휠체어의 활동 및 회전공간	335
그림 5-22-2	산책로 폭원 및 경사도에 따른 쾌적성 등급	335
그림 5-23-1	광장에 접한 벤치를 알코브 공간에 배치한 사례	338
그림 5-25-1	자전거 규격과 적정 시설 제한	346
그림 5-25-2	보도에 설치된 자전거·보행자 겸용도로(분리형)	346
그림 5-25-3	녹지 내에 설치된 자전거·보행자 겸용도로(통합형)	346
그림 5-28-1	자동차진입억제용 말뚝의 재료 및 규격	351
그림 5-31-1	음수대 접근성	355
그림 5-33-1	파고라(pergola) 내외부 접근성	357
그림 5-34-1	어린이를 위한 접근성과 안전성을 위한 시설물 배치	359
그림 5-35-1	보행에 적합한 완만한 경사형의 교량	361
그림 5-35-2	실개천 등을 횡단하는 관찰용 간이 교량	361
그림 5-38-1	공원 내 산책로 안내판	366
그림 5-38-2	공원 내 산책로의 단차 연결 및 산책로 주변 알코브	367
그림 5-38-3	휠체어 사용자를 위한 산책로 주변의 배식 및 식재지 처리	367
그림 5-38-4	일반인과 장애인에게 접근성을 제공하는 앉음벽 단면 구조	370
그림 5-39-1	야외 운동 및 레져시설 (야외수영장, 낚시터, 농구장, 트랙)	371
그림 5-39-2	운동장 스탠드 규격	371
그림 5-39-3	운동장의 장애인 관람석	371
그림 5-40-1	접근 가능한 캠핑장	372
그림 5-43-1	촉지도식 점자안내판	376
그림 5-43-2	각종 그림문자 안내표지	379
그림 5-43-3	ISA(국제 접근성 심볼) 및 ISA를 이용한 각종 안내판 사례	380
그림 5-43-4	ISA를 표시한 장애인전용주차구역	380
그림 5-47-1	각종 틈과 구멍	387
그림 5-48-1	회전교차로 구성요소와 교통안전표시	389
그림 5-49-1	보도에 설치된 보행장애물과 점형블록 설치	391
그림 5-49-2	보도 상의 낮은 나뭇가지로 인한 장애	391

| 사진 차례 |

사진 2-1-1	우리나라 최초의 BF 연구보고서 및 연구용역 발주서	141
사진 2-6-1	장애물 없는 생활환경 인증현판 및 인증서	157
사진 5-1-1	서울역사 주 출입구 앞 접근성 현황	202
사진 5-2-1	보도에서 수평적 접근로	213
사진 5-2-2	전면 보도보다 낮은 층으로의 접근용 승강기	214
사진 5-2-3	경사진 보도에서 계단 및 수평 접근로를 이용하여 건물로 진입한 예	217
사진 5-3-1	보도 내 가로수 식재구역을 장애물구역으로 설치한 예	219
사진 5-3-2	독일 하노버 국제조경박람회 유리 조형물 주변을 자갈로 포설하여 접근을 제한	220
사진 5-4-1	고가육교로 인해 좁아진 보도의 유효폭을 확보한 사례	226
사진 5-4-2	주택단지 내 보행자전용도로 등	228
사진 5-4-3	보도를 점유한 자전거보관대	231
사진 5-4-4	상가와 보도 사이의 계단과 실개천	231
사진 5-4-5	보도 내 장애물구역	231
사진 5-4-6	보도 내 무분별한 장애물	232
사진 5-4-7	보행안전구역 및 장애물구역의 개념	233
사진 5-4-8	보행안전구역의 경고용 띠	234
사진 5-4-9	보도(자전거도로)를 침범한 수목의 가지	235
사진 5-4-10	보도의 선홈통	235
사진 5-5-1	경사진 보도에 접한 접근로	246
사진 5-6-1	녹지 횡단 디딤석과 턱	252
사진 5-6-2	애매한 단차 마감 및 경고	255
사진 5-6-3	불연속이고 애매한 단차	256
사진 5-6-4	산책로와 접한 수변 계단 및 스탠드	258
사진 5-7-1	교차로 연석경사로 구간의 시설물	270
사진 5-7-2	연석의 일부분을 낮춘 부분경사로(1)	271
사진 5-7-3	연석의 일부분을 낮춘 부분경사로(2)	271
사진 5-7-4	연석의 일부분을 낮춘 부분경사로(3)	273
사진 5-7-5	연석의 일부분을 낮춘 부분경사로(4)	275
사진 5-7-6	미국의 부분경사로	275
사진 5-8-1	잘못 시공된 고원식 횡단보도 사례	277
사진 5-8-2	시공이 잘된 고원식 횡단보도 사례	277
사진 5-9-1	잘못된 고원식 도보 사례	280
사진 5-9-2	시공이 잘된 고원식 보도 사례(미국)	280
사진 5-9-3	시공이 잘된 고원식 보도 사례(서울)	280
사진 5-11-1	차도 내 사고석 포장과 블록 포장	285
사진 5-11-2	보차혼용도로의 교차 구간에 이색이질로 보도 포장 문양	286
사진 5-12-1	학교와 보행자전용도로를 잇는 차도 입체 횡단시설	287
사진 5-12-2	보행육교, 보도 및 하천 산책로를 연결한 청계천	288

사진 5-13-1	교차로 회전 지점에 설치된 미국식 보행섬과 대구 시내 보행섬	289
사진 5-15-1	버스승하차구역의 버스운행정보 제공 안내판	292
사진 5-15-2	버스정류소 내 점자블록	292
사진 5-15-3	병원 내 간이 승하차구역 부분경사로(미국 LA)	293
사진 5-17-1	마감이 장애 요소가 없는 포장	302
사진 5-17-2	미끄럼방지용 무늬강판과 잔다듬 3회의 화강석 표면	303
사진 5-17-3	사고석 포장 – 평탄성 확보 시공 사례	303
사진 5-17-4	스테인리스 격자망으로 만든 지하철 환기구 뚜껑	305
사진 5-17-5	포장 내 각종 시설물의 양호한 마감	306
사진 5-17-6	도로 교차부의 연석경사로 주변 어지러운 시설물	306
사진 5-17-7	친환경적인 소일시멘트 보도 포장 에지(edge) 마감	307
사진 5-17-8	고원식 횡단보도에 시공된 보도블록이 스펀지 현상에 의해 파괴	307
사진 5-17-9	무소음 트렌치 및 화강석 판석 (T 30mm) 트렌치 뚜껑	309
사진 5-17-10	여러 유형의 트렌치 및 집수정	309
사진 5-18-1	목재 포장재의 하자	313
사진 5-18-2	습지 관찰로의 목재 데크	314
사진 5-19-1	기준 미달 자연석계단	319
사진 5-19-2	계단코 모서리를 약 10mm 모서리 깎기의 계단	319
사진 5-19-3	계단의 시작 단과 끝 단 주변의 시설 마감	320
사진 5-19-4	계단 진입부와 손잡이 마감 사례	321
사진 5-19-5	T자형 계단 및 외부공간에서의 점자블록 설치 방법	321
사진 5-19-6	챌면 높이가 다른 계단	323
사진 5-21-1	계단과 경사로의 위치성	330
사진 5-21-2	로마시대의 경사로와 계단	330
사진 5-21-3	경사로 이용 안내	330
사진 5-22-1	공원 내 산책로 및 제방 산책로	332
사진 5-22-2	산책로 내 알코브(alcove)	334
사진 5-22-3	장애 유발 포장	336
사진 5-23-1	호주 전쟁기념관 앞 광장 내 보행 구역에서 이격하여 설치된 조각물	337
사진 5-24-1	보도 선형을 따라 부드럽게 포설한 선형블록(서울 남산)	340
사진 5-24-2	재료분리현상이 발생한 시멘트콘크리트 점자블록	341
사진 5-24-3	여러 유형의 방향인지용 점자블록	342
사진 5-24-4	국내외 각종 보행 공간 내 유도 및 경고용 띠 설치 사례	343
사진 5-25-1	보도에 설치된 자전거·보행자 겸용도로(분리형)	346
사진 5-25-2	녹지 내에 설치된 자전거·보행자 겸용도로(통합형)	346
사진 5-25-3	자전거전용도로 및 자전거전용차로	346
사진 5-27-1	바닥분수와 안개분수	350
사진 5-29-1	보도 상에 설치된 선홈통	353
사진 5-35-1	실개천과 횡단 다리, 빌딩 및 건물 앞 실개천과 간이석재교량	360
사진 5-36-1	하천의 화장실, 경사로 및 계단 사례	362
사진 5-36-2	하천 보도교 및 징검다리 이용 안내판	363

사진 5-36-3	종합적 이용의 생활형 하천 둔치	363
사진 5-37-1	수변 안전난간 및 접근 방지 녹지(분당 탄천) 및 공원 내 실개천 턱	364
사진 5-38-1	공원 주변 자동차 소음과 진입을 차단하고 보행자 위주의 공원 설계 사례	365
사진 5-38-2	공원의 입구 및 매표소	366
사진 5-38-3	공원 내 산책로 안내판	366
사진 5-38-4	도심 공원 내외부를 연결하는 간결하고 명확한 패턴의 BF산책로	367
사진 5-38-5	위험한 도로변 경계마감	368
사진 5-38-6	통과 보행자에게 방해가 되지 않는 등의자 배치	369
사진 5-38-7	공원 내 화강석 스탠드 챌면 부위의 혹두기 거친 표면 마감 처리	370
사진 5-38-8	태양광 보행등을 화단 내 배치 및 통제된 바닥분수	370
사진 5-43-1	독립형 안내판	378
사진 5-43-2	문화재 탐방객용 바닥 안내표시(러시아 이르크츠크) 및 리프트 위치 안내표지판	379
사진 5-44-1	보행자용 잔여시간 신호기	381
사진 5-44-2	시각장애인용 버튼 및 리모콘식 음향신호기	381
사진 5-45-1	산책로 주변 녹지 내 설치한 foot lighting	383
사진 5-49-1	보도에 설치된 보행장애물	391
사진 5-49-2	보행자전용도로 터널과 자전거전용도로 접속부 처리	391
사진 5-49-3	독립기둥 기초부 경고	391
사진 5-49-4	자전거전용도로 및 산책로 옆 스탠드 경계 경고	392
사진 5-49-5	독립수 식재	392
사진 5-49-6	뿌리압에 의해 파괴된 석재 포장의 평탄성	392
사진 5-49-7	보행자 등에 의한 미세진동이나 신축팽창에 의해 파괴된 포장	392
사진 5-49-8	포장 내 구조물 주변 침하(다짐 부실)	392

제1장 | 장애물 없는 외부 공간의 설계·시공 개요

1. 장애물 없는 설계 시공 대상으로서의 외부 공간
2. 외부 공간 설계의 패러다임
3. Barrier Free Design와 Universal Design
4. 인체공학
5. 장애물 없는 설계 시공의 기초 개념
6. 장애인 등 행동특성 및 설계 시공 유의점
7. 통계로 보는 편의시설, 이동편의시설 및 도로교통 사고 현황
8. 장애물 없는 외부 공간의 설계 시공 및 관리
9. 장애물 없는 외부 공간 설계의 시공 및 인증 관련 법령

제1장
1절

장애물 없는
설계 시공 대상으로서의 외부 공간

장애(disability 또는 barrier)의 요인이나 발생은 크게 두 가지 측면에서 이해할 필요가 있다. 첫째는 신체적 상해나 손상(impairments)으로부터 발생하는 장애(disabilities)이며 둘째는 물리적 시설인 만들어진 공간 또는 시설물의 환경(built environment)으로 인한 장애물(barriers)이다. 즉 전자는 선천적 또는 후천적 이유인 신체적 상해나 손상으로 인한 신체적으로 할 수 없음의 장애(disabilities)이다. 후자는 설계, 시공 또는 관리 등을 통해 조성된 물리적 환경(built environment)을 이용하는 일반인, 신체적 약자 또는 소수자들이 극복하기 어렵거나 불가능하도록 만드는 장애 유발 원인이나 물리적 장애물(barriers)들이다.

따라서 이 책은 기본적으로 신체적 상해나 손상을 지닌 장애인(persons with disabilities)의 장애 유형과 장애 극복을 이해하는 일과 동시에 물리적 환경을 설계, 시공 및 관리함에 있어서 장애인은 물론 일반인까지도 장애인으로 만드는 환경으로서의 장애물(barriers)이 무엇인가를 이해하고, 설계 시공의 이론이나 기법, 현행 대한민국 법령 그리고 장애물 없는 생활환경 인증 기준 등에 따라 장애물(barriers)이 없는 설계, 시공 및 관리 방향과 내용을 모색하는데 초점을 둔다.

1-1-1 장애물 없는 외부 공간과 시설물의 의의

보행, 유모차, 스쿠터, 휠체어, 흰지팡이, 보조견, 동반자, 지팡이, 목발(클러치, clutch)등으로 보행로, 접근로, 산책로, 통로, 보도, 통행로인 외부 공간의 보행 공간을 따라 이동한다. 또한 승용차, 버스, 자전거, 배, 비행기, 퀵보드(quick board) 등의 장치를 이용하기도 한다.

보행 공간을 따라 이동한 사람의 이동 목적지는 종국적으로 외부 공간에 산재된 각종 시설물로 공원, 학교, 시장, 사무실, 전시장, 문화센터, 병원 등이다.

따라서 외부 공간에 관한 장애물 없는 설계 대상인 보행로, 산책로, 통로, 보도, 통행로 등이 광장, 공개공지, 녹지와 같은 다양한 외부 공간과 접속되어 있고 또 이들 공간 내 다시 버스승강장, 택시승차장, 주차장, 어린이놀이시설, 벤치, 음수전, 운동시설, 전망데크, 정자, 휴게소, 스탠드(stand), 자전거길, 수영장, 계단, 경사로, 공연무대 등의 시설물이 산재해 있다.

이러한 외부 공간과 시설물들이 이용하는 총인구는 2018년 말 기준 5,161만 명이다. 이 인구 중 노인이나 장애인 등의 신체적 약자 또는 교통약자[1]는 전체 인구의 31.1%인 약 1,608만 명이 되며 2030년에는 총인구 대비 38.7%인 약 2,000만 명으로 추정된다. 이들이 사용하는 외부 공간 및 시설물을 어떻게 하면 차별이 없고 안전하고 편리하게 이용할 수 있을까 하는 과제가 등장한다.

외부 공간은 건축 후 남은 비건폐지(非建蔽地), 공원, 녹지, 하천, 광장, 도로, 공개공지 등을 포함하여 오픈 스페이스(open space)라는 개념으로도 많이 사용된다. 이 책에서 설명하는 외부 공간이란 사람들이 주택이나 사무실 공간에서 나와 많이 접촉하고 활동하는 비건폐지인 공지, 공원, 광장, 보도, 공개공지, 보행자전용도로, 주차장, 아파트 공용(共用)의 외부 공간 등을 대상으로 하고 건축물 내부 공간이나 이동수단인 버스, 철도 등은 제외한다.

또 오픈 스페이스로의 외부 공간은 지리산 정상, 지하 동굴, 해수면과 같은 일상적인 생활 공간이 아닌 곳을 예외로 해야 하는 것은 특정한 목적으로 특정한 사람들을 위한 특정의 설계가 필요하기 때문에 보편적 설계 개념인 장애물 없는 설계 시공의 범주를 벗어나기 때문이다. 즉 장애물 없는 외부 공간은 「일상적 생활환경」과 밀접한 외부 공간과 그 외부 공간 내 시설물을 주된 대상으로 본다. 작게는 개인집 정원부터 아파트단지, 동네 전체, 신시가지, 도시의 일정 구역에 이르는 공간과 그에 속한 각종 시설물들이다.

1-1-2 외부 공간 이용자, 외부 공간 및 시설물 구성

주택, 사무실 등 건축물 안에 있던 사람들은 밖으로 나와 외부에서 여러 활동을 하게 된다. 대부분의 사람이 실내에서 밖으로 나오면 일반적으로 보행자의 신분으로 바뀐다. 보행자이던 사람이 건축물로 들어가면 보행자의 신분이 사라진다. 그러나 특정 옥외 공간에서 운동을 하거나(운동가) 등산을 하거나(등산가) 직업적 또는 전문적 활동을 하는 사람(작업자 등)을 보행자라 할 수 없다.

---

1) 장애인, 노인, 어린이, 임산부, 유모차나 영유아를 동반하는 사람, 일시적으로 활동에 불편이나 장애가 있는 사람을 법률적으로 교통약자라고 한다. 장애물 없는 설계나 시공에서 약자에 대한 고려는 매우 복잡하고 다양한 의미를 갖는다. 특히 약자라는 개념은 애매한 개념이고 어렵다. 약자와 강자는 상대적 개념이며 신체적 약자는 정신적으로 강자가 되기도 한다. 한 부문에서의 강자가 약자가 되기도 한다. 우리가 보편적으로 갖는 약자라는 판단은 차별적 개념 또는 편견일 수 있다. 약자라는 개념을 디자인에서 사용하는 경우 차별적 설계될 수 있다. 이제까지 설계 시공한 결과물들이 애매하게 일반의 사람을 약자로 만들어 왔다는 점을 수용할 수밖에 없다. 이 책에서 약자라는 인식을 갖지 않고 기술하려 애썼으나 어쩔 수 없는, 버리지 못하는 틀을 설명하려니 불가능한 점이 많았다. 또 이 책에서는 법률적 의학적 용어인 장애인 또는 교통약자 등을 포함하여 일상생활에서 어떠한 이유를 막론하고 모든 사람은 장애물 앞에서 장애를 가진 사람 persons with disabilities이 되므로 이런 맥락에서 넓은 의미의 인격체를 고려하여 장애가 없는 설계와 시공을 설명하려 한다.

보행자의 범주나 특성은 공용의 일상 생활공간인 도로나 보도, 공원, 광장, 주차장, 산책로, 시설물의 접근로 등에서 출퇴근, 등하교, 장보기, 걷기, 운동, 산책, 감상, 만남, 휴식, 직업적 활동, 교화(교육), 취미활동(놀기), 광고 및 홍보 활동, 상행위(장사), 물건 운반, 각종 작업 등의 활동으로 나타난다. 여기서 광고, 홍보 및 상행위를 하는 사람을 보행자로 볼 수 있느냐에 대한 문제점이 있을 수 있으나 보행 공간 내 머물고 이동하는 사람이므로 넓은 의미의 보행자라 할 수 있을 것이다.

보행자는 개인 혼자, 가족, 연인, 친구, 동료, 단체 등 여러 유형의 사람들이 있고 보조견 등이나 흰지팡이, 보행보조기기, 자전거, 퀵보드(quick board), 유모차, (전동)휠체어, 스쿠터(scooter) 등의 기구나 장치를 이용하기도 한다.

이들은 걷거나, 뛰거나, 누워 있거나, 서 있거나, 앉아 있거나, 기구를 타거나, 물건을 나르거나, 기구를 밀거나, 다른 사람과 손을 잡고 있거나 등등의 행태나 행동을 보인다.

한편 집에서 머물던(거주자) 사람이 집에서 나와 걸어서 주차장에서 승용차를 타고 차도로 나와 사무실로, 학교로, 병원으로, 도서관, 공용의 청사 등으로 가서 차를 주차 후 다시 걸어서 건물의 출입구를 향해 걷는다. 그리고 승강기를 이용하여 건물 내 실내 공간에 다다른다(방문객 등).

학생은 가방을 메고 보도로 걸으며 버스정류장이나 지하철역으로 가서 지하철을 타고 학교 앞 역사를 나와 교정을 걸어 교실에 다다른다. 등교를 시킨 학생의 엄마는 장바구니를 들고 자전거를 하천에 있는 자전거전용도로 타고 인근 시장에 가서 반찬거리를 구매한 후 주민센터에 들러 운동을 한 후 귀가를 한다. 시어머니는 인근 공원까지 보행자전용도로를 따라 보행보조기기에 의지해 걸으며 새소리와 나무와 꽃들을 감상하고 공원의 광장에서 만난 친구들과 담소를 나누면서 운동기구를 이용하며 체력단련을 한다.

이처럼 집의 문을 나서면 주택 내 정원이나 공동주택지 내 공유 공간인 산책로, 접근로, 보행자도로 등을 통해 모든 시설까지 보행이 가능하도록 실핏줄처럼 보행체계로 연결되어 있고 이들 실핏줄이 모이는 동맥의 결절점에는 공원, 광장, 주차장, 버스정류장, 택시승하차장, 지하철역사, 버스터미널 등이 있고 동맥은 다시 동맥의 다른 결절점까지 교통수단으로 연결되어 실핏줄인 보행 체계의 구성을 통해 집을 향하여 뻗어 있다.

보행 공간에서 보행 이외에 이용할 수 있는 이동 수단은 휠체어, 목발 등 보행보조기기, 유모차, 자전거, 퀵보드, 스쿠터, 흰지팡이, 보조견, 운반기구인 카트(cart) 등으로 이들을 이용하는 사람의 특성은 매우 다양하다. 남녀, 어린이, 청년, 노인, 다양한 유형의 장애인, 임산부, 외국인, 상인 등이 있다. 특히 이들 중에는 사회적 약자 또는 교통약자들이 상당히 높은 비율을 점하고 있다.

실내 공간과 달리 외부 공간은 사계절이 뚜렷하여 기온, 습도, 햇빛, 바람, 비, 눈, 결빙, 그늘, 폭풍우, 안개, 복사열, 반사광 등에 의해 사람 뿐 아니라 외부 공간의 각종 식물 및 시설물에게도 큰 영향을 주어 이들을 이용하는 사람들에게 직간접적인 상호 영향을 주고 받는다.

한편 문화체육관광부·한국문화관광연구원(2019년)[2] 여가활동 분석(표 1-1-1 내지 표 1-1-3)에 따르면, 우리나라 15세 이상의 12년간(2006-2018년) 일일 평균 여가시간은 평일은 약 3.3시간 정도이고 휴일은 약 5.4시간으로 조사된다. 2018년 여가시간을 이용한 그리고 이용을 희망하는 상위 10개 중에는 생활형근린공원, 집주변의 공터(아파트단지 내), 유원지 및 공연장 등 주로 외부공간이어서 이들에 대한 장애물 없는 생활환경을 우선적으로 개선하거나 조성해야 할 것임을 보여준다.

표 1-1-1   국민 일 평균 여가시간 (단위 : 시간)

구분		2006년	2008년	2010년	2012년	2014년	2016년	2018년
여가시간	평일	3.1	3.0	4.0	3.3	3.6	3.1	3.3
	휴일	5.5	6.5	7.0	5.1	5.8	5.0	5.3

표 1-1-2   2018년 여가시간 이용한 공간 상위 10개 : 1+2+3순위 (단위 : %)

구분		식당	생활권공원	카페	영화관	집주변공터	대형마트	산	목욕탕	재래시장	쇼핑몰
전체 (15세 이상)		39.1	21.0	18.3	17.0	16.9	15.6	11.9	11.5	10.9	9.7
성별	남	42.8	20.4	15.4	17.1	16.4	11.0	16.0	9.6	7.5	6.4
	여	35.5	21.6	21.3	17.0	17.3	20.1	7.8	13.3	14.3	13.0

표 1-1-3   2018년 이용을 희망하는 여가공간(개별) 상위 10개 (단위 : %)

구분		식당	산	쇼핑몰	생활권공원	영화관	카페	헬스클럽	유원지	복합문화거리	공연장
전체(15세 이상)		17.3	15.9	13.9	13.5	12.5	11.8	10.4	8.6	8.6	8.6
성별	남	18.7	18.9	9.8	13.8	12.6	10.0	12.1	8.4	7.0	6.7
	여	15.9	13.0	17.9	13.3	12.4	13.7	8.7	8.8	10.2	12.4

매년 증가 추세에 있는 2018년 휴가 일수의 경험률은 68.1%(남자 70.7%, 여자 66.3%)에 달하며 남자는 5.4일 여자는 5.3일을 갖는다. 휴가기간 동안 28.6%가 자연명승 및 풍경 관람을 하고 쇼핑 및 외식은 25.4%, 온천 및 해수욕장은 24.2%, 국내 캠핑은 20.6%, 해외여행은 17.8%, 테마파크/놀이공원/동식물원은 12.2%, 문화유적 방문은 12.2%, 음주는 9.6%, 삼림욕은 8.4%를 점하여 휴가기간 동안에는 적극적으로 먼 곳을 지향하는 야외 활동을 하는 것으로 나타난다.

연휴기간에는 가족 및 친지방문 31.0%, 쇼핑/외식 28.1%, TV시청 27.6%, 영화관람 19.2%, 친구 등 만남 18.7%, 목욕/사우나/찜질방 10.3%, 음주 9.8%, 등산 8.5%, 잡담 통화 등 잡담 7.9%로 나타난다.

---

[2] 문화체육관광부·한국문화관광연구원(2019년), 2018 국민여가활동조사, PP 69, 106, 107

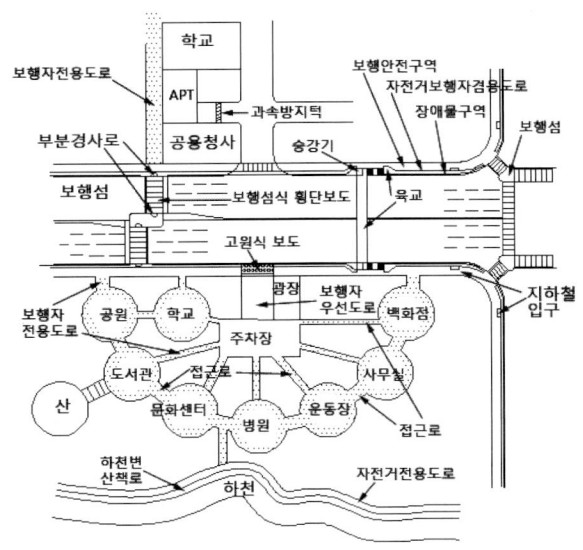

그림 1-1-1
일상적 범위의 장애물 없는 외부 공간 및 시설 개념도

또 문화체육관광부·한국문화관광연구원(2019년)이 조사한 여가활동 주요 시설은 문예회관, 지방문화원, 문화의집, 생활문화센터, 사설문화센터, 미술관, 박물관, 도서관, 주민자치센터, 여성회관 및 여성발전센터, 사회복지관, 평생학습관, 오락장, 국민체육센터, 주제공원, 유원지, 테마파크, 농산어촌체험장, 삼림욕장, 캠핑장 등이다.

이와 같은 외부 공간 이용자 즉 보행자의 비율 중 교통약자의 인구가 2030년에 전체 인구의 38.7%인 2,008만 명까지 증가하는 추세는 베이비부머(baby boomer) 세대가 대거 노인층으로 편입되는 시기에 도래하여 국민 전체의 여가시간의 총량 증대가 추정되고 또 외부 공간을 이용하는 약자의 절대인구가 점점 증가하는 추세를 말하고 있다(표1-5-4참조).

따라서 외부 공간을 구성하는 다양한 시설물의 설계와 시공, 보수 및 관리 시에 보행 공간에서 발생하는 장애, 불편, 위험, 사고, 차별 등의 여러 요소를 사전에 제거하여 장애물 없고 손쉽게 접근 가능한(barrier free 또는 accessible) 것을 요구하는 것이다. 보행 공간에 장애를 유발함에 있어 보이지 않는 또는 보이는 여러 요소들을 분석하고 장애 요소들을 사전에 제거하고 쾌적하고 안전하며 편리한 보행 공간을 형성하기 위해 부족한 부분을 메우는 작업이 장애물 없는 또는 접근 가능한 공간을 형성하는 목적이다.

1-1-3 외부 공간의 장애물 없는 설계[3] 요소, 목적 및 목표(S.A.C.A.N)

불특정 다수가 이용하는 외부 공간 및 시설들은 공공성이 강하여 공공적 디자인 성격을 갖게 된다. 외부 공간의 성격을 공공적인(public), 준공공적(semi-public), 공용인(in common use), 공적인(official), 사적인(private) 영역 및 관리자 영역으로 정의하여 공간 및 시설물을 어떻게 설계, 시공 및 관리할 것인가를 파악해야 할 것이다. 이용자와 관리자

---

3) 이 책에서 '설계'란 구상, 기본계획, 기본설계 및 실시설계 과정을 말한다.

의 영역을 파악하고 공간과 시설을 구체적으로 정의해야 할 것이다.

활동은 분명한 목적과 목표가 있어야 한다. 더구나 시간과 비용을 들이는 사업인 경우 더욱 분명하고 뚜렷한 목적과 목표를 확인하여야 한다. 정의된 공간과 시설에 관해 장애물이 없는 목적은 공간과 시설을 이용하는 많은 생명활동의 실존적 가치라는 궁극의 목적(目的, objectives)을 달성한다는 것임을 알고 설계 시공을 하는 것이다. 또 이 목적 달성하기 위해 다음 단계의 핵심 목표(目標, targets)인 안전성(安全性, Safety), 접근성(接近性, Accessibility), 편의성(便宜性, Convenience), 쾌적성(快適性, Amenity), 비차별성(非差別性, Non-discrimination) 등의 BF 핵심 목표(S.A.C.A.N.)에 따라 구체적인 설계와 시공의 방향과 내용을 정하는 것이다. 즉 접근성, 안전성, 편의성, 쾌적성, 비차별성 등은 구체적 설계와 시공의 목표가 된다. 이런 목적과 목표 때문에 장애가 없는(barrier free) 목적과 목표는 이용자인 모든 사람을 포함하는(universal, inclusive) 관점으로 표현되기도 한다.

약자 즉 신체적 약자 또는 교통약자라는 측면에서 장애물 없는 설계란 일종의 복지와 사회적 통합을 목적으로 하는 설계이기도 하다. 개인과 사회 전체가 지불해야 하는 불편비용이나 의료비를 줄이고, 약자와 강자 간의 사회적 마찰을 해소하고, 개인의 행복을 증강시키는 복지를 지향하는 생활환경을 목적으로 하는 것이다.

이러한 목적을 지향하는 장애물 없는 설계와 시공의 목표 수준을 어디까지 정하여야 할까. 높은 수준에서부터 낮은 수준의 범위를 어디까지 정할 것인가. 현행 주요 법령은 장애인들이나 교통약자들의 「일상적 활동」이나 「일상생활」을 주요 범위로 설정하고 있다. 「교통약자의 이동편의증진법」 제1조 및 「보행안전및편의증진에관한법률」 제1조에서 「보행환경」을 말하고, 「장애인·노인·임산부등의편의증진보장에관한법률」 제1조에서는 「일상생활 관련 시설과 설비」를 말하며, 「장애인차별금지및권리구제등에관한법률」 제1조에서는 법의 특성 상 더욱 광범위하게 「모든 일상생활」을 대상으로 정의하고 있다.

다시 말해 장애물 없는 설계와 시공의 목표 범위는 일상적 활동이나 일상생활과 밀접한 공간과 시설을 주요 대상으로 하면서 낮은 단계는 장애인으로서 보행보조기기나 보조견이나 보호자와 함께 이동하는 사람, 노인, 어린이, 임산부, 영유아를 동반한 사람, 물건을 든 사람, 유모차를 운행 중인 사람이 일상적인 공간이나 시설물에 접근하고 이용함에 있어 안전하고 편리한 수준으로 설계하고 시공하는 것을 목표로 해야 할 것이다.

등산가로서 산에 올라가는 것과 같은 특정 행위에 충족해야 하는 설계와 시공의 목표는 일상적 범위를 벗어나거나 한계적 범위에 속해 있다고 할 수 있을 것이다. 일상적 설계 시공의 대상인 각 공간과 시설에 맞는 적정한 안전성, 접근성, 편의성, 쾌적성, 비차별성 등에 관한 개별적이고 구체적인 목표를 별도로 정하는 것이 장애물 없는 설계 시공의 목표이다. 안전성, 접근성, 편의성, 쾌적성, 비차별성을 이해하는 것이 시작이고 마지막이며 법 이전에 계획가, 설계자, 시공자가 해야 할 과제이기도 하다(표 1-8-1 및 표 1-8-2 참조). 장애물 없는 설계 시공 목표로서의 기준인 안전성(安全性, Safety), 접근성(接近性, Accessibility), 편의성(便宜性, Convenience), 쾌적성(快適性, Amenity), 비차별성(非差別性, Non-discrimination)의 첫 영문자인 S.A.C.A.N. 기준의 내용은 아래와 같다.

가. 안전성 (安全性, Safety)

장애물 없는 설계와 시공의 목표 중에 「안전성」이 가장 중요하다. 안전성은 비차별성, 접근성, 편의성, 쾌적성보다 가장 낮은 기초적 단계의 목표이다. 미국의 심리학자 에이브러햄 매슬로(Abraham H. Maslow)는 인간에게 요구되는 다섯 가지 욕구 중 생리적 욕구(physiological needs)가 만족되면 안전을 두 번째로 욕구(safety needs)로 취한다는 것이다. 그런 후 사회적 욕구(social needs), 자존의 욕구(self-esteem needs) 및 자기실현의 욕구(self-actualization needs)를 추구한다고 한다.

안전이란 위험이 없는 상태를 말한다. 설계와 시공의 안전 요소는 공법 채택, 자재 선정, 시방 등과 관련되어 있다. 안전을 강화할수록 비용이 높아지며 비용의 한계는 경제성의 원리에 따라야 하겠으나 안전을 무시한 비용은 사실 상 이용자에게 큰 불행과 사회적 갈등을 유발하거나 심화시킨다. 불행한 세월호 사고가 이를 말하고 있다.

구조물과 시설물이 자연 상태나 이용 중에 일상적 충격, 피곤, 열팽창 등에 이기지 못하여 무너지거나, 돌출되거나, 부러지거나, 휘거나, 절단되거나, 함몰되거나, 단차가 발생하거나, 찢어지거나, 갈라지거나, 늘어지거나, 넘어지거나, 미끄럽거나, 기울어지는 등의 현상으로 상해 또는 사망으로 연결되어 위험성을 초래한다.

따라서 안전한 공법 선정, 토공 다짐, 자재의 규격(두께), 이음 또는 연결 방식, 팽창수축, 미끄럼저항성, 시설제한 높이와 폭 등을 검토하고 마지막으로 위험한 경계부, 비탈면, 예리한 모서리 부위 등이 발생하는 경우 설계로 대처하여야 한다. 탈출 및 연락 수단, 시각적·청각적 경고, 차단, 보완(완화 또는 완충), 안전거리 및 시야 확보 등의 조치를 선택적으로 취하거나 이용자에게 안전을 당부해야 한다. 다만 이들 조치는 보조적이어야 한다.

나. 접근성 (接近性, Accessibility)

접근성은 노인이나 장애인 등과 같은 교통약자나 신체적 약자를 위한 중요한 과제이다. 보통 접근성이란 이용성(利用性, Usability)의 개념을 포함하는 즉 최종 이용을 전제로 하는 개념이다.

공간이나 시설에 도달하기 위해 보행, 휠체어, 유모차, 스쿠터, 목발 등 보행보조기기, 보조견, 동반자와 함께 이동한다. 이러한 이동 방식이나 수단으로 공간이나 시설까지 도달하는 것과 도달된 후 공간이나 시설을 사용자의 목적에 따라 이용하도록 하는 것이 접근성의 내용이다.

구체적으로, 첫째 접근성은 이용할 공간이나 시설에 도달하기 전 이용자에게 제공하는 안내나 인터넷 매체와 같은 것을 말한다. 인적 편의(service), 안내시설 또는 정보 공급 매체 등의 접근 정보 제공이 필요하다. 이러한 접근 정보는 이용자가 도달해야 하는 곳까지 연속적이고 명확한 것임을 전제로 하여야 한다.

둘째 보도 등과 같은 물리적 시설 등의 접근 수단이 절대적으로 필요하다. 물리적 시설은 신체적 약자나 교통약자가 이용할 수 있는 적정하거나 절대적인 폭, 너비, 기울기, 높이, 거리 등의 규격을 요구한다.

셋째 이용할 공간이나 시설물이 장애인, 노인, 어린이, 임산부, 영유아 동반자 등에게 손, 발, 눈 등을 통한 생리적 또는 신체적 욕구에 충족되는 물리적 규격으로서의 허용을 필요로 한다. 섬세한 규격과 이들 약자의 불편을 극복할 수 있는 최소 공간 확보(전면거리, 회전공간 등), 자재 선정, 부속물의 위치(높이 및 거리 등) 등을 설계와 시공에 반영하는 것이다. 장애인이나 노인 등 약자에게 이러한 접근성을 제공하면 거의 누구나 이용 가능한 공간이나 시설물이 되어 범용적 디자인(universal design)이 되는 것이다.

다. 편의성 (便宜性, Convenience)

사전적 의미의 편의성은 불편이 없고 편리한 것을 말한다. 안전성과 접근성은 매우 기초적 목표이나 편의성은 부가적인 가치로 여겨진다. 삶을 윤택하게 하는 정도가 편의성으로 나타난다. 공공의 공간이나 시설물이 편의성이 없으면 불필요해지며 이용의 빈도가 낮아진다. 즉 불편한 공간이나 시설이 된다. 또한 적절한 편의성이 제공되지 않으면 파괴(vandalism), 황폐화, 사고 등을 유발하기도 한다.

각각의 공간이나 시설에는 편의성 제공을 위해 생리적, 신체적 또는 심리적 욕구에 맞는 기본적 시설을 갖추어야 한다. 편의성을 제공하는 시설 즉 편의시설이란 화장실, 벤치, 정류장, 영유아거치대, 휴지통, 주차장, 계단, 경사로 등 다양하다.

생리적, 신체적 또는 심리적 기능과 반응이 일반인과 다른 장애인, 노인, 임산부, 어린이 등에게 구체적이고 그들에게 적정한 편의성 제공은 중요한 요소이다. 이들에게 맞는 수준의 질과 수량을 제공하거나 일반인과 공동으로 사용할 수 있도록 하여야 한다. 공공의 편의성 제공 수준은 화려하거나 과다하거나 복잡하거나 낭비적이어서는 아니 될 것이며 기초적이며 단순하며 적재적소에 공급되어야 할 것이며 이용 후 관리가 잘 되도록 하여야 할 것이다. 장애인전용주차구역, 손잡이 등과 같은 시설은 반드시 제공하여야 편의성을 보장한다.

라. 쾌적성 (快適性, Amenity)

모든 디자인의 동일한 목표 중 하나가 쾌적성이다. 쾌적성이란 만족도, 완성도 및 종합성의 일종으로 느낌이나 판단에 의해 선호도를 결정하는 척도가 된다. 따라서 사람에 따라 쾌적성 수준의 평가가 달리 나타난다.

주로 공간이나 시설의 쾌적도는 사업자의 의지 및 사업비 규모, 설계자 및 시공자의 능력과 수준에 따라서 결정된다. 장애물 없는 공간이나 시설물이 쾌적성을 유지하지 위해서는 안전성과 접근성과 편의성이 요구되며 이에 더하여 마감의 정도, 공사의 질 등이 쾌적성을 증가시킬 것이다.

마. 비차별성 (非差別性, Non-Discrimination)

비차별성은 접근성과 함께 장애인을 위해 매우 중요한 목표가 된다. 차별에 관한 실제적 응용이나 판단은 어렵다. 「장애인차별금지및권리구제등에관한법률」 제4조에 따르면 차별이란 「장애를 사유로 정당한 사유 없이 제한·배제·분리·거부 등을 하는 행위」를 말하며 「장애가 없는 사람과 동등한 편의를 제공받도록」하고 있다. 그리고 특별히 「장애인의권리에관한협약」 제2조에는 장애로 인한 차별을 「정치적, 경제적, 문화적, 민간 또는 다른 분야에서 다른 사람과 동등하게 모든 인권과 기본적인 자유를 인정받거나 향유 또는 행사하는 것을 저해하거나 무효화하는 목적 또는 효과를 갖는, 장애를 이유로 한 모든 구별, 배제 또한 제한을 의미」하고 「합리적 편의 제공에 대한 거부를 포함한 모든 형태의 차별을 포함한다」라고 하였다.

한편, 「장애인·노인·임산부등의편의증진보장에관한법률」 제4조에 따르면 장애인뿐 아니라 노인, 임산부, 어린이 등을 대상으로 「장애인등이 아닌 사람들이 이용하는 시설과 설비를 동등하게 이용하고 정보에 자유롭게 접근」하도록 규정하고 있다.

또 「보행안전및편의증진에관한법률」 제3조에서는 「모든 국민이 장애, 성별, 나이, 종교, 사회적 신분 또는 경제적·사회적 사정 등에 따라 보행과 관련된 차별을 받지 아니하도록 필요한 조치를 마련하여야 한다」라고 규정되어 있다.

그리고 「교통약자의이동편의증진법」 제2조와 제3조에서는 장애인, 고령자, 임산부, 영유아를 동반한 자, 어린이 등을 교통약자로 정의하고 이들을 위해 「모든 교통수단, 여객시설 및 도로를 차별 없이 안전하고 편리하게 이용하여 이동할 수 있는 권리를 갖는다」라고 하였다.

차별은 평등이나 동등과 반대된다. 주로 차별은 학습된 사상, 가치, 지식 등으로부터 오는 편견에서 발생하기도 한다. 전통적이거나, 관습적이거나, 기 학습된 디자인 원리, 생각 및 이론 역시 편견일 수 있다는 것을 전제로 생명 자체와 생명활동에 대한 존중이 디자인 원리에 첨가되어야 한다.

또 차별은 약자에 대한 몰이해에서 발생한다. 따라서 장애인, 노인, 어린이, 임산부 등에 대한 생리적, 신체적, 정신적, 심리적 지식과 체험 사례를 듣고 익혀야 한다. 단순히 법령에 나열된 기준이나 매뉴얼에는 거의 차별에 관한 구체적 사례가 없다. 약자에 대한 동정적 지식과 이해(sympathetic knowledge & understanding)로 장애물 없는 설계 시공에 다가

설 수 있다. 비차별성의 내용은 일반인과 동등한 편의 제공이나 이용이 핵심적 설계 요소 중 하나이며 내용면에서 생색내기라든지 어쩔 수 없거나 할 수 없어서 부가하는 방식의 설계와 시공 역시 차별적이다.

1-1-4 장애물 없는 외부 공간 설계의 접근법

장애물 없는 외부 공간 설계 방법은 크게 두 가지 방법이 있다. 첫째 장애물 없는 설계를 염두에 두지 않고 일반적인 설계 방식에 따라 큰 틀을 정한 후 장애물을 제거하거나 장애물 없는 설계 요소를 부분적으로 반영하는 방식이다. 장애물 없는 공간 설계 내용의 재검토(feedback)가 일어나는 방식이다.

둘째는 처음부터 장애물 없는 외부 공간이 되도록 공간 요소와 시설 요소에 중점을 두어 통합적으로 설계를 이끄는 방식이다. 전자의 설계 방식이 나쁘다고 할 수 없으나 장애인 등 약자들에게 차별적인 시설물이 부가됨으로써 전체적으로 일반인과 약자들이 공동으로 사용되는 공간이 조화되지 않는 경우가 많다.

따라서 재검토 과정을 방지하기 위해 처음부터 차별적 요소나 장애 요소가 없는지를 고려하여 누구나 편리하고 안전하며 비차별적인 공간이 되도록 통합적으로 설계하는 것이 합리적이다. 이러한 설계를 위해서는 장애물 없는 설계 경험이 있는 기술자·설계자·경험자의 참여가 처음부터 동시에 이루어져야 한다. 이 후자 방식이 바람직하다(표 1-1-4 참조).

도시계획, 건축, 토목, 조경, 전기, 설비, 색채, 장애, 복지, 정책 등 각 분야의 전문가, 기술자나 설계자들이 함께 공동의 목표를 찾아 참여하는 설계가 필요하고 그리고 시공 현장에서는 이루어지는 공종인 포장공, 포설공, 조적공, 목공, 석공, 비계공, 벽돌공, 조경공, 배관공, 타일공, 줄눈공, 콘크리트공, 철판공, 용접공, 건축목공 등이 해야 할 마감 수준을 결정하여 시방서까지 상세하게 기술되어야 한다.

1-1-5 공공(公共), 공용(公用), 공용(共用), 전용(專用), 우선(于先) 및 범용(汎用)

고속도로 휴게소 화장실 입구에 장애인 표시가 있는 장애인화장실을 보게 된다. 이곳의 출입문은 대체로 자동문이고 내부에 소변기, 대변기, 세면대, 손잡이, 비상벨 및 영유아거치대 등이 있다.

일반적으로 이 화장실이 장애인들만이 이용하는 장애인전용(專用)화장실인 듯한 생각을 한다. 그러나 이 화장실의 법상 명칭은 '장애인등의 이용이 가능한 화장실'이다. 「장애인·노인·임산부등의편의증진보장에관한법률」 제2조 등에 의거 설치되는 편의시설로서의 화장실인데, '장애인, 노인, 임산부 등 일상생활에서 이동, 시설 이용 및 접근 등에서 불편을 느끼는(같은 법 제2조제1호)' 사람을 위해 설치된 화장실을 지칭하여 '장애인등의 이용이 가능한 화장실'이라는 긴 용어를 줄인 화장실이다.

여기 법상 정의한 '장애인등'이라는 용어는 '장애인, 노인, 임산부 등'을 줄인 용어이고 이 구절 끝에 '등'의 의미는 매우 포괄적인 의미를 담고 있다. 우선 일반 화장실을 이용하기에 불편이 있는 사람이 우선적 이용을 할 수 있는 화장실이라는 의미이다. 예를 들면 화장실에 갔는데 일반 화장실이 모두 이용 중이어서 용무가 급한 사람은 즉 일반 화장실을 이용할 수 없을 정도로 생리적 불편을 느끼는 일반인이 '장애인등의 이용이 가능한 화장실'이 비어 있다면 이용에 제약이 없음을 의미한다. 가급적 장애인 등에게 우선적 이용이 바람직한 화장실일 뿐이다. 일반인보다 상대적 약자라는 개념에 의거 장애인, 노인, 어린이, 임산부 등이 우선적으로 이용할 수 있도록 그 내부 시설이 일반 화장실과 달리 설계 시공된다.

당초 법률 제정 시 이 법률적 용어를 선정함에 있어 많은 고민이 숨어 있다. 왜냐하면 용어로 인한 사용자의 오해나 배타적 이용이 문제될 것이어서 장애인 전용 화장실이나 장애인 화장실 등으로 표기하지 않고 이렇게 긴 용어를 선정하였다. 장애인 등의 입장에서 그리고 비장애인도 입장에서도 「함께」 사용할 수 있는 아름다운 취지가 담긴 화장실이다. 이런 의미에서 '장애인등의 이용이 가능한 화장실'은 다분히 범용(汎用)적이기도 하다.

도시공간에 설치되는 시설은 대부분이 불특정 다수인이 공용(共用, common use)으로 사용하는 공공(公共, public)의 시설이다. 특정인이 사용하는 전용(專用, exclusive use)의 시설은 장애인전용주차구역처럼 다른 사람이 사용할 때 장애인이 사용하지 못하므로 장애인이라는 특정인이 전용으로 사용하는 것으로 하고 있다. 그리고 장애인등의 이용이 가능한 화장실처럼 약자를 우선(于先, prior use)으로 하는 시설이 있다.

이러한 맥락에서 '장애물 없는 설계나 시공을 한다'는 것은 비차별적으로 공용(共用)의 설계를 해야 한다는 것인데 장애인을 위한 시설은 장애인을 우대하는 것이 아니라 장애인 등 사회적 약자도 동등한 사용을 전제로 설계해야 한다는 것이다. 서로가 비배타적이고 비차별적인 개념으로 모든 사람이 동등하게 갖는 이용 권리를 반영한다는 점이다.

한편, 「교통약자의이동편의증진법」 시행규칙 별표1의 2. 여객시설 자 항목에 장애인전용화장실을 두도록 한 경우는 사전적 뜻으로는 장애인이 전용(專用)으로 사용하는 화장실이라는 것으로 정의된다. 만일 이 화장실 이외에 일반 화장실이 없거나 일반인에게 오히려 역차별적으로 멀리 위치하여 설계 시공되어 장애인만을 위한 것이라면 잘못된 것이다.

끝으로, 공용(公用, official)의 시설은 장애인도 사용하거나 근무할 수 있기에 매우 특별한 경우(예: 군의관의 근무 시설이나 숙소)를 제외하고 장애인 등을 포함한 모든 사람에게 접근권이 보장되도록 설계 시공되어야 한다.

표 1-1-4　　　　　　　　　장애물 없는(Barrier Free) 외부 공간 조성 절차[4]

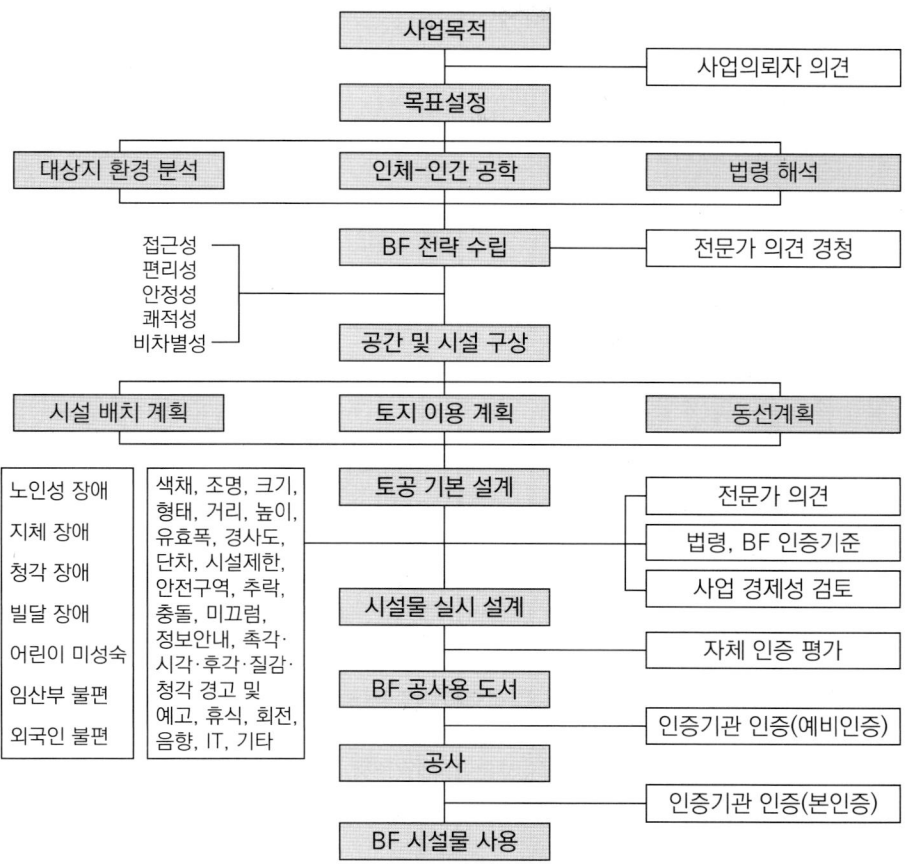

1-1-6　장애인 등에 대한 비차별적 설계

장애인 등 약자를 고려한 설계는 당연한 것인데 고려의 표시 정도가 필요하다. 장애인 입장에서 보면 '배려'는 때로는 지나침이 될 수 있다. 당연한 것임에 불구하고 배려라는 의미 한 구석에는 차별적 개념이 있기 때문이다. 지나친 강조는 장애인 등에게 차별적 불편 즉 차별 받는 느낌 등을 유발하게 된다. 다만 강조가 필요한 우대, 고려 등으로 공간 확보, 안내 표시가 필요한 경우에 사회적으로 합의된 방법에 따라 또는 가급적 불편을 느끼지 않도록 설계하는 것이 장애물이 없는 설계의 기본적 방향이다. 여러 곳에 장애인 등을 강조거나 배려하는 설계 방식은 불필요한 것이고 지나친 것이다. 설계와 시공을 통해 사람을 약자로 만드는 것이 차별적 설계와 시공인 것이다.

---

4) 표 1-8-3, 표 5-1-1 및 표 5-1-2 참조

1-1-7 장애인전용주차구역은 왜 전용인가

「장애인·노인·임산부등의편의증진보장에관한법률」 제17조에 따르면, 편의시설인 장애인전용주차구역을 설치해야 하는 경우에는 주차장 구역 내에 또는 별도로 장애인만이 이용할 수 있는 전용의 주차구역을 표시하여 확보하도록 하고 있다.

이것은 지체장애인 뿐만 아니라 장애인 모두에게 비장애인이 가질 수 없는 특별한 전용(專用)의 사용권(exclusive use)을 제공하는 것이다. 장애인 특성 상 일반 주차장을 이용하는 경우 주차면으로의 접근 어려움, 주차 후 승하차 시의 불편, 주차면이 없을 경우 주차할 수 있는 대안 확보의 불가능, 일반 주차면과 같은 곳에 주차 후 주된 시설에 이르는 거리가 먼 불편이나 접근 불가 등 여러 문제가 발생하게 된다. 즉 전용의 주차 구역을 확보하지 않는 경우 장애인 등에게 차별이 발생하게 되는 것이다. 따라서 장애인을 위해 일반인이 이용할 수 있는 것과 최소한 동일한 방식으로 이용하도록 장애인에게 주차면을 확보하는 것이다.

이러한 설계는 특별한 고려이기도 하지만 동일한 기본권을 가진 사람들 간에 사회적 갈등을 완화/해소/통합하는 서로를 위한 설계 방식이기도 하다. 즉 동일한 기본권에 따라 서로 간에 합의된 특별한 약속이기에 비장애인이 장애인전용주차구역에 주차를 하는 경우 벌금을 부과하거나 견인을 하게 된다.

1-1-8 외부 공간 이용에 있어서 약자의 법률적 의의

장애인, 노인(고령자), 임산부, 어린이, 영유아동반자 등이 외부 공간을 이용함에 있어서 이들을 약자로 만드는 설계와 시공이 산재할 수 있다. 장애인이라 함은 「장애인복지법」에 의한 정의이고, 임산부는 「모자보건법」에 의해 임신한 여성과 출산 후 6개월 내 여성으로 정의되고, 노인은 「노인복지법」 및 「국민기초생활보장법」에서는 65세로 이상으로 보며 「국민연금법」에서는 노인을 60세 이상으로 본다. 「고용상연령차별금지및고령자고용촉진에관한법률」에서는 고령자를 55세 이상으로 보고 있다. 영유아라 함은 「영유아보육법」에서 6세 미만 취학 전 아동을 말한다. 어린이(아동)는 보통 7~13세를 말하나 유아인 4~6세를 포함하기도 한다.

다음 세 개의 주요 법령에 의해 이들이 외부 공간을 이용함에 있어 이들이 동등한 권리를 사용하도록 하고 있다. 첫째 '교통약자'라는 명칭을 사용하는 「교통약자의이동편의증진법」 제2조제1호에서는 장애인, 고령자, 임산부, 영유아를 동반한 자, 어린이 등 생활을 영위함에 있어 이동에 불편을 느끼는 자로 정의하고 있고 같은 법 제3조에서 '이동권'을 보장하기를 '교통약자는 인간으로서의 존엄과 가치 및 행복을 추구할 권리를 보장받기 위하여 장애인 등 교통약자가 아닌 사람들이 이용하는 모든 교통수단, 여객시설 및 도로를 차별 없이 안전하고 편리하게 이용하여 이동할 수 있는 권리를 가진다'라고 명시하였다.

둘째, 「장애인·노인·임산부등의편의증진보장에관한법률」 제2조제1호에서 '장애인등'이란 장애인, 노인, 임산부 등 일상생활에서 이동, 시설이용 및 정보 접근 등에 불편을 느끼는 사람으로 정의하고 같은 법 제4조에서 '접근권'을 보장하기를 '장애인등은 인간으로서의 존엄과 가치 및 행복을 추구할 권리를 보장받기 위하여 장애인등이 아닌 사람들이 이용하는 시설과 설비를 동등하게 이용하고, 정보에 자유롭게 접근할 수 있는 권리를 가진다'라고 하고 있다.

셋째, 상기 두 개 법령과 달리 「보행안전및편의증진에관한법률」 제3조에서는 모든 국민의 '보행권'을 보장하기 위해 정의하기를 '국가와 지방자치단체는 이 법 또는 다른 법률에서 정하는 바에 따라 공공의 안전보장, 질서 유지 및 복리 증진을 저해하지 아니하는 범위 내에서 국민이 쾌적한 보행환경에서 안전하고 편리하게 보행할 권리를 최대한 보장하고 진흥하여야 한다'라고 하였다.

자료 UDAC

제1장
2절

외부 공간 설계의 패러다임

1-2-1   고대 문헌의 장애인을 위한 차별금지 및 설계 기준

Barrier Free Design, Universal Design, Accessible Design 등으로 표현되는 인권 디자인은 1950년대 중반 이후에 나타난 개념으로 부상되었으나 가장 오래된 문헌인 성경에도 인권적 설계 개념이 나타난다. BC1440~1400년경에 쓰인 것으로 추정되는 레위기 19장 14절에 "너는 귀먹은 자를 저주하지 말며 맹인 앞에 장애물을 놓지 말며(You shall not curse the deaf, nor put a stumblingblock before the blind, King James 번역) 네 하나님을 경외하라. 나는 여호와니라"라고 적혀 있다. 청각장애인과 시각장애인을 위한 차별금지법이고 장애물 없는 설계 기준이다.

King James 영어 성경에서는 'stumblingblock'로 번역된 이 영어 단어를 두 가지로 해석할 수 있다. 즉 걸을 때 발에 걸림이 되어 비틀거리게 하거나 넘어지게 하는 바닥재이라는 뜻인데 이는 포장할 때 평평하게 깔고 걸을 때 발에 걸림이 없도록 하라는 일종의 설계 기준을 말하거나, 포장재로 포장되지 아니한 일반 보행 구간에 돌 등의 걸리는 것을 두어 시각장애인의 보행에 장애를 유발하는 일이 없도록 하라는 것을 뜻한다. 약 3,500년 전 사람들로 하여금 보행 구간은 평탄하게 포장하거나, 보행장애물을 두는 것을 방지하는 법규인 것이다.

위 내용은 청각장애인과 시각장애인에 관한 차별금지 및 인권부여를 설명하는 것인데, 이집트의 왕자로 지낸 모세가 이스라엘 백성과 함께 이집트를 탈출하여 가나안지방으로 들어가기 전 하나님으로부터 받은 명령이다. 아마도 이집트에서부터 발생해 왔던 장애인에 대한 차별 문제를 개선하기 위한 조치였던 것으로 추측할 수 있다. 인간들이 저지르는 잘못된 관행으로서의 인권 억압 및 차별적 요소를 제거하기 위해 명문화 된 법규이다.

1-2-2   미와 상징을 추구하는 디자인

동서양을 막론하고 산업사회 전까지 즉 고대에서 봉건사회에 이르기까지 디자인 패턴과 디자인 목표는 절대적인 심미성와 상징성에 중점을 두었다. 고대 왕권, 재력가 또는 권력자의 요구에 따라 디자이너였던 미술가, 건축가, 조각가 등은 심미적 또는 예술적 재능으로 이들의 요구에 따라 심미성과 권력의 상징성을 표현하는 경우가 많았다.

특히 서구의 경우 왕, 교회, 영주, 부호들이 요구하는 미를 구현하였는데 그 대부분 작품이 절대미를 강조한 작품과 그들이 요구한 가치인 왕권, 신성, 부의 상징을 표현하였다. 인간의 순수한 감성에 기초한 고전미가 많았고 오늘날의 디자인 근간이기도 하다.

1-2-3 기능을 추구하는 디자인

산업사회에 들어와서 대량생산과 대량소비에 따라 소비자가 원하는 디자인을 추구하게 된다. 생산의 효율성이라든가 경제성을 중시하는 디자인이 되었다. 생산 또는 이용자의 기능을 중시하는 소위 기능미를 추구하는 디자인 패턴이 유행하게 되었는데 각종 소비재에서부터 건축물에 이르기까지 기능적 선과 패턴이 강조됨으로써 경제성, 단순성과 편리성을 띠는 경향이 나타나게 되었다. 이를 고전미와 대비하여 현대적인 미감이라고 할 수 있다.

1-2-4 생태와 환경을 추구하는 디자인

20세기에 들어서 기술과 장비가 발달하여 자연을 훼손하는 대규모의 토목 또는 건축구조물이 건설되고 급격한 인구와 산업의 증가로 도시가 급격히 비대화되었다. 기계화되고 대량생산체계에서 발생하는 문제점으로 비인간화, 환경오염 및 자연환경의 파괴가 발생되었다. 이를 극복하기 위해 자연과 환경을 위한 또는 자연환경 법칙에 순응하는 디자인 원리를 찾아 설계하고자 함이 1960년대 이후에 새로운 경향으로 대두되었는데 생태디자인 또는 환경디자인의 등장이었다.

1-2-5 기술의 발전과 혁신에 의한 스마트 디자인

컴퓨터의 출현, 나노기술 및 생명과학의 발달 등 과학기술이 기하급수적 발전을 하고 있고 이를 응용한 첨단기술에 의한 디자인은 많은 편리성을 주게 되었다. 이러한 첨단기술로 인해 디자인이 소형화, 단순화, 정밀성, 고급화 등으로 나타나지만 디자인의 수명이 짧아지는 경향도 함께 나타난다. 스마트 디자인의 개념이 정확히 확립되어 있지 않으나 인공지능(artificial intelligence)의 발달로 디자인이 점점 똑똑해지는 경향과 고부가가치로 나타낸다.

1-2-6 기계 중심의 디자인에서 사람 중심의 디자인

기계적인 디자인의 가장 대표적 제품이 자동차이다. 소음을 일으키며, 오염물질을 발생시키고, 사고를 유발한다. 도시공간을 무의미한 강한 직선으로 구획 짓고 주거형태를 자동차 구조에 맞추는 디자인을 강요한다. 건축물은 공장에서 만들어진 거푸집과 철근, 철골, 시멘트콘크리트, 페인트 등을 사용하여 만들어진다. 이러한 기계 중심의 단순한 직선과 기능미를 개선하고자 사람중심의 디자인 경향이 20세기 초반에 나타나게 된다. 차량 중심에서 보행자 중심의 교통체계의 도입, 공원녹지 체계의 도입, 생태환경을 반영하는 토목과 건축디자인 등이 사람 중심의 디자인 예이다. 또 사람 중심의 디자인은 다양한 계층의 이용자와 인간미를 강조하고 있다.

1-2-7 에너지 중심의 디자인

폭증하는 산업용지와 무문별한 개발로 인한 자연 생태계의 파괴, 과다한 CO_2 증가와 지구온난화, 석유자원 등 전통적 에너지원의 고갈 등으로 설계 기법이 환경과 생태를 보전/보존/보호하고 태양열, 지열, 바람 등 천연 에너지를 적극적으로 이용하며 또 이용된 에너지를 재활용하자는 측면에서의 패시브(passive) 설계 기법이 등장하였다.

1-2-8 다양성과 인권을 추구하는 통합적인 공공디자인 (Integrated & Public Design)

1975년 12월 9일 UN에서 장애인권리선언으로 '장애인은 인간으로서의 존엄성을 존중 받을 천부적 권리가 있고 그 장애의 원인이나 특성 또는 정도에 관계없이 동년배의 시민과 같이 동등하고 정상적이며 완전한 생활을 향유할 수 있는 기본적 권리가 있다'고 명시하였다. 이러한 인권선언에 맞추어 유엔 가입국들도 장애인 기본권을 법으로 명시하여 왔으며 특히 장애인을 포함한 여성, 어린이, 노인 등과 경제적이거나 사회적 약자에 대한 고려와 이들에 대한 사회적 통합(social integration)을 목표로 하게 되었다.

나아가 인종, 문화, 종교, 나이, 성별 등에 대한 편견을 지양하고 또 이로 발생된 차별을 금지하는 경향이 21세기에 가시화 되었고 이와 함께 복지를 디자인 요소에 반영하게 되었다. 이러한 시대정신이 Barrier Free Design 또는 Universal Design 등과 같은 개념으로 발전하여 여러 계층의 다양한 사람이 편리하게 접근하고 이용할 수 있는 공공디자인 개념으로 정립되면서 외부 공간, 건축물, 시설물 등에서부터 일상 용품이나 제품까지 적용하도록 발전하고 있다.

한편, 장애물 없는 생활환경 인증 부문 중 도시계획 또는 지구단위계획으로서의 인증 목표의 하나로서 통합디자인계획을 제시하고 있는데, 장애물 없는 생활환경 지역 부문의 장애물 없는 도시 관리 항목(1.1.1) 해설에 의하면, 「통합디자인」이란 장애인·노인·임산부 등 사회적 시설이용 약자를 위해 구분되어 계획되는 디자인 개념이 아닌 불특정 다수의 모든 이용자를 포괄하여(inclusive) 계획되는 디자인을 의미하는 것을 목표로 하고 있는데 예컨대, 건축물의 주출입구에 계단과 경사로를 함께 설치하는 개념이 아닌, 계단 없이 주출입구를 디자인하여 불특정 다수의 모든 사람이 자유롭게 시설을 이용할 수 있도록 디자인한 경우에 해당한다고 해설하고 있다.

제1장
3절

Barrier Free Design과 Universal Design

1-3-1 Barrier Free Design과 유사 용어

barrier free 즉 '장애물(장벽) 없는'개념은 1950년대 후반부터 미국에서 사용되어 온 개념이다. 그 후 1961년 스웨덴 스톡홀름 국제학술회의가 열린 후 현재까지 사회정책 차원에서 서구 여러 국가에서 채택되어 왔고, 1974년 UN의 장애인 생활환경 전문가 회의에서 장벽 없는 설계(Barrier Free Design)에 관한 보고서가 나오게 되었다. 우리나라를 포함한 동양권인 일본, 싱가폴, 인도, 중국, 홍콩 등에서도 2000년대 들어와 현재 여러 개념과 함께 통용되고 있다. Barrier Free Design 개념이 등장한 1950년대 이후 Universal Design, Accessible Design 등 다양한 용어도 등장하였다.

Barrier Free Design과 함께 외국에서 Non-Barrier Design(무장애 설계), Universal Design(보편 설계), Design for All(모두를 위한 설계), Fair Access for All(모두를 위한 공정한 접근), Inclusive Design(Inclusion, 포괄적 설계), Accessible Design(Accessibility, 접근성 설계), Adaptive Design(적응 설계), Life-Span Design(생애주기 설계), Trans-Generation Design(다세대적 설계), Accessible and Usable(접근성 및 이용성) 등 서로 유사한 개념이 사용되고 있는데 무엇을 강조하고 있느냐에 따라 용어를 구분 사용한다.

널리 사용되어 온 용어 중 하나인 Barrier Free Design 또는 Non-Barrier Design이란 장애(물)로부터 자유롭게 한다는 의미이며 특별히 장애인을 고려한 설계 개념과 관련되어 많이 사용된다. 또 이와 함께 현재 널리 사용되는 용어인 Universal Design이란 장애인뿐 아니라 인간 특성과 보편적 원리에 바탕을 두어 디자인하자는 개념으로 1985년에 미국 로널드 메이스(Ronald Mace)교수가 처음 사용하였다.

이외 다른 용어들인 Design for All은 사용자 모두를 위한 디자인을 추구하자는 것이고, 미국 오래곤대학의 폴리 웰치(Polly Welch) 또는 스턴 존스(Sten Jones)가 사용한 Inclusive Design이란 사용자의 특정 범위를 한정하기보다 폭 넓은 대상을 고려함으로써 배제되지 않는 또는 소외되지 않는 포용성을 강조한 개념이다.

Accessible Design 또는 Accessibility는 미국 또는 유럽에서 널리 사용되고 있다. 1970년대부터 미국에서는 실무적 또는 법률적 용어로도 사용된 이 용어는 barrier free 보다 적극적 개념인 장애인의 접근성에 강조를 두는데 건축물의 문이나 폭, 손잡이, 보도, IT정보통신, 의료, 여가 외부 공간 등에서 접근권과 이용권에 관한 용어로 많이 사용되고 있다. 1961년 미국의 티모시 누전트(Thimothy Nugernt) 일리노이대학교수가 중심이 되어 발의한 전미국기준협회(ANSI) A117.1 설계기준에서 어떻게 barrier free하여야 함에 있어 그 개념을 구체화하여 'Accessible and Usable'이라는 기준을 설정하고 접근과 사용이 동시에 가능하도록 디자인하여야 한다는 점을 강조하였다.

한편 Adaptive Design은 주택 설계에서 보다 많은 사람들이 사용되도록 한다는 취지에서 adaptive라는 용어를 선택하였는데, 싱크대, 접수대 등의 아래 공간 규격, 화장실의 손잡이 등에서와 같이 디자인의 소비자에 대한 매력, 디자인의 탄력성과 순응성에 초점을 두고 있다.

제임스 퍼클(James Joseph Pirkl), 루스 러셔(Ruth Hall Lusher) 등이 사용한 Design for the Life-Span 또는 Trans-Generation Design은 사용 시기 및 수명의 지속성을 기하려는 개념으로 사용되었다. 연령과 신체의 변화에 따른 욕구 변화에 초점을 두고 있다.

Universal Design은 가구, 여행가방, 칫솔 등 생활용품 등 사소한 것들도 디자인 할 경우에도 어린아이든, 왼손잡이든 그리고 장애가 있는 사람이든 간에 가능한 많은 사람이 쓸 수 있는 디자인 개념을 찾고자 함에 있다.

이와 같은 맥락에서 유럽에서는 최근 Design for All이라는 쉬운 개념을 사용하여 서로 다른 상징체계 속에서 사는 다문화적 사회로 변모함에 따라 설계 시에 사회적 비용을 줄일 수 있는 방법을 모색하자는 측면을 강조하고 있다. 미국 건축가협회원인 론 메이슨은 접근성도 필요하지만 낮은 단계의 접근법인 유니버설 디자인은 장애인에게 초점을 맞춘 것이 아닌 다양한 사람을 기본적으로 가정하고 보편적인 수준에서 해결책을 제공하는 것이라 하였다[5].

Universal Design이나 Barrier Free라는 용어를 많이 사용해 온 미국, 일본, 스칸디나비아 등 지역에서는 이를 다소 물리적 시설에 국한해 사용해 왔다. 그러나 최근 독일을 제외한 유럽과 미국에서는 이 개념보다 Accessibility라는 용어를 사용하여 물리적 시설에 대한 design 개념과 함께 비물리적인 사회복지 정책과 지원프로그램을 포함하는 넓은 의미의 개념을 제시하고 있다.

이러한 여러 개념을 광의적으로 종합하면, Barrier Free Design, Universal Design, Design for All, Accessibility, Fair Access for All, Inclusive Design, Accessible and Usable 등 어떤 단어를 사용하든 소수자 또는 약자인 장애인, 고령자, 임산부, 어린이

---

5) 한국장애인개발원(2017), 유니버설디자인 국제세미나 - 유니버설디자인의 흐름 및 향후 정책과제, p65

등은 물론 문화권을 달리 살아 온 외국인까지 누구에게나 접근이 가능하여 편리하고 안전하도록 이용하도록 설계하자는 것이 목표이며, 더 나아가 사회경제적 약자인 저소득층까지도 쉽게 사용할 수 있는 디자인을 추구하는 것으로 점점 확대되어 가고 있다.

또한 이들 개념은 장애인의 권리가 모든 사람에게 동일한 것이며 동일하게 그 권리를 누릴 수 있어야 한다는 UN의 장애인인권선언(1975.12.9)에 기초하여 각국은 장애인 등의 기본권적 권리인 접근권, 이동권, 사용권 등이 비장애인과 동일한 수준으로 물리적 시설과 비물리적 시설이 편리하고 안전하게 제공함에 목표를 둔다.

기존 설계 기법이 보통의 일반인을 기준으로 하고 특정 범위 소수자들에게 세심한 고려 없이 차별적인 설계를 하다 보니, 이들에게 불편을 주고, 사고를 유발하며, 타인의 도움 없이 이용이 불가능한 경우가 발생함에 따라 불필요한 개인적 추가 비용이나 사회적 비용인 갈등과 불화가 발생하는 것을 없애고자 하였다. 우리나라에서도 이들에 대한 기본권적 권리를 구체적으로 제공하기 위해서 법제화 된 '장애물 없는 생활환경 인증제'가 그 예이고 또 각 지방자치단체별로 장애물 없는 생활환경 조례와 Universal Design 조례가 제정되고 있다(표 4-2-1 끝단 참조).

여러 계층에 대한 섬세한 고려로 설계하며 최대 가능한 범위 내에서(to the largest extent possible) 모든 잠재적 이용자를 포함한 모두에게(all persons in a potential user group) 편리하고 안전하게 생활환경과 물건(physical environment and articles) 또는 사회경제적 지원 프로그램을 이용하도록 하자는 개념이 장애물 없는 설계 개념의 골자이다.

요약하면, 이상에서 구분 설명한 Barrier Free Design, Universal Design 및 Accessible Design 등의 주요 핵심 단어는 약자, 장애, 장애물, 장애인, 접근성, 동등한 이용, 편리성, 안전성, 비차별, 쾌적성 등이다. 특정 계층을 포함한 모든 사람에게 동등한 접근과 이용이 보장되어 안전하고 편리한 물건, 시설 및 공간이 되도록 하는 설계를 공통적 개념으로 한다. 장애, 접근 및 비차별 개념을 강화한 것이 Barrier Free 및 Accessible Design이고 이용성을 강조한 한 개념이 Universal Design이다.

1-3-2   Universal Design 7 원칙

Barrier Free Design이 생긴 이후 이 용어와 혼용되고 중복되는 디자인 개념인 Universal Design(범용디자인)은 미국의 노스캐롤라이나대학 교수인 로널드 메이스(Ronald Mace)가 이 개념을 처음 사용할 1985년 당시 여러 유사 개념인 Life-Span Design, Trans-Generation Design 등의 개념이 사용되었는데 로널드 메이스가 Barrier Free Design, Adaptive Design 및 Life-Span Design 세 개념을 통합하는 개념으로 Universal Design이라는 개념을 제안하였다. 제안 후 1995년 다른 동료들과 유니버설 디자인 7원칙을 발표하게 되었는데 몇 차례 개정을 거쳐 다음과 같은 내용을 확정하게 되었다.

이 디자인 원칙은 생활용품, 건축, 환경설계 등에 중요한 지표 또는 척도로 활용되고 있다. 아래 일곱 가지 디자인 원칙에는 없지만 디자이너가 적용함에 있어서 경제적, 기술적, 문화적, 인종적, 언어적, 미학적, 그리고 환경적 여건이나 보건(위생), 안전, 품질, 내구성 등을 잘 해석하고 통합하여 디자인 시에 반영해야 한다는 것이다.

유니버설(universal)의 뜻은 '보편성을 띤' 개념이므로 유니버설 디자인을 '보편(적) 디자인' 또는 '범용(적) 디자인'으로 번역하기도 한다. 또 여기에서 말하는 디자인의 개념은 사물을 고안하는 모든 과정인 구상, 기획, 계획, 기본설계, 실시설계 등 모든 과정을 포함하는 넓은 의미의 총체적 설계를 말한다. 아래의 원칙과 내용은 장애물 없는 설계 시공 시에도 의미 있는 시사점을 제시하고 있다.

1) 동등한 사용

디자인이 여러 계층의 사람에게 유용하게 이용될 수 있는 것이어야 한다.
1-1 모든 이용자에게 동일한 사용 수단을 제공하여야 한다. 가능한 언제든지 동일하게 또는 그렇지 아니한 때는 동일한 수단이 제공되어야 할 것.
1-2 어떤 이용자든지 차별화 하지 말며 또는 마음에 상처를 주지 않도록 해야 할 것.
1-3 프라이버시(privacy), 보안, 안전이 모든 이용자에게 동일하게 보장되도록 해야 할 것.
1-4 모든 이용자에게 매력적인 디자인되도록 하여야 할 것.

이 원칙 적용의 예로, 세면대에 수도꼭지가 키 작은 어린이에게 또는 손가락이 없는 장애인에게 수도꼭지 조작이 어렵거나 불가능하여 수돗물 사용이 불가능한 경우에 유용한 설계 방법으로 수도꼭지 손잡이 대신에 수도꼭지 근처에 손을 인지하는 감지장치를 사용하는 경우 보다 사용자의 범위를 더 넓혀 사용 가능하며, 범용적으로 사용 중인 문에 감지장치를 부착한 자동문인 경우 휠체어 사용자, 카트(cart)나 목발을 사용하는 사람 등 누구나 사용 가능한 방법이 된다.

2) 손쉬운 사용

개개인이 지닌 선호도와 능력에 광범위한 범위를 수용해야 한다.
2-1 이용 방법에 선택성을 부여할 것.
2-2 오른손잡이와 왼손잡이가 이용 가능하도록 할 것.
2-3 이용자에게 손쉽게 정확한 사용이 되도록 할 것.
2-4 사용자가 원하는 정도에 맞추도록 할 것.

이 원칙 적용의 예로, 가위를 오른손잡이든 왼손잡이든 모두 사용이 편리한 손잡이로 설계하는 방법이나, 최근 지하철역에서 지하로 내려가는 방법으로 계단만이 있는 것이 아니라 승강기, 에스컬레이터, 경사로 등의 설치는 모든 사람의 신체 능력, 선호도 및 취향에 따라 적절한 수단을 제공하는 설계 예 등이 있다.

3) 단순하며 직관적 사용

사용자의 경험, 지식, 언어, 집중력에 상관없이 사용법이 이해하기 쉽도록 해야 한다.
3-1 불필요한 복잡성을 피할 것.
3-2 사용자의 기대치와 직감력에 일치할 것.
3-3 문자 습득 능력 및 언어 구사 능력의 폭을 충분히 수용할 것.
3-4 중요도에 맞도록 정보를 차별하여 제공할 것.
3-5 사용 중 그리고 사용 후 행동 유발과 반복이 효과적으로 유도하게 할 것.

이 원칙 적용의 예로, 공공의 안내판에 문자 없이 단순한 그림으로 설명하는 기법이라든지, 공공의 장소에 움직이는 보도(moving sidewalk), 에스컬레이터 등을 설치하는 방법 등의 예이다.

4) 인지성 있는 정보

장소적 특색, 사용자의 감각 능력에 관계 없이 사용자에게 필요한 정보가 효과적으로 전달되는 디자인이 되어야 한다.
4-1 시각, 말, 촉감 등의 다양한 방식으로 풍부하게 중요 정보를 제공할 것.
4-2 필수적 정보와 부수적 정보를 명확히 차별하여 제공할 것.
4-3 필수적 정보의 가독성을 최대화 할 것.
4-4 감각기관에 제약이 있는 사람이 사용하는 다양한 부품이나 사용 기술이 함께 하도록 할 것.

이 원칙 적용의 예로, 실내의 자동 온도 조절기 또는 세탁기의 조절 손잡이와 눈금 등에 시각은 물론 촉감과 청각에 효과적인 실마리를 제공하여 사용자 계층과 종류의 폭을 넓게 수용한 설계라든가, 공항·역사 등에 부착한 안내물이 시각 또는 청각적으로 쉽게 인지될 수 있는 예이다.

5) 실수 허용 범위(오류에 대한 포용력)

우발적 사고나 부지 간 행동을 유발하는 장애물과 불리한 것을 초래할 것들을 최소화해야 한다.
5-1 장애물이나 오류 시설은 최소화하도록 할 것이고 가장 많이 사용하는 것은 가장 접근이 쉽게 할 것이며 위험성이 있는 것을 제거하거나, 격리시키거나, 차단하도 록 할 것.
5-2 위험물이나 오류 시설에는 경고 표식을 할 것.

5-3 실수해도 안전하도록 장치를 제공할 것.
5-4 주의를 요하는 작업에 의식 없이 행동하는 일이 없도록 할 것.

이 원칙 적용의 예로, 열쇠 양면에 두 줄 홈을 파서 자물쇠 구멍으로 쉽게 들어가도록 한 사례와 컴퓨터 사용 화면에서 사용자가 잘못하면 취소명령(Undo)을 내리면 잘못된 것이 원상으로 돌아가도록 한 설계, 지하철 승강장에 설치된 자동문 등이다.

6) 최소의 신체적 활동

효율적이고 편리한 그리고 최소한의 신체적 활동으로 사용하여야 한다.
6-1 사용자에게 평상 시 자세가 유지되도록 할 것.
6-2 이해될 수 있는 정도의 물리력으로 사용되도록 할 것.
6-3 반복적 행동이 최소화되도록 할 것.
6-4 지속적인 신체동작이 최소화되도록 할 것

이 원칙 적용의 예로, 문고리를 레버(lever)형 또는 루프(loop)형으로 설치한 예, 스위치(switch) 방식이 아닌 터치(touch) 방식의 전등기구, 무인자동판매기에 돈을 지급한 후 자동으로 나오는 물건을 꺼내는 위치를 하단 부위가 아닌 허리 정도 높이로 개선한 사례 등이 있다.

7) 접근 및 이용을 위한 적정 규격과 공간

접근, 조작, 이용 시에 사용자의 신체 크기, 자세 및 이동성에 관계 없이 적정 규격과 공간이 할애되어야 한다.
7-1 앉은 자세, 서 있는 자세 등 어떤 자세에서도 중요한 것을 잘 볼 수 있도록 시선을 확보할 것.
7-2 앉은 자세, 서 있는 자세 등 어떤 자세에서도 편리하게 손이 닿도록 할 것.
7-3 다양한 손의 규격과 쥐는 규격에 다양성을 배려할 것.
7-4 보조 기구 사용이나 인적 도움이 가능하도록 충분한 공간을 제공할 것.

1-3-3 Universal Design을 이해하는 언어[6]

아래 용어는 유니버설 디자인의 원칙을 이해할 수 있는 언어들이며 Barrier Free Design에 대하여도 적용 가능하다.

- Usable: 사용하기 쉬운
- Benign: 시장성에 유리한
- Normalizing: 차별화가 아닌 정상화를 도모하는
- Enhancing: 삶의 가치를 고양시키는

---

6) 이연숙(2005), 유니버설디자인, 연세대학교출판부, pp 46-47

- Inclusive: 다양성을 포용하는
- Versatile: 다국면성을 지닌
- Enabling: 기능성을 진작시키는
- Respectable: 존중심을 느끼는
- Supportive: 활동을 지원하는
- Accessible: 접근이 용이한
- Legible: 이해하기 명료한

- Adorable: 매료시키는
- User-friendly: 사용자를 지향하는
- Touching: 감동을 주고 마음을 움직이는
- Inspiring: 고무적인
- Flexible: 융통성 있는
- Useful: 기능적 효율성이 있는
- Loving: 진지한 사랑과 정성을 느낄 수 있는

제1장
4절

인체공학

1-4-1 우리나라 성인 인체 규격

통계청에 의하면 2015년 기준 우리나라 16세에서 69세 평균 남녀별 평균 인체 부위별, 서 있는 경우, 앉은 경우 등 각종 치수는 아래 그림 1-4-1 내지 그림 1-4-4와 같다. 일반적 설계 시공 시에 인체공학적 기본 치수를 적용함에 있어서 평균적 개념을 적용할 수 있으나, 장애인, 노인, 어린이 및 임산부를 대상으로 하는 특별한 설계에 대하여는 평균 치수를 적용하여서는 아니 된다.

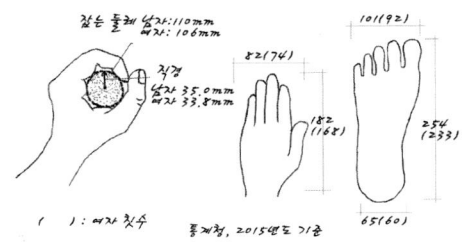

그림 1-4-1
우리나라 16세~69세 남녀 손발 평균 치수,
통계청 2015년도 기준

평균적 개념을 설계에 적용함에 있어 유의해야 할 점은 차별이 없는 접근과 이용이 가능해야 할 공공의 시설 또는 공용의 시설에 대하여는 장애인, 노인, 어린이 및 임산부 등에 대한 특별한 설계 시공을 하도록 법령에 규정하였기 때문에 특별 적용 대상시설에 대하여는 평균적 치수가 아닌 법령에서 규정한 특별한 치수를 함께 적용하거나 별도로 검토해야 한다.

한편 우리나라에서 설계 시 적용할 인체공학적 또는 국가통계 자료가 부족하여 미국, 독일, 영국, 프랑스 등 서구 자료 또는 일본의 자료를 참작하게 된다. 미국인의 남녀 인체 치수는 우리나라보다 평균 신장이 약 10cm 정도 크므로 서양 자료를 인용할 경우 서양인의 큰 체구를 참고해야 한다. 일본인보다 우리나라 사람의 평균 인체 치수는 약 3%정도 크므로 일본 자료를 인용 시 유사한 기준으로 참고 가능하다.

우리나라 남자의 서 있는 평균 키는 약 172cm이고 여자는 약 159cm이다. 남자가 팔을 높게 든 평균 높이는 약 212cm이고, 여자는 약 195cm이다. 앉은 남자의 평균 키는 약 136cm 여자는 127cm이다. 앉아서 팔을 든 남자의 평균 높이는 약 175cm이고 여자가 약 163cm이다.

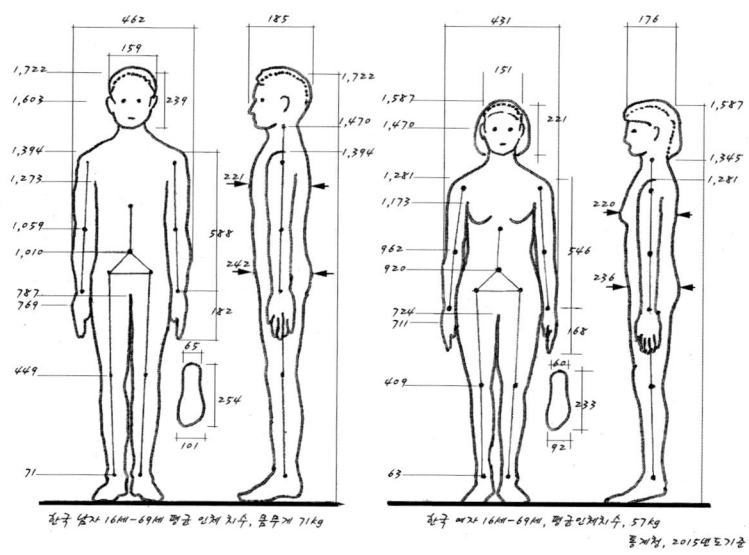

그림 1-4-2　　우리나라 남자 16세~69세 평균 인체 치수, 통계청 2015년도 기준

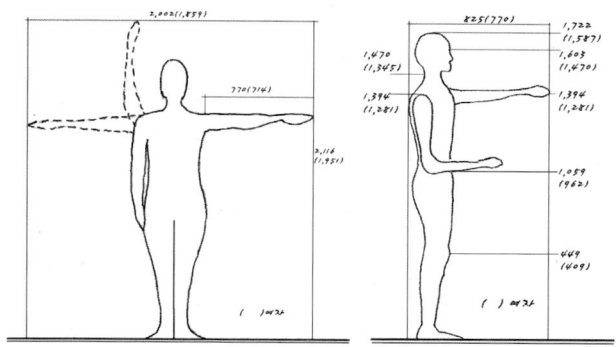

그림 1-4-3　　우리나라 남녀 16세~69세 팔 벌리고 든 평균 인체치수, 통계청 2015년도 기준

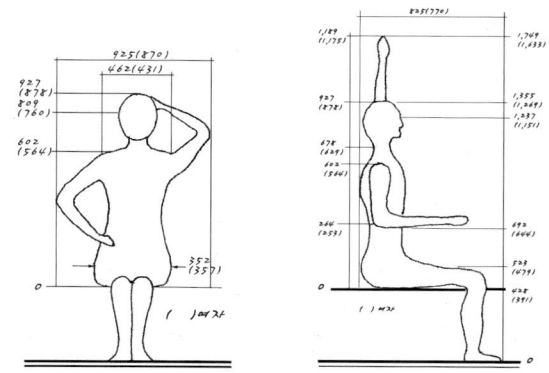

그림 1-4-4　　우리나라 16세~69세 남녀 앉은 자세 평균 인체 치수, 통계청 2015년도 기준

그림 1-4-5에서 보듯이 서양인의 눈높이는 키의 9/10이고 어깨높이는 키의 4/5이며, 손높이는 키의 1/3이고, 벌린 팔의 너비는 키와 동일한 것을 평균으로 한다. 한편 앉은 높이의 탁자는 키의 3/7로 보며 앉은 의자 바닥까지의 높이는 2/7로 계산하고 있고, 팔을 들어 손동작을 하는 높이는 키의 1.2배로 보고 있다.[7] 이 공식은 설계 시 유용한 비례이다.

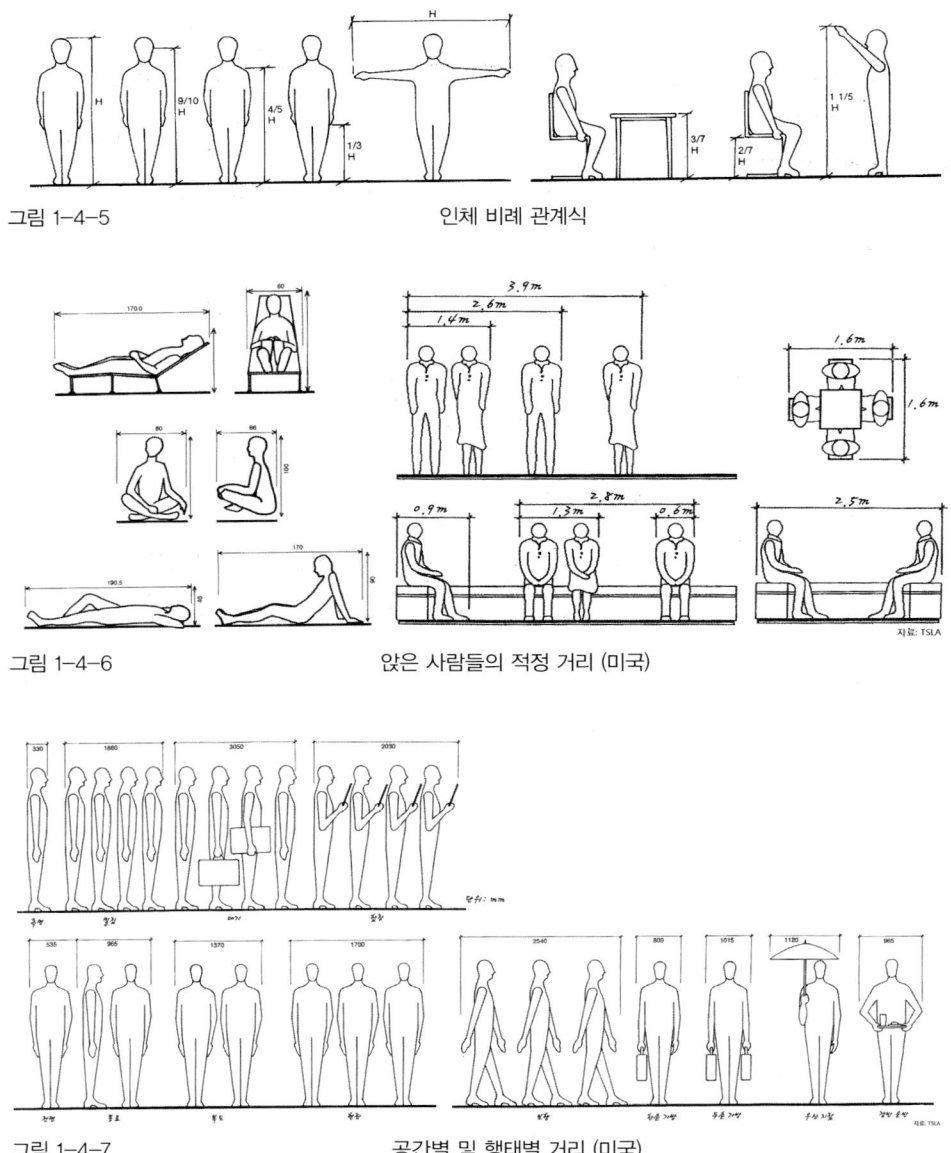

그림 1-4-5   인체 비례 관계식

그림 1-4-6   앉은 사람들의 적정 거리 (미국)

그림 1-4-7   공간별 및 행태별 거리 (미국)

---

7) Charles W. Harris 외(1988), Time Save Standards for Landscape Architecture, McgrawHill, p210-1-4

1-4-2 눈의 시각적 구조

우리나라 서 있는 사람의 평균 눈높이는 남자 약 160cm이고 여자는 147cm이다. 앉은 사람의 눈높이는 남자 약 124cm 여자 약 115cm이다(그림 1-4-3 및 1-4-4참조). 사람은 눈높이에서 보는 것이 가장 편하다. 일반인의 평균 시각 범위는 위로 보는 상방향 35도(앙각, 仰角), 하방향 45도 정도(부각, 俯角)이고, 좌우로 보는 각도는 60~65도 정도이다. 외부 공간에서 일상적 시야의 범위는 상하 30도 좌우 60도 정도이다. 눈은 위를 보는 것보다 위에서 아래 방향으로 보는 것이 편안하며 자세히 쳐다보는 숙시각(熟視角)은 3~5도 정도이고 집중하여 보는 각도는 약 5~12도에 이르고 일상적으로 편안하게 쳐다보는 시야는 약 12~60도이다.

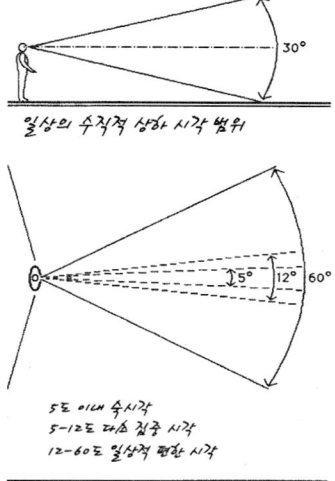

그림 1-4-8
외부 공간의 편안한 시각의 범위

1-4-3 거리에 따른 안내판 가독성

일상적인 외부 공간에 설치된 보행자용 안내판은 통상 6m 이상 50m 이내 거리에 설치되는 것이 가독성에 있어서 적정한 거리가 된다. 이때 안내판 심볼(symbol)을 읽는 거리별 가독성은 거리 6m에 심볼 크기를 7cm, 거리 20m에 15cm 크기, 거리 30m에 20cm 크기, 거리 40m에 26cm 크기, 거리 50m에 32cm 정도이다(표 1-4-1).

한편, 거리별 안내판에 사용되는 글자의 크기 가독성은 표 1-4-1처럼 10m 마다 글자의 높이를 최소 1.7cm씩 커지는 것으로 디자인한다. 예로 30m 전방인 경우 심볼은 20cm 이상 크기로 하고 문자체의 높이는 5.0cm 이상으로 하는 것이다. 40m 전방은 26cm 크기에 6.7cm 이상으로 한다.

보행 시 연속적인 안내가 필요한 경우, 위험성을 사전에 알릴 필요가 있는 경우, 위험한 곳 앞에서 경고를 할 필요가 있는 경우, 야간에도 안내가 필요한 경우 등을 고려하여 거리별 안내판의 위치에 따라서 배치 간격을 정한 후 가독성에 따른 문자의 크기를 정한다. 차량 운전자가 읽는 문자 최소 크기는 표 5-43-1을 참조한다.

표 1-4-1　　　　　　　　　안내판 거리별 심볼 및 문자 최소 크기 (단위 : cm)

거리	6m	15m	20m	30m	40m	50m
심볼크기	7	12	15	20	26	32
문자크기	1.0	2.5	3.4	5.0	6.7	8.4

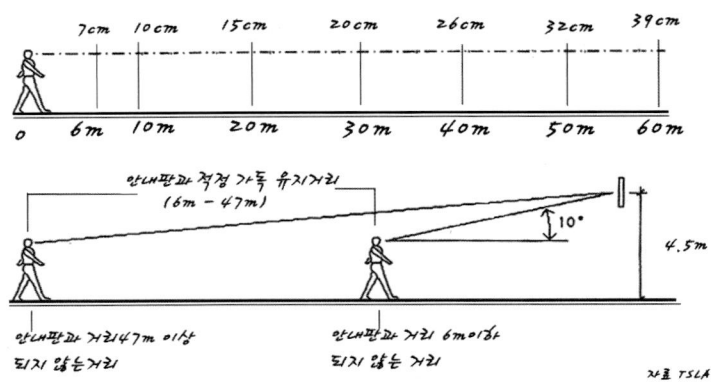

그림 1-4-9　　　보행자용 안내판 심볼 크기와 거리의 적정성

1-4-4　정지 공간의 영역성

넓은 초원이나 바닷가에 거주하는 사람처럼 시력이 6.0정도를 갖는 사람도 있으나 사람에 따라 시력은 매우 상이하다. 거리와 공간 지각 영역성과의 관계는 근거리, 중거리 및 원거리로 구분할 수 있다. 12m 이내의 거리는 근거리, 135m 이내를 중거리, 그리고 이 거리를 벗어나 1.2km까지를 원거리로 볼 수 있고 1.2km를 벗어나면 시야로서 인간의 척도를 벗어난 거리이다.

홀(E.T. Hall)이 제시한 공간 형태 연구 등을 참조하면[8] 가족처럼 매우 가까운 사람에게 허락하는 영역은 45cm이며(intimate distance), 친밀한 사람들과의 통상적인 거리는 1.2m이고(personal distance), 친숙하지 않은 사람들과 공유하는 거리는 3.6m이고(social distance), 3.6m 이상 12m는 얼굴의 표정을 알아채는 거리(public distance)이며, 이 12m 거리까지를 근거리로 본다.

중거리의 첫 영역은 친구인지 얼굴을 인지하거나 소규모의 광장 또는 어린이놀이터처럼 편안한 거리를 24m로 보고, 둘째 영역은 24m~135m까지인데 이는 몸동작을 식별하는 운동장, 연극 등을 감상하는 최대거리이다. 중거리의 규모까지를 인간적 척도(human scale)의 영역으로 본다.

인간적 척도(human scale)를 벗어난 원거리는 135m~1.2km 정도로 보고 있다. 1.2km를 초과하는 거리는 시력의 한계를 벗어난다.

외부 공간에서의 공간적 심리 반응은 사물과의 거리(D)와 높이(H)의 관계는 1:2의 관계인 경우 상세와 전체를 함께 파악할 수 있으며 적정한 폐쇄감과 안정감을 얻게 되고 거리(D)가

---

8) Bell 외(1978), Environmental Phychology, Saunders, p146

멀어지면 개방감이 발생하고 가까워지면 폐쇄감을 갖게 된다. 대상물을 볼 수 있는 시야의 한계는 대상물 크기의 약 3,500배 정도이다.

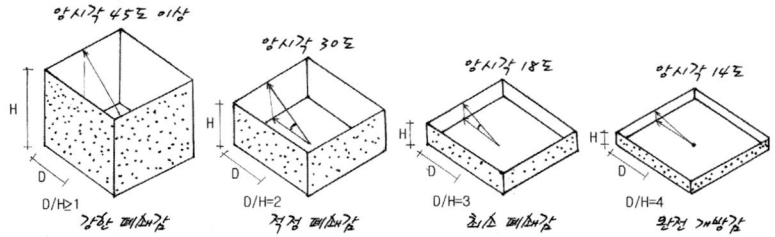

그림 1-4-10   관찰자와 주변 시설물과의 거리에 따른 공간 폐쇄감과 개방감[9]

1-4-5 움직이는 보행자의 영역성

우리나라 연령별 보행분석 연구(표 1-4-2)에 따르면, 보행 속도는 조사 대상 표본의 약 12세 어린이가 68.4±6m/분, 약 23세 청년이 76.2±7.8m/분 그리고 약 70세 노인은 61.8±6m/분이다. 그리고 50세가 지나면 10년마다 보행속도가 20%씩 감소한다고 한다.[10] 이로 인해 횡단보도의 사고가 노인들에게서 많이 발생한다.

표 1-4-2   우리나라 연령별 보행 동작

구 분	어린이	청년	노인
cadence(steps/min, 분당걸음수)	116.00±6.39	115.45±6.34	110.89±8.32
stride time(s 활보장 시간)	1.03±0.06	1.05±0.06	1.09±0.08
stride length(%LL, 활보장)	1.17±0.09	1.32±0.12	1.11±0.11
step length(%LL, 보장)	0.58±0.05	0.66±0.06	0.55±0.05
walking speed(m/s, 보행속도)	1.14±0.10	1.27±0.13	1.03±0.10

아래 그림 1-4-11에서 보듯이 보행 환경과 목적에 따라 전면 거리의 영역성(spatial bubble)을 달리 갖는다.[11] 일반 보행일 경우 5m 이내의 전면 영역성을 갖고 걸으며 보행이 빠를수록 또 밀집될수록 영역성이 작아진다. 또 그림 1-4-12에서 보듯이 보행자 50% 이상의 사람은 보행으로 220m이상을 가려하지 않고 최대 2.1km를 걷는 거리 한계로 본다.

---

9) 그림에서 관찰자거리(D)와 높이(H)간의 관계로 표현하기도 하나 중요한 점은 앙시각이다.
10) 윤나미, 윤희종, 박장성, 정화수, 김건(2010), 우리나라 연령별 보행분석 연구, 대한물리치료학회 pp15~23
11) Charles W. Harris 외 전게서, p340~8

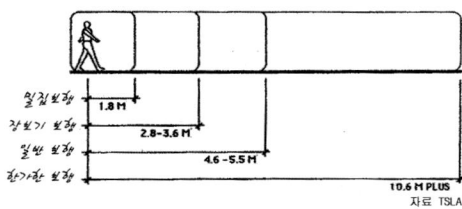
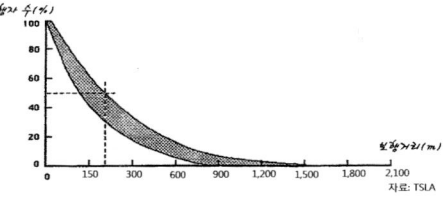

그림 1-4-11
보행자의 전면 영역성(spatial bubble)

그림 1-4-12
일반 보행 시 전면 영역성과 보행자 평균 이동 거리

한편, 아래 표 1-4-3에서와 같이 평지에서 보행자들의 보행 시 밀도와 속도는 일반 속도(78m/분)로 걷는 보행자 1인당 점유 영역성이 약 3.3m²이며, 보행 공간의 혼잡(crowding) 한계 영역성은 1.4m²이하이다. 즉 1인당 점유 면적이 1.4m²이하가 되면 혼잡을 느낀다. 그리고 표 1-4-4에서 보듯이 계단에서 걷는 일반 속도(37m/분)인 경우 1인당 영역성은 약 1.8m²이고 혼잡 한계의 영역성은 보행 속도 34m/분 및 1인당 점유 면적 0.9m²이하이다.

표 1-4-3과 표 1-4-4를 비교하면, 계단의 보행 영역성은 평지의 보행 영역성의 1/2 정도의 상관관계를 나타내고 있어 평지에서의 보행 흐름을 계단에 동일한 수준으로 유지하기 위해서는 계단의 폭이 평지 폭보다 2배 이상이 되어야 한다는 의미를 내포하고 있다. 2배 이상이 되지 않으면 계단 입구에서 정체가 발생한다는 의미이기도 하다.

야외음악당 또는 예술회관, 문화회관, 각종 대형 운동경기장(야구장, 축구장 등), 관람시설 등과 같은 대중 집회나 모임이 있는 시설은 모임이 마친 후 일시적으로 퇴장하는 방향으로 밀집과 혼잡을 야기한다. 이런 시설의 외부 공간에 접근로, 통행로, 보행로에 있는 계단이나 경사로가 광장이나 주출입구 전면 공간과 넓게 직접적으로 연결된 경우가 아닌 경우 보행 속도가 계단, 경사로, 비탈면에서 일시적 정체가 발생하고 뒤따르는 보행자 전체의 보행 속도가 급격히 느려진다. 또 꺾이는 구간에서 보행 속도가 느려진다. 계단, 경사로, 비탈면 및 꺾이는 지점에 이르는 앞까지는 서서히 일반 보행 구간의 폭보다 확폭하는 것이 안전하다. 이런 곳에는 야간 조명이 필수적이다.

도심 내 일반 버스정류장과 같은 곳에서는 승차자가 일렬도 대기한 후 승차하지 않으므로 승객들의 정지 영역성은 버스가 오면 타려고 움직이는 영역성으로 급격히 바뀌고 또 승차자와 하차자 간 영역성의 충돌이 일어난다. 이곳에서는 교통약자의 부상과 사고가 많다. 도심 내 출퇴근용 일반 버스승하차공간(버스정류소)의 세로 폭은 3m 이상이 적정하며 버스승하차구역이 경사진 곳이거나 자전거도로가 지나는 곳이거나 버스쉘터(shelter) 등이 있어 보행 장애가 있는 곳에서는 보도 전체 폭을 확장하여 혼잡이 없도록 추가됨이 좋다.

표 1-4-3   평지에서의 보행속도, 영역성 및 혼잡도[12]

보행자당 평균 소요면적(m²)	3.3m²	2.3~3.2m²	1.4~3.2m²	0.9~1.4m²	0.5~0.9m²	0.5m² 이하
보행 평균속도 (m/분)	78m	75~78m	70~75m	60~70m	33~60m	0~33m
보행자 평균흐름수 (분당 보행폭당 보행자수)	7인	7~10인	10~15인	15~20인	20~25인	25인 이상
보행의 특징	제한이 없는 보행	보통의 보행	약간의 신호 교차 일어나는 제약이 있는 보행	보행속도가 제약을 받고 교차발생이 많음	교차가 빈번하여 보행이 현저히 장애를 받음	몸이 접촉이 심하여 보행이 어려움

표 1-4-4   계단에서의 보행속도, 영역성 및 혼잡도[13]

보행자당 평균 소요면적(m²)	1.8m²	1.4~1.8m²	0.9~1.4m²	0.6~0.9m²	0.4~0.6m²	0.4m² 이하
보행 평균속도 (m/분)	37m	37~36m	36.~34m	31~34m	25~31m	0~25m
보행자 평균흐름수 (분당 보행폭당 보행자수)	5인	5~7인	7~10인	10~13인	13~17인	17인 이상
보행의 특징	제한이 없는 보행	약간의 제약 및 교차	속도와 흐름에 장애 발생	속도가 상당히 느려지고 보행에 제약	속도와 흐름에 심각히 제약	보행 단절이 심하고 반대편 흐름이 단절

1-4-6   보도 폭원의 결정

보도는 정지 영역성을 갖기보다 움직이는 보행자의 영역성을 갖는데, 일반 대지 내 접근로 또는 산책로 등과 달리 보도 구역에 각종 보행장애물이 놓이고 노점상, 자전거도로 등이 보행 구역을 차지하여 보행 속도에 제한을 준다.

우리나라「도로의구조·시설 기준에관한규칙」해설서[14]에 따른 보도 폭원의 결정 방식을 살펴보면 전술한 '1-4-5 움직이는 보행자의 영역성'을 보완할 수 있는 방식이다.

---

12) Charles W. Harris 외(1988), 전게서 p340-6
13) Charles W. Harris 외(1988), 전게서 p340-7
14) 국토교통부(2015), 도로의 구조·시설 기준에 관한 규칙 해설서, pp 199-201

보도 폭원은 보행의 방해 요소에 따라 결정함에 있어 전체 폭원(WT)은 보도의 유효폭(WE)과 방해폭(Wo)의 합으로 본다.

$$폭원(WT) = 보도의 유효폭(WE) + 방해폭(Wo)$$

보도의 보행자 통행량을 결정함에 있어 우리나라 「도로용량편람」에 의한 다음의 다섯 단계에 따라 추정한다.

- 제1단계: 계획·설계 목표연도의 보행자도로의 수요 보행교통량 추정
- 제2단계: 추정된 수요 보행교통량을 일분 당 보행교통량(인/분)으로 환산
- 제3단계: 장래에 요구되는 서비스 수준에 대한 서비스 보행교통류율(SV_i)을 아래 표 1-4-5를 이용하여 산정. 「도로관리계획수립지침」에서는 바람직한 보도 서비스 수준으로 B 또는 C를 제시하고 있다.

표 1-4-5 보행자 서비스 수준

서비스 수준	보행교통류율(인/분/m)	내용
A	≤ 20	보행속도를 자유롭게 선택 가능
B	≤ 32	정상적인 속도로 보행 가능
C	≤ 46	타 보행자 앞지르기 시 약간의 마찰 있음
D	≤70	마찰 없이 타 보행자 앞지르기 불가능
E	≤ 106	대부분의 보행자가 자신의 평소 보행속도로 걸을 수 없음
F	-	모든 보행자의 보행속도가 극히 제한됨

- 제4단계: 보행자도로의 보도 유효폭을 계산

  보도의 유효폭(WE) = V/SV_i

  V = 장래의 수용 보행교통량(인/분)

  SV_i = 서비스 수준 i에서의 서비스 보행교통류율(인/분/m)

  보도에 가로등이나 가로수 등 노상시설물을 설치하는 경우, 보도 폭원은 노상시설에 의한 보행장애물 폭과 보도의 유효폭으로 한다. 단, 도시계획이나 주변 지장물 등으로 인하여 부득이하다고 인정되는 경우에는 그러하지 아니하다.

- 제 5단계: 보도의 방해폭을 감안하여 보도 폭원을 결정

  보도의 유효폭은 보행자도로에서 보행자가 시설물에 방해받지 않고 이용하는 최소 폭이므로 여유폭에 대한 고려와 보행자도로에 다른 시설물을 설치 할 경우 보행자가 시설물에 의해 방해받게 되는 폭(방해폭, 아래 표 1-4-6)에 대한 고려가 있어야 한다. 이러한 경우 시설물에 의해 방해받게 되는 방해폭을 구해진 보도의 유효폭에 추가하여 실제 보도 폭원을 구해야 한다.

표 1-4-6　　　　　　　　　　　　　　　보행장애물에 의한 방해폭(Wo)

보행장애물	방해폭(m)	보행장애물	방해폭(m)
가로등 기둥	0.8-1.0	공중전화 박스	1.2
신호제어기 및 기둥	0.9-1.2	쓰레기통	0.9
소화전	0.8-0.9	연석	0.5
도로표지판	0.6	지하철 계단	1.7~2.1
우체통	1.0-1.1	가로수 보호대	0.6~1.2
현관계단	0.8-0.9	회전문	1.5
배관연결	0.3	차양기둥	0.8

1-4-7　보행 포장 경사

편안한 보행을 위해 보행 진행방향인 종단경사는 3%(3/100, 약 1.7도) 이내가 적정하며 최대 5%(1/20, 약 2.8도)를 넘지 말아야 한다. 우리나라 보도 또는 시설물로의 접근로의 법적 기준은 1/18(5.5%, 약 3.1도) 이하를 기준으로 하고 예외적으로 1/12(8%, 약 4.7도)까지를 인정하고 있다. 5-8% 경사는 계단 또는 경사로를 도입하도록 검토한다.

보행 진행방향의 좌우경사 즉 횡단경사는 3%(3/100, 약 1.7도) 이하가 적정하며 물빠짐을 고려 시에는 1-2% 경사를 형성하는 것이 적정하다. 계단 디딤판은 1% 이하이어야 한다. 우리나라 보도의 법정 횡단경사는 2-4%를 기준으로 한다(표 1-9-3 참조).

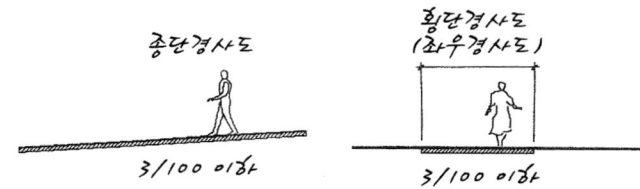

그림 1-4-13　　　　　　　　　　　　보행 적정 경사도

제1장

5절

장애물 없는 설계 시공의 기초 개념

1-5-1 공간 사용자의 범위

장애물 없는 설계의 개념은 장애 원인을 정의하고 이를 제거하자는 방법론이다. 일반인의 생리적 반응, 행동이나 행태를 반영한 설계와 함께 특별히 장애인, 노인, 어린이, 임산부, 영유아 동반자, 짐을 운반하는 사람 등의 신체적 그리고 생리적 현상을 반영하여 설계를 하고자 함이 장애물 없는 설계(Barrier Free Design)이다. 이러한 설계는 장애인 등을 위한 것뿐 아니라 비장애인 모두를 위한 설계(Design for All, Universal Design 등)로 발전하고 있다. 일반적으로 장애인 등에게 편리하고 안전하다는 것은 비장애인에게도 편리하고 안전하다는 것을 의미한다. 따라서 일반적으로 장애물 없는 설계란 Design for All이 된다. 일반인 이외에 장애인, 노인, 어린이, 임산부 등에 대한 인체 치수, 감각 반응, 운동 능력 등에 대한 이해가 필요하며 이에 대한 통합적 설계 방식이 필요하다.

여기서 UN이나 우리나라 법에 장애인에 관한 개념을 정리하기 전에 「장애인」과 「장애를 가진 사람」이라는 관점이 필요해 보인다. 비슷한 말이나 「장애인」은 의학적 법률적 의미가 강하며 후자의 「장애를 가진 사람(persons with disabilities)」은 일반인으로서 장애를 가진 사람까지도 포함된 뉘앙스를 띄고 있다. 우리나라 「장애인복지법」에서 노인을 장애인으로 분류하지 않고 「교통약자의이동편의증진법」에서는 교통약자라고 한다. 이처럼 장애인이 아니더라고 노인이나 어린이 등을 포함하여 많은 계층의 사람은 공간이나 시설을 이용함에 있어 약자적 위치에 있거나 불편을 지닌 사람으로 분류하여 이들을 위한 장애물 없는 설계 시공이 필요하다.

유엔의 세계보건기구(WHO)가 1980년에 정의한 국제장애분류인 ICIDH(International Classificaton of Impairments, Disabilities and Handicaps)에서 장애 관련 단어로 impairment, disability 및 handicap을 사용하고 있다. 이들 개념은 사람이 처한 상태가 일시적이든 영구적이든 간에, 그 정도가 경미하든 심하든 관계없이 사용된다. impairment(상해, 불구)란 심리적, 신체적, 해부학적 기관, 구조가 기능상에 이상이 있는 경우에 사용되는 것을 말하며, disability(불능, 무능)란 impairment한 상태에서 결과적으로 나타나는 정상인이 갖는 활동 능력의 범위를 상실, 제약, 결여한 상태를 말하며,

handicap(불리)이란 앞에서 정의한 impairment 또는 disability한 상태의 결과로 그들이 활동하는 환경 속에서 문화적, 물리적 또는 사회적 장벽(barriers), 편견, 차별 등이 있어 정상인처럼 하고자 하는 행동에 불리한 것을 의미하는 것으로 정의하였다.

표 1-5-1 장애 관련 유사 용어 개념

구분	개념
impairment (손상, 상해)	건강 상태와 관련하여, 손상이란 정신적, 육체적 혹은 해부학적 구조나 기능의 상실이나 비정상을 일컫는다. 즉 손상은 말더듬이나 시력 상실 같은 의학적 손상(damage) 혹은 신체 일부의 기능 이상임을 강조한다. 이를 기능장애라고도 한다.
disability (장애, 불능)	건강 상태와 관련하여, 장애란 (손상 때문에) 한 인간으로서 정상적인 방법이나 범위에서 행위를 할 능력을 제약받거나 상실한 것을 일컫는다. 즉 장애는 손상 탓에 생긴 신체 기능 때문인 것으로 간주된다. 가령, 말더듬 때문에 대화가 어렵고 척추파열 때문에 이동이 어려워지는 것이다. 이를 능력장애라고도 한다.
handicap (불리)	건강 상태와 관련하여, 핸디캡이란 손상이나 장애 탓에 한 개인이 받는 불이익-나이, 성별, 사회적·문화적 요소들에 걸맞게 그 사람의 정상적 역할을 충분하게 할 수 없도록 제한하거나 가로막는 것- 을 일컫는다. 즉 핸디캡은 한 개인이 사회적 조건이나 일상 환경 탓에 가지게 된 장애 때문에 나타난다. 가령, 교통수단이나 안경을 편안하게 이용하기 어려운 것이다. 이를 사회적 불리라고도 한다.

그 이후 1997년 개인의 impairments 외에 활동(activities)과 참여(participation)를 포함하는 ICIDH-2 분류를 제안하였고, 2001년에는 기능(functioning), 불능(disabilities, 이를 '장애'로 번역하여 사용하기도 함) 및 건강(health)을 기준으로 하는 국제기능·장애·건강분류인 ICF(International Classification of Functioning, Disabilities and Health)를 발표하였다.[15] 이는 개인의 건강상태를 설명하는데 있어 개인과 환경 그리고 이들 양자 간의 상호작용에 존재하는 건강의 구성요소를 동시에 통합적으로 하고자 함에 주안점을 두고 있다. 우리나라에서도 이 ICF 체계에 맞는 장애유형 도입에 어려움이 있지만 WHO가 권장하는 이 분류 연구가 진행되고 있다.

장애인들만이 또는 장애인들이 많이 이용하는 공간에서는 그들의 특성을 반영한 특별한 설계가 되어야 할 경우도 있다. 이러한 곳에서 비장애인들이 이용할 경우 다소 불편한 점이 있을 수 있겠는데, 예를 들면 계단이 없는 경사로 위주의 건축물 설계라든지 시각장애인 중 완전히 볼 수 없는 전맹(全盲)이 사용하는 공간에서 촉지도만을 사용하고 일반인을 위한 안내판을 사용하지 않는다면 일반인에게 불편을 야기할 수 있다. 그러나 대부분의 전맹이 사용하는 공간은 일반인과 함께 생활하는 공간이 되므로 일반인에게도 필요한 정보를 제공하는 설계를 수반한다. 반대로 일반인이 사용하는 공공도서관의 경우 반드시 전맹이 사용할 수 있는 촉지도를 부착하거나 지체장애인이 사용하는 화장실 내 편의시설을 별도로 두어야 하는 것은 필수적이다.

이런 점에서 공공의 또는 공용의 시설물인 도로, 공원, 광장, 주차장, 공용의 건축물, 은행과 같은 업무시설, 대형 상업용 건축물, 공동주택의 외부 공간 등은 일반적 의미의 장애물

---

15) 사회보장정보원(2016), ICF 국제기능·장애·건강분류(한글 번역본 제2차 개정본)

없는 설계를 하여야 할 것이다. 즉 특정의 사적인 공간인 주택이나 사무실을 제외한 일반적인 공공 또는 공용의 공간이나 시설은 모든 계층의 사람을 위한 시설물이 되므로 장애물 없는 설계의 대상이다.

여기서 모든 계층이란, 연령이나 성장 배경(문화, 소득 등)이 다른 사람, 당뇨·간질환 등과 같이 표면적으로 나타나지 않으나 정상인처럼 보이는 환자, 일시적인 장애인, 임산부, 영유아, 무거운 짐을 갖은 사람, 중증이든 경증이든 시각·청각·움직임·언어·지능 등의 장애를 가진 사람 외 모두를 위한 설계가 되어야 한다는 점이다. 즉 장애물 없는 설계는 어떤 사람이든 간에 접근이 가능하고 그 사람이 있는 곳이 편리하고 안전하도록 설계되어야 한다는 것이 대원칙이다. 공용의 외부 공간에서는 어린이, 노인, 임산부, 장애인, 영유아 동반자 또는 유모차 사용자, 보행보조기기 사용자, 일시적 장애인 등을 강조하여 이들도 외부 공간과 시설물을 동등하게 이용할 수 있도록 특별히 법으로 강조하고 있다.

| 비장애인(일반인)
| 어린이(5~13세)
| 노인(고령자, 우리나라의 경우 65세 이상)
| 임산부
| 장애인
| 영유아(0~4세) 동반자
| 유모차/카트 사용자
| 짐을 들거나 운반하는 사람
| 병자/허약자/일시적 장애인
| 상이군인
| 외국인 등

일반적으로 이용자가 특정되고 주제가 분명한 어린이공원이나 어린이놀이터와 같은 공공의 장소에서도 장애인을 포함한 모든 계층의 사람이 찾게 되므로 특정 공공의 장소도 기본적인 부분에서는 장애인을 포함한 전 계층을 고려한 설계를 해야 한다. 한편 국립공원 산 정상까지 이르는 산책로 설계를 하고자 할 경우 모든 장애인을 포함한 전 계층의 사람을 대상으로 하기에 많은 제약이 따른다. 예산상의 제약 또는 지형 상의 제약, 환경보호 또는 보전 차원에서의 제약 등으로 인해 일반인이나 장애인을 포함한 전 계층이 모든 산책로를 이용할 수 없는 경우 대부분이다. 이처럼 공간의 특성에 따라 사회적 합의에 의해 장애물 없는 설계를 할 수 없는 경우도 있다. 즉 일반 대원칙에 예외를 포함하는 것이다.

현행 장애물 없는 설계 시 우리나라 관련 법령에서 정의한 대상과 범위를 보면 장애인, 고령자 또는 노인, 임산부, 어린이, 영유아 동반자 및 이동에 불편을 느끼는 자 등으로 규정하고 그들의 「일상적인 생활」에서의 공간 범위를 대상으로 하고 있다. 법령별로 보면 아래와 같으며 특별히 장애인에 대하여는 「장애인복지법」에서 장애 유형에 따라 세부적으로 구분하여 정의하고 있다. 현행 「교통약자의이동편의증진법」과 「장애인·노인·임산부등의편의증진보장에관한법률」에서 정의한 '이동편의시설'과 '편의시설'을 대부분 의무적으로 설치하도록 하고 있으며 또 상기 두 법에서 '장애물 없는 생활환경 인증제'를 시행하도록 함으로써 무장애 공간과 시설이 되도록 의무화하거나 유도하고 있다.

(1) 교통약자: 장애인, 고령자, 임산부, 영유아를 동반한 자, 어린이 등 이동에 불편을 느끼는 자(「교통약자의이동편의증진법」 제2조제1호).
(2) 장애인: 장애인은 신체적 또는 정신적 장애로 오랫동안 일상생활이나 사회생활에서 상당한 제약을 받는 자(「장애인복지법」 제2조).
(3) 장애인등: 장애인, 노인, 임산부 등으로 정의하고 있다(「장애인·노인·임산부등의편의증진보장에관한법률」 제2조제1호).
(4) 「장애인차별금지및권리구제등에관한법률」은 위 다른 법에 비해 비교적 늦게 제정되고 시행된 특별법이며 후법(後法)이나(2007년 4월 10일 제정 2008년 4월 11일 시행) 장애인에 대한 차별적 개념의 유형을 명시하고 있다(같은 법 제4조).

1-5-2 장애인 분류와 유형

장애인에 대한 정의는 사회적, 문화적, 경제적, 정치적 상황에 따라 나라마다 시대에 따라 변한다. 앞서 살폈듯이 1980년 국제보건기구(WHO)가 권장하는 장애 관련인 국제장애분류(ICIDH: International Classification of Impairments, Disabilities and Handicaps)에 따르면, impairment(상해, 손상)란 심리적, 신체적, 해부학적 기관, 구조가 기능상에 이상이 있는 경우에 사용되는 것을 말하며, disability(불능, 무능력)란 impairment한 상태에서 그 결과로 나타나는 정상인이 갖는 활동 능력의 범위를 상실, 제약, 결여한 상태를 말하며, handicap(불리)이란 앞에서 정의한 impairment 또는 disability한 상태의 결과로 그들이 활동하는 환경 속에서 문화적, 물리적 또는 사회적 장벽(barriers), 편견, 차별이 있어 정상인처럼 하고자 하는 행동에 불리한 것을 의미하는 것으로 정의하였다.

우리나라 「장애인복지법」의 제2조 규정에 의한 장애인의 정의는 위 ICIDH분류에 의한 손상(impairment)과 무능력(disability)으로 인한 장애에 초점을 둔다.

정상적인 생활을 영위하기 위해 안전하고 편리하게 각종 시설과 설비 및 정보를 이용하도록 보장하는 각종 법령 중에서 근간이 되는 법률은 「장애인복

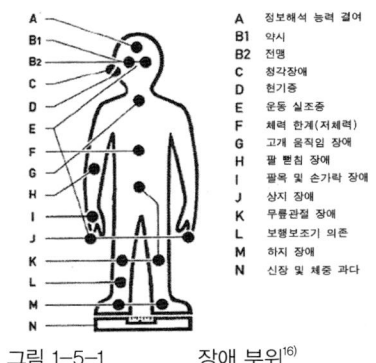

그림 1-5-1   장애 부위[16]

---
16) 한국장애인개발원(2019), 2019+유니버설디자인국제세미나, p80

지법」, 「장애인차별금지및권리구제등에관한법률」, 「장애인·노인·임산부등의편의증진보장에 관한법률」 등이 특별법적 성격을 갖기 때문에 타 법률도 설계 및 시공 시에 이들 법령을 적용, 준용하거나 의제하고 있다.

특별히 장애인을 고려한 장애물 없는 설계를 하는 경우 어떤 장애인인가를 파악하는 것은 매우 중요하다. 「장애인복지법」 제2조에 따르면 나이나 성별에 관계없이 '신체적·정신적 장애로 오랫동안 일상생활이나 사회생활에서 상당한 제약을 받는 자'를 장애인으로 정의하고 있으며, '신체적 장애'란 주요 외부 신체 기능의 장애, 내부기관의 장애 등을 말하고, '정신적 장애'란 발달 장애 또는 정신 질환으로 발생하는 장애를 말한다. 같은 법에서 장애 유형을 15가지로 대별하며 장애 부위에 따라 다시 분류하고 종래에는 이를 장애 정도에 따라 제1등급에서 제6등급으로 분류하였으며 장애등급이 높은 수로 갈수록 장애 정도가 약한 상태로 나타낸다.

2019년 7월 1일부터 장애등급제를 폐지하였다. 폐지된 주요 골자를 살펴보면, 수요자 중심의 장애인 지원체계를 구축한다는 것이다.

그동안의 지원체계가 장애등급으로 대표되는 공급자 관점에서 정책개발·집행이 용이한 체계였다면, 새로운 지원체계는 개개인의 욕구와 환경을 보다 세밀하게 고려해 서비스를 지원하는 것이다. 수요자 중심의 장애인 지원체계의 주요 내용은 장애등급제 단계적 폐지, 종합조사 도입, 전달체계 강화의 3개의 축으로 구성된다는 것이다.

장애 유형 구분은 유지되고 장애인 여부에 대한 객관적인 인정을 위해 장애인 등록은 현행대로 유지되지만, 종전의 1~6등급의 장애등급은 없어졌다. 장애등급이 폐지되더라도 장애 정도에 따라 '장애의 정도가 심한 장애인'과 '심하지 않은 장애인'으로 구분함으로써, 종전에 1~3등급 중증장애인에게 인정되어 오던 우대 혜택은 유지하고 있다.

표 1-5-2 「장애인복지법」에 따른 15가지 장애 유형

대분류	중분류	소분류	세분류	폐지된 장애등급
신체적 장애	외부 신체 기능	지체장애	절단장애, 관절장애, 지체기능장애, 변형 등	1-6등급
		뇌병변장애	중추신경의 손상으로 인한 복합적 장애	1-6등급
		시각장애	시력장애, 시야결손장애	1-6등급
		청각장애	청력장애, 평형기능장애	청력:2-6등급, 평형:3-5등급
		언어장애	언어장애, 음성장애, 구어장애	3-4급
		안면장애	안면부의 추상, 함몰, 비후 등의 변형으로 인한 장애	2-4급
	내부 기관 장애	신장장애	투석치료 중 또는 신장 이식을 받은 자	2급 또는 5급
		심장장애	일상생활이 현저히 제한되는 심장기능이상	1-3급 또는 5급
		간장애	일상생활이 현저히 제한되는 만성·중증의 간이상	1-3급 또는 5급
		호흡기장애	일상생활이 현저히 제한되는 만성·중증의 호흡기 기능 이상	1-3급 또는 5급
		장루·요루장애	일상생활이 현저히 제한되는 장루·요루	2-5급
		간질장애	일상생활이 현저히 제한되는 만성·중증의 간질	2-4급

대분류	중분류	소분류	세분류	폐지된 장애등급
정신적 장애		지적장애	지능지수가 70이하인 자	1-3급
		정신장애	정신분열, 분열형 정동 장애, 양극성 정동장애, 반복성 우울장애	1-3급
		자폐성장애	소아 자폐 등 자폐성 장애	1-3급

* 장애 정도를 판단하는 장애등급은 종전 「장애인복지법」 분류를 참고

표 1-5-3   우리나라 장애 유형별 인구 현황 (통계청, 천명)

구분	1990년	2000년	2010년	2018년
합계	200	958	2,517	2,586(100.0%)
지체	125	606	1,338	1,239(47.9%)
시각	15	91	249	253(9.8%)
청각언어	29	87	278	363(14.0%)
지적	31	87	161	207(8.0%)
뇌병변	-	-	-	253(9.8%)
기타	-	87	491	271(10.5%)

1-5-3 교통약자 등의 인구 현황과 특징

우리나라의 교통약자 등으로 분류되는 어린이, 노인, 임산부, 장애인, 영유아 동반자, 유모차 사용자, 보행보조기기 사용자, 일시적 장애인, 외국인 등에 관한 모든 인구센서스는 없으나 통계청 자료에서 추출 가능한 이들 인구를 보면 1970년부터 2030년까지 대체로 30~40% 정도에 걸쳐 있다.

1980년대까지 어린이의 인구 비율이 높고 노인 및 장애인의 비율이 상대적으로 매우 낮다. 그러나 1990년 진입하면서 어린이 인구가 적어지고 노인 인구가 점증하면서 1999년에 고령화사회에 들어섰고 2017년 고령사회가 되어 전체 인구의 노인이 차지하는 비율이 14%를 상회하였다. 이 교통약자 등의 계층이 2030년에는 전체 인구에 38.7%에 달하는 근 2,000백만 명으로 추정된다.

위 통계청 인구 추계에서 가장 유의해야 할 점은, 2018년 말 전체 인구의 14.4%에 달하는 인구가 65세 이상 노인층이나, 노인 인구의 급속한 증가로 2025년에 초고령화사회에 진입하여 전체 인구의 약 20.3%인 1천5십만 명이 되며 그 후 2030년에는 전체 인구의 약 25%인 1천3백만 명이 노인인구가 된다는 것이다.

또 2030년 6~12세 어린이 인구는 계속 감소하여 2백14만 명이고, 장애인은 거의 증감 없이 약 254만 명이고, 임산부는 현 추세로 지속되어 약 35만 명이 된다. 2030년 이들 계층은 전 인구의 약 38.7%인 2천만 명을 상회한다. 특히 2030년 노인 인구는 이 교통약자 계층의 64.6%를 점함으로써 장애물 없는 생활환경의 설계 시공 분야에서 노인층을 배려해야 하는 시사점을 제공한다.

표 1-5-4　　　　　　　　　　우리나라 교통약자 등 인구 현황 및 추정 (천명, 통계청)

구분	2000년	2010년	2018년	2030년
총 인구	45,985	47,991	51,630	51,926
어린이 (6세-12세,A)	4,724 (10.3%)	4,018 (8.4%)	3,272 (6.4%)	2,138 (4.1%)
노인 (65세 이상, B)	3,375 (7.4%)	5,434 (11.4%)	7,455 (14.4%)	12,980 (25.0%)
장애인 (등록, C)	958 (2.1%)	2,517 (5.2%)	2,586 (5.0%)	2,544 (4.9%)
임산부 (D)	570 (1.2%)	450 (0.9%)	323 (0.6%)	356 (0.7%)
영유아(0~5세) 동반자(E)	3,976 (8.6%)	2,735 (5.7%)	2,441 (4.7%)	2,060 (4.0%)
교통약자 계 (A~E 합산)	13,603 (29.6%)	15,514 (31.6%)	16,077 (31.1%)	20,078 (38.7%)
외국인(체류자)	244	919	2,368	-

주1) 어린이는 「도로교통법」 제2조제23항에 의거 6~12세로, 영유아는 「영유아보호법」 제2조제1항에 0~5세로 보며, 영유아 동반자 인구는 영유아인구로 산정
주2) 통계청에 자료에 의하면, 총인구 대비 65세 인구가 7% 이상인 고령화사회는 1999년에 시작되었고, 총인구 대비 14% 이상인 고령사회 진입은 2017년(14.2%)에 되었으며, 초고령사회는 총인구 대비 20% 이상인 2025년이 될 것으로 추정된다.
주3) 「모자보건법」에 의하면, 임산부(姙産婦)란 임신 중인 여성(姙婦)과 아이를 출산한 후 6개월 미만의 여성(産婦)을 말하며 위 표의 임산부는 통계청에서 익년 0세인 인구를 기준 삼아 임산부 인구를 산정하였으므로 실제 인구는 약간 차이가 있음.
주4) 2030년도 장애인 수는 2010-2018년 감소세를 감안한 추정임.
주5) 외국인은 내국인에서 제외한 참고임.

한편 통계청 자료에 의하면, 외국인 입국자는 매년 증가 추세에 있는데 입국자 기준 2015년 약 30만 명에서 2018년 약 1,563만 명에 이르는 증가 추세에 있고, 2018년 기준 외국인 체류는 약 230만 명이 넘는다. 이중 아시아계 인구가 약 87%에 달한다. 2018년 외국인의 국적은 무국적 등을 포함하여 230여 국가이다. 외국인은 대체로 언어 장벽이 많아 사회활동에 제약을 받는다. 특히 공공시설의 이용률이 떨어지며, 정보 접근에 취약한 계층이다.

이러한 교통약자 및 외국인의 인구 현황 및 추계가 의미하는 바는 교통수단, 여객시설, 공공의 시설물 내부는 물론 일상성이 강한 외부 공간에서의 보행, 휴식, 관찰 등의 활동 총량이 늘어난다는 것이기 때문에 외부 공간인 도로(보도), 공원, 광장, 놀이터, 공동주택의 외부 공간, 학교 등 교육시설, 유원지, 아동관련시설, 노인시설, 청소년시설, 병원 등 의료시설, 전시장, 공연장, 관람집회시설, 운동시설, 숙박시설, 여객시설, 주차장, 관광휴게시설, 판매시설, 공용 청사 등의 시설이 장애물 없는 공간으로서 설계 시공이 되어야 하는 바를 말해주는 것이다.

1-5-4　장애물의 유형

장애물 없는 설계에서 장애물 또는 장애란 무엇인가. UN에서 제정하고 우리나라 국회가 인준한 「장애인의권리에관한협약」(CRPD: Convention on the Right of Persons with Disabilities)에서, 장애(barrier, 장벽)를 광의적으로 정의하고 있는데 「환경 속에서 특정 요소의 부재 또는 존재로 기능을 제한하고 장애를 촉진하는 요인으로 접근 불가능한 물리적 환경, 보조기술 부재, 장애에 대한 부정적 태도, 장애인의 참여를 가로막는 서비스, 시

스템 및 정책이나 이들의 부재 등을 말한다」라고 하고 있다. 신체적 상해로 인한 신체적 장애가 있으나 물리적 시설 등으로 조성된 장벽은 환경적 장애물이 되는 것이다.

이와 같은 정의를 설계와 시공에 관련하여 여러 경우에 발생 가능한 일반적 장애 요소를 생각해 보면, 우선 접근성의 측면에서 공간 또는 시설로의 이동, 시설에 접근 또는 시설 이용에 제한을 주는 것을 파악할 수 있다. 이 제한은 물리적과 비물리적인 것일 수 있다. 또 절대적인 것일 수 있으나 상대적인 것도 많다. 3차원의 공간적인 것일 수도 있으며 평면적인 것일 수도 있다. 사용자 자신의 장애로 인한 것일 수도 있으나 외부적 환경인 기후에 의한 장애가 있을 수 있다. 이처럼 장애물은 다양한 특징을 띤다. 공간 이용자와 공간 자체의 상호 작용에 따라 장애물로 결정되는 것도 특징이다. 즉 공간 이용자와 공간 자체의 상호작용으로 차별감(구별, 배제, 제한, 과도한 부담), 불안감, 좌절감, 긴장감, 우울감, 박탈감, 수치심, 상실감, 불편함, 위험의식, 사고유발 등을 나타낼 수 있는 유무형의 것을 장애라 할 수 있다. 아래처럼 장애물 또는 장애의 유형 외에 매우 다양한 원인에 의해 발생한다.

가. 물리적 장애물과 비물리적 장애물

물리적인 계단이 임산부에게 불편한 시설이 되지만 일반인에게는 일반적인 시설이다. 하지만 계단이 5개 층 이상인 경우 임산부나 일반인이라 하더라도 짐을 드는 경우 장애와 불편을 초래하므로 계단은 승강기가 없는 5층의 건축물에서는 일반적으로 장애 요소로 인식될 수 있다. 비물리적인 장애물이란 물리적 시설이라 하더라도 주요 시설에 이르는 접근로의 정보 체계와 공간구조 및 배치가 매우 복잡하여 가고자 하는 시설에 접근하기 어렵거나 불가능한 경우를 포함한다.

나. 절대적 장애물과 상대적 장애물

장애의 정도에 따라 동일 시설물이라도 장애물이 될 수 있다. 지체장애인에게 계단은 절대적인 장애물이 되어 오르내리는데 매우 어렵거나 불가능한 시설물이 되기도 한다. 9m 정도의 짧은 거리 구간에서 1/12 정도인 경사도를 일반적으로 휠체어 사용자는 오르내릴 수 있는 경우가 있으나 휠체어 바퀴를 쉽게 구동할 수 없는 환자에게는 장애물이 된다.

다. 2차원 또는 3차원의 장애물

2차원 비탈길은 장애를 유발하기 쉽다. 눈·비가 오는 경우 비탈길이 미끄러워 일반인이나 장애인이 넘어지기 쉬우므로 비탈길은 장애물로 취급된다. 보도 상에 식재된 나무의 가지가 자전거도로 바닥에서 높이 1.8m에 있다면 자전거를 타고 가는 사람의 머리에 닿을 수 있어 이를 피하거나 이에 부딪힘으로 인해 사고나 장애를 유발할 수 있게 되므로 가로수에서 처진 가지는 3차원상의 장애물이 된다. 보행로 상의 진행방향에 돌출된 창호, 경사진 기둥이나 주출입구에 튀어나온 장식벽은 3차원의 보행장애물이 된다.

라. 외부 자연환경에 의한 장애

눈, 비, 햇빛, 안개 등 기후로 외부 환경에 의한 장애가 있을 수 있다. 또한 공간 자체가 갖는 형태적 특징에 의한 미기후적 요소가 장애를 발생시킨다. 겨울에 눈이 녹아 살짝 얼은 빙판길(black ice, 살얼음)은 매우 위험한 장애와 사고를 유발한다.

마. 재료에 의한 장애

목재는 친환경적 재료로 좋은 재료이나 바닥 재료로 사용하여 겨울에 눈이 쌓이거나 눈 녹은 물이 있거나 비 내린 경우 미끄러움이 일반 포장재보다 심하다. 목재를 직접 지면에 닿게 시공하는 경우 목재 부식이 빠르게 진행되기 때문에 목재를 지면에서 일정한 높이로 높여 시공함이 보편적이다. 이 때 목재로 지온(地溫)이 전달되지 않아 목재면 위에 쌓인 눈이 잘 녹지 않고 또는 목재 표면에 흡수된 물이 얼어서(black ice, 살얼음) 잘 볼 수 없어 위험하다. 이처럼 기후에 따른 바닥 포장재로서의 목재는 재료공학적 특성 때문에 특히 겨울철에 장애물로 작용한다.

또 다른 예로서 철재 또는 스테인리스(stainless)는 구조물에 알맞은 재료로서 견고하여 난간의 기둥, 난간살이나 난간 손잡이로 사용되곤 한다. 하지만 이들 난간 손잡이는 여름철 직사광선인 햇빛에 노출되는 경우 온도가 높아 맨손으로 난간을 잡는 경우 뜨거워 잡기에 불편하거나 겨울철에 외기보다 차가워 잡을 수 없는 경우가 발생하므로 불편이나 장애를 야기한다.

바. 이용자와 공간 상호작용에 의한 사회·심리적 장애물

장애물의 물리적 종류나 특징은 매우 다양하다. 동일한 물리적 시설이라도 이를 접하는 사람에 따라 서로 다른 반응을 나타난다. 또 이용자와 공간이나 시설간의 상호 작용에 따라 장애물로 결정되는 것도 특징이다. 이러한 상호작용은 이용자에게 사회적인 차별감(구별, 배제, 제한, 과도한 부담), 불안감, 좌절감, 긴장감, 우울감, 박탈감, 수치심, 상실감, 불편함, 위험의식, 사고 등으로 나타나게 되므로 이러한 반응을 유발하는 것을 사회·심리적 장애물이라 할 수 있다.

예컨대 강당에서 장애인석을 맨 뒷 자석의 가장자리에 배치하거나 무대를 오르내릴 때 모든 사람들이 집중해 보는 리프트(lift)를 사용하도록 설치하는 것은 심리적 차별 내지 상실감을 유발할 수 있다. 약 1.2m의 좁은 보행로에서 주간에는 불편이 없으나 야간에 조명이 없는 경우 범죄와 두려움을 유발할 가능성이 많으므로 이러한 공간 자체는 지나기에 두려운 장애물이 될 수 있는 것이다.

사. 정보 누락에 의한 장애

공간과 시설물은 필요한 정보에 의해 접근하고 이용하게 되므로 각종 안내판 등이 필요한 위치에 적정한 크기와 색채로 안내되어야 한다. 정보를 순차적으로 얻기 위해서는 공간 위계에 따라 시차적으로 인지하도록 체계를 갖추어야 한다. IT의 발달로 공간 위치 정보와 시설물 이용의 정보를 제공하면 더욱 편리해진다. 외국인을 위한 정보도 한글과 병행하고 문자보다 가급적 기호, 그림, 도표 등으로 안내하는 것이 가독성이 좋다.

아. 설계 시공 부실 및 오류 등에 의한 장애

야간 조명이 없어 이용을 할 수 없거나 불편한 경우, 규격이 작은 경우, 포장 면이 울퉁불퉁하게 시공되었거나, 틈새가 크거나, 구멍이 크거나, 재료 강도가 약하여 쉬 부러지거나, 손을 잡을 수 없을 정도로 멀리 시공하였거나, 안내판을 읽기에 글씨가 작거나 희미한 경우는 이용이나 접근에 장애를 유발한다.

자. 사람에 의한 차별적 장애

사람이 차별하거나, 정당한 요구를 거부하거나 제한하거나, 사용을 방해함으로써 사람은 법률적으로 차별적 장애를 유발한다. 즉 사람에 의한 차별은 장애와 동일한 부정적 효과를 유발하여 법률적 장애를 유발하는 것이다. 즉 「장애인차별금지및권리구제등에관한법률」에 반해 행동하는 것이다.

1-5-5 기본권과 공간 및 시설 이용의 장애 유형

2007년 4월 10일 제정되고 2008년 4월11부터 시행된 「장애인차별금지및권리구제등에관한법률」 제1조에 '모든 생활영역에서 장애를 이유로 한 차별을 금지하고 장애를 이유로 차별받은 사람의 권익을 효과적으로 구제함으로써 장애인의 완전한 사회참여와 평등권 실현을 통하여 인간으로서의 존엄과 가치를 구현'한다고 명시하였다. 오랫동안 모든 물리적인 생활공간 또는 비물리적인 생활영역에서 장애를 갖고 있다는 이유로 인간으로서의 기본권인 존엄과 가치 구현이 이루어지지 못함으로 인한 기본권 복원의 선언이다. 같은 법의 제1조에서 표현하는 모든 생활영역이라 함은 포괄성을 띠고 있다.

1989.12.30 전부 개정되어 시행중인 「장애인복지법」의 목적(제1조), 장애인의 정의(제2조) 및 장애인의 권리(제3조) 등에 대하여도 「장애인차별금지및권리구제등에관한법률」의 그것과 매우 유사하게 정의되어 있다. 이들 규정에 의하면 사람의 일상생활이나 사회활동에 제약을 주지 않는 것이 장애가 없는 것이 된다. 「장애인차별금지및권리구제등에관한법률」 제2조에서 '장애'를 신체적 또는 정신적 손상 또는 기능 상실이 장기간에 걸쳐 개인의 일상 또

는 사회생활에 상당한 제약을 초래하는 상태라고 정의하고 있다. 「장애인복지법」 제2조에도 유사하게 정의하나 사람의 일상적인 신체 활동이란 먹기, 말하기, 보기, 걷기, 뛰기, 쉬기, 타기, 일어나기, 앉기, 서있기, 오르기, 내리기, 들기, 잡기 등이다. 이외 정신적 활동은 생각하기, 읽기, 쓰기, 독서 등이 있다. 신체활동과 정신활동은 불가분이 아닌 동시적 활동이 많다.

이러한 기본적 활동은 신체기관인 귀, 눈, 코, 손과 손가락, 팔, 팔목, 어깨, 발과 발가락, 발목, 무릎, 고관절, 다리, 허리, 머리, 목 등의 미세 움직임 또는 빠른 움직임에 따른 세부 동작을 수반한다. 따라서 이러한 일상적 신체활동과 신체기관의 움직임에 제약을 일으키는 것을 일반적인 장애라 할 수 있다.

또 신체적 또는 정신적 활동에 직접적으로 장애를 유발하는 경우도 있으나 예컨대 빠른 직선의 이동 통로로의 접근 대신 멀리 돌아가게 하는 경우처럼 접근과 이동 수단이 확보되었다 하더라도 긴 우회를 강제함으로써 차별감, 짜증, 불안, 긴장을 유발하는 경우가 있다.

장애인은 신체기관의 손상장애로 인하여 신체 활동에 있어 일반인보다 심한 불편과 어려움을 받게 되는 경우가 일반적이다. 이들 장애인에게는 일반인이 이용하는 일반적 공간 설계 기준보다 특별한 기준으로 설계되어야 장애가 극복되고 일반인과 동등한 정도로 일상생활을 하게 된다. 또 장애인이 장애를 받는 경우 일반인보다 그 대안을 찾기 어려워 그 장애로부터 탈출이 불가능한 경우도 발생한다.

공간 설계가 잘못되거나 부적절한 설계로 인해 장애를 유발하는 유형을 보면 가장 중요한 기본권인 접근권, 이동권 및 이용권이 박탈됨으로써 기본적 활동의 시작을 할 수 없거나 수치심, 상실감 등을 유발하는 경우가 있고, 접근권과 이동권을 확보하였다 하더라도 이용 시 방향감각을 갖지 못하는 인지력 상실, 이용 상의 심리적 불편, 신체적 상해를 입는 경우 등이 있다.

1) 접근권 박탈: 「장애인·노인·임산부등의편의증진보장에관한법률」 제4조에서 '접근권'을 인간으로서 존엄과 가치 및 행복을 추구할 권리를 보장받기 위하여 장애인 등이 아닌 사람들이 이용하는 시설과 설비를 동등하게 이용하고 정보에 자유롭게 접근할 수 있는 권리라고 정의하고 있다. 각종 시설과 정보를 이용하기 위하여 그 시설까지 접근할 수 있는 기본적인 접근 방법과 접근 수단이 있어야 하고 그런 후 이용이 가능한 권리를 접근권이라 말한다. 접근권은 다음과 같은 3가지로 나눌 수 있고 이들 세 가지 유형의 접근권이 동시에 보장되는 것이 효과적이라 하겠다. 접근권의 박탈은 「장애인차별금지및권리구제등에관한법률」 제4조제1항제2호에 해당하는 차별행위에 속한다.

표 1-5-5 　　　　　　　　　　　　　　　　　접근권의 유형

접근권의 세분	내 용
물리적 접근	외부 공간(open space)인 물리적 환경(built environment)과 공간, 시설과 설비를 누구나 자유롭고 동등하게 이용하거나 이들 시설에 관한 정보를 접근하는 것
사회적 접근	사회적 제도, 정책, 복지 등의 분야에서 장애인에 대한 편견을 제거하여 장애인에게 균등한 기회를 제공하는 유형
경제적 접근	경제적 약자에 대한 생활보호대책인 보조, 할인, 세제 우대, 의료 등의 경제적 조치

2) 이동권 박탈: 특별히 장애인 등 교통약자가 인간으로서의 존엄과 가치 및 행복을 추구할 권리를 보장 받아야 하지만 교통약자가 아닌 사람들이 이용하는 교통수단, 여객시설 및 도로를 차별 없이 안전하고 편리하게 이용할 권리를 누리지 못하는 장애를 「교통약자의이동편의증진법」 제3조에서 규정한다.

3) 이용권의 박탈: 위에서 설명한 접근권에 이용권을 포함할 수 있으나 직접적인 이용권 또는 사용권은 정상인이 이용할 수 있는 시설을 차별 없이 동일하게 장애인 등이 이용할 수 있어야 하는 권리이다. 실제로 접근하였으나 이용하지 못함으로 인해 이용 권리를 박탈당하는 것을 말하거나, 당연히 이용할 시설이 있어야 할 것이 없음으로 인해 장애인 등이 이용권을 박탈당하는 것을 말한다.

4) 보행권의 박탈: 이동권과 유사한 개념으로 「보행안전및편의증진에관한법률」 제3조에서 국가와 지방자치단체가 공공의 안전 보장, 질서 유지 및 복리 증진을 저해하지 아니하는 범위에서 국민이 쾌적한 보행 환경에서 안전하고 편리하게 보행할 권리를 최대한 보장하고 진흥하여야 한다고 함으로써 보도 등의 보행자길, 횡단보도, 공원 등에서 장애, 성별, 나이, 종교, 사회적 신분 또는 경제적·지역적 사정 등에 따라 보행과 관련된 차별 없이 보행권이 박탈되지 않도록 하고 있다.

5) 인지력 상실: 사람이 신체적 또는 정신활동을 함에 있어 쉽게 판단하도록 하여야 함에도 인지가 어렵거나 시행착오를 유발하도록 하거나 타인의 적극적인 도움을 얻어 문제를 해결하도록 하는 설계로 말미암아 사용자가 사용의 방법을 찾지 못하는 경우나 어려운 경우를 말한다. 사용자가 시설 사용의 초기에 느끼는 장애가 많다.

6) 심리적 장애: 사용자가 사용의 방법과 수단을 확보하고 어떻게 이용할 것인가를 알았다 하더라도 잘못된 설계 등으로 인하여 사용 시의 불편함 등 심리적 불안을 초래하는 일종의 장애를 말한다. 즉 불안감, 좌절감, 긴장감, 우울감, 박탈감, 수치심, 상실감, 불편함, 위험 의식 등을 야기하는 무형의 심리적인 것을 유발시키는 장애라 할 수 있다.

7) 신체적 상해: 장애적 관점이 없는 설계 또는 시공으로 인하여 일반인이든 장애인이든 시설 또는 공간이용 시에 미끄러지거나, 넘어지거나, 부딪히거나, 떨어지거나, 기울어지거나, 헛발을 집거나, 앞을 보지 못하거나 하는 등으로 신체적인 상해를 입는 경우를 말한다. 심한 경우 사망과도 연관된다.

8) 차별화 발생: 「장애인차별금지및권리구제등에관한법률」 제4조 내지 제7조에 따르면 장애인에 대한 차별적 행위에 대한 주요 내용을 보면 다음과 같다.

제4조(차별행위)
① 이 법에서 금지하는 차별이라 함은 다음 각 호의 어느 하나에 해당하는 경우를 말한다.
  1. 장애인을 장애를 사유로 정당한 사유 없이 제한·배제·분리·거부 등에 의하여 불리하게 대하는 경우
  2. 장애인에 대하여 형식상으로는 제한·배제·분리·거부 등에 의하여 불리하게 대하지 아니하지만 정당한 사유 없이 장애를 고려하지 아니하는 기준을 적용함으로써 장애인에게 불리한 결과를 초래하는 경우
  3. 정당한 사유 없이 장애인에 대하여 정당한 편의 제공을 거부하는 경우
  4. 정당한 사유 없이 장애인에 대한 제한·배제·분리·거부 등 불리한 대우를 표시·조장하는 광고를 직접 행하거나 그러한 광고를 허용·조장하는 경우. 이 경우 광고는 통상적으로 불리한 대우를 조장하는 광고효과가 있는 것으로 인정되는 행위를 포함한다.
  5. 장애인을 돕기 위한 목적에서 장애인을 대리·동행하는 자(장애아동의 보호자 또는 후견인 그 밖에 장애인을 돕기 위한 자임이 통상적으로 인정되는 자를 포함한다. 이하 "장애인 관련자"라 한다)에 대하여 제1호부터 제4호까지의 행위를 하는 경우. 이 경우 장애인 관련자의 장애인에 대한 행위 또한 이 법에서 금지하는 차별행위 여부의 판단대상이 된다.
  6. 보조견 또는 장애인보조기구 등의 정당한 사용을 방해하거나 보조견 및 장애인보조기구 등을 대상으로 제4호에 따라 금지된 행위를 하는 경우
② 제1항제3호의 "정당한 편의"라 함은 장애인이 장애가 없는 사람과 동등하게 같은 활동에 참여할 수 있도록 장애인의 성별, 장애의 유형 및 정도, 특성 등을 고려한 편의시설·설비·도구·서비스 등 인적·물적 제반 수단과 조치를 말한다.
③ 제1항에도 불구하고 다음 각 호의 어느 하나에 해당하는 정당한 사유가 있는 경우에는 이를 차별로 보지 아니한다.
  1. 제1항에 따라 금지된 차별행위를 하지 않음에 있어서 과도한 부담이나 현저히 곤란한 사정 등이 있는 경우
  2. 제1항에 따라 금지된 차별행위가 특정 직무나 사업 수행의 성질상 불가피한 경우. 이 경우 특정 직무나 사업 수행의 성질은 교육 등의 서비스에도 적용되는 것으로 본다.
④ 장애인의 실질적 평등권을 실현하고 장애인에 대한 차별을 시정하기 위하여 이 법 또는 다른 법령 등에서 취하는 적극적 조치는 이 법에 따른 차별로 보지 아니한다.

제5조(차별판단)
① 차별의 원인이 2가지 이상이고, 그 주된 원인이 장애라고 인정되는 경우 그 행위는 이 법에 따른 차별로 본다.
② 이 법을 적용함에 있어서 차별 여부를 판단할 때에는 장애인 당사자의 성별, 장애의 유형 및 정도, 특성 등을 충분히 고려하여야 한다.

제6조(차별금지)
누구든지 장애 또는 과거의 장애경력 또는 장애가 있다고 추측됨을 이유로 차별을 하여서는 아니 된다.

제7조(자기결정권 및 선택권)
① 장애인은 자신의 생활 전반에 관하여 자신의 의사에 따라 스스로 선택하고 결정할 권리를 가진다.
② 장애인은 장애인 아닌 사람과 동등한 선택권을 보장받기 위하여 필요한 서비스와 정보를 제공받을 권리를 가진다.

1-5-6 설계 시공 등에 의한 인위적 장애 유발 원인

가. 전통적 이론에 대한 집착이나 가치에 대한 편견

- 기존 설계 시공 이론 및 기법에 대한 집착
- 전통적 디자인 원리에 대한 보수적 판단
- 익숙하고 고정된 지식에서 발생한 편견 등

나. 인체공학, 인간공학 및 장애 유형에 대한 인식 미비

- 장애에 대한 막연한 지식
- 연령 및 장애를 무시한 설계 치수 적용
- 경제적 판단에 의존한 인색한 설계

다. 사회적 심리 및 행동 패턴에 대한 인식 부족

- 물리적 환경에 대한 사용자 반응과 행태 미반영
- 장애 특성으로 인한 행태심리학적 원리 미적용 등

라. 계획 및 설계 시 이해 및 지식 결여

- 장애 없는 설계 목표 누락
- 구체적 설계 기법 및 경험 부족
- 자연환경 및 문화 환경 이해 부족
- 재료공학에 대한 이해 부족
- 관련 법령에 대한 이해 부족
- 사업주체의 무관심 또는 이해 부족
- 예산 부족에 의한 부분시공, 미시공, 하자시공 등

마. 시공 시의 미시공, 부실, 하자, 오류, 오차 등

- 설계도면 및 시방서에 대한 이해 부족
- 설계 변경 시의 착오, 누락
- 설계 취지에 대한 이해 부족
- 임의 시공
- 전문가 상담 누락 등

바. 차별적 행위 및 판단

- 제한, 배제, 분리, 거부 등으로 불리한 경우 초래
- 정당한 편의 제공 거부

- 장애인을 돕는 자에 대한 행위 금지
- 보조견 또는 장애인보조기기의 사용 금지 행위 등

사. 관리상 무지 및 소홀

- 당초 BF설계 내용에 대한 무지 또는 소홀
- 보수 및 관리 부재
- 사용자들의 무절제 사용 등

아. 국가 정책 및 제도상의 미비 등

- 글로벌(global) 추세보다 늦은 법령과 제도 정비
- 전문가 양성, 교육 제도 구축 및 지원 부족
- 국가 예산 부족 등

1-5-7 장애 유발을 방지·완화할 수 있는 감각기관과 반응

외부 공간과 환경 속에서 사람은 미각을 제외한 시각, 청각, 촉각 및 후각을 통해 정보를 파악하거나 이에 반응하여 활동한다. 이들 감각기관 중 하나 또는 몇 개의 감각기관을 통해 정보를 얻지 못하는 경우 장애가 유발되기도 한다. 반대로 이들 감각기관에게 적정한 정보를 주어 장애를 방지하거나 완화할 수 있는 방법이 되기도 한다.

따라서 장애물 없는 설계 시공이란 이들 감각기관이 공간, 환경, 시설물 등에 어떻게 반응할 것인가를 파악하여 이들 감각기관을 돕는 것이기도 하다.

표 1-5-6 감각기관과 반응 요소

청각정보	시각정보	후각정보	촉각정보
일반 교통 소음, 트럭과 같은 극한 소음, 비행기 소리, 먼 차량 소리, 운동 소음, 반사음, 대화 소리, 음악, 바람 소리, 물소리, 새소리, 야생음, 종소리, 휘바람, 깃발소리, 움직이는 기구 소리, 기계음, 냉난방 소리, 걸음걸이 소리 등	공간의 형태, 물체의 규격과 형상, 사회 활동의 움직임, 차량의 움직임, 지형, 사소한 자연 현상, 햇빛과 그늘, 비, 눈, 안개, 연기, 쓰레기, 안내판, 광고물, 진열대, 우편물, 벽과 담장, 보도 시설물, 가공선, 건축물, 식생, 자연물, 장소 특징, 공사 현황, 표면의 질감, 색채 구성, 색상 대비, 계절 변화, 달빛, 야간 조명, 섬광, 반사체, 전망, 시각적 순서 등	차량 배기가스, 공장 배출 가스, 연기 냄새, 신선한 공기, 식물 발산의 향기, 음식점 배출 냄새, 카페 발산 향, 쓰레기 등 배출 냄새, 공기 배출구 냄새, 병원이나 피난장소 냄새 등	손·피부·발 - 온도, 습도, 바람, 햇빛, 태양복사열, 눈, 비, 진눈깨비, 손잡이, 물체 꼭지, 의자, 발바닥의 감촉, 물 감촉, 물체의 표면, 음식, 사물 접촉, 식물 접촉, 진동 등

제1장

6절

장애인 등 행동 특성 및 설계 시공 유의점[17]

아래의 장애인 등에 관한 행동 특성은 표준적인 특성이 아닌 것은 개인의 장애 정도나 유형이 매우 다양하기 때문이다. 따라서 아래 내용은 개괄적이고 일반적이며 비표준적 내용이기에 특정 장애 유형에 따른 장애 회피의 방법은 구체적이며 특별한 설계 시공이 있어야 한다. 또 각종 치수는 국가와 연구자 등에 따라 약간씩 상이하다.

1-6-1 목발(클러치, crutch) 사용자

1m 정도 길이의 지팡이는 노인이 많이 사용하는 기구이나 일반화된 규격이 없으며 여기서는 설명을 아니 한다. 목발(클러치, crutch)은 손이나 겨드랑이를 이용하여 보행 장애를 돕는 보조기기이다. 보행 클러치, 전박 클러치, 겨드랑이 클러치, 2각/3각/4각 클러치, 보행 스탠드(보행 프레임), 보행 왜건, 스텝 헬퍼(step helper) 등이 있다.

가장 간단한 보장구(保障具)인 보행 클러치 끝은 고무로 되어 있어 경사 75°까지 사용 가능한 것이 있으며 이를 사용하는 공간의 폭은 70~80cm이다. 전박 클러치는 주로 한쪽 다리를 사용할 수 없는 경우 사용하며 사용 공간 폭은 90cm이다. 겨드랑이 클러치는 겨드랑이와 손을 이용하여 체중을 분산 이동시키며 사용 공간의 폭은 90~95cm이다. 2각 내지 4각 클러치는 지지면이 2각 내지 4각으로 넓게 분포되어 위험이 적고 보행 클러치를 사용할 수 없거나 보행 근육이 약한 경우 많이 사용되며 공간 사용의 폭은 100~120cm이다. 보행 스탠드(stand)는 안정성이 높아 보행 훈련 시 많이 사용하며 사용 공간 폭은 120cm이다. 보행 왜건(wagon)은 바퀴가 2개 또는 4개 부착되어 정밀한 움직임이 가능하고 보행 부담이 경감된다. 공간 사용 폭은 120cm이다. 회전이 필요한 공간은 165cm가 필요하다. 스텝 헬퍼(step helper)는 고관절이나 양무릎을 거의 굽히지 못하는 경우 보통 계단 높이의 1/2 정도 높이를 이동하는데 사용된다.

---

17) 박용환 외(2008), 배리어프리 디자인, 기문당, pp39-61 및 한국토지공사(1987), 노약자와 장애인을 위한 외부 공간 및 시설에 관한 연구(한노장시), pp35-43

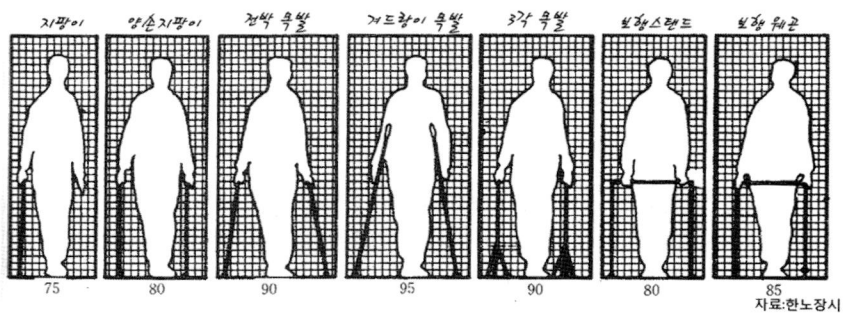

그림 1-6-1　　　　　　　　　　　목발 사용자 유형 및 최소 폭원

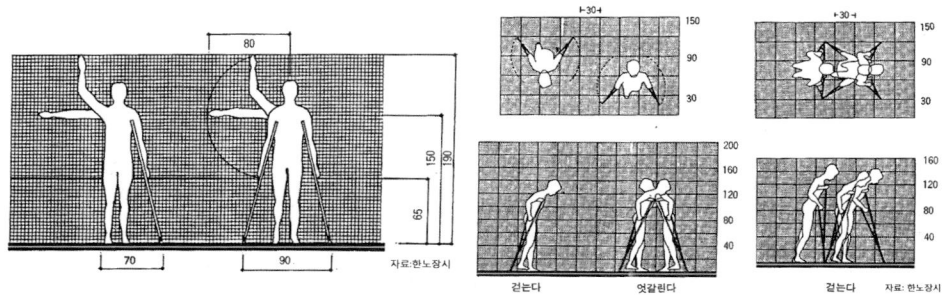

그림 1-6-2　　　　　　　　　　　목발 사용자의 행동 반경과 보행 행태

표 1-6-1　　　　　　　　　　　　보행장애인의 행동 특성 및 설계 시공 유의점

구 분	행동 제약	장애적 요소	설계 시공 유의점
보장구 비사용자	무릎이나 관절 등을 굽히지 못함	장거리 이동에 어려움	동선 및 거리 최소화, 적정 거리 휴식공간 확보
		단차와 경사 극복에 어려움	턱, 단차 및 급경사 제거
		한식 변기 사용에 어려움	양식 변기 사용
		계단, 화장실 등에 손잡이가 없는 경우 사용 불편	계단, 대변기 및 세면기 등에 손잡이 설치
	낮은 곳에 손이 닿지 않음	아래에 설치된 콘센트, 서랍 사용 불가	팔 높이와 팔이 닿는 곳에 손잡이나 설비기기 설치
보장구 사용자	보행이나 활동 시 넓은 면적이 필요	접근로, 통행로 등 활동 유효 공간 부족 시 활동에 제약	유효폭, 회전공간, 높이 등 확보
	보행 속도가 느림	장거리 이동에 제약	동선과 거리 최소화 및 적정거리 휴식공간 확보
	미끄러운 바닥과 발 끝이 걸리는 동작에 위험	미끄러운 바닥은 보행이 어려움	미끄럽지 않은 재질 및 배수 철저
		자갈길, 진흙길, 모래길, 잔디면은 보행이 어려움	평탄 마감
		격자 구멍, 홈(틈새), 도랑에 클러치가 빠짐	틈새, 격자 구멍 등을 좁게 함
		계단 등의 측면이 개방되어 있으면 클러치 끝이 밖으로 빠져나가 몸의 균형 상실	계단 측면에 추락방지턱 설치
	단차나 경계면에서 이동 곤란	건물 입구 단차 극복 어려움	단차 제거
		손잡이가 없는 계단, 육교 등 승강을 못함	손잡이 설치
		경사면에서 미끄러지거나 몸의 균형이 어려움	경사면 제거 후 계단 또는 완만한 경사로 설치
	양손 사용 불가	우산을 사용 못함	차양(지붕) 설치
	신체 방향을 바꾸거나 근육을 생각대로 움직이기에 어려움	벤치, 화장실 내 욕조 등의 위치가 신체 방향을 바꾸도록 계획되면 사용이 어렵고 콘센트 등의 높이가 높으면 사용이 불가	가능한 한 방향을 바꾸지 않도록 고려하고 방향 전환에 필요한 공간 확보. 단차제거 및 통행 유효 폭 확보

1-6-2 휠체어(wheelchair) 사용자

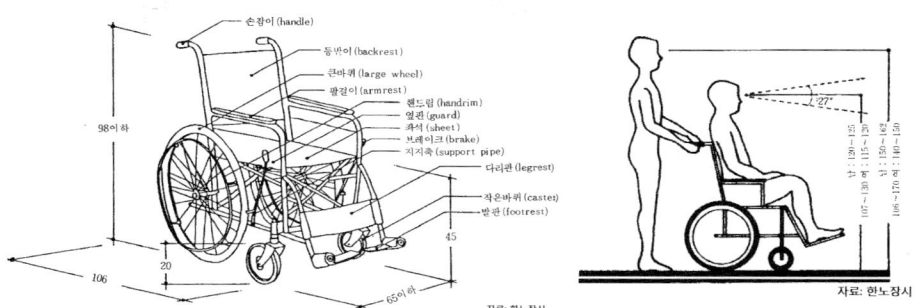

그림 1-6-3　　　　　　　　휠체어 제원과 사용자의 눈높이

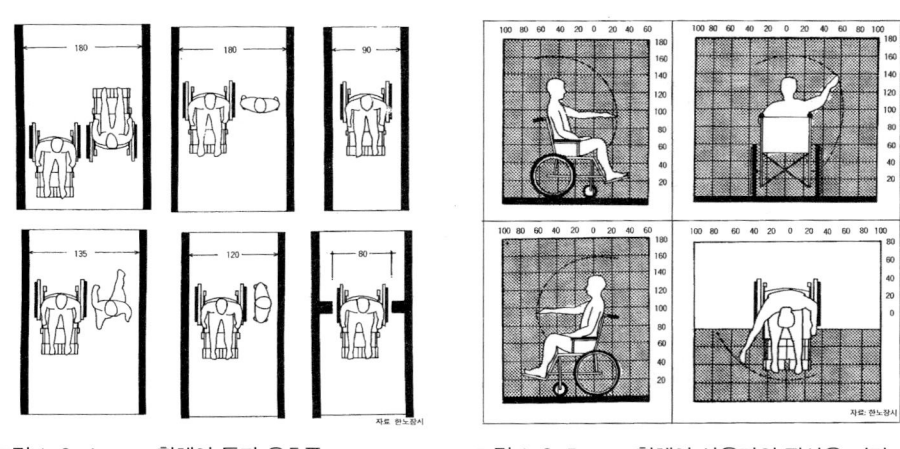

그림 1-6-4　휠체어 통과 유효폭　　　그림 1-6-5　휠체어 사용자의 팔사용 거리

그림 1-6-6　　　　　　　　휠체어의 등판각도

수동휠체어 사용자의 동작 특성은 다음과 같다.

- 휠체어 자체의 공간에 휠체어 활동에 차지하는 추가 공간이 유효한 공간이 된다.
- 폐쇄된 공간에서는 360도 회전이 요구되며 긴 통로는 180도 회전이 필요하다.
- 수평 이동 시 속도가 늦고 지친다.
- 지그재그로 운행되고 위험에 대한 대처가 어렵거나 늦다.
- 휠체어에 앉는 상태로 일상생활이 되므로 팔이 미치는 범위, 발의 깊이, 무릎의 높이, 팔을 뻗은 길이, 눈높이가 기준이 되며 팔 뻗은 길이는 짧고 무릎과 발판의 높이는 일반인 자세보다 높다.
- 이동 시에는 양팔을 쓸 수 없다.
- 요철이 있는, 미끄럼이 있는, 단단하지 않은, 구멍이 있는, 또는 턱이 있는 곳은 장애가 유발된다. 자갈길, 모래 바닥, 잔디, 카펫, 진흙길 등은 주행이나 회전 등에 어려움이 심하다.
- 앞바퀴인 작은 바퀴(caster)가 틈새나 도랑에 빠지면 움직일 수 없다.
- 옆으로 이동이 불가능하기에 이동하는 방향과 다른 쪽으로 가기 위해서는 많은 시간이 소요된다.
- 휠체어에서 다른 곳으로 옮겨 앉기 위해서는 휠체어를 주차할 곳이 필요하며 옮겨 앉을 기구나 가구의 높이가 휠체어의 좌면(좌석) 높이보다 높거나 낮으면 불편을 느끼거나 옮겨 앉을 수 없다. 옮겨 갈 곳에 손잡이가 필요하다.

자주식과 전동식이 있다. 자주식 수동휠체어는 일반 솔리드 타이어 수동휠체어, 스포츠형 공기주입 타이어 수동휠체어, 실내용 공기주입 타이어 수동휠체어, reclining 수동휠체어, 편마비용 공기주입 타이어 수동휠체어, 앞바퀴가 큰 수동휠체어 등으로 나뉘며 전동식은 전동 휠체어와 전동 스쿠터가 있다.

휠체어 표준 규격은 없으나 대체로 650(w)×1,060(ℓ)×980(h) 범위 내로 제작사 별로 약간의 차이가 있다. 일반 솔리드 타이어 수동휠체어는 주로 실내에서 사용되며 대인용은 600(w)×1,040(ℓ)×865(h)이고 소인용은 540(w)×440(ℓ)×865(h)이며 눈높이는 휠체어 좌면 바닥에서 400~420mm이고 바닥에서부터 약 120cm이다(그림 1-6-3). 스포츠형 공기주입 타이어 수동휠체어는 기능성과 작업성을 목적으로 하는 휠체어로 610(w)×1,030(ℓ)×875(h)이고 눈높이는 휠체어 좌면 바닥에서 약 460mm이다. 전동 휠체어는 중증 또는 상/하지 장애인이 주로 사용하며 제어 스틱(stick)으로 전후좌우 및 속도를 제어하며 등판 각도가 약 14도(약1/4, 24%), 주행속도는 4.5~6km/h, 규격은 700(w)×1,200(ℓ)이다. 전동 스쿠터(scooper)는 노인이나 중증장애인들이 많이 이용하며 규격은 600(w)×1,200(ℓ)이다. 전동 휠체어와 스쿠터는 중량이 무거운 편이어서 다른 사람과 부딪히는 경우나 전도 경우 상해 위험이 크다.

휠체어의 최소 활동 공간은 핸드림(handrim, 손으로 구동하는 바퀴에 붙은 원형 손잡이)을 포함하여 휠체어 바닥 유효면적은 700mm×1,200mm으로 보고 외부 공간에서의 90도 및 180도로 회전 공간은 1,400mm×1,400mm을 표준으로 하며, 360도 회전 공간은 1,500mm×1,500mm이 적정하다. 최소 750mm이면 통과가 가능하다. 현행 우리나라 문폭의 법정 최소 기준은 900mm으로 하고 있다.

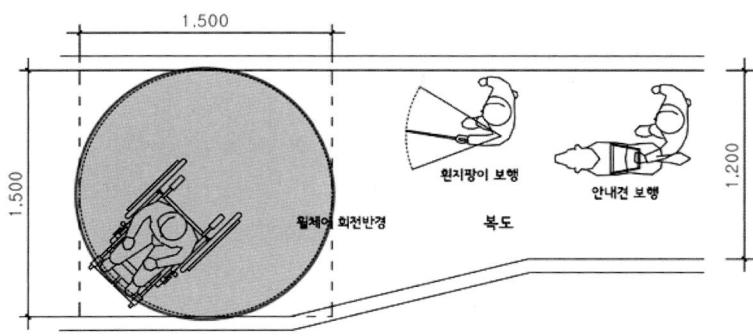

그림 1-6-7　　　접근로의 유효폭. 자료 한국시각장애인연합회

한 사람이 비켜 서 있고 휠체어가 지나는 유효폭은 1,200mm이고, 휠체어 두 대 교행인 경우 1,800mm이며, 휠체어 한 대와 두 사람과 함께 이용하는 유효폭은 2,000mm이 적정하다.

휠체어가 정지 중일 때의 유효한 회전 공간(1400mm×1400mm)과 움직일 때의 유효한 회전 반경은 다르다. 움직이는 속도에 비례하여 회전 반경이 커지는데 움직일 때 보도나 접근로의 폭이 넓을수록 안전하고 편안하게 회전할 수 있으므로 접근로와 접근로가 만나는 지점의 각도는 내각이 135도 이상으로 함이 좋다. 135도 이상 180도 이내의 둔각은 휠체어의 연속적인 운행과 부드러운 회전을 유도할 수 있으나 두 접근로가 만나는 부위가 135도 이하인 경우 내각을 절단하여 불연속적 운행이 되지 않게 함이 좋다. 아니면 통행로의 꺾이는 안쪽 부분의 폭원을 1m 이상 추가 확폭함이 바람직하다(그림 5-5-2 및 그림 5-22-1 참조).

휠체어에 앉아 있을 때 발 부위의 평균 유효공간은 발 높이는 230mm 발 깊이는 150mm 정도로 보며 앉아 있을 때 무릎까지 부위의 평균 유효공간은 높이 650mm 깊이 450mm 정도로 본다. 또 이때 평균적 바닥 유효 규격은 640mm×760mm이다.

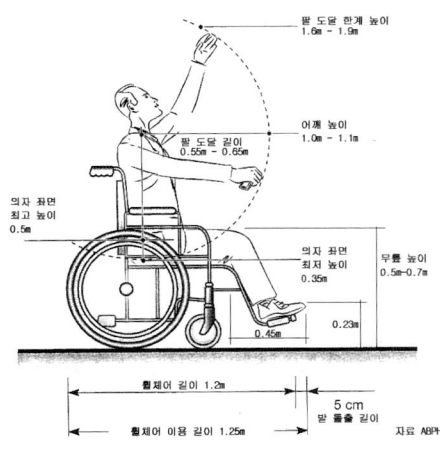

그림 1-6-8　　휠체어 사용자의 공간 유효 한계

휠체어 사용자가 침대, 의자, 가구, 욕조, 대변기 등과 같은 곳으로 쉽게 옮겨 앉기 위해서는 가구나 기구의 높이가 휠체어 좌면 높이와 동일한 것이 좋으며 권장 높이는 400~450mm이다. 휠체어 사용자의 팔 도달 거리는 전면으로 접근 시 바닥에서 230~1,350mm 정도이고 높이는 바닥에서 380~1,200mm 정도이다. 팔을 든 높이는 바닥에서 1,200mm 정도이다. 휠체어 사용의 적정한 경사도는 1/12 이하이며 그 길이는 9m가

넘지 않는 것이 좋다.[18] 휠체어 바퀴의 두께를 감안하면 바닥의 구멍이나 틈새는 2cm 이하이어야 한다.

표 1-6-2   휠체어 사용자의 행동 특성 및 설계 시공 유의점

행동 제약	장애적 요소	설계 시공 유의점
넓은 공간 필요	통행로, 접근로, 출입구, 문 등이 좁으면 통과 불가	유효 최소 한계 공간 확보
	통행로, 모퉁이의 전후면이 좁으면 활동 불가	활동 공간 확보, 보조자의 공간 확보, 회전지점 확폭 또는 각도 완화
속도가 늦고 쉬 지침	장거리 이동 시 멈추어 쉼	보행 및 이동 선형을 단축, 적정거리마다 휴식 공간 제공
위험한 상황 대처 미흡	출입문 개폐, 하향 경사, 낭떠러지를 빨리 발견 못하면 부딪히거나 떨어짐	휠체어 이용하는 곳은 열리는 문은 가급적 배제, 낭떠러지는 안내표시, 안전난간, 충격 완화 패드, 킥 플레이트 등 설치
접근로 안내 미흡, 단차나 계단 활용 불가	휠체어 이동 공간 안내 미흡으로 이동 공간의 길이가 길어짐	휠체어 이동로 표시 연속 안내
	가파른 경사에 손잡이가 없으면 이동이 어려움	손잡이 설치
	턱, 계단, 단차, 계단, 육교 등은 이용불가	경사로 설치, 단차 및 계단 대신 승강기 설치
요철 있고, 미끄러우며 또는 부드러운 바닥	미 포장, 모래, 자갈, 두껍고 부드러운 고무, 잔디 포장은 이동 및 회전이 어려움	미끄럽지 않은 딱딱한 포장재 사용
	비와 눈이 많은 바닥은 미끄럼이 있음	배수시설 및 지붕 설치
바퀴와 바닥 간 마찰이 심하면 이동 및 회전 시 마찰이 심함	실내처럼 부드러운 바닥은 심하게 손상	마찰력이 적은 소재 사용
도랑이나 틈에 바퀴가 빠지면 움직이지 못함	건널목, 승강기 앞 틈새, 트렌치 뚜껑 등에 작은 바퀴(caster)가 빠짐	틈새를 제거 또는 좁힘
이동 시 두 손을 못 씀	비오는 날 우산 사용 불가	차양이나 지붕 설치
양 방향으로의 직접 이동은 불가하고 왕복이동을 해야 하므로 소요시간 증가	카운터, 상품진열대, 자동판매기 등 벤더(vendor), 서가 앞에서 바로 옆으로 이동 불가	전면 접근할 수 있도록 충분한 활동 공간 확보
	출입문 전후 및 여닫이문의 측면 공간이 확보되지 않으면 동작 수가 늘어남	문 전후에 대기 및 회전 공간 확보
손 닿는 범위가 한정	높거나 낮거나 먼 선반, 장롱, 서랍, 수도꼭지, 문고리, 승강기 조작버튼, 자동판매기의 버튼, 공중전화 등을 사용 못함.	휠체어 앉은 높이에서 손이 닿을 거리 및 높이에 설치
머리(상반신) 위치가 낮음	세면기, 싱크대, 거울 등의 위치가 부적정하면 사용 못함	시선 높이에 설치
	차량 등에서 휠체어 사용자의 이동을 확인하기 어려움	차도에서는 안전 통로를 계획
무릎 및 발 받침대 높이는 비장애인의 앉은 자세보다 더 높음	자동판매기, 세면대 등으로 전면 접근 시 휠체어의 발판, 팔 받침대가 닿아서 힘듦	접수대, 세면대, 싱크대 등에 휠체어의 발 및 무릎 유효 공간 확보
휠체어에서 다른 곳으로 옮겨 가는데 여유 공간과 적정 높이가 필요	마루, 벤치, 침대나 대변기 주위, 욕조 주변의 공간이 좁으면 사용 불가	마루, 침대, 대변기, 욕조. 벤치 등에 옮겨 가기 위해 휠체어를 위치시키는 공간 및 손잡이 확보 필요
	대변기, 욕조의 높이가 너무 높거나 낮으면 옮겨 앉기가 어려움	대변기의 높이, 주차장의 승강부분, 의자 및 침대 높이 등 이승하는 기기 또는 가구의 높이 배려

18) 프랑스 건축및주택법 ARR 24/12/2015 및 ERP 111-19-7에서 경사로의 적정 길이를 경사도가 4%(기존 시설 경우 최대 5%) 미만인 경우 제한이 없는 것으로 보고, 4~5%(기존 시설 경우 최대5~6%)에서는 10m 이하로, 5~8%(기존 시설 경우 최대6~10%)는 2m 이하로, 8~10%(기존 시설 경우 10~12%)에서는 50cm 이하로 본다(Caroles Le Bloas(2016), Accessibilite Batiments aux Personnes Handicapees(ABPH), Le Moniteur, p66). 이처럼 경사로의 적정 길이는 9~10m로 보는 경우가 대부분이다.

1-6-3 상지(上肢)장애인

한 쪽 또는 양 팔이나 손끝에 장애가 있는 사람은 손이나 손가락 등을 이용한 정교한 동작에 어려움이 있다. 물건을 쥐는 동작이 곤란한 사람이나 악력(握力, 쥐는 힘)이 약한 사람 역시 정교한 동작이 어렵다. 대체로 팔이 높이 올라가지 않기 때문에 의복의 착탈이나 손을 뻗은 동작에 제약을 받는다.

표 1-6-3 상지장애인의 행동 특성 및 설계 시공 유의점

행동 제약	장애 요소	설계 시공 유의점
팔이 높이 올라가지 않음	콘센트, 조작기, 작동기 등의 위치가 손에 닿지 않음	팔이 닿는 위치에 조작기를 설치하거나 팔을 쓰지 않는 리모콘 비치
손끝이나 손목 등의 관절 장애로 물체를 잡고 조작하는 등의 손가락 사용 동작이 곤란	창호나 설비 기기의 조작 방법이 어려우면 사용할 수 없음	조작 방식 및 형태 고려한 설계
편마비 등으로 한 쪽 팔을 사용하지 못함	사용하지 못하는 상지 쪽에 설비 기기나 손잡이 등이 있으면 사용 불가	신체적 행태 고려한 설계

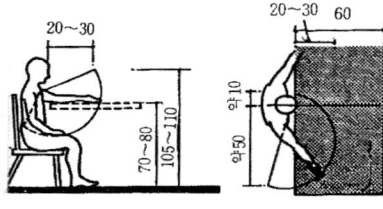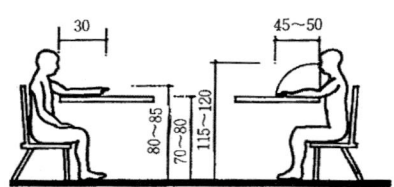

그림 1-6-9   상지장애인의 활동 공간

1-6-4 전맹장애인

전맹(全盲)이라하면 희미한 빛 한 가닥도 보지 못할 정도의 시각적 장애를 갖는 사람을 말하며 흰지팡이, 보조견 및 동반자의 도움을 받아 이동하며 흰지팡이나, 청각, 발에 의한 촉각 등으로 주변을 인식한다. 흰지팡이 사용은 양 어깨 정도 바깥 공간을 좌우 바닥을 짚어서 전방을 감지하거나 지팡이를 상체의 대각선 방향으로 교차시켜 움직이지 않는 위치에 고정시키거나 한쪽 어깨 바깥 점 위치의 바닥에 흰지팡이의 끝을 고정하고 다른 어깨 쪽으로 손잡이를 두어 인식한다.

흰지팡이로 바닥을 인지하는 높이는 30mm이상을 기준(독일 DIN 기준)[19]으로 하고 있는데 차도와 보도의 턱낮춤 단차를 30mm로 하는 경우는 시각장애인을 위한 높이이고 20mm으로 하는 경우는 휠체어 사용자를 위한 높이가 된다. 20mm 이상인 단차는 휠체어 사용자에게 불리한 단차가 된다. 현행 연석경사로의 차도와 보도가 만나는 턱낮춤 경계

---
19) 박용환 외(2008), 전게서 p45

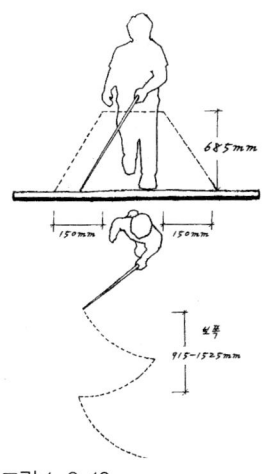

그림 1-6-10
시각장애인의 보행 행태

석의 기준을 살펴보면, 「도로안전시설설치및관리지침」에서 연석경사로의 턱낮추기 단차를 30mm 이하로 규정한 반면 「교통약자의이동편의증진법」 시행규칙에 20mm로 정하고 있다. 이러한 차이는 설계적 관점을 시각장애인 또는 지체장애인의 관점에서 각각 달리 설정한 것으로 보인다. 「도로안전시설설치및관리지침」보다 「교통약자의이동편의증진법」 시행규칙이 상위법(上位法)인 점을 감안하면 20mm를 기준으로 설계하되 전맹인 시각장애인을 위하여 반드시 점형블록을 두어 흰지팡이 또는 발로 감지하도록 해야 할 것이다. KS기준의 점형블록은 6mm 정도 높이의 36개 돌기가 있어 발과 지팡이로 인지하도록 하고 있으며 시각장애인에게는 점형블록이 있는 곳으로 통행하도록 유도해야 할 것이다.

전맹인 사람은 허리 아래보다 허리 위부터 머리 높이 공간에 대한 인식이 어렵기에 허리 위 공간 2.1m까지는 장애물을 두지 말아야 한다. 촉각 이외 청각에 의지하여 주변의 차 운행소리, 엔진소리, 사람들의 이야기 소리, 자신의 발자국 소리 등과 이들의 반사음을 파악하여 방향성, 물체의 크기, 거리 등에 관한 정보를 감지한다. 반사음이 복잡하거나 울림이 심한 경우 인식이 어렵고 원뿔, 각주, 막대기 등과 같이 좁은 면의 반사음은 인식이 어렵다.

형태, 위치 등을 확인할 수 없고, 계단이나 단차의 발견이 용이하지 않으므로 계단의 챌면 높이가 변하거나 나선 계단 등은 혼란이나 방향을 잃게 된다.

정보 파악은 소리에 의존하며 기후가 나쁘거나 주변 소음이 심하면 반사음을 잘 듣지 못하여 정보 판단이 어렵다.

보행 폭, 보행 거리, 발바닥 감촉 등에 의지하므로 직선 길은 좋으나 굽은 길 또는 패턴이 복잡한 길은 방향 감각을 잃기 쉽다.

흰지팡이로 바닥면의 상황을 파악하기에 벽이나 천정 등의 돌출물은 위험하다. 예컨대, 흰지팡이로 진행방향을 두드리며 걷는다, 흰지팡이를 벽면에 대고서 걷는다, 흰지팡이를 상하로 움직이며 높이를 판단한다, 수직봉을 보조로 하여 전면 돌출물을 확인하다, 바닥 위의 돌출물을 알지 못한다, 계단을 오를 때 흰지팡이를 다음 끝부분에 대서 판단하는 것처럼 정보를 얻는다.

1-6-5 약시장애인

육안으로 눈에 아무 이상이 없는데도 시력장애가 있고 안경에 의해서도 교정시력이 정상으로 교정되지 않는 사람을 말한다. 일반적으로 양눈의 시력 차가 시력표의 2줄 이상이 될 때

시력이 안 나오는 쪽을 약시안이라고 하며 양안의 시력이 교정해도 잘 나오지 않을 때를 약시라 한다. 이런 약시장애인은 주변 환경을 정확히 인식하기 어렵고 시야의 협착이 10°이하인 경우 보행이 어렵다.

보행 시 머리가 앞으로 숙여지고 척추후반등, 무릎굴곡 또는 두 다리를 벌린 폭 넓은 걸음걸이를 하기도 한다. 장애 정도에 따라 물체나 색의 구별 능력에 차이가 있으며 빛이나 조명에 대한 감각에 이상이 있을 경우에는 밝은 곳에서 어두운 곳으로 이동 시 색순응에 어려움을 느낀다.

수직이동 시 경사로나 계단의 시작 부분과 끝 부분을 잘 인식하지 못하는 경향이 있고 위험물을 확인한 후 이동하기 때문에 시간이 지체되며 보폭이 정상인에 비해 작다. 가능한 필요한 정보를 쉽고 빠르게 인지할 수 있도록 여러 가지 방법과 수단을 제공하여야 한다. 가드레일(guard rail), 점자블록, 점자안내판, 촉지도, 음성 유도장치, 색상 대비, 질감 변화, 손잡이 등이 그러한 예이다.

중증약시자인 경우 세세한 것을 파악하지 못하기 때문에 색상과 형태를 확실하게 인지할 수 있도록 하는 것이 중요하다. 주변과 대비되는 색상 중 채도의 차이를 중요시 하여야 하며 어두운 바탕에 밝은 색이 가장 적합하다. 다른 기능을 갖게 되는 공간은 다른 색상이나 다른 질감을 주는 것이 좋으며 동일한 색상과 질감으로 하는 경우 판단에 어려움을 갖게 된다. 질감·색채·재료 등으로 경계를 분명히 인식하도록 함이 중요하다.

표 1-6-4 시각장애인의 행동 특성 및 설계 시공 유의점

구분	행동 제약	장애적 요소	설계 시공 유의점
전맹	보행 시 흰지팡이, 보조견 및 안내 동반자와 이동	좁은 통로는 흰지팡이로 주변을 인식하는데 어려움을 느끼며 보조견과 통행하기 어려움	보조견 포함 유효폭 확보 및 휴식장소 제공
		도로 양 끝의 위치를 모르며 양 끝의 단차 또는 도랑에 빠질 우려가 많음	위험을 경고하는 점자블록, 추락 방지 난간 설치
		배수용 격자 구멍이 점자블록과 혼동	배수용 구멍을 작게 하고 점자블록과 차별화
		교통신호기는 보이지 않음	청각과 촉각 정보를 동시 제공
		버스노선의 변경 시, 점자블록의 오류 시공 등	
	일상적인 전달 방법으로서 소리에 의존	소음이나 전달음을 막음으로써 청각 정보를 차단	소음이나 전달음이 전달되도록 고려
	형태나 위치를 확인하기 곤란	복잡한 길의 이동이나 사행(蛇行)이 어려움 은행, 상가, 화장실 파악에 어려움	직선적 이동 유도, 안내판 또는 음성유도기
		일시적으로 놓이는 간판, 자전거 등에 부딪힘	돌출물이 없도록 제거
		출입구의 위치, 실명, 형태, 개폐여부, 상품 가격 등 파악이 어려움	점자부착
	읽기 및 쓰기 불가능	설명서 내용 파악이 불가능	중요 설명에 대한 점자 병기
약시	색맹은 색 구별 곤란	신호기의 색상 파악이 어려워 위험 색에 의한 주의는 잘 알아 볼 수 없음	잔존 시력 외 촉각 및 청각 제공
	시야 범위가 좁음	주변 상황을 신속히 파악하지 못하거나, 멀리서 또는 가까이서 다가오는 차량을 빨리 파악하지 못함. 작은 글씨는 파악을 하지 못하고 형태의 인식이 어려움	위험지역은 색상 차이가 크도록 하고 안내 표지의 규격을 크게 하며 색채 대조를 둠

1-6-6 청각장애인

청각 기능의 잔존 여부에 따라 난청(難聽)과 농(聾, deaf)으로 나눈다. 난청은 35~69dB 로 일상에서 큰 소리만 들을 수 있고 농은 70dB이상만 들을 수 있다. 난청은 보청기 등으로 일상생활을 하나 농은 도움이 불가능하여 입술 모양이나 몸짓으로 파악한다. 말하는 사람은 청각장애인을 향해 천천히 또박또박 크게 말하거나 얼굴의 표정을 파악할 수 있도록 조명이 밝도록 함이 좋다. 전농(全聾)은 전혀 듣지 못한다.

청각장애인은 행동에 장애가 없기에 물리적 환경에서 비교적 장애를 간접적으로 받는다. 그러나 도로교통에서 방향 인식과 안전성 판단에 어려움이 있다. 횡단보도나 교차로 등에서 음향적인 표지판이나 신호 등이 미비할 때에는 커다란 장애가 발생할 수 있다. 따라서 명확한 표지와 빛의 신호 등 시각적 시스템 설치가 필수적이다. 전광 표시판, 비상경보 유도등, 적색램프, 점멸형 부착 유도등, 비상 섬광 전구, 광주행식 유도장치, 종합 알람시스템(total alarm system) 등과 같은 발전된 인공지능형 또는 소프트웨어 기기 또는 기구가 도움을 줄 수 있다.

표 1-6-5   청각장애인의 행동 특성 및 설계 시공 유의점

행동 제약	장애 요소	설계 시공 유의점
시각, 후각, 촉각 등에 의존, 의사전달에 어려움	자기 의사 전달에 어려움. 선천적 장애는 말을 전혀 할 수 없기에 어려움이 큼	- 복합 공간에서 혼자 이동에 어려우므로 인식이 쉬운 공간 형성 - 입술과 표정 인식 가능한 위치와 밝은 조명 제공
경보기, 신호, 버저(buzzer)를 사용할 수 없음	재해 상황 전달이 힘듦. 특히 잠잘 때 재해 인지 및 전달이 어려움. 자동차 경적 못 들음	- 시각적 정보 제공 - 연속적인 긴급 안내 유도 실시 - 비상 시 시각과 진동으로 정보 제공
	전화 이용 불가	팩시밀리 등 제공
대체로 문장 이해도가 낮음	어려운 문장을 이해하기 어려움	쉬운 문자, 그림, 사진 등으로 정보 제공

1-6-7 지적장애인

위치 또는 방향 파악하는데 인지 장애를, 운동이나 이동을 하는데 장애를 수반하는 경우가 많다. 따라서 보행 장애를 유발하는 장애물을 제거하는 방향으로 설계 시공하여야 한다.

표 1-6-6   지적장애인의 행동 특성 및 설계 시공 유의점

행동 제약	장애적 요소	설계 시공 유의점
독해 능력, 방향 감각, 시력 등이 약함	혼잡한 길에서 길을 찾지 못함	복잡한 공간 또는 시설 대신 단순 명료한 설계
	어려운 문장 해득 불가능	문자, 그림, 사진 등 쉬운 방식
	설비 기기 조작이 어려우면 사용 불가능	알기 쉽고 조작이 간편하도록 설계
신체가 불안정하거나 이동에 어려움	경사면이나 미끄러우면 몸의 균형 유지가 어려우며 쉬 넘어짐	단차나 미끄러움 제거
	손잡이 없는 경사로나 계단 오르기 어려움	손잡이 설치

1-6-8　노인 또는 고령자

법률적으로 장애인이 아닌 노인은 생물학적, 심리적, 사회적 노화 세 가지가 동시에 찾아온다. 특징적인 노화는 근력이 20대에 비해 40%까지 약해 운동기능이 퇴화된다. 손과 팔의 근육 위축, 섬세 동작의 어려움, 손떨림, 평형감각 저하, 보행 이상 증상, 보폭 축소, 양발 간격 확대, 돌발 상황 대처 시간 증대 등이 나타나며 골절이나 골다공증이 찾아온다. 따라서 장애인과 유사성이 있어 장애인 수준으로 설계 시공하여야 한다.

시력저하도 동반하는데 홍체의 탄력 저하로 광량조절이나 촛점 능력 저하, 안구 반응속도 증가, 수정체 혼탁으로 눈부심 발생, 수정체 황색화에 의한 시계황(視界黃) 현상이 일어나며 청력은 회화음역인 500~2,000Hz에서 청력손실이 30dB을 넘으면 일상생활에 지장을 받거나 듣지 못하게 된다. 나이가 들수록 2,000Hz 이상 고역 손실이 크다. 이들 외에 주의력, 기억력이 저하되며 정서불안이 찾아온다. 반응속도가 느려져 위험 감지 및 대처가 늦어지며 보행속도가 10년마다 20%씩 느려져 보행 시 사고가 빈번해지고 특히 횡단보도에서 사고 위험이 높다.

표 1-6-7　　노인의 변화 유형[20]

구 분	특 징
생리적·육체적 변화	- 골격·근육·운동기관: 신장축소, 척추변화, 하반신 만곡, 평형기능 및 지구력 저하, 신경 및 반응 속도 저하, 폐활량 감소 - 감각기능: 시각, 청각, 촉각, 미각, 통각, 취각, 촉각의 감퇴
심리적 변화	- 인격체로서의 기능 감퇴: 인지력, 기억력 등 - 사회성 결여, 자신감 감퇴, 우울증·경직성·조심성·의존성 증가
사회적 변화	- 시대의 발전과 변화에 적응하지 못함 - 사회적 관계가 과거에 속하여 정보에 어두움

표 1-6-8　　나이에 따른 신체 변화의 특징

생체 기능		중 고년(45~64세)	전기 노인(65~74세)	후기 노인(75세 이상)
신체 운동 기능	치수·체중 변화	신장이 줄고 체중 증가	신장과 체중 감소	신장과 체중 감소
	근력	근력과 호흡 기능이 약간 쇠약	근력과 호흡 기능이 쇠약 뼈가 약해짐	근력, 호흡, 뼈가 심하게 약해짐
	균형/이동	이동에 어려움이 없으나 균형 감각이 조금 떨어짐	균형 감각이 상당히 저하되고 이동에 약간 어려움	균형 감각 및 이동에 상당한 제약
지각 기능	시각	노안 도래, 강한 불빛(glare)에 강한 감수성 반응, 암순응 반응 저하, 정체/동체/시력 저하, 색 인지력 능력 저하	촛점 기능 저하, 교정안경에도 시력 저하, 망막에 들어오는 빛의 양이 1/3, 정체/동체 시력 저하, 시야가 좁아지고 색 인지력 저하	정체 시력, 동체 시력, 색 인지 능력 저하. 시야가 좁아지며 녹내장 또는 백내장으로 실명 가능성 증가.
	청각	고주파 음역이 조금 약해짐	고주파 영역이 약해지고, 중주파 영역이 조금 약해짐. 필요시 보청기 착용	고주파 및 중주파 영역이 많이 저하. 보청기 착용이 늘어 감.
	미각/후각/피부	아주 약간 약해짐	약간 쇠약	많이 쇠약
	반응 시간	약간 느려짐	상당히 늦음	현저히 늦어짐

20) 이은희(2009), 최신노인복지학, ㈜학지사, pp35-57

생체 기능		중 고년(45~64세)	전기 노인(65~74세)	후기 노인(75세 이상)
지각 기능	기억력/주의력	약간 떨어짐	상당히 떨어짐	20대의 절반 정도
인지 기능	지식이용	유동화 지식(fluid intelligence)에는 변화가 거의 없음. 자동화된 지식(crystallized intelligence)은 안정	유동화 지식은 어느 정도 떨어지고 자동화 지식은 약간 감소	유동화 지식 및 자동화 지식이 급격히 떨어짐

표 1-6-9 노인의 행동 특성 및 설계 시공 유의점

동작 제약	장애적 요소	설계 시공 유의점
마비에 의한 운동 장애	보행이나 이동 곤란, 턱·단차·육교 등 이동 곤란	보행 중 전도 유의. 턱·단차 제거
	편마비 쪽 기기 등 이용 불가	한 쪽에 의지하는 행동에 대한 배려
신체 치수는 성인보다 작으며 등과 허리가 휜다	벽장, 콘센트, 스위치 등 일반 높이 이용 장애	팔이 닿는 적정 위치 선정
호흡 기능 쇠퇴 및 피곤 도래	긴 경사길, 계단 사용이 어려움	적절한 간격으로 휴게 장소 마련
후각 쇠퇴	가스가 새는 것을 알지 못함	시각 및 청각 비상경보기 설치
순환기 기능 쇠퇴	일어설 때 현기증 발생	손잡이 등 설치
뼈 쇠약	골절 가능성 증대	미끄럽지 않은 재질, 배수 및 차양 시설. 요철 바닥 제거
기타 신체적 장애	신체적 장애인에 준함	신체적 장애인 수준으로 설계

1-6-9 임산부

임신 중인 임부와 영아를 동반하는 산부의 경우 각기 다른 행동 특성을 갖는데 임부인 경우 걸음걸이가 불편하며 매사에 조심스런 정서와 행동을 보이며 몸이 쉬 피곤하여 장거리 보행이 어렵다. 산부는 영아를 업거나 안아 이동을 하므로 행동에 많은 제약과 조심성을 동반한다. 때때로 유모차를 이용한다. 이들을 위해 보행 공간 내에 안전한 휴식 장소를 제공하며 산부에게는 귀저기 교환이나 수유에 필요한 공간과 시설 제공을 검토하여야 한다.

표 1-6-10 임산부의 생리적 변화 등의 특징

구 분	임산부의 생리적 특 징
생리적 변화	심혈관계 변화(혈압 저하, 적혈구 및 백혈구 증가 등), 위장 활동 저하, 일회 호흡량 증가, 콩팥 비대, 뇌하수체 비대, 갑상샘 비대
임신 증상	어지러움, 구토, 무기력함, 다뇨증, 체중 증가, 허리 통증, 다리 통증 등
임신 불편 사항	요통, 두통, 코피, 입덧, 요실금, 하지정맥류, 피곤, 어지러움, 우울증 등
영아 동반 산부	유모차 이용, 귀저기 교환대, 수유실 이용, 보행 시 휴게 공간 활용 빈도 증가

1-6-10 어린이

어린이는 성장이 빨라 어린이 발달 및 행동 특성에 따른 분류가 학자들 간에 다양하다. 보통 어린이를 0세부터 12세까지로 보나, 교통약자적 관점에서 0세~5세까지를 영유아라고 정의하고(「영유아보호법」 제2조제1항) 이들을 보호자가 동반하여 보호해야 할 대상으로 보

면서 영유아를 동반하는 자를 영유아 동반자로 하여 이들을 교통약자로 분류하고 있으며, 6~12세까지 행동 특성에 따른 비동반 교통약자(「도로교통법」 제2조제23항)로 구분하고 있다.

잘 알려진 어린이의 성장단계는 스위스 아동심리학자인 피아제(Piaget)에 의한 인지적 발달 단계이다. 감각운동 단계(2세 이하), 전 조작적 단계(2~7세), 구체적 조작기(7~12세), 형식적 조작기(12세 이상)로 나누고 자신과 주변 환경을 능동적으로 인지하고 구조화하는 단계로 설명하고 단계별 어린이의 심리적·인지적 특징을 아래 표 1-6-11과 같이 설명하고 있다.[21]

표 1-6-11   어린이의 심리적 또는 인지적 특징

구 분	특 징
영아(1~3세) 감각운동 단계	자신과 남을 구별, 골격·근육·운동기관이 발달 시작, 집중력이 거의 없다, 시간개념이 없다, 낯설고 어둡고 혼자 있는 것을 두려워 한다
유아(4~5) 전 조작적 단계	학습 및 인지(종류, 수, 크기 사물) 능력이 발달, 성장이 빠르며 쉽게 피곤해 한다, 쉽게 잊는다, 상상력과 호기심이 많다, 모방을 잘 한다, 낯선 사람에 소심하다, 정서적으로 불안하고 두려움과 질투심이 많다.
유년(6~8) 전 조작적 단계	합리적이고 논리적 사고를 시작, 활동적이다, 집중력이 있다, 그릇된 결정을 좋아한다, 호기심, 상상력, 기억력이 좋다, 다른 사람과 어울리기를 즐긴다.
아동(9~12) 구체적 조작 단계	합리적 논리적 사고를 발달시키고 질서감을 증진한다.

1-6-11 외국인

국내에 장기 또는 단기 체류 외국인은 약 230여 국가에서 노동자, 여행자 등의 신분을 갖고 있다. 2018년 국내 입국 외국인은 1,563만 명이고 2018년 체류자는 237만 명으로 이들은 내국인과 달리 동일한 외부 환경에서 이질감, 불안감, 차별, 소외감 등을 갖게 되며 특히 정보 접근에 어려움이 있다. 외부 공간을 이용 시에 이들에게 가장 손쉬운 정보 접근 수단으로 각종 안내판 등에 한글과 아울러 영어 등의 문자 뿐 아니라 ISO 픽토그램(pictogram, 그림문자)를 제공하고 설계 기준의 적용을 KS 이외에 국제화된 표준 규격이 가능한 경우 이를 검토하면 좋다.

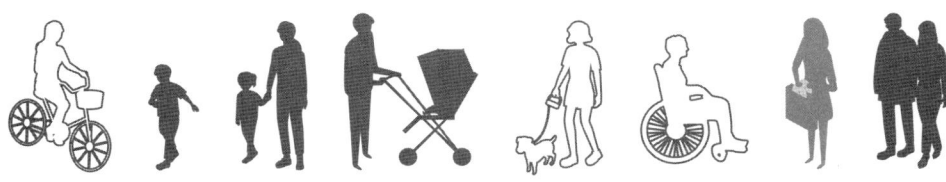

---

21) Rita L. Atkinson 외(1983), Introduction to Psychology, HBJ, p60

제1장

7절

통계로 보는 편의시설, 이동편의시설 및 도로교통사고

1-7-1 편의시설 및 이동편의시설의 기준적합성 확인·심사

「장애인·노인·임산부등의편의증진보장에관한법률」 제9조의2에 의하면, 시설주관기관인 중앙행정기관의장, 특별시장, 특별자치시장, 도지사, 시장, 군수, 구청장, 교육감 등은 '편의시설'을 설치하여야 하는 공원, 공공건물 및 공중이용시설, 공동주택, 통신시설 등의 설치를 위하여 「건축법」 등 관계 법령에 따른 허가, 처분 및 협의를 신청하는 경우 설계도서의 검토 등을 통해 편의시설 기준에 적합한지 여부를 확인하도록 하고 있다. 장애물 없는 생활환경 인증을 받는 경우 이 기준적합성 확인을 받은 것으로 하고 있다(같은 법 시행규칙 제3조의2제2항).

한편, 이동편의시설에 대한 기준적합성 확인은 「교통약자의이동편의증진법」 제12조에 의거 교통행정기관인 중앙행정기관의장, 특별시장, 특별자치시장, 도지사, 시장, 군수, 구청장은 '이동편의시설' 중 도로를 제외한 교통수단과 여객시설에 대하여 면허·허가·인가 등을 하는 경우 교통수단과 여객시설에 대하여 이동편의시설이 설치 기준에 맞는지 기준적합성을 심사하도록 하고 있다.

이들 기준적합성 확인 또는 심사는 개별 시설에 대한 법령의 기준과 대조 작업이므로 장애물 없는 생활환경의 지표항목을 설계 전체 관점에서 평가하는 인증과 차이점이 있다.

1-7-2 편의시설 설치 현황

아래 표 1-7-1 내지 표 1-7-3은 주로 공원과 건축물에 설치된 편의시설에 관한 것으로 「장애인·노인·임산부등의편의증진보장에관한법률」 제11조에 의거 매년 전수조사 또는 표본조사를 실시하되 5년마다 1회 전수조사를 하도록 하고 있다. 이에 따라 한국장애인개발원이 편의시설 전수 조사한 2018년 전국 185,947개소(공공부문 시설 13,352개소, 민간부분 172,595개소)를 조사한 결과에 의하면, 2013년 전수 조사 결과인 설치율 67.9% 적정설치율 60.2%보다 높은 설치율 80.2% 적정설치율 74.8%로 많이 개선되었음 나타낸다. 조사대상의 92.8%가 민간부문의 시설이고 민간부분의 시설설치 적정성이 약 2.6% 높은데 이는 파출소·지구대, 우체국, 보건소 및 교정시설의 설치율이 평균 이하로 낮음에 기인한다는 것이다. 지역별로는 세종시가 가장 높은 88.9%이고 서울시가 다음인 84.6%이다. 충북 62.6%, 전남 65.4% 및 경북 68.2%로 낮은 수준이다.

조사 내용의 결과로 우선적으로 개선할 사항은 장애인주차구역의 주차면의 크기, 안전통행로, 주출입문에 설치된 점자블록, 계단과 경사로에 부착하는 손잡이, 화장실에 부착하는 각종 설비 등으로 지적하였다.[22]

표 1-7-1   2013년 장애인 편의시설설치 현황 (통계청, 개소, %)

구분	세분	대상설치(개소, A)	대상편의시설(개소)	대상설치율 (%)	적정설치(개소, B)	적정 설치율(B/A×100, %)
매개시설	접근로	999,011	870,981	87.9	802,575	81.0
	주차구역	224,274	151,557	67.6	108,774	48.5
	높이차이제거	1,524,298	875,337	57.8	794,778	52.5
내부시설	주출입구	801,213	610,521	76.2	555,912	69.4
	일반 출입구	569,365	460,846	80.9	403,379	70.9
	복도	146,187	138,943	93.6	133,094	89.6
	계단	154,224	106,685	67.7	84,184	53.5
	경사로	12,768	12,281	87.8	8,719	62.3
	승강기	244,500	233,398	92.9	213,022	84.8
	휠체어리프트	1,164	1,118	96.1	951	81.7
위생시설	일반사항	401,661	187,964	47.1	154,423	38.7
	대변기	198,880	288,822	33.9	63,579	32.0
	소변기	198,880	67,508	33.9	63,579	32.0
	세면대	36,939	29,485	82.5	19,622	54.9
	욕실	14,128	3,683	26.1	2,990	21.2
	샤워실	12,334	3,547	28.8	2,528	20.5

표 1-7-2   2018년 장애인 편의시설 실태 전수조사 결과

	구 분	2018년 장애인 편의시설 실태 전수조사					
		대상 건축물수	설치기준 항목수	설치수	설치율	적정설치수	적정설치율
편의시설 종류별	매개시설	185,926	3,791,947	3,116,303	81.7%	2,950,482	77.4%
	내부시설	181,780	3,299,282	2,762,138	85.4%	2,560,854	79.4%
	위생시설	91,982	1,489,298	1,055,077	70.8%	959,091	64.4%
	안내시설	51,852	295,558	197,551	68.2%	181,197	62.3%
	기타시설	17,436	124,179	93,540	75.2%	84,392	67.9%
	비치용품	9,361	34,626	18,685	54.0%	18,685	54.0%
	계	185,947	9,034,890	7,243,294	80.2%	6,754,701	74.8%
유형별 건물	제1종 근린생활시설	185,947	1,485,132	1,177,667	79.3%	1,088,170	73.3%
	제2종 근린생활시설	13,760	422,324	319,236	75.6%	302,960	71.7%
	문화 및 집회시설	2,101	160,677	135,851	84.5%	126,715	78.9%
	종교시설	5,449	188,172	147,054	78.1%	136,018	72.3%

---

22) 한국장애인개발원(2018), 장애인편의시설 실태 전수조사, pp10-13

구분		2018년 장애인 편의시설 실태 전수조사					
		대상 건축물수	설치기준 항목수	설치수	설치율	적정설치수	적정설치율
유형별 건축물	판매시설	1,824	120,309	102,656	85.3%	96,985	80.6%
	의료시설	3,830	320,052	267,648	83.6%	251,111	78.5%
	교육연구시설	19,243	1,422,689	1,190,633	83.7%	1,105,823	77.7%
	노유자시설	23,950	1,324,789	966,538	73.0%	884,849	66.8%
	수련시설	518	39,212	31,932	81.4%	29,142	74.3%
	운동시설	1,653	60,604	49,979	82.5%	47,096	77.7%
	업무시설	12,323	861,319	720,108	83.6%	671,801	78.0%
	숙박시설	3,623	204,736	162,601	79.4%	152,955	74.7%
	공장	7,027	327,578	224,206	68.4%	210,509	64.3%
	자동차관련시설	1,546	38,250	32,241	84.3%	30,840	80.6%
	방송통신시설	208	12,818	10,420	81.3%	9,561	74.6%
	교정시설	47	2,829	2,299	81.3%	2,074	73.3%
	묘지관련시설	138	6,589	5,023	76.2%	4,603	69.9%
	관광휴게시설	297	14,724	12,704	86.3%	11,893	80.8%
	공원	338	25,305	20,589	81.4%	18,787	74.2%
	장례식장	1,949	66,393	43,989	66.3%	41,474	62.5%
	공동주택	51,753	1,888,072	1,587,369	84.1%	1,501,216	79.5%
	기숙사	714	42,317	32,551	76.9%	30,119	71.2%
	계	185,947	9,034,890	7,243,294	80.2%	6,754,701	74.8%
주체별	공공시설	13,352	916,007	734,622	80.2%	663,373	72.4%
	민간시설	172,595	8,118,883	6,508,672	80.2%	6,091,328	75.0%
	계	185,947	9,034,890	7,243,294	80.2%	6,754,701	74.8%

표 1-7-3 지역별 편의시설 실태조사 결과

구분	2018년 장애인 편의시설 실태 전수조사						
	대상건축물수	설치기준 항목수	설치수	설치율	적정설치수	적정설치율	설치율과 적정설치율의 차이
서울	27,856	1,281,950	1,126,201	87.9%	1,084,340	84.6%	3.3%
부산	11,542	556,144	450,345	81.0%	412,842	74.2%	6.8%
대구	8,206	426,993	344,582	80.7%	322,959	75.6%	5.1%
인천	12,260	539,621	429,301	79.6%	394,810	73.2%	6.4%
광주	7,065	352,632	289,910	82.2%	282,980	80.2%	2.0%
대전	3,881	210,210	174,163	82.9%	161,341	76.8%	6.1%
울산	3,887	191,761	163,218	85.1%	157,194	82.0%	3.1%
세종	919	49,855	44,316	88.9%	42,248	84.7%	4.2%
경기	38,247	1,760,119	1,446,055	82.2%	1,366,155	77.6%	4.6%
강원	5,794	318,419	250,496	78.7%	231,362	72.7%	6.0%
충북	8,632	446,844	316,577	70.8%	279,507	62.6%	8.2%
충남	8,016	416,073	324,729	78.0%	296,256	71.2%	6.8%
전북	11,317	551,305	425,521	77.2%	392,363	71.2%	6.0%
전남	10,440	517,090	378,530	73.2%	338,328	65.4%	7.8%

구분	2018년 장애인 편의시설 실태 전수조사						
	대상건축물수	설치기준 항목수	설치수	설치율	적정설치수	적정설치율	설치율과 적정설치율의 차이
경북	11,842	605,288	450,702	74.5%	412,590	68.2%	6.3%
경남	12,466	639,345	495,402	77.5%	454,976	71.2%	6.3%
제주	3,577	171,241	133,246	77.8%	124,450	72.7%	5.1%
계	185,947	9,034,890	7,243,294	80.2%	6,754,701	74.8%	5.4%

1-7-3 이동편의시설 설치 현황

아래 표 1-7-4 내지 표 1-7-5는 「교통약자의이동편의증진법」[23]에 의거 이동편의시설에 대해 우리나라 전체 실태조사를 한국교통안전공단에서 실시한 2018년 교통수단별, 여객시설별, 도로(보행환경) 3개 부문에 대해 조사결사이다. 아래와 표 1-7-4와 같이 기준 적합 설치율이 평균 69.4%로 나타났는데 교통수단이 73.8%, 여객시설이 70.1% 및 보행환경이 64.2%이다.[24] 아직 지속적 개선이 필요한 부문은 보행환경으로 평균을 하회하고 있다.

교통수단이라 하면, 도시철도 및 광역전철차량, 버스차량, 철도차량, 항공기, 여객선을 말한다. 여객시설이라 함은 환승시설, 도시철도 및 광역전철역사, 여객자동차터미널, 버스정류장, 철도역사, 공항여객터미널, 여객선터미널을 말한다. 도로의 보행환경이라 함은 보도(인도), 지하보도 및 육교 등을 말한다.

차량진입부, 점자블록, 장애인전용주차구역 및 자동차진입억제용 말뚝 설치율이 현격히 저조함은 보행자의 높은 사고율과 상관성이 있어 보인다(제1장 7-4절 나항 참조).

표 1-7-4   교통약자 이동편의시설 기준 적합 설치현황 (%)

구분		기준 적합	기준 미적합	미설치
전체 평균		69.4	7.9	22.7
교통수단	버스 차량	86.7	8.6	4.7
	도시철도 및 광역전철차량	79.6	0.0	20.4
	철도 차량	98.6	0.0	1.4
	항공기	69.7	0.8	29.5
	여객선	34.3	11.8	53.9
	평균	73.8	4.2	22.0
여객시설	여객자동차터미널	60.9	10.4	28.6
	도시철도 및 광역전철역사	83.2	3.6	13.2
	철도역사	81.9	3.8	14.3
	공항여객터미널	82.3	2.7	14.9

---

[23] 「교통약자의이동편의증진법」 시행규칙 제11조에 매년 전수조사 또는 표본조사를 실시하되 5년마다 1회 전수조사 하도록 규정
[24] 한국교통안전공단(2019), 2018년 교통약자 이동편의 실태 연구 최종보고서

구분		기준 적합	기준 미적합	미설치
여객시설	여객선터미널	79.3	4.0	16.8
	버스정류장	32.8	22.6	44.6
	평균	70.1	7.9	22.1
보행환경	보도	88.3	8.2	3.5
	차량진입부	51.5	13.4	35.1
	턱낮추기	85.9	11.0	3.2
	점자블록	36.0	17.0	47.0
	지하도 및 육교	77.8	4.4	17.8
	장애인전용주차구역(노상주차장)	47.1	16.2	36.8
	음향신호기 및 잔여신호기	70.4	4.0	25.6
	자동차진입억제용 말뚝	56.5	18.5	25.0
	평균	64.2	11.6	24.2

여객시설 중 외부 공간 시설에 해당되는 매개시설인 보행접근로는 기준적합율이 93.5%, 기준 미적합율이 5.2% 및 미설치율이 1.2%로 양호하게 나타났다.

표 1-7-5   여객시설 보행접근로(외부매개시설) 및 장애인전용주차구역 기준 적합 설치 현황 (%)

구분		기준 적합	기준 미적합	미설치
전체 평균		81.6	8.0	9.5
여객자동차터미널	보행접근로	82.0	16.9	1.1
	장애인전용주차구역	83.1	4.5	12.3
	평균	82.6	10.7	6.7
도시철도 및 광역전철역사	보행접근로	95.5	3.2	1.4
	장애인전용주차구역	91.2	5.9	2.9
	평균	93.3	4.5	2.1
철도역사	보행접근로	97.0	1.7	1.2
	장애인전용주차구역	78.6	13.3	8.1
	평균	87.8	7.5	4.6
공항터미널	보행접근로	100.0	0.0	0.0
	장애인전용주차구역	95.2	1.6	3.2
	평균	97.6	0.8	1.6
여객선터미널	보행접근로	98.8	1.2	0.0
	장애인전용주차구역	92.0	3.6	4.5
	평균	95.4	2.4	2.2

아래 표 1-7-6에서와 같이 버스정류소는 기준 적합율이나 미설치율 모두 매우 낮은 실태로써 지체장애인 또는 시각장애인이 이용하기에 많이 불편한 것으로 나타난다.

표 1-7-6   버스정류소 이동편의시설 기준 적합 설치 현황 (%)

구 분		기준 적합	기준 미적합	미설치
버스정류장	전체 평균	32.8	22.6	44.6
	턱낮추기	34.3	65.7	0.0
	활동공간	55.2	28.8	15.9
	동선분리	34.1	0.0	65.9
	점형블록	13.3	3.6	83.1
	선형블록	14.9	6.3	78.7
	안내판부착	74.9	13.3	11.8
	안내판 점자 및 음성안내	8.9	56.9	34.2
	버스정보조회보튼	26.7	6.3	67.0

보행환경(표 1-7-4 하단부)에 대하여는 9개도 내에 위치한 조사 대상 여객시설, 환승도시철도 및 광역전철역사 중에서 수직이동시설(승강기) 주변 150m 이내에 위치한 버스정류장까지 또는 노상주차장까지의 보행환경을 대상으로 실시하였던 바 보도의 기준적합 설치율이 가장 높고, 장애인전용주차구역(노상주차장)(47.1%), 점자블록(36.0%)의 기준 적합 설치율이 낮은 것으로 나타났다. 버스정류소와 마찬가지로 시각장애인과 지체장애인에게 불리한 구역이 많음을 나타내며 특히 차량진출입부의 기준적합율과 미설치율이 높음으로써 차량과의 교행구간 발생으로 사고율이 높을 것이 추정된다.

또 표 1-7-7 하단 보행환경의 연차별 적합 설치율을 보면 보행환경이 개선되고 있지 않아 보행 공간의 BF 설계 시공이 시급함을 알 수 있다.

표 1-7-7   연차별 교통약자 이동편의시설 기준 적합 설치율 현황 (%)

구 분		2015년	2016년(A)	2018년(B)	비고 (B-A)
	전체 평균	68.5	67.3	69.4	+2.1
교통수단	버스 차량	81.4	84.6	86.7	+2.1
	도시철도 및 광역전철차량	-	73.3	79.6	+6.3
	철도 차량	93.5	93.8	98.6	+4.8
	항공기	98.3	98.7	69.7	-29.0
	여객선	17.0	17.6	34.3	+16.7
	교통수단 평균	72.6	73.6	73.8	+0.2
여객시설	여객자동차터미널	56.2	51.1	60.9	9.8
	도시철도 및 광역전철역사	84.7	77.6	83.2	5.6
	철도역사	77.4	77.0	81.9	+4.9
	공항여객터미널	75.3	74.5	82.3	+7.8
	여객선터미널	64.2	66.1	79.3	+13.2
	버스정류장	35.0	31.9	32.8	+0.9
	여객시설 평균	65.5	64.0	70.1	+6.1
보행 환경		67.4	64.3	64.2	-0.1

1-7-4 도로교통사고 현황

가. 일반적 교통사고 현황

앞에서 살펴보았듯이, 장애물 없는 설계 시공이 누구를 위한 것이며 어떻게 할 것인가라는 질문에 대한 답은 신체적 약자 또는 교통약자를 특별히 포함한 모든 사람을 위한 것으로써 안전성, 접근성, 편의성, 쾌적성, 비차별성 등이 목표라 할 수 있다.

일반 보행자의 속도는 분당 50-70m이나 노약자나 장애인일수록 더욱 늦어진다. 인체의 안전속도는 3-4km 정도이나 이 속도에서도 몸무게에 의한 충격량, 충돌각도, 충돌부위, 충돌물의 특징 등에 따라 전혀 안전하지 않다. 따라서 안전을 목표하는 최고의 방법은 위험요소를 회피하거나 방지하여 안전성을 확보하고 증강시키는 것이다.

이러한 안전성 목표 중 일상적인 외부 공간과 외부 공간 내 시설이 얼마나 안전한가를 살펴볼 필요성이 대두되는데 이에 관한 유의적 상관성이 높은 공식적 자료는 거의 없다. 따라서 보행자 등에 대한 안전 관련 설계와 시공에 대한 방향을 이해하기 위해 유사 통계를 통해 유추적으로 알 수밖에 없다.

보행자에게 가장 위험한 요소는 자동차와 자전거이다. 눈이나 결빙 역시 위험요소이나 계절적 일시적 요소인 반면 자동차나 자전거는 가장 일상적인 장소에서 항상 나타나는 요소이다. 자동차와 자전거가 편리한 필수적 수단이나 가장 심각하고 빈번한 위험 요소가 되어 안전성을 해치고 있다. 법적으로 자전거의 속력을 규제하고 충전기를 장착한 여러 가지 장치가 많이 나오는 요즘 이들 이동 장치물의 속도와 통행구역을 제한하고 있으나 무질서하고 운행법규 위반으로 보행자들은 점점 더 많은 위험에 노출되어 있다.

우리나라 사고 유형의 국가통계(행정안전부, 경찰청 및 통계청) 중 도로교통, 자전거, 레저(leisure, 생활체육) 및 놀이시설 등에 관한 통계를 보면 연차별로 사고가 크게 늘고 있지 않으나 사고 중 70% 이상이 도로교통사고이고 자전거사고(2% 정도) 역시 화재와 추락을 제외하면 매우 높은 사고를 접하고 있다.

도로교통사고, 자전거사고, 레저(leisure) 시 사고 및 놀이시설사고 모두 감소하고 있는 것으로 나타나고 있으나 보험회사 및 공제조합 등 민간자료를 취합하지 않은 자료로써 민간자료를 합하면 상이한 점이 나타난다.

외부 공간에서 활동하는 사람의 분류를 보행자라고 정의할 수 없으나 대체로 보행자로 파악하면 무리가 없어 보인다. 외부 공간에서 발생하는 보행자의 사고는 보행자 스스로에 의한 사고, 사람과 사람 간의 사고, 자동차에 의한 사고, 자전거에 의한 사고, 외부 공간 또는 시설물 이용 중 사고 등으로 파악할 수 있는데 이들에 관한 통계는 없고 공식 자료인 도로교통사고 통계로 살펴 볼 수밖에 없다.

표 1-7-8 우리나라 각종 사고의 유형별 연차별 현황 (건)

사고유형별	2012년	2013년	2014년	2015년	2016년	2017년	2018년
합계	303,707	294,707	297,337	315,736	303,578	291,285	293,361
도로교통	223,656	215,354	223,552	232,035	220,917	216,335	217,148
화재	43,249	40,932	42,135	44,435	43,413	44,178	42,338
산불	197	296	492	623	391	692	496
열차	130	148	130	85	62	52	64
지하철	110	84	79	53	61	53	34
폭발	48	61	48	41	51	34	39
해양	1,632	1,052	1,418	2,740	2,839	3,160	3,434
가스	125	72	72	72	122	121	104
유도선	11	5	11	21	25	20	23
환경오염	92	244	316	246	116	87	180
공단 내 시설	11	20	43	41	31	19	27
광산	60	82	41	32	37	32	32
전기(감전)	557	605	569	558	546	532	515
승강기	133	88	71	61	42	27	21
보일러	-	3	4	5	6	6	0
항공기	7	12	5	1	7	5	9
붕괴	402	401	396	431	557	350	483
수난	3,954	6,042	5,557	5,714	5,653	4,072	5,820
등산	6,020	7,494	7,442	7,940	7,472	6,767	7,097
추락	10,119	8,972	5,656	7,103	7,270	6,065	6,562
농기계	2,076	1,547	1,486	1,519	1,460	1,459	1,057
자전거	6,419	6,212	4,571	7,498	8,529	5,330	5,884
레저(생활체육)	4,539	4,247	2,810	4,088	3,543	1,465	1,702
놀이시설	160	734	433	394	428	424	292

주: 위 통계는 행정안전부(통계청)자료로 사고 유형 중 도로교통사고는 우리나라 전체 교통사고 중 일부로서 보험회사 및 공제조합의 통계를 제외한 것이다.

도로교통공단이 2009~2018년 기간 중 교통사고를 파악하면서 「보행자」를 도로를 보행하거나, 노상 작업 중인 사람, 노상 유희중인 사람, 도로에 서 있거나 누워있는 사람, 장애인용 휠체어를 타고 있거나 밀고 있는 사람, 세발자전거나 모형자동차를 타고 있는 아이 또는 밀고 있는 사람, 이륜차, 원동기 장치 자전거, 자전거를 끌고 가는 사람 등으로 정의한다.[25]

2018년 말 기준 우리나라 자동차 수는 23,202,555대(이륜자동차 제외)이고 18년간 매년 10.5%씩 증가해 왔다. 경찰청, 보험회사 및 공제조합 등의 교통사고 자료를 집계한 도로교통공단에 따르면, 상기 표 1-7-9와 달리 2009년부터 2018년까지 연간 교통사고 건수는 매년 2.6%씩 증가하여 2018년에 1,228,129건이 발생하고 이중 사망자는 3,781명(0.2%)이며 부상자는 1,935,008명(99.8%)이다. 부상자 중 중상자는 91,985명(4.8%) 경상자는 639,999명(33.1%) 부상신고자는 1,203,024명(62.1%)이다.[26]

---

25) 도로교통공단(2019), 교통사고 통계분석 p iii.
26) 교통사고로 인한 사망이란 사고 발생일로부터 30일 이내에 사망한 경우이고, 중상이라 함은 3주 이상의 치료를 요하는 부상이며, 경상이란 5일 이상 3주 미만의 치료를 요하는 것이고, 부상신고는 5일 미만의 치료를 요하는 부상인 것을 말함.

나. 보행자의 교통사고 현황

도로교통공단 등의 자료에 의하면, 2018년 교통사고 보행 중 사고는 총 137,688건이 있었고 사상자는 총 143,460명(전체 교통사고 사상자의 14.6%)이다 이 중 사망자는 1,443명(보행 사상자의 1%)이고, 부상자는 142,017명(보행 사상자 99%)을 차지하고 있어 보행 중 교통사고는 대부분 부상자이다. 매년 전체 보행자 사상자는 연평균 6.2%씩 증가하고 있으나 사망률은 매년 평균 -3.6%씩 낮아지는 반면 부상자가 증가 추세를 보이다가 최근 하락세로 가고 있다(표 1-7-9).

표 1-7-9 연차별 교통사고 및 보행 중 사상자 현황 (명, %)

연도	교통사고				보행 중 사고 (%)			
	사고 건수	사상자 계 (A+B)	사망자 (A)	부상자 (B)	사고 건수	사상자 계 (A+B)	사망자 (A)	부상자 (B=C+D+E)
2009	977,535	1,504,182	5,838 (0.4)	1,498,344 (99.6)	136,468	143,047 (14.6)	2,047 (0.6)	141,000 (14.0)
2010	979,307	1,539,115	5,505 (0.4)	1,533,609 (99.6)	124,613	130,567 (14.8)	2,010 (0.6)	128,557 (14.2)
2011	897,271	1,440,015	5,229 (0.4)	1,434,786 (99.6)	112,492	118,290 (15.4)	1,998 (0.6)	116,292 (14.8)
2012	1,133,145	1,782,996	5,392 (0.3)	1,777,604 (99.7)	162,914	169,881 (15.4)	1,977 (0.6)	167,904 (14.8)
2013	1,119,280	1,787,686	5,092 (0.3)	1,782,594 (99.7)	161,079	168,035 (15.7)	1,928 (0.6)	166,125 (15.1)
2014	1,129,374	1,796,997	4,762 (0.3)	1,792,235 (99.7)	160,277	167,264 (15.6)	1,843 (0.6)	165,421 (15.1)
2015	1,141,925	1,814,082	4,621 (0.3)	1,809,461 (99.7)	154,057	160,743 (15.2)	1,764 (0.5)	158,979 (14.7)
2016	1,156,474	1,851,229	4,292 (0.2)	1,846,937 (99.8)	145,835	152,210 (15.3)	1,662 (0.5)	150,548 (14.8)
2017	1,143,175	1,807,510	4,185 (0.2)	1,803,325 (99.8)	140,027	145,887 (15.1)	1,617 (0.5)	144,270 (14.6)
2018	1,228,129	1,938,789	3,781 (0.2)	1,935,008 (99.8)	137,688 (11.2)	143,460 (14.6)	1,443 (0.5)	142,017 (14.1)
평균	연 2.6% 증	연 2.8% 증	연 -4.7% 감	연 2.9% 증	연 8.8% 증	연 6.2% 증	연 -3.6% 감,	연 1.0% 증

도로교통공단·행정안전부·통계청, 2019

표 1-7-10 2018년 보행자의 보행 중 교통사고 유형별 현황 (건, 명, %)

구 분	사고 건수 (%)	사상자 합계	사망자 수(%)	부상자 수(%)
횡단 중	24,459 (17.8%)	25,876 (18.0%)	794 (55.0%)	25,082 (17.8%)
차도 통행 중	5,729 (4.2%)	5,961 (4.2%)	205 (14.2%)	5,756 (4.0%)
길어깨구역 통행 중	10,230 (7.4%)	10,516 (7.3%)	69 (4.8%)	10,447 (7.4%)
보도 통행 중	3,043 (2.2%)	3,230 (2.3%)	41 (2.8%)	3,189 (2.2%)
기타	94,227 (68.4%)	97,877 (68.2%)	334 (23.2%)	97.543 (68.7%)
보행 중 사고 계	137,688 (100.0)	143,460(100.0)	1,443 (100.0)	142,017 (100.0)
전체 교통 사고 계	1,228,129	1,938,789	3,781	1,935,008

경찰청, 보험사 및 공제조합의 통계를 도로교통공단이 집계한 것임, 2019

상기 표 1-7-10에서 보듯이 2018년도 차량에 의한 보행자 사고는 횡단보도 횡단 중에 가장 많이 발생하고(24,459건 17.8%) 보도 통행 중에 사고는 가장 낮게(3,043건 2.2%) 발생하고 있다. 2018년 보행 중 교통사망자는 1일 3.95명이고 부상자는 1일 389.09명이다.

유의해야 할 점은 사망자의 55%가 횡단보도에서 사망한다는 점이다. 또 2018년도 보행 중 사고 유형별 현황은 2009년부터 2018년까지 발생한 사고와 유사한 패턴을 보인다. 그러나 매우 아쉬운 점은 2016년 기준으로 보행 중 사망자 총수는 표 1-7-11에서 보듯이 미국을 제외한 세계 최고의 발생 국가이고 총 인구 대비 비율로는 최고의 국가일 것을 추정된다. 아직도 보행 중 사고는 세계 최고의 사고율을 나타낸다.

표 1-7-11　　　　　　　　　　세계 각국의 교통사고 현황 (2016년, 명)

국가	미국	한국	일본	이태리	프랑스	독일	영국	스페인	캐나다	그리스	터어키
사고 수(천)	1,747	308	499	176	58	308	143	102	117	11	185
인구10만명 당 사망자	11.6	8.4	3.7	5.4	5.4	3.9	2.8	3.9	5.2	7.6	9.2
사망자(명)	37,461	3,206	4,698	3,283	3,477	3,206	1,860	1,810	1,898	824	7,300
부상자(천명)	2,443	332	618	249	73	397	189	140	160	14	304

도로교통공단, TAAS 교통사고 국제비교

표 1-7-12　　　　　　　　　세계 각국의 보행 중 및 자전거 사망자 수 (2016년, 명)

국가	미국	한국	일본	이태리	프랑스	독일	영국	스페인	캐나다	그리스	스위스
보행 중 사망 (명)	5,987	1,714	1,644	570	559	490	463	389	338	30	50
자전거 사망 (명)	840	255	712	275	162	393	105	67	44	18	33

도로교통공단, TAAS 교통사고 국제비교

한편, 상기 표 1-7-9 및 1-7-10과 약간 달리 경찰청 등 통계에 의하면, 보행 중 교통사고는 아래 표 1-7-13 및 1-7-14와 같이 전체 사고자 중 부상자는 총 46,400명으로 그 중 반 정도인 46.8% 21,725명이 횡단보도 근처에서 발생하였다. 또 사망자 역시 횡단보도 근처에서 862명으로 전체 사망자의 57.9%에 달함으로써 보행자에게 가장 위험한 구간이 횡단보도임을 의미한다. 따라서 차도를 건너는 횡단보도의 관련 시설 설계 시공에 매우 유의할 것을 요구하고 있다.

추정하건대 이러한 횡단보도의 사고는 횡단보도의 위치, 신호체계, 횡단보도 신호기, 연석 경사로, 조명 등 횡단시설과 더불어 운전자와 보행자의 심리적 상태 등과 깊은 연관이 있을 것으로 추정된다.

표 1-7-13 연차별 보행자 사고 현황 (명, 전년도 증감율 %)

연도	사상자	사망자	부상자			
			계	중상자	경상자	부상 신고
2009	53,518 (0.0)	2,137 (0.0)	51,381 (0.0)	27,645 (4.1)	22,379 (6.3)	1,357 (25.5)
2010	52,981 (-1.0)	2,082 (-2.6)	50,899 (-0.9)	26,820 (-3.0)	22,633 (1.1)	1,446 (6.6)
2011	53,333 (0.7)	2,044 (-1.8)	51,289 (0.8)	25,254 (-5.8)	24,210 (7.0)	1,825 (26.2)
2012	53,720 (0.7)	2,027 (-0.8)	51,693 (0.8)	24,960 (-1.2)	24,491 (1.2)	2,242 (22.8)
2013	50,459 (-6.0)	1,982 (-2.2)	50,459 (-2.4)	24,420 (-2.2)	23,700 (-3.2)	2,339 (4.3)
2014	53,556 (6.1)	1,910 (-3.6)	51,646 (2.4)	23,863 (-2.3)	25,029 (5.6)	2,754 (17.7)
2015	54,092 (1.0)	1,795 (-4.5)	52,297 (1.3)	23,436 (-1.8)	25,915 (3.5)	2,946 (7.0)
2016	49,727 (-8.0)	1,714 (-2.3)	49,725 (-4.9)	21,841 (-6.8)	25.038 (-3.4)	2,848 (-3.43)
2017	49,382 (-0.7)	1,675 (-11.2)	47,707 (-4.1)	20,829 (-4.6)	24,193 (-3.4)	2,685 (-5.7)
2018	47,887 (-3.0)	1,487 (-11.2)	46,400 (-2.7)	19,740 (-5.2)	24,147 (-0.2)	2,513 (-6.4)
연평균	-1. 1% 감	-3.9 % 감	1.1 % 감	-3.7 % 감	0.8 % 증	7.1 % 증

도로교통공단·경찰청 통계, 2019

표 1-7-14 2018년 보행자 사고 현황 (명, %)

구 분		사상자 계	사망자	부상자			
				계	중상자	경상자	부상 신고
합 계		47,887 (100.0)	1,487 (100.0)	46,400 (100.0)	19,740 (100.0)	24,147 (100.0)	2,513 (100.0)
횡단 중	소계	22,587(47.2)	862 (58.0)	21,725 (46.8)	10,977(55.7)	9,920(41.1)	808(32.2)
	횡단보도 내	13,416(28.0)	344 (23.1)	13,072 (28.2)	6,368(32.3)	6,264(25.9)	440(17.5)
	횡단보도 외	9,171(19.2)	518 (34.8)	8,653 (18.6)	4,629(23.4)	3,656(15.1)	368(14.6)
마주보고 통행		1,922(4.0)	61 (4.1)	1,861 (4.0)	678(3.4)	1,059(4.4)	124(4.9)
등지고 통행		3,137(6.6)	126 (8.5)	3,011 (6.5)	1,069(5.4)	1,768(7.3)	174(6.9)
보도 통행		1,751(3.6)	20 (1.3)	1,731 (3.7)	574(2.9)	1,033(4.3)	124(4.9)
길어깨 통행		3,530(7.4)	59 (4.0)	3,471 (7.5)	1,126(5.7)	2,111(8.7)	234(9.3)
승하차 중		1,059(2.2)	7 (0.5)	1,052 (2.3)	390(2.0)	603(2.5)	59(2.3)
도로 위 작업, 놀이 중		825(1.7)	28 (1.9)	797 (1.7)	335(1.7)	410(1.7)	52(2.1)
기타		13,076(27.3)	324 (21.8)	12,752 (27.5)	4,571(23.2)	7,243(30.0)	938(37.3)

도로교통공단·경찰청 통계, 2019

한편, 2013~2016년 4년 동안 보행교통사고 사망자 7,015명 중 74.9% 5,525명이 보차혼용도로에서 발생한 것으로 집계되었으며 보차혼용도로 연평균 보행사망자수는 1,313명(하루 3.6명), 부상자 3만6,626명(하루 100.3명)이라 한다. 주된 이유는 운전자의 과속, 운전자의 부주의, 불법 주정차 및 통행 방해로 나타난다.[27]

---

27) 삼성교통안전문화연구소, 보차혼용도로 보행자 사고 위험성과 대책 보도자료, 2019.4.6.

표 1-7-15	보차혼용도로에서의 사상자 (2013~2016년, 경찰청)

도로 유형	사고건수	부상자수	사망자수	
			명	비율(%)
보차분리도로	41,960(22,502)	43,129(23,246)	1,763(669)	25.1(9.5)
보차혼용도로	143,301(102,038)	146,502(104,463)	5,252(3,118)	74.9(44.4)
합계	185,261(124,540)	189,631(127,709)	7,015(3,787)	100(54.0)

주: ( )내는 폭 9m 이하 도로임

2016~2018년 보행자 교통사고는 금요일(16.1%), 목요일(15%), 수요일(14.9%) 순으로 발생하고 시간대별로는 18시~20시(14.6%), 16시~18시(12.5%) 14~16시(10.4%) 순위로 발생한다.

위 기간 동안 가해 운전자 법규 위반별 보행자 교통사고를 보면, 안전운전 의무 불이행(69.3%), 보행자 보호의무 위반(16.2%), 신호위반(7.2%) 순으로 나타나고 승용차에 의한 사고가 67.2%, 화물차가 11.4%, 승합차가 7.7%, 이륜차가 5.1% 순으로 나타난다. 그리고 자전거에 의한 사고도 2.1%로 점유율 다섯 번째이다.

상기 기간 동안 보행자 사고 구역은 특별시 및 광역시에서 45%가, 시·군·도에서 32.3%가 일어난다. 또 사고 유형별 지점은 아래 표 1-7-16과 같으며 교차로와 비교차로(非交叉路)의 사고 비율이 비슷하며 교차로 또는 횡단보도에서의 사고율이 높은 편이다.

표 1-7-16	2016-2018년 도로 형태별 보행자 교통사고 현황 (건, 명, %)

구분		발생 건수		사망자 수		부상자 수	
		건	%	명	%	명	%
계		142,533	100	4,876	100	143,832	100
단일로	터널 안	62	0.0	6	0.1	58	0.0
	교량 위	311	0.2	36	0.7	298	0.2
	고가도로 위	81	0.1	6	0.1	75	0.1
	기타 단일로	75,515	53.0	2,817	57.8	75,528	52.5
	횡단보도 위	4,793	3.4	154	3.2	4,910	3.4
	횡단보도 부근	839	0.6	35	0.7	826	0.6
교차로	교차로 내	22,901	16.1	764	15.7	23,316	16.2
	교차로 횡단보도 내	10,921	7.7	304	6.2	11,215	7.8
	교차로 부근	17,781	12.5	585	12.0	18,048	12.5
단일로	지하차도 (도로) 내	431	0.3	22	0.5	422	0.3
기타	원인불명	8,898	6.2	147	3.0	9,136	6.4

도로교통공단·경찰청 통계, 2019

다. 연령대별 교통사고

표 1-7-17에서 보듯이 2018년도 연령대별 교통사고는 활동이 많은 장년층에서 사고율이 높으며 어린이(12세 이하 인구 5,713천명)는 어린이 인구대비 약 1.9%가 사상자이며 노인(65세 이상, 7,455천명)은 노인인구 대비 약 2.1%가 사상자였다.

또 연령대별 보행 중 사고를 보면, 표 1-7-18에서와 같이 사고자 중 고령층이 높은 사망과 부상의 비율을 나타낸다. 즉 이 통계에서 나이가 들수록 교통약자가 되는 것을 알 수 있다.

표 1-7-17   2018년 교통사고 연령대별 현황 (건, 명, %)

구 분	사고 건수 (%)	사상자				
		계 (A+B+C+D, %)	사망자 (A, %)	중상자 (B, %)	경상자 (C, %)	부상신고 (D, %)
계	1,228,129 (100.0)	1,938,789 (100.0)	3,781 (100.0)	91,958 (100.0)	639,999 (100.0)	1,203,024 (100.0)
12세 이하	36,339 (3.0)	108,465 (5.6)	34 (0.9)	2,028 (2.2)	25,325 (4.0)	81,078 (6.7)
13-20세		80,355 (4.1)	120 (3.2)	4,398 (4.8)	28,383 (4.4)	47,454 (3.9)
21-30세	154,221 (12.6)	310,170 (16.0)	267 (7.1)	10,399 (11.3)	108,444 (16.9)	191,060 (15.9)
31-40세	223,808 (18.2)	397,082 (18.7)	277 (7.3)	11,585 (12.6)	126,515 (19.8)	258,705 (21.5)
41-50세	248,618 (20.2)	391,459 (19.9)	406 (10.7)	14,202 (15.4)	126,306 (19.7)	250,545 (20.8)
51-60세	243,725 (19.8)	363,762 (19.0)	695 (18.4)	18,989 (20.6)	125,619 (19.6)	218,459 (18.2)
61-64세	70,198 (5.7)	104,278 (5.5)	300 (7.9)	7,254 (7.9)	36,658 (5.7)	60,066 (5.0)
65세 이상	159,444 (13.0)	168,542 (12.5)	1,682 (44.5)	23,057 (25.1)	58,054 (9.1)	85,749 (7.1)
기타/불명	91,776 (7.5)	14,676 (8.8)	0 (0.1)	73 (0.1)	4,695 (0.7)	9,908 (0.8)

도로교통공단·경찰청 통계, 2019

표 1-7-18   2018년 보행 사상자 연령대별 현황 (명, %)

구 분	사망자 (%)	부상자 (%)			
		계	중상자	경상자	부상신고자
합 계	1,487 (100.0)	46,400 (100.0)	19,740 (100.0)	24,147 (100.0)	2,513 (100.0)
12세 이하	22 (1.5)	3,695 (8.0)	1,116 (5.7)	2,272 (9.4)	307 (12.2)
13-20세	19 (1.3)	3,747 (8.1)	1,032 (5.2)	2,445 (10.1)	270 910.7)
21-30세	57 (3.8)	6,140 (13.2)	1,631 (8.3)	4,119 (17.1)	390 (15.5)
31-40세	53 (3.6)	4,443 (9.6)	1,381 (7.0)	2,787 (11.5)	275 (10.9)
41-50세	141 (9.5)	5,991 (12.9)	2,295 (11.6)	3,367 (13.9)	329 (13.1)
51-60세	231 (15.5)	8,061 (17.4)	3,734 (18.9)	3,915 (16.2)	412 (16.4)
61-64세	122 (8.2)	3,189 (6.9)	1,618 (8.2)	1,423 (5.9)	148 (5.9)
65세 이상	842 (56.6)	11,124 (24.0)	6,931 (35.1)	3,814 (15.8)	379 (15.1)
불 명	0 (0.0)	10 (0.0)	2 (0.0)	5 (0.0)	3 90.1)

도로교통공단·경찰청 통계, 2019

라. 어린이 교통사고

어린이 교통사고 및 어린이 보행자 사고를 살펴보면, 2009년부터 2018년까지 12세 이하 어린이 전체 교통사고는 평균 -4.4%씩 감소하여 2018년 10,009건으로 사망자 34명 부상자 12,543명이다. 전체 어린이 5,679,406명 중 0.2%가 사고자이었다. 그런데 어린이보호구역 지정개소는 총 16,765개소로 100개소 당 사고발생건수는 약 2.9건이다. 주로 토요일에 사고가 많고(18.0%) 금요일(14.9%) 일요일(14.6%) 순이다. 시간대별로는 16시~18시(23.0%) 14시~16시(17.8%) 18시~20시(17.4%) 순이다. 2018년 어린이 사망자의 사고 시 상태별로 보면 보행 중에 22명이 사망하여 전체 64.7%를 점하고 자동차 승차 중 6명(17.6%), 자전거 승차 중 4명(11.8%)으로 나타났다. 어린이보호구역에서의 사고율도 점차 낮아지고 있다(표 1-7-21).

표 1-7-19 연차별 어린이 교통사고 현황 (건, 명, 전년대비 증감율 %)

연차별	발생 건수		사상자 계		사망자		부상자	
	건	%	명	%	명	%	명	%
2009	14,980	0.3	18,506	0.0	136	-1.4	18,370	-0.2
2010	14,095	-5.9	17,304	-6.5	126	-7.4	17,178	-6.5
2011	13,323	-5.5	16,403	-5.2	80	-36.5	16,323	-5.0
2012	12,497	-6.2	15,568	-5.1	83	3.8	15,485	-5.1
2013	11,728	-6.2	14,519	-6.7	82	-1.2	14,437	-6.8
2014	12.110	3.3	14,946	2.9	52	-36.6	14,894	3.2
2015	12,191	0.7	15,099	1.0	65	25.0	15,034	0.9
2016	11,264	-7.6	14,286	-5.4	71	9.2	14,215	-5.4
2017	10,960	-2.7	13,484	-5.6	54	-23.9	13,433	-5.5
2018	10,009	-8.7	12,577	-6.7	34	-37.0	12,543	-6.6
연평균 증감율	-4.4 % 감		-4.1 % 감		-14.3 % 감		-4.2 % 감	

도로교통공단·경찰청 통계, 2019

표 1-7-20 2018년도 어린이 사고 도로형태별 현황 (건, 명, %)

구 분		사고 건수	사상자 계	사망자	부상자
합 계		10,009 (100.0)	12,577 (100.0)	34 (100.0)	12,543 (100.0)
단일로	소계	4,765 (47.6)	5,958 (47.3)	22 (64.7)	5,936 (47.3)
	터널 안	51 (0.5)	78 (0.6)	0 (0.0)	78 (0.6)
	교량 위	68 (0.7)	99 (0.8)	3 (8.8)	96 (0.8)
	고가도로 위	15 (0.1)	16 (0.1)	0 (0.0)	16 (0.1)
	지하차도(도로) 내	88 (0.9)	119 (0.9)	0 (0.0)	119 (0.9)
	기타 단일로	4,543 (45.4)	5,646 (44.9)	19 (55.9)	5,627 (44.9)
교차로	소계	4,716 (47.1)	5,991 (47.7)	10 (29.4)	5,981 (47.7)
	교차로 내	2,644 (26.4)	3,445 (27.4)	5 (14.7)	3,440 (27.4)
	교차로 횡단보도 내	681 (6.8)	713 (5.6)	3 (8.8)	710 (5.7)
	교차로 부근	1,391 (13.9)	1,833 (14.6)	2 (5.9)	1,831 (14.6)
기타 불명		528 (5.3)	628 (5.0)	2 (5.9)	626 (5.0)

도로교통공단·경찰청 통계, 2019

표 1-7-21 연차별 어린이보호구역 (스쿨존) 교통사고 추세 (건, 명, %)

구 분	사고 건수 (전년대비%)	사망자수(전년대비%)	부상자수(전년대비%)
2014년	523 (22.5%)	4 (-33.3%)	553 (26.3%)
2015년	541 (3.4%)	8 (100.0%)	558 (0.9%)
2016년	480 (-11.3%)	8 (0.0%)	510 (-8.6%)
2017년	479 (-0.2%)	8 (0.0%)	487 (-4.5%)
2018년	435 (-9.2%)	3 (-62.5%)	473 (-2.9%)

도로교통공단·경찰청 통계, 2019

마. 노인 교통사고

또 교통약자인 65세 이상 보행 노인의 교통사고 증가율의 유의점을 살펴보면, 2009년도 이후 2018년도 까지 사망자 수는 -0.9%씩 감소하고 있으나 매년 부상자수가 평균 4.8%로 급증하고 있다. 2018년도 노인의 주요 사고 38,647건의 유형별 지점을 보면 단일로(單一路)에서 46.1% 및 교차로 내 49.1%를 점하고 있으며 교차로 중 횡단보도 내 사고는 1,727건으로 사망자 167명 부상자 1,688명으로 타 계층의 사고 유형과 매우 유사하다.

표 1-7-22 연차별 노인 교통사고 연차별 현황 (건, 명, %)

구 분	사고 건수 (전년대비%)	사망자수(전년대비%)	부상자수(전년대비%)
2009년	25,983 (12.9%)	1,826 (5.2%)	27,409 (13.4%)
2010년	25,810 (-0.7%)	1,752 (-4.1%)	27,394 (-0.1)
2011년	26,483 (2.6%)	1,724 (-1.6%)	27,999 (2.2%)
2012년	28,185 (6.4%)	1,864 (8.1%)	29,699 (6.1%)
2013년	30,283 (7.4%)	1,833 (-1.7%)	32,178 (8.3%)
2014년	33,170 (9.5%)	1,815 (-1.0%)	35,352 (9.9%)
2015년	36,053 (8.7%)	1,814 (-0.1%)	38,582 (9.1%)
2016년	35,761 (-0.8%)	1,732 (-4.5%)	38,413 (-0.4%)
2017년	37,555 (5.0%)	1,767 (2.0%)	40,579 (5.6%)
2018년	38,647 (2.9%)	1,682 (-4.8%)	41,833 (3.1%)
연평균 증감율	4.5% 증	-0.9% 감	4.8% 증

도로교통공단, 경찰청 통계, 2019

표 1-7-23 2018년도 노인 사고 도로형태별 현황 (건, 명, %)

구 분		사고 건수	사상자 계	사망자	부상자
합 계		38,647 (100.0)	43,515 (100.0)	1,682 (100.0)	41,833 (100.0)
단일로	소계	17,831 (46.1)	20,063 (46.1)	1,002 (59.6)	19,061 (45.6)
	터널 안	107 (0.3)	138 (0.3)	4 (0.2)	134 (0.3)
	교량 위	247 (0.6)	296 (0.7)	29 (1.7)	267 (0.6)
	고가도로 위	80 (0.2)	95 (0.2)	4 (1.4)	91 (0.2)
	지하차도(도로) 내	373 (1.0)	425 (1.0)	24 (1.4)	401 (1.0)
	기타 단일로	17,024 (44.0)	19,109 (43.9)	941 (55.9)	18,168 (43.9)
교차로	소계	19,023 (49.2)	21,499 (49.4)	610 (36.3)	20,889 (49.9)
	교차로 내	12,198 (31.6)	14,022 (32.2)	343 (20.5)	13,679 (32.7)
	교차로 횡단보도 내	1,727 (4.5)	1,767 (4.1)	99 (5.9)	1,668 (4.0)
	교차로 부근	5,908 (13.2)	5,709 (13.1)	167 (9.9)	5,542 (13.2)
철길 건널목		1 (0.0)	1 (0.0)	1 (0.1)	0 (0.0)
기타 불명		1,792 (4.6)	1,952 (4.5)	69 (4.1)	1,883 (4.5)

도로교통공단·경찰청 통계, 2019

바. 자전거 교통사고

「자전거이용활성화에관한법률」 제2조에 자전거란 사람의 힘으로 2개 이상의 바퀴를 장착하고 중량 30kg 미만 장치로서 속력은 25km/시간 미만으로 운행되는 차를 말한다. 우리나라 자전거 보유대수는 2018년 행정안전부 생활공간정책과에서 발행된 「2017년 기준 자전거 이용 현황」자료에 의하면, 보험가입자가 22,477,772명으로 산정되어 있음에 따라 2019년도 2천3백만 대를 초과할 것으로 예상할 수 있다. 2017년 기준으로 자전거도로는 자전거전용도로는 총3,198km, 자전거·보행자겸용도로는 16,901km, 자전거전용차로는 896km, 자전거우선도로는 1,321km로 총 자전거도로 연장은 22,315km이다.

자전거사고가 어느 유형의 자전거도로에서 가장 많은지는 통계 자료로 파악할 수 없으나 도로교통공단에서 발행한 통계보고서를 종합하면 자전거끼리의 사고율(2018년 차대차 사고율이 약77.3%)이 높은 점을 감안하고 특별광역도시에서의 사고율이 높은 점(47.1%) 그리고 직선도로 구간에서 사고율(47.4%)을 감안하면 자전거전용도로 구간에서 높지 않을까 추정된다.[28]

표 1-7-24에서 보듯이 자전거사고는 2009년부터 2018년까지 평균 5.1% 증가하였으나 2015년을 기점으로 점차 줄고 있고 사망자와 부상자는 매년 감소하고 있다. 자전거 가해자 사고보다 자전거 피해자사고가 많아서 자전거사고의 약 60-70%이다.

그리고 표 1-7-25에서 보듯이 노인 자전거사고자 점유율(29.2%)은 어린이 사고자 점유율(8.3%)보다 약 3.5배 높은 수준이다.

표 1-7-24   연차별 자전거 사고 및 전체 교통사고 현황 (건, 명, %)

연차별	사고 건수			사망자			부상자		
	자전거사고	전체교통사고	점유율(%)	자전거사고	전체교통사고	점유율(%)	자전거사고	전체교통사고	점유율(%)
2009	12,700 (2,639)	231,990	5.5	339 (88)	5,838	5.8	12,978 (2,729)	361,875	3.6
2010	11,439 (2,663)	226,878	5.0	299 (73)	5.505	5.4	11,646 (2,731)	352,458	3.3
2011	12,357 (2,883)	221.711	5.6	277 (77)	5,229	5.3	12,640 (2,987)	341,391	3.7
2012	13,252 (3,547)	223,656	5.9	292 (101)	5.392	5.4	13,532 (3,680)	344,515	3.9
2013	13,852 (4,249)	215,354	6.4	285 (101)	5,092	5.6	14,243 (4,472)	328,711	4.3
2014	17,471 (5,975)	223,552	7.8	287 (93)	4,762	5.9	18,115 (6,328)	337,497	5.4
2015	18,310 (6,920)	232,035	7.9	277 (107)	4,621	6.0	19,075 (7,333)	350,400	5.4
2016	15,636 (5,936)	220,917	7.1	261 (113)	4,292	6.1	16,234 (6,292)	331,720	4.9

---

28) 도로교통공단(2019), 전게서, pp144-146

연차별	사고 건수			사망자			부상자		
	자전거사고	전체교통사고	점유율(%)	자전거사고	전체교통사고	점유율(%)	자전거사고	전체교통사고	점유율(%)
2017	14,662 (5,659)	216,335	6.8	267 (126)	4,185	6.4	15,179 (5,932)	322,829	4.7
2018	12,389 (4,771)	217,148	5.7	212 (91)	3,781	5.6	12,814 (5,041)	323,037	4.0
연평균	5.1 % 증	0.7% 감	6.4%	-3.5 % 감	-4.7% 감	5.8%	-1.9 % 감	-1.3 % 감	4.7%

주1) 도로교통공단, 2019
주2) 앞의 수는 총계이고 ( )내는 자전거가해자 사고 숫자로서 총계에서 ( )내 숫자를 빼면 자전거피해자 사고숫자임
주3) 2018년 자전거 1일 사망자는 0.58명이고 1일 부상자는 35.1명이다.

표 1-7-25 2018년 자전거 사고 연령대 현황 (건, 명, %)

구 분	연령대	사고 건수	사상자 계	사망자		부상자
				명	치사율	
자전거 가해 운전자	합계	4,771 (100.0)	5,132 (100.0)	91 (100.0)	1.0	5,041 (100.0)
	12세 이하	391 (8.2)	426 (8.3)	0 (0.0)	0.0	426(8.5)
	13-20세	722 (15.1)	790 (15.4)	1 (1.1)	0.1	789 (15.7)
	21-30세	441 (9.2)	476 (9.3)	6 (6.6)	1.4	470 (9.3)
	31-40세	326 (6.8)	358 (7.0)	2 (2.2)	0.6	356 (7.1)
	41-50세	471 (9.9)	511 (10.0)	5 (5.5)	1.1	506 (10.0)
	51-60세	726 (15.2)	787 (15.3)	19 (20.9)	2.6	768 (15.2)
	61-64세	342 (7.2)	365 (7.1)	7 (7.7)	2.0	358 (7.1)
	65세 이상	1,313 (27.5)	1,379 (26.9)	51 (56.0)	3.9	1,328 (26.3)
	불명	39 (0.8)	40 (0.7)	0 (0.0)	0.0	40 (0.8)
자전거 피해 운전자	합계	7,618 (100.0)	7,894 (100.0)	121 (100.0)	1.6	7,773 (100.0)
	12세 이하	588 (7.7)	615 (7.8)	5 (4.1)	0.9	610 (7.8)
	13-20세	879 (11.5)	922 (11.7)	3 (2.5)	0.3	919 (11.8)
	21-30세	712 (9.3)	742 (9.4)	2 (1.7)	0.3	740 (9.5)
	31-40세	561 (7.4)	592 (7.5)	2 (1.7)	o.4	590 (7.6)
	41-50세	791 (10.4)	838 (10.6)	6 (5.0)	0.8	832 (10.7)
	51-60세	1,278 (16.8)	1,311 (16.6)	22 (18.2)	1.7	1,289 (16.6)
	61-64세	557 (7.3)	569 (7.2)	5 (4.1)	0.9	564 (7.3)
	65세 이상	2,249 (29.5)	2,300 (29.2)	76 (62.8)	3.4	2,224 (28.6)
	불명	3 (0.0)	5 (0.0)	0 (0.0)	0.0	5 (0.1)

도로교통공단, 2019

표 1-7-26은 자전거가해 운전자의 도로형태별 사고 현황을 나타낸 것으로 자전거와 자전거끼리의 사고가 약 77.3%로 대부분을 차지하며, 사람에게 사고를 내거나 자전거 운전자 홀로 사고를 내는 비율이 각각 17.4% 및 5.3%로써 적은 것을 나타낸다.

표 1-7-26　　　2018년도 자전거 가해 운전자 사고 도로형태별 현황 (건, 명, %)

구분		사고 건수	사상자 계	사망자 명	사망자 치사율	부상자
합 계		4,771 (100.0)	5,132 (100.0)	91 (100.0)	1.9	5,041 (100.0)
차대사람	소계	829 (17.4)	922 (18.0)	2 (2.2)	0.2	920 (18.3)
	횡단 중	166 (3.5)	188 (3.7)	0 (0.0)	0.0	188 (3.7)
	차도 통행 중	57 (1.2)	65 (1.3)	0 (0.0)	0.0	65 (1.3)
	길어깨 통행 중	35 (0.7)	43 (0.8)	1 (1.1)	2.9	42 (0.8)
	보도 통행 중	163 (3.4)	171 (3.3)	1 (1.1)	0.6	170 (3.4)
	기타	408 (8.6)	455 (8.9)	0 (0.0)	0.0	455 (9.0)
차대차	소계	3,688 (77.3)	3,956 (77.1)	65 (71.4)	1.8	3,891 (77.2)
	정면 충돌	193 (4.0)	222 (4.3)	4 (4.4)	2.1	218 (32.7)
	측면 충돌	1,989 (41.7)	2,108 (41.1)	41 (45.1)	2.1	2,067 (41.0)
	추돌	169 (3.5)	193 (3.8)	2 (2.2)	1.2	191 (3.8)
	후진 추돌	3 (0.1)	3 (0.0)	0 (0.0)	0.0	3 (0.1)
	기타	1,334 (28.0)	1,430 (27.9)	18 (19.8)	1.3	1,412 (28.0)
차량단독	소계	254 (5.3)	254 (4.9)	24 (26.4)	9.4	230 (4.6)
	공작물 충돌	40 (0.8)	40 (0.8)	1 (2.5)	2.5	39 (0.8)
	도로이탈 추락	8 (0.2)	8 (0.2)	3 (3.3)	37.5	5 (0.1)
	도로이탈 기타	3 (0.1)	3 (0.0)	2 (2.2)	66.7	1 (0.0)
	전복	80 (1.7)	80 (1.5)	5 (5.5)	6.3	75 (1.5)
	기타	123 (2.6)	123 (2.4)	13 (14.3)	10.6	110 (2.2)

도로교통공단·경찰청 통계, 2019

사. 교통사고 요약

도로교통공단의 자료에 따르면, 인구 10만 명당 사망자 추세에서 우리나라는 '80년 16.9명에서 '90년 33.1명으로 증가한 이후 2000년 21.8명, 2015년 9.1명, 2016년 8.4명으로 꾸준히 감소하는 것으로 나타났고, 자동차 1만 대당 사망자 추세 또한 '80년 59.4명에서 '90년 23.9명, 2000년 6.5명, 2015년 1.9명, 2016년 1.7명으로 인구 10만 명당 사망자 추세와 마찬가지로 꾸준히 감소하고 있는 것으로 나타났다. 2018년도의 경우, 우리나라의 인구 10만 명당 사망자는 7.3명이다.

전체적으로 보아 교통사고율은 감소추세에 있으나 사고자 절대 수는 크게 줄지 않는 점, 보행자 사고의 반 정도는 횡단보도 또는 교차로에서 발생하고 있는 점, 사망자는 보차혼용도로에서 70% 정도 발생하여 매일 3.6명 사망자 및 매일 100.3명의 부상자가 발생하는 점, 국제적으로 보행자 사망률이 매우 높은 점, 보행자 및 자전거 운전자 연령대 중 노인의 사고율이 높은 점 등은 유의해야 할 점이다.

교통사고를 국제 비교한 도로교통공단 자료(TAAS)에 따르면 2017년 기준 교통사고 발생건수와 사상자가 가장 많은 나라는 미국, 일본, 독일 순이며 우리나라는 4번째로 교통사고 건수와 사상자가 많은 나라이다. 이러한 높은 교통사고로 인해 2017년 도로 교통사고 비용이 23조 6805억원이 소요되었다(GDP1.4%).

제1장

8절

장애물 없는 외부 공간의 설계 시공 및 관리

1-8-1 설계 시공 개요

앞에서 살펴보았듯이 장애물 없는 설계 시공이란 사회·심리적 또는 물리적 제약, 불편, 사고, 위험, 장애 등을 사전에 차단하는 환경설계를 말하며 최종적으로 시공 및 관리를 하게 됨으로써 장애 없는 생활환경이 조성된다. 이 때 도시계획, 토목, 건축, 조경 전문가 이외에 인체공학, 시각디자인, (행태 또는 환경)심리, 교통, 재활치료, 의학, 복지 등과 관련된 전문가, 컨설팅, 조언자, 촉진자(facilitator)를 구성하고 필요시 이들의 참여와 이들의 의견을 반영해야 한다. 즉 전문가의 참여와 협업이 설계 및 시공단계에서 필수적이다.

장애물 없는 설계는 기능성과 미적 아름다움 이외에 환경적 장애물(장벽)이 없는 BF 설계 시공의 핵심 목표인 접근성, 비차별성, 건강성, 편의성, 안전성, 이용성 및 정확한 정보 제공이 확보되어야 한다. 이러한 목표를 달성하기 위해 디자인에서 해서는 아니 될 것(don'ts)이 있다.

예컨대 1)평균적 사람에 맞추어야 한다는 개념을 갖지 말아야 하며, 2)한 사람·한 그룹의 쾌적성을 배려하는 디자인을 하지 말아야 하며, 3)대안을 확정 후 추가적으로 접근성을 배려하거나 새롭게 경사로 등을 설치하는 디자인을 해서는 안 되며, 4)특정의 개인을 배려하는 디자인을 해서는 안 되며, 5)디자인 과정에서 사용자의 참여를 과소평가해서는 아니 되며, 6)외부 공간으로 들어오고 나감에 있어 보다 쉬운 방법을 잊어서는 아니 되고, 7)시각, 촉각, 청각 등 감각에 의한 유도 방식을 간과해서는 아니 된다는 점이다.

표 1-8-1   BF 설계 시공 시 해야 할 것과 하지 말아야 할 것

해야 할 것	하지 말아야 할 것
- 기본적 접근성과 이용성에 충실 - 국지적 환경 또는 현장에 적합한 디자인 - 모양이나 미보다 사람을 위한 고려 - 모든 사람의 욕구 반영 - 모든 사람에 익숙한 환경 조성	- 평균적 일반적 사람에 맞춘다는 전통 사고를 재고 - 특정인·특정 그룹을 위해 새롭게 디자인하지 말 것 - 대안을 마련 후 추가적 접근성을 부가하지 말 것 - 사용자의 참여를 과소평가하지 말 것 - 시각, 촉각과 청각의 유도 방식을 잊지 말 것 - 외부공간과의 손쉬운 출입을 무시하지 말 것

반면 디자인 단계에서 해야 할 것(do's)이 있다면, 1)기본적인 접근성과 이용성 확보에 충실해야 하고, 2)국지적 또는 현장에 의거한 디자인을 하며, 3)모양이나 미를 고려해야 하지만 사람을 위한 디자인이 되도록 하며, 4)모든 사람의 욕구에 충족할 수 있는 디자인 원리에 충실해야 하고, 5)모든 사람에게 익숙한 정보를 제공하여야 한다.

표 1-8-2 디자인의 여러 원칙

일반 디자인 원칙		BF 디자인 핵심목표	Universal Design 중점 요소	시설 계획	기타
기능	미				
안전성 편의성 위생성 쾌적성 인간공학 내구성 전달성 인식성 경제성	형태 색채 질감 재료 규격 균형 반복 통일 대비 강조 연속 비례	접근성 안전성 편의성 쾌적성 비차별 감각정보 물리적 환경 사회·심리적 반응	동등한 사용 (Equitable Use) 손쉬운 사용 (Flexibility in Use) 직관적 사용 (Simple & Intuitive Use) 오류 수용 (Tolerance for Error) 최소 활동 (Low Physical Effort) 손쉬운 정보 제공 (Perceptible Information) 적정 규격과 공간 (Size & Space for Approach & Use)	통일성 연속성 리듬 위계 상징 명료 일체성	배치·분포 (미)기후 동선·축 스케일 밀도 이용 빈도 미끄럼정도 마감 위치 높이 기술 관리

표 1-8-3 장애물 없는 외부 공간 설계 시공 및 관리 흐름도

사업 단계	사업 내용	BF 관련 주요 사항
목적	《 장애물 없는 공간 구축 》	목표 선정
구상 및 현황조사	공간 및 시설 구상 - 상위계획, 기능 및 규모 - 토지이용 구상 - 동선 구상	SWOT 대안 설정 BF전문가 의견청취
기본계획 단계	- 토지이용계획 - 건축물 계획 - 동선계획 - 시설물 계획	관련기관 협의 BF 구상 및 BF 전문가 협의 BF 관련 법령 검토 대안 분석 및 선정
기본설계 단계	- 건축물 및 시설물 규모 및 배치 - 진입도로 및 접근로 - 주차장 - 조경시설 - 구조물 및 부대시설 - 색채계획, 조명 및 안내시설	개략공사비 산정 BF 전문가 자문 (advisor, coordinator, facilitator, consultant 등) 대안 검토 및 Feedback BF기본설계보고서 인허가 서류 작성
BF 사항 선정 및 검토	접근로, 시설물, 건축물, 주차장, 조경 등	BF 예비인증 검토
실시설계 단계	- 건축물 - 조경 - 토공 - 구조물 - 포장 - 조명 및 안내시설 - 상하수도 - 부대시설 등	BF실시설계보고서 공사비 내역서 사업인허가 신청 BF 특기시방서
BF 예비인증	시설물 및 구조물도의 배치도, 평면도, 종횡단면도 등	BF인증기관 인증조건을 실시설계 및 시방서 반영
공사 단계	- 공사 발주 - 공사 착공 - 공사 준공 - 사용 승인 및 준공	시공측량 설계변경 BF 예비인증 내역 학인 준공측량 및 정산설계
BF 본인증	준공도 및 준공 사진 도서 작성	BF 인증기관
이용 및 관리 단계	- 시설주에게 시설물 인계 - 시설주 시설물 사용	BF 본인증 사항 정기 확인 BF 재인증

주) 표 1-1-4 참조

1-8-2 구상 및 계획 단계

장애물 없는 생활환경이 되기 위해서는 구상, 계획, 설계, 시공, 이용 및 관리 등의 단계로 나뉘어 생각할 수 있다. 공간 구상 및 기본계획 단계에서 상위계획, 관련 법령 및 현황조사를 통해 공간의 기능 배치, 시설 배치 또는 토지이용계획이 이루어진다. 동선계획은 장애인 또는 비장애인에게 최단거리 제공으로 편리성을 증대시켜 손쉬운 이용을 가능하게 하는 가장 중요한 기본적 단계이다. 이 단계에서 장애물 없는 설계 시공 전문가와 시행착오를 방지하기 위해 전체적인 진행에 관한 내용을 개략 협의하는 것이 좋다.

이 초기 단계에서 필수적으로 고려해야 하는 개념이 보차분리(步車分離, 특히 자동차와 자전거) 즉 차량과 보행을 분리하여 안전하고 편리성을 도모해야 한다. 주요 진입도로에서부터의 보차분리는 물론, 주차장에서 주요 시설 출입구에 이르는 동선도 보차분리가 되도록 해야 한다. 보차공존(步車共存) 또는 보차혼용(步車混用) 방식의 접근로는 바람직하지 않으며 이들 방식은 보행자의 안전을 위한 복잡한 추가 시설이 동반되기 때문이다.

자전거의 통행이 빈번한 경우라면 자전거와 보행 간에 분리가 바람직하다. 자전거주차장 또는 자전거보관대는 대지 내 초입부 인근에 두어 주차시킨 후 보행으로 접근하도록 한다. 건축물 주변 주출입구 인근에 두는 경우 보행과 마찰이 있어 보행자에게 불리하다.

또 대안으로 채택된 보행 동선 중 주 접근 동선이 복잡하거나, 우회하거나, 접근 동선에서 각 공간 또는 시설로 가는 방법이 인지하기 어렵거나, 외부에서 주 동선까지의 접근이 어렵거나, 경사도가 심하거나, 보행 폭원 확보가 어렵거나, 주차장으로부터의 주된 출입구까지 이동 동선이 길거나 하는 등 안전성, 접근성, 편의성, 인지성, 이동성 등에 부정적 요인이 있다면 공간 또는 시설물의 재배치 계획을 통해 이를 개선하여 최단거리의 최적의 배치로 보행 동선계획을 최적 안이 되도록 대안을 검토해야 한다.

장애물이 아닌 시설이라 하더라도 잘못된 배치로 인해 오히려 장애물이 되는 경우가 없는지, 장애물이 있다면 장애물구역에 이를 배치하고 보행안전구역(장애물이 없는 구역)을 별도로 선정하는 방법도 고려해야 한다. 또 안내 시스템(인적 안내 시스템 포함)을 도입할 것인지 등의 개념도 이때 검토되어야 한다. 이 단계에서 뚜렷한 목표와 도시계획, 토목, 건축, 조경 등에 관한 BF 전문 설계가의 참여가 없다면 시행착오가 불가피하다.

1-8-3 기본설계 단계

공간 및 시설물 배치를 통한 보행 동선계획이 확정되면 실시설계 단계를 염두에 두면서 장애인을 포함한 이용자의 추정, 각종 세부 시설의 종류·분포, 규모·수량 결정, 자재 선정, 색채 계획, 시설 마감 방법, 개략 공사비 등을 고려하여 장애물 없는 설계가 되어야 할 요소를 결정하고 이에 대한 대안을 검토·점검한다. 자재를 잘못 선정하거나 시공단면 및 마감을 잘못 결정하는 경우 시간이 경과할수록 장애물로 변하는 경우가 발생하기도 한다.

기본설계 단계에서 전 단계에서 결정한 내용이 불합리한 경우가 발생하면 계획의 내용을 바꿀 것인지 아니면 추가 시설을 설치하여 당초 계획대로 할 것인지를 결정한다.

각종 시설의 종류, 배치, 규모, 분포, 수량 등이 장애물 없는 공간이 되기 위한 최소한의 기준에 적합한지를 또 불필요한 시설이 없는지 등도 재검토(환류, feed-back)되는 단계이기도 하다. 이 단계에서 장애물 없는 시설 설치 및 관리 요령을 담은 설명서 또는 안내서(매뉴얼 등)를 설계도서에 포함할 것인지를 검토하는 것이 바람직하다. 기본설계 결과를 발주처, 시행자 등과 협의하여 그 결과를 인허가에 반영할 것인지를 판단해야 한다.

1-8-4 실시설계 단계

실시설계 단계에서는 현황측량 자료 등 조사 자료를 바탕으로 기본계획에서 정한 주출입구까지의 지반의 정지계획고(G.L.) 및 주출입구 계획고(F.L.), 포장재 등 각종 자재 선정, 시설의 규모, 두께, 폭, 높이, 경사도, 마감, 미끄럼 정도 등 설계 치수의 자재 선정이 안전하고 편리한지, 색상과 질감이 적정한지, 잘못된 마감으로 인해 장애 유발이 없는지, 다른 재료와의 이음새 또는 연결부에서 시공 시에 하자 또는 부실시공으로 장애를 유발할 것인지, 장애 유발할 가능성이 있는 시설에 경고 또는 안전 대책을 강구하였는지, 오차 시공으로 재시공할 것이 없는지 등이 구체적으로 검토되어 결정되는 단계이다. 이 단계에서 장애물 없는 설계 전문가의 최종적인 사전 검토 및 확인을 받고 설계를 완료해야 한다.

각종 자재에 대한 시험성적서를 첨부하거나 조달청에 발주하는 자재에 대하여는 BF용으로 적정한지를 확인해야 하는 단계이다. 설계 시 관행적으로 또는 표준적으로 사용되어 온 도면은 BF용으로 사용하지 못하는 경우가 있게 되므로 이들 도면을 재사용하는 경우는 BF 적합성을 검토하여야 한다.

또 횡단경사의 급격한 변화 구간이 없는지, 유모차, 휠체어 등이 빠지는 재료와 규격이 아닌지, 여성의 하이힐이 빠짐이 없는지, 포장마감에 미끄럼 구간이 없는지 또는 미끄럼의 정도를 얼마까지 할 것인지, 겨울에 눈이 쉬 녹지 않는 구간에 미끄럼방지 저감 방안을 고려했는지, 안전 방호책 또는 난간의 높이와 난간살 간격을 어디까지 할 것인지, 포장재의 이음새의 크기를 얼마까지 할 것인지, 점자블록의 유도 형식(선형, 시종점 등)을 어떻게 할 것인지, 각종 정보 제공의 방식이 적정한지, 조명기구의 광원과 조도 등에 관한 개념을 실시설계 단계에서 최종 반영되어야 한다.

1-8-5 인허가 단계

인허가 단계라 함은 최종적으로 관계기관의 사업계획 승인 단계를 말한다. 장애물 없는 생활환경 인증단계는 인허가 전에 또는 인허가 후에 예비인증을 받는 경우가 대부분이다. 인허가 받기 전 즉 기본설계나 실시설계 단계에서 BF인증을 받으면 장애물 없는 생활환경 인증기관으로부터 설계 내용을 심사와 심의단계에서 보완, 변경 등의 의견을 받아 마무리할 수 있다. 만일 인허가를 받은 후에 BF인증을 받아야 한다면 BF인증 과정에서 기 설계한 주요한 사항의 변경이 발생하여 인허가를 다시 받아야 하는 번거로운 절차가 발생할 수 있다. 재인허가를 받는 경우 시간과 비용이 추가되므로 가급적 인허가 전에 BF인증을 받는 것이 유리하다.

보통 인허가 전후에 개략공사비가 확정되고 시공을 위한 공사발주서 작성이 진행된다. 공사가 발주된 상태에서 BF인증을 받으면 BF에서 제시된 여러 조건이 공사용 실시설계 도서에 반영되어 있지 않기에 현장에서 이를 점검하지 못하거나 잘못 반영하는 경우가 있어 시공에 차질이 없도록 해야 하며, 현장에서 BF 조건을 검토하는 과정을 누락하는 경우 또는 설계변경이 잘못된 경우 본인증에서 재시공 등의 보완이 있거나 또는 인증을 받지 못하는 경우 발생한다.

1-8-6 시공 단계

아무리 잘된 설계라도 현장에서 장애물 없는 시공이 될 수 있는 충분하고 확고한 개념과 관계자들의 협력심이 없다면 두 가지 이유에서 장애물 있는 공간으로 시공된다. 첫째 시공이란 감독, 감리, 시공자(원도급사 및 하도급사), 각 분야별 기능인 또는 작업자들로 구성된 여러 조직의 구성원으로 이루어진다. 최종 결과물은 현장에서 작업하는 작업자인 기술자 또는 기능공 손에 의해 마감되므로 이들 조직 구성원 상호간에 충분한 의사소통과 이해가 없다면 설계된 의도대로 시공이 잘 이루어지지 않는다.

둘째 모든 설계도서에 장애물 없도록 세부 개념이 도면화 되거나 명시 되지 않는 경우가 있게 되므로 현장에서 이들 개념을 충분히 이해하고 시공에 임해야 하나 도면에 없는 부분이나 현장에서 설계 변경을 하는 경우 그 적용 시에 장애를 유발하는 경우가 발생하여 전체적으로는 장애물 있는 공간이 만들어 지게 된다.

따라서 현장에서 마무리 시공될 때까지 모든 단계에서 장애물 없는 설계와 시공의 개념을 이해하고 최종 마무리하도록 충분한 의사소통, 전문가의 조언과 현장 방문, 사례 조사, 합리적 설계 변경이 강구되도록 해야 한다. 특히 조달(청) 지급자재나 품목, 당초 설계에 없던 새로운 자재나 시설이 현장에서 추가·변경되는 경우에도 이에 대한 장애물 없는 시설이 되도록 전체 설계상에서의 연관성을 검토하여 시공이 되도록 해야 한다.

시공이 완료된 후 최종적으로 장애인을 포함한 전문가가 현장을 방문하여 미흡한 사항이 있는지를 확인하고 필요 시 보완하여야 할 것이다. 주로 본인증 시에 이러한 과정이 수반된다. 아직 우리나라 대학과정이나 BF전문교육 과정을 통한 BF전문 기술자들의 양성과 훈련이 많지 않아 장애물 없는 설계와 시공에 많은 어려움이 있다. 장애물 없는 설계 및 시공 대한 교육 및 전문가 양성에 제도적 보완이 필요하다.

1-8-7 공사 준공 단계

시공이 완료되면 공사준공, 사용허가 및 준공허가 신청을 하게 된다. 준공검사 시 공사의 미진, 오류, 부실 등의 부분을 보완하여 소유자와 관리자에게 BF용 준공도서를 인계·인수한다.

1-8-8 이용 및 관리 단계

공사가 마무리되면 최종 관리자 또는 소유자인 국가, 지방자치단체, 법인 및 개인 등이 관리하게 되고 이용하게 된다. 시설 소유자와 관리자가 일치하는 경우도 있고 다를 수도 있다. 시설주인 사업시행자가 설계와 공사를 발주하면서 설계와 시공 단계에서 장애물 없는 시설이 되도록 하는 경우 설계와 공사가 적정한지를 감독하게 되고 공사업체로부터 최종 인수과정에서 장애물이 없는지 시설을 점검하고 그 후 설계 개념에 맞도록 관리하게 된다.

이와 달리 사업시행자가 공사를 준공 후 관리업체에게 인계하여 사용하고 관리하는 경우가 있다. 장애물 없는 생활환경 인증을 받는 경우 매년 관리 점검을 받아야하기에 관리업체는 공사 준공도면 및 관련서류를 잘 보관하며 이들에 의한 내용과 장애물 없는 생활환경 인증 기준을 숙지하여 인증 유효기간(10년) 동안 시설 유지할 수 있도록 하여야 한다.

제1장
9절

장애물 없는 외부 공간의 설계 시공 및 인증 관련 법령

1-9-1 최상위법과 국민의 생활환경

최상위법인 「대한민국헌법」 제34조는 모든 국민은 인간다운 생활을 할 권리(제1항)를 갖고 있음을 선언한다. 「대한민국헌법」은 국가와 영토와 국민에게 시간적 한계 없이 효과를 미친다. 국가는 사회보장·사회복지의 증진에 노력할 의무(제2항)를 규정하고 있고, 여자·노인·청소년·신체장애자 및 질병·노령 기타 사유로 생활능력이 없는 국민을 위한 복지 등에 관해(제3항 내지 제5항) 조치를 취하도록 하고 있다. 또한 국가는 재해를 예방하고 그 위험으로부터 국민을 보호하기 위하여 노력하도록 하고 있다.

그리고 대한민국헌법 제35조는 국민이 누려야 할 권리로서 건강하고 쾌적한 생활환경(제1항)에 관한 환경권의 내용과 행사에 관해 법률로 정하도록(제2항) 하고 있으며 쾌적한 주거생활을 위해 주택개발정책 등을 국가가 노력하도록(제3항) 하고 있다. 이러한 「대한민국헌법」에 근거하여 장애물 없는 환경 조성을 위한 각종 법령이 제정된다.

1-9-2 외부 공간 및 시설에 관한 법령

장애물 없는 환경 조성과 관련된 법령은 다양하고 다소 복잡하게 얽혀 있다. 따라서 설계, 시공 및 인증을 하려면 관련 법령 이해가 필요하다. 법령은 국회에서 제정하는 법률, 조약에 의한 국제법규, 대통령으로 정하는 시행령, 그리고 각부 장관이 정하는 시행규칙 및 지방자치단체의 조례 등이 있다.[29] 이들 법령들은 사회적 또는 국제적 합의에 따라 이루어진 최소한이고 그 범위 내에서 장애물 없는 설계 및 시공의 기준이 설정되어 있다.

또한 장애물 없는 생활환경 인증 제도에서 정해진 지표와 평가는 이들 법령에 정해진 최소한의 기준을 충족함은 물론 그 기준을 상회하는 2-3단계 높은 기준 범위 내에서 설계 또는 시공하도록 유도하고 있다.

법령으로 정한 기준은 최소한의 기준이며 이 보다 낮은 기준으로 설계 시공할 수 없다. 장

---

29) 부록 2인 '우리나라 법령의 구성과 체계 이해' 참조

애물 없는 생활환경 인증을 받기 위해서는 법령에서 정한 기준은 물론 인증에서 정한 각종 지표 이내에서 적절한 설계와 시공을 해야 하는 것이다.

2019년 말 우리나라 법령은 4,843개 이고 조례·규칙·기타훈령 등 자치법규는 112,480개 이다. 이중 외부 공간 및 시설의 설계와 시공에 관련된 자치법규를 제외한 직·간접의 법령은 약 150여 종이나 개괄하면 표 1-8-1과 같이 헌법을 포함 80여 가지다. 이들 법령은 공간 및 시설에 관한 물리적 규제에 관한 법령과 비물리적 규제에 관한 법령으로 크게 나눌 수 있다.

표 1-9-1 　　　　　　　　　　　　　외부 공간 설계 시공 관련 주요 법령

구분	위계		법령 등
최상위(1)			「대한민국헌법」
비물리적 규제 (7)			「장애인복지법」, 「장애인차별금지및권리구제등에관한법률」, 「아동복지법」, 「노인복지법」, 「영유아보육법」, 「모자보건법」, 「장애인의권리에관한협약」 (CRPD: Convention on the Right of Persons with Disabilities, UN헌장에 따른 국제조약) 등
물리적 규제 (72)	국토 차원 (2)		「국토기본법」, 「국토의계획및이용에관한법률」 (「도시·군계획의결정·구조및설치기준에관한규칙」 등)
	도시 차원 (7)		「도시개발법」, 「도시및주거환경촉진법」, 「도시재정비촉진을위한특별법」, 「유비쿼터스도시의건설등에관한법률」, 「대중교통의육성및이용촉진에관한법률」, 「도시재생활성화및지원에관한특별법」, 「스마트시티조성및산업진흥에관한법률」 등
	지역 차원 (4)		「자연공원법」, 「도서개발촉진법」, 「농어촌개발법」, 「농어촌정비법」 등
	단지 차원 (11)		「공공주택건설등에관한특별법」, 「역세권의개발및이용에관한법률」, 「관광진흥법」, 「마리나항만의조성및관리등에관한법률」, 「보금자리주택건설등에관한특별법」, 「산업입지및개발에관한법률」, 「역세권의개발및이용에관한법률」, 「임대주택법」, 「용산공원조성특별법」, 「택지개발촉진법」, 「첨단의료복합단지지정및지원에관한특별법」 등
		개별 시설물 (38)	「장애인·노인·임산부등의편의증진보장에관한법률」, 「교통약자의이동편의증진법」, 「보행안전및편의증진에관한법」, 「도로법」, 「건널목개량촉진법」, 「도로교통법」, 「도시교통정비촉진법」, 「도시공원및녹지등에관한법률」, 「자전거이용활성화에관한법률」, 「주차장법」, 「체육시설의설치이용에관한법률」, 「하천법」, 「항공법」, 「항만법」, 「해운법」, 「여객자동차운수사업법」, 「대중교통의육성및이용촉진에관한법률」, 「선박법」, 「선박안전법」, 「도시철도법」, 「철도산업발전기본법」, 「철도안전법」, 「사립학교법」, 「학교체육진흥법」, 「초중등교육법」, 「문화재보호법」, 「문화재수리등에관한법률」, 「다중이용업소의안전관리특별법」, 「승강기시설안전관리법」, 「승강기제조및관리에관한법률」, 「어린이놀이시설안전관리법」, 「학교안전사고예방및보상에관한법률」, 「재난및안전관리기본법」, 「수목원·정원의조성및진흥에관한법률」, 「장사등에관한법률」, 「우편법」, 「전기통신기본법」, 「화재예방·소방시설설치·유지및안전관리에관한법률」 등 이외 도시·군계획시설에 관한 개별 법령 등

(위 법령의 시행령, 시행규칙 및 규정·지침·기준 등이 있다. 예컨대 「건축물의피난방화구조등의기준에관한규칙」, 「건널목입체교차와비용부담에관한규칙」, 「고등학교이하각급학교설립 운영규정」, 「공공시설의방화관리에관한규정」, 「공항시설관리규칙」, 「도로와다른도로등과의연결에관한규칙」, 「어린이놀이시설의시설기준및기술기준」, 「어린이·노인및장애인보호구역의지정및관리에관한규칙」, 「자전거이용시설의구조·시설기준에관한규칙」, 「도로의구조·시설기준에관한규칙」, 「도로안전시설설치및관리지침」, 「보도설치및관리지침」, 「철도차량안전기준에관한규칙」, 「공항시설관리규칙」, 「도시철도건설규칙」, 「도시철도차량안전기준에관한규칙」, 「편의시설의구조·재질등에관한세부기준」, 「편의시설의안내표시기준」, 「이동편의시설의구조·재질등에관한세부기준」, 「보행시설의구조·시설기준에관한세부기준」, 「복합환승센터설계및배치기준」, 「보행안전및편의증진시설의구조및기준」, 「보행안전통로및안전시설의설치기준」, 「도시철도정거장및환승편의시설설계지침」, 「장애물없는생활환경인증에관한규칙」, 「생활도로구역지정기준 및 안전시설 설치기준」, 「고령자를위한도로설계가이드라인」, 「보행자사고예방을위한안전시설설치가이드북」, 시각장애인편의시설 설치매뉴얼(공공건축물·공원·공동주택편 및 여객시설·도로편) 등) |
| | | 건축시설 (10) | 「건축기본법」, 「건축법」, 「주택법」, 「국립대학병원설치법」, 「국립대학치과병원설치법」, 「공중화장실등에관한법률」, 「박물관및미술진흥법」, 「학교도서관진흥법」, 「학교안전사고예방및보상에관한법률」, 「전통사찰의보존및지원에관한법률」 등 (「건축물구조기준등에관한규칙」, 「주택건설기준등에관한규정」 등) |

1-9-3 장애물 없는 설계 시공 및 인증 관련 법령

「대한민국헌법」을 포함한 공간과 시설과 관련된 80여 가지의 주요 법령 중 장애물이 없도록 설계 시공에 관련되거나, 신체적 약자인 장애인, 노인, 어린이, 임산부, 영유아 동반자 등과 관련하거나, 장애물 없는 생활환경 인증 제도와 직접 또는 구체적으로 관련된 법령은 10여 가지이다. 또 이들 10여 가지 법령을 뒷받침하는 각부 장관이 제정한 규칙이나 지침·기준 그리고 지방자치단체에서 정한 조례 등도 많다.

비물리적 규제에 관한 법령은 「장애인복지법」, 「장애인차별금지및권리구제등에관한법률」, 「아동복지법」, 「노인복지법」, 「영유아보호법」 및 「장애인의권리에관한협약(CRPD)」 등으로서 장애물 없는 설계 시공에 대하여는 선언적 명시 조항이 많다.

물리적 규제에 관한 법령 중 국토, 도시, 지역 및 단지 차원의 법령은 대부분의 공간 계획 및 사업 절차법을 설명하며, 개별 시설 및 건축시설에 관한 법령은 개별 공간이나 시설의 설치 기준과 관련된 구체성을 띤다.

「국토의계획및이용에관한법률」은 국토공간의 골격과 구성 및 시설의 종류와 이들에 관한 계획적 규제에 관한 법령으로 국토의 이용 개발과 보전을 통해 공공복지를 증진시키며 국민의 삶의 질을 향상시키기 위함이 목적(같은 법 제1조)이다. 이 법에서 직접적으로 장애물 없는 설계 시공의 구체적 방법이나 기준 등을 정하지 않고 있으나 장애물 없는 생활환경 '지역 부문 인증'에서 이 법의 계획적 수단인 도시·군관리계획인 용도지역지구제, 기반시설, 지구단위계획, 도시·군계획시설사업 등에 장애물 없는 생활환경 조성 기법을 담을 수 있도록 명시하고 있다.

즉 장애물 없는 생활환경 '지역 부문 인증'을 받고자 하는 경우 인증을 받고자 하는 해당 지역 내 공간 및 시설들을 BF적인 개념에 따라 「국토의계획및이용에관한법률」상의 도시·군관리계획을 수립하거나, 지구단위계획을 수립하거나, 도시·군계획시설사업 등을 함으로써 즉 용도지역지구의 구성, 도로체계, 공원의 면적이나 구성망, 녹도 연결, 지역생활중심 집적도, BF보행로 체계, 교통시설 등을 보다 편리하고 안전하며 접근성 있는 배치와 구성체계를 갖도록 하는 것이다.

「도로법」, 「건축법」, 「도시공원및녹지등에관한법률」, 「주차장법」, 「자전거이용활성화에관한법률」 등과 같은 개별법은 「국토의계획및이용에관한법률」에서 정한 각종 개별 시설과 건축시설에 관한 세부 사항을 명시한 법률이다.

「도로법」 등과 같은 개별법에도 장애물이 없는 공간과 시설 설치 규정을 마련하고 있으나 특별히 개별시설에 관한 법령 중 「장애인·노인·임산부등의편의증진보장에관한법률」, 「교통약자의이동편의증진법」 및 「보행안전및편의증진에관한법」은 다른 개별법보다 건축시설, 공원, 교통수단, 여객시설, 도로 등에 대하여 직접적으로 구체적으로 장애물 없는 설계 시공의 준거를 마련하고 있는 특별법적 성격의 법령이다.

한편 장애물 없는 생활환경의 인증제는 「장애인·노인·임산부등의편의증진보장에관한법률」과 「교통약자의이동편의증진법」에 의거 장애물 없는 생활환경 인증에 관한 규칙이 제정되어 시행되었다.

「장애인복지법」, 「장애인·노인·임산부등의편의증진보장에관한법률」 및 「장애인차별금지및권리구제등에관한법률」의 소관부서는 보건복지부이고, 「국토의계획및이용에관한법률」과 「교통약자의이동편의증진법」은 국토교통부 소관 법령이다. 「보행안전및편의증진에관한법」은 행정안전부 소관이다.

개별 시설에 관한 법령은 대체로 1990년 이전에 제정되었으나 장애물 없는 외부 공간 및 시설에 관한 법령들은 1990년 후반 이후에 제정되었다. 즉 장애물 없는 관련 법령은 장애인, 노인, 임산부, 어린이, 영유아를 동반한 사람들을 위해 일반법이 제정된 이후 일반법에 대한 예외적 또는 특별한 규정을 담은 후법(後法) 및 특별법으로 제정되었다.

- 1961.12.31. 「도로교통법」 제정, 1963.1.20. 시행
- 1962.01.20. 「건축법」 제정 및 시행
- 1962.12.27. 「도로법」 제정 1963.1.1. 시행
- 1979.04.17. 「주차장법」 제정 1979.5.18. 시행
- 1989.12.30. 「장애인복지법」 제정 및 시행
- 1997.04.10. 「장애인·노인·임산부등의편의증진보장에관한법률」 (약칭 「장애인등편의법」)제정, 1998.4.11. 시행
- 2002.02.04. 「국토의계획및이용에관한법률」(일명 국토계획법)제정 2003.1.1시행
- 2005.03.31. 「도시공원및녹지등에관한법률」 제정 2005.10.1.일 시행
- 2005.01.27. 「교통약자의이동편의증진법」(일명 「교통약자법」) 제정 2006.1.28. 시행
- 2007.04.10. 「장애인차별금지및권리구제등에관한법률」(일명 「장애인차별금지법」) 제정 2008.4.11. 시행
- 2007. 07. 장애물 없는 생활환경 인증제도 시행 지침 고시
- 2008.05.03. 「장애인의권리에관한협약」(다자간 국제 조약 제1928호) 발효
    (CRPD: Convention on the Right of Persons with Disabilities)
- 2010.07.09. 「장애물없는생활환경인증에관한규칙」 제정 및 시행
- 2012.02.22. 「보행안전및편의증진에관한법」(약칭 「보행안전법」) 제정 2012.8.23. 시행

1-9-4 개별 법령 간 해석[30]

앞에서 나열한 여러 법령들 간에 상호 균형 잡힌 해석과 적용이 필요하다. 일반법이란 법적 효력이 미치는 범위가 특별한 제한이 없으나 특별법이란 효력이 일반법에 비해 일정 범위에만 미치는 법을 말한다. 「장애인복지법」은 장애인에 관한 일반법이다. 「장애인차별금지및권리구제등에관한법률」은 장애인의 권리에 관한 특별법으로 이 법에서 장애인에 대한 차별적

---

30) 부록 2인 우리나라 법령의 구성과 체계의 이해' 참조

내용이 무엇인가를 같은 법 제4조에서 정의하고 있으며 장애인을 차별하여서는 아니 된다(같은 법 제6조)라고 하고 있다. 같은 법에서 설계와 시공 시 차별이 무엇인지를 정확히 나열하고 있지 아니하나 설계 시공 시 차별 유형을 같은 법의 목적과 취지를 살펴 차별적 설계와 시공 방법을 추론하여 이를 회피할 수 있겠다.

「장애인·노인·임산부등의편의증진보장에관한법률」, 「교통약자의이동편의증진법」, 「장애인차별금지및권리구제등에관한법률」 및 「보행안전및편의증진에관한법」은 외부 공간 및 시설에 관한 일반법 또는 개별법에 대하여 특별법이 된다. 예컨대 일반법인 「도시공원및녹지등에관한법률」, 「건축법」, 「도로법」, 「여객자동차운수사업법」, 「항만법」, 「공항법」 등에서 규정한 일반 시설 기준을 적용하여 건축물, 도로, 공원, 여객시설, 교통수단 등을 설계 시공하는 것이 아니라 특별법인 「장애인·노인·임산부등의편의증진보장에관한법률」과 「교통약자의이동편의증진법」 등의 규정을 상기의 개별법이나 일반법 규정보다 우선 적용하여야 한다(특별법 우선 원칙).

일반적으로 먼저 제정된 선법(先法)과 후에 제정된 후법(後法)의 관계에서 후법이 선법보다 우선하나(후법 우선 원칙), 특별법인 법령이 제정된 이후에 새로운 법령이 제정되어 새로운 규정이 있다하더라도 상기 특별법과 충돌 시 선법인 특별법의 내용은 후법에 의해 개폐되지 아니한다.

일반법보다 내용 면에서 상위적 개념을 포함하는 기본법적 성격을 지닌 「건축기본법」, 「국토기본법」이나 「국토의계획및이용에관한법률」도 특별법에 우선하지 못한다. 각종 정책의 방향을 선언하는 기본법과 후법과의 관계는 후법과 기본법이 동등한 위치에 있는 위계라 하더라도 후법의 제정 시 기본법을 고려하여 제정되었기에 후법이 우선한다.

또 체계상 법률보다 하위인 조례가 상위법인 일반법이나 특별법과 배치될 시 상위법이나 특별법인 법률에 따라야 한다(상급법원 우선 원칙). 예컨대 「도로안전시설설치및관리지침」에서 연석경사로의 턱낮추기 단차를 3cm 이하로 규정한 내용은 특별법인 「교통약자의이동편의증진법」 시행규칙에 정한 2cm로 정하고 있으므로 이런 상호 모순인 경우 법령이 지침보다 우선하므로 「교통약자의이동편의증진법」 시행규칙에 따라 2cm로 적용해야 한다.

「장애인·노인·임산부등의편의증진보장에관한법률」에서는 장애인·노인·임산부 등을 위한 접근권 확보를 위해 각종 편의시설의 종류, 설치대상 및 시설 기준을 정하여 권장하거나 의무화하고 있으며 일정한 대상시설에 대하여 장애물 없는 생활환경의 인증제를 의무적으로 시행하고 있다.

「교통약자의이동편의증진법」에서는 교통약자를 정의하고 교통약자가 버스 또는 철도시설과 같은 교통수단, 정류장 등과 같은 여객시설, 그리고 도로 3개 부문을 이용함에 있어 이동권이 보장되도록 이동편의시설을 정의하며 이를 교통수단, 여객시설 및 도로에 설치하도록 하고 있다. 「장애인·노인·임산부등의편의증진보장에관한법률」과 함께 이 법에 의거 지역, 도로, 공원, 여객시설, 건축물, 교통수단(총 6개 부문)에 관한 장애물 없는 생활환경 인증을 시행하고 있다.

「보행안전및편의증진에관한법」에서는 주로 보행 구역의 환경 조성 시 삶의 질과 공공복지 증진에 초점을 둔 보행권의 권리를 명시하며, 보행환경개선지구 및 보행자전용길 등을 지정하여 관리하고 있다[31].

표 1-9-2   장애물 없는 외부 공간 및 시설 관련 설계 시공 관련 주요 법령

법령	주관부서	특징 및 주요 내용
「장애인복지법」 (1989.12.30.시행)	보건복지부	- 장애인에 관한 일반법
「장애인·노인·임산부등의편의증진보장에관한법률」 (1998.4.11. 시행)	보건복지부	- 장애인 등을 위한 편의시설 특별법 - 장애인 등을 위한 편의시설에 대한 세부 설치 기준 제시 - 접근권 명시 - 장애물 없는 생활환경 인증 실시 근거법
「국토의계획및이용에관한법률」 (2003.1.1.시행)	국토교통부	- 도시 및 군계획에 관한 토지 이용 및 기능의 합리적 질서 부여 - 용도지역, 용도지구, 용도구역에 관한 사항 - 지구단위계획 내용 중 장애인·노약자 등을 위한 편의시설 계획 포함
「교통약자의이동편의증진법」 (2006.1.28. 시행)	국토교통부	- 교통약자를 위한 이동편의시설의 특별법 - 교통약자를 위한 이동편의시설에 대한 세부 설치 기준 제시 - 이동권 명시 - 장애물 없는 생활환경 인증 실시 근거법
「장애인차별금지및권리구제등에관한법률」 (2008.4.11. 시행)	보건복지부	- 장애인 차별 행위 명시 및 금지 - 장애인의 권리에 관한 특별법이며 후법
「장애인의권리에관한협약」 (2008.5.3. 발효)	외교통상부	- UN 다자간 국제조약 제 1928호 - 장애인의 권리에 관한 국제적 이행
「보행안전및편의증진에관한법」 (2012.8.23. 시행)	행정안전부	- 보행권 및 보행 구역 환경 규정 - 보행자전용길 지정 등
「장애물없는생활환경인증에관한규칙」 (2010.7.9.제정)	보건복지부 국토교통부	장애물 없는 생활환경 인증 실시

위 표 1-9-2의 법령은 장애물 없는 설계 시공을 위한 가장 기본적이고 최소한 목표인 비차별, 접근권, 이동권, 보행권을 보장하기 위한 설계 시공 기준에 관한 특별법적 성격을 지녔다. 이들 법령은 장애물 없는 생활환경 인증 기준보다 상위법이며 항상 지켜야 할 법령이다. 또 위 법령은 개별시설 관련 법령 또는 일반 법령에서 정한 설계 시공의 규정보다 우선시 된다.

「국토의계획및이용에관한법률」은 국토 전체에 담을 각종 시설의 골격과 공간 구조를 짜는 일반법에 해당한다. 같은 법 제49조 내지 제54조에 의거 수립·지정된 지구단위계획구역(2013.12.31. 기준 총 8,264개소 2,184,853km²)에 수립할 내용 중 아홉 번째 항에 '장애인·노약자 등을 위한 편의시설 계획'을 반영하도록 하고 있다. 이 내용이 「장애인·노인·임산부등의편의증진보장에관한법률」상의 편의시설과 유사한 명칭을 사용하고 있으나 같은 법에 확실한 편의시설계획에 관한 정의가 없어 장애물 없는 설계 시공에 있어서 그 실효성이

---

31) 2019.04 현재 보행환경개선지구는 216개소가 지정되었고 보행자전용길은 51개 지정되어 있다.

적어 보인다. 한편, 현행 장애물 없는 생활환경 인증 도시 부문에 지구단위계획구역에 대하여 인증을 할 수 있는 조항(1.1.1)이 있다. 장애물 없는 생활환경 제도가 시행된 이후 지난 2009년 문정도시개발사업(548,239㎡)을 실시하면서 지구단위계획을 수립하여 지역 부문의 예비인증이 실시된 적이 있다.

일반법인 「국토의계획및이용에관한법률」에 나열한 시설 중 건축시설과 공원관련법에 의한 공원시설에 대하여는 특별법인 「장애인·노인·임산부등의편의증진보장에관한법률」에서 건축물과 공원에 편의시설을 설치하거나 장애물 없는 생활환경 인증을 강제하거나 권고하고 있다.

또한, 일반법인 「국토의계획및이용에관한법률」에 나열한 시설 중 도로, 교통수단(버스, 도시철도, 비행기, 선박 등) 및 여객시설(정류장, 환승시설 등)에 대하여 특별법인 「교통약자의이동편의증진법」에 이동편의시설 설치기준을 제정하여 이들 시설에 장애물이 없도록 하고 있으나 BF인증을 의무화하지 않고 있다.

그리고, 일반법인 「국토의계획및이용에관한법률」에 나열한 시설 중 도로교통법에 의한 보도·길가장자리·횡단보도, 「자연공원법」과 「도시공원및녹지등에관한법률」에 의한 보행자의 통행에 제공되는 장소, 「항만법」에 의한 항만친수시설 중 보행자의 통행에 제공되는 장소, 지하보도, 육교, 그 밖의 도로횡단시설, 그 밖에 골목길 등 불특정 다수의 보행자 통로 즉 보행자 공간에 대하여 특별법인 「보행안전및편의증진에관한법」을 제정하여 이들을 보행자길이라고 정의하면서 보행자 공간 및 시설에 대하여 보행권이 보장하도록 시설설치 기준을 마련하고 있다.

「장애인차별금지및권리구제등에관한법률」 제4조에서 차별행위에 관한 정의에서 세부적 설계 지침이나 기준에 관한 사항이 명시되어 있지 아니하나 기본 정신 등을 규정한 법의 추상적 규정을 사례, 연구와 판례 등을 통해 설계 시공에 차별적 요소가 없도록 해야 한다. 설계 시공 사항에 명백히 장애인 차별적 요소가 있다면 또는 장애인의 동등한 사용을 배제한 설계 시공일 경우 타 법에 기준이 없다하더라도 「장애인차별금지및권리구제등에관한법률」 제6조에 의거 차별적이어서 법률에 저촉되는 것이다. 이 법과 함께 「장애인의권리에관한협약(CRPD)」에 차별과 장애 없는 원리들이 나열되어 있어 함께 숙지해야 할 법이다.

설계 시공과 관련된 법령 조문에서 「~이 정하는 바에 의한다」 또는 「~이 정하는 바에 따라 ~」와 같이 다른 법령을 「의제(擬制)」하는 조항이 있는 경우 해당 내용은 의제하고 있는 다른 법령이 정하는 내용에 따라 설계 시공하여야 한다. 예컨대 「건축법」 시행령 제87조(건축설비 설치의 원칙) 제3항에 '건축물에 설치하여야 하는 장애인 관련시설 및 설비는 「장애인·노인·임산부등의편의증진보장에관한법률」 제14조에 따라 작성하여 보급하는 편의시설 상세표준도에 따른다'라고 하였다. 또 「도시·군계획시설의결정·구조및설치기준에관한규칙」 제7조(장애인 등을 위한 편의시설)에서 '도시·군계획시설에는 「장애인·노인·임산부등의편의증진보장에관한법률」이 정하는 바에 따라 장애인·노인·임산부 등을 위한 각종 편의시설을 우선적으로 설치하여야 한다'라고 규정하였다. 「도로의구조·시설기준에관한규칙」 제16조(보도) 제1항에서 '보행자의 안전과 자동차 등의 원활한 통행을 위하여 필요하다고 인정되는 경우에는 도로에 보도를 설치하여야 한다. 이 경우 보도는 연석이나 방호울타리 등의 시설물을 이용하여 차도와 분리하여야 하고, 필요하다고 인정되는 지역에는 「교통약자의이동편의증진법」에 따른 이동편의시설을 설치하여야 한다'라고 규정한 예처럼 관련 법령을 의제하여 해당 법령에 따라 설계 시공하는 것이다.

한편, 장애물 없는 설계 시공함에 있어 설계 시공의 근거법에 해당 조항이 없고 타법에서 규정한 내용이나 기준을 인용하는 문제가 대두될 수 있다. 타법의 기준을 인용하도록 명시한 규정이 없다면 인용 의무는 없으나 장애물 없는 설계 시공에 관련된 타법의 규정을 그대로 적용하거나 적정 범위 내에서 응용하여 장애물 없도록 할 수 있을 것이다. 예컨대 건축물 부지 내에 승하차시설을 설치할 때 「여객자동차운수사업법」 제3조제1항제1호에 의한 노선여객자동차운송사업에 사용되는 정류장과 동일하지는 아니하나 버스만이 사용하는 승하차시설인 경우 「교통약자의이동편의증진법」 시행규칙 별표1 제2호 여객시설 규정 중 '머'항의 '대기시설'인 승하차시설 규정을 「적용」할 것인가 또는 「준용」할 것인가[32]하는 관점을 이해함에 있어, 동 규정을 그대로 「적용」 또는 「준용」해야 한다고 할 수 없으나 「교통약자의이동편의증진법」 시행규칙 별표1 제2호 여객시설에 관한 규정을 적용하거나 응용하여 설계 시공함으로써 장애물 없는 시설이 된다 할 것이다. 이는 건축물 대지 내 버스가 「여객자동차운송사업법」에 의한 버스정류장과 동일하지는 아니하나 공용의 버스라면 장애인 등이 이용가능한 대기시설로서의 승하차장과 동등한 성격으로 설치되어야 하는 판단 하에 타법에서 정한 장애물 없는 설계 시공의 개념을 응용하여 장애물 없는 시설로 만들 수 있기 때문이다.

현행 법령 간 해석상의 문제는 아니나, 다른 예로, 장애물 없는 생활환경 건축물 인증 시 인증을 받고자 하는 대지 인근에 필요 시 되는 승하차시설이 있다면 혹은 건축물 인증을 받을 구역 내에 「여객자동차운송사업법」에 의한 버스정류장이 포함되어 있다면 건축물 인증 지표에 승하차시설에 관한 인증 항목이 없다하더라도 당연히 장애물 없는 생활환경 인증 도로부문에 있는 승하차시설에 관한 평가 기준을 「적용」하여 설계 시공을 하여야 할 것이다.

아래 표 1-9-3에 나열된 각종 법령은 장애물 없는 생활환경 시설 설치에 관한 내용을 포함하나, 장애물 없는 생활환경 인증에 관련 없이, 비교적 장애물이 없는 설계 시공의 기준이 되는 최소한의 내용들이 담겨 있다. 반면 장애물 없는 생활환경 인증을 특별히 받기 위한 설계 시공은 각종 법령의 기준을 지킴은 물론 특별히 장애물 없는 생활환경 인증 지표를 동시에 반영해야 한다. 현행 장애물 없는 생활환경 인증 지표를 살펴보면 각종 법령의 기준보다 섬세하게 강화된 기준을 정하고 있다.

---

32) 법 해석에 있어서 '적용(適用)'이라 하면, 적용하는 조항(a)이 조금도 수정 없이 그대로 적용되는 사항(b)에 적용되는 것을 말한다.

법령 용어 중 「한다」, 「하여야 한다」 및 「할 수 있다」에서 「한다」와 「하여야 한다」의 뜻은 반드시 할 의무를 지우는 것을 말하며 「할 수 있다」는 할 수 있는 권능을 부여하는 것으로 하여도 되고 하지 아니하여도 좋은 경우를 말한다.

1-9-5 외부 공간 및 시설 관련 주요 법령 내용

외부 공간에 설치되는 각종 건축물, 시설물, 구조물 등에 대하여 편리하고 안전하며 쾌적한 시설이 되도록 각종 법령은 최소한의 기준을 정하고 있으며 이들 범위 내에서 설계 시공해야 하며 장애물 없는 생활환경 인증을 득하기 위해서는 이들 법령의 규정을 반영한 후에 장애물 없는 생활환경 인증 평가 기준에 합치된 설계 시공하여야 할 것이다. 아래 표 1-9-3은 외부 공간 및 관련 시설에 관한 주요한 법적 고려사항이다. 건축시설 내부, 교통수단 및 여객시설에 관련 내용은 제외하였다.

표 1-9-3 장애물 없는 외부 공간 및 관련 대상시설의 법령 개요
(긴 법령 이름은 단축명 사용, 가나다 순)

시설명	주요 관련 법령	설계 시공 시 고려사항
차별 금지	「장애인차별금지법」 제2조 내지 제6조 등	배치, 규격, 접근, 사용 등에서 차별 금지
접근권 보장 편의시설 설치	「장애인등편의법」 제2조 내지 제4조, 같은 법 시행령 별표1 및 별표2, 같은 법 시행규칙 별표1 내지 별표3 등	접근권 보장(법 제4조) 편의시설 설치(법 제7조, 시행령 별표1 및 별표2, 시행규칙 별표1 내지 별표3) 대상시설별로 편의시설의 종류를 지정(의무 및 권장)
이동권 보장 이동편의시설 보행우선구역	「교통약자법」 제2조 내지 제3조, 같은 법 제19조 및 시행령 제12조 별표2, 같은 법 시행령 제16조 등	이동권 보장(법 제3조) 이동편의시설 설치(법 제9조 내지 제11조, 시행령 별표1, 별표2 및 시행규칙 별표1 및 별표2) 보행우선구역(법 제18조 및 제19조, 시행령 제16조)
보행권 보장	「보행안전법」 제2조 내지 제3조	비차별적이며 쾌적하고 안전한 보행환경 조성
가지치기	「장애인등편의법」 시행규칙 별표1 제1호 마 「교통약자법」 시행규칙 별표1 제3호 도로	(접근로 내)2.1m 이하 가지치기 (보도 내)보행안전지대 내 수목은 2.5m 이하 가지치기
과속방지턱	「교통약자법」 시행규칙 별표2 제1호 「도로안전시설설치및관리지침」 제4편 2 「보행안전법」 시행규칙 별표1	- 승차자·차체·운행에 지장과 차축 폭이 넓은 긴급차량에 지장이 없도록 설치 - 원호형, 사다리꼴, 가상형으로 구분하여 학교, 유치원, 근린공원, 마을 통과지점, 공동주택, 근린상업시설, 병원, 종교시설 등 앞에 설치하여 보행자의 안전 도모
고원식 교차로	「교통약자법」 시행규칙 별표2 제1호 「보행안전법」 시행규칙 별표1	자동차와 보행인이 충돌 위험이 있는 신호기가 없는 교차로, 암적색 아스콘 또는 블록 포장, 혹은 고원식 횡단보도와 동일 포장, 보도와 연결부는 요철이 없고 양호한 배수
고원식 횡단보도	「교통약자법」 시행규칙 별표2 제2호 「보행안전법」 시행규칙 별표1	차도의 횡단보도 구간 노면을 사다리꼴 횡단면 형상으로 수평구간 형성, 수평구간(2.5m 이상)과 경사구간은 이색이질 마감, 배수시설, 야간용 사고 방지 표지, 자동차진입억제용 말뚝
공공공지	「도시·군계획시설의결정·구조및설치에관한규칙」 제59조 내지 제61조	- 주요시설물 또는 환경의 보호, 경관의 유지, 재해 대책, 보행자의 통행과 주민의 일시적인 휴게공간 확보 - 긴의자, 조경물, 조형물, 생활체육시설, 배수구조 또는 빗물관리시설(식생도랑, 저류조, 침투조 등) - 바닥은 녹지 조성 원칙, 필요시 투수성 포장 등

시설명	주요 관련 법령	설계 시공 시 고려사항
공원	「자연공원법」 제2조	국립공원, 도립공원, 광역시립공원, 군립공원, 시립공원, 구립공원, 지질공원
	「도시·군계획시설의결정·구조및설치에관한규칙」 제52조 및 제53조 「도시공원및녹지등에관한법률」 제15조 제1항	국가공원, 생활권공원(소공원, 어린이공원, 근린공원), 주제공원(역사공원, 문화공원, 수변공원, 묘지공원, 체육공원, 도시농업공원, 지방자치법에 의한 공원)
공원시설	「도시공원및녹지등에관한법률」 제2조제4호, 시행규칙 별표1	도로 및 광장, 조경시설(화단, 분수, 조각 등), 휴양시설(긴의자 등), 유희시설(그네, 미끄럼틀 등), 운동시설(테니스장, 수영장, 궁도장 등), 교양시설(식물원, 동물원, 수족관, 박물관, 야외음악당 등), 편익시설(주차장, 매점, 화장실 등), 공원관리시설(관리사무소, 출입문, 울타리, 담장 등), 도시농업시설(실험장, 체험장, 학습장, 농자재보관창고 등)
공중전화	「장애인등편의법」 시행규칙 별표1 제27항	접근로, 하부 높이 0.65m 이상 깊이 0.25m 이상 확보, 전화기의 다이얼 또는 버튼 높이 0.9m~1.4m, 양측 손잡이(선택)
광장	「도시·군계획시설의결정·구조및설치에관한규칙」 제49조 내지 제51조	- 교통광장(교차점광장, 역전광장, 주요시설광장), 일반광장(중심대광장, 근린광장), 경관광장, 지하광장, 건축물부설광장 - 광장별 구조 및 설치 기준 명시(제51조 참조)
교통섬	「도로의구조·시설기준에관한규칙」 제2조제43호 및 「도로안전시설설치및관리지침」 제4편 4.4	- 자동차의 안전하고 원활한 교통처리 및 보행자의 도로 횡단의 안전 확보를 위해 교차로 또는 차도의 분기점에 섬을 조성(보행섬식 횡단보도 참조)
교통신호기	「교통약자법」 시행규칙 별표1 제3호 마	수동식 음향신호기, 리모콘식 음향신호기 등에 대하여 설치기준을 정하고 있고 간선도로, 어린이보호구역 및 보행자우선구역의 횡단보도에는 잔여시간 표시기 설치
교통안내 표지판	「교통약자법」 시행규칙 별표2 제3호	보행우선구역 내에 보행자 위치, 주변 교통수단, 600m 이내 주요 시설물, 1.2km 이내 여객시설 등의 정보를 주요 교차로 또는 보도에 설치
교통약자 전용구역	「교통약자법」 제15조 및 같은 법 시행규칙 제4조	- 지하철과 같은 철도사업의 면허 받은 자가 도시철도사업에 사용되는 차량의 1/10 이상에 해당하는 부분을 교통약자가 전용으로 사용할 좌석과 2곳 이상의 휠체어사용자의 전용공간 등을 갖추도록 한 곳
경사로	「장애인등편의법」 시행규칙 별표1 제12항 「교통약자법」 시행규칙 별표1 제2호 마	유효폭 1.2m, 시작참, 휴식참(1.5m×1.5m/0.75m 마다), 시작참+굴절참+끝참(1.5m×1.5m), 기울기 1/12 이하, 양측 손잡이: H 0.8~0.9m, 이중손잡이: 0.85m 및 0.65m 이내(경사로의 길이 1.8m 이하 또는 높이 15cm 미만은 생략), 수평손잡이(30cm, 점자표지판 부착), 손잡이 지름 3.2cm~3.8cm, 미끄럽지 않은 재질로 평탄 마감, 추락방지턱(5cm 이상) 또는 측벽(선택), 충격완화 매트 부착(선택), 지붕과 차양(선택)
	「도로안전시설설치및관리지침」 제4편 4.5	계단과 함께 직선형으로 설치, 유효폭 1.5m, 경사도 1/12 이하, 시작/끝/굴절참 1.5m×1.5m, 수평참 수직높이 75cm 마다(1/12일 경우 길이 9m마다)
계단	「장애인등편의법」 시행규칙 별표1 제8항	직선형 또는 꺾임형 계단, 수평참/높이 1.8m 마다, 유효폭 1.2m(피난용 0.9m), 모든 디딤판과 챌면은 동일, 디딤판 너비 28cm 이상, 챌면 높이 18cm 이하, 챌면 기울기 60도 이상, 계단코 3cm 이하, 양측에 연속된 손잡이, 수평손잡이 30cm, 점자표지판(층수 위치 등 표기), 미끄럽지 않은 재질, 계단코 줄눈 또는 고무 부착, 점형블록, 난간 하부에 추락방지턱(2cm)
	「교통약자법」 시행규칙 별표1 제2호 아	계단 및 참 유효폭: 2.0m 이상
노인 보호구역	「어린이·노인및장애인보호구역의지정및관리에관한규칙」 제3조, 제6조 내지 제9조	노인복지시설등 주출입구 반경 300~500m 주변 도로에 지정(신호기, 도로표지, 도로반사경, 과속방지턱, 미끄럼방지시설, 방호 울타리 등 설치, 노상주차금지 등)

시설명	주요 관련 법령	설계 시공 시 고려사항
녹지	「도시·군계획시설의결정·구조및설치에관한규칙」 제54조 및 제55조 「도시공원및녹지등에관한법률」 제2조 및 제35조	- 도시지역에서 자연환경을 보전하거나 개선하고, 공해나 재해를 방지함으로써 도시경관의 향상을 도모 - 완충녹지, 경관녹지, 연결녹지
도로의 조명	「도로의구조·시설기준에관한규칙」 제2편 「보행안전법」 시행규칙 별표1	신호기가 설치된 교차로, 횡단보도, 야간 통행에 위험한 장소, 교량, 버스정차대 등
도로의 결정, 구조 및 설치 기준	「도시·군계획시설의결정·구조및설치에 관한규칙」 제10조제7호, 제8호 및 제12조	- 보도, 자전거도로. 분리대, 주정차대, 안전지대, 식수대, 노상공작물, 연석, 장애물 - 일반도로 및 보행자우선도로는 조도, 소음, 진동, 매연, 분진 등의 환경기준 충족 - 화장실, 공중전화, 우편함, 긴의자, 녹지, 휴식공간 조성
도로의 교통약자 고려원칙	「도시·군계획시설의결정·구조및설치에 관한규칙」 제10조제12호	일반도로, 보행자전용도로, 보행자우선도로는 장애인, 노인, 임산부, 어린이에 대한 고려
매표소, 판매기, 음료대	「장애인등편의법」 시행규칙 별표1 제22항 「교통약자법」 시행규칙 별표1 제2호 파	전면 활동공간 확보, 동전투입구/조작버튼/상품출구 높이 0.4m~1.2m, 이용 가능한 상부 공간 확보(0.7m~0.9m), 휠체어 접근 가능한 하부 공간 확보(높이 0.65m, 깊이 0.45m 이상), 음료대 분출구 높이 0.7m~0.8m, 조작버튼 자동판매기/자동발매기에 조작버튼에 점자 부착, 음료대 조작기는 광감지식/누름버튼식/레버식, 전면 0.3m 앞 점형블록 또는 감지 가능한 바닥재질
버스정류장 대기시설	「교통약자법」 시행규칙 별표1 제2호 머	연석 높이 15cm 이하, 휠체어의 진출입 및 회전 등 공간확보, 휠체어 사용자와 시각장애인이 교차하지 않는 동선, 점자블록, 지붕이 있는 대기시설에 버스운행정보 안내판 1.5m 높이로 부착(점자 및 음성 병행)
보도	「도로의구조·시설기준에관한규칙」 제16조 및 제28조	연석 25cm 이하, 보도 유효폭 2m 이상, 노상시설은 유효폭에서 제외, 보도 및 자전거도로의 횡단경사 2% 이하(최대 4%)
	「도로안전시설설치및관리지침」 제4편 4.1	보도 및 접근로: 유효폭 1.5m 이상, 보행 구역 1.5m×1.5m/50m 마다, 경사진 보도 등은 수평참1.5m×1.5m/30m 마다, 횡단경사 1/25 이하, 최소폭1.5m×높이 2.5m 연속성 확보 등
	「보도설치및관리지침」	유효폭 2.0m 이상(완화 1.5m이상), 횡단경사 1/50(1/25), 종단경사 1/18(1/12), 연석 높이 10cm~25cm, 보도의 시설한계 2.5m
보도 구조 및 설치 기준	「도시·군계획시설의결정·구조및설치에 관한규칙」 제14조의3 제1항제1호 내지 제8호	- 차량의 무단침입 방지: 연석, 식수대, 방호울타리, 자동차진입억제용 말뚝 등 - 보도 폭: 보행자와 교통약자 고려한 유효폭 - 가로수 등 노상시설물: 보도의 유효폭에서 배제, 완충공간 확보, 식수대는 보도보다 낮게 조성, 디자인계획에 의거 설치 - 바닥: 평탄, 지지력, 미끄럼저항성, 내구성, 투수성, 배수성 구조, 배수구조 또는 빗물관리시설(식생도랑, 저류조, 침투조 등)
보도 및 접근로	「교통약자법」 시행규칙 별표1 제3호 도로편	유효폭 2.0m 이상, 유효폭 1.5m 미만 시 교행구역(1.5m×1.5m/ 50m마다)과 수평참(1.5m×1.5m/30m마다), 틈과 미끄럼이 없는 평탄한 포장, 덮개 틈 1cm 이하 구멍, 종단경사 1/18 이하 횡단경사 1/25 이하, 연석 25cm 이하
보도 및 접근로의 보행 안전지대	「교통약자법」 시행규칙 별표1 제3호 도로	바닥 2.1m 이하 가로등·전주·간판 등 제거 가로수 2.5m 이하 가지 제거

시설명	주요 관련 법령	설계 시공 시 고려사항
보도 및 접근로의 점자블록	「장애인등편의법」 시행규칙 별표1 제16항 「교통약자법」 시행규칙 별표1 제3호 도로편 「보행안전법」 시행규칙 별표1	점형블록(횡단보도 진입부, 횡단 시 일시적 대기 안전지대, 음향신호기 전면), 선형블록(횡단보도 진행방향, 보도 및 접근로와 차도의 경계구간으로부터 4/5 지점, 횡단 시 일시적 대기 안전지대), 황색 또는 주변과 대비색 등
	「도로안전시설설치및관리지침」제4편 4.6	점형블록의 설치 세로 표준 폭: 60cm, 선형블록의 끝지점에 점형블록 설치 등
	한국시각장애인연합회(2017), 시각장애인편보도의시설 설치 매뉴얼 – 공공건축물·공원·공동주택 참조	
보도 및 접근로의 차량진출입부(고원식 보도)	「교통약자법」 시행규칙 별표1 제3호 도로	고원식 보도 처리, 차도 경계 진입부만 턱낮추기, 교행구간의 포장은 이색 이질
보도용 방호울타리, 보행자용 방호울타리	「교통약자법」 시행규칙 별표2 제5호 「도로안전시설설치및관리지침」 제3편 2.2.3 「보행안전법」 시행규칙 별표1	차도와 보도부 사이, 교량부, 성토부 등에 보도용 방호울타리(차량의 속도가 높은 곳, 차도 분리의 시각적 유도, 일반통행의 지정, 도로의 유지관리 및 배수 고려), 또는 보행자용 방호울타리(보행자의 무단 횡단 방지용, 보행자 및 자전거의 추락방지)
보도의 턱낮추기 연석경사로 부분경사로	「교통약자법」 시행규칙 별표1 제3호 도로	연석경사로(유효폭 0.9m 이상 종단기울기 1/12 이하 좌우 기울기 1/10 이하), 부분경사로(유효폭 0.9m 이상), 편도 2차선 도로는 차도와 보도 동일 높이 가능, 턱 낮춤 경계석은 2cm 이하
	「도로안전시설설치및관리지침」 제4편 4.4	(유형I) 보도폭이 좁은 경우는 보도를 종단방향으로 경사로 설치 및 보도 평탄부 설치, (유형II) 보도폭이 넓은 경우 연석경사로 설치, (유형III) 장애물이 있는 경우 부분경사로 설치, (유형IV) 보도 폭이 좁고 횡단보도 간격이 좁은 경우 교차부 전체 턱낮추기, (유형V) 보도폭이 넓고 횡단보도 간격이 좁은 경우 연석경사로, (유형VI) 연석 곡선부 전체와 보도를 차도 높이로 낮추고 보도 내에서 종단방향으로 경사로 설치 (유형VII) 차도 중앙 안전지대를 턱 없는 구조로 형성 (유형VIII) 차도 중앙 안전지대를 연석경사로 형식으로 형성 (유형IX) 보행섬을 연석경사로 형식으로 형성 - 경계석 단차: 3cm 이하 - 연석경사로 유효폭은 보도폭, 기울기 1/20 –1/12, 유형 II 옆면기울기 1/10, 기울기 방향은 통행 방향,
보도의 휴게실 및 지하도 상가	「교통약자법」 시행규칙 별표1 제3호 도로	「교통약자법」 시행령 별표2 제3호 적용
보차공존도로	보행자우선도로 참조	(현행 법정 용어가 아님)
보행섬식 횡단보도	「교통약자법」 시행규칙 별표2 제2호	보행우선구역 내 횡단보도 구간 도로 중앙에 설치, 직선형 또는 굴절형, 최소 폭 1.5m, 보행섬 전후에 안전지대 노면표시 및 자동차진입억제용 말뚝 등 공작물 설치
보행시설물	「도로의구조·시설기준에관한규칙」 제2조제35호	보행자가 안전하고 편리하게 보행할 수 있도록 설치된 속도저감시설, 횡단시설, 교통안내시설, 교통신호기 등
보행안전 및 편의시설	「보행안전법」 시행규칙 제5조	보도용 방호 울타리, 조명시설, 장애인용 음향안내시설, 영상정보처리기기, 자동차진입억제용 말뚝, 점자블록
보행안전지대	「교통약자법」 시행규칙 별표1	바닥면에서부터 높이 2.1m 이하 장애물 제거, 수목은 2.5m 이하 가지 제거. (장애물 없는 생활환경 기준에서는 이를 보행안전구역이라함)
보행우선구역	「교통약자법」 제18조, 같은 법 시행령 제16조, 같은 법 시행규칙 제8조	시장·군수가 교통약자를 위해 보도 일정 구역을 지정. 속도저감시설, 횡단시설, 교통안내시설, 보행자 우선 통행을 위한 교통신호기, 보호용 방호울타리, 자동차진입억제용 말뚝 등의 보행시설물을 설치하고 이 구역으로 지정되면 일방통행, 속도제한, 주정차 금지 등의 조치

시설명	주요 관련 법령	설계 시공 시 고려사항
보행자길	「보행안전법」 제2조	보도, 길 자장자리, 횡단보도, 자연공원 및 도시공원 안에서의 통행로, 항만친수공간 시설의 통행로, 지하보도, 육교, 도로횡단시설, 골목길, 불특정 다수의 보행자 통로
보행자우선도로	「도시·군계획시설의결정·구조및설치에 관한규칙」 제9조제1호라목, 제19조의2, 제19조의3	- 폭 10m 미만의 도로로서 보행자와 차량이 혼합하여 이용하되 보행자의 안전과 편의를 우선적으로 고려한 도로 - 이면도로로 차량과 보행자의 통행구분이 어려운 지역 중 보행이 많은 곳으로 경사가 심한 곳은 제외 - 차량 속도 30km/시간 제한 - 보행자전용도로 및 녹지체계와 최단거리 연결 - 보행안전시설 및 차량속도저감시설 설치 - 노상주차 불허, 일반도로의 보도와 교차 시 보행자 보호 구조의 바닥 설치, 빗물 배수 시설 또는 빗물 저류 및 침투시설 설치
보행자전용길	「보행안전법」 제16조	보행길 중에서 보행자의 안전과 쾌적한 보행환경을 확보하기 위해 특별히 인정되는 길
보행자전용도로	「도시·군계획시설의결정·구조및설치에 관한규칙」 제9조제1호다목, 제18조, 제19조	- 폭 1.5m 이상의 도로로서 보행자의 안전하고 편리한 통행을 위한 도로 - 도심, 부도심, 주택지, 학교, 하천 주변 등에서 공원, 녹지, 공용의 청사, 문화시설 등과 보행 네트워크 형성 - 안전보호시설 설치, 화장실, 공중전화, 우편함, 긴의자, 차양시설, 녹지 등 확보 - 소규모 광장, 공연장, 휴식공간, 학교, 공공청사, 문화시설과 연계 - 주간선도로가 교차 시 입체교차시설 우선 - 자전거도로를 함께 하는 경우 병행 구조 - 경사로 등 교통약자 배려 - 빗물 배수시설 또는 빗물 저류 및 침투시설 설치 - 차량진입 및 주정차 억제 차단시설 설치
보행자 안내 표지판	「교통약자법」 시행규칙 별표2 제3호 「보행안전법」 시행령 제12조(보행자전용길의 구조 및 시설기준 별표1)	보행우선구역 내에 현재 위치, 주변 교통수단, 600m 이내 주요시설물, 1.2km 이내 여객시설 등의 정보를 주요 교차로 또는 보도 등을 야간 식별이 가능하도록 설치(점자 병행 가능)
보행자 우선 통행 교통신호기	「교통약자법」 시행규칙 별표2 제4호 「보행안전법」 시행규칙 별표1	보행자우선구역 내 녹색신호 변경버튼 부착, 녹색신호 시 지속적으로 균일한 신호음
보행자전용길	「보행안전법」 시행령 제12조 (보행자전용길의 구조 및 시설기준 별표1)	보행보조용 의자차 등이 통행할 수 있도록 최소한의 유효폭 확보, 조명 및 안내시설 적절히 배치, 차별화된 디자인 및 투수성 포장
보행장애물	「장애인등편의법」 시행규칙 별표1 제7항	바닥 0.6m~2.1m에 10cm 이상 돌출 폭, 바닥 0.6m~2.1m에 30cm 이상 돌출된 독립기둥이나 시설물에 접근 방지 시설
	「도로안전시설설치및관리지침」 제4편 4.3	최소 1.5m 이상 보도의 유효폭 확보 후 보행장애물을 차도 방향으로 일렬 배치하고 점자블록 위 장애물 설치 금지
보행접근로	「교통약자법」 시행규칙 별표1 제2호 여객시설	유효폭, 기울기, 바닥 재질, 바닥 마감
생활도로구역	국민안전·경찰청, 「생활도로구역지정기준 및 안전시설 설치기준」 (2015)	보행자의 안전을 도모하기 위해 국지도로나 집산도로에서 차량의 속도를 최고 30km로 제한하면서 고원식 횡단보도, 고원식 교차로, 과속방지턱, 요철포장, 볼라드, 교차로 좁힘, 등을 설치하고 대형차량의 진입금지, 일방통행규제, 진행방향규제 등을 실시하는 구역임
승하차시설 (버스정류소)	「교통약자의이동편의증진법」 시행규칙 별표1 제2호 중 대기시설	버스정류장에 대하여 연석 높이를 15cm 이하로, 휠체어의 진출입 및 회전 가능 공간 확보, 휠체어 사용자와 시각장애인의 교차 배제, 점자블록 설치, 버스 운행 정보 제공 안내판(점자 및 음성 포함), 대기용 지붕 등을 구비
어린이보호구역	「어린이·노인및장애인보호구역의지정및관리에관한규칙」 제3조, 제6조 내지 제9조	초등학교나 어린이집 주출입구 반경 300~500m 주변 도로에 지정(신호기, 도로표지, 도로반사경, 과속방지턱, 미끄럼방지시설, 방호 울타리 등 설치, 노상주차금지 등)
요철 포장	「교통약자법」 시행규칙 별표2 제1호	주택 밀집 지역을 제외한 자동차 통행량이 많은 곳

시설명	주요 관련 법령	설계 시공 시 고려사항
우체통	「장애인등편의법」 시행규칙 별표1 제28항	접근로, 투입구 높이 0.9m~1.2m
유원지	「도시·군계획시설의결정·구조및설치에관한규칙」 제57조 및 제58조	- 주거지, 학교 등 평온한 지역이 아닌 곳으로 숲, 계곡, 호수, 하천, 바다 등 자연경관이 아름답고 변화가 많은 곳 - 보행자 위주 보도 설치, 휴양시설, 편익시설 및 관리시설 설치 - 주차장은 잔디블록 등 투수성 재료 사용 - 유희시설, 운동시설, 휴양시설, 특수시설, 위락시설, 편익시설, 관리시설 설치
음향신호기	「교통약자법」 시행규칙 별표1 제3호 도로편 「보행안전법」 시행규칙 별표1	녹색신호 시 음성안내와 지속적으로 균일한 신호, 수동식 음향신호기(횡단보도 1m 지점 1.5m 높이), 리모콘식 음향신호기, 간선도로·어린이보호구역·보행우선구역의 횡단보도에는 잔여시간표시기
자동차진입 억제용 말뚝	「교통약자법」 시행규칙 별표2 제6호 「보행안전법」 시행규칙 별표1	밝은 색의 반사도료, 높이 80~100cm, 지름 10~20cm, 간격 1.5m, 보행자의 충격 흡수용 재질, 전면 0.3m 점형블록 설치
자전거 거치대	「자전거이용활성화에관한법률」 제11조의3	대중교통수단 내에 설치되는 시설
자전거도로	「자전거이용활성화에관한법률」 제3조 「자전거이용시설설치및관리지침」 2-2 외	자전거전용도로, 자전거보행자겸용도로, 자전거전용차로 및 자전거우선도로로 구분, 자전거 제원 및 도로의 폭원 등
	장애물 없는 생활환경 인증 (보도에 설치되는 자전거도로에 국한)	자전거도로를 차도 쪽에 두도록 하고 있고 최소 유효폭을 0.9m 이상으로 하며, 자전거도로의 좌우기울기는 최소 1/12 이하, 종단경사도는 1/24 이하로 하며 30m 마다 휴식참을 두도록 하고 있다. 바닥은 틈이 없고 평탄한 재질로 마감하며 경계를 명확히 감지하도록 하며 배수구의 덮개 간격은 진행방향으로 1cm 이하가 되도록 하고 자전거도로임을 표시
자전거전용도로	「도시·군계획시설의결정·구조및설치에 관한규칙」 제9조제1호마목, 제20조, 제21조 「자전거이용활성화에관한법률」 제3조 「자전거이용시설설치및관리지침」 3-3	- 하나의 차로를 기준으로 폭 1.5m 이상(부득이한 경우 1.2m)의 도로로서 자전거의 통행을 위한 도로 - 버스정류장, 지하철역, 학교, 공공청사, 문화시설 등과 연결 - 빗물 배수시설 또는 빗물저류 및 침투시설 설치 - 자전거전용차로 확보 시 차도와 분리대, 표시판 설치 - 대중교통과 연계 지점에 자전거보관소 설치 - 일반도로와 교차 시 자전거전용도로 우선 구조
자전거주차장	「자전거이용활성화에관한법률」 제11조 「자전거이용시설설치및관리지침」 8-2	시설 종류에 따라 노상, 노외 및 부설주차장의 주차대수의 10~40%를 확보
장애인 보호구역	「어린이·노인및장애인보호구역의지정및관리에관한규칙」 제3조, 제6조 내지 제9조	장애인복지시설 주출입구 반경 300~500m 주변 도로에 지정(신호기, 도로표지, 도로반사경, 과속방지턱, 미끄럼방지시설, 방호 울타리 등 설치, 노상주차금지 등)
장애인 안전시설	「도로안전시설설치및관리지침」 제4편 4.1	보도, 턱낮추기, 연석경사로, 경사로, 입체횡단시설, 점자블록, 음향교통신호기, 유도신호장치 등
장애인전용주차구역(10대 이상 주차 부설주차장)	「장애인등편의법」 시행규칙 별표1 제4항	출입구 및 승강기와 가까운 위치, 통로 유효폭 1.2m, 3.3m×5m 이상 규격, 바닥 기울기 1/50, 미끄럽지 않은 재질 마감, 안내표지부착(0.7m×0.6m, 1.5m 높이)
	「교통약자법」 시행규칙 별표1 제2호 다	평행 주차 시 폭 2m×길이 6m 이상
접근로	「장애인등편의법」 시행규칙 별표1 제1항	유효폭(1.2m이상), 교행구역(1.5m×1.5m/50m), 수평참(1.5m×1.5m/30m 마다), 기울기(1/18), 차도와 분리, 연석(6~15cm), 단차(2cm이하), 바닥 평탄성, 바닥의 색상, 재질 및 마감, 틈새(2cm이하), 보행장애물(2.1m이하 확보)
접수대 또는 작업대	「장애인등편의법」 시행규칙 별표1 제21항	이용 가능한 상부 공간 확보(0.7m~0.9m) 휠체어 접근 가능한 하부 공간 확보(높이 0.65m, 깊이 0.45m 이상)

시설명	주요 관련 법령	설계 시공 시 고려사항
조명시설	「도로의구조·시설기준에관한규칙」 제38조	버스정차대, 횡단보도 및 보행자 대기지역, 역 또는 광장 등 공공시설 주변 등에 대한 조명 설치 기준 규정
	「도로안전시설설치및관리지침」 제2편	
	「보도설치및관리지침」 6-3	보행자 등의 속도, 보행자 교통량, 자동차 교통구성, 주차된 차량, 주변 밝기, 얼굴인식 등을 기준으로 하면서 시각적 정보를 제공하며 범죄 발생 우려에 대한 보행자의 불안감 해소를 조명 수준의 지표로 설정
주차장 (노상주차장)	「도시·군계획시설의결정·구조및설치에관한규칙」 제29조, 제30조	주간선도로 교차로에서 인접되지 않을 것, 대중교통수단과 연계지점에 설치할 것
	「주차장법」 제2조제1호가목 외	주차장의 종류 및 설치 기준
지구단위계획	「국토의계획및이용에관한법률」 제49조 내지 제54조	장애물 없는 생활환경 지역부문 인증 시 지구단위계획 수립 시 BF적인 개념 도입 - 도로체계, 공원망, 녹도 연결, 지역생활중심 집적도, BF보행로 체계, 교통시설의 접근성(거리 및 연계성) 등을 지구단위계획에 반영
지그재그 도로	「교통약자법」 시행규칙 별표2 제1호	자동차진입억제용 말뚝이나 도로 양측 교대로 주차구획 도입
지하도 및 육교	「교통약자법」 시행규칙 별표1 제3호 도로	주변 30m 이내 횡단보도 없는 곳, 승강기·에스컬레이터·경사로와 병행 가능, 계단에 양측손잡이
차도 폭 좁힘	「교통약자법」 시행규칙 별표2 제1호 「보행안전법」 시행규칙 별표1	물리적 또는 시각적으로 차도 폭 좁힘
차량진출입부 (고원식 보도)	「교통약자법」 시행규칙 별표1 제3호 도로 가항	자동차가 보도나 접근로와 교행이 되는 구간인 차량진출입부 등의 보도는 차도 높이로 턱낮춤 없이 보도의 높이를 그대로 유지하고 색상과 질감을 달리 시공
횡단보도	「도시·군계획시설의결정·구조및설치에 관한규칙」 제15조의 제1항 내지 제4항	- 우회거리 및 횡단거리 최소화, 보행자 보호 및 운전자 가시성 확보 - 평면횡단보도: 횡단보도표지, 교통섬, 안전지대, 점자표시, 야광표시, 조명, 턱낮추기, 고원식 횡단보도 등 실시 - 입체횡단보도: 횡단보도교(육교), 지하횡단보도
횡단보도의 조도	「교통약자법」 시행규칙 별표1 제3호 도로편	500럭스 이상, 고휘도 반사재료 노면 표시
횡단보도 중 일시적 대기 안전지대 또는 교통섬	「교통약자법」 시행규칙 별표1 제3호 도로	편도 4차선 이상의 도로
	「도로의구조·시설기준에관한규칙」 제2조제43호 「도로안전시설설치및관리지침」 제4편 4.4.6 「보행안전법」 시행규칙 별표1	보행섬식 횡단보도 개념 참조
회전교차로	국토교통부 「회전교차로설계지침」 (2014.12)	교통량이 적정한 교차로에 진행 중인 차에게 양보하는 원리를 적용하여 교통 흐름을 원활히 하고 배기가스를 저감하는 목적의 교차로이나 교통약자를 고려한 연구 필요.
30구역	국민안전·경찰청, 「생활도로구역지정기준 및 안전시설 설치기준」 (2015)	'생활도로구역'과 동의어

제2장 | 장애물 없는 생활환경 인증 제도

1. 장애물 없는 생활환경 인증 제도의 태동
2. 인증 제도의 법제화
3. 인증 분야
4. 인증 지표 및 평가 내용의 특징
5. 인증 지표의 내용
6. 인증의 시행
7. 연차별 인증 현황
8. 인증 제도의 운영 및 과제
9. 장애물 없는 외부 공간의 설계 시공에 관한 가치 평가

제2장
1절

장애물 없는 생활환경 인증 제도의 태동

2002년 노무현대통령후보가 서울특별시를 포함한 수도권 인구와 산업의 과밀한 집중을 방지하기 위해 수도의 이전을 선거 공약으로 내세운 후 대통령으로 당선되자 수도 이전은 위헌이라는 헌법재판소의 판결이 있은 후 행정기능의 일부만을 옮기는 행정수도 이전 정책을 수립하게 된다.

정부는 특별법을 제정하여 대전시와 조치원 중간 지역인 금강일대를 행정중심복합도시(약칭 행복도시, 현 세종특별자치시)라는 명칭으로 개발에 착수하자 사업시행자인 한국토지공사가 도시 개발 정책을 발굴하면서 2004년 행정중심복합도시를 장애물(장벽) 없는 도시를 건설 목표로 정하였다. 그리고 당시 건설교통부에 장애물 없는 인증 제도를 건의하였다. 또한 한국토지개발공사는 이러한 과제를 연구하기 위해 2006년도에 연구 용역을 실시하여 '행정중심복합도시의 장애물 없는 도시·건축 매뉴얼'을 2007.3월 출간하였다(그림 2-1-1 참조).

한국토지공사는 2004년 이후 이러한 건설 목표 수행 중에 있었고 중앙정부인 보건복지부에서도 이미 시행중인 「장애인·노인·임산부등의편의증진보장에관한법률」에서 장애인 등을 위한 편의시설 설치를 의무화 또는 권장하고 있었다. 당시 건설교통부에서는 「교통약자의이동편의증진법」을 2005년에 제정하는 등 중앙정부도 2006년부터 국가 집행 과제의 하나로 장애물 없는 생활환경 사업을 전국적인 사업으로 시행하게 되었다.

한편, 보건복지부에서는 장애물 없는 생활환경의 정착과 활성화를 위해 2006.4.18. 한국장애인개발원을 교육기관으로 지정하여 국가 및 지방자치단체의 공무원을 대상으로 매년 교육을 실시하여 왔다.

제2장
2절

인증 제도의 법제화

장애물 없는 생활환경 인증이란 사람이 이용하는 일정 지역과 각종 시설물인 도로, 공원, 교통수단, 건축물, 여객시설 등 6개 부문에 대해 장애물 없는 생활환경 인증 기준에 부합한지를 중앙정부인 보건복지부장관과 국토교통부장관이 지정한 제3자인 인증기관이 확인하는 행위이다.

장애물 없는 생활환경 인증도 에너지효율등급인증, 녹색건축인증, 장수명주택인증, 지능형 건축물인증, 에너지효율등급인증 등처럼 인증을 실시함에 있어 국가가 인증의 심사평가를 위해 인증기관을 지정하여 운영하는 것이다.

이 인증 제도는 「장애인·노인·임산부등의편의증진보장에관한법률」과 「교통약자의이동편의증진법」 두 법령에 근거를 두고 있고, 2007년 7월에 제정된 장애물 없는 생활환경 인증제도 시행 지침에 따라 시행되다가 몇 차례 개정을 거친 후 「장애인·노인·임산부 등의 편의증진 보장에 관한 법률」 제10조의2제5항, 제10조의3제2항, 제10조의6제2항 및 「교통약자의이동편의증진법」 제17조의2제5항에서 위임된 규정에 의해 현재는 2010년 7월 9일에 제정된 '장애물 없는 생활환경인증에 관한 규칙'에 의해 시행되고 있다. 현행 장애물 없는 생활환경 인증제는 보건복지부와 국토교통부가 공동 시행하는데 3년마다 번갈아 주관한다.

- 2007년 7월: 장애물 없는 생활환경 인증제도 시행 지침 고시
- 2007년 9월: 장애물 없는 생활환경 인증기관 지정 (한국토지공사, 한국장애인개발원)
- 2008년 7월: 장애물 없는 생활환경 인증제도 시행 지침 개정 (보건복지부)
- 2010년 7월: 장애물 없는 생활환경인증에 관한 규칙 제정 (보건복지부 및 국토교통부)
- 2013년 9월: 장애물 없는 생활환경 인증기관 1차 확대 지정 (한국장애인고용공단)
- 2015년 7월: 국가 및 지방자치단체가 신축하는 건축물에 대하여 인증을 의무화
- 2016년 9월: 장애물 없는 생활환경 인증기관 2차 확대 지정 (한국생산성본부인증원)
- 2017년 3월: 장애물 없는 생활환경 인증기관 3차 확대 지정 (한국감정원, 한국환경건축연구원, 한국교육녹색환경연구원)
- 2019년 7월: 도시공원 및 민간 건축물 일부에 대한 인증 의무화 입법 (2021년 12월 4일 시행)
- 2019년 9월: 장애물 없는 생활환경 인증기관 4차 확대 지정 (한국건축물에너지기술원)

제2장

3절

인증 대상 및 분야

「장애인·노인·임산부등의편의증진보장에관한법률」 제10조의2제5항 및 같은 법 시행령 제5조의2에 의한 시설 그리고 「교통약자의이동편의증진법」 제17조의2 및 같은 법 시행령 제15조의2 등에 의거 장애물 없는 생활환경 인증을 받아야 할 분야가 정해졌으며 현재는 의무 대상이 있거나 권장 대상이 있다.

「장애인·노인·임산부등의편의증진보장에관한법률」은 건축시설과 공원시설을 인증 대상으로 하고, 「교통약자의이동편의증진법」은 도로, 여객시설, 교통수단 및 일단의 구역이나 개발사업지역에 대하여 지구단위계획 수립 등을 통한 일정 지역을 인증 대상으로 하고 있다.

2-3-1 「장애인·노인·임산부등의편의증진보장에관한법률」 상의 인증 대상시설

「장애인·노인·임산부등의편의증진보장에관한법률」은 「교통약자의이동편의증진법」과 달리 장애물 없는 생활환경 인증 의무 시설을 같은 법 제10조의2 및 같은 법 시행령 별표2의2에 장애물 없는 생활환경 인증 의무 대상시설을 아래 표 2-3-1처럼 나열하고 있다. 다만 보건복지부장관과 국토교통부장관은 인증 의무시설이 지형, 문화재발굴 등 주변 여건으로 인하여 불가피하게 장애물 없는 생활환경 인증을 받기 어려운 경우에는 보건복지부장관과 국토교통부장관의 공동부령으로 정하는 바에 따라 의무 인증시설에서 제외할 수 있도록 하고 있다.

2019년 12월 3일 「장애인·노인·임산부등의편의증진보장에관한법률」제10조의2제2항 및 제3항을 개정하면서 인증의무 대상시설을 확대하였는데 같은 법 제10의2제2항제1호에 국가·지방자치단체가 지정·인증 또는 설치하는 공원중 「도시공원및녹지등에관한법률」 제2조제3호가목의 도시공원과 같은 법 제2조제4호의 공원시설에 관하여 「도시공원및녹지등에관한법률」 제16조에 따른 공원조성계획입안을 하는 경우에 대하여, 그리고 같은 법 제10조의2제2항제3호에 국가나 지방자치단체 외의 자가 신축하는 공공건물 및 공중이용시설로 시설의 규모, 용도 등을 고려하여 대통령령으로 정하는 시설의 건축허가 신청분에 대하여 장애물 없는 생활환경 인증을 2021년 12월 4일부터 받도록 하였다.[33] 이처럼 「장애인·노인·임산부등의편의증진보장에관한법률」은 건축시설과 공원시설에 관한 인증을 규정하고 있다.

한편 2019년 12월3일 개정된 「장애인·노인·임산부등의편의증진보장에관한법률」 제10의2제2항과 제3항에 따르면 의무인증 대상시설에 대하여는 이제까지 예비인증이 필수가 아니었으나 2021.12.4.부터 예비인증을 필수로 받도록 하고 있다.

표 2-3-1 편의시설 인증 의무 대상시설

구 분	시설명	대상시설
국가 또는 지방자치단체 시설	도시공원	「도시공원및녹지등에관한법률」 제2조제3호가목: 국가공원, 생활권공원(소공원, 어린이공원, 근린공원), 주제공원(역사공원, 문화공원, 수변공원, 묘지공원, 체육공원, 도시농업공원, 지방자치법에 의한 공원) * 2021.12.4. 의무적으로 장애 없는 생활환경 공원 부문 인증 대상으로 정함
	공원시설	「도시공원및녹지등에관한법률」 제2조제4호: 도로 및 광장, 조경시설(화단, 분수, 조각 등), 휴양시설(긴의자 등), 유희시설(그네, 미끄럼틀 등), 운동시설(테니스장, 수영장, 궁도장 등), 교양시설(식물원, 동물원, 수족관, 박물관, 야외음악당 등), 편익시설(주차장, 매점, 화장실 등), 공원관리시설(관리사무소, 출입문, 울타리, 담장 등), 도시농업시설(실험장, 체험장, 학습장, 농자재보관창고 등), 기타 국토교통부령으로 정하는 시설 * 2021.12.4. 의무적으로 장애물 없는 생활환경 공원 부문 인증 대상으로 정함
	제1종 근린생활시설	식품, 잡화, 의류, 완구, 서적, 건축자재, 의약품, 의료기기 등 일용품을 판매하는 등의 소매점, 이용원, 미용원, 목욕장
		지역자치센터, 파출소, 지구대, 우체국, 보건소, 공공도서관, 국민건강보험공단, 국민연금공단, 한국장애인고용공단, 근로복지공단의 사무소, 그 밖의 이와 유사한 용도의 시설
		대피소
		공중화장실
		의원, 치과의원, 한의원, 조산원, 산후조리원
		지역아동센터
	제2종 근린생활시설	일반음식점, 휴게음식점, 제과점 등 음료·차·음식·빵·떡·과자 등을 조리하거나 제조하여 판매하는 시설
		안마시술소
	문화 및 집회시설	공연장 및 관람장
		집회장
		전시장
		동·식물원
	종교시설	종교집회장
	판매시설	도매시장, 소매시장, 상점
	의료시설	병원, 격리병원
	교육연구시설	학교, 교육원, 직업훈련소, 학원, 도서관
	노유자시설	아동관련시설, 노인복지시설, 사회복지시설(장애인복지시설 포함)
	수련시설	생활권수련시설, 자연권수련시설
	운동시설	체육관, 운동장과 운동장에 부수되는 건축물

---

33) 법률 제16739호 2019.12.3. 일부개정, 시행 2021.12.4

구 분	시설명	대상시설
국가 또는 지방자치단체 시설	업무시설	국가 또는 지방자치단체의 청사
		금융업소, 사무소, 결혼상담소 등 소개업소, 출판사, 신문사, 오피스텔, 그 밖에 이와 유사한 용도의 시설
		국민건강보험공단, 국민연금공단, 한국장애인고용공단, 근로복지공단의 사무소
	숙박시설	일반숙박시설(호텔, 여관으로서 객실수가 30실 이상인 시설)
		관광숙박시설, 그 밖에 이와 비슷한 용도의 시설
	공장	물품의 제조가공(염색·도장·표백·재봉·건조·인쇄 등을 포함) 또는 수리에 계속적으로 이용되는 건축물로서 「장애인고용촉진및직업재활법」에 따라 장애인고용의무가 있는 사업주가 운영하는 시설
	자동차 관련시설	주차장, 운전학원(운전 관련 직업훈련시설을 포함)
	방송통신시설	방송국, 그 밖에 이와 유사한 용도의 시설
		전화국, 그 밖에 이와 유사한 용도의 시설
	교정시설	보호감호소, 교도소, 수치소, 갱생보호시설, 그 밖에 범죄자의 갱생·보육·교육·보건 등의 용도로 쓰이는 시설, 소년원, 소년분류심사원
	묘지관련시설	화장시설, 봉안당
	관광휴게시설	야외음악당, 야외극장, 어린이회관, 그 밖에 이와 유사한 용도의 시설
		휴게소
	장례식장	의료시설의 부수시설(「의료법」 제36조 제1호에 따른 의료기관의 종류에 따른 시설을 말한다)에 해당하는 것은 제외한다.
국가 또는 지방자치단체 이외의 자 설치 시설(민간시설)		국가 또는 지방자치단체 이외의 자가 설치하는 시설에 대한 장애물 없는 생활환경 건축물 의무 인증 대상시설에 2021.12.4.부터 대상시설이 확정 시행됨

2-3-2 「교통약자의이동편의증진법」 상의 인증 대상 지역 및 시설

「교통약자의이동편의증진법」 제17조의2 및 같은 법 시행령 제15조의2에 교통수단, 여객시설 및 도로 3개 부문과 이들 시설을 포함하는 계획 또는 정비한 시·군·구(자치구)와 아래 지역에 대하여 장애물 없는 생활환경 인증을 실시할 수 있도록 총 4개 부문을 권장하고 있다. 아래와 같은 사업을 실시하는 경우 대부분 지구단위계획을 수립토록 하고 있어 지역 인증에 적합하다.

- 읍·면·동
- 「국토의계획및이용에관한법률」 제2조제11호에 따른 도시·군계획사업지역으로 10만㎡ 이상
- 「도시재정비촉진을위한특별법」 제22조제2호에 따른 재정비촉진사업지역으로 10만㎡ 이상
- 「주택법」 제15조에 따른 주택건설사업지역 또는 대지조성사업지역으로 10만㎡ 이상
- 「택지개발촉진법」 제7조에 따른 택지개발사업지역으로 10만㎡ 이상
- 「관광진흥법」 제55조에 따른 조성사업지역으로 10만㎡ 이상
- 기타 법령 상 10만㎡ 이상의 개발이 수반되는 사업지역이나 둘 이상의 행정구역에 걸쳐 있는 지역 등 국토교통부장관이 고시하는 지역

이상의 「장애인·노인·임산부등의편의증진보장에관한법률」 및 「교통약자의이동편의증진법」

에 따라 정보 접근, 이동, 통행 및 도시의 시설이나 설비 이용 등에 있어 장애인, 노인, 임산부, 영유아 동반자, 어린이 등이 교통약자인 점을 감안하여 이들을 위해 지역 및 개별 시설에 대하여 아래와 같이 총 6개 부문으로 나누어 인증 제도를 실시하고 있다.

표 2-3-2   장애물 없는 생활환경 부문별 인증 주요 내용 및 평가 사항[34]

구분	인증 부문 명칭	인증 평가	평가 내용
면적구역	1. 지역	- 도시 구성 체계, 보행 네트워크, 도시관리 - 도로별 및 공원녹지의 구성 및 BF 평가 - 지역 내 편의시설, 교통시설, 지역생활중심시설	지역 내 도로, 공원 및 교통수단 등에 대한 종합 평가임. 기타 보행 체계의 평면적 구성 등 평가 (지구단위계획 구역 등)
선적 개별 시설	2. 도로	보도, 횡단시설, 승하차시설 등 - 왕복 6차선 이상, 4차선 이상, 2차선 이상 도로 - 보차공존도로 - 보행자전용도로	보도에 설치된 각종 시설에 대한 평가
면적 개별 시설	3. 공원	접근로 등 매개시설, 공원시설, 유도 및 안내시설, 위생시설, 편의시설, 보행로의 연속성	접근로, 건축물 및 각종 내외부 시설의 접근성과 편의성 정도 평가
	4. 여객시설	접근로 등 매개시설, 내부시설, 내외부 안내시설, 매표소, 판매기, 개찰구, 승강장 등	
	5. 건축물	접근로 등 매개시설, 건축물의 내부시설, 내외부 안내시설, 화장실, 객실 및 침실 등	
	6. 교통수단	버스, 철도, 도시철도 및 광역전철의 승강구, 차내 설비 및 정보설비	시설의 접근성 및 편의 평가

사진 2-1-1[35]   우리나라 최초의 BF 연구보고서 및 연구용역 발주서: 한국토지공사(2007.03)

---

34) 이 책 '부록 6'에 6개 부문의 인증 평가 지표 및 기준이 수록되어 있음.
35) 처음 이 정책을 구상한 LH 박수홍 상임이사의 증언에 의하면 정책 개발 동기는 2003년 신문에서 여객선을 장애물 없는 시설로 건조한다는 기사를 읽고 행정중심복합도시에 이 개념을 도입하는 방안을 구상하였다하며, 건국대학교 부설 장애물없는생활환경만들기연구소가 이 용역을 수행하였다.

제2장

4절

인증 지표 및 평가 내용의 특징

비장애인을 포함한 장애인 등의 일상생활에서의 활동이란, 이용 욕구 발생 단계에서부터 최종 이용할 목적물인 공간이나 시설 이용 단계에 이르기까지 다음과 같은 인지, 행태 및 행동 수행을 보이게 되는데 접근과 이용 과정에서 안전하고, 접근이 용이하며, 편리하며, 쾌적하고, 차별 없음이 장애물 없는 공간의 특징이다.

    1단계: 이용 욕구 또는 필요성 발생: 일상생활에 필요한 기본적 활동(생존권 및 기본권)
    2단계: 이용물에 대한 정보 접근: 욕구 충족시킬 이용 대상물 이해
    3단계: 이용물 대한 접근 수단 선택 : 비차별적인 접근 수단
    4단계: 공간 이동 : 보행, 차량, 자전거, 휠체어, 흰지팡이, 보호자, 보조견, 차량 등 동반 또는 사용
    5단계: 사용할 공간과 시설물 접근: 최종 공간과 시설물 접근
    6단계: 사용할 공간과 시설물 이용: 공간에 진입하거나 시설물 이용 (생존권 및 기본권 향유)

이와 같은 공간이나 시설 이용의 6단계 활동 수행과정의 핵심적 내용은 접근성, 이용성, 편의성, 안전성, 쾌적성 및 비차별성이다. 따라서 인증 평가의 지표는 대부분 이용자의 안전성, 접근성, 이용성, 편의성, 쾌적성 및 비차별성에 초점을 맞추고 있다. 지표의 구체적 내용을 보면 객관적으로 계량할 수 있는 기준을 명시하고 있으나 특히 비차별성에 관하여는 계량할 수 없는 기준이 많아서 인증지표에 삽입되어 있지 않다. 따라서 지표에 삽입되어 있지 아니한 비계량 지표인 「장애인차별금지및권리구제등에관한법률」의 비차별적 내용은 인증 심사 및 심의단계에서 부가적으로 권고 및 시정하는 방향으로 보완하도록 하고 있다.

또한 인증 대상 구역 대지 내 편의성이나 쾌적성 기능의 시설인 편의시설, 휴게시설, 조경시설, 조명시설 등은 종속적인 것이기에 인증 지표가 없고 인증 평가 시 점수에도 산입되지 않고 있음에도 인증 검토 시 이들 시설이 배치, 규격, 성격, 위치 등에 따라 장애물적 성격이 우려되거나 설계 및 시공에 따른 자재 선정이나 공법에 하자, 위험 등이 발생하면 심사 및 심의 단계에서 평가되어 조건이 부가되고 있다.

제2장 5절

인증 지표 내용

인증 대상이 되는 내용을 살펴보면, 총 2개 분야의 인증 내용으로 대별된다. 한 개의 지역 부문과 다섯 가지의 개별 시설인 부문으로 나뉜다. 일정 구역의 공간과 그 공간 내 시설을 다루는 지역 부문 인증은 대상 지역 내 도로와 공원의 인증을 기반으로 하며 도로 및 공원 계획 내용의 연결망, 보행 체계 합리성, 필수적 편의시설과의 연계성 및 지역 관리계획 수립 등을 평가하는 지표로 구성된다. 나머지 5개의 개별 시설 부문은 선적 시설인 도로와 점적 개별시설인 공원, 여객시설, 건축물 및 순수한 시설인 교통수단으로 나뉜다.

도로는 「도로법」 상 보행 공간인 보도 및 보행자전용도로를 포함하며 도로의 설계기법 중 하나로 분류되는 보차공존도로를 대상으로 한다. 공원은 「자연공원법」과 「도시공원및녹지 등에관한법률」상의 공원을 말하며, 건축물 시설은 「건축법」에 의한 건축시설과 대지 외부 공간인 매개시설로서의 접근로, 주차장, 산책로 등의 시설을 말하며, 여객시설과 교통수단은 「교통약자의이동편의증진법」에 의한 시설로 여객시설은 내외부 시설에 대한 평가 지표가 있으나 교통수단은 외부 공간에 대한 평가 지표는 없고 시설물 자체에 관한 것이다.

2-5-1 지역 인증 지표 구성

주로 한 가지 시설의 디자인 요소보다 다양한 여러 시설들이 종합된 계획적 요소를 계량화 할 수 있도록 지표를 구성하였다. 도시계획, 단지계획 및 조경계획과 관계된 지표이다. 2009년 1월 서울주택도시공사(SH)가 문정도시개발사업(548,239㎡)을 실시하면서 지구단위계획을 수립하여 지역 인증을 득했고 한국토지공사가 행정중심복합도시 전체에 대한 인증을 추진하다가 중지하였다. 이 지표는 일단의 면적이 있는 신도시, 신시가지, 재건축단지 등 개발사업지구에 적용하는 것이 적정하나 기존 시가지의 경우 지구단위계획구역을 설정하여 적용 가능하다 하겠다.

표 2-5-1　　　　　　　　　　　　　　　　지역 인증 지표 구성

범주	비물리적 계획적 요소	물리적 디자인 요소
도시구성 체계	공원 분포, 녹지 구성 연계(3%)	공원의 개수 및 면적, 공원 인증 적용(7%)
보행 네트워크	보행망 구조 및 연속성(3.5%)	도로별 도로 인증 기준 적용(70%)
도시관리 기타	IT 기술 적용, 운영 및 실행 방안 등(16.5%)	

가. 지역 인증 개요

장애물 없는 생활환경 제도가 시작할 때 「지역」 부문 인증의 당초 명칭은 「도시 및 구역」이었으나 현재는 「지역」 인증으로 바뀌었다. 여기서 인증 대상인 지역의 공간적 범위는 「교통약자의이동편의증진법」 제17조의2 및 같은 법 시행령 제15조의2에서 일단의 10만㎡ 이상의 계획이나 사업에 대하여 권고하고 있다. 한편 「국토의계획및이용에관한법률」 상 지구단위계획구역을 지역 인증에 포함할 수 있도록 인증 부문의 평가 지표에서 설명하고 있는데 「국토의계획및이용에관한법률」에서는 지구단위계획의 최소 면적은 일률적으로 획정되어 있지 않고 개별법 또는 사업 단위별 특정 구역에 대한 면적에 대하여 정하도록 하고 있다.[36]

장애물 없는 생활환경 지역 부문의 인증 평가 지표를 보면 도시·군관리계획, 지구단위계획이나 U-City 연계 IT기술에 의한 도시·군관리계획에 BF 계획을 반영(평가항목 1.1.1)하도록 하고 있으며, 또 지역 내에 공원, 녹지, 녹도, BF보행망, 집적된 지역생활중심시설(공공업무, 상업, 문화 등), 복지시설(고령자 및 장애인 커뮤니티시설), 교통시설(철도역, 지하철역, 버스터미널, 택시, 버스정류장)을 평가하면서 가까운 거리의 교통시설의 위치를 최대 500m 이내(평가항목 1.4.1)로 보고 있음을 참작하면 개략 근린주구 정도의 면적을 대상으로 하고 있는 것으로 보아 슈퍼블록(super-block) 단위 이상의 구역을 지역 인증 대상 구역으로 하는 것으로 보인다. 즉 인증 지표의 구성으로 보아서 일단의 구역을 대상으로 하는 크고 작은 여러 필지의 대지와 도로 및 공원이 포함된 종합적이고 계획적인 개발을 하는 경우 지역 인증이 가능하다.

인증 평가항목의 구성이 도로와 공원이 필수적이므로 도로나 공원이 제외된 작은 단위의 구역이 지구단위계획으로 확정되었다 하더라도 평가 지표와 배점의 대부분(약 80%)이 도로와 공원녹지를 중심으로 하기 때문에 도로와 공원녹지를 포함하는 것이 필수적이므로 도로 및 공원녹지를 제외된 구역에 대하여는 지역 인증 평가가 불가능하다 하겠다. 따라서 도로나 공원이 제외된 구역이라면 개별 시설로서의 인증을 시행하여야 할 것이다.

나. 지역 인증 지표의 특성

전체 평가 배점(200점)에서 가장 큰 비율을 차지하는 것이 지역 내에 포함하는 도로의 보

---
[36] 기존 시가지 구역에서 지구단위계획의 단위 면적 결정은 시장·군수가 지구단위계획구역 지정과 지구단위계획 수립을 도시계획위원회 및 도시건축공동위원회의 의견을 거쳐 결정하기도 한다. 보통 실무적으로 1만㎡ 이상으로 보고 있다.

도 즉 6차로 이상, 4차로 이상 및 2차로 이상 도로의 보도를 평가한 배점이 140점(평가항목 2.2)이어서 우선적으로 도로 부문의 인증 평가 기준에 따른 보도 설계가 필요하다. 다음으로 지역 내에 포함되어 있는 공원녹지 평가 기준 점수가 20점(평가항목 1.2)에 해당되고 나머지는 「국토의계획및이용에관한법률」 등에 의한 BF계획, 보행망구축, 지역중심시설, 복지시설, 교통시설 및 장애물 없는 지방자치단체의 도시관리계획 방안 등에 대하여 40점을 부여하고 있다.

평가항목의 공원 인증(평가항목 1.2.1, 14점)이나 도로 인증(평가항목 2.2.1 내지 2.2.5, 140점) 점수가 총 배점 200점 중 약 154점(77%)으로 대부분을 차지하고 나머지 부분은 보행망과 편의시설이나 교통시설 간의 연결 관계에 배점을 부여하고 있다. 이러한 배점 의미는 지역 인증이란 공원녹지 부문과 도로 부문의 BF화 즉 보도가 공원녹지와 편의시설 및 교통시설 간의 연결망 구성을 갖도록 하는 것이 절대적임을 말해 주며 어떤 지역이 공원 인증과 도로 인증이 되고 이들 시설이 서로 체계적으로 잘 연결되어 있다면 지역 인증을 득하기에 무난한 것을 의미한다.

2-5-2 도로 인증 지표 구성

「교통약자의이동편의증진법」 제9조 및 시행령 별표1에 의한 도로는 「도로법」 상의 도로와 준용도로를 말한다. 도로 인증 지표 구성은 도로 중 차도가 아닌 보도 부분에 관한 내용을 주요 지표로 하고 있다. 보도 시설과 관련한 편의, 안전, 안내 등 지원 시설에 관한 지표를 포함하고 있다. 1)왕복 6차로 이상 도로, 2)왕복 4차로 이상 도로, 3)왕복 2차로 이상 도로, 4)보차공존도로, 5)보행자전용도로로 나누어 지표를 설정하고 평가한다. 주로 물리적 요소를 평가하며 이 분야에 대한 인증은 2009년 5월 서울주택도시(SH)공사가 서울 연남 차이나타운 중화문화 거리에 대해 시행한 적이 있다.

도로 부문 인증에서 사용하고 있는 '보차공존도로'라는 개념은 사람과 차량이 통행에 지장이 없고 안전하게 다닐 수 있는 네덜란드에서 시작한 본넬프(Woonerf)개념의 도로인데 「도시·군계획시설의결정·구조및설치기준에관한규칙」 제18조 및 제19조에 명기된 '보행자전용도로'와 다른 개념이며 동 규칙 제19조의2 및 제19조의3에서의 '보행자우선도로'와 유사한 개념이다. 도로 부문의 인증에서 사용하는 보차공존도로에 대한 정확한 개념이 없고 다만 인증 내용의 평가항목(물리적 지표 요소)에 의해 추정할 수밖에 없다. 설계 기법상의 개념으로 정의한 것을 평가항목에 도입한 것으로 보행자우선도로에 적용할 수 있는 설계 기법이라 할 수 있다.

표 2-5-2 　　　　　　　　　　　　도로 위계에 따른 인증 지표의 물리적 요소

범주	물리적 지표 요소
왕복 6차로 이상의 도로	장애물구역, 자전거도로, 보행안전구역, 유도방식, 차량진출입구, 보행지원시설, 입체횡단방식, 보행섬식 횡단방식, 교통신호기, 승하차시설
왕복 4차로 이상의 도로	장애물구역, 자전거도로, 보행안전구역, 유도방식, 차량진출입구, 보행지원시설, 보행섬식 횡단방식, 고원식 횡단보도, 교통신호기, 차량진입억제용말뚝, 승하차시설, 장애인전용주차구역
왕복 2차로 이상의 도로	상기 '왕복 4차로 이상의 도로' 인증 지표 중에서 보행섬식 횡단보도를 삭제하고, 평면횡단보도, 속도저감시설과 보행우선지역을 추가함
보차공존도로	장애물구역, 자전거도로, 보행안전구역, 유도방식, 차량진출입구, 보행지원시설, 횡단보도, 교통신호기, 차량진입억제용 말뚝, 승하차시설, 장애인전용주차구역, 속도저감시설
보행자전용도로	장애물구역, 보행안전구역, 유도방식, 보행지원시설

즉 보차공존도로라 함은 현행 「도로법」 또는 「도로교통법」 등에 규정된 법정 용어가 아니며 도로를 보행자와 차량이 함께 이용함에 있어서 안전하고 편리하도록 조성하는 설계 기법 상의 도로이다. 한편 보행자전용도로란 「도시·군계획시설의 결정·구조및설치기준에관한규칙」 제9조에 의거 폭 1.5m 이상의 도로로서 보행자의 안전하고 편리한 통행을 위하여 설치하는 도로를 말하며, 보행자우선도로는 폭 10미터 미만의 도로로서 보행자와 차량이 혼합하여 이용하되 보행자의 안전과 편의를 우선적으로 고려하여 설치하는 도로이다.

2-5-3　공원 인증 지표 구성

현행 「장애인·노인·임산부등의편의시설증진에관한법률」에 편의시설 설치 대상을 공원 관련 법인 「자연공원법」과 「도시공원및녹지등에관한법률」 상의 공원으로 하고 있으나, 현재까지 「자연공원법」상의 공원 구역 전체에 대하여 장애물 없는 생활환경 인증을 시행한 적이 없다. 인증은 보통 단일인증으로 인증대상이 되는 구역 전체와 구역 내 시설에 대하여 실시하는 것이기에 현실적으로 자연공원 인증을 받기 쉽지 않다. 구역이 넓고 자연환경을 보존하는 공원이므로 전체 공원에 대하여 인증 기준을 적용하기 어렵다. 만일 자연공원 시설 중 공원 입구의 집단시설에 한정하여 부분 인증을 한다면 가능하겠으나 이에 대한 법적 인증 기준 또는 실무적 연구가 필요하다 하겠다.

현재까지 자연공원 내 건축시설인 관리사무소와 화장실에 대하여만 건축물 인증을 실시한 예는 많으나 자연공원구역 전체에 대한 인증이 실시되지 아니한 것은 접근로, 산책로, 등산로 및 BF보행로의 평가 기준 적용이 어려운 것으로 판단되나 접근 가능한 구역에 한하여 부분인증을 실시하여 즉, 제한적 접근성을 인정하여 다양한 이용자에게 이용의 효율을 높이도록 함이 바람직하다.

장애물 없는 생활환경 의무 인증 상의 공원이란 「도시공원및녹지등에관한법률」에 의한 도시공원과 공원시설에 대하여 한정하고 「자연공원법」상의 자연공원은 의무 인증 대상시설에서 제외되었다.

보통 공원은 산림인 녹지 구역, 보행로, 광장, 놀이시설, 운동장, 조경시설 등으로 구성된 오

픈 스페이스(open space)이며 건축시설인 판매시설, 문화시설, 화장실, 관리소 등 시설이 산재해 있다.

「도시공원및녹지등에관한법률」상의 공원은 도시·군관리계획구역 내의 도시공원을 말하고 있는데, 분류는 국가도시공원(현재는 서울의 용산공원만 있음), 생활권공원(소공원, 어린이공원, 근린공원으로 세분), 주제공원(역사공원, 문화공원, 수변공원, 묘지공원, 체육공원, 도시농업공원 및 특별시 등 인구 50만 이상의 대도시의 조례로 정하는 공원 등으로 세분)으로 나뉜다. 같은 법 제15조제1항제2호사목에 따른 도시공원 중 지방자치단체 조례가 정하는 주제공원에 관하여 서울시 도시공원 조례 제3조에서 생태공원, 놀이공원 및 가로공원으로 정하고 있다. 도시공원 및 공원시설에 대하여 2021년 12월4일부터 장애물 없는 생활환경 인증 의무 대상시설이 된다.

한편 「자연공원법」 제2조의 자연공원은 자연생태계와 자연풍경지에 관한 것으로 자연공원의 분류는 국립공원, 도립공원, 광역시립공원, 군립공원, 시립공원, 구립공원, 지질공원으로 나뉘고 자연공원 자체는 인증 의무 대상시설이 아니나 공원 내 건축물은 인증 의무 대상이 된다. 공원에 관한 인증 지표는 다음과 같다.

표 2-5-3　　　　　　　　　　공원 인증 지표의 물리적 요소

범주	물리적 지표 요소
매개시설	접근로, 장애인전용주차구역
유도 및 안내시설	안내판, 통합안내설비, 경고시설
건축 및 위생시설	장애인등이 이용 가능한 화장실, 화장실의 접근, 대변기, 소변기, 세면대
편의시설	접근로, 주출입구, 놀이공간, 휴식공간, 매표소, 판매기, 음료대
BF 보행로의 연속성	BF 보행로의 지정, 보행 공간 안전성, 단차, 기울기, 바닥마감, 자전거도로와의 접점, 보행 유도의 연속성

2-5-4　　여객시설 인증 지표 구성

여객자동차터미널, 버스정류장, 철도역사, 도시철도역사, 환승시설, 공항시설, 항만시설 및 광역전철역사인 여객시설(「교통약자의이동편의증진법」 제9조 및 같은 법 시행령 별표1)은 외부 공간인 매개시설로써 접근로, 장애인주차구역 및 주출입구에 대한 지표가 있고 통로, 계단, 경사로, 승강기, 화장실 등은 여객시설 내부에 설치된 시설이나 설비에 관한 지표이다. 안내시설은 내부시설과 외부 공간에 공통적으로 구성되는 지표이다.

표 2-5-4　　　　　　　　　여객시설 인증 지표의 물리적 요소

범주		물리적 지표 요소
외부 매개시설		접근로, 장애인전용주차구역, 주출입구, 점자블록, 안내시설
내부 시설	편의시설	통로, 계단, 경사로, 승강기
	위생시설	장애인등이 이용 가능한 화장실, 화장실의 접근, 대변기, 소변기, 세면대
	안내시설	점자블록, 안내설비, 경보 및 피난시설, 접수대 및 안내소
	기타 시설	매표소, 판매기, 개찰구

2-5-5 건축물 인증 지표 구성

주로 「건축법」에 의한 건축물에 적용되는 인증 지표는 외부 공간인 매개시설인 접근로, 장애인전용주차구역 및 주출입구에 관한 것과 안내시설에 관한 것이 있다. 건축물 내부 시설인 출입문, 복도, 계단, 경사로, 승강기, 화장실, 객실, 침실, 관람석, 열람석, 접수대, 안내데스크, 매표소, 판매기, 음료대 및 외부에 설치된 안내시설 등에 관한 지표로 구성된다.

건축계획 시 외부 공간에 설치되는 시설 간의 통행로, 산책로, 계단, 경사로, 휴게소, 놀이터, 광장, 정자, 음수대, 스탠드, 자전거보관대, 썬큰가든, 분수, 벤치 부대시설 등은 평가 지표에 산입되어 있지 아니하나 평가 시 배치, 규격, 재질, 형태, 공법의 적정성 등을 차별, 안전성, 위험성, 편의성, 접근성 등 관점에서 포함하여 평가된다. 또한 대지 주변과의 연계성이나 상관성이 필요한 경우 이를 함께 심사 심의하게 된다.

표 2-5-5   건축물 인증 지표의 물리적 요소

범주		물리적 지표 요소
외부 매개시설		접근로, 장애인전용주차구역, 주출입구, 안내판, 점자블록, 안내시설
내부 시설	편의시설	통로, 계단, 경사로, 승강기
	위생시설	장애인등이 이용 가능한 화장실, 화장실의 접근, 대변기, 소변기, 세면대, 욕실, 샤워실, 탈의실
	안내시설	안내판, 점자블록, 시각 및 청각 장애인 안내설비, 시각장애인용 경보 및 피난시설
	기타 시설	객실, 침실, 관람석, 열람석, 접수대, 안내데스크, 매표소, 판매기, 음료대, 피난구, 임산부시설, 비치용품

2-5-6   교통수단 인증 지표 구성

「교통약자의이동편의증진법」 시행령 별표1에 의한 교통수단이란, 관련법에서 정한 승합자동차(버스), 여객운송 철도차량, 도시철도차량, 민간항공 비행기, 광역전철을 말한다. 이들 교통수단 중에서 장애물 없는 생활환경의 인증 대상은 버스와 철도이며 비행기 및 선박의 인증 지표는 미반영되어 있다. 이들은 교통수단이므로 외부 공간에 관한 지표가 없고 시설 내부 및 설비에 관한 것으로 구성되어 있다. 이 교통수단은 여객시설과 밀접한 시설이므로 교통수단 인증 시에 여객시설 인증과 함께 인증 신청을 하면 더욱 효과적인 생활환경을 조성할 수 있다.

표 2-5-6   교통수단 인증 지표의 물리적 요소

범주	물리적 지표 요소
버스 내부 설비	- 승강구: 휠체어 승강설비, 유효폭, 바닥마감, 계단, 디딤판 등
철도 내부 설비	- 차내 설비: 교통약자 사용 가능한 공간, 좌석, 안내판, 정차신호기 스위치, 휠체어 공간, 수직손잡이 등
도시철도 및 광역철도 내부 설비	- 정보 설비: 장애인접근 표시, 자동안내방송, 전자문자안내판, 행선지 표시 등

제2장

6절

인증의 시행

사업 목적이나 인증 목적에 따라 인증 목적물과 인증 대상 구역 등이 다양해 질 수 있다. 건축물의 경우만 보더라도 신축, 개축, 증축, 재축, 이전, 대수선 및 용도변경 등이 있고 각종 시설물의 공사 방식과 시기도 매우 다양해 인증의 여러 유형이 가능하다.

현재 운용되는 인증은 사업 착수 전이나 시설이나 설비 공사 전에 시행하는 예비인증과 공사 준공에 따른 본인증 두 단계로 나눈다. 처음 장애물 없는 생활환경 인증 시에는 예비인증을 생략하고 본인증만을 받을 수 있었으나 2019.12.3 「장애인·노인·임산부등의편의시설증진에관한법률」 제10의2제3항에서 인증 의무 대상시설에 대하여는 예비인증을 2021.12.4.일부터 의무적으로 받도록 하였다. 예비인증 없이 본인증을 받는 경우 시공 전 또는 착공 후 바로 본인증을 위한 전면적인 설계 검토가 요구되고 또 그에 따른 설계 변경이 수반될 경우 비용 및 기간 확보가 촉박하여 본인증만 받는 경우 곤란한 문제점이 많이 발생하였다.

2-6-1 인증의 시행 절차

가. 인증 신청

아래 표 2-7-1처럼 예비인증 또는 본인증의 신청자인 시설주, 개별 시설의 소유자, 관리자, 시공자 또는 지방자치단체장 등은 사업 또는 건축 인허가 전에 서류를 작성하여 준비하는 것이 좋다. 인증 신청자는 인증 심사 전에 자체적으로 인증 지표에 따른 자체 평가를 자율적으로 하고 있다. 신청서류는 해당 지역이나 시설물의 계획평면도, 시설물 배치도, 입면도, 재료상세도, 포장계획도, 보도, 접근로, 차량 및 보행자 동선계획도, 종횡단면도, 주차안내 및 유도계획, 주차면 상세도, 층별 평면도 및 단면도, 화장실 위생시설 상세도 등이다.

표 2-6-1 장애물 없는 생활환경 인증 절차 예시도[37]

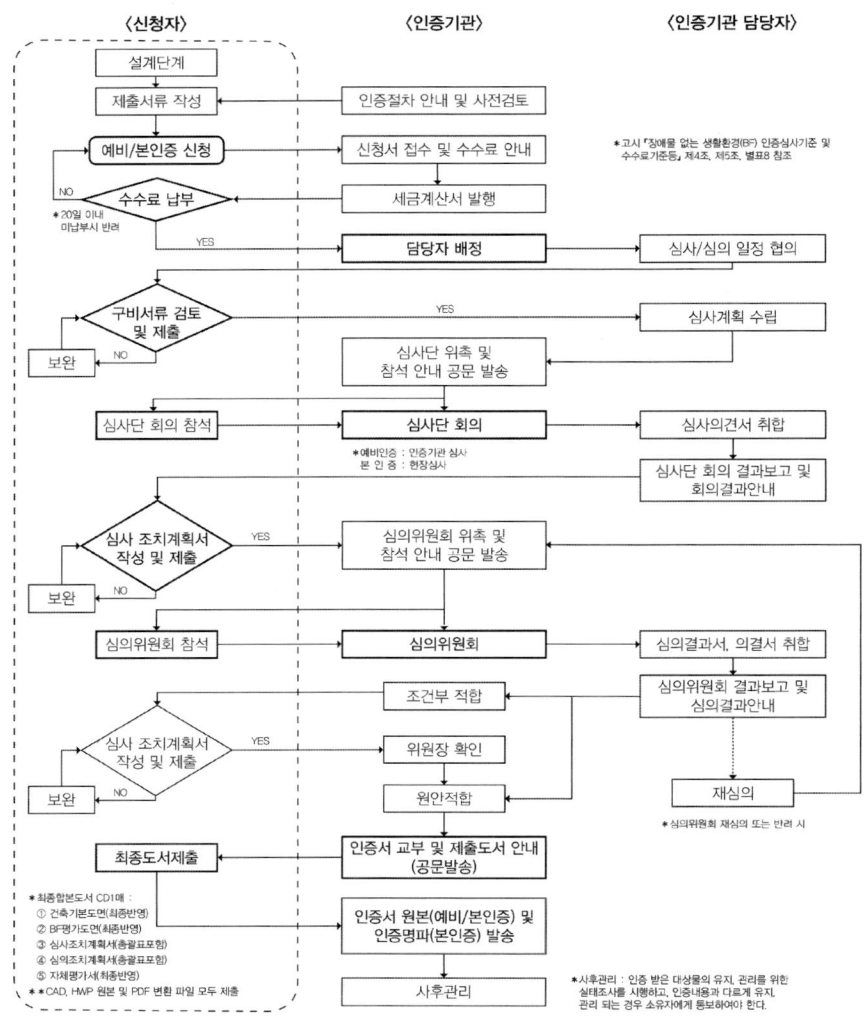

표 2-6-2 인증신청자

근거	인증 신청자
「장애인·노인·임산부등의편의증진 보장에관한법률」 제10조의2	시설주(편의시설의 소유자 및 관리자)
「장애물 없는 생활환경 인증에 관한 규칙 제6조」	* 개별시설- 소유자, 관리자, 시공자 * 교통약자를 위한 교통수단·여객시설·도로를 계획 또는 정비한 시·군·구의 지방자치단체의 장 * 「교통약자의이동편의증진법」 시행령 제15조의2제2호 및 제3호에 따른 지역의 개발사업시행자

---

37) 한국장애인고용공단 제공

나. 인증 지표와 타 법령 등과의 관계

인증 심사 또는 심의는 원칙적으로 인증 기준에 따른 내용을 평가한다. 인증 기준은 대체로 「장애인·노인·임산부등의편의증진보장에관한법률」 또는 「교통약자의이동편의증진법」 등에서 정한 최소한의 기준 이상의 기준을 나열하고 있으나 설계 시공에 관한 상기 법 이외의 관련법들이 다수가 있다. 인증을 받기 위해서는 관련 법령에서 정한 기준을 반영한 설계와 시공이 되어야하기에 관련 법령에 따라 우선적으로 설계 시공해야 함은 당연하다.

종종 인증 심사 및 심의 단계에서 관련법에서 정한 기준에 부적합하거나 누락하는 사항이 발견되는 경우가 있는데 이 부적합 또는 누락 사항 등이 기본적으로 인증의 지표에 직접 관련된 사항이거나 아닌 경우가 될 수 있다 하더라도 이를 확인할 필요가 있을 것이다. 특히 설계 시공 내용이 관련법에서 정한 차별, 안전, 재해, 피난, 부실시공 등과 관련된 사항이라면 인증 지표에 없다하더라도 인증 심사 및 심의에서 이를 확인해야 할 것이며 이를 준수하도록 해야 할 것이다. 예로 인증 지표상에 기재가 누락되어 있는 비계량적인 내용을 규정한 「장애인차별금지및권리구제등에관한법률」에 담긴 차별에 관한 의미를 잘 파악하여 설계 시공의 내용 중 차별적 요소가 없는지를 파악함이 필수적이다.

한편 인증 지표를 검토함에 있어 법령상의 규정이 아닌 주민의견, 인허가 조건, 각종 영향평가 또는 타 인증과 관련된 내용이 있는데 이를 심사·심의하여 그 구체성을 확인하고 조정할 수 있다 하겠다.

다. 인증 심사

인증기관은 인증 신청서를 검토하여 심사가 가능하다고 판단하면 심사기간을 정하여 심사팀을 구성한 후 심사계획서를 작성하여 심사를 진행하고 심사평가서를 작성하고 종료한다. 심사평가가 종료된 심사평가서를 인증신청자에게 송부하여 심사평가서에 대한 의견을 청취하여 그 내용을 종합하여 심사평가 결과서에 반영한다. 심사팀은 심사 시에 인증 범위의 적절성, 인증 목적의 달성, 인증에 부적합한 원인, 누락 등 분석하여 구체적인 시정을 요구할 수 있다. 심사결과는 최우수, 우수 및 일반으로 평가한다.

라. 인증 심의 및 인증

인증 신청자의 의견을 포함한 인증 심사 결과를 인증심의팀을 구성하여 심사평가 결과서의 내용의 적정성을 심의하여 인증을 종료한다. 심의 결과는 그 심사평가 내용에 따라 적합, 부적합, 재심의, 심의 보류, 조건부 적합 등의 결정이 가능하다. 적합한 경우 최우수등급(90점 이상), 우수등급(80점 이상 90점 미만) 및 일반등급(70점 이상 80점 미만)으로 분류한다.

부적합 내용이 경미한 부적합인 경우 조건부적인 적합 의견으로 결정하여 인증 신청자에게 보완을 통해 인증을 유도하며, 심사평가 결과서 내용을 판단함에 있어 중대한 하자 또는 부적합한 원인이 있어 심사 결과를 재확인할 필요가 있는 경우 인증 신청자에게 의견청취를 통한 재심의를 결정하고, 심사평가 결과서 내용의 중대한 하자나 부적합한 점이 소명될 수 없거나 불분명하여 심의가 불가능할 때 부적합 의견을 내거나 심의를 보류하여 차기에 심의하도록 결정할 수 있다. 인증이 결정되면 인증 내용과 시설물에 부착할 명판을 발급한다. 인증의 유효기간은 5년이었으나 2021년 12월4일부터 10년으로 연장되었다. 거짓이나 부정한 방법 등으로 인증을 받은 경우 인증을 취소할 수 있다.

마. 인증 사후 운용 보고

인증 후 매년 인증된 내용에 따라 현장에서 인증 기준대로 지속적으로 적합하게 운용되고 있는지를 인증기관이 파악한다. 이 때 이행 미비가 있는 경우 그 경중에 따라 인증 정지, 인증 취소 또는 인증 축소 등의 조치가 가능하다. 인증의 유효기간은 당초 인증을 받은 날로부터 5년이었으나 2019.12.3.일 개정된 법에 따르면 인증을 받은 후 유효기간이 끝나지 아니한 대상시설은 10년이 되며 이 기간동안 인증된 기준에 적합하게 유지·관리되고 있는지 매년 점검한다.

바. 재인증

재인증이란 최초 인증 후 10년 유효하며 인증 사후 활동보고서에 따라 그 내용을 확인하고 인증 신청서를 작성하여 인증 만료일자 이전까지 부여된 인증을 갱신하는 인증으로 10년마다 가능하다.

2-6-2 인증의 종류

장애물 없는 생활환경 인증은 시스템(system)에 대한 것이 아니라 환경을 만드는 설계 작업과 그 설계에 따라 완성되는 생활환경인 공간 및 시설을 대상으로 한다. 설계한 후 공간 및 시설을 완성하는 시점 간에는 상당한 시차가 있어 1차로 설계 시점에 시행하는 예비인증 단계와 공사 완료 단계에서 시행하는 본인증 두 단계로 나누어 실시한다. 두 단계로 나누는 것은 사업이 완료되는 시점에 완성도를 높이고 본인증 시에 발생하는 재시공하는 등의 시간 낭비와, 비용 및 오차 발생을 줄이려는 의도이다. 예비인증은 본인증으로의 유도 과정이다.

2019.12.3. 이전에는 예비인증 없이 본인증을 받아도 무방하였으나 2021.12.3부터는 장애물 없는 생활환경 인증 의무 대상시설은 필히 예비인증을 받도록 법을 개정하였다(법률 제16735호 2019.12.3.). 실무적으로 예비인증 없이 본인증을 받은 사례를 보면 시행착오, 누락, 기준 불합치 등이 발생하여 재시공이나 보완 등을 통한 예산낭비 등의 요소가 많다.

가. 예비인증

예비인증을 신청하면 도면과 자료에 의한 심사 및 심의를 거친 후 예비인증서를 교부한다. 일반적으로 사업의 인허가 또는 공사 전에 인증 신청을 하게 되며 보통 기본설계 도서 또는 실시설계 도서를 제출하여 심사 및 심의를 받는다. 예비인증 신청은 사업의 인허가 또는 공사착공을 따지지 않으나 인허가를 득한 후 받게 되면 설계 내용 및 공사비 변경에 따른 곤란이 발생하므로 인허가 전에 실시설계도서로 인증 절차를 진행하는 것이 적절하다.

인증 심의 과정은, 예비인증 신청 – 도서 제출 – 인증심사단 3 내지 5인 심사 평가 및 평가결과서 작성 – 인증심의위원회 5 내지 7인 심의 – 심의 의견서 통보 – 의견에 따른 도서 보완 – 예비인증서교부 및 공고로 이루어진다. 인증 심의 결과는 원안 적합, 조건부 적합, 재심의, 심의 보류, 인증 부적합 등으로 구분 결정이 된다.

표 2-6-3 예비인증의 시기별 장단점

인증의 신청 시기	장점	단점
인허가 전 실시설계 전	인증 지표 충실 반영	인허가 변경 시 예비인증 내용 변경
인허가후 공사 착공 전	인증 소요 시간 단축	- 인허가 내용 변경 또는 재인허가 - 설계 변경 및 사업비 증감 가능 - 재시공 비용 및 시간 낭비 가능
공사착공 후 준공 전		

나. 본인증

일단의 면적을 포함하는 도시개발사업과 같은 지역, 도로, 공원, 여객시설, 건축물 및 교통수단에 대한 본인증 신청은 당해 인증 부문의 사업 근거법령에 의한 공사 완료나 당해 시설의 등록 또는 운행허가를 얻은 후에 본인증을 신청하게 된다(장애물 없는 생활환경 인증에 관한 규칙 제6조). 즉 인증을 받으려는 사업 또는 시설의 근거 법령에 따른 공사완료, 등록 및 운행허가 등의 절차를 마친 후 본인증을 신청하게 되면 해당 시설 내용을 인증 지표에 따라 평가하는 과정이다.

표 2-6-4 본인증 신청 시기

인증 부문	근거 법령	본인증 신청 시기
지역	- 「국토의계획및이용에관한법률」 제98조(도시·군계획시설사업) 또는 그 밖의 법령에 따른 공사	준공검사증명서 발급 및 공고 후
개별시설 1 (도로, 공원, 여객시설, 건축물)	- 「장애인·노인·임산부등의편의증진보장에관한법률」 제7조의 대상시설(공원 및 건축물) - 「교통약자의이동편의증진법」 제9조의 여객시설 및 도로	해당 개별시설의 사업 근거법령에 따른 공사 완료 후
개별시설 2 (교통수단)	- 「자동차관리법」 제5조에 의한 자동차 - 「선박법」 제8조에 의한 선박 - 「항공법」 제3조에 의한 항공기	자동차, 선박, 또는 항공기 등록 또는 운행허가 후

주) 장애물 없는 생활환경 인증에 관한 규칙 제6조

예비인증은 도서에 의한 단계이나 본인증은 현장에서 3 내지 5인의 심사단이 현장에 설치된 완료 실물을 지표에 따라 평가하는 과정을 거친 후 이를 서류로 작성하여 심의의원 5 내지 7인들이 심의하는 단계를 거친다. 인증 심의 결과도 예비인증과 같이 원안 적합, 조건부 적합, 재심의, 심의 보류 및 부적합 등으로 구분 결정된다.

「장애인·노인·임산부등의편의증진보장에관한법률」 제9조의2에 의한 편의시설 설치기준 적합성 확인을 받아야 하는 편의시설은 본인증을 득하면 설치기준 적합성 확인을 득한 것으로 본다(같은 법 시행규칙 제3조의2제2항).

2-6-3 인증 등급 및 평가 기준

예비인증 또는 본인증의 등급은 최우수, 우수, 일반등급으로 구분한다. 최우수 등급은 심사기준 상의 90% 이상을 득점한 경우, 우수 등급은 80% 이상 90% 미만을, 일반등급은 70% 이상 80% 미만을 득한 경우에 부여한다. 70% 미만의 기준 점수를 득하지 못하면 인증 불가 처리가 되고 심사 기준인 지표 인증기준의 항목별 최소 설치 기준 이상을 충족하지 못하는 경우(과락 사항 발생) 인증 등급을 부여하지 못한다(인증 시행규칙 제7조제1항 관련 별표2, 인증여부 및 인증 등급의 기준).

2-6-4 인증 대상의 내용 및 범위에 따른 인증 유형

인증 신청 목적물을 심사·심의 시에 사업 목적이나 인증 목적에 따라 인증 목적물과 인증 대상 구역 등이 다양해 질 수 있고 각종 시설물의 공사 방식과 공사 시기도 다양해 인증 내용 및 범위도 다양할 수 있다. 또한 인증 대상의 공간과 시설물이 인증 신청 목적물 이외에 다른 공간과 시설물과 연계성이 있기에 이를 함께 파악하여 목적물의 인증 적합성 파악이 필요하다. 아래의 유형은 아직 제도화되지 않은 부분이 있다.

가. 단일인증

인증은 이용 대상이 되는 일정 구역 또는 일정 대지와 그에 속한 전체 시설을 인증범위로 하는 것을 원칙으로 한다. 즉 동일한 시기에 하나의 시설이나, 대상 구역 또는 대지 및 그에 속한 시설을 하나로 인증하는 것 즉 단일인증이 원칙이다. 왜냐하면 하나의 시설이나, 해당 구역 또는 대지와 그에 속한 시설을 공용으로 동일한 시기에 이용한다는 것을 전제로 하기 때문이다. 또 인증의 목적에 따라, 사업의 성격에 따라 또는 인증 시기에 따라 인증을 분할할 수 있을 것이나 대부분의 인증이 단일인증에 속한다.

나. 복합인증

현행 인증 부문은 지역, 도로, 공원, 여객시설, 건축물 및 교통수단 여섯 개를 대상으로 한다. 인증 신청자는 사업 목적 또는 인증 목적에 따라 이들 대상 중 하나를 선택하여 개별적으로 받는 단일인증일 수 있으나 동시에 다수를 각각 받을 수 있을 것이다. 예로 교통수단을 받으면서 여객시설을 동시에 인증을 받을 수도 있을 것이다. 공원 인증과 더불어 공원 내 건축물 인증을 받는 것도 이런 유형의 인증이다. 현행 제도 상 지역 인증은 그 내용이 복합인증이나 다른 인증은 각각의 인증을 신청하도록 되어 있다.

다. 부분인증

한 대지 내 기존의 여러 건축물이 있으나 새로이 건축물을 증축하는 경우 해당 건축물만 인증을 받을 수 있을 것이다. 이러한 일부분에 대한 인증의 조건은 인증 받을 건축물이 동일 대지 내 인증에서 제외되는 다른 건축물과의 관계성이 정의되고 정의된 내용이 인증 기준에 적합하다면 부분인증은 가능하다고 보아진다. 예컨대 인증할 건축물에 대한 주된 접근로의 확보, 다른 건축물로의 이동 접근로 기준 적합성, 주차장의 (공동)확보, 대지 내 다른 시설의 공유 적정성 등을 평가함에 있어서 충족하는 경우 부분인증이 가능하다 하겠다. 건축물의 신축을 제외한 개축, 증축, 재축, 이전, 대수선 및 용도변경 등인 경우 부분인증이 가능할 수 있다. 공원 내 화장실이나 문화예술회관 건축물만을 인증하는 것도 이 예이다.

라. 분할인증

전체 인증 대상 구역이나 대지에 대하여 동일한 시기에 인증을 받아야 하나 인증을 받아야 할 부문이 여러 개이거나 또는 설계 단계, 인허가 단계 또는 사업의 시기에 따라 구분하여 인증을 받을 필요가 있을 수 있다.

한 사업 구역에 대하여 공간별로 나누어 도로 부문, 공원 부문, 건축물 부문의 인증이 각각 필요한 경우 해당 부분을 분할하여 인증을 받는 경우가 이러한 예이다.

마. 단계별 인증

사업을 단계별로 하는 경우 한 구역이나 대지 내 여러 시설이 들어서는 경우 최초 인증 신청 시와 별도로 향 후 들어설 시설에 대하여 단계별로 인증을 받을 수 있을 것이다. 최초 인증 시에 합리적 이유가 있다면 단계별로 인증 받을 향후 시설에 대한 평가 내용이 확정되지 아니한 것을 이유로 단계별 인증을 받도록 조건을 부여할 수도 있을 것이다.

다만 단계별 인증 없이 경미한 부수적 시설을 추가한 경우가 문제될 수 있다. 본인증을 득한 후 인증서를 발급한 시설에 대하여 당초 기준대로 매년 시설물을 점검하기에 임의로 (잘못된) 추가 시설을 하는 경우 인증이 취소될 수 있겠으나 단계별 인증 없이 인증 기준에 맞도록 설치되었다면 추가 시설에 대하여 단계별 인증 없이 시설을 운용할 수 있을 것이다.

그러나 부가적인 시설이 사소하거나 경미한 시설이 아닌 시설물에 대하여는 추가적으로 새로이 인증을 받아야 할 것이다. 단위 시설로서 인허가 대상으로 시행되는 시설물은 당연히 새로이 또는 변경인증이 필요하다.

바. 제척인증

인증은 이용 대상이 되는 시설이나 일정 구역 또는 일정 대지와 그에 속한 시설 전체를 인증하는 것을 원칙으로 하나 일반인에게 공용되지 아니하는 관리대상구역이나 제한구역으로서 즉 일반인이 공용할 구역이 아닌 곳에 대하여는 인증 대상에서 제척할 수 있을 것이다. 비공용구역이나 제한구역에 대하여는 인증 유효기간 동안 그 내용이 그러하다고 확실한 것으로 판단되어야 할 것이다. 경찰서 및 파출소의 숙소, 교도소, 특수 연구시설의 제한구역, 중장비에 의한 하역구역 등이 인증 제척구역이 될 수 있을 것이다. 제척인증은 인증 시에 제척 대상에 대하여 평가하지 아니한다는 것을 의미하며 제척되는 내용을 명기하여 관리가 되도록 해야 할 것이다. 그러나 제척 대상의 결정은 심사·심의의 대상이 된다.

사. 확장인증

인증을 받아야 할 구역 밖의 시설이지만 인증을 받기 위해 인증 대상 구역 밖의 해당 시설이 필요한 조건이 되어 이를 평가하지 않으면 인증 받아야 할 본 평가가 하자가 있을 때 인증 받아야 할 구역 밖의 시설을 평가하는 것을 확장인증이라고 한다. 예컨대 해당 인증을 위하여 인증 신청 대상 구역 밖의 주변 도시계획도로나 현황 도로가 인증 시 접근로 연결에 필수적인 것처럼 인증 신청 대상 밖의 부지나 시설이 인증의 요건을 충족시키기 때문이다.

또 인증 신청 구역 내에 장애인전용주차구역을 확보할 수 없으나 인근 대지나 시설에서 공용으로 사용할 수 있는 장애인전용주차구역을 확보한 경우 인증의 조건을 충족하여 인증을 부여할 수 있을 것이다.

이처럼 인증을 위해 인접 대지에 있는 시설물을 이용할 수밖에 없는 경우, 또는 인접 대지나 인접 시설을 공유하여 사용할 필요가 있는 경우 등 여러 유형이 있을 수 있다. 이때 해당 인증 대상 외 다른 구역이나 다른 시설을 분리하거나 포함하여 인증하는 것이 아니라 인증 대상 외 구역과 시설이 신청된 인증의 내용에 필요한 조건을 만족시켜 인증 조건을 부여하면서 하자가 없도록 인증하는 것을 말한다.

여기서 유의해야 할 점은, 인증 신청 구역이 아닌 다른 구역까지 별도로 인증할 필요가 없거나 인증 대상 외 구역이나 시설이 해당 인증 평가 기준이 없다하더라도 다른 부문의 인증 지표가 있다면 해당 지표를 적용 또는 준용하여 평가해야 할 것이다. 예컨대 건축물인증을 신청한 대지 외에 도로를 포함하여야 인증의 조건이 완성될 때 해당되는 도로는 도로의 평가지표를 적용 또는 준용해야 하는 것이다.

그러나 인증 신청 구역 밖의 시설로써 다른 분야의 인증으로 포함·평가할 수 있고 사소하거나 부수적 경우가 아닌 각기 인증 평가할 이유가 상당하다고 판단하면 확장인증이 아닌 해당 시설에 대해 별도로 개별 인증을 받아야 할 것이다.

또 만일 확장인증의 대상시설물이 인증 후 변경되거나 없어지거나 할 경우 본인증 대상이 그로 인해 장애 요소가 발생한다면 인증은 취소될 수 있을 것이기에 이런 경우 인증의 조건을 부가하여야 할 것이다.

아. 변경인증

인증을 받았으나 사업비 변경, 인허가 및 현장 여건 변동으로 당초 받은 인증의 내용과 상이한 변경이 발생하는 경우 이를 새로이 인증 받을 것인가 하는 문제가 발생한다. 번거로운 절차를 가급적 생략하여 새로운 인증을 받는 것을 생략해야 할 것이다.

따라서 사업 규모(면적) 변경이 전체 면적의 10% 이상 증감되는 경우로서 추가 또는 감소되는 구역이 공용으로 사용될 경우 당초 인증을 변경하여 받은 것이 바람직하겠으나 10% 미만인 경우 당초 인증기관과 협의를 통해 조정하면 될 것이다. 다만 10% 이상 증감이라 하더라도 변경인증 없이 사업주체의 책임 하에 시행하고 사업을 마친 후 본인증을 받는 경우 그 결과에 대한 책임은 사업주체에 귀속되면 될 것이나 이에 대한 실무적 검토가 필요하다.

또 사업 구역의 축소가 경미하나 장애인등에게 불리한 축소는 중대한 변경이므로 변경인증을 함이 합리적일 것이다. 예컨대 장애인등이 사용가능한 화장실의 삭제 등이 그 예이다.

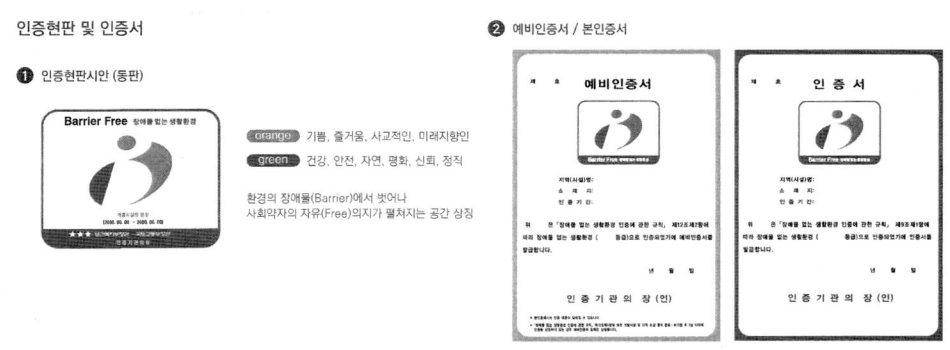

사진 2-6-1 　　　　　　　 장애물 없는 생활환경 인증현판 및 인증서

제2장
7절

연차별 인증 현황

2-7-1 인증 실적

2008년 4건으로 시작한 인증의 연차별 실적은 2019년 말까지 총 5,998건이다. 예비인증은 4,071건 본인증은 1,927건으로 건축물 인증이 96.8%로 절대 다수이다. 2016년 이후 급상승한 것은 2015년 7월 29일 「장애인·노인·임산부등의편의시설증진보장에관한법률」 제10조의2제3항 신설로 국가 및 지방자치단체가 신축하는 청사, 문화시설 등의 공공건물 및 공중이용시설 중에서 대통령령이 정하는 시설에 대한 인증이 법으로 의무화됨으로써 급증하게 되었다(표 2-3-1참조).

또한 상기 법 제10조의2제3항이 2019년 12월 3일 전면 개정되면서 향후 도시공원 및 공원시설 그리고 민간 건축물 중 대통령령이 정하는 시설에 관한 의무 인증이 2021년 12월 4일부터 확대됨에 따라 2022년 이후 도시공원 및 공원시설 그리고 민간 건축 시설 등에 대한 인증이 증가하게 된다.

2008년 10월 30일에 우리나라 최초 인증으로 한국수자원공사의 주암댐효나눔복지센터가 예비인증을 받았고, 이어서 2호는 성북구청사, 3호는 양평군장애인종합복지관이었다. 제1호 본인증은 2008년 12월 30일 대전광역시청사였다.

표 2-7-1   부문별 최초 인증(1호) 현황

최초 인증	일자	신청자	명칭	인증기관
예비인증	2008.10.30	한국수자원공사	주암댐효나눔센터	한국장애인개발원
본인증	2008.12.30	대전광역시	대전시 청사	한국장애인개발원
지역(예비인증)	2009.01.13	SH공사	서울문정도시개발사업	LH공사
도로(예비인증)	2009.05.28	서울시청	서울연남 차이나타운 중화문거리	LH공사
공원(본인증)	2010.01.06	서울시청	광화문광장	LH공사
여객시설(예비인증)	2010.10.29	SK건설	서울 지하철 9호선 931정거장	LH공사
건축물(예비인증)	2008.10.30	한국수자원공사	주암댐 효나눔센터	한국장애인개발원

표 2-7-2   연차별 인증 총괄 현황 I (건)

연차별	구분	총계	인증 부문별						인증 등급		
			지역	도로	공원	여객시설	건축물	교통수단	최우수	우수	일반
총계	계	5,998	1	8	14	167	5,805	3	385	5,267	346
	예비인증	4,071	1	8	8	115	3,939	-	259	3,557	255
	본인증	1,927	-	-	6	52	1,866	3	126	1,710	91
2008년	계	4	-	-	-	-	4	-	4	-	-
	예비인증	3	-	-	-	-	3	-	3	-	-
	본인증	1	-	-	-	-	1	-	1	-	-
2009년	계	18	1	1	-	-	16	-	13	5	-
	예비인증	13	1	1	-	-	11	-	11	2	-
	본인증	5	-	-	-	-	5	-	2	3	-
2010년	계	45	-	-	3	3	39	-	32	13	-
	예비인증	33	-	-	2	3	28	-	23	10	-
	본인증	12	-	-	1	-	11	-	9	3	-
2011년	계	96	-	1	-	13	82	-	52	43	1
	예비인증	89	-	1	-	13	75	-	49	39	1
	본인증	7	-	-	-	-	7	-	3	4	-
2012년	계	115	-	3	-	1	111	-	42	65	8
	예비인증	89	-	3	-	1	85	-	34	47	8
	본인증	26	-	-	-	-	26	-	8	18	-
2013년	계	126	-	-	1	10	115	-	39	77	10
	예비인증	87	-	-	1	3	83	-	21	56	10
	본인증	39	-	-	-	7	32	-	18	21	-
2014년	계	155	-	-	3	14	138	-	39	106	10
	예비인증	92	-	-	1	13	78	-	23	63	6
	본인증	63	-	-	2	1	60	-	16	43	4
2015년	계	188	-	2	-	11	175	-	36	137	15
	예비인증	123	-	2	-	8	113	-	20	91	12
	본인증	65	-	-	-	3	62	-	16	46	3
2016년	계	629	-	-	3	26	600	-	33	541	55
	예비인증	545	-	-	1	20	524	-	20	473	52
	본인증	84	-	-	2	6	76	-	13	68	3
2017년	계	1,213	-	1	-	19	1,193	-	37	1,091	85
	예비인증	941	-	1	-	14	926	-	26	839	76
	본인증	272	-	-	-	5	267	-	11	252	9
2018년	계	1,654	-	-	2	42	1.610	-	29	1,544	81
	예비인증	1,041	-	-	1	19	1,021	-	15	972	54
	본인증	613	-	-	1	23	589	-	14	572	27
2019년	계	1,755	-	-	2	28	1,722	3	29	1,645	81
	예비인증	1,015	-	-	2	21	992	-	14	965	36
	본인증	740	-	-	-	7	730	3	15	680	45

표 2-7-3 연차별 인증 총괄 현황 II (건)

구분	08년	09년	10년	11년	12년	13년	14년	15년	16년	17년	18년	19년	계
계	4	18	45	96	115	126	155	188	629	1,213	1,654	1,755	5,998 (100%)
예비인증	3	13	33	89	89	87	92	123	545	941	1,041	1,015	4,071 (67.9%)
본인증	1	5	12	7	26	39	63	65	84	272	613	740	1,927 (32.1%)
대상별 계	4	18	45	96	115	126	155	188	629	1,213	1,654	1,755	5,998 (100%)
지역	-	1	-	-	-	-	-	-	-	-	-	-	1 (0.0%)
도로	-	1	-	1	3	-	-	2	-	1	-	-	8 (0.1%)
공원	-	-	3	-	-	1	3	-	3	-	2	2	14 (0.2%)
여객시설	-	-	3	13	1	10	14	11	26	14	42	21	167 (2.8%)
건축물	4	16	39	82	111	115	138	175	600	926	1,610	1,722	5,805 (96.8%)
교통수단	-	-	-	-	-	-	-	-	-	-	-	3	3 (0.1%)
등급별 계	4	18	45	96	115	126	155	188	629	1,213	1,654	1,755	5,998 (100%)
최우수	4	13	32	52	42	39	39	36	33	37	29	29	385 (6.4%)
우수	-	5	13	43	65	77	106	137	541	1091	1,544	1,645	5,267 (87.8%)
일반	-	-	-	-	8	10	10	15	55	85	81	81	346 (5.8%)

표 2-7-4 예비인증 부문별·연차별 인증 현황 (건)

부문별	08년	09년	10년	11년	12년	13년	14년	15년	16년	17년	18년	19년	합계
지역	-	1	-	-	-	-	-	-	-	-	-	-	1 (0.0%)
도로	-	1	-	1	3	-	-	2	-	-	-	-	8 (0.2%)
공원	-	-	2	-	-	1	1	-	1	-	1	2	8 (0.2%)
여객시설	-	-	3	13	1	3	13	8	20	14	19	21	115 (2.8%)
건축물	3	11	28	75	85	83	78	113	524	926	1,021	992	3,939 (96.8%)
교통수단	-	-	-	-	-	-	-	-	-	-	-	-	(0.0%)
합계	3	13	33	89	89	87	92	123	545	941	1,041	1,015	4,071 (100%)

표 2-7-5 본인증 부문별·연차별 인증 현황 (건)

부문별	08년	09년	10년	11년	12년	13년	14년	15년	16년	17년	18년	19년	합계
지역	-	-	-	-	-	-	-	-	-	-	-	-	- (0.0%)
도로	-	-	-	-	-	-	-	-	-	-	-	-	- (0.0%)
공원	-	-	1	-	-	-	2	-	2	-	1	-	6 (0.3%)
여객시설	-	-	-	-	-	7	1	3	6	5	23	7	52 (2.7%)
건축물	1	5	11	7	26	32	60	62	76	267	589	730	1,866 (96.8%)
교통수단	-	-	-	-	-	-	-	-	-	-	-	3	3 (0.2%)
합계	1	5	12	7	26	39	63	65	84	272	613	740	1,927 (100%)

2-7-2　인증 실적 분석

표 2-7-2 내지 표 2-7-5 인증 실적을 분석해 보면, 첫째 12년 동안의 전체 예비인증 4,071건 중 건축물 인증이 총 3,939건으로 96.8%를 차지하고 있고 여객시설은 2.8%이며 나머지는 지역 1건, 공원 8건 및 도로 8건으로 각기 1% 미만을 점하고 있다. 이는 건축물을 제외한 지역, 도로, 공원, 여객시설 및 교통수단 부문의 인증은 법령 상 인증이 권고 수준에 있어 민간은 물론 중앙정부 또는 지방자치단체의 내규가 없어 사업시행자의 특별한 의지가 없는 한 자발적 인증을 하지 않거나 인증에 따른 인센티브 등이 없음을 의미한다. 즉 인증을 규제 또는 불편사항으로 인식하고 있다.

둘째, 예비인증을 받은 지역(1건)과 도로(8건)는 공사 완료 후에 본인증을 받지 않은 점 역시 앞에서 제시한 이유와 유사성이 있어 보인다. 지역 및 도로 부문의 실제 공사 시 예비인증의 지표나 조건 이행에 도달할 수 없는 현실적 이유가 있음을 의미하거나 사업시행자의 인증 획득 의지, 인센티브 등이 없음을 의미한다. 즉 공사 시에 인증 기준에 부합할 수 없는 현실적 이유가 있었거나, 이들 시설 인증에 대한 사업시행자의 의지 또는 지방자치단체 자치법규 상 의무 대상이 아닌 여건 하에 인증을 받아야 할 내부적 사유가 없는 것으로 추정할 수 있다.

표 2-7-6　　　　　　　　　　　2008년~2019년 인증 등급 현황 (건)

구 분	합계	최우수(90% 이상)		우수(90% 미만~80% 이상)		일반(80% 미만~70% 이상)	
		건수	비율	건수	비율	건수	비율(%)
예비인증	4,071	259	6.4%	3,557	87.4%	255	6.2%
본인증	1,927	126	6.5%	1,710	88.8%	91	4.7%
합계	5,998	385	6.4%	5,267	87.8%	346	5.8%

셋째, 표 2-7-6에서 보듯이 예비인증과 본인증을 합한 대부분(94.2%)이 장애물 없는 생활환경 인증 평가 기준의 우수등급 이상의 설계와 시공을 한 것으로 나타나고 있어 현행 장애물 없는 생활환경 인증 기준 자체가 설계와 시공에 무리한 기준이 아님을 나타내거나 설계자, 사업시행자 또는 시공사의 노력이 성실히 이행됨을 보여 준다.

넷째, 표 2-7-6에서와 같이 예비인증과 본인증의 최우수등급(6.5% 이내)과 우수등급(88% 이내)이 모두 동일한 분포에 있음은 예비인증에서 받은 등급이 시공 시에 잘 유지되고 있음을 의미한다.

다섯째, 특히 대부분의 건축물 인증에서 예비인증이든 본인증이든 간에 우수등급 이상을 받는 것은 「장애인·노인·임산부등의편의시설증진보장에관한법률」 제7조 등에서 편의시설의 종류와 기준에 관한 세부 규정이 있고 이들 편의시설의 상당 부분이 권고보다 의무적으로 설치해야 하는 규정이 있음에 따라 건축물 설계 시에 편의시설 설치를 반영하는 경우 장애물 없는 생활환경 건축물 인증을 무난히 받을 수 있는 것으로 보인다.

여섯째, 총 6개 인증 대상 부문 중 건축물을 제외한 5개 부문인 지역, 도로, 공원, 여객시설 및 교통수단은 의무가 아닌 자발적 인증 신청 대상인데 이들의 신청 건수는 전체의 3% 미만이었다. 지역, 도로 및 공원은 1% 미만이고 여객시설은 2.8%이다. 즉 인증 의무화가 없는 경우 자발적 인증 신청을 하지 않고 있다는 점이다.

앞서 설명했듯이 도시공원 및 공원시설에 대한 공원 부문 인증은 2019년 12월 3일 「장애인·노인·임산부등의편의시설증진보장에관한법률」 제10조의2를 개정하면서 인증 의무화가 되었으나, 「교통약자의이동편의증진법」에서 규정하고 있는 인증 대상시설인 도로, 여객시설 및 교통수단 인증 신청은 법령 등에 의한 의무 규정 내지 인센티브가 없다면 이들 시설은 향후에도 신청이 없어 장애물 없는 생활환경 인증 제도 상 유명무실한 시설이 될 것으로 보인다.

이들 3개 시설 중 「교통약자의이동편의증진법」 제12조에 의한 여객시설과 교통수단에 이동편의시설 설치 시 기준적합성 심사를 받도록 하고 있으며 여객시설, 교통수단, 도로 및 보행환경에 대하여는 같은 법 제25조 및 같은 법 시행규칙 제11조에 의거 설치·관리현황 및 실태조사를 매년 전수조사 또는 표본조사를 하되 5년마다 1회 전수조사를 시행하고 있으나 이 수준을 넘어서 인증이 이루어져야 실질적 이유는 이들 시설의 일상적 중요성과 이동편의시설 설치 기준적합성 심사 등과 장애물 없는 생활환경 인증 평가가 서로 크게 다른 점이 있기 때문이다.

즉 도로, 여객시설 및 교통수단에 대한 의무 인증의 필요성은 건축물 인증이란 대지 내 시설에 관한 것이 주를 이루는 것이나 도로, 여객시설 및 교통수단은 이동편의시설인 동시에 최종 이용 시설인 건축물, 공원, 광장, 청사, 상가, 사무실, 도서관 등에 이르는 일상적 기간시설이며 공공의 기반시설인 점을 감안하면 건축물보다 교통약자를 포함한 이용인구가 많기 때문에 건축물보다 이들 시설에 대한 인증이 더욱 중요하다.

그리고 이들 도로, 여객시설 및 교통수단의 인증을 시행 시에는 건축물 인증 실적에서 보듯이 우수등급 이상을 신청 건수의 94.2%를 점하는 것은 현행 「장애인노인임산부등의편의증진보장에관한법률」이나 「교통약자의이동편의증진법」에 명기된 권고 또는 의무 기준을 건축물 인증처럼 잘 준수한 설계라면 크게 어렵지 않게 인증을 득할 것으로 유추할 수 있어 인증을 기피할 까다로운 사유가 많지 않을 것이다.

일곱째, 신규 개발지이거나 지구단위계획을 입안하여 사업을 시행하는 것을 기반으로 하는 지역 부문 인증은 특별한 평가항목은 많지 않고 도로 부문과 공원 부문에 관한 지표를 인용한 것이 대부분이므로 도로와 공원을 포함하는 지역에 대하여 인증 의무화 방안은 그리 어려운 사항이 아닐 것이다('제2장 9-2 정성적 가치 판단' 참조).

표 2-7-7 2008년~2019년 예비인증 및 본인증 비율

구분	08년	09년	10년	11년	12년	13년	14년	15년	16년	17년	18년	19년	계
계	4	18	45	96	115	126	155	188	629	1,213	1,654	1,755	5,998 (100%)
예비인증	3 (75%)	13 (72%)	33 (73%)	89 (93%)	89 (77%)	87 (69%)	92 (59%)	123 (65%)	545 (87%)	941 (78%)	1,041 (63%)	1,015 (58%)	4,071 (67.9%)
본인증	1 (25%)	5 (28%)	12 (27%)	7 (7%)	26 (23%)	39 (31%)	63 (41%)	65 (35%)	84 (13%)	272 (22%)	613 (37%)	740 (42%)	1,927 (32.1%)

여덟째, 표 2-7-7에서 보듯이 본인증의 건수가 전체 인증 건수에 약 25% - 40% 범위에 걸쳐 있고 예비인증 건수의 50% 수준인 점, 그리고 본인증 건수가 차지하는 비율이 점점 높아지고 있는 것은 예비인증을 득한 후 약 6개월에서 2년 사이 짧은 기간 내 본인증을 득하는 것으로 파악된다. 다만 지역 인증의 경우 다소 기간이 길어질 수 있다.

아홉째, 2019년 기준 인증 실적(1,755건)을 달성한 한 총 7개 인증기관(2019년 9월 인증기관으로 지정된 한국건축물에너지기술원 제외)의 평균 인증 건수는 약 250건이다.

제2장

8절

인증 제도의 운영 및 과제

인증 제도가 시행된 후 꾸준히 인증지표나 평가항목 개선을 위한 연구가 지속되고 있다. 즉 새로이 삽입하여야 할 인증지표, 평가부문·평가범주·평가항목·산출기준, 제도상에 보완해야 할 행정적 방향, 그리고 탄력적 적용 방안 등이 지속적인 연구 대상이다.

장애물 없는 생활환경의 인증 운영은 인증 평가항목별 산출 기준에 의한 점수를 실시하고 있으나 실제 실무적 운영에서 나타난 특징이나 개선점은 크게 여섯 가지로 살펴볼 수 있다. 첫째 인증 평가는 정해진 평가항목에 따라 이를 점수로 환산하는데 치중하고 있으나, 기본적으로 평가항목 이전에 관련 법령에 규정된 각종 설계 및 시공 기준을 이행해야 함에도 누락하거나 이행하지 아니하고 인증 지표에 나열된 평가항목만에 치중하는 경향이 많이 나타나고 있다. 즉 인증 지표보다 상위 개념인 관계 법령에 어떤 기준이 있는지를 먼저 이해하고 이를 반영한 후 각종 인증 기준에 맞는 설계 시공을 하여야 하는 점이다.

둘째, 장애적 관점에 대한 설계 시공에 관한 방향이나 장애인에 대한 차별적 관점을 정확히 규정하기 어려운 점이 있으며 이에 대한 연구 및 경험 축적이 지속적으로 필요하고 이를 구체화해야 한다. 현재까지는 평가 심사자 및 심의자 다수자(약 10인 이내)들이 합의에 의한 판단으로 이를 정하고 있다. 이 점은 향후 계속 늘어나는 인증 건수를 대비하고 다년간의 실적을 기준으로 축적되는 경험적 기술사항과 실무적 관점을 정리할 인증기관의 협의체 구성 내지 효율적 운영의 제도적 필요성을 의미한다.

셋째, 평가 시 타 부문에 해당되는 인증지표 또는 평가항목을 적용 또는 준용할 필요가 있다. 현재 인증 신청 대상구역 내에 속한 시설 중 타 부문에 평가항목에는 있으나 신청 해당 부문 지표에는 그 시설에 대한 평가항목이 없다는 이유로 평가되지 아니하고 또한 평가 점수에 산입되지 않고 있다. 신청자가 평가항목에 없다는 이유로 이에 대한 민원을 제기하는 경우도 간혹 발생한다. 혹은 인증지표나 평가항목에 없다는 이유로 심사 및 심의 대상에서 제외됨으로써 장애를 유발할 수 있는 내용을 심사·심의에서 빠뜨리는 과오가 있을 수 있어 이에 대한 지침을 마련하거나 평가항목 보완의 필요성이 있다.

예컨대, 건축물 인증 시 인증할 내용 중 도로 부문의 평가항목이 있으면 도로 부문의 평가항목을 인용하여 평가해야 하나 현재 건축물 인증 평가 지표에는 필요한 도로 인증 지표가 산입되어 있지 않으며 또한 도로 인증 지표를 인용하도록 하는 제도상의 지침이 없다. 건축물 인증에 있어서 주변 도로가 포함된 일정 구역이 평가 대상이거나 인접 도로의 이용이 불가피한 경우에는 당연히 건축물 인증 지표에는 없으나 도로 부문 평가항목을 적용 또는 준용하여 해당 시설을 평가하여야 할 것이다. 왜냐하면 이러한 타 부문 지표나 평가항목의 적용 또는 준용은 인증 받아야 할 건축물로의 접근권 등이 인증 지표로써 당연히 평가되고 보장되어야하기 때문이다. 당연히 평가하거나 BF화 되어야 할 시설이 누락됨으로써 평가 점수 산정은 다소간의 왜곡이나 부적정 현상을 동반한다.

넷째, 시급한 연구과제는 예비인증 후 본인증 시에 발견되는 시공 상에서 발견된 오차, 오류, 누락, 부실시공 등을 줄이는 것이다. 예비인증 후 본인증 전 공사가 진행되는데 본인증 시 여러 유형의 오차 등이 발생하여 본인증 시 보완해야 하는 경우 공사 준공 후 추가적인 비용과 노력이 낭비되는 문제점이 있어 인증기관이나 (BF)감리업체 등에서 인증된 범위 내에서 사전지도, 현장 검측 및 감리를 실시하는 제도를 마련하는 방안이 검토되어야 할 것이다(후술 '제3장 오차론' 참조).

다섯째, 「교통약자의이동편의증진법」 제12조에서 도로를 제외한 교통수단과 여객시설에 설치하는 이동편의시설(같은 법 제2조제7호)에 대하여 면허·허가·인가 등을 하는 경우 기준적합성 심사를 의무 규정으로 하고 있다. 같은 법 시행규칙 별표1 이동편의시설의 구조·재질 등에 관한 세부기준의 내용과 장애물 없는 생활환경 인증 지표 평가 항목은 유사하며 또 세부기준에 따른 설치 내용을 대부분 권고조항이 아닌 의무조항으로 규정하고 있어 이동편의시설을 설치한 교통수단과 여객시설에 대하여는 장애물 없는 생활환경 인증을 받기보다 기준적합성 심사로 대체를 하고 있는 것으로 보인다.

또한 같은 법 시행규칙 제11조에 의거 교통수단, 여객시설 및 도로에 설치된 이동편의시설과 보행환경실태 등을 매년 전수조사 또는 표본조사를 그리고 5년마다 전수조사를 하도록 하고 있어 이를 장애물 없는 생활환경 인증 후 매년 현장 실태 조사를 실시하는 것으로 대체하고 있는 듯하다. 이런 면에서 교통수단, 여객시설 및 도로에 대하여는 이들 두 제도가 유사해 보이기도하고 그리고 단일화 방안도 필요해 보이나 사실 상 서로 다른 내용을 갖고 있다.

즉 장애물 없는 생활환경 인증이란 법령에 있는 또는 평가 지표에 있는 기준을 매뉴얼식 대조 작업하는 것이 아니라 기능의 배치와 규모, 시설물 상호간의 적정성, 불필요한 시설의 배제 및 조정, 비차별성, 대안 제시 및 완성도 등을 파악하는 과정도 포함하므로 교통수단이나 여객시설의 기준적합성 심사보다 장애물 없는 생활환경 인증을 포함하여 시행하여야 할 이유가 있다 하겠다.

특히 장애물 없는 생활환경의 도로 부문의 지표 및 평가항목은 도로의 이동편의시설 설치기준과 유사하나 도로는 공사 준공 시 기준적합성이 없고 또 매년 또는 5년마다 조사하는 보행환경 실태조사는 현황 조사일 뿐 설계의 BF적 확인 내지 평가하는 절차가 없는 실정이다. 반면 도로 부분의 인증 평가는 왕복 6차로 이상의 도로, 왕복 4차선 이상의 도로, 왕복 2차선 이상의 도로, 보차공존도로 및 보행자전용도로로 구분 평가함으로써 「교통약자의이동편의증진법」의 법적 정신인 장애물 없는 설계 시공의 실질적 평가를 할 수 있는 수단이 된다. 이런 이유로 장애물 없는 생활환경 인증제도가 실시된 12년 동안 본인증 실적이 전무한 도로 부문에 대한 인증 의무화가 필요하다.

요컨대, 이동편의시설의 기준적합성 심사나 이동편의시설 설치기준은 법의 설치 기준에 따른 매뉴얼식 확인일 수 있으나 장애물 없는 생활환경 인증은 설계 기법인 기능 배치 및 시설 상호간의 적정성, 불필요한 시설의 조정, 접근성, 비차별성 등을 살펴 장애물이 없도록 비계량적이고 정성적 내용을 살피는 과정을 포함하고 있다.

여섯째, 「장애인·노인·임산부등의편의시설증진보장에관한법률」에 의한 편의시설도 아니고 「교통약자의이동편의증진법」에 의한 이동편의시설도 아닌 장애물 없는 생활환경 인증 대상인 '지역' 부문에 대하여는 「장애인·노인·임산부등의편의시설증진보장에관한법률」, 「교통약자의이동편의증진법」 또는 「국토의계획및이용에관한법률」 등에 인증 의무 규정이 없어 이들 법령 중 가장 관련이 많은 「국토의계획및이용에관한법률」 상의 지구단위계획을 수립하거나 일단의 개발사업지구에 대하여는 지역 인증이 의무화 되도록 「국토의계획및이용에관한법률」 내에 삽입·검토가 필요한 것은 이들의 설계 내용은 도로와 공원에 관한 설계 기법이 주종을 이루고 있어 도로 부문과 공원 인증을 의무화하는 경우 지역 인증의 의무화는 어렵지 않을 것이다. 이 지역 부문 역시 의무화가 되지 않는다면 장애물 없는 생활환경 인증제도가 실시된 12년 동안 전무한 것처럼 향후 인증 신청이 없을 것과 인증 실적의 공백으로 계속 남을 것으로 보인다(전술 '제2장 7절 연차별 인증 현황' 참조).

일곱째, 제1장 7절의 살펴본 교통사고 현황(표 1-7-15)에서 보듯이 하루 평균 교통사망자가 4.8명이고 부상자가 129.9명인 점은 지역 부문과 도로 부문에 대한 인증의 필요성을 뒷받침하는 이유 중 하나일 것이다.

제2장
9절

장애물 없는 외부 공간의 설계 시공에 관한 가치 평가

일반적으로 장애물 없는 설계나 시공이 비용을 증가시킬 것이라는 인식은 규제가 비용을 발생시킨다는 경제학적 관점 때문이다. 장애물 없는 설계 시공을 통해 비용편익분석(cost-benefit analysis) 사례는 많지 않다. 국내에서는 이소영 교수가 직접 효과와 간접 효과에 대한 내용을 아래 표처럼 제시한 바 있다.[38]

표 2-9-1 장애물 없는 생활환경 구축의 편익 효과

구 분	내 용
이용자에게 환원되는 편익으로서의 효과	- 쾌적성, 편리성 및 이동성 증가로 장애인 등의 자립, 교육 및 취업기회 증가 - 장애인 등 레저, 문화, 스포츠 활동 참여 증가로 삶의 질 향상 - 다양한 사람들과의 교류 증진으로 사회의 활성화 도모 - 안전한 환경 구축으로 건강 서비스 비용 감소 및 생산성 증대 등
사업자에게 환원되는 편익으로서의 효과	- 잠재 고객의 증가 및 수입 증대 - 기업 이미지 향상 및 홍보 - 주택지 및 상업지의 부동산 가치 증대 등
거시적 관점에서의 효과	- 취업자 및 소비자의 증가로 거시경제에 기여 - 장애 관련 서비스 제공자가 타 분야로 진출하여 고용증가, 세수 증대 - 사회보장의 선행 투자로서 의료비 및 개호비(介護費)[34] 등을 감소시켜 사회복지비용절감 등

또, 1998년 Jack Frisch가 지역사회에서 접근성의 편익을 접근성이 없는 환경에서 경제적 생산성과 손실을 평가 추정한 소개에 따르면, 휠체어 사용자 12,000명이 접근 가능한 환경과 교통으로 고용에 참가하면 휠체어 사용자의 경제활동이 53% 증가하고 그로 인한 연간 25,000$, 20년간 60억$의 가치가 증가한다고 소개하고 있다.

공공재의 성격인 장애물 없는 생활환경에 대한 구체적 비용편익분석이 어려운 것은 정성적인 가치인 만족도, 편의성, 쾌적성 등을 얻기 위해 지불하고자 하는 비용(WTP, willing to pay)으로 평가하기 어려운 요소들이 많이 있기 때문이다.

장애물 없는 시설을 구축하는 비용은 산정 가능하다. 그 시설에 대한 접근과 이용 시

---

38) 이소영(2010), 한국장애인개발원, 장애물 없는 생활환경 인증제 중장기발전계획 수립연구보고서, pp135-152
39) 육체적 또는 정신적으로 온전치 않은 사람을 곁에서 보살피는데 드는 비용

즉 장애물 없는 공간에 가서 이용할 있다면 장애인, 노인 등 사회적 약자가 지불할 비용(willing to pay)은 증가하여 편익효과가 상승한다고 평가될 수 있다.

장애물 없는 생활환경인 공공(公共)의 외부 공간은 공공재(公共財, pubic goods)이기에 최초의 투입 비용(cost)보다 장기적으로 회수되는 편익(benefit)이 점증할 것으로 보아야 할 것이다. 장애인이나 노인 등 약자의 공간 복지로서의 장애물 없는 공간 및 시설은 장애인 등에게 행복과 만족을 주는 보편적 가치라는 점도 중요하다 할 것이다.

실제 장애물 없는 생활환경 인증 지표 이외 현 법령에서 규정한 시설 공사의 기준이 상당히 장애물 없는 공간과 시설 기준에 근접해 있고 또 의무적으로 설치하도록 하고 있어 별도로 장애물 없는 생활환경 인증에 만족하는 공간과 시설에 설치할 추가적 비용은 크게 많아 보이지 않으며 경우에 따라서는 공사비를 낮추는 사례도 있어 항상 장애물 없는 공간과 시설을 구비하는 것이 비용의 증가만을 동반하지 않는다.

2-9-1 경제성과의 관계

장애물 없는 생활환경 인증을 위한 설계와 시공 시에 추가 비용과 시간을 수반할 수 있다. 그러나 항상 그러한 것이 아니며 오히려 절감하는 경우도 있다. 또 사용자의 입장에서 보면 편익이 증가하며 증가된 편익을 전체 사용기간 동안 누적하면 편익이 비용보다 많기에 장기적으로 보면 비용에 따른 편익 효과는 좋다고 할 수 있다.

예컨대, 고속도로가 산간을 지나는 설계를 하는 경우 산을 깎고 저지(低地)를 메우는 방식으로 설계를 할 수 있고 터널과 교량을 설치하여 고속도로의 선형과 경사도를 운전자 중심으로 쾌적하게 할 수 있다. 산을 깎고 저지를 메우는 방식은 터널과 교량을 설치한 경우보다 경제적인 면에서 저렴할 수 있으나 운전자에게 곡선과 경사진 도로를 운행하여야 하는 불편, 연료 사용 증가, 공해 및 소음 발생이 있기에 장기적으로 보면 편익성은 터널과 교량으로 시공된 고속도로보다 보다 낫다고 할 수 없다.

BF 설계 시공의 예로, 바닥이 높은 건축물의 주출입구에 접근하는 계단과 경사로는 토공 설계로 높은 건축물의 바닥을 낮춤으로써 30여 가지 공종을 동반하며 설계 시공하는 불필요한 계단과 경사로의 공사비를 줄일 수 있거나, 불필요한 토공을 절취하지 않고 승강기를 도입하여 비용을 낮추는 예처럼 설계 개념에 따라 전체 공사비를 낮추는 방법이 가능하므로 장애물 없는 설계나 시공이 항상 비용을 상승시키는 것은 아니다.

B/C분석을 통해 사업의 경제성·효율성을 판단할 수 있으나 대규모 사업이 아닌 경우 간단한 개략공사비를 통한 경제성 및 사용자의 효율성을 판단할 수 있으므로 장애물 없는 생활환경 관점에서 시설물 도입의 적합성 여부를 검토해야 할 것이다.

2-9-2 정성적 가치 판단

설계나 시공을 위해 개발된 장애물 없는 생활환경 인증 지표 또는 「장애인·노인·임산부등의편의증진보장에관한법률」 시행규칙 별표1에서 정하는 편의시설의 구조/재질 등에 관한 세부기준과 「교통약자의이동편의증진법」 시행규칙 별표1의 이동편의시설의 구조/재질 등의 세부기준 등을 포함하는 대부분의 시설 기준은 정성적이기보다 정량적인 최소의 기준을 명시하고 있다.

법이란 법 시행의 명확성을 위해 또는 적정성의 한계를 찾기 위해 규격이나 양으로 정하면서 최대한이 아닌 최소한의 기준이나 범위(규격, 면적 등)를 정하여 시행령 또는 시행규칙이나 규칙의 해설서(예: **지침)에 명시한다.

정량적으로 명확히 정할 수 있는 개념을 제시할 수 있는 경우도 있으나 최소의 기준마저도 정하지 못하는 경우도 있다. 공간 설계의 목표, 개념, 방향은 대개 정성적 가치를 포함하고 있고 정량적 가치를 정할 수 없는 경우에 대개 이런 유형으로 법령에 선언적으로 명시한다.

설계 시공 시 장애물 없는 생활환경 인증 지표나 관련 법령에 제시된 구조 및 시설 기준에 만족한 설계를 하였다고 장애물 없는 설계 시공을 하였다고 볼 수 없는 것은, 보이지 않는 정성적 가치를 포함하지 않을 수 있기 때문이다. 또 정량적 기준에 따라 설계 시공한 경우라도 차별적 요소가 있는 경우라든가, 손쉽게 이용할 수 있는 대안 등이 있음에도 불편한 구조와 시설을 도입함으로써 장애물 있는 공간을 조성하는 예가 정성적 가치를 염두에 두지 않은 미흡한 설계 시공이라 할 수 있겠다.

특히, 장애물 없는 생활환경 예비인증의 심사·심의 단계에서 인증 신청된 내용을 각종 법령 기준이나 지표 평가항목 기준에 대조하는 매뉴얼식 검토가 아니라, 장애물 없는 설계가 되기 위해서 각종 기능과 시설 배치의 적정성, 시설 상호간의 효율성, 비차별성, 불필요한 과다시설의 조정, BF적 개념 또는 대안 제시, 완성도 등 장애 유발 요소가 없도록 하는 것이므로 이러한 비계량적이면서 정성적 가치를 반영하도록 하는 것이다.

이러한 이유로 예비인증 또는 본인증 심사 및 심의 단계에서 정량적 기준 이외에 정성적 가치에 의한 내용과 의미를 다루고 있다.

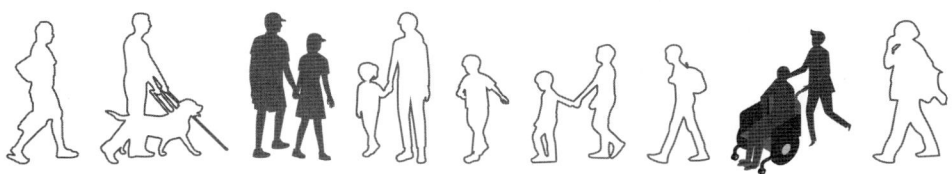

제3장 | 장애물 없는 생활환경 인증 시 발생 오차론

1. 장애물 없는 생활환경 인증 시 발생 오차 등에 관한 개요
2. 인증 시 발생하는 오차등(誤差等)의 의의
3. 오차등의 구체적 발생 사례와 해소 방안
4. 오차등의 해석과 판단 기준 설정
5. 차별적 또는 장애적 관점 없는 설계 시공
6. 요약 및 결론

제3장
1절

장애물 없는 생활환경 인증 시 발생 오차 등에 관한 개요

다른 건설 사업 단계와 마찬가지로 장애물 없는 생활환경 제도도 설계, 시공 및 관리 세 단계로 나눈다. 그 모든 단계가 중요하나 그 중 가장 중요한 단계는 시공 단계라 판단된다. 시공 단계는 장애물 없는 생활환경(Barrier-Free Built Environment)을 차질 없이 완성할 수 있는 마지막 단계이기 때문이다.

만일 예비인증 내용을 시공 단계에서 간과하거나 누락하면 되돌리기가 어렵다. 본인증 단계에서 각종 법령이나 인증 기준 또는 인증 조건에 일치하지 않는 오차, 오류, 부실, 누락, 결함, 부합, 불충분, 예비인증 설계 미이행(미시공), 타 법령 등과의 배치 등 여러 유형의 문제점이 나타난다.

아직 정착 단계에 있는 장애물 없는 생활환경의 인증을 앞서 살펴보았듯이 예비인증은 도면으로 검토하는 사전 단계이고, 본인증은 예비인증을 받은 후 도면에 의거 시공된 현장의 시공 내용을 점검하는 단계이다. 보통 상기 두 인증의 시간적 차이가 6개월-2년 정도가 된다. 매우 이례적으로 예비인증 없이 본인증을 받은 경우도 있으나 거의 예비인증과 본인증의 두 단계를 득하고 있다.

장애물 없는 생활환경 인증 제도가 시행된 2006년 이후 2008년 12년간 약 6천건의 인증 실적(표 3-1-1)을 보면, 예비인증이나 본인증 시 보완이 없는 경우가 거의 없고 특히 본인증에서는 시공된 시설의 보완이 대다수 수반되어 비효율과 낭비 요소가 발생하고 있다.

표 3-1-1 연차별 예비인증 및 본인증 건수

유형	2010이전	2011	2012	2013	2014	2015	2016	2017	2018	2019	합계
예비인증	49	89	89	87	92	123	545	941	1,041	1,015	4,071
본인증	18	7	26	39	63	65	84	272	613	740	1,933
합계	67	96	115	126	155	188	629	1,213	1,654	1,755	5,998

예비인증 과정에서도 장애물 없는 생활환경 인증 기준에 미흡한 오차 등이 발생할 뿐 아니라 예비인증과 본인증 사이 중간 과정에서 법령의 개정/변경, 설계변경, 자재변경, 임의 시

공 등으로 인하여 최종 성과물의 완성 단계인 본인증 시에도 당초 예비인증 시의 조건이나 기준과 다르게 시공되었거나, 없었던 사항이 발생하거나, 누락하거나, 인증기준/조건에 부적합하거나, 미달하는 등 오차, 오류, 누락, 결함, 변경, 부합, 불충분, 미시공 등(이하 오차 등)이 발생한다.

따라서 본인증 시에 제기되는 이러한 오차 등은 본인증의 현장 심사 과정이나 심의과정에서 소명을 받고 최종적으로 수정, 보완, 철거, 신설 등의 조건 부여 과정을 거치게 된다. 최종적으로 이러한 조건 이행을 위해서 불필요한 인력, 비용과 시간이 소모되거나 때로는 장애 없는 생활환경 인증을 준공 조건으로 사업을 하는 경우 인허가 자체에 대한 행정적 책임 소재 등의 문제점까지 수반한다.

이러한 문제점을 야기하는 원인을 실무적/행정적/제도적 단계와 관련하여 살펴보고 개선할 필요성이 제기된다. 아직 이들 오차 등의 해소 방법이나 판단 기준이 실무적으로 체계적으로 연구되어 있지 아니하며 본 연구로써 여러 유형의 비효율과 낭비를 해소하고 또 편리하고 안전한 장애물 없는 생활환경의 시설물이 경제적이고 효율적으로 시공될 수 있도록 문제점을 드러내고 이를 개선하고자 하는 것이다.

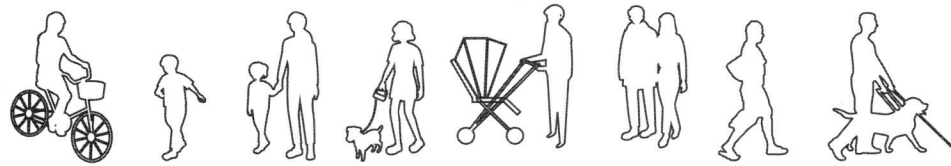

제3장
2절

인증 시 발생하는 오차등(誤差等) 의의

사전적 의미의 오차(誤差)란 참값과 근사값의 차이 또는 관측치의 차이를 말하나, 다음과 같은 경우를 오차등(誤差等)이라 정의하고 설명하고자 한다. 참값이란 인증 기준 또는 인증 조건이며 근사값 또는 관측값은 현장에서 시공한 결과물의 실제 치수나 재료의 규격 등을 말한다.

인증 시에 발생하는 여러 유형의 오차 등을 크게 나열하면 다음과 같다. 오차등이라 함은 각종 법령, 인증 기준이나 인증 조건이 부과한 내용인 참값과 시공된 내용인 측정값인 근사값의 차이로서 계획, 설계 및 시공 과정에서의 오차, 오류, 누락, 결함, 변경, 부합, 불충분, 예비인증 미이행 등을 포함하는 광범위한 것을 말한다.

도면에 기초하는 예비인증에서의 도면 부실 또는 도면 검토 불충분 등의 사유로 최종 본인증에서 오차등이 발생하기도 하나 많은 경우 현장에서 시공 내용에 관한 충분한 검토가 없어 오차등을 수반한다. 예비인증에서 발생하는 여러 유형의 오차는 본인증 전 시공 시에 사전 검토/조정하여 해소할 수 있는 경우가 대부분이다.

3-2-1 본인증 전 발생하는 오차등

예비인증 후 본인증 시까지 6개월에서 2년 정도의 두 시점 간의 차이가 오히려 오차등의 발생 원인을 제공한다. 일종의 현실적으로 다소의 불가피성을 띠고 있다. 하지만 불가피성은 여러 방법으로 최소화 가능하다. 오차등의 불가피성이란, 오차등을 이론적으로 최대한 줄일 수 있으나 피할 수 없다는 실무적 의미인데 이러한 불가피성은 다소 복잡하고 복합적이다.

예비인증 도면의 미비, 인증신청자에 속한 관계자 변경(예, 예비인증 후 주무관의 교체), 현장 자체 또는 현장 주변 여건의 변경, 민원에 의한 조건 변경, 공사 시 예비인증 조건의 미성숙, 예비인증 시의 심사 또는 심의 시 검토 누락, 예산의 변경, 시공자·감리자·주무관·컨설팅의 장애물 없는 생활환경에 대한 이해 부족, 현장 시공자의 기술 부족 등에 의한 오차등이다.

첫째, 설계자가 현장과 주변 조사를 철저히 하지 않고, 또 현황측량을 하지 않거나, 인터넷 자료 등으로 현황을 파악한 후 설계를 함으로써 발생하는 오차이다. 현황을 정확히 이해하지 않음으로써 설계된 내용이 인증 심사 및 심의 시에도 확인 되지 않는 경우 본인증까지 이어져 잘못된 시공이나 장애물 요소를 사전 제거하지 못 한다.

둘째, 설계 시 관련 계획이나 관련 법령을 이해하지 않고 단지 설계 대상 부지만 장애물 없는 설계를 하려는 취지를 갖고 설계함으로써 외부 구역으로부터 장애요소가 발생하는 오차이다.

셋째, 예비인증 검토용 도면에 예시도 또는 개념도 수준의 내용으로 작성함으로써 현장에서 이를 정확히 이해하지 못하고 시공하여 오차등이 발생한다. 예비인증 시의 도면이 현장에 적합한 공사용 실시설계 도면에 맞는 정확한 치수와 재료의 명확한 명시를 누락하는 경우이다. 예비인증 당시의 설계자 또는 컨설팅의 불성실 또는 기술력 미비 등이 원인을 제공한다.

넷째, 설계 및 공사 관련자의 교체가 오차등을 야기한다. 예비인증 시 공사의 방향과 목적을 이해한 주무관 등의 관계자가 시공 전 또는 시공 중에 교체되어 해당 업무에 이해가 부족함으로써 시공 시 오차등을 유발한다.

다섯째, 현장 및 주변의 여건 변동으로 인한 오차등의 발생이다. 예비인증을 받은 후 공사현장 자체 또는 주변 여건 변동이 있을 수 있다. 인증 대상이 되는 현장을 분할하여 시공하게 되는 계획 변경이 발생하거나, 주변에 새로이 공사된 구조물이 발생하거나, 신설되는 도로가 발생하는 등 예비인증 시 기준이나 조건이 변경되어 수반될 수 있는 오차등이다.

여섯째, 민원에 의한 오차등 발생이다. 당해 시설을 이용한 주변 주민이 당초 시설물 인허가 또는 예비인증 후 공사 시에 새로이 시설을 설치하거나 제거하도록 요구하는 경우나 빈번하지 아니하다. 공사 후 기존 시설과의 연계성 또는 접근성을 요구하는 민원도 이에 해당한다.

일곱째, 예비인증 조건의 미성숙으로 일종의 인증 조건을 충족시킬 수 없는 경우에 발생하는 오차등이 있다. 예컨대 예비인증 시 부과한 인증 조건으로 주변 도로 또는 인근 공원과 접근로나 통행로 등으로 연결되도록 하고 있으나 주변도로 또는 인근 공원이 조성되지 않은 여건 미성숙으로 오차등이 발생하는 것이다.

여덟째, 예비인증 심사 또는 심의 시 검토 누락, 착오, 오류 등이 발생한 도면대로 시공하여 오차등이 발생할 수 있다. 중대한 오차등이 발생한 시공에 대하여는 예비인증 단계에서 지적이나 조건이 부과되지 않았다하더라도 원칙적으로 보정하여야 한다. 즉 예비인증을 조건으로 본인증 시 누락 등에 대하여 소급하여 완화하거나 기준 미달을 인정할 수 없다.

아홉째, 예비인증 이후 사업 집행 예산 변경으로 부분 시공하거나 구조물의 축소 또는 변경이 발생하여 오차등이 발생할 수 있다. 특히 예산이 축소되어 구조물의 전부 또는 일부가

기준에 미달하는 경우가 발생할 수 있다.

열째, 관계자의 교육 또는 기술 부족에 따른 오차등이 발생한다. 예비인증 기준 또는 조건이 분명함에도 인증신청자, 주무관, 컨설팅, 시공자 등의 경험, 기술 부족으로 인한 오차등의 발생하는데 이로 인한 오차등이 매우 빈번하다.

열한째, 상위 계획 또는 다른 법령에 의한 계획 등과 경합·배치 관계로 오차등이 발생할 수 있다. 인허가를 받은 후 예비인증을 신청하는 경우 인허가를 변경해야 하는 경우가 발생할 수 있는데 장애물 없는 생활환경 인증 기준이나 조건을 이행할 수 없다는 어려움을 실무적으로 하소연하는 경우가 가끔 발생한다. 예컨대 교통영향평가, 에너지인증 등 다른 계획과 배치됨으로써 BF인증 기준이나 조건을 이행할 수 없다는 사유를 발생시키기도 한다. 장애물 없는 생활환경의 기준은 다른 법령에 의한 기준과 동등하거나 안전과 접근에 관한 특별법적 위치에 있음과 차별적 요소를 제공하지 않아야 함을 간과해서는 아니 된다.

상기와 같이 실무적으로 예비인증과 본인증 전에 발생하는 오차등이 복합적이고 다양하며 사전에 제거 가능한 부분과 불가능한 부분이 있으나 많은 부분을 실무적으로 조정하거나 제거 가능한 것으로 판단된다.

표 3-2-1   장애물 없는 생활환경 본인증 전 발생 오차등의 유형

유형	요인	오차등 제거 난이도
현장조사 미비 또는 미이행	- 현황 누락으로 장애 요소 잔존 - 현황측량 생략	철저한 현장 조사로 오차 제거 용이
관련 계획 및 법령 이해 미숙	인증 대상 부지에만 역점	설계 대상 부지 외 관련 법령 이해로 오차 제거 용이 또는 인증 평가 항목에 관련 법령 기준을 반영토록 지침 명기
예비인증 도면 미비	- 설계자와 컨설팅 간의 협력 미비 - 현장에 맞는 실시설계 도서의 미비 - 설계 단가 또는 설계 기간의 부적정	용이 내지 불가
관계자의 교체	예비인증 후 주무관의 교체	용이(인계인수 철저 등)
현장 및 주변 여건 변동	예비인증 후 여건 변동	용이 내지 불가
민원 발생	신규 조건 발생	대체로 용이 주민과 협의 시행
예비인증 조건 미성숙	외부 여건에 의하여 예비인증 기준이나 조건이 완성되지 않음	시간이 경과 시 충족
심사 또는 심의 시 검토 누락, 착오 및 오류	- 도면 기재 미비 - 검토자 검토 누락, 착오 및 오류 등	용이
집행 예산 변경	예산이 축소되는 경우 시설물의 규격 등이 조정되어 기준에 미달하는 경우 등	용이 내지 불가
교육 및 기술 부족	주무관, BF컨설팅 및 시공자의 교육 및 기술 부족	용이
상위 계획 또는 타 법령 등과 경합/배치	- 인허가 후 예비인증 - 다른 인허가 조건과 경합 - 상위 계획 변경	- 용이 내지 난이 - BF인증 기준이 다른 계획과 동등한 또는 우월적 위치로 인식하여 설계 및 시공
제도 상 여건 미성숙	- BF설계로 인한 원가상승 - 용역단가 미반영	제도적으로 용역설계비 반영

3-2-2 본인증 시 발생하는 오차등

첫째, 가장 많이 발생하는 오차로서 '시공 오차'가 있다. 예비인증 시에 제시된 기준에는 변동 사항이 없으나 현장에서 각종 법령, 예비인증의 도면, 인증 조건이나 인증 기준과 상이한 시공을 함으로써 발생하는 오류에 의한 오차등이다. 주로 인증신청자, 감리자, 검측자, 현장 기술자 등의 무관심 및 기술 부족에 의한다.

둘째, 현장에서 임의로 시공하거나 기준을 간과하거나 무시하여 시공함으로써 발생하는 임의 시공 오차이다.

셋째, 현장에서 설계변경하여 시공을 하였으나 설계변경 시에 인증 기준이나 예비인증 시 부여한 조건을 고려하지 않고 시공을 완료함으로써 발생하는 기준 미달의 오차이다. 당초 설계에 반영된 시설을 또는 새로이 설치한 시설을 현장에서 설계 변경하여 설치하였으나 기준이나 조건에 미비한 설계변경으로 발생한 오차가 있을 수 있다. 일종의 중대한 검토 누락이다.

넷째, 착공 전 시공을 위한 준비단계로 시공 측량을 하는데 이 시공 측량이 잘못되어 시공 결과물이 인증 기준이나 조건에 부합되지 않는 사례이다. 측량 오차가 있을 수 있으나 빈번하지 않다. 측량 오차 발생이 크면 매우 심각한 문제를 발생시킨다. 따라서 시공 측량의 결과는 사전 검토를 철저히 하여야 한다.

다섯째, 현장에 반입된 재료 또는 자재가 인증 기준이나 조건에 맞지 않는 경우로써 주로 재료 또는 자재의 결함이나 검측 부실에서 발생한다. 또 자재의 제작 오차, 자재 검수 오류 등에 의한 자재 오차가 있을 수 있다. 특히 미끄럽지 않은 바닥 검수 시 CSR 기준 외 다른 유형의 시험성적을 적용하거나 임의 판단 또는 애매한 명칭을 사용하는 예가 그러하다.

여섯째, 현장에서 완성된 시설물을 인증신청자 또는 인증기관의 심사자나 측정자가 측정할 때 발생하는 오차로써 측정기기 또는 측정자에 의한 오류 등에 의한 측정 오차이다. 이는 여러 번 또는 측정자 교체로 쉽게 해결할 수 있다.

마지막으로, 상기 오차 이외에도 여러 유형이 있을 수 있는데 공차(公差, tolerance)는 대부분 이를 인정해야 하는 오차로 분류된다.

표 3-2-2　　　　　　　　　　장애물 없는 생활환경 본인증 시 발생 오차등의 유형

유 형	요 인	오차등 제거 난이도
시공 오차	인증 기준이나 조건을 인지하였음에도 시공 과정에서 발생한 오차로서 가장 많이 발생하는 오차.	검측 철저로 가능
임의 시공 오차	각종 법령, 인증 기준이나 인증 조건을 무시하거나 간과함으로써 발생한 오차	인증 조건의 검토로 가능
설계변경 오차	설계변경하여 시공하는 과정에서 인증 기준이나 조건을 반영하지 아니한 오차	설계변경 시 검토로 가능
측량 오차	예비인증 도면 등에 의한 시공 준비 과정에서 현장 측량 시 발생하는 오류 등을 보정하지 않고 시공함으로써 발생하는 오차	되돌릴 수 없는 오차
자재 오차	현장에 반입된 자재 또는 재료에서 발생하는 오차	검측 철저로 가능
측정 오차	완성된 시공 시설물의 검사과정에서 측정된 치수의 오차로 기계 또는 측정자에 의해 발생	반복 및 숙련으로 가능
공차(公差)	기계 조작, 기온 등에 의해 어쩔 수 없이 발생하는 오차로 대부분 시방서에 이를 기재하거나 관습에 따라 인정되는 오차로 제거 불가능한 오차	불가능 또는 난이함

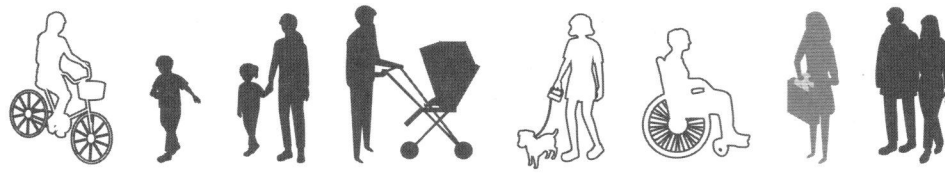

제3장
3절

오차등의 구체적 발생 사례와 해소 방안

앞에서 살펴 본 오차등의 원인을 구체적 사례별로 살펴보고 해소 방안을 살펴보면 다음과 같다.

3-3-1   본인증 전 단계에서 발생하는 오차등의 해소

가. 도면 해석의 미흡 또는 도면 누락

예비인증 단계에서 제시되는 도면은 대부분 기본설계 또는 인허가용 도면이고 반면 공사는 토공, 구조물, 상하수도, 시설물 배치도, 단면도 및 상세도 등 각종 공사용 실시설계 도면, 각종 보고서 및 시방서 등에 의한다.

예비인증 심사 또는 심의 시에 최종 공사용 실시설계 도면이 아닌 인허가용 도면이나 기본설계 도면을 해석함에 있어 미비성이 발생한다. 또 예비인증 기준이나 조건을 부여하나 이를 미흡하게 반영되거나 수정하지 아니한 실시설계 도면에 의거 현장에서 시공 시 결과물에 심각한 오차등이 발생한다. 인증 심사 및 심의 시 공사용 각종 실시설계 도서를 기준으로 도면 해석을 하거나, 인허가 도면 또는 기본설계로 심사 및 심의한 경우 충실히 하여야 하며 예비인증 내용을 누락 없이 최종적으로 실시설계 도면에 반영하도록 해야 한다.

예비인증 단계에서 각종 입면도, 종단면도, 횡단면도, 마감 자재 표기 등의 상세 도면과 시방서를 포함하지 않고 기본설계 도면을 복수의 심사자 및 심의의원들이 검토하나 도면 해석의 미흡이나 누락이 발생할 수도 있다.

인증의 목적과 취지가 장애물 없는 생활환경을 조성하고 실제 이용하고자 함에 있기에 도면 해석의 미흡이나 누락을 사유로 잘못된 시공은 시정되어야 한다. 다만 대안이 있는 경우와 중대하지 않은 오차등은 심사 및 심의과정에서 현장의 여건 파악과 대안 등을 감안하여 조정할 수 있을 것이다.

또 예비인증용 도면을 해석함에 있어 설계에 반영된 시공 재료가 시공 후에 발생할 장애적 해석이 미흡하여 본인증 시에 보완을 요청하는 경우가 발생한다. 따라서 예비인증용 도서에 명기된 재료를 공학적으로 해석해야 함과 동시에 이를 장애적 관점으로도 해석함이 필요하나 현실적으로 실시설계도서 내용의 불비, 설계 및 인증 시간 제약 상 충분한 판단에 어려움이 있다.

나. 도면 보완 시의 누락 및 미흡

본인증 시 발생하는 오차등을 해소하기 위해 예비인증 시에 충분한 정보를 수록한 도면으로 작성되는 것이 필수적이다. 즉 예비인증의 심사 또는 심의에서 부과된 조건을 공사용 실시 설계 도면에 다시 작성하거나 예비인증서 교부 시에 인증 조건이 상세히 기술되거나 조건이 도서에 반영된 후 발급되는 방안도 검토가 필요하다.

개괄적인 설계 개념을 구체화하기 위해 예비인증의 심사 또는 심의 단계에서 부여한 조건을 공사용 실시설계 도서에 명기하는 과정에서 불명확히 하거나, 미흡하게 표현하거나, 누락하거나, 도면 상호간에 불합치되게 표시하거나, 설명을 빠뜨리거나, 너무 작게 표기됨으로써 공사 시 이를 간과하는 등의 사유로 본인증 시 보완, 수정, 재시공, 철거 등의 사례가 발생한다.

예비인증 시에 인증신청자 또는 설계자를 대신하여 컨설팅이 인증을 대행하여 심사를 받는 경우 이들 간에 협조·이해 결여로 예비인증에서의 조건 사항을 설계업체가 공사용 실시설계도면에 충실히 반영하지 않거나 변경하지 아니한 실시설계 도서와 별도로 예비인증용 자료 및 도서를 현장에 전달하는 경우에도 본인증 시 오차등이 빈번히 발생한다. 책임의 소재 파악이 어려운 다단계 설계(설계 하도급 등)와 BF시공감리가 없는 과정에서 이러한 사례가 대부분이다.

인증서 교부 시 인증 조건을 반드시 공사용 설계도서에 반영되었는지를 확인하고 아울러 장애물 없는 생활환경 인증용 특기시방서 또는 BF용 기준 설계내역과 도서를 작성할 필요성이 대두된다. 또는 현장에서는 BF용 건설사업이라는 점을 현장의 기능공까지 인식하도록 할 필요성이 있다.

다. 설계업체 및 컨설팅의 협력 관계 및 숙련도 미비

장애물 없는 생활환경 인증은 실제 이용되는 성과물을 인증하는 것이기에 숙련된 BF설계자 및 기술자의 참여가 필수적이다. 오차등이 해소되지 아니하는 원인 중 하나는, 설계자가 직접 심의 단계에서 참여하지 않고 대행하는 컨설팅에 의존하는 점이다. 실시설계도서 작성자가 설계자임에도 불구하고 설계참여자들 간의 이해 부족 또는 협력 미비, 무책임, 도면 작성 완성도 부족 등으로 오차등이 발생하고 있다. 설계와 시공의 시작, 중간 및 종결 단계에서 설계의 질을 완성하도록 하는 각종 역할자(facilitator, advisor, coordinator, consultant 등)의 참여가 필요하다.

최상의 기술력과 경험을 갖추어야 할 컨설팅의 기술, 경험과 여건이 아직도 성숙되어 있지 아니하다. 컨설팅의 현실적 역량을 보면, 실시설계의 능력 미비, 현장 시공 경험 결여, 저렴한 컨설팅 비용, 업체의 영세성, BF 관련 다양한 경험 미비 등으로 설계업체, 인증신청자 및 인증기관에 전문적인 컨설팅을 하지 못하고 있는 열악한 실정이다. 간혹 컨설팅인지 대행인지 설명자인지 컨설팅의 범위가 명백하지 않아 보일때가 있고 책임의 한계도 모호한 것으로 보인다.

라. 설계자 및 인증신청자의 예비인증 심의 불참

예비인증 심사 및 심의 과정에서 설계자 또는 인증신청자의 참여 없이 이들을 대행하여 컨설팅이 예비인증을 받는 경우 인증 조건에 대한 내용을 설계업체가 설계도서에 충분히 반영되지 않고 누락하는 경우도 있거니와 인증의 필요성이나 인증 내용의 실질적 중요성을 인지하지 못하고 있는 것으로 보인다. 혹은 심의과정에 제출된 보고서만을 인증신청자 또는 설계자에게 제공하는 형태의 컨설팅을 수행함으로써 발생하는 오차등이 있다. 대행하는 컨설팅은 인증 조건의 내용을 전달할 것이 아니라 공사용 실시설계 도면에 충분히 반영되었는지를 끝까지 살펴보아야 한다.

이러한 미비점은 인증신청자 또는 설계자의 인증 심의 과정에서의 필수적 참여가 오차등을 제거하거나 해소에 수월하고 향후 본인증 시 불필요한 재시공 등의 비용과 시간 절약이 동시에 이루어진다.

마. 설계상의 여유값 부족 및 불명확성

예컨대, 현재 접근로의 경사도 인증기준은 1/18 이하이다. 이 기준에 따라 간혹 설계 내용을 1/18 이하 또는 1/18로 표기되곤 한다. 이 때 정확히 1/18로 설계된 접근로가 현장에서 1/17로 시공될 경우 본인증에서 기준에 미달되어 재시공을 요청하게 된다. 따라서 설계 시에는 이러한 시공 시의 오차를 감안하여 여유값인 1/19 또는 1/20로 함이 바람직하다.

반면 설계상의 여유가 없는 경우 1/18로 정확히 시공되도록 도면이나 특기 시방서에 명확히 기재되어 시공의 오차를 방지하여야 할 것이다.

인증 항목 과락이 발생하는 경우 인증 자체가 되지 않은 경우가 발생하므로 매우 중요한 사항에 대하여는 정확한 설계 및 시방 또는 여유치가 필요하다. 특히 건축물의 주출입구까지의 접근로 경사도는 시공이 완료된 후 재시공 비용은 과다하므로 주의가 필요하다.

또 예컨대 실제 설계상에 1/25인 경사로를 막연히 1/18 이하로만 표시하는 경우 현장에서 부주의한 설계변경 또는 다른 이유로 1/15로 시공할 수 있고 주변 시설물에게 지대한 영향을 주게 되어 정확한 기재가 필요하다.

표 3-3-1 장애물 없는 생활환경 예비인증 시 발생 오차등 해소책

유 형	요 인	해소책
도면 해석의 미비 또는 도면 누락	- 인허가 도면 외 자료 미비 또는 누락 - 종단면도 등 상세도면 미비 또는 누락 - 시방서 내 인증 기준 미기재 - 공학적 관점에서만 재료 선정	- 인증을 반영한 상세한 BF실시설계 도면 작성 및 첨부 확인 - BF 특기시방서 작성 의무화 - 장애적 관점에서 재료 선정 및 해석
도면 보완 시의 미비 또는 누락	공사용 각종 실시설계도서(도면 및 자료집 등 서류)에 내용 반영 불충분	
컨설팅 및 설계자의 협력 관계 및 기술 숙련도 미비	- 경험 및 기술 숙지도 미숙 - 설계자 또는 인증신청자의 심사 및 심의 단계의 불참 - 인증신청자, 설계사 및 컨설팅 간의 협력 부족	- 인증신청자 또는 설계자의 심의 참여 - 인증조건 내용 실시설계 도면 반영 확인 후 예비인증서 발급 - 컨설팅의 자격 확립 - 관련 전문가의 참여(facilitator, advisor/ coordinator/ consultant 등)
설계상의 여유값 부족 및 불명확성	- 현장 시공 경험 부족 - 여유값 설정에 대한 인색한 설계 - 예산의 한계	- 정확한 표기 - 여유값 설정 및 유의점 병기
제도 상 여건 미성숙	BF설계 단가 상승 및 용역단가 미반영	제도적 BF설계 용역비 반영

3-2-2 시공 과정에서 오차등의 해소

가. 시공측량 보정 누락 및 임의 시공

현장에서는 시공 전에 시공측량을 하고 공사준공 시에는 확정측량 또는 준공측량을 실시하게 된다. 시공측량은 주변 도로 등의 현황을 포함한 공사 구역과 대지의 고저 등을 확인하고 공사용 설계도서와 대조 및 검토 작업을 수반한다. 또는 지하를 굴착하기 전 또는 지반을 조사하기 위해 토질조사 등의 시추작업(보링)을 시행하기도 한다.

이러한 시공측량이나 토질조사가 설계도서나 시방서 등과 일치하지 않는 경우 공사 전 설계변경을 하게 된다. 이 설계변경 시에 BF인증의 여러 시설물 변경도 동시에 검토하여야 한다. 예비인증 시의 기준이나 조건에 부과된 사항을 어떻게 변경할 것인지를 반드시 포함하여 검토하여 보정 방안을 찾아야 한다. 그러나 이를 누락하거나 인증 기준을 무시하고 공사 함으로써 발생한 오차등은 준공 시점인 본인증 시 보완이 요구된다.

즉 시공측량 시에 발견된 설계변경 사항을 인증될 시설물과 함께 변경 검토가 이루어지지 않고 임의 시공을 하는 경우 각종 법령, 인증 기준이나 인증 조건에 부합하지 않아 본인증 시에 재시공 등의 조치를 요구하게 되는 경우가 발생한다.

예비인증서 교부 시에는 시공측량 시 변경할 사항이 발생하면 설계자 및 인증기관 등과 협의하거나 안내를 받아 시행하도록 명기함이 필요하다. 인증신청자가 공사발주 시에 현장설명서 또는 특기시방서에 공사내역 변경 시 설계사·컨설팅·인증기관과의 부합 여부를 협의할 수 있을 것이다. 과업지시서 또는 일반시방서 또는 특기시방서에 설계변경 시 BF 기준에 부합하도록 명기하고 또한 이에 대한 현장 내 홍보와 교육이 필요하다.

나. 신규 시설의 추가

당초 예비인증 시 없었던 시설이 추가 되는 경우 이 시설이 기 설계된 시설과 어떤 상관성을 갖는지 또는 해당 신규 시설이 인증 기준에 어떻게 적용 될 시설인지를 판단하고 시설의 위치, 구조, 단면도, 마감, 안전, 편의, 접근 등에 대한 상세 내역을 인증 시의 설계사, 컨설팅 또는 BF전문가와 반드시 사전 협력·협의하여 설계도면을 완성한 후에 공사를 시행함이 필요하다.

다. 기존 설계 시설의 삭제

당초 예비인증 시 있었던 시설이 예산 부족, 민원 발생 등의 사유로 삭제되는 경우 기존 설계 시설이 없어짐으로 인한 장애 유발 정도, 대체되는 시설의 유무, 삭제된 시설 위치의 마감 방법 등을 설계사, 컨설팅 또는 BF전문가 등과 협력하여 설계도면을 완성한 후에 공사를 시행함이 필요하다.

라. 기존 설계 시설의 위치 변경 또는 부분 변경

당초 예비인증 시 있었던 시설이 설계변경 사유가 발생하여 위치를 이동하고자 하는 경우 이동할 위치의 적정성, 이동 시 시설물의 구조, 마감, 안전성 및 편리성 등에 대해 설계사, 컨설팅 또는 BF전문가와 사전 협력하여 설계도면을 완성한 후에 공사를 시행함이 필요하다. 위치 변경이나 부분 변경이 발생하는 경우 다른 시설물과의 상관관계를 파악함도 필수적이다. 부분 변경이란 규격의 축소, 확대 및 자재 변경 등을 포함한다.

마. 자재 검측의 누락 또는 BF용에 적절하지 않은 자재 반입

자재는 조달구매 방식과 사급구매 방식이 있다. 국가·지방자치단체 등에서 시행하는 공사용 자재 구매는 대개 조달청을 통해서 구매하는 경우가 있는데 구매 요청 전 검토를 누락하여 BF기준에 적정하지 않는 일반용 자재가 현장에 반입되어 시공되는 사례가 있다.

사급 구매이든 조달 구매이든 시공사와 주무관은 BF에 적합한 자재인지를 확인하고 구매 요청을 하여야 한다. 이를 간과하여 본인증에서 시공된 자재를 교체토록 지적하는 사례가 있곤 한다.

음수전, 자전거거치대, 파골라(pergola, 그늘시렁), 정자 등과 같은 현장 제작이 아닌 조립용 완제품을 구매하는 경우 현장에 설치 될 경우 장애 요소가 없는지 또는 각종 규격이 이용 상에 장애가 없는지를 사전 검토하고 자재 발주 요청을 하여야 한다.

바. 제작 오차

현장에 반입되는 각종 자재 또는 제품은 각종 시방서에 의해 제작 상 오차(또는 공차)를 인정하고 있다. 공장에서 제작되는 제품은 점점 제작 오차가 줄고 있으나 시방서에 의한 제작 오차를 확인하여 예비인증과 더불어 본인증에서 수용 여부를 판단하여야 한다.

사. 시공 오차

현장에서 시공 시 발생하는 오차를 시공 오차라고 한다. 현재 인증 제도의 상위법인 「장애인·노인·임산부등의편의증진보장에관한법률」 등의 법령과 장애물 없는 생활환경 인증기준 등에는 시공 오차에 대한 정의가 없고 다만 시설 기준의 최소한도를 정하고 있다.

각종 시설도면에 정확한 규격이 있음에도 현장의 설치 현황은 여러 사유로 기준에 미달하는 사례가 발생한다.

반입된 자재를 현장 기능공 등에 의해 수작업으로 설치하거나 제작하는 경우, 다소 간에 시공 오차가 발생한다. 즉 현장의 시공 오차는 공장의 제작 오차보다 큰 경우가 많으므로 시공 상의 오차를 상정할 필요가 있다.

현장에서 시공 시 도면이나 현장의 여건을 충분히 감안하여 성실한 시공을 하였으나 시공 상의 오차가 발생한 경우 장애를 유발하는 심각한 정도가 아니라면 본인증의 심사 또는 심의단계에서 이를 판단하여 시공 오차의 범위 내에서 현황을 인정하고 재시공 등의 조치를 보류할 수 있을 것이다.

공장 제품의 제작 오차는 ±2% 미만을 허용하는 사례가 있으나 공장제품이 아닌 현장에서 인부에 의한 시공 오차의 범위는 이보다 큰 ±3% 정도가 적정해 보인다. 예컨대 3% 이내 오차인 1/12 경사도를 1/11.64로 시공한 경우, 문폭이 87.3cm인 경우, 계단 챌면의 높이가 18.54cm 이하인 경우 등은 시공의 성실도나 장애적 관점 등 여러 사정을 충분히 참작하여 이러한 허용오차를 유지시킴이 가능할 것인지 판단할 수 있을 것이다.

아. 사소한 또는 부득이한 시공

시공 현장의 여건이나 시공자의 숙달 정도에 따라 약간의 부득이한 오차가 발생할 수 있다. 보도 포장의 경우 포장 면이 매우 협소한 일부 구역에서 약간의 굴곡이 발생하여 평탄성이 지나치지 않게 시공한 경우, 경사도가 일부 구역에서 일정하지 않은 경우, 다짐이 불충분하여 평탄성이 유지되지 않는 경우 등이 있을 수 있는데 이들의 경우 전면적인 재시공보다 부분적 보완을 검토할 수 있다.

계단의 처음과 마지막 단 앞이나 출입문 앞에 점형블록을 30cm 이격하여 설치하도록 하고 있으나 횡단트렌치가 지나가는 이유로 약간의 이격거리가 좁거나 멀어질 수 있는 시공은 최대 5cm 이하에서는 부득이한 시공으로 봄이 적정하다 할 것이다.

자. 시공 오류 및 하자

허용할 수 있는 시공 오차를 벗어나 발생하는 오류, 부실 및 하자가 인증과 연관되는 경우 즉 장애·불편·위험 등을 유발하는 경우에 한하여 검측하여 원칙적 보완 및 재시공을 하도록 할 것이다. 또한 장애를 유발하지 않는 경우에 한하여 관계 이용 당사자의 의견을 충분히 참작하여 매우 엄격하고 신중한 조정과 보완책을 마련할 수 있을 것이다.

차. 부실시공

부실시공은 장애물 없는 설계 또는 시공과 관련 없이 재시공의 대상이 되므로 재시공 후 인증에 필요한 검사를 받는다.

카. 미시공

예비인증 시 포함된 사항이 설계변경 등으로 미시공된 부분이 있다면 시공이 되어야 하며 미시공 원인이 있다면 타당한 경우 소명 후 이를 인정할 수 있을 것이다.

표 3-3-2   장애물 없는 생활환경 인증 시설물 시공 시 오차등 해소책

유 형	요 인	해소책
시공측량 보정 누락 및 임의 시공	• 인증신청자 또는 시공자의 기준 간과 • 시공 관계자의 인증 내용에 대한 몰이해와 무관심 • 인증 조건을 실시설계 도서에 미반영하여 발주 도서 작성 • 실시설계 도서의 미비 • BF 전문 도서의 미비 • 관련 전문가 의견 미반영 • 예산의 축소	• 과업지시서에 설계변경 내역에 BF 검토를 명기 • 특기시방서 작성 • 별도의 BF인증 설계를 작성 첨부(또는 BF 설계 설명서 첨부) • 인증기관과 사전협의 • 전문기관 및 전문가 의견 반영 • 문서 시달 강화 • 교육 및 홍보 • 자재검측도서 및 시방서에 인증 자재 기준 병기
신규 시설의 추가		
당초 설계된 시설의 삭제 및 변경		
당초 설계된 시설의 위치 변경		
자재 검측의 누락 또는 BF용에 적절하지 않은 자재 반입		
시공 오차	• 검측 부실 • 인증신청자 및 시공자의 불성실 시공 • 시공 오차의 불가피성 발생	• 종합적 현장 여건 및 원인을 파악하여 재시공 및 보화 조치 • 엄격한 조정 허용 범위 설정
부득이한 시공 및 (사소한) 변경으로 인한 기준 미적용	• 현장에 맞는 적의 시공 • 경미하고 사소한 시공 상의 변경	• 필요 시 완화 내지 보완 • 장애적 시각에서 보완
시공 오류 및 하자	• 인증신청자 및 시공자의 무책임 등	• 인증 관련 사항에 대한 보완 조치 • 장애 유발 정도에 다른 엄격한 판단 및 신중한 조정
부실시공	• 기준 미달, 자재 불량 등	• 재시공 후 인증 검사
미시공	• 설계 변경 또는 누락 등 현장 사유 발생	• 추가 시공 또는 소명 후 미시공 인정 • 착오 등이면 재시공 조치 후 검사

3-2-3 본인증 현장 시설물 측정 시 발생 오차등

시공이 완료되면 인증신청자가 본인증을 신청한다. 인증기관에서는 예비인증 내용, 확정측

량 및 준공측량에 의한 준공도서, 자재검수서 등 자료를 검토하고 현장에서 시설물의 시공 상태를 측정하게 된다. 때때로 공사 완료 전 원활한 마감을 위해 예비준공검사처럼 본인증을 신청하기도 한다.

인증기관은 인증신청자가 제시하는 준공도서보다는 현장의 시공 상태가 인증 기준에 따라 정성적 또는 정량적으로 장애·불편·위험·사고 등의 요소가 없는지 여부를 측정하는데 주력한다. 이는 도면과 현장이 일치하지 않는 경우도 있으며 실제 이용될 시설물의 상태가 도면보다 더 중요하다. 예비인증의 조건을 누락하지 않았는지 등에 대한 내용도 파악한다.

인증기관에서 파견되는 다수의 심사자들이 현장에서 각종 시설물의 규격을 측정하게 되는데 측정하는 위치, 측정 장비(도구), 측정 횟수, 측정 방법, 측정 기법, 측정 숙련도 등에 따라 약간의 측정 오차가 발생하게 되나 이는 현장에서 그 원인이 쉽게 확인하여 조정할 수 있다. 인증신청자 또는 시공자들의 입회하에 인증기관의 심사자 다수는 측정 시 서로 확인하고 측정의 위치 등에 대하여 협의하여 측정에 따른 오차, 오류 등 제거하여 다툼을 없앨 수 있을 것이다.

예컨대 보도 포장의 경사도는 매 블록이 깔린 상태에 따라 경사도가 크게 상이하므로 매 블록의 경사도를 측정하는 방법은 오차가 크므로 경사 구간의 전체의 경사도를 측정함이 적정하다 할 것이고 일부 구역의 경사가 횡경사지거나 급한 경사가 있는 경우 일부 구역만 확인하고 보정토록 해야 할 것이다.

3-2-4 기타 원인에 의한 오차 등

시공 관련 오차등이 발생하는 직접적 또는 간접적 원인으로는 다음과 같은 사항이 있다.

- 준공 후 시공 구조물의 변형
- 관련 법령의 상호 배치
- 공사 구역의 변경
- 타인이 제공한 원인
- 시공 예산의 증감 또는 당초 인증된 공사의 부분 준공 및 타절 공사
- 예비인증 기관과 본인증 기관 간의 의견 상이
- 설계 및 인허가 기간의 부족
- 인허가 기간의 절대 공기 부족
- 법령, 인증기준, 인증조건에 없는 새로운 시설에 대한 기준 미비 등

이처럼 오차등의 발생 요인이 복잡하고 또 복합적이어서 심사 및 심의 단계에서 소명되는 자료를 참작하여 최종 장애적 관점의 경중을 종합적으로 판단하여 재시공 등 과중한 조치로 민원의 발생을 최소화해야 하여 예산 및 인력 낭비를 최소화함이 바람직할 것이다.

제3장
4절

오차등의 해석과 판단 기준 설정

앞서 살펴보았듯이 예비인증이나 본인증 시에 발생하는 여러 유형의 오차등은 그 원인이 다양하고 복합적이다. 또 대부분의 경우 오차등의 원인이 명백하나 불명확한 경우도 종종 발생한다.

장애물 없는 생활환경 인증이란 정량적인 기준 뿐 아니라 정성적인 기준을 포함하는 인증이고 예비인증 후 6개월~2년 정도의 기간 동안 시공을 하는 시간적 그리고 절차적 문제점도 안고 있다. 충분하지 않은 설계도서에 의한 심사·심의, 설계자의 기술 습득과 경험 축적이 미숙할 뿐 아니라 제도가 완숙되지 않은 상태이므로 지표 및 평가 내용에 대한 심사자 또는 심의위원들 간에 약간의 이견도 상존하는 등 오차등의 정성적 또는 정량적 해석과 판단에 약간의 어려움이 현실적으로 내재해 있다. 설계자의 설계 의도인 귀중한 창의력과 마찰을 빗기도 하나 대체로 약자적 관점의 기준에 따라 설계자와 다수의 BF전문가들이 합의하여 의견을 종합하고 있음에 큰 문제가 없어 보인다.

이러한 구조적 또는 현실적 어려움이 내재한 오차등은 실제 예비인증 후 본인증 전에 인증신청자가 공사가 착공되는 시점과 공사 진행 시에 예비인증을 발급한 인증기관이나 BF전문가와 사전 협의할 충분한 시간과 기회가 있음에도 이를 누락함으로써 오차등이 발생하고 있는 실정이다.

이러한 오차등의 해소 기회를 상실한 오차등을 본인증 시에 시정해야 하는 현실적 이유는 명백하더라도, 현장의 여건과 시공의 성실도를 참작하여 탄력적으로 운영할 필요가 있다. 현재까지 이러한 운영 방식을 채택하고 있으나 좀 더 명백한 오차등을 줄이기 위해 경험을 축적하고 제도를 개선할 필요성도 있는 것이다. 또 명백한 오차등의 보정 과정에서 시간과 비용의 낭비 및 책임 소재 등이 발생하므로 오차등의 해석과 판단 기준을 명확히 하여야 하지만 원인이 명확치 않은 경우 보정에 대한 신중성을 기할 필요가 있다.

상술된 내용을 바탕으로 본인증 심사자와 심의위원들이 발생된 오차등의 허용 범위 등에 대한 탄력적 운영을 함에 있어서 아래와 같은 엄격성과 특수성을 중요시해야 할 것이다.

첫째, 예비인증 시 부여한 조건을 시공용 도면이나 시방서에 충실히 반영했는지
둘째, 예비인증 조건을 확인 후 시공을 하였는지
셋째, 시공측량값과 예비인증 기준값의 관련 내용을 사전 파악하였는지
넷째, 오차등의 발생 원인을 사전 파악하고 설계변경에 반영하였는지
다섯째, BF를 위한 성실한 시공을 하였는지
여섯째, 오차등의 원인 해소를 위한 대안을 작성하고 시공하였는지
일곱째, 오차등의 허용 한계 범위 내에 있는지
여덟째, 오차등의 보정 방식을 어떻게 할 것인지
아홉째, 사후 관리 및 이용 시 보완 이행을 어떻게 할 것인지
열째, 재시공이 아닌 다른 대안이 있는지
열한째, 발생한 오차등이 장애적 관점에서 허용이 되는지

최소한의 법적 또는 인증 기준이 있는 경우라도 허용 범위를 판단하여 현황을 유지하여 재시공에 따르는 문제점을 엄격히 판단하여야 할 것이다. 이 때 위 일곱째 사항인 허용 오차등의 범위 설정은 열한째처럼 장애인 등의 입장에서 고려해야 함이 필수적이며 우선적 기준으로 삼아야 할 것이다(「장애인·노인·임산부등의편의증진보장에관한법률」 제3조와 제4조 및 「장애인차별금지및권리구제에관한법률」 제2조 내지 제8조 참조). 이러한 판단을 넘어선 오차등에 대하여는 재시공 등의 조치가 필수적이라고 해야 할 것이다. 이러한 오차등의 허용 범위를 실무적으로 남용하는 사례가 있을 수 있으므로 매우 엄격하고 신중하게 판단해야 할 것이다.

참고로 「장애인·노인·임산부등의편의증진보장에관한법률」의 편의시설과 「교통약자의이동편의증진법」의 이동편의시설의 설치 기준 대부분이 권고 수준보다 의무 수준으로 규정되어 있는 법적 정신에 따라 준공 상태의 시설에 대한 완화규정을 가급적 적용하기 않아야 할 것이다.

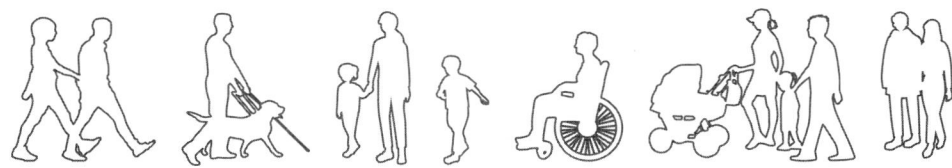

제3장
5절

차별적 또는 장애적 관점을 고려한 설계 시공

오차등을 발생시키는 인위적 요인 중 하나는 대부분 시설의 기본계획, 기본설계, 실시설계 및 시공 과정은 비장애인들에 의해 진행된다. 초기 단계에 있는 장애물 없는 설계와 시공에 대하여, 아직도 비장애인들은 장애적 관점이 매우 적고 이에 관한 전문적 또는 경험적 지식이 불충분한 경우가 많은 것으로 파악된다. 최소한의 장애적 관점에 대한 지식을 습득할 기회가 적고 장애에 관한 전문적 설계나 시공 경험이 매우 적은 점이 차별적이고 장애물 있는 환경을 조성하는 원인으로 보인다.

장애물 없는 설계 시공이 초기 단계에 있는 이러한 여건 속에서 공사 발주자, 설계자, 인허가 담당관 및 시공자 등이 장애물 없는 설계 시공을 함에 있어 그들의 지식과 역량이 부족하여 오직 장애물 없는 생활환경 인증 기준에 나열된 최소한의 정량적 기준에 의거 설계하려는 경향도 원인이 되어 예비인증과 본인증 시 많은 오차등을 발생하는 시행착오가 계속되고 있다.

이처럼 장애에 관한 이해 부족은 차별적 설계 시공으로 이어져 오차등을 발생시키는 커다란 숨은 원인을 제공하고 있으며 이런 문제점이 해소된다면 장애물 없는 생활환경의 인증에서 많은 오차등이 해소될 것이다. 「장애인·노인·임산부등의편의시설증진보장에관한법률」에 장애물 없는 생활환경 인증이 필수적인 시설들이 법제화 되었고 이를 실행에 옮기는 설계자와 시공자들에게 비차별적 또는 장애가 없는 관점의 설계와 시공에 대한 홍보와 교육이 더욱 적극적이고 전문적일 필요가 있다.

- 장애물 없는 생활환경의 지표 평가항목이나 각종 법령 상에 나열된 기준을 매뉴얼식으로 적용함은 바람직하지 않다.
- 장애적 관점에서 설계 목표와 내용을 검토한다. 이런 점에서 설계자와 시공자는 시설물 환경에 대하여 의사와 같은 역할을 담당해야 한다.
- 기존의 전통적 설계 기법이 편견에 속할 수 있다는 생각으로 설계 시공에 임하도록 한다. 전통적 설계 기법을 포함하는 사람중심의 통합적인 설계 기법을 고려한다.
- BF 전문가의 도움을 설계 시공 과정에 필수적인 과정으로 포함시킨다.

제3장

6절

요약 및 결론

장애물 없는 생활환경이 시행된 지 약 13년이 지난 현재 본인증 시에 현장에 설치된 시설물을 검측 시 오차, 오류, 누락, 결함, 변경, 부합, 불충분, 미시공 등이 발견되어 재시공 등 보완 조치가 취해지고 있다. 대부분이 제거 가능한 것이나 시행착오가 계속되고 있다.

예비인증 단계에서부터 본인증의 시공 단계에 이르기까지 행정적/실무적/제도적/현실적 사유로 인해 복잡하고 복합적인 원인으로 오차등이 발생한다. 이러한 오차등을 제거하는 과정에서 인력과 공사비의 낭비 및 시간 소모 등의 부작용이 수반되므로 이의 원인을 추적하고 해소해야 할 것이다.

그동안 발생해 왔던 주요한 오차등의 여러 원인을 살펴보면 아래 표 3-6-1과 같으며 이를 해소할 방안이 분야별로 마련되어야 할 것이다.

표 3-6-1 장애물 없는 생활환경 인증 시 발생하는 주요 오차등 해소책

유 형	요 인	오차등 해소책
관련 법령 기준 미이행	인증 평가항목에 치중하여 설계 시공하여 관련 법령 규정 미반영	관련 법령에 규정된 기준 이행 여부를 인증 기준에 명기
타 부문 평가항목 미이행	인증 신청 부문 평가항목에만 치중하고 타 부문 평가항목 배제	타 부문 인증 평가항목과 병행하여 인증 평가
기술 인력	설계자 또는 컨설팅의 기술 미비	컨설팅 자격 설정 및 정기 교육
예비인증 심사 및 심의 도면 미비	- 실시설계 도면의 미비 - 용역설계 단가 또는 설계 기간의 부적정 - 인증신청자 및 설계자의 인증 단계 불참 - 경제적 관점에서의 재료 선정과 공사비 추구	- 인증신청자의 인증 시 참여 필수 - 장애적 관점에서 재료 선정 - 비차별적 계획 및 설계 - BF 용역설계비 반영
설계도서의 미비	예비인증 시 인증용 도서 작성 미비	- 공사용 실시설계도서의 강화 - 특기시방서 또는 BF인증용 시방서 포함
임의시공	설계변경, 시설물의 설치 변경 등	설계변경 시 BF전문가와 협의
시공오차	불가피한 시공오차 허용 기준 미비	현장 시공 성실도 파악 후 시공오차 허용
부실시공	주무관 또는 시공자의 업무 숙련도 결여	주무관 등 관계자 BF 교육 제공
기타	차별적 관점에서의 계획, 설계 및 시공	관련 직무 교육에 장애 교육 의무화(건축, 토목, 조경, 도시계획 등 관련 직무교육 시)

제4장 | 장애물 없는 설계 시공의 교육, 윤리 및 UN장애인권리협약

1. 사회적 인식 확대와 교육 및 시대정신
2. 국내외 장애물 없는 설계 교육 현황
3. 세계정신: UN 장애인권리협약(CRPD)에 나타난 장애물 없는 환경부문 내용(발췌)

제4장
1절

사회적 인식 확대와 교육 및 시대정신

약자에 대하여 가정과 사회 속에서 정당한 역할을 할 수 없는 특정의 부류라는 부정적 편견과 부당한 인식이 오랫동안 만연해 있었다. 때로는 부당한 대우를 하거나 기회를 박탈당하는 문제는 우리나라 뿐 아니라 세계 각국의 문제였지만 장애인 스스로 또는 인권 옹호자들의 의해 점점 개선되어 왔다. 이로써 장애인을 포함한 약자나 소수자에 대한 사회적 인식, 교육과 법령 등의 제도, 정치 등 여러 분야에서 동시적이고 통합적인 대책이 마련되어 왔고 세계적 추세이기도 하다.

약자의 문제 중 장애는 누구에게나 어디에서나 언제든지 발생하는 점 때문에 장애는 개인 또는 의학적 관점을 넘어서 사회적, 경제학적, 복지정책적, 정치적 관점 등 사회 전반의 과제로 취급되고 있다. 선천적으로 건강한 출산으로 시작하여 성장하며 사회에서 생활하기까지 건강하게 활동하는 것이 건강한 사회생활이며 저비용의 사회이며 행복한 사회이나 이러한 목표를 달성하기 위해서는 개인과 사회 모두가 비용을 지출해야 한다.

또 장애가 선천적인 신체 손상 이외의 여러 이유로 발생한다는 점 때문에 장애 발생에 대한 사회적 대책 즉 누가 어떻게 언제 장애 발생을 막을 것이며 장애 발생 시 어떻게 장애를 극복하거나 완화할 수 있는가 하는 쟁점도 발생한다. 이러한 점 때문에 사회적 합의인 교육, 윤리와 법령이 필요하다.

법은 최소한의 조치이며 때로는 최후의 수단이다. 강행규정과 임의규정을 담고 있는 법령 이전에 해야 할 것이 있다면 이는 교육과 윤리의 몫이다. 법 이전에 장애 발생을 예측할 수 있는 수단과 완화 방법이 있음에도 이를 간과한다면 향 후 이에 대한 개인과 사회는 치료 및 갈등해소 비용을 지불해야 한다. 장애는 개인과 사회적 불만을 잉태하고 갈등의 문제를 동반한다. 왜냐하면 사회가 당연히 해야 할 바를 하지 않았기 때문이다.

윤리적 의무와 법령적 강요가 있기 전에 해야 할 것은 장애가 무엇인지 또 어떻게 장애가 발생하는 것인지를 알려 주는 홍보와 교육이다.

한국장애인개발원에서 2006년 이후 꾸준히 공무원들에게 편의시설 설치 및 장애물 없는 직무 교육을 하여 왔고 또한 장애물 없는 생활환경 인증이 의무적으로 시행되면서 점차 확대 보급되고 있다. 2017년부터 한국복지대학에 유니버설디자인과가 생겼으나 아직 체계적으로 여러 대학의 정규 교과과정이나 전문가 양성 및 기술자들에게 직무 교과과정이 확대되고 있지 아니하다. 특히 설계와 시공 실무와 인허가 과정에서 조차 이에 대한 인식이 결여되어 있다고 해도 과언이 아니다. 또 장애물 없는 설계와 시공에 관한 전문가가 매우 부족한 실정이다.

장애 요인이 신체적·정신적 장애에서부터 일상생활에서 즉 우리가 둘러 싼 물리적 또는 사회문화적 환경에서 비롯된다는 개념에서 볼 때 장애와 관련된 분야는 의학·재활·복지·심리·상담·인체공학·토목·건축·조경·도시계획·환경·디자인·기계설비·전기·IT·의료·정보·통신 등의 분야, 물품·기구를 제조하는 제조업, 도시환경을 만들고 관리하는 설계업·시공업·제조업·관리업 등의 업계와 관련이 밀접하다. 또 이 분야를 선도적으로 이끌어 가야 할 정부 부문, 공공 부문 및 학계는 절대적 동반자이기도 하다.

장애를 극복하기 위해서는 그 필요성에 대하여 기초적인 내용을 학교 교육이 담당해야 함과 동시에 다양한 여러 분야의 참여가 필요하고 이들 분야에 대한 폭넓은 홍보와 관심을 넘어 전문적 교육이 필요하다는 것을 의미한다. 각종 인허가를 담당하는 공무원, 공공부문의 정책집행 관련자, 그리고 각종 설계 시공을 담당하는 기술자에게 주기적으로 실시되는 각종 직무교육이나 보수교육 시에 장애물 없는 설계와 시공 방법에 대한 필요성과 설계·인허가·시공·관리 시에 필요한 기술사항 그리고 관련 법령 등을 교육하는 방안이 적극 강구되어야 할 것이다. 일상생활에서 누구나 가장 많이 이용하는 외부 공간인 주거 공용 부분, 공공의 건축물, 공원녹지, 도로의 보도, 주차장, 여객시설과 교통수단, 다중 이용의 건축물이나 일상의 도소매점, 정보통신 및 의료 서비스 등 분야에서 이들 시설의 설계와 시공과 관련된 학생과 기술자들에게 꾸준한 교육이 필요하다.

다행히 2019년 말까지 Universal Design 조례를 제정한 시·도·군이 11개 자치단체이고, 장애물 없는 생활환경 조례를 제정한 시·도·군·구 및 교육청이 21개로써 점점 늘어나고 있어 공간복지와 통합사회를 지향하는 시대정신에 맞추어 가는 경향이 뚜렷해지고 있다(표 4-2-1 끝단 참조).

제4장
2절

국내외 장애물 없는 설계 교육 현황

아래 표 4-2-1에서 보는 것과 같이 외국에서는 대학 또는 부설 연구소 등에서 학부 학생, 대학원생 및 연구원을 대상으로 정규 강좌를 설치하거나, 일반인을 대상으로 추가 전문 과정을 개설하여 BF 또는 UD교육을 하고 있다. 또한 전문 분야에 종사한 도시계획, 토목, 건축, 조경, 환경디자인, 소비자전문가, 심리, 역사, 의료, 복지, 정보통신 등에 관한 전문가를 초빙교수로 하여 전문성을 높여 강좌를 운영하고 있다.

표 4-2-1   국가별 장애물 없는 관련 법령 및 교육 현황

국가	교육 시설	강좌 특성	비고
오스트리아	University of Western Austria(UWA) in Perth	1996년 이후 전임 교수 3인(건축, 역사분야)외 조경가, 치료사 등 전문강사 6인으로 구성되어 디자인 및 건축 강의 시작.	1995년 「장애인차별금지법」 제정
	Queensland University of Technology(QUT) in Brisbane	환경디자인대학에 디자이너, 건축가, 계획가, 엔지니어, 행정가, 치료사 및 심리치료사 등을 위해 노령화에 대비한 1)설계 기준, 2)설계 방안, 3)설계 평가, 4)설계 실현을 위한 과목.	
벨기에	University of Diepenbeek	건축학과 학부 및 대학원에서 필수 과정으로 채택하여 건설, 건축 형식, 미적 선호, 의미론, 경제성, 기능성, 안전성, 생태, 역사성 및 지속성 등을 2001년 이후 강의.	
덴마크	Royal Danish Academy of Fine Arts in Arthus 또는 in Copenhagen	동 건축대학에서 1995년 이후 특정 교수에 의해 강의가 시작되었으나 폐강이 되기도 하고 다시 신설되기도 하였고 현재는 대학원 과정에서 계획가, 정책결정자, 예술가 등을 대상으로 강의.	2000년 BF 관련 법 제정
프랑스	l'Ecole d'Architecture de Paris La Villette	2002년 이후 폐강.	Access 법률 시행
그리스	- Research Office for People with Special Needs - Athens Polytechnical School	1985년 동 연구소를 환경부 산하에 설립하여 가로, 보행 공간, 공공건축물, 주택 및 교통부문 시설에 대하여 일반 지침을 작성하여 유아, 노인, 유모차, 트롤리, 휠체어 및 무거운 물건을 운반하는 사람 등을 위한 사회통합 프로그램을 시행한 후 2004년 아테네 등 그리스 올림픽 및 장애인 올림픽을 계기로 동 제도의 시행이 강화되었고 현재 아테네 폴리텍 대학에서 건축학과에서 관련 디자인 및 법령에 대한 강의가 있음.	
독일	연방사회법전 내 DIN1830, DIN 18024, DIN 18025, DIN 18030, DIN 77800		
아이랜드	University College in Dublin	동 건축대학에서 "Dra Ware Project"가 EU의 재정지원으로 1998-2000년 동안 있었고, 시각, 촉각, 인지 및 지각 환경에 대한 건축학의 생태 외 강좌를 1-4학년에게 강의	
일본	1949년 신체장애자복지법 제정 후 신체장애자복지법(1960), 정신박약자복지법(1960), 동경도복지도시 만들기 정비지침(1987), 직업훈련법, 신체장애자고용촉진법, 직업안정법, 심신장애자대책기본법(1993), 고령자·신체장애인등이 원활하게 이용할 수 있는 특정 건축물 건축의 촉진에 관한 법률(일명 하트빌딩법, 1994, 2002), 고령자의 주거안정 확보에 관한 법률(2001) 등을 제정		
	- NEC Design Group - Tama Art University	동 디자인그룹과 대학에서 1996-2000년 동안 이 분야의 정의와 시장에 관해 연구 시작되었고 다마미술대학에서 강좌개설 등 매우 활발하게 국가적으로 시행되고 있고 우리나라와 정보 교환이 많음	

국가	교육 시설	강좌 특성	비고
스웨덴	중앙장애인위원회(Statens Handikappard, SHR) 및 국립장애인연구소 구성, 「건축법」 내 장애인 관련 포함, GYGG IKAPP HANDIKAPP(지침서)		
노르웨이	- School of Architecture in Oslo (AHO) - School of Architecture in Trondheim - Veterinary and Agricultural University in As	동 대학의 1학년 또는 2학년 학생들부터 필수과목으로 개념 및 실습을 하도록 하고 있음.	2004년 「장애인차별금지법」 시행
폴란드	9개의 기술대학(in Warsaw, Krakow, Lodz, Poznan, Wroclaw, Gdansk, Gliwice, Bialystok, Szczecin)	9개 대학의 9명 교수협의회로 구성하여 디자인, 장애, 건축환경, 환경 분석 등에 관하여 약간씩 다른 교육과정을 개설하여 제공	인구 3900만명 중 450만명 (11.5%)이 장애인
영국	장애인 편의시설 법규 건축 M part, BS 8300: 2000, 생애주택기준(Lifetime Standards), 주택공사계획개발기준 (Housing Corporation's Scheme Development Standards) 등		
	University of the West of England(UWE)	계획 및 건축학과에서 영국왕립건축가협회, 건축가등록협회 및 왕립도시계획협회와 협력하여 교육과정 시행	1995년 「장애인차별금지법」 제정
	Salford University	건축 및 재산관리 대학 부설 연구소에서 건축, 건강 및 사회분야 직업인, 학부 또는 대학원생을 위한 과정 개설	
	University of Reading	시각장애, 법령, 교통, 접근성관리, 색상, 조명, 디자인, 수요자 욕구 등에 관해 직업인 및 대학원 강좌 개설	
미국	1961년 미국국가표준협회(America National Standard Institute: ANSI) 신체장애인들이 접근 사용가능한 건축물과 시설물에 관한 표준상세도 발표, 1984년 표준적 연방 접근 기준(Uniform Federal Accessibility Standard:UFAS, 1984), 공동주택수정법(1988), 통신법(1996), 재활법(1998), 의료법 등에 장애인 등이 위한 접근 및 이용 가능한 생활이 되도록 하며 현재는 연방기구인 Access Board 운영		
	NCSU (북캐롤라이나대학)	부설 연구소에서 대학원 및 박사과정의 교과 과정 제공	1990년 「장애인차별금지법」 제정으로 30여개 대학에서 강의 중
	SUNY (뉴욕주립대, 버팔로우)		
	SFSU (샌프란시스코주립대)	산업디자인학과에서 소비자상담자들과 연계하여 과정개설	
	USC (남가주대)	온라인으로 4개 강의(건축, 디자인, 인간공학, 심리치료)를 개설하고 전문가를 강사로 활용	
한국	중앙정부	2007. 4 장애물 없는 생활환경 인증 제도 실시	
	한국장애인개발원	한국장애인개발원 공무원 직무교육(2006)	
	한국복지대학교	유니버설 건축학과 개설(2018)	
	지방자체단체의 유니버설디자인 조례 및 시행규칙[40]	화성시, 천안시, 전라북도, 서울특별시, 제주특별자치도, 경기도, 대전시 동구, 대전광역시, 서울특별시 도봉구, 용인시, 의정부시	11개 자치단체 시행
	지방자체단체의 장애물 없는 생활환경 조례[41]	서울특별시교육청, 부산광역시, 제주도특별자치도, 제주도특별자치도교육청, 대구광역시, 대구광역시 달서구 및 북구, 대전광역시 대덕구, 광주광역시, 광주광역시 동구, 광주광역시교육청, 울산광역시, 경기도, 경기도교육청, 충청남도, 전라남도, 목포시, 완도군, 경상남도, 거창군, 경사남도교육청	21개 자치단체 시행

---

40) 한국장애인개발원(2017), 2017 유니버설디자인 국제세미나-유니버설디자인의 흐름 및 향후 정책과제 p142
41) 한국장애인개발원(2019), 장애물 없는 생활환경 인증 상세표준도, p15

제4장
3절

세계정신: UN 장애인권리협약(CRPD)에 나타난 장애물 없는 환경 부문 내용(발췌)

1975.12.9.일 UN에서는 「장애인권리선언」이 있었고 1981년에는 국제장애인의 해로 정한 바 있다. 1988년 하계올림픽이 우리나라에서 개최되고 이어 장애인올림픽이 유치되었다. 이후 「UN장애인권리협약」이 UN총회에서 2006.12.13 채택된 영향을 받아 우리나라는 「장애인차별금지및권리구제등에관한법률」을 2007.4.10. 제정하고 2008.4.11.부로 시행하였다. 「UN장애인권리협약」은 우리나라 국회가 2008.12.2. 비준 동의하여 2008.5.3. 조약 제1928호인 「장애인의권리에관한협약」(CRPD: Convention on the Right of Persons with Disabilities)으로 발효되었다. 유엔 총회에서 채택된 후 우리나라에서 조약으로 비준 동의까지 2여년의 시간을 거쳤다.

우리나라의 여러 장애인단체와 국가인권위원회 등에서 참여와 기여를 통해서 제정된 「장애인차별금지및권리구제등에관한법률」과 위 「CRPD」 내용의 기본정신인 장애인의 인간으로서의 존엄적 권리와 시민적 권리 충족 그리고 완전한 사회참여를 위해서 여러 과제를 우리에게 던지고 있다.

장애인에 대한 권리 회복과 확보를 넘어서 실제적인 사회 통합과 참여적 수준까지로 발전시키기 위해서는 사회 전 분야의 보완, 개선, 신설이 요구된다 하겠다. 전문과 총 50 개조로 된 본 조약 중 장애, 접근성, 일상생활 공간에서의 활동, 물리적 계획 및 설계와 관련된 부문을 발췌하면 아래와 같다.[42] 국내법과 동일한 국제협약이기에 각 부문별 내용을 이해, 홍보, 교육하고 제도로 연결해야 하는 것이다. UN은 각국의 이행 상황을 모니터링하며 우리 정부도 이에 관한 보고서를 4년마다 UN에 제출한다.

---

42) 김형식(2009.12), UN장애인권리협약과 장애인의 시민적 권리, 재활복지 Vol12, No3, pp143-170

4-3-1　인권 부문
(전문, 제2, 제3, 제5, 제11, 제12, 제14, 제17조)

- 모든 인권의 보편성, 불가분성, 상호 의존성 및 상호 관련성과, 차별 없이 완전히 향유할 수 있도록 보장
- '장애인 세계행동계획'과 '장애인의 기회평등에 관한 표준규칙'의 원칙과 정책 지침을 각 당사국의 장애인 정책에 반영하도록 함
- 위험상황과 인도적 긴급사태: 무력분쟁, 인도적 긴급사태, 자연재해 등과 같은 위험 상황에서 장애인의 보호와 안전을 보장하는 모든 필요한 조치를 취함
- 장애로 인한 사람에 대한 차별은 인간의 천부적 존엄성 및 가치에 대한 침해라는 것
- 차별의 개념: 정치·경제·사회·문화, 민간 및 기타 영역에서 다른 사람들과 동등한 기초 위에서 모든 인권과 기본적 자유를 인식, 향유 또는 행사하는 것을 저해하거나 무효화하려는 목적이나 효과를 가지는, 장애를 이유로 한 구별, 배제 또는 제한과 합리적 편의의 거부를 포함하여 모든 유형을 말함

4-3-2　대상
(전문, 제3, 제4, 제6, 제7, 제8, 제23, 제24, 제28조)

- 인격적 수혜 대상: 일반장애인, 여성장애인(장애여성과 장애소녀), 아동장애인, 아동, 장애노인, 경제적 취약자, 이주 노동자, 중복 장애인, 토착민, 소수 민족, 난민 및 그의 가족
- 의무적 시행 대상:
  - 주체: 공공의 당국, 공공기관, 기관, 민간기업, 개인,
  - 내용: 법률, 규정, 관습, 관행, 정책, 프로그램, 사회적 인식, 교육

4-3-3　장애 개념 확충
(전문, 제1조)

- 장애는 점진적으로 발전하고 확대되는 개념이며, 완전하고 효과적인 사회참여를 저해하는 태도 및 환경적인 장벽과 손상을 지닌 개인과의 상호작용으로부터 야기된다는 것(장애인식 변화 및 장애인구의 증가)
- 장애인의 다양성을 더욱 인정, 장애는 개인의 문제가 아님
- 의료적 모델+사회적 모델+환경적 모델 수용

4-3-4　장애 요인 및 장애인 정의
(제1, 제4, 제8, 제16, 제19조)

- 사회적 요인: 차별(구별, 배제, 제한, 과도한 부담), 사회참여 제약, 인권침해, 빈곤, 폭력, 의도적 따돌림, 사회적 오명, 착취, 학대, 선입견, 고정관념, 편견, 소외, 격리

- 의료적 요인: 손상(신체적, 정신적, 지적, 감각적 손상)
- 개인적 요인: 연령, 성별, 인종, 습관, 대처양식 등
- 환경적 요인: 장벽(barriers)
- 장벽(barriers): 환경 속에서 특정 요소의 부재 또는 존재로 기능을 제한하고 장애를 촉진하는 요인으로 접근 불가능한 물리적 환경, 보조기술 부재, 장애에 대한 부정적 태도, 장애인의 참여를 가로막는 서비스·시스템·정책이나 이들의 부재 등을 말함

4-3-5 접근성(accessibility) 보장
(제2, 제3, 제4, 제9, 제19, 제21, 제24, 제30조, '장애인의 기회평등에 관한 표준규칙'[43])

가. 정보 및 의사소통에 대한 접근

정보통신기술, 서면, 음성, 평문(plain language), 낭독자, 문자표시, 점자, 테이프 표시, 촉각 의사소통, 약시자를 위한 대형 인쇄, 대중매체, 수화통역 등 제공.

나. 합리적 편의

불균형하거나 과도한 부담을 주지 않는 범위 내에서 장애인이 다른 사람과 동등하게 인권과 자유를 향유하도록 편의를 제공.

다. 보편적 설계(Universal Design)

각종 생활 제품, 시설물, 환경, 장애인의 보장구, 프로그램 및 서비스 설계 시에 변경, 조정, 개조 혹은 특별한 설계 없이 최대한 모든 사람이 이용하도록 하는 설계 방식이나 고안으로 특정 그룹을 전용으로 하는 이분법적 특수 설계를 지양.

라. 접근성 보장 원칙

자립적 생활이 가능하고 삶의 모든 영역에서 완전한 참여가 가능하며 도시 및 농촌지역에서 다른 사람과 동등한 기초 위에서 접근 가능하도록 보장.

마. 물리적 환경에 대한 접근 장애 또는 장벽 회피 대상(Barrier Free Design)

- 학교, 주택, 의료시설과 근무지를 포함한 건축물
- 도로, 대중교통서비스, 교통수단 및 기타 실내외 시설
- 전자 서비스와 응급서비스를 포함한 정보, 통신 및 기타 서비스

---

43) The Standard Rules on the Equalization of Opportunities for Persons with Disabilities, 1993.12.30. 유엔총회 결의안 48/96

- 대중에게 개방되거나 제공되는 건축물, 시설과 서비스
- 설계된 재화, 서비스, 장비, 시설, 정보통신, 인터넷, 이동보장기구, 보장구

바. 장애 또는 장벽 회피 조치 방식(Barrier Free Design):

- 접근성을 위한 최소한의 기준 및 지침 이행 개발, 공포, 점검 및 장애인 단체 참여
- 접근성 보장을 위한 법률 제정
- 접근성 보장이 설계 과정 초기부터 물리적 환경 설계 및 건축에 포함
- 민간 주체들에게 접근성 보장을 위한 모든 측면을 보장
- 장애인이 직면한 접근성 문제에 대한 훈련
- 대중에게 개방 또는 제공되는 건축물과 시설에 점자 및 읽고 이해하기 쉬운 표지판 설치, 안내인, 낭독인, 음성서비스, 자막방송, 전문 수화통역사를 포함한 현장 지원과 매개체(정보 전달하는 사람 또는 수단) 제공
- 인터넷을 포함한 새로운 정보통신기술 및 체계에 접근토록 장려
- 최소한의 비용으로 기술 및 체계에 접근 가능하도록 초기 단계에서 접근 가능한 정보통신기술과 체계의 설계, 개발, 생산 및 유통을 장려
- 보조 기술, 보조, 지원, 서비스, 교육 홍보 등 기타 가용자원에 대한 조치
- 탈시설화

4-3-6 장애인의 자립적인 생활과 지역사회 통합
(제19조)

- 장애인은 다른 사람들과 동등한 기초 위에서, 거주, 거주지 및 동거인에 대한 선택의 자유를 가지며 특정한 주거형태에서 살도록 강요받지 않음
- 장애인은 지역사회 내에서의 생활과 통합을 지원하고 지역사회로부터 소외 또는 격리되는 것을 예방하기 위한 개인적인 지원을 포함하여, 다양한 형태의 가정 내, 거주지, 그리고 기타 지역사회 지원서비스에 접근
- 대중을 위한 지역사회 서비스와 시설은 동등한 기초 위에서 이용 가능해야 하며 장애인의 욕구에 부합

4-3-7 문화생활, 레크리에이션, 여가 및 스포츠에 대한 참여 환경
(제30조)

- 접근 가능한 형태로 된 문화적인 자료에 대한 접근 향유
- 접근 가능한 형태로 된 텔레비전 프로그램, 영화, 연극 및 기타 문화적 활동에 대한 접근 향유
- 극장, 박물관, 영화관, 도서관과 여행 서비스와 같은 문화 행사 또는 서비스를 위한 장소에 대한 접근과, 국가의 문화적 명소 및 유물에 대한 접근 향유
- 주류 스포츠 활동의 전 영역에서 최대한 참여할 수 있도록 권장하고 증진
- 장애 특화 스포츠와 레크리에이션 활동을 조직하고 개발하며 참여할 기회를 보장하고, 이를 위

해 다른 사람들과 동등한 기초 위에서, 적절한 지침, 훈련 및 자원의 공급 장려
- 스포츠와 레크리에이션을 위한 장소 및 여행지에 대해 접근 보장
- 장애아동이 교내 활동을 포함하여 놀이, 레크리에이션, 여가 및 스포츠 활동에 참여하는데 있어서 동등하게 접근 보장
- 레크리에이션, 여행, 여가 및 스포츠 활동의 구성과 관련된 서비스에 접근 보장

4-3-8 의견, 표현 및 정보 접근의 자유
(제21조)

장애인이 다른 사람들과 동등한 기초 위에서, 자신이 선택한 모든 의사소통의 방법을 통해 정보와 사상을 추구하고 접수하며 전달하는 자유를 포함한 의견 및 표현의 자유에 대한 권리를 행사할 수 있도록 보장하며 다음을 포함한 모든 적절한 조치를 취함.

- 대중을 위한 정보를 다양한 장애 유형에 적합하게 접근 가능한 형태 및 기술을 통해 적절한 방법으로 별도의 추가 비용 없이 장애인에게 제공
- 공식적인 교류에 있어 수화, 점자, 보완적이고 대안적인 의사소통 그리고 장애인의 선택에 의한 기타 모든 접근 가능한 수단, 방법, 형태를 사용하도록 수용하고 촉진
- 인터넷을 포함해 대중에게 서비스를 제공하는 민간주체가 장애인을 위한 접근 및 이용 가능한 형식으로 정보와 서비스를 제공
- 인터넷을 통해 정보를 제공하는 자를 포함하여 대중매체에 장애인에게 접근 가능한 서비스를 만들도록 권장
- 수화사용을 인정하고 증진할 것

4-3-9 모니터링 실시
(제33, 제34, 제35, 제36조)

정부 내 자국의 법적·행정적 체계에 따라 본 협약의 이행을 증진·보호·감독할 전담부서를 지명하고 본 협약이 이행 정도를 시민사회, 특히 장애인과 이들을 대표하는 단체가 참여하는 모니터링을 실시하여 감시하도록 하고 각국은 UN에 최소 4년마다 보고서를 제출하도록 하고 있다. 정부의 이행여부는 최종 UN 내에는 장애인권리위원회를 두고 있고 각국이 제출한 보고서 검토 등 각국의 조약감시기구의 기능을 하게 된다. 협약에 나타난 각 당사국의 의무는 즉각적으로 이행하여야 할 의무와 점진적으로 실현하여야 할 의무로 나누어 볼 수 있으며, 결국 이러한 두 가지 종류, 즉 점진적 실현 및 즉각적 실현에 관한 각 조문의 내용을 어떻게 본 협약에서 개별 현실로 적용하여 구체화시킬 것인가에 대한 우리 정부에 대한 전반적 이행 여부를 모니터링하게 된다.[44]

---

44) 국가인권위원회(2007), 장애인권리협약해설집, piii

제5장 | 장애물 없는 외부 공간 및 시설의 설계 시공

1. 장애물 없는 외부 공간의 설계 시공 개요
2. 토공 설계와 접근성
3. 보행장애물의 회피 설계와 시공
4. 보도
5. 접근로
6. 단차
7. 차도 횡단
8. 고원식 횡단보도
9. 고원식 보도(차량진출입부)
10. 고원식 교차로
11. 속도저감시설
12. 차도 입체 횡단시설
13. 보행지원시설
14. 보행섬식 횡단보도
15. 승하차시설
16. 주차장
17. 포장
18. 목재 포장재
19. 옥외 계단
20. 옥외 경사로
21. 계단과 경사로의 형상 및 배치의 차별성
22. 산책로
23. 광장
24. 점자블록 및 바닥 포장의 정보 기능
25. 자전거도로, 자전거주차장 및 자전거치대
26. 공연장 또는 공연무대
27. 바닥분수
28. 자동차진입억제용 말뚝(볼라드)
29. 선홈통
30. 조회대 및 단상
31. 음수대(음수전) 및 세족시설
32. 휠체어 보관소
33. 파고라(그늘시렁) 및 정자
34. 유희시설
35. 보도교(교량)
36. 생활형 하천
37. 수경관시설
38. 공원계획
39. 운동시설
40. 캠핑장
41. 시설물의 색채 계획
42. IT 시설의 이용
43. 정보 제공 및 안내시설
44. 교통신호기
45. 조명시설
46. 배식 및 식재
47. 틈과 구멍
48. 회전교차로
49. 불편, 장애 및 사고를 일으키는 설계 시공 사례

제5장
1절

장애물 없는 외부 공간의 설계 시공 개요

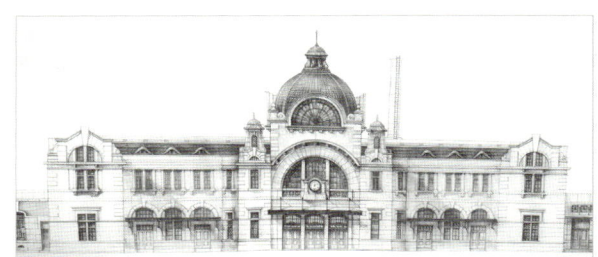

그림 5-1-1 　　　　　옛 서울역사 정면도

사진 5-1-1 　　　　서울역사 주 출입구 앞 접근성 현황

옆 그림과 사진은 아름다운 서울역이다. 18세기 말에 고종황제 재임 시절 설계 시공하여 1900년 7월에 「남대문정거장」으로 명명되어 사용되기 시작한 이 옛 역사의 중앙 홀(hall) 앞 광장은 계단이나 경사로 없이 수평적으로 접근하도록 설계 시공되어 사고 없이 120여년을 사용하여 왔다. 주출입구 앞 수평참은 화강석 통석이며 광장보다 약 7.5cm 높고 수평참에서 광장에 이르는 구역은 약 1/20 정도의 경사이다. 이러한 형상의 주출입구로써 모든 유형의 시민이 120여 년 동안 잘 사용하여 왔다. 물론 서대문구 무악재에서 시작하는 하천인 만초천은 서울역 앞을 지나 청파로 및 용산전자상가를 지나 한강에 합류되는데 이 만초천이 범람하여 서울역이 침수된 적이 없다. 오늘날의 설계와 시공도 이처럼 홍수로 인한 침수를 걱정하여 계단을 두거나 경사로를 두어서는 아니 된다. 100년이 넘는 세월에도 계단이나 경사로 없이도 침수가 되지 않았다는 점을 공학적으로 이해하여야 아름다운 설계가 탄생된다.

이런 시공이 진정한 통합적이고 포용력 있는 설계(Inclusive Design)이며 모두를 위한 설계(Design for All)이고 보편적인 디자인(Universal Design)이요 장애물 없는 설계(Barrier Free Design)인 것이다.

5-1-1 아름답고 조화로운 설계 시공의 방향

설계와 시공의 최종 결과물은 형태를 갖는 제품, 시설물 그리고 환경으로 나타난다. 장애물 없는 외부 공간이나 시설물의 설계와 시공 역시 여러 인공적 환경을 디자인하는 과정이기에 다른 디자인 요소들과 조화되고 아름답게 마감되어야 한다. 안전성(Safety), 접근성(Accessibility), 편의성(Convenience), 쾌적성(Amenity) 및 비차별성(Non-discrimination)을 핵심 목표(S.A.C.A.N.)로 디자인한다.

그러나 장애물 없는 설계와 시공의 이들 핵심 목표가 Barrier Free Design만을 강조하여 다른 디자인 요소를 방해하거나 무시되어서는 아니 된다. 이들 목표가 다른 디자인 요소에 녹아 들어가 있고 함께 하여야 하는 것이다. 반대로 다른 디자인 목표(표 1-8-2참조)들도 Barrier Free Design 요소에 녹아들어 함께 하는 디자인이 되어야 한다.

다른 디자인 요소에 Barrier Free Design 요소를 반영하고 혹은 양보하였듯이 Barrier Free Design 요소를 지나치게 강조하여 다른 디자인요소를 저해해서는 아니 된다. 이런 점에서 Barrier Free Design은 눈에 두드러지지 않아야 한다.

디자이너가 Barrier Free에 치중한 결과가 다른 디자인 요소를 무시하여 특별한 형태와 시설이 되는 것은 일종의 역차별적 디자인이 된다. 만일 특정한 사람들을 위한 특별한 Barrier Free Design이 필요한 공간이라면 어쩔 수 없겠으나 지나친 강조는 모두에게 불편과 역반응을 초래하는 것이 아닌지도 검토하여야 한다. 또 각종 표준도에 의한 매뉴얼식 디자인이 되어서도 아니 된다.

Barrier Free Design이 항상 시공비 상승을 동반할 것이라고 예단하거나 선입관을 가질 필요도 없다. 디자인 방법, 자재 선정, 공법, 그리고 적정한 시설물의 선택을 통해 대안을 찾을 수 있기 때문이다.

이런 면에서 디자이너와 시공자는 설계와 시공의 각 단계에서 두드러지지 않는 Barrier Free Design이 되고 다른 디자인의 일반성을 해치지 않은 조화로운 기능과 미를 제공하는 노력과 열정이 요구된다. 또한 이런 점에서 디자이너는 창의적 발상이나 디자인 개념을 절대시하거나 고집하여서도 아니 된다.

디자이너는 비장애인 많다. 비장애인은 장애인이나 노인 등이 외부환경에서 겪는 어려움이나 고통을 이해하기 쉽지 않다. 이런 이유로 디자인을 할 때 장애 요소에 관한 이해는 장애인을 포함한 전문가의 의견을 충분히 듣고 이행하여야 한다는 생각과 더불어 긍정적 사고로 임해야 한다. 비장애인인 디자이너의 주관적 판단에 의지하거나 전통적 설계 개념과 이론을 고집하여서 아니 된다. 그러한 고집이나 지식은 편견일 수 있으며 또한 장애인도 동시에 디자인적 요소를 해치지 않는 범위 내에서 디자인의 합리성을 위해 적정한 양보를 함으로써 아름답고 조화로운 설계와 시공이 되도록 함께 노력해야 하는 것이다.

5-1-2 설계 시공의 절차

현행 장애물 없는 생활환경의 외부 공간에 관련된 법령 또는 인증 지표 기준의 이행 사례를 살펴보면 접근성에 관한 지표 이행에 어려움을 보이는데 이는 종래의 설계 방식대로 설계를 한 후 장애 유발 정도, 인증 지표 또는 법령 기준에 맞도록 시설을 부가하는 표준도에 의한 매뉴얼방식으로 설계를 진행하기 때문이다. 이러한 방식보다는 처음부터 장애물 없는 설계 방식에 입각해 설계를 진행하여야 예비인증이 쉽고 본인증까지 시행착오가 최소화된다.

장애물 없는 외부 공간 설계와 시공 단계는 아래 표 5-2-1에서 보듯이 개략 6단계로 나누어진다. 이들을 요약하면 현황 측량과 구상을 통해 접근성 요소를 잘 고려하면 많은 문제가 해결되고 이들이 적정하지 않으면 많은 낭비적 부가 시설이 설치되어야 하거나 해결이 쉽지 않다. 이들 중 핵심적 고려 사항은 1)부지 정지를 위한 적정 토공 설계를 통한 부지의 계획고(F.L.) 결정으로 합리적 접근성 확보, 2)보차도경계석(연석)의 높이 최소화로 편의성 증대, 3)보도 및 접근로의 경사도 및 폭의 적정성 확보로 접근성 강화, 4)기타 각종 시설에 대한 비차별성, 편의성, 쾌적성을 위한 규격·형태·배치 등을 통한 장애물 없는 설계와 시공이 되도록 하는 것이다.

아래 표 5-1-1은 현장 조사 및 법령 검토에서부터 장애물 없는 외부 공간 설계, 시공 및 이용 상에 고려해야 할 요소들에 관한 6단계에 관한 점검표이며 각 분야별로 적용할 수 있는 내용이기도 하다.

제 1단계는 디자인의 목적과 목표를 정하는 단계이다. 설계 시공하기 전 설계 시공의 목적인 이용자에 대한 파악과, 이들을 위한 설계 시공의 정확한 범위의 목적과 목표를 이해하는 일이며 이를 구체적으로 이해하지 못하면 설계가 완료되더라도 재검토 등의 환류과정이 수차례 반복된다. 설계 대상 구역 내 개별 시설에 대한 장애물 없는 것을 목표로 할 것인가 아니면 설계 대상 전체 지역에 대하여 장애물 없는 공간으로 할 것인가를 정하게 된다. 필요시 장애물 없는 생활환경 인증제도에 의한 장애물 없는 생활환경 인증 6가지 중 어떤 부문의 인증을 받을 것인가에 대한 법적 검토가 이루어지는 단계이다. 공공기관, 국가기관, 지방자치단계는 이 단계에서 설계의 목적과 목표가 대개 법령에 의해 규정된다.

만일 도로나 공원과 같은 일부 인증이 아닌 일정 면적을 대상으로 하는 지역 인증을 받게 되는 개별 법령에 의한 사업이나 지구단위계획 등을 수반 사업 등에 대하여는 종합적인 도시계획, 단지계획, 토목 및 건축부문의 설계, 조경계획 등이 수반되므로 전체적인 마스터플랜(master plan) 안에 장애물 없는 설계가 반영된다.

제 2단계는 설계 시공의 목적을 이해한 후 발주자의 의도, 계획 대상지의 조사와 각종 시설물에 대한 계획을 사전 검토하여 경제성을 알아본 후 장애물 없는 외부 공간 설계 시공의 방향을 정하고 각종 대안을 작성하는 단계이다. 이 때 「국토의계획및이용에관한법률」·

「유비쿼터스도시의건설등에관한법률」·「스마트시티조성및산업진흥에관한법률」등 관련 상위 법이나 「도로법」·「도시공원및녹지등에관한법률」과 같은 개별법령, 「교통약자의이동편의증진법」과 같은 장애물 없는 관련 법령 또는 장애물 없는 생활환경 인증 기준을 검토 반영하여 장애물 없는 외부 공간 시설의 수준과 방향을 정하여 시설 투자의 범위와 경제적 타당성을 함께 사전 검토하는 단계이기도 하다.

제 3단계는 계획 방향과 틀에 의한 디자인 요소 결정 단계로, 계획과 틀 속에서 설계 시공의 각종 시설물이 정해지면 이를 BF관련 법령이나 장애물 없는 생활환경 인증 기준에 맞도록 디자인 원리를 적용하는 점검표를 작성하여 공간 구성 및 시설물의 배치 등을 정한다.

제 4단계에는 정한 장애물 없는 디자인 요소를 구체적으로 각종 시설물에 대하여 적용하여 상세도면을 작성하고 장애 유발을 해소하는 디자인을 하여 장애물 없는 설계서, 시방서 및 유지관리계획서를 작성하는 것이다. 이때 표준도는 참작하는 정도에 그치고 표준도가 BF용에 적합한지를 검토한다.

제 5단계는 현장에서 이루어지는 단계로 각종 공사 발주 설계도서를 검토하고 시공 측량을 하여 설계도서를 종합 검토하며 공사 방향, 자재 선정 및 발주, 공정간 마찰 또는 부실시공 및 완화 방지 대책, 시공 마무리 등에 관한 내용을 확정하여 부문별 시공을 하는 것이다. 또한 공사가 완료되기 전 예비준공을 통해 각종 마감 정도를 확인하고 부실하거나 미비된 사항을 보완하고 준공을 하게 된다.

제 6단계는 완성된 시설물을 인수한 관리자는 현장에서 시설물 운용 시에 예기치 아니한 민원, 위험 등에 대해 지속적인 점검과 보수 조치를 취하며 이용자의 불편사항이 발생하면 이를 즉시 또는 최대한 해소할 대책을 마련하는 것이다.

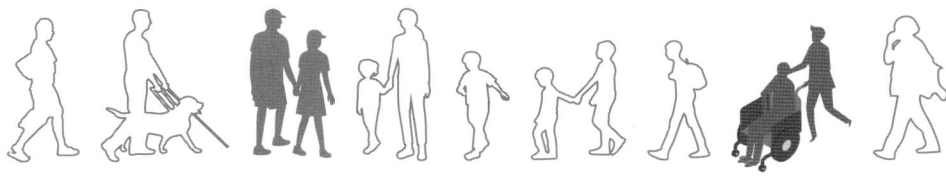

표 5-1-1 장애물 없는 외부 공간 설계 시공 사업 단계별 절차도[45]

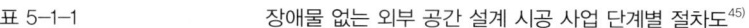

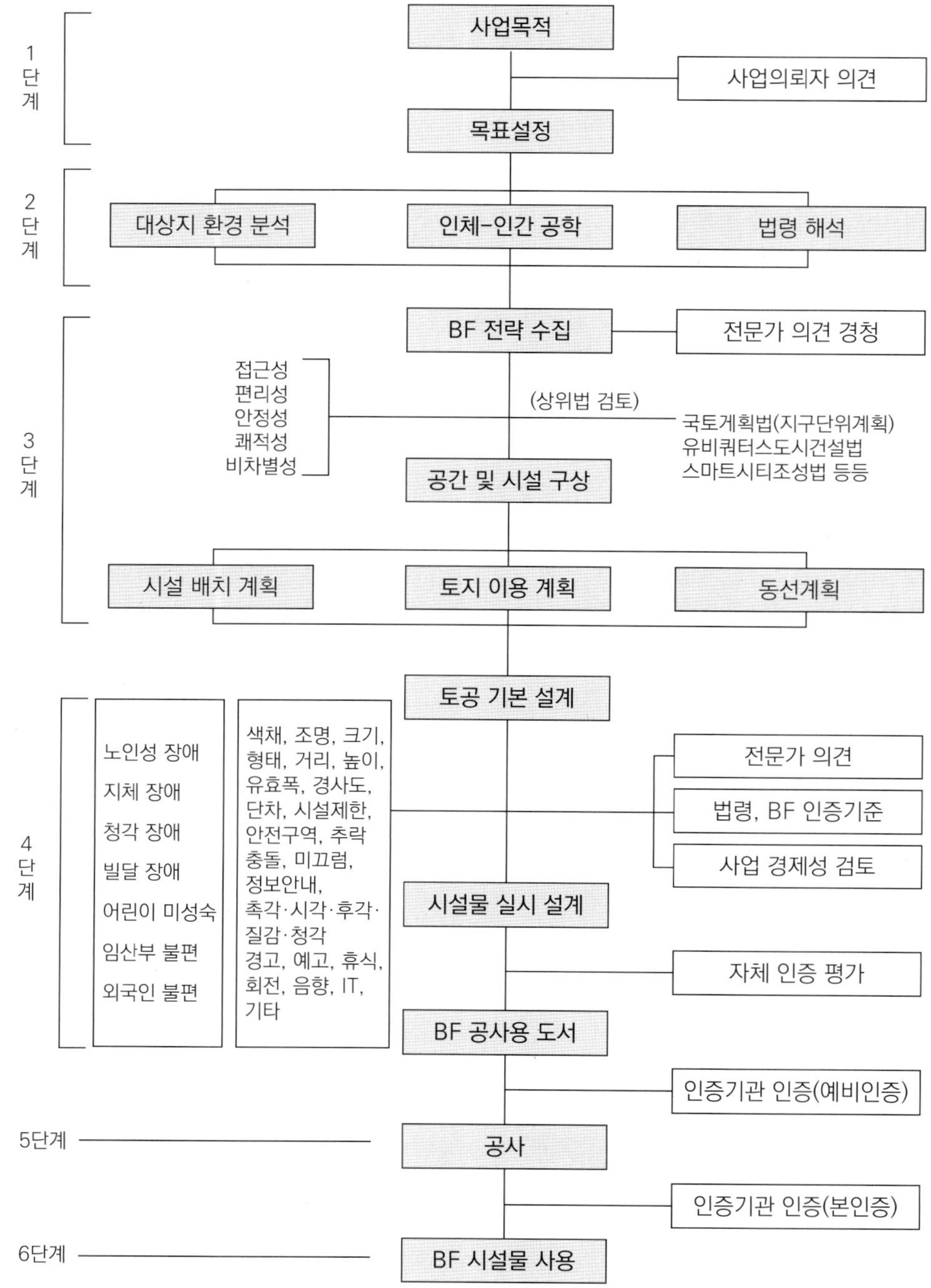

---

45) 표 1-1-4 및 표 1-8-3 참조

표 5-1-2   장애물 없는 설계 시공 단계별 점검표

BF 단계	BF 설계 관리 항목
제 1단계: 디자인 목적과 목표 이해	안전성, 장애인·노인·임산부·어린이의 생리 및 행태 이해(차별성: 불쾌감, 모멸감, 박탈감, 좌절감 등 유발), 접근성(이용성)확보, 동등성 제공, 쾌적성, 편리성(배치 및 규모의 적정성), 통일성, 비차별성, 명료성 등 공공부문의 발주자는 법령에 의거 BF인증의 목적 및 목표 확인
제 2단계: 계획의 적정성 파악	관련 상위 법령(계획)인 「국토의계획및이용에관한법률」에 의한 도로 계획, 기반시설계획 및 지구단위계획 등, 「도시공원및녹지등에관한법률」에 의한 공원녹지체계, 「유비쿼터스도시의건설등에관한법률」, 「스마트시티조성및산업진흥에관한법률」등과, 장애물 없는 관련 법령인 「장애인·노인·임산부등의편의시설증진보장에관한법률」·「교통약자의이동편의시설증진법」 등 검토 반영, BF보행 네트워크 구성, 공원 녹지체계와 연결망, 각종 편의시설(복지시설 및 교통시설)의 분포와 거리의 적정 구성, 지역중심시설(공공업무, 상업 및 문화시설)의 집적성 등
	현장조사, 현황측량, 설계 대상지 성격 규명, 현장 내 장애물 조사, 홍수위 및 침수구역 조사, 관련 각종 법령 또는 BF 인증 기준 반영, 토공(절성토) 계획의 적정성, 부지 진출입구 위치의 적정성, 건축물(시설물)의 1층 바닥 높이의 적정성, 주차장 위치, kiss & ride 등, 승하차구역, BF 시설 도입의 경제성, 보차분리, 보행체계, 주변 시설과의 보행 연결성, 피난 방법 및 탈출 속도, 인근 도로로부터 차량 진입로의 길이, 인근 보도로부터의 건축물까지의 인입거리(접근로의 적정성), 보행안전구역의 도입, 차량 또는 자전거와 교행 구간 여부, 보행안전구역의 도입, 장애물구역의 도입, 시설한계의 확보, 보행량 추정, 보행자 간 충돌 및 마찰 방지, 휴식시설의 적정 배치, 안전거리, 예상 민원, 인근 공사 사항 기타
제 3단계: 장애물 없는 디자인 요소 확인	보행(휠체어 등) 진행 방향 및 접근 각도, 종단경사, 횡단경도(좌우경사), 단차 정도, 틈새 간격, 구멍 크기, 연결마감 상태, 전면 유효거리, 측면 접근 공간, 바닥 평탄성, 시설물의 높이·깊이·너비·선형, 시설물의 연속성 및 단절성, 시설한계, 시설물 배치 간격, 보행 유효폭, 시야 개방 및 확보 정도, 회전반경, 시설물 돌출 정도(측면, 상부, 하부), 시설물 선형 및 형상, 재료의 적정성, 위험성 경고, 시인성, 조명의 밝기, 시설물의 눈부심(휘도), 소음 정도, 재료의 크기, 알코브공간, 교차공간, 대기공간, 휴게공간, 빗물 배수 및 차단, 풍향, 국지기후, IT 요소 도입, 색상 및 질감, 손과 발의 접근성, 시각·청각·촉각의 접근성, 음향의 크기(데시벨), 음영지, 기타
제 4단계: 장애물 없는 시설물 설계	토공, 마운딩(mounding), 수리계산, 보도, 접근로, 산책로, 계단, 경사로, 경계석, 보행섬식 횡단보도, 고원식 횡단보도, 고원식 보도(차량진출입부 등 보차교행구역), 횡단보도, 연석경사로, 부분경사로, 포장 재료, 포장 도색, 점자블록, 승강기, 육교, 차량진입억제용 말뚝(볼라드), 길어깨 구성, 비탈면 마감, 문주, 안내실, 주차장 및 장애인전용주차구역, 회차공간(T-turn 등), 재료분리대, 띠녹지, 독립수(경관목), 가로수 지하고, 수목보호홀덮개, 수목지주목, 바람막이, 그늘막, 쉘터(shelter), 횡단트렌치, 집수정, 선홈통, 손잡이(계단, 경사로, 의자 등), 독립기둥, 음수대, 연단, 스탠드, 추락방지턱, 안전난간, 조명시설(가로등 등), 벤치, 휴지통, 정자, 파고라, 자판기(벤더), 휴식(수평)참, 각종 안내판(차량, 보행, 자전거, 시설명, 거리명, 방향 등), 유도등, 촉지도식 안내판, 점자표지판, 경고판, 보행자용 신호등, 차양(캐노피), 전주·가로등·안내판 등 기둥, 반사경, 경광등, 미끄럼 방지 시설, 자동차 과속방지턱, 안전펜스 및 난간, 분리녹지대, 보행자전용도로, 드롭 존(drop zone), 포장(요철포장 등), 각종 맨홀(뚜껑), L형 측구, 수로, 디딤석, 승하차시설(버스 및 택시), 데크(deck), 환경조형물, 소화전, 휠체어보관대, 자전거도로, 자전보관대, (간이)교량, 어린이유희시설, 긴급차량도로, 조회대, 야외수영장, 바비큐시설, 텐트사이트, 공연장무대, 선큰(sunken) 공간, 광장, 전망대, 운동시설(농구장, 테니스장, 족구장, 축구장, 활궁장 등), (바닥)분수, 수경시설(연못, 실개천 등), 하천, 디딤석, 징검다리, 충돌완화시설, 킥 플레이트(kick plate), 접근방지시설, 야외탁자, 플랜트박스(planter), 키오스크, 앉음벽, 장식벽, 트렐리스(trellis), 공중전화박스, 안내소, 매점, 공중화장실, 각종 street furniture 등 이에 관한 BF용 상세도(평면도, 종단면도, 횡단면도 등)와 BF용 특기시방서 기타
제 5단계: 시공·준공	재료 선정의 적정성, 공법 선정, 시공 단면, 재료 간의 연결 방법, 시공 마무리 완성도, 예비준공검사 및 마감 보완, 준공도서 및 시설물 관리서 인계인수, 기타
제 6단계: 관리·이용	민원서비스 제공, 안내원 배치, 지속적 시설물 유지 보수, BF용 점검표 관리부 배치, 민원사항 확인 및 (응급)대처, 기타

제5장
2절

토공 설계와 접근성

5-2-1 장애물 없는 설계에서 토공 설계의 중요성

장애물 없는 관련 법령이나 장애물 없는 생활환경 인증 지표에 없는 토공 설계는 여러 설계 공종 중 첫 공종이며 장애물 없는 설계에 가장 중요한 공종 중 하나이다. 토공 설계는 주된 출입구까지의 접근로와 부지 내에서의 여러 시설 간 이동로의 경사도에 가장 중요한 요소로 작용하기 때문이다. 절성토, 부지 내 도로 선형, 우수처리, 사면처리 등을 고려하기 때문에 주로 토목기술자가 설계한다. 산지형 지형이 많은 우리나라는 토공 설계의 수반이 많다.

토공(土工, earth work) 설계란 건축물, 구조물, 시설물 등을 지표면 위에 설치하기 위해 지반의 흙을 깎거나 메우고 다지는 작업을 말한다. 흙을 깎는 작업을 절토(切土, earth cutting)라 하고 흙을 메우는 작업을 성토(盛土, earth banking)라 한다. 절성토(切盛土)라 함은 절토 작업과 성토 작업이 동시에 일어나는 작업을 말한다. 정지(整地, earth grading)란 목적물 설치를 위해 최종적으로 지반을 다듬는 것을 말한다.

현재 시행되는 지역/도로/공원/여객시설/건축물 부문의 장애물 없는 생활환경 인증 지표에 누락되어 있으나 토공 설계는 인증 지표 전체에 큰 영향을 미친다. 특히 접근로[46], 시설 간 통행로, 주출입구 접근, 경사로, 계단, 승강시설 및 포장의 경사도에 영향을 미친다. 인증의 지표화가 곤란한 토공 설계는 최종 접근로 또는 산책로의 종단경사도 또는 횡단경사도 등에 대한 평가로 나타난다.

장애물 없는 생활환경 평가 지표 중 토공 설계 자체에 대한 평가 지표와 내용이 없기에 장애물 없는 설계 시공에 대한 이해가 부족한 설계자들이 토공 설계자의 도움을 받지 않거나, 토공 설계의 중요성을 무시하거나, 계획 요소로서 판단하지 아니하거나, 단지 법적인 기준에 맞추려는 생각에 최종적인 설계와 시공 내용에 접근성이 불편한 내용이 되곤 한다. 이로 인해 인증 심사/심의 단계에서 토공 설계를 변경하여 경사도를 완화하거나 승강기를 설

---

46) 접근로(accessible way)란 용어는 장애물 없는 생활환경 인증에서 사용되는 용어로 주로 인근 공용의 도로(보도)에서 인입하여 대지 내 건축물에 이르는 접근용 보행 통행로를 말하여, 대지 내 산재한 시설물에 이르는 보행자용 통행로를 말하기도 한다.

치하거나 하여 접근성을 개선하게 하거나 불필요한 계단이나 경사로 시설을 삭제하고 공사비를 줄이도록 권고하는 경우가 있다. 또한 과도한 토공 설계 대신 승강기 도입을 권고하기도 한다.

요컨대 토공 설계는 토지이용계획을 세운 후 가장 먼저 진행되는 공종이기도 하지만 이용할 시설물까지의 접근성(accessibility)과 주변 시설물 간의 접근성의 질을 결정한다. 즉 토공 설계가 모든 접근성의 기본이 된다. 외부 공간의 모든 시설물 간의 접근성을 좌우한다. 따라서 토공 설계가 잘못되면 불편과 장애가 동반되고 안전성이나 편의성을 위해 부수적인 시설들이 추가된다.

보통, 건축물 등 시설물을 설치하는 경우 토공 설계는 접근로와 관련하여 다음과 같은 방법을 검토할 수 있다. 장애물 없는 토공 설계의 중요한 계획고는 보행자를 중심으로 보면 주변 도로 또는 보도의 지반고(G.L. ground level)에서부터 주출입구의 계획고(F.L. Floor level)와의 경사도 설정이다. 차량은 웬만한 경사를 쉽게 극복하여 다닐 수 있으나 보행자에게 1/18(5.6% 또는 3.2도) 이하의 경사를 확보하도록 하고 있다. 눈과 비가 온 상태에서 1/18은 급한 경사이므로 1/24 내지 3/100 정도로 완만한 경사를 기준으로 토공 설계를 할 필요가 있다.

부지 내 보행이 이루어지는 공간은 접근로, 산책로 또는 진출입 광장 등 다목적 공간으로 다음 여섯 가지 정도의 유형이다. 첫째 부지 인근 보도 또는 보차혼용도로 등으로부터 주출입구까지의 접근로, 둘째 부지 내 주차장 또는 장애인전용주차구역에서부터 주출입구까지의 접근로, 셋째 부지 내 산재된 시설물간을 연결하는 접근로 또는 산책로, 넷째 부지 내로 진입하는 접근로 등을 포함한 공개공지 또는 광장, 다섯째 부지 내 다목적 공간인 휴게공간 등이고, 여섯째 운동장 등과 같은 특정 구역의 보행 위주 공간이다. 이들 접근로, 산책로, 광장, 다목적 공간, 운동장 등의 보행 접근성과 편의성 등을 확보하는 전체 부지의 경사도 결정은 토공 설계에 좌우된다.

5-2-2 토공 설계와 배수계획

토공 설계는 부지의 배수 처리와 밀접한 관계를 갖는다. 부지 내에서 발생한 빗물은 주변 도로에 매설된 하수지관(下水枝管)을 지나 하수본관(下水本管)을 통해 배제(排除)하기 때문에 부지가 빗물로 인한 침수가 없도록 계획고(F.L. floor level)를 인근 도로의 지반고(G.L. ground level)보다 높게 하려는 경향이 있다. 부지 내에서 발생하는 빗물의 집수량을 하수관을 통해 배제하여 홍수 발생이 없는 계획고와 하수관로를 설계하여 부지의 계획고를 필요 이상으로 높이지 말아야 한다. 필요 이상으로 F.L. 값을 상향하는 경우 수리계산에 의한 계획고를 산정하여야 하며 그 근거는 토목기술자가 검토한 수리계산서를 첨부해야 할 것이다.

우리나라 오래된 마을이나 동네는 수백 년 간 홍수나 집중호우에 의해 검증되었기에 불필요하게 건축물의 1층 바닥 높이를 상향할 이유가 없다. 주변이 논이라 하더라도 주변 하천의 홍수위를 참작하면 논토양의 연약지반을 치환하거나 또는 성토 시에 불필요한 성토 비용과 계획고 상향으로 인한 계단과 경사로 설치 비용을 낭비할 필요가 없다.

설계 대상 지역이 상습적인 침수구역이 아닌 경우 대부분 부지의 높이(E.L.)에서 홍수로 인한 침수가 거의 없다. 우리나라의 대지는 도로설계 시에 이러한 점을 충분히 공학적으로 고려하여 설계 시공되었기에 막연한 걱정을 할 필요가 거의 없다(제5장 1절 서울역 설명 참조). 대부분 해당 구역의 주변 우수관로 현황 및 계획, 홍수위 및 침수구역 조사로 어렵지 않게 빗물의 역류나 홍수가 없는 계획고 결정이 가능하다.

건축주의 요구, BF신청자의 요청 또는 (사용자)민원에 따라 막연히 집중호우나 홍수피해를 우려해 또는 건축물 1층 바닥 높이(F.L.)를 주변보다 높게 토공 설계를 하거나 종래의 전통을 답습하여 건축물 출입구 앞에 계단을 놓아 불필요하게 계획고를 높여 설계하는 경우가 아직도 있다. 즉 빗물의 유입을 우려하거나 전통적 설계 방식에 따라 인근 보도로부터 건축물 근처까지의 주접근로의 경사도를 수평적으로 접근하게 하고 건물 앞에 계단과 경사로를 놓아 건축물로 진입하는 설계 방식은 계단과 경사로 설치비용 증가 뿐 아니라 장애인이나 비장애인 모두에게 불편하고 때때로 위험하다. 이러한 방식은 장애물 없는 설계와 배치되는 설계 방식이다.

대부분 건축물 1층 내부로의 빗물 유입 방지는 포장 설계 시 집수정 등의 배치와 1층 출입구 앞 빗물 유입 방지용 횡단 트렌치 설치로 충분히 가능하다. 하수설계 전문기술자는 홍수 빈도에 따른 침수 여부, 주변 도로의 하수관 체계 및 해당 지역의 홍수 예방을 위한 계획 지반고 높이를 쉽게 찾아낸다. 따라서 불필요한 계단과 경사로 설치를 지양하여야 한다. 다만, 제주지역은 바람과 비를 동반한 태풍이 많아 유의가 필요하다.

5-2-3 토공 설계 개요

토공 설계의 개략적 방식은, 첫째 지반의 흙을 그대로 둔 채 또는 약간의 평탄 작업을 한 후 시설물을 설치하는 경우로 작은 부지 또는 부지의 조건이 계획 목적에 맞는 양호한 경우이다.

둘째 절토만하고 정지한 후 시설물을 설치하는 경우로 절토한 흙을 부지 내 다른 곳에 활용하거나 외부로 반출하는 하게 된다. 토사를 반출 시 반출 비용이 발생하여 공사비가 증가한다.

셋째 성토만으로 시설물을 설치하는 경우로 이 때 성토 비용은 토사 구입비, 운반비 그리고 다짐비가 추가로 발생한다.

넷째 절성토하여 시설물을 설치하는 경우로써 부지 내에서 토사를 절토하여 운반한 후 다집하는 비용이 발생한다. 위 네 가지 경우 토사를 절토하거나 성토할 때 비탈면이 발생하면 비탈면 안정을 위해 옹벽 등 구조물 설치비와 조경공사비 등이 추가되기도 한다.

토공 설계는 아래와 같은 8단계중 1-5단계를 반복 검토하여 개략적인 경제성을 비교하여 토공 및 구조물공 공사 내역을 확정하고 보행자가 수평 접근 또는 1/18 이하의 접근로를 이용하는 토공 설계를 하여야 하나 이 조건을 만족시키지 못하면 경사로, 계단, 또는 승강기 도입으로 장애물 없는 외부 공간이 되도록 해야 할 것이다.

아래와 같은 여섯 번째 단계의 검토 과정이 필요하다. 경사로, 계단 및 승강기 설치가 불가 피하다면 이들 시설물 비용이 토공 및 토공 관련 구조물 공사비를 상회하는지 아닌지(경제성)를 비교 평가하거나 시설물 비용이 들더라도 장기적 관점을 포함하여 편의성과 안전성 및 접근성을 종합 평가하여야 할 것이다. 이러한 종합 평가는 수회의 반복과 관련자들의 의견을 종합하여 결정될 것이다. 이런 일련의 과정을 마치면 최종적으로 접근로 등의 경사도, 계단, 경사로, 승강기 등에 대한 시설 결정이 이루어지고 실시설계에 들어가게 된다.

    1단계: 건축물 등 시설 배치 또는 최적 대안 도출
    2단계: 주변 보도부터 접근로를 최대 1/18 경사에 따른 토공 및 구조물 비용 산정
    3단계: 주변 홍수위 및 홍수 시 역류 여부(주변 우수관로) 검토- 수리계산서 첨부
    4단계: 진입도로 공사비 산정
    5단계: 승강기, 계단, 경사로 공사비 산정
    6단계: 경제성 또는 비용편익 평가(경제성, 접근성, 안전성 등 비용편익 평가)
    7단계: 토지이용계획 및 동선 계획 확정
    8단계: 실시설계(BF용 구조물, 단면도, BF 특기시방서 등)

5-2-4   토공 설계와 보행 접근 유형

토공 설계, 접근로, 계단, 경사로, 승강기 중에서 이들의 조합 방식에 따라 보행 접근 유형이 다양해진다. 차도와 병행하여 설치되는 보행 접근로인 경우 아래 경우에 준하여 설계 유형을 검토한다. 아래 유형은 주로 부지 주변의 도로나 보도에서부터의 접근 유형을 설명하였으나 부지 내에서도 응용 가능한 개념들이다.

1) 제 1 유형

건축물을 도로에 접하게 하거나 건축선 범위 내에서 건축하는 경우로 보행의 접근 구간이 짧아 매우 양호한 조건이다. 다만 주변 도로나 보도가 경사진 경우 횡단경사(좌우경사) 발생에 유의하여 접근에 지장이 없도록 현황에 맞춘 상세 설계가 필요하다. 이때 공개공지의 접근성 확보는 매우 중요하다(제5장 4-11절 참조)

2) 제 2 유형

부지 지반고가 주변의 도로나 보도의 지반고 높이와 비슷하여 토공 설계를 통해서 주변의 도로나 보도에서 수평 내지 1/18 이하의 경사도인 접근로를 통해 주출입구로 진입하는 유형이다. 부지 조성 공사비가 적게 들고 장애물 없는 공간 및 시설 배치에 좋다. 주된 접근로 또는 장애인전용주차구역에서부터 건축물 주출입구에 이르는 구역에 계단이나 경사로가 없는 보행자에게 양호한 접근이 가능하도록 토공 설계를 하여야 할 것이다. 이 유형은 보도에서부터 주출입구까지 그리고 주차장에서부터 주출입구까지의 접근로 길이를 길지 않고 단거리로 설계하는 것이 좋다. 접근로의 길이가 50m 이하가 적정하고 장애인전용주차장은 최단거리의 접근로를 형성하도록 하여야 한다.

3) 제 3 유형

주변 도로나 보도의 지반고보다 부지 지반고가 낮아 성토를 하여 지반고를 주변 도로나 보도의 지반고와 동등한 수준으로 성토하거나 교량이나 승강기를 설치하여 접근하는 유형이다. 성토 비용이 많이 드는 경우 성토를 하지 않고 주변 도로나 보도와 연결하는 교량이나 승강기를 설치할 수 있다. 비탈면에 계단을 설치하여 통행의 효율성을 증가시킬 수 있다.

4) 제 4 유형

부지의 지반고가 도로 또는 보도보다 높으나 절토하면 수평 접근 또는 1/18 경사를 충족하는 경우이다. 따라서 건축물 입구 주변에 또는 건축물 주출입구와 주변 도로 진입부 중간에 계단이나 접근로를 설치할 필요가 없는 유형이다. 이 유형은 토공 공사비가 경사로, 계단 및 승강기 설치비용 등보다 적은 좋은 부지 조건을 갖춘 유형이다.

5) 제 5 유형

부지의 지반고가 매우 높아 절성토하여도 접근 경사 1/18 이하 경사의 접근로가 불가능한 경우 승강기로 접근하고 계단은 보조적 동선으로 하는 유형이다. 1/18 이하의 경사 접근로를 위한 토공사비를 절감하고 대신 승강기를 설치하여 접근성을 개선할 수 있다.

6) 제 6 유형

단지 승강기만을 접근 수단으로 이용한 유형으로 두 지점의 고저 차이가 큰 경우 예컨대 교량과 교량 하부의 보행로 등을 연결하는 방식 또는 주변 건축물 내의 승강시 등을 이용하는 경우에 해당된다.

7) 제 7 유형

1/18 이하 경사도의 접근로, 계단 및 승강기 모두를 갖춘 경우이다. 공원이나 보행자전용도로 등에서 보행의 원활한 연결, 접근, 편의, 안전 등을 고려하여 모든 입체적 접근 수단을 최대한으로 강구한 유형이다.

8) 제 8 유형

1/18 이하로 경사진 접근로 곁에 수평참이 긴 계단을 간간히 설치한 유형으로 공사비가 상승하여 많이 사용되는 경우가 아니나 선택적 이용에 편리한 유형이다. 넓은 공원, 대지나 광장에 응용 가능한 유형이다.

5-2-5 토공 설계 사례

가. 대지가 전면에 접한 보도와 같은 높이의 평탄한 지형

사진 5-2-1 보도에서 수평적 접근로: 전면 보도와 거의 같은 높이(E.L.)로 주출입구의 높이를 결정하여 주출입구까지 수평적 접근로를 형성한 광로 앞 사무실 빌딩의 예(서울 종로)

현황 지반이 평탄하고 주변보다 크게 높거나 낮지 않아서 지반을 그대로 두는 경우 이용에 편리한 동시에 토공 작업이 적기에 건설 장비 비용이 절감된다. 그러나 이와 같은 이상적인 지반은 많지 않다. 평탄한 지형이라도 지하구조물이나 건축물의 기초 작업을 하거나 빗물을 배제하기 위해 토공 및 하수 설계가 필요하다. 이 경우 접근로의 경사도 및 주변 시설물에 이르는 산책로, 보행로 등의 경사도가 적절하여 계단 또는 경사로의 설치가 필요 없는 경우가 대부분이다. 이런 지형인 경우 빗물이 건축물 등으로 유입되는 것을 걱정되어 건축물 출입구 앞에 경사로

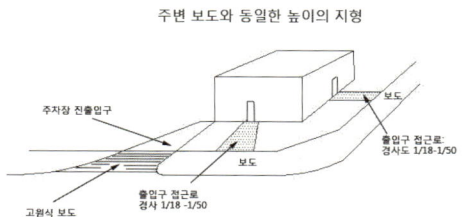

그림 5-2-1
인근 보도와 단차가 없는 평탄한 부지로의 접근로

나 계단을 두는 경우가 많으나 이런 빗물의 유입 방지는 건축물 또는 주출입구 주변에 트렌치 또는 집수정 설치로 충분한 경우가 대부분이다. 침수구역이 아닌 한 별도로 건축물의 주출입구를 상향할 이유가 거의 없다.

나. 전면 보도의 높이보다 낮은 지형

토공 설계에 있어서 이런 지형과 지반은 주변 도로에 매설된 하수관(하수지관 또는 하수본관)의 위치와 매설 깊이를 파악해야 한다. 왜냐하면 홍수 시 대지 또는 시설물로의 빗물 역류를 방지해야하기 때문이다. 즉 부지 내에서 또는 주변에서 유입되는 우수량이 시설물 내로 역류되지 않고 적정 시간 내 도로에 매설된 우수관으로 잘 배제될 것인가를 판단해서 부지의 지반을 성토할 것인지 또는 성토의 높이를 얼마로 정할 것인지를 판단해야 한다. 계획 홍수로부터 빗물 유입 방지 조건이 충족되고 최종 부지의 계획고를 확정하여 주변 보도에서부터 주된 출입구까지의 접근로 경사도가 1/18 이하가 되도록 성토량을 정하면 공사비가 적게 들고 접근성도 좋다.

경사인 접근로로 계획된 성토 계획은 홍수 시 빗물이 건축물로의 역류 여부를 검토 시 역류 시 배제 시설인 트렌치 또는 집수정 시설 계획을 주변 하수관 매설 현황과 동시에 검토해야 한다. 많은 경우 불필요한 성토 높이를 결정하여 외부 반입토량의 비용이 많아지고 접근로의 경사도가 심한 경우가 발생하고 있는데 이는 비경제적이고 불필요하며 장애를 유발하는 토공 설계의 유형이다.

만일 낮은 부지를 성토할 필요가 없는 경우 부지와 보도 간에 발생하는 단차를 경사로 또는 계단으로 극복하는 방법과 더불어 아래 그림과 같이 보도에서 수평접근이 가능하도록 교량이나 승강기로 연결한다.

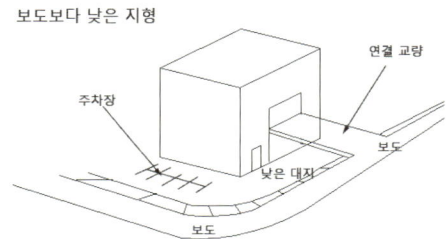

그림 5-2-2 주변 보도보다 낮은 부지의 접근로

사진 5-2-2
전면 보도보다 낮은 층으로의 접근용 승강기: 전면 보도보다 낮은 지하상가로 접근하도록 보도에 접한 승강기를 설치하여 모든 보행자에게 접근성과 편의성을 제공한 사례(서울 을지로)

다. 전면 보도의 높이보다 높은 평탄한 지형

이런 지형과 지반은 장점이 많다. 땅이 밝고 통풍이 좋으며 전망이 좋은 장점도 있는 부지이다. 외부로부터 또는 부지에서 발생하는 빗물 유입 피해가 없는 경우가 대부분이다. 그러나 주변 보도보다 높은 경우 현황 지반을 그대로 두고 건축물을 설치하는 경우 경사진 접근로나 계단의 길이가 긴 경사로가 수반되기에 접근의 불편을 준다.

주된 건축물까지의 접근로 경사도를 1/18 이하로 유지할 수 있는 조건이라면 높은 지반을 절토하여 공사비를 낭비할 필요가 없겠으나 인증 기준에 억지로 맞추기 위해 접근로의 길이가 길거나 복잡하게 굴곡이 있는 계획은 적정하지 않다. 주된 접근로의 개념은 다른 접근과 달리 우회하지 않는 최단거리로 접근해야하기 때문이다.

도로변 상가가 아닌 건축물인 공용의 청사, 학교, 업무시설 등의 경우 관행적 또는 건물 전면에 주차장을 배치하려는 이유 등으로 주된 건축물의 위치를 보도에서 멀리 떨어진 대지의 언저리에 입지시키고 건축물과 멀리 떨어진 곳에 주차장을 배치하려는 경향이 있는데 이런 경우 접근로의 길이가 길어져 보행의 근거리 원칙을 지향하는 장애물 없는 설계 시공과 배치된다.

또는 보도에서부터 건축물 주출입구 인근까지를 1/18 이하 경사 또는 평탄하게 한 후 주출입구 앞에서 계단을 두거나 계단과 동시에 경사로를 병행하는 경우가 많으나 이런 관행적 설계를 지양하고, 보도에서부터 주된 출입구까지 경사도를 완만하게 하고 계단이나 경사로를 설치하지 않는 것이 장애물 없는 또한 차별 없는 설계이다.

토지이용계획 시 주된 건축물의 입지를 대지 내 어디에 입지시킬 것인가를 동시에 검토해야 할 필요성이 있다. 예컨대, 주변 보도의 현황 높이와 동일한 또는 약간 높은 높이에 건축물을 입지시켜 주된 출입구가 보도 가까이 위치하도록 건축 계획을 하거나 보도에 접한 지점에 건축물을 입지시켜 보도에서 직접 출입하는 대안을 검토하도록 해야 한다. 보도로부터 접근로나 진입 광장 또는 공개공지 등을 두는 경우, 접근로가 1/18 이하의 경사가 되는 지점까지 최소화된 길이를 확보한 후 지반을 절토하여 건축물을 입지시키는 토지이용계획을 검토하는 것이 바람직하다.

절토 시에 건축물의 위치를 보도에서 계단이나 경사로 없이 수평적으로 직접 건축물로의 접근이 가능하도록 하고 건축물로의 진입 후 승강기를 통해 다른 곳인 주차장, 정원, 휴게시설, 운동시설 등으로의 이동이 가능한 장점이 있고 절성토의 최소화로 경제적인 시공이 가능한 경우도 있다. 이 경우 긴 접근로는 뜨거운 여름날의 강한 햇빛, 비 또는 눈이 오는 날 여러 불편과 위험이 동반하는 단점이 있기에 이를 개선할 수 있다.

또 다른 대안으로 전면에 접한 보도와 부지의 높이 차이가 커서 승강기를 두어 단차를 극복하고 절토 발생을 최소화할 수 있다면 편리성이 증가하고 토공 공사비가 절약될 수 있는 좋은 설계 기법이 될 수 있다.

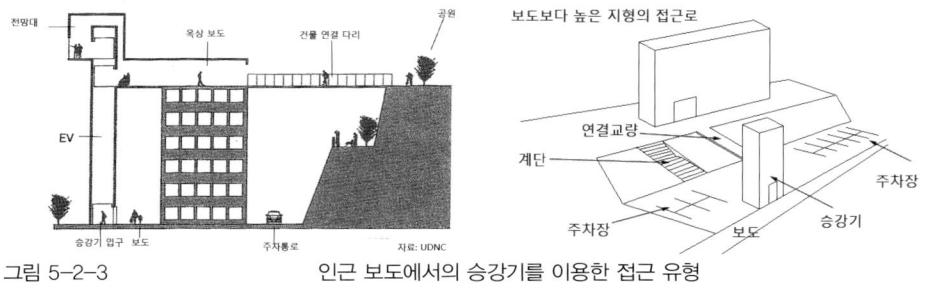

그림 5-2-3 인근 보도에서의 승강기를 이용한 접근 유형

라. 전면 보도의 높이보다 높고 경사진 지형

이 유형의 부지에 시설물을 입지하기 위해서는 경사진 지반을 평탄하도록 일부 구역을 절토 또는 성토하여 건축물, 정원, 휴게시설, 운동시설, 산책로 등을 배치한다. 절토만 하는 경우 흙을 외부로 반출하고 절토된 구역은 절개지와 평지부가 형성된다.

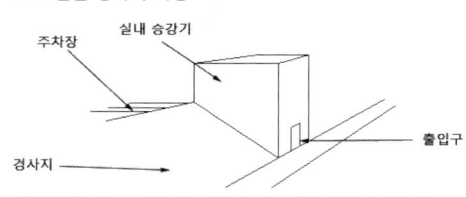

그림 5-2-4 보도 높이보다 높은 지형의 부지

이와 반대로 절토된 토사를 낮은 구역에 성토하여 전체적으로 평탄한 구역을 확보하는 절성토가 균형이룬 설계 기법을 사용하기도 한다. 절토와 성토의 균형을 맞추어 절토된 흙을 부지 밖으로 반출하지 않고 성토하여 토사 운반비를 절감하는 경제적 설계 방법이 대부분의 방법이다.

이러한 유형의 부지를 토공 설계하는 경우 비탈면이 발생하고 비탈면 안정 및 보호를 위해 또는 평탄한 부지를 최대한 확보하기 위해 옹벽, 보강토 블록, 석축, 자연석 쌓기 등의 시설물을 설치한다. 절성토 작업 비용 및 부대 시설물 비용이 발생하는 이런 지반에서는 이 비용을 최소화하고 장애물이 없는 디자인 방법을 모색해야 한다.

경제적 및 무장애 접근법으로는 전술한 방법인 전면 보도에 접해 건축물 등을 배치하고 다른 구역에 옥외시설물을 배치하는 토지이용계획을 모색함이 바람직하거나 승강기 도입을 고려할 필요가 있다. 전면에 접한 보도에 건축물을 접하지 않은 배치가 불가피할 경우 부지를 소단(小段)으로 분할하여 주된 건축물까지의 접근로의 경사도를 확보하거나 보도에 접한 지점에 승강기를 설치하고 수평 접근을 검토할 필요가 있다.

마. 시설 부지 면적이 넓고 산지형인 지형

공원, 운동장, 식물원, 연구소, 화장장 및 장례식장, 교육시설, 캠핑장, 연수시설, 휴양시설 등과 같이 부지가 넓고 산지형인 부지는 주변 도로로부터 주된 시설물까지 긴 구내 도로를 별도로 갖춘 경우가 많다. 즉 진출입용 부지 내 구내 도로가 차량의 진출입로이기도 하며 보행을 위한 일종의 접근로 역할을 하게 된다.

이런 유형의 진출입용 구내 도로는 부지 밖의 도로에서부터 보행으로 진입할 수 있는 인증 기준에 적합한 접근로로 확보되어야 하므로 차도와 별도로 보행 구조의 접근로인 적정 경사도 및 폭원을 확보하도록 토공 및 포장설계가 이루어져야 한다. 주된 출입구까지 이르는 모든 접근로는 물론 토공 설계 시 주차장에서 주된 출입구까지의 통로도 경사로나 계단이 없도록 함이 좋고 장애인전용주차구역에서 출입구까지 경사 1/18 이하 접근로가 필요하다. 시설 배치와 보행동선계획에 보행 접근성 확보를 우선하여 최적의 토공 설계 안을 찾아야 한다. 외부에서 보행의 접근이 되지 않는 시설인 경우 주차장에서 주출입구까지 또는 시설물 간의 보행 접근에 지장이 없는 보도 폭원과 경사도 확보가 필수적이다.

바. 전면 보도가 경사진 지형

부지에 접한 경사진 보도로부터 횡단경사(좌우경사)가 최소화 하도록 하여야 하므로 경사진 보도에 접한 대지 내 구간 중 필요한 구간에 대하여는 완화구간을 확보하도록 한다. 접근로를 개설하되 완화된 경사로, 계단 또는 수평 접근을 유도한다. 아래 그림 5-2-5와 같이 부지 일부 구역을 높여야 하는 이유가 있으면 수평 접근 위치를 찾아 출입구로 접근이 가능하도록 대안을 마련해야 한다. 만일 이러한 방식이 곤란하다면 승강기를 두어 접근을 유도할 수 있는지를 검토해야 한다. 예컨대 미국의 사례인 사진 5-5-1처럼 경사진 보도와 대지 사이의 충분한 공개공지에서 완화된 횡단경사 구간 및 계단 등을 두어 건물 앞 주출입구 앞에서는 수평구간을 두어 경사진 보도에서의 접근로를 해결할 수 있을 것이다.

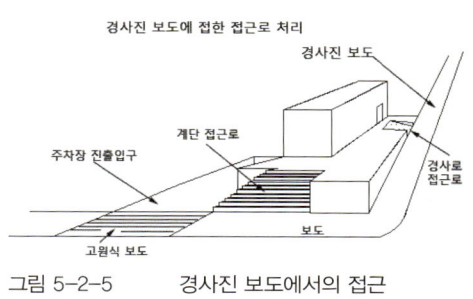

그림 5-2-5　경사진 보도에서의 접근

사진 5-2-3 경사진 보도에서 계단 및 수평 접근로를 이용하여 건물로 진입한 예 (서울 을지로)

아. 예외적 지형 또는 위치

외부에서 대지 내 시설물에 대한 보행 접근이 매우 희박하거나 보행이 아닌 차량으로만 접근하거나 인근 도로에서의 출입하는 진입로에 보도가 없는 차도만 두는 경우로서 부지 내에서의 접근로만을 평가할 수 있을 것이다. 이러한 예외적인 경우 이에 합당한 관련 문서 등을 구비하여 객관성을 파악하여야 할 것이다.

기타 부지의 지형과 주변 도로와의 관계 상 여러 유형이 있을 수 있으므로 여러 진입 유형을 검토하여야 할 것이다.

제5장

3절

보행장애물의 회피 설계와 시공

무엇이 보행에 장애를 유발하는 것인가는 그 원인이 복합적이며 다양하다. 보행 시 장애를 유발하는 것은 물리적 시설도 있으나 환경심리 요소, 보행자의 밀도와 같은 비물리적인 요소도 있을 수 있으며 공간적으로는 2차원적 또는 3차원적 시설이 있다. 소리 또는 빛과 같은 것을 포함하는 물리적 또는 환경적 요소 모두를 장애 정도에 따라 일반적으로 통제할 수 있는 획일적 정확한 기준은 없다. 일반적으로 장애가 무엇인가를 설계 시공 시 찾아 검토하며 학문적, 실무적 또는 경험적 방법에 따라 장애를 회피 설계하거나 개선하는 방법을 찾을 뿐이다. 또한 각종 법령에서 정한 최소한의 약속인 기준에 따라 검증을 통한 설계 시공의 방법론을 찾아가는 것이다.

5-3-1 보행장애물의 유형

보도, 공원, 광장 등 외부 공간에는 기능 충족을 위해 많은 시설이 배치된다. 시설물의 규격, 배치, 형태, 위치, 색채, 밝기, 글자의 크기 및 표시 방식, 휘도 등의 성격이나 상태에 따라 보행장애물이 된다. 주변의 소음 정도에 따라 청각장애인에게는 장애가 된다. 시설물이 돌출되어 동선의 흐름을 방해하거나, 보행의 유효폭 안으로 침입한 경우, 평면 배치가 산만하거나 질서가 없는 패턴을 형성하는 경우, 갑작스런 배치가 장애물이 된다. 외부 공간에 설치되는 시설물의 종류는 볼라드, 표지판, 벤치, 휴지통, 음수대, 기둥, 가로수, 공중전화 박스, 파골라(그늘시렁), 정자, 운동시설, 턱(경계석 등으로 발생하는 단차), 식수대, 앉음벽, 장식벽, 조각물, 안내판, 가로등, 조명등, 감시용 카메라 등의 대부분이 잘못된 배치로 장애를 유발한다. 당연히 있어야 할 장애물 앞 경고 및 안내 정보가 적절치 않거나 없는 경우를 포함한다.

이들 시설물은 2차원적으로 장애가 되거나 3차원적으로 장애가 될 수 있다. 이용 거리가 멀거나 너무 짧은 경우도 장애를 유발한다. 적정치 아니한 이용 각도 역시 장애를 유발한다. 공간과 시설의 장소적 특징을 파악함도 중요하다. 표 5-3-1은 예시이다.

표 5-3-1   보행장애물의 유형 및 설계상 유의점

장애 발생 유형	장애 가능 시설의 종류	설계 시공 상의 유의점
- 보행자의 밀도에 비해 좁은 공간 - 접근 또는 이용 불편 또는 불가능 - 자재 및 공법 선정 부실 - 미끄럼 저항성 미확보 - 흐름 방해, - 키가 낮음 - 턱 또는 단차, - 구멍 또는 틈새 - 돌출, - 경사도, - 안전시설 미확보 - 무리한 길이, - 유효폭 미확보 - 불규칙한 배치, - 안전거리 미확보 - 예기치 못한 위치, - 사전 경고 등 정보 미흡 및 누락 - 소음 정도, - 빛의 밝기 및 빛남 정도 - 작은 크기의 글자 - 부적정한 시설물 도입 등	지하철 환기구, 전기통신설비, 미끄러운 바닥, 돌출 계단, 소화전, 창문, 차량진입억제용 말뚝, 볼라드, 표지판, 벤치, 휴지통, 음수대, 기둥, 가로수 또는 낮은 가지, 공중전화 박스, 파고라(그늘시렁), 정자, 가로등, 운동시설, 돌출 경사로, 식수대, 앉음벽, 장식벽, 돌출벽, 조명등, 조각물, 음수전, 야외탁자, 키오스크, 환경조형물, 돌출 배관, 노출 선홈통, 휴지통, 실개천, 눈부심, 어두움 등	- 보행자 수와 이동 속도 및 밀도 - 동선의 흐름과 방향 - 이용자 행태 - 이용자의 종류와 수 - 유효폭 확보 - 적정 자재 및 공법 선정 - 배치의 적정성 - 장애물 회피(이동) 설계 - 시설 형태, 규격, 선형 등 조정 - 안전시설(안전 및 보호용 시설) - 시설물의 동선 가장자리 배치 - 알코브 형성 - 유선형의 동선 - 질서 있는 패턴 배치 - 접근 각도

5-3-2   보행 공간 내 장애물구역(Barrier Zone) 도입

보행 구역인 보도, 접근로, 통행로, 산책로, 광장, 보행자전용도로 등 구간 내 일부 구역에서 적극적으로 2차원 또는 3차원적으로 보행의 진입을 제한하는 설계 기법을 통해 보행의 안전성을 확보하는 기법이 가능하다. 보행 구역 내에 장애물이 될 만한 것을 일정한 규칙으로 모아서 보행자들이 다니지 못하는 구역을 설정한 공간이 장애물구역이 된다. 그러나 장애물구역의 폭이 일정하지 아니한 경우 보행자의 안전한 보행에 영향을 주게 되므로 일정한 패턴과 폭을 유지하여 보행 유효폭이 일정하도록 해야 하는 설계 기법이다. 더 자세한 내용은 제5장 4-8절 보도의 장애물구역(Barrier Zone)을 참조한다.

사진 5-3-1   보도 내 가로수 식재구역을 장애물구역으로 설치한 예(서울 종로)

5-3-3 보행제한시설 도입

장애물구역과 유사한 개념으로 보행제한 시설을 설치하는 방법이 가능하다. 특별히 보행에 장애를 유발할 만한 단독 시설에 대하여 시설물 인근에 보행을 제한하도록 하는 방식이다. 예컨대 프로젝트 창문이 보행 구간으로 열리는 경우 창문이 보행의 장애가 되므로 프로젝트 창문 하부에 사람의 접근을 차단하는 시설을 둠으로써 안전을 확보하는 기능을 제공한다. 일정한 폭으로 작은 자갈을 깔거나, 화단을 조성하거나, 돌출된 창문보다 넓은 폭으로 벤치를 일렬로 두거나, 접근 방지용 펜스를 두거나, 창문 하단의 벽면을 돌출시키거나 하는 방법 등으로 보행제한시설을 설치하는 것이다.

사진 5-3-2
독일 하노버 국제조경박람회 유리 조형물 주변을 자갈로 포설하여 접근을 제한

또 다른 보행제한시설의 예는 경사진 기둥 하부 공간, 일렬로 서 있는 기둥 하부 공간, 급경사 발생 구간, 횡단경사 발생 구간 등에 대하여 경고용 재질과 색상을 도입하거나 접근 방지용 난간으로 부분적인 보행제한시설로 장애와 위험 유발을 방지하는 것이다. 이색이질 등의 경고 방식은 최선이 아닌 차선책이다.

5-3-4 시설제한구역 설정 (보행안전지대 또는 보행안전구역)

시설제한이란 이용하는 공간 내 일정 높이와 폭 안에 다른 물체나 시설물이 없도록 제한하여 안전을 확보하는 것을 말한다. 이를 보행안전지대 또는 보행안전구역이라고도 한다. 장애물 없는 설계 시공에 있어 현행 법령에는 시설제한 높이를 두 가지(2.1m 또는 2.5m)로 규정하고 있다.

「장애인·노인·임산부등의편의증진보장에관한법률」 시행규칙 별표1에서 접근로 상의 수목의 가지 또는 건축물 통로 계단의 하부 높이 등에 대하여 높이 2.1m까지 시설이 없거나 제한하도록 하는 규정이 있고(보행안전지대), 장애물 없는 생활환경 인증 지표에서도 이 시설제한 높이 2.1m를 원용하고 있다(보행안전구역). 또 「교통약자의이동편의증진법」 시행규칙 별표1 여객시설 내 통로 편에도 통로의 유효 높이를 2.1m로 정하고 있다. 즉 실내에서의 시설제한 높이를 상기 두 법령에서는 공히 2.1m로 정하고 있다.

그러나 「교통약자의이동편의증진법」 시행규칙 별표1 도로 편에서는 외부 공간인 보행안전지대에서의 시설제한 높이는 2.1m로 정하되 수목의 지하고는 특별히 2.5m까지로 가지치기하여 시설제한구역을 확보하도록 하고 있다. 이 두 기준을 장애물 없는 생활환경 보도 부문 보행안전구역의 유효안전높이에 관한 인증 지표에도 인용하면서 가지치기를 2.5m로 하고 있다. 또 평가항목에 유효안전높이 2.1m를 2급, 2.5m를 1급으로 구분 평가하고 있다.

여기서 시설제한 높이를 두 가지로 정한 바는, 2.1m 높이 기준은 우리나라 성인이 손을 든 평균 높이가 2.1m에 근거한 것이며(그림 1-4-2 참조), 2.5m 높이를 가지치기로 정한 것은 보도에서 키가 높은 물체를 이동시키는 경우나 가지의 성장에 따른 안전한 높이를 추가하여 설정한 것이다. 이처럼 시설제한의 높이 기준은 각 공간에 따라 사용자의 이용 높이에 근거하여 정하면 되는 것이다. 참고로 프랑스의 경우 시설제한 높이를 2.2m로 두고 있는 것은 프랑스인의 평균 손을 든 높이가 2.2m이기 때문이다.

수목을 배치하면서 통행에 지장을 주지 않을 것이라 생각하여 동선의 주된 흐름과 축에서 약간 비켜 배식을 하지만, 실제 현장에 반입되어 식재 시에는 수목의 지하고(枝下高:지면으로부터 가장 낮은 가지까지의 높이)가 낮아서 사람이 보행하거나, 자전거를 타고 갈 때, 우산을 펴고 갈 때, 가지를 보지 못하는 경우에 낮은 나뭇가지에 부딪히게 된다. 지하고가 낮은 나무를 쓰지 않거나, 지하고가 낮다면 낮은 가지를 전지하거나, 식재 위치를 바꾸거나, 배식을 하지 않는 방법 등을 고려해야 할 것이다.

특히 최근 자전거도로 개설이 많고 자전거도로를 겸용하는 보도, 산책로, 접근로, 광장 등에 가로수를 식재하는 경우 보행장애물구역이나 녹지 쪽으로 배치하고 식재 후에 가로수의 가지가 밑으로 쳐지고 성장 속도가 빠른 버드나무나 벚나무 등과 같은 나무는 지하고를 2.5m로 확인 관리해야 할 것이다.

5-3-5 경사진 벽체, 기둥이나 키 낮은 시설물

벽체나 기둥의 형태가 경사지고 보행 구간 내 보행 진행 방향으로 설치되는 경우 시각장애인은 물론 일반인도 부주의 시 머리를 부딪치게 된다. 계단의 하부 공간, 공중에 떠 있는 시설물의 설치 높이가 애매하게 낮아 지나다가 머리에 부딪히는 사례도 이런 유형이다. 이런 유형은 차단의 방법이 가장 적극적이고 디자인적으로 주변과 조화되면서 부딪침이 없도록 해야 한다.

시설물의 위치를 옮기지 못하는 경우라면 시설물 주위에 차단 시설, 경고용 시설이나 충격완화시설을 두는 방법도 있으나 충격완화시설은 바람직하지 않고 차선책이다.

보행 구간 내에 설치된 1m 이하로 키 낮은 소화전, 각종 시설함은 매우 위험한 보행장애물이다. 오히려 소화전이나 시설함을 보호하기 위해 보호대(kick plate) 등으로 덧대는 일이 있으나 이로 인해 장애가 심화되므로 이동하는 것이 가장 좋다.

장애인전용주차구역에 설치하는 장애인주차구역 안내판의 설치 높이가 1.5m이고 규격이 H 0.7m×W 0.5m이어서 지나는 사람에게 머리나 얼굴이 다칠 염려가 있어 안내판의 설치 위치 및 모서리에 충돌 시 상해가 없도록 할 필요가 있다.

최근 보행 중 휴대폰의 사용으로 이런 유형의 장애물로 인한 사고 위험이 증가하고 있다.

5-3-6 계단 하부 접근 방지

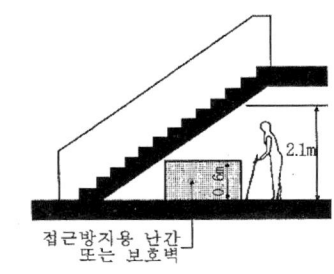

그림 5-3-1   계단 하부 접근 방지

접근로 상에 접한 계단 하부 2.1m 이내 구역은 진입방지를 하거나 다른 시설로 이용하여 접근을 제한하여야 한다. 계단 하부 공간을 이용하는 경우 활동하는 사람 머리가 계단 하부에 닿지 않도록 시설을 배치하여야 한다. 또, 계단 하부에 의자를 설치하여 앉은 사람이 일어 날 때 머리 등이 계단 하부에 부딪힘이 없도록 배치하여야 한다.

5-3-7 벽면 또는 외벽 돌출 장애물

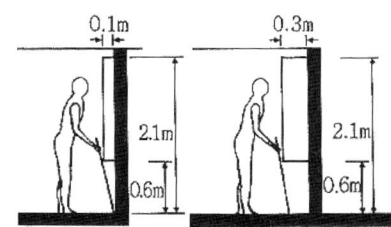

그림 5-3-2   통로의 벽면 돌출 장애물

보행 공간에서 벽면이나 외벽에 돌출된 각종 파이프, 광고물, 창호 받침틀 등에 대한 보행장애물로서의 기준을 참고로 살펴보면, 「장애인·노인·임산부등의편의증진보장에관한법률」 시행규칙 별표1 복도 및 통로 편에 그리고 「교통약자의이동편의증진법」 시행규칙 별표1 여객시설에 통로 편에 보행장애물에 대한 규정을 동일하게 규정하고 있는 바, 통로의 바닥면으로부터 높이 0.6m에서 2.1m 이내의 벽면으로부터 돌출된 물체의 돌출폭이 0.1m 이하가 되도록 규정하고 있다. 또 동일한 범위에서 기둥이나 받침대에 부착된 공작물의 돌출폭은 0.3m 이하로 할 수 있도록 규정하고 있다. 다만 바닥에서 2.1m의 유효 높이는 확보하되 2.1m 이내에 장애물이 있으면 0.6m 이하 높이로 접근 방지용 난간이나 보호벽을 설치하도록 하고 있다. 이상의 돌출물은 시각적으로 눈에 띄는 색상으로 마감하거나 모서리는 예리하지 않도록 처리함이 좋고 충격완화재료를 덧댐도 고려한다.

5-3-8 포장에서의 보행장애물

제5장 17절(포장) 및 제 5장 47절(틈과 구멍) 참조

5-3-9 장애 없는 건축 시설 관련 활동공간 등

각종 공간에 설치되는 건축 시설에 접근하기 위한 최소한의 전면유효거리와 활동공간이 필요하며 그 적정 규모는 표 5-3-2와 같다(「장애인·노인·임산부등의편의시설증진보장에관한법률」 시행규칙 별표1 참조).

표 5-3-2 각종 건축 시설의 장애 없는 활동공간 및 유효폭 등

시설의 종류	활동 공간 및 유효폭 등
(외부 공간) 접근로	유표폭 1.2 m, 경사진 접근로 30m마다 1.5m×1.5m 수평참
(실내) 복도 및 통로	유효폭 1.2m 이상
장애인전용주차구역	바닥면적 직각주차인 경우 3.5m×5.0m 이상, 좌우기울기 2% 미만, 보행안전통로폭 1.2m 이상 경사로 1/12이하, 접근로 1/18이하
출입문	전면유효거리(또는 전·후면유효공간) 1.2m 이상, 출입문 옆 0.6m 이상 활동공간, 유효폭 0.9m 이상
장애인용 승강기	승강기 전면 1.4m×1.4m 이상, 출입문 통과 유효폭 0.8m 이상
경사로	경사로의 시작과 끝, 굴절참 1.5m×1.5m 이상, 유효폭 1.2m 이상
장애인용 대변기	장애인용 화장실문 출입통과 유효폭 0.8m 이상, 대변기 좌측 및 우측에 각각 0.75cm 이상 및 대변기 전면에 휠체어 회전공간 1.4m×1.4m 이상
장애인등의 욕실	휠체어를 타고 들어가서 활동할 수 있는 적정한 규모의 공간
장애인등의 정자, 벤치 등	앉는 의자, 침대 등 높이가 0.4m~0.5m 이고 측면에 1.2m 공간 확보
장애인등의 야외탁자, 접수대 및 작업대	휠체어를 탄채 접근이 가능한 공간
장애인등의 매표소, 판매대	휠체어를 탄채 접근이 가능한 공간

주) 「장애인·노인·임산부등의시설증진보장에관한법률」 시행규칙 별표1에 의한 (외부 공간)접근로 이외 타법에 의한 도로 등에 관한 유효폭이나 활동 공간은 이와 달리한다.

제5장

4절

보도

5-4-1 보도의 정의와 관련 법령

모든 사람은 집을 나오면 공용 공간인 보도를 통해 이동하며 생활한다. 법상의 보도 또는 장애물 없는 생활환경에서 보도란 일상의 길이라기보다 대부분이 「도로법」에 의한 보도이다. 지목 상 또는 현황 상 도로와 접하지 않는 대지는 건축허가를 득하지 못하며 장애물 없는 생활환경 인증도 불가하다. 「도로법」상의 보도나, 지적 상 또는 현황 상 도로가 보도로서의 기능을 충족하여야 인증이 가능하다.

건축 대지 내에서 사용되는 개념의 접근로라든가 도시공원 안에서의 보행로, 산책로 등은 「도로법」상의 도로나 보도라 하지 않는 보행 공간이다. 한편 「도로법」에 의한 보도는 「도로의구조·시설기준에관한규칙」, 「교통약자의이동편의증진법」 시행규칙, 「도로안전시설·설치및관리지침」, 「보도설치및관리지침」, 「국도건설공사설계실무요령」 등에 따라 설계된다.

간혹 보도가 없는 도로가 있는데 10m 미만의 국지도로, 구획도로, 보행자우선도로, 이면도로 등에서는 보행과 차량이 함께 이용하도록 보도를 별도로 구획하지 않는 경우가 많다. 따라서 이 경우 별도의 보도가 없다하더라도 인증 대상에서 제외되지 않으며 대지 내로의 접근로의 안전성과 편의성이 제공되는 시설 기준을 확보하면 된다.

「도로법」 제2조 기능적 정의에서, 도로의 일부를 보도라 하면서 이를 차도, 자전거도로, 측도, 육교, 교량 등과 구분하고 같은 법 제54조에서 보도의 설치 기준, 구조 등에 관하여 필요한 사항은 국토교통부령으로 정하도록 하고 있다.

국토교통부령인 「도시·군계획시설의결정·구조및설치기준에관한규칙」 제9조에 사용 및 형태별 유형에서 보도와 관련된 구분을, 1)폭 4m 이상의 일반도로, 2)폭 1.5m 이상의 보행자전용도로, 3)폭 10m 미만의 보행자우선도로, 4)지하도로로 하고 있다. 또 기능별로 도로를 분류하면서 주간선도로, 보조간선도로, 집산도로, 국지도로, 특수도로로 분류하면서 도로의 일부 또는 전부에 보도의 기능을 부여하고 있다.

5-4-2 보도의 결정 기준

「도시·군계획시설의 결정·구조및설치기준에관한규칙」 제14조의2에서 보도의 결정기준을 아래와 같이 정하고 있다.

① 도로에는 도로 폭, 보행자의 통행량, 주변 토지이용계획 및 지형여건 등을 고려하여 차도와 분리된 보도를 설치하는 것을 고려하여야 한다.
② 제1항에도 불구하고 보도가 설치되지 아니한 기존 도로에 대해서는 다음 각 호의 우선순위를 고려하여 보도 신설, 길어깨구역 정비 및 안전시설물 설치 등 보행자의 안전한 통행을 위하여 필요한 조치들을 검토하여야 한다.
  1. 보행자 교통사고 발생량
  2. 교통약자의 통행량
  3. 학교, 공공청사 및 대중교통시설 등 주요 보행유발시설과 생활권의 연결
  4. 보행 흐름의 연속성
  5. 보행자의 통행량

또, 「도로의구조및설치·기준에관한규칙」 제16조의 보도 시설에 관한 내용은 다음과 같다.

① 보행자의 안전과 자동차 등의 원활한 통행을 위하여 필요하다고 인정되는 경우에는 도로에 보도를 설치하여야 한다. 이 경우 보도는 연석(緣石)이나 방호울타리 등의 시설물을 이용하여 차도와 분리하여야 하고, 필요하다고 인정되는 지역에는「교통약자의 이동편의 증진법」에 따른 이동편의시설을 설치하여야 한다.
② 제1항에 따라 차도와 보도를 구분하는 경우에는 다음 각 호의 기준에 따른다.
  1. 차도에 접하여 연석을 설치하는 경우 그 높이는 25센티미터 이하로 할 것
  2. 횡단보도에 접한 구간으로서 필요하다고 인정되는 지역에는 「교통약자의이동편의증진법」에 따른 이동편의시설을 설치하여야 하며, 자전거도로에 접한 구간은 자전거의 통행에 불편이 없도록 할 것
③ 보도의 유효폭은 보행자의 통행량과 주변 토지 이용 상황을 고려하여 결정하되, 최소 2미터 이상으로 하여야 한다. 다만, 지방지역의 도로와 도시지역의 국지도로는 지형 상 불가능하거나 기존 도로의 증설·개설 시 불가피하다고 인정되는 경우에는 1.5미터 이상으로 할 수 있다.
④ 보도는 보행자의 통행 경로를 따라 연속성과 일관성이 유지되도록 설치하며, 보도에 가로수 등 노상시설을 설치하는 경우 노상시설 설치에 필요한 폭을 추가로 확보하여야 한다.

5-4-3 보도의 구조 및 설치 기준

「도시·군계획시설의 결정·구조및설치기준에관한규칙」 제14조의3에서 보도의 구조 및 설치

기준을 아래와 같이 정하고 있다.

① 보도의 구조 및 설치기준은 다음 각 호와 같다.
  1. 보도와 인접한 차도의 경계에는 연석이나 높낮이를 달리한 턱, 식수대, 방호울타리 또는 자동차 진입억제용 말뚝 등을 설치하여 차도로부터 보행자를 안전하게 보호하고 차량의 무단침입을 방지할 것
  2. 보도의 폭은 보행자의 통행량과 주변 토지이용현황을 고려하여 결정하되, 보행자와 교통약자의 통행을 위하여 「도로법」의 기준에 따라 충분한 유효폭을 확보할 것
  3. 보도에 가로수 등 노상시설을 설치할 경우 유효폭을 침해하지 아니하도록 하며, 시설물 설치에 필요한 폭과 보도와 시설물 사이에 완충공간을 추가로 확보할 것
  4. 나무나 화초를 심는 경우 그 식재면(植栽面)의 높이를 보도의 바닥 높이보다 낮게 할 것. 다만, 경관, 보행자 안전 및 나무나 화초의 보호 등을 위하여 필요한 경우는 그러하지 아니하다.
  5. 노상시설물은 보행자의 안전, 지속가능성, 내구성, 유지·보수, 지역별 특성 및 심미성 등을 고려한 지방자치단체별 디자인계획에 따라 형태, 색상 및 재질을 선택하여 일관성이 있도록 설치할 것
  6. 보행자의 통행 경로를 따라 연속성과 일관성이 있도록 설치할 것
  7. 바닥은 보행에 적합한 표면을 유지할 수 있도록 평탄성, 지지력, 미끄럼저항성, 내구성, 투수성(透水性) 및 배수성(排水性)을 갖춘 구조로 설치할 것
  8. 노면에서 유출되는 빗물을 최소화하도록 빗물이 땅에 잘 스며들 수 있는 구조로 하거나 식생도랑, 저류·침투조 등의 빗물관리시설을 설치할 것
② 제1항에도 불구하고 도시·군계획시설사업 실시계획 인가권자 소속 도시계획위원회의 심의를 거쳐 보행자우선도로에 설치하는 보도의 설치 기준을 완화하거나 강화하여 적용할 수 있다.
③ 제1항에서 규정한 사항 외에 보도의 구조 및 설치에 관하여는 「교통약자의이동편의증진법」 및 「도로의 구조·시설기준에관한규칙」이 정하는 바에 따른다.

한편 「도로의구조·시설에기준관한규칙」 제28조제2항에 의하면 보도 또는 자전거도로의 횡단경사는 2% 이하로 하고 지형 상황 및 주변 건축물 등으로 인하여 부득이하다고 인정되는 경우에는 4%까지 할 수 있다.

사진 5-4-1   고가육교로 인해 좁아진 보도의 유효폭을 확보한 사례

5-4-4 보행자전용도로의 결정기준과 구조 및 설치 기준

도로 중 보행자만이 다닐 수 있는 보도인 보행자전용도로의 결정 기준은 「도시·군계획시설의결정·구조및설치기준에관한규칙」 제18조에서 다음과 같이 정하고 있다.

1. 차량통행으로 인하여 보행자의 통행에 지장이 많을 것으로 예상되는 지역에 설치할 것
2. 도심지역·부도심지역·주택지·학교 및 하천주변지역 등에서는 일반도로와 그 기능이 서로 보완관계가 유지되도록 할 것
3. 보행의 쾌적성을 높이기 위하여 녹지체계와의 연관성을 고려할 것
4. 보행자통행량의 주된 발생원과 버스정류장·지하철역 등 대중교통시설이 체계적으로 연결되도록 할 것
5. 보행자전용도로의 규모는 보행자통행량, 환경여건, 보행목적 등을 충분히 고려하여 정하고, 장래의 보행자통행량을 예측하여 보행형태, 지역의 사회적 특성, 토지이용밀도, 토지이용의 특성을 고려할 것
6. 보행네트워크 형성을 위하여 공원·녹지·학교·공공청사 및 문화시설 등과 원활하게 연결되도록 할 것

그리고 보행자전용도로의 구조 및 설치기준은 「도시·군계획시설의 결정·구조및설치기준에관한규칙」 제19조에서 다음과 같이 정하고 있다.

1. 차도와 접하거나 해변·절벽 등 위험성이 있는 지역에 위치하는 경우에는 안전보호시설을 설치할 것
2. 보행자전용도로의 위치, 폭, 통행량, 주변지역의 용도 등을 고려하여 주변의 경관과 조화를 이루도록 다양하게 설치할 것
3. 적정한 위치에 화장실·공중전화·우편함·긴의자·차양시설·녹지 등 보행자의 다양한 욕구를 충족시킬 수 있는 시설을 설치하고, 그 미관이 주변지역과 조화를 이루도록 할 것
4. 소규모광장·공연장·휴식공간·학교·공공청사·문화시설 등이 보행자전용도로와 연접된 경우에는 이들 공간과 보행자전용도로를 연계시켜 일체화된 보행 공간이 조성되도록 할 것
5. 보행의 안전성과 편리성을 확보하고 보행이 중단되지 아니하도록 하기 위하여 보행자전용도로와 주간 선도로가 교차하는 곳에는 입체교차시설을 설치하고, 보행자우선구조로 할 것
6. 필요시에는 보행자전용도로와 자전거도로를 함께 설치하여 보행과 자전거통행을 병행할 수 있도록 할 것
7. 점자표시를 하거나 경사로를 설치하는 등 장애인·노인·임산부·어린이 등의 이용에 불편이 없도록 할 것
8. 노면에서 유출되는 빗물을 최소화하도록 빗물이 땅에 잘 스며들 수 있는 구조로 하거나 식생도랑, 저류·침투조 등의 빗물관리시설을 설치하고, 나무나 화초를 심는 경우에는 그 식재면의 높이를 보행자 전용도로의 바닥 높이보다 낮게 할 것
9. 역사문화유적의 주변과 통로, 교차로부근, 조형물이 있는 광장 등에 설치하는 경우에는

포장형태·재 료 또는 색상을 달리하거나 로고·문양 등을 설치하는 등 당해 지역의 특성을 잘 나타내도록 할 것
10. 경사로는 「장애인·노인·임산부등의편의증진보장에관한법률」 시행규칙 별표1 제1호 가목(3) 및 나목의 기준에 의할 것. 다만, 계단의 경우에는 그러하지 아니하다.
11. 차량의 진입 및 주정차를 억제하기 위하여 차단시설을 설치.

사진 5-4-2 주택단지 내 보행자전용도로(폭 12m, 분당), 쇼핑몰 인 보행자전용도로(분당 및 러시아 모스크바)

5-4-5 보행자우선도로의 결정기준과 구조 및 설치기준

우리나라 보차혼용도로에서 보행자 사망사고는 표 1-7-15에서 보듯이 하루 3.6명이 사망하고 100.3명이 부상당하며 전체 보행자 교통사고의 약70%이상이 보차혼용도로에서 발생한다. 보차혼용도로 중 도로 폭이 10m 미만에서 발생하는 비율은 전체 사망자의 44%에 이른다. 이러한 사고율의 높음에 따라 2012년 보행자우선도로를 법령에 반영하게 되었다. 보행자우선도로란 폭 10미터 미만의 도로로서 보행자와 차량이 혼합하여 이용하되 보행자의 안전과 편의를 우선적으로 고려하여 설치하는 도로를 말하는 것으로 설계 기법 상 보차공존도로 의미와 유사하고 결정기준은 아래와 같다. 「도시·군계획시설의결정·구조및설치기준에관한규칙」 제19조의2에서 아래와 같이 정하고 있다(이 책 부록 용어사전 중 보행자우선도로, 보차공존도로 및 교통정온화 참조).

1. 도시지역 내 간선도로의 이면도로로서 차량통행과 보행자의 통행을 구분하기 어려운 지역 중 보행자의 통행이 많은 지역에 설치할 것
2. 보행자의 안전을 위하여 경사가 심한 곳에는 설치하지 아니할 것
3. 보행자우선도로는 차량속도, 차량통행량 및 보행자의 통행량을 고려한 사전검토계획을 수립하여 설치 할 것. 이 경우 차량속도는 시속 30킬로미터 이하로 계획할 것
4. 안전하고 쾌적한 보행을 위하여 보행자전용도로 및 녹지체계 등과 최단거리로 연결되도록 할 것

또한 구조 및 설치기준에 대해 「도시·군계획시설의 결정·구조및설치기준에관한규칙」 제19의3에서 아래와 같이 정하고 있다.

1. 보행자의 통행 안전성을 확보하기 위하여 보행자우선도로의 일부 구간 또는 전 구간에 보

행안전시설 및 차량속도저감시설 등을 설치할 것
2. 차량 및 보행자의 원활한 통행을 위하여 보행자우선도로에 노상주차는 허용하지 아니할 것. 다만, 도 로 폭, 차량통행량, 보행자의 통행량 및 주변 토지이용현황 등을 고려하여 필요한 경우에는 그러하지 아니하다.
3. 보행자의 통행 부분의 바닥은 블록이나 석재 등 보행자가 보행하는데 편안함을 느낄 수 있는 재질을 사용하고, 보행자우선도로가 일반도로의 보도와 교차할 경우 교차지점에는 보행자를 보호할 수 있는 구조로 바닥을 설치할 것
4. 빗물로 차량과 보행자의 통행이 불편하지 아니하도록 배수시설을 갖출 것
5. 보행자의 다양한 활동을 충족하면서 차량통행에 방해가 되지 아니하도록 적정한 위치에 보행자를 위 한 편의시설을 설치할 것
6. 노면에서 유출되는 빗물을 최소화하도록 빗물이 땅에 잘 스며들 수 있는 구조로 하거나 식생도랑, 저 류·침투조 등의 빗물관리시설을 설치하고, 나무나 화초를 심는 경우에는 그 식재면의 높이를 보행자 우선도로의 바닥 높이보다 낮게 할 것

5-4-6 「교통약자의이동편의증진법」 시행규칙 상의 보도 구조 및 시설에 관한 기준

「교통약자의이동편의증진법」 시행규칙 상의 보도 구조 및 시설에서 보도 및 접근로 등에 관한 기준을 보면, 다음과 같이 정하고 있다.

- 보도 또는 접근로(이하 보도등)의 유효폭: 2m 이상 (지형 및 기존도로의 증개축 시 1.2m 이상으로 완화)
- 교행 구간: 보도등의 유효폭이 1.5m 미만인 경우 50m 마다 교행 구간 1.5m×1.5m
- 휴식 참: 경사진 보도등의 유효폭이 1.5m 미만인 경우 30m 마다 수평 참 1.5m×1.5m
- 포장: 미끄러지지 않는 재질로 평탄하고 이음새 틈이 벌어지지 아니 하도록 마감
- 덮개: 덮개 표면이 포장면과 동일한 높이로 하고 격자 구멍 및 틈새는 1cm 이하
- 기울기: 1/18 이하 (지형, 기존도로의 증개축 시 1/12 까지 완화)
- 장애물 없는 보행안전지대: 바닥에서부터 높이 2.1m 이하에 장애물이 없도록 하고 가로등, 전주, 간판 등은 보행안전지대 밖에 설치
- 보차도 연석 높이: 25cm 이하로 하고 연석의 색상은 보도등과 다르게 할 수 있음
- 보행안전지대 내 가로수의 지하고: 바닥에서 2.5m까지 가지치기
- 자동차진출입부: 고원식 보도로 시행(후술 제5장 9절 참조)
- 턱 낮추기: 연석경사로 또는 부분경사로 시행(예외 구역: 주택가 및 학교 주변 편도 2차로 이하 도로의 횡단보도 접속 보도 구역은 턱낮춤 없이 차로와 보도를 동일 높이 가능)
- 점자블록: 횡단보도 및 음향신호기 앞에 점형블록, 차도와 보도등과의 경계구간으로 부터 4/5되는 지점에 선형블록, 차로의 일시 대기용 안전지대 내 점형블록과 선형블록 설치

5-4-7 보도의 각종 부대시설

보통 보행자의 안전을 위해 보도는 차도의 한쪽 또는 양쪽에 설치되고 주변에 건축시설물이 연접하여 있다. 또 보도 내에는 보행을 위한 포장 구간과 각종 시설들이 설치되는데 이는 사람과 차량 등을 위한 여러 시설들이 보도 내 지상 또는 지하에 설치되기 때문이다. 설치되는 시설은 안내시설, 편의시설, 조경시설, 교통시설, 상하수도시설, 전기통신시설 등으로서 세분하면 다음과 같다.

표 5-4-1　　　　　　　　　　　　　도로상의 각종 부대시설

구 분	시 설 물
안내시설	도로표지판, 시선유도표지, 점자블록 등
편의시설	벤치, 휴지통, 버스정류소, 택시정차대, 쉘터, 휴게시설, 그늘막, 바람막이 등
조경시설	가로수, 띠녹지, 화단, 화분, 가로수보호시설 등
통행시설	중앙분리대, 연석경사로, 부분경사로, 횡단보도, 고원식 횡단보도, 고원식 보도(차량진출입구), 고원식 교차로, 보행섬, 교통섬, 신호등, 과속방지턱, 육교, 승강기, 철도 출입구 등
상하수공급시설	소화전, 트렌치, 집수정, 도시가스, 각종 맨홀 등
전기통신시설	가로등, 전주, 통신주, 신호등주 등
안전시설	경계석(연석), 보차분리용 난간, 방호울타리, 옹벽, 석축 등
기타	가판대, 지하철 환기구, 차량진입억제용 말뚝, 자전거도로, 자전거보관대, 키오스크(kiosk) 등

이상과 같은 다양한 시설이 보행에 장애물이 되는 경우가 많아 보도 상에 놓이는 시설을 규제하기 위해, 「도시·군계획시설의결정·구조및설치기준에관한규칙」 제14조의3에서 보도의 구조 및 설치기준은 「교통약자의이동편의증진법」 및 「도로의 구조·시설 기준에관한규칙」에 따르도록 의제하고 있다.

한편 장애물 없는 생활환경의 도로 부문의 인증 지표 중, 장애물구역과 보행안전구역을 설정하여 상기 보도 상의 설치되는 시설을 장애물구역에 배치하도록 하여 보행의 안전성, 접근성 및 편의성을 증진시키도록 하고 있다.

5-4-8 보도의 장애물구역 (Barrier Zone)

가. 장애물구역의 의의

장애물 없는 생활환경의 보도 부문 인증 지표의 용어로서, 보도가 보행하기에 편리하고 안전하도록 보행에 장애물이 되는 각종 시설을 한쪽 구역에 함께 질서 있게 설치하도록 하는 공간을 말한다. 이 개념은 장애물 없는 생활환경의 공원 부문이나 건축물 부문에는 없는 용어이나 건축시설 등에 이르는 접근로나 공원의 산책로 등에서도 응용될 수 있다.

보도 상에 설치되는 각종 주요 시설의 종류는 표 5-4-2와 같다. 이들 시설의 위치, 배치

와 규격에 따라 장애물이 되기도 한다. 장애물구역 설정의 평가 항목은 왕복 6차로 이상의 도로, 왕복 4차로 이상의 도로, 왕복 2차로 이상의 도로, 보차공존도로 및 보행자전용도로 모두에 적용한다.

사진 5-4-3 보도에 설치된 자전거보관대가 보도구간을 2/3를 차지하여 자전거도로로 사람들이 다닌다.

사진 5-4-4 상가와 보도 사이에 계단과 실개천이 높여 있어 제한적 접근과 장애 요소로 민원 발생.

사진 5-4-5 차도 쪽 보도에 폭 80cm 가량의 전봇대 및 안내판 등을 설치한 장애물구역을 마련하고 보도 포장재와 다른 이색이질로 마감한 사례(미국 뉴저지)

표 5-4-2 보도에 설치되는 장애 가능 시설

구 분	보 도 시 설 물
안내시설	경계석(연석), 도로표지판, 시선유도표지, 점자블록 등
편의시설	벤치, 휴지통, 버스정류소, 택시정차대, 쉘터, 휴게시설, 그늘막, 키오스크, 돌출 계단 등
조경시설	가로수, 띠녹지, 화단, 화분, 가로수보호시설, 실개천 등
통행시설	신호등, 육교, 승강기, 연석경사로, 부분경사로, 지하철 입구 등
상하수공급시설	소화전, 트렌치, 집수정, 각종 맨홀 뚜껑 등
전기통신시설	가로등, 전주, 통신주, 신호등주, 통신맨홀 등
기타 부대시설	가판대, 지하철 환기구, 차량진입억제용 말뚝, 자전거도로, 자전거보관대 등

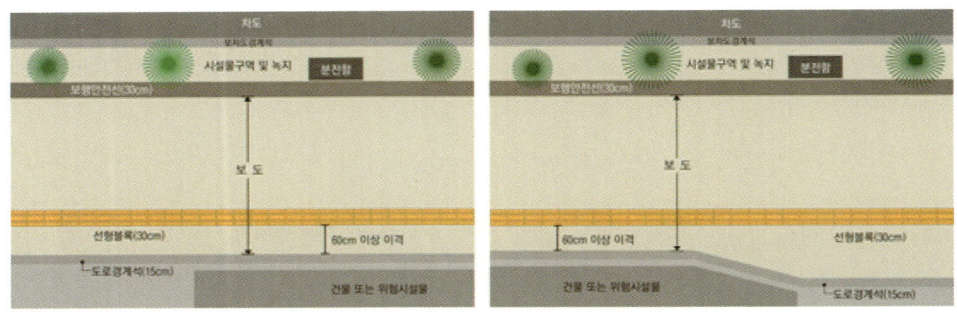

그림 5-4-1   보행안전구역 확보 및 장애물구역 등과 점자블록의 설치. 자료 한국시각장애인연합회

나. 장애물구역의 설치 위치 및 방법

장애물 없는 생활환경 인증에서 장애물구역은 건축물이 있는 대지 쪽이 아닌 차도 쪽에 연접하되 〈차도-장애물구역-자전거도로-유도 및 경고용 띠-보행안전구역-유도 및 경고용 띠-건축물 등 대지〉와 같은 순서가 되도록 유도하고 있다.

장애물구역에는 전주, 가로수, 띠녹지대, 가로등, 자동차진입억제용 말뚝, 벤치, 단자함, 쓰레기통, 소화전 등이 위치하도록 하고 이 장애물구역 밖에 설치되는 경우 평가 등급 외로 하고 있다.

여기서 유의할 점은 자전거도로는 차도 쪽에 위치하여 주택, 상가 등에 출입하는 보행인과 마찰이나 충돌을 피하도록 배치한다.

다. 장애물구역의 유효폭

최소 0.9m 이상, 최소 1.5m 이상 및 최소 2.0m 세 단계로 구분 평가한다.

사진 5-4-6   보도구역, 자전거보행자겸용도로 구역, 띠녹지, 한전설비, 2중 가로수 등의 시설로 보행자 및 자전거에게 안전이 충분치 않다. 한전설비를 둘러싼 킥플레이트는 낮은 높이에 위치하여 매우 위험하다.

5-4-9　보도의 보행안전구역 (Barrier Free Zone)

가. 보행안전구역의 의의

'보행안전구역'과 유사한 용어로 「교통약자의이동편의증진법」 시행규칙 별표1에서는 '보행안전지대'라는 용어를 사용하고 있다. 장애물 없는 생활환경의 도로 인증 부문에서는 보도에 적용되는 '보행안전구역'이란 용어를 사용한다. 왕복 6차로 이상 도로, 왕복 4차로 이상의 도로, 왕복 2차로 이상 도로, 보차공존도로 및 보행자전용도로의 보도 구간에서의 보행안전구역이란 보도 상에 있는 장애물구역, 자전거도로, 점자블록, 유도 및 경고용 띠 그리고 보행장애물인 각종 시설물이 없는 순수 보행 구역이다. 보행안전구역의 인증 평가 항목 및 산출 기준은 왕복 6차로 내지 왕복 2차로 이상의 도로, 보차공존도로 및 보행자전용도로 모두 같다. 아래 사진 5-4-7 및 그림 5-4-2와 같은 보도 인증 항목의 보행안전구역 개념은 건축물의 접근로, 공원의 산책로, 광장 등에도 적용 또는 준용할 수 있다.

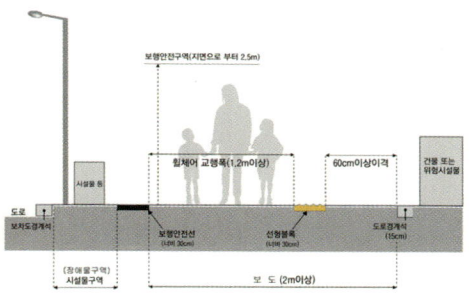

사진 5-4-7 및 그림 5-4-2　　　　보행안전구역 및 장애물구역의 개념, 자료 한국시각장애인연합회

나. 보행안전구역의 설치방법

보도의 횡단면 순으로 〈차도-장애물구역-자전거도로-유도 및 경고용 띠-보행안전구역-유도 및 경고용 띠-건축물 등 대지〉와 같은 순으로 설치하도록 하고 있으며 자전거도로를 도입 시 차도 쪽으로 분리하는 것을 원칙으로 하되 대지 쪽으로 하는 경우 3등급으로 하고, 보행장애물이 보행안전구역에 설치되는 경우 평가 대상 외로 한다. 자동차진입억제용 말뚝을 보행 진행 방향 앞에 두면 보행장애물로 보며 이런 경우가 아닌 경우에 설치 가능하다. 바닥 포장에 설치되는 맨홀 및 배수구의 덮개는 높이 차이가 없이 마감되어야 장애가 없는 것이 된다. 자전거도로의 위치는 도시 전체 체계에 따라야 하나 대지 쪽에 있는 경우 대지에서 발생하는 보행자와의 충돌로 인해 차도 쪽에 배치하는 것을 권장한다. 보행안전구역 내 점자블록인 선형블록을 포설해야 하는 논점은 유도 및 경고용 띠가 있어 불필요하며 유도 및 경고용 띠가 없다면 선형블록으로 유도하도록 사진 5-4-7 및 그림 5-4-2처럼 설치함이 적정하다.

사진 5-4-8   (좌측)보행안전구역 내 선형블록 대신 경고용 띠를 설치하였으나 시인성 대비가 약하다(세종시), (중 및 우측)잔디와 보행안전구역 사이 1.2m 유도 및 경고용 띠를 주었다(LA, USC)

다. 보행안전구역의 유효폭과 교행구간

가장 좁은 폭을 유효폭으로 보며 1.2m 이상, 1.5m 이상, 2.0m 이상 3단계로 구분 평가하며 승강기, 지하보도 등의 입체횡단시설이나 철도 및 전철의 출입구 등의 시설물이 폭을 제한하더라도 최소 1.2m 이상이 되어야 한다.

라. 보행안전구역의 기울기 및 휴식참

2cm 단차 이하로 진행 방향의 종단기울기를 최대 1/12 이하의 경우 30m 마다 휴식참 1.5m×1.5m 규격을 설치하고, 1/18 이하의 경우 50m 마다 휴식참 1.5m×1.5m 규격을 설치하며, 1/24 이하 3단계로 구분하여 평가하며 좌우기울기는 없는 것으로 하되 배수 및 지형 상 불가피한 경우 최소 1/50이하로 하여야 한다.

마. 보행안전구역의 연속성

종단경사를 1/18 이하로 연속되게 하며 이 연속성이 결여되면 등급 외로 평가한다.

바. 보행안전구역의 유효 안전 높이

보행안전구역의 바닥에서부터 2.1m를 2급으로 하고 2.5m를 1급으로 보행안전구역을 설정하여 간판 등의 돌출물이 없도록 하고 있고 나뭇가지는 2.5m까지 전지하도록 하고 있다.

사. 보행안전구역의 바닥 재질 및 색상

바닥은 경도가 충분하고 습윤 상태에서 미끄럼이 없는(C.S.R. 0.4 이상) 재료로 배수가 잘 되며 틈이 발생하지 않고 평탄하게 마감하고 주변과 명확한 대비가 되는 색상과 질감을 기준으로 한다.

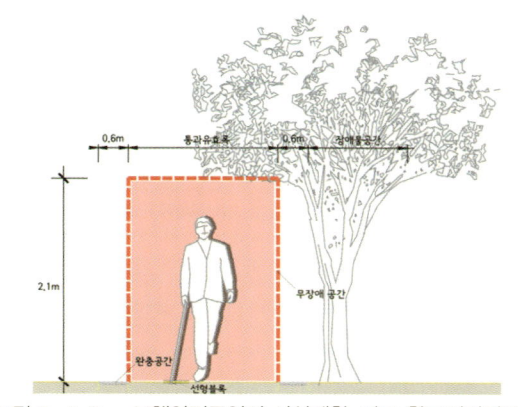

그림 5-4-3 보행안전구역의 시설제한, 자료 한국시각장애인연합회

사진 5-4-9
보도(자전거도로)를 침범한 수목의 가지

아. 보행안전구역의 배수로

배수로의 덮개가 포장면과 높이가 일치되도록 하며 진행 방향으로의 빗물 배수틈새 간격은 1cm 이하로 하도록 하고 있다.

자. 보도의 배수

빗물에 의해 발생되는 보도상의 표면 배수는 보도 가장자리에 있는 띠녹지로 일부 침투되나 대부분 보도의 횡단경사를 따라 차도의 L형 측구로 가서 집수정 또는 선형측구로 배제된다. 보도면이 평탄하거나 넓은 경우 보도면에 집수정, 트렌치 등을 설치하여야 하며 주변 인근 건축물에서 발생하는 빗물은 해당 부지 내에서 처리하여야 하나 건물에 접한 건축물 지붕에서 발생한 빗물은 보도로 배제되지 않도록 해야 한다.

사진 5-4-10
보도에 낙수되는 선홈통 빗물을 보도의 횡단트렌치를 통해 차도로 배출(모스크바)

5-4-10　보도 폭원의 결정

제1장 4-6절 보도 폭원의 결정 참조.

5-4-11　보도에 면한 공개공지의 설계 시공

공개공지(公開空地)란 「건축법」 제43조 및 같은 법 시행령 27조의2 등에 따라 일반주거지역, 준주거지역, 상업지역 등에서 지역의 환경을 쾌적하게 조성하기 위해 대지 면적의 1/10 이하 규모 구역에 소규모 휴식시설 등을 설치하여 이들 시설을 일반이 사용 가능하도록 하고 이 구역에 누구든지 물건을 쌓아놓거나 출입을 차단하는 시설을 설치하는 것을 금하여 활용을 저해하지 않도록 하고 있다. 이를 공개공간(公開空間)이라고도 한다.

보도에 접한 공개공지를 설계 시공함에 있어 가장 중요한 것은 공개공지가 일반에게 공개되어 사용됨으로써 휴식기능 등이 있고 보도와 연결된 공간이므로 교통약자의 접근성 확보가 가장 중요하다.

시공 시에 접근성 확보를 위해 대지와 보도 사이에 설치된 대지경계석의 높이(G.L.)를 조정하여 높이거나 내리지 말고 보도에서 공개공지로 수평접근이 확보되도록 하여야 하며 동시에 보도의 횡단경사(좌우경사)를 「보도설치및관리지침」 등 설계 기준에 따라 2% 이하가 되도록 공개공지 구역까지 연장하도록 하여야 할 것이다. 특히 보도 폭이 좁은 경우 공개공지와 보도를 일체화된 공간으로 구상하여 설계 시공함이 바람직하다.

한편 건축물 내부로의 빗물 유입 등을 이유로 공개공지의 바닥 높이(G.L.)를 건축물 주출입구 바닥 높이(F.L.) 정도로 상향하는 경우 보도에서 공개공지로 접근하는 방법은 교통약자에게 계단 또는 경사로를 사용도록 하는 것이므로 접근성에 문제가 발생한다.

또 공개공지가 넓은 경우 인근의 버스정류장, 횡단보도, 장애물구역(Barrier Zone), 보행제한시설구역, 보행안전구역(Barrier Free Zone), 자전거도로 및 자전거보관대, 휴게시설(장의자, 벤치, 파고라 등), 녹지 및 조경시설(가로수, 연못 등), 국기게양대, 소화전, 계단, 경사로, 포장 패턴, 점자블록, 차량진입억제용 말뚝, 각종 환경조각 등을 보도와 통합적인 설계 시공을 하도록 하여 보도 환경을 보행자 중심으로 접근성을 강화하고 보행장애물을 제거 또는 회피하도록 하여야 할 것이다. 공개공지로 돌출된 창호, 선홈통 등에 대하여도 안전한 설계 또는 보행제한시설 등의 조치를 취하여야 할 것이다.

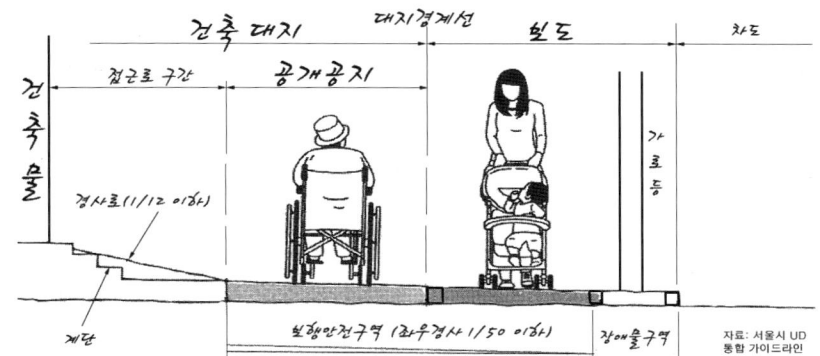

그림 5-4-4　　　공개공지를 보행자 위주로 보도와 통합하여 설계한 사례

대지경계석을 위로 매설하여 보도와　　　　　대지와 보도 사이의 공개공지에 접근로를 계단으로 설치하여
공개공지의 좌우경사가 심한 잘못된 사례 (1)　　보도와 건축물 접근 및 이용이 불리한 설계사례 (2)

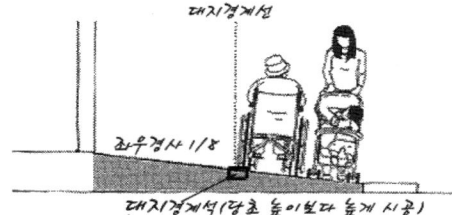 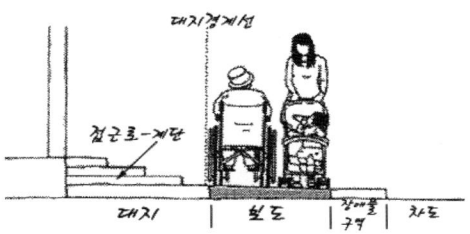

그림 5-4-5　　　공개공지를 보도와 통합하여 설계하지 않은 불편한 사례

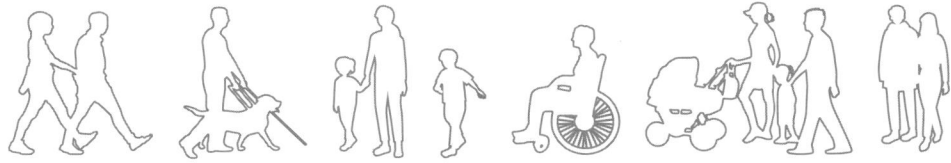

제5장

5절

접근로

5-5-1 접근로의 의의

장애물 없는 설계 시공에서 접근로는 매우 중요하다. 사람이나 차량의 이동 공간으로 사용되는 명칭으로써 길, 접근로, 통행로, 통로, 보행로, 진입로, 진출입로, 보도, 차도, 도로 등이 있다.

접근로에 관한 유사 용어가 여러 가지인데 우선 장애물 없는 설계 시공 등에서 '접근로'라 함은 '접근가능한 길(accessible way)'이라는 의미인데 '길'이 갖는 여러 기능 중 '접근성 accessible'의 의미를 강조한 보행자용 길이라는 것이다. 한편 법상으로 접근로의 명칭은 「장애인·노인·임산부등의편의증진보장에관한법률」 시행규칙 편의시설 세부기준에 '장애인 등의 통행이 가능한 접근로'의 준말이라 할 수 있다. 즉 도로의 보도가 아닌 대지 내에서의 시설물이나 건축물 등에 이르는 보행로를 접근로라 하는 것이고, 보행접근로라는 용어는 「교통약자의이동편의증진법」 시행규칙 별표1 여객시설의 주출입구에 이르는 보행로를 보행 접근로라 하였다.

또 이 준말을 장애물 없는 생활환경 인증 지표에서 매개시설로써 사용하고 있다. 공원, 여객시설 및 건축물 시설에 대한 첫 지표로써 접근로를 선정하고 있다.

「장애인·노인·임산부등의편의증진보장에관한법률」에서의 '접근로'는 건축물 내 복도 및 통로와, 그리고 「도로법」에 의한 보도와 다르게 모든 대지 내 외부 공간에 설치되는 시설물에 이르는 공용(共用)의 보행로를 의미한다. 즉 접근로는 기본적으로 차량의 접근로가 아니고 장애인 등 포함하는 모든 사람의 통행이 가능한 보행전용 공간으로서의 의미이다. 제한적으로 차량과 보행의 교행과 보차혼용을 허용하기도 하나 이 경우 평가 점수를 낮게 책정한다. 또 특별히 관리 전용의 접근로는 예외를 인정하여 장애물 없는 설계 시공의 기준을 적용하지 않을 수 있다. 그리고 공동주택의 경우 주차장이 지하로 설치되고 지상부는 산책로 및 공동주택 동 간의 연결로로서 접근로가 설치되는데 이 때 접근로의 주된 기능은 보행자의 전용을 전제로 하나, 이삿짐 차량, 소방차량, 119 등 긴급차량 등이 이용하는 것을 부수적 전제로 한다.

그러나 「교통약자의이동편의증진법」에서는 여객시설인 여객자동차터미널, 철도역사, 도시철도역사, 환승시설, 공항시설, 항만시설 및 광역전철역사에 설치하여야 하는 이동편의시설 중 하나인 매개시설로써 외부에서 여객시설 주출입구에 이르는 보행 구간을 '보행접근로'라고 정의하고 있다.

한편 「보행안전및편의증진에관한법률」 제2조에서 관련법에서 정한 모든 유형의 보행자가 다니는 길을 '보행자길'이라고 정의하고 있다.

이와 같은 여러 유형의 접근로의 의미를 종합하면, 장애물 없는 생활환경에서 시각장애인, 지체장애인, 임산부, 노인, 어린이 등이 사용함에 있어 장애 요소가 없다면 접근로로서의 적정한 구조가 된다. 만일 어떤 접근로 A가 지체장애인에게는 접근할 수 없는 구조를 갖는다면 다른 유형으로서 지체장애인에게 이용 가능한 구조의 접근로 B가 별도로 만들어져야 한다는 의미를 갖게 된다. 즉 접근로는 모든 사람이 접근 가능한 구조를 갖춘 통행로이어야 한다. 따라서 모든 사람이 접근 가능하기 위하여서는 경우에 따라 출입구 또는 시설물까지 접근로가 여러 개일 수도 있다. 특히 단차가 심한 접근로의 경우 승강기, 계단, 경사로, 평탄한 구간의 참, 보행로 등 여러 유형의 접근 방식이 선별적으로 채택될 수 있다.

또한 접근로는, 첫째 「도로법」에 의한 도로(보도)의 시점부에서 시작되는 접근로와 둘째 대지 내 산재한 여러 시설들 간의 보행으로 연결하는 접근로일 수 있다. 대지 내에 산재된 여러 시설들을 상호 연결하는 접근로는 주된 접근로에 대하여 상대적으로 보조적이거나 부수적인 접근로가 된다. 대지와 접한 외부의 도로 또는 보도에서부터 주된 출입구까지의 보행 동선을 주된 접근로로 보아야 할 것이고 주된 건축물과 주변에 산재된 다른 건축물, 휴게소, 광장, 정원, 운동시설, 부속 시설 등과의 연결은 성격에 따라 보조적인 접근로로 볼 수 있을 것이다.

인근 보도로부터 주된 건축물에 이르는 접근로를 주된 접근로로 파악해야 하겠으나, 대부분 사람들은 주차장을 많이 이용하기 때문에 주차장에서 주된 건축물에 이르는 보행 동선도 주된 접근로로 파악해야 할 것이다.

특히 「장애인·노인·임산부등의편의증진보장에관한법률」과 장애물 없는 생활환경 인증 기준에서 접근로에는 장애인 등의 편의를 제공하는 여러 시설 기준을 명시하고 있다. 건축물의 성격 상 주된 접근로의 성격을 갖는 것이 2개 이상일 수 있는 것은 이용자 및 주변 건축물의 기능에 따라 여러 개의 주된 접근로가 가능하기 때문이다.

접근로는 일정한 구역 내에서 단일 기능을 갖지 않고 휴게공간, 광장, 놀이공간, 주차장이나 공개공지 등의 구역과 함께 연접함으로써 보행자의 이동 기능 이외 타 기능과 함께 공유하기도 한다. 따라서 접근로는 이동 기능만을 위한 구역과 타 기능이 섞일 경우 복합적인 기능의 혼재가 불편과 장애를 유발되지 않도록 해야 한다. 실무적으로 접근로의 기능과 다른 기능의 혼재 시 이를 구분하여 명확히 장애물 없는 설계 시공으로 이끄는데 어려움이 있는 경우가 종종 있다. 기능의 혼재가 있는 접근로는 포장재 또는 포장 패턴의 이질적 선택, 경사도 분리, 조경 시설 배치, 경계의 명확성 등으로 장애가 없도록 구역 별로 섬세한 검토가 필요하다.

관리 상 특정 관계자들만이 이용할 관리 전용 동선, 위험한 곳으로 접근 방지가 필요한 곳 등인 경우 이 법에서 정의한 공용의 접근로로 볼 수 없으나 이러한 곳은 접근 시점에 반드시 경고, 안내 등으로 일반인의 접근 방지 시설이 필수적이라 할 수 있다.

5-5-2 접근로의 유효폭

접근로는 보행 축, 시설 이용자 수, 주된 건축물 용도, 인근 건축시설 등의 현황 등을 파악하고 주된 접근로의 위치와 폭원을 결정한다. 그리고 주된 접근로와 각 시설들을 연결하는 접근로를 결정하고 접근로에 부가적인 시설인 조명, 안전시설, 점자블록, 포장의 유형 등을 결정하여 유효폭을 설정한다.

일반적으로 주변의 보행 축을 그대로 부지 내로 끌어들여 접근로의 폭원을 병목 없이 동일한 폭으로 반영하거나 건축물 등 시설을 이용하는 사람이 많으면 폭은 넓어진다. 접근로와 시설물 간의 관계 설정 이후 개별의 접근로에 대한 유효폭은 아래와 같이 산정한다. 참고로 접근로가 광장 등과 같은 넓은 구역의 동적 영역성을 갖거나, 장애물구역이 있는 보도의 성격을 갖는다면 제1장 4-5절 움직이는 보행자의 영역성과 제1장 4-6절의 보도의 유효폭 결정을 참고하여 비교 검토한다.

$$\text{접근로 유효폭 산정}^{47)} = V \cdot M / S$$

V = 분당 통행량 (인/분)
M = 보행자 1인당 면적 (m²/인)
S = 보행자 분당 보행 속도 (m/분)

위 공식을 적용해 보면, 분당 100인의 보행자가 있고 보행자 1인당 쾌적한 보행 면적을 1.7m², 성인의 평균 보행속도를 72m/분으로 하는 경우 접근로의 유효폭은 100×1.7/72=2.36m이다. 여기서 분당 통행량은 최대 이용자를 기준으로 한다. 예컨대 등하교 시에 일시적으로 학생들이 다니는 교문에서부터 교실동의 주된 출입구까지 학생들의 통행량을 가정 시 최대 이용 학생들 수를 산정해야 하는 것이다.

보통 보행자 1인당의 면적 산정은 접근로의 경사도, 접근로의 위치와 성격 등에 따라 다양하나 보통 2.0m² 내외를 기준으로 한다. 우리나라 보통 사람의 보행속도는 1.0~1.2m/초를 기준으로 하며 교통약자 중 75세 이상 노인, 임산부, 영유아동반자, 환자 및 장애인의 경우

---

47) Charles W. Harris & Nicholas T. Dines, Time-Saver Standard for Landscape Architecture, McGraw-Hill Book Company, 1988, p340-8

는 현저히 그 속도가 느리다.

앞의 제1장 표 1-4-3 및 표 1-4-4 보행 영역성에서 보았듯이, 접근로의 폭원이 좁거나 최대 이용밀도가 높으면 혼잡이 발생하고 장애가 유발되므로 탈출이나 피난이 필요한 공간의 보행로 등에서는 피난이나 탈출에 장애가 없도록 검토해야 한다. 평지 구간보다 계단 구간에서의 폭은 최소 2배 이상이 되어야 흐름이 동일하므로 계단이 있으면 안전을 위한 확폭 정도를 검토해야 한다. 접근로 폭이 꺾이는 지점이나 경사로가 있는 지점도 충분한 폭원을 확보하여 비상 시 탈출 흐름이 안전하도록 검토한다.

표 5-5-1　　　　　　　　　　　　　보행 속도[48]

성인	노인(75세 이상)	군집(群集)	계단 오르기	계단 내려오기
72m/분	67m/분	61m/분	34m/분	46m/분

가장 기본적인 외부 공간에 설치되는 접근로는 2인이 쌍방 통행을 하는 폭을 기준으로 해야 한다. 이 최소 유효폭은 현행 여러 법령에서 이론적 근거에 따라 1.2m-1.5m로 정하고 있다. 경계석이 설치된 접근로에서 경계석의 너비는 유효폭에서 제외해야 할 것은 경계석을 밟고 다니는 사람은 없기 때문이다.

모든 접근로는 최소 1.2m 이상이어야 하는데 전체 접근로 중에서 가장 좁은 부분의 폭원을 이 기준으로 본다. 이 1.2m 폭원이란 휠체어 1대와 보행자 1인이 쌍방 통행으로 본 기준이다. 그러나 휠체어가 방향 전환을 위한 구역이 필요한 경우 해당 구간은 1.5m의 폭원으로 확보함이 바람직하다. 또 휠체어 2대가 쌍방 통행할 필요가 있다면 최소 1.8m를 기준으로 해야 할 것이다. 목발을 사용하는 1인의 최소 유효폭은 0.9m를 기준으로 하나 이런 폭원은 외부의 공용 공간으로서 적정치 아니하므로 최소 1.2m를 확보한다. 실제로 최소 1.2-1.5m 폭원은 공용의 외부 공간에서 그리 충족한 폭원은 아니다. 야간에 이 폭은 낯선 사람의 교행 시 위험성을 느끼는 경우가 많다.

여기서 유의해야 할 점은 접근로, 보행로, 산책로 등이 직각 또는 예각으로 꺾인 경우 보행자, 휠체어 등이 일시적으로 멈추거나 맞은 편 사람을 피하거나, 부딪히거나, 부드럽게 방향 전환을 할 수 없거나 잠시 멈춘 후 방향 전환을 해야 하는 불편함이 있기에 꺾인 부분의 모서리 구역은 폭을 확대하여 최소 2.5m 이상이 되도록 폭원을 보정함이 타당하다(그림 5-5-2 및 그림 5-22-1참조).

---

48) Charles W. Harris & Nicholas T. Dines, Time-Saver Standard for Landscape Architecture, McGraw-Hill Book Company, 1988, p340-4

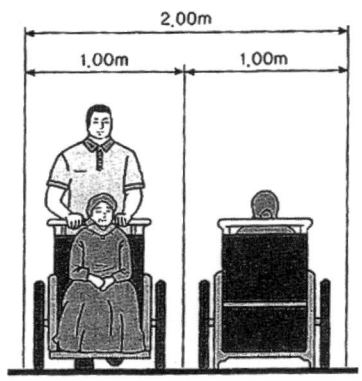
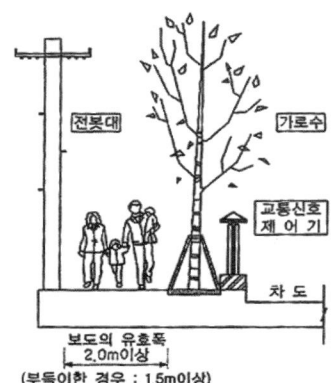

그림 5-5-1 　　　　　　　　　「보도설치및관리지침」상의 유효폭

표 5-5-2　　　　　　　　　　　　각종 보행 공간 유효 폭원

유효 폭원	사용 내용	유효 폭원	사용 내용
0.9m	- 문 폭　　　- 부분경사로 - 옥외피난계단　- 목발 1인	1.5m	- 교행구역　　　- 자전거도로 - 거실에 면한 통로　- BF 2급 기준
1.0m	- 장애인전용주차구역 내 통로	1.8m	- 일반인 1인과 휠체어 1대 동시 통과 - BF 1급 기준
1.2m	- 장애인등을 위한 실내 복도 및 통로 - 경사로　　　- BF 최소 기준(3급) - 출입문 전·후면 유효거리	2.0m	- 보도　　　- 접근로 - 산책로　　- 휠체어 교행
1.4m	- 계단 참　　　- 전면 활동공간 - 경사로 참	2.5m	접근로에 보안등, 벤치 등 설치 가능한 최소 폭원이나 보행자 통행량과 자전거도로 추가에 따라 증폭

주1: 위 표 중 2.0m 이하인 경우 경계석, 가로수, 의자, 손잡이 등을 제외한 유효폭이고 실외에서는 경계석을 제외한 2.0m 이상이 바람직하며 자전거도로가 추가되는 경우 자전거 1개 차로에 1.2~1.5m씩 증가해야 함.
주2: 접근로 또는 산책로가 135도 이하로 교차하는 경우 교차된 지점에서 내폭이 1m 이상 확폭되어야 부드러운 흐름을 유지함.

이 유효폭에 대한 현행 법령과 인증기준을 살펴보면, 「장애인·노인·임산부등의편의증진보장에관한법률」시행규칙 별표1의 편의시설의 구조·재질 등에 관한 세부기준에 따르면 장애인 등의 통행이 가능한 접근로의 최소 유효폭을 1.2m로 정하고 있다. 그리고 공원과 여객시설 및 건축물의 접근로의 인증 지표에서 그 최소 유효폭을 1.2m 이상으로 정하면서 쌍방교차에 대한 최소 기준으로 정함을 설명을 하고 있다.

그런데 이 유효폭이란 접근로에는 경계석, 조명 장치, 안내시설물 등이 부착되는 경우가 많으므로 이들 시설물이 부착됨으로 이들이 차지하는 폭을 제외한 최소 폭을 1.5m로 함이 적정하다. 또 현행 법령과 인증기준에 경계석의 포함 여부가 없으나 경계석의 너비를 제외한 것으로 판단해야 할 것이다.

또한 계단에서 손잡이 등을 제외한 유효폭을 1.2m로 규정하고 있는 법령이나 현행 인증 기준을 감안하면 최소 유효폭이 1.2m인 접근로가 최소 유효폭이 1.2m인 계단과 만나게 될 때

두 시설의 설계 치수를 정확히 일치하기가 어렵기에 접근로의 유효폭은 최소 1.5m 이상이 적정하다. 이는 계단의 손잡이 등을 접근로 내에서 설치하거나 계단의 시작과 끝 지점에서 약간의 여유로운 수평참 공간이 필요하기 때문이다. 또 전동휠체어의 등장과 인체치수의 변화 및 외국의 최소 유표 폭을 감안하면 접근로의 우리나라 유효폭을 1.5m로 보는 것이 직선인 구간에서 적정해 보이며 꺾인 구간은 꺾인 모서리 내폭을 1.0m 이상 확폭하여 보행자들 간의 마찰 및 부드러운 보행이나 휠체어 운행이 되도록 조정하는 것이 좋다.

만일 접근로의 수준이 보도의 수준과 비슷한 경우 접근로의 유효 폭원 산정은 제1장 4-6절의 '보도 폭원의 결정'을 참고하여 결정할 수 있을 것이다.

5-5-3 접근로의 적정 경사도 설정 등 유의사항

보행에 편리한 종단경사는 3/100 이하와 횡단경사는 1/50 이하가 가장 바람직하다. 「도로법」의 지침인 「보도설치및관리지침」에 의한 보도의 경사 중 종단경사는 1/18 이하로 정하고 있고 횡단경사(좌우기울기)는 1/50 이하로 정하고 있다. 동 지침에 예외적으로 종단경사는 1/12 이하 횡단경사는 1/25 이하로 하고 있다. 한편 「도로법」 상의 도로가 아닌 접근로의 경우 「장애인·노인·임산부등의편의증진보장에관한법률」에서 종단경사는 1/18 이하로 정하고 횡단경사의 경우 기준을 명시하지 않고 있다.

우리나라는 지형이 굴곡이 많은 산지형 나라이다. 종단경사를 1/18로 하는 경우 노면이 비, 눈 및 결빙 상태이면 미끄럼저항 값이 현격히 감소한다. 따라서 1/18 경사는 완만한 경사가 아니므로 적어도 1/25 정도까지 검토하고 횡단경사도 1/50을 넘지 않도록 완화하는 방안을 모색하여야 할 것이다. 1/18 이하라 하더라도 1/18 정도에 가까운 긴 경사로인 경우 수평참이나 휴식참의 도입은 교통약자에게 도움이 된다.

접근로가 북측에 있는 경우나 북쪽으로 사면이 형성되면 눈이 잘 녹지 않는 점을 유의해 경사도를 더욱 완화하는 방안을 모색함이 바람직하며 접근로 주변에 상록수를 심은 경우 태양의 복사열이 노면에 닿지 않아 눈과 결빙이 잘 녹지 않으므로 상록수보다 낙엽수를 심어야 할 것이다. 북사면의 접근로 구간의 밀식은 섬세한 배식계획을 필요로 한다.

5-5-4 장애물 없는 생활환경 인증에서의 접근로 유형 및 평가항목

현행 장애물 없는 생활환경 인증 대상 중 공원, 여객시설 및 건축물 3개 부문에 대하여 접근로를 첫 평가 항목으로 하는데 주출입구까지의 접근로 즉 주접근로와 기타 접근로를 평가한다. 상기 세 부문의 주접근로의 유형을 살펴보면 공원은 보차분리형, 보차교행형, 보차혼용형으로 구분 평가하고, 여객시설과 건축물은 보차분리형, 보차교행형으로 구분 평가하도록 되어 있다. 모든 접근로에 대하여 유효폭, 단차, 기울기, 보행장애물, 덮개를 공통으로 평가하고 여객시설에 대하여는 차량진출입부 및 턱 낮추기를 추가로 평가한다.

표 5-5-3 인증 부문별 접근로 시설 기준 개요

시설 구분	공원 인증	여객시설 인증	건축물 인증
주접근로의 유형	보차분리, 보차교행, 보차혼용	보차분리, 보차교행	
유효폭	1.2m 이상, 1.5m이상, 1.8m 이상 (3단계)		
단차	2cm 이하(1cm 절대적 단차, 2cm 상대적 단차)		
기울기 (종단, 횡단)	종단1/18 횡단1/24 이하 종단1/24 횡단1/50 이하	종단 1/18 이하 또는 종단 1/24 이하(2단계)	
바닥마감	습윤 시 미끄럼 없음(CSR기준) 틈새 없이 평탄 등	모든 출입구 50% 이상 줄눈 1cm 이하 평탄	
보행장애물	가로등, 가로수 등 배제 차도와 구분되는 시설	유효안전높이 2.1m 이하 제거 접근 방지 난간 및 보호벽 설치	
덮개	포장과 높이 차이 없고 틈이 2cm이하		
종합안내소	-	설치 권장	-
차량진출입부	-	고원식 보도	-
턱 낮추기	(도로 인증에서도 별도 운용)	연석경사로 또는 부분경사로	

주1) 좌우기울기는 진행 방향의 좌우측 기울기를 말하는 것으로 횡단기울기 또는 횡단경사를 말하며 이는 휠체어의 전도
가능성과 눈·비에 대한 미끄럼 안전성을 감안한 기준이다.
주2) 상세 내용은 부문별 인증 세목 참조

5-5-5 접근로의 배치와 선정

접근로 위계 상 주된 접근로는 외부 보도로부터 또는 주차장으로부터 부지 내 주된 건축물 등에 이르는 접근로이다. 이 접근로는 우회로가 아닌 최단거리가 되도록 해야 하기 때문에 주된 건축물의 배치 후 가장 보행량이 많은 곳(교차로, 버스정류소 등)이나 보도의 특정 지점에서부터 주된 건축물의 주출입구까지 이르는 축과 선형을 검토하는 것이다. 이 때 부지가 둘 이상의 도로나 보도에 접하는 경우 넓은 도로나 보도 또는 주변에 이용인구가 많이 밀집된 개발지 쪽에서부터 접근로를 형성시키는 것이 좋다. 필요 시 복수의 동일한 위계를 갖는 접근로를 형성할 수도 있다. 만일 두 개 중 하나가 접근로로서의 기능이 미비할 경우 반드시 다른 접근로의 이용이 가능하도록 조치를 취하여 접근과 이용에 불편 및 장애가 없도록 하여야 한다.

버스정류장, 횡단보도, 광장, 보행자전용도로, 공원 등에 인접하여 접근로를 배치하는 것이 유리하나 학교에서는 횡단보도와 연접하거나 가깝게 인접하는 경우 학생들이 급하게 횡단보도로 뛰어 나가 차량과 부딪히는 사고가 빈번하므로 반드시 횡단보도 인근에 접근로나 교문을 두지 않는 것을 원칙으로 하여야 한다.

주변에 보행자전용도로, 주요 건축물, 아파트단지, 공원, 도서관 등 공공시설물이 있는 경우 보조적인 접근로가 필요하며 이를 간과한 경우 시공 또는 시공 후 민원이 발생하므로 당초부터 이를 반영하는 것이 바람직하다. 예비인증 시 이런 내용이 있는 경우 조건을 부여하여 사전에 해결하도록 유도함이 좋다.

5-5-6 접근로의 조건과 구조

보도에 접한 주된 지점에서부터 설치되는 접근로는 1개 이상이어야 한다. 접근로는 어둡지 않고 밝으며, 맑은 공기와 햇빛이 있고, 최소 3인 이상의 사람이 동시에 통과할 수 있는 유효폭을 확보함이 바람직하다. 앞서 살폈듯이 경계석, 가로수, 조명등 등을 포함한 가장 간단한 접근로의 폭원은 최소 2.5m 이상이 적정하다.

접근로 상에 설치되는 조명등, 가로수, 도로표지판, 안내판, 신호등, 소방시설(소화전), 벤치, 빗물 선홈통, 돌출 창, 나뭇가지, 각종 돌출되어 설치되는 구조물 등이 있는 경우 유효폭 밖이나 녹지 등에 설치하거나 일렬로 또는 장애물구역 안에 배치하는 것이 좋다.

접근로는 경사로 구조가 아닌 것이 바람직하다. 경사로와 계단이 병행된 구조 역시 바람직하지 않다. 현행법에는 접근로는 1/18(5.6%, 3.2도) 이하의 경사로 규정하고 있고 지형 상 곤란한 경우 1/12까지 완화 규정을 두고 있다. 1/12 내지 1/18은 급한 경사이기 때문에 경사로의 길이를 9m 이상 두는 것은 바람직하지 않다. 전술한 토공 설계 방식(제5장 2절)을 통해 1/18 이하인 경사 구조로 하거나 동시에 승강기를 검토해야 한다. 주출입구 앞에 2-3단의 계단과 경사로가 있는 형식을 없애고 토공 설계로써 1/18 이하의 완만한 접근로로 대치할 수 있는 경우가 많으므로 1/18 이하로 가능한 방법을 찾도록 하는 것이 바람직하다.

5-5-7 경사진 도로와 접한 대지의 접근로

설계 대상 부지와 접한 도로나 보도가 경사를 형성하는 경우 부지 내로 진입하는 접근로 시작 구간에서 횡단경사(좌우경사)가 발생하므로 안전한 접근성 확보 방법을 찾아야 한다. 접근로 시점부의 횡단경사는 보도의 종단경사와 동일하게 형성되므로 도로 또는 보도의 종단경사구간이 심한 경우 특히 휠체어 사용자 등에게 위험성이 있고 눈이 쌓이거나 결빙 상태에서는 특히 위험하므로 이를 완화해야 할 방법을 찾아야 한다. 가급적 부지와 접한 도로 또는 보도 구간 중 경사가 심하지 않는 곳에 접근로의 시작점를 배치하고 차량은 경사가 있는 지점으로 진입되도록 분리하는 방안도 적극 검토하여야 한다.

여러 가지 방식으로 검토할 수 있다. 1)완만하며 안전한 왜곡된 완화참을 접근로 초입에 두는 방식, 2)하나의 접근로 안에 계단과 경사로 방식을 혼합하는 방식, 3)계단과 경사로를 분리하여 두 개의 접근로를 두는 방식, 4)보도 안에 수평참 또는 완화참을 두어 접근로를 이 참에 연결시키는 방식, 5)부지 내에 완화 참을 두는 방식 등으로 도로 또는 보도의 종단경사의 정도와 현지의 부지 계획 상황에 따라 여러 가지일 수 있다.

보도에서 휠체어가 좀 더 안전하게 이용 가능한 별도의 진입로를 두어 주된 접근로(예, 계단으로 진입된 접근로)에서 합류되는 방식에서, 주된 접근로와 별도의 휠체어용 접근로가 10m 이상 떨어져 있거나 시야에 들어오지 않으면 주된 접근로 입구에 별도의 휠체어 접근로가 있음을 알리는 위치 안내판을 부착하고 또 대지에서 도로 쪽으로 나오는 방향에도 휠체어 이용자에게 별도의 접근로가 있음을 부지 안에서도 안내하여야 한다.

예를 들자면, 1/18 이상 경사진 도로 또는 접근로와 접한 상가 건축물을 내거나 건축물의 출입구를 개설하는 경우 휠체어 이용이 불편하거나 위험하다. 특히 건축물로 진출입 시 횡단경사(좌우경사)는 겨울에 결빙된 포장면 때문에 더욱 위험하게 된다. 따라서 건축물 입구와 보도 또는 접근로 간의 완화 구간이 필요하다.

전면에 면한 보도 또는 접근로의 횡단경사의 완화 방법으로 건축물의 외벽선 앞에 적정한 폭의 여유 공간 예컨대 공공공지, 공개공지, 건축선 후퇴, 조경구역 등을 확보하여 완화하고 확보된 공간을 완화구역

사진 5-5-1
경사진 보도에 접한 건물로의 접근로를 처리한 미국의 BF 우수 사례. 상가가 경사진 보도에 접하여 상가로 진입하는 접근로가 횡단경사가 심하므로 상가 부지 앞 공개공지의 일정 부위를 보도에서 보다 안전하게 접근하도록, 약간의 왜곡된 구역이 있으나, 수평 구간으로 형성하고 종단방향으로는 L자형 계단으로 처리하였다. 계단과 수평참이 만나는 애매한 부위에는 작은 녹지를 두어 위험성을 절감시키고, 계단이 L자형으로 꺾이므로 계단 사용자의 안전을 위해 계단이 꺾이는 부위에 계단 손잡이를 설치하여 위험을 방지하였다. 이 사진은 미국 장애물 없는 연방 기구인 「Access Board」가 우수 사례를 홍보한 현지 사진이다.

으로 활용하면서 수평참을 두고, 왜곡이 심한 구역은 녹지로 하거나 보행 통제를 하거나 계단을 설치하거나 손잡이를 두거나 경사로를 두거나 하여 접근성을 강화하는 것이다. 사진 5-5-1은 위 설명의 잘된 예시이다.

5-5-8   보차분리 및 주차장에서의 접근로

제1장 7절에서 살폈듯이, 우리나라는 보행 중 차량과 자전거로 인한 사고가 매우 높은 나라이다. 대부분 주차장에 이르는 차량 진출입로와 보행자가 이용하는 접근로는 보차가 분리된 구조이다. 차량의 진출입구와 보행접근로 자체를 별도로 두는 방식과 차도에 보도를 함께 두는 방식이 있을 수 있다. 지구단위계획이 시행되는 곳에서 대부분 차량의 진출입구를 지정하는 방식을 채용하는데 보행자의 접근로는 건축물 배치계획과 주변 여건에 따라 결정된다.

차량을 이용하는 사람은 주차 후 별도의 접근로를 이용하여 시설물로 접근한다. 주차장이 있는 경우 장애인전용주차구역과 일반주차장에서부터 주출입구에 이르는 접근 구간은 주된 접근로로 간주할 정도로 이용이 많기에 주차장에서 건축물에 이르는 보행로는 주된 접근로로 보아야 한다.

별도의 장애인전용주차구역에서 주출입구에 이르는 접근로 역시 유효폭(1.2m) 및 유효 회

전공간(1.4m×1.4m)을 최소로 확보하여야 할 것이다. 1/18~1/12 경사로를 설치하는 경우는 바람직하지 않는데 이 접근로는 장애인 등에게는 '장애인등의 통행이 가능한 접근로'에 해당하는 규정인 1/18 이하 경사 기준을 배제하기 때문이다. 사실상 장애인전용주차구역에서 주출입구에 이르는 전용 통행 구간은 접근로로 보아야 할 필요가 있기에 경사로 없이 최소 경사인 1/18 이하 경사도를 유지함이 적정하다.

차량을 이용하지 않는 사람을 위한 접근로는 사실 상의 주된 접근로이다. 이때의 접근로는 차량의 진출입로와 함께 차도의 편측 또는 양측으로 진입로(보도)를 형성할 수 있다.

노유자시설, 학교시설, 어린이시설 등은 가급적 차량이 이용하는 진출입로와 별도로 이용하도록 함이 바람직하며 병행할 경우 반드시 차량으로부터 안전한 구조와 시설이 갖추도록 해야 한다. 예컨대, 차량과 교행이 일어나지 않도록 하고 차량으로 인한 사고가 일어나지 않도록 해야 한다. 어린이집, 유치원, 학교시설과 같은 곳의 모든 접근로는 차량과 교행을 반드시 피해 설계하여야 한다.

차로와 보행을 함께 병행하여 출입구를 두어 접근로의 시작점을 함께 설치하는 경우 차량과 보행 구간에 단차를 두는 방법(연석), 단차 없이 차량 구간과 보행 구간을 포장 재료로 구분하는 방법, 자동차진입억제용 말뚝, 울타리 등의 공작물, 실선 등으로 구분하는 방법 등이 있으나 단차를 두어 설계하는 것이 사고 위험이 없는 가장 바람직하다. 차로와 보행의 접근로를 혼용하는 방법은 편리성이 없고 사고의 위험이 높고 이를 방지하기 위하여 또 다른 시설물이 부가되므로 권장할 만한 방법이 아니다.

5-5-9 접근로 선형과 접근 각도

일반적으로 시각장애인에게는 직선 또는 직각 보행방식으로 유도된다. 짧은 구간에서 135도 이하로 회전하는 접근로는 시각장애인, 유모차 또는 휠체어 등에게는 회전 반경이 일반인 보다 커야하므로 접근로 또는 통행로가 만나는 교차 구역을 확폭하여 폭원이 2.5m 이상이 되게 하거나 R형 경계석으로 둥글게 마감하여 135도 이상이 되도록 하여 흐름이 끊기지 않고 부드럽게 함이 좋다. 또 앞에서 살폈듯이 예각으로 만나는 접근로, 보행로, 산책로 등에서 보행자, 휠체어 등이 일시적으로 멈추거나 맞은 편 사람을

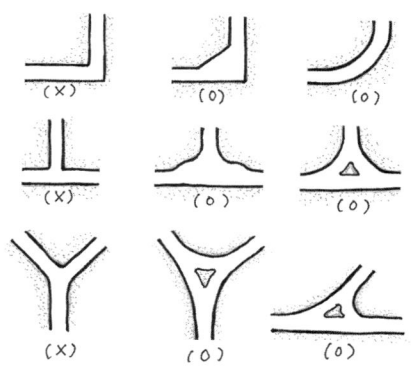

그림 5-5-2
접근로의 접근 각도에 따른 보행 흐름

피하거나, 부딪히거나, 부드럽게 방향 전환을 할 수 없거나 잠시 멈춘 후 방향 전환을 해야 하는 불편함이 있기에 꺾인 부분의 모서리 구역은 폭을 확대하거나 부드러운 선형으로 보

행의 흐름을 부드럽게 한다(그림 5-22-1 참조).

한편 접근로의 각도가 차량의 진출입 부위와 만나는 곳으로서 야간이나 주간에 통행인이 눈에 잘 띄지 않는 사각(死角)이 발생하는 경우 보행 구역 적정 위치에 조명등과 함께 반사경이나 경광등을 설치하고 필요 시 자동차진입억제용 말뚝 설치를 고려하여야 한다.

5-5-10 접근로상의 자전거도로

아래 내용 이외 후술하는 「5장 25절 자전거도로, 자전거주차장 및 자전거보관대」를 참고한다.

자전거로부터 접근로 상의 보행자를 보호해야 한다. '자전거이용활성화에관한법률'에 의한 자전거도로를 접근로 내부로 인입하여 설계하는 경우 가급적 보행과 혼용이 아닌 별도의 구간으로 구분하여 자전거길을 표기하여 분리한다. 혼합교통처리는 사고를 유발하기 때문에 자전거와 보행은 분리하여야 한다. 자전거도로는 보행 구간과 포장 재료 및 색상이 다르게 하는 것이 바람직하고 바닥에 자전거용 도로임을 표시하도록 한다.

특히 자전거의 진입을 차단할 필요가 있는 구역은 차단해야 하는 시작점에 자전거 진입방지 표시를 하고 그 근처에 자전거 주차장 또는 보관대를 보행의 유효폭 밖에 두도록 한다. 자전거를 주출입구 근처까지 가져가야 할 계획이 있는 경우 끌고 가도록 안내한다. 학교에는 교문 인근에 자전거보관대를 두도록 함이 좋다.

참고로 우리나라 2016년도 자전거 보유대수는 19,560,603대로 가구당 1.59대이다.[49] 도로교통공단가 발표한 2018년도 자전거 사고 현황의 아래 표[50]에서 보듯이 자전거로 인한 사고의 급속한 증가 추세이므로 자전거 사고를 가볍게 생각해서는 아니 될 것이다. 표 5-4-3은 자전거운전자가 가해자인 사고이고 표 5-4-4는 자전거운전자가 피해자인 사고이다. 총 사고 발생 건수로 보면 자전거 운전가가 가해자인 경우보다 자전거 운전자가 피해자인 경우가 더 심각한 수준이다. 유의할 점은 자전거의 사고가 차도, 보도 등 다양한 곳에서 다양한 유형으로 발생하고 있다는 점 때문에 BF 설계 시 자전거끼리, 자전거와 사람 그리고 주변 시설물과의 유형을 감안한 안전 설계를 해야 한다는 것이다.

아래 통계 이외의 내용은 제1장 7절에 수록된 표 1-7-24 내지 표 1-7-26을 참조한다.

---

49) 한국교통연구원, 2018년 시도별 자전거보유 대수 현황(2016년)
50) 도로교통공단, 2019년 교통사고 통계분석(2018년 통계)

표 5-5-4 연차별 자전거 가해자 사고 추세 (건, 명, %)

구 분	사고 건수 (전년대비 %)	사망자수(전년대비 %)	사망자치사율(%)	부상자수(전년대비 %)
2009년	2,639 (23.9%)	88 (6.0%)	3.3	2,729 (23.8%)
2010년	2,663 (0.9%)	73 (-17.0%)	2.7	2,731 (0.1)
2011년	2,883 (8.3%)	77 (5.5%)	2.7	2,987 (9.4%)
2012년	3,547 (23.0%)	101 (31.2%)	2.8	3,680 (23.2%)
2013년	4,249 (19.8%)	101 (0.0%)	2.4	4,472 (21.5%)
2014년	5,975 (40.6%)	93 (-7.9%)	1.6	6,328 (41.5%)
2015년	6,920 (15.8%)	107 (15.1%)	1.5	7,333 (15.9%)
2016년	5,936 (-14.2%)	113 (5.6%)	1.9	6,292 (-14.2%)
2017년	5,659 (-4.7%)	126 (11.5%)	2.2	5,932 (-5.7%)
2018년	4,771 (-15.7%)	91 (-27.8%)	1.9	5,041 (-15.0%)
연평균 증감률	6.8%	0.4%		7.1%

표 5-5-5 2018년 자전거 가해자 사고 유형별 현황 (건, 명, %)

구 분		사고 건수		사망자 수			부상자 수	
		건수	%	수	%	치사율(%)	수	%
합 계		4,771	100.0	91	100.0	1.9	5,041	100.0
차대 사람	소계	829	17.4	2	2.2	0.2	920	18.3
	횡단 중	166	3.5	0	0.0	0.0	188	3.7
	차도 통행 중	57	1.2	0	0.0	0.0	65	1.3
	길어깨 통행 중	35	0.7	1	1.1	2.9	42	0.8
	보도 통행 중	163	3.4	1	1.1	0.6	170	3.4
	기타	408	8.6	0	0.0	0.0	455	9.0
차대차	소계	3,688	77.3	65	71.4	1.8	3,981	77.2
	정면충돌	193	4.0	4	4.4	2.1	218	4.3
	측면충돌	1,989	41.7	41	45.1	2.1	2,067	41.0
	추돌	169	3.5	2	2.2	1.2	191	3.8
	후진 중 충돌	3	0.1	0	0.0	0.0	3	0.1
	기타	1,334	28.0	18	19.8	1.3	1,412	28.0
차량 단독	소계	254	5.3	24	26.4	9.4	230	4.6
	공작물 충돌	40	0.8	1	1.1	2.5	39	0.8
	도로이탈 추락	8	0.2	3	3.3	37.5	5	0.1
	도로이탈 기타	3	0.1	2	2.2	66.7	1	0.0
	전도전복	80	1.7	5	5.5	6.3	75	1.5
	기타	123	12.6	13	14.3	10.6	110	2.2

표 5-5-6 연차별 자전거 피해자 사고 추세 (건, 명, %)

구 분	사고 건수 (전년대비 %)	사망자수 (전년대비 %)	사망자 치사율 (%)	부상자수 (전년대비 %)
2009년	10,061 (13.7%)	251 (8.7%)	2.5	10,249 (13.2%)
2010년	8,776 (-12.8%)	226(-10.0%)	2.6	8,915 (-13.0)
2011년	9,474 (8.0%)	200 (-11.5%)	2.1	9,653 (8.3%)
2012년	9,705 (2.4%)	191 (-4.5%)	2.0	9,852(2.1%)
2013년	9,603 (-1.1%)	184 (-3.7%)	1.9	9,771 (-0.8%)
2014년	11,496 (19.7%)	194 (5.4%)	1.7	11,787 (20.6%)
2015년	11,390 (-0.9%)	170 (-12.4%)	1.5	11,742 (-0.4%)
2016년	9,700 (-14.8%)	148 (-12.9%)	1.5	9,492 (-15.3%)
2017년	9,003 (-7.2%)	141 (-4.7%)	1.6	9,247 (-7.0%)
2018년	7,618 (-15.4%)	121 (-14.2%)	1.6	7,773 (-15.9%)
연평균 증감률	-3.0%	-7.8%		-3.0%

5-5-11 휠체어 이용 가능한 경사로 등의 위치 표기

접근로의 중간 지점에 경사로, 승강기와 계단이 있다면 접근로 상에 경사로와 승강기의 위치 표시를 하여 계단까지 갔다가 다시 경사로와 승강기로 가는 일이 없도록 경사로와 승강기를 이용 가능한 시점부터 순차적으로 경사로와 승강기 입구까지 접근 방향을 안내하여야 하고 만일 경사로, 승강기와 계단이 동일한 지점에 있어 별도의 안내가 필요 없는 경우에는 생략 가능하다.

5-5-12 드롭존(Drop Zone) 및 일시적 정차

등하교, 방문, 문의, 배달 등으로 주된 건축물 앞에 빈번한 일시적 정차 또는 승하차 기능이 있는 경우 주된 출입구 앞에 드롭 존(drop zone)을 두어 승객의 편리를 도모할 수 있다. 식당을 운영하는 시설의 주방 인근, 어린이집과 같은 시설은 주차장과 별도로 출입구 근처에 주정차 공간을 별도로 두어 이용자의 편리성 및 안전성을 증대시킬 수 있다.

화물을 하역하는 전용 공간이 필요한 경우 별도로 차량 동선을 분리하여 하역장을 마련함이 좋고, 일시적 하역이 이루어지면서 토지이용계획 상 불가피하게 보행 통로를 횡단하는 경우 차량진입 구간의 위험성을 접근로에서 알리고 차량 출입 구간에는 자동차진입억제용 말뚝을 탈부착형으로 설치하여야 한다.

간이용 드롭존이 아닌 승하차되는 시설에 대하여는 승하차시설에 준하여 부분경사로, 점자블록 등을 갖추도록 해야 할 것이다(제 5장 15절 승하차시설 참조).

5-5-13 접근로의 예외

공원이 산지형인 경우로서 도로에서의 접근로는 광장, 화장실, 휴게시설 등까지인데 이는 장애인 등이 접근하기에 알맞은 구조의 접근로를 구비해야 할 것이나 산지를 이용한 임상 내 정자 등 여러 시설물들까지 장애인 등이 접근할 수 있는 구조로 설치하는 경우 임상을 훼손하고 공사비가 과다해진다.

산지인 지형과 산림을 이용한 산책로도 접근로의 일종이기는 하나, 자연환경의 최소 이용과 환경보호를 위해 예외적으로 장애의 정도에 따라 이용에 차별적일 수밖에 없을 것이다. 따라서 산지형인 공원의 각종 접근로의 폭과 기울기 및 포장의 기준을 예외적으로 평가할 수밖에 없을 것이다. 다만, 산책로에 차량이 진입하는 경우 장애인 등의 이용에 차별이 없도록 시설들이 인증 기준에 적합해야 할 것이다.

이와 유사한 용도 및 이용 대상인 문화재보호시설에 대하여 예외적 접근로로 인정할 수 있다. 관리전용의 접근로에 대하여도 일반적 접근로 시설 기준을 적용하지 아니할 수 있다. 이런 경우 이용치 못할 사람이나 이용하지 않는 사람을 위해 접근 불가능에 관한 안내를 진입구, 휴게소, 만남의 장소 등을 두도록 한다. 필요 시 인적 서비스를 제공한다.

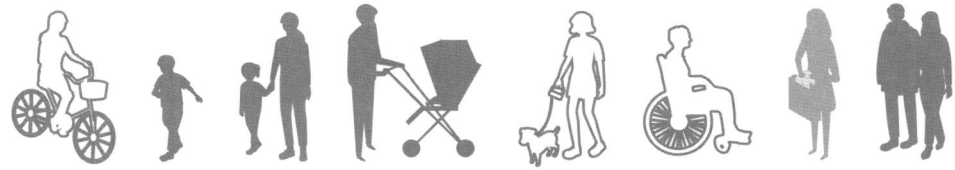

제5장

6절

단차

5-6-1 단차와 턱의 의의

단차(段差)란 두 지점 간에 높이 차이를 말한다. 지형으로, 구조적으로, 시설물로, 재료 마감으로, 부등침하 등으로 단차가 발생한다. 단차는 일종의 턱이 될 수 있다. 턱이란 바닥의 돌출 물체를 말한다. 높이 차이에 대해서 단차가 일반적 용어이다. 단차가 장애물이 되는 경우 보통 턱이라 부른다. 계단의 단차(챌면의 높이)는 턱이라고 하지 않는 것은 장애를 유발할 수 있으나 단차를 이용하는 이동 공간의 수단이기 때문이다.

보행 구간에서 발생하는 단차는 종종 장애물인 턱으로 작용하기에 큰 문제로 취급된다. 단차란 일반인에게도 문제가 되나 장애인 등에게는 큰 불편과 위험이 수반되기도 하고 접근 자체를 불가능하게도 한다. 보행의 불편한 유형을 보면 시각장애인 외에도 다리나 발을 일정 높이로 올리지 못하거나 올리기에 불편한 사람, 먼 거리 이동이 불편한 사람, 이동에 많은 장애를 갖는 휠체어나 목발을 이용하는 사람, 유모차를 이용하는 사람, 물건을 들고 다니는 사람, 물건을 카트(cart)에 싣고 걷는 사람, 유아를 안거나 업고 가는 사람 등 여러 유형이 있는데 이런 사람 중에는 임산부, 어린이, 노인도 포함되어 있다. 특히 단차 때문에 비장애인이라도 주의력을 잃은 경우에 또는 야간에 큰 사고 가능성을 유발하는 것이다. 따라서 단차는 없도록 하는 것이 보행 구간 설계 시공의 매우 기본적인 중요한 원칙 중 원칙이다.

사진 5-6-1
산책로와 보행로를 연결하는 녹지 내 디딤석의 틈새와 단차. 산책로를 경계 짓는 사고석과 보도면의 단차가 4cm 이상 발생하여 유모차, 휠체어는 물론 일반인의 통행이 불안전하거나 장애를 유발한다.

5-6-2　한계 단차 2cm의 의미

단차 2cm를 한계 단차라고 한다. 1cm 이하의 단차는 허용 단차이고 5mm 이하의 단차는 단차가 없는 것으로 평가 한다.[51] 단차를 도입하는 경우 2cm로 하는 경우가 많은데 이 2cm 단차는 1)휠체어의 앞바퀴(caster)가 큰 불편 없이 지나갈 수 있는 높이이고, 2)일반인이 보행 시 발이 부딪혀 크게 상해를 입지 않을 정도의 높이이며, 3)빗물 등의 물이나 모래 먼지가 역류하는 것을 방지하기 위한 최소한의 높이나 턱이 된다.

그러나 이 2cm 한계 단차에도 섬세한 처리를 해야 한다. 즉 단차 2cm라 하더라도 2cm 단차는 턱이 되기 때문에 진행 방향의 모서리 부위가 직각인 형상은 둥글게 또는 45도 정도로 깎아 1cm 허용 단차 형상으로 만들면 더욱 편리하고 안전한 형상이 된다.

외부 공간에서 더욱 좋은 방법은 가능하면 2cm 단차를 완전히 없는 방법으로 1m 이상의 수평 길이 내에서 완화할 수 있는 바닥이라면 1/50(2%) 이하의 경사를 유지하므로 이는 평탄한 이용이 될 수 있으므로 포장재로 완만하게 마감하는 것이 더욱 바람직하다.

외부 공간에서 단차 2cm인 곳에서는 먼지가 모이기도 하고 겨울에 단차에 눈이 쌓여 얼거나 단차가 보이지 않아 불식간에 충격이 올 수 있으므로 가급적 완만한 경사로 마감하여 턱이 없는 구조로 함이 좋다.

연구[52]에 의하면 단차가 5mm 발생하는 경우 이 단차로 인해 발이 걸려 넘어지는 확률은 1% 미만이기에 단차가 없는 것으로 간주하고 있고 2cm 발생하는 경우 약 10% 정도의 휠체어가 통과하지 못하는 경우가 발생하고 1cm 단차는 장애 없이 통과하므로 2cm 단차가 발생하더라도 단차 발생 모서리는 둥글게 또는 45도 정도로 모서리를 절단하는 것이 바람직하다.

5-6-3　단차 3cm 이상의 의미

단차 3cm 이상도 턱이 되어 장애물로 분류된다. 다만 시각장애인이 흰지팡이로 3cm 이상이 되어야 이동 시에 장애물로서 감지할 수 있는 최소 기준이 되기에 시각장애인이 인식하여야 할 구역의 단차는 3cm 이상으로 함이 좋고 이 구역으로는 보행이 이루어지지 않도록 설계 시공해야 한다.

한편 보도에서 가장 많이 발생하는 단차가 이 유형인데 대부분이 부실시공에 따른 시설물 간의 마감 단차이다. 차도와 보도 사이의 턱낮춤 경계석을 3cm 정도로 시공하거나 보도에 시공된 각종 맨홀 뚜껑, 트렌치 또는 수목보호홀 덮개 상단 면과 포장 마감 간의 단차가

---

51) 한국장애인개발원(2010), 최수경, BF인증제 인증지표 개선: 재료, 장애물 없는 생활환경 인증제 중장기 발전 계획 수립 보고서, p97
52) 한국장애인개발원(2010), 최수경, 전게서, p97

3cm 이상으로 발생하는 예이다.

5-6-4 단차를 유발하는 요소와 유형

외부 공간에서는 지형으로 인하여 주변 도로와 주된 건축물 간에 단차 발생이 많다. 즉 지형상의 이유로 두 공간의 계획 평면상의 높이 차이가 지형적 단차를 유발한다. 또 설치할 시설물, 구조물, 건축물의 바닥 계획고가 주변 보행의 접근 구역과의 높이 차이로 시설물 간 단차를 유발한다. 주차장과 접근로 간의 단차가 이 예이다. 두 공간을 구획하기 위해 설계적 의도에 따라 공간의 높이 차이를 두어 재료 마감 단차를 형성한다. 보도와 차도를 연석경사로 단차를 두는 경우가 이 예이다.

지형으로 인한 지형적 단차, 공간 구획으로 인한 공간적 단차, 기능 분할로 인한 기능적 단차, 시설물을 보호를 위한 시설물 단차, 마감을 위한 재료 마감 단차, 빗물의 역류를 방지하기 위하여 등등의 이유로 단차를 도입하게 된다. 이런 유형이 보행 구간에 있는 경우 또는 특별한 기능과 역할이 있는 경우를 예외로 하나 어떠한 방식으로든 2cm 이하의 단차로 완화해야 한다.

표 5-6-1   단차 발생 유형 및 사례

단차의 유형	발생 원인	극복 사례
지형적 단차	산지형인 대지, 경사진 대지, 경사진 주변 도로, 저지대, 고지대 등	토공(절성토), 경사진 도로, 계단, 경사로, 승강기
공간적 단차	부지의 특성, 공간설계 기법, 현관 앞 기단, 무대 조성, 선큰 공간등	경사로, 계단, 승강기 등
시설물 단차	연석(보차도경계석 등), 화단, 연단, 모래놀이터 등	최소로 단차 낮추기, 경사로, 계단
재료 마감 단차	탈화공간, 물 역류 방지 등	2cm 이하 단차로 조정, 이색이질 처리
시공 단차 등	부분적인 미세 단차, 구조물의 조인트, 구조물의 마감, 부등침하 등	맨홀뚜껑을 연석(부분)경사로 이외 또는 녹지로 이전

5-6-5 단차 극복 수단

어떤 유형이든 외부 공간의 보행 구간에서 발생되는 단차는 극복 수단을 강구하거나, 접근을 방지하거나, 경고되어야 한다. 단차를 극복하는 수단은 단차의 높이에 따라 달리 할 수 있다. 기본적으로 높이 차이가 큰 단차는 승강기, 계단으로 극복해야 하나 0.5m 이내의 단차는 완만한 경사인 1/24~1/18 정도의 토공으로 극복하고 불가피한 경우 경사로를 도입할 수 있다. 토공 설계에 의한 완만한 경사로 극복하는 것이 가장 저렴할 수 있고 또 이용과 유지관리에 좋다.

접근로의 길이가 긴 경우 즉 약 100m 거리로 약 55cm 높이의 단차를 1/18 이하 경사로 극복의 예를 살펴보자. 주된 건축물이나 이용 시설물 주변 100m 이내의 계획고를 55cm 이내 범위로 설정한다면 단차가 없는 편리한 접근과 이용이 가능하다. 반대로 주된 건축물이나 시설물 주변으로 55cm 이상으로 계획고 차이가 있게 된다면 계단 또는 경사로 등의 구조물이 수반되거나 접근로의 길이를 길게 해야 한다.

단차 극복을 계단으로 하는 경우는 반드시 경사로를 병행 설치하여야 하는데 이 때 계단 가까이에 경사로를 두어야 하며 멀리 떨어진 곳에 두면 차별적 배치가 된다. 일반인이 이용하는 계단과 병행하거나 매우 가깝게 되는 것이 바람직하다. 9m 이상 길이의 경사로는 바람직하지 않다(그림 5-21-1 참조).

그러나 계단이나 경사로는 설계나 시공 시에 각각 30여 가지 이상의 공종이 요구되는 시설이고 유지관리가 필요한 고가의 시설이므로 가급적 계단이나 경사로를 설치하지 않는 것이 좋다. 설치 후 이용이 많지 않은 경사로나 계단은 유지관리 비용이 시간이 지날수록 늘고 노후화가 심해진다.

5-6-6 애매한 단차

애매한 단차가 있으면 사고의 위험이 높은데 야간에 특히 위험하다. 애매한 단차의 유형은 단차가 1) 2cm~10cm 정도이거나, 2) 높이 15cm 정도인 계단이 하나만 있는 경우, 3) 단차 높이가 일정하지 않고 점점 크게 또는 작게 변하는 경우, 4) 단차가 없어야 하는데 갑자기 있는 단차이다. 또 5) 이상한 형상과 구조로 단차를 발생시키는 것도 이러한 유형에 속한다. 즉 이런 유형의 단차는 인지하기 어렵고 또 일반적인 외부 공간에 많이 있지 않기에 이용자가 예상치 못하거나 주의하지 못하고 방어 할 수 없어 사고가 발생한다. 보행 시 휴대폰 사용의 증가로 이런 단차에서 사고가 발생된다.

사진 5-6-2 애매한 단차 마감을 매 작은 구역으로 서로 다르게 나누고 또 급한 경사로 마감된 포장 사례와, 애매한 경계석 단차에 시각적 강한 경고를 준 사례(좌 테헤란로, 우 코엑스)

그러므로 이런 애매한 단차는 발생하지 않도록 해야 한다. 만일 이러한 유형의 단차가 부득이 발생한다면 이에 따른 단차 접근 방지책으로 보완하여야 한다. 단차 접근 방지책 이외에도 애매한 단차를 두지 말고 온전한 단차를 두는 방법으로 개선할 수 있는데 최소 2단의 계단을 두거나 경사로로 처리할 수 있다. 애매한 단차를 없애기 위해 횡단경사가 심한 포장으로 마감하는 경우도 위험하다. 단차의 높이가 일정하지 않고 변하는 불가피한 단차는 그 구간을 최소화하고 반드시 손잡이, 경고용 띠나 색상을 바닥에 표시하고 야간에도 밝은 조명으로 위험 없이 이용하도록 주의 경고하여야 한다. 특히 눈이 있거나 결빙에 안전 조치가 필요하다.

5-6-7 챌면의 불연속적 단차

단차를 극복하는 대표적인 시설물 중 하나가 계단이다. 계단이나 스탠드(stand)의 디딤판의 너비 또는 챌면의 높이와 형상이 동일하지 않고 다른 경우 또는 불연속적이거나 불규칙한 경우 불편을 야기하거나 사고를 유발한다. 따라서 단차를 두는 경우 동일한 재료와 동일 패턴으로 연속성 있는 설계를 하여야 한다(제5장 18절. 옥외 계단 설명 참조).

사진 5-6-3
불연속이고 애매한 단차, 불균일한 경사, 사각(死角) 구역에 설치된 작은 폭의 단차 마감으로 경고, 손잡이 및 차단 대책이 요구되는 곳이다(테헤란로)

5-6-8 재료분리대와 단차

마감재 또는 포장재가 바뀌는 경우 재료들 간에 단면이 다르므로 일반적으로 재료분리대를 중간에 사용한다. 재료분리대는 시공상의 편의를 목적으로 하므로 보행의 중간 지점에 있는 재료분리대는 재료 간에 단차가 없도록 하여야 한다. 판재, 시멘트블록, 석재 타일, 석재인 판석, 점토블록, 아스팔트콘크

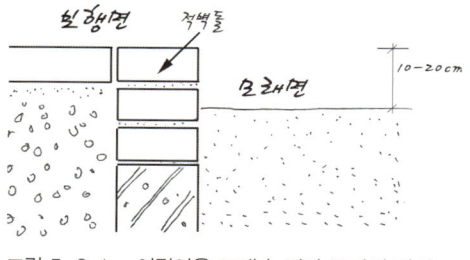

그림 5-6-1   어린이용 모래 놀이터 공간의 단차

리트 등을 사용하는 포장 구간에서 이들 재료 상호 중간에 사용하는 재료분리대는 상호 단차가 없어야 한다.

경계의 끝 마감재가 사람이 사용하지 않는 공간에 사용되는 경우 가급적 마감재의 높이가 보행 구간보다 높게 마감하는 것이 휠체어 등이 빠지지 않게 하거나 시각장애인의 지팡이로 감지될 수 있는 장점이 있다. 예외적인 단차로서 어린이놀이터의 모래밭 둘레를 적벽돌 등으로 마감하는 경우 보행 구간과 동일한 높이로 하고 모래가 보행 구간으로 넘어와 미끄럼이 발생하지 않도록 모래의 상단 마감은 보행 구간보다 10cm~20cm 낮게 단차를 두는 것이 합리적이다.

5-6-9 출입구의 단차

보도에 면한 건축물은 공개공지 또는 건축선 후퇴에 의해 보도경계석으로부터 이격하여 건축하게 된다. 이 때 공개공지와 건축선 후퇴로 인한 공지 구역이 보도보다 높게 시공하는 경우, 관행적으로 빗물이 건축물 내로 유입되지 않도록 보도 면보다 높게 설계 시공하려 한다. 이 높이가 보통 10cm~50cm 정도가 대부분으로 대형 건축물일수록 또는 보도의 공개공지의 폭이 넓을수록 높이 차이가 많고 단차가 큰 경우가 많다.

건축 시 이 공개공지 또는 건축선 후퇴 구역을 포함하여 당초의 보도 지반까지 임의로 높게 마감하기 때문에 보도 앞 공개공지 및 건축선 후퇴 공지 부위의 횡단경사 발생이 경사 기준보다 심해 보행에 지장을 주는 경우도 대단히 많아 문제가 되고 있으나 개선되지 않고 있다.

보행자가 많이 다니는 보행자전용도로나 보도에 면한 상가, 또는 공용의 청사인 경우 주출입구 앞 단차가 30cm 이상 높은 단차를 경사로와 계단으로 접근하게 하는 경우 교통약자들에게 불편을 야기한다.

부지와 보도 사이에 일정 폭 없이 보도에 근접하여 지어진 건축물로서 보도와 건축물의 바닥 간 단차가 발생하면 휠체어 진출입을 위해서는 최소 1/12 경사로를 두어야 하지만, 건축물 앞 진입 폭이 충분하지 않는 경우와 없는 경우가 많기에 임시용 무늬 철판, 무늬 알루미늄 판, 목재, 고무판 등으로 급한 경사로를 보행로 앞으로 돌출되도록 설치하는 예는 휠체어 사용자와 보행인에게 매우 불편하다. 이런 경우 건축물 내부로 삽입된 구조의 삽입 경사로를 설치하게 된다면 편리한 이용이 될 것이고 또 빗물의 역류도 없을 것이다.

건축물 주출입구 앞에 계단이나 경사로를 설치하는 설계 시공은 대부분의 토공을 통하여 1/18 이하의 완만한 접근로로 해결 가능한 경우가 많고 역시 빗물의 역류를 방지할 배수 설계 및 시공 수단도 많으므로 계단이나 경사로를 두지 않도록 해야 할 것이다.

5-6-10 경사진 보도에 면한 건축물 출입구

보도의 종단경사가 1/18 이상으로 심하고 건축물을 보도 경계선에서 폭이 여유 없이 이격하여 짓는 경우 건축물의 출입구 앞에 횡단경사가 발생하므로 보도에서 건축물의 첫 계단의 챌면 높이는 좌우가 다른 단차가 발생하게 된다. 또 진입 경사로를 설치하는 경우 진입 경사로의 시작 부위는 횡단경사 구간이 발생하게 된다. 따라서 건축물 앞 보도가 종단경사가 있는 경우 건축물을 보도와의 경계선으로부터 여유있게 이격하여 짓는 것이 적절한 설계 방법이다(사진 5-5-1 참조). 만일 건축물을 보도 경계선으로부터 이격하여 지을 수 없다면 보도에서 건축물 내부로 진입로를 형성한 후 계단 및 경사로를 건축물 내부에 설치한 진입 방식을 선택하도록 한다.

5-6-11 보도가 아닌 차도에 건축물이 직접 면한 접근로

폭 10m 미만인 도로는 일반적으로 보도를 별도로 설치하지 않고 사람과 차량이 혼용하여 사용하는 구조이다. 간혹 이런 도로를 법으로 보행자우선도로(또는 보차공존도로)로 지정하는 경우가 있다. 이런 도로의 양끝에는 도로의 경계석이 놓이게 된다. 도로경계석 앞에는 빗물을 배제하기 위해 L형 측구, 선형 트렌치 또는 집수정 등이 설치된다.

여기서 경계석은 차도의 빗물이 인근 대지로 넘치지 않도록 10cm 정도 턱인 구조로 설치되어 이런 도로에서 대지로 직접 진입하려는 경우 경계석 턱낮춤(부분경사로)이 필수적이고 또한 바람직한 접근으로 완만한 경사 방식을 선택하여야 한다.

이런 유형의 전면 도로로서 도로가 경사인 경우 진입로의 설계 방식에 어려움을 겪게 된다. 이런 유형은 전술한 항(제5장 2-4절, 2-5절 및 5-7절)에서 설명한 진입 방식에 따른 대안을 선정할 수 있을 것이다.

5-6-12 접근로 측면의 단차 또는 길어깨 등

접근로에 접한 측면 지역이 경사지이거나, 단차가 발생하거나, 돌출물이 있으면 접근로 측면 부위에 약 60cm 폭의 길어깨나 안전구역을 두거나 접근 방지용 안전 난간을 두거나, 식재하거나, 추락방지턱을 둠으로써 추락, 전도, 부딪힘을 방지하고 안전성을 확보하여야 한다.

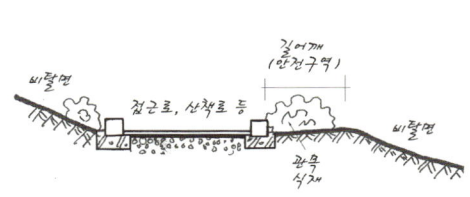

그림 5-6-2 접근로 측면의 길어깨 안전 처리

사진 5-6-4
산책로와 자전거도로와 접한 수변 계단 및 스탠드의 상단부 경고 도색(인천 아랏길)

제5장

7절

차도 횡단

제1장 7-4절 도로교통사고 현황 설명의 표 1-7-9 등에서 살폈듯이, 우리나라 보행자의 보행 중 사고가 가장 많은 곳이 차도를 횡단하는 여러 방식 중의 하나인 횡단보도이다. 2018년 기준 보행자 사고가 총 47,887건 발생하였고 그 중 횡단보도에서의 횡단 중 사고가 22,587건으로 전체 47.2%를 차지하여 횡단보도 설계에 유의할 필요성이 많다(표 1-7-13 및 표 1-7-14).

자전거도로, 보행자 신호등 외 각종 교통안전 시설, 점자블록, 차량진입억제용 말뚝, 가로수, 그늘막, 연석경사로 또는 부분경사로, 경계석, 각종 맨홀 등 많은 시설이 차도 횡단구간인 횡단보도에 밀집해 있고 실제 현장에서는 시공이 부실한 경우가 많아 보행자 이용에 불편한 곳이 많다. 또 횡단보도의 위치, 형태, 유형이 매우 다양하고 복잡하여 시각장애인, 어린이, 노인, 휠체어, 유모차 등에게 매우 불리한 구역이다.

차도 횡단구역은 보행자의 안전을 위해 보행자 우선 시설인 고원식 횡단보도 등의 시설 검토를 포함하여 「교통약자의이동편의증진법」상의 보행자우선구역 또는 「어린이노인및장애인보호구역지정및관리에관한규칙」에 의한 어린이보호구역(school zone), 노인보호구역 또는 장애인보호구역 지정을 해당 기관에 요청할 것인지를 검토하여야 한다.

한편, 소생활권이나 근린생활권 지역에 있는 폭 15m 미만인 소로 또는 중로에 대하여 차도 횡단 및 차량의 교통법규 미준수로 보행자 교통사고가 빈번하여 국민안전처와 경찰청에서는 생활도로구역(30구역)을 지정하여 보행자의 안전과 함께 자동차의 운행을 규제하는 지침을 마련하고 있다(제5장 5-11-6참조).

5-7-1 차도 횡단 방식 및 유형

「교통약자의이동편의증진법」, 「도로의구조·시설기준에관한규칙」, 「보행안전및편의증진시설의구조및기준」, 「도로안전시설및관리지침」, 「보도설치및관리지침」 및 「장애물 없는 생활환경」 도로 부문의 인증 지표에 따르면, 차도를 횡단하는 시설은 연석경사로, 부분경사로, 고원식 횡단보도, 평면형 횡단보도, 보행섬식 횡단보도, 승강기, 에스컬레이터, 지하도, 육교, 경사로, 계단, 보행섬, 고원식 교차로, 보행안전지대, 교통섬 등과 기타 안전시설을 정하고 있다. 이 시설 이외에 고원식 교차로 또는 보차혼용도로 교차로의 안전노면표시(사진 5-11-2 참조)는 차량의 속도저감시설로 분류되나 일종의 보행자용 횡단 방식이다.

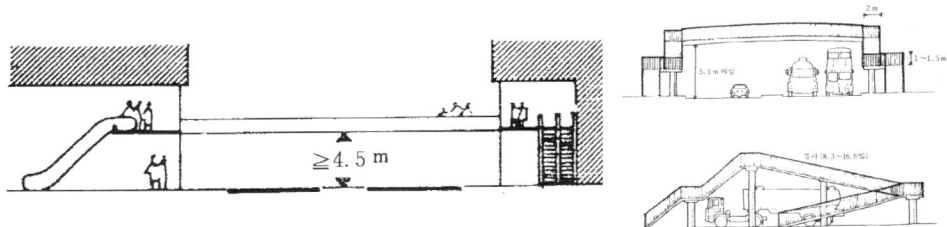

그림 5-7-1   주변의 건물(승강기, 계단, 에스컬레이터) 또는 육교를 이용한 입체 횡단방식

법령에 규정하는 기준은 약간 상이한 점이 발견되는데 이들 상이한 기준을 적용 시 장애물 없는 기준을 선택하기 위해서는 보수적인 최상의 기준을 적용함이 사고가 많은 횡단보도에서 특히 타당할 것이다.

표 5-7-1   관련 법령의 보도 및 연석경사로 규정

구 분	교통약자의 이동편의증진법	도로의 구조·시설 기준에 관한 규칙	도로안전시설 설치 및 관리지침	보도설치 및 관리지침	장애물 없는 생활환경 도로 인증 (안전보행 구역 기준)
보도의 유효폭	2.0m 이상 (1.2m 이상)	2.0m 이상 (1.5m 이상)	1.5m 이상	2.0m 이상 (1.5m 이상)	1.2m 이상
보도의 종단경사	1/18 이하 (1/12)	-	1/18 이하 (1/12)	1/18 이하 (1/12 이하)	1/18 이하
보도의 횡단경사	1/25 이하 (-)	2%(1/50) 이하 (4% 이하)	1/25 이하	1/50 이하 (1/25 이하)	1/50 이하
연석의 높이	25cm 이하	좌동	좌동	10cm~25cm	-
턱낮추기 유효폭 (연석경사로)	0.9m 이상	-	횡단보도 폭과 일치 (예외적 0.9m 이상)	-	0.9m 이상 부분경사로에 한정
연석 턱낮추기 높이	2cm 이하	-	3cm 이하	-	2cm 이하
연석경사로 기울기	1/12 이하	-	1/12 이하	-	1/12 이하
연석경사로 좌우기울기	1/10 이하	-	1/10 이하	-	(휠체어 대기공간 확보 1.5m×1.5m)

( ) 내는 완화 기준

한편, 장애물 없는 생활환경 인증 도로 부문 지표에서는 보행인이 보도에서 차도를 횡단하는 방식은 7가지 유형을 권장하고 있다. 1)입체횡단방식 2)평면형인 연석경사로에 의한 방식 3)평면형인 부분경사로에 의한 방식 4)고원식 횡단보도에 의한 방식 5)보도와 차도에 턱이 없는 방식 6)차로 중간에 있는 보행섬식 횡단보도 및 7)고원식 교차로 등으로 지표를 구성

하고 있다. 여기서 '평면'이란 보행섬식이나, 입체방식이나, 고원식이 아닌 일반적인 횡단보도를 말한다.

장애물 없는 생활환경 인증 지표에서는 왕복 6차로 이상 도로에서는 입체횡단방식과 보행섬식 횡단보도 구성을 권장하고 있다. 보행섬식 횡단보도는 차도에 보행섬이 있느냐 없느냐를 구분하여 평가하고, 왕복 4차로 이상의 도로에서는 보행섬식 횡단방식과 고원식 횡단보도를 구분 평가하며, 왕복 2차로 이상의 도로에서는 차로 내에 고원식 횡단보도, 평면 횡단보도 그리고 차량속도 저감을 위한 고원식 교차로로 구분하고 있다.

「교통약자의이동편의증진법」, 「도로안전시설및관리지침」 및 장애물 없는 생활환경 도로 부문 인증에서는 횡단보도 앞 보차도경계석인 연석의 턱낮춤을 횡단보도 전체 폭만큼 낮추는 방식을 연석경사로라 한다. 그러나 장애물 없는 생활환경 보도 부문의 인증에서는 횡단보도 폭보다 좁은 일부분의 연석을 턱낮춤 하는 경사로인 부분경사로(폭 0.9m 이상)를 원칙적으로 인증의 지표로 한다. 횡단보도 폭만큼 전면적인 턱낮춤하는 연석경사로는 평가 항목에서 제외하는데 보도의 폭이 1.5m이하인 경우에 한하여 인정하고 있다. 이것은 현행의 연석경사로가 교통약자가 사용함에 여러 유형의 불편과 장애가 있음을 전제로 한다.

예컨대 연석경사로에는 휠체어를 위한 대기공간이나 방향 전환을 위한 회전참이 없는 것과 연석경사로 바닥의 좌우경사가 일정하지 않은 점, 연석경사로 안으로 차량의 진입, 턱낮춤 전체 구간에 설치된 점형블록, 불필요한 과도한 자동차진입억제용 말뚝 및 각종 맨홀의 산재 등 때문이다. 따라서 연석경사로 이용에도 불편과 장애가 없는 구조를 갖도록 현행 법령에 따라 설계 시공 시 주의할 기술적 유의점이 매우 많다.

표 5-7-2 장애물 없는 생활환경 도로 부문상의 차도 횡단 유형

인증 지표 구분	인증 지표 상 기준	횡단 권장 유형
1. 왕복 6차로 이상 도로	입체횡단방식	승강기+계단 또는 승강기+경사로
	보행섬식 횡단방식	부분경사로 + 보행섬
	차량진출입부	고원식 보도
2. 왕복 4차로 이상 도로	보행섬식 횡단보도	부분경사로 + 보행섬
	고원식 횡단보도	-
	차량진출입부	고원식 보도
3. 왕복 2차로 이상 도로	고원식 횡단보도	-
	평면 횡단보도	부분경사로
	차량진출입부	고원식 보도
	고원식 교차로	고원식 차도+ 고원식 보도
4. 보차공존도로	(정의 없으나 보행 위주로 설계)	보행안전구역을 설정하고 이색이질 처리
5. 보행자전용도로	(정의 없으나 보행 전용으로 설계)	(보행자전용도로 내부에 차도횡단은 없을 것)

주) 평면 횡단보도란 고원식이나 입체식이나 보행섬식이 아닌 횡단보도를 말한다.

5-7-2 연석경사로와 부분경사로의 정의

연석(緣石, curb)이란 '가장자리 돌'이라는 뜻으로 도로의 양측 끝이나 차도와 보도의 경계 지점에 놓은 경계석을 말한다. 보도와 차도의 경계 지점의 연석을 보차도경계석이라고도 하며 도로와 대지 사이의 가장자리 돌을 대지경계석이라고도 한다. 보도와 차도가 있는 도로는 보통 차도보다 보도를 10~25cm 정도 높여서 설치하는데 이는 차량의 보도로의 침입 방지와 보도에서 발생한 우수를 보도 끝인 차도의 가장자리에 있는 측구나 집수정으로 빗물을 모아 우수관으로 배출시키려는 도로 단면의 구조에 기인한다. 현행 법령에서는 보차도경계석인 연석의 높이를 25cm 이하[53]로 규정하고 있다.

차도와 보도 사이의 단차를 두지 않는 도로 단면도 있으나 차량의 보도로의 침입 방지를 위해 보도를 차도보다 높은 유형을 많이 선택한다.

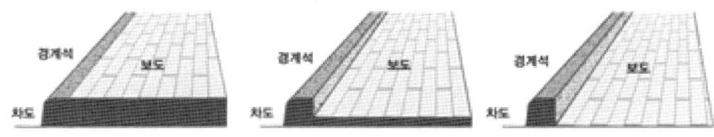

그림 5-7-2   차도와 보도 사이의 연석 설치 유형

「교통약자의이동편의증진법」 시행규칙 별표1의 '3. 보도 (6) 턱 낮추기'편에 보면, '(가) 횡단보도와 접속하는 보도와 차도의 경계구간에는 턱 낮추기를 하거나 연석경사로 또는 부분경사로를 설치하여야 한다. 다만, 주택가·학교 주변의 편도 2차로 이하인 도로의 경우에 횡단보도에 접속하는 보도와 차도의 높이를 같게 할 수 있다'라고 하여 일부 지점에서는 고원식 횡단보도 개념을 반영하였다.

횡단보도 앞 연석인 보차도경계석이 놓이는 경우 10~25cm 정도의 단차가 발생하는데 이 단차가 유모차, 휠체어, 카트(cart), 스쿠터(scooter), 보행보조기기 및 발과 무릎 등이 불편한 사람들에게 장애를 유발하는 턱이 되어 횡단보도의 폭과 동일하게 연석을 낮추어 단차가 없는 구조를 연석경사로라고 한다. 반면 횡단보도 폭보다 좁은 구간에 턱을 낮추어 설치한 경사로를 부분경사로라고 하는데 연석경사로와 부분경사로 상호간에는 여러 장단점이 있으며 현행 장애물 없는 생활환경 인증 지표는 부분경사로를 원칙적인 지표로 평가하고 있다.

「교통약자의이동편의증진법」에 부분경사로라는 용어를 도입하였으나 국토교통부 지침인 「도로안전시설및관리지침」(국토교통부예규 제266호) 등에는 상세한 구조와 기준이 없으며 연석경사로를 실시하는 것을 원칙으로 하고 횡단보도 구간에 장애물이 있는 부득이한 경우

---

53) 국토교통부 「보도설치및관리지침」(2018, pp23-25)에 따르면, 연석의 높이는 배수, 자동차의 보도 진입 억제 등을 감안하고 도로의 설계속도 및 도로 여건에 따라 10cm-25cm 범위 내에서 설치하도록 하고 있다.

부분경사로의 도입을 해설하고 있다. 한편 장애물 없는 생활환경 도로 부문의 인증 지표를 살펴보면, 횡단보도 폭과 동일하게 연석을 턱낮춤하는 연석경사로는 권장하지 않고 부분경사로를 원칙으로 하면서 최소의 구비 조건(3단계)으로 유효폭을 0.9m 이상, 기울기를 1/12 이하로 하고 부분경사로의 하단과 상단에 1.5m×1.5m 규격의 휠체어 정지 및 회전 공간을 필수적으로 확보하도록 하고 있다.

5-7-3 연석경사로의 문제점

우리나라 연석경사로의 구조와 기준을 살펴보면 법에 정한 연석 높이가 높은 것과 보도의 폭이 좁은 이유에서 교통약자가 이용하기에 힘든 연석경사로의 문제점이 여러 가지 발생한다.

보도 자체가 횡단경사 2~4%(1/50~1/25, 표 5-7-1참조)를 차도 쪽으로 두어 빗물이 차도 쪽으로 흐르게 하도록 하고 있고 차량의 보도 진입 방지를 위해 도시 구간에서는 보차도경계석인 연석 높이를 통상 15cm 이상 설치하여 교통약자에게 연석경사로 이용은 불리하다. 보도의 횡단경사(2%~4%)와 보차도경계석의 높은 단차로 인한 연석경사로 부위에 급하고 왜곡된 종단경사와 횡단경사가 발생한다. 또 보차도경계석 앞의 L형 측구 및 턱낮춤 2cm 구조로 인한 불편과 장애, 연석경사로의 경사면에 각종 맨홀 뚜껑이 산재하여 미끄럼과 턱을 발생시키는 등의 문제점이다.

표 5-7-3   연석경사로의 문제점

구분	법령 기준	문제 유형
보도 구조	횡단경사 2~4% 최소 폭 2m (완화 시 1.2m)	- 연석경사로 구간에 급한 종단경사와 횡단경사 형성 - 폭이 좁은 보도에서는 수평구간 불가능
연석 높이	10cm~25cm 이하	
턱낮춤	2cm 이하	휠체어 등 바퀴 장착 기구 이용 불편
보도 지하 시설물	각종 맨홀 뚜껑 산재	연석경사로 구간 내 신호등, 통신, 도시가스 맨홀 등이 산재하고 경사면 중간 지점에 놓여 미끄럼과 턱을 발생
보도 시설물	자동차진입억제용 말뚝, 점자블록	교차로에서 곡선형 연석경사로에 설치되는 경우 휠체어 등 바퀴 장착 기구 이용에 불편
L형 측구 경사 및 집수정	보도 쪽으로 4%~10%의 경사	휠체어 등 바퀴 장착 기구의 이동과 접근에 불편

「도로의구조·시설에관한규칙」(국토교통부령 제223호) 제16조제3항에 따르면 보도의 유효폭은 보행자의 통행량과 주변 토지 이용 상황을 고려하여 결정하되, 최소 2m 이상으로 하도록 하고 있다. 다만, 지방지역의 도로와 도시지역의 국지도로는 지형 상 불가능하거나 기존 도로의 증설·개설 시 불가피하다고 인정되는 경우에는 1.5m 이상으로 할 수 있다고 기준을 정하고 있다. 반면 「교통약자의이동편의증진법」 시행규칙 보도편에는 지형상 불가능하거나 기존 도로의 증개축 시 불가피하다고 인정되는 경우에는 1.2m 이상으로 완화할 수 있

다고 하였다.

또 「교통약자의이동편의증진법」 시행규칙 별표1을 보면, 연석경사로의 유효폭은 최소 0.9m, 진행방향의 기울기는 1/12 이하, 경사로의 옆면 기울기는 1/10 이하로 정하고 있다. 1/12경사를 가진 연석경사로 조건에 맞는 경계석 높이에 따른 경계석을 포함한 보도의 폭을 산정하면 아래 표 5-7-4와 같다. 가장 낮은 경계석 15cm를 기준으로 보도의 폭은 약 2.5m~3.5m 정도가 적정하다. 또 경계석 높이가 25cm인 경우 보도 폭을 3.5m~4.5m 정도이면 휠체어가 크게 무리 없이 접근이 가능하다. 그러나 법령에서 보도의 폭을 2.0m로 하고 경계석을 15cm를 최소 기준으로 하는 경우 연석경사로의 경사가 급해지므로 연석의 높이 검토 또는 경사로 유형 검토가 필요하다.

표 5-7-4 　　　　　　　　　　　연석의 높이에 따른 보도 폭원 요건

설계 시공 조건	연석 높이	15cm	20cm	25cm
- 보도 횡단경사 3% - 연석 상단 폭 20cm - 대지경계석 상단 폭15cm - 연석경사로 1/12 - 연석 턱낮춤 2cm	보도 최소 폭원	2.5m	3.0m	3.5m
	보도 여유 폭원	3.5m	4.0m	4.5m

상기 표 5-7-4에서와 같이 법령상 최소 기준에 의거 연석경사로의 종단경사를 산정해 보자. 첫째, 연석 높이를 15cm로 가정하고 경계석을 포함한 보도의 최소 폭을 2.0m로 하며 보도의 횡단경사의 중간 기준인 약 3%를 포함하여 연석의 턱낮춤 2cm를 제외한 13cm를 기준으로 연석경사로 부위의 횡단 방향으로 종단경사를 산정하면, 약 1/10(약 10%)인 급한 경사가 된다. 따라서 법령상 최소 기울기인 1/12인 경사도를 유지하려면 경계석의 폭(전면 경계석의 폭 20cm + 대지 쪽 경계석의 폭 15cm)을 합한 보도의 전체의 폭이 약 2.5m가 되어야 한다. 그러나 이 2.5m는 휠체어가 연석경사로를 올라가서 회전하는 수평참 등의 구간이 미반영된 계산이므로 최소 이용 상의 편의를 위해서는 약 3.5m 이상의 폭이 여유 폭원으로 산정된다.

둘째, 경계석의 높이가 20cm인 경우 위 조건과 동일하게 가정하면 연석경사로의 경사도는 약 1/8(약 12%) 정도가 되며, 1/12인 조건을 맞추려면 경계석을 포함한 보도 폭은 약 3.0m로 산정된다. 따라서 휠체어가 연석경사로를 올라가서 회전하는 수평참 등의 구간이 미반영된 계산이므로 최소 이용 상의 편의를 위해서는 약 4.0m 이상의 폭으로 계산된다.

셋째, 경계석의 높이가 25cm인 경우 위 조건과 동일하게 가정하면 연석경사로의 경사도는 약 1/6.6(약 15%) 정도가 되며, 1/12인 조건을 맞추려면 경계석을 포함한 폭은 약 3.5m로 산정된다. 그러나 휠체어가 연석경사로를 올라가서 회전하는 수평참 등의 구간이 미반영된 계산이므로 최소 이용 상의 편의를 위해서는 4.5m 이상의 최소 폭으로 계산된다.

한편, 아래 표 5-7-5와 같이 경계석을 포함한 보도의 폭을 2.0m로 하고 경계석의 높이

를 12cm로 하여 위 조건과 동일한 방식으로 계산하면, 연석경사로의 경사도는 약 1/12(약 8%) 정도가 되어 연석경사로에 접근하는 휠체어가 법상 기준에 따라 연석경사로로 등판할 수 있다. 여유 있는 보도의 적정한 연석경사로를 설치하기 위해서는 경계석을 포함한 폭이 2.5m 정도와 연석의 높이 12cm 정도가 바람직하다.

표 5-7-5 연석의 높이에 따른 연석경사로 제원 비교

연석 높이 (cm)	설계 시공 조건	연석경사로 경사도	1/12 경사 최소 폭원 (경계석 포함)	여유 있는 보도 폭원
12	경계석 포함 보도 폭 2.0m 보도 횡단경사 3% 연석 턱낮춤 2cm 연석경계석 상단 폭 20cm 대지경계석 상단 폭 15cm	약 1/12(8.3%)	2.0 m	2.5 m
15		약 1/10(10%)	2.5 m	3.5 m
20		약 1/8(12%)	3.0 m	4.0 m
25		약 1/6.6(15%)	3.5 m	4.5 m

또한, 연석의 높이를 12cm로 하는 경우 연석경사로의 옆면 기울기는 경계석의 단차가 10cm이므로 1/10이 되어 1m 길이의 경계석 1개를 경사지게 만들어 설치하면 법상 조건에 적합하게 된다.

이러한 검토 예에서 살펴보았듯이, 보도의 폭이 2m 이하인 보도의 연석인 보차도경계석의 높이를 12cm 이상으로 하는 경우 횡단보도에서 연석경사로로의 진행 방향으로 종단경사(1/12)와 횡단경사(1/10)를 적정하게 조성하기가 어렵기 때문에 경계석의 단차를 12cm로 낮추거나 보도의 폭을 최소 2.5m 이상으로 넓혀야 한다.

그리고 「교통약자의이동편의증진법」 시행규칙 별표1에서는 보도의 횡단경사(기준1/25, 4% 이하)를 규정하고 있고 연석경사로 구간의 종단경사를 1/12 횡단경사를 1/10으로 정하고 있어 연석의 높이가 높아질수록 연석경사로 구간에서 바닥이 일그러진 형상이 형성되기 때문에 연석의 높이를 낮출 필요가 있다. 이러한 일그러진 연석경사로 바닥면을 완화하기 위해서도 연석의 높이를 12cm 정도까지 낮추면 일그러짐이 매우 적다.

연석의 높이가 12cm이고 휠체어가 매우 편리하게 연석경사로를 오르내릴 수 있는 경사도인 1/18(5.5%, 3.2도)을 확보하려면 경계석을 포함한 약 3.8m 이상의 보도 폭이면 연석경사로의 구조가 매우 바람직하게 형성된다.

한편, 장애물 없는 생활환경의 도로 부문의 인증 기준을 보면, 보도에서 횡단보도에 진입하는 전후 구역에는 수평공간인 대기 또는 방향 전환의 공간이 필수적인데 우리나라의 보도 폭이 좁거나 경계석의 높이가 높아서 이런 수평공간을 거의 확보하지 못하고 있는 점도 휠체어 사용자에게 특히 불편과 장애 요소로 작용하고 있다.

끝으로, 횡단보도 앞 연석인 보차도경계석의 턱낮춤을 2cm로 규정하고 있는데 이 기준은 차도의 빗물과 먼지 등이 연석경사로 안으로 역류를 방지하려는 의도와 보도의 물을 차도로 원활하게 내려가도록 하려는 것이다. 또 턱낮춤 경계석 앞에는 폭이 약 50cm의 L형 측

구가 4-10% 경사가 턱낮춤 경계석으로 향하고 있어 휠체어 및 유모차의 앞바퀴의 원활한 구동에 지장을 주고 있다. 특히 휠체어의 진행방향에 직각으로 연석과 L형 측구가 설치되지 않는 교차로의 곡선 구간에 연석경사로가 위치하는 경우 휠체어 접근에 L형 측구 및 2cm 단차는 불리한 구조를 갖는다. 따라서 2cm 단차를 1cm 이하로 낮추거나 모서리를 45도 이상으로 절단하여야 할 것이다.

요약하면 보차도경계석의 높이를 12cm 이하로 하고 턱낮춤 경계석의 모서리를 45도로 절단하여 연석경사로 또는 부분경사로의 안전성과 편리성을 도모해야 할 것이다.

5-7-4 「도로안전시설설치및관리지침」상의 연석경사로 유형

「도로안전시설설치및관리지침」에는 연석경사로 등에 관한 9가지 유형을 제시한다. 보도의 폭이 넓은 유형I, 보도 폭이 좁은 유형II 및 장애물이 있는 유형III을 기본으로 하여 아래 그림 5-7-3과 같이 제시하고 있으나 실제 보도 폭, 경계석 높이, 보도 상의 시설 등을 종합하여 교통약자에게 불편한 점이 없는지 세부 검토가 필요하다.

그림 5-7-3   보도 상에 설치되는 경사로의 기본 유형

유형I은 연석경사로의 경사 구간을 차도에 면한 보도 구간이 아닌 보도 내 구간에서 경사로를 1/12 이하로 형성하도록 하고 있다. 이 경우 대지 경계에 상가 등이 있는 경우는 상가와 보도 사이에는 대지경계석 만큼의 턱이 발생하므로 상가는 경사로 및 계단 시설이 필요하다. 이 지침에서 연석의 턱낮춤을 3cm 이하로 하고 있는데 휠체어 등의 교통약자가 이용하기 높은 한계이므로 2cm 이하로 낮추고 모서리를 45도 이상으로 절단하도록 함이 바람직하다. 부분경사로에도 적용 가능한 유형이다. 이 유형은 좋은 유형이나 현실적으로 많이 사용되지 않고 있다.

유형II는 보도가 4.5m 정도로 넓은 경우 적정한 유형이다. 보차도경계석의 높이가 12cm 이하로 낮은 경우 이 유형은 현실적으로 많이 사용될 수 있으나 보차도경계석이 12cm 보다 높고 보도 폭이 넓은 경우 전체적인 턱낮춤 방식인 연석경사로에 이 유형을 많이 적용할 수 있는 유형이다.

유형III은 부분경사로의 형태이다. 보도 폭이 넓거나 연석의 높이가 12cm 이하로 낮은 경우 경사도 1/12 이상을 확보할 수 있는 유형이다. 이 유형도 현실적으로 많이 응용되지 않고 있다.

유형IV는 유형I을 교차로부에 응용한 것이며, 보도 폭이 좁거나 인접 건축물 출입에 영향이 없어 교차부 전체의 보도와 연석을 낮추고 경사로는 보도 구간 내에서 1/12 이하로 확보하도록 한 유형이다. 이 유형은 회전 차량의 진입이 가능하므로 안전시설인 자동차진입억제용 말뚝이 설치되기도 한다.

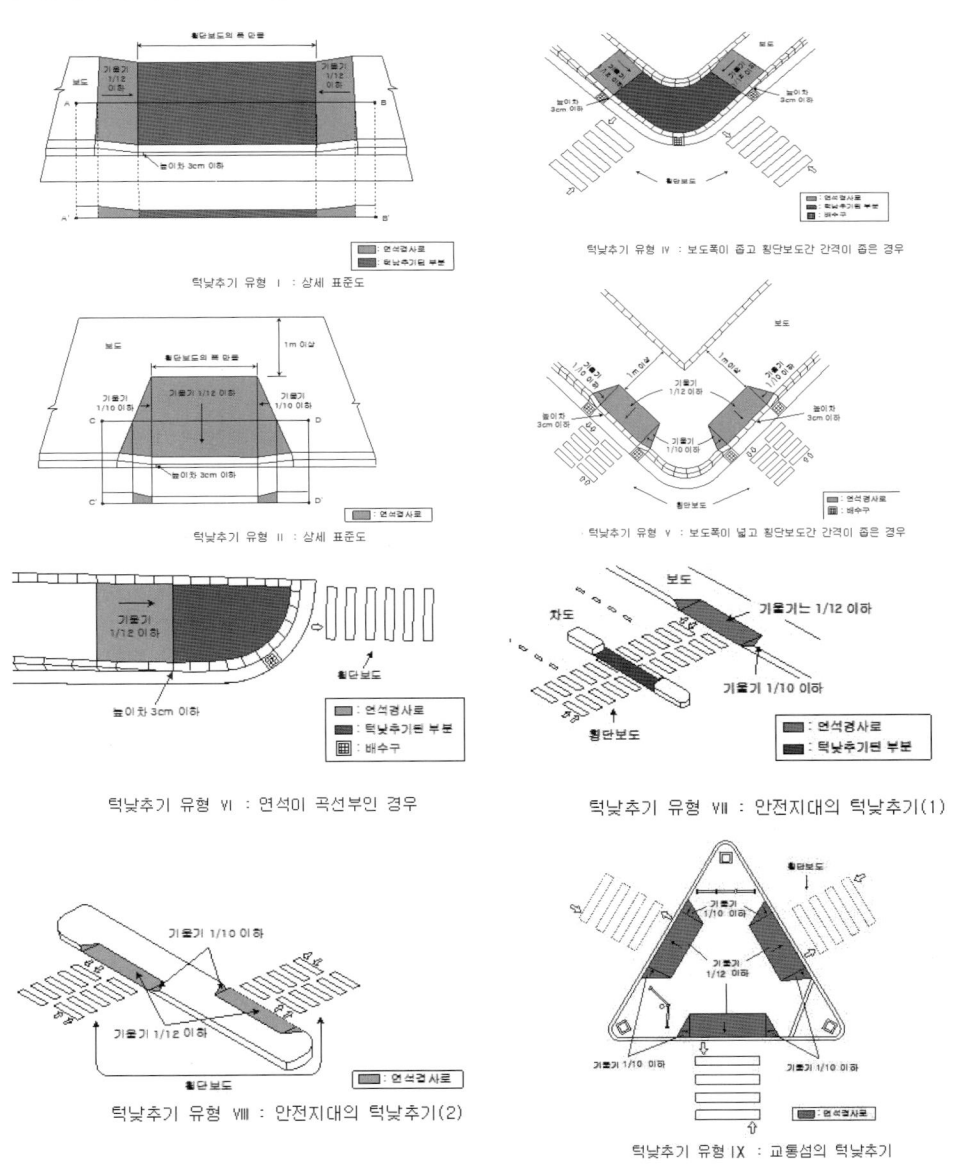

그림 5-7-4   보도 및 차도 상에 설치되는 경사로 등의 유형

유형V는 유형II를 보도 폭이 넓은 교차부에 형성한 예이고 많이 응용될 수 있는 유형이다.

유형VI은 유형I에서 턱 낮춘 연석을 곡선으로 처리한 형태이다. 국지도로 또는 구획도로에 접합되는 차도 구간에 보도가 단절되는 연석의 턱낮춤 방식에 관한 것이다. 참고로 이 유형 VI 방식을 차도가 아닌 보도에서 대지로 진출입하는 차량의 출입구를 계획할 때 보도를 단절하고 이 방식으로 설계 시공하도록 하는 것은 「교통약자의이동편의증진법」 시행규칙 별표 1과 장애물 없는 생활환경 인증 기준에 맞지 않는 방식이다. 보도 구간에서는 유형VI 방식이 아닌 고원식 보도를 연속적으로 설치하여야 한다. 장애물 없는 생활환경에서 차량진출입부에 이 유형을 금지하도록 하고 있는데 보도 폭이 1.5m 이하인 곳에 이 유형VI를 적용하도록 하고 있으나 실제 보도의 유효폭이 1.5m 이하인 곳은 매우 적다.

유형VII은 차로 중앙에 안전지대를 형성한 보행섬식 횡단보도로서 안전지대인 보행섬 자체에 턱이 없는 구조이다. 장애물 없는 생활환경의 도로부문의 지표에서는 보행섬에 유효폭을 1.5m~2.5m이상으로, 안전지대인 보행섬 시작과 끝부분에 보행안전노면 표시 및 차량진입억제용 가드레일(방호울타리)을 설치하도록 하고 있다.

유형VIII는 횡단보도의 양방향이 서로 어긋나 중앙에 보행섬인 안전지대를 경계석으로 조성하여 방향을 바꾸어 횡단하도록 한 것인데 보행섬이 경계석으로 되어 있기에 별도의 연석경사로 또는 부분경사로를 설치하는 방식이다. 따라서 연석경사로이든 부분경사로인든 경사도가 1/12 이하를 충족하기 위해서는 보행섬의 규모가 클 필요가 있다. 보행섬의 폭이 1/12 경사도를 유지할 수 없을 경우 턱을 낮추거나 턱이 없는 방식으로 조성해야 할 것이다. 연석이 있는 안전지대는 휠체어의 회전이 필수적이므로 연석경사로의 길이와 회전공간 1.5m×1.5m를 확보하여야 하므로 넓은 면적이 필요하다. 연석의 높이가 높을수록 연석경사로의 길이가 길어지므로 연석 높이를 10cm 이상으로 높이지 않는 것이 유리하다. 차도가 넓지 않은 경우 이런 유형의 안전지대는 확보가 어렵다. 이런 유형VIII의 안전지대 겸 보행섬식 횡단보도는 장애물 없는 생활환경의 인증 기증에서 권고하지 않고 있다. 차도와 높이 차이가 없도록 하고 다른 구간은 연석으로 높이를 형성하는 방식VII을 권고하고 있다.

유형IX은 연석으로 둘러싸인 교통섬으로써 연석경사로를 1/12 이하 경사로 확보하고 휠체어의 회전반경 1.5m×1.5m를 확보하여야 하므로 연석의 높이를 12cm 이상으로 높이지 않는 것이 유리하고 필요 시 그림과 같이 안전을 위해 주변에 방호울타리를 설치할 수 있다. 장애물 없는 생활환경 도로 부문에 교통섬 설치 기준에 관한 상세한 규정은 없으나 보행섬식 횡단보도 기준을 응용할 수 있겠다.

이상과 같은 여러 유형은 개념으로서 연석경사로이든 부분경사로를 반영 시 경계석의 높이에 따른 1/12 경사도를 확보하기 위해 장애물 없는 개념을 포함한 종합적 개념 응용이 필요하다.

위와 같은 연석경사로 유형의 개념을 기존 보도 구간에 응용하여 설계 시 보도에 면한 주택, 상가 등 건축물의 공개공지 또는 주출입구 높이에 영향을 주는지를 파악하여 결정하여야 한다. 공개공지의 높이를 조정하여 개선할 수 있다면 공개공지 소유권자와 협의하여 시행할 수 있을 것이다.

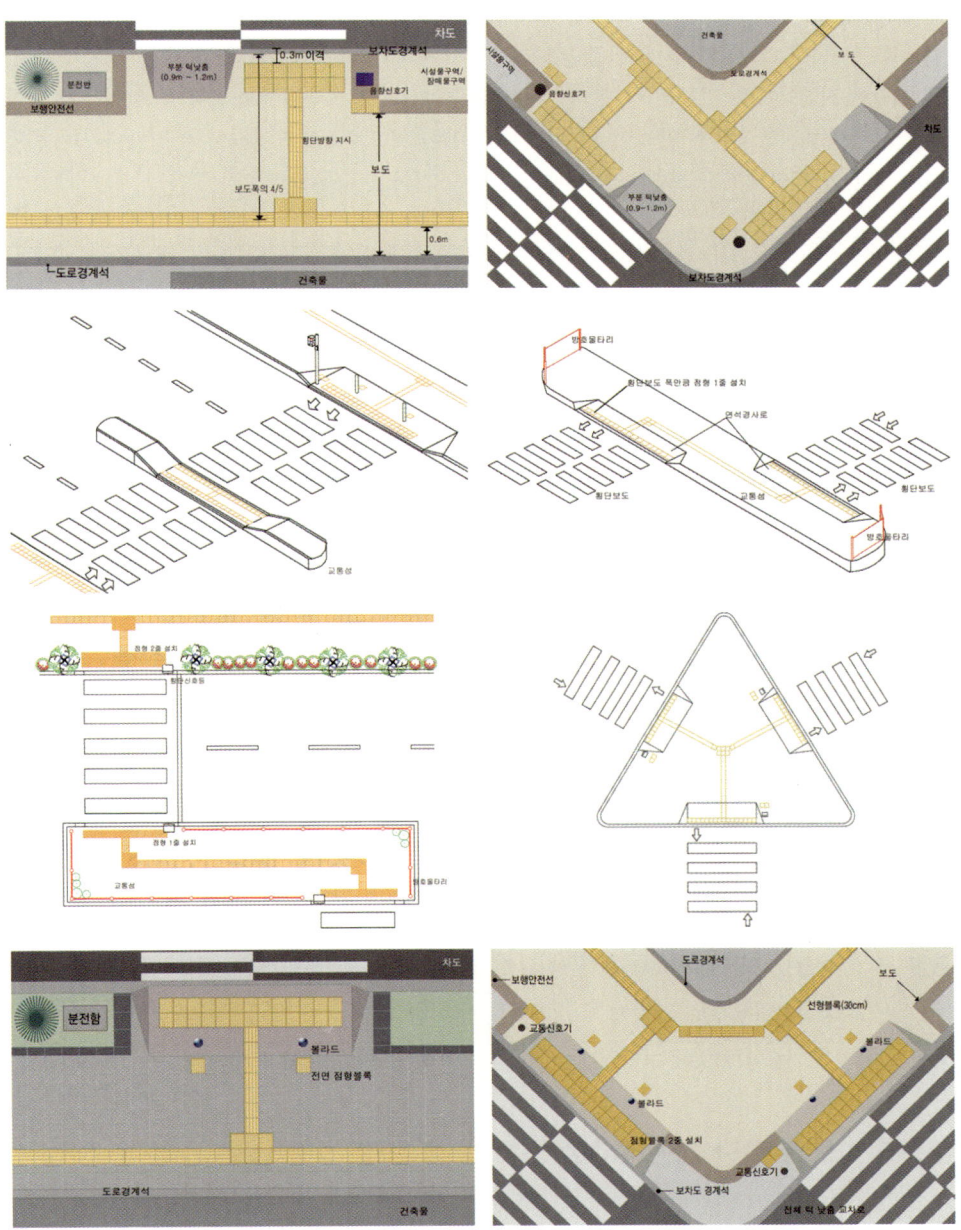

그림 5-7-5   연석경사로, 부분경사로 및 보행섬의 점자블록 설치 사례, 한국시각장애인연합회

5-7-5 교차로 또는 회전 구간에서의 연석경사로 문제점

도로 교차로에 횡단보도가 설치되는 경우 횡단보도 폭만큼 연석을 전면적으로 턱낮춤하는 연석경사로의 형상은 도로의 회전 반경과 동일하게 곡선으로 형성되기에 차량이 회전 시에 턱낮춤 구간으로 진입하여 대기 중인 보행인을 다치게 하는 경우가 있고 이를 방지하기 위해 자동차진입억제용 말뚝(일명 볼라드)을 설치하여 모든 보행인에게 불편을 야기하기도 한다. 또 자동차진입억제용 말뚝이 없는 경우 차량이 보도 내로 진입하여 주정차하거나 통행하여 사고를 유발하거나 보행의 불편과 민원을 야기하는 경우도 많다.

또, 일반적으로 턱낮춤이 전면적인 연석경사로는 부분경사로보다 폭이 넓기에 연석경사로 구간에는 항상 여러 개의 각종 기둥(신호등 외), 맨홀 뚜껑 및 가로수 등이 산재한다. 이들 수목의 보호틀이나 기둥이 포장의 평탄성을 해치거나, 맨홀 뚜껑이 미끄럽거나, 경사진 연석경사로 면에 불일치하거나, 부등침하 등 정밀 시공이 안 되어 돌출물인 턱이나 장애물이 되곤 한다. 또 연석경사로 구간 앞에는 빗물을 배제하는 4~10% 경사 구조인 L형 측구, 턱낮춤 경계석, 집수정 및 트렌치 시설들이 휠체어의 진행 방향과 어긋나게 설치되거나 빗물 배수가 잘 되지 않아 장애를 유발하는 경우가 많다. 이런 불편은 교차로 곡선 구간에 형성되는 연석경사로에 많이 나타난다.

그리고, 연석경사로 턱낮춤 구간 전체에 점형블록을 포설해야 하는 등 낭비적 또는 다른 이용자의 불편 요소가 되기도 한다. 연석경사로의 이런 문제점을 개선하기 위해 장애물 없는 생활환경 도로 부문에서는 부분경사로만을 평가 지표로 하고 있다. 이 교차로 부위 곡선형 연석경사로는 미국의 실시 예로 비교 연구할 만하다(부록 4 참조).

사진 5-7-1 교차로 연석경사로 구간에 맨홀, 볼라드, 집수등 등 여러 시설들의 시공으로 인한 장애 요소들

5-7-6 보도 종단 2단 경사로

보차도경계석의 높이가 15cm 이상이거나 혹은 보도의 폭이 좁아 「도로의구조·시설에관한규칙」이나 「교통약자의이동편의증진법」 시행규칙에서 정한 연석경사로 또는 부분경사로를 설치할 수 없는 경우, 보도의 폭이 좁은 경우, 또는 경사도가 1/18 이하 및 횡단경사가 1/25 이하인 보다 편안한 연석경사로를 설치하고자 하는 경우에는 연석경사로 또는 부분경사로

구역이 아닌 전후 지점의 보도 구간에서부터 보도 종단으로 경사를 형성한 후 다시 횡단보도 앞 연석경사로나 부분경사로의 종단경사 및 횡단경사를 완만하게 처리하는 방식이 가능하다. 「도로안전시설설치및관리지침」에서 예시한 일종의 유형I과 유형III의 결합형이다. 1/12-1/18의 2단 경사를 형성하는 이같은 방법은 경계석이 20cm 이상 높고 폭이 2.0m 정도로 좁은 보도에 특히 유리하다. 중간에 수평 구간 또는 참을 형성하여 2단의 경사로가 되는 구조이다.

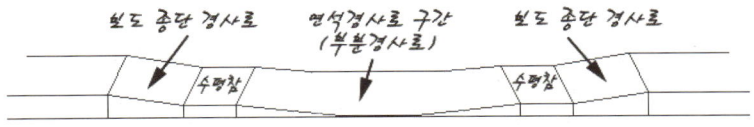

그림 5-7-6　　　　　　　　　보도 종단 방향으로 형성하는 2단 경사로

5-7-7　부분경사로

사진 5-7-2　　폭 1m 부분경사로, 횡단보도 폭 중앙에 연석의 일부분을 낮춘 부분경사로(서울)

사진 5-7-3
(상좌측) 횡단보도 우측에 시각장애인을 위한 점자블록을, 좌측에는 휠체어 사용자 등을 위한 폭 1m 부분경사로를 형성(경기도 하남시). (상중) 폭 0.9m 부분경사로(그리스 로마, 소형 자동차진입억제용 말뚝을 연석 위에 고정하여 위험 초래). (상우측) 교차로 곡선부 구간에 이색이질로 시공한 부분경사로(미국 LA 코리아타운). (하 4장) 부분경사로 및 점형블록, 그리고 장애물구역(미국 뉴저지)

현행 「교통약자의이동편의증진법」 시행규칙 등에 정의된 부분경사로는 전술한 바와 같은 연석경사로의 문제를 해결하기 위해 제안된 것으로 횡단보도 폭의 전부가 아닌 일부 폭인 0.9m~1.5m 정도(현행 「교통약자의이동편의증진법」 시행규칙의 별표1 또는 장애물 없는 생활환경 도로 부문 인증기준에서는 최소 0.9m)로 보차도경계석을 차도의 높이보다 2cm 미만으로 매설하고 보도 구간은 보도블록으로 경사지게 시공하는 것을 부분경사로라고 하였다. 형태적으로는 「도로안전시설설치및관리지침」 제4장에 예시된 위 그림 유형III 등과 이를 응용한 여러 유형이 가능하다.

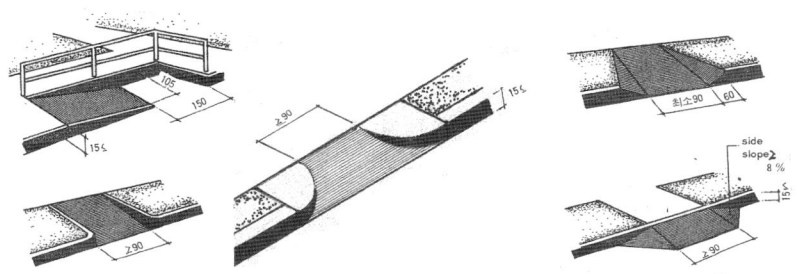

그림 5-7-7　부분경사로의 여러 유형 (좌부터, 보도 측면 경사로, 직선 삽입형, 나팔구 삽입형, 사다리형, 돌출형으로써 시각장애인을 위해 이들 유형 이외에 별도의 접근 방식을 추가해야 한다)

전면적으로 턱을 낮춘 연석경사로를 전체적으로 자유롭게 이용할 수 있는 장점에 불구하고 부분경사로가 제안되는 구체적 이유와 장점은, 해외의 많은 사례가 연석경사로를 도입하지 않고 부분경사로를 채택하고 있는 이유 외에도, 시각장애인과 바퀴장착 기구 이용자 유형에 따른 보행 분리 도입, 차량의 보도 진입으로부터 보행자의 보호 및 불법적인 주정차 방지, 과다한 점자블록 또는 차량진입억제용 말뚝의 배제, 전면적인 폭을 가진 연석경사로 구간에 설치되는 각종 맨홀 뚜껑의 마감 시공의 불편 등을 이유로 한다.

부분경사로를 채택하는 또 다른 이유 중 하나는 턱낮춤 구간은 바퀴장착 기구와 다리가 불편한 사람 등이 부분경사로를 이용하고 대부분 사람은 턱이 있는 보차도경계석을 이용할 수 있다는 이용자들의 이용 빈도와 유형에 의한 것이다. 또 바퀴장착 기구와 시각장애인 등과 보행을 각기 편리하게 구분하여 주자는 의도에 있다.

부분경사로를 설치하는 또 다른 장점은 넓은 구역에 산재한 각종 맨홀 뚜껑을 평탄하게 정밀시공하게 하여 경사진 맨홀 뚜껑이 경사진 연석경사로 구역에 배제하고자 함이 있고, 또 넓은 턱낮춤 구간으로 차량의 보도 진입을 방지할 수 있는 안전성을 확보할 수 있으며, 연석경사로의 넓은 구역에 설치하는 자동차진입억제용 말뚝의 도입이 불필요하다는 것과, 휠체어가 턱낮춤 구간으로 직각에 가까운 각도로 진입이 가능하다는 점 등이다. 이러한 장점 때문에 장애물 없는 생활환경 인증의 도로부문에서 전면적으로 폭이 넓은 연석경사로가 아닌 폭이 좁은 부분경사로를 인증 지표로 설정하고 있다.

표 5-7-6 연석경사로 및 부분경사로의 장단점

구 분	연석경사로	부분경사로
장점	- 전면 턱낮춤으로 이동에 편리	- 시각장애인과 휠체어 사용자의 동선분리 가능 - 맨홀 등 경사로 구간 밖 시공이 용이 - 맨홀 뚜껑, 가로수, 신호등주 등이 장애물 요소에서 배제 - 과다한 볼라드 및 점자블록 불필요
단점	- 과도한 볼라드 및 점자블자 시공 - 맨홀 등 경사로 구간에 설치로 연석경사로 구간이 복잡	- 제한적 턱낮춤으로 휠체어 이동 구간이 제한적

5-7-8 장애물 없는 생활환경에서의 부분경사로 구조

현행 장애물 없는 생활환경의 도로 부문 인증 내용을 보면 왕복 6차로 이상의 도로, 왕복 4차로 이상의 도로 및 왕복 2차로 이상의 도로에서 횡단방식의 인증 지표는 전면적인 연석경사로 즉 횡단보도 폭 만큼을 턱낮춤 하는 연석경사로는 불허하고 있으나 보도의 전체 폭이 1.5m 이하인 경우에 대하여 제한적으로 연석경사로를 인정하고 있고 부분경사로 방식을 원칙으로 하고 있다. 부분경사로만을 인증 세부 평가 항목의 내용을 요약하면 다음과 같으며 이러한 구조 등의 기준은 특히 바퀴 장착 이동 수단과 시각장애인을 각기 고려한 점이다.

왕복 6차로 이상과 4차로 이상 및 2차로 이상의 도로에 설치되는 부분경사로에 대해 평가 점수를 3등급으로 구분하면서, 부분경사로의 유효폭을 0.9m 이상으로 하고, 경사도를 1/18 이하로 하며, 경사로의 시작과 끝 지점에 각기 정지 및 회전구간을 1.5m×1.5m 확보하도록 하고 있다.

예외적으로 왕복 2차로 내지 6차로 이상의 도로에서 보도의 폭이 1.5m 이하로 좁은 도로에서는 전면적인 연석경사로 또는 부분경사로가 아닌 횡단보도 앞 보도의 전체 폭을 차로와 나란하게 1/18(5%)이하로 경사지게 설치하며(유형I), 보도와 차도의 경계 바닥의 높이 차가 2cm 미만인 경우만을 인정(최상급)하고 다른 경우는 평가 외로 하고 있다(단 보도의 좌우기울기 없이 평탄하게 하여야 함). 점자블록과 필요 시 자동차진입억제용 말뚝을 1.5m 간격으로 설치하도록 하고 있다.

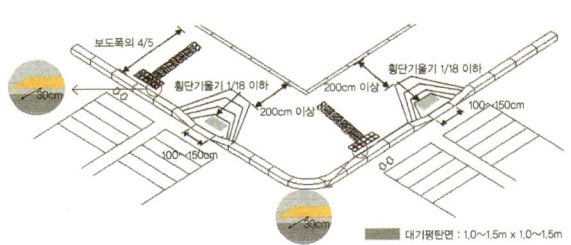

그림 5-7-8   횡단보도 및 BF용 부분경사로

사진 5-7-4   부분경사로

5-7-9 연석경사로 또는 부분경사로의 판석 포장

현행 법령에 의한 또는 실제 시공된 대부분의 연석경사로 또는 부분경사로의 형상은 턱낮춤 경계석에서부터 상단까지 일정한 경사가 아닌 변화하는 경사를 가진 경사 구조이기 때문에 어떤 진행 방향에서든 종단경사와 횡단경사가 일정하지 아니한 일그러진 곡면 구조이다. 따라서 사방 20cm 이내의 작은 블록으로 연석경사로의 곡면을 시공하는 경우 자연스럽게 마감이 되나 사방 30cm 정도의 큰 블록이나 판석으로 시공하는 경우 블록이나 판석 간의 단차가 발생하는 문제가 있다. 이런 경우 횡단보도에서의 진행 방향으로 종단경사 구간과 횡단경사 구간을 동일하게 이원화하는 마감하는 방법을 선택하여야 하여야 한다. 이러한 예의 구조는 미국의 표준 경사로인 부분경사로가 있고 우리나라 각종 규칙, 지침 및 설계 요령에 도면으로 예시되고 있으나 기준에 맞게 현장 시공에 적용하기에 여러 어려움이 있다.

5-7-10 연석경사로 및 부분경사로의 설계 시공 유의점

해외 사례와 달리, 장점이 많은 부분경사로의 도입이 확산되지 않고 있는 점은 그동안 전면 턱낮춤 방식인 연석경사로에 익숙한 시민들 반응이 주된 이유인 것으로 보인다. 지나치게 폭이 넓은 교차로의 곡선 구간에 설치하는 전면 턱낮춤의 연석경사로는 단점이 많아 「교통약자의이동편의증진법」 및 「장애물 없는 생활환경」 인증 기준에서와 같이 부분경사로의 도입의 필요성이 있어 보인다. 연석경사로 또는 부분경사로의 도입 시 연석의 높이를 12cm정도로 낮추어야 할 것이다.

연석 높이가 12cm 이하인 경우 교차로의 곡선 구간이 아닌 보도에서도 부분경사로 또는 연석경사로이든 이용에 큰 불편이 없을 것이나 보도 폭이 좁은 경우 부분경사로 구간에 설치되는 각종 맨홀 뚜껑은 미끄럼이나 턱으로 작용하기에 맨홀 뚜껑을 부분경사로 내에 설치하지 말고 경사 구간이 아닌 곳에 설치할 것이며 연석의 높이가 15cm 이상이면 보도 종단 2단 경사로(그림 5-7-6)로 시공하여 이용에 편의성을 제공할 수 있다.

연석경사로 앞 L형 측구 구간에 설치되는 집수정은 가급적 턱낮춤 구간이 아닌 다른 구간으로 옮겨 시공하되 물 빠짐이 잘 되도록 하여야 할 것이며 턱낮춤 경계석의 높이를 2cm로 하였다 하더라도 직각인 모서리는 45°이하로 절단하여 불편을 최소화해야 한다. 턱낮춤을 2cm가 아닌 1cm 이하이면 가장 좋다. 부분경사로인 경우 최소의 점자블록을 턱낮춤 구간에 설치하거나 턱이 있는 보도 구간에 설치할 수 있다.

부분경사로를 곡선 구간의 횡단보도에 설치하는 경우 곡선의 접선 방향으로 부분경사로를 향하게 하여 휠체어 등 바퀴장착 기구의 양 바퀴가 동일한 경사와 턱을 지날 수 있도록 해야 하나 이에 관해 우리나라 법적 기준이 없고 교차로 위치 상 적용이 어려운 곳이 많다. 특히 2cm 높이로 턱낮춤 한 연석과 차도 사이에는 약 50cm 정도의 폭으로 L형 빗물받이가 4-10% 경사를 형성하여 바퀴가 지나가기에 불편 요소로 작용하고 있다(부록 4 미국 시공 기준, 사례 사진 5-7-3 및 사진 5-7-5 참조).

5-7-11 횡단보도 앞 보도의 진입부 경고 방식

장애물 없는 생활환경의 왕복 6차로 이상의 도로 내지 왕복 2차로 이상 도로의 평가항목에서 횡단보도 앞 보도의 진입 부위에 대한 경고 방식을 시각과 발바닥의 촉각으로 도움을 주도록 하고 있다. 보도의 대기 공간에는 재질과 색상을 달리하고 노면에 눈부심이 없는 고휘도 반사재료(발색도료)를 사용하거나 점형블록을 설치하도록 하고 있다. 해외의 경우도 우리나라 인증 기준처럼 질감과 색상으로 부분경사로 바깥 부위에서부터 사전 경고와 안내를 시각장애인 등에게 하고 있다.

사진 5-7-5
(좌측) 부분경사로를 형성한 후 횡단보도 구간 폭으로 보행자에게 경고를 위해 보도 내 구역을 경고용 색상으로 마감하였다(경기도 동탄신도시). (우측) 재료와 색상을 달리하여 건너오는 보행자에게 부분경사로를 이용하도록 하였다(인천 시청).

사진 5-7-6
(좌측) 미국식 부분경사로: 곡선 교차로 부위에서 양방향으로 부분경사로를 형성하고 있고 부분경사로 진입구간은 바닥에 45cm 폭의 줄홈을 파서 질감으로 인지하도록 하고 있다. (중 및 우측) 미국식 부분경사로를 회전교차로 중간 지점에 한 개를 형성하고 전면에 점형블록을 약 80cm 폭으로 시공하였고 부분경사로의 방향을 L형 측구와 직각으로(접선방향) 시공하여 휠체어 통과에 유리하도록 돕고 있다. 사진 5-7-3 하단 참조.

제5장
8절

고원식(高原式) 횡단보도

5-8-1 고원식 횡단보도의 의의

고원식 횡단보도는 횡단보도 구간의 차량 통과 부분을 높혀 보도와 동일한 높이로 형성한 구조를 말한다. 이런 구조로 횡단보도를 형성하는 것은 차량 속도를 완화하고 보행자에게 연석경사로 구조가 갖는 불편한 문제를 동시에 해결하고자 함에 있다. 그러나 차량 속도를 저감하고자 하는 목적이 교통량이 많은 대로 이상에서는 고원식 횡단보도로 인한 차량 속도 저감으로 체증이 발생하고 고원식 횡단보도를 인지하지 못하는 경우 운전자, 동승자 및 차량 피해가 있을 수 있어 현 장애물 없는 생활환경 인증 기준에서는 왕복 4차로 이상 및 왕복 2차로 이상의 도로에서 고원식 횡단보도를 권장하고 있다. 즉 주간선도로 미만에서 적용해야 한다.

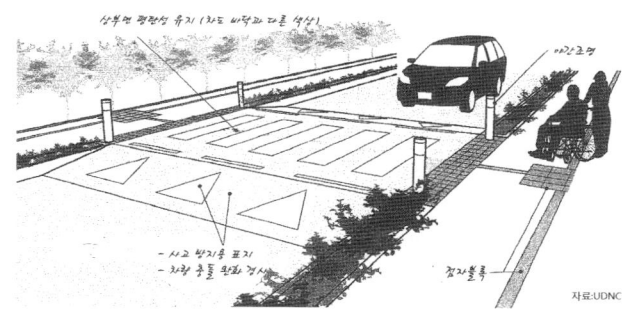

그림 5-8-1   고원식 횡단보도 개념도, 자료 UDAC

5-8-2 고원식 횡단보도의 구조

고원식 횡단보도와 관련된 법령은 「교통약자의이동편의증진법」 시행규칙의 「보행시설물의 구조·시설기준에관한세부기준」, 「보행안전및편의증진에관한법률」 그리고 「보행안전및편의증진시설의구조및기준」 등으로, 그 종단면 구조는 사다리꼴로 하도록 하여 윗면의 평탄부가 250cm 이상으로 하며, 사다리꼴의 경사진 부분은 횡단보도 부분과 다른 색상이나 재질로 완만한 경사를 이루도록 하고 있다.

보도와 차도가 만나는 하부에 빗물 고임이 있을 수 있으므로 배수 파이프 등을 설치하도록 하고 야간에 고원식 횡단보도가 어두운 경우 차량과 보행인 간에 또는 차량이 고원식 횡단보도로 인한 충격 유발 가능성이 있어 사고 방지를 위해 표지를 설치하도록 하고 있고 또 차량이 보도로 진입하기 쉬우므로 자동차진입억제용 말뚝 등의 시설물을 설치하도록 하고 있다.

한편 장애물 없는 생활환경 인증에서 왕복 4차로 이상의 도로와 왕복 2차로 이상의 도로에서 고원식 횡단보도 경사 부분은 차도의 색상과 대비가 되고 평탄부 및 횡단보도와 면한 보행안전구역은 주변 보행안전구역과 다른 색상 및 재료로 설치하는 것을 기준으로 하고 있다.

표 5-8-1   장애물 없는 생활환경 고원식 횡단보도 인증 기준

구분	포장	사다리꼴 경사부	평탄부	조명	공통
1급	틈이 없고 평탄하며 요철이 5mm 이하의 재료	눈부심이 없는 인식장치	보행안전구역과 다른 색상과 재질	500Lux 이상	- 사다리꼴 단면 - 배수시설 - 평탄부 폭 2.5m 이상
2급		차도와 대비 색상		100Lux 이상	
3급	(해당 사항 없음)	(해당 사항 없음)	(해당 사항 없음)	20Lux 이상	

고원식 횡단보도 상단의 평탄부에 사고석과 같이 울퉁불퉁한 마감재로 시공하여 차량에게 경고 및 저감을 유도하는 방식은 휠체어나 유모차 등 횡단에 지장을 유발하므로 평탄한 마감이 되는 재료로 시공해야 하며 차량으로 인한 파손이 없는 견고한 단면을 유지하도록 해야 한다.

사진 5-8-1   고원식 횡단보도 개념으로 시공하였으나 보도에는 연석경사로, 보도와 연석 사이는 단차 있는 턱과, 차로 상부는 평탄하지 아니하고 과속방지턱의 형상인 완만한 횡단경사로 이루어져 법적 기준과 상이한 사례.

사진 5-8-2   법령과 인증기준에 부합된 고원식 횡단보도 사례(서울 문정도시개발사업 지구 내).

제5장
9절

고원식 보도(차량 진출입부 등)

5-9-1 고원식 보도의 의의

차량이 차도에서 보도를 통과하여 인접 대지로 드나드는 보도 구간에 대한 처리방식을 말한다. 즉 도로에 인접한 대지의 건축허가 시 보도를 점용허가를 받아 자동차의 출입을 허가 받는 구역이다. 차량이 보도를 통과하는 종래의 방식은 네 가지이다.

첫째, 단차가 있는 보차도경계석 부위에 삼각형인 임시방편의 경사판을 설치하는 방법으로 일종의 불법적이고 임시적인 방식이다. 둘째, 보도 구간의 경계석을 차량이 출입하는 폭으로 자른 후 차도 쪽에서 대지 쪽으로 경사가 지도록 한 일종의 연석경사로 방식이다. 셋째, 차량이 출입하는 폭 만큼 보도 구간을 차도 높이로 완전히 낮춘 후 차량은 차도 높이로 편안하게 출입하게 하고 보행인은 보도 부위를 연석경사로로 만들어 차량이 지나다니는 낮아진 보도로 다니는 방식이다(제5장 7-4절에서 설명한 유형VI). 넷째, 상기의 세 가지 방법이 차량 위주로 설계 시공되어 보행인이 불리한 구조이기 때문에 이들 방식을 사람 위주로 바꾸는 방식이다. 즉 보도의 높이는 그대로 두되 자동차가 출입하고자 하는 폭만큼 보차도경계석을 낮추고 차도에 접한 보도의 일정 구역만을 경사지게 하여 차량이 오르도록 유도하고 사람은 높이 변화가 없는 보도로 통행하도록 함으로써 차량에게는 고원(高原)이 된 보도가 되는 것이다.

위 네 가지 방식 중 현행 법인 「교통약자의이동편의증진법」 시행규칙 별표1 제3호 도로 및 접근로항에 「차량진출입부」에 관한 강제규정으로, 차량이 부지 내로 진출입하고자 보도를 통과하는 경우 반드시 보도와 접근로 구간을 턱낮춤하지 않고 고원식으로 하도록 하고 있다. 즉 차량이 진출입하는 보도와 접근로 구간은 보도의 높이를 낮추지 않고 보행의 연속성을 유지하되 차량이 차도와 접한 보차도경계석을 낮추고 보도로 진출입하도록 한다. 이는 자동차와 보행자의 교행구역은 보행 포장의 높이를 차도 높이로 낮추지 말고 고원식으로 유지하여 보행자 편의성과 안전성을 확보하라는 것이다.

고원식 보도라는 용어는 법령이나 장애물 없는 생활환경의 인증 기준에는 없으나 차량이 우선이 아니고 보행이 우선인 곳에서 보도의 높이가 그대로 유지되도록 하고 차량에게는 고원(高原)이 되는 곳을 지난다는 의미의 용어이다. 이런 고원식 보도 개념은 건물 앞 보도를 지나 주차장으로 진입하는 곳 등 차량과의 교행이 이루어지는 곳에서 적용 가능하다.

「도로안전시설설치및관리지침」에서 예시한 연석경사로 유형VI은 보도 부위 포장과 연석을 차도 높이로 낮추는 방식을 설명하고 있으나 「교통약자의이동편의증진법」 시행규칙 별표 1의 제3호 도로 가항에서 유형VI을 적용할 수 없도록 하고 보행의 연속성을 확보하기 위하여 고원식 보도를 채택하는 것이다. 즉 고원식 보도에 관해 「교통약자의이동편의증진법」은 타법보다 우선적으로 적용하여야 하는 특별법이다.

즉 교통약자가 통행할 수 있는 보도의 (5)차량진출입부에서 다음과 같이 의무적 시설로 규정하고 있으며 또 장애물 없는 생활환경의 도로 부문 인증 기준에 차량진출입부 항목 지표로 반영하고 있다.

  (가) 자동차가 보도등을 통과할 수 있는 차량진출입부의 경우에는 보도등의 높이를 유지하고 차도의 경계부분은 턱 낮추기를 하여야 한다.
  (나) 보도등과 차도가 교행하는 구간의 바닥마감재는 색상 및 질감 등을 달리하여야 한다.

고원식 횡단보도는 차도를 지나 보도를 연결하는 통행 수단이고 고원식 교차로는 교차로의 차도 부위 전체를 보도 높이로 높여 시공하는 것이나, 고원식 보도는 보도를 차량 진출입으로 끊어짐이 없이 연속적으로 동일한 높이로 시공하는 방법이다.

예컨대, 보도가 있는 도로에서 대지 내 설치된 주차장으로 차량이 진입하기 위해서는 차로로부터 보도를 횡단하기에 보도 점용허가를 받아 차량 진출입부를 만들 수 밖에 없다. 종전 방식대로 설치하는 경우인, 차량 진출입부를 차량이 편리하게 진출입하도록 보도 구간을 차로의 높이나 주차장 입구 노면과 동일하게 낮추고 양측 보도는 턱 낮추어 공사하는 방식은 차량 위주의 설계이고 사람 위주의 설계가 아니다.

그러나 반대로 보행의 연속성을 위해서 보도 포장 높이를 그대로 유지하여 사람은 편안히 지나가게 하고 차량은 높은 보도를 지나가도록 하는 방식은 사람 위주의 설계이다. 보행의 연속적 흐름과 안전을 확보하는 방식이다. 보도 구간을 차량이 진출입하기 편리하도록 낮추는 경우 보도의 양측도 턱낮춤을 해야 하기에 턱낮춤 구간이 길어지는 문제와 보행의 연속성이 단절되는 문제 등이 있어 보도의 종단 구간을 단절하고 턱낮춤 방식의 연석경사로를 지양하도록 「교통약자의이동편의증진법」 시행규칙 별표1의 제3호에 강제 조항으로 명시한 것이다.

이 유형의 고원식 보도의 포장 마감은 보도 구간과 다른 색상과 질감을 갖는 재료로 견고하게 하여 차량이 이용에도 파손이 없도록 규정하고 있다.

2014년 국토교통부 발행 「고령자를 위한 도로 설계 가이드라인」 및 2017년 경찰청·도로교통공단 발행 「보행자사고 예방을 위한 안전시설 설치 가이드북」을 설계 시공에 참조할 수 있다.

사진 5-9-1
고원식 도보 구역의 포장재는 보행자 위주의 재질을 사용하도록 하고 있는데 이 사례는 사고석을 사용하여 차량 위주의 요철형 포장으로 보행자에게 불리한 마감을 하였다(서울 강남).

사진 5-9-2
상가 주차장으로 진출입하는 보도 구역을 고원식 보도로 하고, 바닥을 주변과 달리 이색이질 시공하였다. 차량은 급한 경사로 진출입하고 보행자가 다니는 부위는 평탄한 고원식의 보도로 형성하면서 상부 평탄한 폭을 약 1.5m 확보하였다(미국 LA).

사진 5-9-3
지하주차장으로 들어가는 차량진입구의 보도 구간을 고원식 보도로 형성하면서 차량과 보행자가 인식이 잘 되도록 보도 및 차량진입부위 간에 포장 패턴을 달리하여 시공한 사례(서울 문정도시개발사업지구 내)이나 보도 구간 내 경고용 점자블록 등의 시공 및 포장재의 이질처리가 아쉽다.

5-9-2 고원식 보도의 구조

고원식 보도의 평탄한 상부 구간은 보도와 다른 색상과 질감을 갖는 재료로 사용하여야 하며 양측 보도 구간에는 점형블록과 같은 경고용 재료를 설치하여 하여야 하고, 차량이 진출입하는 턱낮춤 경사 구간은 차량의 하부가 닿지 않도록 50cm 정도의 폭으로 경사를 갖도록 하거나 장애물구역의 폭 내에서 경사가 이루어지게 한다.

따라서 고원식 보도는 사람과 함께 차량이 동시에 사용하는 구간이므로 보도의 종단경사와 횡단경사, 보도 폭원 등을 검토하고 차량 진입부의 적정 기울기가 되어 차량, 운전자 및 동승자에게 피해가 없도록 종횡단면을 구성해야 한다.

고원식 보도의 단면에서 보도블록으로 포장하는 경우 기층을 콘크리트슬래브로 하는 경우 보도블록을 슬래브(slab)에 습식모르터로 반드시 압착공법으로 시공하여야 하며 콘크리트 슬래브 없이 쇄석기층을 사용하는 경우 모래층을 사용하도록 해야 한다. 콘크리트슬래브 위에 모래층을 두고 보도블록을 마감하면 모래층에 빗물이 고여 스폰지(sponge)현상을 나타내기에 차량에 의해 보도블록 옆면이 깨지고 보도블록 이탈이 생겨 보도면의 평탄성이 사라지게 된다(사진 5-17-8 참조). 휠체어 사용자를 위해 사고석과 같이 울퉁불퉁한 자재를 사용해서 아니 된다.

고원식 보도 양측에는 차량 출입의 편리성을 위해 나팔구 형상으로 하여 차량의 뒷바퀴 걸림이 없도록 하며, 차량으로 인한 보행자의 안전을 위해 시각장애인에게 불편이 없는 구역에 자동차진입억제용 말뚝을 부분적으로 설치할 수 있고, 사람의 통행과 차량의 출입을 인식하기 위해 반사경이나 경광등의 설치를 고려해야 한다. 주변이 어둡다면 조명등을 설치하여야 한다. 고원식 보도의 차도 부위는 빗물이 고이지 않도록 마감해야 할 것이다.

보도가 자전거·보행자겸용도로인 경우 자전거도로가 차도 쪽에 있거나 상가나 주택지 쪽에 위치하게 되나 대부분 차도 쪽에 위치하도록 하고 있다. 이러한 자전거·보행자겸용도로인 보도인 경우 역시 자전거용 통과 구간에 대하여는 보도와 같이 고원식으로 함께 평탄하게 하여 자전거 이용에 불편함이 없는 구조로 설계 시공하여야 할 것이다.

고원식 보도의 양쪽 지점에서부터 약 3m 이내 구역에는 가로수의 식재나 띠녹지를 지양하는 것이 바람직한 것은 차량 출입을 위한 나팔구 형태를 형성할 경우 경계석 마감 등이 어렵거나 차량 운전자에게 시각을 차단하는 경우가 있기 때문이다. 시야 차단이 있는 곳은 경광등이나 반사경을 설치한다.

고원식 보도의 평평한 상부면의 폭원은 자전거용 통과 구간을 제외한 보행자용 구간이 1.5m 이상이 되도록 하는 것이 바람직하다.

5-9-3 고원식 보도 인증 기준 및 시공 검토

이 항목의 도로 부문 인증의 내용을 살펴보면 왕복 6차로 이상, 왕복 4차로 이상 및 왕복 2차로 이상의 도로에 대하여 배점 및 산출 기준을 동일하게 하고 있다.

설치 방법에 대해 1)보도의 보행안전구역의 좌우기울기(횡단경사)는 일정하게 유지되어야 하고, 2)자전거도로 구역을 포함한 보도의 차도 측 구간 일부를 턱 낮추기 하는 경우 턱 낮추기 구간은 보도의 장애물구역 내에서 이루어지도록 하며, 3)고원식 보도의 폭이 1.5m 이하인 경우 보행안전구역 등을 포함하는 보도 전체를 차도와 나란하게 기울여서 설치할 수 있고(기울기는 1/18 이하를 유지하고, 보행안전구역은 좌우기울기 없이 설치될 경우 최상급으로 평가하고 그 이외는 등급 외로 평가), 4)차량의 보행안전구역으로의 진입을 막기 위하여 자동차진입억제용 말뚝이 반드시 필요한 경우 1.5m 간격으로 설치하고 유도 및 경고용 띠를 영역에 설치할 수 있으나 건물 앞으로 주정차가 가능한 구역 등에는 제한적으로 설치함이 좋다.

이 부위의 바닥 재질 및 색상에 대하여는 보도와 차도 경계 부위에 시각장애인을 위한 경고용 색상이나 재질의 요철 띠(점형블록 등)를 50cm 이하로 규정하고 있고 이는 고원식 보도 폭만큼 설치하여야 할 것이며, 차량이 진출입하는 차로와 대지 쪽 경계 부위는 운전자에게 경고를 표시하는 요철 등을 실시하도록 하고 있다. 그리고 차량진출입부 전체 바닥의 색상은 주변과 대비가 되는 색상으로 하고 눈부심이 없도록 하고 있다.

위 3)의 설명은 고원식 보도가 아닌 보도의 연석경사로 방식을 설명한 것으로 턱낮추기 유형Ⅵ을 말하고 있다. 고원식 보도 구간의 폭을 1.5m 이하를 기준으로 연석경사로 유형Ⅱ을 선택하도록 정한 기준은 「교통약자의이동편의증진법」 시행규칙 별표1의 제3호 도로 가항 (5)에 예외적 또는 완화적 규정이 없음에도 매우 완화된 내용을 장애물 없는 생활환경 평가 기준에 정한 것은 매우 이례적이다. 현실적으로 경계석 높이가 20cm 정도가 대부분이므로 공개공지가 있지 아니하면 1/18 경사 구조를 확보하기 쉽지 않다. 보도 폭이 2.0m 정도이면 고원식 보도 폭으로 1.5m를 할애한 후 잔여 구간을 자동차가 진입하는 경사구간으로 설계 시공을 함에 있어 자동차의 하부가 경사구간에 닿지 않을 경계석의 높이가 된다면 고원식 보도로 해야 할 것이다. 우리나라에서 보도 폭이 1.5m인 곳은 극히 적어서 이 예외 규정을 적용할 곳은 많지 않을 것이다.

마지막으로, 자전거·보행자겸용도로인 보도의 종단과 횡단 구조도 위와 같은 범위 내에서 검토하여 자전거가 경계석 턱이 없는 구조로 지날 수 있도록 자전거용 구간의 폭원과 경계석의 선형을 동시에 고려하여 고원식 보도가 가능할 것인지를 동시에 검토해야 할 것이며 차량 진출입구는 나팔구 형상을 갖추어 차량의 바퀴가 부드럽게 진행하도록 해야 할 것이다(사진 5-9-1 미국 사례 참조).

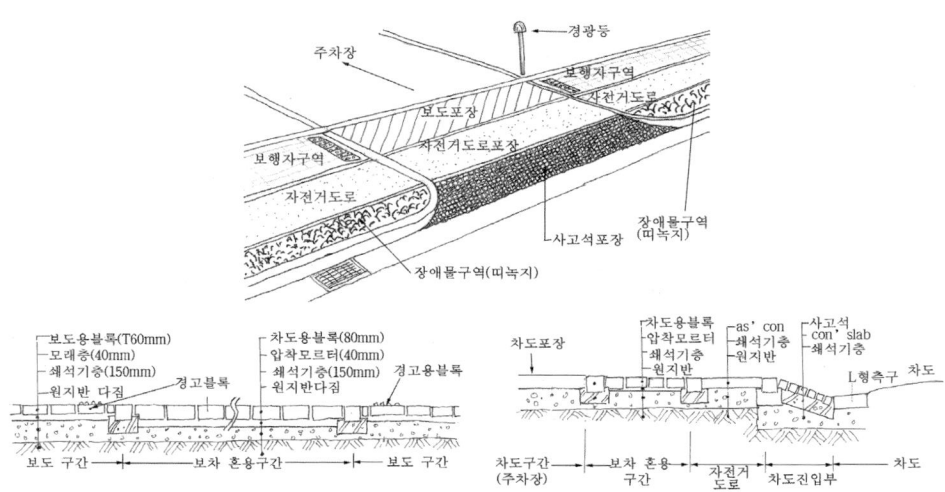

그림 5-9-1   고원식 보도 개념도 (시계방향: 투시도, 종단면도, 횡단면도)

제5장

10절

고원식 교차로

「교통약자의이동편의증진법」 시행규칙 별표2에 정의된 고원식 교차로는 차량의 속도저감시설의 하나로 '자동차와 보행자가 충돌할 위험이 있는 신호기가 없는 교차로에는 고원식 교차로를 설치하여야 한다'고 하며, 또 고원식 교차로 '전체를 암갈색 아스콘 또는 블록 포장하거나 고원식 횡단보도의 설치 방법과 동일한 방법으로 설치할 수 있다'고 하였고 '보도와 고원식 교차로의 연결부에는 요철이 없어야 하고 배수에 지장이 없도록 하여야 한다'고 하고 있다.

장애물 없는 생활환경의 도로 부문에 동 항목에 대한 평가 지표는 없다. 따라서 동 구역에 대한 장애물 없는 설계 시공 방식을 적용함에 있어서 고원식 교차로 내에서 보행자의 횡단이 이루어지는 구조라면 도로 부문의 인증 지표인 횡단 방식과 고원식 횡단보도 항목을 참작하여 다음과 같은 사항에 대한 세부 설계 및 시공을 하여야 할 것이다.

- 차로 구간과 보행 구간의 색상과 재질
- 경사진 턱 부위의 경사도, 색상 및 재질
- 보도 및 차량 구간의 바닥 재료 및 색상
- 점자블록 및 자동차진입억제용 말뚝
- 배수 시설
- 조명 및 가로수 등 요소

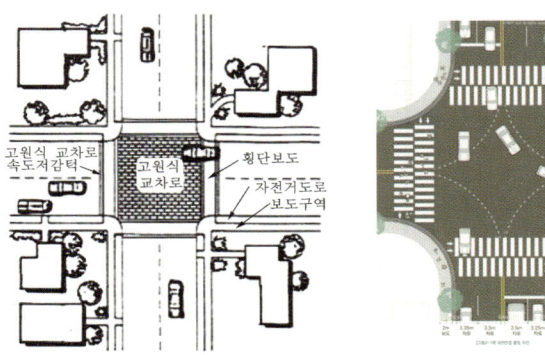

그림 5-10-1　　　　　　　　　　고원식 교차로 개념도[54]

---

54) 오성훈·김영지(2017), 보행자를 위한 횡단보도 개선방안, 건축도시공간연구소, p33

제5장

11절

속도저감시설

「교통약자의이동편의증진법」 시행규칙 별표2의 「보행시설물의구조·시설기준에관한세부기준」 또는 「보행안전및편의증진시설의구조및기준」에 속도저감시설을 고원식 교차로 이외에 지그재그 형태의 도로, 차도 폭 좁힘, 요철포장 및 과속방지턱을 규정한다. 요철포장과 과속방지턱은 「도로안전시설설치및관리지침」에 세부 기준을 정하고 있다. 한편 최근 증가하고 있는 회전교차로 시설 역시 속도를 저감하고 원활한 교통 흐름을 위한 시설이나 국토교통부의 시설 설치 및 구조 기준은 다소 차량 위주이기에 장애물 없는 설계 기준으로 보완할 필요가 있어 보인다.

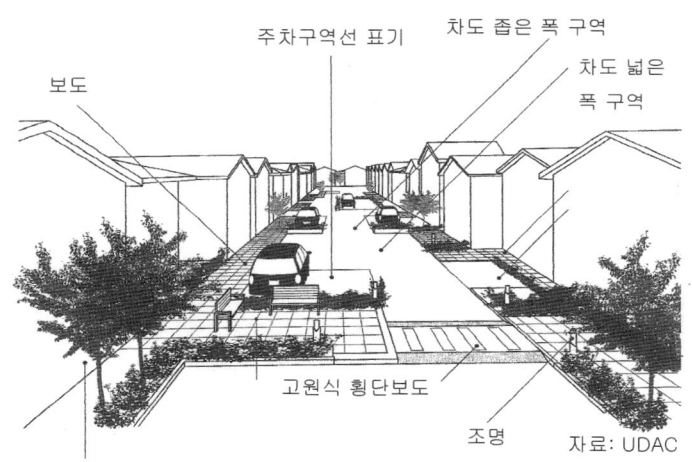

그림 5-11-1 지그재그, 폭 좁힘 및 고원식 횡단보도 등으로 속도저감시설을 한 주택지

5-11-1 지그재그 도로

일정한 간격으로 자동차진입억제용 말뚝과 같은 시설을 두어 도로의 선형을 지그재그 형태가 되어 운전자가 빈번한 방향 조작을 유도하여 차량의 주행 속도를 낮추게 하는 방식이다. 이를 쉬케인(chicane)이라 한다.

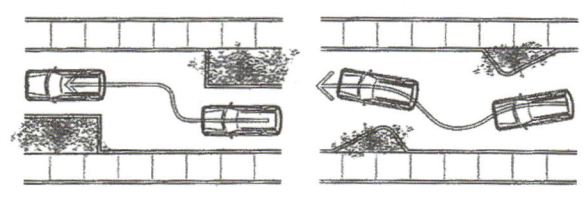
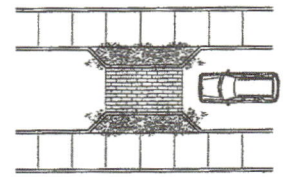

그림 5-11-2   지그재그형 도로   그림 5-11-3 차도 폭 좁힘 유형

5-11-2   차도 폭 좁힘

물리적으로 또는 시각적으로 차도의 폭이 좁게 보이도록 하여 주행속도를 낮추는 방법이다. 이를 쵸우커(choker)라 한다. 그림 5-11-3 유형이다.

5-11-3   요철 포장

노면에 미세한 진동으로 소음을 발생하도록 요철이 있는 포장재로 마감하여 속도를 늦추는 방식이고 차량의 통행이 빈번한 곳과 밀집된 주거지역에서는 차량속도 방해 및 소음 발생 등으로 피하고 있다. 노면 요철포장에 대한 세부 내용은 「도로안전시설설치및관리지침」 제4편 9항에 기준을 마련하고 있다. 요철포장이 횡단보도와 같은 보행 구간의 설계 시공은 장애물이기에 병행하여서는 아니 된다.

사진 5-11-1   (좌측) 주택가 교차로 사고석 포장(차량 운행 소음 발생으로 주택가에는 적정하지 않다). (우측) 횡단보도를 보도블록인 미세한 요철포장을 하였다(미국 LA 한인타운).

5-11-4   (가상) 과속방지턱

운전자의 과속을 방지하고 보행자의 안전을 도모하기 위해 차도에 볼록한 둥근 턱 형상으로 돌출하게 하되 차체, 승차자 및 긴급자동차에게 피해가 되지 않도록 설치 위치, 형상, 재료, 도색 등에 관해 「도로안전시설설치및관리지침」 제4편 2항에 기준을 마련하고 있다. 상부가 둥근 형태라서 이를 험프(hump)라 한다.

「도로안전시설설치및관리지침」 2.3에 의하면, 간선도로 또는 보조간선도로 이외의 도로에서 시속 30km 이하로 제한할 필요가 있는 학교 앞, 유치원, 어린이놀이터, 근린공원, 마을 통과지점 등에 또는 보차도의 구분이 없는 도보, 공동주택지, 근린상업시설, 학교, 병원, 종교시설, 30구역 등의 구역에 설치한다.

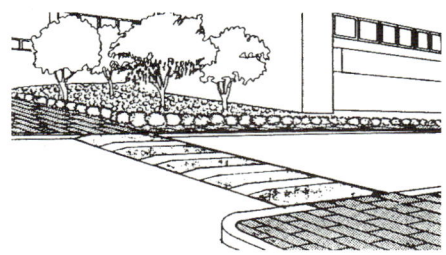

그림 5-11-4   과속방지턱

실제가 아닌 포장 바닥에 과속방지턱 이미지를 그린 가상 과속방지턱은 대상 도로 구간의 교통여건 및 지역 조건을 고려하여 효과가 있다고 인정되는 경우에 한하여 설치하도록 하고 있다.

5-11-5 안전 노면 표시

현행 법령에 규정되거나 장애물 없는 생활환경 인증 도로 부문에 정의된 내용은 아니나 국지도로 또는 구획도로 등 보차가 겸용하는 교차구간, 즉 폭 15m 이내의 소로나 중로에서 보도 확보가 되어 있는 아니하고 차량과 보행이 겸용하는 보차혼용도로의 교차 구간에서 차량에게 안전을 위한 노면 표시 방법이 시행되고 있다. 교차 부위에 이색이질로 시공하거나 패턴 있는 색상으로 보차로를 장식하는 기법이다.

사진 5-11-2
보차혼용도로의 교차 구간에 이색이질로 보도 포장 문양을 하여 차량에게 안전을 유도하고 있다(서울 풍물시장 주변)

5-11-6 생활도로구역(30구역) 지정

2015년 국민안전처와 경찰청은 「생활도로구역(30구역)지정기준 및 안전시설 설치기준」을 마련하였다. 보행자의 안전을 위해 고속화도로, 간선도로 등이 아닌 소생활권 내 폭 3~15m 미만의 국지도로(소로 2~3류, 보행자도로)나 집산도로(소로 1류, 중로 3류 등) 등의 정비사업 시에 안전시설 설치기준을 마련하기 위한 구역으로 차량의 속도를 30km/h로 제한하는 것을 골자로 한다.

이 구역의 지정 목적을 위한 시설 규제로 과속방지턱, 노면요철포장, 차도폭 좁힘, 시케인(chicane), 통행차단, 주정차공간, 교차로 입구 험프, 고원식 교차로, 고원식 횡단보도, 교차로 좁힘, 대각선·직진·편측차단, 자동차진입억제용 말뚝 등으로 하고, 비물리적 규제는 최고 속도 30km/h 규제, 대형차 통행금지, 자전거 및 보행자용 도로규제, 주차금지규제, 일방통행규제, 일시정지규제, 진행방향지정 등을 도입하여 보행자 안전성 강화하도록 하고 있다.

제5장

12절

차도 입체 횡단시설

「교통약자의이동편의증진법」 시행규칙의 별표1의 3.도로편 나항에서 교통약자가 통행할 수 있는 지하도 및 육교에서 승강기 및 에스컬레이터를 계단이나 경사로와 함께 설치할 수 있는 입체 횡단시설에 관한 규정을 두고 있다. 보행자전용도로를 서로 연결하는 곳, 대형 건축물 주변, 보행량이 많은 곳에 이러한 입체 횡단시설이 바람직하다.

한편 장애물 없는 생활환경 인증 지표의 왕복 6차로 이상의 도로 부문에서 입체 횡단시설에 관한 지표를 두고 있는데 자연 지형이나 주변 건축물을 이용한 입체 횡단시설, 육교, 승강기, 경사로 등으로 수직적 이동 수단을 평가하도록 하고 있다. 입체 횡단시설이 없는 경우 보행섬식 횡단방식으로 대신 평가를 하도록 하고 있다.

사진 5-12-1 학교와 보행자전용도로를 잇는 승강기, 계단 및 1/12 경사로를 복합한 차도 입체 횡단시설 (성남 판교, 차도에 분리된 보행자전용도로의 연결 구간).

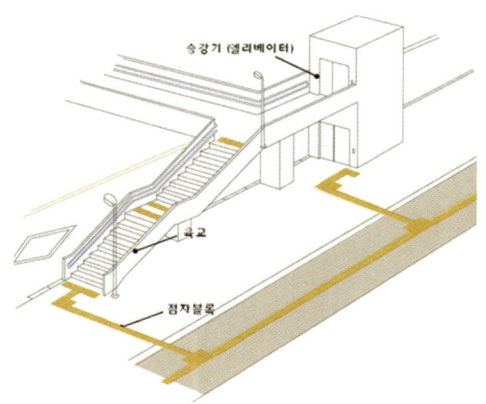

그림 5-12-1
보행 육교 및 승강기에 의한 입체 횡단시설 및 점자 블록 배치도, 자료 한국시각장애인연합회

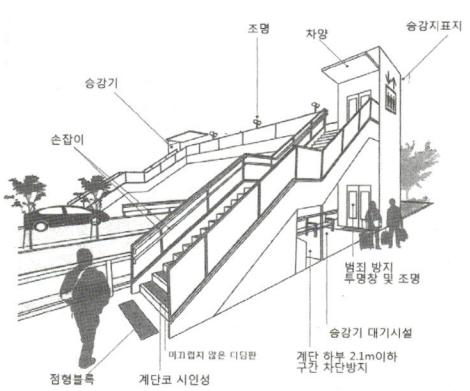

그림 5-12-2
육교 및 승강기에 의한 입체 횡단시설, 자료 UDAC

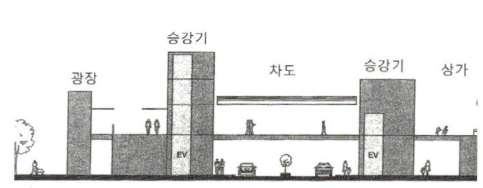

그림 5-12-3
건물 등을 이용한 입체 횡단방법 자료 UDAC

사진 5-12-2
보행육교, 보도 및 하천 산책로를 연결한 청계천

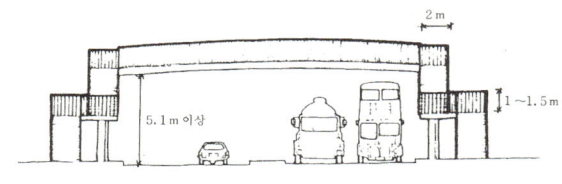

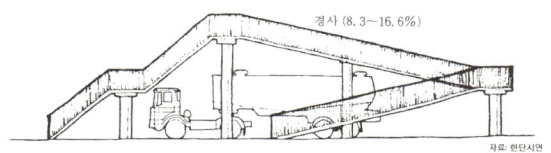

그림 5-12-4　　　　　경사로와 계단에 의한 입체 횡단시설

제5장 장애물 없는 외부 공간의 설계 시공

제5장 13절

보행섬식 횡단보도

보행섬이란 「교통약자의이동편의증진법」 시행규칙 별표1 및 별표2에서 정한 차도를 건너는 횡단시설의 한 종류로서 도로 용지가 허용하는 경우에 횡단보도 중간 지점에 일시적 대기 장소인 일종의 섬(보행섬)을 만들어 보행자가 차량으로부터 안전하게 차도를 건널 수 있도록 하는 교통시설이다.

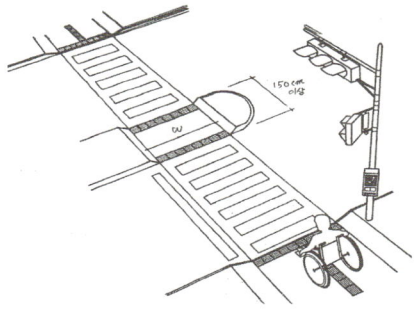

형태는 직선형, 굴절형 등으로 횡단보도 중앙에 선택적으로 설치할 수 있고 최소폭을 1.5m로 하고 있다. 보행섬 전후에는 안전지대의 노면표시 및 자동차진입억제용 말뚝 등의 공작물을 설치하여 자동차와 보행자의 충돌사고를 방지하도록 하고 있다.

그림 5-13-1   보행섬식 횡단보도

장애물 없는 생활환경 인증에서는 왕복 6차로 이상 또는 왕복 4차로 이상의 도로에서 보행섬식 횡단방식을 부분경사로와 병행하여 설치하는 것을 평가 지표로 설정하고 있다. 교차로 구간에는 보행섬이 부분적으로 교통섬의 기능을 갖기도 한다.

사진 5-13-1   교차로 회전 지점에 설치된 미국식 보행섬과 대구 시내 보행섬

제5장
14절

보행지원시설

법정 용어는 아니나 도로의 보도 상에 설치되는 안내시설, 휴게시설 및 편의시설을 장애물 없는 생활환경 인증의 도로 평가 시 보행지원시설이라 정의하고 있다.

이들 시설은 보행자에게 쾌적성, 안전성 및 휴식을 제공하는 기능을 한다. 보행 시 각종 행동과 행태가 일어나는데 이에 대한 욕구를 충족하기 위해 보행지원시설이 필요하다. 이들 시설이 없거나, 잘 못 설치되거나 노후화가 되면 이용할 수 없어 불편을 야기하거나 심한 경우 장애를 유발한다.

표 5-14-1 보행지원시설 지표 및 평가 내용

구 분	평 가 내 용	산 출 기 준
안내시설	입식안내판, 표지판, 전자식 음성 및 시각 안내	높이, 전면 접근성, 글자체의 크기, 조명 등
휴게시설	휴게용 의자, 등받이, 휴식 수평참, 쉘터 (그늘막, 바람막 등)	설치 간격, 지붕, 진입가능여부, 평탄성, 바닥의 미끄럼 정도 등
편의시설	공중전화, 휴지통, 우체통, 자전거보관대 등	접근성, 보행안전구역에서의 시인성, 바닥 재질 등

제5장

15절

승하차시설

승하차시설은 법정 용어가 아니며 도로 상에 설치되는 버스 및 택시의 승하차 구역을 말한다. 버스전용차로, BRT(bus rapid transit, 간선급행버스), 경전철, 중전철, 시내버스, 택시 등 승하차구역, 일반 건축물 앞이나 주차장 내 드롭죤(drop zone)에서 승객들이 오르내리는 구역을 지칭한다.

이곳에서는 대기 구역과 차량에서 오르내리도록 안전한 시설이 설치된다. 특히 「교통약자의이동편의증진법」 시행규칙 별표1 여객시설 머항에서 대기시설로 명명하고 버스정류장에 대한 시설을 규정하고 있다. 휠체어의 진출입 및 회전이 가능한 구조로 휠체어와 시각장애인이 교행 되지 않도록 하고 있다.

버스, 택시 또는 승용차의 승객이 정기적 또는 일시적으로 승하차하는 구역은 일종의 환승시설의 역할을 하기도 한다. 교통약자 및 외국인을 포함한 다양 사람들이 좁은 구역에서 일시적으로 머무는 공간이어서 다양한 시설이 집약되어 설치되어 있다. 따라서 시설들이 다양한 사람들에게 정확하고 빠르며 안전하도록 설치되어야 한다.

관련 법령은 「교통약자의이동편의증진법」 시행규칙 별표1 제2호, 「복합환승센터설계및배치기준」, 「장애물 없는 생활환경」 인증 도로부문 등을 참고해야 한다. 대지 내에 건축물 앞에 설치되는 택시와 마을버스의 승하차 구역, 드롭죤(drop zone) 등도 넓게 보면 이에 포함되는 시설이다. 주차장 시설의 일부 구역을 장애인 등을 위한 승하차시설에 준하는 방식으로 설계 시공할 수 있다.

「교통약자의이동편의증진법」 시행규칙 별표1 제2호 중 대기시설인 버스정류장에 대하여 연석 높이를 15cm 이하로, 휠체어의 진출입 및 회전 가능 공간 확보, 휠체어 사용자와 시각장애인의 교차 배제, 점자블록 설치, 버스운행정보 제공 안내판(점자 및 음성 포함), 대기용 지붕시설 등을 구비하도록 하고 있다. 버스중앙차로에 있는 섬형의 승하차 구역은 많은 승차와 하차 그리고 대기 중인 승차자가 있어 복잡하므로 최소 3.0m 폭이 필요하다.

대기공간 내에 지붕 등 각종 시설은 장애가 없도록 규격 및 높이를 최소 2.1m 시설한계 범위 이상으로 정하되 버스의 높이를 감안하여야 한다.

승하차 구역의 형태는 도시 내 도로에서는 보통 만곡형(bay형)으로 하고 대지 내 건축물에서는 대지 내 공지 또는 진출입 구내도로에 원형의 섬 만들어 승하차 후 돌아가게 하는 로타리(rotary)식도 도입할 수 있다. 다양한 차량이 많이 이용되는 드롭존(drop zone)에서도 아래 표 5-15-1의 시설을 응용하여 설치함이 바람직하다.

여객시설인 지하철, 철도역사, 여객자동차(버스)터미널 등에서의 드롭존은 버스 및 택시 등의 교통 흐름을 감안(교통영향평가 또는 교통 흐름 대책)하여 그 구역을 설정하도록 한다(kiss & ride, bus & ride, park & ride 등).

장애물 없는 생활환경 도로부문의 인증 지표에서는 대기공간과 보행로의 분리, 대기공간의 상부 지붕 설치, 보도의 보행안전구역에서의 단차 없는 접근, 연석 높이(16cm 이상-25cm 미만), 대기공간 부분경사로 설치(1/18 이하, 0.9m 이상 폭 및 시작과 끝 지점에 대기구역 1.5m×1.5m 확보), 대기공간 경계에 점형블록 사용(선형블록 미설치), 이질이색의 대기공간, 국영 혼용의 운행정보 안내판(점자 및 전자식 음성 포함) 등을 평가하도록 하고 있다.

표 5-15-1 　　　　　　　　　　　　　　버스정류소 설치 시설

구분	연석 높이	휠체어 및 유모차 이용	시각장애인	대기시설	안내시설
설치시설	15cm 이하	진출입 및 회전공간 확보 부분경사로 설치	점자블록 설치	지붕	운행정보 안내판 국문, 영문 등

그림 5-15-1　　　　　　　　　버스승하차구역 개념도. 자료 한국시각장애인연합회

사진 5-15-1
버스승하차구역의 버스운행정보 제공 안내판

사진 5-15-2　　　　　　버스정류소 내 점자블록

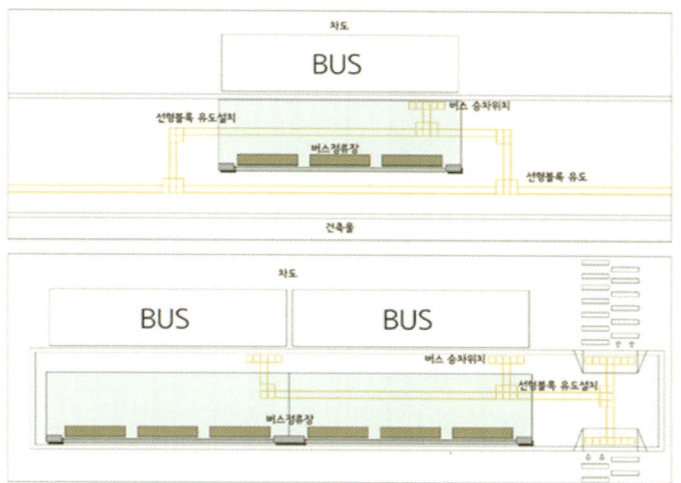

그림 5-15-2   버스정류소 내 점자블록 설치 개념도, 자료 한국시각장애인연합회

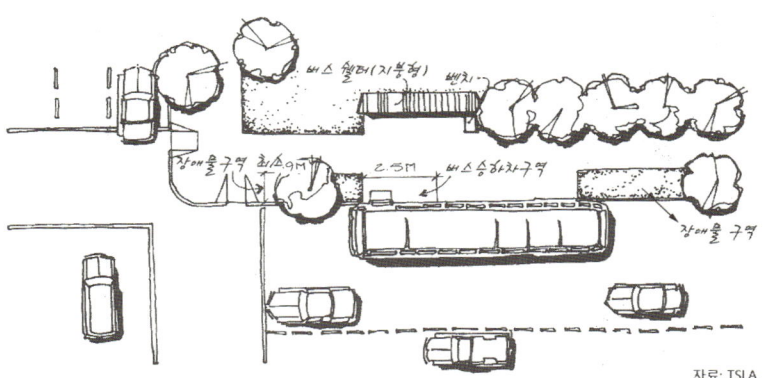

그림 5-15-3   보도 내에 접한 버스승하차 시설 개념도

사진 5-15-3   병원 내 간이 승하차구역 부분경사로(미국 LA)

제5장

16절

주차장

5-16-1 주차장 계획의 의의

주차장은 교통계획을 수반한다. 대형 시설의 경우 교통영향평가에 주차장계획이 포함되기도 한다. 이 때 자전거주차장도 병행하여 검토한다. 장애물 없는 생활환경의 인증 대상이 되는 주차장은 법상의 노상주차장만은 아니고 건축물이 있는 노외주차장, 건축물 등의 부설 주차장도 포함한다.

그림 5-16-1 주차장 입구 시야를 차단하는 수목

「주차장법」은 주차장을 노상주차장, 노외주차장 또는 부설주차장으로 구분한다. 노상주차장은 도로 노면 또는 교통광장의 일정 구역에 설치된 주차장으로 일반인의 이용에 제공되는 대부분의 공용주차장을 말하고, 노외주차장은 도로의 노면과 교통광장 이외의 장소에 설치되는 주차장을 말하며 일정 획지 형태를 갖춘 주차장 형태를 띠거나 이들 획지에 주차장용 건축물을 세운 형태를 띤다. 부설주차장이라 하면 공원, 건축물, 여객시설, 골프장 기타 주차 수요를 유발하는 시설에 부대하여 설치된 주차장을 말하며 건축물 부지 내 또는 건축물 내에 부속된 주차장이 이러한 유형이다.

이러한 법상의 주차장 유형은 건축물 내 또는 피로티 하부의 주차장인 것과, 건물로부터 떨어져 별도의 주차 구획이 있는 옥외 주차장인 경우로 나누어 시설 설치를 고려할 수 있다. 주차장이 건물 내 또는 필로티 하부에 있는 유형인 경우 시설 기준은 장애물 없는 생활환경 건축물 인증 평가항목 1.2에 의한 기준을 고려할 수 있겠다. 그러나 외부 공간에 설치된 주차장인 경우 건물이나 필로티 내에 있은 경우와 약간 상이한 시설 기준이 적용될 수 있다.

예컨대 외부 공간에 있는 주차장인 경우 주차 후 시설물에 이르는 접근로는 건축물 내에 있는 '주차장에서 출입구까지 이르는 경로(장애물 없는 생활환경 건축물 인증 평가항목

1.2.1 상의 개념)'와 시설 면에서 여러 가지 다르며 접근의 성격이 다르기 때문에 일종의 접근로이다. 접근로는 장애인이 사용하는 접근로와 비장애인이 사용하는 접근로로 구분할 수 있으나 장애인과 비장애인이 함께 사용하는 접근로가 바람직하다. 장애인이 사용하는 접근로는 비장애인이 사용하는 접근로와 비교하여 차별적이어서는 아니 된다. 바람직한 것은 아니나 주차장이 주요 시설물과 부득이하게 멀리 떨어진 경우 별도로 장애인전용주차구역만을 이용할 시설물 가까이 배치하는 것이 좋다. 또 지상주차장과 지하주차장이 동시에 있는 경우 지하주차장을 이용하도록 하는 것을 우선으로 할 수 있다.

접근로는 주차장을 출입하는 차량으로부터 안전한 통로를 확보하는 보차분리 방식의 접근로를 확보하는 것이 적정하다. 주차장의 보행통로 또는 접근로는 하이힐을 신은 여성이나 유모차 등과 같은 바퀴장착 기구의 이동을 고려한 포장 마감을 선택하여야 한다.

주차장 내 차량 출입이 빈번하거나 보행자의 통행량이 많은 곳은 주차장 내에 보행자 통행로를 별도로 설치하여 안전사고를 방지하도록 과속방지턱 또는 고원식 보도 등을 설치하는 것이 좋다.

도로로부터의 주차장에 이르는 진입부가 좁거나, 급하게 꺾이거나, 경사진 곳은 시야가 좁아 사고의 위험이 있으므로 입구를 넓게 하고 나팔구 형태로 확장하여 수목 등이 시야를 가리지 않도록 하며 조명등, 반사경, 경광등 등의 안전시설과 주차장 입구 안내판을 설치한다.

지하주차장에서 차량이 올라 올 때 운전자의 시야는 차도 바닥만 보이고 주차장 출구 근처를 지나는 보행자를 볼 수 없거나 출구 가까이에서 갑자기 볼 수 있기 때문에 출구 근처 통행인이 다니는 곳에 차량이 나오는 것을 보행자가 인지하도록 경광등을 부착하여야 한다.

법정 주차대수를 확보하기 위해 조밀한 주차면을 배치하여 진입만이 가능한 주차면을 확보하고 차를 돌려서 나갈 수 없는 형태의 평면 계획을 하여서는 아니 되며 특히 장애인전용주차구역에 대하여 1-2회 정도 방향을 전환하여 편리하게 차량을 돌려 나갈 수 있는 후면 공간을 확보하거나 T-turn 구간을 두어야 한다.

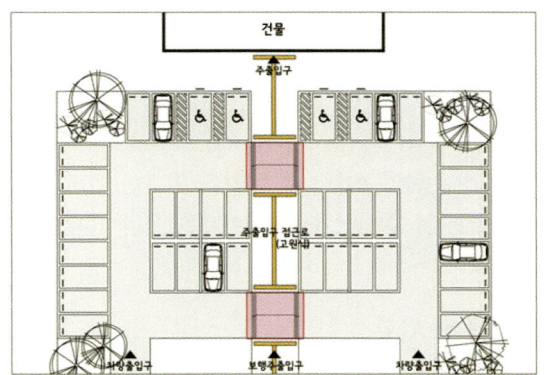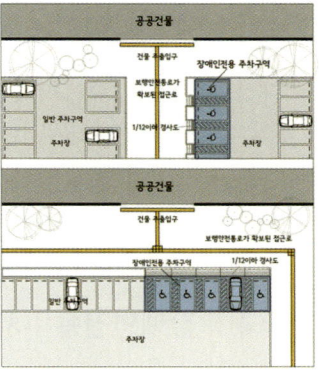

그림 5-16-2 주차장 계획 및 장애인전용주차구역의 배치 사례, 자료 한국시각장애인연합회

그림 5-16-3　　　주차장내 고원식 보도의 종단면 사례. 자료 한국시각장애인연합회

5-16-2　　장애인전용주차구역

장애인전용주차구역은 1987.9.29.일 「주차장법」 시행령 개정에 따라 도입되었다. 건축물 부설주차장은 같은 법에 의거 장애인전용주차구역이 없어도 되는 경우가 있으나 「주차장법」과 「장애인·노인·임산부등의편의증진보장에관한법률」 시행령 별표2에 의거하여 공공건축물 및 공중이용시설에 대하여는 일반인이 이용하는 주차면과 장애인이 전용으로 이용하는 일정 비율의 장애인전용주차구역을 확보해야 한다. 장애인전용주차구역은 장애인 전용의 시설로 비장애인이 이용 시 법률에 따라 처벌을 받게 된다. 「장애인·노인·임산부등의편의증진보장에관한법률」 시행규칙 별표1 및 「교통약자의이동편의증진법」의 여객시설의 매개시설과 도로시설 편에 장애인전용주차구역에 관한 별도의 상세 규정이 있다. 주차면까지의 유도표지, 장애인전용주차구역 표시 및 안내표지를 하도록 되어 있다.

5-16-3　　장애인전용주차구역의 접근로

주차장은 위치에 따라 지하주차장, 지상주차장, 공작물식 주차장, 또는 건축물 하부(필로티) 주차장, 옥상주차장 등으로 나눌 수 있다. 주차장이 어디에 위치하든 장애인전용주차구역의 위치와 주요 시설까지의 진입 방식이 중요하다. 장애인전용주차구역에서부터 주요 시설에 이르는 경로는 인증 지표상의 접근로이다. 장애인전용주차구역을 주출입구에 가까운 위치에 배치하여 일반 주차구역보다 우선하도록 하는 것은 「장애인·노인·임산부등의편의증진보장에관한법률」 제4조의 접근권을 구체화하는 방식이다.

따라서 출입구에 가장 가까운 지점에 위치시키고 안전한 통로로 출입구에 도달할 수 있도록 배치한다. 주차장에서의 접근로를 장애인과 비장애인이 함께 쓰도록 하는 것이 비차별적이다. 장애인전용주차구역의 보행안전통로나 일반인이 쓰는 접근로를 장애인이 쓰도록 할 것인지 별도로 차별 없이 계획할 것인지를 결정하기 앞서 함께 쓰도록 하는 방법을 찾도록 한다. 만일 장애인전용주차구역의 위치가 주출입구에서 먼 위치에 있다면 별도로 일반 주차장에서 분리하여 주출입구 가까이 배치할 수 있으나 차별적이어서는 아니 된다.

5-16-4　　장애인전용주차구역의 설계 시공

장애인전용주차구역의 주차 대수, 규격(폭과 길이), 안전통로, 주차 포장면의 경사도 등은 법에 규정되어 있다. 배치 상 집중 배치할 것인가 분산 배치할 것인가는 장애인의 시설 이용 방식과 동선 방향을 고려하도록 해야 한다. 일반 주차구역은 횡단경사(좌우기울기)가 최대 15도 정도(약 1/4, 25%)까지 가능하나 장애인전용주차구역은 2%(1/50)를 넘으면 휠체어가 혼자 구르기 때문에 차에서 내려 휠체어 타기 또는 휠체어에서 차로 옮겨 타기에 어렵다.

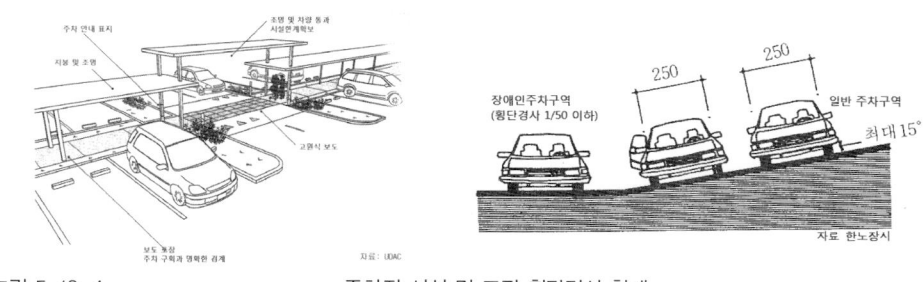

그림 5-16-4   주차장 시설 및 포장 횡단경사 한계

장애인들이 주차장에 이르기 전에 주차장이 어디에 있는지 대지 또는 시설 입구에서부터 연속적으로 장애인전용주차구역에 이를 때까지 유도표지판 또는 주차안내판을 부착하여 사전 충분한 위치 정보를 연속적으로 제공받도록 해야 한다.

주차방식은 평행주차, 직각주차, 교차주차, 45°주차, 60°주차 등이 있으나 「교통약자의이동편의증진법」 시행규칙 제2조 제1항 별표나 「장애인·노인·임산부 등의편의증진보장에관한법률」 시행규칙 제2조제1항 별표에서 직각주차(대당 규격 3.3m×5.0m 이상) 내지 평행주차방식(대당 규격 2m×6m 이상)에 대한 규격을 정하고 있고, 별도로 교차주차방식이나 45°주차방식을 선택하는 경우에 너비를 3.3m 길이 5m 이상보다 추가 규격을 확보토록 하고 (60°주차방식도 45°주차방식에 준할 수 있으며) 별도로 안전통로를 확보하여야 한다. 대부분의 장애인전용주차구역은 전면 직각주차 방식이 일반적이다. 후면 주차방식도 가능하나 전면 방식을 많이 한다. 후면에 벽체가 있는 경우처럼 후면 주차인 경우 자동차의 뒷 트렁크나 뒷 문을 열어 사용하지 못하는 경우가 있다.

필로티 또는 건축물 내부가 아닌 옥외주차장은 도로, 통로, 건축물 가까이 위치하고 이들 시설과 분리하고자 녹지대를 두어 녹지대 내에 주차안내판 등의 시설물을 두는 경우가 있다. 녹지 내 식재된 나무나 시설물이 출입하는 차량 또는 사람의 시야를 차단하는 경우에 사고의 위험이 있게 되므로 차량운전자와 보행자의 시야를 가리지 않도록 시설물 또는 식재할 나무의 위치와 높이를 신중히 결정하여야 한다. 가급적 시야 확보를 위해 식재나 시설물을 설치하지 말고 잔디나 하부에 나뭇잎이 없는 키가 큰 교목으로 배식함이 좋다.

주차장으로 출입하는 통로가 예각 또는 둔각인 경우 차량의 진출입에 불리한 경우가 있게 되므로 시야 확보와 부드러운 보행 및 휠체어 운행을 위해 꺾인 지점을 기준 폭보다 넓게

1.0m 정도 확보하며, 주차장에 이르는 차량 진입로가 긴 경우 차량속도가 증가할 수 있고 차량속도를 제한하는 속도감속용 험프인 (가상)과속방지턱을 두는 것이 좋다. 또 주차장에서 주된 시설물에 이르는 통로 또는 접근로가 차량과 교행하는 경우 반드시 고원식 보도를 둔다.

아래 표 5-16-1은 「장애인·노인·임산부등의편의증진보장에관한법률」 시행규칙 별표1과 「교통약자의이동편의증진법」 시행규칙 별표1에 규정된 장애인전용주차구역 설치 시의 세부 기준 또는 「주차장법」과 「도로교통법」에 규정된 내용이다. 이외 차로의 너비 등 기타 내용은 「주차장법」 및 「도로교통법」 등을 참고하여 설계한다.

표 5-16-1 장애인전용주차구역의 설계 시공 기준 및 평가 내용

구분	내용
설치비율 및 규격	주차면수는 「주차장법」 시행령 제6조에 의한 별표1 및 지방자치단체의 조례(2~4%), 직각주차 3.3m×5m, 평행주차 2m×6m, 바닥 기울기 1/50 이내, 활동공간 표기
설치 위치	주출입구 또는 승강설비와 가장 가까운 장소
접근로 및 보행안전통로	유효폭 1.2m 이상, 단차 2cm , 경사도 1/18 이하, 수평의 회전공간 1.4m×1.4m, 차량과 교행 금지 구역임, 경사도 1/12 이하 경사로
바닥면 처리	기울기 1/50 이하, 미끄럼이 없는 재질 마감, 장애인 안내의 그림표지 표시(ISA), 장애인 안전통로와 장애인전용주차구역 간의 높이 차이를 없도록 함, 잔디블록 또는 5mm 돌출 사고석 시공 불가
안내표지	주차장입구와 장애인전용주차구역 내 장애인전용주차 입식 안내표지(가로 0.7m×세로 0.6m, 높이 1.5m) 부착, 장애인전용주차구역까지의 유도표지를 차량출입구에서부터 안내되도록 연속적으로 부착
관련 안전시설	조명, 주차장 입구 경광등 또는 반사경, (가상)과속방지턱, 고원식 보도, 보행안전구역, car-stopper, 지붕(차양)

주차 후 내린 보행자의 이동을 운행 중인 차량의 운전자가 보지 못하거나 보행인이 운행 중인 차량을 감지하지 못하는 사고가 주차장에서 발생하게 된다. 따라서 주차 후 보행자에게 안전하게 이동할 수 있는 안전통로를 확보하거나 차량 운행 통로 바닥에 차량 속도저감시설을 설치하여 안전을 확보하도록 함이 좋다. 대부분의 우리나라 고속도로 휴게소 내의 주차장에서 휴게소로 이르는 접근 방식이 보행전용 안전통로가 확보되어 있지 않고 주차된 차량의 전면에 차량이 운행되는 통로나 주차 구획이 있어 안전사고나 위험이 발생하는 사례가 많다.

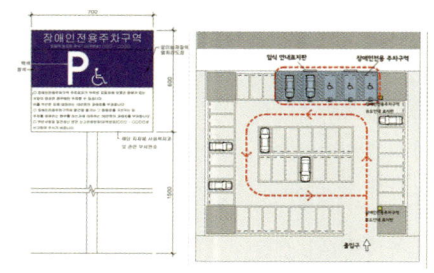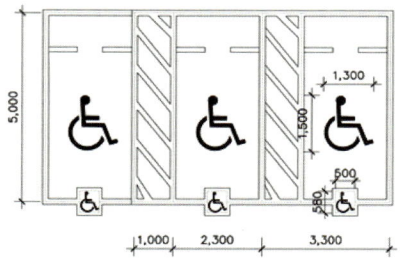

그림 5-16-5 주차장 안내표지와 장애인전용주차구역, 자료 한국시각장애인연합회

5-16-5 장애인전용주차구역의 특별 시공

장애인전용주차구역의 구획선과 car-stopper 외에도 지붕(캐노피), 경사로 등의 시설이 필요한 경우가 있다. 장애인전용주차구역의 바닥은 접근로와 단차 발생이 없도록 하고 옥외주차장에서 10cm 이내의 단차가 생기는 경우 장애인전용주차구역에 해당하는 구역만 10cm 이내로 포장을 상향 조정하여 접근로와 단차가 없도록 시공함이 좋다. 접근로로서의 경사로이면 경사로 설계 기준에 맞는 손잡이, 추락방지턱 등을 설치하여야 한다.

장애인전용주차구역 내에 빗물받이 또는 트렌치를 설치하는 경우 뚜껑의 평탄성 유지와 구멍 크기와 틈새를 1~2cm로 하고 미끄럼이 없는 재질이 되어야 한다. 옥외에 설치하는 장애인전용주차구역 내는 투수형인 주차용 잔디블록을 사용해서는 아니 된다. 휠체어와 유모차 바퀴가 구동이 잘 안되며 여성의 하이힐이 빠져 보행에 장애가 심하기 때문이다.

주차장 상부에 태양광전지판을 지붕으로 하는 경우 태양광전지판을 지지하는 기둥이 여러 곳에 설치되므로 기둥이 보행장애물이 되지 않도록 배치하고 특히 장애인전용주차구역에 불리함이 없도록 하여야 한다. 독립된 기둥으로써 기둥의 단면보다 기초부위가 크고 돌출된 규격인 경우 기초 부위에 대한 장애물 경고(색상 및 질감)와 아울러 기둥에 부딪힘으로 인한 충격을 완화할 수 있도록 하여야 한다.

5-16-6 장애인전용주차구역의 미확보

건축물 등 대지 내 부설주차장이 미확보되어 인근 다른 대지 내 이용 가능한 곳에 장애인전용주차구역을 확보하는 경우 그 곳으로부터의 동선 구조 등은 접근로로서 평가 지표를 적용하여 합당한지를 판단하고 인증할 수 있다.

도시계획구획 외 지역에서 주차구역이 법정 필수가 아닌 곳에서 일반 주차구역을 표시하면서 동시에 장애인전용주차구역을 구획하여야만 하는 경우 일반 차량의 주차면이 부족하거나 장애인전용주차구역이 거의 사용되지 않을 경우 주차 구역을 표시하지 않고 개방형 다목적 공지로 확보하여 주차 등 다목적으로 사용할 수 있을 것이다. 이때 주차구역으로 사용될 공지는 1/50 경사를 유지하는 구역을 확보하도록 한다.

5-16-7 노외주차장의 장애인전용주차구역

노외주차장인 주차빌딩의 경우 장애인전용주차구역을 가급적 1층에 또는 장애인등이 이용 가능한 화장실 가까이 두는 것이 좋다. 승강기를 이용할 경우 승강기와 장애인등이 이용 가능한 화장실에 이르는 동선이 접근로 내지 주출입구에 이르는 경로 기준(장애물 없는 생활환경 건축물 부문 평가항목 1.2.1)에 맞도록 한다. 휠체어 사용자에게 주차 후 주차장 밖의 다른 곳으로 이동하는 접근로 역시 그 폭원, 경사도, 턱, 단차 등은 이용 가능하도록 설계 시공하여야 한다.

5-16-8 전기차 충전구역

주차장 내 전기충전구역이 점증하고 있다. 노상주차장, 노외주차장 및 부설 주차장 내 전기충전구역이 있다면 장애인 차량도 주차하면서 전기를 충전할 수 있도록 일반 차량의 전기충전구역 외에 별도의 구역이나 또는 일반인과 동시에 사용 가능한 장애인 차량 접근 가능 구역을 할애하여야 할 것이다. 이는 「장애인·노인·임산부등의편의증진보장에관한법률」 제4조에 따라 시설과 설비에 대한 접근권을 보장하며 「장애인차별금지및권리구제등에관한법률」 제4조제1항에 의해 정당한 사용이나 차별이 없는 기준을 적용하는 것이라 할 수 있다. 그러나 이 경우 장애인 전용의 충전구역 표시를 할 필요가 없고 ISA 픽토그램을 표시하나 일반인 함께 사용하도록 하며 면적은 3.3m×5.0m를 확보하되 바닥이 2% 이하의 수평이어야 한다.

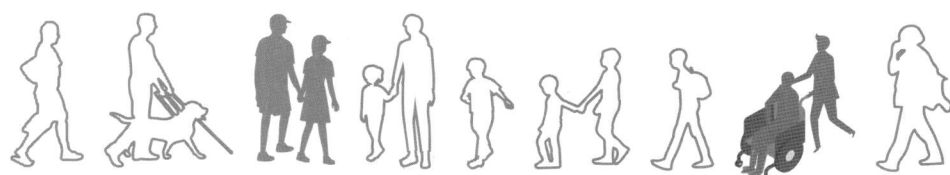

제5장
17절

포장 설계 시공

보행자를 위한 포장은 자동차 또는 자전거용 포장과 달리 친환경적 또는 인간미 있는 마감을 하려는 경향을 갖는다. 공사비가 허락한다면 투수콘크리트 포장처럼 기계화된 시공으로 평탄성을 유지한 포장이 가장 보행 등에 편하다.

계절적 변화에 민감한 외부 공간에 포장을 하는 이유는 위생적, 미학적, 편의성, 안전성 및 환경보호 등을 고려하고 내구성, 미끄럼저항성, 평탄성, 투배수성 등의 공학적 기능[55]에 충족한 재료를 블록 단위로 포설하거나, 접착력 있는 물질을 섞어 세립골재로 일체형 포설하거나, 잔디 및 매트 등을 깔기도 한다. 포장면의 경사가 1/50 이하인 경우 평면으로 볼 수 있고 일반적으로 경사가 1/18 이하인 경우 장애가 없는 포장면을 형성한다. 포장면이 경사진 경우, 수직적으로 이동하는 경우, 또는 지하로 연결되는 경우 포장의 방식과 형태 변화가 생기게 되므로 장애 없는 재료, 단면 및 공법을 선택한다. 아래와 같은 사항이 포장 설계의 결정 요소들이다. 아래 항목은 이 절 외에 다른 곳에서 설명한 내용을 참조한다.

- 종단경사 및 횡단경사(좌우경사)
- 평탄성, 미끄럼저항성, 내마모성, 휨강도
- 구멍, 틈새, 눈부심이 없을 것
- 용도에 따른 포장재 구분(예 자동차 및 자전거와의 교행구간).
- 위험 장소 또는 안전이 요구되는 곳은 바닥에 각종 노면 표기, 이색이질 또는 접근 방지
- 포장 패턴이 방향성과 시인성을 갖춤
- 명확한 경계 처리
- 5mm 이상 요철이 없을 것
- 좁거나 짧은 구간에서 종단 및 횡단으로 경사가 심한 왜곡이 없을 것
- 포장면 전체의 표면 발생 빗물의 배수 시설이 있고 부분적으로 물고임이 없을 것
- 기타 투수성 등 친환경성

---

55) 국토교통부(2016), 국도건설공사 설계실무 요령, p590

5-17-1 포장재의 선정

외부 공간에 사용되는 포장재는 역청아스팔트, 시멘트콘크리트, 시멘트콘크리트블록, 무늬강판, 잔디블록, 석재블록, 석재인 판석, 사고석, 박석, 역청아스팔트, (모자이크)자기질 타일(석재타일), 점토벽돌, 목재인 판재(데크), 플라스틱 계열의 판형재(합성목재), 고무재, 마사토, 소일시멘트(soil cement), 잔디, 모래, 야자매트, 천연 자갈, 침목, 에폭시콩자갈 등이 있으나 이들 재료의 가공 방법과 재료의 특성에 따라 투수성 또는 불투수성으로, 천연재 또는 가공재로, 미끄럼이 있는(광택형) 재료 또는 미끄럼이 없는 재료, 균일한 형상인 것과 불규칙한 형상인 것 등으로 나눌 수 있다. 특수한 포장재인 시각장애인을 위한 점자블록 등도 있다.

사진 5-17-1   마감이 장애 요소가 없는 포장

장애물 없는 외부 공간 설계에 있어서 포장재의 미끄럼성은 습윤 상태에서 C.S.R (coeffient of slip resistance) 0.4 이상을 기준으로 하나 이것보다 높은 치수가 바람직하다. 왜냐하면 외기 노출된 경우 경사진 길에서 눈과 비에 의해 미끄러움이 더 심한 경우가 많기 때문에 0.5 이상이 좋다[56]. 외부 공간에서 화강석이나 현무암을 기계로 절삭한 면은 비나 눈이 오는 경우 미끄럼이 심하기에 표면을 버너마감, 잔다듬, 도두락다듬 또는 정다듬의 고운다듬으로 사용하는 것이 바람직하고 보행량이 많은 주출입구, 주요 계단 같

---

56) 한국장애인개발원(2010), 최수경, 전게서, p92

은 곳에 표면 마모가 심해 버너마감 이상인 잔다듬, 도두락 다듬, 정다듬의 고은다듬이 유리하다.

목재인 판재는 방부처리를 하였더라도 5년 정도에 이르면 눈에 보이지 않는 바닥면이 지면에서 올라 온 습기에 의해 썩기 때문에 판재가 부러져 발이 빠지는 사고가 유발되며 부러진 판재를 수리 전까지 임시 조치를 하게 되는데 이 임시조치가 다른 불편과 사고를 유발하기도 한다. 야간에 부러진 판재는 더욱 위험하다.

외기에 노출된 목재는 윗면과 아랫면의 팽창률이 달라서 판재가 햇빛에 노출된 부위는 팽창되고 반대편은 수축되어 나사못이 들떠 결합력이 상실되거나, 판재 전체가 휘거나, 목재 끝 부위가 돌출되어 장애를 유발한다.

블록 색상이나 마감재 색상이 점자블록의 색상인 황색 계열과 유사한 경우 시각장애인에게 식별에 불리한 경우가 있으므로 점자블록 주변 60cm 정도는 황색 또는 적색계열이 아닌 색상으로 포장하는 것이 바람직하다. 바닥이 황색인 포장에는 황색이 아닌 대비되는 색상의 점자블록을 써야 한다. 다른 색상의 시멘트콘크리트 점자블록은 아직 생산되지 않고 있으나 연구 검토가 필요하다.

사진 5-17-2　(우측) 미끄럼방지용 무늬강판. 시간이 지나면 미끄러움이 증가되어 미끄럼 방지용 도포가 요구됨. (좌측) 잔다듬 3회의 화강석 표면

사진 5-17-3　사고석 포장으로 평탄성 확보를 위해 틈새를 촘촘히 메웠다.

5-17-2 교통약자 등에게 불리한 포장재

교통약자에게 불리한 포장은 평탄하지 않거나, 기준 이상의 종단경사 및 횡단경사가 발생하거나, 요철이 5mm 이상 있거나(예 잔디블록), 2cm 이상 턱이 발생하는 포장마감이거나, 미끄럼 계수 C.S.R. 0.4 미만이거나, 구멍이 2cm 이상 크거나, 포장 마감 또는 구조물의 간격이 1cm 이상의 틈새가 있거나, 푹신거려 바퀴나 신발이 빠지거나, 수분함량이 커서 질거나, 물이 고여 있거나 하는 포장이다. 또 장애 유발 포장재는 모래, 자갈, 잔디, 부정형 판석, 거친 박석이나 사고석, 야자매트, 유리, 폭이 5cm 이상의 미끄러운 철판이나 스테인레스판으로 덮이거나 하는 예이다.

빗물 투수가 유리하도록 구멍이 있는 잔디블록과 같은 유형은 유모차 또는 휠체어 이동이 불가능하거나 매우 어렵고 여성의 하이힐에도 불리한 포장재이므로 보행 구간에는 이런 유형의 블록은 사용하지 말고 차량이 이동하는 곳에만 사용이 가능하다. 따라서 필요 시 보행전용 구간에 일반블록으로 시공하면 될 것이다.

잔디 포장이나 고무로 만든 탄성재 포장에서 탄성이 심하면 바퀴가 깊이 빠져 휠체어 이동이 매우 불편하므로 접근로 및 시공 위치를 판단하여 사용한다. 어린이 유희공간에서 사용하거나, 적은 면적이거나, 유모차 휠체어 이동에 불편 없는 곳에는 제한적 사용이 가능할 것이다.

요철이 심한 포장구역, 예컨대 사고석이나 박석과 같이 표면의 높낮이가 5mm 이상 요철이 있는 경우 유모차 또는 휠체어 이동이 매우 불편하거나 불가능하다. 이런 포장은 휠체어와 유모차가 지날 수 있도록 별도로 0.9m 정도 폭의 일반 포장재로 평평하도록 하면 된다.

전통 디자인의 디딤석과 같이 잔디 구간에 틈새 있는 포장도 휠체어 등의 접근이 불가능하므로 접근과 통행이 가능하도록 디자인 개념을 살려 부분을 틈새가 없도록 하면 된다. 디딤석 포장을 하여 일반인이 아닌 임시용 또는 관리자 용도로서 사용하는 경우도 있을 수 있다.

마사토 또는 소일시멘트포장은 빗물 침투가 좋은 자연친화적 포장이나 여러 골재의 배합비에 따라 신중을 기해야 할 것이다. 골재 비율이 적정치 않은 경우 비가 온 후 죽과 같이 질쩍거리는 또는 파이는 현상이 있게 되므로 유모차 또는 휠체어 사용이 불가능한 경우가 있으므로 유의하여야 한다. 물빠짐이 잘되는 동시에 질쩍거림 없는 배합비를 강구하여 포장하여야 한다.

잔디광장은 여러 가지 면에서 좋으나 잔디면 자체가 요철이 있고 푹신거리는 현상이 있어 유모차 및 휠체어 사용이 매우 불편하다. 따라서 잔디광장 내 일부에 휠체어 접근 가능한 별도 구역을 함께 두어 제한적 이용이 되도록 함이 좋다. 노출 토사의 산지형 구간에 토양 침식을 막기 위해 많이 사용되는 야자매트는 표면이 울퉁불퉁하고 여성용 하이힐의 뒤꿈치가 빠짐이 있어 일반 포장재로는 적합하지 아니다.

5-17-3 횡단경사 완화 또는 제거

접근로 상에서 진행방향으로 포장면의 좌우기울기인 횡단경사는, 「교통약자의이동편의증진법」 시행규칙 별표1의 3.도로 편에 1/25 이하로 정하고 있다. 1/25의 횡단경사란 4%(2.3도)로써 접근로 상에 내린 빗물이 흘러 배수가 되는 정도를 함께 고려한 기준이다. 「도로의구조·시설기준에관한규칙」에서는 1/50을 권장하고 최대 1/25 이하까지를 정하고 있다.

그런데 경사가 다른 둘 이상의 포장이 만나면 만나는 지점에 일그러진 경사가 발생하거나 왜곡된 횡단경사가 발생한다. 이런 일그러진 경사나 횡단경사가 발생하면 보행에 불편과 장애가 발생하는데 특히 야간에, 눈이나 비가 올 때 또는 표면 결빙(black ice, 살얼음)이 있는 경우 이를 알아차리지 못하여 미끄러져 부상이 발생하기에 이를 완화해야 한다. 대체로 횡단경사가 1/18 이상이면 횡단경사를 완화하거나 매우 거친 마감이 바람직하다.

포장면이 부분적으로 횡단경사가 심하거나 일그러진 부위를 녹지로 또는 표면이 거친 사고석으로 포장구간을 분리하는 방법이 있다. 잔디와 같은 녹지는 길이와 폭이 최소 1m 이상으로 한다. 서로 다른 경사면의 포장이 1/18 이상으로 경사진 부위의 시점부터 녹지를 유지하면서 1/18 이하로 완화되는 지점까지 녹지로 일그러진 또는 불리한 횡단경사 구간을 없애는 방법이 있다.

다른 방법은 녹지 대신에 횡단경사가 발생하는 구간 전부에 단차를 두면서 단차가 발생하는 구역에서 통행이 이루어지지 않도록 손잡이나 방지책을 두는 것이다. 손잡이나 방지책은 높이 0.8m~1.2m로 세운다.

또 다른 방법으로는 횡단경사 발생 구간에 플랜터(planter), 식수대 또는 화분 등 이동이 불가능하거나 어려운 시설물을 설치하는 방법이 있으나 관리가 필요하고 잘못하는 경우 오히려 장애물이 될 소지가 있다.

5-17-4 포장면의 장애 요소

포장재의 부등침하, 균일하지 않는 포장면의 굴곡, 포장면에 돌출된 또는 침하된 트렌치·집수정·맨홀의 뚜껑, 돌출된 지하철 환기구, 수목보호용 덮개 또는 수목의 지주목 등은 장애 요소가 될 수 있다. 설계에서 발생하는 장애 요소는 포장의 형상이 예각으로 굴곡진 선형의 예리한 모서리, 1cm 이상의 틈이 발생한 포장 재료 선정, 미끄러운 재료의 선정 등이 있다. 「교통약자의이동편의증진법」 시행규칙의 별표1에 의하면 덮개에 격자 구멍 또는 틈

사진 5-17-4
지하철환기구 뚜껑을 미세하게 스테인리스 격자망으로 제작한 후 보도면과 동일한 높이로 평탄하게 시공하여 보행장애물이 되지 않도록 하고 있다(미국 LA지하철 환기구).

새가 있는 경우 그 간격을 1cm 이하로 규정하고 있다.

사진 5-17-5
포장 내 각종 시설물의 양호한 마감

5-17-5 보도 곡선부에서의 맨홀과 연석경사로 설계 시공

보도 하부의 지중에는 각종 관로가 지나간다. 지중 관로는 적정한 간격에, 방향이 꺾이는 지점에, 도로가 교차되는 지점에 맨홀을 설치하여 관리한다.

특히 도로 교차 부위에 설치된 통신관로, 신호등관로, 도시가스관로 등의 맨홀 뚜껑은 횡단보도 앞 연석경사로 위에 놓이는 경우가 많다. 따라서 맨홀 뚜껑은 경사진 연석경사로 포장 경사와 동일하게 설치되어야 하나 마감이 부실한 경우가 발생한다. 맨홀 구체 시공이 포장 시공보다 선 공종이고 지중시설물인 맨홀 박스 주변의 다짐 부실로 부등침하가 발생하여 포장이 주저앉고 뚜껑이 돌출물이 되어 장애를 유발하기 쉽다. 뚜껑이 미끄러운 재질인 경우 장애를 유발하여 뚜껑을 미끄럽지 않은 포장재와 동일한 재질을 삽입하는 뚜껑이 바람직하다.

따라서 각종 맨홀을 보도의 곡선부 또는 교차로에서는 연석경사로 또는 부분경사로 끝 지점에서부터 1m 이상 이격하거나 장애물 구역에 설치되도록 설계함이 바람직하다. 연석경사로나 부분경사로 구역에서 맨홀 공사가 있지 않도록 처음 설계부터 각종 지중 관로 설계를 하도록 하여야 할 것이다.

사진 5-17-6
도로 교차부의 연석경사로 부실 시공: 경계석, 점자블록, 맨홀, 집수정, 자동차진입억제용 말뚝 모두가 부실 시공 상태

5-17-6 포장면의 끝 마감(길어깨 등)

포장면의 끝부분은 대부분 경계용 마감재를 사용한다. 석재인 경계석, 경계용 점토 블록, 경계용 시멘트블록, 굵은 선재(밧줄과 같은 線材), 목재, 플라스틱 판재, 알루미늄 판재, 잔디측구 등으로도 마감한다.

경계용 마감재의 상단면이 포장면과 동일하고 주변 구역이 경계용 마감재 높이보다 낮은 경우나 비탈면인 경우는 경계용 마감재가 포장면보다 5-10cm 정도의 턱이 있는 마감재로 설계되어 휠체어 등의 바퀴가 연접 구역에 빠지거나 비탈면 아래로 보행자가 전도되지 않도록 단면을 결정한다. 이웃하는 비탈면이 경사가 심하고 경사 길이가 긴 경우에는 포장면 마감 구역에 턱과 함께 폭 약 60cm 이상의 녹지, 길어깨 또는 난간과 같은 안전시설을 갖추어야 할 것이다(제5장 6-12절 참조).

충분히 넓은 구역의 보행 공간에서는 포장의 끝 마감 높이가 이웃하는 구역(예 잔디구역)보다 높다하더라도 휠체어 등이 낮은 구역으로 전도될 위험이 적다면 끝마감에 턱을 둘 필요가 없는 경우가 된다. 넓은 포장면에 발생한 빗물이 주변의 잔디밭으로 유입하도록 생태적 설계인 경우가 이 예이다.

사진 5-17-7 친환경적인 소일시멘트 포장의 끝을 잔디 또는 나무 칩(chip)으로 마감(영국 켄트 및 호주 시드니)

5-17-7   포장의 단면(스펀지 현상)

보도에 설치되는 차량진출입구와 같이 보행과 자동차가 겸용하는 구간(교행구간)에서 시멘트콘크리트블록으로 마감하는 경우, 포장 단면을 콘크리트슬래브 위에 모래를 4cm 내외로 깔고 그 위에 약 8cm 두께의 보차도용 시멘트콘크리트블록으로 포장하면 대부분 1~2년이 경과하여 블록 포장면이 울퉁불퉁해지고 블록의 모서리가 깨지는 현상이 발생하여 차량과 보행에 장애를 유발한다.

이러한 현상이 일어나는 원인은 모래층은 포장 마감재인 블록을 고르게 깔기 위한 면고르기 재료로 사용되나 빗물 또는 눈 녹은 물이 모래층과 섞이면 콘크리트슬래브가 빗물을 가두게 되는 그릇 역할을 하여 시멘트콘크리트블록과 물이 섞인 모래층은 미세하게 떠 있어 차량이 지나갈 때마다 블록이 움직이고 모래가 포장면 상부로 이탈하는 현상이 나타난다. 즉 블록은 상하 및 수평방향으로 움직여 블록 포장면이 파괴되는 것이다. 따라서 이와

사진 5-17-8
고원식 횡단보도에 시공된 보도블록이 스펀지 현상에 의해 파괴(성남 판교)

같은 모래층의 스펀지(sponge) 현상을 방지하기 위해서는 모래가 아닌 습식 모르터를 약 4cm 내외로 콘크리트슬래브에 블록을 직접 부착하는 압착공법으로 바꾸어야 한다(그림 5-9-1 참조). 아니면 슬래브가 없는 기층 단면을 형성하면 된다.

5-17-8   포장의 배수시설

불투수 포장면에서 발생한 우수를 표면 배수하기 위한 시설물로서 집수정과 트렌치가 많이 사용된다. 집수정은 직사형의 형태로 포장 구역의 중심이 아닌 주변으로 배치되고 트렌치는 선형의 형태로 포장의 경사면 중간지점이나 경사면의 끝 지점에 횡단 또는 종단으로 설치된다. 포장면의 경사에 따라 설치되는 이들 시설의 뚜껑이 돌출되거나 낮거나 하는 경우, 뚜껑이 미끄러운 경우, 뚜껑이 덜컥거리는 경우, 뚜껑의 구멍이 1~2cm 이상으로 큰 경우에는 보행장애물이 된다. 따라서 이런 유형의 장애를 제거하는 방식의 설계와 시공을 위해서 가급적 보행 구역이 적은 지점, 가장자리를 택하고 보행 구역을 횡단하는 경우 뚜껑이 장애가 없도록 한다.

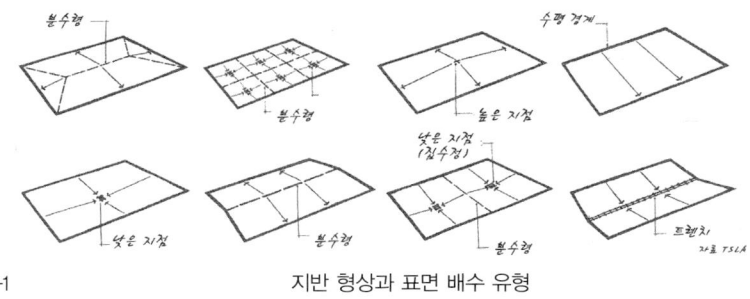

그림 5-17-1   지반 형상과 표면 배수 유형

트렌치의 뚜껑이 덜거덕거림을 방지하기 위해 사용되는 무소음 트렌치는 차량용으로 개발된 표면이 곡면형인 자재로서 빗물을 배제시키는 구멍의 간격이 대부분 2cm보다 크고 평탄성이 없어 휠체어와 유모차 등의 횡단에 장애가 된다.

표 5-17-1   포장 내 빗물 배수 시설 유형 등

배수 시설 유형	장애 발생 유형	장애 제거 유형
사각형 집수정	- 철제 메쉬(mesh)형 뚜껑은 돌출이 잘 되고 소음 발생 - 뚜껑에 큰 구멍 형성 - 미끄러운 뚜껑 - 두께 3cm 이하 석재인 경우 휨강도가 약해 절단 - 구멍이 큰 석재 뚜껑은 장애 유발 - 집중 호우 시 홍수	- 보행의 주된 구역 밖에 배치 - 가장자리 배치 - 뚜껑 크기 조정 및 정밀 시공 - 미끄럽지 않은 재질 - 석재 두께를 5cm 이상
일반 횡단 트렌치 (선형 트렌치)		
무소음 횡단 트렌치	휠체어 및 유모차 통과에 매우 불편	- 보행로 상에 사용 불가 - 보행로 구역만 일반 뚜껑 사용

사진 5-17-9　구멍, 틈새와 형상이 부적정한 무소음 트렌치 및 화강석 판석(T 30mm) 트렌치 뚜껑(파손)

집수정 또는 트렌치 뚜껑의 구멍을 2cm 이하로 해야 하는 기준 때문에 별도로 디자인된 구멍을 사용하는 경우가 많은데 구멍이 충분치 아니하여 호우 시 빗물이 일시적으로 정체되거나 부분 홍수가 발생하거나 막힘이 없는지 빗물 발생 유역 면적과 함께 배수 시설의 수량과 위치 그리고 구멍의 크기 등을 고려하여 설치하여야 한다.

사진 5-17-10　(좌부터 시계방향) 선형트렌치(중국 심양역광장), 분당 공원, 터어키(로마시대 에베소), 남대문시장(뚜껑에 미세 미끄럼방지 요철) 등.

5-17-9　포장 구역 내 맨홀 시공

보도, 보행로, 접근로, 산책로, 자전거도로 포장 구간 내에는 전기, 통신, 신호등, 상하수도, 열난방, 가스 등 각종 관로의 맨홀 뚜껑이 산재해 있다. 맨홀 주변은 토공이나 골재 다짐이 잘 되지 않는 구역으로 포장면과 뚜껑 사이는 공사 후 시간이 경과됨에 따라 부등침하가 발생하여 단차가 발생하거나 간극(틈새)이 발생하기 쉬운 곳이므로 다짐을 철저히 해야 하며 포장면이 경사가 있는 곳에서는 맨홀 뚜껑도 포장면 경사와 동일한 경사를 같도록 시공하거나 포장 시 경사가 없도록 한다.

또 맨홀의 뚜껑이 수지계열(플라스틱)이나 (비)철제품과 같은 미끄러운 재질로 된 것은 비와 눈이 있는 기상 조건일 경우 미끄러움이 심하기에 반드시 미끄럽지 않은 표면으로 가공된 철재, 석재나 콘크리트 제품으로 덮어야 한다.

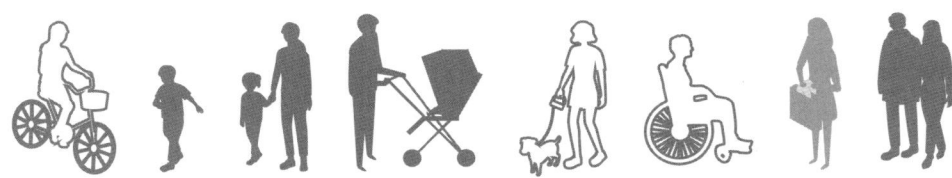

제5장

18절

목재 포장재

목재 데크(deck)나 목재 계단처럼 최근 목재를 포장재로 이용하는 경향이 많아지고 있다. 이런 추이는 목재 가격이 상대적으로 비싼 소재이나 친환경적 소재이고 아름다우며 보행 시 약간의 탄성이 있어 건강에 좋은 장점이 있기 때문이다. 이러한 장점에 불구하고 목재를 외부 공간의 포장재로 사용하는 경우 보행이나 자전거 주행 시 외기에 노출된 목재의 성질에 의한 특별한 상황에서는 여러 장애 요소가 나타나므로 여러 가지 주의점과 유의점이 있다.

5-18-1   목재의 비열(比熱)에 대하여

비열(比熱)이란 재료 1kg의 온도를 1℃ 올리는데 필요한 열량으로써 물질의 종류에 따라 다르다. 보통의 목재는 0.60, 물은 1.00, 알루미늄은 0.21, 유리는 0.20, 모래는 0.19, 구리는 0.09, 콘크리트는 0.21, 흙은 0.44 등이다. 즉 목재는 모래를 포함한 흙이나 콘크리트보다도 상대적 비열이 높다. 즉 목재 비열이 흙이나 콘크리트보다 높기에 외기에 노출된 목재는 서서히 뜨거워지고 서서히 식는 성질을 갖게 된다. 보통의 목재는 흙보다 비열이 약 1.4배 높다.

5-18-2   목재의 열전도율(熱傳導率)에 대하여

재료의 성질 중 열전도율(熱傳導率)이라 함은 열이 전달되는 정도를 나타내는 것으로 재료의 두께 1m인 판의 양면에 1K의 온도 차이가 있을 때 그 판의 1m²를 통해서 1초 동안 흐르는 열량을 주울(Joule) 단위로 측정한 값으로 표시한다. 보통의 목재는 0.17(소나무의 경우 0.091), 물은 0.48, 아스팔트계열은 0.33, 알루미늄 복합 패널(단열재 제외)은 0.5, 자갈은 0.75, 유리는 0.76, 콘크리트는 0.7~1.4, 흙은 0.57(습윤 상태) 등인데 목재는 상대적으로 열전도율이 매우 낮은 편이다. 이처럼 목재가 상대적으로 열전도율이 낮다는 것은 열을 잘 차단함은 물론 다른 열기를 잘 흡수하지 않는다는 것이다. 보통의 목재는 흙보다 열전도율이 약 3.4배 낮다.

5-18-3 외부 공간에 설치된 목재의 재료 공학적 특성

이처럼 상기의 비열 및 열전도율에 관한 목재의 성질은 콘크리트에 비해 비열이 약 2.9배 정도 높고 열전도율은 약 4배 이상 낮으며 일반 흙(습윤 상태)에 비해 비열은 약 1.4배 높고 열전도율은 약 3.4배 낮다.

목재인 판재를 바닥에 시공하는 단면은, 철재 등의 각관을 콘크리트 기초 위에 부착하고 이들 철 각관 위에 나사못 등으로 고정하여 바닥면을 형성한다. 이러한 구조는 목재가 흙과 최소 10cm~20cm 정도 이격되어 시공되는데 이런 이격 이유는 목재가 흙에 닿는 경우 부식되는 것을 방지하기 위함이다.

이러한 목재의 재료 공학적 특징 때문에 외기에 노출된 바닥재로 사용할 경우 단점이 발생한다. 즉 비열이 상대적으로 흙보다 높고 열전도율이 낮기 때문에 땅에서 올라오는 온기가 목재로 전달이 빠르지 않다. 특히 동절기에 눈이 오면 직접 지면 위 눈보다 목재면 위의 눈은 1주일 정도 늦게 녹으며 습기(강우 또는 눈)가 발생하면 습기가 목재 표면에 응결되어 결빙 상태(black ice 살얼음)를 형성하기 때문에 사실상 목재 표면은 영하 이하 추운 겨울에는 눈에 잘 보이지 않는 얇은 얼음막이 형성된다.

이러한 단점은 일반 콘크리트 포장재에서도 동일하게 발생할 수 있으나 목재면이 일반 콘크리트 포장재보다 심한 이유는 지열에 의해 이미 콘크리트 포장면에 쌓인 눈은 녹고 결빙 상태가 없어졌으나 목재 바닥면은 흙과 맞닿지 않고 들떠 있어 지열 전달이 늦어지고 외기 온도가 올라가더라도 비열이 높고 열전도율이 낮기 때문에 목재 바닥면에 있는 눈이나 결빙 상태는 일반 포장재보다 위치에 따라 약 1주일 이상 더 지속될 수 있어 상대적으로 이용하기가 불편하거나 미끄러운 위험이 수반되는 것이다.

겨울이 아닌 경우에도 목재는 빗물을 많이 흡수하고 천천히 마르기 때문에 목재에 포함된 수분으로 인하여 미끄러움이 일반 포장재보다 더욱 미끄럽다. 자전거도로에는 특히 위험하다. 골이 파인 판재라 하더라도 경사지거나 곡선 구간에서 미끄러움이 더 발생한다.

한편 목재는 아무리 방부처리를 하였다 하더라도 5년 정도 시간이 경과하면 방부 처리된 화학물질이 공기 중으로 날아간다. 유기물을 함유한 목재는 각종 부패균 또는 곤충 등에 의해 점점 부패되거나 부식되어 연약한 부위가 발생하고 휨강도도 약해진다. 시간이 약 5년 정도 경과하면 결국 사람의 체중에도 부러져 포장재의 기능을 상실하게 된다.

끝으로 외기에 노출된 목재는 표면과 뒷면의 열팽창이 달라 목재 표면이 뒷면보다 더욱 팽창하여 결합된 부위가 비틀어지거나 들뜨게 되어 하자 발생이 서서히 진행된다. 이러한 뒤틀림이나 들뜸이 보행 구간에 있는 경우 턱이나 이용 중 파손되어 장애를 유발한다.

사진 5-18-1 목재의 열팽창이 표면과 하부면이 달라 이음매가 들떠 턱으로 작용하여 보수가 필요하여 임시 조치하였다.

5-18-4 목재 포장이 불리한 구역

이러한 목재의 재료 공학적 성질에 의해 우리나라와 같이 강우가 많고 사계절이 뚜렷한 지역에서 목재를 외부 공간 바닥재로 사용하는 경우 특별히 불리한 구역이 있다.

첫째, 그늘진 곳에 사용하는 경우 목재는 빗물을 머금은 후 마르는 시간이 다른 포장재보다 지속되므로 미끄럼이 일반 포장재보다 오래간다. 또한 썩기 쉽다. 여름 장마기간에도 미끄러움이 있다.

둘째, 겨울 동안에 햇빛이 잘 들지 않는 그늘진 곳, 북쪽을 향한 곳, 찬바람이 많이 부는 곳, 영구 음영지인 곳, 지붕 또는 캐노피가 있어 태양빛을 가리는 곳 등에서는 상대적으로 눈 녹는 시간이 오래 걸리므로 가급적 목재 바닥을 지양하는 것이 좋으며 주의를 요하는 안내문이나 경고문을 부착하는 것이 바람직하다.

셋째, 약간의 경사라도 있는 목재 바닥면은 미끄럼이 더욱 심할 수 있으므로 특히 설계에 유의해야 한다. 미끄럼 방지용 골이 파인 바닥재를 선택하고 실험에 의한 미끄럼 방지용 골의 방향이 진행 방향에 직각 또는 다른 방향으로 시공하도록 도면이나 시방서에 명시하여야 한다. 자전거도로에 사용하는 경우 특히 유의해야 한다.

넷째, 이러한 천연 목재의 재료적 단점을 보완하기 위해 플라스틱으로 제조한 합성목재가 있으나 완전하게 미끄럼이나 black ice 현상이 없는 것이 아니며 다만 부패로 인한 휨강도 면에서 보다 안정된 재료이다. 그러나 장기적으로 수지계열은 미끄럼이 목재보다 심하고 자외선에 의해 재료 색상이 변한다.

다섯째, 목재 계단의 경우 계단코가 다른 부분보다 빨리 마모되고 형상이 둥글게 되어 미끄럼이 더하기에 계단코에는 미끄럼 방지용 부속을 덧댐이 좋다.

여섯째, 목재 계단 등에서 점자블록을 매립 시에는 목재를 파내고 점자블록 표면이 목재면 표면과 동일하게 시공하여야 하나 가공에 시간과 비용이 많이 들어 목재를 파지 않고 접착제나 볼트로 고정하는 경우 점자블록이 들떠서 장애를 유발하기 때문에 매립 시공에 유의해야 한다.

이상처럼 외부 공간에는 목재가 가진 여러 단점으로 제한적으로 사용함이 좋고 사용하더라도 불리한 구역에서도 유지관리가 잘 되도록 하며, 고가의 자재이면서 단점이 있기 때문에 주된 접근로 등이나 넓은 구역보다는 작은 구역에 필요한 면적으로만 사용함이 바람직하다 하겠다. 수시로 관리가 필요하며 민원에 적극 대처해야 한다.

끝으로 제설 의무가 있는 공간에서는 목재의 이러한 재료 공학적 또는 기후적 특성 때문에 특히 눈이 올 때 다른 곳보다 더욱 관리상에 신경을 써야 할 것이다.

사진 5-18-2   습지 관찰로를 목재 데크를 사용하였으나 장애인접근이 불가능(시작 및 굴곡부 등, 일본 오사카 신우메다빌딩 정원)

제5장

19절

옥외 계단

계단의 설계 시공 시 계단은 보행장애물이라는 것과 부득이한 경우 설치하는 시설물이라는 것을 인식하는 것이 중요하다. 실내 계단보다 외부 계단에는 추가적인 안전성이 요구된다. 야간 조명, 집중호우에 따른 빗물 배제 시설, 그리고 눈과 빗물에 대한 미끄럼저항성이 그것이다. 또 계단 이용자와 주변 동선을 이용하는 사람과의 마주침 등을 고려한 계단의 형태, 점자블록과 트렌치와의 매설 위치 등에 대해 섬세한 설계 및 시공 요령이 필요하다.

또 가급적 계단 시설은 설치하지 않는 것이 좋은 이유 설계자가 30여 가지 이상의 공종을 고려해야 하고 시공 시에는 장비에 의한 시공이 아니라 인력에 의한 30여 가지 이상의 수작업 공종이 수반되며 유지 관리 시에 비용이 계속 발생하며 사고가 항상 숨어 있는 고가의 시설물이기 때문이다.

5-19-1 계단의 혼잡 밀도

계단 이용의 안전성 및 쾌적성을 위해 계단의 폭원 등 제원은 적절하게 계획되어야 한다. 제1장 4-5절의 표 1-4-4에서와 같이 1인당 소요면적을 $0.9m^2$ 이하가 되고 보행 평균 속도가 34m/분 이하가 되면 혼잡과 장애가 발생한다. 일반 평지 구간보다 안전성 측면에서 설계 기준을 2배 이상 강화해야 한다.

5-19-2 계단의 유형과 안내시설

보통 외부 공간 상의 기본 규격은 챌면 높이를 18cm 이내로 디딤판 너비를 28cm 이상으로 한다. 그러나 이 치수 외에도 경사도에 따라 아래 공식이 적용 가능하다. 어린이 사용 계단의 챌면 높이는 15cm 정도가 적정하다. 챌면은 막힌 구조로 하여야 한다. 외부 공간 상에 구조물이나 시설물 앞에 놓인 간단한 발판이나 디딤판은 계단이라 할 수 없다.

건축물에 부착된 계단과 건축물에 부착되지 않은 계단, 측벽이 있는 계단과 없는 계단, 지붕(canopy)이 있는 것과 없는 것이 있을 수 있고, 직선형과 곡선형 및 나선형이 있으며, 나

팔 형태, 사다리꼴 형태, ㄱ자 형태, 계단 옆에 휴게나 관람을 겸한 스탠드 등이 있다. 이런 여러 유형 중 직선형이 아닌 형태는 시각장애인 등에게 이용에 어려움이 있기에 설계 시 유의해야 한다. 계단의 디딤판은 진행 방향에 직각이면서 너비가 통일하고, 챌면의 높이가 같아야 한다.

계단이 있는 곳에 경사로가 없으면 계단은 극복 불가능한 장애가 되는 시설물이 된다. 우리나라처럼 지형의 고저 차이가 많은 나라인 경우 단차 극복을 위해 계단은 불가피하지만, 장애인, 임산부, 노인, 바퀴장착기구 이용자(휠체어, 유모차, 자전거 등)에게는 이용할 수 없거나 불편과 장애를 유발하게 된다. 따라서 계단을 설치 시에는 반드시 경사로 또는 승강기 등을 함께 설치하여야 한다.

계단 인근 또는 접근로 시점에는 휠체어 이용 가능한 경사로가 위치하거나 경사로의 위치를 안내하여 계단까지 와서 다시 경사로로 가는 불편을 예방하여야 한다.

5-19-3 계단의 구성 요건

장애물 없는 옥외 계단은 실내 계단과 달리 햇빛, 눈 및 비에 노출되어 있어 좀 더 섬세한 요건들이 요구된다. 따라서 아래 표 5-19-1과 같은 옥외 계단의 구성 요건 및 세부 시설들을 필요하다.

표 5-19-1 옥외 계단 설계의 구성과 요건

구성 요건	세부 명칭	비고	
기본 요소	챌면, 디딤판, 손잡이	야간 조명	
안전 및 편의 요소	참, (수직)난간, 수평손잡이, 추락방지턱, 점형블록, 점자표시판, 계단코 미끄럼방지, 유효폭원	- 빗물 배제용 트렌치 - 이중손잡이	- 미끄럼이 없는 바닥재질 - 중간손잡이
부가 요소	지붕(canopy), 계단코 시인성		

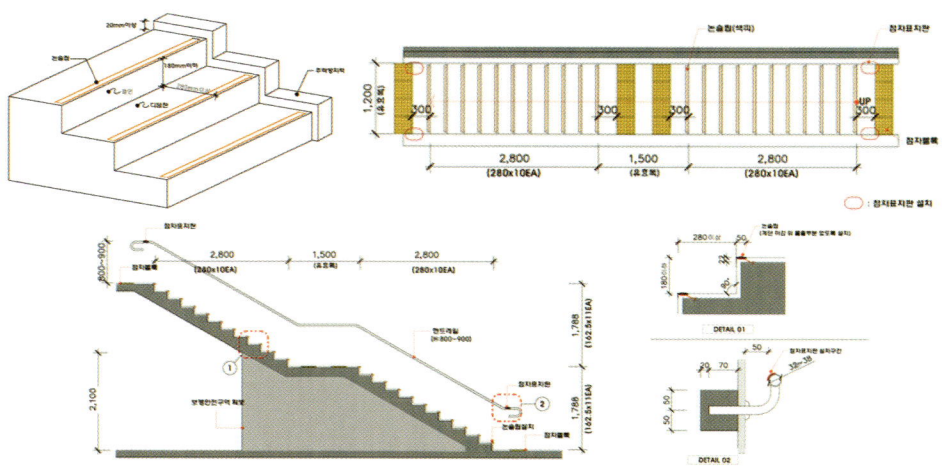

그림 5-19-1 계단의 구성, 자료 한국시각장애인연합회

5-19-4 계단의 기본 치수

계단에 관한 기준은 「장애인·노인·임산부등의편의시설증진보장에관한법률」 시행규칙 별표 1에서 정한 내용을 참조한다. 같은 법 시행규칙에서 계단의 유효폭은 1.2m로 하고 있다(옥외 피난계단은 0.9m). 계단의 챌면 높이와 디딤판 너비[57]를 고려하지 않아 보행에 불편을 야기하는 경우가 많은데 아래 공식에 의하지 않는다면, 보행 시 항상 계단의 디딤판을 딛는 발이 똑같게 디디게 되어 보행에 리듬감이 없어지고 불편이 초래 된다.

디딤판 너비를 28cm 이상으로 법에 정한 것은 발의 길이를 감안한 최소이므로 이를 적용해야 할 것이다. 28cm 이하인 경우 매우 불편하거나 넘어질 우려가 발생한다. 한편 챌면 높이가 높을수록 오르기에 힘이 든다. 우리나라 성인의 평균 발 길이는 남자 254cm 여자 233cm이나 신발을 신는 경우 약 30cm 내외가 된다.

계단 설계 공식: 2R + T = 600~650mm 또는 650mm~675cm[58]
　　　　　　　R: 챌면 높이 (현행법상 기준은 18cm 이하로 함)
　　　　　　　T: 디딤판 너비 (현행법상 기준은 28cm 이상으로 함)

표 5-19-2　　　　챌면 높이(R)와 디딤판 너비(T)의 적정 규격 (단위: cm)

챌면 높이(R)	디딤판 너비(T)	챌면 높이(R)	디딤판 너비(T)
10.0	46	14.5	38
10.5	45	15.0	37
11.0	44	15.5	36
11.5	43	16.0	34
12.0	43	16.5	34
12.5	42	17.0	33
13.0	40	17.5	31
13.5	39	18.0	30
14.0	39	18.5	30

주: 2R + T = 650mm~675cm 적용 시 조견표임

계단의 챌면 높이(R)와 디딤판 너비(T)가 일정하지 않은 경우 보행의 리듬감이 깨어지므로 반드시 일정한 리듬감을 주도록 설계 및 시공하여야 한다. 위 공식을 기준으로 디딤판과 챌면의 규격을 정하되, 디딤판이 길게 반복적인 경우 긴 디딤판 너비나 참 길이는

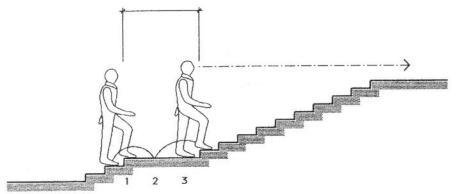

그림 5-19-2　　계단의 디딤 보폭, 자료 TSLA

---

57) 진행 방향으로 본 디딤판 세로 길이를 말함
58) 650mm~675mm은 미국의 기준이며 우리나라에서는 600mm~650mm로 사용하기도 한다.

'다섯 자(尺, 30cm) 배수 원칙'에 따라 길이를 정하여(1.5m, 3.0m, 4.5m 등) 동일한 발이 반복적으로 참의 첫 단에 디뎌지지 않게 하여야 한다. 이 '다섯 자 배수 법칙'은 시각장애인에게 꼭 필요하다. 중간 참은 10~20단 이하에 설치하는 것이 오르는데 피곤이 적다.

공원이나 산책로 구간에 옥외 계단을 설계 시공하는 경우 불규칙한 자연석을 계단 형태로 쌓는 것은 장애를 유발하는 형태이며 이런 계단은 기본 치수에 맞추어 시공하기가 매우 어렵다. 또 디딤판은 자연석끼리의 간극이 발생하여 평탄하게 메워야하기에 자연미가 사라지게 되므로 자연석 계단은 접근로 상에 설치하는 것은 바람직하지 않다.

챌면의 높이는 일정하여야 하며 각도는 60도 이상을 유지하고 계단코가 챌면의 하부에서부터 상부 끝까지 3cm 이하가 되도록 한다. 챌면이 없는 계단이나 계단코가 12mm 이상 돌출된 계단은 목발이나 신발 끝이 디딤판에 걸리는 장애 때문에 적합하지 아니하다. 디딤판이 안쪽으로 경사져 빗물이 디딤판에 고임이 없도록 해야 한다(밖을 향해 1% 경사).

계단코에 5mm 이상 두께의 미끄럼 방지용 재료를 부착하는 것은 보행이 불편하고 부착 재료가 들뜨거나 탈락하기도 하여 장애 요소가 되기도 한다. 이들 재료는 바람직하지 않고 계단코 자체가 미끄럼이 없고 시인성을 갖추도록 하는 것이 가장 좋다.

계단코가 직각인 경우 예리한 모서리이므로 계단에서 넘어지면 매우 위험하기 때문에 모서리를 약 5~10mm 모깎기를 하여야 한다. 따라서 미끄럼방지를 위한 부착물이 직각인 것은 매우 좋지 않으며 더욱 위험하다. 목재 계단코는 빨리 마모되어 둥글게 변하므로 장기적으로 위험성이 있어 계단코에 마모가 적고 시인성이 있으며 미끄럼이 없는 부자재를 견고하게 부착하여 안전성을 제공할 수 있다.

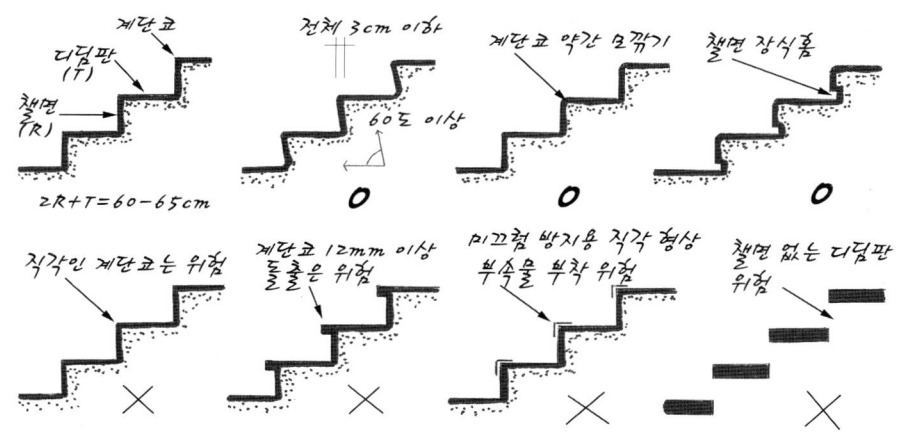

그림 5-19-3   계단 구성의 형상별 기준

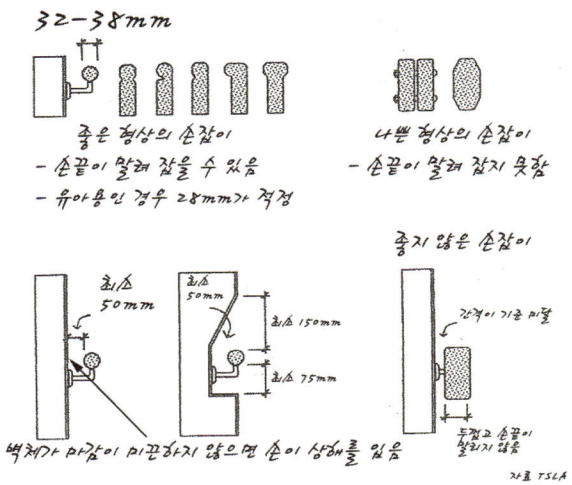

그림 5-19-4   계단 손잡이 형상과 치수

사진 5-19-1
기준 미달 자연석계단

사진 5-19-2   계단코 모서리를 약 10mm 모서리 깎기의 계단

5-19-5　계단의 시작과 끝 수평참, 점형블록 및 트렌치

계단의 시작과 끝 지점에 차량이 다니는 차로가 있으면 매우 위험하므로 이런 유형의 설계는 배제하여야 한다. 차로와 접한 계단의 시작과 끝은 1.5m 이상의 수평참을 갖도록 하고 차량과 분명히 분리된 공간이 있어야 한다.

항상 계단의 시작과 끝에는 점형블록을 설치하여야 하므로 수평참의 형태를 유지하여야 한다. 계단의 시작과 끝의 수평참 앞에 계단의 진출입 방향과 다른 방향(횡방향)으로 접근로, 통행로 등이 지나가면 지나가는 사람과 부딪침이 있게 되므로 접근로, 통행로의 폭과 별도로 수평참 구간이나 회전구간을 추가 확보하여야 한다. 추가 확보할 수평참이나 회전구간의 폭은 계단의 유효폭으로 하며 계단 끝단에서부터의 길이는 90cm 이상으로 한다.

수평참으로 빗물이 많이 유입되는 경우 트렌치를 설치하되 미끄럼이 없는 뚜껑을 설치하거나 계단의 옆에 빗물용 트렌치를 둘 수 있고 옆면에 트렌치를 두는 경우 (목)발이 빠짐이 없도록 10cm 이하의 폭으로 하거나 뚜껑을 설치하여야 한다.

점형블록과 트렌치를 수평참 구간에 설치하는 경우 챌면에서부터 30cm 이격 지점에 점형블록을 매설하고 트렌치는 점형블록의 밖에 설치하여야 한다. 또 수평참은 반드시 경사가 없는 수평이어야 하는 것은 눈이나 비에 의해 미끄러짐 위험을 없애 위함이다.

사진 5-19-3
(좌측)계단 상부에서 빗물이 계단 하부로 내려가지 않도록 횡단 트렌치를 설치하였으나 구멍이 기준보다 크며, 점형블록은 알맞은 위치에 매설한 사례와, (우측)계단 하부 마지막 단 코에 네 줄 홈을 파서 미끄럼을 완화하고 계단에서 내려오는 빗물을 선형 트렌치로 집수하도록 한 후 점형블록을 설치한 사례

5-19-6 중간참

중간참이란 계단이 긴 경우 중간 지점에 휴식하고 다시 오르내릴 수 있는 수평공간을 만든 것으로 「장애인·노인·임산부등의편의시설증진보장에관한법률」 시행규칙 별표1에 계단의 중간참은 바닥면에서부터 1.8m 높이 증감이 있을 경우 설치하도록 하고 있다. 중간참도 수평참이 되어야 한다.

중간참에서 방향이 바뀌는 경우 90°로 꺾는 것을 원칙으로 하고 사선으로 중간참에 계단을 두는 것은 금지해야 한다. 중간참이 진행 방향으로 직사각형이고 길이가 2m 이내이면 점형블록을 생략할 수 있다. 중간참에서 방향이 90°로 꺾이는 경우는 시작과 끝 지점에 점형블록을 매설하여야 한다. 중간참의 길이는 '5자(尺, 30cm)의 배수 법칙'인 1.5m, 3.0m, 4.5m 등으로 정하여 왼발과 오른발이 반복적으로 사용하는 보행 패턴을 유도한다.

5-19-7 난간, 손잡이, 수평손잡이, 2중손잡이, 중간손잡이 및 추락방지턱

계단의 양측 손잡이의 기능은 계단과 옆 공간과의 단차 발생으로 인한 위험 방지용 안전난간으로서의 역할과 오르내리기에 힘든 이용자에게 편리성을 제공하기 위한 수단으로 사용된다. 손잡이는 추락 방지용 난간 기능이 아니므로 추락 방지를 위해서는 난간을 설치한다.

계단에 측벽이 없는 경우 손잡이 높이는 양측에 연속적으로 같은 높이로 0.8~0.9m로 하고 수직형 난간살이 되도록 한다. 어린이용이 필요한 경우 2중 손잡이를 0.65m 이내로 하

사진 5-19-4
계단 첫 단을 횡방향 보행인과 마찰이 없도록 안으로 90cm 넣고 손잡이를 측벽에 감쌌다(LA, USC).

부에 추가한다. 계단에 측벽이 없을 경우 난간 또는 난간형 손잡이 하부에는 추락방지턱을 2cm 이상 높이로 설치한다. 난간 대신에 계단 측벽이 있는 경우에 손잡이를 측벽에 설치함이 좋고 측벽 상단에 부착할 경우 기준을 참작하되 손잡기 편리하게 계단 쪽을 향하도록 부착하여 손가락이나 손등이 측벽에 닿는 일이 없도록 해야 한다.

중간손잡이는 계단의 폭이 3m 이상인 경우 계단의 중간지점에 손잡이를 설치하고 수평손잡이는 계단의 시작과 끝 구간에 30cm 길이로 수평의 손잡이를 형성한 후 점자표지판을 부착하도록 되어 있다. 시작과 끝 또는 중간 지점에 설치하는 수평손잡이는 30cm 가량으로 수평으로 하여 특히 시각장애인에게 계단의 시작과 끝 또는 중간이나 바닥이 수평 구간임을 알리는 역할과 이동의 편의성을 제공하는 기능이다.

계단의 시작과 끝의 수평손잡이는 횡방향의 보행에 지장이 없도록 횡방향으로 전환할 수 있다. 전면의 횡방향 이동 동선에 돌출되어 방해가 되지 않도록 벽 안으로 말아 마감하는 것이 좋다.

5-19-8 점형블록 및 점자표지판

계단의 시작 지점, 끝 지점 및 중간참 지점에는 계단의 폭만큼 점형블록으로 경고를 해야 하나 중간손잡이 앞에는 점형블록을 설치하여서는 아니 된다. 중간참의 길이가 2m 이상인 경우에 점형블록을 두어 시각장애인에게 계단 이용의 편의를 제공한다. 계단의 진행 방향이 바뀌는 지점에서는 점형블록을 매설하여야 한다.

수평손잡이 부위, 계단의 굴곡부위에는 점자표지판을 부착한다. 점자표지판의 내용은 진행 방향 쪽 층수, 위치, 시설명 등을 기록한다.

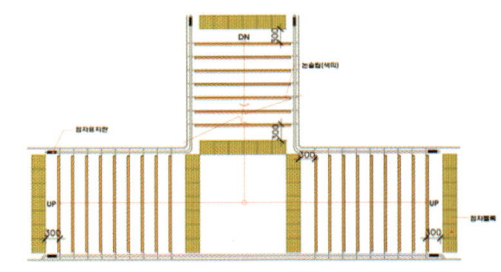

그림 5-19-5   사진 5-19-5
T자형 계단 및 외부공간에서의 점자블록 설치 방법. 자료 한국시각장애인연합회

5-19-9 계단의 재료 및 마감

외부 계단은 눈과 비에 노출되어 디딤판이 미끄럽지 않은 재질을 선택하여야 하는데 철재, 목재, 플라스틱(수지) 및 대리석은 미끄러워 바람직하지 않고 습윤 상태의 C.S.R계수 0.4 이상 거친 표면의 화강석, 현무암이나 미끄럼이 없는 타일, 점토블록 등이 적정하다. 미끄럼을 방지하거나 인식이 명료하지 않는 계단코에는 줄 홈을 3개 정도로 파고 디딤판과 보색이 되는 밝은 색상의 안료 등을 넣는 것이 바람직하다. 미끄럼 방지용 사포(砂布)를 부착하는 것은 내구성이 없어 바람직하지 않다.

외부에 노출된 계단의 손잡이를 철제나 스테인리스로 사용하는 경우 극한과 혹서 기간에 손잡기가 불편하므로 가급적 손잡이를 플라스틱으로 씌운 것이나 목재로 하는 것이 사용하기에 매우 좋다. 손잡이는 벽체로부터 5cm 이상 간격이 있어 손을 잡고 이동 시 손가락이 벽체 등에 부딪힘이 없도록 하며, 손잡이의 직경은 3.2~3.8cm로 정하고 있다. 계단의 측벽 두껍석의 시작과 끝이 손잡이보다 돌출되어 통행하는 사람에게 보행장애물이 되거나 예리한 모서리 발생이 없도록 한다. 손잡이가 부착된 측벽은 깔끔하게 마감되어 손가락이나 손등이 닿을 때 상해가 없도록 한다. 어린이용 손잡이는 지름 28mm가 적정하다.

5-19-10 계단 하부 공간 처리

계단 하부는 경사져 있어 하부를 지나는 보행자에게 장애물이 되는 것을 방지하기 위해 계단 하부 높이 2.1m까지 출입을 통제하는 난간이나 창고 등으로 마감하는 것을 권장하고 있다.

5-19-11 계단의 빗물 배수 및 세굴방지

외부 계단 면적이 넓은 경우 또는 계단으로 유입되는 집수구역이 넓어 빗물 유입량이 많은 경우 계단의 상단, 중간 단, 끝단 중에 빗물을 배제하는 횡단 트렌치와 미끄럽지 아니한 트렌치 뚜껑을 설치하여야 한다. 빗물을 계단 양측으로 모으는 집수시설이 있는 경우 집수시설은 발이나 목발이 빠지지 않을 폭(10cm 이하)이나 미끄럽지 아니한 뚜껑을 갖추어야 한다.

계단을 자연 비탈면에 설치하는 경우 계단과 자연지반 사이 경계면으로 빗물이 흘러 세굴이 되어 계단 구조물이 드러나므로 세굴을 방지하는 식재나 계단 상부에서 빗물 차단시설을 설치하여 구조물을 안전하게 보호해야 한다.

계단이 철재 또는 목재로써 자연 지반과 떨어져 설치된 경우 계단 상부에서 유입되는 빗물이 자연지반을 세굴하거나 계단 기초 구조물에 영향을 주지 않도록 계단 상부에서 빗물을 배제하여야 한다.

5-19-12 계단 형태의 설계 시공 유의 사항

디자인적 외관을 중요시하는 계단 형식은 다양하나, 계단의 디딤판과 챌면의 규격을 진행방향으로 일정함을 원칙으로 한다. 전체 디자인에서 폭의 형상이 직선적이지 않거나 패턴 인식이 어려운 경우 특히 시각장애인에게 불리하고 일반인에게도 부주의할 경우 사고 유발이 있어 설계 시 세밀한 주의가 필요하다.

사진 5-19-6
4단의 챌면 높이가 서로 다르고, 하부 두 단 챌면 높이는 횡단경사 있는 포장에 접하여 단차가 변하며, 계단의 매 단이 경사져 있어 이용이 위험한 계단

계단의 전체 형상을 결정함에 있어 보행의 진행 방향과 직각으로 하며 사선 계단은 피해야 하며 중간참에 사선 디딤판을 두어서도 아니 되고, 부득이하게 중간참에서 계단을 꺾는 경우 90°로 꺾는 것이 바람직하다.

가. ㄱ자형 계단

계단의 전체적인 평면 형상이 ㄱ자인 계단은 꺾인 부분에 수평참을 두고 꺾인 지점에 수평 손잡이를 둔다.

나. 곡선형 계단

곡선형인 계단은 가급적 직선으로 한다. 또는 완만한 곡선으로 진행 방향이 직각에 가깝도록 선형을 조정하고 디딤판 너비가 좌우측으로 10% 이상 차이가 없도록 한다.

다. 나선형 계단

계단의 중심 쪽과 계단 밖의 디딤판 너비가 큰 차이(예 5cm 이내)가 없고 계단 설계 공식 2R + T = 600-650mm(또는 650-675mm)범위 내에서 조정한다. 나선형 계단의 디딤판 너비가 좌우측이 다르므로 보행 폭이 불규칙하여 위험성이 증가하므로 나선형 계단은 가급적 사용하지 아니한 것이 좋다. 최대한 완만한 곡선으로 변경 검토한다.

라. 사다리꼴 또는 나팔구 형상의 계단

사다리꼴 또는 나팔구 형상은 걸음 방향이 직진되지 않고 비스듬히 걷게 되어 보행에 위험이 수반되므로 바람직하지 않다. 특히 계단 손잡이를 잡고 보행하는 시각장애인이 보행의 방향에 직진성이 크게 벗어나므로 사다리꼴 또는 나팔구의 형상은 직사각형에 가깝게 조정한다.

마. 중간참에서 직각이 아닌 각도로 꺾인 계단

바람직하지 않은 계단으로서 중간참이 삼각형 또는 사다리꼴이 되므로 보행자의 보폭을 불규칙하게 한다. 꺾이는 지점에서는 보행의 폭이 맞도록 참 구간의 폭을 넓힐 수 있는 방안을 찾아야 할 것이다. 중간참에 점형블록을 설치하기에 매우 불편하므로 이런 유형의 계단은 매우 부적합하다.

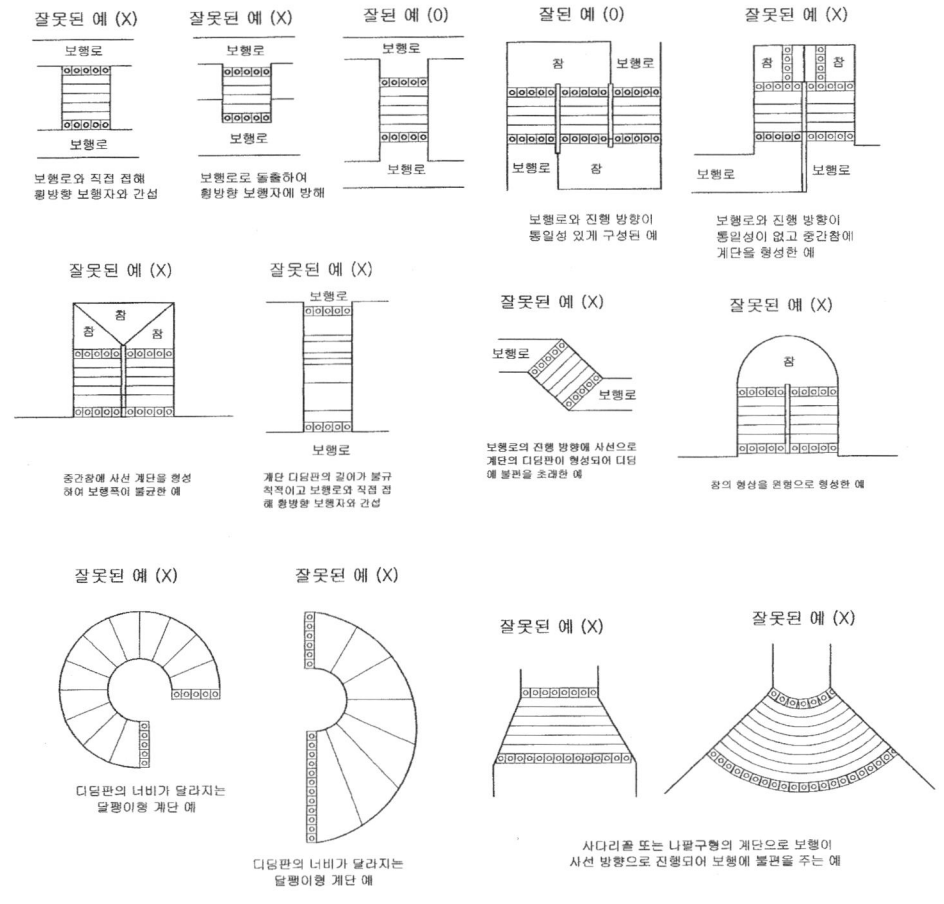

그림 5-19-6　　장애를 유발할 수 있는 계단 형상과 잘된 예

제5장

20절

옥외 경사로

5-20-1 경사로 설계 시공 목표

옥외에 설치되는 경사로(傾斜路, ramp)는 단차가 있는 곳에 바닥을 경사지게 만들고 오르내리기에 편리하도록 손잡이 등을 부가하는 시설물이나 이 시설은 보행장애물로 인식하는 것과 부득이한 경우 설치하는 것으로 인식하는 것이 중요하다. 계단을 오르기에 불편한 신체적 장애가 있는 보행자, 휠체어 사용자, 그리고 물건을 작은 손수레에 싣고 운반하는 사람을 위한 것이 경사로의 설치 목적이다. 보통 단위 경사로는 1m 이내 단차가 있고 9m 이내 길이와 1/18이하의 경사를 갖는 구조물이다. 경사가 급하거나, 길이가 긴 경사로는 경사로를 설치하는 목적에 맞지 아니하다. 예외적으로 길이가 긴 경사로인 경우 중간 지점에 교행하거나 휴식할 수 있는 참이 9m 이내 마다 확보되어야 한다.[59]

계단 없이 경사로만 설치할 수 있으나 경사로는 보통 계단 가까이에 계단과 동일 방향으로 진행하도록 하는 것이 가장 좋다. 계단과 다른 방향으로 설정하거나 경사로의 방향을 여러 번 돌아가게 하는 설계는 계단 이용자와 달리 불편을 야기하고 차별적이라 할 수 있다.

건축물 앞에 설치하는 경사로와 계단은 토공 설계로 또는 건축물의 바닥을 낮추는 설계로 경사로와 계단 없이 설계 시공할 수 있는 경우가 많다. 예컨대 외부 도로에서부터 주출입구까지 접근로의 기울기를 서서히 완만하게 포장하는 설계 방식으로 경사로와 계단을 없애고 시설물 내부로의 빗물 역류는 여러 방식의 배수 설계로 가능하다. 불필요하게 건축물 주출입구의 바닥을 높이고 경사로와 계단을 부가하는 설계와 시공은 자제하여야 할 것이다.

계단과 경사로 두 시설이 인근에 있지 않은 경우, 계단으로 가서 경사로가 없어 경사로 쪽으로 다시 가는 것을 방지하기 위해, 경사로부터 떨어진 유도 지점에서부터 경사로의 위치 안내표시를 순차적으로 사전 인지하도록 하여야 할 것이다. 다만 경사로와 계단이 가깝게 위치하여 경사로 위치를 쉽게 알 수 있는 경우에는 생략 가능하다.

---

[59] 국내외 연구 자료에 따르면 경사로의 단위 길이를 9m~12m로 권장하고 있고 국내법에는 길이에 관한 규정은 없다. 따라서 단위 길이가 9m인 경사로에 중간참을 두면서 여러 개를 연접할 수 있으나 매우 길어지면 실제적 이용에 많은 어려움이 따르므로 총 길이 20m 이내가 적정해 보인다.

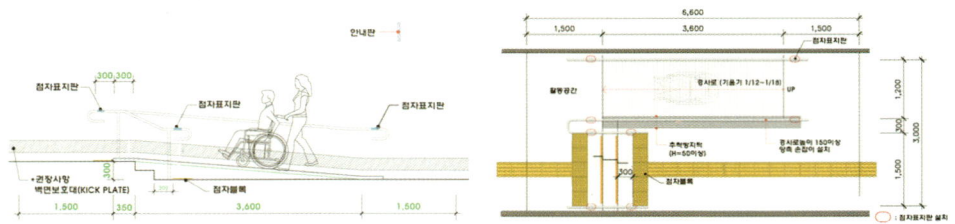

그림 5-20-1   경사로와 계단의 기본적 시설 개념도. 자료 한국시각장애인연합회

5-20-2   경사로 유형 검토

「장애인·노인·임산부등의편의증진보장에관한법률」 시행규칙 별표1에 '경사 길이가 1.8m 이상이거나 단차가 0.15m 이상인 경우에는 양측면에 손잡이를 연속으로 설치하여야 한다'라는 규정이 있다. 이를 반대 해석하면 경사 길이가 1.8m 미만이거나 단차가 0.15m 미만인 경우는 경사로로 보지 않는다는 해석이 가능하다. 즉 이런 조건인 경우 손잡이 등 부대시설 없이 신체적 약자도 이용에 큰 불편이 없음을 시사하고 있다.

이러한 조건이 아니라면 경사로의 부대시설인 양측손잡이, 시작과 끝의 수평참, 중간참, 추락방지턱, 바닥의 미끄럼저항성, 조명 등의 기준을 법에 따라 적용하여야 할 것이다.

경사로는 두 지점을 직접 연결하는 직선형이 가장 좋다. 또 경사로의 시작과 끝 지점은 계단이나 보행로의 시작과 끝 지점에 상호 일치하는 것이 좋다. 단차가 큰 곳에서 여러 번 굴절하는 경사로는 이용이 불가능하거나 심한 불편과 사고를 유발하므로 승강기로 대체하는 것이 좋다. 야간이나 겨울철에 특히 이용에 어려움이 크다.

접근의 유형에 따라, ㅡ자형, ㄱ자형, ㄷ자형, ㄹ자형, ㄴ자형, 곡선형 등으로 나눌 수 있고, 측벽이 있는 경우와 없는 경우가 있다. 지붕(차양)이 있는 경우가 있고 없는 경우가 있다.

곡선형인 경사로는 휠체어 양측 바퀴가 회전수를 달리하게 되므로 운행이 어려워 피해야 한다.

5-20-3   경사로 설계 시공 요소

옥외에 설치하는 경사로는 햇빛, 눈, 비에 노출되어 설계 시공에 유의할 점은 바닥면을 미끄럽지 않은 재질을 사용해야 하고 목재는 내마모성이 없고 미끄러움이 많아 바람직하기 않다. 손잡이는 철재 또는 스테인리스를 지양하고 목재 또는 플라스틱이 피복된 재료가 적정하다. 눈이 많은 곳은 지붕(차양)이 있으면 더욱 좋다. 어린이 사용 시설물은 이중손잡이(H=0.85 및 0.65)를 설치하여야 한다.

옥외에 설치되는 경사로는 그 자체가 접근로이므로 유효폭을 1.2m 이상 적용하고 경사도를

1/18 이하로 짧은 길이로 함이 타당하다.[60] 즉 옥외에 설치하는 경사로는 접근로이기에 접근로의 경사 기준 1/18 이하로 적용함이 적정하며 최대 경사를 법령에서 1/12로 정하고 있다. 1/18 이하로 조성된 접근로가 출입구 앞에서 단을 두어 단차 발생이 불가피하다면 이 때 짧은 경사로의 기울기는 1/18~1/12 로 하여 편리한 이용이 될 수 있도록 함이 좋다.

경사도가 1/12 정도의 급한 경사로는 그 길이가 9m를 넘지 않음이 좋고 9m가 넘는 경우 또는 높이 0.75m에 휴식참(1.5m×1.5m)을 설치하고 길이를 총 20m를 초과하지 않도록 한다(현행 법에서 직선형인 경사로의 경우와 장애물 없는 생활환경 건축물 인증 경사로의 3급 기준에서는 휴식참의 규격을 1.2m×1.2m로 완화).

표 5-20-1 옥외 경사로 설계의 구성과 요건

구성 요건	세부 명칭	비고
기본 요소	유효폭원(1.2m, 완화 시 0.9m), 경사도(1/18, 최대 1/12)	- 야간 조명
안전 및 편의 요소	진출입 수평참, 굴절 수평참, 중간 휴식참, 손잡이, 수평손잡이, 추락방지턱, 경사로 표지판 및 위치안내판, 굴절 수평참 내 충격 완화시설	- 높이 0.75m 마다 중간참 - 미끄럼이 없는 바닥 재질 - (어린이용)이중손잡이 - (굴절)참 1.5 m×1.5 m - 시작, 끝, 굴절 참 바닥은 이색 또는 이질 처리
부가 요소	벽체, 교행구역, 지붕(차양)	점형블록 및 점자표지판, 제설용 전기코일(바닥)

직선으로 길이가 9m 이내 경사로는 교행에 불편이 없을 것이므로 최소 폭을 1.5m로 하는 것이 적정하다. 휠체어 이용이 많은 건축물 등은 휠체어 이용과 일반인들이 교행하므로 폭원을 최소 1.8m 이상으로 유지함이 바람직하다.

굴절형 경사로는 굴절부 하부에 휠체어용 충돌 완화 시설(매트)을 수직으로 부착하여 안전을 도모하도록 한다. 점자표지판이나 점형블록은 시각장애인이 이용하지 않을 경우 설치할 필요가 없을 것이나 손잡이의 끝에는 수평손잡이 설치가 필수적이다.

표 5-20-2 지체장애인의 특성별 경사로 경사의 최대치[61]

구 분	경사로의 길이별 경사도		
	3m까지	3~6m까지	6m 이상
보행곤란자	1/9	1/12	1/12
타력 휠체어 사용자	1/9	1/12	1/20
자력 휠체어 사용자	1/10	1/16	1/20
전동 휠체어 사용자	1/16	1/16	1/20

주) 프랑스 건축및주택법 ARR 24/12/2015 및 ERP 111-19-7에서 경사로의 적정 길이를 경사도가 4% 미만(기존 시설 경우 최대 5% 미만)인 경우 제한이 없는 것으로 보고, 4~5%(기존 시설 경우 최대5~6%) 이하에서는 10m 이하로, 5~8%(기존 시설 경우 최대6~10%) 이하에서는 2m 이하로, 8~10%(기존 시설 경우 10~12%) 이하에서는 50cm 이하로 본다 (Caroles Le Bloas(2016), Accessibilite Batiments aux Personnes Handicapees(ABPH), Le Moniteur, p66).

---

60) 최영오(2015), 건축물 출입구 경사로 기울기에 따른 휠체어 극복 가능 경사도 실험연구, 대한건축학회지연합논문 17권 6호
61) 박학목(1984), 지체장애인을 위한 주거단지 내 시설계획에 관한 연구, 서울대환경대학원, p75

표 5-20-3　　　　　　　　　　고저차별 경사로 기울기 완화표[62]

단차	6cm	8cm	12cm	20cm	25cm	35cm	50cm	75cm
완화기울기	1/3	1/4	1/5	1/6	1/7	1/8	1/9	1/10

주) 법상 경사도는 1/12이며 민간시설에서 경사로 설치 장소가 좁은 경우 또는 짧은 거리에 이 표를 적용할 수 있다 하겠다.

5-20-4　경사로 설계 시공의 유의점

계단 인근에 있는 경사로의 상부 수평참은 계단의 상부 첫 단에서부터 60cm 이상 이격하는 것이 바람직하다. 상부 수평참은 휠체어의 회전이 수반되거나 점형블록이 매설되는 지점이므로 휠체어 이용자들이 계단으로 떨어지는 사고와 계단을 이용하는 사람들과 상충을 피해야 한다.

경사로가 주변 보행로 등과 접합 각도가 직각이 아닌 경우 반드시 수평참 구간을 두어 경사로의 진출입 경계부에 두 바퀴가 직각으로 진출입 되도록 형상을 조정하여야 한다. 두 바퀴가 각기 다른 각도로 진입하는 경우 휠체어 사용자에게 횡단경사가 발생하여 전도의 위험성이 있기 때문이다.

벽체가 있는 경사로에는 손잡이를 벽체 옆면에 부착하는 것이 적정하나 상부 면에 부착할 경우 잡는 손이 벽체에 닿지 않도록 편리하게 잡을 수 있는 형상으로 부착하여야 한다. 경사로의 시작과 끝 지점에 돌출된 수평손잡이는 다른 진행방향의 통행에 지장이 없도록 마감해야 한다.

시각장애인이 이용하는 경사로의 경우, 시작 지점, 굴절 지점, 끝 지점에는 바닥의 색상이나 질감을 달리하여 인지가 쉽도록 안내함이 좋다. 점자블록을 설치하기도 한다(그림 5-20-2 참조)

5-20-5　좋지 않은 경사로 유형

휠체어 사용자에게 특히 불리한 경사로의 유형은 다음과 같다. 곡선이면서 횡단경사가 발생하는 경우, 진출입 부위가 다른 통행로와 예각으로 만나는 경우, 불필요하게 길게 돌아가게 하는 경사로, 나선형 또는 굴곡이 심한 경사로, 길이가 20m 이상 긴 경사로 등은 이용에 매우 불편하므로 토공 설계, 건축물의 위치 변경, 건축물 바닥의 높이 조정, 승강기 도입 등의 검토가 필요하다.

---

[62] 강병근 외(2009), 배리어프리 건축도시계획론, 건국대출판부, p62

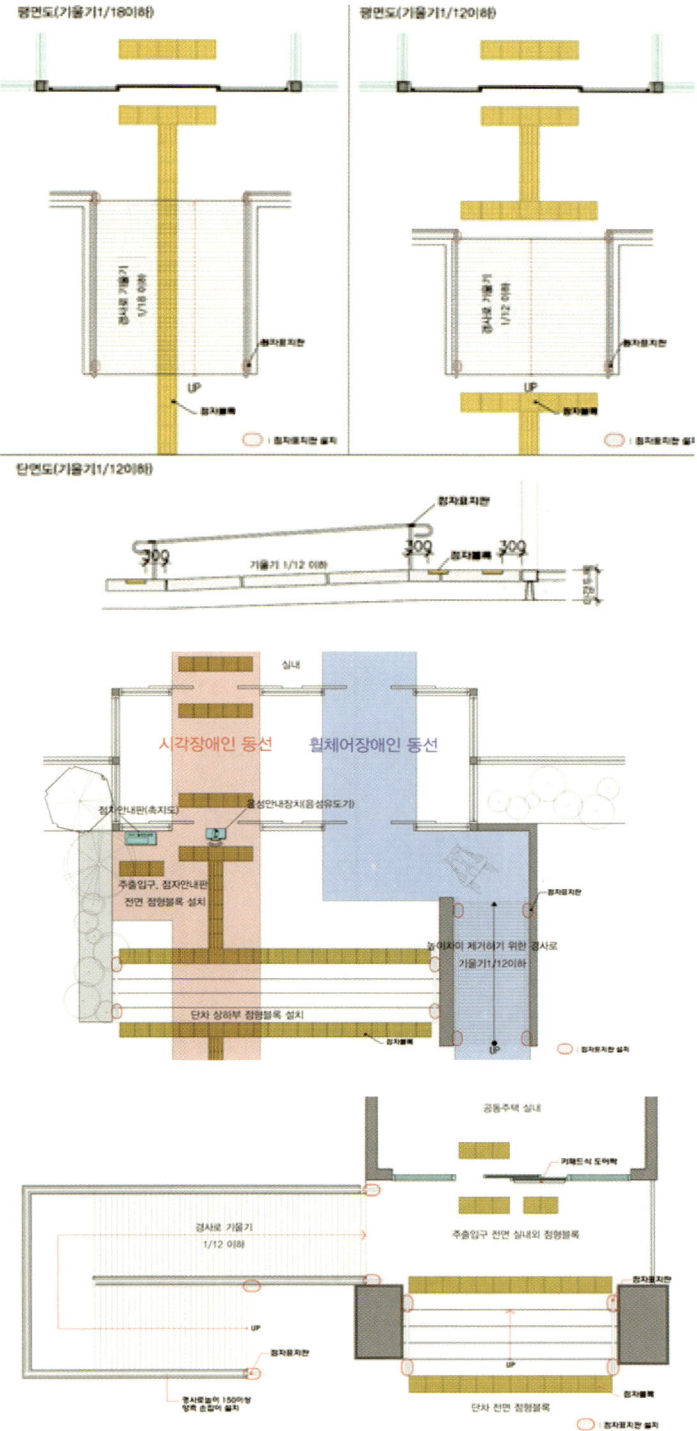

그림 5-20-2　　경사로와 계단과의 관계, 자료 한국시각장애인연합회

제5장

21절

계단과 경사로의 배치 형상 및 차별성

접근로로서의 계단과 경사로를 동시에 설치함에 있어서 계단과 경사로의 형상과 배치가 서로 간섭, 방해, 차별이 없도록 해야 한다. 이용자 수에 따라 계단의 규모를 크게 할 것인가 아니면 경사로 크기를 크게 할 것인가를 결정하고 아래와 같은 유형들을 응용하여 평면적 형상을 결정할 수 있을 것이다.

계단 또는 경사로를 설치할 부지의 면적, 폭원 및 길이를 감안하여 계단과 경사로의 형상과 배치 방식을 결정하여 할 것이다. 형상과 배치에 있어 지나친 우회는 차별적이다.

사진 5-21-1 계단과 경사로가 동일 방향으로 또는 분리하여 설치된 계단과 경사로. 멀리서부터 경사로의 위치를 안내하고 있다(LA, USC).

사진 5-21-2 로마시대의 경사로와 계단(중앙돌출형 경사로, 터어키 에베소)

사진 5-21-3 경사로 이용 안내(경사도가 1/8 이어서 급함을 안내하고 호출벨을 장착, 서울 종로)

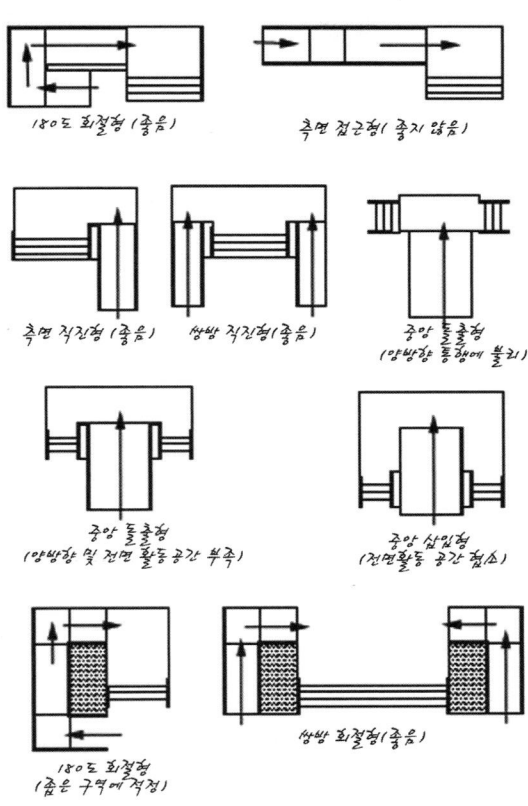

그림 5-21-1	경사로와 계단의 상호 배치 유형

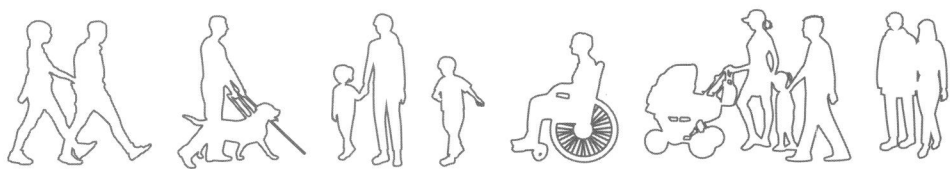

제5장
22절

산책로

5-22-1 산책로의 의의

산책로는 대지 내 공지에 설치된 시설물 간 이동로 또는 공원 내 주된 진입로 이외에 이동, 감상, 탐방, 휴식, 관망 등을 위해 산재된 시설물 간 연결 통로와 휴게기능 성격을 갖는 보행 공간이다. 대지 내 공지 또는 녹지 내에 있는 산책로는 접근로와 기능적으로 달리 설계된다. 산책로도 일종의 접근로로 설계가 되어야 하나 지형이나 토지이용계획 상의 이유로 제한적 접근이 부득이한 경우 경사도와 폭원 등 기준은 예외적 대상이 될 수 있다(접근로 성격이 강한 산책로에 대하여는 전술한 제5장 제5절 '접근로의 설계 시공' 내용을 참조).

사진 5-22-1 공원 내 산책로(영국 시싱헐스트, 일본 교토 대선원) 및 강남 탄천 제방 산책로

5-22-2 공원에서의 산책로와 보행로 등의 관계

장애물 없는 생활환경 공원 부문의 인증 지표에서는 산책로라는 용어는 사용하지 않는다. 보도에서부터 공원까지를 접근로로 보며, 또 공원 내 모든 시설까지는 공원 내 접근로라 하고 있고 공원 내부의 동선을 보행로로 정의하며 산책로라는 용어는 사용하지 않는다. 장애인전용주차장에서부터 공원 내부에 이르는 접근로는 보행안전통로라 하였다. 특히 주요한 산책 기능이 있는 보행로를 BF보행로라 하였다.

일반적 의미의 산책로라 함은 공원, 광장이나 정원 내부의 각종 시설에 이르는 보행로를 말한다. 자전거도로, 관리용 도로 등은 산책로라 하지 않으며 보행으로 시설을 관람하거나 이동하는 모든 동선을 산책로라 한다. 따라서 산책로는 보행 공간으로서 공용의 보행자 이동에 적정하도록 설계 시공해야 한다. 공원이 산지형이거나 특수 시설의 특성을 감안해 산책로를 공용의 산책로가 아닌 또는 제한적 산책로나 등산로 등으로 평가할 수 있다.

5-22-3 광로인 대로, 녹지시설 등에서의 산책로와 녹도

도로 중 광로 내 또는 대로에 연접한 완충녹지 및 경관녹지가 폭이 넓은 경우 또는 공공공지 내에 산책로를 설계하는 경우가 있다. 이런 산책로는 공공의 접근로이기에 장애물 없는 설계의 대상이 될 수 있다. 종종 이런 유형을 녹도(綠道)라고도 한다. 광로란 도로의 폭이 40m 이상인 도로이고 대로는 25m 이상이다.

5-22-4 건축물 시설 또는 여객시설 등 대지 내 공지의 산책로

건축물 또는 여객시설 등 장애물 없는 생활환경 인증 평가에서 산책로 개념으로 설계 시공된 여러 유형의 보행로에 대해 산책로라는 용어를 적용하여 평가하지 않으나, 조경적인 산책로나 일반적인 통행 목적의 보행로는 접근로의 성격을 가졌다. 따라서 건축물 또는 여객시설이 인근 산책로와 연결되거나 이와 유사하게 사용되는 공용의 산책로는 접근로로 평가되고 설계 시공되어야 한다.

5-22-5 산책로의 설계 시공

예를 들어, 공원 내 경계석을 포함하는 산책로의 폭을 2m로 하는 경우가 많다. 그림 5-22-2에서 2등급 기준을 참조하면 보통 휠체어 사용자 1인과 비장애인 1인이 통과할 수 있는 유효폭을 1.5m로 기준으로 한다. 산책로의 경계석을 포함한 전체 폭이 2.0m이라면 그 폭은 적정하다. 그러나 포장면 내에 벤치를 놓고자 하는 경우, 경계석(폭 15cm)에서 약 20cm정도 떨어진 포장면 내에 벤치 기초를 설치하고 벤치의 순수 너비 약 45cm이면 벤치가 설치되는 전체 폭이 65cm 정도가 된다. 이 때 산책로의 유효폭은 경계석 한 쪽으로 15cm씩 차지하고 벤치의 설치 폭 65cm를 합하면 벤치와 경계석 시설이 차지하는 폭이 95cm가 되므로 보행자가 이용할 수 있는 산책로의 유효폭은 105cm 밖에 남지 않아 3등급 최소 유효폭 1.2m에도 미달된다.

한편 경계석을 포함한 산책로의 전체 폭이 1.5m라 하면 양쪽 경계석 폭 30cm를 제외한 잔여 유효폭이 1.2m이므로 최소 유효폭은 확보되나 휠체어 1대의 통과 여유 폭은 90cm여서 일반인에게 사용되는 폭은 30cm가 남게 되어 조심스럽게 서로 이용해야 한다. 이렇게 좁은 폭은 야간에 특히 마주해 오는 사람으로부터 부담감 내지 두려움을 느끼므로 1.5m로는 어두운 공공의 보행로 내지 산책로에서는 좁은 편이다. 따라서 경계석 포함 최소 2.0m 정도는 확보함이 바람직하다.

만일 사람이 벤치에 앉아 있으면 벤치 밖으로 나온 무릎 길이(약 20cm~30cm) 만큼 산책로의 유효폭이 더 줄어 휠체어가 지나가기에 쉽지 않게 된다. 아마도 벤치에 앉아 있는 사람도 자기 앞을 지나는 일반 보행자나 휠체어 사용자로 인하여 한쪽 다리를 포개거나, 얹거나, 두 다리를 쭉 펴고 있던 행동을 포기해야 하는 등의 불편이 있을 것이다.

또, 간혹 산책로에 자전거도 다닐 수 있으나 두 사람 정도가 함께 걸을 수 있기 때문에 폭이 2.0m의 산책로에도 위와 같이 벤치를 돌출시키거나 자전거도로의 통행을 유도해서도 안 된다. 일반인 또는 휠체어 사용자 등에게 장애를 유발할 수 있기 때문에 산책로에 벤치를 설치하려면 벤치 설치 구역을 확폭하여(alcove) 배치하거나, 포장면의 경계석 밖(보통 잔디면) 바로 곁에 배치하면 일반인이나 장애인 모두가 장애 없이 이용 가능하다. 산책로에는 자전거를 타지 않도록 함이 원칙이다.

사진 5-22-2   산책로 한 쪽에 알코브(alcove)나 녹지 내 의자와 운동기구 및 환경조형물을 배치한 사례(분당 및 프랑스 쇼몽)

이 같은 산책로 폭원은 보행의 행태, 장애인 이용 행태 및 부대시설 배치 등을 반영해야 한다. 산책로 폭원은 최소 2.5m정도가 적정하지만 토지를 집약적 또는 효율적으로 이용하기 위해 포장면 일부를 후퇴시킨 공간(알코브) 내에 장애물이 될 만한 것을 설치하거나 포장면 밖에 설치하여 모두에게 편리하고 안전한 설계 방식을 택하는 것이 좋다. 현행 우리나라 각종 접근로 등의 최소 폭은 1.2m를 기준으로 하고 있는데 이는 매우 좁은 편이다. 보행 폭이 1.2m인 경우 교행구역을 30m 마다 1.5m×1.5m 수평참을 두도록 한다.

산책로는 선형블록으로 유도하지 아니하므로 시각장애인을 위해 산책로 경계가 명확하고 단차가 있도록 마감하며 주변에 비탈면 등 위험 구역이 있으면 경고용 띠나 난간 등 안전시설을 추가한다.

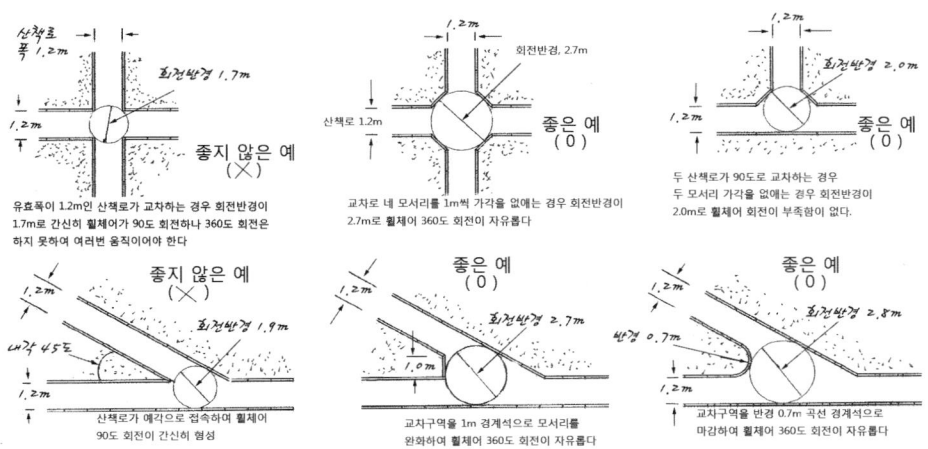

그림 5-22-1 좋은 산책로 접속 각도에 따른 휠체어의 활동 및 회전공간

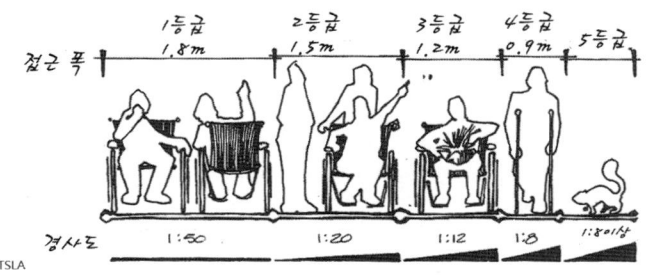

그림 5-22-2 산책로 폭원 및 경사도에 따른 쾌적성 등급

5-22-6 공원 산책로(BF보행로)의 인증 평가

장애물 없는 생활환경 공원 부문의 인증 지표 중 주출입구 및 공원시설을 연결하는 산책로를 보행로라 하며 그 평가 지표는 시설간의 BF보행로의 연속성, 보행안전공간, 단차, 기울기, 바닥마감, 자전거도로와의 접점, 보행유도의 연속성 등으로 구성된다.

표 5-22-1 공원 내 산책로 중 보행로의 평가 지표

평가 지표	평가 내용
BF보행로의 연속	주요 시설을 연결하는 산책로의 BF보행로 지정
보행안전공간	높이 2.5m×폭 1.2m 이상의 무장애 공간 확보
단차	2cm 이하
경사	좌우 경사 1/24 이하, 진행 방향 경사 1/18 이하
바닥 마감	습윤 상태에서 미끄럽지 않음, 평탄성과 틈새가 없는 마감
자전거도로와의 접점	교행 시 경고 표지 부착 등
보행 유도의 연속성	시각장애인을 위한 유도 시설 설치

5-22-7 위험하거나 불쾌한 부적격의 산책로 유형

경사가 연속적으로 급하거나, 예각으로 급히 꺾이거나, 폭이 좁거나(1.5m이하), 조명이 없거나, 어둡거나, 햇빛이 잘 들지 않아 눈이 잘 녹지 않거나, 끝이 막히거나, 경사면에 위치하거나, 경사면에 추락 방지턱 또는 난간이 없거나, 길어깨 등에 안전시설을 강구하지 아니하거나, 방향성이 없거나, 횡단경사가 심하거나, 바닥이 질거나, 안내 시설이 없는 산만한 산책로 등은 위험하거나 불쾌하거나 혼란이 야기된다. 디딤석, 야자매트, 비온 후 질쩍임이 심한 흙포장, 요철이 심한 전통의 부정형의 투박한 석재(박석포장)로 포장하면 하이힐 신발을 신은 여성, 휠체어와 유모차를 이용하는 사람의 이동에 큰 장애가 있다. 따라서 디딤석, 야자매트, 부정형 석재 등은 매우 제한적으로 사용하되 사용 시에는 바퀴가 지날 수 있는 0.9m 내외 구간에 대하여만 평탄하고 틈새가 없도록 시멘트 모르터 등으로 메워 사용 가능하게 한다.

사진 5-22-3   장애 유발 포장: (시계 방향)전통 박석 포장, 거친 사고석 포장, 야자매트, 투수형 사고석 및 부정형 판석 포장

제5장
23절
광장

5-23-1 광장의 의의

광장의 일반적 개념은 도시의 결절점이나, 건축물 대지 내 공지에, 아파트 중정이나, 공원 내, 유원지 내, 종합 레크리에이션 시설 등 내에서 보행이 집분산되는 구역이거나 자유롭게 이용되는 곳에 넓은 구역으로 포장된 오픈스페이스를 말한다. 잔디광장을 포함한다.

법상의 광장은 「국토의계획및이용에관한법률」 및 「도시·군계획시설의 결정·구조및설치기준에관한규칙」에서 교통광장·일반광장·

사진 5-23-1
호주 전쟁기념관 앞 광장 내 보행 구역에서 이격하여 설치된 조각물

경관광장·지하광장 및 건축물부설광장으로 구분하고, 교통광장은 교차점광장·역전광장 및 주요시설광장으로 구분하고, 일반광장은 중심대광장 및 근린광장으로 구분한다.

그러나 공원이나 공연장, 기념관, 박물관, 캠퍼스, 연수원, 사옥 등 건축물 계획에서 보행의 결절점이나 진입부에 넓은 공지를 광장 기능의 공간을 설정하여 다른 시설물과의 연결 시 중심으로 활용하기도 한다. 따라서 법상의 광장이든 토지이용계획 상의 광장이든 광장은 공용의 보행로이고 접근로이며, 휴식, 집회, 만남, 운동 등 자유롭고 종합적인 공간의 특성을 띄고 있다. 현재 법률상의 광장 시설은 장애물 없는 생활환경 인증 대상에서 포함되어 있지 않으나 대지 내 또는 도로에 부속되는 넓은 공개공지 및 공공공지로서 보행이 이루어지는 넓은 의미의 광장은 포함되어 평가된다.

5-23-2 광장의 보행 축과 보행장애물

광장의 보행 축 상에는 장애가 될 만한 시설물을 배치하여서는 아니 된다. 보행 축의 폭원은 주변 접근로의 폭원보다 넓게 설정하여야 한다. 보행 축이 아닌 광장 주변 구역에 시설물을 배치하여 장애가 없도록 해야 한다(사진 5-23-1 참조). 보행 축 상에 놓이는 장애물이란 분수대, 연못, 바닥분수, 수목이나 식수대, 정자, 조각물, 그늘시렁(파고라), 공중전화 박스, 음수전, 소화전, 시계탑, 안내판, 조명등, 자전거보관대 등의 수직적 요소가 대부분이다. 광장의 중앙에 광장의 주제 또는 상징성 있는 시설물이 장애 시설인 경우 그 주변을 그 시설물에 어울리도록 이색이질로 바닥 마감을 한다. 광장 내 주요시설 이외에는 선형블록을 매설하지 않으므로 주변부의 경계 처리를 색상, 질감이나 단차를 명확히 하여 시각장애인에게 도움을 주어야 한다.

5-23-3 경사진 광장의 공간 분할

광장의 전체 경사도가 1/18 이상으로 급한 경우, 접근성과 편의성을 위해 광장의 공간 기능을 적절히 수평적 공간이 되도록 분할하면서 하나의 광장이 되도록 공간 설계를 함이 바람직하다. 주변 도로(보도)와 접근성이 좋은 구역을 찾아 주된 동선의 축으로 삼고 이를 중심으로 소규모 단위로 분할된 공간 설정이 가능한지를 검토한다. 소규모로 분할된 공간은 다시 보행 축과 수평적 접근이 가능하도록 접근로를 형성함이 중요하다. 주된 보행 축 상의 경사진 접근로는 계단 또는 경사로를 설치하여 직진성을 강조하면서 경사로 또는 계단과 함께 이용 가능하도록 한다.

공간의 분할로 발생하는 단차나 횡단경사(좌우경사) 발생 구간은 녹지, 난간 또는 스탠드(stand) 등으로 안전하고 편리한 사용이 되도록 하여 장애물 없는 공간으로 설계하도록 한다.

5-23-4 장애물구역과 보행안전구역
(Barrier Zone)   (Barrier Free Zone)

광장 내 분수대, 연못, 바닥분수, 수목이나 식수대, 정자, 조각물, 그늘시렁(파고라), 공중전화 박스, 음수전, 소화전, 시계탑, 안내판, 조명등, 자전거보관대, 판매대, 운동기구, 야외탁자, 파라솔, 정자, 쉘터(shelter) 등 입체적 시설 다수가 설치되는 경우 보행 동선 축에서 이격된 장애물구역를 확보하여 시설을 배치하고 보행 축에는 수직적 요소를 배제한다. 장애물구역과 보행

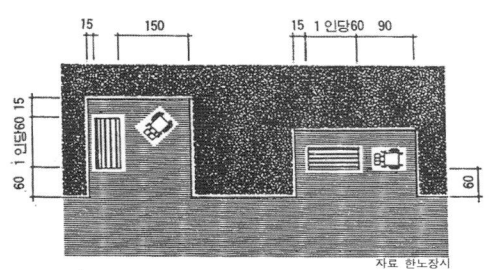

그림 5-23-1
광장에 접한 벤치를 보행안전구역에서 알코브 공간에 배치하였고 벤치 옆 공간에 휠체어 접근 가능한 공간을 두었다.

안전구역을 동시에 만족하는 방법으로 보행장애물로 인한 보행 유효폭 전체를 확장하지 않는 대신 장애물만을 보행축에서 알코브(alcove) 형으로 파서 삽입하는 설계 방식도 가능하다.

5-23-5 잔디광장

잔디에서는 휠체어나 유모차의 작은 앞바퀴(caster)가 잘 움직이지 않는다. 또 작은 앞바퀴가 빠지면 움직이지 못하고 갇히게 되므로 잔디를 휠체어나 유모차가 이용하기 어렵다. 잔디광장 내까지 접근이 불가능하므로 잔디광장 인근에 접근하여 관찰하고 잔디광장 가장자리에서 함께 참여할 수 있는 휴게용 공간이나 벤치를 강성포장 구역에 설치하는 것이 바람직하다. 잔디광장 내에 횡단용 디딤석을 놓는 경우 휠체어나 유모차도 동시에 이용 가능하도록 마감을 하도록 하여야 한다.

5-23-6 긴급차량 및 자전거 동선

광장 내 소방차량, 구급 차량 및 시설관리용 차량의 진입이 필요하므로 주된 광장에 이르는 접근로 및 산책로는 유효폭을 4m 이상 확보하는 것이 좋다. 포장재는 중차량이 견디는 단면과 재료로 하되 보행자와 겸용으로 사용 가능하도록 한다.

또한 광장 내 자전거도로를 설치하는 경우 포장재를 보행 구간과 달리하여 경계가 명확하도록 마감하고 자전거도로 안내판, 바닥안전표시, 횡단표시, 교행표시 등의 안전 조치를 취하고 자전거보관대는 통행에 방해가 되지 않는 장소에 비치한다.

제5장
24절

점자블록과 바닥 포장의 정보 기능

5-24-1　점자블록 종류와 기능

약시자 또는 전맹인 사람들은 주변에서 발생하는 소리를 듣거나(청각) 함께 발바닥, 흰지팡이, 강한 황색의 색상인 점자블록 또는 유도용 및 경고용 띠 등에 의지(촉각 또는 미약한 시각)하여 정보를 파악하고 반응하며 행동한다.

보행로 바닥의 기본적인 정보 제공 소재는 보행 구역 내 포장과 이 포장 내에 설치되는 점자블록이다. 우리나라에서 사용되는 점자블록은 두 종류의 표준형이 있다. 하나는 점형블록이고 다른 하나는 선형블록이다. 이들 블록의 색상은 눈부심이 없고 시인성이 강한 황색이다. 점형블록은 사방 30cm 규격의 블록에 약 6mm 돌출된 원형이 36개가 있으며 선형블록은 5mm 돌출되고 폭 35mm 길이 약 28.5cm인 선이 4개가 있다.

사진 5-24-1
보도 선형을 따라 부드럽게 포설한 선형블록(서울 남산)

점형블록의 주된 기능은 위치 확인 및 경고용이기에 감지용 또는 경고용 점형블록이라고 한다. 점형블록은 점형블록이 놓인 장소 앞 30cm 앞에 위험한 요소, 장애가 되는 요소, 필요한 위치와 장소, 방향을 전환해야 하는 정보를 제공하는 기능을 하게 된다. 횡단보도 앞 보도, 계단 입구와 참, 출입구 문 앞 등에 그 폭에 해당하는 만큼으로 가로 폭 1열 또는 2열로 배치한다. 세로 폭 2열 배치(60cm)는 매우 강한 경고 또는 안전 강화로서 보행 시 보폭이 지나침을 예방하고자 함에 있다. 안내소, 화장실, 매표소, 판매대, 승강기, 점자안내판, 촉지도식 안내판 등 전면 0.3m(~0.9m) 바닥에는 두 장을 설치하여 사용 위치 등을 알리는 기능을 한다. 선형블록의 중간 지점에 설치하여 방향이 꺾임을 알리는 기능을 한다. 위험요소인 자동차진입억제용 말뚝과 같은 시설 전면 30cm 앞에 점형블록을 설치하는 것 역시 경고 및 위치 확인용이다.

유도용 선형블록이라고도 하는 선형블록은 이동할 방향성을 제공하는 기능을 한다. 따라서 연속적으로 설치하고 가급적 직선으로 또는 직각으로 설치하는 것을 원칙으로 하는데 완만한 곡선의 보도 내에는 완만한 보도의 선형을 따라 설치함이 유리한 경우처럼 이용에 불편이 없는 경우 완만한 곡선형으로 배치한다. 곡선보다 직선으로 배치를 하는 원칙이 있으나 무리한 직선을 강조하여 직각으로 여러 번 회절하게 하는 것이라든가 무리한 직각으로 동선을 길게 유도하는 것은 바람직하지 않다. 기타 세부 사항은 본서의 부록3 매뉴얼(사단법인시각장애인연합회 발행)을 참고한다.

5-24-2 점자블록 사용의 유의점

일정 구역을 이탈하여서 아니 된다거나 불필요한 접근을 경고하거나 경계를 표시하는 기능으로 점형블록을 대신하여 바닥을 질감으로 거칠게 마감하거나, 대비되는 색상을 도입하거나, 또는 동시에 이색이질로 경고 내지 정보를 제공하기도 한다.

지나친 점자블록의 사용은 휠체어, 보행 불편자 또는 유모차 등에게 이동 및 방향전환에 불리한 경우가 있으므로 불필요하고 과도한 사용을 지양해야 한다. 또 좁은 구역에서의 많은 점자블록의 배치는 다른 이용자에게 상대적 불편을 초래하므로 사용을 자제할 필요가 있다.

황색인 점자블록 주변에 황색 또는 노란색 계열의 블록이나 바닥재(특히 황토벽돌 또는 점토벽돌 등)를 배치하는 것은 약시인 사람들에게 혼란을 가중하므로 점자블록 양쪽 주변 60cm 폭은 황색계열이 아닌 대비 색상의 재료를 사용한다.

목재인 마루나 판재용 데크 및 목재 계단에는 고무 또는 미끄럽지 않은 플라스틱 점자블록을 부착 시 목재를 점자블록의 깊이만큼 파낸 후 모서리가 들뜨지 않도록 실리콘이 아닌 강력한 에폭시 계열 접착제 및 나사못으로 강한 부착이 되도록 마감한다. 특히 실내에 사용되는 고무, 플라스틱, 자기질 점자블록은 실외에서 변형이 심하고 미끄러우므로 바람직하지 않다. 마모 시 교체한다.

외국에서는 다양한 색상의 점자블록을 사용하지만 우리나라에서는 점자블록의 KS 색상을 황색을 기준으로 하고 바탕색과 대비되는 재료를 사용할 수 있도록 하고 있으나 다른 색상에 대하여 아직 시행에 어려움이 있고 검토가 필요하다. 실내에서 사용되는 얇은 두께의 재질은 외부 공간의 포장 바닥에 부착하는 경우 재료의 휨, 탈락 또는 돌출이 심하여 사용하지 못 한다.

사진 5-24-2
재료분리현상이 발생한 시멘트콘크리트 점자블록
(서울 청계천).

외기에서 사용되는 점자블록의 표면 재질은 플라스틱이나 미끄러운 자기질을 사용하는 경우 빗물이나 눈이나 습기에 미끄러움이 있기에 사용해서는 아니 되며, 플라스틱인 경우 자외선에 의한 휨 변형과 탈색이 있어 사용해서는 아니 된다. 일반형 시멘트콘크리트의 점자블록 표면층도 재료분리현상이 발생하기도 한다.

표 5-24-1 관련 법령 등에 의한 점자블록 설치 내용

법규명칭	설치규정
장애인·노인·임산부등의 편의증진보장에관한법률 시행규칙	- 표준형: 치수, 모양, 색상, 재질, 미끄럼 방지 등 - 점형블록: 계단, 장애인용 승강기, 화장실, 위험한 장소 등 전면 0.3m 이격 설치, 선형블록이 시작·교차·굴절되는 지점(단, 시각장애인의 안전 확보 시 0.3~0.9m 범위) - 선형블록: 주출입구와 연결된 접근로에서 유도를 위해 연속적 설치
교통약자의이동편의증진법 시행규칙	횡단보도 진입부(점형), 보도 폭의 4/5 지점(선형), 횡단보도의 안전지대(점형 및 선형), 음향신호기 전면(점형), 자동차진입억제용 말뚝 전면 0.3m(점형)
보행안전및편의증진에관한 법률 시행규칙	- 노란 색상을 원칙으로 하되 바닥의 대비색 가능 - 점형블록: 횡단지점·대기지점·목적지점·보행 동선의 분기점 표시, 장애물 위험 경고, 선형블록이 시작·교차·굴절되는 지점, 자동차진입억제용 말뚝 전면 0.3m - 선형블록:시작·보행 동선의 분기점, 대기지점, 횡단지점 등에 설치된 점형블록과 연결하여 목적지까지 보행 방향을 지시하고 연속적 또는 단속적으로 설치
도로안전시설설치및관리지침	- 점자블록의 종류, 형태, 규격, 색상, 재료 및 설치 장소 - 점형블록: 위치 감지용은 대상시설의 가로 폭으로, 세로 폭은 30~90cm 설치(횡단보도, 육교), 방향 전환 시 선형블록의 2배 폭, 선형블록의 끝지점 - 선형블록: 진행방향과 평행 설치, 점형블록과 연계 시 또는 보도에서 방향을 유도 시 중앙에 설치, 횡단보도·안전지대·교통섬·지하도입구·육교입구·건축물입구·버스정류소 등에서는 세로폭을 60cm로 하고 연속적인 직선 보행 시는 30cm로 설치 - 횡단보도 양단에 점형블록과 횡단방향과 통행방향과 평행으로 선형블록을 60cm 폭으로 보도폭의 4/5지점까지 설치, 보도가 좁은 경우 점형블록만 설치 - 기타 횡단보도 유형에 따른 설치 방법 예시(지침 제4.6.6 참조)
장애물 없는 생활환경 인증 지표	장애물 없는 생활환경 인증 지표로서 점자블록에 대한 특별한 기준은 없고 관련 법령과 시각장애인편의시설 설치 매뉴얼 등에서 정한 기준을 준용하고 있음
시각장애인편의시설 설치매뉴(부록 3참조)	1. 공공건축물·공원·공동주택편: 2017년 12월에 보건복지부·사단법인시각장애인연합회·시각장애인편의시설지원센터에서 발행한 매뉴얼에 수록된 상세한 해설과 규정을 참조 2. 여객시설 및 도로편: 2018년 12월에 보건복지부·사단법인시각장애인연합회·시각장애인편의시설지원센터에서 발행한 매뉴얼에 수록된 상세한 해설과 규정을 참조

사진 5-24-3 방향인지용 점형블록 대신 45도 꺾인 줄무늬 점자블록 및 적색 점자블록 시공(러시아 모스크바), 많은 관광객 방문 지역인 고대 로마 도시 내 색상대비의 검정색 철제 점형블록(터어키).

5-24-3 유도 및 경고용 띠

장애물 없는 생활환경 인증 도로 부문에서, 보도 상에 보행안전구역이 있는 경우 보행자안전구역 내에는 점자블록인 점형블록과 선형블록을 설치하지 않는 대신 보행안전구역이 다른 시설과 만나는 지점에 시각장애인을 위해 점자블록의 기능을 대신하는 유도 및 경고용 띠를 설치하도록 하는 평가 기준이 있다.

예시하면, 보행안전구역 옆에 장애물구역이나 자전거도로가 있는 경우 보행안전구역과 장애물구역 또는 자전거도로 사이에 30cm 폭원으로 색상과 질감을 달리하며 그 경계가 분명하게 감지될 수 있는 띠를 연속적으로 설치하도록 하고 있다.

이 유도 및 경고용 재료는 보행안전구역 바닥과 다른 이색이질이어야 하고 경고를 위한 이질감은 5mm (이상 3cm 정도)로 돌출되도록 하여야 하나 돌출의 높이가 5mm 이상이면 자전거나 혹 일반 보행인에게 지장을 주게 되므로 보행안전구역과 접한 용도가 자전거도로이면 5mm 정도가 적정하다. 보행안전구역 옆에 식수대와 같은 장애물구역이 있다면 3cm 이상이 적정하다.

다른 예로, 이러한 유도 및 경고용 띠는 일종의 유도와 경고를 나타내는 점자블록을 대신하는 기능을 하므로, 보행로와 평행으로 벽면이 불규칙하게 돌출된 구역이 있는 경우 돌출된 벽면과 보행로 사이에 일정 거리를 이격하여 시각장애인이 돌출된 벽면에 부딪히지 않도록 설치하는 것이다.

사진 5-24-4   국내외 각종 보행 공간 내 유도 및 경고용 띠 설치 사례
(시계방향: 서울 남산, LA USC , 세종시, 영국 켄트, 일본 교토)

5-24-4 독립기둥에 대한 경고

일직선 상에 있거나 동일한 패턴을 형성하여 서 있는 기둥에 대하여는 기둥이 놓인 일정 구역의 폭을 이색이질로 유도 및 경고 기능을 부여할 수 있으나, 홀로 보행 구역 내에 서 있는 독립기둥의 하부에 대하여는 기둥 하부 보행 구역 내 약 50cm 내외로 바닥재와 다른 이색이질감의 재료로 감싸 시공하여 경고 및 안내한다. 경고를 위해서는 거친 질감으로 5mm 이하의 돌출물이 있으면 효과적이고 돌출물이 바닥에 고정되어야 한다.

예로, 독립기둥이 있는 포장재가 흰색계열의 화강석이라면 적색 또는 검정색 계열의 화강석재 등을 사용하여야 하나 적색이나 검정색 계열이라 하더라도 희미한 적색이나 검정색상이 있는 경우 명도나 색상의 차이가 뚜렷하지 아니하므로 진한 적색이나 검정색을 사용하여야 한다.

둥근 기둥은 둥글게 사각 기둥은 사각으로 마감하는 것이 좋으나 바닥마감재의 시공성과 마감 효과를 위해 꼭 그렇게 할 이유는 없으므로 재료 선정과 형상은 원 바닥의 재료에 따라 시공성과 마감 효과가 좋도록 디자인하면 된다.

만일 독립기둥이 보행 구역과 가까이 있어 보행자, 자전거나 차량과 충돌이 우려 시 기둥 높이 1.5m 내외 부위에 상해가 적도록 완충재를 보완할 수 있고 경고용 색상을 보완하면 더욱 좋다.

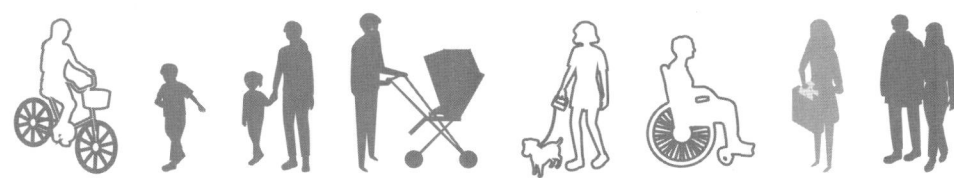

제5장
25절

자전거도로, 자전거주차장 및 자전거보관대 등

아래 내용 외에 전술한 자전거에 관해 설명한 「제1장 7-4절의 자전거 교통사고」 및 「제5장 5-10절의 접근로 상의 자전거」를 참고한다.

자전거는 에너지 효율이 가장 좋고 단위 거리 당 가장 CO_2를 적게 발생시키는 이동수단이다. 따라서 가장 많이 사용해야 하는 이동 수단이기도 하다. 그러나 「도로교통법」 제2조에 자전거는 차로 분류되는 것처럼 속도가 빠르기 때문에 사람과의 충돌 시 또는 자전거끼리 충돌 시 경상을 넘어 중상 및 사망 사고로 이어지는 이동 수단이라는 점 때문에 설계 시 주의를 요한다. 특히 한 눈을 파는 사람이나, 시각장애인, 어린이, 노인 등 교통약자와 충돌 시 상해 범위가 크고 심하다. 자전거전용도로가 아닌 보도 상에 설계 시공하는 자전거·보행자겸용도로에서의 사고는 이런 점에서 유의해야 한다.

「도로법」, 「도로교통법」, 「자전거이용활성화에관한법률」 및 「자전거이용시설설치및관리지침」 및 해설서, 행정안전부 지침 및 지방자치단체의 조례 등에 따라 각종 규모, 안전시설, 교통 안내판, 표지판, 휴게소, 포장, 주차시설 등을 갖춘 설계 시공하여야 한다.

보도 상이 아닌 접근로, 통행로, 산책로, 광장 등에서 자전거와 교행이 일어난 구간에는 반드시 교행지역임을 바닥과 입식안내판으로 알리거나 보행 위주로 설계 평면과 단면을 결정하는데 보행자와 자전거 모두의 안전을 위한 설계를 하여야 한다.

「자전거이용활성화에관한법률」 제2조에서 자전거란 시속 25km 이하의 전기자전거를 포함하며 같은 법 제3조에 의하면 자전거도로는 1)자전거전용도로, 2)자전거·보행자 겸용도로, 3)자전거전용차로 및 4)자전거우선도로로 분류하고 있다.

보도에 설치되는 것을 자전거·보행자겸용도로라 하여 장애물 없는 생활환경의 도로의 인증 평가 시 보행 구간과의 위치를 평가 대상으로 한다. 만일 자전거전용도로, 자전거전용차로와 자전거우선도로는 보행 구간 밖에 설치되는 경우 인증 대상에서 제외되나 보도와 연접하거나 교차되어 보도와 관련되는 경우라면 평가 대상이 된다 하겠다.

우리나라 「자전거이용시설설치및관리지침」에 자전거의 규격을 길이 1.9m, 높이 1.0m, 폭 0.7m(산자부 기술표준원)를 표준으로 하고 있다.

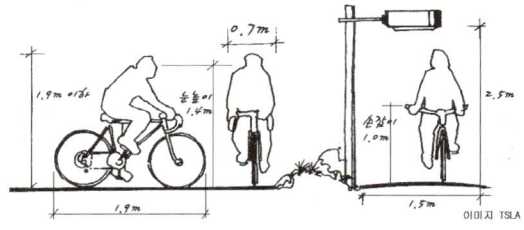 

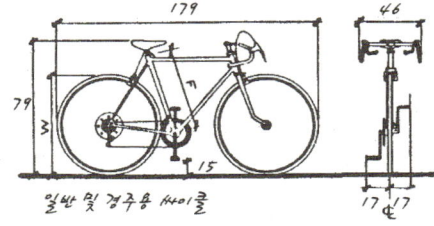

그림 5-25-1　　　　　　　　　자전거 규격과 적정 시설 제한

 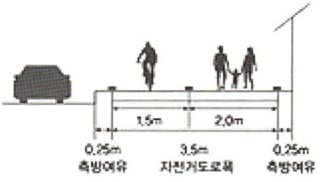

사진 5-25-1 및 그림 5-25-2　　　　보도에 설치된 자전거·보행자 겸용도로(분리형)

 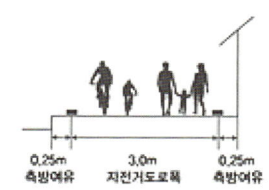

사진 5-25-2 및 그림 5-25-3　　　　녹지 내에 설치된 자전거·보행자 겸용도로(통합형)

사진 5-25-3　　　　(좌측) 하천 내 자전거전용도로 (분당 탄천), (우측)자전거전용차로(서울 청계천변)

경찰청 사고 유형 분석에 의거, 자전거도로를 고려할 때 설계 시공은 자전거와 사람간의 사고는 횡단 시, 통행 시, 길가장자리 통행 중, 보도 통행 중 사고 유형을 검토하며, 또 자전거와 자전거의 사고는 정면 충돌, 측면 충돌, 추돌, 후진 충돌을 검토하고, 그리고 자전거 단독 사고는 공작물 충돌, 도로 이탈인 추락, 전복 등을 고려해야 한다.

- 자전거도로가 보도 내에 설치된 경우 관련 법령, 지침 이외에 행정안전부 지침 및 해당 지방자치단체의 자전거도로 운영 체계를 반드시 참고하여 설계에 반영
- 30m 전방에서 보행자와 자전거 승차자가 서로 인지할 수 있도록 시야 확보
- 시야 확보가 불충분한 경우 반사경 등 안전시설 보완
- 자전거도로에 횡단보도 전후로 속도를 줄이는 (가상)속도저감시설 설치
- 보행자 전용 구간 전에는 자전거에서 하차 후 끌고 가도록 안내 표시
- 보도 내 통행로 및 접근로 내에 자전거도로가 있는 경우 자전거용 바닥은 보행용 포장재와 분명한 경계와 색상 구분
- 차도를 횡단하는 횡단보도는 가급적 자전거 전용의 턱낮춤 구간 확보
- 보행자와 충돌이 심한 구간이 예상되는 곳은 보행 구간과 자전거도로 사이에 중앙분리대 설치
- 보행자가 많은 곳은 자전거에서 내려 주차하거나 끌고 가도록 유도
- 자전거보관대는 통행에 방해가 되지 않는 장소에 배치(90, 60도, 45도 주차 등)
- 틈이 1cm 이상인 경우 자전거 바퀴가 끼거나 빠짐

장애물 없는 생활환경의 도로 부문 인증 평가에서 보도에 자전거도로를 두는 경우 자전거도로를 차도 쪽에 두도록 하고 있고 최소 유효폭을 0.9m 이상으로 하며, 자전거도로의 좌우기울기는 최소 1/12 이하, 종단경사도는 1/24 이하로 하며 30m마다 휴식참을 두도록 하고 있다. 바닥은 틈이 없고 평탄한 재질로 마감하며 경계를 명확히 감지하도록 하며, 배수구의 덮개 간격은 진행방향으로 1cm 이하가 되도록 하고 자전거도로임을 표시하도록 하고 있다.

공원이나 광장을 횡단하는 자전거도로는 폭 3.0m 이상으로 하여 양방향으로 설치하고[63] 자전거길임을 바닥재의 색상으로 구분하며, 접근로, 산책로, 통행로에 진입하는 구간 전에 사람의 횡단 경고 표시를 바닥이나 수직 기둥에 표시하여야 한다. 필요 시 자전거길 진출입구 근처에 자전거보관대를 사람과 자전거의 통행에 지장이 없도록 배치한다.

주차장법이나 주택법 등에 의한 자전거주차장을 마련하는 경우 자전거도로의 마지막 구간에 설치하거나, 보도의 폭이 넓은 곳이나, 차량의 주차장 인근에 설치 검토하고 건축물의 피로티 등 구역에 설치하는 경우 통행의 유효폭을 보장하여야 하며 주차 각도는 90°~45°범

---

[63] 자전거이용시설설치 및 관리지침 5-5

위 내에서 결정한다. 이 때 자전거를 보행 구간 내까지 타고 들어오지 않도록 보행 구간과 단절하도록 함이 바람직하고 보행 구간 내에서는 자전거에서 내려 끌고 들어 와 주차하도록 하여야 한다.

자전거거치대, 자전거보관대 또는 자전거주차장의 지붕이 있는 경우 지붕의 높이는 2.1m 이상으로 하거나 지붕이 없는 형태를 갖추어야 한다.

특히 자전거이용활성화에관한법률 제11조3에 대중교통수단(도시철도차량 및 철도차량 등) 내에 설치되는 자전거거치대는 국가 또는 지방자치단체가 자전거거치대를 설치하는 자에게 예산의 범위에서 그 설치에 필요한 비용의 전부 또는 일부를 지원할 수 있도록 활성화하고 있다.

표 5-25-1   자전거도로의 종류

구 분	종 류	내 용
기능별	광역자전거도로	연담 도시 간의 통근목적 도시 주변 문화재 및 위락시설 연결
	간선자전거도로	도시 골격을 형성하는 간선도로에 설치 생활권 간의 연계
	지구자전거도로	생활권 내의 보조간선도로 또는 집산도로에 설치 권역 내 통행 담당
	국지자전거도로	15m 이하 도로에 설치 자전거 교통의 편리성 및 접근성 확보
횡단구성별	지전거전용도로	자전거만 통행에 이용
	자전거보행자겸용도로	자전거 외 보행자 통행
	자전거자동차겸용도로	차도에 설치되어 자동차도 일시적으로 통행
통행목적별	통근통학형	통근이나 통학에 이용
	생활형	업무, 쇼핑, 친교 등에 이용
	레저형	여가 및 스포츠에 이용
이용행태별	직결형	주거지에서 최종 목적지까지 주 교통수단으로 이용
	연결형	주거지에서 환승목적지까지 보조 교통수단으로 이용

제5장
26절

공연장 또는 공연무대

광장 주변에 또는 광장의 중앙에 설치하는 함몰형(sunken) 또는 무대형인 공연장은 장애인이 무대까지 오르내릴 수 있도록 경사로 또는 계단을 설치하여야 한다. 함몰형 공연장 주변의 계단 등의 단차가 있는 경우 안전 난간 등을 고려한다. 무대에 이르는 경사로는 직선형으로 하며 곡선형은 바람직하지 않다(제5장 20절 경사로 참조).

구조물이나 목재 데크로 바닥 전체를 무대로 조성하는 경우 평면 접근형이 바람직하며 단차가 있으면 경사로, 손잡이, 추락방지턱, 경고용 띠 등을 설치하여야 한다. 단차가 발생하는 턱이나 난간 등에는 시인성 조치를 취하고 단차 발생 높이가 1m 이상인 경우 추락 방지용 난간 설치를 검토한다.

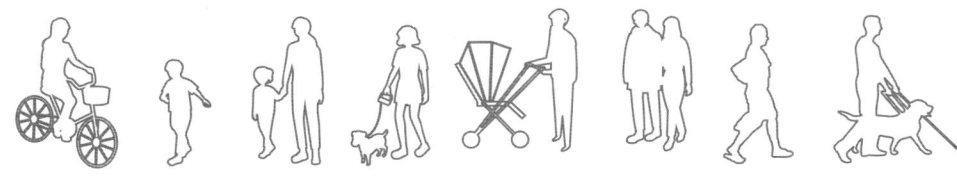

제5장
27절

바닥분수

바닥분수 또는 안개분수 등은 어린이가 좋아하는 시설로서 광장의 중앙부에 미기후조절용, 경관용, 관상용 또는 참여형으로 설치하는 경우가 많다. 보행 축의 중심에 설치하는 경우 장애물이 되므로 축을 피하여 설치한다.

분수를 가동 시에는 비산된 물이 분수 바닥과 주변에 묻게 있으므로 분수의 높이에 따라 주변 지역의 포장재를 미끄럼이 없는 재료를 선택한다. 물이 분출되는 노즐용 구멍이 크면 장애가 되므로 직경 50mm 이내로 바닥 물구멍 규격을 작게 하는 것이 바람직하다.

대부분 바닥분수 하부에 물탱크가 있어 상부 마감재가 파괴되면 사람이 물탱크로 빠지므로 상부 구조재에 걸쳐 있는 바닥마감재의 휨강도를 안전하게 설계를 하여야 한다. 압축강도에 비해 휨강도가 약한 화강석 또는 현무암을 판재형으로 가공하여 사용하는 경우 성인 2인의 몸무게(약 140kg)로 뛰었을 때의 충격 하중에 파괴가 되지 않는 두께를 갖추어야 하므로 판석의 길이가 50cm 이상인 경우 약 8cm 이상의 두께가 바람직하다. 현장에서 사용되는 석재 규격으로 휨강도 시험을 하여 안전성을 반영해야 한다. 화강석 또는 현무암 판석인 경우 표면은 잔다듬 또는 정다듬의 고은다듬이 버너마감보다 더 안전하다.

사진 5-27-1　(좌측) 바닥분수 물구멍의 크기를 신발이 빠지지 않도록 스테인리스판으로 막아 조정하였다 (서울 청계천). (우측) 조형물과 함께 시공된 안개분수를 잔디 내에 배치하였다(프랑스 쇼몽 국제정원박람회).

제5장
28절

자동차진입억제용 말뚝(볼라드)

「교통약자의이동편의증진법」 등 법령에서는 차량을 통제하는 볼라드(bollard)를 자동차진입억제용 말뚝이라고 한다. 원래 볼라드는 부둣가에 배를 묶어두는 키 낮은 기둥(단주,短柱)을 말하나 보행 구간 내에 차량의 진입을 방지하거나 시설의 경계를 표시하거나 걸터앉아 쉬는 것 등 다양한 기능, 다양한 재료, 다양한 디자인으로 기준 없이 무분별하게 설치되어 왔다. 무분별한 설치 원인 중 하나가 불법적인 자동차의 보행 구간 진입을 막기 위한 시설물로 사용된 것이다. 그러나 이 볼라드는 부둣가 이외의 장소에서는 장애물에 속한다. 자동차용 장애물을 보행 구간에 설치하는 시설물이므로 설치하지 않는 것이 원칙이다.

보행 공간 내 가장 많은 보행장애물 중의 하나가 볼라드이다. 시각장애인을 포함하여 지체장애인, 일반인 및 차량 모두에게 불편과 장애를 유발하였고 특히 야간에 사고를 많이 내는 시설이다.

횡단보도 앞 보도 턱낮춤 연석경사로 구간에 설치한 볼라드는 보도 내부로 차량 출입이나 침범을 막는 시설물로 1990년도 초부터 지금까지 우리나라 전역 횡단보도 입구 등에 무분별하게 설치되어 왔으며 높이가 40~60cm로 낮고 충격에 위험한 소재를 사용하였다. 부실한 설치, 다양한 형태, 좁은 간격 때문에 극단적인 장애물이 되어 많은 민원이 야기되어 2005년도부터 이를 제거하기 시작하였는데 아직도 보도로의 차량 진입이나 침범을 방지하기 위해 여러 지방자치단체에서는 계속 설치하고 있다.

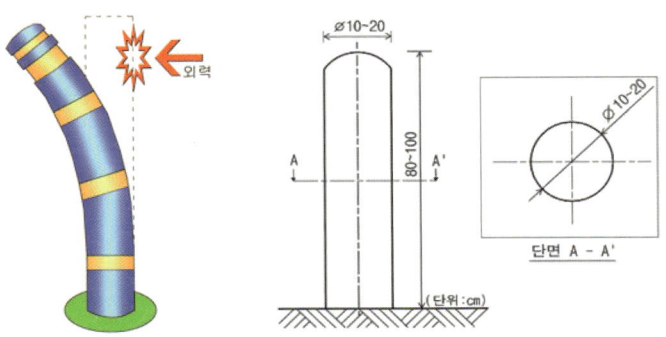

그림 5-28-1   자동차진입억제용 말뚝의 재료 및 규격, 자료 한국시각장애인연합회

횡단보도 앞 연석경사로에 좁은 폭으로 설치된 볼라드는 휠체어가 연석경사로를 따라 움직이는데도 힘든데 볼라드를 피해가며 방향 전환하기에도 많은 장애를 유발하기에 볼라드를 설치하지 않음이 좋다. 볼라드는 횡단보도의 연석경사로에서는 시각장애인 뿐 아니라 휠체어에게도 매우 불리한 시설이다.

횡단보도 폭으로 전면적인 턱낮춤하는 연석경사로에서는 차량의 진입이나 침범을 방지하는 자동차진입억제용 말뚝의 문제점을 해결하기 위해 부분경사로를 도입하는 방안이 매우 유리하다. 장애물 없는 생활환경 도로 부문에서도 전면적인 턱낮춤 방식이 아닌 그리고 자동차진입억제용 말뚝이 없는 부분경사로를 인증 지표로 삼고 있다. 즉 횡단보도의 턱낮춤 폭을 0.9~1.5m 정도로 좁혀 차량의 출입을 제한하면서 자동차진입억제용 말뚝을 설치하지 않도록 하는 기준이 마련되어 있으나 아직 많은 지방자치단체가 이를 시행하지 않고 있다. 부분경사로를 설치하는 경우 전면적인 연석경사로의 면적보다 상대적으로 점자블록의 설치 면적도 줄일 수 있는 장점 및 효과가 있다.

불가피하게 임시 차량 통행이 확보되어야 하는 구간, 차량과 보행을 구별하여야 하는 구간 등에 설치 시에는 「교통약자의이동편의증진법」 시행규칙 등에 따라 표면이 탄성재질로 되고, 높이 80~100cm, 지름 10~20cm를 1.5m 간격으로 설치하되 고정식 또는 탈부착식으로 할 수 있다. 시각장애인을 위해 전면 30cm에 점형블록을 설치한다.

제5장
29절

선홈통

지붕의 빗물을 땅 바닥까지 수직으로 내려 받는 홈통을 선홈통이라 하는데, 건축물이나 시설물의 벽체에 부착되는 경우가 많다. 선홈통이 보행 구간에 설치되면 보행장애물이 되므로 보행 구간이 아닌 녹지에 설치한 것이 가장 좋으며 보행 구간 벽면에 부착하는 경우 삽입형으로 함이 바람직하다. 선홈통의 말단부가 ㄴ자형으로 보행 구간으로 돌출되어 보행장애물이 되는 경우가 대부분이다.

보행 구간에 벽면 돌출형으로 부착하는 경우 돌출된 두께를 최소로 하고 선홈통의 끝 마감이 ㄴ형이 되는 경우 발에 부딪히므로 l형으로 하여 집수정이나 트렌치에 직접 삽입하거나 녹지로 직접 향하도록 위치시키는 것이 좋다.

선홈통 하부에 집수정이 없는 경우 트렌치를 설치하여 빗물을 집수정으로 유도하여 겨울에 포장면에 물이 흘러 빙판을 형성하지 않도록 한다.

사진 5-29-1 　지붕에서 내려오는 빗물이 기둥 옆에 설치된 선홈통에서 직접 보도 위에서 퍼지지 않도록 보도에 물 홈을 파서 차도로 보내도록 하고 있다(모스크바)

제5장

30절

조회대 및 단상

학교 운동장 등에서 조회대 또는 단상(壇上)은 장애인 등도 사용하는 공용의 공간이므로 턱이 없어야 하고 접근 가능한 구조가 되어야 한다. 턱이 있다면 경사로 및 계단에 손잡이 등을 갖추어하고 전면 접근의 활동 공간도 확보한다. 조회대 주변의 단차가 있는 경우 안전난간을 설치하도록 하여야 한다. 조회대나 단상이 꼭 높은 곳에 배치되어야 할 필요는 없는 경우도 있다.

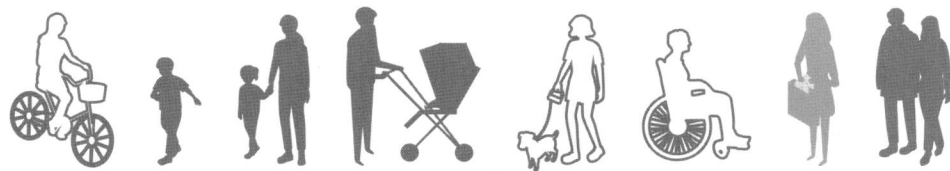

제5장

31절

음수대(음수전) 및 세족(洗足)시설

옥외에 설치되는 음수전을 설치하는 바닥은 턱이 없어야 하며, 음수전 1개는 휠체어 접근이 가능한 전면 활동 공간과 시설 구조를 갖추고, 어린이도 사용할 수 있는 높이를 갖추어야 한다. 장애인용의 수전은 누름식보다 밸브형이 적정하다.

음수전 주변은 물이 흘러 바닥에 묻으므로 미끄럽지 않은 재질로 마감하고 겨울에도 햇빛이 들고 통행에 방해가 없는 구역이 좋다. 특별한 경우가 아니면 지붕(캐노피)은 불필요하다. 위생을 위해 항상 햇빛이 드는 구조로 함이 좋다. 휠체어 사용자가 사용하는 수전 앞은 1.5m×1.5m의 수평 공간을 확보한다.

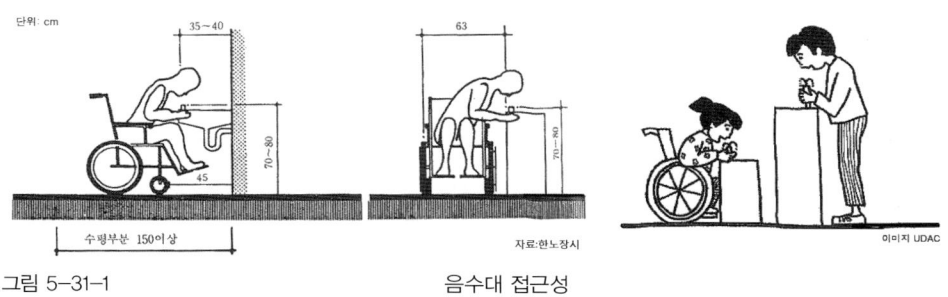

그림 5-31-1 　　　　　　　　　　음수대 접근성

어린이집, 유치원 등 놀이터 근처에 설치된 세족(洗足)시설은 보행 구간이 아닌 곳에 둔다. 세족시설 사용 시 물이 튀기나 주변이 습하기 때문에 청결과 위생을 위해 밝고 햇빛이 잘되는 곳에 그리고 주변에 식재하지 않아 낙엽이 세족시설 내로 들어가지 않는 곳에 배치하며 남부 지방과 같이 따뜻한 곳에서는 겨울에도 잠시 사용할 수 있도록 배려한다. 바닥 깊이는 25cm 폭은 50cm 내로 하며 수도꼭지는 밸브형으로 하고 어린이들의 머리가 수도꼭지 부딪침이 없는 높이와 거리에 두어야 한다.

음수대와 세족시설의 제수변은 보행 구간이 아닌 녹지 안에 설치하는 것이 좋고 보행 구간에 설치하는 경우 뚜껑은 철제 또는 수지(플라스틱)로 된 것은 미끄럼이 있으므로 미끄럼이 없는 제품을 사용하도록 한다.

제5장
32절

휠체어 보관소

노인정, 노유자시설 또는 휠체어이용자가 많이 이용되는 시설에는 실내에 또는 실내로 진입 전 주출입구 근처에 휠체어 보관소를 설치함이 적정하며 특히 전동휠체어 이용이 증가하므로 전기콘센트 시설을 갖추고 가급적 지붕(차양)이 있으면 좋다. 도난을 방지할 수 있는 위치 및 시설이 요구되기도 한다. 바닥면이 수평과 회전이 가능한 대당 1.5m×1.5m 이상으로 하도록 한다.

전기콘센트는 누전이 되지 않도록 노출선이 아닌 벽체 매립식으로 하고 위치는 바닥에서부터 1.2m 이내에 뚜껑이 있는 것으로 한다.

제5장
33절

파고라(pergola 그늘시렁), 정자 및 벤치

평상 형식의 마루를 두거나 기단을 두어 내부 공간으로 진입이 어려운 단차를 두지 말아야 한다. 주변 접근로 또는 보행로의 유효폭 밖에 배치하여 보행장애물이 되지 않도록 하고 내부에 벤치를 배치하는 경우 휠체어 접근과 회전이 가능하도록 배치한다. 파고라 내 벤치 또는 정자 내 마루시설이 있는 경우 휠체어에서 이동이 가능하도록 벤치나 마루의 높이를 40~50cm 내외로 설치하고 손잡이를 두어 장애인이 이동 접근하여 앉을 수 있도록 한다. 파고라 및 정자 주변으로 둥글게 통행로를 두는 경우 유효폭을 1.2m 이상으로 하고 꺾임부에는 회전공간(최소 1.4m×1.4m)을 둔다.

벤치는 등의자, 평의자, 장의자 등이 있고 형태에 따라 앉음벽(sitting wall), 원형의자 등이 있다. 장애인과 노인을 위해서는 등받이와 손잡이가 있는 것이 전체 배치의 10~20%를 분산 배치하되 보행 흐름에 방해되지 않도록 한다. 기초가 없는 이동식 벤치 등은 사용에 매우 위험하다. 하부가 막힌 앉음벽은 무릎을 오므릴 때 불편이 있어 바닥에서 30cm 높이 이내로 약 20cm 정도 파인 것이 편안한 구조이다(그림 5-38-4 참조). 석재로 만든 의자나 벤치 등은 노인, 여성, 장애인 등이 오랜 시간 앉기에 부적정하다(기타 내용은 제5장 38-10절 참조).

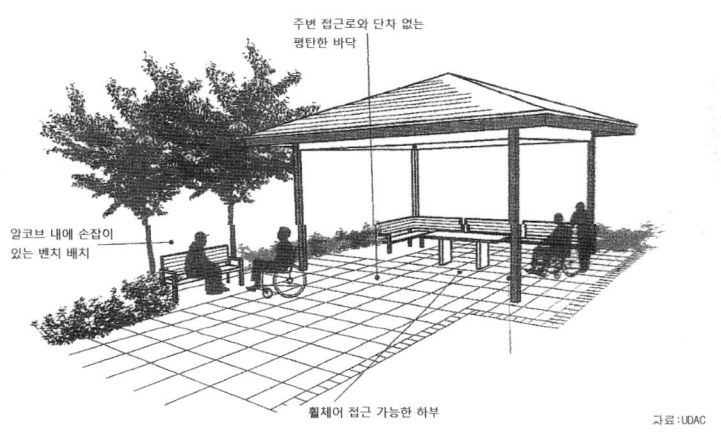

그림 5-33-1   파고라(pergola) 내외부 접근성

제5장
34절

유희시설 등

5-34-1   어린이 유희시설

어린이들은 흥분하고 주의력이 산만하며 뛰는 경우가 많으므로 여러 가지 안전 조치가 필요하다. 그네, 시이소, 미끄럼대, 조합놀이대 등이 모여 있는 공간으로 진입하는 입구는 턱이 없는 평탄한 포장이 되도록 한다. 모든 놀이시설의 기초가 드러나지 않아야 하며 놀이시설과 관련 없는 시설(조명등, CCTV 등)이 놀이구역 안에 있어서는 아니 된다. 어린이놀이시설을 설치 시에는「어린이놀이시설안전관리법」및 「어린이놀이시설의시설기준및기술기준」을 적용한다.

이들 법령 이외에 놀이시설을 배치함에 있어 예컨대, 어린이놀이시설 중 그네의 형태가 다양한데 그네를 움직일 때 발생하는 운동량이나 충격량이 크므로 그네의 활동구역(충격구역) 밖에는 보호책을 설치하는 것을 검토하고 인근 다른 시설의 활동구역과 겹치지 않도록 3m 이상 이격하도록 하며 어린이들이 그네 손잡이를 놓치는 경우 바닥에 떨어질 구역에 대하여는 모래 구역이거나 고무매트 구역이 되도록 방향을 정함이 좋다. 또한 그네의 방향이 햇빛이 강한 동서방향보다 남북방향으로 정치하도록 한다. 각 놀이시설의 형태에 따라 이와 같은 유사한 방식으로 어린이의 안전을 검토하여야 한다.

진입부와 시설 주변에는 수목의 배식밀도를 과하게 밀식하지 않고 지나가는 사람들도 관찰할 수 있도록 개방감을 확보한다. 또 유희시설 주변에서 보호자가 어린이를 살피거나 쉴 수 있는 벤치를 배치한다.

바닥을 고무재질로 포장하지 않고 모래로 마감하는 경우 모래와 일반 포장재 사이의 마감은 모래가 일반 포장재 위로 확산되지 않도록 10~20cm 정도 낮게 포설하고 물빠짐이 잘 되는 지하 배수 시설을 하여야 한다.

광장이나 접근로 등 통행이 많은 곳에 분산 배치 또는 선형 배치하는 유희시설은 통행 기능과 유희 기능이 서로 방해되므로 유희시설을 통행 공간에서 후퇴하여 별도의 유희 공간을 확보한다.

그림 5-34-1   어린이를 위한 접근성과 안전성을 위한 시설물 배치

5-34-2   전문 유희시설

어른 또는 어린이들이 사용하는 순환회전차, 궤도, 모험놀이장 등이 설치된 유원지 내 전문 유희시설, 박람회장, 대형 옥외관람시설 등으로 공공이 이용하는 시설에 대하여는 각 법령의 시설안전기준을 엄격히 적용하되 접근로와 시설별 장애인 이용 가능여부를 종합 고려하여 주변 구역에 휠체어 보관소, 장애인 우선이용 대기소, 인적 서비스 및 안전 주의 표지판 설치 등을 반영하여야 한다.

5-34-3   장애인 전용 유희시설

해외에서는 장애인 전용 또는 보호자 동반 유희시설 설치가 활성화 되어 가고 있으나 우리나라는 개발과 설치가 매우 미흡한 실정이다.

제5장

35절

보도교(다리)

실개천, 연못 또는 호수에 설치되는 다리는 홍수 발생이나 최고수위(H.W.L.) 변화가 없다면 다리의 종단면 형태를 곡면으로 할 필요가 없으므로 평면 또는 평면형으로 한다. 곡면으로 하는 경우 휠체어 이동이 어렵고 겨울에 미끄럼이 발생하기 때문이다.

다리의 규모가 작고 수심이 30cm 내로 얕거나 또는 급류가 아니어서 안전 난간을 설치하지 않는 경우 반드시 추락방지턱을 설치하여야 하며 야간에도 인지되도록 조명시설을 갖추어야 한다. 교량의 상부 바닥에서부터 수심의 밑바닥까지 1m 정도 이상이거나 수심이 30cm 이상이거나, 급류이거나, 가까운 인근에 탈출 시설이 없다면 반드시 안전 난간을 설치하도록 하여야 한다. 난간이나 교량 입구에는 수심의 깊이와 위험을 안내하여야 한다.

미적 효과를 위해 다리의 형상을 곡면으로 하는 경우 안전난간 이외에 손잡이를 설치하고 경사도를 1/12 이하로 하되 다리 중앙까지 길이가 9m 이상이거나 접근로의 성격이 강한 경우 1/18이하로 하여야 한다. 곡면인 다리의 바닥을 목재로 하는 경우 빗물과 눈으로 미끄럼이 심하고 동절기 표면결빙(black ice, 살얼음) 현상이 있어 매우 위험하므로 목재 사용을 피하는 것이 좋으며 교량의 입구에는 미끄럼 예방을 위한 안내 및 경고 표지판을 설치한다. 간이 교량이라 하더라도 구조계산이 필요한 경우도 있다.

사진 5-35-1   (좌측부터) 실개천과 횡단 다리 및 건물 앞 실개천과 간이 석재교

그림 5-35-1　　　　　　　　보행에 적합한 완만한 경사형의 교량

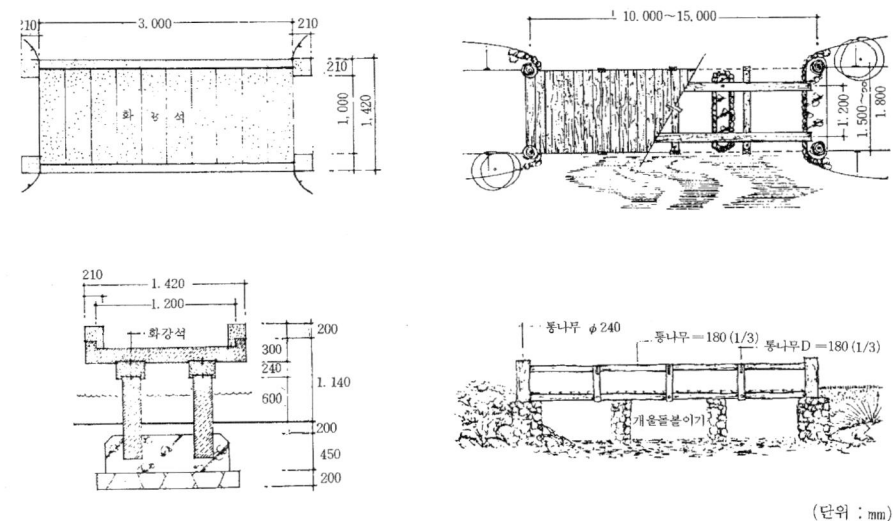

그림 5-35-2　　　　　　　　실개천 등을 횡단하는 관찰용 간이 교량, 자료 건설부

제5장

36절

생활형 하천

하천이 공원 내를 지나거나 하천을 생활형 여가 공간으로 이용하고자 하는 경우 어떻게 장애물 없는 공간으로 설계 시공할 것인가에 관하여는 「하천법」에 의한 시설 기준과 하천 이용 방안을 모색하여 결정한다. 보존형 하천이 아니라면 접근과 시설 이용을 도모해야 하는 경우 접근로가 필수적이다.

자전거도로 또는 주차장이 있는 하천에서는 자전거, 차량 및 보행자의 동선을 각기 분리하고 이용 시설을 계획한다. 차량용 도로, 산책로, 주차장, 자전거도로, 광장, 놀이시설, 운동시설, 휴게시설, 매점 등에 대한 동선 계획을 체계적으로 분리하여 안전성을 확보하고 시설 배치를 통합하여야 한다.

하천은 제방을 갖는 경우가 대부분이고 제방 위 또는 하단에 산책로가 있는 경우가 많으며 둔치(고수부지)가 있게 된다. 둔치는 갈수기에 관찰, 운동, 산책, 휴식의 기능을 갖도록 여러 시설을 하게 되므로 이러한 시설에 대하여 장애인 등의 접근과 이용이 가능하도록 하여야 한다.

사진 5-36-1 (좌측) 제방 상단에 화장실을 설치하고 둔치에서 경사로 및 계단을 통해 접근하도록 한 사례(서성남 분당), (우측) 하천 사면에 긴 경사로를 둔 사례(서울 청계천)

하천에 승강기 설치가 불가능하거나 매우 곤란하므로 경사로와 계단을 통한 접근을 고려하여야 하며 이들은 접근로로서의 기준에 맞도록 손잡이, 참, 경사도 등을 구비하여야 한다.

휠체어 접근 가능한 경사로는 하천의 하류 쪽에서부터 상류 쪽으로 1/12 이하의 경사를 확보할 수 없는 곳이라면 급경사의 경사로 설치가 불가피한데 이 경우 휠체어 사용을 금지하는 경고문을 부착하고 동반인 또는 보호자와 함께 사용하도록 안내문에 포함하여야 한다. 또 하천을 횡단하는 다리나 징검다리(디딤돌) 등을 설치하는 경우 보행자 등에게 하천 횡단의 유의점을 입구에 설치하고 우회 가능한 다리를 안내한다.

사진 5-36-2　　하천을 횡단하는 교량 및 징검다리 입구의 안전 안내판(분당 탄천)

하천변 또는 둔치 내 산책로 또는 탐방로가 하천과 접해 단차가 있는 경우는 반드시 1m 이상의 길가장자리를 두어 이용자가 하천의 수면에 빠지지 않도록 하거나 안전 난간을 설치한다. 하천을 따라 자전거도로를 두는 경우 보행로와 분리함이 좋고 혼용하여 사용하는 경우 충분한 폭원을 확보하여 보행자의 안전을 위한 조치를 관련법에 의해 설계 시공하도록 해야 한다(「자전거이용활성화에관한법률」 및 「자전거이용시설 설치및관리지침」 참조).

사진 5-36-3　　종합적 이용의 하천 둔치- 운동시설, 자전거전용도로 및 산책로 등(탄천)이 있어 법령에 의한 각종 기능과 시설 간 안내, 완충 및 차단 설계가 필요.

제5장
37절

수경관시설

실개천, 계류, 연못, 저수지, 벽천, 폭포, 호수 등 수변시설의 가장자리는 관람 등의 욕구를 발생시켜 수변 시설 가까이 보행의 접근이 요구되는 경우가 많고 어린이와 장애인에게는 특별한 안전이 요구된다. 특히 수심이 깊거나 유속이 빠른 경우 설계 시공에 주의해야 한다. 수변구역은 모든 유형의 사람들에게 주간 또는 야간에 그 경계 인식이 분명히 되도록 단차, 색상, 질감, 폭원, 시설로 안전하게 경계 또는 구획을 짓도록 한다.

따라서 이들 시설로의 접근로 또는 주변의 통행로에는 기울기, 폭원 등이 기준에 따라 적정 확보되어야 하고 수변 구역은 안전성이 확보되도록 물과 이격되어 설치하거나 안전난간을 설치하여야 한다. 안전난간이 없거나 직접 수경관시설인 수심이 30cm 이상 깊은 연못 등에 접근로 또는 산책로가 접한 경우 접근로 또는 산책로를 수변으로부터 2m 이상 이격하고 50cm 정도 폭으로 이색이질이나 경고의 경계를 바닥에 갖추도록 한다.

통행로와 가까운 곳에 수심이 깊거나(30cm 이상) 급류인 곳은 반드시 안전 난간을 설치하거나 접근이 매우 어렵게 수변지역을 수목으로 밀식된 녹지로 조성하여 보행로와 물을 분리하도록 한다. 수변 즉 가장자리는 어둡지 않게 야간 조명이 필수적이다.

안전난간을 설치하는 경우 1.2m 이상 높이로 하고 난간살은 종방향으로 약 10cm 간격으로 함이 좋다. 안전을 위해 특별히 위험구역은 1~2m 여유 있게 난간을 추가하여 설치하는 것이 더욱 안전하다.

사진 5-37-1 　　수변 안전난간 및 접근 방지용 녹지(분당 탄천) 및 공원 내 실개천 턱

제5장
38절

공원계획

공원은 도시공원과 국립공원을 포함하나 산림 보존형 도시공원이나 국립공원은 양호한 자연환경을 대상하는 공원이므로 대체로 공원의 입구 및 집단시설구역까지 장애물 없는 설계 시공 대상 구역이 될 수 있다. 공원은 각기 주제를 갖게 되나 접근성, 명료성, 편의성, 보전 및 보호, 쾌적성 등을 목표로 하며 공원 진입부 및 광장, 주차장, 산책로, 휴게 및 운동시설, 안내시설, 관리시설, 화단 또는 식재지, 관람시설, 놀이시설, 편의시설, 주변 자연식생, 하천, 음악당, 문화시설, 공중화장실 등 건축물이 산재한다.

사진 5-38-1
공원 주변의 자동차 소음과 진입을 차단하고 보행자 위주의 공원 접근과 이용을 입체적 토공(mounding)으로 처리한 설계 사례 (2018년 미국 조경가협회상을 수상한 미국 캘리포니아 산타모니카시의 통바공원과 캔 젠서광장)

5-38-1 입구 및 주차장 계획

공원 입구는 많은 사람이 만나고 모이는 장소이므로 입구 광장을 넓게 하고 휴게용 시설을 비치한다. 공원 입구는 눈에 잘 띄게 하고 공원 이름을 크게 부착한다. 매표소가 있거나 안내소가 있으면 점자블록으로 인근 보도에서부터 매표소 또는 안내소 앞까지 유도한다. 공원 입구에 화장실 등 공원시설에 관한 안내판을 설치하며 시각장애인을 위하여 점자블록으로 유도된 곳에 점자안내판(촉지도식 안내판) 또는 음성안내장치(음성유도기)를 설치하여 안내한다.

부설주차장이 있는 공원은 장애인전용주차구역을 법정 주차수요에 맞추어 확보하여 접근로를 일반인과 동일한 접근이 되도록 경사도 및 폭원을 확보하고 장애인에게 공원 이용 시설 정보를 제공하는 안내판이나 점자안내판을 설치한다.

5-38-2   시설물 배치, 구조 및 토지이용계획

공원이 평지인 곳에 위치하지 않고 접근과 이용에 불리한 높은 곳에 위치거나, 경사진 도로에 접하거나, 공원 내 지형이 급경사지거나, 공원 내 산림이 있거나, 기타 이유로 장애인, 노인 등이 접근에 또는 이용에 어려운 공원이 있다.

사진 5-38-2
공원의 입구 및 매표소. 자료 한국시각장애인연합회

이러한 공원은 각 구역으로 세분하여, 예컨대 장애인 등이 접근과 이용이 가능한 방법을 최대한으로 강구하기 위하여 공원의 위치, 크기, 형상, 지형 등을 종합적으로 분석하여 시설물의 배치하고 토지이용계획을 세워 이용 가능한 구역에 대하여는 차별이 없도록 각종 시설을 배치하고 각종 이용 안내한다.

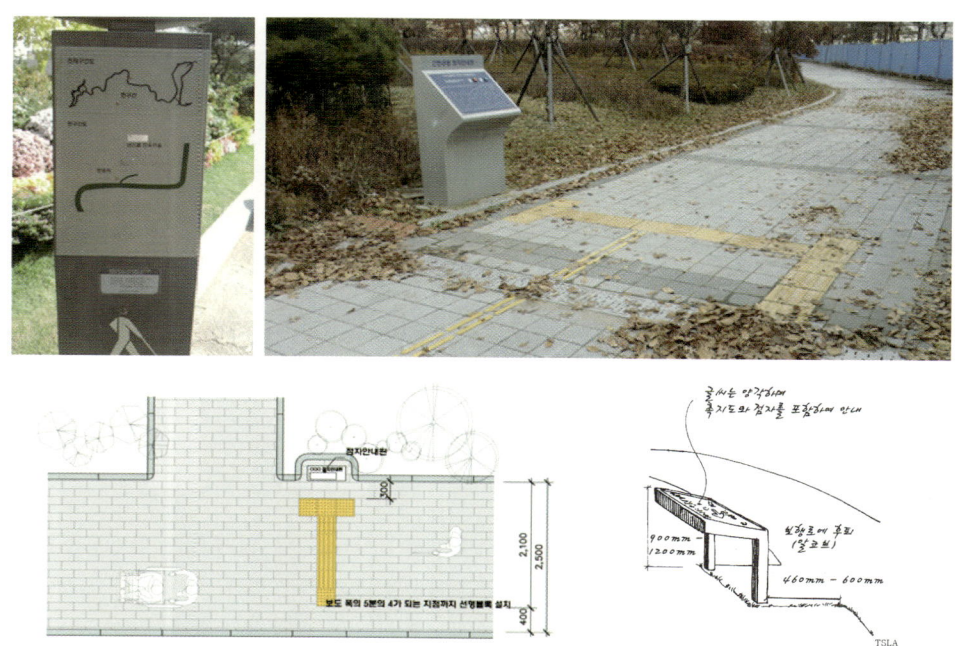

사진 5-38-3 및 그림 5-38-1   공원 내 산책로 안내판. 자료 한국시각장애인연합회

5-38-3   공원 내외부 접근로 및 산책로(BF보행로 등)

공원을 이용하는 모든 사람들에게 내외부 접근로 또는 내부 산책로는 장애물 없는 접근로 또는 산책로가 되어야 한다. 공원 내부 산책로서 공용으로 이용되는 용도를 장애물 없는 생활환경 공원 인증에서는 BF보행로라 한다. 특정 목적을 위한 관리용 통행로나 등산로를

제외한 접근로는 누구나 함께 공유하는 연결 기능과 통행로로서의 기능이 충족되어야 한다. 특별한 지형이나 시설물을 제외하고는 주변 도로나 보도에서 공원에 이르는 접근로, 주차장에서 공원 내부에 이르는 접근로, 공원 내 광장에서 여러 시설들을 연결하는 산책로, 놀이시설에 이르는 통행로 등은 장애물이 없는 최소의 시설 기준에 적합하도록 폭원, 경사도, 포장 재질, 조명 등이 최소 기준에 맞도록 해야 할 것이다.

사진 5-38-4 　도심 공원 내외부를 연결하는 간결하고 명확한 패턴의 BF산책로(접근로, 일본 동경)

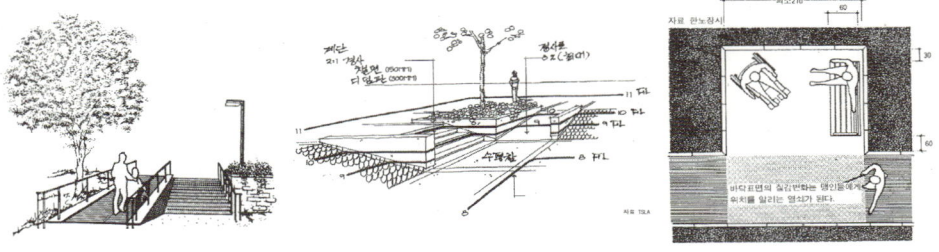

그림 5-38-2 　　　　공원 내 산책로의 단차 연결 및 산책로 주변 알코브

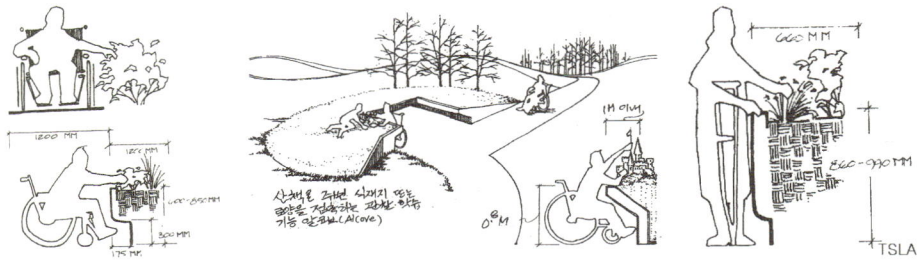

그림 5-38-3 　　　　휠체어 사용자를 위한 산책로 주변의 배식 및 식재지 처리

5-38-4 휠체어 사용자 등을 위한 동등한 배려

공원 입구, 공원 관리사무소, 공원 내 주차장(장애인전용주차구역)까지 자동차로 접근한 휠체어 사용자 또는 동반자가 공원의 가파른 지형이나, 포장의 비평탄성, 산책로 폭 및 경사도 등의 이유로 휠체어를 혼자 자발적으로 또는 동반자의 도움으로도 휠체어를 타고 공원 내부 시설을 이용하지 못하는 경우가 있다. 만일 공원 내 산책로나 관리용 도로가 차량이 다닐 수 있는 용도로 시공되었다면 휠체어 사용자 또는 휠체어 사용자를 동반한 탐방객에게 이들 산책로 관리용 도로를 개방하여 공원 내 조경시설, 편의시설, 관람시설 인근까지 차량으로 이동 가능하도록 접근성을 특별히 배려할 수 있을 것이다.

이러한 경우 산책로 또는 관리용 도로는 장애인이 차량을 이용하는 경우 임시적으로 보차혼용이므로 관리자는 이에 대한 안내가 공원 입구에서부터 이루어지도록 통제를 하여야 하며 일반인에게도 이를 알려야 할 것이다.

동네 주변 산림이 있는 도시공원이나 국립공원에서 일정 구역까지 차량 접근 가능한 산책로가 있거나 또는 차량으로 관리되는 산림 내에 장애인등이 이용 가능한 화장실이 설치되어 있는 경우 일반인에게만 개방하기보다 휠체어 사용자 및 동반자에게 산림 내부까지 차량으로 접근 가능하도록 공원 입구에 안내하여 공원을 사용하도록 하는 것이다.

사진 5-38-5   위험한 도로변 경계 마감, 시각장애인 및 휠체어 사용자에게 개방된 서울 남산공원, 자료 한국시각장애인연합회

5-38-5 공원 내 산림이 포함된 경우

공원의 임상을 보존하거나 보호할 필요가 있는 구역에 대하여는 휠체어 접근이 불가능한 곳이라면 임상 내 산책로 개설 시 휠체어의 접근을 제한할 수 있다. 제한에 관해 안내를 하여야 한다.

5-38-6 문화재 등 시설물의 보전이 필요한 경우

문화재 등의 보존상 이유로 공원 내 시설에 대한 접근과 이용에 있어서 장애인 등에게 차별적 요소가 발생할 경우 이를 최소한의 접근과 이용에 보조적 시설인 간이식 경사판, 점자블록, 촉지도식 안내판, 점자안내판, 음성안내장치 및 기타 유도신호장치 등을 설치한다. 또는 인적 서비스 제공도 검토한다.

5-38-7 공원 내 관리시설

관리전용구역으로 일반인의 접근과 이용을 제한할 수 있다. 필요 시 관리시설 내 화장실을 두는 경우 장애인등이 이용 가능한 화장실로 설치함이 바람직하다.

5-38-8 공원 내 도시농업시설

장애인 등이 직접적으로 농업에 참여할 수 없다하더라도 인근에서 관찰, 학습의 기회를 제공하는 공간을 배려하여야 한다.

5-38-9 공원 내 편의시설

장애인 등이 접근 가능한 공원 구역에 설치되는 공중전화, 운동시설, 샤워장, 화장실, 음수전, 음료판매기계(vendor), 전망대, 전망 데크, 휴게소, 음식점 등 편의시설에 대하여는 접근과 이용이 되도록 하여야 하고 점자블록, 점자안내판, 음성안내장치, 촉지도식 안내판, 기타 유도신호장치 등을 구비한다.

사진 5-38-6 통과 보행자에게 방해가 되지 않는 등의자 배치 및 휠체어 등 접근이 손쉽고 손잡이 겸 팔걸이가 있는 등의자(성남 분당)

5-38-10 벤치 등 조경시설

벤치, 탁자, 앉음벽(sitting wall), 장의자, 바비큐 시설, 휴지통 등은 휠체어가 접근할 수 있는 하부 공간을 비워야 하거나 옆에서 접근과 이용이 가능한 구조를 갖추고, 또는 평의자 중에서는 휠체어 이용자가 옮겨 앉을 수 있는 또는 노인, 노인 및 임산부가 손잡이가 있어 앉거나 일어 설 수 있는 것을 배치하여 편리성과 안전성을 도모하여야 한다. 평의자만을 배치해서 아니 되며 등의자도 함께 배치하여야 한다. 벤치를 석재로 하는 경우 앉는 면은 석재면이 아닌 나무로 부착하는 것이 실용적이고 편안하다.

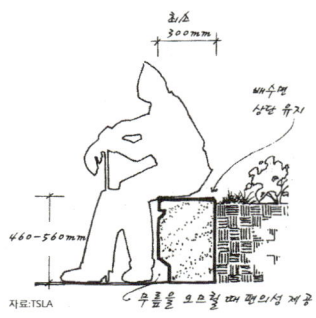

그림 5-38-4
일반인과 장애인에게 접근성을 제공하는 앉음벽 단면 구조

사진 5-38-7
공원 내 화강석 스탠드 챌면 부위의 혹두기 거친 표면 마감을 이용자의 안전을 위해 버너 튀김으로 부드럽게 현장 마감 중이다.

5-38-11 환경조각, 시계탑, 상징물 등 보행장애물

가급적 광장, 접근로, 산책로 등 보행 구간에 설치되는 분수대, 연못, 바닥분수, 수목이나 식수대, 정자, 조각물, 그늘시렁(파고라), 공중전화 박스, 음수전, 소화전, 시계탑, 안내판, 조명등, 자전거보관대, 판매대(vendor), 운동기구, 야외탁자, 파라솔, 정자, 셀터 등의 수직적 요소는 보행에 지장이 없도록 보행안전구역 이외 녹지, 장애물구역 등에 설치한다.

사진 5-38-8   태양광 보행등을 화단 내 배치(중국 청도) 및 통제된 바닥분수(LA, USC)

제5장
39절

운동시설

활궁장, 테니스장, 배드민턴장, 농구장, 족구장, 게이트볼장, 체력단련기구, 야구장, 배구장 등은 필요 시 주변 타인에게 방해가 되지 않도록 구획하거나 가림벽을 설치하며, 장애인, 노인 등의 접근과 이용이 가능하도록 무단차로 한다. 전용 운동 시설로서 탈의실, 화장실과 샤워장은 장애인 등도 함께 이용 가능하도록 검토한다. 운동구역 내에서 장애인 등이 관람, 휴식 또는 대기할 공간과 벤치 등을 구비한다. 필요 시 휠체어 사용자가 참여 및 관람하는 시설에 대하여는 별도로 장애인 전용 관람석을 두도록 한다. 설치되는 지역의 장애인 단체와 협의하여 운동시설에 대하여는 참여 경기종목 등을 협의함이 바람직하다.

배드민턴장, 배구장, 축구장, 족구장 등 운동장은 동서방향은 오전과 오후에 운동하기에 눈부심이 강하므로 되도록 남북방향으로 배치함이 좋다. 동서방향인 경우 동서쪽에 키가 큰 교목(버즘나무, 느티나무 등)를 심어 이른 또는 늦은 햇빛을 차단하도록 한다.

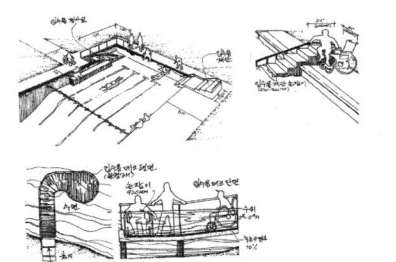 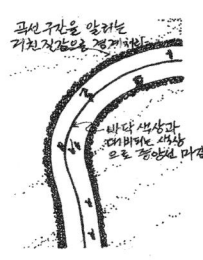

그림 5-39-1　　야외 운동 및 레져시설 (야외수영장, 낚시터, 농구장, 트랙)

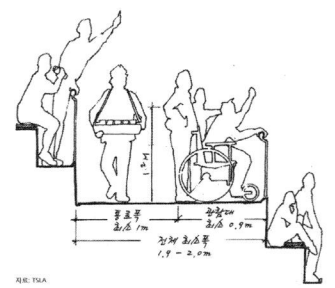 

그림 5-39-2　운동장 스탠드 규격　　그림 5-39-3　운동장의 장애인 관람석

제5장
40절
캠핑장

캠핑장은 캠핑사이트까지 장애인의 접근이 가능함이 좋으나 지형 상 모든 캠핑사이트까지 접근 불가능한 경우 한 개 이상 장애인 접근 가능한 곳을 지정한다. 데크 등 단차가 있는 곳은 장애인 접근이 가능하도록 단차를 제거하거나 경사로를 두어야 한다. 바비큐, 벤치 등 시설의 규격도 장애인의 접근과 이용이 가능하도록 높이, 폭원, 손잡이를 디자인한다. 캠핑사이트에서 60m 이내 수도(水道), 집회, 모임, 운동 등 공용시설을 배치함이 적정하다. 화재에 대비한 경보와 탈출을 배려한다. 장애인이 사용하는 캠핑사이트에는 구급용 비상벨 시설 설치가 가능한지를 검토함이 좋다. 또 장애인용 캠핑사이트에는 조명시설, CCTV, 방송시설을 두도록 한다.

캠핑장 주변 5m 정도는 식재를 하지 않고 개방감을 갖도록 하는 것이 바람직하다. 식재로 인한 화재 또는 불쾌감이나 공격할 수 있는 곤충 등 야생의 동물들의 은신처가 될 수 있다. 주변에 은행나무(암나무)는 식재하지 않는 것이 좋다.

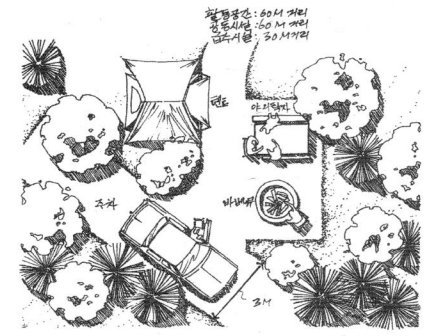

그림 5-40-1　　접근 가능한 캠핑장

제5장
41절

시설물의 색채계획[64]

외부 공간은 환경심리적 반응 중 시각적 반응의 민감도가 많은 공간이다. 색채란 색상, 명도 및 채도를 말한다. 이중에서 색상에 대하여 많은 민감한 반응을 나타낸다. 특히 노인에게서 나타나는 대응렌즈 시험에서 색채 반응을 살펴보면, 53세에서 황색을 보기 어렵기 시작하고 60~70세는 청색은 다소 보기 어려우며 황색은 판독이 어렵다. 그리고 70대 후반에서 청색은 사라지고 황색과 백색은 구별이 어렵다는 것이다. 고령자일수록 수정체의 황변화가 증가하여 70대에는 90%가 경험한다. 따라서 백내장, 녹내장, 눈꺼풀 처짐, 야맹증, 동공 크기 축소, 공간 지각능력 저하, 초점 능력 감퇴, 신경학적 변화로 인한 시지각 변화가 있기 때문에 외부 환경 색채를 고려해하여 색채 전문가에게 도움을 받는 것이 좋다.

외부 공간의 각종 시설에 적용할 색채 환경 계획에 대하여 일반인을 위주의 배색이 아닌 고령자, 저시력인 및 색각이상자[65] 모두가 인지가 쉬운 배색은 1)5YR – 5B 계열 2)5Y-5PB 계열 3)5GY-5P 계열 4)5GY-5B 계열의 조합이 좋다. 또 선의 표현은 두껍게 하고 부호는 크게 함이 좋으며 다양한 선과 부호를 사용하도록 하고 있다.

표 5-41-1   색상별 인지 특성[66]

색상	특징	대비되는 글자	색상 의미
노랑	좋은 색상으로 기억하나 매우 나쁜 형태로 기억	검정	경고
파랑	그리 좋지 않는 색으로 기억하나 현저히 구분할 수 있는 형태로 기억	흰색	안내
적색/보라	색상이나 형태의 받아들이는 정도가 비슷	흰색	위험
녹색	뉘앙스에 따라 좋은 정도의 색상과 형태로 받아 들임	흰색	안전

---

64) 한국장애인개발원(2010), 김기환, 장애물 없는 생활환경 인증 중장기 발전계획 수립보고서, 환경색채, pp79-88
65) 색각이상자(色覺異常者)란 사람에 따라 색에 대한 인식이 약간 다른데 정상범위에서 벗어나 인식 차이가 큰 사람으로 어떤 색을 전혀 인지하지 못하거나 다른 색과 구별하지 못하는 사람이다. 우리나라 남자 약 5.9%, 여자 0.4%가 색각이상자라 한다(국가건강정보포탈).
66) 박용환 외(2008), 전게서, p52

표 5-41-2 보색 대비 조화가 잘된 배색

No.	보색관계에 있어 시인성이 높은 배색	
1		5R - 5BG
2		5YR - 5B
3		5Y - 5PB
4		5GY - 5P
5		5G - 5RP

표 5-41-3 색각이상자에게 색 구분이 가능한 색채

일반시각	R. G. B	C. M. Y. K	적색맹	녹색맹
	(0, 0, 0)	(0, 0, 100)		
	(230, 150, 0)	(0, 50, 100, 0)		
	(86, 180, 233)	(80, 0, 0, 0)		
	(0, 158, 115)	(97, 0, 75, 0)		
	(240, 228, 66)	(10, 5, 90, 0)		
	(0, 114, 178)	(100, 50, 0, 0)		
	(213, 94, 0)	(0, 80, 100, 0)		
	(204, 121, 167)	(10, 70, 0, 0)		

표 5-41-4 색각이상자에게 시인성이 높은 배색

No.	색각이상자에게 있어서 시인성이 높은 배색	
1		5Y 8/12 - 5B 3/8
	고명도·고채도의 Y계열과 저명도·저채도의 B계열 색 조합	
2		5GY 8/12 - 5B 3/8
	고명도·고채도의 GY계열과 저명도·고채도의 B계열 색 조합	

표 5-41-5 장애물 없는 생활환경을 위한 배색

No.	모두에게 색채간 구별이 가능하여 시인성이 높은 배색	
1		5YR - 5B
2		5Y - 5PB
3		5GY - 5P
4		5GY - 5B

제5장
42절

IT 시설 이용

시각장애인을 위한 점자블록, 촉지도, 색상과 질감 대비, 음성유도기 외에도 GPS 기반을 둔 휴대폰을 소지하는 대부분의 사람들이 이용할 수 있는 IT를 편리하게 이용하는 시대가 되었다. 시설물 내에 QR코드, 센서형 디지털 매체인 RFID(Radio Frequency Identification 전자태그) 등을 활용하여 건축물 및 시설물에 대한 정보, 공간 내 현재 위치, 접근 방향 인식, 목적지와의 관계 등을 파악할 수 있게 된다. 일반인에게 뿐 아니라 장애인에게도 필요한 각종 정보를 웹(Webb)에 기반을 둔 공간 정보를 제공하면 장애인이 공간에 오기 전 정확하고 빠른 정보를 얻어 손쉬운 접근과 이용에 도움을 주도록 함이 좋다. 점자표지판에 시각장애인용 AD 2차원 바코드 및 NFC 태그를 추가하여 점자를 모르는 중도 시각장애인에게 정보를 제공하는 예가 그것이다. [67]

---

67) 한국장애인개발원(2010), 김이두, BF 인증제 인증지표 개선방향: IT분야, pp104-119

제5장

43절

정보 제공 및 안내시설

안내는 시각, 촉각, 청각, 보조견 그리고 사람 등에 의한 방법이 있다. 시각, 촉각이나 청각에 의한 안내는 독립적으로, 부분적으로 또는 연속적으로 하여야 할 경우가 있다.

사람이 직접하는 방법과, IT기술 및 인터넷망을 이용한 안내와, 현장에서 간접적으로 안내시설을 통한 방법이 있다. 사람이 직접 하는 방법은 안내소에서 하는 것으로 주요 시설 입구 또는 시설물 내에 상주하는 안내원을 통해서 이루어진다. 인적 서비스를 제공하는 경우 직접적인 안내를 하거나 현장까지 안내를 할 수 있다. 시설물에 따라 안내소에는 어린이용 유모차 또는 휠체어를 준비할 수 있다.

현장에서 이루어지는 안내시설은 보행자에게 중요 핵심 정보를 간단히 전달하는 것인데 접근, 경고, 방향, 거리 및 실체 파악에 관한 정보를 점자, 글이나 문자, 그림(픽토그램, pictogram), 숫자, 표시, IT 기술, 시설매체 등으로 하게 된다.

애매한 경우 글자를 병기하여 정확한 이해가 되도록 하고 외국인의 방문이 접증하는 추세이어서 한글을 우선 사용하되 영어 등을 혼용하는 방법이 좋다. 각종 안내 표지는 KS 표준과 ISO표준이 있으며 특별히 법령에서 정한 내용을 제외하면 국제표준인 ISO를 사용함을 우선으로 검토하도록 한다. 장애인이 접근 가능한 시설에 대하여 장애인용 ISA (International Standard Access: 국제접근성심볼)를 인용한다.

정보 제공 방법은 문자정보, 그림정보(픽토그램, pictogram), 점자정보, 소리(음성)정보, 촉지정보, 색채정보, 질감정보, 형태정보(예, 깃발이나 팻말과 같은 시설물) 등으로 나눌 수 있는데, 음성정보는 특히 시각장애인에게 유용한 수단이 되며 횡단보도의 음향신호기, 음성유도안내기, 승강기의 음성안내기 등이 대표적이다. 사이렌, 종, 스피커 등의 소리정보도 이에 속하며 주변의 소

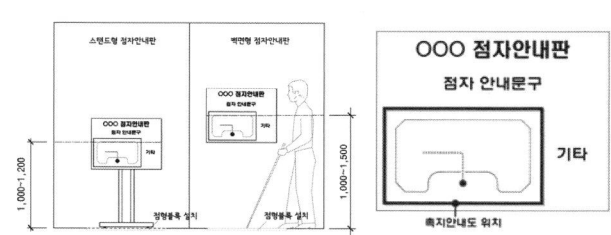

그림 5-43-1 촉지도식 점자안내판. 자료 한국시각장애인연합회

음 정도에 따라 주파수와 강도를 정하여야 한다. 넓은 운동장이나 공원 등의 방송설비가 아닌 근거리용 음향 안내 시설은 실외에서는 50~60dB 정도로, 10m 정도에서 들을 수 있는 크기로 현장에서 조정함이 좋다.

촉지정보는 주로 판위에 양각으로 제작하며 복잡한 공간 구성을 점자로 설명하는데 한계가 많거나 이해가 쉽지 않을 경우가 많아 도형 판위에 촉지도를 작성하는 것이다. 촉지도식 안내판이 대표적이다. 공간의 내용, 규모, 형태, 크기, 위치 등의 정보를 제공하거나 이를 통해 자신의 위치와 갈 곳의 동선 방향을 이해하고 작성한다. 음성정보, 점자정보와 촉지정보를 겸용하면 더욱 효과적이다.

각종 안내는 멀리서도 뚜렷이 파악되도록 시각적 또는 음향적 크기와 색상을 정하고 야간에도 명확히 보이도록 조명시설이 있어야 한다. 시각장애인을 위한 점자블록, 점자안내판, 촉지도식 안내판, (리모콘식)음향신호기, 교통신호기, 음성안내장치 및 기타 유도신호장치 등은 촉각이나 청각적 안내시설이 되므로 주요 부위에 필요한 시설을 매설 또는 부착하여야 한다. 넓게 보아 시각 및 청각장애인을 위한 경보 및 피난설비인 경광등도 일종의 안내시설이다.

시각적인 안내시설은 이해가 쉽고, 색채 등이 대비되어 쉽게 인지 가능하도록 해야 하며, 거리에 따른 크기가 적정하여야 읽기 쉽다(표 1-4-1 및 표 5-43-1 참조). 글자보다 심볼(graphic symbol 또는 pictogram)은 빨리 해석할 수 있는 장점이 있다. 바탕은 진한 색조가 좋으며 내용은 밝거나 강한 색상이 가독성이 뛰어나며 대비가 되는 색채 계획으로 디자인되어야 한다(제5장 41절 참조).

표 5-43-1 일반 보행자 및 차량운전자 간 거리별 안내시설 글자의 최소 크기[68]

글자의 최소 크기(mm)	가독 거리(m)	차량 운전자 가독거리 차량속도(km/h)
5	3	
6	3.7	
8	4.9	
10	6.2	
12	7.4	
15	9.2	
20	12.3	
25	15.4	
30	18.5	
40	24.6	
50	30.0	3-6
60	37.0	3-6
80	49.3	6-9
100	61.6	6-9
120	73.9	12-19
150	92.4	12-19
200	123.2	12-19

주: 위 표는 정상 시력을 가진 캐나다인을 참고로 작성한 표임

---

68) Time-saver Standards for Landscape Architecture, McgrawHill, p240-12

안내시설의 부착 위치는 시야 방향에 주변이 복잡하지 않고 개방된 곳이 좋으며 잘 보이도록 시야 방향에 직각으로 설치한다. 시야의 사선 방향이나 수평 방향일 때는 돌출형으로 시야와 직각이 되도록 부착한다. 독립기둥 입식형, 벽부형, 천정 달대형, 돌출형, 바닥표시 등으로 구분하여 안내하고 기둥형이나 돌출형은 장애물이 되지 않도록 높이와 위치를 결정하여 한다. 연속적 안내가 필요한 경우 방향 표시와 거리 표시를 연속적으로 해당 위치까지 안내가 되도록 한다.

시야를 통한 사물 인식은 좌우 방향이 상하 방향보다 쉽다. 보행 구간 밖에 설치함이 좋으며 인근에 보행 구간에 있을 때는 시설의 모서리가 예리한 부분이 없도록 몰딩하거나 감싼 마감을 하여야 한다.

사진 5-43-1
독립형 안내판, 자료 한국시각장애인연합회

모든 접근 또는 이용은 장애인이라 하더라도 독자적으로 판독하고 스스로 실행(행동)할 수 있는 방법이 최선이다. 인적(人的)안내 또는 도움 시스템은 사람이 장애인에게 직접 안내하거나 도와주는 방법을 말하는데 부득이하게 장애인에게 안내 또는 도움을 줄 수밖에 없다면, 시설을 이용하는 시간 동안 인적 도움이나 안내를 하는 사람이 근무하거나 배치되도록 하여야 한다. 전화기, 호출벨, 비상벨, 소형의 호출종 등을 보조 수단으로 설치 검토한다.

표 5-43-2 각종 도로안전표지

일련번호	종류	형상	일련번호	종류	형상
321	보행자전용 도로 표지		303	자전거·보행자 겸용도로 표지	
317	자전거 및 보행자 통행 구분 도로표지		322	횡단보도 표지	
325	자전거 횡단도 표지		129	과속방지턱, 고원식 횡단보도, 고원식교차로 표지	
532	횡단보도 표시		533	고원식 횡단보도 표시	

그림 5-43-2   각종 그림문자 안내표지, 자료 한국장애인고용공단, TSLA

사진 5-43-2   문화재 탐방객용 바닥 안내표시(러시아 이르크츠크) 및 리프트 위치 안내표지판

 이 심볼을 국제접근성심볼(ISA, International Symbol of Access)이라 하며 이는 장애인이 이용할 수 있는 건축물, 시설이라는 것을 명백히 표시하는 세계공통심볼로서 아래와 같이 응용하여 사용한다.

그림 5-43-3　　　　ISA(국제 접근성 심볼) 및 ISA를 이용한 각종 안내판 사례

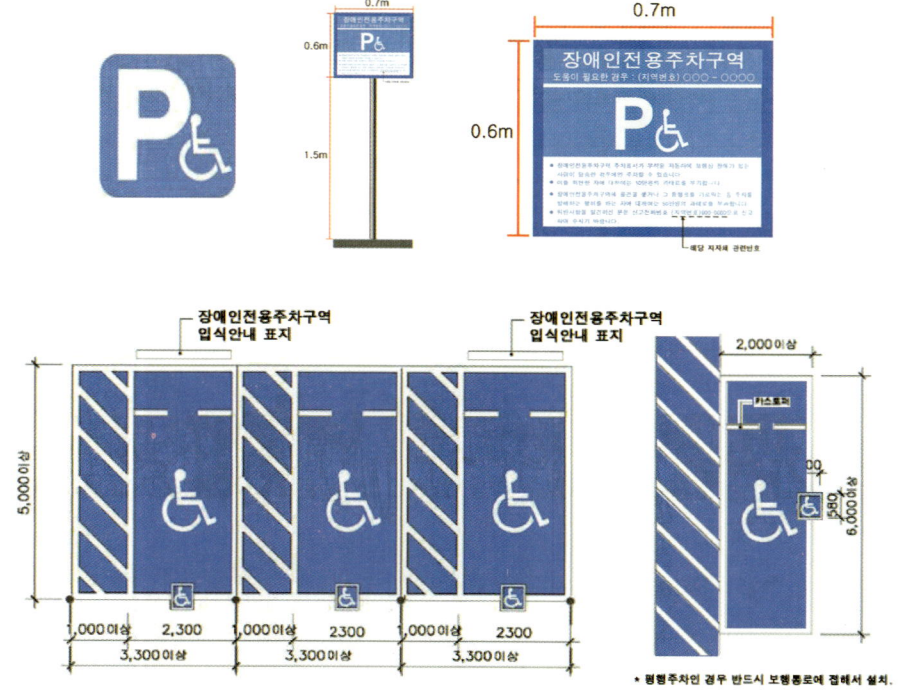

그림 5-43-4　　　　ISA를 표시한 장애인전용주차구역

제5장
44절

교통신호기(횡단보도용)

횡단보도에 설치된 교통신호기는 시각장애인용까지 포함하는 시설이 되어야 한다. 우측통행이므로 횡단 대기공간의 우측에 보행자용 신호기가 설치되며 이때 시각장애인을 위한 장치가 부착되어야 한다.

교통신호기에 관한 법령은 「교통약자의이동편의증진법」 시행규칙 별표1 제3호마에서, 수동식 음향신호기, 리모콘식 음향신호기 등에 대하여 설치 기준을 정하고 있고 간선도로, 어린이보호구역 및 보행자우선구역의 횡단보도에는 잔여시간 표시기 설치를 의무화하고 있다. 이외 교통신호기 설치 의무 등 종류 등에 관하여는 「도로교통법」이 있다.

사진 5-44-1
(좌) 기호로 표시되는 보행자용 잔여시간 신호기
(우) 숫자로 표시되는 보행자용 잔여시간 신호기

장애물 없는 생활환경 도로부문에서 지표 평가 기준은 차량용 신호기를 횡단보도를 건넌 위치보다 횡단보도 앞 보행자 신호기와 같은 위치에 설치하는 것을 권고하고 있으며 가로수 등이 신호등을 가리지 않도록 하고 있다.

신호기는 잔여시간 표시기에는 숫자 또는 기호가 함께 부착하는 것을 기준으로 정하고 있다. 시각장애인을 위하여 신호기는 (리모콘식)음향신호기 또는 진동신호기를 함께 설치하며 수동식 음향신호기를 교통신호기 아래 높이 1.5m에 부착하도록 하고 있다.

사진 5-44-2   시각장애인용 버튼 및 리모콘식 음향신호기

제5장
45절

조명시설

조명은 안전하고 불안감이 없이 통행하며 적절한 시각 정보를 판독하기 위해 도로, 보행로, 접근로, 주차장, 계단, 경사로, 광장, 산책로, 놀이시설, 운동시설 등 주요 시설 인접 구역에 설치된다. 보행자를 위해서는 서로의 존재감을 확인함과 동시에 장애물 등 전방의 위험요소를 식별하고 회피할 수 있도록 설치하여야 하며 폭력 등 범죄 예방, 거주민의 안전감까지 확보하여야 한다. 이용자가 적은 곳은 범죄 예방 유발 심리를 억제하기 위한 충분한 밝기의 보안등을 CCTV와 함께 설치하거나 조명의 수준은 야간의 모든 시간대에 유지할 것인가를 검토한다.

보행자와 저속 교통구성원을 위한 도로 조명의 환경 매개변수 및 가중치는 이들의 안전 확보 및 진행 경로 확인을 위해 요구되는 시각적 정보의 수준을 근거로 결정된다. 각 매개변수와 이의 변화에 따라 요구되는 도로 조명 수준과의 관계는 속도, 교통량, 교통구성, 주차된 차량, 주변 밝기, 얼굴인식 등에 따라 결정된다. 아래 표 5-45-1에서 제시된 보행자나 저속교통구역의 조명 등급은 매개변수별 가중치를 더하여 산정된 가중치합계(V_{ws})와 상수 6의 차($6-V_{ws}$)를 산정하여 정한다. 단 계산된 연속 조명 등급이 정수가 아니면 소수점 아래를 절사한다(예 P2.5는 2로 결정).[69]

특히 보행량이 많은 보도, 접근로, 산책로, 운동구역, 주차장, 광장, 유희시설이나 독립적으로 서 있는 조각물 등 조경시설 등에 대하여 공간의 기능별 조도가 필요하며 연속적 조명기구 또는 독립된 국부 조명기구로 계획한다. 연못, 폭포, 실개천 등 수변시설의 경계지점이나 계단의 시작과 끝 부위, 회절하는 경사로, 산책로 등에서 어두운 구역 등은 밤에 조명이 필수적이다. 주차장 입구, 차량이 회전하는 구역, 또는 야간에도 보행량이 많은 곳은 항상 밝게 조명하여야 한다.

야간에 많이 이용되는 경사로, 계단이나 스탠드의 챌면에는 조명 시설을 함께 설치한다.

조명기구의 기둥, 배치, 높이는 장애물이 되지 않도록 하여야 하며 키가 낮은 조명기구(foot lighting)는 녹지 내에 설치한다. 어두운 곳에서는 범행이 유발되므로 공용의 공간에는 항상 조명시설이 있어야 한다.

---

[69] 보도설치 및 관리 지침 pp 75-77

표 5-45-1   P 조명등급 매개변수(보행자를 위한 도로조명)

매개변수	옵션	세부 옵션	가중치 기준	해설
속도	느리다	≤ 30(km/h)	1	보행자, 자전거, 저속 자동차 혼용
	매우 느리다(걷는 속도)	보행자뿐임	0	
교통량 (보행교통류율, 인/분/m)	아주 많다	70 이상	1	보행자 서비스수준 적용 ※국토교통부「도로용량편람」참고
	많다	46~69	0.5	
	보통	32~45	0	
	적다	20~31	-0.5	
	매우 적다	19 이하	-1	
교통구성	보행자, 자전거, 자동차 혼재	보차 미분리도로(차도)	2	도로를 이용하는 교통 구성의 혼재 여부
	보행자, 자동차혼재	보차 미분리도로(차도)	1	
	보행자와 자전거 뿐임	자전거·보행자 겸용도로	1	
	보행자 뿐임	보행자전용도로	0	
	자전거 뿐임	자전거전용도로	0	
주차된 차량	있음	노상주차허가구역	0.5	노면주차 가능여부 (불법주정차는 없는 것으로 함)
	없음	주정차금지구역	0	
주변밝기	높다	제4종	상업	1	조명환경관리 구역으로 구분
	보통	제3종	주거	0	
	낮다	제1,2종	농림,생산, 자연환경보존	-1	
얼굴인식	필요하다	추가요구조건 반영1)		범죄취약지역
	필요하지 않다	추가요구조건 반영 불필요		범죄에 민감하지 않은 지역

주1)「보도설치및관리지침」편과「도로안전시설설치및관리지침」-조명시설 편 참고
주2) 보행자를 위한 조명 등급은 P1~P6로 나누며 16lx~2.9lx 범위임

장애물 없는 생활환경의 도로 부문에서 횡단보도에 200 lux 이상의 눈부심이 없는 가로등을 권장하고 있고,「도로의구조·시설기준에관한규칙」과「도로안전시설설치및관리지침」에는 주로 보도를 포함한 도로 조명에 관한 기준을 규정하고 있으며 장애물 없는 보행 관련 조명시설로서 버스정차대, 횡단보도 및 보행자 대기지역, 역 또는 광장 등 공공시설 주변 등에 대한 조명기준을 정하고 있다. 한편「보도설치및관리지침」에는 보행자를 위한 보도용 조명에 대하여 규정하고 있다. 동 지침 6-3항에 보행자 등의 속도, 보행자 교통량, 자동차 교통구성, 주차된 차량, 주변 밝기, 얼굴인식 등을 기준으로 하면서 시각적 정보를 제공하며 범죄 발생 우려에 대한 보행자의 불안감 해소를 조명 수준의 지표로 설정하고 있다.

색상에 관계없이 조명은 약시자에게 중요하다. 일반적 조명 수준보다 밝은 것이 좋다. Hartmann에 따르면 각 공간에서 시각장애인에 도움을 주는 조명의 강도는, 입구 300lux, 복도 100lux, 식당/음식점 300lux, 카페테리아 500lux, 계단 200lux, 화장실 200lux, 전화사용 500lux 등이다.[70]

사진 5-45-1
산책로 주변 녹지 내 설치한 foot lighting

---
70) 박용환 외(2008), 전게서 p52

제5장
46절

배식 및 식재계획

녹지구역이 아닌 자동차나 자전거의 움직임 있는 곳, 보행, 운동, 산책 등의 활동이 있는 장소에서의 배식계획 및 식재계획은 아래와 같다. 포장이 되어 있는 구간에 독립수를 심는 경우 장애 요소가 될 우려가 있다. 즉 광장 등 포장구역에서 단독 식재되는 패턴은 자유형 식재, 부등변 삼각형 식재 또는 지그재그형 식재를 하여 시각장애인에게 장애물이 되지 않도록 가급적 정형의 패턴을 유지하도록 한다.

자동차나 자전거 운행자의 시선을 유도하거나 방향성을 줄 필요가 있는 구간에서는 사람의 허리 높이 수준인 1.0m 높이로 나무를 일렬식재하거나 줄식재(열식)한다. 낙엽관목 또는 상록관목을 선택한다.

자동차나 자전거가 다니는 구간으로 보행자와 교차되는 구간 주변 또는 전후방 3~5m 이내에는 잔디로만 식재하거나 키가 50cm 이상 되는 수목을 식재하지 말고 시야를 개방하도록 한다.

시야가 굴곡이 있거나 꺾인 부위는 전방 10m 정도까지 넓은 시야를 확보하도록 식재를 하지 말거나, 개방감을 있는 잔디로 지피를 마감한다. 지나친 밀폐로 개방감이 없는 식재(차폐식재)는 필요한 곳에만 제한 적용한다.

보행이 많은 구간은 상록수보다 낙엽수를 선정하여 겨울에 노면의 결빙을 완화하거나 눈이 녹는 것을 촉진토록 한다. 특히 북사면 경사진 보행로 구간의 남쪽 구역에 햇빛을 차단하는 상록수를 심는 것을 극히 지양한다.

남부지역이 아닌 중부지방에서는 보도, 광장, 산책로, 접근로 등 보행량이 많은 곳에 식재하는 가로수는 상록수가 아닌 낙엽교목을 식재하여 겨울에 수광량(受光量)을 충분히 노면이 받도록 한다.

비탈면이 있어 비탈면 아래로 보행자, 휠체어 사용자 등이 전도될 우려가 있는 경계나 깊은 물가에 난간이 없는 경우 생울타리 식재로 안전을 확보한다.

어린이 등이 많이 이용하는 놀이터나 어린이시설 주변은 밀폐식재를 하여서 아니 되며 어린이 활동공간에서부터 가시가 있는 수종은 3.0m 이상 떨어져 심는 것이 바람직하다.

접근로, 보행로, 산책로 가장자리 가까이 있는 키가 5m 이상 큰 나무(교목)를 최초로 식재하는 경우 비와 바람 및 눈에 의해 쓰러질 위험이 있으므로 뿌리 근처에 지주목을 설치하는 것 이외에 나무의 상부에서부터 지중까지 철선 등과 같은 선재로 지지하여야 한다. 보완적으로 키가 큰 나무가 여러 그루인 경우 나무끼리 지지대로 연결하는 방식을 선택한다. 키가 5m 이상이 아니더라도 수관(樹冠)이 넓거나 가지와 잎이 조밀한 나무인 경우도 비, 바람, 눈에 의해 넘어질 우려가 있으므로 같은 조치를 검토해야 하거나 보행로 등으로부터 수고(樹高) 이상 멀리 심어야 한다. 특히 식재되는 지역의 토심이 1.2m 이하인 지반이거나 성토되거나 다짐이 불충분한 경우는 장기적으로 나무의 전도 가능성이 높다.

암나무인 은행나무의 열매는 가을철 냄새와 접촉에 따른 알레르기 반응이 있으므로 어린이 활동이 많은 구역은 식재하지 말아야 한다. 식재가 필요한 경우 숫나무나 녹지 내 식재하는 것이 바람직하다.

폭이 좁은 녹지구역을 조성하는 경우 가로와 세로의 폭이 최소 1m 이상을 확보하여야 한다. 잔디로 휠체어나 유모차의 앞바퀴가 빠지는 경우 움직이기 어렵기 때문에 보행로, 산책로가 좁은 경우 또는 위험한 구역의 마감이 잔디로 되어 있는 경우 잔디와 포장 사이에는 턱이 있는 마감재로 구분 짓는다.

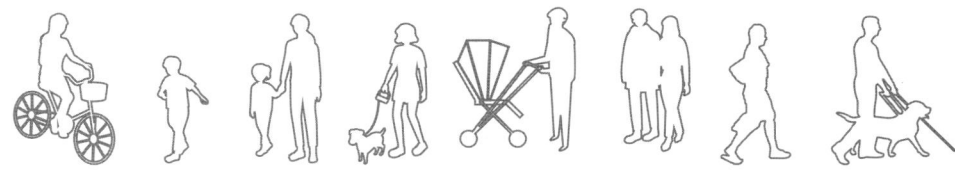

제5장

47절

틈과 구멍

틈이란 공사 용 자재 내에 또는 자재들 간 이음매에 발생한 간격을 말한다. 틈에는 미세한 틈이 있을 수 있고 큰 틈이 있을 수 있다. 공사에 따른 틈은 보통 미세한 틈인데 이 틈이 장애를 유발하는 이유는 벽체에 있는 틈에는 손가락이 끼거나 손가락이 틈에 의해 상처를 유발한다. 손잡이 부재를 이음시공한 곳에 용접이나 결합이 정밀하게 마감이 되지 않아 틈이 발생하는 경우 손잡이를 잡고 이동 시에 틈에 손가락이 끼거나 손에 상처를 유발한다.

포장 바닥의 틈은 포장재의 간격을 넓게 시공한 경우, 포장재가 파손되어 틈이 발생한 경우, 포장에 식재된 뿌리의 압력으로 포장면이 갈라져 틈이 발생한 경우, 포장재의 신축팽창에 의해 틈이 발생한 경우, 포장재의 생산 시부터 장애를 유발할 정도로 틈이 큰 경우 등 여러 유형이 발생할 수 있다.

대부분 포장면에 장애를 유발하는 틈은 배수구 덮개(grate), 수목 뿌리 덮개, 맨홀 뚜껑 등과 같은 시설물과 포장면 사이에 발생하는 유형이다. 이들 틈에 자전거, 유모차, 휠체어, 흰지팡이, 여성의 하이힐 등의 빠짐이 없도록 해야 한다.

즉 틈의 형상이나 틈의 길이가 문제가 된다. 틈 길이가 긴 경우 장애 유발이 심해질 수 있는데 예를 들면 자전거 앞바퀴가 틈 간격이 2cm 틈 길이가 20cm에 빠져서 살짝 낀 경우 핸드링(handling)이 되지 않아 넘어지는 경우가 있다. 목재 데크나 계단의 목재 간 간격은 모래나 먼지가 빠지도록 시공하나 여성의 하이힐이나 흰지팡이를 고려하면 최대 10~16mm가 적정하다. 손을 사용하는 곳은 틈이 없어야 하고 바닥이나 포장 틈은 여성의 하이힐이나 바퀴가 빠지지 않도록 1cm 이하가 되어야 한다.

한편 틈과 달리 구멍이란 사방으로 규격이 비슷한 상태를 말하는데 이 구멍 역시 여성의 하이힐이나 흰지팡이가 빠지는 것을 방지하기 위해 사방 2cm 또는 1cm 크기로 제한하고 있다. 배수용 그레이팅이나 수목용 그레이팅이 바닥에는 전형적 구멍이 있다. 배수용 구멍이 너무 작아서 부분적인 구역에 홍수가 없도록 배수 구멍의 크기와 그레이팅의 총 개수를 검토해야 한다.

보통 국제적으로 이 구멍의 간격도 2cm 이하로 규정하고 있다. 우리나라 「장애인·노인·임산부등의편의시증진보장에관한법률」 시행규칙 별표1에서 바닥에 놓이는 덮개의 틈과 구멍의 크기를 2cm 이하로 규정하고 있으나 「교통약자의이동편의증진법」 시행규칙 별표1에서는 이를 1cm 이하로 규정하고 있는데 외부 공간에서는 「교통약자의이동편의증진법」시행규칙 별표1에서 정의한 1cm 이하로 적용해야 할 것이다(후법 우선원칙). 요컨대 일반적으로 손의 사용 시설물은 틈이 없어야 하고 바닥의 틈은 1cm 이하로 하고 구멍의 크기는 사방 2cm 이하가 적정하다.

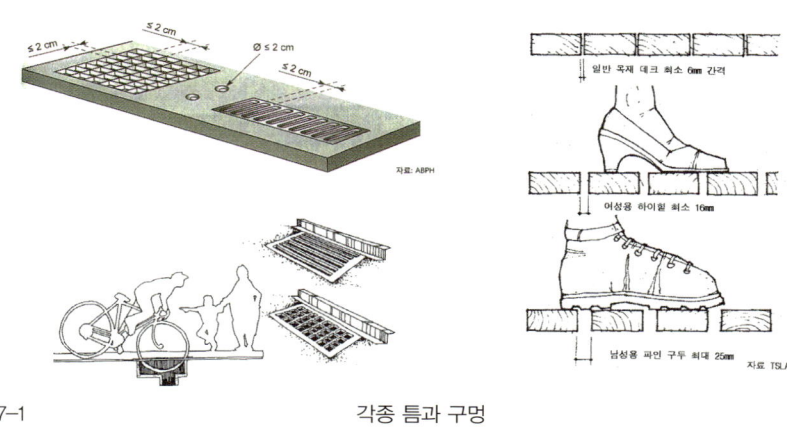

그림 5-47-1   각종 틈과 구멍

한편 공간이나 구조물 사이에 형성되는 큰 틈이나 큰 구멍이 발생하는 경우가 있다. 구조체의 틈도 있으나 시설물 내에 발생하는 틈도 여러 유형이 있다. 예컨대 계단의 측면에 촘촘한 난간살이 없이 큰 빈 공간이 있는 경우 목발이 빠지거나 손에 든 물건이 걸리거나 큰 빈 공간으로 물건을 떨어뜨리는 우려가 있는 곳에서는 계단 옆 빈 공간을 난간살, 유리, 플라스틱판 등으로 막는 것을 검토한다.

작은 구멍 이외 큰 구멍을 수직 또는 수평으로 형성되는 D.A.(dry area), 장비반입구 등에 대하여 크레이팅, 덮개, 문 등의 마감 시설이 빠지거나 흔들거림이 없도록 하여야 하고 잠금 장치를 부착한다.

제5장

48절

회전교차로

국토교통부(전 국토해양부)가 2010년 12월, 행정안전부는 2012년 2월 이후에 각기 「회전교차로설계지침」을 마련하고 신호교차로의 대기 시간 발생 시 신호위반 사례가 빈번하여 적정한 교통량이 있는 곳에 신호기를 설치하지 않고 양보의 원리를 적용하여 주행 중인 차에게 통행의 우선권을 주어 차량의 흐름을 원활히 하며 배기가스 저감 등의 효과 등을 목적으로 도입하였다.

이러한 지침과 장점에 불구하고 각 장소에 맞추어 다양하게 디자인되는 회전교차로는 시각장애인에게 익숙하지 않고 횡단보도의 파악이 어렵고 차량의 발생 소음 등 주변 환경을 감지하여 차도를 횡단하는 시각장애인의 관점에서 그 기준이 마련되어 있지 않고 있어 위험한 횡단 시설이 될 수 있다. 따라서 급증하는 회전교차로에 대한 장애물 없는 설계 및 시공에 전문가의 참여와 연구가 확대되어야 할 것이다.

2018년 미국에서 회전교차로에 대한 접근성 있는(accessible) 설계 연구 결과에 의하면, 전통적인 신호가 있는 교차로와 달리 시각장애인(전맹)을 위해 설계 시에 적정 횡단 지점 찾기, 방향설정, 이동, 탐색, 분리교통섬 이용 등의 행태적 고려를 반영해야 한다는 점과, 방향찾기 및 이동성(orientation & mobility) 전문가의 양성을 통한 교육과 홍보 등을 제시되었다.[71]

표 5-48-1 회전교차로 문제점

문제점	원인 등
회전교차로가 일반 교차로에 비해 생소한 시설임	교육 및 홍보 부족
지적장애인, 시각장애인, 아동 등이 무단횡단	보호자의 책임 결여
회전교차로 형태가 다양하고 곡선이 많아 이용에 불편	차량위주의 설계
보도와 회전교차로 횡단보도의 연결 시설 부족 또는 미비	설계 전문성 결여
중앙 교통섬을 회전하는 차량의 소음(소리)이 횡단하는 시각장애인에게 청각적 판단을 어렵게 함	도로의 구조적 특성에 기인
횡단보도 앞을 지나는 차량의 흐름(crossable gap)이 불규칙하여 횡단 시점을 판단하기 어려움	

---

71) 미국 Access Board 2018년 연구 자료, 별첨 부록 4 참조

문제점	원인 등
횡단보도 앞에서 차량이 보행자에게 양보하지 않음	운전자 교육 및 홍보 부족
전기차 등 차량 엔진 소리가 기술 발전으로 적어지거나 없음	차량 기술 혁신
차량소리를 듣고 연석경사로의 경사방향을 확인 후 몸의 자세를 잡아야 하나 차량소리가 중앙섬에서 오는 소리와 중첩되어 자세 결정이 어려움	도로의 구조적 특징에 기인
회전교차로의 전형적인 설계 기준 미흡	연구자료 미흡
방향찾기 및 이동성(orientation & mobility) 미숙	교육 및 홍보 부족
회전교차로가 급증함에 비해 BF 설계 경험 미흡	BF 전문가 설계 미참

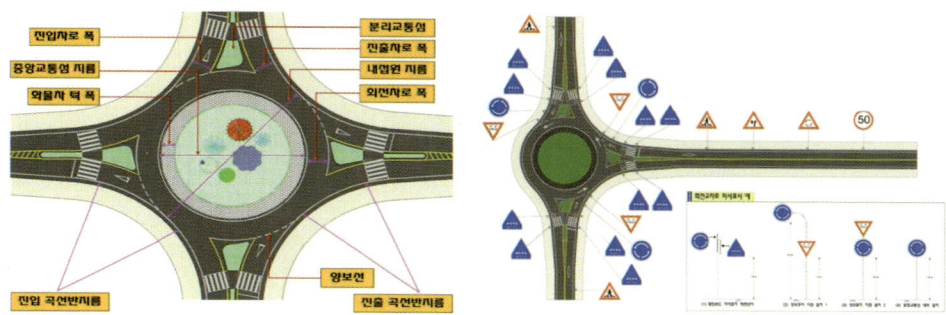

그림 5-48-1　　　　　　　　회전교차로 구성요소와 교통안전표시[72]

72) 국토교통부(2014), 회전교차로 설계지침, p100

제5장
49절

불편, 장애 및 사고를 일으키는 설계 시공 등

불편, 장애, 차별 및 사고를 일으키는 원인에 대하여 제5장 각 절별로 설명하였고 구체적 설계 시공 사례를 단계별로 살펴보면 제1장 5-6절 및 아래 표 5-48-1와 같으나 실제 이보다 많은 유형이 있다.

표 5-49-1   불편·장애·차별·사고 발생 유형

구 분	불편·장애·차별·사고 발생 유형
- BF 설계 시공에 관한 윤리 및 철학 미비 - 장애인, 노인, 어린이, 임산부 등의 행태 등에 대한 이해 부족	- 설계자 및 시공자의 교통약자에 대한 이해 부족
- 법령에 대한 무지 또는 교육 부족	- 각종 관련 법령 이해 부족, 기준 습득 미비
- 설계 미흡 (설계 목표인 안전, 접근, 편의, 쾌적, 비차별 원칙 ASCAN 상실)	- 설계 시 장애물 없는 생활환경 전문가 배제 - 설계 시 설계 내용 부실 및 오류(자재선정, 규격, 시방 등)
- 시공 미흡 - 장애물 검토 없이 선시공	- 현장 시공 측량 오류, 도면이해 부족, 부실시공, 시공 오차, 마감 부실, 감독 소홀, 선시공 장애물 방치 또는 제거 불이행
- 자연 환경 및 현장 여건 파악에 대한 이해 부족	- 계절 및 미기후에 대한 이해 부족(눈, 비, 강우량, 바람, 햇빛 등에 의한 영향) 또는 현황 조사 불충분으로 설계 오류
- 관리소홀	- 정기적 관리 소홀, 반달리즘(vandalism) 등

- 시공을 위한 시공측량 시 측량 오류 등으로 실시설계와 다른 시공으로 오차가 발생하여 불편 등을 야기.
- 공사를 위해 보도와 대지 사이에 시공된 대지경계석을 시공 시 철거하였다가 재시공 시 당초보다 높게 시공하여 보도 포장이 횡단경사가 기준보다 심한 경우가 발생.
- 포장 구역의 원지반이나 기층 다짐이 불량하여 서서히 (부등)침하가 일어나서 포장면의 평탄성이 결여 되거나 2cm 이상 틈 또는 구멍 발생.
- 포장면에 시공하는 구조물인 각종 맨홀 주변의 다짐이 불량하여 뚜껑 주변의 포장면이 주저 앉아 뚜껑이 돌출하거나 1~2cm 이상 틈 또는 구멍 형성.
- 포장의 경계석 또는 재료분리대가 135도 이하로 만나거나 90도 이하의 뾰족한 부분이 발생하여 보행 또는 이동 시에 멀리 돌게 하거나 뾰족한 부위에 발 부딪힘 유발.
- 마감 시 연결 시공이 불량하거나 미시공된 용접 틈 발생.

- 구조물 상부 또는 옆면에 환기구의 뚜껑(스틸그레이킹 등) 받침 부실로 안전사고 유발
- 나사 등으로 체결된 부위가 약하거나 미시공으로 부재가 뜨거나 박탈되거나 하중으로 침하.
- 트렌치, 맨홀 등과 같은 바닥 시설물의 뚜껑이나 재료분리대 상부가 미끄러운 부분 폭이 5cm 이상이 되어 겨울이나 빗물에 의해 보행자에게 위험 제공.
- 신축이음 미시공으로 포장의 수축과 팽창으로 포장이 들뜨거나 사이가 벌어져 장애 유발.
- 나무뿌리의 성장으로 뿌리가 포장을 상부로 밀어 올려 포장면의 평탄성 상실.
- 갑자기 또는 예상치 못한 곳에 돌출되어 있는 시설물(독립기둥 등)
- 선시공을 이유로 장애물 요소를 없애려는 의지 부족이나 미이행
- 장애적 관점을 배제한 경제적 관점으로 공법 및 자재 선정

  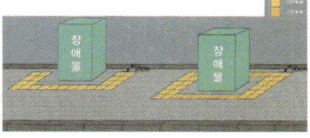

사진 5-49-1 및 그림 5-49-1
보도에 설치된 소화전을 보호하기 위한 킥플레이트(kick plate)이나 보행인에게 사고 위험을 제공하고 있으며 주변에 점형블록 등을 둘러야 함에도 방치되어 있음(서울 서초동, 아래 그림 참조)

그림 5-49-2
보도 상의 낮은 나뭇가지로 인한 장애

사진 5-49-2
보행자전용도로 터널과 자전거전용도로가 만나는 구간에 반사경을 설치하였으나 터널 날개벽이 돌출하여 시야 확보가 부족한 사례

사진 5-49-3   독립기둥이 보행 구간 내에 설치되어 있어 기둥 하부 30cm 전방에 경고용 블록으로 감싸 시공한 사례(러시아 이르크츠크)

사진 5-49-4
자전거전용도로 및 산책로 옆 스탠드 상단부 경계에 경고용 노란색 띠 도색 빛 난간(인천 아랏길)

사진 5-49-5
지하고가 낮고 수목 배치와 시설이 애매한 독립수 식재(성남 판교)

사진 5-49-6　　뿌리압에 의해 평탄성이 파괴된 석재 포장(서울 삼성동)

사진 5-49-7　　(좌) 보행자의 답압 등 미세진동에 의한 판석포장 이탈 (우) 신축팽창에 의한 고무포장 재료 분리현상

사진 5-49-8　　포장 내 구조물 주변 침하(다짐 부실)

제6장 | 장애물 없는 설계 시공 방향 찾기

제6장

장애물 없는 설계 시공 방향 찾기

외부 공간과 시설물을 설계 시공하는 경우, 어떻게 하면 장애물이 없도록 할 것인지에 대한 판단은 우선적으로 법령 규정을 반영하고 다음의 절차를 따라 검토하며 최종적으로 전문가와 협의하여 조언을 구하면 좋다.

장애물이 없는 통합적 그리고 종합적인 공간이나 시설물을 설계 시공하는 과정은 이 책 표 1-8-1 내지 표 1-8-3, 표 5-1-1 및 표 5-1-2를 참고하여 단계별 공간 계획과 시설물 배치를 하는 것이 합리적이고 아래와 같은 기본적 사항을 고려한다.

- ☐ 장애물 없는 설계 시공의 핵심 목표는 안전성·접근성·편의성·쾌적성·비차별성(SACAN)이며 이들 목표에 의해 최종 평가된다.
- ☐ 특정 계층이 아닌 모두를 위한 설계 시공의 방향을 구상한다. 신체적 약자를 포함한 모든 이의 신체적·정신적 능력, 선호도 및 취향에 따른 선택 수단을 제공하고 최종적으로 장애인, 노인, 어린이, 임산부, 영유아 동반자 등의 관점에서 설계 시공의 재료 선정, 공법 채택, 마감을 재확인한다.
- ☐ 법령 기준을 우선 반영하고 장애물 없는 생활환경 인증 기준을 참조하되 매뉴얼식 표준도를 인용하는 방식이 아닌 통합적 설계를 처음부터 진행한다.
- ☐ 시각적·청각적·촉각적 실마리나 정보를 독립적 또는 연속적으로 제공한다.
- ☐ 토공 설계를 통해 계단과 경사로를 없애는 방법을 강구한다.
- ☐ 기존 대지경계석을 철거 후 재시공 시에 대지경계석의 당초 높이를 유지해야 한다. 높이(G.L.) 상향은 보도 횡단경사가 심해져 보행의 어려움 또는 사고를 유발한다.
- ☐ 공개공지 또는 공공공지는 보도와 통합적인 설계로 접근성을 높인다.
- ☐ 자동차 및 자전거는 보행과 혼용이 아닌 분리 방식을 택한다.
- ☐ (폭이 좁은 보도에서)횡단보도 인근의 보차도경계석의 높이는 12cm 이하로 함이 매우 좋다. 보도 내 연석경사로 또는 부분경사로 구간에는 각종 맨홀을 위치하지 않도록 한다.
- ☐ 자동차 및 자전거가 보행 구간과 만나는 곳(차량 진출입부 등)은 고원식 보도로 조성한다.
- ☐ 장애물구역·보행안전구역·보행제한시설을 두고 보행장애물 회피 설계를 한다.
- ☐ 접근로, 산책로, 주차장 입구 등 주요 보행로는 전방 20m 구역까지의 시야를 넓게 확보하고 사전 위험, 경고 및 안내가 필요 시 약 10m 이전 전방에서부터 시작하여 해당 부위에 안내판 등을 둔다.
- ☐ 폭 1.5m 이하의 접근로 등이 135도 이하의 각도이거나 서로 만나는 경우 내각 부위를 약 1m 확폭하여 보행자나 휠체어 등이 부드럽게 이동하도록 한다.
- ☐ 개별 시설은 전·후면유효거리, 측면 접근, 회전공간, 수평참, 휴식참, 손잡이가 선택적으로 필요하다.
- ☐ 보행 장애 유발시설물은 알코브(alcove) 공간에 설치하여 보행 흐름을 방해하지 않도록 한다.
- ☐ 경사도가 다른 두 횡단경사가 만나는 왜곡 포장면은 적극적인 완화 구간, 수평구간이나 안전시설을 강구한다.
- ☐ 계단만을 주된 접근로로 두어서는 안 된다. 경사로나 승강기가 함께 있어야 한다.
- ☐ 1/12 경사인 경사로는 길이가 9m가 적정하며 총 길이가 20m가 넘지 않도록 한다.
- ☐ 목재로 마감하는 포장이나 계단의 디딤판은 내구성, 수리 및 관리, 그리고 보행자와 자전거에 이용에 불리하므로 제한적으로 사용하거나 관리를 잘 해야 한다.

제7장 | 향후 과제

제7장
향후 과제

7-1 우수 설계 시공 사례 보급

장애물 없는 설계와 시공을 널리 확대하기 위해 우수 사례를 발굴하고 보급해야 하며 국내 우수 설계 시공 사례가 쌓이고 있으나 보급이 미약하다. 우수한 디자인 감각에 의한 설계 사례에 더하여 공학적 데이터 기반에 의한 설계 기법 발굴과 연구가 필수적이다. 우수한 BF 데이터 베이스(data base)를 축적하고 공개하도록 한다.

7-2 자재 생산 및 개발

장애물 없는 마감용 시설 자재에 대한 전문업체의 연구 개발 및 상용화를 위해 산학협동이 원활하게 이루어져야 한다. 전통적으로 만들어 오던 자재에 대한 문제점 보완 및 개선이 필요하다. 정부 조달 자재의 BF용 물품표시제 운영이 요구된다.

7-3 인증 제도 연구 및 확대

장애물 없는 생활환경 인증이 6개 부문별로 시행되고 있다. 부문별 인증이 아닌 신청 대상지 내 해당 항목을 종합한 지표 평가로 보완할 필요가 있어 보인다. 또 민간 시설이라 하더라도 공용의 부분에 대하여 인증을 점차 의무화할 필요가 있다. 예컨대 공개공지 또는 보도에 접한 사무실이나 상점 등에 대하여는 일상적인 접근 및 편의시설 이이용이 빈번하여 시급한 인증 대상으로 포함하여야 할 것이다.

7-4 법령의 정비 및 교육

장애물 없는 생활환경은 도시계획, 건축, 토목, 조경, 설비, 복지, 심리, 장애, 윤리, 색채 등이 종합된 공학이어서 이들 간의 협업이 절대적이다. 또 현행 법령이 복잡하여 실무자들이 체계적으로 이해하는데 시간과 노력이 필요하다. 실무자들이 각기 흩어진 이론, 사례, 경험 및 법령의 내용을 종합하여 이해하기가 쉽지 아니하여 전문가 과정이나, 기술자 직무 교육 정규과정에서 꾸준한 교육 및 홍보가 바람직하다. 또한 각 분야 전문가들의 지식이 공유되어야 한다.

7-5 시공 및 감리

다년간 이 분야에 경험을 가진 전문 기술자들의 참여로 시행착오를 줄일 수 있다. 잘못된 시공은 예산낭비 또는 이용자에게 장애를 줌으로써 착공 전후 또는 시공 시에 전문가의 도움이 필요하다. 시공 감리를 위한 기술자, 감리원, 컨설턴트 배출이 필요하다. 전문 인력 배출로 향후 장애물 없는 생활환경의 인증제도의 확대를 뒷받침해야 한다.

7-6 설계도서 보완

시행착오를 줄이기 위해 장애물 없는 효율적·합리적 설계 및 시공을 위한 BF용 표준도와 BF 특기시방서 작성이 필요하다. 이와 함께 설계 용역 단가 등의 보정이 필요하다.

7-7 BF 옥외 연구 대상시설

- 공개공지와 공공공지: 보도용으로 제공되는 공개공지 또는 공공공지
- 각종 보행용 광장
- 고속도로 휴게소
- 캠퍼스, 공동주택 외부 공간
- 학교 운동시설: 축구장, 농구장, 배구장, 야구장 등
- 생활체육시설: 족구장, 스키장, 경마장, 조정장, 골프장, 활궁장, 게이트볼장, 배드민턴장, 체력단련시설, 배수지 및 하수종말처리장 등의 공원화 사업
- 종합체육시설: 종합운동장, 야구장, 축구장 등
- 어린이유희시설: 그네, 시이소, 회전놀이, 미끄럼대, 조합놀이대 등과 장애인 전용 유희시설
- 레크리에이션시설: 해수욕장, 수영장, 낚시터(교각 및 플랫폼), 요트장, 캠핑장 등
- 장례시설: 묘지, 화장장, 봉안당
- 휴양림, 등산로, 탐방로, 둘레길 및 편의시설: 안내소, 주차장 등
- 관광지: 유적, 사적, 문화재, 천연기념물, 전적지(戰蹟地), 박물관, 민속촌
- 유원지: 호반, 강변, 온천
- 농원: 자연농원, 관광농원
- 야외음악당, 야외극장
- 수련시설: 생활권 수련시설, 자연권 수련시설
- 문화 및 집회시설: 동·식물원, 전시장, 집회장, 공연장

7-8 장애물 없는 생활환경 인증 제도 운영 및 과제

- 장애물 없는 생활환경 인증기관 운영협의체 구성
- 장애물 없는 생활환경 인터넷 홈페이지 개설 및 운영
- 장애물 없는 설계 시공 우수사례 연구 및 보급
- 장애물 없는 시설의 표준도, 품셈, 특기시방서 등 작성
- 장애물 없는 생활환경 인증 평가항목 개발 및 조정
- 건설기술자 BF 설계 시공 전문 교육과정 설치
- 민간 BF 우수 시설물 및 우수 제품의 BF 인증 평가 및 조달 등록
- 설계 및 시공 지원(감리, 지도, 상담 등) 방안
- 권고 수준의 지역·도로·여객시설·교통수단의 인증 의무화
- 해외 사례 조사 연구
- 공장 제품의 BF제품 인증제 실시
- BF 최우수 대상 시설에 대한 조세감면 추진

참고도서 목록

강병근 외(2009), 배리어 프리 건축도시계획론, 건국대학교출판부

건축도시공간연구소(2018), 2016보행자우선도로 현황과 평가, 국가정책연구포털

경기지방공사(2007), 도시미관향상을 위한 보도포장디자인 개선연구

경찰청·도로교통공단(2017), 보행사고예방을 위한 안전시설설치 가이드북

경찰청·도로교통공단·삼성교통안전문화연구소(2014), 생활도로구역 지정근거 및 맞춤형 안전시설 설치 기준 마련 등을 위한 연구, 삼영문화사

국가인권위원회(2010), 장애인의권리에관한협약 해설집

국민안전처·경찰청(2015), 생활도로구역(30구역)의 지정지준 및 안전시설 설치기준

국토교통부(2019), 교통약자 이동편의 실태조사 연구 최종보고서

국토교통부(2016), 국도건설공사 설계실무 요령

국토교통부 및 행정안전부(2010), 자전거 이용시설 설치 및 관리지침 해설서

국토교통부(2018), 보도설치 및 관리지침 해설서

김형식(2009), UN장애인권리협약과 장애인의 시민적 권리, 재활복지 Vol12, No3

도로교통공단(2019), 교통사고 통계분석 2019년판

문화체육관광부·한국문화관광연구원(2019), 2018 국민여가활동조사

박용환 외(2008), 배리어프리 디자인, 기문당

박학목(1984), 지체장애자를 위한 주거단지 내 시설계획에 관한 연구, 서울대환경대학원,

보건복지부·국토교통부(2019), 장애물 없는 생활환경 인증지표 및 심사기준

사회보장정보원(2016), ICF 국제기능·장애·건강분류(한글번역본 제2차 개정판)

서울특별시(2013), 보도공사 설계시공 매뉴얼

오성훈·김영지(2017), 보행자를 위한 횡단보도 개선방안, 건축도시공간연구소

오세제 외(2017), 유니버설디자인 국제세미나-유니버설디자인의 흐름 및 향후 정책 과제

이상석(2013), 조경시공학, 일조각

이연숙(2005), 유니버설디자인, 연세대학교출판부

이은희(2009), 최신노인복지학, ㈜학지사

윤나미·윤희종·박장성·정화수·김건(2010), 우리나라 연령별 보행분석 연구, 대한물리치료학회

최영오(2015), 건축물 출입구 경사로 기울기에 따른 휠체어 극복 가능 경사도 실험연구, 대한건축학회지연합논문 17권 6호

한국장애인고용공단(2019), 장애물 없는 생활환경 인증제도 관련 법령집

한국시각장애인연합회 외(2017), 시각장애인편의시설 설치 매뉴얼-공공건축물·공원·공동주택

한국시각장애인연합회 외(2018), 시각장애인편의시설 설치 매뉴얼-여객시설·도로편

한국장애인개발원(2019), 2019+ 유니버설디자인 국제세미나

한국장애인개발원(2018), 장애물 없는 생활환경 인증제도 지표개선방안 연구(도로 등)

한국장애인개발원(2017), 장애물 없는 생활환경 인증제도 지표개선 방안 연구

한국장애인개발원(2010), 장애물 없는 생활환경 인증제 중장기 발전 계획 수립보고서

한국장애인개발원(2019), 편의증진 공무원 전문교육

한국장애인개발원(2019), Univesal Design 적용을 고려한 장애물 없는 생활환경 인증 상세표준도(건축물)

한국토지공사(2007), 장애물 없는 도시·건축설계 매뉴얼

한국토지공사(1987), 노약자와 장애자를 위한 외부공간 및 시설에 관한 연구

한국토지공사(1987), 단지시설물에 관한 연구

황용득(2004), 재료의 미학, 도서출판 조경,

(社)日本住宅設備システム協會 新住宅推進協議會(平成7年), 高齡化社會の地域環境

田中直人(2015), Universal Design For Architecture and City Environment, 株式會社 彰國史(UDAC)

Bell 외(1978), Environment Psychology, Saunders

Charles W. Harris & Nicholas T. Dines(1988), Time-Saver Standard for Landscape Architecture, McGraw-Hill Book Company(TSLA)

International Society for Rehabilitation of the Disabled(ISRD), Proceedings of The Physically Disabled and Their Environment, ISRD, Stockholm, Sweden, October 12-18, 1961

Caroles Le Bloas(2016), Accessibilite Batiments aux Personnes Handicapees(ABPH), Le Moniteur

Mace, Ronald(1985), "Universal Design, Barrier Free Environments for Everyone," Designers West, Los Angels, CA.

Rita L. Atkinson 외(1983), Introduction to Psychology, HBJ

Toegankelijkheidsbreau v.z. Hasselt and Living Research and Development s.p.r.l. Brussels, Status Report on Accessibility Legislation in Europe, p 28, 2001. September

제8장 | 부록

1. 장애물 없는 설계 시공 관련 용어 사전
2. 우리나라 법령 구성과 체계의 이해
3. 한국시각장애인연합회 발행 편의시설 설치 매뉴얼(발췌)
4. 미국 회전교차로, 부분 경사로 등 설계 참고자료
5. 기타 (경사조견표, 점자 등)
6. 장애물 없는 생활환경 인증지표 및 기준

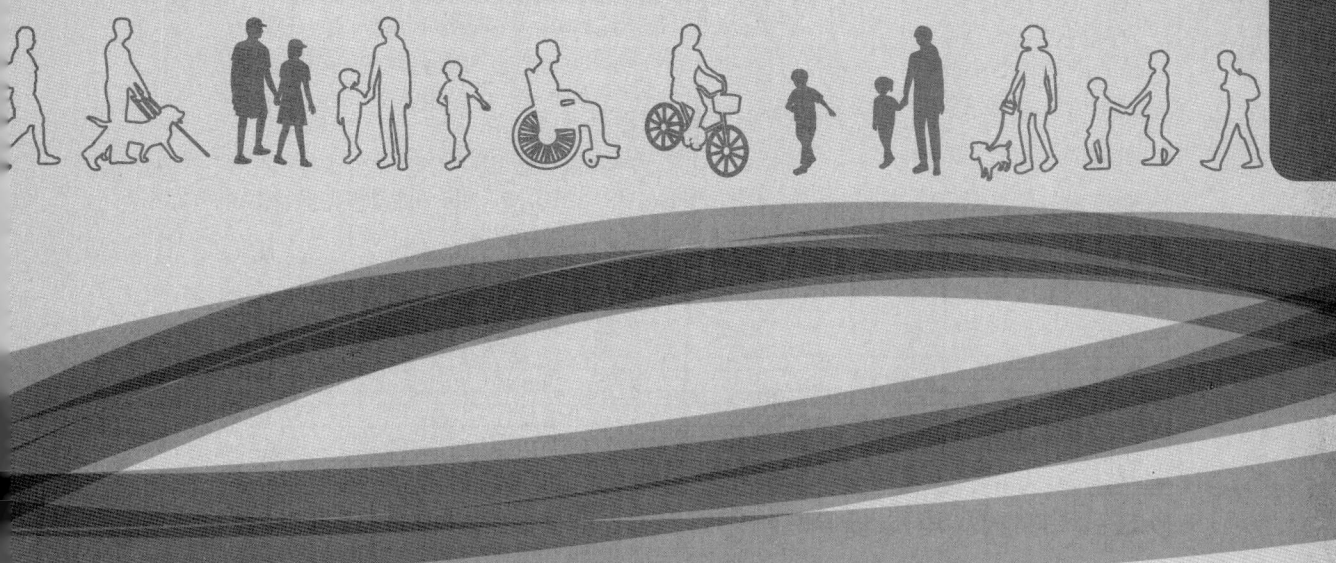

부록 1

장애물 없는 설계 시공 관련 용어 사전

(이 책 표1-9-3과 병행 참조)

ㄱ

가족화장실: 영유아, 어린이, 임산부, 노인 및 장애인 신체적 거동이 불편한 사람이나 화장실 사용 시 도움을 받을 필요가 있는 사람 등이 가족 또는 동반자와 함께 이용하는 화장실을 말한다. 어린이용 변기, 기저귀 교환대, 영유아 거치대 등이 설치되어 있다. 장애인전용 화장실도 아니고 법률 상 명칭도 아니다. 고속도로 휴게소 등 공공 장소에 또는 대중이 많이 모이는 곳에 설치되어 보호자를 동반하거나 신체적 약자가 동반자와 함께 사용하도록 배려한 화장실이다.

가지치기: 자전거도로, 보행로, 접근로, 산책로, 자전거도로 등에서 성장하는 수목의 가지가 보행 공간 안에 있거나 자라거나 할 때 자전거승차자나 보행자가 수목의 가지로 인해 불편 또는 장애를 유발하므로 가지치기를 해야 한다. 보행 공간 유효폭 안으로 침입하는 가지와 지하고가 2.1m 미만인 경우 가지치기를 한다.「교통약자의이동편의증진법」시행규칙의 별표1 보도에서는 이를 2.5m로 규정하고 있다. 늘어지는 가지나 가지가 낮게 자라는 버드나무, 능수벚나무 등은 낮은 가지를 관리하여야 한다.

간선도로: 도시 내 주요 지점을 연결하거나, 도시와 도시 간을 연결하는 주요 도로로서 각종 차량 이동의 동맥 역할을 하는 도로를 말한다. 주간선도로와 보조간선도로로 나뉜다. '도로' 참조

변속차로: 자동차를 가속하거나 감속하도록 설치하는 차로

경고용 띠: '유도 및 경고용 띠' 참조

경사로(ramp): 높이가 다른 두 지점을 계단이 아닌 완만하게 비탈진 바닥을 만들어 오르내리도록 설치한 수직 이동 시설물이다. '비탈길'은 지면이 자연 상태로 경사진 길인 반면 경사로는 인위적으로 노면을 경사지도록 만든 구조물이다. 경사로의 길이, 폭, 경사도 및 손잡이가 중요한 요소이다. 이에 부속되는 시설인 수평참, 조명 기타 시설을 설치한다. 설계 시공 시 30여 가지의 세밀한 공종을 수반하는 복합시설로서 9m 이상 길어지거나 1/12 이상이면 이용자에게 불편을 준다.

계단: 두 지점의 높이 차이를 단을 만들어 오르내릴 수 있도록 한 시설물로 법령으로 정한 규격의 디딤판, 챌면, 참, 손잡이, 추락방지턱을 설치하여야 하며 부속시설로 난간, 지붕 등을 구비한다. 설계 시공 시 30여 가지의 세밀한 공종을 수반하는 복합시설로 경사로보다 위험한 시설이므로 형태와 규격을 인체공학에 맞도록 설계한다.

계단참: 계단의 중간부에 놓이는 수평 바닥. 오르는 높이가 1.8m 이내에 설치하여 휴식 기능을 준다. 최소 1.2m 정도를 확보한다.

계단코: 계단의 디딤판과 챌면이 만나는 부위로 마모와 미끄럼이 많은 곳이다. 미끄럼방지용 자재를 부착하지 않음이 좋으며 원 바탕에 줄눈을 판 후 시인성이 높은 충진제를 삽입하는 것이 가장 좋다. 미끄럼 방지를 위해 고무 등과 같은 재료를 부착하기도 하나 두께가 두꺼우면(5mm 이상) 오히려 위험물이 된다. 직각인 코는 위험 요소이므로 5~10mm 정도 모깎기한다.

고령자:「고용상연령차별금지및고령자고용촉진에관한법률」에서는 '고령자'를 55세 이상 자로 보고 있다. '노인' 참조

고령화사회: 노인 인구 즉 65세 이상의 인구가 전체 인구의 7% 이상을 점하는 사회. '초고령화사회' 참조

고원식(高原式) 교차로: 자동차의 속도저감시설의 하나로, 자동차와 보행자가 충돌할 위험이 있는 신호기가 없는 교차로에 그 전체를 암적색 아스콘이나 블록으로 고원식 횡단보도의 설치 방법과 동일하게 형성하는 방식을 말한다(「교통약자의이동편의증진법」시행규칙 별표 2 참조).

고원식(高原式) 보도: 사람과 차량이 또는 자전거와 교행하는 구역을 사람이 다니는 보행로 구간의 높이와 동일하게 유지하는 보도 구간을 말한다. 즉 높게 보행 구간을 형성하여 차량이나 자전거는 사람이 다니는 높아진 보행 구간을 넘어 다닌다. 보도에 연접한 대지로 차량이 진출입하기 편리하도록 보도 구간을 차로의 높이와 동일하게 턱낮춤을 하는 방식이 있으나 이는 차량 위주의 설계이다. 이 방식은 보도의 턱낮춤 방식으로 보행인에게 불리하여 사람 위주의 고원식 보도가 되도록「교통약자의이동편의증진법」시행규칙 별표1에서 이를 '차량진출입부'에 대해 고원식 보도인 구조로 조성하도록 강행규정으로 명시하였다.

고원식(高原式) 횡단보도: 고원식 횡단보도는 횡단보도 구

간의 차량 통과 부분을 보도와 동일한 높이로 사다리꼴 형상으로 형성한 구조를 말한다. 횡단보도 설계에서 사람의 통행을 우선하고 동시에 차량의 속도를 저감하여 보행 안전을 목적으로 차도의 높이를 보도 높이로 높인 횡단보도를 말한다. 험프(hump)형 횡단보도와 혼동하는데 험프형 횡단보도라는 용어가 없으며 험프는 차량 속도저감시설인 과속방지턱을 말한다.

공간시설: 「국토의계획및이용에관한법률」 상의 개념으로 광장, 공원, 녹지, 유원지, 공공공지를 말한다.

공개공간: '공개공지' 참조

공개공지: 건축법 제43조에 따라 일반주거지역, 준주거지역, 상업지역 등에서 지역의 환경을 쾌적하게 조성하기 위해 대지 면적의 1/10 이하 규모 구역에 소규모 휴식시설 등을 설치하여 이들 시설을 일반이 사용 가능하도록 하고 이 구역에 누구든지 물건을 쌓아놓거나 출입을 차단하는 시설을 설치하는 것을 금하여 활용을 저해하지 않도록 하고 있다. 이를 공개공간이라고도 한다. 건축법 시행령 제27조의2 등 참조.

공공건물 및 공중이용시설: 「장애인·노인·임산부등의편의증진보장에관한법률」 제2조제6호에 의한 불특정다수가 이용하는 건축물, 시설 및 그 부대시설을 말한다. 제1종 근린생활시설, 제2종 근린생활시설, 문화 및 집회시설, 종교시설, 판매시설, 의료시설, 교육연구시설, 노유자시설, 수련시설, 운동시설, 업무시설, 숙박시설, 공장, 자동차관련시설, 교정시설, 방송통신시설, 묘지관련시설, 관광휴게시설 및 장례식장으로 정의하고 있다.

공공공지: 시·군의 주요시설물 또는 환경의 보호, 경관의 유지, 재해 대책, 보행자의 통행과 주민의 일시적 휴식공간의 확보를 위하여 설치되는 시설(「도시·군계획시설의결정·구조및설치기준에관한규칙」 제59조)로 결정 기준은 동 규칙 제60조, 구조 및 설치기준은 제61조에 의거 정한다. 공공공지가 대로변이나 건축물에 면한 곳인 경우 보행자의 통행이나 일시적 휴식공간으로 설계되는 경우 BF화가 요구된다.

공용자전거: 시·도지사 또는 시장·군수·구청장이 「자전거이용활성화에관한법률」 제10조의 2에 따라 운영하는 자전거.

공원: 공원에 관한 법령은 두 가지이다. 하나는 「도시공원및녹지등에관한법률」이며 다른 하나는 「자연공원법」이다. 도시·군계획시설로서의 공원은 「도시공원및녹지등에관한법률」에 의한 시설이며 「도시·군계획시설의결정·구조및설치기준에관한규칙」 제53조에서 결정 기준과 구조 및 설치 기준을 정하고 있다. 「도시공원및녹지등에관한법률」에 의한 도시공원의 분류를 보면, 국가도시공원, 생활권공원(소공원, 어린이공원, 근린공원으로 세분), 주제공원(역사공원, 문화공원, 수변공원, 묘지공원, 체육공원, 도시농업공원 및 특별시 등 인구 50만 이상의 대도시의 조례로 정하는 공원 등으로 세분)으로 나뉜다. 같은 법 제15조제1항제2호사목에 따른 도시공원 중 지방자치단체 조례가 정하는 주제공원에 관하여 서울시 도시공원 조례 제3조에서 생태공원, 놀이공원 및 가로공원으로 정하고 있다.

「자연공원법」은 자연생태계와 자연풍경지에 관한 내용을 담고 있고 이 법에 의한 공원의 분류는 국립공원, 도립공원, 광역시립공원, 군립공원, 시립공원, 구립공원, 지질공원으로 나뉜다.

국가나 지방자치단체가 지정·인증 또는 설치하는 공원 중 「도시공원 및 녹지 등에 관한 법률」 제2조제3호 가목의 도시공원 및 같은 법 제2조제4호의 공원시설에 대하여 장애물 없는 생활환경 인증을 받아야 한다(2021.12.4.이후).

공원녹지: 「도시공원및녹지등에관한법률」 제2조에 정의된 용어로 도시환경조성, 시민휴식과 정서함양에 이바지하는 공간 또는 시설이다. 도시공원, 녹지, 유원지, 공공공지, 저수지, 나무/잔디/꽃/지피식물 등의 식생이 자라는 공간, 광장, 보행자전용도로, 하천, 옥상녹화, 벽면녹화 등의 공간 또는 시설로 정의하고 있다.

공원시설: 「도시공원및녹지등에관한법률」 제2조에 의하면 도시공원의 효용을 다하기 위하여 설치되는 시설로 종류는 다음과 같다. 도로 또는 광장, 분수/조각 등 조경시설, 휴게소/긴의자 등 휴양시설, 그네/미끄럼틀 등 유희시설, 테니스장/수영장/궁도장 등 운동시설, 식물원/동물원/수족관·박물관/야외음악당 등 교양시설, 주차장/매점/화장실 등 이용자를 위한 편익시설, 관리사무소/출입문/울타리/담장 등 공원관리시설, 실습장/체험장/학습장/농자재 보관창고 등 도시농업을 위한 시설 등으로 구분하고 있다.

과속방지턱: 「교통약자의이동편의증진법」 시행규칙 별표 2, 「보행안전및편의증진에관한법률」 시행규칙 별표1 및 「도로안전시설설치및관리지침」 제4편 2에 승차자, 차체, 운행에 지장과 차축 폭이 넓은 긴급차량에 지장이 없도록 도로의 일정 폭에 원호형, 사다리꼴, 가상형으로 구분하여 설치하도록 하고 있다. 학교, 유치원, 근린공원, 마을 통과지점, 공동주택, 근린상업시설, 병원, 종교시설 등 앞에 설치하여 차량 속도를 저감하여 보행자의 안전을 도모하는 시설이다. 이를 험프(hump)라 한다.

광장: 광장의 일반적 개념은 도시의 결절점이나 건축물 공지 내 또는 공원 내에 넓은 면적으로 설치한 오픈스페이스를 말하나, 「국토의계획및이용에관한법률」 및 「도시·군계획시설의결정·구조및설치기준에관한규칙」에서 교통광장·일반광장·경관광장·지하광장 및 건축물부설광장으로 구분하며, 교통광장은 교차점광장·역전광

장 및 주요시설광장으로 구분하고, 일반광장은 중심대광장 및 근린광장으로 구분한다. 현행 법률 상의 광장은 장애물 없는 생활환경 인증 대상에서 제외되어 있다. 결정기준은 동 규칙 제50조에서, 구조 및 설치 기준은 제51조에서 정하고 있다.

교통사업자: 교통행정기관에 등록 또는 신고 등을 하고 버스, 철도, 광역전철, 비행기, 선박 등 교통수단을 운행 또는 운항하거나 여객시설을 설치·운영하는 자이다. 「교통약자의이동편의증진법」 제2조 6호 참조.

교통섬: 「도로의구조·시설기준에관한규칙」 제2조제43호 및 「도로안전시설설치및관리지침」 제4편 4.4에 자동차의 안전하고 원활한 교통처리나 보행자 도로횡단의 안전을 확보하기 위하여 교차로 또는 차도의 분기점 등에 설치하는 섬 모양의 시설을 말하며 보행 시 중간에 안전지대 역할을 하거나 다음 신호를 기다리는 대기 장소로 사용된다. 이를 장애물 없는 생활환경 도로 부문 지표에서는 횡단보도로 사용되는 경우 교통섬을 포함하여 '보행섬식' 횡단보도라고도 한다. '보행섬' 참조

교통수단: 「교통약자의이동편의증진법」 제2조의 정의로써, 승합자동차(시내버스, 농어촌버스, 시외버스를 말함), 도시철도차량(지하철), 철도차량, 광역전철, 비행기, 선박 등을 말한다. 이들 시설은 장애물 없는 생활환경 인증 대상 시설이나 선박과 비행기가 제외 되었다.

교통신호기: 「교통약자의이동편의증진법」 시행규칙 별표2 제4호에 보행자 우선 통행을 위해 녹색신호 변경버튼을 부착하고 녹색 신호 시 지속적 음향 신호를 내도록 하고 있다. '음향신호기' 참조

교통정온화(Traffic Calming): 보행자에게 안전한 도로 환경을 제공하기 위해 물리적 시설을 설치하여 차량의 속도와 통행량을 줄이는 기법. 고원식 횡단보도, 고원식 교차로, 지그재그 도로, 보행자우선도로(보차공존도로) 지정, 요철 포장, 보도식 차도 포장 등이 있다. 이를 교통진정화라고도 한다.

교통진정화: '교통정온화'를 말한다.

교통안내시설: 「보행안전및편의증진에관한법률」 시행규칙의 별표 또는 「교통약자의이동편의증진법」 시행규칙 별표2에서 정하는 대중교통정보알림시설 등을 말한다. 보행자우선구역 안에서 보행자에게 현재 위치, 주변 교통수단, 600m 이내 주요 시설물, 1.2km 이내 여객시설 등에 관한 정보를 제공하는 보행자안내표지판을 말하며 이에는 시각장애인을 위한 점자표기도 병행할 수 있도록 하고 있다.

교통약자: 「교통약자의이동편의증진법」 제2조의 정의로써, 장애인·고령자·임산부·영유아를 동반한자·어린이 등 생활을 영위함에 있어 이동에 불편을 느끼는 자를 말한다.

교통약자의 인구현황 및 이동실태: 「교통약자의이동편의증진법」 제6조 및 동 법 시행령 제4조에 의한 교통약자이동편의증진계획 내용 중 하나이다.

교통약자이동편의증진계획: 국토교통부장관이 매 5년마다 교통약자의 이동편의 증진을 위해 정책의 기본 방향 및 목표, 이동편의시설의 설치 및 관리실태, 보행환경 실태, 이동편의시설의 개선과 확충, 저상버스의 도입, 보행환경개선, 특별교통수단 도입 등에 관한 사항을 수립하는 계획을 말한다(「교통약자의이동편의증진법」 제6조). 같은 법 제7조에서는 특별시장·광역시장·시장·군수는 지방교통약자이동편의증진계획을 수립하도록 하고 있다.

「교통약자의이동편의증진법」: 국토교통부 소관 법률로서 교통약자가 안전하고 편리하게 이동할 수 있도록 교통수단·여객시설·도로에 이동편의시설을 확충하고 보행환경을 개선하여 인간중심의 교통체계를 구축함으로써 이들의 사회참여와 복지증진에 이바지함을 목적으로 하는 법률로 2005. 1.27 제정되고 2006.1.28일 시행되었다.

교통약자전용구역: 지하철과 같은 철도사업의 면허를 받은 자가 도시철도사업에 사용되는 차량의 1/10 이상에 해당하는 부분을 교통약자가 전용으로 사용할 좌석과 2곳 이상의 휠체어사용자의 전용공간, 휠체어 고정설비 및 설비를 갖춘 곳을 말하며 외부에서 교통약자가 이용할 수 있는 시설물임을 표시하는 그림표지를 부착하도록 하고 있다(「교통약자의이동편의증진법」 제15조 및 같은 법시행규칙 제4조).

교통이용정보: 「교통약자의이동편의증진법」 시행령 제15조에 의거, 여객시설에 1)노선·운임·운행 또는 운항에 관한 정보, 2)타는 곳, 갈아타는 곳 및 나가는 곳 등의 유도 안내에 관한 정보, 3)엘리베이터·에스컬레이터 등 이동편의시설의 위치에 관한 정보, 4)이동편의시설을 이용하여 갈아탈 수 있는 최적경로에 관한 정보를 말한다.

교통이용편의서비스: 교통약자가 교통수단, 여객시설 또는 이동편의시설을 이용할 수 있도록 안내정보 등 교통이용에 관한 정보와 한국수어, 통역서비스, 탑승보조 서비스 등 교통이용과 관련된 편의를 위해 제공된 정보를 말한다(「교통약자의이동편의증진법」 제17조).

교통행정기관: 중앙행정기관의 장, 특별시장, 광역시장, 도지사 또는 시장·군수·구청장이 「교통약자의이동편의증진법」에 따른 교통사업자의 교통수단의 운행·운항 또는 여객시설의 설치·운영에 대하여 지도·감독을 행하는 자를 말한다(「교통약자의이동편의증진법」 제2조 제6호).

교행구간: 보행자와 자동차 또는 자전거가 서로 교차하는 구간을 말하며 장애물 없는 생활환경에서는 이런 경우를 매우 위험한 것으로 저평가하므로 가급적 교행이 되지 않도록 한다. 설계 시공 시에는 사람 위주가 되도록 함이 원칙이다. 교행구간은 바닥의 이색이질, 경고용 안내판, 바닥 높이의 분리 시공, 자동차진입억제용 말뚝, 야간 조명 등을 설치하여 안전을 도모한다. 유의해야 할 지점은 횡단보도, 주차장 구역, 차량진출입구, 구획도로와 연결되는 도로 진출입구 등이다

구멍: '틈' 참고

국제접근성심볼: 'ISA' 참조

기울기: 경사도를 말하는 것으로 수평거리(투영거리)에 대한 수직거리(높이)의 비율(분수, 각도 또는 %)로 표시한다. 이에는 종단경사와 횡단경사가 있다. 기울기의 측정은 수평거리 1m이고 높이가 20cm 인 경우 기울기 20%, 1/5 또는 1:5로 표기하며 이를 각도로 하면 약 12.6°가 된다. 장애인이 사용하는 자주식인 휠체어가 이용하는 단구간의 경사로(ramp) 경사도는 1:12(8.3%, 5.3°)를 최대로 하고 있다. 진행 방향을 종단기울기 또는 종(단)경사라 하고 그 좌우기울기를 횡단기울기 또는 횡(단)경사라 한다. 접근로의 기울기를 1/18 이하로 규정하고 지형 상 곤란이 있는 경우 1/12까지 완화할 수 있도록 법령에서 정하고 있다.

기준적합성: 「교통약자의이동편의증진법」 제12조에 의거 교통행정기관인 중앙행정기관의장, 특별시장, 특별자치시장, 도지사, 시장, 군수, 구청장이 교통수단과 여객시설 에 대한 면허·허가·인가 등을 하는 경우 교통수단과 여객시설에 설치된 이동편의시설이 같은 법 제10조에 따른 설치기준에 맞는지를 '심사'하는 것을 말한다. 또한 「장애인·노인·임산부등의편의증진보장에관한법률」 제9조의2에 의거 시설주관기관(또는 대행자)이 시설주 등에게 같은 법에서 규정하는 건축물과 공원시설의 편의시설 설치가 기준에 적합하게 설치되었는지를 '확인'하도록 하고 있다. 같은 법 시행규칙 제3조의2에서 장애물 없는 생활환경 인증을 받은 경우 기준적합성을 받은 것으로 의제하고 있으나 「교통약자의이동편의증진법」은 그러하지 아니하다.

길어깨: 「도로의구조·시설기준에관한규칙」 제2조에 정의된 용어로 도로를 보호하고 비상 시에 이용하기 위해 차도에 접속하여 설치되는 도로 부분을 말한다.

ㄴ

노령화사회: 고령화사회의 다른 표현이다.

노면조도: 노면에 광원의 빛으로 조사되는 정도를 말하며 입사되는 광속을 노면의 면적으로 나눈 값으로 단위는 lx로 표시한다. 장애물 없는 생활환경의 도로 부문 인증 지표 중 보행섬식 횡단보도 또는 일반 횡단보도의 가로등 조도를 눈부심이 없는 최소 20lx 이상으로 권장하고 있다. 「도로안전시설설치및관리지침」 제2편 5.2에서 횡단보도의 위치에 따른 조명의 기준을 달리하고 있다.

노상시설: 보도, 자전거도로, 중앙분리대, 길어깨 또는 환경시설대 등에 설치하는 표지판 및 방호울타리, 가로등, 가로수, 전주, 신호등, 벤치, 자전거보관대등 도로의 부속물을 말하며 그 설치 위치에 따라 보행장애물이 되기도 한다. 「도로의구조·시설기준에관한규칙」 제2조 제31항 참조.

노유자(老幼者)시설: 노인 및 영유아를 위한 교육시설 및 복지시설을 말한다. 예컨대 유치원, 유아원, 경로당, 영유아보육시설 등이다. 건축법시행령 별표1에 따르면 아동관련시설(어린이집, 아동복지시설 및 그 밖에 이와 비슷한 것으로서 단독주택, 공동주택 및 제1종 근린생활시설에 해당하지 아니하는 것)과 노인복지시설(단독주택과 공동주택에 해당하지 아니하는 것), 사회복지시설 및 근로복지시설을 말한다.

노인: 노인을 일컫는 절대 연령 기준은 없다. 다만 「생활보호법」 제3조나 「노인복지법」 시행규칙 제10조에 따르면 65세 이상의 생활보호 대상이 되는 노쇠자를 말하고 있다. 사회적 인식 또는 통념에 따른 변화와 함께 노인에 대한 개념은 변화되고 있다. 2011년 6월 조사에 따르면 대부분의 한국 사람은 적어도 70세 이상이 되어야 노인이라고 생각하고 있다고 한다. 「국민기초생활보장법」에서도 65세로 이상으로 보며, 국민연금법에서는 노인을 60세 이상으로 본다. 노인과 비슷한 용어로 「고용상연령차별금지및고령자고용촉진에관한법률」에서는 '고령자'를 55세 이상자로 보고 있다. 국제연합에 의한 노인 연령 기준도 65세로 보고 있다. 노인을 고령자라고도 하며 일본에서는 전기 고령자를 65~74세, 심신 기능이 급격히 저하되는 후기 고령자를 75세 이상으로 보기도 한다.

노인보호구역: 「어린이·노인및장애인보호구역의지정및관리에관한규칙」 제3조 및 제6조 내지 제9조에 의하면, 노인복지시설등 주출입구 반경 300~500m 주변 도로를 지정하여 신호기, 도로표지, 도로반사경, 과속방지턱, 미끄럼방지시설, 방호울타리 등을 설치하고 노상주차장을 금지하는 등의 조치를 하여 노인을 보호하도록 하고 있다.

녹도(綠道): 공원이나 보도 내에 설치하는 보행자용 길이 아닌 오픈스페이스인 녹지 내 일정 구역을 보행자용으로 조성한 길을 말한다. 법적 용어가 아닌 계획 개념으로서 장애물 없는 생활환경 인증 부문 중 지역에 도시구성 체계 지표에 포함되어 있다. 보행자전용도로와 함

께 녹지 및 녹도 계획은 녹지들 간에 연결망 구조가 매우 중요하다.

녹지: 녹지란 「도시공원및녹지등에관한법률」 제2조의 정의된 바에 따라 지정되고, 도시지역에서 자연환경을 보전하거나 개선하고, 공해나 재해를 방지함으로써 도시경관의 향상을 도모하기 위하여 도시·군관리계획으로 결정하는 것을 말하고 완충녹지, 경관녹지 및 연결녹지로 세분한다. 일반적 광의의 뜻은 open space를 녹지라고도 하고 광범위하게 비건폐지를 포함하기도 한다. 녹지의 결정이나 구조 및 설치기준은 「도시·군계획시설의결정·구조및설치기준에관한규칙」 제55조 그리고 「도시공원및녹지등에관한법률」 시행규칙 제18조에 의한다.

ㄷ

단차: 두 지점간의 높이 차이를 말한다. 2cm 의 단차를 한계단차라 하고, 1cm 이하 단차를 허용단차라 하며 5mm이하는 단차라 하지 않는다. 2cm를 한계단차라 하는 것은 2cm를 기준으로 위험 유발이 크기 때문이다. 2cm 단차의 모서리를 45도 모따기하는 것이 더 안전하다.

데시벨(decibel): 소리의 강도 단위로 약자로 db로 쓰기도 한다. 비행기 이착륙 120db, 자동차 경적 110db, 고성능 확성기 90db, 기차·전철 80db, 전화 벨·도로변 70db, 보통의 대화 60db 정도이다. 시각장애인을 위해 리모콘식 음향신호기는 10m 내외에서 들도록 강도를 정함이 좋다. 예컨대 중증은 70db 이상, 경증은 35db 이상을 듣는 청력이므로 적정거리(약 10m 이내)에서 이보다 강도가 강해야 한다.

도로: 「도로법」에 의한 도로를 말하는 것으로 준용도로를 포함하고 있다. 도로의 종류는 「도로법」 제10조에 의한 분류에 따라 고속국도, 일반국도, 특별시·도광역시도, 지방도, 시도, 군도, 구도로 구분되며 그 밖에 유료도로법에 따른 유료도로, 농어촌도로정비법에 따른 농어촌도로 등이다. 현실적으로 불특정다수의 사람 또는 차마가 통행할 수 있도록 공개된 장소로서 안전하고 원활한 교통을 확보할 필요가 있는 장소도 도로에 포함된다.

그리고 「도시·군계획의결정·구조및설치기준에관한규칙」 제9조에 의한 분류는 첫째, 사용 및 형태에 따라 일반도로(폭 4m이상), 자동차전용도로, 보행자전용도로(폭 1.5m 이상), 보행자우선도로(폭 10m 미만), 자전거전용도로(폭 1.5m 이상 또는 1.2m 이상), 고가도로, 지하도로로 구분하고 둘째, 규모(폭원)에 따라 소로3류 8m미만, 소로2류 8~10m, 소로1류 10-12m, 중로3류 12~15m, 중로2류 15~120m, 중로1류 20m~25m, 대로3류 25~30m, 대로2류 30~35m, 대로1류 35~40m, 광로3류 40~45m, 광로2류 50~70m, 광로1류70m 이상으로 하고 있으며, 셋째, 기능에 따라 주간선도로, 보조간선도로, 집산도로, 국지도로, 특수도로(보행자전용도로 및 자전거도로 등 자동차 외의 교통에 전용되는 도로)로 구분하면서 「도로의구조·시설기준에관한규칙」 제3조에 이 분류에 대한 범주를 주간선도로(일반국도, 특별시도, 광역시도), 보조간선도로(일반국도, 특별시도, 광역시도, 지방도, 시도), 집산도로(지방도, 시도, 구도, 구도), 국지도로(군도, 시도)로 예시하고 있다. 교통약자가 통행하는 보도·지하도·육교·휴게실·지하도상가 및 음향신호기·장애인전용주차구역 등의 이동편의시설을 갖추어야 한다(「교통약자의이동편의증진법」 제2조 4호).

도로의 규모별 구분	도로의 기능별 구분
광로: 1류 폭 70m 이상, 2류 폭 50m 이상~70m 미만, 3류 폭 40m 이상~50m 미만	주간선도로 보조간선도로 집산도로 (集散道路) 국지도로 특수도로
대로: 1류 폭 35m 이상~40m 미만, 2류 폭 30m 이상~35m 미만, 3류 폭 25m 이상~30m 미만	
중로: 1류 폭 20m 이상~25m 미만, 2류 폭 15m 이상~20m 미만, 3류 폭 12m 이상~15m 미만	
소로: 1류 폭 10m 이상~12m 미만, 2류 폭 8m 이상~10m 미만, 3류 폭 8m 미만	

도로경계석: 도로 포장에서 도로의 경계에 설치하는 마감용 재료이다. 흔히 두 지점의 높이가 서로 다를 경우 두 지점 경계에 턱 또는 단차가 발생한다. 보도와 차도 간에 높이 차이가 통상 10~25cm 정도 있게 되는데 이곳의 마감을 연석경계석, 보차경계석 또는 보차도경계석이라 한다. 보도 상의 빗물 배수, 자동차의 보도 진입 억제 등을 감안하여 보차도경계석을 높게 한다. 보행자가 차도로 횡단하기 위해 보차도경계석의 높이를 낮추는 연석경사로 및 부분경사로가 있으나 경계석의 높이가 높을수록 경사도가 심하여 보행자에게 불리하다. 「보도설치 및 관리지침」 참조.

도로관련시설: 보도, 지하도, 육교, 장애인전용주차구역, 휴게실, 지하도 상가, 음향신호기 등을 말한다.

도로반사경: 「도로안전시설설치및관리지침」 제4편 2에 도로의 곡선부나 주행속도에 따른 시거가 확보되지 못한 곳 또는 좌우의 시거가 확보되지 못한 교차로 등에서 다른 차량이나 보행자 그리고 전방의 도로 상황을 사전에 확인하여 안전한 주행을 유도하기 위한 시설로 보행자에게 방해되지 않는 장소 및 높이에 설치하여야 한다.

도로점용: 「도로법」 제38조에 의거 도로점용허가를 받도록 하고 있다.

도시공원: '공원' 참조

도시·군계획시설: 「국토의계획및이용에관한법률」에 의한 43개 시설을 말한다. 이 시설의 결정·구조 및 설치에 대하여는 「도시·군계획의결정·구조및설치기준에관한규칙」에 정하고 있다. 도로, 철도, 항만, 공항, 주차장, 자동차정류장, 궤도, 자동차 및 건설기계검사시설, 광장, 공원, 녹지, 유원지, 공공공지, 유통업무설비, 수도공급설비, 전기공급설비, 가스공급설비, 열공급설비, 방송·통신시설, 공동구, 시장, 유통저장 및 송유설비, 학교, 공공청사, 문화시설, 체육시설, 연구시설, 사회복지시설, 공공직업훈련시설, 청소년수련시설, 하천, 유수지, 저수지, 방풍설비, 방수설비, 사방설비, 방조시설, 장사시설, 도축장, 종합의료시설, 하수도, 폐기물처리 및 재활용시설, 빗물저장 및 이용시설, 수질오염방지시설, 폐차장 등이다.

디딤석: 잔디밭이나 녹지 내에 전면적인 포장을 하지 않고 보행 폭 정도로 넓은 블록을 띠어 까는 재료이다. 빗물의 지면 흡수 목적으로, 장식적 목적으로 또는 공사비 절감을 목적으로, 간단한 보행 연결을 위해 디딤석 구간을 정해 포장하는 것으로 주로 보조적 동선에 시공한다. 공용으로 포장 시에는 전체 폭 중 90cm 정도를 장애인이 이용할 수 있도록 통과 구간의 틈새는 메워야 한다.

디딤판: 계단에서 발이 놓이는 부분을 말하며 최소 너비를 28cm 이상으로 하고 있다. 우리나라 사람이 신발을 신은 크기가 30cm 내외이다. 따라서 디딤판 너비은 30cm가 적정하다. 챌면의 높이에 따라 디딤판 너비가 변화된다. 2R+T=600mm~650mm(R 챌면 높이, T 디딤판 너비). 정자나 마루 앞에 놓이는 발판과 다른 개념이다.

띠녹지(대): 폭이 좁은 보도와 차도 사이에 수목을 길게 일렬로 식재한 구역과 같이 식재를 길게 한 곳을 말한다. 띠녹지대 외 녹지는 최소 사방 1m 이상이 되도록 「도시공원및녹지등에관한법률」에 규정하고 있다.

ㄹ

리프트(lift): '휠체어 승강설비' 참조.

ㅁ

매개시설: 장애물 없는 생활환경 공원 부문, 여객시설 부문 및 건축물 부문 인증에서 (보행접근로), 주출입구, 장애인전용주차구역을 말한다.

매개체(intermediaries): 보조하는 사람이라기보다 청각장애인을 위한 수화통역사와 같이 특별한 장애를 가진 사람들에게 정보를 전달하는 중간자의 역할을 하는 사람 또는 수단을 의미한다.

모깎기: '턱 모서리 완화' 참조

목발(클러치): 보행클러치, 전박클러치, 겨드랑이클러치, 2각클러치, 4각클러치, 보행스탠드(보행프레임), 보행웨곤 등으로 지체장애인의 보행 보조기기이다.

미끄럼저항계수(C.S.R.: Coefficient of Slip Resistance): 외부공간에서 사용되는 경우 신발을 신고 습윤 상태에서 측정한다. 보행 안전이나 바닥재의 미끄럼 상태를 측정하는 계수로 장애물 없는 생활환경에서는 0.4 이상을 기준으로 하고 있다. 다른 미끄럼을 측정하는 값이나 계수와 호환되지 않는다. 'C.S.R.' 참조

ㅂ

반사경: '도로반사경' 참조

방호울타리: 차량으로부터 안전을 확보하기 위해 보도나 보행섬에 가장자리에 설치하는 도로시설물

배수시설: 미끄럼과 빙판을 만드는 빗물을 포장 표면으로 배출하는 방법으로 포장면의 경사를 이용한 표면 배수, (L형)측구, 빗물을 모으는 집수정, 트렌치, 잔디측구 등의 집수시설과 이를 통해 집수된 물을 하천이나 강으로 배출시키는 하수관로 등을 배수시설이라 한다. 보행 구간에서는 빗물을 빨리 배출시켜야 하는 계단의 상단이나 하부, 주차장의 외곽 등에 설치하는 트렌치나 집수정의 뚜껑에 구멍구조를 형성되어 있는데 이 구멍 크기를 2cm 이하로 하고 있으나, 이 구멍의 크기와 간격을 잘 결정하여 구역 내 홍수가 없도록 해야 한다. 구멍이 −자형인 선으로 형성된 횡단 선형트렌치는 장애가 거의 없으나 무소음 트렌치의 경우 구멍이 크고 굴곡이 있어 장애를 유발한다.

범용디자인: '유니버설 디자인' 참조

보도: 「도로법」에서 사용되는 차도 등과 구분하여 사용하는 도로의 한 부분의 용어이다. 안전성, 접근성, 쾌적성, 연속성, 휴식공간 등의 기능이 충족되어야 하며 일일 보행량 150인 이상 및 자동차 교통량 2,000대 이상인 경우 보도 설치를 고려한다(「보도설치및관리지침」).

보도 안전시설: 방호울타리, 조명시설, 자동차진입억제용말뚝, 안전표지를 말한다(「보도설치및관리지침」).

보도용 방호울타리: 「교통약자의이동편의증진법」 시행규칙 별표2 제5호에 저속 차량에게 보도와 차도가 분리되어 있음을 시각적으로 유도하여 사고를 예방하는 시설

보도의 유효폭: 「도로의시설구조에관한규칙」 제2조에서 '보도의 유효폭을 보도폭에서 노상시설 등이 차지하는 폭을 제외한 보행자의 통행에만 이용되는 폭을 말한다'라고 정의하고 있다. 한편, 「교통약자의이동편의증진법」 시행규칙의 제2조제1항 관련 별표1의 '3.도로'편에서 교통약자가 통행할 수 있는 보도를 정의하면서 휠체어사용자가 통행할 수 있도록 보도 및 접근로의 유효폭은 2m 이상으로 하여야 한다고 하고 지형상 불가능하거

나 기존 도로의 증·개축 시 불가피하다고 인정되는 경우에는 1.2m 이상으로 완화할 수 있다고 하였다. 유효폭이 1.5m 미만인 경우에는 휠체어사용자가 다른 휠체어 또는 유모차 등과 교행할 수 있도록 50m마다 1.5m×1.5m 이상의 교행구역을 설치하여야 함을 규정하고 또 유효폭 1.5m 미만인 경사진 구간이 연속되는 경우 30m마다 1.5m×1.5m 이상의 수평면으로 된 참을 설치하여야 하도록 하고 있다.

보장구: '보조기기' 및 '이동보조기구' 참조

보조기기: 장애인, 노인 등 신체 기능이 손상된 사람들을 위해 일상생활 전반에서 발생하는 다양한 욕구를 해결해 줄 수 있는 기기를 총칭하는 것으로 「장애인·노인등을위한보조기기지원및활용촉진에관한법률」 제3조제2호 상의 명칭인데 이와 유사용어로 고령친화용품(고령친화산업진흥법), 의료기기(의료기기법), 보철구(국가유공자등예우및지원에관한법률), 복지용구(노인장기요양보험) 등이 있다. 보조기기의 종류는 1)이동보조기기(수동휠체어, 전동휠체어, 스쿠터, 수동휠체어전동모듈, 유모차형 휠체어 등), 2)착석/보행보조기기(착석보조기, 기립보조기, 워커, 실버카, 지팡이 등), 3)시각보조기기(책상용 확대 독서기, 휴대용 확대 독서기, 센스리더, 화면확대 S/W, 문자판독기, 시각장애인용 시계, 점자정보단말기, 음성시계 등), 4)청각보조기기(음성확대 보조기기, 진동시계, 무선신호기), 5)여가생활보조기기(스포츠형 보조기기, 해변형 휠체어, 장애인용 자전거 등), 6)일상생활보조기기(식사보조기기, 목욕보조기기, 학습보조기기 등), 7)의사소통 보조기기(AAC:의사소통기기, 의사소통관련 어플 등), 8)컴퓨터보조기기(특수마우스, 대안형 키보드 등) 등이 있다

보조간선도로: '도로' 참조

보조견: 시각장애인의 보행 안내를 위한 개로서 보조견에 대한 차별은 장애인의 차별과 동일 시 한다(「장애인차별금지및권리구제등에관한법률」 제4조).

보조기기·주택·교통국제위원회 (International Commission on Technical Aids, Housing and Transportation : ICTA): ISA선정을 위한 특별전문위원회를 설치하여, 「각 국에서 다양하게 사용되어지는 심볼을 통일하여 장애인의 물리적 환경개선을 위해 사용한다」라는 목적을 위해 디자인 선정작업을 행했다. 디자인의 일반적 기준으로,
1. 애매하지 않아야 할 것
2. 쉽게 의미를 알 수 있어야 할 것
3. 적당한 거리에서 판단할 수 있어야 할 것
4. 재질, 크기 등의 점에서 작성이 쉬울 것

보조기술(assistive technology): 장애인의 모든 생활영역의 질을 향상하기 위해 사용되는 하드웨어와 소프트웨어이다. 예를 들어, 보조공학에 의한 특수한 기계 및 장치를 통해 장애인이 일상생활이나 작업 등을 최대한 자립적으로 할 수 있도록 돕는 기술을 의미한다.

보차공존도로: 네덜란드 본넬프(Woonerf)도로에서 유래한 개념이 우리나라에 1980년대에 소개된 디자인 개념으로서의 명칭이다. 보행자우선도로와 유사한 개념이나 보차공존도로가 디자인적으로 보행과 자동차 간의 효율적 이용에 중점을 둔다. '보행자우선도로' 및 '교통정온화' 참조

보차혼용도로: 법정(法定) 용어는 아니다. 보행자와 차량이 혼재하여 사용되는 도로를 기능적으로 표현한 것인데, 차량이 많이 다니지 아니하던 시절 지방의 지방도, 도시 내의 구획도로 또는 국지도로가 폭원이 좁아 보도를 설치하지 않음으로써 차량과 보행자가 함께 사용되어 왔던 도로이다. 사람은 길가를 사용하거나 차량이 다니지 않는 때에 차도를 사용하는 형태를 말한다. 차량 이용이 많아짐에 따라 좁은 도로에 새로이 보도를 설치하지 못하여 차량사고가 빈번해짐에 따라 차량과 사람의 구분을 위해 또는 보행자의 안전을 위한 설계 개념으로의 보차공존도로, 또는 법상의 명칭인 보행자우선도로를 지정하여 보차혼용도로의 문제점을 개선하고 있다. 교통사고가 횡단보도와 함께 가장 많은 곳이다.

보차도경계석: '경계석' 및 '연석경사로' 참조

보편디자인: '유니버설 디자인' 참조

보행거리: 보행의 적합한 거리를 말하는데 우리나라의 리(里) 단위가 적정하며 이는 반경 400m이다. 장애물 없는 생활환경 지역 인증에서는 이를 300m~500m 범위로 보고 있다.

보행권: 「보행안전및편의증진에관한법률」 제3조에 장애, 성별, 나이, 종교, 사회적 신분 또는 경제적·지역적 사정 등에 따라 보행과 관련하여 차별을 받지 아니하도록 마련된 조치 하에 쾌적한 보행 환경에서 안전하고 편리하게 보행하도록 최대한으로 보장받는 권리이다.

보행섬: 「교통약자의이동편의증진법」 시행규칙 별표2 제2호에 규정된 보행섬식 횡단보도 상에 최소 1.5m 폭으로 설치되는 것으로 일시적으로 대기하거나 이를 이용하여 안전하게 차도를 횡단하도록 하는 시설이다. 같은 법 시행규칙 별표1 제3호 도로편에는 횡단보도 중 일시적인 대기 안전지대를 편도 4차선 이상의 도로에 설치하도록 하고 있다. 장애물 없는 생활환경 인증에서는 왕복 6차로 이상 또는 4차로 이상의 도로에서 부분경사로와 병행하여 횡단하는 시설로 평가하고 있다. '교통섬' 참조

보행섬식 횡단보도: 「교통약자의이동편의증진법」 시행규칙

별표2 제2호에 의거 보행우선구역 내 횡단보도 중간에 직선형 또는 굴절형으로 최소 1.5m 폭으로 안전지대를 설치하는 것.

보행시설물: 시장 또는 군수가 교통약자를 포함한 보행자의 안전하고 편리한 보행환경을 위하여 필요하다고 인정할 때 도로의 일정구간을 보행우선구역으로 지정하고(「교통약자의이동편의증진법」 제18조), 이 보행우선구역 안에 설치하도록 하는 속도저감시설, 횡단시설, 교통안내시설, 보행자 우선 통행을 위한 교통신호기, 보도용 방호울타리 및 자동차진입억제용 말뚝 등의 시설물을 설치한다(「교통약자의이동편의증진법」 제21조 및 같은 법 시행규칙 제9조).

보행안전지대: 「교통약자의이동편의증진법」 시행규칙 별표1에 보도, 접근로 등에서 장애물이 없는 공간을 보행안전지대라 지칭하고 보통 높이 2.1m 이하에 장애물이 없도록 하고 있으며 가로수는 2.5m 이하 가지치기하며, 가로등, 전주, 간판 등을 이 구역 밖에 설치하도록 하고 있다. 보행자를 위한 시설한계를 말한다.

보행안전구역(Barrier Free Zone): 장애물 없는 생활환경의 도로 부문의 인증에서는 「교통약자의이동편의증진법」 상의 '보행안전지대'라는 용어 대신에 '보행안전구역'이라는 용어를 사용하여 왕복 6차로 이상의 도로, 왕복 4차로 이상의 도로, 왕복 2차로 이상의 도로, 보차공존도로 및 보행자전용도로에 대하여 평가 지표로 사용한다. 보행안전구역의 보도 상 위치, 폭, 장애물 설치 배제, 연속성, 마감 등의 조건을 요구한다. 예컨대 보행안전구역 양측에는 시각장애인을 위한 유도 및 경고용 띠를 포함하는 것으로 하고 있다(1급 폭 0.3m 이상).

보행안전통로: 장애물 없는 생활환경 인증 기준에서 장애인이 이용하는 장애인전용주차구역에서 주출입구, 승강설비 등 시설에 이르는 통로인데 이를 접근로로서 평가하며 차량의 간섭이 전혀 없고 유효폭은 1.2m 이상, 단차가 2cm 이하, 경사도 1/18을 확보하도록 하고 있다. 차량이나 자전거와 교행해서는 아니 된다.

「보행안전및편의증진에관한법률」: 2012.8.23에 제정되고 2012.8.23일 시행되었으며 행정안전부 소관 법률이다. 보행자가 안전하고 편리하게 걸을 수 있는 쾌적한 보행 환경을 조성함을 목적으로 제정되었고 보행권의 보장, 보행환경개선사업의 시행 및 관리, 보행 안전 및 편의증진 시설의 설치, 보행자전용길의 조성 등을 골자로 한다.

보행안전및편의증진시설: 「보행안전및편의증진에관한법률」 시행규칙의 별표에 따르면, 차량속도저감시설인 고원식교차로, 횡단보도, 차량 폭 좁힘, 과속방지턱, 보행교통섬, 무단횡단금지시설, 보행자 우선통행을 위한 교통신호기, 대중교통정보알림시설 등 교통안내시설, 보도용 방호 울타리, 조명시설, 장애인용 음향안내시설, 범죄예방을 위한 영상정보처리기기, 차량진입억제용 말뚝, 점자블록, 가드레일(guard rail), 도로반사경 등을 말한다.

보행안전공간: 장애물 없는 생활환경의 공원 부문 인증에서 산책로 평가 지표상의 용어이며 보도에서의 '보행안전구역'과 동일한 개념이나 보도에서의 시설제한 높이 2.1m보다 높은 2.5m로 강화하고 있다.

보행우선구역: 시장 또는 군수가 교통약자를 포함한 보행자의 안전하고 편리한 보행환경을 위하여 필요하다고 인정할 때 도로의 일정구간을 보행우선구역으로 지정하는 곳을 말한다(「교통약자의이동편의증진법」 제18조, 같은 법 시행령 제16조, 같은 법 시행규칙 제8조). 보행우선구역 안에 속도저감시설, 횡단시설, 교통안내시설, 보행자 우선 통행을 위한 교통신호기, 보호용 방호울타리, 자동차진입억제용 말뚝 등의 보행시설물을 설치하고 이 구역으로 지정되면 일방통행, 속도제한, 주정차 금지 등의 조치를 취하게 된다(「교통약자의이동편의증진법」 제21조, 같은 법 시행령 제19조).

보행자: 도로를 보행하거나, 노상 작업 중인 사람, 노상 유희 중인 사람, 도로에 서 있거나 누워있는 사람, 장애인용 휠체어를 타고 있거나 밀고 있는 사람, 세발자전거나 모형자동차를 타고 있는 아이 또는 밀고 사는 사람, 이륜차, 원동기 장치 자전거, 자전거를 끌고 가는 사람 등을 말한다(도로교통공사 정의).

보행자길: 「보행안전및편의증진에관한법률」 제2조에서 관련 법에서 정한 보도, 길가장자리구역, 횡단보도, 자연공원이나 도시공원 내의 보행자용 통로, 항만친수구역시설 중 보행자용 통로, 지하보도, 육교, 도로횡단시설, 골목길 등 불특정 다수의 보행자 통로 등을 말한다.

보행자안내표지판: 「교통약자의이동편의증진법」 시행규칙 별표 2 제3호에 보행우선구역 내에 보행자 위치, 주변 교통수단, 600m 이내 주요 시설물, 1.2km 이내 여객시설 등의 정보를 주요 교차로 또는 보도에 설치하도록 하고 있다.

보행자우선도로: 2012년에 도입된 도로의 법적 명칭이다. 보행자우선도로라는 명칭이 법으로 도입되기 전 1980년대 초부터 우리나라에서 네델란드에서 시작한 본넬프(일명, 보차공존도로)라고 소개·연구되면서 설계적 개념으로 발전되다가 보행사고가 보차혼용도로에서 많이 발생함에 따라 이를 법제화하여 보행자우선도로라는 명칭으로 「도시·군계획시설의결정·구조및설치기준에관한규칙」 제9조 도로의 사용 및 형태별 기준에 2012년 삽입하여 폭 10미터 미만의 도로에서 보행자와 차량이 혼합하여 이용하되 보행자의 안전과 편의를

우선적으로 고려하여 설치하는 도로로 정의하였다(동 규칙 제19조의2 및 제19조의3참조). 현행 장애물 없는 생활환경 도로 부문의 인증 중 보차공존도로와 유사한 개념이다. 「도시·군계획시설의결정·구조및설치기준에관한규칙」 제19조의2에서 결정 기준을, 제19조의2에서 구조 및 설치기준을 정하고 있다. 최초로 '덕수궁길'을 보행자우선도로로 지정하여 보차공존도로 개념으로 설계하였다고 소개되고 있다.

보행자우선도로의 해외 사례는 네델란드의 본넬프 외에 영국의 홈존(Home Zone), 일본의 커뮤니티존(Community Zone), 프랑스의 만남구역(Zone de Recontre), 독일의 교통진정구역(Verkehsberuhigter Bereeiche) 등이 있다. '교통정온화' 참조

보행자전용길: 「보행안전및편의증진에관한법률」 제16조에 의해 지정되는 길로, 보행자길 중에서 보행자의 안전과 쾌적한 보행환경을 확보하기 위하여 특별히 필요하다고 인정되는 길이다. 차량이나 우마차의 진입이 제한되고 긴급자동차의 진입과 자전거를 끌고 가는 경우는 진입이 가능하다. 같은 법 시행령 제12조 및 별표1에 구조 및 시설 기준을 명기하고 있다. 2019.4 기준 총 51개소이다.

보행자전용도로: 「도시·군계획시설의결정·구조및설치기준에관한규칙」 제9조에 의거 폭 1.5m 이상의 도로로서 보행자의 안전하고 편리한 통행을 위하여 설치하는 도로이다. 동 규칙 제18조에서 결정기준을, 제19조에서 구조 및 설치 기준을 정하고 있다.

보행자 통행시설: 보행자 전용의 보도, 자전거·보행자 겸용 도로 및 횡단시설을 말한다(보도설치및관리지침)

보행장애물: 「교통약자의이동편의증진법」 시행규칙 별표1 규정을 보면 여객시설편에서 통로 내에 설치된 보행장애물이 정의되어 있는데, 보행접근로 상의 설치된 보행장애물에 대하여는 정의가 없으나 보행의 유효폭 내에 설치된 시설을 보행장애물로 볼 수 있고 시설물의 배치가 비규칙적이거나 인식이 어려운 것을 보행장애물로 볼 수 있다. 동 규정에 통행에 지장을 주는 가로등, 전주, 간판, 나뭇가지 등을 예시하고 있다. 한편, 동 별표1에서 실내 통로의 보행장애물 정의는 1)통로의 바닥면으로부터 높이 0.6m~2.1m 이내의 벽면으로부터 돌출된 물체의 돌출 폭이 0.1m 이상인 경우, 2)통로의 바닥면으로부터 높이 0.6m~2.1m 이내의 기둥이나 받침대에 부착된 공작물의 돌출 폭이 0.3m 이상인 경우, 3)통로의 바닥면으로부터 2.1m 이내에 물체가 있는 경우 이들을 보행장애물로 보고 이에 대한 안전성을 확보하도록 하고 있다. 이와 같이 보행장애물은 이용 장소에 따라 장애물의 성격에 따라 규격에 따라 설치 성격에 따라 약간 달라진다고 볼 수 있다.

보행장애물구역(Barrier Zone): '장애물구역' 참조.

보행접근로: 「교통약자의이동편의증진법」에서는 여객시설인 여객자동차터미널, 철도역사, 도시철도역사, 환승시설, 공항시설, 항만시설 및 광역전철역사에 설치하여야 하는 이동편의시설 중 하나인 매개시설로써 외부에서 여객시설 주출입구에 이르는 접근로이다. 교통약자가 안전하고 편리하게 통행하도록 법정(法定) 유효폭, 기울기, 미끄럽지 않고 평탄한 바닥의 재질 및 마감을 하도록 하고, 보행접근로의 바닥면에 단차가 있는 경우 경사로 또는 승강기를 설치하도록 하고 있다(「교통약자의이동편의증진법」 시행규칙 별표1제2항). 한편 「장애인·노인·임산부등의편의시설보장에관한법률」에서는 편의시설에 이르는 외부에서의 이동로를 '접근로'라 하고 있다.

보행지원시설: 법정 용어는 아니나 장애물 없는 생활환경 도로부문 인증에서 보도 상에 설치되는 다음의 세 가지 시설 즉 1)입식안내판, 표지판, 전자식 음성 및 시각안내 등에 관한 안내시설과 2)휴게용 의자 등의 휴게시설 및 3)공중전화, 휴지통, 우체통 등의 이용편의시설을 보행지원시설이라 정의하고 이를 지표로 평가하고 있다.

보행환경: 「보행안전및편의증진에관한법률」 제2조에 따르면 보행자가 통행하면서 접하게 되는 물리적·생태적·역사적·문화적 요소와 보행자의 안전하고 쾌적한 통행에 영향을 미치는 요소를 말하고 있다.

보행환경개선지구: 「보행안전및편의증진에관한법률」 제9조에 따라 보행자 통행량이 많은 구역, 노인·임산부·어린이·장애인 등 통행 빈도가 높은 구역, 역사적 의의를 갖는 전통과 문화가 형성되어 있는 구역 및 보행환경을 우선적으로 개선할 필요가 있는 구역에 대해 특별시장 등이 지정하여 '보행환경개선사업'을 시행하는 지구를 말한다.

보행환경개선사업: '보행환경개선지구' 참조

볼라드(bollard): 이 용어는 부둣가에 배를 묶어두는 말뚝인데 이를 빌어다 쓴 용어로 보행로에 작게는 무릎 정도의 높이로 설치된 시설을 말한다. 디자인에 따라 의자를 겸용하는 조경시설물로 사용되기도 한다. 유사 용어인 '자동차진입억제용 말뚝'과는 의미상 차이가 있는 용어이다. 볼라드를 단주(短柱)라고도 한다. 혹은 국어사전에서는 길말뚝이라도 번역한다.

부분경사로: 횡단보도의 폭 전부가 아닌 그 중 일부 폭의 연석을 차도의 높이보다 2cm 미만으로 높게 매설하고 보도 구간은 경사 구조로 시공하는 것을 부분경사로라고 한다. 이에 반해 「교통약자의이동편의증진법」 상 '연석경사로'는 횡단보도의 전체 폭에 해당하는 구간을 경사로로 만든 경우이다. 연석경사로의 많은 문제점을 해

결하기 위해 부분경사로 도입을 장애물 없는 생활환경 인증에서 적극 권장하여 평가하고 있다. '연석경사로' 참조

비장애인: 장애인에 대해 대칭적으로 지칭한 일반인을 말한다.

ㅅ

30구역: 이를 '생활도로구역'이라고도 한다.

생활도로구역: 국민안전처와 경찰청에서 보차공존도로 등에서 교통사고가 많아 보행자의 안전을 위해 고속화도로, 간선도로 등이 아닌 소생활권 내 약 3~15m 미만의 국지도로(소로 2~3류, 보행자도로)나 집산도로(소로 1류, 중로 3류 등) 등 도로 폭원이 정비사업 시에 안전시설 설치기준을 마련하기 위한 구역으로 차량의 속도를 30km/h로 제한하는 것을 골자로 한다. 2015년 국민안전처와 경찰청이「생활도로구역(30구역)지정기준 및 안전시설 설치기준」을 마련하였다.

이 구역의 지정 목적을 위한 물리적 시설로 과속방지턱, 노면요철포장, 차도폭 좁힘, 시케인, 통행차단, 주정차공간, 교차로 입구 험프, 고원식 교차로, 고원식 횡단보도, 교차로 좁힘, 대각선·직진·편측차단, 볼라드 등을 설치하고 비물리적 규제 방식은 최고속도 30km/h 규제, 대형차 통행금지, 자전거 및 보행자용 도로규제, 주차금지규제, 일방통행규제, 일시정지규제, 진행방향지정 등을 도입한다.

석재다듬: 우리나라 전통의 석재 표면의 거칠기가 높은 정도에서 낮은 정도는 혹두기, 정다듬(거친다듬 및 고운다듬), 도드락다듬(25눈, 64눈, 100눈), 잔다듬(1회, 2회, 3회), 갈기(거친갈기, 물갈기, 본갈기)이다. 이 석재마감은 우리나라 전통의 수공 마감(문화재 표준시방)이나 오늘날 대부분은 기계 가공에 의한 마감 제품이 거래된다. 대체로 아름다운 실내용 바닥이면서 적정 C.S.R.값을 위해서는 기계 잔다듬 마감 2회 이상이 적정할 것으로 보이며 기계 잔다듬 1회는 기계 절삭면이 남아 있는 경우가 있다. 석재의 색상은 잔다듬, 버너튀김 등을 하는 경우 연하여 진다.

1차 분류	2차 분류	3차 분류	국내 산지명
화성암 (외장재)	심성암	화강암, 섬록암, 반려암	가평석(백색), 거창석(백색), 문경석(연분홍), 포천석(백색), 고흥석(연회색), 황등석(회색)
	화산암	안산암(휘석, 각섬, 운모, 석영), 유문암, 현무암	마천석(흑색), 제주석(흑색)
		석영조면암	
수성암	쇄설암	이판암, 나판암, 점판암	
		역암, 사암	
		응회암, 사질응회암, 각력질응회암	

1차 분류	2차 분류	3차 분류	국내 산지명
수성암	유기암	석회암	
	침전암	석고	
변성암 (내장재)	수성암계	대리석	충주백석, 취옥석
	화산암계	사문암	

공정	세분공정	내용
혹두기	-	석재면의 도두라지거나 모서리의 불필요한 부분은 쇠메로 쳐서 떼어버리며 마름돌 주위에 먹줄을 그어 마무리선 또는 맞댄면을 정하고 이 먹줄에 평날메를 대고 망치로 쳐서 맞댄면 갓둘레를 평면선으로 따낸 후 가공한다. 석재의 중간면은 쇠메 및 평날메 등을 써서 거친면으로 가공하며, 불가피한 경우에는 정으로 쪼아 깨뜨리되 정자국이 남지 않게 하는 마감이다
정다듬	거친다듬 고운다듬	끝날이 뾰족한 정으로 쪼아서 평평하게 가공하며 정자국의 거리간격과 깊이를 일정하게 하고 줄정다듬기는 정을 한 줄로 쪼아 돌표면에 평행 골이 지게하는 마감이다.
도드락 다듬	25눈, 64눈, 100눈	정다듬한 석재면을 거친도드락망치로부터 잔도드락망치의 순으로 1~3회 두들겨 마감하는 것이다.
잔다듬	1회, 2회, 3회	도드락마감한 면을 3회 정도 날망치(외날망치, 양날망치)로 일정 방향 평행하게 찍어 가공하고 평평하게 마무리 하는 마감이다. 횟수가 많은 것은 처음 두 번과 서로 직교하는 빗방향으로 가공하고 그 다음은 평행으로 가공한다.
갈기	거친갈기, 물갈기, 본갈기	물갈기는 잔다듬한 석재면을 숫돌과 연마재를 사용하여 갈기하고 광내기를 할 경우는 석재면을 청소하고 광내기 가루를 헝겊 등에 묻혀 문질러서 광을 내는 마감이다.

선형블록: 유도용 선형블록이라고도 한다. 시각장애인의 보행을 돕기 위해 포장의 일부 구간에 표면의 전체 색상이 황색(주변 바닥과 대비되는 색상도 가능)으로 만든 30cm×30cm 규격 사각블록 내에 띠 모양으로 5mm 정도의 선을 양각으로 4개 넣어 만든다. 블록을 서로 붙여 띠 모양으로 깔아 진행 방향을 유도하는 블록이다. 이 블록의 기능은 시각장애인에게 방향성을 부여하는 것이며 이에 반해 점형블록의 기능은 위치, 방향의 변경, 위험성 고지 등이다. 상세 내용은 부록 '시각장애인편의시설설치메뉴얼' 참조.

설치기준적합성: '기준적합성' 참조

속도저감시설:「교통약자의이동편의증진법」시행규칙 별표 등에 고원식 교차로, 횡단보도, 지그재그도로, 차도폭 좁힘, 요철포장 또는 (가상형)과속방지턱을 예시하고 있다.

손상(impairment): 건강 상태와 관련하여, 손상이란 정신적, 육체적 혹은 해부학적 구조나 기능의 상실이나 비정상을 일컫는다(즉, 손상은 말더듬이나 시력 상실 같은 의학적 손상(damage) 혹은 신체 일부의 기능 이상임을 강조한다).

손수레: 일명 리어카라고도 하는데 「도로교통법」에 의하면 보도로 다닐 수 없고 차도로 다니도록 규정하고 있으나 실제 이용은 차량에 의한 사고, 운반의 용이성 등을 이유로 차도가 아닌 보도로 다니는 경우가 많다.

수평손잡이: 계단이나 경사로의 시작과 끝 또는 중간 지점 수평구간에 손잡이를 약 30cm 가량으로 수평으로 하여 특히 시각장애인에게 계단의 시작과 끝 또는 중간 지점이나 바닥이 수평임을 알리는 역할과 이동의 편의성을 제공하는 기능이다. 이곳에 점자표시판에는 가고자 하는 방향의 층수 및 위치 등을 안내한다. 수평손잡이가 계단이나 경사로의 시작과 끝에서는 좌우로 횡단하는 보행자에게 방해가 되지 않도록 돌출시켜서는 아니 된다.

수평참: 계단, 경사로, 비탈길 등과 보행의 방향이 꺾이는 지점에서 보행자, 휠체어, 임산부, 자전거 등이 쉬어 갈 수 있도록 또는 방향을 전환할 수 있도록 사방 약 1.5m 이상으로 수평 공간을 조성하는 것을 말한다. 때로는 휴식참이 되기도 한다.

승강기: 엘리베이터(elevator)를 말하고 장애인용과 일반용이 있다. 장애인용 역시 일반인과 겸용하는 것으로 장애인 전용이 아니고 일반인과 함께 쓴다. 휠체어 180도 회전에 유리하게 일반인 사용 승강기보다 규격이 크다. 장애인용 승강기 내부 유효바닥 규격은 폭 1.1m 이상, 깊이 1.35m 이상으로 하여야 하나 신축 건물은 폭이 1.6m 이상이어야 한다(「장애인·노인·임산부등의편의시설보장에관한법률」 시행규칙 별표1)

승하차시설: 법정(法定) 용어는 아니며 도로 상에 설치되는 버스 및 택시의 승하차구역을 말한다. 이곳에서는 대기 구역과 차량에서 오르내리는 안전한 시설이 설치되도록 한다. 「교통약자의이동편의증진법」 시행규칙 별표1에서 버스정류장에 대하여는 연석, 점자블록, 지붕, 운행정보안내판 등 부가하도록 하고 있다(「교통약자의이동편의증진법」 시행규칙 별표1참조).

시각장애인: 시각에 장애가 발생하여 보행 및 이동에 어려움이 있는 장애인으로 저시력장애인과 중증시각장애인을 말한다. 저시력시각장애인은 잔존시력을 가지거나 제한된 범위만 볼 수 있어 강한 대조나 뚜렷한 윤곽만 인지 가능한 사람을 말하며, 중증시각장애인은 시각을 거의 사용할 수 없는 사람으로 흰지팡이, 보조견, 음향 또는 촉각정보에 의지하는 사람을 말한다(「장애인복지법」 정의 참조).

시설주: 「장애인·노인·임산부등의편의증진보장에관한법률」 제2조제3호에 정의된 용어로 편의시설 설치 대상 시설의 소유자 또는 관리자(해당 대상시설에 대한 관리의무자가 따로 있는 경우에만 해당한다)를 말한다. 시설주가 장애물 없는 생활환경 인증 신청자가 된다.

시설주관기관: 「장애인·노인·임산부등의편의증진보장에관한법률」에 따라 설치하는 편의시설의 설치와 운영에 관하여 지도하고 감독하는 중앙행정기관의 장, 특별시장, 광역시장, 도지사, 특별자치도지사, 시장, 군수, 구청장, 교육감을 말한다. 같은 법 제2조제4호 참조

시설한계: 자동차나 자전거, 보행자 등의 교통안전을 확보하기 위하여 일정한 폭과 높이 안쪽에는 시설물을 설치하지 못하게 하는 도로, 보도, 접근로, 통로 등에서 공간 확보의 한계를 말한다. 예컨대 보행 구간 내 접근로에서 2.1m 이하의 공간에 보행장애물을 두지 않거나 보도에서 2.5m 이하의 가로수 가지를 제거하는 것과 같은 공간을 확보하는 것이다(「도로의구조·시설기준에관한규칙」 제18조 및 「보도설치및관리지침」 등 참조). '유효안전높이' 참조

시케인: 'Chicane' 참조

신호조작기: 수동식 신호조작기라고도 하는데 횡단보도를 건너고자하는 사람이 교통신호기에 부착된 조작기를 눌러 교통신호기를 조작하는 것을 말한다. 음향 또는 진동으로 작동된다. 교통신호기에 1.5m에 부착하도록 하고 있다.

심리장애: 지속적으로 해로운 사고와 감정 그리고 행위를 나타내는 것을 말하며 나라마다 학자마다 분류기준은 매우 다양하다. WHO-10 등에서 이에 대한 일반적 기준을 제시하고 있다. 불안장애(일반적인 불안장애, 공황장애, 공포증, 강박장애, 외상 후 스트레스 장애), 기분장애(우울정신병, 양극성 장애(=조울 정신병)), 정신분열병, 성격장애 등을 말한다.

○

안내시설: 안내방송, 문자안내판, 행선지 표시, 점자블록, 유도 및 안내시설, 경보 및 피난시설 등을 말한다.

알코브(alcove): 움푹 들어 간 공간을 말한다. 통로, 산책로, 접근로 등에서 유효폭을 감소시키거나 장애물이 되는 벤치, 음수전, 휴지통, 전화박스 등을 통로, 산책로, 접근로에서 후퇴시킨 공간인 알코브를 형성하여 통행자에게 방해가 없거나 장애물이 되지 않도록 하는 설계기법으로 사용된다.

어린이·노인 및 장애인보호구역의 지정 및 관리: 「도로교통법」 제12조 및 제12조의2에 따라 「어린이·노인및장애인보호구역의지정및관리에관한규칙」을 제정하여 이들의 안전한 통행이 되도록 하였다

어린이보호구역: 「어린이·노인및장애인보호구역의지정및관리에관한규칙」 제3조 및 제6조 내지 9조에 의하면, 초등학교 또는 어린이집 주출입구 반경 300-500m 주변 도로를 지정하여 신호기, 도로표지, 도로반사경,

과속방지턱, 미끄럼방지시설, 방호울타리 등을 설치하고 노상주차장을 금지하는 등의 조치를 하여 이들을 보호하도록 하고 있다. 일명 스쿨 존(school zone)이라고도 한다. 아직도 사고가 많이 일어나고 있다(이 책 제1장 7편 참조).

에스컬레이터: 계단의 형태를 가진 기계식 승강 장치를 말하며 장애인용이 있다. 대부분이 실내용이다. 「장애인노인임산부등의편의증진보장에관한법률」 시행규칙 별표1 참조.

여객시설: 「교통약자의이동편의증진법」 제2조의 정의로서, 여객자동차 터미널, 노선여객자동차(버스)의 정류장, 도시철도시설(역사), 철도시설(역사), 광역전철의 시설(역사), 환승시설, 공항 및 공항시설 등을 말한다. 장애물 없는 생활환경 인증 대상 시설이다.

연석경사로: 길 가장자리에 설치하는 돌을 연석이라 한다. 횡단보도 앞 차도보다 높은 보도 연석의 일부분 또는 전부에 형성된 단차를 없애고 경사를 만들어 사람이 횡단하도록 하는 구조이다. 보도가 없는 도로나 차도와 보도의 높이가 같은 도로에서는 연석경사로 자체가 필요 없다. 「교통약자의이동편의증진법」에서는 횡단보도 전체 폭만큼 턱낮춤을 한 경우를 연석경사로라는 개념으로 사용하고 횡단보도 폭보다 좁은 일부 폭의 연석경사로를 부분경사로라는 개념으로 사용하고 있다.

영상정보처리기기: 「보행안전및편의증진에관한법률」 제24조 등에 정의된 보행자길에 보행자를 범죄로부터 안전하게 보호하기 위해 설치하는 기기로 CCTV를 말한다. 별도의 기둥으로 설치하는 것보다 보행장애물이 되지 않도록 녹지 내 또는 벽체 등에 설치하는 것이 좋다.

영유아: 「영유아보육법」에서 6세 미만 취학 전 아동을 말한다.

우측통행: 「도로교통법」에 보행자는 우측통행을 하도록 함에 따라 모든 보행 공간의 시설은 이 원칙에 의거 설치 위치를 반영해야 한다.

위생시설: 화장실 내 설치되는 대변기, 소변기, 세면대, 휴지걸이, 손잡이, 세정장치, 거울, 수도꼭지 등을 말한다.

유니버설 디자인(universal design): 연령이나 능력에 관계 없이 모든 사람이 최대한 사용하기 쉽게 만들어진 제품이나 환경에 관한 디자인

유도블록: '선형블록' 참조

유도 및 경고용 띠: 시각장애인 등에게 보행의 흐름을 연속적으로 유도하고 보행의 한계를 경고하기 위해 보행의 끝 지점에 선적으로 바닥에 포설 위치의 성격에 따라 5mm~3cm 정도의 돌출된 질감으로 형성하는 블록 등으로 폭 30~40cm 정도로 매설하거나 포장을 하여 시각이나 발의 촉각에 의해 안전한 보행을 유도하는 것으로 혼란을 방지하기 위해 점자블록으로 대신하여 설치는 하지 못한다. 보행안전구역의 가장자리에 설치하도록 장애물 없는 생활환경의 인증 도로 부문에서 자전거도로 또는 장애물구역 사이에 유도 및 경고용 띠를 설치하도록 하도록 하고 있다. 시각장애인을 위해 연속성이 있고 이색이질의 뚜렷한 경계와 시인성을 갖추면서 보행 구역의 바닥과 다른 것으로 하면 된다.

유도신호장치: 시각장애인에게 음향, 시각, 음색 등을 고려하여 외부 공간의 주요 시설에 설치하는 설비로 특수 신호장치를 소지한 시각장애인이 접근할 경우 대상 시설의 이름을 안내하는 전자식 신호장치도 있다.

유비쿼터스도시: 「국토의계획및이용에관한법률」에 따른 도시시반 또는 공공시설에 건설·정보통신 융합기술을 적용하여 지능화된 시설을 설치하거나 「국가정보화기본법」의 초고속정보통신망, 광대역통합정보통신망, 그 밖에 대통령령이 정하는 정보통신망의 서비스 제공 등으로 유비쿼터스도시기반시설을 구축하여 행정, 교통, 복지, 환경, 방재 등 도시 기능별 정보를 수입한 후 그 정보 또는 이를 연계하여 제공하는 서비스 시스템을 갖춘 도시이다. 국토교통부장관이 5년 단위로 종합계획을 수립하고 특별시장, 광역시장, 특별자치시장, 특별자치도지사, 시장 및 군수가 유비쿼터스도시계획을 수립하여 국토교통부장관의 승인을 받는다.

유효안전높이: 시설한계의 높이를 말하며 보행안전구역에서 이를 2.1m~2.5m를 인증 기준으로 하고 있고 보도에서 가로수는 2.5m까지를 가지치기를 하도록 하고 있다.

유효폭: 이용자의 행태적 움직임, 습관, 안전성, 주변의 시설물 상태 등을 고려하여 사람이 실제로 이용할 수 있는 길이, 면적, 높이 등을 고려한 폭을 말한다. 따라서 절대 폭원에서 시설을 제외한 잔여 폭원이 유효폭이 되고 대체로 이 유효폭은 최소 기준이 된다. 경계석, 가로수, 식수대, 신호등 제어함, 돌출 창호 등과 같이 보도, 접근로, 실내용 통로 등에서 돌출된 부위를 제외한 폭을 말한다. 예를 들면 전체 폭이 250cm 통행로의 양쪽에 설치된 경계석의 폭이 각 15cm이고 보행로의 경계석 한쪽 끝에서부터 기둥이 30cm를 점하고 있는 경우 전체 250cm에서 경계석 30cm, 기둥 30cm를 제외한 나머지가 190cm이므로 이 경우 사람이 다닐 수 있는 유효폭은 190cm가 된다. 보행로 등이 90도로 꺾이는 지점은 원활하고 부드러운 움직임을 위해 꺾인 내부를 1.0m 정도 확폭하여 유효폭을 확정하여야 한다.

육교: 보행 시 평면적 이동이 편리하나 차량에 의한 위험,

단절 없는 이동 등을 고려하여 일시적으로 지상 공간으로 보행의 방향을 바꾸도록 설치한 구조물로서 계단, 승강기 또는 경사로로 지상부를 연결한다. 이를 보행 육교라고도 한다.

음성안내장치: 시각장애인을 위해 음성으로 안내하는 장치를 말하며 음성유도기라고도 한다.

음성유도기: 음성안내장치로 상세 내용은 이 책 부록인 '시각장애인편의시설설치메뉴얼' 참조.

음향신호기: 「교통약자의이동편의증진법」 시행규칙 별표2 제4호에 시각장애인들이 횡단보도를 안전하고 편리하게 횡단하도록 횡단보도의 보도 구간에 설치된 보행신호기 등에 음향장치를 부착하여 건널목의 신호를 음향으로 듣도록 하는 시설이다. 횡단보도 1m 이내 높이 1.5m에 설치하고 간선도로·어린이보호구역·보행우선구역의 횡단보도에는 잔여시간표시기를 설치한다. 상세 내용은 이 책 부록 '시각장애인편의시설설치메뉴얼' 참조.

이동권: 장애인 등 교통약자는 인간으로서의 존엄과 가치 및 행복을 추구할 권리를 보장받기 위하여 장애인 등 교통약자가 아닌 사람들이 이용하는 모든 교통수단, 여객시설 및 도로를 차별 없이 안전하고 편리하게 이용하여 이동할 수 있는 권리를 말하는 것으로 「교통약자의이동편의증진법」 제3조에서 규정하고 있다 이는 장애인 등 교통약자가 비장애인과 동등한 이동권에서 차별을 받지 않도록 규정하고 있다.

이동보조기구(mobility aids): 휠체어, 목발 등과 같이 장애인의 이동을 용이하게 하도록 보조해주는 기구를 말한다. 또한 이와 관련하여 더욱 포괄적인 개념인 '재활보조기구'는 장애인이 장애의 예방과 보완 및 기능의 향상을 위하여 사용하는 의자·보조기 기타 보건복지부장관이 정하는 보장구와 일상생활의 편의증진을 위하여 사용하는 생활용품을 말한다. '보조기기' 및 '장애인보조기구' 참조

이동편의시설: 교통수단, 여객시설 및 도로 세 부문에 설치되는 아래의 편의시설을 말한다. 교통약자가 교통수단, 여객시설 또는 도로를 이용함에 있어 이동의 편리를 도모하기 위한 시설 및 설비를 갖추도록 하고 있다(「교통약자의이동편의증진법」 제2조제7호, 같은 법 시행령 제12조 및 별표 2). 아래 시설을 선택적 또는 필수적 설치시설로 별표2에 정하고 있다.
 - 교통수단: 안내방송, 문자안내판, 행선지 표시, 휠체어 보관함, 교통약자석, 장애인전용화장실, 수직손잡이, 장애인 접근 가능 표시, 출입구 및 통로
 - 여객시설: 보행접근로, 주출입구, 장애인전용주차구역, 통로, 경사로, 승강기, 에스컬레이터, 계단, 장애인전용화장실, 점자블록, 유도 및 안내시설, 경보 및 피난시설, 매표소, 판매기, 음료대, 개찰구, 승강장, 보안검사장, 여객탑승교, 대기시설
 - 도로: 교통약자가 통행할 수 있는 보도, 교통약자가 통행할 수 있는 육교, 장애인전용주차구역, 교통약자가 이용할 수 있는 휴게실 및 지하도 상가, 교통약자가 이용할 수 있는 음향신호기

이동편의시설 대상시설: 「교통약자의이동편의증진법」 제9조 등에서 교통수단, 여객시설 및 도로에 대하여 이동편의시설을 설치키로 되어 있다(같은 법 시행령 제11조 및 별표1).

이색이질(異色異質): 시각장애인 등을 위한 안내 및 경고용 방식으로써 시각 또는 발바닥의 촉각으로 인지하도록 하는 수단이다. 대비가 약한 이색이질은 이색이질이 아니며 일종의 혼동을 유발한다. '재료 및 색상' 참조

이행운동(locomotor): 신체의 대근육을 이용한 걷기, 뛰기, 기어오르기 등을 목적으로 하는 운동

인지(cognition): 정신적 사고의 전 과정

인지장애(cognitive disorder): 의식, 기억, 언어, 판단 등의 인지적 기능에 심각한 결손이 나타나는 장애로 섬망(delirium), 치매(dementia), 기억상실장애(amnestic disorder) 등이 대표적이다.

일반도로: 「도로법」에 의거 고속도로를 제외한 도로를 말하며 주간선도로, 보조간선도로, 집산(集散)도로 및 국지(局地)도로를 말한다. '도로' 참조

임산부(妊産婦): 「모자보건법」에 의해 임신한 여성(妊婦)과 출산 후 6개월 내 여성(産婦)를 말함.

입체횡단시설: 「교통약자의이동편의증진법」 시행규칙 별표1의 3.도로편 나항에서 교통약자가 도로를 횡단할 수 있는 입체 방식의 수단으로 자연지형을 이용하거나, 주변 건물을 이용하거나, 또는 지하도, 육교, 승강기, 에스컬레이터, 경사로 등을 이용하는 횡단 방식을 말한다. 장애물 없는 생활환경에서는 왕복 6차선 이상의 도로에서 입체횡단시설을 권장하여 평가하고 있다.

ㅈ

자동차진입억제용 말뚝: 보도 또는 보행자 공간으로 차량이 진입하여 보행에 불편을 야기하거나 사고를 유발할 수 있는 경우 차도와 보도의 경계 구역에 차량 진입을 막기 위해 약 1.0m 높이로 설치한 시설물이며 엄밀한 의미로 볼라드와는 다르다. 이 시설물은 때때로 휠체어의 진행방향을 방해하거나 이를 인지 못한 시각장애인, 일반인 또는 차량에게 사고를 유발하는 장애물이 되는 경우가 많아 이 시설물의 재료, 높이, 색상, 설치 위치 등에 관하여 「교통약자의이동편의증진법」 시행규칙 별표2 등에 규정하고 있다. 「보행안전편의증진법」,

「보행시설물의구조시설기준에관한세부기준」 등 참고

자전거: 「자전거이용활성화에관한법률」 제2조에 의하면, 사람의 힘으로 페달이나 손페달을 사용하여 움직이는 구동장치(驅動裝置)와 조향장치(操向裝置) 및 제동장치(制動裝置)가 있는 바퀴가 둘 이상인 차를 말한다. 전기자전거는 시속 25km 이하인 경우 자전거에 포함된다. 「도로교통법」 상 자전거는 차이다 따라서 보행구간에 자전거도로는 교통약자 등 보행자에게 사고가 많은 위험한 시설물로 간주하여 「도로교통법」, 「자전거이용활성화에관한법률」 및 행정안전부 자료 등의 자료를 활용하여 설계하여야 한다.

자전거거치대: 「자전거이용활성화에관한법률」 제11조의3에 대중교통수단(도시철도차량 및 철도차량) 내에 설치되는 시설이다. 국가 또는 지방자치단체는 설치 비용을 지원할 수 있다.

자전거도로: 「자전거이용활성화에관한법률」 제3조에 전기자전거가 시속 25km 이하인 경우 자전거로 보며 자전거도로는 자전거전용도로, 자전거·보행자겸용도로, 자전거전용차로 및 자전거우선도로로 구분하여 설치한다. 보도에 설치되는 자전거도로에 한하여 장애물 없는 생활환경 도로 부문에 인증 평가 기준에서 유효폭을 0.9m 이상으로 하고 있다.

자전거·보행자겸용도로: 자전거 외에 보행자도 통행할 수 있도록 분리대, 경계석, 그 밖에 이와 유사한 시설물에 의하여 차도 및 보도와 구분하거나 별도로 설치한 자전거도로를 말한다(「자전거이용활성화에관한법률」 제3조). 자전거 일일 교통량이 500~700대 이상인 경우 분리형 또는 비분리형으로 하며 분리형은 유효폭 1.5m 이상(보행자도로 유효폭 2.0m 이상), 비분리형은 유효폭 3.0m 이상으로 하도록 하고 있다(「보도설치및관리지침」).

자전거우선도로: 자동차의 통행량이 대통령령으로 정하는 기준보다 적은 도로의 일부 구간 및 차로를 정하여 다른 차가 상호 안전하게 통행할 수 있도록 도로에 노면표시로 설치한 자전거도로(「자전거이용활성화에관한법률」 제3조).

자전거이용시설: 자전거도로, 자전거주차장, 전기자전거 충전소, 자전거횡단도, 자전거신호기, 자전거교통안전표지, 방호울타리, 방호경계턱, 자전거주차장치, 자전거 이용자의 휴식소 또는 야영장 등을 말한다(「자전거이용활성화에관한법률」 제2조 및 같은 법 시행령 제2조).

자전거전용도로: 자전거만을 다닐 수 있도록 분리대, 경계석, 그 밖에 이와 유사한 시설물에 의하여 차도 및 보도와 구분하여 설치한 자전거도로를 말함(「자전거이용활성화에관한법률」 제3조). 「도시·군계획시설결정·구조및설치에관한규칙」 제9조제1호 마목에 하나의 차로를 기준으로 폭 1.5m 이상(부득이한 경우 1.2m)으로 규정하고, 동 규칙 제20조에서 결정 기준을, 제21조에서 구조 및 설치 기준을 정하고 있다.

자전거전용차로: 차도의 일정 부분을 자전거만 통행하도록 차선 및 안전표시나 노면표시로 다른 차가 통행하는 차로와 구분한 차로(「자전거이용활성화에관한법률」 제3조).

자전거주차장: 「자전거이용활성화에관한법률」 제11조에 「주차장법」에 의거 노상주차장, 도로 또는 주변 노외주차장 내, 「주차장법」 제19조에 따라 시설물을 건축·설치하려는 자 또는 주택법에 의한 주택건설사업을 하는 경우 등에 자전거주차장을 설치한다. 노상, 노외 및 부설주차장의 주차대수의 10%~40%에 해당하는 주차대수를 설치하도록 하고 있다(같은 법 시행령 별표1).

자전거횡단도: 자전거가 일반 도로를 횡단할 수 있도록 안전표지로 표시한 도로의 부분을 말하며 횡단보도와 인접하여 설치하고 있다(「보도설치및관리지침」).

잔다듬: 석재다듬 참고

잔여시간표시기: 횡단보도 신호기에서 횡단 시 신호의 잔여시간을 보행자가 알 수 있도록 시간이나 눈금 등을 순차적으로 줄게 표시한 횡단 교통신호기에 부착한 시설을 말한다.

장애(disability, barrier): 건강 상태와 관련한 손상 또는 외부 환경 때문에 한 인간으로서 정상적인 방법이나 범위에서 일상의 행위를 할 능력을 제약 받거나 상실하거나 어려움을 겪거나 위험에 처하거나 하는 것을 일컫는다. 이로 인해 할 수 없음의 단어인 disability를 장애라 한다. 또 이는 물리적 또는 심리적으로 행동에 제약을 받는 것을 말한다. 사람이 일시적 또는 영구적 신체적 결함 또는 병에 의해 장애를 갖지만 물리적 또는 공간적으로 장애인에게 장애를 유발하는 경우도 장애를 일컫는다. 특히 사람의 인격적 또는 심리적 특성으로 인해 공간에 대한 반응으로 불안감, 좌절감, 긴장감, 우울감, 박탈감, 수치심, 상실감, 불편함, 위험 의식 등을 갖게 될 때 이를 장애물로 규정하여 barrier라 한다.

장애물구역(Barrier Zone): 장애물 없는 생활환경의 도로 부문 인증 지표의 용어로서, 보도 등 보행 구역이 보행하기에 편리하고 안전하도록 보행에 장애물이 되는 각종 시설을 한 쪽에 함께 설치하도록 하는 구역을 말한다. 띠녹지대를 포함하여 0.9m 이상으로 하도록 하고 있다. 한편 장애물 없는 생활환경의 도로 부문의 인증에서는 '보행안전구역'이라는 용어를 사용하여 왕복 6차로 이상의 도로, 왕복 4차로 이상의 도로, 왕복 2차로 이상의 도로, 보차공존도로 및 보행자전용도로에 대하여 평가한다.

장애물 없는 보행 네트워크(network): 보도, 보행자전용도로 및 녹도 등에 의해 구성된 보행체계가 장애물 없는 환경이 된 네트워크(network)를 말하며 장애물 없는 생활환경 지역 부문 인증의 지표 평가로 사용된다.

장애물 없는 생활환경 인증: 각종 법령에 의한 시설에 관한 설계 시공의 기준 외에 장애인, 노인, 어린이, 임산부, 영유아동반자 등 (교통)약자가 공용의 시설을 이용함에 있어 접근이 용이하며 시설이 편리하고 쾌적하며 안전하게 이용하기 위해 특정의 지역, 도로, 공원, 여객시설, 건축물, 교통수단 등 6개 부문에 대하여 일정 기준 이상의 설계 시공하도록 인증하는 것을 말한다. 2007년 7월 장애물 없는 생활환경 인증제도 시행 지침이 마련되어 시행되다가 몇 차례 개정을 거친 후「장애인·노인·임산부등의편의증진보장에관한법률」제10조의2제5항, 제10조의3제2항, 제10조의6제2항 및「교통약자의이동편의증진법」제17조의2제5항에서 위임되어「장애물 없는 생활환경인증에 관한 규칙」을 2010년 7월에 제정하여 시행하는 제도이다.

장애물 없는 생활환경 인증 의무시설:「장애인·노인·임산부등의편의시설보장에관한법률」제10조의2제3항, 시행령 제5조의2와 별표2의 2에서 정하는 시설이다. 같은 법에 규정한 대상시설은 의무적으로 인증을 득해야 한다. 국가 또는 지방자치단체가 신축하는 건축물, 도시공원 및 공원시설 그리고 민간 대통령령이 정하는 건축시설물 등을 의무시설로 정하고 있다.

장애인:「장애인복지법」제2조에 따르면 신체적·정신적 장애로 오랫동안 일상생활이나 사회생활에서 상당한 제약을 받는 자로 규정하며 같은 법에서 15가지 유형으로 구분하며 각 장애 정도에 따라 등급을 1~6등급으로 구분하고 있었으나 2019년 7월 이를 폐지하였다.

장애인·노인·임산부등의편의증진보장에관한법률: 본 법은 27개 조항의 짧은 법이다. 1997.4.10에 제정되고 1998.4.11에 시행된 법으로 장애인, 노인, 임산부 등에 공공의 편의시설에 대한 접근권을 명시한 법률이나 넓은 의미로 보면 어린이, 환자 등을 포함되었다고 볼 수 있다. 이 법의 골자는 이들 약자들이 생활에서 불편을 겪는 접근 및 이용 상의 문제를 없애거나 완화하기 위해 공공적인 성격이 강한 편의시설을 정의하고 이들 편의시설의 설치를 의무 또는 권장하도록 하고 있다.

장애인보조기구: 장애인이 장애의 예방·보완과 기능 향상을 위하여 사용하는 의지(義肢)·보조기 및 그 밖에 보건복지부장관이 정하는 보장구와 일상생활의 편의증진을 위하여 사용하는 생활용품. '보조기기' 및 '이동보조기구' 참조

장애인보호구역:「어린이·노인및장애인보호구역의지정및관리에관한규칙」제3조 및 제6조 내지 9조에 의하면, 노인복지시설등 주출입구 반경 300~500m 주변 도로를 지정하여 신호기, 도로표지, 도로반사경, 과속방지턱, 미끄럼방지시설, 방호울타리 등을 설치하고 노상주차장을 금지하는 등의 조치를 하여 이들을 보호하도록 하고 있다.

장애안전시설:「도로안전시설설치및관리지침」제4편 4에 정한 보도, 턱낮추기, 연석경사로, 경사로, 입체횡단시설, 점자블록, 음향신호기, 유도신호장치 등을 말한다.

장애인의기회평등에관한표준규칙(Equalization of Opportunities for Persons with Disabilities): UN에서 1993년에 채택된 표준규칙으로서, 사회구성원으로서의 모든 장애인에 대해 비장애인과 차별 없는 동등한 권리와 의무의 행사 보장을 그 목적으로 하고 있다. 따라서 각 당사국에 대하여 장애인들의 완전한 사회활동 참여를 위하여 장벽을 제거하도록 책임을 부과하였고 이러한 과정에서 장애인 당사자와 장애인 단체는 협력자로서 적극적인 역할을 해야 한다. 특히 여성, 아동, 노인, 경제적 취약자, 이주노동자, 중복 장애를 가진 사람, 토착민과 소수민족, 난민에게 특별한 관심을 기울일 것을 명시하고 있다.

장애인세계행동계획(World Programme of Action concerning Disabled Persons): 장애인 역시 모든 사람들과 동등하게 권리와 기회를 부여 받았으나, 물리적·사회적 장벽으로 인해 사회 참여의 제약과 차별을 경험해 왔고 장애인의 취약한 상황에 대한 개선의 필요성을 입각하여 1982년 UN에서 채택된 내용이다. 장애인세계행동계획은 장애의 예방, 재활, 장애인의 사회생활 및 개발에서의 완전한 참여와 기회평등을 실현하기 위한 효과적인 조치의 증진을 그 목적으로 하고 있다.

장애인전용주차구역: 설치 면수는 부설주차장인 경우 전체 주차대수의 2~4%, 노상주차장인 경우 20대 당 1면 이상, 노외주차장은 50대 이상일 경우 1면 이상을 원칙으로 한다(「주차장법」시행령 별표1 등).「장애인·노인·임산부등의편의증진보장에 관한법률」제17조에 따라「주차장법」에서 장애인전용주차구역의 설치비율을 정하도록 하고 있고 같은 법 시행규칙 제2조 및 별표1에서 장애인전용주차구역에 관하여 세부 기준이 있다.「교통약자의이동편의증진법」에 의한 여객시설 및 도로에 설치되는 이동편의시설물의 하나로서의 장애인전용주차구역은 여객시설에 주차대수가 10대 이상인 부설주차장에는 바닥면의 기울기가 1/50이하가 되도록 이를 설치하도록 하고 있다. 여객시설의 출입구 또는 승강설비에 이르는 통로는 가급적 단차가 없는 곳으로 유효폭을 1.2m 이상으로 하며, 직각 주차인 주차대수 1대에 폭 3.3m 이상, 길이 5m 이상으로 하며 평행주

차형식인 경우 폭 2m, 길이 6m 이상으로 하도록 하고 있다(「교통약자의이동편의증진법」 시행규칙 별표1).

장애인전용화장실: 장애인전용화장실은 「교통약자의이동편의증진법」 관련 이동편의시설의 구조·재질 등에 관한 세부기준 별표에 정의된 용어이다. 한편 「장애인·노인·임산부등의편의증진보장에관한법률」 시행규칙의 편의시설 세부기준에 따르면 '장애인등이 이용 가능한 화장실'이란 명칭을 사용한다. 전자는 전용(專用)이라는 표현을 사용하여 장애인만을 사용하는 개념으로 하였으나 그 내용은 장애인만이 사용할 수 있는 화장실로 여겨지지 아니한다. 후자는 장애인등을 모든 사람을 포함하는 광의의 개념인데 두 법에서 사용하는 용어를 검토하여 조정할 필요가 있어 보인다.

장애인차별금지및권리구제등에관한법률: 약칭으로 '장애인차별금지법'이라고도 한다. 장애인의 차별을 동 법 제4조에서 다음과 같이 정의하고 이를 금지하고 있다.
1. 장애인을 장애를 사유로 정당한 사유 없이 제한·배제·분리·거부 등에 의하여 불리하게 대하는 경우
2. 장애인에 대하여 형식상으로는 제한·배제·분리·거부 등에 의하여 불리하게 대하지 아니하지만 정당한 사유 없이 장애를 고려하지 아니하는 기준을 적용함으로써 장애인에게 불리한 결과를 초래 하는 경우
3. 정당한 사유 없이 장애인에 대하여 정당한 편의 제공을 거부하는 경우
4. 정당한 사유 없이 장애인에 대한 제한·배제·분리·거부 등 불리한 대우를 표시·조장하는 광고 를 직접 행하거나 그러한 광고를 허용·조장하는 경우. 이 경우 광고는 통상적으로 불리한 대우를 조장하는 광고효과가 있는 것으로 인정되는 행위를 포함한다.
5. 장애인을 돕기 위한 목적에서 장애인을 대리·동행하는 자(장애아동의 보호자 또는 후견인 그 밖에 장애인을 돕기 위한 자임이 통상적으로 인정되는 자를 포함한다. 이하 "장애인 관련자"라 한다)에 대하여 제1호부터 제4호까지의 행위를 하는 경우. 이 경우 장애인 관련자의 장애인에 대한 행 위 또한 이 법에서 금지하는 차별행위 여부의 판단대상이 된다.
6. 보조견 또는 장애인보조기구 등의 정당한 사용을 방해하거나 보조견 및 장애인보조기구 등을 대 상으로 제4호에 따라 금지된 행위를 하는 경우

재질 및 색상: 시각장애인에게 많은 정보를 줄 수 있는 기능이다. 재질은 질감이 서로 달라야 하고 색상은 눈부심이 없는 대비되는 색상을 쓴다. 검은색 계열은 시각장애인에게 불리하고 적색 계열은 노인들에게 불리하다. 따라서 이색이면서 이질인 재료(이색이질)는 장애나 불편을 경고, 극복 또는 완화하거나 정보를 제공하는 유용한 방법으로 사용된다. 전문적인 색채계획은 전문가의 도움이 필요하다.

재활보조기구: '이동보조기구' 참조

저상(형)버스: 교통약자들이 정차대에서 버스를 승하차하는 경우 버스의 출입문 발판 높이가 높아 오르내리기에 불편함을 해소하기 위해 버스 바닥의 높이를 낮춘 버스를 말하며 이 버스 내에는 휠체어 승강설비, 임산부 등 교통약자를 배려한 좌석이 비치되어 있다.

적합성: '기준적합성' 참조

전기자전거: 자전거는 시속 25km 이하, 무게 30kg 이하로서 페달(손페달 포함)과 전동기의 동시 동력으로 움직이고 동력만으로 움직이지 아니하는 자전거를 말하며 이를 초과하는 자전거는 자전거가 아니며 자전거도로를 이용할 수 없다. '자전거' 및 「자전거이용활성에관한법률」 제2조 참조

전동휠체어: 충전기를 장착하여 전기 에너지로 바퀴를 구동하는 휠체어로서 속도는 빠르나 일반 휠체어보다 무거워 등판 각도가 유리하다고 볼 수 없다. 충전기에 따라 약간 상이 하나 2시간 이상 이용이 가능하다. 일반적으로 안전성 면에서 수동형 휠체어보다 취약하다고 한다.

전면유효거리: 휠체어 사용자가 출입문을 열기 위해 필요한 전면의 적정한 최소 거리를 말하며 1.2m이다.

전면활동공간: 승강기, 문 등의 전면에서 휠체어 사용자 등이 이용 시설 전면에서 방향을 바꾸거나 이동을 위해 필요로 하는 일시적으로 멈추거나 속도를 줄이는 일정 공간을 말한다. 휠체어 이용을 위해 최소 1.4m× 1.4m(참 1.5m×1.5m) 규격의 평탄한 공간을 기준으로 하고 있다.

전용주차구획: 「주차장법」 제6조제1항에 따른 경형자동차(輕型自動車) 등 일정한 자동차에 한정하여 주차가 허용되는 주차구획을 말한다(「주차장법」 제2조제9호).

점자블록: (감지용 또는 경고용)점형블록과 (유도형)선형블록을 통칭하는 블록을 말한다. '점형블록', '선형블록' 및 이 책 부록 '시각장애인편의시설설치메뉴얼' 참조.

점자표지판: 시각장애인을 위해 점자, 양각면 또는 선으로 표기된 시설로 계단 또는 경사로의 손잡이, 화장실, 출입문 등에 부착하여 위치, 방향, 용도 등을 안내한다. 이 책 부록 '시각장애인편의시설설치메뉴얼' 참조.

점자안내판 (촉지도식 안내판): 시각장애인에게 이용하고자 하는 방이나 시설의 전반적 내용을 점자, 양각면 또는 선으로 표기하고 목적지, 시설 내용, 배치 등을 안내하기 위해 주출입구 인근에 설치하는 시설을 말한다. 이

책 부록 '시각장애인편의시설설치메뉴얼' 참조.

점형블록: 감지용 또는 경고용 점형블록이라고도 한다. 시각장애인의 보행을 돕기 위해 포장의 일부 구간에 표면의 전체 색상이 황색으로 만든 30cm X 30cm 규격의 블록 내에 높이 6mm 정도 지름 3.5cm의 원형 36개를 볼록하게 만든 블록으로 위치 안내, 위험시설이 있거나, 이용할 시설이 있거나, 방향을 바꾸어야 하는 경우 이를 인지시키는 것을 주요 기능으로 한다. KS 표준인 황색 대신 주변 바닥과 다른 이색을 사용할 수 있다. 이 책 부록 '시각장애인편의시설설치메뉴얼' 참조.

접근권: 「장애인·노인·임산부등의편의증진보장에관한법률」 제4조에 의하면, '인간으로서의 존엄과 가치 및 행복을 추구할 권리를 보장받기 위하여 장애인등이 아닌 사람들이 이용하는 시설과 설비를 동등하게 이용하고, 정보에 자유롭게 접근할 수 있는 권리'를 장애인등이 가짐을 명시하였다.

접근로: 사람이나 차량의 이동 구간으로 통로, 보행로, 진입로, 진출입로, 보도 등 여러 유형으로 사용된다. 여기서 '접근로'란 「장애인·노인·임산부등의편의증진보장에관한법률」 시행규칙의 편의시설 세부기준에서 '장애인등의 통행이 가능한 접근로'의 준말로 사용한다. 동 법에서 접근로는 건물 내 복도 및 통로와 다르게, 외부공간에 설치되는 공용의 보행로를 의미한다. 즉 접근로는 차량의 접근로가 아니고 장애인 등 사람의 통행로이다. '보행접근로' 참조.

접근성(accessibility): 장애인을 위한 가장 중요한 개념 중 하나이다. 장애인을 포함하여 사람들이 쉽게 접근할 수 있고, 신체적·시각적·청각적·인식적 수준에서 사용할 수 있는 사물과 서비스의 수단 혹은 상황을 의미한다. 여기에는 물리적 혹은 이미 만들어진 환경 혹은 대중교통에 대한 접근성과 정보, 의사소통에 대한 접근성이 포함된다. 이 용어에 '이용'의 의미를 내포하기도 한다. '보행접근로' 참조.

정신장애: 불안장애(anxiety disorder), 기분장애(mood disorder), 신체형 장애(somatoform disorder), 해리장애(dissocaitive disorder), 정신분열증 및 정신증적 장애(schizophrenia), 성격장애(personality disorder), 성 및 성정체장애(sexual and gender identity disorder), 물질관련 장애(substance-related disorder), 수면장애(sleep disorder), 섭식 장애(eating disorder), 소아 및 청소년기 장애(disorder diagnosed in childhood and adolescence), 충동통제장애(impulsive-control disorder), 적응장애(adjustment disorder), 인지장애(cognitive disorder), 허위성장애(factitious disorder) 등이 있다.

정신지체(mental retardation): IQ 70이하로 지적 기능과 적응 행동에 결함을 갖는 장애

조명: '노면 조도' 참조

종단경사: 사람이나 차량의 진행 방향으로 측정되는 경사를 말한다. 종경사라고도 한다. 횡단경사는 이에 직각 방향의 경사를 말한다. 「교통약자의이동편의증진법」 시행규칙 '3 보도'편에서 종단경사를 1/18 이하로 정하고 있다. 편안한 종단경사는 3/100 이하이다. '횡단경사' 참조

좌우기울기: '횡단경사' 참조

주정차대(駐停車帶): 자동차의 주차 또는 정차를 위해 도로에 접속하여 설치하는 부분으로 일반 차로에서 교통 흐름을 원활하도록 보도 안쪽으로 주정차할 여유 공간을 확보하는 경우가 많다.

주차구획: 하나 이상의 주차단위구획으로 이루어진 구획 전체를 말한다(「주차장법」 제2조 제8호).

주차단위구획: 자동차 1대를 주차할 수 있는 구획을 말한다(「주차장법」 제2조제7호).

주차장: 자동차를 주차하기 위한 시설로 「주차장법」 제2조에 따른 노상주차장, 노외주차장 및 부대주차장을 말한다. 주차장의 결정 기준, 구조 및 설치 기준은 「도시·군계획시설의결정·구조및설치기준에 관한 규칙」 제30조에서 정하고 있다.

주출입문: 방범, 통제 등을 위한 주출입문이 접이식 레일이 바닥에 장치된 경우 돌출된 레일은 장애를 유발하므로 매립 시공하고 틈새가 커서 횡단하지 않도록 하거나 인근 이용 가능한 곳을 두도록 한다. 장애물 없는 시설로서 회전문은 주출입구로 제한된다.

중도장애인: 선천성 장애인이 아닌 성장이나 생활 중에 사고나 병 등으로 장애를 갖게 된 사람.

지구단위계획: 「국토의계획및이용에관한법률」 제49조 내지 제54조에 의거 국토교통부장관, 시·도지사, 시장·군수가 토지 이용을 합리화하고 그 기능을 증진시키기며 미관을 개선하고 양호한 환경을 확보하기 위해 도시·군관리계획 수립 대상 지역의 일부에 대하여 지구단위계획구역으로 지정하고 그 구역 내에서 다음의 내용 계획으로 담는다. 1)용도지역이나 용도지구를 세분하거나 변경하는 사항, 2)기존의 용도지구를 폐지하고 그 용도지구에서의 건축물이나 그 밖의 시설물의 용도·종류 및 규모 등의 제한을 대체하는 사항, 3)기반시설의 배치와 규모, 4)도로로 둘러싸인 일단의 지역 또는 계획적인 개발·정비를 위하여 구획된 일단의 토지의 규모와 조성계획, 4)건축물의 용도제한·건축물의 건폐율 또는 용적률·건축물의 높이의 최고한도 또는

최저한도, 5)건축물의 배치형태색채 또는 건축선에 관한 계획, 6)환경관리계획 또는 경관계획, 6)지하 또는 공중공간에 설치할 시설물의 높이·깊이·배치 또는 규모, 7)대문·담 또는 울타리의 형태 또는 색채, 8)간판의 크기 형태·색채 또는 재질, 9)장애인·노약자 등을 위한 편의시설 계획, 10)에너지 및 자원의 절약과 재활용에 관한 계획, 11)생물 서식공간의 보호·조성·연결 및 물과 공기의 순환 등에 관한 계획

지그재그 도로: 「교통약자의이동편의증진법」시행규칙 별표 2제1호에 차량속도의 저감을 위해 도로의 형태를 지그재그로 형성하면서 자동차진입억제용 말뚝이나 도로 양측에 교대로 주차 구획을 도입한 도로.

지방교통약자이동편의증진계획: 특별시장, 광역시장, 시장 또는 군수가 관할 지역의 교통약자의 이동편의 증진을 촉진하기 위해 매 5년 마다 주민과 관계 전문가의 의견을 들어 국토해양부장관이 수립한 교통약자이동편의증진계획에 따라 수립한 계획을 말한다(「교통약자의이동편의증진법」제7조)

지각(perception): 감각기관을 통해 들어 온 정보를 조직하고 해석하는 것으로, 외부세계를 머리 내에 구성하기 위해서는 환경으로부터 물리적 에너지를 탐지하여야 하며(상향방식으로) 이것을 다시 신경신호로 부호화해야 하며(하향 방식으로) 이를 감각들을 선택하고 체계화 하며 해석하는 것을 말한다.

지역생활중심시설: 공공업무, 문화시설, 상업시설 등 불특정 다수가 이용하는 시설로서 근린주구 3~5개 정도가 모인 시설 지구이다. 장애물 없는 생활환경 지역부문에서 사용된 용어로서 교통시설 및 보행체계의 기본단위가 된다.

지하고(地下高): '가지치기' 참조

ㅊ

차도 폭 좁힘: 차량의 속도를 저감하기 위해 「교통약자의이동편의증진법」시행규칙 별표 2에서 물리적 또는 시각적으로 차도의 폭을 좁히는 것. 이를 choker라 한다.

차량진출입부: 차도에서 대지 등으로 진입하는 보도 구간을 말하며 이 보도 구간은 보도를 차도 높이로 낮추는 것이 아니라 보도부 높이를 그대로 유지하도록 하고 이 교행구간의 바닥마감재는 색상과 질감은 달리하도록 「교통약자의이동편의증진법」시행규칙 별표1에서 강행규정으로 하고 있다. '고원식 보도' 참조

차별: '편견' 참조

참: 계단이나 경사로의 시작, 중간 및 끝 지점에 방향을 바꾸거나 휴지 공간을 둔 수평 구간을 말하며 시작과 끝의 방향 전환용 참은 위치에 따라 1.4m×1.4m 또는 1.5m×1.5m이상을 표준으로 하고 있다. 전동휠체어를 위한 참은 전동휠체어의 회전 반경으로 1.5m×1.5m가 적정하다.

챌면: 계단의 디딤판과 디딤판을 연결하는 수직면을 말하고 챌면이 막힌 구조가 되어야 한다. 챌면의 기울기는 디딤판의 끝부분에 발끝이나 목발의 끝이 걸리지 않도록 디딤판의 수평면으로부터 60도 이상으로 하도록 하고 있다.

체계(system): 전체의 부분들이 특유의 방식으로 상호작용과 상호의존하며 일정기간 동안 물리적 환경을 공유하며, 서로 간의 관계를 통하여 조직화되어 안정되어 있으며 상호간에 직접 또는 간접적인 영향을 미치는 구성요소들이 모인 복합체.

초고령화사회: 노인 인구 즉 65세 이상의 인구가 전체 인구의 20%를 넘는 사회. 우리나라는 초고령화에 따른 노인 등 교통약자가 점점 늘어나고 있다. 우리나라는 2025년에 초고령사회가 될 것으로 전망되며 2030년에는 노인을 포함한 어린이, 장애인, 임산부 등 신체적 교통약자는 전체 인구의 약 38.7%인 2,078만 명으로 추정된다.

ㅌ

탈시설화: 사회복지시설 내 장애인의 재활, 사회복귀, 자립생활을 위하여 적절한 사회복지서비스를 시설과 지역사회에서 제공하기 위한 방안으로 대두된 이념을 말한다.

턱: 포장면에 시설물이 돌출하거나 단차가 발생하여 이런 구조와 형상으로 인해 장애를 유발하는 경우를 턱이라고 한다. 엄밀하게 5mm 이상의 단차를 턱으로 본다. '단차' 참조

턱 낮추기: 높이 차이가 있는 경계 지점에 턱 또는 단차가 발생하게 된다. 이 턱 또는 단차가 2cm 이상인 곳에서는 시각장애인, 지체장애인이 보행을 하거나 휠체어 등이 횡단하기에 어려움을 겪게 되므로 이 턱을 2cm 이하로 낮추는 것을 '턱 낮추기'라 한다. 턱 낮추기의 폭은 휠체어 1대가 이동하는 유효폭을 90cm로 보는 경우가 많고 휠체어 2대를 기준으로 하는 경우 150cm 정도를 유효폭으로 본다. 2cm 미만의 턱이라도 직각인 부분은 비스듬하게 절단하는 것이 좋다. 부분경사로, 연석경사로, 보행섬, 안전지대 등에서 턱 낮추기를 시행한다.

턱 모서리 완화: 2cm 미만의 턱이라도 턱의 직각인 형상을 비스듬히 45도 이하로 완화하여 휠체어 등의 바퀴나 발이 걸림이 거의 없도록 하는 것을 말한다. 모깎기라고도 한다.

통로: 주로 건축물 내부 공간에 대한 이동 공간을 지칭한다. 이에 반해 '접근로'라는 용어는 외부 공간에 사용한다.

통합디자인(integrated design): 생활환경 인증 지역부문의 장애물 없는 도시 부문의 평가항목(1.1.1) 해설에 의하면, '통합디자인'이란 장애인·노인·임산부 등 사회적 시설이용 약자를 위해 구분되어 계획되는 디자인 개념이 아닌 불특정 다수의 모든 이용자를 고려하여 계획되는 디자인을 의미하는 것으로 예컨대, 건축물의 주출입구에 계단과 경사로를 함께 설치하는 개념이 아닌, 계단 없이 주출입구를 디자인하여 불특정 다수의 모든 사람이 자유롭게 시설을 이용할 수 있도록 디자인한 경우에 해당한다고 해설하고 있다.

특별교통수단: 시장 또는 군수가 이동에 심한 불편을 느끼는 장애인 등과 같은 교통약자의 이동편의를 위해 국토해양부장관이 정하는 일정 대수 이상의 교통수단을 운행하는 것을 말한다(「교통약자의이동편의증진법」 제16조 및 같은 법 시행규칙 제5조 및 제6조)

틈: 바닥에 놓이는 시설물간의 형성된 간격 또는 부재들 간의 이음매 간격, 재료들 간의 마감 간격, 신축팽창 등으로 발생하는 것을 말한다. 바퀴, 손이나 신발이 이 틈새에 끼거나 빠져 장애나 사고를 유발한다. 바닥의 틈새는 1cm 이하로 해야 하며 부재의 이음매는 틈새가 없도록 용접하거나 체결을 해야 하고 손잡이와 벽체 사이의 틈새는 일종의 간격이라 한다. 부재 중간에 난 구멍은 틈새와 다르나 구멍의 크기는 2cm 이하가 되도록 천공해야 한다. 트렌치의 구멍의 수가 적어 빗물이 빠지지 않아 발생하는 국지적 홍수에 유의해야 한다.

ㅍ

편견(prejudice): 예단(豫斷)을 의미하며 한 집단을 향해 정당화 되지 않은 부정적 태도를 말한다. 편견은 신념(고정관념), 정서(적개심, 시기심 또는 공포), 그리고 차별적 행동성향의 복합체이다. 차별(discrimination)은 집단이나 그 구성원을 향한 부당한 부정적인 행동을 말하기도 한다.

편의시설: 「장애인·노인·임산부등의편의증진보장에관한법률」 제2조제2호에 정의된 용어로 장애인등이 일상생활에서 이동하거나 시설을 이용할 때 편리하고 정보에 쉽게 접근하기 위한 시설과 설비를 말한다. 편의시설을 설치해야 하는 편의시설의 종류는 시행령 별표2에서 정하고 있다. 예컨대 장애인 등을 위한 출입구, 보도, 복도, 화장실, 점자블록, 시각장애인 유도 및 안내 설비, 장애인전용주차구역, 욕실, 경사로, 계단, 욕실, 탈의실, 샤워실, 경보 및 피난설비, 객실, 침심, 관람석, 열람석, 접수대, 작업대, 판매기, 음료대, 휴게시설 등이다.

편의시설설치 대상시설: 「장애인·노인·임산부등의편의증진보장에관한법률」 제7조에 정의된 용어로 공원, 공공건물 및 공중이용시설, 공동주택, 통신시설 및 시행령 별표 1에 정한 시설을 말하며 그 종류 및 설치기준을 정하고 설치의 의무 및 권장 내용을 정하고 있다. 종류 및 설치 기준은 시행령 별표2에서 정하고 있다. 대상시설별로 편의시설의 종류를 세분하여 권장이나 의무로 나누어 설치하도록 한다.

ㅎ

하천: 하천법에 국가하천, 지방하천 및 운하가 있고 소하천법에 소하천이 있다

환승(換昇, transfer) 방식: 보통 통근자들이 대중교통수단을 타기 위해 이동 수단을 교환하는 것을 말한다. 예컨대 Kiss & Ride, Park & Ride, Bike & Ride, Bus Park & Ride, Railway Park & Ride, Car Share Park & Ride, Portway Park & Ride 등이 있다.

핸디캡(handicap. 불리): 건강 상태와 관련하여, 핸디캡이란 손상이나 장애 탓에 한 개인이 받는 불이익—(나이, 성별, 사회적·문화적 요소들에 걸맞게) 그 사람의 정상적 역할을 충분하게 할 수 없도록 제한하거나 가로막는 것—을 일컫는다(즉, 핸디캡은 한 개인이 사회적 조건이나 일상 환경 탓에 가지게 된 장애의 때문에 나타난다. 가령, 교통수단이나 안경을 편안하게 이용하기 어려운 것이다).

현장지원(live assistance): 장애인이 필요로 하는 곳에서 직접적으로 이루어지는 활동보조인, 낭독인 등 인적 지원과 안내견 등 동물적 지원을 포함하는 용어이다.

험프(hump): 이를 차량 속도저감시설인 과속방지턱이라고 하며, 차량을 30km/시간 이하로 서행하도록 차로 바닥에 설치한다. 험프를 횡단보도에 설치하여서는 아니된다. '험프형 횡단보도'는 잘못된 용어이다. '과속방지턱' 참조

회전교차로: 국토교통부가 마련한 「회전교차로설계지침」(2014.12)에 의거 적정한 교통량이 있는 곳에 신호기를 설치하지 않고 양보의 원리를 적용하여 주행 중인 차에게 통행의 우선권을 주어 차량의 흐름을 원활히 하고 배기가스 저감 등의 목적을 위해 도입하였으나 교통약자 특히 시각장애인이 횡단할 경우 불리하며 동 지침에 BF적 관점을 체계적으로 보완할 필요가 있어 보인다.

회전차로: 자동차가 우회전, 좌회전 및 유턴(U-turn)을 할 수 있도록 직진하는 차로와 분리하여 설치하는 차

로. '변속차로' 참고.

횡단경사: 좌우기울기 또는 횡경사라고도 한다. 진행방향인 종단경사의 좌우측인 경사를 말하는 것으로 횡경사가 심하면 휠체어 등이 다니기에 불편하거나 위험하여 「교통약자의이동편의증진법」 시행규칙 '3 보도'편에서 보도등의 좌우기울기를 1/25로 정하고 있다. 한편 「도로의구조시설에관한규칙」 제28조제2항에 의하면 보도 또는 자전거도로의 횡단경사는 2% 이하로 하고 지형 상황 및 주변 건축물 등으로 인하여 부득이한 경우 4%까지 할 수 있다고 하였다.

횡단보도: 보행자가 도로를 횡단할 수 있도록 노면포시로 구획한 도로 부분으로 평면형, 입체형, 보행섬식, 고원식 등이 있으며 보도에서는 전면 턱낮춤 방식의 연석경사로와 부분적 턱낮춤의 부분경사로 등의 유형과 함께 사용된다. 보행자의 교통사고율이 매우 높은 구간이다. 「도로안전시설설치및관리지침」 참고.

휠체어: 지체장애인이 이용하는 보조기구로 자주식, 전동식, 스쿠터형 등으로 구분된다. 자주식 수동휠체어는 일반 솔리드 타이어 수동휠체어, 스포츠형 공기주입 타이어 수동휠체어, 실내용 공기주입 타이어 수동휠체어, Reclining 수동휠체어, 편마비용 공기주입 타이어 수동휠체어, 앞바퀴가 큰 수동휠체어 등으로 세분된다.

휠체어승강설비: 버스, 철도차량, 선박, 광역전철 등에 휠체어가 오르내림에 불편이 없도록 한 설비를 말하며, 승강구의 발판, 자동경사판 등을 갖추도록 하고 있고 있다(「교통약자의이동편의증진법」 시행령 별표2, 시행규칙 별표1). 리프트(lift)라고도 하는데 지체장애인들은 이 설비에 대하여 여러 가지 이용 상의 이유로 위험하다고 하거나 부정적이어서 도입 시 검토가 요구된다.

휴식참: 경사로, 경사진 길, 계단, 경사진 자전거도로 등에서 교통약자가 일정 거리를 두고 쉬도록 수평 구간을 확보하여 쉬거나 교행하는 목적으로 설치하고 각 시설별로 휴식참의 적정거리를 달리한다. 이를 중간참이라고도 한다. 또는 수평구간으로 만드는 경우 수평참이 된다. 장애물 없는 생활환경에서는 계단참은 높이 1.8m마다, 경사로는 높이 0.75m마다 두도록 하고 있다. 완만한 접근로 등은 400m 이내마다 1/12 이하인 경우 30m마다 휴식참 또는 휴게시설을 두도록 하고 있다(「보도설치및관리지침」).

흰지팡이: 시각장애인이 전방을 가볍게 저으며 사용하여 물체를 감지하는 지팡이로, 노인이나 하지가 불편하여 체중을 실어 사용하는 일반적 지팡이와 달리, 가벼운 소재로 껍질이 흰색으로 도색되어 있다.

Alphabet

ABA: Architectural Barrier Act의 약자로 미국 연방의 건축물장애법.

Access Board: 미국 연방 기구의 하나이며, 장애물 없는 생활환경에 관한 연구 및 지침 작성 등을 총괄 수행한다. 오바마 대통령까지 의장을 하였으나 현재는 대통령이 아닌 위원간에 호선한다.

Accessible and Usable: 1961년에 미국 전미국기준협회가 만든 설계기준 ANSI의 A117.1 조항에 나오는 '접근과 이용을 만족시키는' 개념의 설계기준으로 이 개념은 미국의 연방 또는 여러 주의 설계관련 법에 반영되었다. ANSI는 1980년에 이를 보완하여 ANSI A117.1를 발표하였다.

ADA: Americans with Disability Act의 약자로 1990년 제정된 미국장애인법. 장애인에 관한 포괄적인 장애인차별금지법이다.

Barrier: 장애, 장애물, 장벽 등으로 번역된다. 물리적·공간적·시설적인 장애물을 말한다.

Barrier Free Zone: '보행안전구역' 참조.

Barrie Zone: '장애물구역' 참조. 또는 보행장애물구역.

Barrier-free: '장애물 없는', '장벽 없는' 또는 '장애 없는' 뜻으로 번역 사용된다.

BF보행로: 장애물 없는 생활환경 공원 부문 인증에서 공원 내부의 무장애 산책로 등을 지칭한다.

Bike and Ride: 자전거를 타고 대중교통수단 인근까지 와서 자전거를 주차한 후 지하철 등 대중교통수단을 타고 이동하는 환승 방식. '환승' 참조

Black Ice: 눈이 녹은 물이나 빗물이 동절기에 포장에서 대부분 사라진 후 포장 표면에 눈에 잘 보이지 않을 정도로 얇은 수분 막이 살짝 얼은 것을 말한다. 결빙 상태의 얼음막이 미끄럼을 발생시키고 겨울철 특히 교량, 목재 포장 위에 많이 나타나서 차량이나 보행자들이 이를 인지 못하여 사고가 발생한다. 살얼음이라고도 하고 black icing이라고도 한다.

BRT(Bus Rapid Trasit): 간선급행버스 등으로 번역하며 주로 도시와 도시를 연결하는 버스전용차로를 설치하여 급행버스를 운행시키는 시스템을 말한다.

Car-Share Park & Ride: Van Pool 또는 Car Pool하여 대중교통수단 근처 주차장에 주차 후 대중교통수단을 타고 목적지로 이동하는 환승 방식.

Chicane: 자동차 속도를 감속을 유도하기 위해 도로의 선형을 임의로 S자 형태로 만드는 구간을 말한다.

Choker: '차도 폭 좁힘'을 말한다.

C.S.R.(미끄럼저항계수: Coefficient of Slip Resistance): 보행 안전이나 바닥 미끄럼 상태를 측정하는 계수로 장애물 없는 생활환경에서는 0.4 이상을 기준으로 하고 있다. CSR 1 이상은 매우 미끄럽지 않음, CSR 0.8~1.0 미끄럽지 않음, CSR 0.6~0.8, 그다지 미끄럽지 않음, CSR 0.4~0.6 조금 미끄러움, CSR 0.2~0.4 상당히 미끄러움, CSR 0.2 이하 매우 미끄러움으로 구분한다. 시험방법은 습윤상태를 기준으로 한다. 휴대형 바닥 미끄럼시험기인 ONO·PPSM(Ono Portable Slip Meter)와 경사인장형 미끄럼시험기인 O-Y PSM(Ono Yoshioka Pull Slip Meter)기기를 사용하는 시험방법은 KS M 3802, 3510, 2010, KS L 1001 등에 규정되어 있다. 경사로에서는 일반인에게 C.S.R 0.3 이상이라도 안전하나 보행의 신체적 특성을 달리하는 장애인은 0.45 이상이라도 불리한 경우가 많다. BPN(British Pendulum Number, British Pendulum Tester로 미끄럼저항계수를 측정하는 값)은 사용하지 않는다. 양발을 착용한 상태의 지수는 C.S.R.S라 하고 맨발로 측정한 지수는 C.S.R.B라 한다(한국건축시공학회 홈페이지 등 참조).

Disable: '장애'로 번역된다. 장애인을 persons with disabilities, the disable, the handicapped 등으로 번역하나 특정되어 있지 않다.

Disability: 신체적 손상으로 인해 발생하는 장애를 뜻한다. '장애' 참조

DIN: 독일 편의 증진 관련 건축 규정(DIN 18024 Teil 2 등)

DPI : (Disabled People' International) 1981년 싱가포르에서 설립되어 장애인 당사자들의 목소리를 알리고자 한 국제조직. 사회정의와 장애인의 사회참여와 기회 균등 그리고 장애인을 장애인이게 하는 물리적 환경, 사회보건환경, 교육환경, 근로환경, 문화환경상의 모든 장벽을 제거하는데 그 목적을 두고 있다.

E.L.(earth level 또는 elevation level): 해발 고도 또는 해수면에서의 높이

F.L.(floor level 또는 finished level): floor level은 해당 층 높이를, floor level은 마감 높이

G.L.(ground level 또는 grade level): ground level은 포장이 마감되는 대지의 높이, grade level은 부지정지의 높이

Handicap: '장애' 참조

Hump: '과속방지턱' 참조

Impairment: '손상'참조

Inclusive Design: 미국 오래곤대학의 폴리 웰치(Polly Welch) 또는 스턴 존스(Sten Jones)가 사용한 용어로 디자인을 하여 누가 사용할지를 정함에 있어 사용자의 특정 범위를 대상하기보다 폭 넓은 대상을 고려함으로써 배제되지 않는 또는 소외되지 않는 포용성을 강조한 개념이다.

ISA(International Standard Symbol): 장애인 접근 가능한 심볼을 말하며 이 심볼을 다른 심볼과 겸용하여 사용함으로써 해당 시설을 장애인이 접근·이용갈 수 있음을 알려준다.

Kiss & Ride: 예컨대 승용차를 탄 통근자를 지하철역에 인사 하고 내려 준 후 승용차는 돌아가고 내린 통근자는 지하철을 타고 가는 환승 방식을 말하고 이를 Kiss & Fly라고도 한다.

Life Span Design: 소위 '생애주기 디자인'이라 번역할 수 있는데 사람의 연령변화에 따른 신체가 변화하게 되는데 이러한 변화를 고려하여 디자인하자는 개념을 말한다.

MGRAD: Minimun Guidelines and Requirements for Accessible Design의 약자로 미국 ANSI(전미국기준협회)가 1982년 만든 설계기준으로 건물이나 시설물이 물리적 환경, 교통 및 커뮤니케이션(communication)의 관점에서 접근 가능하기 위해서 제시한 최소한의 설계기준이다. 이 기준은 미국 연방기준인 USFA(Uniform Federal Accessibility Standards)에도 반영되었다.

Norm: 스위스 편의증진에 관한 법규 (Norm SN 521 500 등)

Park and Ride: 승용차를 몰고 지하철 등 환승하는 구역 근처에서 주차 후 지하철을 타고 목적지로 이동하는 것과 같은 환승 방식

Ramp: '경사로' 참조

RI(국제재활협회, Rehabilitation' International) : 1922년에 설립되어 모든 장애를 대상으로 한 국제조직으로써, 재활전문가와 장애가 있는 사람들이 활동하고 있다. 장애인문제에 관한 국제연합의 민간자문기구이기도 하다. 본부는 뉴욕에 있고, 1992년 9월 현재, 세계 89개국 150개 단체가 가맹하고 있다.

S.L.(structure level): 구조체의 높이

System(체계): '체계' 참조

UFAS(Uniform Federal Accessibility Standards): 미연방접근설계기준

Universal Design: '유니버설 디자인' 참조

부록 2
우리나라 법령 구성 및 체계의 이해

장애물 없는 설계 시공을 위해 설계에 필요한 디자인적 감각 이전에 우리나라 법령이 정한 각종 규정들의 이해가 전제되고 이를 반영하여야 한다. 대한민국 정부 수립 이후 현행 법령은 2019년 말 4,843개이고 조례·규칙 기타 등 자치법규는 112,480개이나 이들 중 실제 직간접적으로 살펴보아야 할 법령은 자치법규를 제외하고 약 150여 가지이다.

법령을 읽다보면, 법령의 구조와 해석 등에 관한 다양한 이론 제공이 필요하다 여기에서는 국회사무처가 소개하는 기초적 내용을 간추려 법을 전공하지 아니한 기술자들과 관계자들에게 소개하여 법령을 읽을 때 이해를 도움을 주고자 한다.

I. 법령(法令)의 의미

1. 법제(法制)의 뜻

법제란 법령을 제정(制定)하는 행위 또는 제정된 법제도를 말한다. 따라서 법령의 종류가 매우 다양하고 복잡하여 모든 법령의 법제를 이해하는 일은 쉽지 않다.

*제정(制定): 법을 국회가 만드는 것

2. 법령(法令)의 개념

광의의 법령이란 성문법원(成文法源)과 불문법원(不文法源)을 포함하고 협의의 법령이란 성문법원만을 말한다. 성문법원은 중앙정부(국가)에서 제정하는 헌법, 법률, 대통령령, 부령(部令) 등과 지방자치단체에서 제정하는 자치법규가 포함되어 있으나 행정규제(행정명령)를 포함하느냐는 설이 대립된다.

3. 법규(法規)의 개념

과거에는 자유와 재산에 관한 규범(規範)으로 이해했으나 오늘날은 국민생활에 직간접으로 영향을 주는 일반 추상적 규범이다. 따라서 행정과 사법의 기준이 되는 것을 뜻하며 때로는 개별적 및 구체적인 것이라도 종래의 법에 없는 새로운 규범을 뜻하는 경우도 있다. 그러나 이 법규의 원래적 의미는 국회가 제정하는 법률의 형식만으로 존재하지만 헌법에 근거한 명령(행정상의 법규명령과 사법 및 입법상의 법규명령도 포함)의 형식으로 존재하는 것도 있다.

4. 법령과 법규

「법령」과 「법규」 두 개념은 구분되나 널리 혼용되어 사용되고 있다. 그러나 이 글에서는 「법규」라는 용어를 사용하기보다 원칙적 구분에 따라 「법령」이라는 용어를 사용하며 협의의 의미인 성문법원으로서의 「법령」 해설에 한한다.

II. 법령의 위계와 종류

1. 성문법원

가. 대한민국헌법(憲法, Constitution of the Republic of Korea):

국가의 기본법으로 통치원리와 권력구조를 정하며 국민의 권리와 의무를 규정하는 국내법으로서 국가의 최고 공법(公法)이다. 따라서 헌법이 규정하는 법령의 위계체계, 상호관계 및 입법절차 등을 정확히 이해함이 필요하다.

나. 법률(法律, law 또는 act):

명칭은 「○○법」 또는 「○○에관한법률」로 사용되며 국회 입법과정을 거쳐 제정되는 헌법 다음으로 중요한 법원(法源)이 된다. 원칙적으로 법률은 행정입법인 명령이나 자치입법인 조례 또는 규칙보다 우월적 위치에 있어 이들이 법률에 저촉될 경우는 유지될 수 없다(헌법 제107조제②항).

다. 명령(命令, decree, regulations 및 rules)

행정권에 의해 정립되는 법규범(규약과 자치법규는 제외)을 총칭한다. 오늘날 법률에 대강만을 정하고 세부적인 규정은 명령에 구체적으로 범위를 정하여 위임하는 경향으로 명령의 중요성이 증대하고 있어 이를 위임명령이라고도 한다(헌법 제75, 제95조). 또한 상위 법령의 집행을 위하거나 명령권자의 직무를 수행하기 위하여 필요한 사항을 정하기에 이를 집행명령이라고도 한다(헌법 제

75조, 95조). 이런 위임명령이 위임받은 내용을 다시 하위법령에 포괄적으로 위임하거나 집행명령이 상위법령에 반하여 새로운 입법사항을 정하는 것은 그들의 한계를 벗어나는 것이다. 규칙(規則)이란 명령과 그 서열에서 동등하나 제정기관이 다르다. 즉 규칙이란 자율성을 극히 존중해야 하는 국가기관이 외부의 간섭 없이 그 소관사무에 관하여 법률에 저촉되지 않는 범위 내에서 내부규율과 사무처리에 관하여 제정하는 법규이다.

1) 행정분야
- 대통령의 긴급명령권: 대통령긴급재정 또는 경제처분 (헌법 제76조)
- 대통령령: 통상 「00시행령」 또는 「00령」으로 지칭(헌법 제75조)
- 총리령과 부령(部令): 부령은 통상 「00시행규칙」으로 지칭
- 기타 명령: 중앙선거관리위원회 규칙(헌법 제114조), 감사원규칙(감사원법 제52조)

2) 비행정분야
- 국회규칙(헌법 제64조)
- 대법원규칙(헌법 제108조)
- 헌법재판소규칙(헌법 제113조)

라. 조약 및 국제법규:
국제간의 합의에 의한 문서로서 「00헌장」 또는 국제관습법 등으로 지칭되며 국내법과 동일한 효력을 지닌다(헌법 제6조, 제60조, 제73조).

마. 자치법규:
법령의 범위 내에서 자치에 관한 규정을 제정하여야 하며 지방의회의 의결을 거치는 조례(條例)와 지방자치단체의 장이 법령과 조례에 따라 제정하는 규칙(規則)이 있다(헌법 제117조).

2. 불문법원
가. 관습법(customary law)
다년간 동일한 관행이 반복되고 이것이 국민일반의 법적 확신을 얻어야 성립되며 예로 행정선례법인 훈령(訓令), 예규(例規) 등의 반복 시행, 민중적인 관습법(입업권, 관개용수리권 등)이 있다.

나. 판례법(case law)
법원의 판례로 법적 구속력을 갖는다.

다. 조리(條理 또는 條理法)
일반 사회의 정의감으로서 평등의 원칙, 신의성실의 원칙, 비례의 원칙 등이 있다.

3. 행정규칙
가. 의의
행정규칙(行政規則)이란 행정명령(行政命令)이라고도 하는데 이는 행정권에 의해 정립되는 일반적인 명령으로서 특별권력 관계의 내부에서만 효력을 가지며 대 국민관계에서는 법규적인 성질을 가지지 아니하는 것을 말한다. 이 행정규칙을 법령으로 볼 것인가에 관하여는 1)행정규칙이 법규명령(법률/위임명령/집행명령)과 성질을 달리하기는 하지만 일반적/추상적 규범으로 행정사무처리의 기준이 되므로 법원(法源)이라는 견해와 2)일반적/추상적 규범이라는 점에서 법규와 같으나 법규의 성질을 갖추지 못한 일종의 행정행위로 보아 법령으로서의 효력을 부정하는 견해가 있으나 후자가 통설이다. 이러한 행정규칙의 법규성 부인에 대하여 효력 인정의 주장이 강하게 대두되고 있고 행정규칙이 행정사무의 기준이 된다는 점에서 법제 실무에서도 취급되고 있는 실정이어서 법제처에서도 각 부처의 행정규칙인 예규/훈령/지시 등에 대하여 법령과 같은 관심을 두고 심사를 하고 있다.

나. 근거
법령의 특별한 수권(授權)을 필요로 하지 아니하며 행정권의 당연한 권능으로 제정된다.

다. 성질
1) 한계:
행정권에 의해 당연히 정립될 수 있는 것이고 법규의 성질을 갖는 것이 아니라 하더라도 아무 제한 없이 정립될 수 있는 것이 아니다. 최소한 다음과 같은 한계가 있다고 해야 할 것이다.
- 법규에 위반되어서는 아니 된다.
- 상급 행정청의 행정규칙에 위반되어서는 아니 된다.
- 공법상의 특별권력 관계 내에서 그 효력이 인정되는 것이긴 하지만 특별권력 관계 내 에서도 필요 이상의 자유를 제한하는 규정을 두는 것은 그 한계를 벗어날 위험이 있어 가 급적 피하여야 한다.

그 내용이 적법한 것이라도 사실상 불가능한 것 또는 불확정적인 것은 아니 된다.

2) 법규명령과의 차이:
행정규칙을 위반한 행정행위라 하더라도 법규명령의 경우와 달리 행정행위의 효력에는 아무런 영향이 없다. 즉 위법을 이유로 행정행위의 취소나 무효를 주장할 수 없으며 행정소송을 제기할 수 없다.

3) 법규명령의 형식을 지닌 사실상의 행정규칙의 성질:
학설상 대립되고 있으나 제정절차 외 형식에서 법규명령으로서의 요건을 갖추고 있다면 법제실무와 집행에서 법규명령으로 보는 것이 당연하다(대판, 1984.2.28 ,83누551)

4) 개별적·구체적 하명과의 구별:
행정규칙은 불특정 사항에 대한 일반적/추상적 명령이라는 점에서 특정 사항에 대한 개별적·구체적 명령인 하명(下命)과 구별된다.

라. 종류
내용에 따라 조직규칙(사무분장업무, 위임전결규정 등), 근무규칙(복무규정 등) 및 공공시설규칙(국립학교의 학칙, 시립도서관관람규칙)으로 나눌 수 있고 형식에 따라 다음과 같이 구분할 수 있다.

1) 훈령(訓令):
이는 상급기관이 하급기관에 대해 상당히 장기간에 걸쳐 그 권한 행사를 일반적으로 지휘/감독하기 위해 발하는 명령으로 법령과 같이 조문형식으로 작성하고 누연(累年) 일련번호를 사용한다(시무관리규정시행규칙 제3조제2호가목).

2) 지시(指示):
상급기관이 직권 또는 하급기관의 문의에 의하여 하급기관에게 개별적·구체적으로 발하는 법령으로서 시행문 형식으로 작성하고 분류기호 및 연도별 일련번호를 사용한다(사무관리규정시행규칙 제3조제2호나목).

3) 일일명령(一日命令):
당직/출장/휴가 등의 일일업무에 관한 명령으로서 시행문 형식 또는 회보 형식으로 작성하며 연도별 일련번호를 사용한다(사무관리규정시행규칙 제3조제2호라목).

4) 예규(例規):
행정사무의 통일을 기하기 위해 반복적 행정사무의 행정처리 기준을 제시한 법규문사 외의 문서를 말한다. 조문 형식 또는 시행문 형식으로 작성하며 누연(累年) 일련번호를 사용한다. ○○지침, ○○규정, ○○계획, ○○요령(요강), ○○수칙 등과 같이 이름을 짓는다(사무관리규정시행규칙 제3조제2호다목).

마. 법규명령의 성질을 가진 행정규칙(고시 등)
행정규칙은 보통 법률 또는 법규명령의 집행을 위해 제정하는 규칙(執行命令)으로서 법률 또는 법규명령의 집행적 성질을 가지는 것(법률 또는 법규명령을 실현하기 위한 사무의 분배, 집행의 절차/방법 등을 규정하는 것)이 원칙이며 행정규칙 특히 고시 중에는 그 근거가 되는 법령의 규정과 결합한 결과로 법규의 내용을 보충하는 성질을 갖는다(현재까지는 고시 형식 이외의 형식을 취급하는 행정규칙 중에는 법규적 성질이 많지 아니하다). 예로, 물가안정및공정거래에관한법률 제2조에 근거한 주무장관의 긴급물품 등의 최고 가격고시는 실질적 법규의 보충적 성질을 갖는다. 즉 매매업자 등은 고시에 따라야 하며 위반 시는 여러 가지 법적인 불이익을 받게 된다. 이러한 행정규칙은 법률 또는 법규명령의 구체적/개별적 위임에 따라 법규를 보충하는 기능을 갖으며 대국민적 효력 즉 대외적 효력을 가지므로 법규명령의 일종이라 할 수 있다. 따라서 구체적/개별적 수권(授權) 없이 정립하는 행정규칙은 아니므로 행정규칙에서 제외시켜야 한다.
우리 헌법에서는 법규명령의 형식을 대통령령/총리령/부령만을 인정하고 있으나 이는 예시적이라는 해석에 의하면 고시 등으로 법규를 정하도록 위임 가능하다 할 수 있고 판례도 법령의 위임 한계를 벗어나지 아니하는 한 그것들과 결합하여 대외적인 구속이 있는 법규명령으로서의 효력을 갖는다 하였다(대판, 1987.9.29, 86누848).
고시의 성질은 다음과 같다.

1) 일반처분의 성질을 갖는 고시: 원칙적으로 불특정 다수인에 대해 권리 의무를 정하는 일반처분으로 국토건설종합계획법의 특정지역지정, 국토의계획및이용에관한법률의 기준지가고시, 도로법의 도로접도구역결정고시 등이 예이다.
2) 법규명령의 성질을 가진 고시
3) 행정법규의 성질을 가진 고시
4) 준법률행위인 행정행위인 고시: 예로 공익사업을위한

토지등의취득및보상에관한법률의 사업인정고시와 같이 기업자(起業者)에게 사업인정이 행해졌다는 객관적 사실의 공고 등이다.
5) 사업행위로서의 고시: 예로 정부에서 유류정책을 어떻게 결정하였음을 고시한 것과 같은 것으로 고시가 어떤 법적 효과와 관계가 없는 경우이다.

4. 국제조약 및 국제법규

가. 의의

국제조약이란 명칭의 여하를 불문하고 국제간의 문서에 의한 합의를 말한다. 국제법규란 우리나라가 체약국(締約國)이 아닌 조약으로서 국제연합헌장 등과 같이 국제사회에서 그 규범의 효과가 인정되는 것과 외교관의 특권과 면책에 관한 관습법 등과 같은 국제관습법을 말한다.

나. 행정법으로서의 법원성(法源性)

헌법상 절차에 따라 체결·공포된 조약이나 승인된 국제법규는 국내법으로 수용되므로(헌법 제6조제1항) 국내 행정에 관한 사항을 정하는 것은 당연히 행정법의 법원이 된다.

다. 효력

조약이나 국제법이 국내법과 충돌하는 경우 1)두 개의 법을 전혀 별개의 법 체계로 보는 이원론과 2)하나의 법체계로 보는 일원론의 입장에서 헌법보다 하위이며 그 내용에 따라 법률 또는 명령과 동일한 효력이 있다고 본다. 또한 법률 또는 명령과 충돌 시는 특별법 우선의 원칙이나 후법 우선의 원칙에 따라 우열을 정하여야 된다고 보고 있다.

III. 법령의 제정(制定) 기준

1. 의의

입법(立法)이란 제도와 현상을 법률로 구성 시에 법률요건, 법률효과, 적법, 위법, 권리, 의무 등 법적 개념을 일정한 이론적/제약적 요소와 기준에 따라 정립하게 된다. 법률은 일반성과 추상성을 특징으로 하면서 성문의 형식을 취하므로 내용·체계·형식·자구 네 가지 측면에서 상호 경합·보충·조화를 유지하여야 한다.
내용상으로는 헌법 상 여러 원칙에 의해 국회(소관위원회, 법제사법위원회)에서 입안 시 체계·형식·자구를 심사하여 제정된다. 법률체계란 개개의 법규범 또는 법규가 통일적인 전체로서 균형과 조화를 유지하는 것을 의미하므로 법률의 실질적 내용도 타 법이나 상위법의 내용과 모순·상충하면 법체계 상 균형과 조화를 위해 조정·정리된다.

몬데스키외(Montesqieu)의 입법 원칙
(1) 입법은 진실과 현실인 것이 바탕을 두어야 한다.
(2) 법문은 이해하기 쉬워야 한다.
(3) 문체는 간략하고 간결하여야 한다.
(4) 용어는 해석 상 착오가 생길 여지가 없어야 한다.
(5) 반드시 필요한 경우 외에는 예외나 제한이 없어야 한다.
(6) 입법은 실제적으로 유용성을 고려하여야 한다.

2. 법령 내용의 기준

가. 법의 이념 구현

법 이념은 모든 실정법의 가치판단의 규준(規準)이며 지도 원리이다. 이러한 법의 이념은 정의·형평·합목적성 및 법적 안정성이다. 정의란 평균적 정의와 분배적 정의를 말하며 평균적 정의란 교환적 정의로 개인과 개인 간의 동등한 대가적 교환을 내용으로 하는 노동과 임금, 손해와 배상 등이 그것이다. 배분적 정의란 국가와 국민, 단체와 그 구성원, 부담능력과 과세, 빈곤과 보호 등이 예로써 공법 생활(公法 生活)을 비례적으로 조화하는 질서의 근본 원리이다. 정의는 형평의 원리가 보충되어야하기 때문에 형평을 보충의 원리라고도 한다. 정의가 형식적 법 이념이라면 합목적성은 내용적 법 이념이다.
이는 법령의 구체적 타당성을 부여하는 기준이 된다. 법적 안정성이란 법에 의해 보호 또는 보장되는 사회생활의 안전과 안정성을 말하며 사람들이 법의 권위를 믿고 안심하고 활동할 수 있는 법적 확실성을 의미한다. 따라서 법령의 공포기간 설정, 형벌불소급의 원칙, 기득권 존중의 원칙, 죄형법정주의, 조세법률주의 등이 예로써 사회의 질서와 평화를 유지하게 하여 준다. 정의는 평등한 사회관계를 내용으로 하여 법 개념에 속하는지 여부를 판단하는 기준이 되고, 합목적성은 그 내용의 구체적 타당성 여부를 결정하며 법적 안정성은 법적 보호의 필요성 여부를 판단하는 기준이 된다. 그러나 행정법규는 주로 합목적성을, 민법이나 소송법은 법적 안정성을, 형법은 주로 정의를 고려하지만 법 이념의 각 요소간의 조화를 도외시하여서는 아니 된다.

나. 법규범의 강요성

법률 규정의 특성 중에는 강요성이 있다. 정도의 차이에 따라 강행규정, 임의규정 및 훈시규정이 있으며 대체로 공법(公法)은 강행규정으로, 사법(私法)은 사적 자체의 원칙에 따른 임의규정으로 이루어지며 훈시적 규정은 정부기관 등에 대하여 행정절차나 특정 사안에 대한 선언적/지침적 성질을 띤 규정이다.

다. 실효성과 타당성

법률이 사실상 실현되고 있는가의 여부 즉 실효성의 측면과 타당성의 여부에 따라 개정과 폐지의 대상이 된다. 타당성이 있고 실효성이 없으면 기피현상을, 타당성은 있으나 실효성이 있으면 악법이라는 비난을 받게 되므로 양자가 조화되어야 한다.

3. 법령체계의 기준

법률체계란 법 원리에 따라 법규범 또는 법규가 하나의 통일적 모습을 띤 형식을 말하며 조문 배열 등의 형식을 포함하기도 한다.

가. 합헌성(合憲性)의 원칙

헌법은 국가의 지도원리와 근본 조직 등을 규정한 근본원리가 되므로 모든 법률은 헌법에 위반되어서는 아니된다. 헌법재판소는 재판의 전제가 되는 법률의 합헌성 여부(헌법 제107조제1항), 국민의 권리를 침해하는 법률의 헌법소원(헌법 제111조제1항)을 재판하도록 하며, 위헌성이 있는 법률안의 정부이송에 대한 대통령의 거부권 행사로 입법방지(헌법 제53조)로 합헌성을 유지하도록 하고 있으며 이러한 합헌성의 기준은 아래와 같다.

1) 헌법상의 기준원리:

국민민주주의, 권력분립주의, 평화적 통일주의, 문화국가주의, 국제평화주의, 군의 정치적 중립성보장, 기본권 존중주의, 복지국가주의, 사회적 시장경제주의

2) 헌법상의 기본질서:

국민주권주의에 따른 민주질서, 민주적인 정당 및 선거제도인 정치질서, 법칙주의 및 직업공무원제도를 기본으로 하는 행정질서, 사회복지주의 및 시장경제주의를 이념으로 하는 사회경제질서, 국제평화주의 및 평화통일주의를 지향하는 국제질서

3) 헌법상의 기본 제도:

사유재산제도, 정당제도, 민주적 선거제도, 교육의 자주성과 정치적 중립성, 직업공무원제도, 대학의 자율성, 지방자치제도, 민주적 가족제도

또한 법률은 헌법의 개별적·구체적 명문규정에 위배되어서는 아니 된다. 국민의 자유와 권리가 헌법에 명시되지 아니한 이유로 경시되는 입법을 하여서 아니 되고 기본권 제한 시 최소한에 그쳐야 하며 국가안전보장, 질서유지, 공공복리에 한하여 기본권을 제한하는 법률형식으로 규정하는 경우 기본권의 본질적 내용을 침해하여서는 아니 된다(헌법 제37조). 또한 법률은 입법상 재량을 남용하여서 아니 되며 이는 헌법상의 일반 원칙과 공평(평등)의 원칙에 위배되지 말아야 하며 입법사항이 하위 법령에 위임 시 구체적으로 범위를 정하여 포괄적 위임이 되지 아니 하도록 하여야 한다.

- 비례의 원칙: 기본권과 공익과의 조정을 위한 이론으로 좁게는 공익상의 필요와 자유·권리와의 사이에 적정한 비례가 유지되어야 한다는 원리로 자유와 권리의 침해 정도가 공익상 필요의 정도와 상당한 비례와 균형을 유지해야 한다는 것

평등의 원칙: 법의 적용을 받는 모든 인간을 원칙적으로 평등하게 다루어야 한다는 원리로 누구든지 성별·연령 또는 사회적 신분에 의해 차별 받지 아니 한다는 것

헌법은 국제법이 국내법과 동일한 효력을 가진다고 규정함으로써(헌법 제6조제1항) 국제법상 부과된 의무를 위반하거나 모순된 법률을 제정해서는 아니 된다. 법률은 일반성·추상성을 특징으로 하나 오늘날 일정 소수의 사람을 대상으로 하는 개별적·구체적 사건을 대상으로 하는 적용기간이 한시적인 처분적인 법률이 등장하는데 권력분립의 원칙과 평등의 원칙에 위배되지 아니하도록 해야 한다.

나. 규범조항의 원리

1) 소관사항(所管事項)의 원리

이는 법령의 소관사항을 정하는 것으로 법령 제정 시 소관사항을 정함으로써 법령 간 모순 내지 저촉을 방지하려는 것이다. 소관사항이란 법령의 각 형식에 따라 그 법 형식에서 규정의 내용으로 할 수 있는 일정한 사항, 그 규율할 수 있는 규범을 말한다. 법률의 소관사항이 전부 명확하지 아니하고 광범위하며 유동적인 경우가 있어 소관사항이 정하기에 어려워 전속적 소관사항과 경합적 소관사항으로 나뉜다.

- 헌법의 소관사항: 국가의 최고법으로서 헌법의 내용으로 규정된 사항을 변경하기 위해서는 헌법개정에 따르는 절차를 밟는 수밖에 없으므로 헌법의 전속적 소관이다. 또한 헌법은 통치체계에 관한 기본적 사항을 정하고 세부적인 것은 법률과 타 법령 형식에 의한 규율에 맡기고 있으나 헌법에서 규정하려 한다면 국가의 어떠한 법령의 소관사항을 정할 수 있다.
- 법률의 소관사항: 헌법에서 법률로 정하도록 정한 사항과 국민의 권리·의무에 관한 사항 등이다.
- 명령의 소관사항: 위임명령과 집행명령으로 구분되는 명령은 법률사항을 포괄적·전면적으로 위임할 수 없다(헌법 제75조). 또한 국무총리와 행정각부의 장도 소관사항에 대해 법률이나 대통령령의 위임이 있는 경우 또는 직권으로 총리령 또는 부령을 발할 수 있다. 총리령 소관으로는 국무총리·기획경제부·행정자치부·과학기술정보통신부·법제처 등에 속하는 사항이라 할 수 있고, 부령은 정부조직법에서 규정하는 각부장관의 소관사무가 된다.
* 대통령의 소관사항 – 법률에서 위임한 사항, 법률의 집행을 위하여 필요한 사항, 국정의 통일적 추진·집행을 위한 기본 방침에 관한 사항, 각 부처에 공통되는 사항, 행정기관의 조직에 관한 사항, 권한의 위임·위탁에 관한 사항
* 총리령·부령의 소관사항 – 법률이나 대통령령에서 위임한 사항, 법률이나 대통령령의 집행을 위하여 필요한 사항, 각 부처가 단독으로 업무를 수행할 수 있는 사항, 복제서식 등에 관한 사항, 절차적 또는 기술적 사항 등
- 조례 및 규칙의 소관사항: 지방자치법 제15조에 의하면 조례의 소관사항은 지방자치법 제9조의 사무라 할 수 있어 법령상 국가의 사무가 아닌 고유사무와 법령에 의하며 국가 또는 다른 지방지치단체로부터 위임받아 행하는 위임사무로 나누어진다. 이런 조례의 규정은 1) 법령 및 상급자치단체의 조례나 규칙이 위반할 수 없으며 2) 법률의 위임 없이 국민의 권리 제한이나 의무 부과에 관한 사항이나 벌칙을 규정할 수 없으며 3) 시군 및 자치구의 조례에서는 어떠한 경우도 형벌을 규정하지 못하는 한계가 있다. 한편 규칙으로 정할 수 있는 사항은 법령이나 당해 지방자치단체의 조례 및 상급 자치단체의 조례·규칙의 범위 내에서만 정할 수 있으며 주민의 권리·의무에 관한 사항은 법률이나 조례의 구체적이고 직접적인 위임이 있어야 한다.
- 위임의 기준: 부처상호간 협의를 요하는 사항을 위임할 때는 가급적 대통령령에 위임하고 해당부처의 자의적 결정을 지양하며 벌칙에서 구성요건 및 양형을 하위법령에 위임하는 것은 죄형법정주의에 위반하나 예외적으로 인정 시는 구성요건이 구체적으로 정해지고 양형은 상한과 하한이 정해져 위임되어야 한다. 한편 일반적으로 법률에서 그 소관사항을 하위법령에 위임하는 사항의 기준은 1) 절차에 관한 사항 2) 기술적인 사항 3) 임기응변이 예측되는 사항으로서 국회의 심의 대상으로 하는 것이 적절하지 아니한 사항 등이다.

2) 상급법령(上級法令)의 우선원칙
헌법, 법률, 대통령령, 총리령, 부령 등을 상하체계로 구성된 우리나라의 법령은 이들간 상호모순과 충돌 시 상위법령이 하위법령에 우선한다.

3) 후법우선(後法于先)의 원칙
동등한 위계의 법령들이 상호간 충돌 시에는 후에 제정된 법령이 전에 제정된 법령보다 우선하며 또는 상위 후법이 우선한다.

4) 기본법과 후법우선의 원칙
우리나라에서 각종 정책을 선언하는 골격을 가진 기본법이라는 명칭이 붙어 있는 00기본법은 계획법 내지 프로그램법의 성격이 강하여 내용면에서 단순한 법률에 우월하는 특수한 효력이 승인되어야 하나 형식면에서는 단순히 법률과 동등한 위치에 있어 우월적 지위를 부여함이 불가능하다. 따라서 기본법은 내용과 형식면에서 모순을 나타내고 있다. 기본법이 다른 법률보다 효력·내용·정신 등의 면에서 우월하다는 해석이 있으나 후법을 제정 시 기본법의 내용과 정신에 따라 개정 또는 개정되어야 할 때 법 이론상 합치되며 유효한 것이다.

5) 후법우선원칙의 예외
일반법인 신법(新法)은 특별법인 구법을 개폐하지 못한다(대판, 1993.11.9., 93누13483)

6) 특별법 우선의 원칙
일반법이란 효력이 미치는 범위가 특별한 제한이 없는 경우이고 특별법이란 효력이 일정 범위에만 미치는 경우를 말한다. 특별법은 보통 일반법으로 새로운 입법수요에 충족하지 못하는 새로운 상황 발생시, 현실인 탄력적 법 운용의 필요성 대두 시 및 일반법의 제정 또는 개정이

매우 어려운 경우에 제정된다. 민법에 대하여 상업은, 상법에 대하여 은행법은, 은행법에 대하여 중소기업은행법은 각기 일반법과 특별법 관계가 있다.

보통 특별법은 ○○특별법, ○○특별조치법, ○○임시조치법 등으로 입법 시 명시하나 일반법과의 관계를 식별하기 쉽지 않다. 특히 ○○법 제○○조의 규정에 불구하고, ○○법에서 정한 ○○에 관한 특례를 정함을, ○○하기 위하여, ○○함을 목적으로 등의 표현을 써서 법률 상호 간의 관계를 명확히 하려는 경우가 많으나 그 법의 어느 내용에 대하여 특례를 정하고 있는지에 관해 애매한 경우가 많다. 후법인 일반법이 전법인 특별법을 개폐할 수 있느냐의 문제는 후법에 명시적으로 특별법의 효력을 부정하는 취지가 명백하다면 당연히 후법의 규정에 따라 전법을 개폐되어야 하는 것으로 이해되고 있다.

7) 소급입법(遡及立法)금지의 원칙

법 해석상의 원칙으로서 소급효가 있는 법을 제정함을 금지한다는 입법상의 원칙이 아니라 헌법 제13조제2항은 참정권이나 재산권의 박탈을 위한 소급입법을 금하고 있고 형벌법규에서도 소급입법금지를 원칙으로 하고 있다. 이와 같은 헌법상의 소급입법을 금지하는 경우 외에는 사회경제적 이유나 정책적 또는 이념적 필요성에 따라 중요한 이유가 있는 경우에는 소급입법의 원칙은 절대적이 아니라 할 수 있다.

4. 법령 형식상의 기준

성문법은 문자의 형식으로 표현됨으로 법률조문의 구성과 배열방식이 일반원칙과 입법형식에 따라야 할 것이다.

가. 조문배열의 일반원칙

1) 순서의 원칙

조문의 내용에 따라 본칙과 부칙으로 나누고 본칙은 다시 사실적 사항, 실체적 사항, 보칙사항 및 벌칙사항으로 구분하고 순서적으로 배열한다. 부칙사항도 내용에 따라 일정 순서로 배열한다. 유사한 사항이나 내용은 다음의 원칙에 따라 정한다.
1. 일반적 규정(총칙적 규정)은 특별규정 앞에
2. 영구적 규정은 일시적 규정 앞에
3. 보다 중요한 규정은 덜 중요한 규정 앞에
4. 기술적 관리규정은 뒤에 배열한다.

2) 경제의 원칙

문장은 간결하며 표현의 중복을 피하여 불필요한 사항이 규정되지 않도록 축소·의제·준용·변환을 기해야 한다.
- 축소(縮小): 법문의 용어를 엄격히 제한하여 보통의 해석보다 좁혀 해석하는 것으로 도로교통법에서 차마의 통행을 금한다고 한 경우 차 가운데에 우마차는 들어가지 않는다고 해석하는 것이 예이다.
- 의제(擬制): 법률의 취급에 있어 다른 법률의 조항이나 내용을 동일한 효과를 부여하는 것으로 형법에서 전기를 재물로 간주하는 것이 예이다.
- 준용(準用): 후술하는 특수한 법률 용어 해설 참조
- 변환(變換): 열람 보관을 위해 전자문서의 파일 형식 등으로 변경하는 것

3) 조문배열상의 기준

순서의 원칙과 경제의 원칙은 다음과 같은 기준에 따라 조문을 배열한다.
1. 배분의 문제: 입법 내용상 기본적인 사항과 부가적인 사항을 가린다.
2. 분류의 문제: 서로 유사한 내용이나 유형끼리 분류한다.
3. 순서의 문제: 배분·분류된 내용을 수직적인 일관성이 유지되도록 입법형식상의 순서대로 정렬한다.

나. 입법 형식상의 약속

1) 법령(條例)의 제명(題名) 작성 기준

1. 간결하여야 한다.
2. 내용의 전모를 나타낼 수 있어야 한다. 기타 다른 사항을 포함하고 있는 법령에는 등 또는 중간점을 사용할 수 있다.
3. 다른 법령(조례)과 혼동될 염려가 없어야 한다.
4. 법령 종류에 따라 구분이 되어야 한다.

* 제명의 예
  법률: ○○법, ○○법률
  대통령령: ○○법시행령, ○○령, ○○직제
  총리령, 부령: ○○시행규칙, ○○규칙
  조례: ○○조례
  훈령: ○○규정, ○○지시
  예규: ○○지침, ○○규정, ○○계획, ○○요령, ○○요강, ○○수칙

* 개정의 예
  일부개정: ○○법(률) 중 개정법률, ○○조례 중 개정조례
  전부개정: ○○법(률)개정법률, ○○조례개정조례

* 폐지의 예
  ○○법률: ○○법(률)폐지법률
  ○○조례: ○○조례폐지조례

2) 장(障)·절(節)의 구분

1. 조례의 조문수가 많아 이를 성질에 따라 몇 개의 군으로 나누는 것이 주문의 이해에 편리한 때에는 이를 몇 개의 장으로 구분할 수 있다. 다시 장은 절(節)·관(款)·목(目)의 순으로 세분할 수 있다. 특히 조문수가 많은 경우 장 위에 편(編)을 둔다.
2. 장·절 등을 둘 경우 그 장·절 등의 내용을 대표할 수 있는 장명 또는 절명 등을 붙인다.
3. 어떤 법령의 전체에 대한 총칙적 규정을 모은 것의 표제로는 총칙(總則), 법령의 어느 부분 중의 총칙적 규정을 모은 것의 표제로는 통칙(通則)을 쓴다.

3) 조(條)·항(項)·호(號)·목(目) 등의 구분과 기준

1. 법령은 본칙과 부칙으로 구분하나 법령 중에는 본칙이라 표시하지 아니한다. 다만 법령의 부칙이나 타 법령에서 본칙의 부분을 인용함에 있어서 부칙의 조항과 구 분할 필요가 있는 경우에는 본칙 제00조로 인용할 수 있다.
2. 부칙은 이를 두는 것을 원칙으로 한다.
3. 법령의 본칙은 조로 구분하며 조에는 제목을 붙인다. 다만 조례가 아주 간결하여 조로 구분할 필요가 없을 때에는 조로 구분한다.
4. 하나의 조문 중에 다시 내용을 구분할 필요가 있을 때 조항을 항으로 구분하며 항 표시는 ① ② ③ 등으로 아라비아 숫자에 동그란 테를 둘러 표시한다.
5. 조 또는 항 중에서 어떤 사항을 열거할 필요가 있는 경우에는 1, 2, 3 등 호로 나 눈다.
6. 호를 다시 세분 시에는 가, 나, 다 등 목으로 나눈다.
7. 부칙은 항 또는 조로 구분하되 5개 항 이하인 경우에는 항으로 6개항 이상인 경 우는 조로 구분한다. 다만 1개 항일 경우에는 항으로 구분하지 아니한다. 부칙을 항 또는 조로 구분할 때는 각각 제목을 붙인다. 부칙을 조로 구분하는 경우 본칙 과 통번으로 하지 않고 따로 제1조, 제2조 등으로 한다.
8. 열거한 사항의 성질·종류·분량에 따라 각 조문에 표로 열거하거나 별표로 열기한 다.
9. 복제(複製) 또는 건물의 기술적 기준 등은 문장으로 표시하기가 곤란하고 또한 문 장으로 표시되더라도 이해하기가 매우 어려운 경우가 많으므로 그 경우에는 각 조문 중에 그림으로 나타내거나 부도(附圖)로 나타낸다.
10. 세법 등에서 흔히 볼 수 있는 복잡한 계산 방법 등도 문장으로 쓰면 이해가 어 려우므로 각 조문 중에서 식으로 나타내거나 별표에서 식으로 나타내면 편리하다.

* 조(條)·항(項)·호(號)·목(目) 등의 표시 예
- 조의 표시: 제0조__로 표시하고 표시대로 읽는다(조명). 조에 가지번호를 붙여 새로운 조 문을 추가할 수 있으며 제0조의 2, 제0조의 3과 같이 항상 가지번호를 2를 붙 여 시작해야 한다.
- 항의 표시: ①, ②, ③__로 표시하고 제1항, 제2항, 제3항 등으로 읽는다(항번호). 항에는 가지번호를 부여하지 못한다.
- 호의 표시: 1, 2, 3, __로 표시하며 제1호, 제2호, 제3호 등으로 읽는다(호명). 가지번호 를 부여 시 1의 2, 1의 3과 같이 표시하되 항상 가지번호를 2부터 시작해야 한다.
- 목의 표시: 가, 나, 다__로 표시하고 가목, 나목, 다 목 등으로 읽는다(목명).

그리고 이러한 조항은 그 내용이 2개 이상으로 구분될 때에는 앞쪽의 규정은 전단, 뒤쪽의 규정은 후단(가운데 규정이 있는 경우 중단)이 되며 후단의 문장이 예외적 사 항을 규정하기 때문에 다만, 그러나로 시작 시에는 이를 단서라고 하며 이 경우 전단 을 본문이라 한다. 앞에서 설명한 가지번호는 일부 법률의 개성 시 사용하며 장이나 절에서도 사용 가능하다.

다. 표(表)·도(圖)·식(式)

규정내용이 복잡하여 문장으로 표현하기보다 도·표·식으로 표현 시 이해가 쉽고 간결하므로 본 조항 내에 두거나 「별표1에 의한」 또는 「별표와 같이」 하여 부칙 뒤에 두어 서술한다.

라. 서식

법령은 인허가, 신청, 등록, 신고 시에 제출하는 서류 및 기타 문서에 관하여 사무능률과 표준화를 위해 일정 형식의 서식에 정하여 법문의 부칙에 두는 경우가 많다. 이 경우 「별지 제00호 서식에 의한」 등의 근거를 명시하고 서식의 추가 시 가지번호를 붙인다.

5. 특수한 법령 용어

법령에서 사용하는 용어는 특수한 의미를 지닌 경우가 있으므로 구분해서 이해해야 한다. 자주 사용되는 용어를 설명하면 아래와 같다.

가. 고시(告示)와 공고(公告)

고시는 법령이 정하는 바에 따라 일정한 사항을 알리는 것이고 공고는 일정한 사항을 알리는 것을 말한다. 법령의 유무에 따른 차이나 실제상은 차이가 없다.

나. 적용(適用)과 준용(準用)

적용은 적용하는 조항(A항)이 조금도 수정됨이 없이 그대로 적용되는 사항(B항)에 적용되는 것에 한하나, 준용은 준용하는 사항(A항)이 준용되는 사항(B항)과 본질적으로 다르지만 대체로 유사한 성질에 따라 다소 수정되어 적용되는 경우에 사용된다. 준용 시에는 「제OO조의 규정은 OO에(OO에 관하여) 이를 준용한다」라고 통상 표현한다.

다. 본다(간주한다)와 추정한다.

본다(간주한다)라 함은 사실 그렇지 않지만 법령으로써 그렇다고 의제(擬制)하는 것을 말한다. 그러므로 간주되는 것에 대하여 법령상 확정되는 것이므로 반대 증거를 제출한다 하더라도 전복되지 아니한다. 「추정한다」라 함은 어느 쪽인지 증거가 분명하지 아니한 경우 그러하리라고 판단을 내리는 것을 말한다. 따라서 반대 증거를 제출한다 하면 전복된다.

라. 협의, 동의 및 승인

상담 차원 이상으로 협의가 성립되어야 한다는 의미를 내포하는 협의는 대등자 간에, 승인은 하위자가 상위자에게 의사를 요구하는 경우, 동의는 대등자 간 혹은 대개 하위자에게 동의하여 준다라는 경우에 주로 사용된다.

마. 기한(期限), 기일(期日), 및 기간(期間)

기한이란 법률의 효력이 언제부터 발생한다든지 언제까지 효력을 가진다고 하는 것과 같이 법률 효과의 발생 또는 소멸을 일정한 시일의 도달에 매이게 하는 경우에 쓰이며, 기일은 법률효과의 발생 또는 소멸이 일정한 날에 매여 있는 경우에 쓰인다. 기간은 언제부터 언제까지라고 하는 것과 같이 시간적 간격의 길이를 나타낼 경우 쓰인다.

바. 「다음 각 호에 해당하는 경우」 및 「다음 각 호의 1에 해당하는 경우」

「다음 각 호에 해당하는 경우」는 다음 각 호의 모든 요건을 갖추어야 할 경우에 쓰이며, 「다음 각 호의 1에 해당하는 경우」는 다음 각 호 중 어느 하나의 요건만을 갖추면 되는 경우에 쓰인다.

사. ○○의 예에 의한다.

널리 어떠한 법률상의 제도라든가 법령규정을 포괄적으로 다른 동종의 것에 적용 시 사용한다.

아. 「또는」과 「및」

「또는」은 2개 이상의 사항 중에서 선택적으로 필요한 경우 사용한다. 3개 이상은 마지막에만 사용하며 그 앞에 중간점(·) 또는 접속점(,)으로 연결한다(예: A·B·C 또는 D). 「및」은 2개 이상의 사항을 모두 필요한 경우에 마지막 사항의 앞에만 「및」을 쓰고 그 앞에서는 중간점 또는 접속점으로 연결한다(예: A·B·C 및 D). 실제 법령 적용 시 내용상 「또는」과 「및」 중 어느 것을 사용할지 애매한 경우가 많다. 「또는」과 「및」의 양자를 부여할 경우는 원칙적으로 「또는」이 쓰이고 있다. 참고로 중간점은 유사한 의미를 가진 단어의 연결(예: 총괄·조정, 조사·연구)이나 업무상의 선후관계 등 연결성을 가진 단어의 연결 시(예: 수립·시행, 기획·입안)에 쓰이기도 한다.

자. 이상, 이하, 초과, 미만

이상과 이하는 기준점을 포함하여 표시하고, 초과와 미만은 기준점을 포함하지 아니하여 그보다 많든지 적든가를 표시한다.

차. 이전과 전, 이후와 후

이전과 이후는 기준점을 포함하여 표시하며, 전과 후는 기준점을 포함하지 아니 한다. 1월1일 이후 10일간이라면 1월1일부터 1월10일까지를 의미하며 1월1일 후 10일간이라 하면 1월2일부터 1월11일까지를 의미한다.

카. 한다, 하여야 한다, 할 수 있다.

「한다」와 「하여야 한다」는 반드시 할 의무를 지우는 것이며, 할 수 있다는 할 수 있는 권능을 부여하는 것으로 하여도 되고 아니하여도 좋은 경우를 말한다.

타. 경우와 때

경우는 가정적 조건을 가리키는 용어이며, 때는 시점 또는 시간이 문제로 된 경우에 사용한다.

파. 즉시와 지체 없이

즉시는 시간적 즉시성이 지체 없이 보다 강하며 지체 없이 역시 즉시성이 요구된다. 정당한 또는 합리적 이유로 지체가 허용되지만 사정이 허락하는 경우 가장 신속하게 처리하여야 한다.

IV. 기타 일반 법령 상식

1. 기간의 계산

시간적 간격의 길이를 나타내는 기간의 계산 방법은 법령재판상의 처분 또는 법률행위에 따로 정함이 없으면 원칙적으로 민법 제156조 내지 제161조의 규정이 적용된다.

(1) 기간을 시·분·초로 정한 때에는 즉시로부터 기산(起算)한다(민법 제156조 기간의 기산점).
(2) 기간을 일·주·월 또는 연으로 정한 때에는 기간의 초일(初日)은 산입하지 아니하나(초일미 산입원칙) 그 기간이 오전 0시로부터 시작 시는 그러하지 아니하다(민법 제157조 기간의 기산점)
예시1: 2001.1.6. 토요일을 공고하면서 공고기간을 7일로 하는 경우 공고일 당일 2001.1.6.일은 빼고 (초입미산입) 2001.1.7.일부터 즉 일요일을 기산일로 시작하여 (일요일도 포함하여) 2001.1.13.일까지를 종기(終期)로 하여야 한다.
예시2: 공포한 날로부터 1주일이 경과한 날부터 시행한다고 부칙에 명시한 경우에서 공포 한 날은 기산하지 않고 다음날부터 기산하여 1주일이 경과한 날부터 시행함을 의미한다.
(3) 연령계산은 출생일을 산입한다(민법 제158조 연령의 기산점)
(4) 기간을 일·주·월 또는 연으로 정한 때에는 기간말일(期間末日)의 종료로 기간이 만료한다 (민법 제159조 기간의 만료점).
예시: 정년이 53세라 함은 만 53세에 도달한 날은 말하는 것이지 만 53세가 만료하는 날 을 의미하지 아니한다.
(5) 주·월 또는 연의 처음부터 기간을 기산하지 아니한 때에는 최후의 주·월 또는 연에서 그 기간일에 해당하는 날의 전일로 기간이 만료한다. 월 또는 연으로 정한 경우에 최종의 월 에 해당일이 없는 때에는 그 월의 말일로 기간이 만료한다(민법 제160조 曆에 의한 계산).
(6) 기간의 말일이 공휴일인 때는 기간의 그 익일(翌日: 다음날)로 만료한다(민법 제161조).
(7) 참고로, 「A일 5일 전」이라 함은 A일의 전일부터 계산하여 5일에 해당하는 날 이전을 가 리키며, 「A일 전 5일」이라 하면 A일의 전일부터 계산하여 5일에 해당하는 날을 가리킨다.

2. 효력의 발생 시기

통상 법규의 효력은 공포만으로 효력이 발생하지 아니하며 최종적으로 시행으로 효력이 발생한다 하겠다. 일반적으로 공포의 시행은 20일 정도의 일시를 두지만 현실적으로 여러 경우가 있다.

가. 규정의 유무와 효력발생

법규의 부칙에 시행일에 관한 특별한 규정이 없는 한 공포한 날로부터 20일을 경과한 날부터 효력이 발생한다 (헌법 제53조제7항, 지방자치법 제19조제7항). 규정이 있는 경우 대부분의 법규에서 공포와 시행에 관한 부칙을 두고 있으며 그 방법은 1) 공포일로부터 즉시 시행하는 방법, 2) 공포일로부터 일정 유예기간을 두고 시행하는 방법, 3) 공포일 이전에 소급시키는 방법 등이 있다.

나. 공포일에 대한 고찰

법령 등의 공포일은 관보 또는 신문에 게재하여 발행한 날로 한다(법령등공포에관한법률 제12조). 발행일을 공포일로 본다하더라도 발생시점을 1) 공보일자로 보는 설 2) 인쇄 완료 시로 보는 설 3) 발행절차 완료 시로 보는 설 4) 최초 강독 가능 시로 보는 설 5) 지방 배포 시로 보는 설 등이 있으나 학자나 법원 판례의 태도인 최초 구독 가능 시점은 현실적 실무적 적용에 어려움이 있어 발행될 공보의 시점과 유예기간을 둠으로써 공포일의 발행시점에 대한 정확성을 고려해야 한다. 한편 관보가 실제로 정부간행물센터에 비치된 날과 그 시간을 중심으로 판단하는 설도 있다.

3. 허가(許可)·인가(認可)·특허(特許)·면허(免許)·승인(承認)·신고(申告) 등

국민들이 또는 행정기관 등이 어떤 행위나 상업을 행할 경우 중앙정부 또는 지방자치단체 등으로부터 허가, 인가, 특허 등을 얻거나 신고를 하여야 한다는 법률상의 규정이 많다. 이는 국가의 안전보장, 질서유지, 공공복리 등을 위해 필요한 최소한의 제한을 헌법(제37조)은 허용하고 있음에 근거한다. 이러한 용어의 사용은 법률적으로 또는 학술적으로 구분 사용하고 있어 용법을 익할 필요가 있다.

(1) 허가:

학술적으로 금지된 행위를 해제해 줌으로써 적법하게 일정한 행위를 할 수 있도록 자유의 상태로 회복시켜 주는 행정행위를 말하며 새로운 권리가 설정되는 것이 아닌 본래 자유의 회복이며 이익은 반사적 이익으로서 권리가 아니다(예 건축법 제8조에 의한 건축허가). 허가 받지 않은 행위는 일반적 금지규정은 위반으로써 강제집행이나 행정벌의 대상이 될 뿐 특별한 규정이 없는 한 해당 행위가 무효가 되는 것이 아니라 유효하다 보며 허가 여부는 특별한 규정이 없는 한 기속재량(羈束裁量)에 속한다.

한편 실정법상으로는 특허와 인가의 성질을 가진 행위를 말하는 경우가 많고 반대로 인가와 면허 등의 용어를 학술상의 허가의 의미를 나타내는 경우도 있다.

- 학술상 허가와 동일한 의미: 전당포영업허가, 숙박업영업허가, 공중목욕탕영업허가 등
- 학술상 특허의 의미: 전기사업의 허가, 광업권설정허가, 석유정유사업의 허가 등
- 학술상 인가의 의미: 비영리법인의 설립과 허가
- 학술상 허가를 면허로 사용: 자동차운행면허, 의사면허, 주류의 판매업면허 등

(2) 특허

학술상 의미의 특허라 특정인에게 새로이 일정한 권리능력 또는 포괄적 법률관계를 설정하는 행정행위를 말하며 새로이 권리능력을 설정하거나 법률상 지위를 부여하는 행위(設權行爲)이다(예: 도시계획사업실시계획인가). 이는 출원(出願)을 요건으로 하며 행정청의 자유재량에 속하는 것이 원칙이다. 한편 실정법상 특허는 허가처럼 혼용되고 있다.

- 학술상 특허와 동일한 의미: 지방공기업의 설립, 공용수용권의 설정, 공무원의 임면 등
- 학술상 특허와 다른 의미: 특허
- 학술상 특허를 면허로 사용: 어업면허, 공유수면매립면허 등

(3) 인가

학술상으로는 행정객체가 제3자와 하는 법률적 행위를 보충해 줌으로써 그 법률적 행위의 효력을 완성시켜 주는 행정행위이다(예: 국토의계획및이용에관한법률상의 토지거래허가). 원래 행정주체의 관여를 요하지 않고 효력이 발생하는 것이 원칙이나 공익보호라는 입장에서 행정주체의사가 보충적으로 첨가되어 효력이 완성되는 행위(補充行爲)로 인가를 요하는 행위는 인가가 없으면 효력이 발생하지 아니하고 처벌 문제도 생기지 않는다. 인가도 혼용되어 사용되고 있다.

- 학술상 인가와 동일: 금융기관의 합병인가, 외국인토지취득인가 등
- 학술적 허가의 의미: 외국환업무의 인가 등

(4) 면허

학술상 허가의 의미로 사용되는 외에 특허의 의미로도 사용된다. 대인적 허가로서 면허와 사업의 특허로서의 면허는 실정법상 일반화 되어 사용된다.

- 학술적 허가의 의미: 자동차운전면허, 의사면허 등
- 학술적 특허의 의미: 공유수면매립면허, 어업면허 등

(5) 승인

인가, 허가 또는 감독권 행사의 수단의 경우 등이 있다. 특히 실정법상 감독권이 하급행정청이나 그 감독지도를 받는 단체나 사업체 등에 대하여 감독권 행사의 수단으로 널리 쓰인다.

- 사업계획의 승인, 기금운영계획의 승인, 임원의 영리업무종사 승인 등

(6) 신고·신청 등의 수리(受理)

학술적으로 수리란 타인의 행정청에 대한 행위를 유효한 것으로 수령하는 것인 바, 행정청은 수리 여부의 결정에 있어서 형식적 요건을 심사할 뿐 실질적 심사를 할 수 없는 것이 원칙이다. 효과는 법령이 정하는 바에 따르며 보정명령(補正命令)은 소정의 기한까지 보정이 되지 않는 경우 수리거부의 의사표시로 볼 수 있다.

실정법상으로 신고는 특정의 사실 또는 법률관계의 존속에 관하여 행정청이 이를 널리 알리는 행위의 의미로 사용된다. 그러나 일정한 요건에 해당하는 경우 신고필증을 교부하거나 신고의 수리에 있어서 행정청의 재량의 여지를 두는 등 학술상의 허가제와 유사하게 운용되는 경우가 있으나 학술상의 개념과 대체로 일치하게 사용하고 있으며 가장 널리 국민생활과 가까이 있는 용어로 그 중에 신고의 수리가 허가와 같은 경우(증권거래소신고, 토지거래신고 등)가 있으며 시민의 신고행위에 대해 행정기관은 심사권이 없기 때문에 거부할 수 없다.

- 감독권행사로 사용: 수영장업의 신고, 체육도장업의 신고, 식품판매업의 신고 등

부록 3
한국시각장애인연합회 발행 편의시설 설치 매뉴얼

(발췌, 2017년~2018년)

1. 점자블록

1-1 기능

점자블록은 시각장애인이 보행과정 중 행해지는 직선보행, 방향전환, 목적지 발견 3요소가 연속적으로 이루어지지 못하여 겪게 되는 시행착오를 줄여주고 보다 정확한 보행위치와 방향을 안내하기 위해서 설치하는 편의시설이다.

1-2 종류

기능과 형태에 따라 점형블록과 선형블록으로 나뉜다.

가. 점형블록

점형블록은 위치 경고용으로 보행 동선의 분기점, 대기점, 시발점, 목적지점 등의 위치를 표시하며, 장애물이나 위험지역을 경고하는데 사용한다. 점형블록의 형태는 가로30센티미터×세로30센티미터 안에 일정 규격에 맞추어 36개의 원뿔절단형으로 구성한다.

나. 선형블록

선형블록은 방향 유도용으로 보행동선의 분기점, 대기점, 시발점에서 목적 방향으로 일정한 거리까지 설치하여 정확히 직선 방향을 잡는데 사용된다. 끝나는 지점은 점형블록으로 마감하여 더 이상 연장되지 않음을 알려주도록 한다. 선형블록의 형태는 가로30센티미터×세로 30센티미터 안에 4개의 원뿔 절단형 직선으로 구성되어야한다.

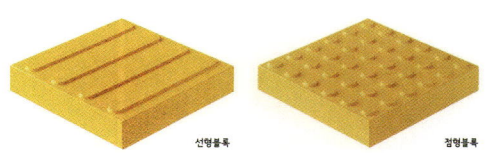

〈그림 부록 1-1〉 선형블록   〈그림 부록 1-2〉 점형블록

1-3. 규격 및 색상

점형블록은 30센티미터×30센티미터의 사각 판에 36개의 돌출된 원뿔 절단형으로 구성한다. 점의 크기는 지름 3.5센티미터, 높이는 0.6±0.1센티미터가 적당하며, 점의 간격은 1.5센티미터로 한다. 선형블록은 30센티미터×30센티미터의 사각 판에 돌출된 원뿔 절단형 직선이 네 줄로 구성한다. 돌출선의 폭은 점형블록의 돌출점과 같은 크기인 3.5센티미터가 적당하며, 높이는 0.5±0.1센티미터로 한다. 점자블록의 색상은 황색을 원칙으로 한다. 다만, 바닥재 색상이 황색계열일 경우에는 색상대비를 위해 흰색 또는 녹색으로 한다.

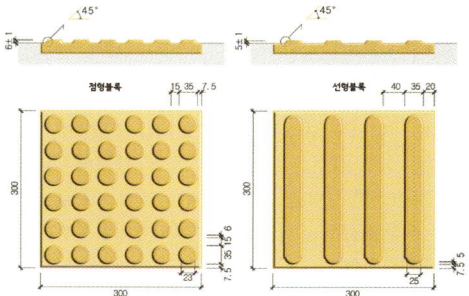

〈그림 부록 1-3〉 점자블록 규격

1-4. 재질

점자블록의 재질은 주로 콘크리트, 석재 등 내구성과 내마모성이 우수한 재질을 사용한다. 점자블록의 돌출부와 하부가 일체형인 제품 사용을 원칙으로 한다. 실외에는 고무소재, 합성수지 등 내구성, 내열성, 내마모성이 떨어지는 제품 사용을 금지한다(실내에 기존 바닥의 철거가 불가능할 경우 합성수지, 고무소재 등 사용 가능하되 탈착하지 않도록 앵커 볼트나 피스로 고정하여 탈착되지 않도록 하며 재질은 불연소소재로 함). 비나 눈 등의 물기에 잘 미끄러지지 않는 것으로 설치하며 철재 사용은 일절 금한다. 모든 점자블록은 기술표준원

(KATS)의 KS인증을 받은 제품이어야 한다(표준번호 KS F 4561 참고).

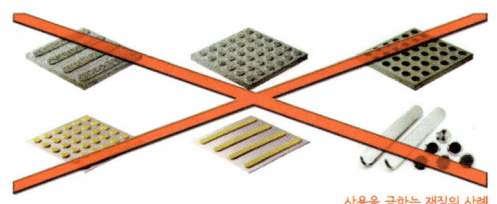

〈그림 부록 1-4〉 점자블록 사용을 금하는 재질

1-5. 시공

점자블록은 바닥에 매립 시공을 원칙으로 하며 돌출 하단면을 바닥면과 일치하게 한다. 현 장 조건에 따라 매립시공이 불가능 할 경우 앵커볼트나 피스고정 등 탈착되지 않는 방법으로 시공하되 돌출 하단면과 바닥면의 높이 차이를 최소로 하고 각 지자체의 보도 포장 시방서 및 지침에 준하도록 한다.

1-6. 유지 및 보수

점자블록은 시공된 후 매 년 정기적으로 점검·보수한다. 점자블록이 파손 또는 유실 되었을 때에는 즉시 보수 또는 교체한다.
비나 눈 또는 기타 이물질 및 장애물로 덮여있으면 즉시 치운다.
가설 상가 및 기타 가설물로 점자블록의 동선을 방해하는 경우 즉시 시정 조치한다.

1-7. 설치 원칙

선형블록은 돌출선이 유도 대상시설의 방향과 평행 설치하고, 점형블록은 시각장애인 이 주의해야 할 위치나 유도대상시설 등의 정확한 위치확인이 쉽도록 30센티미터 전면에 설치한다. 선형블록의 경우 시각장애인 등의 교통약자가 보행 가능한 보도, 접근로에 연속적으로 설치하며, 점형블록은 선형블록의 굴절 및 시작, 끝 지점, 시설주출입구, 횡단보도 전면(교통섬 포함.), 음향신호기 수동식 버튼 전면, 계단 전면, 승강기 조작반, 버스정류장 및 노상시설 등 장애물 전면 및 측면에 30센티미터 이격하여 설치함을 원칙으로 한다.
점형블록은 주의, 환기, 방향성 인지를 위해 대상물에서 해당 대상물의 폭만큼 30센티미터 전 면에 설치한다. 다만 횡단보도 등 통행상 안전과 바닥마감 등 현장조건에 따라 필요한 경우 30~90센티미터 범위 안에 설치한다.(보통 횡단보도 전면에는 2줄 설치를 원칙으로 함.)
분기점이나 방향을 전환해야 하는 굴절지점은 점형블록을 선형블록의 2배 넓이로 하여 확인이 쉽도록 설치한다. 점형블록과 선형블록이 연결되는 부분은 간격을 두지 않고 붙여서 설치한다. 점자블록은 현장 가공해서 설치하면 아니 되며 정규 규격 그대로 설치한다. 단, 선형블록은 현장 조건상 부득이하게 이격 거리를 맞추지 못하는 경우 현장 가공한다. 점자블록을 연이어 설치할 경우에는 같은 규격, 같은 재질의 것을 사용한다.
위험한 지역을 둘러막을 때에는 점형블록을 사용하고 보행동선과 마주치는 가로선은 2줄(60센티미터)로 설치하고 보행동선과 평행한 세로선은 1줄(30센티미터)로 설치한다. 점자블록 시·종점 인근의 선형블록은 보행자 보행동선을 고려하여 평행 연장선상으로 유도한다. 점자블록 간에 접하는 4각의 모서리가 서로 맞물리도록 설치함을 원칙으로 한다. 계단, 출입구의 진입을 들어가는 방향, 나오는 방향으로 구분한 경우, 점자블록 설계는 들어가는(타는) 방향을 기준으로 함을 원칙으로 한다. 선형블록 외곽선으로부터 좌우 최소 60센티미터에는 어떠한 장애물도 있어서는 아니 된다. 단, 폭이 1.5미터미만인 경우 중앙에 선형블록을 진행방향에 맞게 설치한다.
외부공간에서 시각장애인 점자블록은 보도, 접근로, 외부시설(승강기, 계단, 경사로 등)에 설치하는 것이 원칙이다. 관공서, 복지관 등 공공건물 인근 보도에 설치되어 있는 선형블록은 해당시설 접근로까지 연계하여 선형블록을 설치한다.
횡단보도까지의 올바른 유도를 위해 선형블록의 돌출선이 횡단하는 방향과 일직선이 되도록 설치하며, 선형블록은 한줄 설치를 원칙으로 한다.

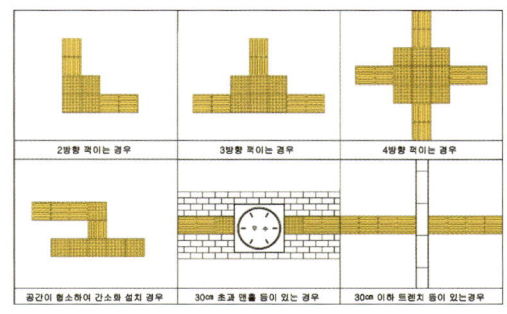

〈그림 부록 1-5〉 점자블록 설계 예시

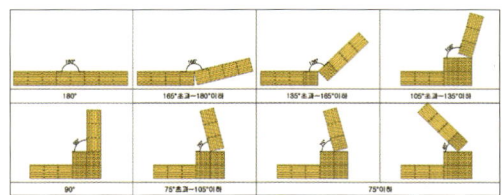

〈그림 부록 1-6〉 분기점에서의 점자블록 각도별 설계 예시

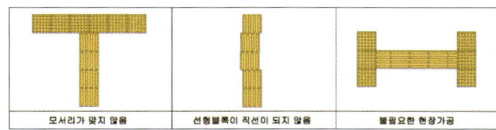

〈그림 부록 1-7〉 점자블록 잘못 설계한 예시

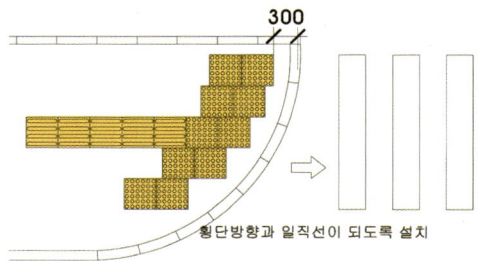

〈그림 부록 1-8〉 횡단보도 연석이 곡선인 경우 예시

2. 점자표지판

2-1. 기능

점자표지판은 시각장애인이 접근 가능한 시설의 정보를 알려줄 수 있도록 화장실과 건물 실내출입 문 벽면, 계단, 에스컬레이터, 경사로의 손잡이 및 승강기 조작반 등에 점자가 표기된 표지판을 설치하여 위치와 방향, 용도 및 목적지 등의 정보를 제공한다.

2-2. 종류

벽면 점자표지판: 공중의 사용을 주목적으로 하는 사무실, 화장실 등 건물 실내출입문(구)의 벽면에 설치한다. 손잡이 점자표지판: 계단, 경사로, 에스컬레이터, 승강기, 복도 등 매개시설, 내부시설 손잡이에 설치한다. 기타 점자표지판: 승강기 조작반, 음향신호기의 수동식 버튼, 생활가전제품 조작반 등에 점자가 자체 포함된 버튼을 사용하거나 점자 표기한다.

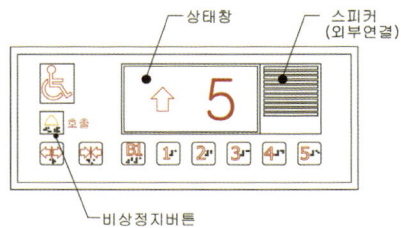

〈그림 부록 2-1〉 승강기 조작반 예시

2-3. 구성

글자와 점자, 그리고 픽토그램을 같이 표기한 표지판을 설치하여 중증시각장애인뿐 만 아니라 저시력 시각장애인, 비장애인 모두 사용할 수 있는 시안(유니버설디자인)으로 구성한다. 또한, 점자를 모르는 중도실명 시각장애인을 위해 2차원 AD바코드나 NFC태그를 부착하여 음성으로 사무실 등의 정보를 제공한다.

2-4 규격

가. 점자규격

점자표지판에 표기되는 점자는 점자 규격을 준용하도록 하며, 점자 표기는 반구형으로 한다. 부식 형의 경우 손빔, 촉지 가독성 등으로 인해 사용을 금한다. 또한, 제작된 점자표지판은 점역교정사의 검수를 받아 실제 촉지 가능한지 확인 작업을 한다.

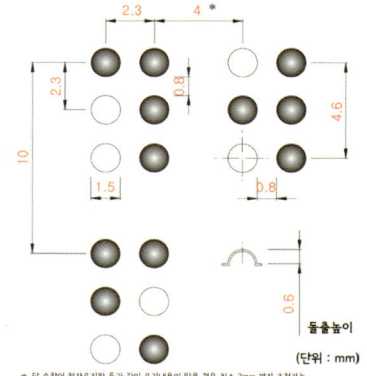

〈그림 부록 2-2〉 KS B 6895 강기용 점자 표시의 점자규격

나. 표지판 규격

① 벽면용: 글자와 점자가 같이 표기될 수 있는 크기로 한다.
② 손잡이용: 보통 가로는 15센티미터, 세로는 손잡이둘레 +1센티미터로 하지만 내용이 많아 표기가 불가능한 경우 가로 길이를 늘리도록 한다.

2-5. 시각장애인용 편의시설 안내표지 설치

① 『장애인·노인·임산부 등의 편의증진 보장에 관한 법률』 시행규칙 별표서식 2 편의시설의 안내 표시기준에 따라 시각장애인을 위한 점자표지판에는 장애인 안내표지 기본형과 시각장애인용 안내표지를 같이 표시한다.
② 단, 안내표지를 표시할 공간이 협소한 경우 기본형은 생략 가능하다.

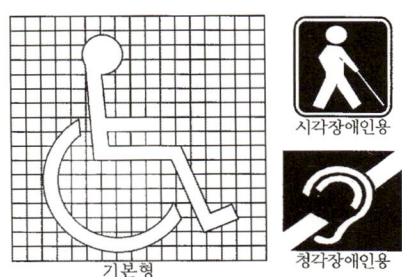

〈그림 부록 2-3〉 편의시설의 편의시설 안내표시 기준

2-6. 재질

- 폴리카보네이트: 뛰어난 내충격성과 내후성, 시공성 우수, 내열성이 높고 저온 특수성이 우수하고(-40℃~135℃), 흡수성이 적으며 자기 소화성이 아주 좋다. 무독성이며 물, 약산에 아주 좋 다. 주로 벽면, 손잡이 점자표지판에 쓰인다.
- 알루미늄: 뛰어난 내충격성과 내후성, 시공성이 우수하며 반영구적, 흡수성이 없다. 주로 벽면, 손잡이 점자표지판에 쓰인다.
- 아크릴: 제조가 용이하며, 주로 벽면 점자표지판에 쓰인다.

투명테이프(다이모, 모텍스 등): 자동판매기 및 기존에 설치되어 있는 일반표지판에 점자를 표기한 테이프를 덧붙이는 식으로 설치한다. 보존력이 약하므로 임시방편용으로만 사용한다.

2-7. 시공

벽면 표지판 설치는 본드 및 실리콘 등으로 설치하여 수시로 탈착되는 것을 방지한다. 손잡이 점자표지판은 리벳으로 압착 시공하여 뜸 없이 설치한다. 본드, 양면접착, 테이프 부착으로 시공할 경우 손잡이 인근의 온도차, 손때 등 자칫 이물질이 발생되고 떨어지거나 뜸이 발생하기 때문에 사용을 금한다.

〈그림 부록 2-4〉 손잡이 점자표지판 마감

2-8. 유지 및 보수

위치 정보 및 공간 정보가 변경되었을 경우 점자표지판의 내용도 즉각 수정한다. 점자표지판의 표면은 정기적으로 청소하여 청결하게 유지한다. 점자표지판의 점자가 일부 소실되거나 마모되어 인지하기 힘든 경우 즉시 새 것으로 교체한다. 설치된 지 시간이 오래 경과되어 점자표지판의 내용이 실제와 다를 경우 즉시 교체한다.

2-9. 설치 원칙

시각장애인이 접근 가능한 시설의 정보를 알려줄 수 있도록 화장실과 건물 실내출입문 벽면, 계단, 에스컬레이터, 경사로의 손잡이 및 승강기 조작반 등에 점자가 표기된 표지판을 설치하여 위치와 방향, 용도 및 목적지 등의 정보를 제공한다. 점자표지판은 가급적 폴리카보네이트 또는 알루미늄 판 등 내구성 및 시공성이 우수한 재질로 제작하고 저시력 시각장애인과 비장애인이 함께 볼 수 있도록 글자도 표기한다.

벽면 점자표지판의 설치 위치는 바닥면으로부터 점자표지판의 중심선이 1.5미터를 원칙으로 한 다. 단, 해당시설물의 용도와 주요 이용자의 신장 등을 고려하여 설치 높이는 조정 가능하다(장애인·노인·임산부 등의 편의증진 보장에 관한 법률 제 15조 적용의 완화에 의거함).

손잡이 점자표지판의 설치 위치는 계단, 경사로, 복도 손잡이의 시작과 끝 부분의 0.3미터 수평 손잡이 중간에 설치하고 계단의 경우 가급적 점자블록과 계단의 이격 거리에 맞추어 설치한다. 단, 손잡이 고정 장치로 인해 수평손잡이에 설치가 불가능한 경우 가능한 근거리에 설치한다. 복도 손잡이의 경우 시작과 끝부분 0.3미터 수평손잡이에 설치하고 시설에 해당하는 점자문구를 표기하는 것을 원칙으로 한다.(단, 소화전과 같은 시설은 설치를 생략함.)

원형손잡이에 점자표지판 설치할 경우 왼손으로 읽는 것을 원칙으로 벽면 쪽으로 15°~30°기울 여 시공한다(난간에 고정된 손잡이인 경우는 난간 쪽으로 15°~30° 기울임). 사각·오각 손잡이에 점자표지판을 설치할 경우 손잡이 윗면에 설치한다. 또한, 손잡이가 2중으로 설치되어 있는 경우(위쪽 0.85미터, 아래쪽 0.65미터) 성인용인 위쪽 손잡이에 점자표지판 을 설치함을 원칙으로 한다.

〈표 부록 2-1〉 점자 표기 문구 예시

구분		점자 표기 문구
도로	육교 손잡이(하부)	화살표 ○○육교 □□방면 가는 곳
	육교 손잡이(상부)	화살표 □□방면 가는 곳
	지하도 손잡이(지상)	화살표 ○○지하도 □번출구
	지하도 손잡이(지하)	화살표 ○번출구 □□□, △△△방면
여객 시설	나가는 출입구 손잡이	화살표 ○번출구 ○○○(역사에 설치된 안내표지판 문구와 동일)방면
	들어가는 출입구 손잡이	화살표 ○호선 ○○역 ○번출구
	승강장에서 대합실 가는 손잡이	화살표 지하(지상)○층 대합실 나가는 곳 (가는 곳)
	승강장 가는 손잡이 (상대식)	화살표 ○○, □□(역사에 설치된 안내표지판 문구와 동일) 방면 타는 곳
	승강장 가는 손잡이 (섬식)	화살표 좌측 ○○방면 우측 ○○(역사에 설치된 안내표지판 문구와 동일) 방면 타는 곳
	환승통로	화살표 ○호선 ○○(역사 내 사인물) 방면 갈아타는 곳

승강기 조작반 및 음향신호기의 누름버튼 점자표지판은 반드시 조작반과 동일 재질의 일체형으로 한다. 점자 표기 문구는 아래의 표를 참고한다.

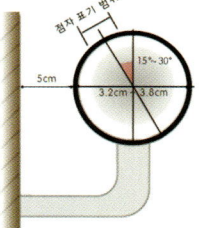

〈그림 부록 2-5〉 손잡이 점자표지판 설치위치

3. 점자안내판(촉지도식 안내판)

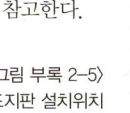

〈그림 부록 3-1〉 점자안내판 예시

3-1. 기능

점자안내판은 시각장애인을 위해 시설의 주요 동선을 돌출된 선과 점자로 표현한 안내판으로 시설 의 공간 현황 및 이동 동선을 파악할 수 있도록 표현하고 특정 랜드마크 지점에 설치하여 목표지점까지의 보행동선을 확인하고 시각장애인의 보행을 도울 목적으로 설치된다.

3-2. 종류

점자안내판은 설치 위치와 형태에 따라 스탠드형과 벽면형으로 나뉜다. 스탠드형 점자안내판: 외부출입구 인근 접근이 용이한 곳에 스탠드형으로 제작, 설치하여 공간 정보를 제공한다. 공간의 제약이 있으며 위치 변동 가능성과 자칫 협소한 통로에 설치하면 보 행장애물이 된다. 따라서 설치 시 주변 음성유도기에서 유도해주는 등 유기적으로 설치한다.

벽면형 점자안내판: 주출입구 및 접근이 용이한 곳에 벽면에 부착형으로 제작, 설치하여 공간 정보를 제공한다. 벽면에 설치함으로써 공간상 제약이 적지만 점자안내판의 내용이 많을 경우 안내판의 규격이 허용기준보다 커질 가능성이 있다. 설치 시 주변 음성유도기에서 유도해주는 등 유기적으로 설치한다.

3-3. 구성

구성은 소개 및 진행 안내(점자안내문구), 현위치, 촉지안내도, 유도동선, 기타 안내 등으로 구성 한다. 글자와 점자, 그리고 픽토그램을 같이 표기하여 중증 시각장애인뿐 만 아니라, 비장애인 등 모 두가 사용할 수 있는 시안(유니버설 디자인)으로 한다.

일반적으로 소개 및 대략적인 진행에 대해 점자로 표기한 안내문, 실내 공간배치 현황 및 위치 정보에 대해 양각화 된 선 및 점 그리고 현 위치와 점자 표기가 있는 '촉지안내도'로 구성되어 있으며 필요에 따라 범례, 층별 안내, 음성안내 및 직원 호출 버튼을 추가한다.

3-4. 규격

점자안내판에 표기되는 점자는 점자규격을 준용한다. 촉지안내도는 두 손으로 연속적으로 촉지할 수 있는 넓이(최대 A3 사이즈)로 제작하며, 소개 및 진행 안내, 현 위치, 층별 안내, 음성안내 및 호출 버튼 등까지 포함한 전체 안내판의 크기는 시각장애인의 이용 편의를 고려하여 가급적 작게 한다. 점자 표기는 아래 그림과 같이 반구형을 원칙으로 하며 부식형의 경우 손빔, 이질적 촉지감 등 이유로 사용을 금지한다.

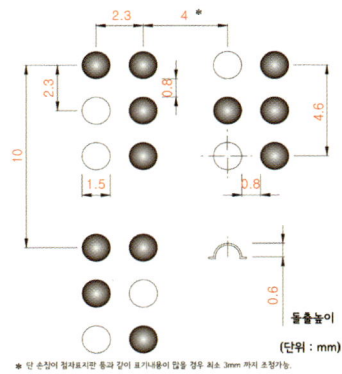

〈그림 부록 3-2〉 KS B 6895 승강기용 점자 표시의 점자규격

3-5. 재질

재질은 내마모성 및 내구성이 좋은 재질로 하며, 이질감과 손빔을 방지할 수 있는 재질을 사용한다. 또한, 온도의 변화에 쉽게 영향을 받지 않으며 청결유지가 가능해야 한다.

※ 3), 4), 5) 항목은 세부내용은 한국시각장애인연합회의 단체표준 SPS-KBUWEL001:5686, 시각장애인용 촉지안내도을 참고한다.

3-6. 유지 및 보수

시설 운영상 구조 변경 등으로 인해 배치가 변경되었을 경우 점자안내판의 내용도 즉각 수정한다. 점자안내판의 표면은 정기적으로 청소하여 청결하게 유지한다. 만약 실외에 설치된 경우 차양 막, 비막이용 캐노피를 설치하여 비나 눈에 노출되지 않도록 한다.
점자안내판의 방위는 실제 건물배치와 일치되도록 고정시켜야 한다. 단, 이동식인 경우 고정장치를 설치하고 방위 및 위치가 맞는지 정기적으로 확인한다.

3-7. 설치원칙

외부출입구 인근 등 쉽게 찾을 수 있고 점자블록을 통한 유도가 용이한 위치에 설치한다. 실제 시설 내부 배치와 동일한 방위로 점자안내판을 고정한다. 점자안내판의 중심선이 바닥면으로부터 1.0~1.2미터의 범위 안에 있도록 설치한다. 다만, 점자안내판이 벽면형이거나 점자안내표시 내용이 많아 1.0~1.2미터의 범위 안에 설치하는 것이 곤란한 경우에는 점자안내판의 중심선이 1.0~1.5미터의 범위로 설치한다.
점자안내판의 내용은 실내배치도와 설명으로 구성한다.

현 위치에서 목표지점까지의 보행동선을 점선으로 표시하고 촉지안내도의 선과 구분이 되도록 점선의 형태를 달리한다. 반드시 표기되어야 내용으로는 화장실, 계단, 승강기, 안내 등이다.
실내배치도는 최대한 단순화하고 현재위치, 목표지점, 각 회전지점과 필요한 랜드 마크를 반드시 표기한다.
점자안내판의 내용인 각 내부시설이나 랜드마크는 그 위치에 직접 점자로 기입하며 범례로 표기하면 아니 된다.
『장애인·노인·임산부 등의 편의증진 보장에 관한 법률』과『교통약자의 이동편의 증진법』시행령 별표서식 2에 기술된 안내시설 중 유도 및 안내시설이 의무인 대상시설에는 반드시 설치한다. 환승역인 경우 환승에 대한 안내까지 표기한다.

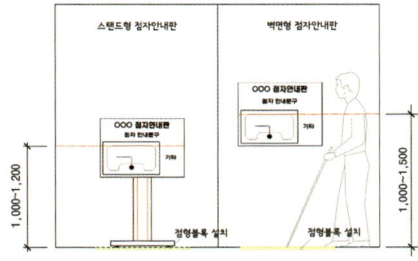

〈그림 부록 3-3〉 스탠드형, 벽면형 점자안내판

4. 음향신호기

4-1. 기능

음향신호기는 횡단보도 보행자 신호기에 연결하여 신호등화의 내용 및 변화를 음향으로 알려주는 보행자 신호기의 부가장치로 시각장애인이 안전하게 횡단보도를 건널 수 있도록 한다.

4-2. 설치기준

우선적으로 설치가 필요한 횡단보도
시각장애인 밀집거주지역, 시각장애인 영구 임대주택 지역 등
시각장애인 이용시설 주변(시각장애인복지관, 시각장애인 생활시설, 기타 사회복지시설 등)
시각장애인 교육기관 및 학원 주변
시각장애인 직장 밀집지역(관광호텔, 안마시술소 등)
전철·철도역·여객터미널 주변 등
국가·지방자치단체 청사 등 공공건물 주변
기타 시각장애인 단체에서 요청하는 장소

4-3. 설치시 주의사항

교차로의 형태나 보행신호등 설치 지주의 위치 등이 부적절하여, 시각장애인의 안전한 횡단에 영향을 줄 수 있다고 판단되는 지점에 음향신호기를 설치할 경우에는 시각장애인연합 회 또는 도로교통공단의 검토 및 자문을 받아 선별적으로 설치한다. 단, 시각장애인의 안전한 횡단에 영향을 줄 수 있는 교차로는 해당시설물을 개선한 후 설치할 것을 권장한다.

4-4. 안내음향의 구성

〈표 부록 4-1〉 위치 안내음향의 구성

구분	교차로 / 단일로	단일로
멜로디	"G장조의 미뉴엣(J. S. Bach)" (피아노음) : 약 5초간 발생	
음성전달 (메시지 내용)	"○○교차로 ○○방향 횡단보도 입니다. 횡단대기선으로 이동하여 신호버튼을 눌러주십시오" (왼쪽 : 남성, 오른쪽 : 여성)	"○○방향 횡단보도입니다. 횡단대기선으로 이동하여 신호버튼을 눌러주십시오" (여성)

〈표 부록 4-2〉 교통섬 지역에서의 음성유도기 유도음향의 구성

구분	교통섬 지역
멜로디	"G장조의 미뉴엣(J. S. Bach)" (피아노음)
음성전달 (메시지 내용)	"전방 OO미터 앞 교통섬에 횡단보도가 있습니다. 왼쪽(오른쪽)에서 차량이 올 수 있으니 조심하여 건너시기 바랍니다." (여성 음성)

※ 이러한 음성전달 메시지의 내용은 교통섬의 구조에 따라 적절히 변경하여 사용할 수 있다.

4-5. 신호안내음향의 구성

리모컨 또는 버튼을 작동시켜 한 수신기에서 신호안내음향이 발생되면 한 조를 이루는 맞은편 신호기 에서는 보행시간(보행녹색 및 점멸) 중에 바탕음이 발생하여 시각장애인이 맞은편으로 쉽게 횡단할 수 있도록 한다. 또한, 횡단하고자 하는 양쪽 수신기의 바탕음은 양쪽에서 교대로 이어서 출력되도록 한다.

※ 음성전달은 좌측은 남성, 우측 및 단일로는 여성 목소리로 한다.
※ 바탕음은 경찰청 또는 도로교통공단 홈페이지에서 공개한 음원을 사용한다.

4-6. 위치·신호 안내음향 공통사항

위치 및 신호 안내음향을 발생시키는 송신전파 수신거리는 도로폭 등 주변상황에 따라 다르게 설정할 수 있도록 각각 조절이 가능하다(위치안내음향 약 15미터, 신호안내음향 약 10미터). 시각장애인이 건너고자하는 횡단방향을 구별할 수 있도록 좌우 횡단보도 음향신호기의 음성을 남녀로 구분하고 중복 동작을 최소화하기 위해 적절히 수신거리를 조정한다.

〈표 부록 4-3〉 신호 안내음향의 구성

신호상태	적색	녹색(Walk)		녹색점멸 (Ped. Clear)	
음향내용	예고음	시작음		점멸음	끝음
멜로디	없음	딩동댕		없음	없음
음성전달 (메시지) 내용	잠시만 기다려 주십시오 ○○교차로 ○○방향 횡단보도입니다.	○○방향 횡단보도에 녹색불이 켜졌습니다. 건너가도 좋습니다. (멜로디 종료직후)		점멸신호로 바뀌었습니다.	없음
바탕음	없음	녹색 및 녹색점멸 신호시간 동안 바탕음 계속 (단, 메시지 방송시간 동안 바탕음 정지) 바탕음 발생시간 : 총 주기 2초, 발생시간 0.7초 바탕음 구분 : 귀뚜라미(동서방향 가로) 새소리 (Chirp-Chirp, 남북방향 가로)			

4-7. 작동 우선순위

① 선 사용자 우선: 위치 또는 신호 안내버튼이 작동되어 음향을 안내하는 중에 동일한 종류의 안내버튼이 다시 작동되는 경우 전달되던 음향은 계속 안내한다. 또한, 이때의 정보가 수신기에 기억되어 진행되던 음향의 종료 후에 자동적으로 음향이 전달되는 일이 없도록 한다.
② 신호 안내음향 우선: 위치 안내음향의 전달 중에 신호 안내버튼이 작동되면, 위치 안내음향이 중단되고 신호안내 음향이 전달되도록 한다.
③ 횡단개시 안내 우선: 적색 신호 메시지를 안내하는 중에 녹색으로 신호가 변경되면 이를 중단 하고 횡단개시 메시지를 안내한다.
④ 신호안내 버튼이 작동되어 대기 중인 상태에서 다른 버튼의 작동으로 위치 또는 신호 안내 음향이 전달되는 중에 녹색으로 신호가 변경되면 해당 안내 음향을 중단하고 횡단개시 메시지를 안 내한다.

4-8. 송·수신기 공통사항

시각장애인용 음향신호기는 리모컨과 버튼 어느 것으로도 작동할 수 있도록 제작한다. 버튼의 설치 높이는 1.0~1.2미터로 하며, 버튼의 기능은 신호안내 음향을 작동시킨다. 버튼은 시각 장애인이 버튼을 쉽게 찾을 수 있도록 인접 물체와 대조된 색(황색)으로 제작한다. 버튼 함체의 상단 중앙부에는 흑색으로 '시각장애인용 음향신호기'라고 인쇄하고, 하단 중앙부에는 '신호기 버튼'이라는 점자 표기한다. 또한 고장신고 번호를 점자와 묵자 병기한다.

※ 그 밖에 규격은 시각장애인용 음향신호기 경찰규격서(2009. 6)를 따름

5. 음성유도기

5-1. 기능

음성유도기는 시각장애인이 이동할 때, 지하철 및 기차 역사, 버스 및 택시 정류장 등의 대중여객시 설과 건물의 입구나 현관 및 각종 목표지점 등의 특정 지점이나 시설에 부착하여 음향, 음성, 멜로디 등의 소리를 통해 시각장애인에게 그 위치나 소재를 확인할 수 있도록 해주기 위한 장치이다.

〈그림 부록 5-1〉 음성유도기

5-2. 근거

시각장애인용 음성유도기 무선규격 표준을 따른다.(KICS.KO-06.0046/R3, Standard of Audio Guiding Device for Visually Handicapped)

5-3. 유지 및 관리

시각장애인용 음성유도기는 점자블록이나 점자표지판과 달리 동작하는 편의시설이므로 월단위 등 주기적인 검사 및 유지 관리가 필요하다.

5-4. 설치원칙

가. 설치장소
① 『장애인·노인·임산부 등의 편의증진 보장에 관한 법률』과 『교통약자의 이동편의 증진법』시행령 별표서식 2에 기술된 안내시설 중 유도 및 안내시설이 의무인 대상시설에는 반드시 설치한다.
② 시각장애인이 많이 모이는 장소로 맹학교, 복지관, 공원 등의 시설에 설치한다.
③ 특별히 복잡하거나 알려야 할 장소로 시각장애인들이 인지하기 쉬운 곳에 설치 가능하다.
④ 시각장애인 단체나 시각장애인들이 설치하기를 요구하는 장소에 설치 가능하다.

나. 음질, 크기, 안내멘트의 구성
① 음질은 비교적 명료한 톤으로 베이스가 적어야 하고 실내에서는 안내멘트와 멜로디를 함께 사용해서는 아니 된다.
② 소리크기는 실내는 40㏈, 실외는 60㏈로 한다. 단, 실외의 경우 07시~19시(오차범위 ±10분) 에는 60㏈로 하고, 19시~07시(오차범위±10분) 에는 40㏈로 한다.
③ 음향 크기는 수신기로부터 1미터 이상 떨어진 지점의 지면 1.2미터~1.5미터 높이에서 측정한 값을 기준으로 하며, 설치지점 주변소음 등 주변 환경을 고려하여 실무담당자의 판단에 따라 크기를 증감한다.
④ 타이머의 작동은 번화가 또는 유동인구가 많은 경우는 07시~21시까지로 하고, 유동인구가 적고 번화가가 아닌 경우는 07시~19시로 정한다.
⑤ 가급적 간단하게 구성하고 지하철 역사의 맞이방(대합실)에서와 같이 인접거리에 여러 대가 설치되어 있을 경우 가급적 안내멘트의 내용이 간결하게 하며 누구나 쉽게 이해할 수 있는 어휘로 구성한다.
⑥ 안내멘트 소리의 크기는 실외 10미터, 실내 5미터 떨어진 지점에서 잘 들리도록 하며 음성은 비교적 명료한 톤인 여성음으로 한다.

다. 설치 방법
① 시설물의 출입구, 계단, 장애인용 승강기, 화장실, 개표구, 승강장 등의 편의를 목적으로 음성안내를 하고자 하는 지점의 기둥 또는 벽면, 안내표지 등에 시설구조를 고려하여 설치한다. 출력 방향은 보행동선에 맞게 한다.
② 수신기 함체는 지상으로부터 2.0~2.5미터 높이에 설치한다.
③ 수신기는 자동발매기, 개표구, 화장실, 내부 및 외부 계단, 외부 승강기, 승강장 끝부분 및 매개 시설 등 꼭 필요한 부분만 설치함을 원칙으로 한다.
④ 음성유도기의 수신거리(리모콘 동작거리)는 실외 10미터, 실내 5미터로 하며 음성 유도가 필요하여 협소 공간에 2개 이상 설치해야 할 경우 우선순위를 두어 순차 제어한다.
⑤ 공간이 협소하여 음성유도기의 설치가 생략된 경우 인근에 설치된 음성유도기에서 추가 안내 한다.

6. 경보 및 피난설비

6-1. 기능

시각 및 청각장애인 경보 및 피난설비는 시각 및 청각장애인의 피난을 돕기 위해 소화전,

〈그림 부록 6-1〉 경보 및 피난설비

화장실, 출입문 등에 설치하여 경보음, 불빛 등을 통해 시각 및 청각장애인에게 소리와 불빛으로 위급상황을 알리고 피난을 돕기 위한 장치이다.

6-2. 근거

시각 및 청각장애인 경보·피난 설비는 『화재예방, 소방시설 설치·유지 및 안전관리에 관한 법률』에 따른다.

6-3. 설치원칙

시각 및 청각장애인등이 위급한 상황에 대피할 수 있도록 시청각장애인용 피난구유도등, 통로유도등 및 시각장애인용 경비설비 등을 설치한다. 청각장애인을 위하여 비상벨 설비 주변에는 점멸형태의 비상경보 등을 함께 설치한 다.(청각장애인용 시각경보장치의 설치높이는 바닥으로부터 높이 2~2.5미터에 설치 하되 다만 천장의 높이가 2미터이하인 경우에는 천장으로부터 0.15미터이내의 장소에 설치하여야함. 자동화재탐지설비의 화재안전기준(NFSC 203)
비상시 대피용 청각경보시스템(비상벨)을 출구까지 연속적으로 설치한다. 피난구유도등은 화재발생시 시각 및 청각장애인의 피난을 유도할 수 있도록 외부 출구방향 주변에 점멸과 동시에 음성으로 출력될 수 있는 구조로 설치한다.

7. 자동차 진입억제용 말뚝(볼라드, 短柱)

7-1. 기능

자동차진입억제용 말뚝(일명 볼라드 등, 이하 볼라드)은 횡단보도 인근의 턱 낮추기 구간 등 보도에 차량이 진입하는 것을 예방하기 위해 차도와 보도 경계면에 설치하는 구조물이다.

7-2. 근거

볼라드는 『교통약자의이동편의증진법률』, 『보행안전편의증진에관한법률』시행규칙[별표 2] 및 보행시설물의 구조·시설 기준에 관한 세부기준 [제9조제1항관련]을 준수한다.

7-3. 설치원칙

볼라드는 보행자의 안전하고 편리한 통행을 방해하지 아니하는 범위 내에서 설치한다.
볼라드는 밝은 색의 반사도료(反射塗料) 등을 사용하여 쉽게 식별 할 수 있도록 설치한다.
볼라드의 높이는 보행자의 안전을 고려하여 80~100센티미터로 하고, 그 지름은 10~20센티미터로 한다.
볼라드의 간격은 2미터로 한다.
볼라드는 보행자 등의 충격을 흡수할 수 있는 재료를 사용하되, 속도가 낮은 자동차의 충격에 견딜 수 있는 구조다.
볼라드의 0.3미터 전면에는 시각장애인이 충돌 우려가 있는 구조물이 있음을 미리 알 수 있도록 점형블록을 1장 이상 설치한다.
볼라드의 상단부는 하단의 예와 같은 반구형으로 충격을 완화할 수 있는 형태로 한다.
선형블록에서 최소 60센티미터 이격하여 설치한다.

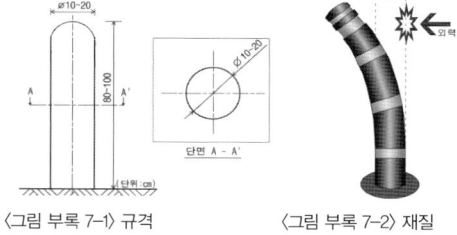

〈그림 부록 7-1〉 규격   〈그림 부록 7-2〉 재질

부록 4
미국 회전교차로, 부분 경사로 등 설계 참고자료

− 전맹 보행자에 대한 디자인과 실제적 문제를 중심으로 −

"현대적인 회전교차로(roundabouts)" 보행자 접근성에 관하여

− 전맹 보행자에 대한 디자인과
실제적 문제를 중심으로 −

㈜제일엔지니어링종합건축사사무소 부사장 이기영

1. 본 자료는 2018년 12월 현재 미국 연방정부의 "접근성위원회(US Acess Board)"에서 발표한 자료를 번역한 것이다.
2. 여기의 '회전교차로'란 오래 전부터 있어 왔던 것이 아니라 최근 들어와 설계/시공된 회전교차로에 한정하고 있다.
3. Blind를 전맹으로, low vision을 저시력으로, residual vision은 잔존 시력으로 번역하였다.
4. 본문에서 시각장애인이 회전교차로를 조성하는 과정 참여나 실제 횡단하는 것을 일종의 "협상(negotiation)"으로 기술하고 있다.
5. 현 미연방 "접근성위원회"는 1973년 발족된 우리나라 BF운영위원회 유사하나 업무가 방대하다(1968년 설립된 건축장애위원회가 발전된 조직임)
6. 우리나라에도 점증하는 회전교차로에 대한 보행자의 접근/이용에 관한 순수 연구 및 제안을 위한 기초 자료로 발표하는 것이다(연구 번역자 이기영).

사진 1. 미국 미시간주 오케모스(Okemos)에 있는 회전교차로

I. 배경

1. 회전교차로(roundabouts을 우리나라에서는 국토부가 정의한 용어)가 전국적으로 일반 교차로를 대체하고 있어 전맹, 시력 손상인 및 일반인이 이를 이용하고자 할 때 고려해야 할 접근성에 대한 우려가 증가하고 있다. 도로 횡단자는 대부분 자신의 시각을 이용하여 '횡단 가능한 교통 흐름의 간격(crossable gap)'을 식별한다. 횡단 시 접근하는 교통의 움직임을 시각적으로 모니터하고 필요 시 안전 조치를 취한다. 전맹은 도로 횡단 시 적정 시기 판단을 청각 정보에 의지한다. 회전교차로에서의 횡단 시 필요한 유용성 있는 비시각적 정보가 거의 연구되어 있지 않다. 미국 연방 접근성 위원회(Acess Board), 국립안과연구소(National Eye Institute) 및 미국전맹협회(American Council of Blind)가 이 회전교차로에서 전맹의 접근성에서 문제점과 위험성을 경고하였다.

2.
− 횡단 시 독립적으로 이동하는데 전맹이 필요로 하는 방향찾기(orientation) 및 이동성(mobility)에 관한 기술을 서술한다. 이런 기술과 관련하여 회전교차로와 일반 교차로의 주요 차이점을 살펴본다.
− 전맹을 위한 접근성을 향상시킬 수 있는 방법을 고찰한다.
− 교통기술자 또는 계획가가 회전교차로 접근성을 개선하기 위해 설계하거나 시험할 것을 권장한다.

II. 현대적인 회전교차로에 대해

3. 현대적으로 디자인된 회전교차로가 전 세계적으로 40,000여개의 있고 미국은 약 200개 이상이 있다. 미국 내 이 회전교차로는 최근 5년간 설치되었다(번역자 주: 우리나라도 2014년 국토부가 설계지침을 만들어 회

전교차로를 적극 권장하여 매우 빠르게 증가하고 있음). 차량의 안전을 향상시키고 도로 용량과 효율을 높이기 위해, 운행 지체 및 배기가스 감소를 위해 그리고 지역 사회로 진입하는 관문으로서의 역할을 위해 회전교차로가 설치되고 있다.

4. 전형적인 현대식 회전교차로란 아래 그림처럼 원형의 중앙섬과 섬 주변에 순환하는 차로가 있으며 신호등이 없는 교차로이다. 회전교차로에 진입하고자 하는 차량은 이미 순환 차로에 있는 차량에게 양보를 한다. 진입 차량에 대한 양보 차선(번역자 주: 원형의 바깥 차로 구역에 진입차로와 만나는 지점에 실선이 아닌 쇄선으로 바닥에 흰색으로 도색한 선)은 순환 차량의 경계를 의미하기도 한다. 이 쇄선으로 도색된 진입차량에 대한 양보 차선은 기존의 정지선(stop bar)과는 혼동해서 아니 되며 진입차량은 이 양보차선에서 정지할 필요 없이 회전교차로로 진입한다.

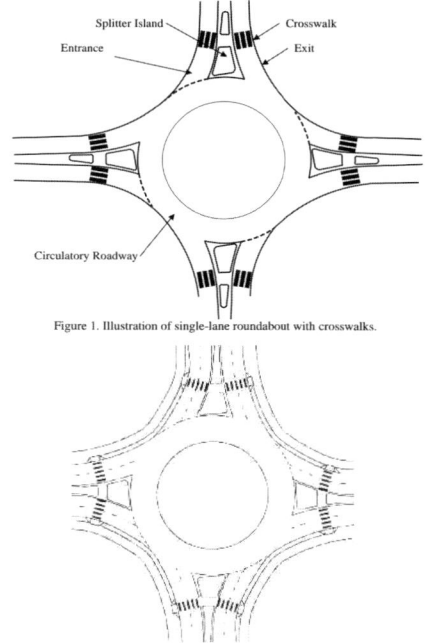

사진 2.
상: 단일 차로로 형성된 회전교차로
하: 이중 차로로 형성된 회전교차로
(미국고속도로관리국 정보 가이드 북)

5. 회전교차로의 입구 및 출구 차선과 별도로 분리교통섬(splitter island)을 두는데 차로보다 높게 조성하거나 도색하여 표시한다. 이 분리교통섬은 들출입 차량의 차로 사이에서 보행자에게 피난처 역할을 하게 된다.

6. 관련 업계 간행물에는 여러 유형이 제시되고 있으나 미국에서는 회전교차로 디자인이 표준화되어 있지 않다. 엔지니어는 주로 기하학적으로 다양한 설계기법으로 설계하면서 회전교차로에 접근하거나 직선으로 운행하는 차량의 속도를 늦추도록 한다. 유럽과 호주의 다양한 설계 기법이 미국엔지니어들에게 도시, 교외 및 농촌지역에 회전교차로를 설계함에 있어서 많은 영향을 주고 있다.

7. 일반적으로 회전교차로가 많은 유럽과 미국에서의 연구에 따르면, 회전교차로가 일반 교차로보다 심각한 차량 충돌 사고가 적은 것으로 알려져 있다. 이러한 심각한 차량 충돌(crash)의 비율 감소는 교통계획가들에게 회전교차로 도입의 가장 큰 이유이다. 회전교차로가 차량의 안전을 향상시키는 것은 다음 두 요인이다. 1) 신호등이 있는 교차로에서 운전자가 다가오는 차량의 흐름 간격을 잘 못 판단하거나 다가오는 차량을 지나 회전할 때에 잘 못 판단할 때 발생하는 위험을 저감하는 것과, 2) 반대편 도로의 차량이 적색 신호 또는 정지/양보 표시가 있음에도 이를 무시하고 운행하여 차량의 옆면에 충돌하는 위험을 없애는 것이다.

8. 하지만, 회전교차로에서의 보행자 안전에 관한 연구는 그리 명확치 않다. 유럽에서도 회전교차로에서의 보행자에 관한 연구가 적다. 보행자 안전에 관한 연구에서 가장 보편적인 보행자와 차량의 충돌은 일반 교차로를 회전교차로로 바꾼 후 발생되는 사례에서 시행되곤 한다. 문헌적 결과로 보면, 보행자 안전과 회전교차로에서 차량과 보행자간의 충돌에 관한 결론을 도출하기 어렵다. 보행자 연구에서 종종 고려되지 않는 한 가지 문제는 신호 또는 정지 신호 제어가 있는 일반 교차로가 회전교차로로 변경 될 때 보행자의 보행량의 변경에 관한 것에 관한 것이다. 회전교차로에서 보행자와 관련된 다양한 문제 뿐 아니라 이 주제에 대한 연구도 필요하다. 노인, 어린이, 장애인 등인 보행자에게 회전교차로가 미치는 영향에 대하여는 거의 알려진 바가 없다. 회전교차로에 관한 경험이 많은 호주 기술자들의 미발표한 자료(증거)에 의하면, 매우 많은 보행자가 있고 이를 이용하는 교차점들은 이용에 부적절하다는 것이다.

9. 신호등과 정지표지판이 있는 현대식 교차로와 현대식 회전교차로의 차이는 전맹에게 중요한 영향/의미를 준다. 아직 이 전맹에게 주는 영향/의미는 잘 이해되고 있지 않지만 이는 접근 가능한 보행환경을 조성하는 것이 목표인 교통계획가 및 설계가가 고려해야 할 사항이다.

10. - 길찾기 개선을 위한 고려 사항들 -

1) 잘 정의된 보행로의 모서리
2) 중앙의 둥근 섬으로의 횡단을 금지하도록 보행로 가장자리를 조정 처리한 분리된 보행로
3) 횡단지점을 알리는 촉감 표시 재료의 도입
4) 볼라드 또는 횡단 지점을 알리는 시설물 설치
5) 보행로 가장가리에 분리교통섬(splitter island)과 떨어진 곳에 설치하는 경고판
6) 수직교차 및 사선교차 지점에 실마리를 제공하는 연석 설치
7) 고 대비의 표식물
8) 보행자용 조명

III. 전통적인 교차지점에서의 횡단

11. 전통적인 교차지점을 횡단할 시 전맹이 사용하는 기술 및 실마리는 다양하며, 또 위치 및 개인에 따라 다르다. 많은 시각장애인들은 "방향찾기와 이동성(orientation & mobility: O&M)" 전문가에게 기술을 익혀 사용한다. 일정 간격이 있는 일반 신호등에서 전맹들이 사용하는 기술이란 차량 소음(소리)을 활용하여 언제 횡단할 것인지 몸자세를 갖춘 후 통과교통이 지난 후 이에 맞추어 횡단하는 것이다. 이는 보행자에게 제공되는 교통신호가 전환 시 이루어진다. 도로가 앞에 있다는 것을 식별하고 횡단할 시기를 결정하는데 사용하는 실마리란 교통 소음(소리), 연석의 경사면 방향과 경사, 도로와 보도 사이 질감 차이, 바닥의 질감 경고, 보행용 버튼의 경보음, APS(접근 가능한 보행자용 신호: accessible pedestrian signals)에 의한 청각적 또는 진동촉감 정보 등이 있다.

12. 도로 횡단 시 전맹의 주요 행태는 아래와 같다.
1) 교차지점의 위치 식별
2) 횡단보도 위치 및 횡단방향으로의 자세 정렬
3) 교통 흐름의 패턴 파악/분석
4) 횡단 시작의 적정 시점 식별(신호등이 있는 교차로에서 보행 간격의 시작을 결정하는 단계)
5) 횡단보도 횡단
6) 횡단 시의 차량 흐름 모니터링
7) 중간 섬 또는 가고자 하는 방향의 보도 탐색

13. 교통 신호가 없으면(예를 들어 보행자의 주행 경로와 평행한 거리에 차가 없기 때문에 신호가 바뀌었음을 알리는 청각 신호기라 없는 경우) 또는 예측할 수 없는 경우(예로 간선 또는 지선도로의 교차점에 차량의 흐름에 의해 규제되는 경우), 각종 정보가 보행 가능 간격의 시작(the onset of walk interval)을 결정하기에 충분하지 않을 수 있다. 이러한 상황 하에서는 APS(접근 가능한 보행자용 신호: accessible pedestrian signals)가 유용한 수단이다. 2000년에 이 APS 이용 지침이 MUTCD(Manuel of Uniform Traffic Control Devices: 표준 교통 통제 장치 안내서)에 따라 제시되었다.

IV. 회전교차로에서의 횡단

14. 일반 교차로에서 전맹이 사용하는 '방향찾기 및 이동성(O&M)' 기술은 교통 소음(소리)에 크게 의존한다. 이 때 교통 신호와 정지 표지판으로 교차로에서 교통의 흐름을 규제하면 교통 흐름의 중단으로 인해 보행자가 횡단할 수 있는 식별하고 예측 가능한 간격이 제공된다. 이러한 예측 가능한 짬은 일반적으로 회전교차로에는 발생하지 않으므로 보행자는 접근하는 차량의 속도 및 이동 경로 또는 차량의 간 간격에 대하여 판단한다. 일부 보행자(예 인지 장애인 및 어린이 등 아래 사진 3)가 이런 어려움을 당하더라도 조심스러운 어른들은 안전하게 횡단할 수 있다.

사진 3. 도로에서 인지장애를 가진 보행자의 횡단

15. 회전교차로에서의 교통소음(소리)는 모호한 단서를 제공할 수 있다. 회전 중인 차량이 진출입하는 차량의 소리를 차단하여 적절한 횡단 시점을 찾아내기 어렵다. 진출구 부위(exit leg, 번역자 주: 나팔형으로 생긴 부위로 분리교통섬 출구 부위임)에서 순환하는 자동차 운전자가 계속 회전하려는지 또는 빠져 나가려는 지에 대한 청각적 정보로써 판단이 불충분하기 때문이다.

16. 연구 결과에 따르면, 운전자가 저속으로 양보하는 비율이 증가하는 것으로 나타났고 많은 운전자가 횡단보도에서 전맹에게 양보하지 않는 것으로 나타났으며(아래 사진 4), 또 이 양보 운전 행동을 확인하기가 쉽지 않았다.

사진 4. 긴 시각장애인 지팡이로 횡단하는 보행자에게 운전자가 양보하지 않고 있다.

사진 5. 횡단보도의 위치를 알려주는 식수대

17. 회전교차로의 곡선형 배치 평면(layout)은 전맹에게 여러 가지 문제를 야기하는데 그 한 가지는 횡단보도의 위치와 방향에 대한 정보를 얻는 어려움이다.

18. 전통적인 교차로와 달리 회전교차로의 보도는 곡선으로 커다란 호로 형성되며 보도(sidewalk)가 횡단보도는 직접 이어지는 경우가 거의 없다(번역자 주: 보도 자체에 횡단보도와 겸용으로 사용된다는 것으로 미국의 횡단보도의 연석경사로 기준이 우리와 달리 보도에서의 연석경사로는 명확한 기준으로 형성됨). 대신에 횡단보도는 전형적으로 보행자 측에 있고(사진 5 참조) 기존 교차로에서 사용되는 것 이상으로 정보 제공과 전략들을 위치시켜야 한다.

19. 또 다른 문제는 횡단하기 전에 몸을 횡단보도에 정렬하는 것이다(사진 6). 전통적인 횡단보도에서 이렇게 하기 위해서는 일반적으로 비시각적 기술인 교통 소음(소리)을 자신의 측면에 대한 교통 흐름과 평행을 이루도록 한다(즉 자신과 평행한 거리의 교통흐름). 이 기술은 아마도 회전교차로에서 유용하지 않을 수 있다.

사진 6 접근 방향과 일치하지 아니한 횡단보도

20. 그러나 일부 회전교차로의 횡단보도에서는 전통적인 교차로에서 사용되는 일부 비시각적 방법으로 차도를 횡단하는 방법이 적절할 수 있다. 예를 들어, 교통량이 매우 적은 회전교차로에서 발생하는 차량 소음(소리)이 매우 조용한 시간(예: 주거지역의 1차로로 된 회전교차로)이나 비 소음이 긴 시간이 있는 때(예: 인근에 있는 교차로의 교통 신호로 인해)에 횡단하는 것이 적절할 수 있다. 그러나 기술 발전으로 차량 자체의 소음(소리)이 더 조용해짐에 따라 이 기술은 전통적인 교차로이든 회전교차로이든 부적절할 수 있다.

V. 회전교차로에서의 정보 지침

21. 미국연방고속도로관리국(FHWA:Federal Highway Administration)이 2000년 다음과 같이 전맹을 위한 회전교차로의 개선점을 제시되었다.

22. "좋은 보행 기술을 갖춘 시각장애인은 익숙치 아니한 많은 교차로에 도착하여야 하고 기존의 기술과 횡단과 관련된 특수 교육을 받지 않아도 횡단보도를 건너야 하는 것이다. 따라서 회전교차로의 횡단보도에서 정보 접근의 관점에 볼 때 몇 가지 문제가 있다."

"이러한 문제가 설계 시에 다루어지지 않는 한 회전교차로는 접근 불가능한 것이며 그런 설계는 ADA(미국장애인법: Americans with Disabilities Act)하에서 허용되지 않을 수 있는 것이다. 게다가 회전교차로가 어디에 적합할 것인지, 또 시각장애인들에게 청각 정보 시그널을 주는 예와 같이 장애인들에게 어떤 디자인이 적합할 것인지에 대한 필요한 정보를 관할하는 조직을 개발할 필요가 있다."

23. 미국장애인법 제 2장에서 주정부 또는 지방정부가 장애인이 쉽게 접근할 수 있도록 신규로 또는 개정하여 디자인하도록 요구하고 있다(28 CFR 35.151).

24. - 속도 규제 및 양보를 위한 개선 조치 사항 -

1) 입구와 출구에서의 단일 차로 횡단
2) 고원식 횡단, 특히 출구에서의 고원식 횡단
3) "보행자에게 양보"표시(Yied-To-Ped markings) / 운전자 표지(driver signals) / 표지(beacons) / 보행자버튼(pedbutton) / 적녹황색 신호가 불명한 경우 음성메시지
4) 보행자 조명
5) 양보 감사 카메라

VI. 조사 필요 사항

25. 미국 전역에 회전교차로가 점증하고 있으나, 확실히 그리고 점차적으로 현재의 회전교차로 설계 관행이 일반인을 위해 설계된 횡단 정보 제공과는 달리 즉 전맹이나 약시자들에게 동일한 횡단 정보를 제공하지 않고 있다. 접근 가능한 회전교차로란 횡단보도, 분리교통섬(splitter island) 위치, 횡단방향 및 안전한 횡단을 위한 기회 등을 제공하여야 하는 것이다.

26. 횡단보도를 이용 시 전맹이 활용하는 청각적, 촉각적, 그리고 기타의 방법을 이해함으로써 교통계획가 또는 설계자가 접근 가능한 회전교차로의 설계 방향에 도움을 주는 것이다. 방향찾기와 이동성(O&M: Orientation & Mobility) 전문가는 교통전문가에게 전맹의 행태를 분석하거나 전맹 요구에 합당한 조치를 취하는데 자문을 제공할 수 있다. 아직도 전맹이 회전교차로를 이용하는데 효용성을 증대시키기 위해서 많은 연구와 노력이 필요하다. 접근성을 개선할 있는 잠재성이 있는 디자인 요소들을 시범적으로 설계하고, 시행해 보고, 또 고안해 내는 교통설계자들이나 교통계획가들이 방향찾기 및 이동성(O&M) 작업에 동참함이 필수적이다. 향후 추가 조사가 필요한 유망한 작업이 다음의 네 가지로 나뉜다.

1. 횡단보도 위치 찾기 및 횡단 자세 정렬

27. 조경시설, 식수대, 보행 공간의 흐름, 볼라드 및 체인으로 만든 분리시설, 난간, 기타 시설들은 횡단보도로 이어지는 경로를 유도하고 횡단보도 이외의 다른 지점에서 횡단하는 것을 방지하거나 차단하도록 한다(상기 사진 4 참조).

28. 특색 있는 모서리 처리, 일반 포장면과 다른 잔디 포장과 같은 포장 처리, 돌출 연석 등은 횡단 방향을 찾는데 도움을 준다.

29. 야간에 잘 점등되는 고대비 표식과 보행로는 잔존시력(residual vision)을 사용하는 보행자들에게 또 시각 장애가 있는 많은 보행자에게 유용하다. 조명 역시 운전자로 하여금 보행자 인식에 도움을 준다.

30. 많은 나라에서 보도에서 횡단보도 위치를 알리는 표준화된 촉감 제공 바닥재가 사용되고 있다. 메시지를 명확하게 하기 위해서는, 보도의 가장자리에는 감지 가능한 경고용 잘린 돔 형상(반구형 형상)의 패턴과 구별되는 선형의 패턴으로 한다(사진. 7 참조)

사진 7. 보행로 전체에 횡단보도의 위치를 알리는 줄무늬가 형성된 호주의 바닥 포장

31. 교통 소음(소리)을 활용하여 횡단 자세 정렬이 불가능한 경우, 다른 정렬 정보를 사용할 수 있어야 한다. 횡단보도 방향에 맞추어 가장자리(edge)에 형성된 연석경사로는 이동 경로를 설정하는데 유용한 단서를 제공한다. 연석경사로의 경사면을 발밑으로 측정 가능하고 경사면의 경사를 횡단면과 일치시킴으로써 횡단 자세 정렬 정보를 추가적으로 제공할 수 있다. 그러나 횡단 자세 정렬을 위한 기울기 정보의 유용성은 해결되지 않

은 연구 과제이며 비표준적인 횡단보도 위치(예: 대각선형 경사로 diagonal ramps 또는 정점 경사로 apex ramps)가 법적으로 또는 표시된 횡단보도 밖에서 횡단하는 결과를 초래 가능한 잘못된 정보를 제공하는 경우가 있기 때문이다.

2. 적정 횡단 시점의 탐색

32. 비시각 정보를 제공하여 보행인에게 횡단보도를 건너려는 적정한 시점을 회전교차로 설계 시 어떻게 할지가 교통기술자에게 최대 어려운 문제이다. 주요 사항들은 아래와 같다.

33. 첫째, 횡단보도에서 안전하게 횡단하기 위해서는 보행자가 분리교통섬(splitter islands 또는 분리교통섬에서 목적지의 연석까지)을 가로 질러 지날 수 있을 만큼의 교통 흐름의 간격이 있어야 된다. 교통량이 증가하면 '횡단가능한 교통 흐름의 간격(crossable cap)'은 줄고 있다.

34. 둘째, 보행자는 상기의 이 간격이 너무 짧아 횡단할 수 있을지를 판단해야한다. 보행자는 다가오는 차량이 매우 가까이 있기 전에 빠르게 횡단 여부를 판단해야 한다. 각 방향의 일차로로 형성된 도로보다 복수의 차로로 형성된 도로를 횡단 시에는 상기의 이 간격이 커야 한다.

35. 셋째, 가끔 움직이는 차량의 상기 간격을 수용하는 대신에, 보행자 앞에서 차량이 멈추면(효과적인 간격이 형성됨으로써) 보행자가 횡단할 수 있다. 자동차가 정지하면 또는 정지할 경우, 전맹은 정지 차량 여부를 감지하기 위해 청각을 이용한다. 또 그런 차량 앞으로 횡단하는 것이 안전할지를 결정하여야만 한다.

36. 언급했듯이, 차량의 속도는 운전자가 보행자를 위해 정지할 가능성에 영향을 주는 요소이다. 횡단보도에서 저속을 유지하기 위해서는 교통 흐름 완화 조치(예: 보행자 표지판, 깜박이 표지, 고원식 횡단보도, 좁은 차로 폭, 병목형 차로)를 취함으로써 횡단보도에서 저속을 유지하도록 고려되어야 한다.

37. 보행자가 한 개 이상의 차로를 건너는 경우 정지 차량 앞에서 횡단하는 것은 더욱 어렵고 위험하다. 보행자와 가장 가까운 차량은 정지하나 다른 차로에 있는 차량(같은 방향으로 움직이는 차량)은 정지하지 아니할 수 있다. 정지 차량 앞을 용이하게 횡단하기 위해서, 횡단보도의 위치를 다중 차로의 진입 및 진출을 수용하는 두 차로가 펼쳐지는 지점 앞으로 하는 것도 고려되어야 한다.

38. 보조견과 긴 지팡이를 이용하는 전맹에게 차량이 양보할지에 관한 가능성 연구는 진행 중이다. 3개의 횡단보도에서 수집된 운전자 양보 행태 예비 결과를 보면 대부분의 운전자는 횡단보도에서 대기 중인 전맹에게 양보하지 않는다는 것을 암시한다. 특히 출구 차로에서 문제가 되었다.

39. 차량이 정지하면 때때로 차량이 감지되지 않는다. 이런 현상은 주로 차량이 보행자와 거리를 두고 몇 개의 차량이 멈추었을 때, 상대적으로 조용한 하이브리드 가스 차량 또는 전기차인 경우, 그리고/또는 다른 차량의 소음(소리)이 양보 차량의 소음(소리)을 상쇄하는 경우 발생한다. 그러나 정지 차량 앞에서 횡단은 차량이 정지해 있고 정지가 감지될 때 있을 수 있는 것이다.

40. 어떤 설계는 횡단보도에서 운전자가 보행자에게 양보를 하도록 하는 정지선과 LED 및 경고등(MUTCD. 4L장)을 통합한 경우가 있다. '보행자에게 양보(Yield-To-Pedestrian)' 표지판을 양보 차로에 세우는 방법도 효과적이다. 2002년 12월 ITE와 FHWA(미연방고속도로관리국)가 후원한 한 회전교차로 회의에서의 행한 권고 사항은 특히 운전자가 가속을 하지 못하도록 진출부(exit leg)쪽에 고원식 횡단보도를 설치하도록 하고 있다. 차량 진출입 전에 소음 발생 줄무늬(rumble strip) 또는 이와 유사한 소리 발생시키는 시험 포장이 제안되었다. 보행자가 이러한 단서를 통해 차량의 접근과 양보에 관한 유용한 정보를 얻을 수 있을지에 대한 연구도 필요하다.

41. 여러 관할 조직은 보행자의 존재를 감지하고 신호할 수 있는 스마트 교차로를 실험하고 있다. 이 실험에는 '횡단 가능한 교통 흐름의 간격(crossable gap)'이 거의 없으며, 횡단을 기다리는 보행자 앞에서 차량이 정지하지 않는 곳에서(또는 여러 차로 때문에 정지된 차량 앞에서 횡단하는 것이 안전하지 않기에) 보행자 신호 모델에 노란색 경고등이 깜박이는 HAWK 및 TOUCAN 기술을 포함하는 특수 설계가 포함되어 있다(번역자 주: 이 HAWK 및 TOUCAN 기술에 관해서는 설명이 없고 단순 소개만 되어 있음). 비상 차량 및 기차에 사용되는

선제 신호 방식이 전맹에게 횡단 기회를 제공할 수 있는 응용 프로그램이 될 수 있다. 보행자 및 운전자 모두에게 그런 신호를 최적화하는 방법을 결정하기 위한 연구도 필요하다. 효과적인 대안이 개발될 때까지 신호화에 대한 지속적 지원이 기대되고 있다.

3. 횡단보도에서의 대기

42. 횡단보도에서 방향 정보를 제공하기 위해 여러 가지 설계 접근법을 사용할 수 있다. 관할 조직은 초휘도 대비의 표지판, 횡단보도용 조명등(저시력인에게 유용), 고원식 횡단보도, 횡단보도 중앙에 방향지시를 하는 줄무늬(raised guidestrip)를 실험 중이다. 지팡이를 사용하는 전맹은 촉각의 실마리로써 횡단보도의 방향에 관한 정보를 제공받게 된다.

4. 목적지 보도로의 또는 분리교통섬으로의 방향 탐색

43. 분리교통섬에 설치된 탐색용 경고표식 및 목적지 방향 연석경사로는 보행자를 피난 지점으로 도착하도록 지시를 한다. 분리교통섬은 질감이 없는 보도 폭에서 분리된 모든 거리/보도 가장자리에 설치되어 있는 탐색용 경고표식들과 구별되어 설치하여야 한다(번역자 주: 다른 시설과 차별화된 분리교통섬을 두라는 의미로 해석됨). 탐색용 경고표식은 안전 보행 구역의 시작과 끝을 말해주기 때문에 쌍으로 하며, 표준적인 보도의 표면과 별도로 적용해야 한다. 연구에 따르면 탐색용 경고표식들은 걷는 동안 발바닥으로 감지하도록 24인치(약60cm) 크기로 표면에 탐색용 경고표식이 있는 것으로 하고 있다.

44. 회전교차로에서 횡단을 위한 디자인 시설에 이와 유사한 디자인을 채택하면 전맹에게 접근성을 효과적으로 좋게 한다. 즉 분리교통섬에서의 횡단보도의 위치, 분리교통섬의 디자인 형태, 볼라드 및 보행자 흐름조정장치, 분리대, 가장자리 처리, 조경시설물 등을 일관되게 함으로써 비시각적 단서를 제공하게 된다.

45. 회전교차로가 신문이나 TV 프로그램을 통해 지역사회에 소개될 때에는 보행자가 횡단할 것으로 예상된다는 점을 강조하여야 한다. 보행자에게 양보하는 운전자의 사진이나 영상을 보여 주여야 한다.

46. – 횡단 가능한 교통 흐름의 간격을 개선하기 위한 조치 사항 –

1) 보행자가 작동시키는 신호(HAWK, puffin 등)
2) 진입방향 흐름(upstream)/진출방향(downleg) 흐름 신호
3) 신호 계측(고속도로 진출입램프에서처럼)
4) 선제적 신호

VII. 진행 중인 연구 과제

47. 회전교차로에서의 접근성에 대한 사례 연구는 초기 단계에 있다. 1999년 서미시간대학(Western Michgan Uni.)과 밴덜빌트대학(Vanderbilt Uni.)이 회전교차로에서의 접근성에 관해 연구를 시작하였다. 메트로폴리탄 볼티모어에 있는 3개의 회전교차로에 관해 실시된 매릴랜드주에서 이 연구는 시각과 청각을 사용하여 '횡단 가능한 교통 흐름의 간격(crossable cap)'을 인식하여 안전하게 횡단하는 것이 충분하지 않음을 보여준다. '횡단 가능한 교통 흐름의 간격(crossable cap)'이란 보행자가 횡단보도에서 다음 차량이 도착하기 전에 연석에서부터 분리보행섬까지 이동하는데 충분한 시간을 제공하는 것으로 정의되었다. 연구 결과는 일부 회전교차로에서 횡단을 결정함에 있어서 정보를 얻는 차이로 인하여 전맹이나 일반인이나 안전하게 건너야 한다는 그들의 판단은 그들의 능력에 따라서 상당한 차이가 있음을 암시하고 있다.

48. 상기의 서부미시간대학/밴덜빌트대학 팀은 플로리다주 탬파(Tampa)에 있는 3개의 회전교차로에서도 비슷한 결과를 얻었다. 이 연구에서 얻은 주요한 결과는 '횡단 가능한 교통 흐름의 간격(crossable cap)'을 판단하여 횡단할 것인지 아닌지를 판단하는 능력은 전적으로 교통 흐름량에 따라 강한 영향을 받는다는 점이다. 예를 들면, 전맹과 일반인은 한낮 동안에 비슷한 판단을 하였으나 전맹은 러시아워 동안에 심각한 불리한 입장에 처해 있었다.

49. 상기 팀은 현재 회전교차로에서의 전맹 및 일반인의 행태와, 그리고 어떤 규제도 없는 회전교차로의 횡단보도에서 기다리는 전맹에게 차량이 다가 갈 때 운전자의 행태를 연구하고 있다(물론 회전교차로 및 중간 블록의 횡단보도를 포함시키고 있음). 예비 분석으로는 보행로에 따라 다르지만, 거의 운전자들의 양보가 없는 것으로

알려졌다. 이 연구에는 이미 앞부분에서 언급한 주요 문제를 다루기 시작하였지만 향후 풀어야 할 많은 과제가 있음이 분명하다.

50. – '횡단 가능한 교통 흐름의 간격'을 개선/인식/식별하기 위한 조치 사항 –

1) APS(접근 가능한 보행자용 신호: accessible pedestrian signals) 또는 기타 가청출력의 ITS 기술
2) 진출입구에서의 소리를 내는 포장 표면
주: 중앙섬 내 또는 근처에 물소리를 내는 시설을 설치하는 것을 지양해야 함.

VIII. 연방정부의 연구 과제

51. 전맹 보행자에 의한 회전교차로에 관한 협상을 제기하는 연구가 부족하여 연방정부가 기금을 조성하였다. 국립보건원의 국립안과협회(National Eye Institute of National Institudes of Health)가 후원하는 첫 번째 연구는 2000년 서부미시간대학이 주축이 되는 컨소시움에 부여되었다. 이 첫째 프로젝트는 회전교차로에서의 전맹들의 안전한 횡단에 기여하는 여러 요소들의 발굴과 안전성을 높이는 조치가 강조되었다. 그리고 2001년에 센데로그룹(Sendero Group, LLC)이 이끄는 컨소시움에 장애 및 재활연구원(National Institute on Disability and Rehabilitation Research)이 자금을 지원한 둘째 프로젝트에서는 전맹들이 회전교차로에서 필요로 하는 식별된 길찾기 정보(예시하면 횡단보도의 위치, 교차점 지형) 및 이들 정보 전달 방법에 강조점을 두고 있다. 시각장애를 가진 보행인이 이용하는 회전교차로와 양보차선(slip lane)의 이용성에 관한 연구에 초점을 두고 있는 세 번째 프로젝트는 국립합동고속도로연구프로그램(National Cooperative Highway Research Program)으로 2004년에 진행되었다(세부내용은 번역 생략).

52. 이런 프로젝트들로써 어떻게 전맹들이 효율적이고 안전한 회전교차로를 이용하는지 엔지니어와 계획가들에게 이에 관한 정보 접근을 획기적으로 향상시키도록 할 것이다.

IX. 공공 통행권 접근에 관한 미국 접근성위원회의 권고 사항

53. "접근성위원회(Access Board)"는 미국장애인법(ADA) 및 기타 법률이 적용되는 건물, 각종 시설, 운송 수단, 통신 기술 및 전자 장치에 대한 접근성 지침을 개발하는 독립적인 연방 기관이다. 1999년 동 이사회에서 공공 통행권 접근 자문위원회(PROWAAC: Public Right of Way Access Advisory Committee)를 설립하였다. 이 위원회 구성은 연방기관, 교통설계사, 공공기관, 운송부처, 교통평가사, 표준인증기관, 장애인단체 등 33개 기관으로 구성된다. 2001년1월10일 PROWAAC는 접근성위원회에 접근 가능한 보도, 교차로, 관련 보행자용 시설에 관한 지침을 권고 보고서로 제출하였다. 이 보고서에 회전교차로에 관한 접근성과 관련된 몇 가지 권장사항이 포함되어 있는데 특별히 다음 사항을 권고하고 있다.

1) 보행인의 횡단을 금지하는 장벽(조경시설, 난간, 체인이 달린 볼라드 등)
2) 교차로를 확인할 수 있는 실마리(탐지용 음성(tone), 탐지 가능한 경고 시설 등)
3) 횡단지점에서 보행인이 작동하는 신호기

54. 접근성위원회는 연방문서청에서 공포할 공공의 통행권 지침에 관해 규칙 제정 통지서(NPRM:Notice of Proposed Rulemaking) 개발을 권고 사항으로 고려할 것이다. 이 NPRM은 규정이 확정되기 까지 제안된 지침에 관한 공공의 의견을 구할 것이다. 더 자세한 진행 사항은 웹사이트에 제공된다.

X. 이용 가능 자료

55. 접근성위원회가 제공하여 이용할 수 있는 공공 통행권에 관한 추가적인 자료들은 아래와 같다.
1) 진정한 지역사회 구축: 상기 PROWAAC가 2001년 1월에 제출한 보고서
2) 접근 가능한 통행권 : 연방고속도로관리국과 협력하여 개발한 지침서
3) 접근 가능한 보행자용 신호: 미국 및 해외의 장비 및 제조업체 목록과 그 장치의 기능 비교표를 포함한 기술 보고서
4) 탐지용 경고(미국 또는 해외 사례 종합): 미국 및 해외의 최첨단 기술을 조사한 다양한 디자인의 설치 및 효과 요약서

56. 연방고속도로관리국에서 사용할 수 있는 자료는 다음과 같다.
1) 회전교차로 정보 안내서: 종합 요약서
2) 표준 교통 제어 장치 매뉴얼: 차량 및 보행자 이용의 공공 통행권에 관한 규제, 경고, 조절용 바닥 포장 표식, 교통 표지 등의 설치 및 적용. MUTCD는 전국적으로 교통통제 표준화를 장려하고 있다.

57. 전맹이 회전교차로의 접근에 관한 연구 자료에 대하여도 이용 가능하다.

XI. 전맹 보행자가 회전교차로에서 비시각적인 '횡단 가능한 교통 흐름의 간격(crossable gap)' 탐지하기
– 볼티모어 회전교차로 연구 사례

58. 이 연구는 미연방 접근성위원회, 미국국립보건원 및 미국전맹협의회의 작업 지원에 의해 밴덜빌트대학(Dan Ashmead/Robert Wall) 및 서부미시간대학(David Guth/Richard Long/Paul Ponchilla)가 수행한 것으로, 2000년 4월 매릴랜드주 볼티모어 대도시 지역에서 수행된 연구의 요약본이다. 이 연구는 최근 만들어진 회전교차로에서 전맹의 접근 수행 평가를 위한 첫 번째 연구였다. 장기적인 연구 목표는 회전교차로에서 안전하고 효율적인 교차를 촉진하고 어떤 곳에서 개입이 필요할지를 결정하며, 또 잠재적 개입을 명확히 하고, 이러한 개입의 효과를 평가하기 위한 것이다.

59. 미국장애인법(ADA: Americans with Disabilities Act)과 관련 이행 규정은 공공의 통행권이란 장애를 가진 모든 이용자를 포함한 모든 사람이 접근 가능함을 요구하고 있다. 몇몇 회전교차로는 전맹이나 저시력인이 독립적으로 안전하고 효율적으로 보행하는데 장애를 유발하고 있다. 이 보고서에는 전맹이 '횡단 가능한 교통의 흐름 간격(crossable cap)'이 너무 짧아 안전한 횡단을 허용할 수 없는 때에 청각을 사용하여 횡단 가능한 간격을 찾는 능력에 대한 정보를 기술하고 있다. '횡단 가능한 교통 흐름의 간격(crossable cap)'이란 보행자가 횡단보도에서 다음 차량이 도착하기 전에 연석에서부터 분리보행섬까지 이동하는데 충분한 시간을 제공하는 것으로 정의되어 왔다. 이 연구는 매릴랜드 교통부의 도움을 받아 메릴랜드주 볼티모어에 있는 세 개의 현대적인 회전교차로에서 실시되었다. 세 개의 회전교차로는 대용량의 도시 내 2개 차로인 회전교차로(Towson), 중간 용량의 도시 내 2개 차로인 회전교차로(Annapolis Gateway) 및 저용량 단일 차로인 회전교차로(매릴랜드 볼티모어 대학 카운티 교차로)이다.

1. 방법론

60. 전맹 6명과 일반인 4명이 연구에 참여하였다. 이들이 일상적인 도시지역과 회전교차로를 방문하였다. 이 참가자들은 방문 대상 회전교차로에 대한 판단력을 갖기 전 회전교차에 대하여 익숙해졌다. 참가자는 매 회전교차로 횡단보도에 서서 2분 동안 지속적으로 교통 흐름을 관찰하였다. 횡단보도에서 다음 차량이 도착 전에 횡단이 가능하다고 믿을 때마다 버튼을 눌렀고 이는 랩탑 컴퓨터에 기록되었다. '횡단 가능한 교통의 흐름 간격(crossable gap)'을 수용할 수 있는지 판단 기준은 접근하는 모든 차량이 양보한다는 가정 하에 만들어진 것으로 이는 보수적인 것이다. 참가자들(일반적으로 전맹과 일반인 참가자가 동시에 참가하여 누르는 버튼 시험) 외에도 세 번째 관찰자는 횡단보도에의 차량 도착을 기록하기 위해 버튼을 사용하였다. 이를 통해 참가자들이 횡단보도에서 적절한 횡단 시간을 판단하는 것과 차량이 도착하는 것과의 연계성을 알 수 있었을 뿐 아니라 횡단보도에서 발생하는 매 2분 동안 시도로 횡단보도에서 일어나는 '횡단 가능한 교통의 흐름 간격(crossable gap)'의 시간을 측정할 수 있었다. 참가자들은 세 개의 회전교차로에서 최소 6분, 2분의 시도로 진입부와 진출구를 횡단할 수 있었다.

61. 차량의 평균 간격은 Towson은 5초, Annapolis는 7초, UMBC는 20초였다. Annapolis와 Towson 모두에서 대부분의 격차가 너무 짧아 초당 4feet(1.2m)로 걷는 보행자가 다음 차량이 횡단보도에 도착하기 전에 완전히 횡단할 수 없었다. UMBC에서 10초보다 긴 간격은 일반적이었고 "매우 조용한" 기간도 빈번하였다. 전맹이든 일반인이든 다음 차량이 도착하기 전 분리교통섬까지 횡단하는 시간이 충분하지 않을 때 횡단하는 것이 적정하다는 것을 지적하지 아니하는 UMBC에서, 차량의 평균 간격이 20초인 점은 수용할 만한 횡단 가능한 교통의 흐름 간격(acceptable gap)으로 식별할 효과적 전략이 될 것으로 보인다. 그러나 Annapolis 또는 Towson처럼 거의 조용하지 않은 곳에서는 참가자들이 듣고 볼 수 있는 차량이 횡단보도에 도착할 때는 참가자들의 판단을 요구하였다. 시속 20마일(시속32km)로 주행하는 차량은 초당 29.3피트(약 8.9m)로 운행된다. 일

반적으로 보행자는 분리교통섬까지 횡단하거나 분리교통섬에서 오는데 5초 이상이 걸리므로 보행자는 약 150 피트(약 45.5m) 떨어진 곳에 떨어진 차량을 인식해야 한다.

2. 자료 평가

62. "위험스러운" 횡단 판단이란 다음 차량이 도착하기 전에 분리교통섬에 도착할 만한 충분한 시간이 없는 것으로 정의된다. 이 정의에 의하면 위험스런 횡단은 가로를 횡단하는 보행자에게 차량이 양보를 하는 것 또는 보행자가 주변 차량의 속도와 궤도를 모니터링하고 필요에 따라 회피할 수 있는 것을 말한다. 반면 "안전한" 횡단 판단은 분리교통섬에 도달 시간이 충분하다는 것을 말한다.

3. 횡단 가능한 교통의 흐름 판단

63. UMBC에서 위험스러운 횡단 판단은 거의 없었고 다른 두 그룹 간에도 큰 차이를 보이지 않았다. 그러나 Towson과 Annapolis에서 전맹 참가자가 관찰 대상자의 평균보다 두 배 많은 위험스러운 판단을 내렸다. 따라서 위험도는 전맹 참가자가 실제로 신호등이나 주변 상황으로 적절한 횡단을 지시받고 이에 따르는 일반인보다도 훨씬 크다. 즉 전맹 참가자는 차량에 접근하는데 2-3초 밖에 걸리지 않을 때 허용되는 간격이 있음을 알려 준 일반 참가자에게보다도 더 큰 위험 가능성이 있었다. 특히 Towson의 출구 차로에서 전맹에게 문제가 노출되었는데 판단의 70%가 위험스러운 것이었다. 참가자들은 회전교차로의 복합적인 높은 소음치수에 기인한 어려움을 실토하였고 출구 차로에 빨리 도착할 수 있는 인근 차로의 차량과 빠져 나가지 아니하는 회전교차로 내에 있는 차량을 모니터할 필요성에 대한 문제를 제기하였다.

4. 잠재적 판단과 판단의 지연

64. 연구팀은 '횡단 가능한 교통 흐름의 간격(crossable gap)'의 허용 여부에 대한 참가자 판단의 정확성을 조사하는 것 외에도 이러한 잠재적 판단의 차이점을 조사하였다. 정확히 감지되어 수용할만한 간격만 고려하면, 전맹은 일반일보다 3초 지연하여 판단을 하였다. 이 결과는 3개의 회전교차로 모두에서 동일하였다. 이는 횡단보도를 방금 지나간 차량이 횡단보도에 접근하는 다른 차량이 있는지 여부를 감지하는 전맹의 능력을 방해하여 다른 차량의 엔진이나 바퀴 소음을 상쇄시키기 때문으로 보인다. 일반적으로 시력으로 보행하는 자는 차량이 횡단보도를 통과 후 바로 수용 가능할 만한 간격을 알 수 있으나 전맹은 차량이 통과 후 몇 초 후 소리가 물러가고 다음 차량이 오는 소리를 듣게 된다.

65. 수용 가능할 만한 간격의 탐지에 3초의 판단 지연은 저용량의 교통이나 차량 간 긴 간격이 있는 UMBC 같은 곳에는 중요한 의미가 없었다. 그러나 3초 판단 지연은 고용량의 회전교차로에는 중요한 의미가 있다. 두 개소의 고용량 회전교차로 연구에서 전맹들은 3초 판단 지연으로 수용할 만한 간격을 찾지 못하였거나 안전한 횡단을 하는데 너무 늦게 감지하였다.

XII. 결론

66. 이 자료는 보행인이 시력과 청력을 사용하는지 또는 청력만을 사용하는지 여부에 따라 일부 회전교차로에서 횡단 시 안전성을 결정하는데 보행인의 능력에 많은 차이가 있음을 말해 준다. 이런 차이점들은 교통설계가가 전맹들이 이용해야 하는 회전교차로를 설계하는데 매우 중요한 실무적 시사점이 있음과 교육을 통해 상기 차이점을 완화할 방법을 찾는 방향찾기 및 이동성(O&M) 전문가에게도 실무적 시사점을 제공한다.

67. 이런 초기 자료를 구축하려면 더 많은 연구가 필요하다. 적소에 설치된 기존의 보행자용 신호등의 비용, 유용성 및 접근성도 분석해 보아야 한다. 현재 계획 중이거나 건설 중인 회전교차로에 실험해 볼 수 있도록 청각 및 촉각 단서를 제공하는 방법에 관해 전문적인 추가 연구와 개발이 필요하다. 최근에 이루어진 회전교차로 연구는 차량 연구와 더불어 보행자 및 접근성 추구를 포함하여 꾸준히 진행되고 있다.

첨부 1: 국내외 관련 자료
첨부 2: 설계 (심사) 응용 참고 자료

첨부 1: 국내외 관련 자료

Figure 9. Typical juxtaposed pedestrian and bicycle crossing at a turbo-roundabout (22).

Figure 5. Signalized roundabout in France where crosswalks are located adjacent to the circular roadway. Note that France only allows post mounted signals. It is possible that overhead signals may be used in the US.(19)

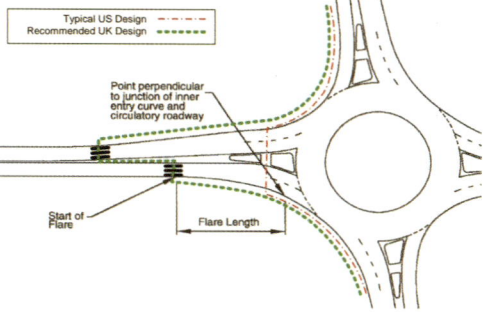

Figure 4. Explanation of flared entry and exit geometry.

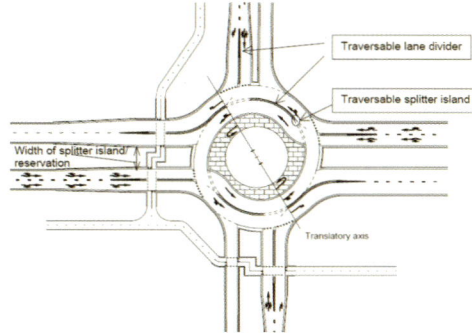

Figure 7. Typical Dutch design for a turbo-roundabout (22).

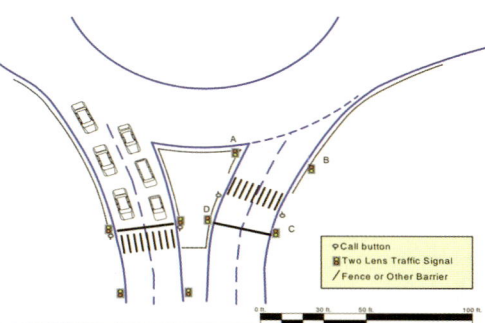

Figure 10. Hypothetical pedestrian crossing signal configuration for double-lane roundabout crosswalk.

Figure 8. Jog in bicycle path in splitter island at turbo-roundabout (22).

부록 4 : 미국 회전교차로, 부분 경사로 등 설계 참고자료

소형 회전교차로(프랑스) 소형 회전교차로(독일)
1차로형 회전교차로(미국) 1차로형 회전교차로(미국)
2차로형 회전교차로(미국) 2차로형 회전교차로(미국)

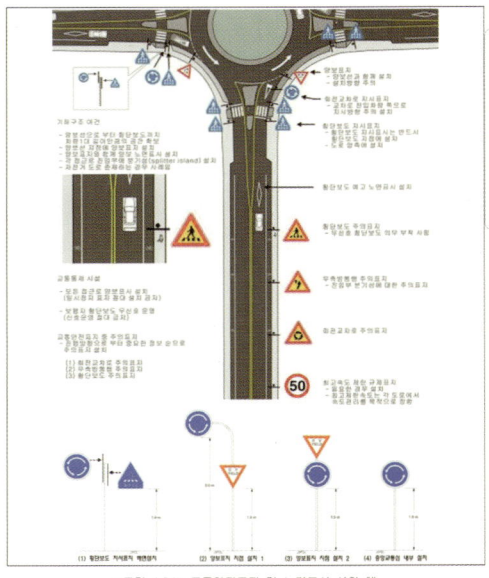

<그림 4.34> 교통안전표지 및 노면표시 설치 예

회전교차로

교통서클(로터리)

배수시설(스웨덴) 배수시설(스웨덴)
배수시설(스웨덴) 배수시설(네덜란드)
자전거 및 보행자 시설(독일) 자전거 및 보행자 시설(네덜란드)

454 **부록 4** : 미국 회전교차로, 부분 경사로 등 설계 참고자료

초소형 회전교차로(프랑스)
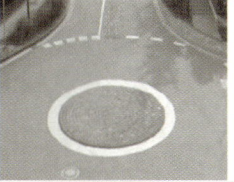
초소형 회전교차로(독일)

쌍구형 평면 회전교차로(미국)

쌍구형 평면 회전교차로(프랑스)

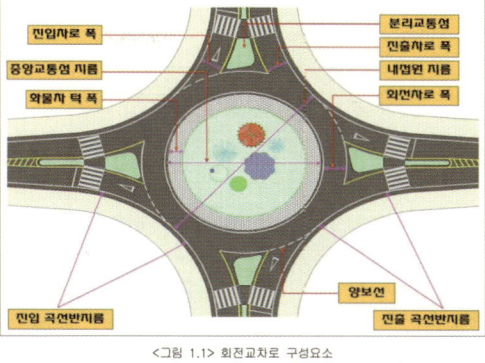
<그림 1.1> 회전교차로 구성요소

단구형 입체 회전교차로(프랑스) / 쌍구형 입체 회전교차로(프랑스)

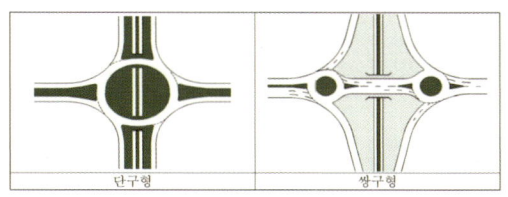
<그림 2.10> 입체형 회전교차로

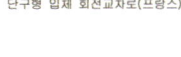

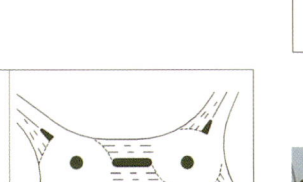
<그림 2.11> T-Drop형 회전교차로

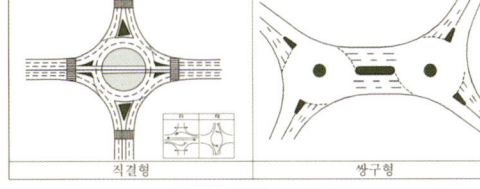
<그림 2.8> 평면형 회전교차로

<그림 2.9> 터보 회전교차로

부록 4 : 미국 회전교차로, 부분 경사로 등 설계 참고자료

첨부 2: 설계 (심사) 응용 참고 자료

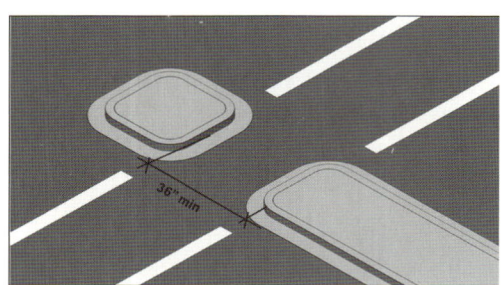
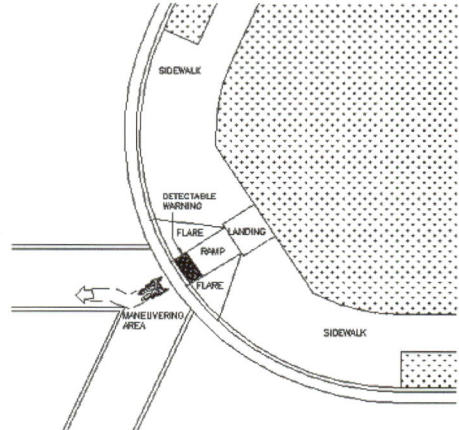
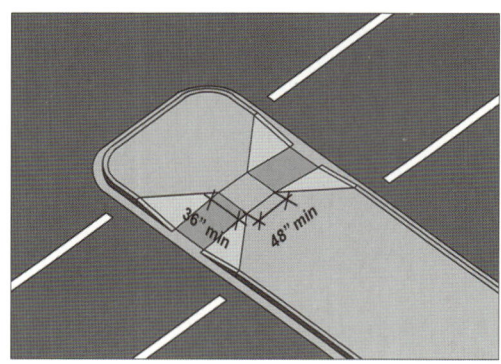
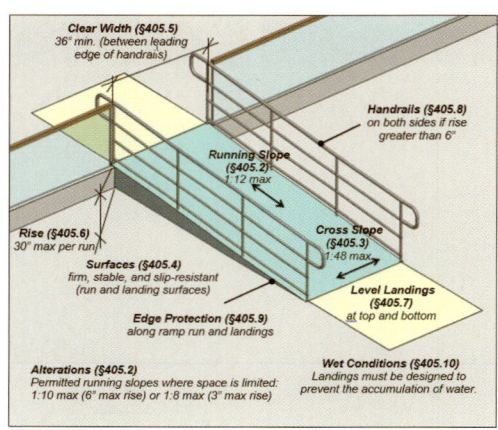

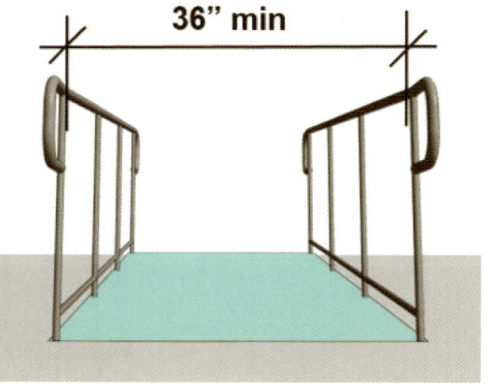

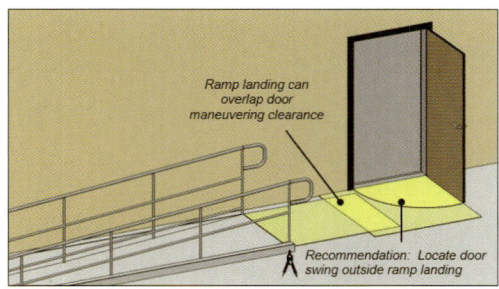
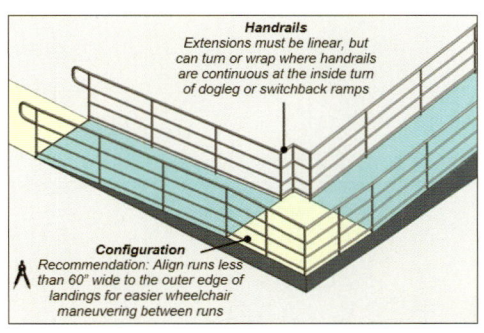
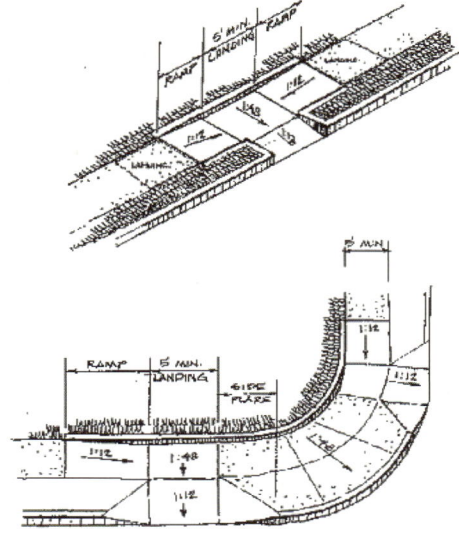
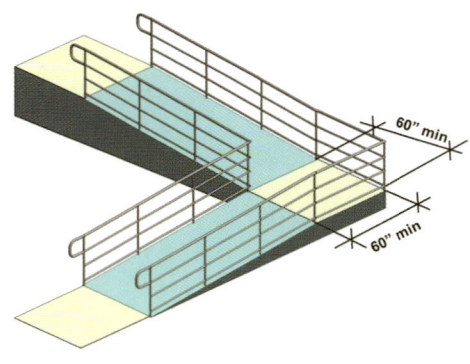

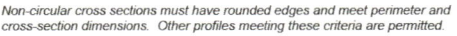
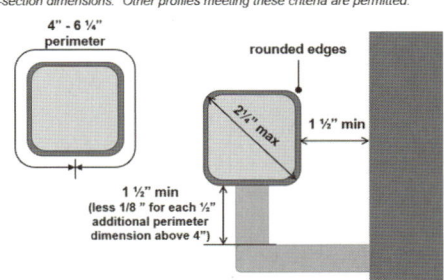
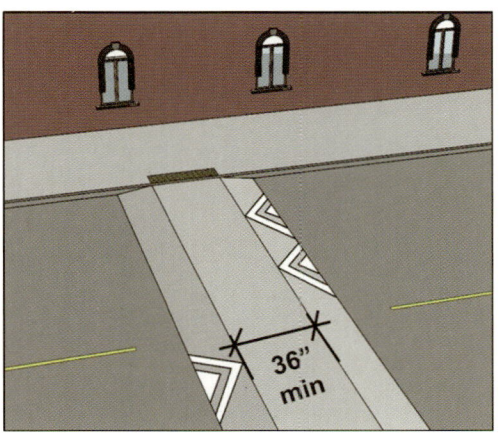

부록 4 : 미국 회전교차로, 부분 경사로 등 설계 참고자료 457

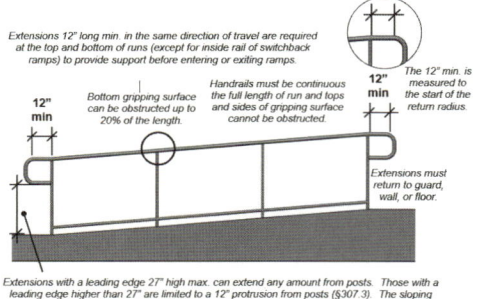
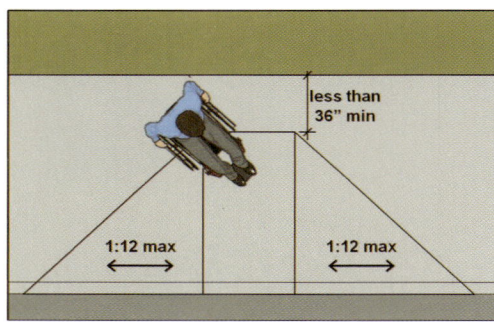
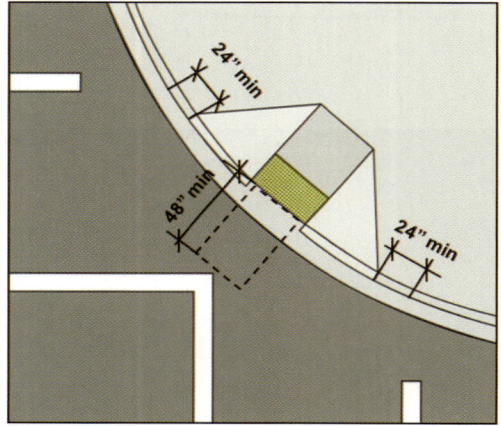
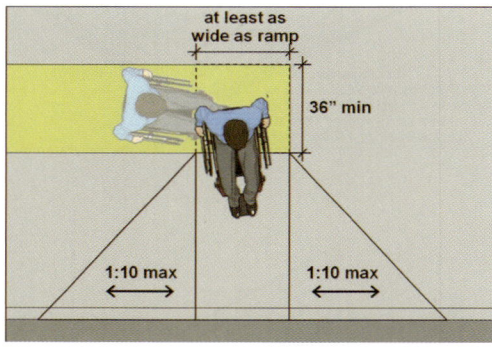
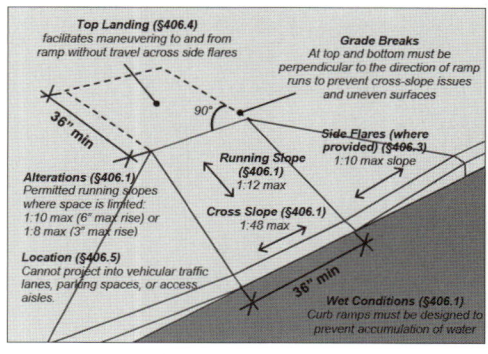
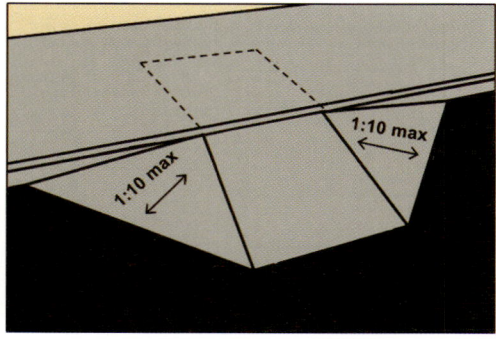

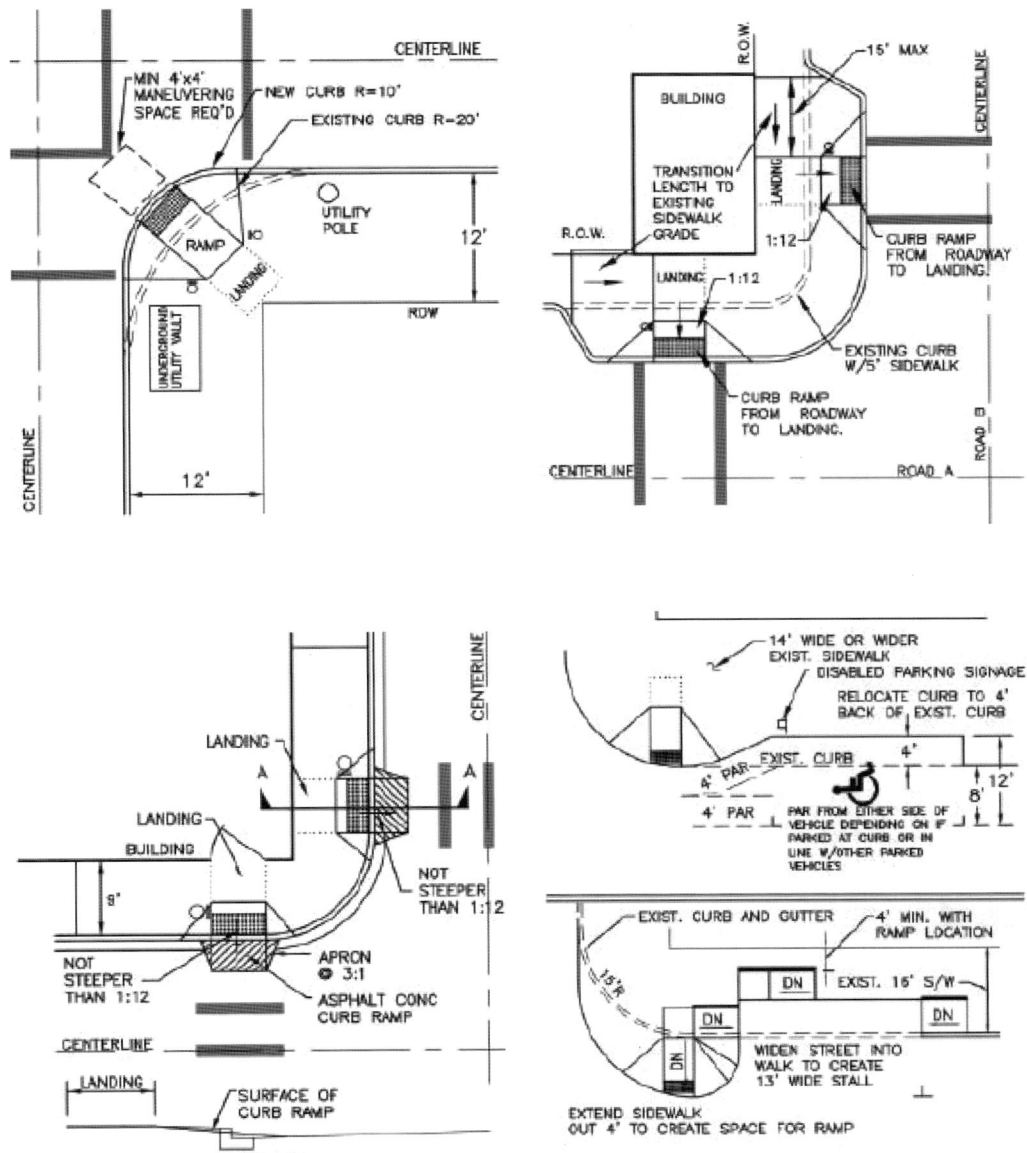

부록 4 : 미국 회전교차로, 부분 경사로 등 설계 참고자료

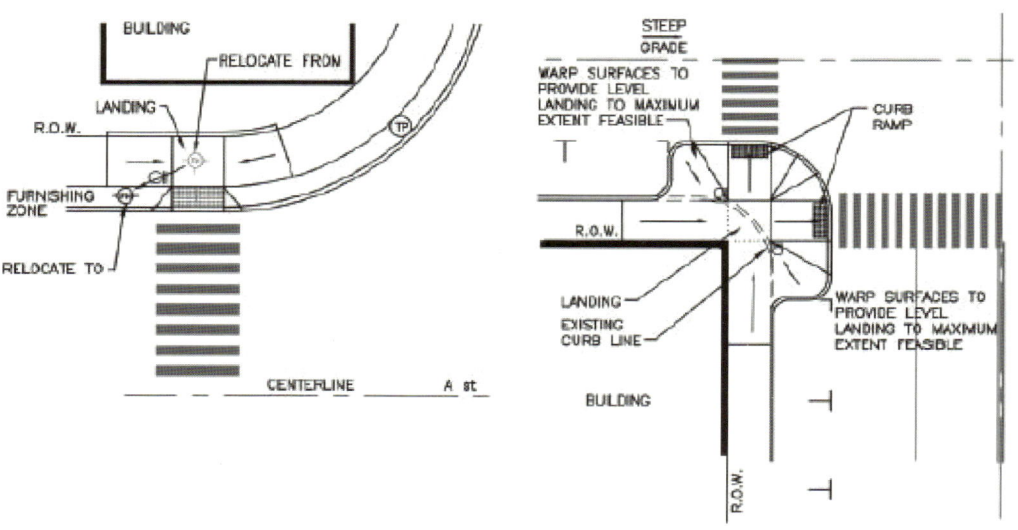

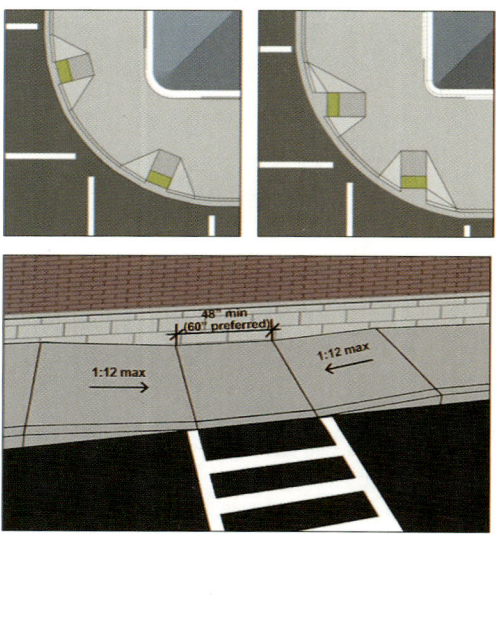

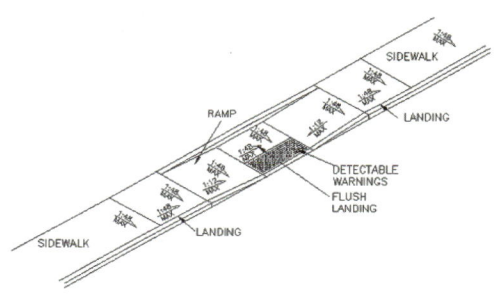

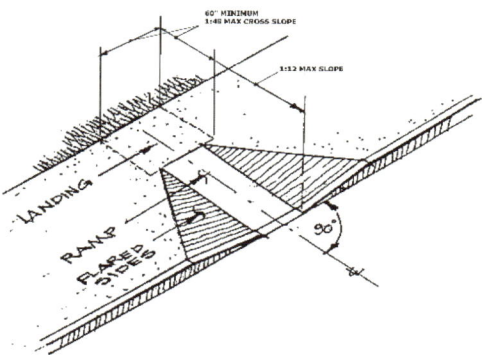

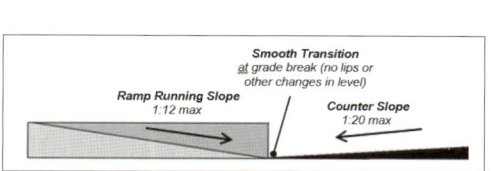

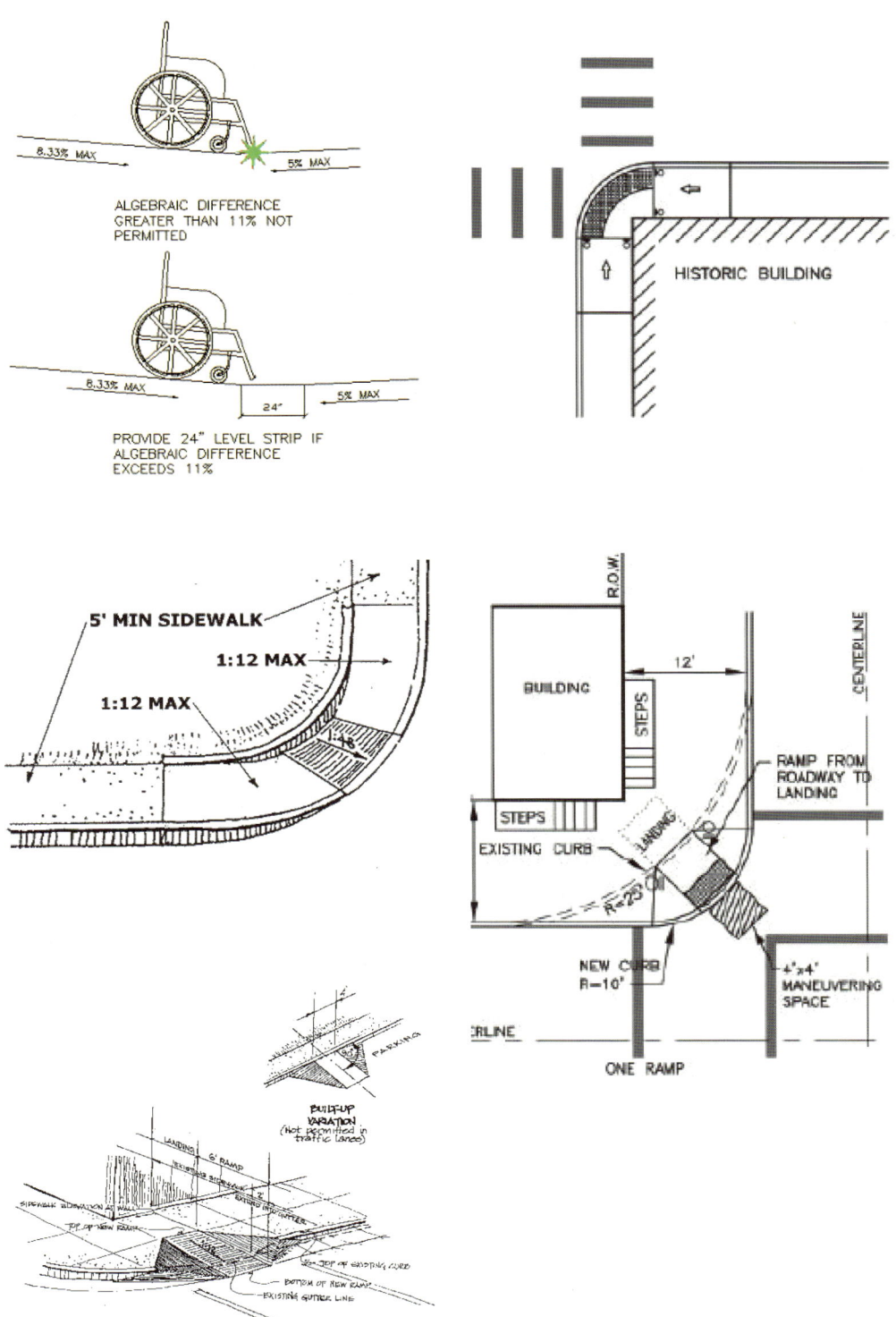

부록 4 : 미국 회전교차로, 부분 경사로 등 설계 참고자료

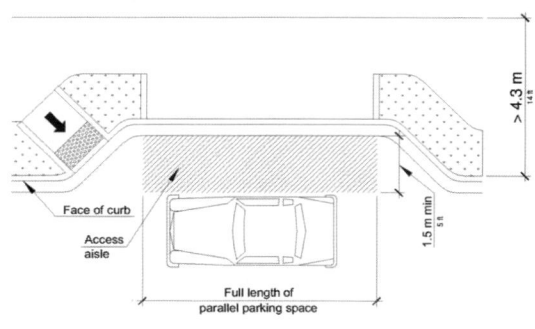

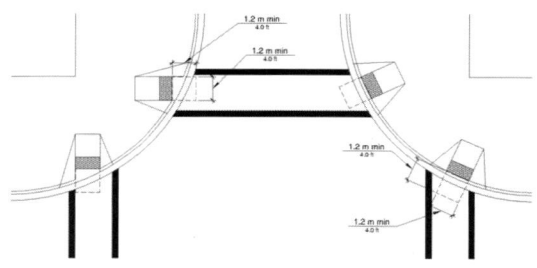

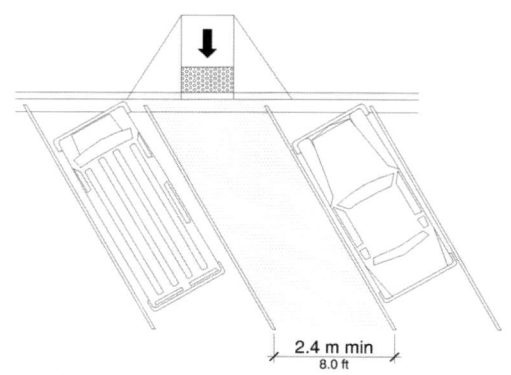

아래 원문은 미국 조경설계기준(Criteria of Landscape Architecture)을 제시한 책자를 복사한 것임

1. 아래 그림(240-5)의 연석경사로 형태는 미국 전역에 걸쳐 시공되어 있다. 그림은 차도와 직각방향의 경사만을 주도록 하고 있으나 사선 방향으로도 형성되기도 한다.
2. 연석경사로를 시각장애인 등이 접근 가능하도록 (accessible) 다음과 같은 3가지 실마리(cues)인 질감 과 색상과 구조로 제공하도록 하고 있다.

가) 연석경사로의 주변은 시각적 단서를 제공하여야 한다.
나) 연석경사로의 바닥면은 연석 경사로의 바닥면이라는 것을 인지하도록 질감적 단서를 제공하여야 한다.
다) 연석 경사로의 경사 방향은 시각장애인에게 횡단 방향의 단서를 제공하여야 한다.
라) 아래의 본문 설명은 연석 경사로 재료를 선정할 시에 "질감의 차이(대비)를 강하게 두어야 하지만 경사로의 질감 자체가 안정성을 저해해서는 아니 되어야 함"과 아울러 "가능하다면 색상의 차이(대비)가 강하도록 해야 한다"고 규정하면서 "각 도(State)의 규정을 살펴 보아야 한다"고 설계기준을 제시하고 있다.

240-5

Outdoor Accessibility

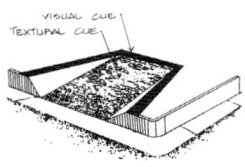
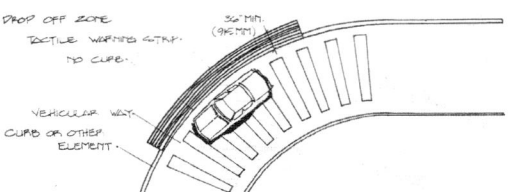

Figure 240-4 Components for visual and textural cueing. Both visual and textural cues can be employed to forewarn handicapped pedestrians of hazardous areas.

Figure 240-5 Tactile warning at hazardous vehicular areas. Visual and/or textural cues can be used to forewarn motorists of pedestrian areas, and vice-versa.

the like. Graphic symbolization (banded crosswalks, for example) can stimulate memory in those with learning difficulties and minimize forgetful behavior.

It must be stressed that a primary motivation of most handicapped individuals is a desire for greater independence. Only by understanding the many variables of human ability and then minimizing environmental barriers can designers meet this desire for greater independence.

4.0 DESIGN DETAILS

4.1 Walkways and Paved Surfaces

General:

Closed networks of pedestrian accessible routes rather than discontiguous units of accessible design are essential, and they should include periodic places to stop and rest.

In pavements, irregularities should be minimized. The widths of expansion and contraction joints in concrete walks should be minimal, preferably under ½ in (12 mm). Sawed joints are recommended where use by handicapped people is frequent.

All walkways should be maintained and adequately lighted for safety and accessibility. (Refer to UFAS sections 4.2 Space Allowances and Reach Ranges, 4.4 Protruding Objects, and 4.5 Ground and Floor Surfaces for more information.)

Tactile Warning Strips:

Tactile warning strips that warn of danger can be useful on walkway surfaces (Figures 240-3 through 240-5). They can be used to warn visually impaired pedestrians of abrupt grade changes, vehicular areas, potentially dangerous exits, pools or water fountains, and the like.

Note that tactile warning strips are not yet in wide use and are not always recognized as such by visually impaired pedestrians, especially at the first interception. A higher level of standardization and education will be required if such devices are to become practical and effective.

Although tactile warning strips are not common, in many cases they can contribute to greater safety for those with visual impairments; they are known to be effective for habitual users of a space. The widely varying nature of walkway surfaces commonly used makes standardization difficult, but the standardization of textured warning surfaces within any one site or facility can be easily accomplished.

Textural contrasts should be strong but should not constitute a safety hazard in themselves. Color contrasts, if utilized, should also be strong. Contrast in tone is the important criterion. State regulations should be checked.

Tactile warning strips are recommended at both the top and bottom of stairways (Figure 240-3). The extent of the strip should be adequate to forewarn the user.

Tactile warning strips are recommended in front of doors that lead to potentially hazardous areas. Textured door knobs or handles are also beneficial. However, such warnings should not be used at emergency exits, as they can discourage use of the exit during real emergencies.

Tactile warning strips at curb ramps and street crossings are also recommended, as they can sometimes prevent visually impaired individuals from inadvertently walking into vehicular traffic (Figures 240-4 and 240-).

Pathways for recreational use are especially amenable to visual and textural cues. (Refer to 5.0 Accessible Recreation in this section and to Figure 240-40 for more information.)

Street furniture, including trees, should be located within a defined zone along the outer edge of walkways, leaving a clear path without obstruction. A linear tactile warning strip can define this zone. [Refer to ANSI 1117.1 (1986) sections 4.7.7 and 4.27 for more information on tactile warnings.]

4.2 Outdoor Stairs and Landings

Stairways:

Stairways constitute the most formidable barrier and safety hazard for those with physical impairments. Forty-four percent of all accidents by severely visually impaired individuals occur at level changes (U.S. Federal Highway Administration, May 1980). Walkways should be designed to accommodate the greatest diversity of people in any type of level change.

Stairs should include at least two steps for safety reasons and always be easily visible. Handrailings are necessary on all stairs and landings. (Refer to 4.4 Handrailings in this section for more information.)

Additional Recommendations:

1. Locate unexpected level changes, such as descending stairways, out of the main line of traffic (Figure 240-6). Both visual and textural warning cues are recom-

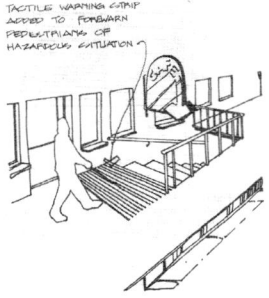

Figure 240-6 Unexpected level changes. Unexpected level changes are hazardous and should not occur in the main line of pedestrian walkways. Existing situations can be modified to forewarn unsuspecting pedestrians.

ADA Accessibility Survey Instructions:
Curb Ramps

1 [§ 4.7.3]

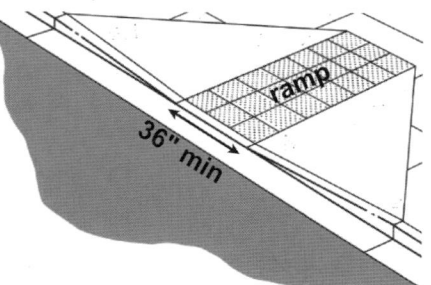

Only measure the width of the ramp section of the curb ramp (labeled "ramp" to the right). The ramp section of a curb ramp is also known as the "ramp run." If the curb ramp has flared sides, which can also be seen in the illustration to the right, do not include them in the measurement. The ramp run must be at least 36 inches wide.

2 [§§ 4.7.2; 4.8.2; 4.1.6(3)(a)]

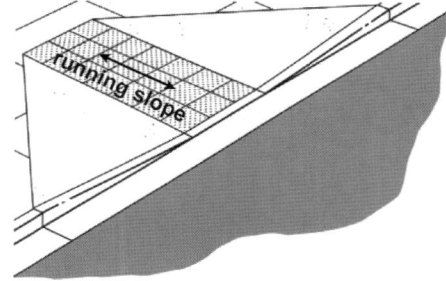

The running slope of the curb ramp is the slope in the direction that people travel when going up or down the ramp run. The arrow in the illustration to the left, aligned parallel to the ramp run and perpendicular to the curb, shows where to measure the running slope.

For new construction (when the curb ramp was built after January 26, 1991), the running slope of the ramp run must not exceed 8.33 percent. For alterations (when the curb ramp was altered after January 26, 1991), the slope must not exceed 10 percent for a 6-inch rise or 12.5 percent for a 3-inch rise.

3 [§ 4.3.7]

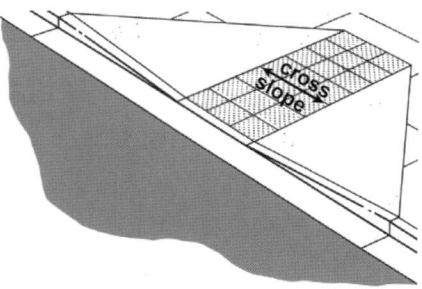

The cross slope of the curb ramp is perpendicular to the running slope. Unlike the running slope, which runs along the ramp, the cross slope is measured *across* the ramp. The arrow in the illustration to the right, aligned perpendicular to the ramp run and parallel to the curb, shows where to measure the cross slope. The cross slope of a curb ramp, or any accessible route, may not exceed 2 percent.

4 [§ 4.7.2]

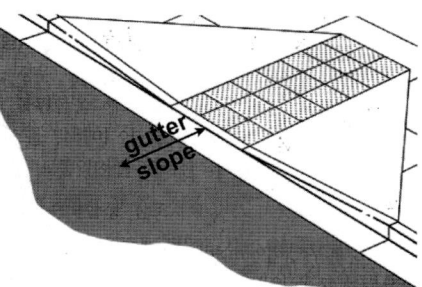

The gutter is the part of the street that borders the curb. To measure the gutter slope, place the level in the same position as the arrow in the illustration, with one end where the gutter meets the ramp and the other end towards the street. The gutter slope is parallel to the ramp and perpendicular to the curb. The gutter may slope up to 5 percent towards the curb ramp, but not more.

5 [§ 4.7.2]

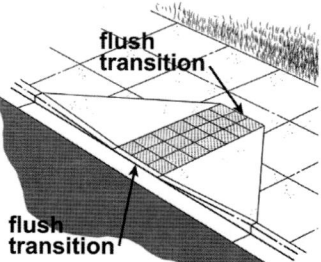

The transitions on and off the curb ramp are the points where the gutter meets the bottom of the ramp and where the top of the ramp meets the sidewalk. These transition points are required to be flush and cannot have any abrupt level changes. Record any level change at the transitions.

6 [§ 4.7.7]

Detectable warnings are dome-shaped bumps that should cover the entire width and depth of the ramp run. Detectable warnings are designed to be felt underfoot or with a cane by people who are blind or have low vision, thereby alerting them of hazards – mainly, the transition from a pedestrian-only area to a roadway.

If the curb ramp you are surveying has detectable warnings but they do not cover the entire ramp run, explain how they are different in the "Comments" section at the bottom of the form. For curb ramps along public streets, the U.S. Department of Transportation (DOT) has deemed permissible a strip of detectable warnings that stretches across the width of the ramp run but covers only the two feet nearest the road. If the curb ramp you are surveying is located along a public street, you may circle "Y" if the detectable warnings comply with the DOT's design.

7
[§ 4.7.8]

Curb ramps must be located where they will not be obstructed by parked vehicles. If the curb ramp you are surveying is along a public right-of-way or at a pedestrian crossing, vehicles should be prohibited from parking directly in front of the curb ramp on the street. If the curb ramp you are surveying is part of the accessible route from a parking lot to a building, the curb ramp may not lead into a parking space because the curb ramp will be obstructed when a vehicle parks in the space.

8
[§§ 4.3.3; 4.3.7]

Curb ramps should have at least 36 inches of clear space at the "top" of the ramp, which can be seen in the illustration to the right. The 36-inch space at the top of the ramp allows pedestrians who are continuing along the sidewalk to bypass the curb ramp without traveling over it.

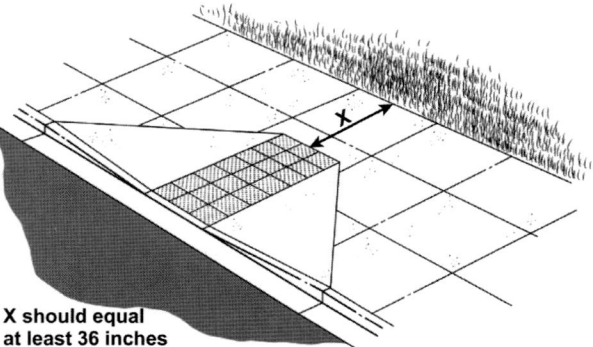

The measurement should extend from where the ramp run meets the level sidewalk (at the lower end of the arrow) to the opposite edge of the sidewalk (where the sidewalk meets the grass). Do not include any part of the curb ramp in this measurement.

9
[§ 4.7.5]

Curb ramps either have flared sides or vertical edges called returned curbs. Using the illustrations below, determine whether the curb ramp you are surveying has flared sides or returned curbs and answer accordingly. The next two questions relate to the slope of flared sides, and you should answer them only if you determine your curb ramp has flared sides. If your curb ramp has returned curbs, skip to question **10**.

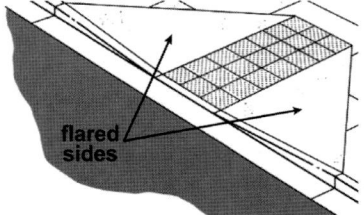 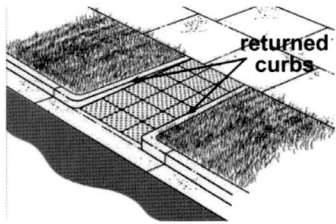

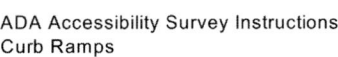

ADA Accessibility Survey Instructions
Curb Ramps

9.a [§ 4.7.5]

If the sidewalk at the top of the ramp ("**x**" in the illustration) is 48 inches wide or more, answer this question. If "**x**" is less than 48 inches, skip this question and answer the next one.

To answer this question you need to determine the slope of the flared sides to make sure it is 10 percent or less.

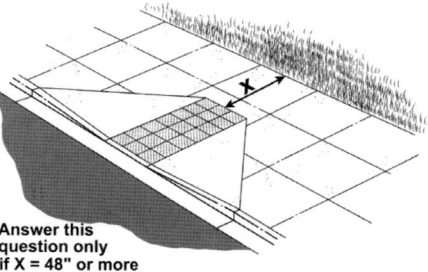

Answer this question only if X = 48" or more

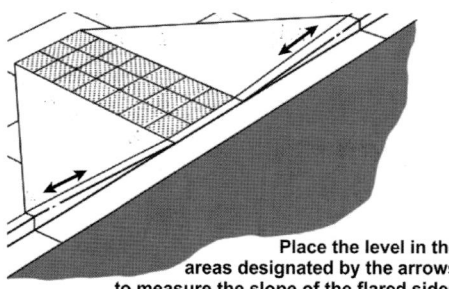

Place the level in the areas designated by the arrows to measure the slope of the flared sides

To measure the slope of a curb ramp's flared side, place a level on the flared side near the edge of the curb. The level should be placed so that it is parallel to the curb. Place the level in the same position and location as each of the arrows in the illustration to the left.

9.b [§ 4.7.5]

If the sidewalk at the top of the ramp ("**x**") is less than 48 inches wide and the curb ramp you are surveying has flared sides, answer this question. Otherwise, skip this question.

To measure the slope of the curb ramp's flared side, place a level on the flared side near the edge of the curb. The level should be placed so that it is parallel to the curb.

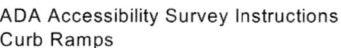

Answer this question only if X is less than 48"

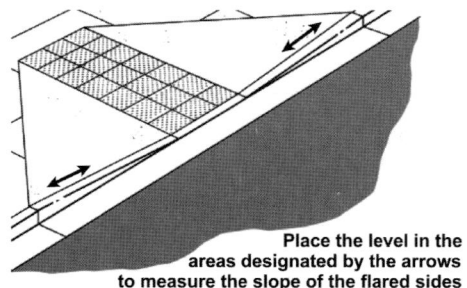

Place the level in the areas designated by the arrows to measure the slope of the flared sides

Place the level in the same position and location as each of the arrows in the illustration to the left. The slope of the curb ramp's flared sides may not exceed 8.33 percent when there is less than 48 inches between the top of the curb ramp and the edge of the sidewalk at the other side ("**x**").

ADA Accessibility Survey Instructions
Curb Ramps

10   [§ 4.7.5]

Answer this question only if you skipped the previous two questions because the curb ramp you are surveying does not have flared sides.

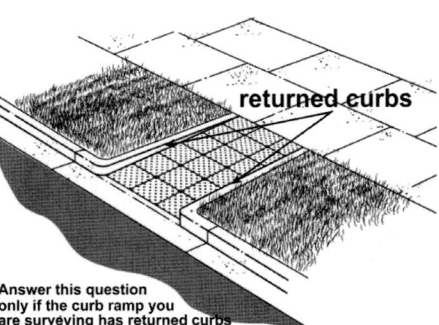

Curb ramps must have flared sides unless pedestrians would not normally walk across the ramp. A curb ramp may have returned curbs if it has non-walking surfaces (such as grass) or obstructions on both sides because these conditions would normally discourage pedestrians from walking across the ramp.

Answer this question only if the curb ramp you are surveying has returned curbs

Generally, an object will qualify as an obstruction if it is immovable and is large enough to make it unlikely that pedestrians will walk across the ramp.

11   [§ 4.7.6]

A built-up curb ramp typically consists of asphalt or concrete that is poured and shaped into a ramp that runs at a 90-degree angle away from an intact curb down to the roadway.

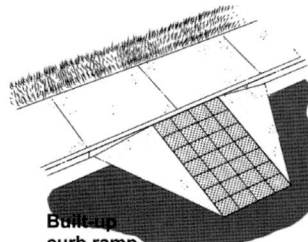

Built-up curb ramps cannot project into the path of cars. The "path of cars" includes anywhere cars are allowed to drive, including roadways, parking lot driveways, parking spaces, and access aisles.

Built-up curb ramps should have flared sides with a slope of 10 percent or less or have edge protection and handrails on the sides.

12   [§ 4.7.9]

When a curb ramp is located at a marked crossing, the area where the ramp run ends must be contained within the marked crossing. The flared sides of a curb ramp do not have to be within the marked crossing.

ADA Accessibility Survey Instructions
Curb Ramps

13 [§ 4.7.10]

A corner-type curb ramp is located at the center (or apex) of a corner and is often aligned to direct users into the middle of an intersection. As the illustration on the right shows, the alignment of a corner-type curb ramp means that people who travel down the ramp might be near the path of vehicular traffic once they enter the street. Therefore, if a marked crossing or crosswalk is provided, there must be a 48-inch deep area contained within the markings at the bottom of the ramp to protect people after they descend the ramp.

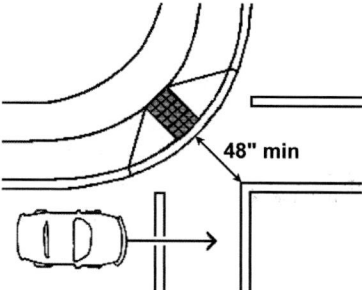

When taking this measurement, the measuring tape should be aligned parallel to the ramp run itself and should stretch from the intersection of the ramp and gutter to the innermost edge of the pavement marking.

Curb Ramps

Construction/Alteration Date (circle one):   Before 1/26/92   After 1/26/92

Facility Name/Address: _____   **Date:** _____

Location: _____   **Surveyors:** _____

Record your measurements in the blanks when they are provided. Do not circle a response for a question you are directed to skip. If your answer to a question is no, but the choices are "Y" and "n/a," circle "n/a" (not applicable).
A circled "N" signifies a violation.

Describe each curb ramp's location:	
Curb Ramp A:	Curb Ramp D:
Curb Ramp B:	Curb Ramp E:
Curb Ramp C:	Curb Ramp F:
	Curb Ramp G:

Refer to #	Curb Ramp (CR) Questions	Curb Ramp A	Curb Ramp B	Curb Ramp C	Curb Ramp D	Curb Ramp E	Curb Ramp F	Curb Ramp G
1	Is ramp of CR at least 36" wide (not including flared sides)?	Y N "	Y N "	Y N "	Y N "	Y N "	Y N "	Y N "
2	Does CR have a running slope of 8.33% or less?	Y N ___%	Y N ___%	Y N ___%	Y N ___%	Y N ___%	Y N ___%	Y N ___%
3	Does CR have a cross slope of 2% or less?	Y N ___%	Y N ___%	Y N ___%	Y N ___%	Y N ___%	Y N ___%	Y N ___%
4	Does CR have a gutter slope of 5% or less?	Y N ___%	Y N ___%	Y N ___%	Y N ___%	Y N ___%	Y N ___%	Y N ___%
5	Are transitions on and off CR flush and free of abrupt level changes? *Record the height of any level changes.*	Y N "	Y N "	Y N "	Y N "	Y N "	Y N "	Y N "
6	Does CR have detectable warnings?	Y N	Y N	Y N	Y N	Y N	Y N	Y N
7	Can CR be blocked by legally parked cars?	Y N	Y N	Y N	Y N	Y N	Y N	Y N
8	Is the sidewalk at the "top" of CR at least 36" wide?	Y N "	Y N "	Y N "	Y N "	Y N "	Y N "	Y N "
9	Does CR have flared sides? *If yes, answer one of the next two questions. If not, skip to question 10.*	Y n/a	Y n/a	Y n/a	Y n/a	Y n/a	Y n/a	Y n/a
9.a	If the sidewalk at the "top" of CR is 48" wide or more, is the slope of the flared sides 10% or less?	Y N ___%	Y N ___%	Y N ___%	Y N ___%	Y N ___%	Y N ___%	Y N ___%
9.b	If the sidewalk at the "top" of CR is less than 48" wide, is the slope of the flared sides 8.33% or less?	Y N ___%	Y N ___%	Y N ___%	Y N ___%	Y N ___%	Y N ___%	Y N ___%
10	If no flared sides, is there an obstruction or grass on each side of CR that discourages pedestrians from traveling across ramp? *If the CR has flared sides, skip this question.*	Y N	Y N	Y N	Y N	Y N	Y N	Y N
11	If CR is built-up to the curb, is it outside the path of cars? *If CR is not built-up to curb, skip this question.*	Y N	Y N	Y N	Y N	Y N	Y N	Y N
	Answer the last two questions only if the CR is located at a marked crossing:							
12	Is ramp of CR contained in markings?	Y N	Y N	Y N	Y N	Y N	Y N	Y N
13	If corner-type CR, is bottom landing at least 48" long and contained in crosswalk? *If not corner-type CR, skip this question.*	Y N "	Y N "	Y N "	Y N "	Y N "	Y N "	Y N "

Comments: _____

_____

This survey form is designed to assist you in identifying common barriers to access – not all barriers. To identify all barriers, you must survey for compliance with §§ 4–10 of the ADA Standards.

부록 5

1. 경사로 기울기 산정표
(한국장애인고용공단 제공)

1/n			%			각도		
1/n	%	각도	%	1/n	각도	각도	1/n	%
1	100.000%	57.296°	1%	100.000	0.573°	1°	57.299	1.745%
2	50.000%	28.648°	2%	50.000	1.146°	2°	28.654	3.490%
3	33.333%	19.099°	3%	33.333	1.719°	3°	19.107	5.234%
4	25.000%	14.324°	4%	25.000	2.292°	4°	14.336	6.976%
5	20.000%	11.459°	5%	20.000	2.866°	5°	11.474	8.716%
6	16.667%	9.549°	6%	16.667	3.440°	6°	9.567	10.453%
7	14.286%	8.185°	7%	14.286	4.014°	7°	8.206	12.187%
8	12.500%	7.162°	8%	12.500	4.589°	8°	7.185	13.917%
9	11.111%	6.366°	9%	11.111	5.164°	9°	6.392	15.643%
10	10.000%	5.730°	10%	10.000	5.739°	10°	5.759	17.365%
11	9.091%	5.209°	11%	9.091	6.315°	11°	5.241	19.081%
12	8.333%	4.775°	12%	8.333	6.892°	12°	4.810	20.791%
13	7.692%	4.407°	13%	7.692	7.470°	13°	4.445	22.495%
14	7.143%	4.093°	14%	7.143	8.048°	14°	4.134	24.192%
15	6.667%	3.820°	15%	6.667	8.627°	15°	3.864	25.882%
16	6.250%	3.581°	16%	6.250	9.207°	16°	3.628	27.564%
17	5.882%	3.370°	17%	5.882	9.788°	17°	3.420	29.237%
18	5.556%	3.183°	18%	5.556	10.370°	18°	3.236	30.902%
19	5.263%	3.016°	19%	5.263	10.953°	19°	3.072	32.557%
20	5.000%	2.865°	20%	5.000	11.537°	20°	2.924	34.202%
21	4.762%	2.728°	21%	4.762	12.122°	21°	2.790	35.837%
22	4.545%	2.604°	22%	4.545	12.709°	22°	2.669	37.461%
23	4.348%	2.491°	23%	4.348	13.297°	23°	2.559	39.073%
24	4.167%	2.387°	24%	4.167	13.887°	24°	2.459	40.674%

	1/n			%			각도	
1/n	%	각도	%	1/n	각도	각도	1/n	%
25	4.000%	2.292°	25%	4.000	14.478°	25°	2.366	42.262%
26	3.846%	2.204°	26%	3.846	15.070°	26°	2.281	43.837%
27	3.704%	2.122°	27%	3.704	15.664°	27°	2.203	45.399%
28	3.571%	2.046°	28%	3.571	16.260°	28°	2.130	46.947%
29	3.448%	1.976°	29%	3.448	16.858°	29°	2.063	48.481%
30	3.333%	1.910°	30%	3.333	17.458°	30°	2.000	50.000%
31	3.226%	1.848°	31%	3.226	18.059°	31°	1.942	51.504%
32	3.125%	1.790°	32%	3.125	18.663°	32°	1.887	52.992%
33	3.030%	1.736°	33%	3.030	19.269°	33°	1.836	54.464%
34	2.941%	1.685°	34%	2.941	19.877°	34°	1.788	55.919%
35	2.857%	1.637°	35%	2.857	20.487°	35°	1.743	57.358%
36	2.778%	1.592°	36%	2.778	21.100°	36°	1.701	58.779%
37	2.703%	1.549°	37%	2.703	21.716°	37°	1.662	60.182%
38	2.632%	1.508°	38%	2.632	22.334°	38°	1.624	61.566%
39	2.564%	1.469°	39%	2.564	22.954°	39°	1.589	62.932%
40	2.500%	1.432°	40%	2.500	23.578°	40°	1.556	64.279%
41	2.439%	1.397°	41%	2.439	24.205°	41°	1.524	65.606%
42	2.381%	1.364°	42%	2.381	24.835°	42°	1.494	66.913%
43	2.326%	1.332°	43%	2.326	25.468°	43°	1.466	68.200%
44	2.273%	1.302°	44%	2.273	26.104°	44°	1.440	69.466%
45	2.222%	1.273°	45%	2.222	26.744°	45°	1.414	70.711%
46	2.174%	1.246°	46%	2.174	27.387°	46°	1.390	71.934%
47	2.128%	1.219°	47%	2.128	28.034°	47°	1.367	73.135%
48	2.083%	1.194°	48%	2.083	28.685°	48°	1.346	74.314%
49	2.041%	1.169°	49%	2.041	29.341°	49°	1.325	75.471%
50	2.000%	1.146°	50%	2.000	30.000°	50°	1.305	76.604%

부록 5

2. 점자 알람표
(한국장애인고용공단 제공)

자음	초성	ㄱ	ㄴ	ㄷ	ㄹ	ㅁ	ㅂ	ㅅ	ㅈ	ㅊ	ㅋ	ㅌ	ㅍ	ㅎ	된소리
	종성	ㄱ	ㄴ	ㄷ	ㄹ	ㅁ	ㅂ	ㅅ	ㅇ	ㅈ	ㅊ	ㅋ	ㅌ	ㅍ	ㅎ
모음		ㅏ	ㅑ	ㅓ	ㅕ	ㅗ	ㅛ	ㅜ	ㅠ	ㅡ	ㅣ				
		ㅐ	ㅔ	ㅚ	ㅘ	ㅝ	ㅢ	ㅞ	ㅟ	ㅒ	ㅙ	ㅖ			

※ 모음 "ㅏ"의 생략 : 한글 점자에서는 혼동을 일으키지 않는 범위내에서 모든 자음과 결합되어있는 모음 "ㅏ"를 생략한다.

약자	1종	가	나	다	마	바	사	자	카	타	파	하	것	ㅆ
		억	언	얼	연	열	영	옥	온	옹	운	울	은	을	인
	2종	그래서	그러나	그러면	그러므로	그런데	그리고	그리하여						

문장부호	"	"	'	'	,	~	말 줄임표 (…)	(	)	!
	.	,	?	:	;	–	내용 밑줄			※

숫자/연산	수표	1	2	3	4	5	6	7	8	9	0	.	,
	+	–	×	÷	=								

로마자	영문표	대문자	이중대문자표	a	b	c	d	e	f	g	h	i	j	k
	l	m	n	o	p	q	r	s	t	u	v	w	x	y	z

(읽기형) ①④   (쓰기형) ④①
         ②⑤   ⑤②
         ③⑥   ⑥③

쓰기형 : 점자판 사용시 적용합니다.
읽기형 : 위의 표는 읽기형 기준입니다.

부록 5

3. 지문자
(한국장애인고용공단 제공)

수어의 한 종류로서, 고유명사 등을 표현할 때 한글의 초성, 중성, 종성 조합하여 손가락으로 표현하는 것으로, 수화단어가 기억나지 않거나 모를 때 사용할 수 있는 기호입니다.

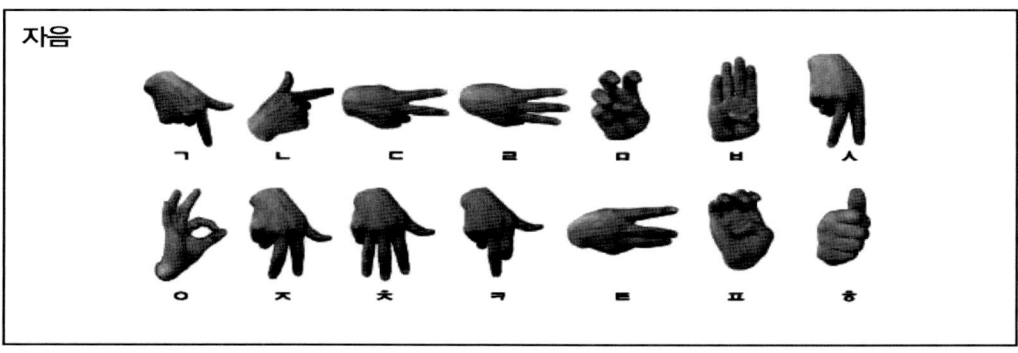

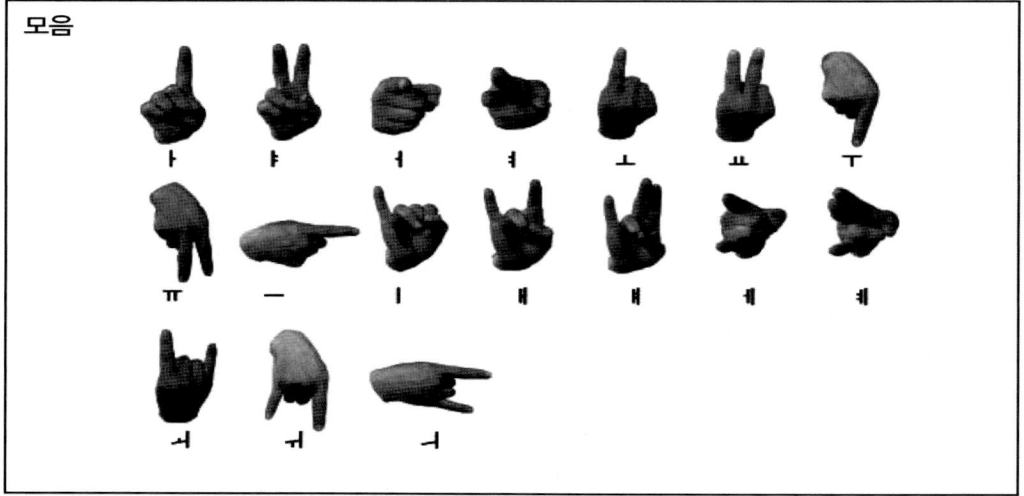

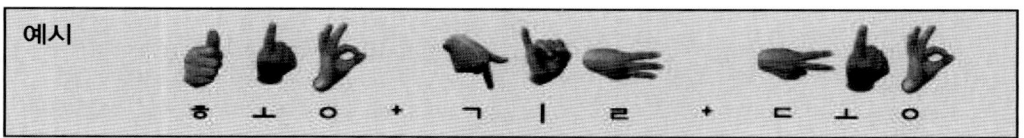

4. 국제 접근성 심볼에 대하여
(International Symbol of Accessibility, ISA)

위 그림의 국제접근성심볼(International Symbol of Access, 이하 ISA라 함)은 「장애인이 이용할 수 있는 건축물, 시설이라는 것을 명백히 표시하는 세계공통심볼」로써, 장애를 가진 사람들이 생활하기 편한 환경만들기를 추진하기 위해, 국제재활협회(RI)에서 1969년에 채택되었다. 이후 심볼의 정확한 사용법을 보급하기 위해 RI를 중심으로한 국제적인 조직이 만들어져 있다. 일본에서는 특히 1981년 국제장애인의 해를 계기로 장애인 문제에 관심이 고조되어, 이 심볼도 광범위하게 사용되어졌다. ISA는 다수의 사람들에게 알려져 온 반면, 심볼의 원래의도가 오해되어져 잘못 사용되어지는 것이 증가한 것도 사실이다.

심볼의 형태가 휠체어를 본뜨고 있기 때문에 휠체어 사용자만, 또는 지체장애인만을 대상으로 하고 있는 것이라고 오해하는 경우가 많다. 하지만 모든 장애인을 대상으로 하고 있다.

시각장애인, 청각장애인 사이에서는 「이 심볼은 우리들의 심볼로는 합당하지 않다」라고 하면서 별도의 심볼을 사용하는 경우도 보여주고 있다. 이 점에 대해서 RI는 별도의 심볼을 사용하는 때에는 ISA를 병용하도록 견해를 표명하고 있다. 이런 상황에서 일본장애인재활협회에서는 1989년에 「ISA검토위원회」를 설치하고, 심볼의 사용현황에 대한 조사(1990년)와 심볼의 사용을 위한 「가이드라인」을 작성·배포(1991년)등을 행했다.

이번 출간한 책자는 최소한의 사용지침을 표시하는 것으로서 가이드라인의 내용을 충실히 하여 ISA의 원래 의도와 사용방법에 대해 보다 상세하게 기술하고 있다. 당협회에서는 본책자에 의한 심볼에 대한 일반의 이해를 심화시켜 이 심볼이 모든 사람들에게 살기 편한 사회실현에 기여하기를 바라며, 향후에도 지속적으로 활동을 계속해 나갈 것이다. 심볼을 사용하는 사람들의 이해와 협력을 원하는 바이다.

Q1. 국제접근성심볼(ISA)은 무엇입니까?

영어의 International Symbol of Access의 영어약칭입니다. 이 심볼은 「장애인이 이용할 수 있는 건축물, 시설이 있다는 것을 명백히 표시하는 세계공통의 심볼」이다.

Q2. ISA는 언제 어떻게 해서 결정된 것입니까?

국제재활협회(RI)가 1969년에 아일랜드 더블린시에서 개최한 RI총회에서 채택된 것이다.

조금 상세하게 이에 대한 사정을 설명하면, RI의 하부위원회로 있던 당시의 「보조기기·주택·교통 국제위원회」(International Commission on Technical Aids, Housing and Transportation : 以下 ICTA)가 ISA 선정을 위한 특별전문위원회를 설치하여, 「각 국에서 다양하게 사용되어지는 심볼을 통일하여 장애인의 물리적 환경개선을 위해 사용한다」라는 목적을 위해 디자인 선정 작업을 행했다.

디자인의 일반적 기준으로,
1. 애매하지 않아야 할 것
2. 쉽게 의미를 알 수 있어야 할 것
3. 적당한 거리에서 판단할 수 있어야 할 것
4. 재질, 크기 등의 점에서 작성이 쉬울 것

을 채택하여 각 방면에서 제출된 심볼을 검토하였다. 당시 위원은 갈 몬탄(스웨덴) 위원장 이하, 다음에 언급된 나라별, 분야별로 다채로운 위원으로 구성되었다.

알랜 로시어(의사, 스위스), 보 베른달(그래픽디자이너, 스웨덴), 윌리엄 오 쿠퍼(국제저상병자연맹), 맨프레드 핑크(국연장애노동자시민연맹), 알렉산드러 휴렉(폴란드장애인재활협회사무국장), 피터 니본(국제그래픽디자이너협회연맹), 에스코 코수넨(국연장애인재활협회국장), 윌리엄 P. 맥칸힐(미국장애인고용·대통령위원회), 칼 슈완쩨르(국제건축가연합)

최종적으로 선택된 심볼은 덴마크의 수잔 쾌패드가 디자인 한 것으로, 마크의 소유단체였던 스칸디나비아 디자인학생연합으로부터 「세계의 장애인을 위해 기증받다」

라는 형식으로 되었다.

※RI : 1922년에 설립되어 모든 장애를 대상으로 한 국제조직으로써, 재활전문가와 장애가 있는 사람들이 활동하고 있다. 장애인문제에 관한 국제연합의 민간자문기구이기도 하다. 본부는 뉴욕에 있고, 1992년 9월 현재, 세계 89개국 150개 단체가 가맹하고 있다.

※DPI : (Disabled People' International) 1981년 싱가포르에서 설립되어 장애인 당사자들의 목소리를 알리고자 한 국제조직. 사회정의와 장애인의 사회참여와 기회균등 그리고 장애인을 장애인이게 하는 물리적 환경, 사회보건환경, 교육환경, 근로환경, 문화환경상의 모든 장벽을 제거하는데 그 목적이 있음.

RI의 주요활동으로는 아래와 같은 것들이 있다.
1. 국제연합을 비롯하여 각 국제기관과의 조사연구
2. 장애인의 생활환경개선을 위한 ISA보급. 또한, 보다 넓은 시야에서 엑세스확보를 위한 조사연구
3. 4년에 한번 세계회의를 개최하는 외에, 총회·각위원회등 개최
4. 기관지 「International Rehabilitation Review」 발행

특히, 재단법인일본장애인재활협회는 장애인재활사업에 기여하는 것을 목적으로 1964년설립되어 일본을 대표하고 RI에 가맹되어 있습니다.

※ 동위원회는 1990년에 「기술·엑세스 국제위원회(International Commission on Technology and Accessibility)」라는 명칭으로 고치고 약칭은 ICTA입니다.

Q3. ISA는 사용대상이 휠체어사용자만으로 한정된 겁니까?

결론적부터 말하면, NO.「모든 장애인을 대상으로 하고 있다」 휠체어사용자만 또는 지체장애인만을 대상으로 한다」라는 오해가 많은 것 같다. 또한 시각장애인, 청각장애인 사이에서는 「이 심볼은 우리들의 심볼로는 적당하지 않다」라고하면서 별도의 심볼을 사용하고 있는 경우도 있다. 이 점에 대하여 RI는 별도의 마크를 사용할 때에는 ISA와 병용해야 하는 것으로 견해를 표명하고 있다.

우선, 시각장애인 국제심볼은 그림2에 표시되어 있다. 이것은 세계맹인연합회(World Blind Union : 以下WBU)가 1984년 10월 사우디아라비아 리야드에서 개최한 설립총회에서 채택한 것이다. WBU에 의하며, 「이 심볼을 수필 또는 잡지의 모두에 또는 보행용에 자유롭게 사용해도 된다. 색은 모두 청색으로 하지 않으면 안된다」라고 하고 있다.

두 번째로, 청각장애인국제심볼이다. 그림3에 표시되어 있다. 이것은 세계청각연맹(World Federation of DEAF : WFD)이 1979년에 불가리아에서 개최된 총회에서 전체투표에서 과반수 이상의 지지를 얻은 것이다. 1980년에 일반에 소개되면서 각 나라에서 정기간행물이나 포스터에 사용하게 되었고 또 농아인이 통역 그 외 서비스를 하는 장소에서도 사용되고 있다.

그림1
시각장애인을 표시하는 국제표시

그림2
세계농아연맹이 정한 청각장애인 표시하는 세계공표심볼마크

Q4. ISA는 어떠한 경우에 사용할 수 있습니까?

RI에서는 이 심볼이 가지는 의미를 「장애인이 이용할 수 있는 건축물, 시설이 있는 것」이라고 하고 있으며, 구체적으로는 아래와 같은 경우에 사용할 수 있다.

1. 건축물

ISA의 주목적이라고까지는 할 수 없지만, 심볼을 사용하는 경우에는 아래의 조건을 충족하지 않으면 안된다.
- 건축물로의 접근성에 지장이 없을 것
- 입구를 이용할 수 있을 것
- 시설을 이용할 수 있을 것

구체적으로는 이하의 조건충족이 필요하다

현관	지면과 동일한 높이에 계단이 있으면 그 옆에 경사로를 설치할 것
출입구	80cm이상의 폭[1]을 둘 것. 회전문인 경우 별도의 출입구를 병설할 것.
경사로	기울기는 1/120이하[2]로 할 것. 실내외를 불문하고 계단을 대신하거나 계단 옆에 경사로를 설치할 것
통로, 복도	130cm 이상의 폭을 둘 것
화장실	이용하기 쉬운 장소에 설치하고, 바깥쪽으로 열리는 문, 내부는 넓어야 하며, 손잡이가 설치되어 있을 것
엘리베이터	입구폭은 80cm 이상으로 할 것

주1. 실제 통행할 수 있는 폭원을 가져야 함. 이하 동일
주2. 수평거리 12m에 대해 수직방향으로 1m이하를 의미함

그림3.
공공화장실 출입구에 설치된 사례

그림4.
건물 출입구에 설치된 사례

2. 부속시설 건축물 내의 이용가능한 시설의 출입구(예, 화장실, 엘리베이터)를 표시하는 것도 중요하다. 또한 그 부분까지 장애인이 지장없이 갈 수 있게 되어 있지 않으면 안된다.
3. 공공수송기관 장애인이 이용할 수 있는 공공수송기관에도 사용할 수 있다.
4. 인쇄물 ISA를 인쇄물 등에 사용할 수 있지만, 이 경우는 「Q9」을 참조.

Q5. ISA 디자인에 대하여 어떤 제약이 있는가?

사이즈는 10cm 이상 45cm 이하로 정해져 있다. 대개의 경우, 이 크기로서 목적을 달성하게 될 것이다. 그러나 「Q4」의 사용방법에 있는 것처럼, 인쇄물, 예를 들어, 잡지나 서적에 게재하는 경우도 있으며, 또는 주차노면에 크게 하여 다른 운전자를 보다 많은 배려하고 있다.. 재활협회에서는 이 심볼과 그 배경색은 다른 색을 사용하면 안되는 특별한 이유는 없지만, 대비를 명확하게 하기 위해 진푸른 색과 흰색 또는 흑색과 백색을 사용하도록 정해져 있다.

당연한 것이지만, 심볼의 디자인변경에 대하여는 가필은 허용되지 않는다. 이것에 대하여는 질문 「Q6」을 연속된다. 그리고, ISA를 국제적으로 승인된 교통표지, 보행자표시[1]나 방향표시 사인 등을 병용하는 것을 결부시킬 수 있다. 예를 들어 다음 그림 6, 그림 7의 방법을 생각해 본다.

그림5 [병용예1] 국제적으로 사용되고 있는 전화마크와 병용된 표시. 장애인도 이용할 수 있는 전화기를 의미

그림6 [병용예2] ISA와 그 외 마크를 병용한 디자인예

Q6. ISA의 디자인의 변경이 가능한가?

ISA는 단순한 기호는 아니고 국제적으로 권위와 권한을 가진 하나의 훌륭한 표식이다. 이미 전 세계에 알려져 있으며, 국제표준화기구에서도 그것을 그대로 인식하고 있다. 그러므로, 이 디자인은 독자적으로 변경하여 가필을 하는 것은 허용되지 않는다. ISA는 각 치수가 세부적으로 정해져 있어서, 만약에 그 일부를 변경하는 경우에 대해서는 ISA라고는 말하지 않는다. 유일하게 변경이 인정되어지고 있는 것은, 도안(무늬)전체를 좌우로 방향을 바꾸는 것이다. 이것은 마크에 방향성이 있는 것(휠체어사용자가 우측을 향하고 있는 것)으로 오해가 생기는 것을 피하기 위한 것이다.(그림8과 9) 다만, 그러한 마음의 배려가 없다면, 역방향의 사용도 허용되지 않는다.

그림7 일반적인 표시예
휠체어사용자용화장실이 좌측30m앞에 있는 것을표시하고 있지만 휠체어가 우측을 향하고 있어서 이해가 어려움.

그림8 ISA의 방향을 좌우역으로 한 사례
화살표방향과 휠체어방향이 동일하여 이해가 쉬움.

Q7. ISA의 사용법의 어려움과 그 사례들을 말해주세요.

우리나라에서는 ISA가 상당히 보급되어 있어서 많은 시민들의 눈에 띄어 있는 것은 대단히 기쁜 일이다. 그러나, ISA가 정확하게 이해되어지고 있는 것인가에 대하여 유감스럽게도 아직도 그렇다고 말할 수 없다. 가장 많이 오해되고 있는 것은 ISA는 「모든 장애인이 이용할 수 있는 건축물, 시설」을 의미하고 있는 것에 대하여, 휠체어사용자만을 표시한 것이라고 생각하고 있다는 것이다.

---

1) 국제표준화기구(International Organisation for Standardization : ISO) 마크

그러나, 이 정도는 큰 폐해는 아니다. 오히려 문제가 되는 것은 본래의 취지를 위반한 사용방법인데, 장애인에게 혼란을 주는 경우이다. 예를 들어, 장애인도 이용할 수 있는 것처럼 화장실의 설비가 고려되어 설치되어 있다고 하여 ISA를 표시하고 있는데, 그 바로 앞에 단차가 있어 실제로 휠체어사용자가 이용할 수 없는 예를 자주 볼 수 있다. 또, 일부 장애인에게는 이용할 수 있지만, 다른 장애인에게는 이용할 수 없는 시설, 또는 개호자가 있어야 이용할 수 있는 시설에 ISA를 표시하고 있는 경우도 있다.

이러한 경우에는 본래 ISA를 표시하지 않는 것이다. 왜냐하면, 이런 사용방법은 ISA의 의미를 오해시킬 뿐만 아니라, 사회를 혼란시키고 시민의 장애인에 대한 이해를 지체시키게 될 수도 있다.

그 심볼이 ISA와 동일한 목적, 의도로 이용될 수 있는 것이라면, ISA를 이용하는 것이 낫다.

왜냐하면, 국제교류가 왕성하고 해외로부터 많은 사람들이 방문하고, 또 국내에서도 전국 각지의 사람들이 교류를 하고 있는 현 시점에, 대내외적으로 광범위하게 이용되어 누가 보더라도 그 의미를 알 수 있는 ISA를 사용하는 편이 실제적으로 적절하기 때문이다.

독자적 마크라고 해도, 동일한 목적으로 이용될 수 있는 것이라면, ISA 디자인과 차이가 나는 의미가 없지 않게 되어버리는 것이니까. 그렇다면, 독자적인 마크를 이용하는 의미는 그다지 없는 것이 아닐까 생각된다.

그림10 엘리베이터 앞에 설치된 심볼마크의 의미가 불명확한 예

그림9 장애인전용주차구역에 대해서만 「전용」을 표시하는 것은 허용된다.

Q8. 건축물에 ISA를 사용하고 있지만 어디에 물어봐야하는지요? 또한 별도로 독자적으로 고안한 마크를 사용하는 것이 허용되는지요?

건축물을 건축하기 전에 「Q4」의 기준에 적합하게 설계해야 한다.[2]

게다가, 건축 후 재차 기준에 적합한지를 확인하기 위하여는, RI로부터 全일본에서 유일하게 사용관리권한을 위임받은 재단법인 일본장애자재활협회(이하 당 협회)로 연락주면 된다.

건축물에 ISA를 사용하는 경우는 기본적으로 ISA를 인쇄된 판을 벽면에 매입처리하고, 정면현관 보기 쉬운 위치에 부착한다.

당 협회에서는 전국 각지로부터 ISA에 대한 질문에 충족할 수 있는 답변이 가능하다. 구체적으로 ISA를 사용하는 방법에 대한 대하여 부담없이 질문해도 된다.

다음으로, 독자적으로 만든 심볼을 사용하는 것에 대하여 설명한다.

---

2) Q4에 표시된 기준은 필요 최소한의 것이다. 각 자치단체 수준에서 보다 상세히 복지환경정비기준 등이 있는 경우는 그것에 따라 주면 된다.

Q9. ISA를 인쇄물에 게재하는 경우 어떤 점에 주의해야하는지요? 또, 그 외에 주의할 점이 무엇이 있는지 알려주세요.

1978년 1월 22일 필리핀 바기오에서 열린 RI총회에서 채택된 「ISA사용에 관한 新결의」에서는 「ISA를 복제하는 것을 금지한다. 다만, 이것을 보급한 목적을 널리 알리기 위한 출판물 그 외 미디어에 전재하는 것은 허용한다. 출판물에 전재되는 경우는 그 출판물 등의 내용이 장애인에게 직접 관련된 경우를 제외하고는 이 심볼이 『ISA』라는 것을 명기하지 않으면 안 된다」라고 하고 있다.

이것으로부터, 서적이나 잡지 등의 인쇄물에 ISA를 게재하는 경우에는 그 인쇄물의 내용이 직접적으로 장애인과 관련되는 경우를 제외하고는 이 심볼을 「장애인이 이용할 수 있는 건축물, 시설을 표시하는 ISA」라는 것을 반드시 명기하여야 한다.

다만, ISA를 게재할 수 있는 것은 심볼을 보급하고 그 원래취지를 널리 알리기 위한 경우로 한정된다. 예를 들면, 보급이나 홍보목적의 서적으로서 그림문자집, 기호집에 게재하는 것이랑 국가 지방정부의 팜플렛 등에 게재하는 것은 인정된다.

한편, 보급이나 홍보등의 목적 이외로 ISA를 복제하는 것은 금지되고 있다. 일반적으로 복제가 금지되고 있는 이

유의 첫째는 무제한적으로 복제를 인정하게 되면 ISA 전체비율과 색채등의 불통일을 피할 수 없고, 장기간 경과되면 디자인이 변경되어 통일성이 없게 될 수 밖에 없다.
RI가 당협회에 ISA사용관리랑 법적보호권한을 위임한 것은 그러한 사태를 피하기 위한 것이다.
그래서 당협회에서는 인쇄물을 포함한 제26종류를 지정하고 있고, ISA 상표권을 갖고 있다.
그 외의 주의점으로 중요한 것은 전술한 新결의에서 「ISA를 상업목적으로 사용하는 것은 금지하고 있다. 예를 들어, 광고, 상표, Letterhead, 장애인을 위한 상품, 장애인 자신이 만든 상품 등에 이 마크를 사용해서는 안 된다」라고 하고 있다. 이러한 사용법을 규정해 둔 것은 규정해 두지 않으면 ISA원래 제정취지로부터 일탈하는 사용이 늘어나기 때문이다.
다만, 건물·시설이 상업목적으로 있어도 그 건물·시설이 장애인에게도 이용할 수 있는 것을 표시하는 것이라면 ISA를 사용해도 괜찮다.

Q10. ISA의 저작권이랑 사용권은 어떻게 되어 있습니까? 또, 아무 말없이 사용한 경우에 어떤 문제가 발생합니까?

RI는, ISA를 통일한 원래취지대로 사용, 보급되어지기 위해 각국의 가맹단체에 심볼의 법적보호와 사용관리권한을 부여하고 있다.
일본에서는, RI에 가맹되어 있는 당 협회가 심볼의 도입, 홍보, 사용관리 등을 행하고 있고, 이것에 기초해서 당협회에서는 인쇄물을 포함한 26종류를 지정하고 ISA 상표권을 취득하고 있다. 따라서, 당 협회 이외의 자가가 잡지나 신문 등의 정기간행물이랑 서적에 상표로 ISA를 사용하는 것은 상표권을 침해하게 되는 것이다.
그런데 「아무 말없이 사용한 경우에 무엇이 문제가 됩니까」라고 질문한 것에 대하여 답변을 하면, 당 협회에서는 RI가 규정한 방침을 명백히 위반한 ISA사용법에 대해서는 사용관리권한에 기초해 사용법을 개정해 줄 것을 요청한다. 예를 들어, 당 협회에서는 아래와 같은 활동을 하고 있다.
ISA를 포함시킨 도로표지판과 같은 의장등록에 대해 무효심판을 청구하여 무효화시켰다.
ISA를 포함시킨 상표출원에 대해 출원에 대하여 신청철회를 받아냈다.
서적에 ISA를 잘못 소개하고 있는 것에 대해 다음 판에서 정정기술을 요청했다.
또, 외국의 예로는, 예를 들어 네덜란드에서는 RI 가맹단체로 있는 네덜란드장애인협의회(Dutch Council of the Disabled)가 심볼의 저작권을 취득해 허가를 득하지 않고 사용되고 있는 심볼을 떼어내는 등의 활동을 행하고 있다.
ISA가 저작권의 대상이 될지 어떨지는 휠체어를 디자인화한 도형인 ISA가 저작물에 해당하는가에 달려있다. 이 점에 관해서는 동일한 사례라고는 할 수 없지만, 올림픽표장에 관해서 1962년 9월 25일에 열린 동경지방재판소의 결정이 참고가 된다. 이 결정 중에서 동경지방재판소는 이하와 같이 기술하고 있다.
「……그런데 이른바, 오륜마크가 저작권법 제1조에 규정된「미술의 범위에 속하는 저작물」에 해당하는지 아닌지는 중요한 문제이지만, 그것이 비교적 간단한 도안모양에 지나지 않는 것이라고 인정되므로, 직접적으로 이것을 긍정하는 것에 주저하지않고 당 재판소는 소극적으로 해석하고 있는 것이다.……그렇지만(1)저작권법에서 말하는 저작물을 어떻게 이해하는가는 논의가 갈리어져 있으며, 저작물의 범위를 차후에 넓게 해석하는 경향으로 진전되고 있는 것, (2)오륜마크가 세계 5대양 6대주와 각국 국기, 즉 세계 각국들의 표현이고 올림픽을 대상으로 하는 독자적인 모양으로 일반적으로 인식되어져 오고 있는 것, 이러한 두 가지를 고려해 볼 때, (당 재판소는 전기한 것처럼 소극적으로 해석하지만)저작권에 관한 주장은 상응한 근거를 가지는 것이라고 생각할 수 있을 것이다.……」「……국제올림픽위원회는 동위원회가 올림픽표장의 독점적 소유자로 정하고, 각 국내위원회(일본은 JOC)에 그 사용전용권을 부여해 주고 있는 것과 함께 이것을 보호할 의무도 지우고 있다……인식하고 있다.……」

부록 5

5. 행정안전부 장애인화장실 의견

행정안전부 장애인화장실 국민생활 불편개선과제 일제정비 계획에서 장애인화장실 표식개선 사업에 대한 의견(意見)

장애인등의 이용이 가능한 화장실을 "Toilet complex 즉, 종합화장실?"로 만들어서는 안 됩니다

● **장애인접근성표지에 대한 이해**

- 접근성표지는 「장애인"도" 접근하거나 이용할 수 있는 건축물 또는 시설물이라는 것」을 의미함
- 다른 공공그림안내표지는 그 그림표지(pictogram)가 표현하는 그 이미지 자체를 의미하지만, 장애인접근성표지는 휠체어를 뜻하거나 휠체어를 사용하는 장애인을 뜻하거나 하는 등의 표현된 이미지 자체를 뜻하는 "장애인" 자체를 의미하는 것이 아님
- 동 사업을 추진하게 된 배경이 국민들이 장애인접근성표지를 장애인전용표지로 오해하는 것을 불식시키기 위해서 추진했다는 것은 동 사업주체가 장애인접근성표지의 의미를 정확하게 이해하지 못했기 때문으로 보임
- 국민들의 전용표지 오해는 접근성표지 또는 장애인편의시설에 대한 인식개선사업으로 추진해야 하는 것이지 화장실에 표지부착으로 개선할 사업은 아니라고 봄. 그 세세한 이유들은 아래 각 항목에서 제시함.

● **우리나라 공공그림 안내표지제도 제정 및 운영**

- 주관 : 지식경제부 산하 기술표준원
- 근거법 : 산업표준화법
- 제정취지
  • 지방자치단체 등의 난개발로 인한 사용자의 혼란과 예산낭비를 방지하고 외국 안내표지의 무단사용으로 인한 저작권 문제를 해결하고자 「KS A 0901 시리즈」(KS A 0901, KS A 0901-1, KS A 0901-2, KS A 0901-3, KS A 0901-4)가 제정
- 제·개정경위
  • 2002년 한·일 월드컵 공동주최를 계기로 공공안내 그림표지의 표준화의 중요성이 인식되어, 기술표준원에서는 2001년부터 2004년까지 총 300개의 공공안내 그림 표지를 KS 규격으로 제정하였으며 KS A 0901 시리즈를 2004년 통합·정리
  • 그 이후 2008년 6월 30일에 「KS A 0901」로 개정함
- 적용방법
  • 공공안내 그림표지 중 안전 관련 그림표지의 외곽 형태와 색채는 그 사용방법에 따라 의미가 달라질 수 있으므로 안전색 및 외곽 형태의 일반적인 의미와 사용방법을 준수하여야 한다.
  • 시설 관련 그림표지에서 내부 형태의 색은 바탕색과 충분한 명도차를 유지하도록 하며, 내부형태는 테두리 사용을 금한다
- 내부형태의 조합방법
  • 공공안내 그림표지의 내부 형태는 변경하지 않는 것이 원칙이나, 장애인용 전화와 같이 두 개의 그림 표지를 조합하여 사용하는 경우에는, 주 전달 내용은 왼쪽에, 2차 전달내용은 오른쪽 하단에 다음과 같은 비율(약 1/2)로 조합하여 사용한다. 단, 장애인용 차량의 경우에는 예외로 장애인용 그림표지를 오른쪽 상단에 조합한다.

장애인용 차량

- 그림안내표지의 크기
  - 공공안내 그림표지는 인쇄물 및 컴퓨터 환경과 옥외 시각표지 등에 광범위하게 사용되는 것으로, 가시거리를 고려하여 적정한 크기를 선정한다.
  - 일반적으로 공공안내 그림표지를 이해할 수 있는 거리(L)와 그 그림표지의 최소 길이(A)의 관계는 다음 식과 같다.

  A ≥ L/100

  여기에서 A : 공공안내 그림표지 한 변의 최소 길이 (cm)
  　　　　L : 사람과 그 대상이 되는 공공안내 그림표지 간의 거리(cm)

  가령, L이 100cm이었을 때, A는 1cm이다.

- ●「장애인·노인·임산부 등의 편의증진보장에 관한 법률」(이하 "편의증진법"이라 함)

- 편의증진법 상 안내표시에 관한 규정
  ※ 제정(1998.04.11) 時 법 제9조(시설주의 의무) 제2항—의무규정
  - 시설주는 장애인등이 편의시설을 쉽게 이용할 수 있도록 편의시설이 설치된 곳에 보건복지부령이 정하는 바에 따라 안내표시를 하여야 한다.
  - 같은 법 시행규칙 제3조(안내표시기준) 제9조제2항의 규정에 의한 편의시설의 안내표시기준은 별표 2와 같다.

[별표 2]

편의시설의 안내표시기준(제3조관련)

1. 삭제 〈1999. 6. 8〉

2. 안내표시기준

가. 안내표지의 색상은 청색과 백색을 사용하여야 한다.
나. 안내표지의 크기는 단면을 0.1미터이상으로 하여야 한다.
다. 시각장애인용 안내표지와 청각장애인용 안내표지는 기본형과 함께 설치하여야 한다.

라. 시각장애인을 위한 안내표지에는 점자를 병기하여야 한다.
마. 설치방법은 장애인의 이동에 안전하고 지장이 없도록 배려하여야 하며, 사용장애인의 신체적인 특성을 고려하여 결정할 수 있다.

3. 작도법

편의시설 안내표지는 다음과 같이 제작하여야 한다.

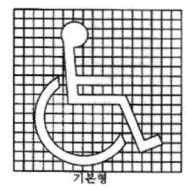  
기본형　　시각장애인용　　청각장애인용

- 화장실 안내표시 높이
  - 별도로 규정하고 있지는 않음. 다만, 장애인등의 이용이 가능한 화장실을 만들게 된 취지와 KS 공공그림안내표지 그리고 점자표지판 부착높이와 기타 편의시설의 설치높이 등을 고려한 높이로 하고 있음.
  - 같은 법 시행규칙 별표1. 13. 장애인등의 이용이 가능한 화장실

가. 일반사항
(3) 기타설비
(가) 화장실 출입구(문) 옆 벽면의 1.5m 높이에는 남자용과 여자용을 구별하는 점자표지판을 부착하여야 한다.
※ 픽토그램 언급없이 점자표지판을 부착하도록 되어 있으나 현장에서는 남자 또는 여자화장실 픽토그램에 점자를 병기하여 부착하고 있음.

- 화장실 안내표시 크기
  - 안내표지를 이해할 수 있는 거리는 건축물 내에서는 일반적으로는 10여m 내외이겠지만, 요즘처럼 건축물이 대형화 되는 상황에서는 일률적으로 15cm(독립설치—외부부착)로 규정하는 것은 시인성에서 상당히 문제가 있음.
  - 그리고 외부의 공중화장실 경우는 그림안내표지를 이해할 수 있는 거리가 수십m가 넘을 수 있음.
  - 가시거리에 따라 장애인등의 이용이 가능한 화장실인지 그러지 못한 화장실인지 알 수 있도록 적정한 크기를 사용해야 함. 다행히 이에 적당한 공식이 있는 바, KS 공공안내 그림표지 크기를 규정하고 있는 공식, 즉 A≥L/100을 사용하면 이 문제는 해결될 것으로 보임.

- ● "장애인등"의 의미
  - 편의증진법 제2조 제1호
    - 규정: "장애인등"이라 함은 장애인·노인·임산부등 생활을 영위함에 있어 이동과 시설이용 및 정보에의 접근등에 불편을 느끼는 자
    - "장애인등"에서 "등"의 의미: 앞에 나열된 장애인, 노인, 임산부를 약칭하는 한정정 열거주의가 아니라 장애인, 노인, 임산부, 영유아, 기타 생활을 영위함에 있어.... 불편을 느끼는 자 모두를 의미하는 예시적 열거주의에 의한 규정임
    - 따라서, 여기서 의미하는 "장애인등"은 실질적으로 모든 사람을 의미함.

- ● "장애인등"의 행동특성에 따른 유형별 대응방법
  - 장애인
    - 휠체어사용장애인: 원거리에서도 알아 볼 수 있는 장애인등이 이용할 수 있다는 화장실 표지, 넓은 공간, 손잡이, 비상호출벨 등
    - 목발사용장애인: 일반화장실의 소변기·세면대 손잡이, 미끄럽지 않은 바닥 등
    - 의수사용장애인: 비데, 세정장치로서 풋버튼, 벽누름버튼, 광감지식, 비데 등
    - 의족사용장애인: 양변기 형태 등
    - 전맹 시각장애인: 낯선 곳에서의 쉽게 인지가능한 공간구성, 일반화장실 출입구 옆 점자표지, 점자표지 아래 점자블록 등
    - 약시 시각장애인: 전맹과 동일, 황색 점자블록 등
    - 청각장애인: 일반화장실 대변기칸 사용 중 표시 등
    - 뇌병변장애인 : 일반화장실 소변기·세면대 손잡이 등
    - 장루요루장애인 : 배변주머니 세척기 등
  - 노인
    - 손잡이 등
  - 임신부
    - 양변기 형태 등
  - 산부 및 영유아 대동자
    - 유모차에 장애가 되지 않는 턱, 넓은 공간, 영유아 거치대, 기저귀 교환대, 수유실 등

- ※ 이용자 유형별 설치
  - 편의시설 설치원칙
    - 장애인등을 위한 모든 편의시설은 한 곳에 집중해서 설치하는 것이 아니라 적재적소에 분산 설치해야 함.
      ex) 1. 장애인전용주차장 : 넓은 주차장 한 곳에 집중 설치하는 것이 아니라 어느 곳을 이용하더라도 그 이용하고자 하는 곳에 가까이 설치하여야 함.
      2. 장애인등의 이용이 가능한 화장실: 장애인용 화장실 내에 대변기와 그 손잡이, 소변기와 그 손잡이, 세면대와 그 손잡이, 영유아 변기, 영유아 거치대, 기저귀 교환대 등 한 곳에 설치하는 것이 아니라 아래와 같이 설치해야 함.
      3. 장애인등의 이용이 가능한 관람석: 이 역시 앞쪽 또는 뒤쪽 이렇게 일도 양단적으로 한 곳에 집중 설치하는 것이 아니라 앞에 몇 좌석, 중앙에 몇 좌석, 뒤에 몇 좌석 등 이용자의 취향과 피난에 어려움이 없는 곳에 분산 설치하여야 함.
  - 상기와 같이 이용자 유형 또는 편의시설 종류에 따라 설치해야 할 곳이 각각 다름.
    - 점자표지판은 일반화장실 출입구 옆 1.5m 높이에 부착하고 점형블록은 점자표지판 바로 아래에서 30cm 이격하여 설치. 점자표지판과 점형블록은 모든 일반화장실 출입구 옆에 설치하여야 함.
    - 화장실 사용중 표시는 모든 대변기 칸 손잡이와 연동해서 설치
    - 소변기의 손잡이는 대변기 칸 내에 소변기를 설치하고 거기에 손잡이를 설치할 것이 아니라 남자 화장실 내에 여러 개가 있는 소변기 중 하나 이상에 손잡이를 설치하면 됨. 모든 남자화장실에 하나 이상의 소변기에 손잡이 설치하여야 함.
    - 영유아 거치대는 장애인용 또는 남·녀용 여부를 떠나 적정한 개수의 대변기 칸 내에 설치
    - 기저귀 교환대는 대변기칸 내에 설치하는 것이 아니라 화장실 내의 적당한 장소에 설치를 하는 것임.
  - 시각장애인, 청각장애인, 목발사용장애인 등은 일반화장실을 사용해도 되고 장애인 등의 이용이 가능한 화장실을 사용해도 됨.
  - 다만, 휠체어 사용장애인은 공간이 넓게 구성된 장애인 등의 이용이 가능한 화장실만을 사용할 수 밖에 없음.
  - 장애인등의 이용이 가능한 화장실은 현재 법적 규격으로도 좁은 실정임. 따라서 그 속에 다른 시설물을 설치하면 휠체어 사용자는 이용할 수 있는 화장실이 없어지는 결과로 귀결 될 것임.

- ● 장애인등의 이용이 가능한 화장실의 이용률 저조 원인 등
  - 별도 설치: 일반 화장실 내에 대변기 칸을 법적 기준에 맞게 설치하지 않고 일반화장실과는 별도의 공간을 마련하여 장애인전용화장실이라는 이미지가 강함.

- 장애인차별: 일반 화장실이 아닌 별도의 공간에 분리하여 설치하는 것은 장애인차별금지법 상 차별인 "장애인을 장애를 사유로 정당한 사유 없이 제한·배제·분리·거부"하는 것임.
- 정당한 편의제공에 反함: "장애인이 장애가 없는 사람과 동등하게 같은 활동에 참여할 수 있도록 장애인의 성별, 장애의 유형 및 정도, 특성 등을 고려한 편의시설·설비·도구·서비스 등 인적·물적 제반 수단과 조치"인 정당한 편의제공 방법에도 반하는 것으로 사료됨.

● 귀 부 화장실 표식개선사업과 "장애인등"의 행동특성에 따른 편의시설 설치의 어설픈 접점

- 귀 부에서 실시하고 있는 화장실 표식은 귀 부에서 발주한 연구용역을「한국화장실협회」에서 추진하여 만들어 낸 것으로 KS 공공그림안내표지의 사용법에 따라 만들어진 것도 아니며, 또한 장애인등 편의시설 관련 업무와도 아무런 연관없이 만들어진 것으로 추측됨.
  - 다만, 심포지엄이 한번 있었음. 하지만 그 속에서도 이와 같은 내용을 주장한 토론자는 한 분도 계시지 않았으며, 토론자들의 결론 역시 "장애인등의 이용이 가능한 화장실"은 장애인만이 아니라 "장애인도" 이용할 수 있는 시설이라는 결론을 내리고 있음.
  - 이는 몇 년 전 본인(홍현근)이 도시철도공사의 화장실 개보수 사업 자문회의에 참석하였을 때 하였던 얘기로(물론 그 이전에도 이후에도 "장애인도" 라는 주장을 계속함), 같은 자문위원으로 오신 분이 저의 얘기를 귀 기울여 들으시고 화장실협회 및 귀부등에 주장하시게 된 것으로 보임.
  - 이는 공중화장실에 대한 정책을 추진하면서 장애인 당사자의 의견을 수렴하지 않고 있다는 반증이라고 할 수 있음. 귀 부 산하 화장실 관련 단체 3곳의 의견만을 듣는 것 아닌가 하는 우려를 하게 됨.
  - 이러한 사업은 자칫 졸속 행정으로 비난 받을 수 있으므로 신중히 추진해야 한다고 봄.
- 그리고, 장애인등의 행동특성과 귀 부의 화장실 표식개선사업에 따라 화장실 출입구등에 부착하는 안내표지에 따라 편의시설을 설치할 경우,
  - 하나의 대변기칸 속에, 위에서 열거한 "장애인등"을 위하여 넓은 공간, 대변기·소변기·세면대 손잡이, 기저귀교환대, 영유아거치대, 수유실, 시각장애인 점자블록, 점자표지판, 사용중 표시 등 모든 편의시설의 종류를 설치하여야 함.
  - 이에 의하면, 편의증진법에서 규정하고 있는 유효바닥면적 1.6m×2.0m 공간에 이 모든 것을 설치(일명(개인적으로 이름붙임 것임), 종합화장실 또는 Toilet Complex라 칭함)하고 나면,
  - "장애인등의 이용이 가능한 화장실" 즉, "누구나 이용할 수 있는 화장실" 아니라 "어느 누구도 이용할 수 없는 화장실"이 됨.
- 그것이 아니라면, 편의증진법에서 규정하고 있는 유효바닥면적 1.6m×2.0m 보다 3~4배 이상 더 큰 공간으로 구성되어야 할 것임.
  - 이는 기존 건물에서는 불가능할 것이며, 신축건물이라 하더라도 편의증진법의 유효바닥면적 크기를 규정해 둔 이상, 법령의 개정없이는 화장실 한 칸에 대하여 그만큼의 공간을 할애할 민간시설주는 100% 없을 것이며, 공공시설주 역시 할애하기가 쉽지 않을 것임.
- 그리고 더욱더 문제가 되는 것은, 현재 도시철도에서 이동약자들을 배려하기 위해 운영하고 있는 장애인, 노인, 임산부석 지정제도에서 나타난 것처럼 장애인이나 노인, 임산부는 선택의 여지가 없이 강제적으로 분리된 그 자리만 이용하도록 강제하는 효과, 일반좌석에 앉으려고 하면 눈치를 주고 저쪽으로 가서 앉으라고 하는 현상들이 나타날 것으로 추측되며, 이로써 "善한 의도에 의한 善한 결과"를 가져 오지 못하고 "善한 의도지만 가장 惡한 결과"를 나을 수 있음.

부록 6

장애물 없는 생활환경 인증지표 및 기준

1. 지역 인증지표 및 기준　　　3~19
2. 도로 인증지표 및 기준　　　20~224
3. 공원 인증지표 및 기준　　　225~275
4. 여객시설 인증지표 및 기준　　276~355
5. 건축물 인증지표 및 기준　　356~457
6. 교통수단 인증지표 및 기준　　458~499

〈 1. 지역 인증지표 및 기준 〉

[별표1] [별표1] 지역 인증지표 및 기준(제2조 관련)

I. 지역 인증지표 및 기준
(제2조 관련)

범주	평가항목		평가기준	분류번호	배점
1. 장애물없는 도시구성체계	1.1 BF 계획 수립	1.1.1 계획기준, IT기술 적용, 통합디자인 계획	도시계획 수립시 BF계획 기준 도입 평가	C1-01-01	13
			장애물 없는 도시에 대한 지구단위계획 수립 평가		
			U-city와 연계한 IT기술을 적용하여 BF 도시계획 수립 평가		
			불특정 다수의 이용자 전체를 포괄하는 통합디자인 계획 반영 평가		
	1.2 녹지조성 및 연계도 연계방안	1.2.1 공원	도시내 전체공원부분 평가 점수의 평균	C1-02-01	14
		1.2.2 녹도의 연계방안 및 녹지조성	보행로와 녹도의 통합 계획 평가	C1-02-02	6
			녹지블록이 BF 보행망에 접하거나 연결되어 있는지 평가		
	1.3 이용시설의 집적 및 연계	1.3.1 이용시설의 집적계획	지역생활중심시설에 대한 집적계획 및 BF 보행로와의 연계성 평가	C1-03-01	4
		1.3.2 복지시설 설치 계획	도시내 고령자 및 장애인 커뮤니티센터의 시설계획 및 BF 보행로와의 연계성 평가	C1-03-02	3
	1.4 교통시설 계획	1.4.1 교통시설과의 접근성	도시내 이용시설의 중심지와 대중교통의 접근 계획 평가	C1-04-01	3
		1.4.2 교통시설과 이용시설의 연계성	교통시설과 지역생활중심시설의 BF 보행로 확보 평가	C1-04-02	3
2. 장애물없는 보행네트워크	2.1 보행망	2.1.1 BF 구조	BF 구조의 보행자 네트워크 계획 수립 평가	C2-01-01	3
		2.1.2 BF 구조의 연속성	BF 구조의 보행자 네트워크의 연속성 평가	C2-01-02	4
	2.2 도로	2.2.1 왕복 6차로 이상 도로	도시내 전체 왕복 6차로 이상 도로부분 평가 점수의 평균	C2-02-01	28
		2.2.2 왕복 4차로 도로	도시내 전체 왕복 4차로 도로부분 평가 점수의 평균	C2-02-02	28
		2.2.3 왕복 2차로 도로	도시내 전체 왕복 2차로 도로부분 평가 점수의 평균	C2-02-03	28
		2.2.4 보차공존 도로	도시내 전체 보차공존 도로부분 평가 점수의 평균	C2-02-04	28
		2.2.5 보행자전용 도로	도시내 전체 보행자전용 도로부분 평가 점수의 평균	C2-02-05	28
3. 장애물없는도시관리	3.1 제도화	3.1.1 지침·조례, 제도 관리·운영방안	장애물 없는 도시 조성에 대한 지침·조례 등 수립 평가	C3-01-01	7
			수립된 제도의 유지 및 관리를 위한 운영방안 마련 평가		
4. 종합평가			5% (평가항목의 총점기준)	C4-01-01	
총 지표수	15		총배점		200

장애물 없는 생활환경 인증기준 - 지역		
평가부분	1	장애물 없는 도시 관리
평가범주	1.1	BF 계획 수립
평가항목	1.1.1	계획기준, 지구단위계획, IT기술 적용, 통합디자인 계획
■ 세부평가기준		
평가목적	장애물 없는 도시 구축을 위한 포괄적인 도시계획 수립 및 신기술 적용 등을 평가하여 고령자 및 장애인의 사회통합을 유도함	
평가방법	BF 계획 수립 여부에 따라 평가	
배 점	13점 (평가항목)	
산출기준	• 평점 = 각 평점의 합	

구 분	평점
도시계획 수립시 BF 계획 기준 도입	3.0
장애물 없는 생활환경을 통한 지구단위계획	5.0
U-city와 연계한 IT기술을 적용한 BF 도시계획 수립	2.0
불특정 다수의 이용자 전체를 포괄하는 통합디자인 계획	3.0

- 통합디자인이란 장애인·노인·임산부 등 사회적 시설이용 약자를 위해 구분되어 계획되는 디자인 개념이 아닌 불특정 다수의 모든 이용자를 고려하여 계획되는 디자인을 의미함
  예) 건축물의 주출입구에 계단과 경사로를 함께 설치하는 개념이 아닌, 계단 없이 주출입구를 디자인하여 불특정 다수의 모든 사람이 자유롭게 시설을 이용할 수 있도록 디자인한 경우에 해당함

■ 평가 참고자료 및 제출서류

참고자료	- 장애인·노인·임산부 등의 편의증진보장에 관한 법률 - 교통약자의 이동편의증진법 - 일본 동경도 복지마을 만들기 조례 - 행정중심복합도시의 장애물 없는 도시·건축설계 매뉴얼	
제출서류	예비인증	- 도시기본계획서 - 택지개발계획 - 지구단위계획 ※ 위 제출서류 중 평가항목의 조건을 만족하는 서류제출
	본인증	- 예비인증시와 동일

장애물 없는 생활환경 인증기준 - 지역		
평가부분	1	장애물 없는 도시 구성 체계
평가범주	1.2	녹지망 조성계획
평가항목	1.2.1	공원
■ 세부평가기준		
평가목적	도시를 구성하는 공원부분의 인증	
평가방법	도시내 전체 공원부분의 인증평가 점수의 평균	
배 점	14점 (평가항목)	
산출기준	• 평점 = 14점 환산된 공원부분 인증 평가 점수 - 공원부분 인증 평가 점수 $$= \frac{\sum \text{개별 공원면적} \times \text{개별 공원평가점수}}{\text{도시내 전체 공원면적}} = \frac{(P_1 \times p_1) + (P_2 \times p_2) + \cdots}{(P_1 + P_2 + \cdots)}$$ (P : 개별 공원 면적, p : 개별 공원 평가 점수)	

■ 평가 참고자료 및 제출서류

참고자료	- 장애인·노인·임산부 등의 편의증진보장에 관한 법률 - 교통약자의 이동편의증진법 - 일본 동경도 복지마을 만들기 조례 - 행정중심복합도시의 장애물 없는 도시·건축설계 매뉴얼	
제출서류	예비인증	- 도시기본계획서 - 택지개발계획 - 지구단위계획 - 보행전용 도로의 연장과 설계 계획서 및 상세 설계도 ※ 위 제출서류 중 평가항목의 조건을 만족하는 서류제출
	본인증	- 예비인증시와 동일

⟨ 1. 지역 인증지표 및 기준 ⟩

장애물 없는 생활환경 인증기준 - 지역

평가부문	1	장애물 없는 도시, 구역 구성 체계
평가범주	1.2	녹지망 조성 계획
평가항목	1.2.2	녹도의 연계 방안 및 녹지조성

■ 세부평가기준

평가목적	녹도 및 녹지조성의 형성 계획을 평가하여 자연과 함께하는 도시환경 구축을 유도함
평가방법	보행로와 녹도의 통합계획 및 녹지의 연계성을 평가
배 점	6점 (평가항목)

산출기준	• 평점 = 각 평점의 합

구분	평점
녹지의 최소한 1면이상이 BF 보행망에 접하거나 연결되어 계획	3.0
도시내 녹도를 적극적으로 활용하여 보행로와 통합하여 계획	3.0

- 각 항목의 기준에 적합한 경우 해당 점수를 부여함
- 녹지란 도시계획법과 도시공원법에 의해 지정된 도시용도지역의 공원녹지를 말함

■ 평가 참고자료 및 제출서류

참고자료	- 장애인·노인·임산부 등의 편의증진보장에 관한 법률 - 교통약자의 이동편의증진법 - 일본 동경도 복지마을 만들기 조례 - 행정중심복합도시의 장애물 없는 도시·건축설계 매뉴얼 - 친환경 건축물 인증기준
제출서류	예비인증	- 도시기본계획서 - 택지개발계획 - 지구단위계획 - 보행망 및 녹도 및 녹지블록이 표시된 상황도 ※ 위 제출서류 중 평가항목의 조건을 만족하는 서류제출
	본인증	- 예비인증시와 동일

장애물 없는 생활환경 인증기준 - 지역

평가부문	1	장애물 없는 도시 구성 체계
평가범주	1.3	이용시설 계획
평가항목	1.3.1	이용시설의 집적 및 계획

■ 세부평가기준

평가목적	공공업무, 상업, 문화시설 등 불특정 다수가 이용하는 지역생활중심시설을 집중시켜 계획하여 단축된 이동 동선을 확보하며, 이용시설의 이용성을 증대시킬 수 있도록 함
평가방법	지역생활중심시설에 대한 집적계획 및 BF 보행로와의 연계성 평가
배 점	4점 (평가항목)

산출기준	• 평점 = 평가 등급에 해당하는 점수로 평가

구분	지역생활중심시설의 집적계획	평가항목 점수
최우수	지역생활중심시설을 집적계획하고, 연속된 BF 보행로와 연계	4.0
우 수	지역생활중심시설을 집적계획하고, BF 보행로와 연계	3.2
일 반	지역생활중심시설을 집적계획하여 단축된 이동 동선 확보	2.8

- 연속된 BF 보행로의 연계는 차로 등으로 분리되거나 이용동선이 단절되는 부분이 생길 지라도 보행로 우선의 접점계획(교차 및 횡단의 입체적 계획 등)을 통해 연속성과 안정성이 확보된 경우에 해당함

■ 평가 참고자료 및 제출서류

참고자료	- 장애인·노인·임산부 등의 편의증진보장에 관한 법률 - 교통약자의 이동편의증진법 - 일본 동경도 복지마을 만들기 조례 - 행정중심복합도시의 장애물 없는 도시·건축설계 매뉴얼
제출서류	예비인증	- 도시기본계획서 - 택지개발계획 - 지구단위계획 - 지역생활중심시설이 표시된 상황도 ※ 위 제출서류 중 평가항목의 조건을 만족하는 서류제출
	본인증	- 예비인증시와 동일

장애물 없는 생활환경 인증기준 - 지역

평가부문	1	장애물 없는 도시 구성 체계
평가범주	1.3	이용시설 계획
평가항목	1.3.2	복지시설 설치 계획

■ 세부평가기준

평가목적	도시내 일정구역에 고령자 및 장애인 커뮤니티센터 및 시설 계획을 평가하여 고령자 및 장애인의 사회통합 계획 유도함
평가방법	고령자 및 장애인 커뮤니티센터 및 시설 계획 및 BF 보행로와의 연계성 평가
배 점	3점 (평가항목)

산출기준	• 평점 = 평가 등급에 해당하는 점수로 평가

구분	고령자 및 장애인 커뮤니티센터 설치 계획	평가항목 점수
최우수	인식이 용이한 장소로 대지가 평탄하고, 이용자가 접근하기 쉽도록 대중교통수단의 이용이 편리하며, BF 보행로와 연계 설치	3.0
우 수	이용자가 접근하기 쉽도록 대중교통수단의 이용이 편리하며, BF 보행로와 연계 설치	2.4
일 반	복지시설(고령자 및 장애인 커뮤니티센터) 설치 계획 수립	2.1

- 규모가 큰 복지시설의 경우 도심지로서 이용자가 접근하기 쉽도록 대중교통수단의 이용이 편리한 위치에 계획되는 것이 바람직함
- 규모가 작은 복지시설의 경우 대부분의 이용자가 도보로 접근 할 수 있도록 근린주거구역 또는 지역단위로 설치하고, 보행자전용 도로와의 연계를 고려하여 계획되는 것이 바람직함

■ 평가 참고자료 및 제출서류

참고자료	- 장애인·노인·임산부 등의 편의증진보장에 관한 법률 - 교통약자의 이동편의증진법 - 일본 동경도 복지마을 만들기 조례 - 행정중심복합도시의 장애물 없는 도시·건축설계 매뉴얼
제출서류	예비인증	- 도시기본계획서 - 택지개발계획 - 지구단위계획 - 복지시설이 표시된 위치도 ※ 위 제출서류 중 평가항목의 조건을 만족하는 서류제출
	본인증	- 예비인증시와 동일

장애물 없는 생활환경 인증기준 - 지역

평가부문	1	장애물 없는 도시 구성 체계
평가범주	1.4	교통시설계획
평가항목	1.4.1	교통시설과의 접근성

■ 세부평가기준

평가목적	교통시설에서 공공업무, 상업, 문화 등 지역생활중심시설로의 도보거리를 평가함으로써 장애인 및 노약자 등 다양한 이용자들의 접근성을 높이고자 함
평가방법	교통시설(철도역, 지하철역, 버스터미널, 택시, 버스정류장(마을버스제외))과의 도보거리
배 점	3점 (평가항목)

산출기준	• 평점 = 평가 등급에 해당하는 점수로 평가

구분	교통시설과 지역생활중심시설과의 접근성	평가항목 점수
최우수	2개이상의 교통수단이 300m이내에 위치	3.0
우 수	가장 가까운 교통수단이 200m이상 400m이내에 위치	2.4
일 반	가장 가까운 교통수단이 400m이상 500m이내에 위치	2.1

- 도보거리란 가장 안전하고 편리한 길을 이용한 물리적 거리를 말함
- 거리는 가장 유리한 지역생활 중심시설을 기준으로 함

■ 평가 참고자료 및 제출서류

참고자료	- 장애인·노인·임산부 등의 편의증진보장에 관한 법률 - 교통약자의 이동편의증진법 - 일본 동경도 복지마을 만들기 조례 - 행정중심복합도시의 장애물 없는 도시·건축설계 매뉴얼 - 친환경 건축물 인증기준
제출서류	예비인증	- 도시기본계획서 - 택지개발계획 - 지구단위계획 - 교통시설 및 지역생활 중심이 표시된 상황도 ※ 위 제출서류 중 평가항목의 조건을 만족하는 서류제출
	본인증	- 예비인증시와 동일

⟨ 1. 지역 인증지표 및 기준 ⟩

장애물 없는 생활환경 인증기준 - 지역

평가부문	1	장애물 없는 도시 구성 체계
평가범주	1.4	교통시설계획
평가항목	1.4.2	교통시설과 이용시설의 연계성

■ 세부평가기준

평가목적	교통시설에서 공공업무, 상업, 문화 등 지역생활중심시설로의 이동에 있어 연속된 장애물 없는 보행공간으로 구성되도록 계획함
평가방법	교통시설과 도시내 지역생활중심시설의 BF 보행로 확보 여부 평가
배 점	3점 (평가항목)

산출기준	• 평점 = 평가 등급에 해당하는 점수로 평가

구분	교통시설과 지역생활중심시설의 연계성	평가항목 점수
최우수	교통시설과 지역생활중심시설(공공업무, 상업, 문화 등) 이 연속된 BF 보행로와 연계	3.0
우 수	교통시설에서 지역생활중심시설(공공업무, 상업, 문화 등)로 이동이 가능함	2.4

- 차로 등에 의한 간섭부분이 생길지라도 보행을 우선의 접점계획(교차 및 횡단의 입체적 계획 등)을 통해 연속성과 안정성을 확보한 경우 연속된 것으로 판단함

■ 평가 참고자료 및 제출서류

참고자료	- 장애인·노인·임산부 등의 편의증진보장에 관한 법률 - 교통약자의 이동편의증진법 - 일본 동경도 복지마을 만들기 조례 - 행정중심복합도시의 장애물 없는 도시·건축설계 매뉴얼
제출서류 / 예비인증	- 도시기본계획서 - 택지개발계획 - 지구단위계획 - 교통시설 및 지역생활 중심이 표시된 위치도 ※ 위 제출서류 중 평가항목의 조건을 만족하는 서류제출
본인증	- 예비인증시와 동일

장애물 없는 생활환경 인증기준 - 지역

평가부문	2	장애물 없는 도시 구성 체계
평가범주	2.1	보행망
평가항목	2.1.1	BF 구조

■ 세부평가기준

평가목적	도시내 연속되는 접근 및 이동경로를 장애물 없는(Barrier Free) 구조로 계획함으로써 장애인 및 노약자 등 다양한 이용자가 안전하고 편리한 도시생활이 가능하도록 함
평가방법	도시계획 수립시 BF 구조의 보행자 네트워크에 대한 계획 수립 여부 평가
배 점	3점 (평가항목)

산출기준	• 평점 = 평가 등급에 해당하는 점수로 평가

구분	BF 구조의 보행망 수립	평가항목 점수
최우수	도시 전체를 포괄하는 BF 보행자 네트워크 수립	3.0
우 수	집적화된 이용시설에 BF 보행자 네트워크 수립	2.4

- 장애물 없는 구조(Barrier Free, BF)란 보행로에 보행안전구역과 장애물 구역이 분리 계획되어 설치된 경우에 해당함
- 보행안전구역이라 함은 보행공간에 이동에 장애가 되는 어떠한 장애물도 설치되지 않는 구역에 해당함
- 장애물 구역이라 함은 가로수, 휴게의자, 공중전화 등 연속적인 보행에 장애가 되는 장애물을 집적하여 설치되는 구역에 해당함
- 이용시설이라 함은 도시광장, 지역광장 등을 조성하여 공공업무시설, 중심상업시설, 문화시설, 복지시설 등 도시기능을 집적시켜 계획한 경우에 해당함

■ 평가 참고자료 및 제출서류

참고자료	- 장애인·노인·임산부 등의 편의증진보장에 관한 법률 - 교통약자의 이동편의증진법 - 일본 동경도 복지마을 만들기 조례 - 행정중심복합도시의 장애물 없는 도시·건축설계 매뉴얼
제출서류 / 예비인증	- 도시기본계획서 - 택지개발계획 - 지구단위계획 - 보행네트워크 조성 계획서 및 설계도면 - 도시기능이 집적화된 지역이 표시된 상황도 ※ 위 제출서류 중 평가항목의 조건을 만족하는 서류제출
본인증	- 예비인증시와 동일

장애물 없는 생활환경 인증기준 - 지역

평가부문	2	장애물 없는 도시 구성 체계
평가범주	2.1	보행망
평가항목	2.1.2	BF 구조의 연속성

■ 세부평가기준

평가목적	도로망에 의한 BF 구조의 보행망의 단절 여부를 평가하여 장애인 및 노약자 등 다양한 이용자가 연속적인 도시내 보행망 이용이 가능하도록 함
평가방법	BF 구조의 보행자 네트워크의 연속성 평가
배 점	4점 (평가항목)

산출기준	• 평점 = 평가 등급에 해당하는 점수로 평가

구분	BF 구조의 연속성	평가항목 점수
최우수	도로망에 의한 단절 없이 연속된 BF 구조의 보행네트워크 계획	4.0
우 수	도로망에 의한 단절이 있으나, 보행자의 연속적인 이용이 가능	3.2

- 연속됨이란 차로 등에 의한 단절 없이 차량으로부터 보행자 안전을 확보한 경우에 해당함
- 차로 등에 의한 간섭부분이 생길지라도 보행 우선의 접점계획(교차 및 횡단의 입체적 계획 등)을 통해 연속성과 안정성을 확보한 경우 연속된 것으로 판단함

■ 평가 참고자료 및 제출서류

참고자료	- 장애인·노인·임산부 등의 편의증진보장에 관한 법률 - 교통약자의 이동편의증진법 - 일본 동경도 복지마을 만들기 조례 - 행정중심복합도시의 장애물 없는 도시·건축설계 매뉴얼
제출서류 / 예비인증	- 도시기본계획서 - 택지개발계획 - 지구단위계획 - BF 구조의 보행네트워크 연속성 유지 확보방안 계획서 ※ 위 제출서류 중 평가항목의 조건을 만족하는 서류제출
본인증	- 예비인증시와 동일

장애물 없는 생활환경 인증기준 - 지역

평가부문	2	장애물 없는 보행네트워크
평가범주	2.2	도로
평가항목	2.2.1	왕복 6차로 이상 도로

■ 세부평가기준

평가목적	도시를 구성하는 도로부분을 평가하여 교통약자의 이동을 원활하게 하기 위함
평가방법	도시내 전체 6차로 이상 도로부분의 인증 평가 점수의 평균
배 점	28점 (평가항목)

산출기준	• 평점 = 28점 환산된 왕복 6차로 이상 도로 인증 평가 점수

- 왕복 도로부분 인증 평가 점수

$$= \frac{\sum 왕복 6차로 이상 도로연장 \times 왕복 6차로 이상 도로인증 평가 점수}{도시내 전체 왕복 6차로 이상 도로연장}$$

$$= \frac{(R_1 \times p_1) + (R_2 \times p_2) + \cdots}{(R_1 + R_2 + \cdots)}$$

(R : 왕복 6차로 도로 연장, p : 왕복 6차로 도로 인증 평가 점수)

■ 평가 참고자료 및 제출서류

참고자료	- 장애인·노인·임산부 등의 편의증진보장에 관한 법률 - 교통약자의 이동편의증진법 - 일본 동경도 복지마을 만들기 조례 - 행정중심복합도시의 장애물 없는 도시·건축설계 매뉴얼
제출서류 / 예비인증	- 도시기본계획서 - 택지개발계획 - 지구단위계획 - 왕복의 도로 연장과 설계 계획서 및 상세 설계도 ※ 위 제출서류 중 평가항목의 조건을 만족하는 서류제출
본인증	- 예비인증시와 동일

⟨ 1. 지역 인증지표 및 기준 ⟩

장애물 없는 생활환경 인증기준 - 지역

평가부문	2	장애물 없는 보행네트워크
평가범주	2.2	도로
평가항목	2.2.2	왕복 4차로 도로

■ 세부평가기준

평가목적	도시를 구성하는 도로부분을 평가하여 교통약자의 이동을 원활하게 하기 위함
평가방법	도시내 전체 왕복 4차로 도로부분의 인증 평가 점수의 평균
배점	28점 (평가항목)
산출기준	• 평점 = 28점 환산된 왕복 4차로 도로부분 인증 평가 점수 　- 왕복 4차로 도로부분 인증 평가 점수 　$= \dfrac{\sum 왕복\,4차로\,도로연장 \times 왕복\,4차로도로인증\,평가점수}{도시내\,전체\,왕복\,4차로\,도로연장}$ 　$= \dfrac{(R_1 \times p_1)+(R_2 \times p_2)+\cdots}{(R_1+R_2+\cdots)}$ 　(R : 왕복 4차로 도로 연장, p : 왕복 4차로 도로 인증 평가 점수)

■ 평가 참고자료 및 제출서류

참고자료	- 장애인·노인·임산부 등의 편의증진보장에 관한 법률 - 교통약자의 이동편의증진법 - 일본 동경도 복지마을 만들기 조례 - 행정중심복합도시의 장애물 없는 도시·건축설계 매뉴얼
제출서류	예비인증	- 도시기본계획서 - 택지개발계획 - 지구단위계획 - 4차로 도로의 연장과 설계 계획서 및 상세 설계도 ※ 위 제출서류 중 평가항목의 조건을 만족하는 서류제출
	본인증	- 예비인증시와 동일

장애물 없는 생활환경 인증기준 - 지역

평가부문	2	장애물 없는 보행네트워크
평가범주	2.2	도로
평가항목	2.2.3	왕복 2차로 도로

■ 세부평가기준

평가목적	도시를 구성하는 도로부분을 평가하여 교통약자의 이동을 원활하게 하기 위함
평가방법	도시내 전체 왕복 2차로 도로부분의 인증평가 점수의 평균
배점	28점 (평가항목)
산출기준	• 평점 = 28점 환산된 왕복 2차로 도로부분 인증 평가 점수 　- 왕복 2차로 도로부분 인증 평가 점수 　$= \dfrac{\sum 왕복\,2차로\,도로연장 \times 왕복\,2차로도로인증\,평가점수}{도시내\,전체\,왕복\,2차로\,도로연장}$ 　$= \dfrac{(R_1 \times p_1)+(R_2 \times p_2)+\cdots}{(R_1+R_2+\cdots)}$ 　(R : 왕복 2차로 도로 연장, p : 왕복 2차로 도로 인증 평가 점수)

■ 평가 참고자료 및 제출서류

참고자료	- 장애인·노인·임산부 등의 편의증진보장에 관한 법률 - 교통약자의 이동편의증진법 - 일본 동경도 복지마을 만들기 조례 - 행정중심복합도시의 장애물 없는 도시·건축설계 매뉴얼
제출서류	예비인증	- 도시기본계획서 - 택지개발계획 - 지구단위계획 - 왕복 2차로 도로의 연장과 설계 계획서 및 상세 설계도 ※ 위 제출서류 중 평가항목의 조건을 만족하는 서류제출
	본인증	- 예비인증시와 동일

장애물 없는 생활환경 인증기준 - 지역

평가부문	2	장애물 없는 보행네트워크
평가범주	2.2	도로
평가항목	2.2.4	보차공존 도로

■ 세부평가기준

평가목적	도시를 구성하는 도로부분을 평가하여 교통약자의 이동을 원활하게 하기 위함
평가방법	도시내 전체 보차공존 도로부분의 인증평가 점수의 평균
배점	28점 (평가항목)
산출기준	• 평점 = 28점 환산된 보차공존 도로부분 인증 평가 점수 　- 보차공존 도로부분 인증 평가 점수 　$= \dfrac{\sum 보차공존\,도로연장 \times 보차공존\,도로\,인증\,평가점수}{도시내\,전체\,보차공존\,도로연장}$ 　$= \dfrac{(R_1 \times p_1)+(R_2 \times p_2)+\cdots}{(R_1+R_2+\cdots)}$ 　(R : 보차공존 도로 연장, p : 보차공존 도로 인증 평가 점수)

■ 평가 참고자료 및 제출서류

참고자료	- 장애인·노인·임산부 등의 편의증진보장에 관한 법률 - 교통약자의 이동편의증진법 - 일본 동경도 복지마을 만들기 조례 - 행정중심복합도시의 장애물 없는 도시·건축설계 매뉴얼
제출서류	예비인증	- 도시기본계획서 - 택지개발계획 - 지구단위계획 - 보차공존 도로의 연장과 설계 계획서 및 상세 설계도 ※ 위 제출서류 중 평가항목의 조건을 만족하는 서류제출
	본인증	- 예비인증시와 동일

장애물 없는 생활환경 인증기준 - 지역

평가부문	2	장애물 없는 보행네트워크
평가범주	2.2	도로
평가항목	2.2.5	보행자전용 도로

■ 세부평가기준

평가목적	도시를 구성하는 도로부분을 평가하여 교통약자의 이동을 원활하게 하기 위함
평가방법	도시내 전체 보행자전용 도로부분의 인증 평가 점수의 평균
배점	28점 (평가항목)
산출기준	• 평점 = 28점 환산된 보행자전용 도로부분 인증 평가 점수 　- 보행자전용 도로부분 인증 평가 점수 　$= \dfrac{\sum 보행자전용도로연장 \times 보행자전용도로인증평가점수}{도시내\,전체\,보행자전용도로연장}$ 　$= \dfrac{(R_1 \times p_1)+(R_2 \times p_2)+\cdots}{(R_1+R_2+\cdots)}$ 　(R : 보행자전용 도로 연장, p : 보행자전용 도로 인증 평가 점수)

■ 평가 참고자료 및 제출서류

참고자료	- 장애인·노인·임산부 등의 편의증진보장에 관한 법률 - 교통약자의 이동편의증진법 - 일본 동경도 복지마을 만들기 조례 - 행정중심복합도시의 장애물 없는 도시·건축설계 매뉴얼
제출서류	예비인증	- 도시기본계획서 - 택지개발계획 - 지구단위계획 - 보행자전용 도로의 연장과 설계 계획서 및 상세 설계도 ※ 위 제출서류 중 평가항목의 조건을 만족하는 서류제출
	본인증	- 예비인증시와 동일

〈 1. 지역 인증지표 및 기준 〉

장애물 없는 생활환경 인증기준 - 지역

평가부문	3	장애물 없는 도시 관리
평가범주	3.1	제도화
평가항목	3.1.1	지구단위계획, 지침·조례, 제도 관리·운영방안

■ 세부평가기준

평가목적	장애물 없는 도시에 대한 제도화 및 운영방안 수립 여부를 평가하여 지속적으로 안전하고 편리한 도시생활 및 도시 관리가 유지될 수 있도록 함
평가방법	제도 수립 및 운영방안 마련 여부에 따라 평가
배 점	7점 (평가항목)

산출기준	• 평점 = 각 평점의 합으로 평가

구 분	평점
장애물 없는 도시 조성에 대한 지침·조례 등 수립	5.0
수립된 제도의 유지 및 관리를 위한 운영방안 마련	2.0

■ 평가 참고자료 및 제출서류

참고자료	- 장애인·노인·임산부 등의 편의증진보장에 관한 법률 - 교통약자의 이동편의증진법 - 일본 동경도 복지마을 만들기 조례 - 행정중심복합도시의 장애 없는 도시·건축설계 매뉴얼
제출서류	예비인증	- 도시기본계획서 - 택지개발계획 - 지구단위계획 ※ 위 제출서류 중 평가항목의 조건을 만족하는 서류제출
	본인증	- 예비인증시와 동일

장애물 없는 생활환경 인증기준 - 지역

평가부문	4	종합평가
평가범주		
평가항목		

■ 세부평가기준

평가목적	해당 시설의 편의시설 설치현황을 평가하여 장애인 및 노약자 등 다양한 사용자가 해당시설에 접근하여 이용하는데 불편함이 없도록 함
평가방법	편의시설 설치의 종합적 평가
배 점	5% (평가항목의 총점기준)

산출기준	• 평점 = 편의시설의 평가등급에 해당하는 평가항목 점수로 평가

구분	편의시설 평가	평가항목 점수
등급구분 없음	※ 심사위원의 평가내용을 자필로 기입	

■ 평가 참고자료 및 제출서류

참고자료	○ 가산항목
	- 여성휴게실(모유수유실 등) 설치
	- 다목적 화장실 설치
	- 해당 없음 항목을 적합하게 설치
	- 그 외 추가 시설을 설치한 경우
	  · 시각장애인을 위한 핸드레일, 조명 등 설치
	  · 안내표시가 경로를 따라 찾기 쉽게 설치 등

제출서류	예비인증	- 해당 없음
	본인증	- 해당 없음

⟨ 2. 도로 인증지표 및 기준 – 6차로⟩

[별표2]

[별표2] 도로 인증지표 및 기준(제2조 관련)
1. 왕복 6차로 이상 도로

범주		평가항목	평가기준	분류번호	배점
1. 보도	1.1 장애물 구역	1.1.1 설치 위치 및 방법	장애물 구역의 설치 위치 및 보행안전구역과의 분리 평가	6R1-01-01	8
		1.1.2 유효폭	보도의 각종 설치물 설치공간으로서의 유효폭의 적절성 평가	6R1-01-02	8
	1.2 자전거 도로	1.2.1 설치방법	자전거 도로의 위치 및 보행안전구역과 분리, 통행방향 평가	6R1-02-01	5
		1.2.2 유효폭	안전한 자전거통행을 위한 자전거 도로 유효폭의 적절성 평가	6R1-02-02	2
		1.2.3 기울기 및 휴식참	안전하고 편리한 자전거 통행을 위한 자전거 도로 기울기 및 휴식참 적절성 평가	6R1-02-03	1
		1.2.4 바닥 재질 및 색상, 설치물	안전한 자전거 통행을 위한 바닥 재질 및 설치물 평가, 기타 도로와의 구별 가능 평가	6R1-02-04	1
		1.2.5 통행방향 및 표식	자전거 도로의 통행방향 및 표식 설치 평가	6R1-02-05	1
	1.3 보행안전구역	1.3.1 설치방법	안전하고 편리한 보행을 위한 보행안전구역의 위치 및 보행장애물 설치물 평가	6R1-03-01	10
		1.3.2 유효폭 및 교행구간	보행자의 불편 없고 쾌적한 통행로로서의 유효폭의 적절성 평가 및 휠체어 등의 교행가능 구간 설치 평가	6R1-03-02	10
		1.3.3 기울기 및 휴식참	안전하고 불편 없는 보행안전구역의 기울기 정도 및 휴식참 설치 평가	6R1-03-03	10
		1.3.4 연속성	안전한 보행을 위한 보행안전구역의 연속성 평가	6R1-03-04	5
		1.3.5 유효안전 높이	안전한 보행을 위한 보행안전구역의 수직적 공간 확보 평가	6R1-03-05	2
		1.3.6 바닥 재질 및 색상	안전한 보행을 위한 보행안전구역의 재질 및 기타 도로와의 구별 가능 평가	6R1-03-06	2
		1.3.7 바닥 설치물	안전한 보행을 위하여 배수구 덮개, 맨홀 등 바닥 설치물의 설치 평가	6R1-03-07	2
	1.4 유도방식	1.4.1 설치방법	휠체어 등 바퀴 달린 이동수단사용자 및 다양한 보행자의 보행쾌적성, 시각장애인 등의 감지 가능성 평가	6R1-04-01	7
		1.4.2 재질 및 색상	시각장애인 등의 보행안전구역 경계 명확한 감지 가능성 평가	6R1-04-02	3
	1.5 차량 진출입부	1.5.1 설치방법	보행안전성을 위하여 차량이 보도를 가로지르는 차량 진출입부에서 보행자를 우선시 함	6R1-05-01	7
		1.5.2 재질 및 색상	보행자 및 운전자가 차량 진출입부의 위치를 감지할 수 있도록 설치된 각종 경고방식 평가	6R1-05-02	3
	1.6 보행지원시설	1.6.1 안내시설	주요시설물, 목적지 등을 안내하는 시설물의 안내 명확성 평가	6R1-06-01	4
		1.6.2 휴게시설	노인, 어린이, 휠체어 등 바퀴달린 이동수단의 휴게공간으로의 접근성과 차별정도, 사용 관리성 평가	6R1-06-02	7

II. 도로 인증지표 및 기준
(제2조 관련)

1) 왕복 6차로 이상 도로
2) 왕복 4차로 이상 도로
3) 왕복 2차로 이상 도로
4) 보행자전용도로
5) 보차공존도로

범주		평가항목	평가기준	분류번호	배점
		1.6.3 이용편의 시설	공중전화 등 보도의 각종 이용편의시설의 접근성 및 사용성 평가	6R1-06-03	2
2. 횡단시설	2.1 입체 횡단시설	2.1.1 설치방법	차량의 소통에 관계없이 쾌적하고 편리한 입체 횡단 시설의 설치 평가	6R2-01-01	6
		2.1.2 수직이동수단-계단	입체횡단 수단 중 계단의 유효폭, 기울기, 단높이·폭, 추락방지턱, 손잡이, 안내 표시의 적절성 평가	6R2-01-02	8
		2.1.3 수직이동수단-경사로	입체횡단 수단 중 경사로의 유효폭, 기울기, 활동공간, 휴식참, 추락방지턱, 손잡이, 안내표시의 적절성 평가	6R2-01-03	8
		2.1.4 수직이동수단-승강기	입체횡단 수단 중 승강기의 출입문 폭과 유효폭, 유효바닥면적, 각종 조작설비 및 손잡이, 안내장치의 적절성 평가	6R2-01-04	8
	2.2. 평면식 횡단방식	2.2.1 설치방법	평면식 횡단방식에서 보행섬식 횡단보도 적용 여부 평가	6R2-02-01	10
		2.2.2 부분 경사로의 유효폭 및 기울기	휠체어 등 바퀴달린 이동수단의 이동 편의증진을 위한 횡단보도의 부분의 유효폭 및 기울기의 적절성 평가	6R2-02-02	10
		2.2.3 횡단보도 진입부의 경고 방식	시각장애인 등이 횡단보도 진입부 위치의 명확한 감지 가능성 평가	6R2-02-03	7
		2.2.4 보행섬의 폭 및 방호물 타리	보행자의 보행섬에서의 활동성 및 차량으로부터의 보호 가능성 평가	6R2-02-04	3
		2.2.5 조명의 조도	운전자 및 보행자의 명확한 횡단보도 위치 감지 가능성 평가	6R2-02-05	3
	2.3 교통신호기	2.3.1 설치 위치	차량으로부터 보행자 보호 가능성 평가	6R2-03-01	9
		2.3.2 잔여시간 표시기	보행자의 횡단잔여시간의 명확한 확인 가능성 평가	6R2-03-02	5
		2.3.3 음향(진동)신호기	시각장애인 등이 횡단가능시간 여부 확인 및 안내의 가능성 평가	6R2-03-03	3
		2.3.4 수동식 신호 조작기 설치위치	수동식 신호조작기 설치 위치 감지 가능성 평가	6R2-03-04	3
3. 기타시설	3.1 승하차 시설	3.1.1 설치방법	장애인 등이 대중교통 이용 가능성 평가	6R3-01-01	6
		3.1.2 연석 높이 및 부분 경사	장애인 등이 차량으로 편리하게 옮겨 탈 수 있는 연석 높이 평가	6R3-01-02	3
		3.1.3 경고방식	장애인 등이 대중교통이용 및 대기공간으로 유도 가능성 평가	6R3-01-03	3
		3.1.4 안내시설	장애인 등이 대중교통수단에 대한 정보 습득 가능성 평가 및 편리성 평가	6R3-01-04	3
4. 총합평가			5% (평가항목의 총점기준)	6R4-01-01	
총 지표수		38	총 배점		200

장애물 없는 생활환경 인증기준 – 왕복 6차로 이상 도로

평가부문	1	보도
평가범주	1.1	장애물 구역
평가항목	1.1.1	설치 위치 및 방법

■ 세부평가기준

평가목적	장애물 구역의 설치 적절성을 평가하여 장애인 및 노약자 등 다양한 사용자가 보행시 장애물의 간섭 없이 안전하고 편리하게 보행이 가능하도록 함
평가방법	장애물 구역의 설치 위치 및 방법 평가
배 점	8점 (평가항목)

• 평점 = 평가 등급에 해당하는 점수로 평가

구분	장애물 구역의 설치 위치 및 방법	평가항목 점수
최우수	장애물 구역이 식재대·녹지대로 활용되어 보도미관 증진	8.0
우 수	장애물 구역이 경계석이나 색상, 띠 등으로 구분되어 설치	6.4
일 반	장애물 구역의 경계의 구분없이 설치	5.6

산출기준	- 장애물 구역은 차도와 연접하여, 차도-장애물 구역-(자전거 도로)-유도 및 경고용띠-보행안전구역-유도 및 경고용띠 순서로 설치하는 것을 원칙으로 함 - 위 순서에 따르지 아니할 경우 우 수 이상으로 평가하지 아니함 - 장애물 구역은 보도의 각종 설치장소로 보도상의 각종 설치물이 장애물 구역이외의 구역(자전거 도로, 보행안전구역 등)에 설치 될 경우 등급외로 평가함

■ 평가 참고자료 및 제출서류

참고자료	- 교통약자의 이동편의증진법 - 행정중심복합도시의 장애물 없는 도시·건축설계 매뉴얼
제출서류	예비인증	- 해당구간 보도의 배치도 - 해당구간 보도의 횡단면도 ※ 위 제출서류 중 평가항목의 조건을 만족하는 서류제출
	본인증	- 예비인증시와 동일

< 2. 도로 인증지표 및 기준 - 6차로 >

장애물 없는 생활환경 인증기준 - 왕복 6차로 이상 도로

평가부문	1	보도
평가범주	1.1	장애물 구역
평가항목	1.1.2	유효폭

■ 세부평가기준

평가목적	장애물 구역의 설치 유효폭을 평가하여 도로의 각종 설치물의 충분한 설치장소를 확보하도록 하며, 장애인 및 노약자 등 다양한 사용자의 보행시 장애물의 간섭 없이 안전하고 편리하게 보행이 가능하도록 함
평가방법	장애물 구역의 설치 유효폭 평가
배 점	8점 (평가항목)

- 평점 = 평가 등급에 해당하는 점수로 평가

구분	장애물 구역의 설치 유효폭	평가항목 점수
최우수	장애물 구역 유효폭 2.0m이상	8.0
우 수	장애물 구역 유효폭 1.5m이상	6.4
일 반	장애물 구역 유효폭 0.9m이상	5.6

산출기준
- 장애물 구역은 일정한 유효폭을 유지하여야 하며, 해당평가구간의 장애물 구역의 최소 유효폭으로 등급을 평가함
- 기존 도시내 도로 및 신규 계획 도시 단독주택지역내 2차로의 경우 장애물구역의 폭원이 0.9m이하라도 해당 도로 구간에 설치된 장애물의 최대폭을 기준으로 장애물 구역을 설치한 경우 일반으로 평가함

■ 평가 참고자료 및 제출서류

참고자료		- 교통약자의 이동편의증진법 - 행정중심복합도시의 장애물 없는 도시·건축설계 매뉴얼
제출서류	예비인증	- 해당구간 보도의 배치도 - 해당구간 보도의 횡단면도 ※ 위 제출서류 중 평가항목의 조건을 만족하는 서류제출
	본인증	- 예비인증시와 동일

장애물 없는 생활환경 인증기준 - 왕복 6차로 이상 도로

평가부문	1	보도
평가범주	1.2	자전거 도로
평가항목	1.2.1	설치방법

■ 세부평가기준

평가목적	자전거 도로의 설치방법을 평가하여 장애인 및 노약자 등 다양한 사용자의 보행시 장애물의 간섭 없이 안전하고 편리하게 보행이 가능하도록 함
평가방법	자전거 도로 설치방법 평가
배 점	5점 (평가항목)

- 평점 = 평가 등급에 해당하는 점수로 평가

구분	자전거 도로 설치방법	평가항목 점수
최우수	장애물 구역에 연접하여 일방통행으로 설치	5.0
우 수	장애물 구역에 연접하여 양방통행으로 설치	4.0

산출기준
- 자전거 도로를 보도에 설치하지 아니하고 별도로 계획할 경우(차도-자전거 도로-장애물 구역-유도 및 경고용띠-보행안전구역-유도 및 경고용띠 순서 등) 최상급으로 평가함
- 자전거 도로를 설치하지 않을 경우의 점수산정은 자전거 도로(1.2항목전체)를 제외한 보도부문 평가점수비율을 자전거 도로의 점수에 적용, 이를 평가점수로 산정함

자전거 도로부문의 평가점수 $= B \times \left(\dfrac{C}{A-B}\right)$

A : 보도부문 전체점수합계
B : 자전거 도로부문 전체점수합계
C : 자전거 도로부문을 제외한 보도부문평가점수

- 자전거의 일방통행 방향은 차량 소통의 방향과 같은 방향으로 계획되어야 하며, 이를 따르지 않을 경우의 일방통행은 인정하지 아니함

■ 평가 참고자료 및 제출서류

참고자료		- 교통약자의 이동편의증진법 - 자전거이용 활성화에 관한 법률
제출서류	예비인증	- 해당구간 보도의 배치도 - 해당구간 보도의 횡단면도 - 해당구간의 자전거 도로 계획도 ※ 위 제출서류 중 평가항목의 조건을 만족하는 서류제출
	본인증	- 예비인증시와 동일

장애물 없는 생활환경 인증기준 - 왕복 6차로 이상 도로

평가부문	1	보도
평가범주	1.2	자전거 도로
평가항목	1.2.2	유효폭

■ 세부평가기준

평가목적	자전거 도로의 설치 유효폭을 평가하여 장애인 및 노약자 등 다양한 사용자의 보행시 자전거의 통행이 안전하고 편리하도록 함
평가방법	자전거 도로의 설치 유효폭 평가
배 점	2점 (평가항목)

- 평점 = 평가 등급에 해당하는 점수로 평가

구분	자전거 도로의 유효폭	평가항목 점수
최우수	양방향통행일 경우 유효폭 1.3m이상 일방통행일 경우 유효폭 0.9m이상	2.0
우 수	자전거 도로 유효폭 1.1m이상	1.6
일 반	자전거 도로 유효폭 0.9m이상	1.4

산출기준
- 평가 대상 구역 중 가장 좁은 자전거 도로 유효폭을 기준으로 해당 구역의 자전거 도로 유효폭을 평가함

■ 평가 참고자료 및 제출서류

참고자료		- 교통약자의 이동편의증진법 - 자전거이용시설의 구조·시설기준에 관한 규칙 제4조 - 행정중심복합도시의 장애물 없는 도시·건축설계 매뉴얼
제출서류	예비인증	- 해당구간 보도의 배치도 - 해당구간 보도의 횡단면도 - 해당구간의 자전거 도로 계획도 ※ 위 제출서류 중 평가항목의 조건을 만족하는 서류제출
	본인증	- 예비인증시와 동일

장애물 없는 생활환경 인증기준 - 왕복 6차로 이상 도로

평가부문	1	보도
평가범주	1.2	자전거 도로
평가항목	1.2.3	기울기 및 휴식참

■ 세부평가기준

평가목적	자전거 도로의 기울기 및 휴식참을 평가하여 자전거의 통행이 안전하고 편리하도록 함
평가방법	자전거 도로의 기울기 및 휴식참 평가
배 점	1점 (평가항목)

- 평점 = 평가 등급에 해당하는 점수로 평가

구분	자전거 도로의 기울기 및 휴식참	평가항목 점수
최우수	자전거 도로의 좌우 기울기는 1/50(2%/1.15°)이하이며, 진행방향 기울기는 1/24(4.17%/2.39°)이하	1.0
우 수	자전거 도로의 좌우 기울기는 1/24(4.17%/2.39°)이하이며, 진행방향 기울기 1/18(5.56%/3.18°)이하	0.8
일 반	자전거 도로의 좌우 기울기는 1/24(4.17%/2.39°)이하이며, 진행방향 기울기 1/12(8.33%/4.76°)이하이며, 30m마다 휴식참이 설치되어 있음	0.7

산출기준
- 평가 대상 구역 중 가장 가파른 경사도를 기준으로 해당 구역의 자전거 도로 기울기를 평가함

■ 평가 참고자료 및 제출서류

참고자료		- 교통약자의 이동편의증진법 제10조 제2항 - 교통약자의 이동편의증진법 시행규칙 제2조 제1항 - 교통약자의 이동편의증진법 시행규칙 별표1 제3호 - 자전거이용 활성화에 관한 법률 - 행정중심복합도시의 장애물 없는 도시·건축설계 매뉴얼
제출서류	예비인증	- 해당구간 보도의 배치도 - 해당구간 보도의 횡단면도 - 해당구간의 자전거 도로 계획도 ※ 위 제출서류 중 평가항목의 조건을 만족하는 서류제출
	본인증	- 예비인증시와 동일

< 2. 도로 인증지표 및 기준 – 6차로 >

장애물 없는 생활환경 인증기준 - 왕복 6차로 이상 도로

평가부문	1	보도
평가범주	1.2	자전거 도로
평가항목	1.2.4	바닥 재질 및 색상, 설치물

■ 세부평가기준

평가목적	자전거 도로의 바닥 재질 및 색상, 설치물을 평가하여 자전거의 통행이 안전하고 편리하도록 함
평가방법	자전거 도로의 바닥 재질 및 색상, 설치물 평가
배점	1점 (평가항목)

- 평점 = 평가 등급에 해당하는 점수로 평가

구분	자전거 도로의 바닥 재질 및 색상, 설치물	평가항목 점수
최우수	우수의 조건을 만족시키며 배수가 잘되는 재질로 설치함	1.0
우수	일반의 조건을 만족시키며, 맨홀, 배수구 덮개 등이 바닥 설치물이 없음	0.8
일반	틈이 없고 평탄한 재질의 마감으로 주변과 색상으로 그 경계를 명확히 감지 가능하며 배수구 덮개 간격이 1cm 이하(진행방향), 높이차 없음	0.7

산출기준
- 자전거 도로에 블록 등의 바닥 마감재를 사용할 경우 블록의 높이차는 없어야 하며, 그 이외의 경우 평가하지 아니함
- 배수가 잘 되는 자전거 도로의 바닥 마감재가 자전거가 원활하게 이동할 수 있는 충분한 경도를 가지고 있어야 하며, 그 이외의 경우 평가하지 아니함

■ 평가 참고자료 및 제출서류

참고자료	- 교통약자의 이동편의증진법 제10조 제2항 - 교통약자의 이동편의증진법 시행규칙 제2조 제1항 - 교통약자의 이동편의증진법 시행규칙 별표1 제3호
제출서류	예비인증	- 해당구간 보도의 배치도 - 해당구간 보도의 횡단면도 - 해당구간의 자전거 도로 계획도 ※ 위 제출서류 중 평가항목의 조건을 만족하는 서류제출
	본인증	- 예비인증시와 동일

장애물 없는 생활환경 인증기준 - 왕복 6차로 이상 도로

평가부문	1	보도
평가범주	1.2	자전거 도로
평가항목	1.2.5	통행방향 및 표식

■ 세부평가기준

평가목적	자전거 도로의 통행방향 및 표식을 평가하여 자전거와 보행자의 통행이 안전하고 편리하도록 함
평가방법	자전거 도로의 통행방향 및 표식 평가
배점	1점 (평가항목)

- 평점 = 평가 등급에 해당하는 점수로 평가

구분	자전거 도로의 통행방향 및 표식	평가항목 점수
최우수	바닥, 입식으로 자전거 도로임을 표시하고, 통행방향을 함께 표시	1.0
우수	바닥, 입식으로 자전거 도로임을 표시	0.8
일반	바닥에 자전거 도로임을 표시	0.7

산출기준
- 양방통행의 자전거 도로 소통방향을 표시할 경우 보행 안전구역에 면한 자전거 도로의 통행방향은 차량 소통 방향과 동일한 방향으로 표시하여야 함

■ 평가 참고자료 및 제출서류

참고자료	- 자전거 이용시설의 구조·시설기준에 관한 규칙 제11조 - 도로교통법 시행규칙 별표6
제출서류	예비인증	- 해당구간 보도의 배치도 - 해당구간 보도의 횡단면도 - 해당구간의 자전거 도로 계획도 ※ 위 제출서류 중 평가항목의 조건을 만족하는 서류제출
	본인증	- 예비인증시와 동일

장애물 없는 생활환경 인증기준 - 왕복 6차로 이상 도로

평가부문	1	보도
평가범주	1.3	보행안전구역
평가항목	1.3.1	설치방법

■ 세부평가기준

평가목적	보행안전구역의 기타 도로 설치물과의 분리를 평가하여 장애인 및 노약자 등 다양한 보행자의 이동 및 접근시 장애물의 간섭 없이 안전하고 편리한 보행이 가능하도록 함
평가방법	보행안전구역의 설치방법 평가
배점	10점 (평가항목)

- 평점 = 평가 등급에 해당하는 점수로 평가

구분	보행안전구역의 설치방법	평가항목 점수
최우수	우수의 성능을 만족시키며 맨홀뚜껑, 배수구덮개 등을 포함하는 어떠한 보행장애물도 설치되어 있지 않음	10.0
우수	일반의 성능을 만족시키며 보행안전구역의 설치순서원칙에 적합함	8.0
일반	보행안전구역은 차도, 자전거 도로와 분리되며, 규정에 적합한 바닥 설치물을 제외한 다른 보행장애물이 설치되어 있지 않음	7.0

산출기준
- 보행안전구역은 차도-장애물 구역-(자전거 도로)-유도 및 경고용띠-보행안전구역-유도 및 경고용띠 순서로 설치할 것을 원칙으로 함. 단, 자전거 도로와 보행안전구역의 설치 위치가 바뀔 경우 보행자의 안전성이 확보되지 않으므로 일반으로 평가함
- 보행장애물이라 함은 보행자의 보행을 방해하는 설치물로 보행안전구역에 설치된 차량 진입억제용 말뚝, 가로등, 가로수, 벤치, 각종 전기 등의 단자함, 쓰레기통, 소화전 등 도로에 설치되는 각종 설치물을 말함
- 차량 진입억제용 말뚝은 보행자의 보행을 방해하지 않는 위치에, 필요한 장소에만 설치하고 그 이외의 장소에는 설치하지 않는 것을 원칙으로 함
- 보행자의 진행방향과 직각으로 차량 진입억제용 말뚝을 설치할 경우에는 보행장애물로 취급하며, 차도와의 분리를 위하여 보행안전구역과 나란하게 설치하여 보행자의 보행에 큰 지장을 주지 않을 경우 보행장애물로 취급하지 아니함
- 규정에 적합한 바닥 설치물이라 함은 높이차 없이 설치되어 보행시 불편 혹은 위험요소가 없는 맨홀뚜껑, 배수구 덮개 등을 말함 (평가 항목 1.3.7 참조)

■ 평가 참고자료 및 제출서류

참고자료	- 교통약자의 이동편의증진법 제10조 제2항, 시행규칙 제2조 제1항 및 시행규칙 별표1 제3호 - 행정중심복합도시의 장애물 없는 도시·건축설계 매뉴얼
제출서류	예비인증	- 해당구간 보도의 배치도 - 해당구간 보도의 횡단면도 ※ 위 제출서류 중 평가항목의 조건을 만족하는 서류제출
	본인증	- 예비인증시와 동일

장애물 없는 생활환경 인증기준 - 왕복 6차로 이상 도로

평가부문	1	보도
평가범주	1.3	보행안전구역
평가항목	1.3.2	유효폭 및 교행구간

■ 세부평가기준

평가목적	보행안전구역의 유효폭 및 교행구간을 평가하여 장애인 및 노약자 등 다양한 보행자의 보행에 불편 없이 안전한 보행이 가능하도록 함
평가방법	보행안전구역의 유효폭 및 교행구간 평가
배점	10점 (평가항목)

- 평점 = 평가 등급에 해당하는 점수로 평가

구분	보행안전구역의 유효폭 및 교행구간	평가항목 점수
최우수	보행안전구역의 유효폭 2.0m이상	10.0
우수	보행안전구역의 유효폭 1.5m이상	8.0
일반	보행안전구역의 유효폭 1.2m이상	7.0

산출기준
- 평가 대상 구간 중 가장 좁은 보행안전구역의 유효폭을 기준으로 해당 구역의 보행안전구역의 유효폭을 평가함
- 입체횡단시설, 도시철도 및 광역전철 출입구 등으로 인하여 보행안전구역의 유효폭이 축소되어서는 아니되
- 기존도시에서 도시철도 및 광역 전철 출입구 등으로 보도의 폭이 제한될 경우에도 보행안전구역은 최소 1.2m이상을 유지하여야 함

■ 평가 참고자료 및 제출서류

참고자료	- 장애인·노인·임산부 등의 편의증진보장에 관한 법률 - 교통약자의 이동편의증진법
제출서류	예비인증	- 해당구간 보도의 배치도 - 해당구간 보도의 횡단면도 ※ 위 제출서류 중 평가항목의 조건을 만족하는 서류제출
	본인증	- 예비인증시와 동일

〈 2. 도로 인증지표 및 기준 - 6차로〉

장애물 없는 생활환경 인증기준 - 왕복 6차로 이상 도로

평가부문	1	보도
평가범주	1.3	보행안전구역
평가항목	1.3.3	기울기 및 휴식참

■ 세부평가기준

평가목적	보행안전구역의 기울기 및 휴식참을 평가하여 장애인 및 노약자 등 다양한 보행자가 자력으로 안전한 보행이 가능하도록 함
평가방법	보행안전구역의 기울기 및 휴식참 평가
배 점	10점 (평가항목)

산출기준
- 평점 = 평가 등급에 해당하는 점수로 평가

구분	보행안전구역의 기울기 및 휴식참	평가항목점수
최우수	보행안전구역은 단차없이 진행방향 기울기 1/24(4.17%/2.39°)이하	10.0
우 수	보행안전구역은 단차없이 진행방향 기울기 1/18(5.56%/3.18°)이하, 50m마다 1.5m×1.5m의 수평 휴식참 설치	8.0
일 반	단차 2cm이하, 진행방향 기울기 1/12(8.33%/4.76°)이하이며, 30m마다 1.5m×1.5m의 수평 휴식참 설치	7.0

- 평가 대상 구역 중 가장 가파른 경사도를 기준으로 해당 구역의 보행안전구역 기울기를 평가함
- 보행안전구역의 좌우기울기는 없는 것을 원칙으로 하며, 지형지물상 불가피할 경우 혹은 배수 등을 위한 경우에는 1/50(2%/1.15°)이하를 유지하여야 함

■ 평가 참고자료 및 제출서류

참고자료	- 교통약자의 이동편의증진법 제10조 제2항 - 교통약자의 이동편의증진법 시행규칙 제2조 제1항 - 교통약자의 이동편의증진법 시행규칙 별표1 제3호
제출서류	예비인증	- 해당구간 보도의 배치도 - 해당구간 보도의 횡단면도 ※ 위 제출서류 중 평가항목의 조건을 만족하는 서류제출
	본인증	- 예비인증시와 동일

장애물 없는 생활환경 인증기준 - 왕복 6차로 이상 도로

평가부문	1	보도
평가범주	1.3	보행안전구역
평가항목	1.3.4	연속성

■ 세부평가기준

평가목적	보행안전구역이 연속된 설치를 평가하여 장애인 및 노약자 등 다양한 보행자의 보행 시 차량 및 기타 장애물의 간섭 없이 안전하고 편리한 보행이 가능하도록 함
평가방법	보행안전구역의 연속성 평가
배 점	5점 (평가항목)

산출기준
- 평점 = 평가 등급에 해당하는 점수로 평가

구분	보행안전구역의 연속성	평가항목점수
	보행안전구역은 진행방향으로 연속되게 설치	5.0

- 보행안전구역의 연속된 설치란 진행방향으로 기울기 1/18(5.56%/3.18°)이하로 바닥 높이차가 없이(혹은 2cm이하) 설치함을 말함
- 교차로 및 차량 진출입구 등의 계획을 차량의 소통보다 보행자의 안전을 우선하도록 설치할 경우(규정에 적합한 보행섬식횡단방식 설치, 보행안전구역의 평탄성 유지 등) 보행안전구역은 연속하게 설치한 것으로 평가하며, 그 이외의 경우는 등급 외로 평가함

■ 평가 참고자료 및 제출서류

참고자료	- 교통약자의 이동편의증진법 제10조 제2항 - 교통약자의 이동편의증진법 시행규칙 제2조 제1항 - 교통약자의 이동편의증진법 시행규칙 별표1 제3호 - 행정중심복합도시의 장애 없는 도시·건축설계 매뉴얼
제출서류	예비인증	- 해당구간 보도의 배치도 - 해당구간 보도의 횡단면도 ※ 위 제출서류 중 평가항목의 조건을 만족하는 서류제출
	본인증	- 예비인증시와 동일

장애물 없는 생활환경 인증기준 - 왕복 6차로 이상 도로

평가부문	1	보도
평가범주	1.3	보행안전구역
평가항목	1.3.5	유효안전높이

■ 세부평가기준

평가목적	보행안전구역의 유효안전높이를 평가하여 장애인 및 노약자 등 다양한 보행자의 보행 시 불편 없이 안전한 보행이 가능하도록 함
평가방법	보행안전구역의 유효안전높이 평가
배 점	2점 (평가항목)

산출기준
- 평점 = 평가 등급에 해당하는 점수로 평가

구분	보행안전구역의 유효안전높이	평가항목점수
최우수	높이 2.5m의 유효안전높이 확보	2.0
우 수	높이 2.1m의 유효안전높이 확보	1.6

- 가로수의 가지치기도 평가 대상에 포함되어 2.5m이하로 뻗어 나온 가로수는 가지치기를 실시하여야 함
- 보행안전구역의 공간은 어떠한 상황에서도 비워져 있어야 하며, 상점의 입간판 설치 등 보도의 관리가 적절하게 이루어지지 않을 경우에도 등급외로 평가하며, 보행자를 위한 안내시설 등을 설치할 경우에도 보행안전구역을 침범하지 않도록 고려하여야 함

■ 평가 참고자료 및 제출서류

참고자료	- 교통약자의 이동편의증진법 제10조 제2항 - 교통약자의 이동편의증진법 시행규칙 제2조 제1항 - 교통약자의 이동편의증진법 시행규칙 별표1 제3호
제출서류	예비인증	- 해당구간 보도의 배치도 - 해당구간 보도의 횡단면도 ※ 위 제출서류 중 평가항목의 조건을 만족하는 서류제출
	본인증	- 예비인증시와 동일

장애물 없는 생활환경 인증기준 - 왕복 6차로 이상 도로

평가부문	1	보도
평가범주	1.3	보행안전구역
평가항목	1.3.6	바닥 재질 및 색상

■ 세부평가기준

평가목적	보행안전구역의 바닥 재질 및 색상을 평가하여 장애인 및 노약자 등 다양한 보행자의 보행이 불편 없이 안전한 보행이 가능하도록 함
평가방법	보행안전구역의 바닥 재질 및 색상 평가
배 점	2점 (평가항목)

산출기준
- 평점 = 평가 등급에 해당하는 점수로 평가

구분	보행안전구역의 바닥 재질 및 색상	평가항목점수
최우수	우수의 성능을 만족시키며, 배수가 잘되는 도로구조 및 재질로 설치함	2.0
우 수	일반의 성능을 만족시키며, 색상 및 질감 등으로 주변과 명확한 구별이 가능함	1.6
일 반	젖은 상태에서 휠체어 바퀴 등이 미끄러지지 않고, 틈이 없는 평탄한 바닥 마감	1.4

- 보행안전구역에 블록 등의 바닥 마감재를 사용할 경우 블록의 높이차는 없어야 하며, 그 이외의 경우 인정하지 아니함
- 배수가 잘 되는 보행안전구역의 바닥 마감재는 휠체어가 원활하게 이동할 수 있는 충분한 경도를 가지고 있어야 하며, 그 이외의 경우 인정하지 아니함

■ 평가 참고자료 및 제출서류

참고자료	- 교통약자의 이동편의증진법 제10조 제2항 - 교통약자의 이동편의증진법 시행규칙 제2조 제1항 - 교통약자의 이동편의증진법 시행규칙 별표1 제3호
제출서류	예비인증	- 해당구간 보도의 배치도 - 해당구간 보도의 횡단면도 ※ 위 제출서류 중 평가항목의 조건을 만족하는 서류제출
	본인증	- 예비인증시와 동일

〈 2. 도로 인증지표 및 기준 - 6차로 〉

장애물 없는 생활환경 인증기준 - 왕복 6차로 이상 도로

평가부문	1 보도
평가범주	1.3 보행안전구역
평가항목	1.3.7 바닥 설치물

■ 세부평가기준

평가목적	보행안전구역의 바닥 설치물을 평가하여 장애인 및 노약자 등 다양한 보행자의 보행 시 불편 없이 안전한 보행이 가능하도록 함
평가방법	보행안전구역의 바닥 설치물 평가
배 점	2점 (평가항목)

• 평점 = 평가 등급에 해당하는 점수로 평가

구분	보행안전구역의 바닥 설치물	평가항목 점수
최우수	보행안전구역의 배수구 덮개는 높이차가 없으며, 배수구 틈새 간격이 1cm이하	2.0
우수	보행안전구역의 배수구 덮개는 높이차가 없으며, 진행방향의 배수구 틈새 간격이 1cm이하	1.6

산출기준

■ 평가 참고자료 및 제출서류

참고자료	- 교통약자의 이동편의 증진법 제10조 제2항 - 교통약자의 이동편의 증진법 시행규칙 제2조 제1항 - 교통약자의 이동편의 증진법 시행규칙 별표1 제3호 - 행정중심복합도시의 장애물 없는 도시·건축설계 매뉴얼
제출서류 예비인증	- 해당구간 보도의 배치도 - 해당구간 보도의 횡단면도 ※ 위 제출서류 중 평가항목의 조건을 만족하는 서류제출
본인증	- 예비인증시와 동일

- 36 -

장애물 없는 생활환경 인증기준 - 왕복 6차로 이상 도로

평가부문	1 보도
평가범주	1.4 유도방식
평가항목	1.4.1 설치방법

■ 세부평가기준

평가목적	유도방식을 평가하여 시각장애인을 비롯한 장애인 및 노약자 등 다양한 보행자의 보행시 정확한 유도 및 안내로 안전한 단독보행이 가능하도록 함
평가방법	유도 및 경고용띠 설치방법
배 점	7점 (평가항목)

• 평점 = 평가 등급에 해당하는 점수로 평가

구분	유도 및 경고용띠 설치방법	평가항목 점수
최우수	보행안전구역을 벗어나지 않도록 양쪽 경계에 폭 0.3m 이상의 유도 및 경고용띠를 사용하여 유도	7.0
우수	유도 및 경고용띠의 경계가 명확하고 도로 설치물 등을 설치하여 장애물 구역의 역할을 하고 있는 경우	5.6

산출기준
- 유도 및 경고용띠는 보행안전구역의 경계에 설치하여, 차도-장애물 구역-(자전거 도로)-유도 및 경고용띠-보행안전구역-유도 및 경고용띠 순서로 설치하는 것을 원칙으로 함
- 보도의 중심에 선형블록을 사용하여 유도하는 방식을 사용하지 않는 것을 원칙으로 한다.
- 보행안전구역의 양쪽 경계에 유도 기능을 가진 일정한 형태가 연속되게 설치되어 시각장애인 등이 그 경계를 명확히 감지 할 수 있을 경우 최상급으로 평가함 (예 : 보행안전구역 경계에 돌출물 없이 연속되게 설치된 담장, 흰 지팡이로 감지할 수 있는 일정 높이의 설치물, 안전보행구역을 침범하지 않는 일정높이의 식재대 등이 설치된 경우 등)

■ 평가 참고자료 및 제출서류

참고자료	- 교통약자의 이동편의증진법 - 행정중심복합도시의 장애물 없는 도시·건축설계 매뉴얼
제출서류 예비인증	- 해당구간 보도의 배치도 ※ 위 제출서류 중 평가항목의 조건을 만족하는 서류제출
본인증	- 예비인증시와 동일

- 37 -

장애물 없는 생활환경 인증기준 - 왕복 6차로 이상 도로

평가부문	1 보도
평가범주	1.4 유도방식
평가항목	1.4.2 재질 및 색상

■ 세부평가기준

평가목적	유도방식의 재질 및 색상을 평가하여 시각장애인을 비롯한 장애인 및 노약자 등 다양한 보행자의 보행이 정확한 유도 및 안내로 안전한 단독보행이 가능하도록 함
평가방법	유도 및 경고용띠의 재질 및 색상
배 점	3점 (평가항목)

• 평점 = 평가 등급에 해당하는 점수로 평가

유도 및 경고용띠 재질 및 색상	평가항목 점수
흰지팡이 등으로 경계를 구분할 수 있는 요철을 사용하여 경관을 해치지 않고, 보행구역 및 자전거 도로 등과 명확히 구분되는 색상으로 끊어짐 없이 설치	3.0

산출기준
- 유도 및 경고용띠에 요철을 사용하여 그 경계를 구분할 경우 휠체어, 유모차 등 바퀴달린 이동수단의 이동이 불편하지 않도록 요철 높이가 0.5cm이하로 하여야 하며, 그 이상으로 설치할 경우 등급외로 평가함

■ 평가 참고자료 및 제출서류

참고자료	- 교통약자의 이동편의증진법 제10조 제2항 - 교통약자의 이동편의증진법 시행규칙 제2조 제1항 - 교통약자의 이동편의증진법 시행규칙 별표1 제3호 - 행정중심복합도시의 장애물 없는 도시·건축설계 매뉴얼
제출서류 예비인증	- 해당구간 보도의 배치도 및 평면도 ※ 위 제출서류 중 평가항목의 조건을 만족하는 서류제출
본인증	- 예비인증시와 동일

- 38 -

장애물 없는 생활환경 인증기준 - 왕복 6차로 이상 도로

평가부문	1 보도
평가범주	1.5 차량 진출입부
평가항목	1.5.1 설치방법

■ 세부평가기준

평가목적	차량이 보도를 가로지르는 차량 진출입부의 설치방법을 평가하여 휠체어사용자, 시각장애인, 노인, 어린이 등 모든 보행자의 안전한 보행을 확보함
평가방법	차량 진출입부의 설치방법 평가
배 점	7점 (평가항목)

• 평점 = 평가 등급에 해당하는 점수로 평가

차량 진출입부 설치방법	평가항목 점수
보행안전구역의 높이는 일정하게 유지함	7.0

산출기준
- 해당구간의 모든 차량 진출입부의 설치방법의 평균점수를 평가점수로 산정함
- 해당구간에 차량 진출입부가 설치되지 않을 경우 최상급으로 평가함
- 차량이 보도를 가로지를 경우 항시 보행자가 우선되어야 하는 것을 원칙으로 하여 보행안전구역의 좌우기울기는 일정하게 유지되어야 함
- 보도와 차도와의 경계부분에서 턱낮추기를 실시할 경우, 턱낮추기의 경사 부분은 장애물 구역 내에서 이루어져야 하며, 장애물 구역을 넘어서 자전거 도로 혹은 보행안전구역 등을 좌우기울기를 변경시킬 경우 등급외로 평가함
- 그 폭이 1.5m이하인 협소한 보도의 차량 진출입부는 보행안전구역 등을 포함하는 보도 전체를 차도와 나란하게 기울여서 설치할 수 있음[기울기는 1/18(5.56%/3.18°)이하를 유지하고, 보행안전구역은 좌우기울기 없이 설치될 경우 최상급으로 평가하며, 그 이외는 등급외로 평가함]
- 차량의 보행안전구역으로의 진입을 막기 위하여 차량 진입억제용 말뚝은 가급적 설치하지 않는 것을 원칙으로 하고, 차량 진입억제용 말뚝이 반드시 필요하다고 고려되는 상황일 경우 유도 및 경고용띠의 영역에 설치할 수 있으며 그 말뚝의 간격은 1.5m이상으로 하여야 함

■ 평가 참고자료 및 제출서류

참고자료	- 교통약자의 이동편의증진법 제10조 제2항, 시행규칙 제2조 제1항, 시행규칙 별표1 제3호 - 행정중심복합도시의 장애물 없는 도시·건축설계 매뉴얼
제출서류 예비인증	- 해당구간 보도의 평면도 - 해당구간 보도의 횡단면도 ※ 위 제출서류 중 평가항목의 조건을 만족하는 서류제출
본인증	- 예비인증시와 동일

- 39 -

〈 2. 도로 인증지표 및 기준 – 6차로 〉

장애물 없는 생활환경 인증기준 – 왕복 6차로 이상 도로

평가부문	1	보도
평가범주	1.5	차량 진출입부
평가항목	1.5.2	재질 및 색상

■ 세부평가기준

평가목적	휠체어사용자, 시각장애인, 노인, 어린이 등 모든 보행자의 차량 진출입부의 위치 확인을 용이하게 하고 차량 진출입부의 재질 및 색상을 평가함
평가방법	차량 진출입부 재질 및 색상 평가
배 점	3점 (평가항목)

- 평점 = 평가 등급에 해당하는 점수로 평가

구분	차량 진출입부 재질 및 색상	평가항목 점수
최우수	우수의 성능을 만족하고 차도부분 진출입부에 운전자가 감지할 수 있는 경고표시를 설치	3.0
우수	보도부와 차량 진출입부의 경계에 시각장애인 등이 감지할 수 있는 재질 및 색상을 사용하여 경고	2.4

산출기준
- 해당구간의 모든 차량 진출입부의 설치방법의 평균점수로 산출함
- 해당구간에 차량 진출입부가 설치되지 않을 경우 최상급으로 평가함
- 보도부분 차량 진출입부의 경계 및 그 영역에 시각장애인 등이 감지할 수 있는 요철을 설치할 경우, 그 요철은 0.5cm이하로 설치하여야 하며, 그 이상인 경우 보행의 쾌적한 보행성을 고려하여 등급외로 평가함
- 차도부분 차량 진출입부의 진입부 및 경계에 운전자 등이 감지할 수 있는 경고표시는 요철바닥 및 그림 등을 말하며 요철은 별표 1과 같음
- 차량 진출입부의 색상은 주변과 대비가 강한 색상으로, 눈부심이 없도록 설치하여야 함

■ 평가 참고자료 및 제출서류

참고자료	- 교통약자의 이동편의증진법 제10조 제2항 - 교통약자의 이동편의증진법 시행령 제2조 제1항 - 교통약자의 이동편의증진법 시행규칙 별표1 제3호 - 행정중심복합도시의 장애물 없는 도시·건축설계 매뉴얼
제출서류 예비인증	- 해당구간 보도의 평면도 - 해당구간 보도의 횡단면도 ※ 위 제출서류 중 평가항목의 조건을 만족하는 서류제출
본인증	- 예비인증시와 동일

장애물 없는 생활환경 인증기준 – 왕복 6차로 이상 도로

평가부문	1	보도
평가범주	1.6	보행지원시설
평가항목	1.6.1	안내시설

■ 세부평가기준

평가목적	보도의 안내시설을 평가하여 보행자가 주변의 주요시설물 혹은 지역정보, 목적지를 명확하여 알 수 있도록 함
평가방법	안내시설의 설치 위치 및 접근성
배 점	4점 (평가항목)

- 평점 = 평가 등급에 해당하는 점수로 평가

구분	안내시설의 설치 위치 및 접근성	평가항목 점수
최우수	우수의 성능을 가진 표지판에 보도 현황을 안내	4.0
우수	입식표지판(안내 표시 중심부 높이 1.5m이하, 점자병기) 등을 이용한 안내와 함께 휠체어사용자가 접근할 수 있는 위치에 1.2m이하의 화면을 통하여 전자식 음성 및 시각안내시설 설치	3.2
일반	안내 표시 중심부 높이가 1.5m이하로 점자안내를 병기하여 설치	2.8

산출기준
- 보행안전구역에 안내시설이 설치되어 보행에 방해가 될 경우 등급외로 평가함
- 표지판의 상부를 15°가량 기울여 설치할 경우 입식 표지판을 1.5m이하에 설치한 것으로 평가함
- 휠체어사용자가 접근할 수 있는 위치라 함은, 전면에 평탄한 활동공간(1.5m×1.5m)을 확보하고 조작기의 높이는 1.2m이하, 화면은 1.2m이하로 된 안내시설을 말하며, 바닥 높이차가 2cm이상 및 높은 경우 접근 불가능한 것으로 평가함
- 보도 현황이라 함은 장애인 등이 자신의 장애정도에 따라 목적지로 접근로를 선택할 수 있도록 보도의 유효폭 및 기울기 정도, 바닥높이차 정도 등 보도설치현황과 각종 편의시설 설치현황을 말함
- 안내시설은 명확하게 알아 볼 수 있는 글씨체(고딕체 또는 이와 유사한 글자체)로 그 크기는 1.5cm이상으로, 바탕과 명확히 구분되는 색상으로 하며, 영어 등 외국어를 함께 병기하는 것을 원칙으로 함
- 야간에도 식별이 가능하도록 전체 혹은 국부 조명을 설치하여 그 식별성을 높일 수 있음
- 전자식 안내시설의 조작기는 조작이 명확한 버튼식으로 설치하는 것을 원칙으로 하며, 시각장애인 등이 사용하기 어려운 터치스크린 등을 이용한 조작기는 설치하지 않는 것을 원칙으로 함

■ 평가 참고자료 및 제출서류

참고자료	- 교통약자의 이동편의증진법 제10조 제2항, 시행규칙 제2조 제1항, 시행규칙 별표1
제출서류 예비인증	- 안내시설 배치도 - 안내시설 입면도 ※ 위 제출서류 중 평가항목의 조건을 만족하는 서류제출
본인증	- 예비인증시와 동일

장애물 없는 생활환경 인증기준 – 왕복 6차로 이상 도로

평가부문	1	보도
평가범주	1.6	보행지원시설
평가항목	1.6.2	휴게시설

■ 세부평가기준

평가목적	휴게시설에서 장애인 등이 안전하고 편안하게 휴식할 수 있도록 함
평가방법	휴게시설의 설치방법 및 형태평가
배 점	7점 (평가항목)

- 평점 = 평가 등급에 해당하는 세부항목 점수의 합산으로 평가
- 세부항목 – 휴게시설의 설치방법

구분	휴게시설의 설치방법	평가항목 점수
최우수	우수의 성능을 만족시키며 휴식할 수 있는 공간을 200m마다 설치하고 상부에 지붕을 설치함	5.0
우수	일반의 성능을 만족시키며, 휠체어사용자와 비장애인의 휴식공간을 분리하지 않고 함께 휴식할 수 있는 공간을 200m~400m마다 설치함	4.0
일반	휠체어의 진입이 가능하며, 휴식공간 내부에서 휠체어가 회전할 수 있는 공간을 400m마다 설치함	3.5

산출기준
- 해당구간 모든 휴게시설의 평균점수로 최종 평가점수로 산출함
- 해당구간에 휴게시설이 없을 경우 최하 등급으로 평가함
- 장애물 구역이외의 공간에 휴게시설이 보행에 방해가 될 경우, 휴게시설은 보행장애물 중 하나로 취급되며, 등급외로 평가함
- 휠체어의 진입 및 회전이 가능한 진입이라 함은 진입시 바닥 높이차가 없거나 2cm이하로 내부에는 평탄한 활동공간(1.5m×1.5m)을 확보한 것을 말하며, 휴게시설 진입시 그 바닥 높이차가 2cm이상일 경우 휠체어의 진입이 불가한 것으로 평가함
- 휴게시설의 바닥 재질은 젖은 상태에도 미끄러지지 않는 재질로 하여야 하며, 휠체어의 이동에 원활한 평탄한 재질로 설치하여야 함
- 휴게시설의 설치간격은 노인 및 교통약자를 고려하여 200m내외의 간격으로 설치하는 것을 최상등급으로 함
- 세부항목 – 휴게의자의 형태

구분	휴게의자 형태	평가항목 점수
최우수	등받이가 설치되어 있으며, 일어나기 편하도록 손잡이가 설치	2.0
우수	등받이가 설치	1.6

- 해당구간 모든 휴게의자의 평균점수를 최종 평가점수로 산출함
- 해당구간에 휴게의자가 없을 경우 최하 등급으로 평가함

■ 평가 참고자료 및 제출서류

참고자료	- 교통약자의 이동편의증진법 - 이영아, 진영환, 사회적 약자를 위한 도시시설확충방안 연구, 국토연구원, 2000 - 성기창, Planungsgrundlagen Für Behindertenspezifische Sport-Und Schwimmhallenbauten, 2000, p48
제출서류 예비인증	- 해당구간 보도의 휴게시설 배치도 - 휴게의자의 입·측면도 ※ 위 제출서류 중 평가항목의 조건을 만족하는 서류제출
본인증	- 예비인증시와 동일

장애물 없는 생활환경 인증기준 – 왕복 6차로 이상 도로

평가부문	1	보도
평가범주	1.6	보행지원시설
평가항목	1.6.3	이용편의시설

■ 세부평가기준

평가목적	보도에 이용편의시설(공중전화 등)을 설치할 경우 교통약자의 이용에 편리하도록 함
평가방법	이용편의시설의 접근 가능성 평가
배 점	2점 (평가항목)

- 평점 = 평가 등급에 해당하는 점수로 평가

구분	이용편의시설의 접근 가능성 평가	평가항목 점수
최우수	휠체어사용자가 접근할 수 있는 위치에 높이차 없도록 설치	2.0
우수	휠체어사용자가 접근할 수 있는 위치에 2cm이하의 높이차로 설치	1.6

산출기준
- 평가대상은 보행 및 횡단에 직접적으로 관련되지 아니하고 공중전화, 우체통 등 보행자가 보도에서 이용할 수 있는 시설물로 보도의 설치물에 따라 다양할 수 있음
- 해당구간 해당시설이 없을 경우 최하 등급으로 평가함
- 해당구간 모든 설치물의 평균점수를 최종 평가점수로 산출함
- 장애물 구역이외의 공간에 이용편의시설이 보행에 방해에 될 경우, 이용편의시설은 보행장애물 중 하나로 취급되며 등급외로 평가함
- 공중전화, 휴지통, 우체통 등의 설치 위치는 휠체어사용자에게 명확하게 보이는 위치에 설치하여야 하며 가로수의 가지 등 설치물을 가리거나 접근을 방해하지 않도록 가지치기를 실시하여야 하며, 기타 설치물로 접근 및 시야 확보가 이루어지지 않을 경우 등급외로 평가함
- 장애물 구역에 이용 편의시설을 설치할 경우 그 바닥 재질은 보행안전구역의 바닥 재질과 같이 젖은 상태에서도 미끄러지지 않는 재질로 하여야 하며, 그 색상은 보행안전구역과 달리 설치할 수 있음(보행안전구역의 바닥 재질 및 색상 참조 : 평가항목 1.3.6)

■ 평가 참고자료 및 제출서류

참고자료	- 교통약자의 이동편의증진법 제10조 제2항, 시행규칙 제2조 제1항, 시행규칙 별표1 제3호
제출서류 예비인증	- 해당구간 보도의 이용편의시설 설치 배치도 - 이용편의시설의 입·측면도 ※ 위 제출서류 중 평가항목의 조건을 만족하는 서류제출
본인증	- 예비인증시와 동일

부록 6 : 장애물 없는 생활환경 인증지표 및 기준

⟨ 2. 도로 인증지표 및 기준 - 6차로 ⟩

장애물 없는 생활환경 인증기준 - 왕복 6차로 이상 도로

평가부문	2	횡단시설
평가범주	2.1	입체횡단방식
평가항목	2.1.1	설치방법

■ 세부평가기준

평가목적	장애인 등의 보행자가 차량 소통에 관계없이 안전하고 편리한 횡단이 가능하도록 함
평가방법	입체횡단시설의 설치방법 평가
배점	6점 (평가항목)

산출기준	• 평점 = 평가 등급에 해당하는 점수로 평가

구분	입체횡단시설의 설치방법	평가항목점수
최우수	자연지형 혹은 주변 건물을 이용하여 입체횡단시설을 설치함	6.0
우수	기존 육교 등에 승강기(엘리베이터)가 설치된 입체횡단시설	4.8
일반	기존 육교 등에 1/18(5.56%/3.18°)의 경사도를 가진 경사로가 설치된 입체횡단시설	4.2

- 자연지형 및 주변 건물을 이용한 입체 횡단은 보행광장형, 자연지형 활용형, 공원 광장형, 건물 입체형 등의 횡단방식을 말함
- 해당구간에 입체횡단방식이 적용되지 않았을 경우 보행섬식횡단방식으로만 평가하며, 보행섬식횡단방식의 평가비율을 적용하여 입체횡단방식의 평가점수를 산정함

  입체횡단방식이 설치되지 않았을 경우 평가점수 = $B \times \left(\dfrac{a}{A}\right)$
  A : 보행횡단방식부문의 전체점수합계
  a : 보행섬식횡단방식부문의 평가점수
  B : 입체횡단방식부문의 전체점수합계
- 해당구간 모든 입체횡단시설 설치방법의 평균점수를 최종 평가점수로 산정함
- 입체횡단방식에 계단 이외의 승강설비를 갖추지 않았을 경우, 그 평가 등급을 등급외로 평가함(휠체어용 리프트는 수직이동수단으로 인정하지 아니함)

■ 평가 참고자료 및 제출서류

참고자료	- 교통약자의 이동편의증진법 - 행정중심복합도시의 장애물 없는 도시·건축설계 매뉴얼
제출서류 예비인증	- 해당구간 횡단시설의 배치도 및 평면도 - 해당구간 횡단시설의 횡단면도 ※ 위 제출서류 중 평가항목의 조건을 만족하는 서류제출
본인증	- 예비인증시와 동일

장애물 없는 생활환경 인증기준 - 왕복 6차로 이상 도로

평가부문	2	횡단시설
평가범주	2.1	입체횡단방식
평가항목	2.1.2	수직이동수단 - 개요

■ 세부평가기준

평가목적	장애인 등의 보행자가 차량 소통에 관계없이 안전하고 편리한 횡단이 가능하도록 함
평가방법	입체횡단시설의 수직이동수단의 세부항목(계단, 경사로, 승강기)을 평가 합산
배점	24점 (평가항목)

산출기준	• 평점 = 세부항목(계단, 경사로, 승강기) 평가 등급에 해당하는 점수의 합산으로 아래 표를 적용하여 평가

구분	계단	경사로	승강기	평가항목점수
계단 + 승강기	8점		16점(가중치2배)	24점
계단 + 경사로	8점	8점		16점
계단 + 경사로 + 승강기	8점	8점	8점	24점

- 해당구간 모든 입체횡단시설 설치방법의 평균점수를 평가점수로 산정함
- 입체횡단방식에 계단 이외의 승강설비를 갖추지 않았을 경우, 등급외로 평가함(단, 휠체어용 리프트는 수직이동수단으로 인정하지 아니함)
- 입체횡단방식으로 인하여 보행안전구역의 유효폭이 변경되지 않도록 고려하여야 함

장애물 없는 생활환경 인증기준 - 왕복 6차로 이상 도로

평가부문	2	횡단시설
평가범주	2.1	입체횡단방식
평가항목	2.1.2	수직이동수단 - 계단
세부항목	2.1.2.1	계단참 및 유효폭

■ 세부평가기준

평가목적	계단참 및 유효폭을 평가하여 시각장애인, 노인, 임산부 등 다양한 보행자의 사용에 불편 없는 적절한 유효폭을 확보하도록 하고, 지팡이 등이 빠지지 않도록 적절한 높이의 수락 방지턱을 설치하도록 함
평가방법	계단 및 참의 유효폭 정도 및 난간하부에 추락 방지턱 설치 여부평가
배점	3점 (평가항목)

산출기준	• 평점 = 평가 등급에 해당하는 점수로 평가

구분	계단참 및 유효폭	평가항목점수
최우수	계단 및 참의 유효폭 1.5m이상 확보, 추락 방지턱 2cm이상 설치	3.0
우수	계단 및 참의 유효폭 1.2m이상 확보, 추락 방지턱 2cm이상 설치	2.4
일반	계단 및 참의 유효폭 0.9m이상 확보, 추락 방지턱 2cm이상 설치	2.1

- 건물입체형 횡단시설일 경우 횡단시설과 연계된 해당 건축물 계단의 유효폭을 그 평가 대상으로 함
- 계단의 유효폭은 입체횡단시설에 설치된 가로등 및 각종 설치물 등으로 축소된 가장 좁은 폭을 당해 계단의 유효폭으로 함
- 규정에 적절한 추락 방지턱을 설치하지 않을 경우 등급외로 평가함
- 입체횡단시설로 인하여 보행안전구역의 유효폭이 축소되어서는 아니됨

■ 평가 참고자료 및 제출서류

참고자료	- 교통약자의 이동편의증진법 - 도시계획시설의 결정·구조 및 설치기준에 관한 규칙
제출서류 예비인증	- 횡단시설(계단) 배치도 및 평면도 - 횡단시설(계단) 마감 상세도 ※ 위 제출서류 중 평가항목의 조건을 만족하는 서류제출
본인증	- 예비인증시와 동일

장애물 없는 생활환경 인증기준 - 왕복 6차로 이상 도로

평가부문	2	횡단시설
평가범주	2.1	입체횡단방식
평가항목	2.1.2	수직이동수단 - 계단
세부항목	2.1.2.2	챌면 및 디딤판

■ 세부평가기준

평가목적	계단의 챌면 및 디딤판을 평가하여 보행자가 계단으로 이동할 경우 일정한 높이의 계단을 딛고 이동할 수 있도록 적절한 높이와 너비의 챌면 및 디딤판을 설치하도록 함
평가방법	계단에 챌면 및 디딤판 설치와 식별정도·미끄럼정도 평가
배점	3점 (평가항목)

산출기준	• 평점 = 평가 등급에 해당하는 세부항목 점수의 합산으로 평가 • 세부항목 - 챌면 및 디딤판

구분	챌면 및 디딤판	평가항목점수
최우수	우수의 기준을 만족하고 챌면과 디딤판의 색상 등을 달리 설치하여 명확히 구분이 가능하도록 설치	1.5
우수	디딤판(단폭) 0.28m이상, 챌면(단높이) 0.18m이하, 높이가 3m 초과하는 경우에는 계단폭 이상(직계단인 경우에는 1.2m이상)인 계단참을 설치	1.2

- 건물입체형 횡단시설일 경우 횡단시설과 연계된 해당 건축물의 계단의 챌면 및 디딤판을 그 평가 대상으로 함
- 계단에 챌면이 없을 경우 등급외로 평가함
- 세부항목 - 미끄럼 정도

미끄럼 정도	평가항목점수
젖은 상태에서도 미끄럽지 않으며, 걸려 넘어질 염려 없음	1.5

- 건물입체형 횡단시설일 경우 횡단시설과 연계된 해당 건축물의 계단의 미끄럼정도를 그 평가 대상으로 함
- 계단의 계단코에 경질고무류 등으로 미끄럼방지설비를 설치한 경우 물이 묻어도 미끄럽지 않은 재질로 마감되어 있는 것으로 평가함

■ 평가 참고자료 및 제출서류

참고자료	- 교통약자의 이동편의증진법 - 도시계획시설의 결정·구조 및 설치기준에 관한 규칙
제출서류 예비인증	- 횡단시설(계단) 배치도, 평면도 및 마감 상세도 ※ 위 제출서류 중 평가항목의 조건을 만족하는 서류제출
본인증	- 예비인증시와 동일

〈 2. 도로 인증지표 및 기준 – 6차로〉

장애물 없는 생활환경 인증기준 – 왕복 6차로 이상 도로

평가부문	2	횡단시설
평가범주	2.1	입체횡단방식
평가항목	2.1.2	수직이동수단 – 계단
세부항목	2.1.2.3	손잡이 및 안내방법

■ 세부평가기준

평가목적	장애인 등 다양한 이용자가 손잡이를 지지하여 계단을 이용하거나, 시각장애인이 계단에 대한 정보를 얻고 손잡이를 잡고 안전하게 이동할 수 있도록 함
평가방법	계단 측면 연속된 손잡이의 높이 및 굵기, 안내 방법 평가
배 점	2점 (평가항목)

산출기준	• 평점 = 평가 등급에 해당하는 세부항목 점수의 합산으로 평가 • 세부항목 – 손잡이 형태

구분	손잡이 형태	평가항목 점수
최우수	연속손잡이 설치(2단 설치)	1.0
우 수	연속손잡이 설치(1단 설치)	0.8

- 건물입체형 횡단시설일 경우 횡단시설과 연계된 해당 건축물의 계단의 손잡이를 그 평가 대상으로 함
- 계단의 손잡이는 설치 높이 0.8m~0.9m, 굵기 3.2cm~3.8cm로 손잡이의 지지대 등과 관계없이 연속적으로 잡을 수 있도록 설치하여야 하며, 그 이외의 경우 등급외로 평가함
- 손잡이의 시작과 끝 지점은 계단의 시작과 끝 지점보다 30cm이상 연장되어 설치되어야 하고, 점자를 표기하여 시각장애인에게 계단에 대한 정보를 제공할 수 있어야 하며, 그 이외의 경우 등급외로 평가함

• 세부항목 – 점형블록

점형블록	평가항목 점수
계단참을 포함하여 계단 시작과 끝지점에 경고형 점형블록 및 점자표기 설치	1.0

- 건물입체형 횡단시설일 경우 횡단시설과 연계된 해당 건축물의 계단의 점형블록을 그 평가 대상으로 함

■ 평가 참고자료 및 제출서류

참고자료		– 교통약자의 이동편의증진법 – 도시계획시설의 결정·구조 및 설치기준에 관한 규칙
제출서류	예비인증	– 횡단시설(계단) 배치도, 평면도 및 마감 상세도 ※ 위 제출서류 중 평가항목의 조건을 만족하는 서류제출
	본인증	– 예비인증시와 동일

장애물 없는 생활환경 인증기준 – 왕복 6차로 이상 도로

평가부문	2	횡단시설
평가범주	2.1	입체횡단방식
평가항목	2.1.3	수직이동수단 – 경사로
세부항목	2.1.3.1	유효폭 및 활동공간

■ 세부평가기준

평가목적	경사로의 유효폭 및 활동공간을 평가하여 장애인 등 다양한 사용자가 경사로를 이용하는데 불편함이 없도록 함
평가방법	경사로 유효폭 및 활동공간 평가
배 점	3점 (평가항목)

산출기준	• 평점 = 평가 등급에 해당하는 점수로 평가

구분	유효폭 및 활동공간	평가항목 점수
최우수	경사로의 유효폭이 1.8m이상, 경사로 시작과 끝 지점에 1.5m×1.5m이상의 활동공간 확보	3.0
우 수	경사로의 유효폭이 1.2m이상, 경사로 시작과 끝 지점에 1.5m×1.5m이상의 활동공간 확보	2.4

- 자연지형 및 주변 건물을 이용한 입체 횡단일 경우 해당 경사로의 유효폭 및 활동공간을 그 평가 대상으로 함
- 유효폭은 입체횡단시설에 설치된 가로등 및 각종 설치물 등으로 축소된 가장 좁은 폭을 당해 경사로의 유효폭으로 함
- 입체횡단시설로 인하여 보행안전구역의 유효폭이 축소되어서는 아니됨

■ 평가 참고자료 및 제출서류

참고자료		– 교통약자의 이동편의증진법 – 도시계획시설의 결정·구조 및 설치기준에 관한 규칙
제출서류	예비인증	– 횡단시설(경사로) 배치도 및 평면도 – 횡단시설(경사로) 마감 상세도 ※ 위 제출서류 중 평가항목의 조건을 만족하는 서류제출
	본인증	– 예비인증시와 동일

장애물 없는 생활환경 인증기준 – 왕복 6차로 이상 도로

평가부문	2	횡단시설
평가범주	2.1	입체횡단방식
평가항목	2.1.3	수직이동수단 – 경사로
세부항목	2.1.3.2	기울기 및 휴식참

■ 세부평가기준

평가목적	경사로의 활동공간 및 휴식참을 평가하여 휠체어사용자가 이동하고 회전하는데 어려움이 없으며, 휴식을 취할 수 있는 공간을 확보하도록 함
평가방법	경사로 휴식참 및 활동공간 평가
배 점	3점 (평가항목)

산출기준	• 평점 = 평가 등급에 해당하는 점수로 평가

구분	기울기 및 휴식참	평가항목 점수
최우수	기울기 1/24(4.17%/2.39°)이하	3.0
우 수	기울기 1/18(5.56%/3.18°)이하, 높이 0.75m이내 마다 휴식참 설치	2.4
일 반	기울기 1/12(8.33%/4.76°)이하, 높이 0.75m이내 마다 휴식참 설치	2.1

- 자연지형 및 주변 건물을 이용한 입체 횡단일 경우 해당 경사로의 기울기 및 휴식참을 그 평가 대상으로 함
- 경사로의 기울기 예외규정[1/8(12.5%/7.13°)이하]은 어떠한 경우에도 적용하지 않음

■ 평가 참고자료 및 제출서류

참고자료		– 교통약자의 이동편의증진법 – 도시계획시설의 결정·구조 및 설치기준에 관한 규칙
제출서류	예비인증	– 횡단시설(경사로) 배치도 및 평면도 – 횡단시설(경사로) 마감 상세도 ※ 위 제출서류 중 평가항목의 조건을 만족하는 서류제출
	본인증	– 예비인증시와 동일

장애물 없는 생활환경 인증기준 – 왕복 6차로 이상 도로

평가부문	2	횡단시설
평가범주	2.1	입체횡단방식
평가항목	2.1.3	수직이동수단 – 경사로
세부항목	2.1.3.3	손잡이 및 바닥 재질

■ 세부평가기준

평가목적	경사로의 손잡이 및 바닥 재질을 평가하여 다양한 보행자가 안전하게 경사로를 이용하여 수직 이동이 가능하도록 함
평가방법	경사로 손잡이 및 바닥 재질의 적절성 평가
배 점	2점 (평가항목)

산출기준	• 평점 = 평가 등급에 해당하는 세부항목 점수의 합산으로 평가 • 세부항목 – 손잡이

구분	손잡이	평가항목 점수
최우수	손잡이 양측면에 차갑지 않은 재질로 2단 연속설치, 추락방지턱 5cm이상 설치	1.0
우 수	손잡이 양측면에 차갑지 않은 재질로 1단 연속설치, 추락방지턱 5cm이상 설치	0.8
일 반	손잡이 양측면에 1단 연속설치, 추락방지턱 5cm이상 설치	0.7

- 자연지형 및 주변 건물을 이용한 입체 횡단일 경우 해당 경사로의 손잡이를 그 평가 대상으로 함
- 경사로의 손잡이는 설치 높이 0.8m~0.9m, 굵기 3.2cm~3.8cm로, 손잡이의 지지대 등과 관계없이 연속적으로 잡을 수 있도록 설치하여야 하며, 그 이외의 경우 등급외로 평가함
- 손잡이의 시작과 끝 지점은 계단의 시작과 끝 지점보다 0.3m이상 연장되어 설치되어야 하며, 그 이외의 경우 등급외로 평가함

• 세부항목 – 바닥 재질

바닥 재질	평가항목 점수
젖은 상태에서도 미끄럽지 않으며, 걸려 넘어질 염려 없음	1.0

- 자연지형 및 주변 건물을 이용한 입체 횡단일 경우 해당 경사로의 바닥 재질을 그 평가 대상으로 함

■ 평가 참고자료 및 제출서류

참고자료		– 교통약자의 이동편의증진법 – 도시계획시설의 결정·구조 및 설치기준에 관한 규칙
제출서류	예비인증	– 횡단시설(경사로) 배치도, 평면도 및 마감 상세도 ※ 위 제출서류 중 평가항목의 조건을 만족하는 서류제출
	본인증	– 예비인증시와 동일

〈2. 도로 인증지표 및 기준 - 6차로〉

장애물 없는 생활환경 인증기준 - 왕복 6차로 이상 도로

평가부문	2	횡단시설	
평가범주	2.1	입체횡단방식	
평가항목	2.1.4	수직이동수단 - 승강기	
세부항목	2.1.4.1	출입문 통과 유효폭 및 유효바닥면적	

■ 세부평가기준

평가목적	승강기 출입문 통과 유효폭 및 유효바닥면적을 평가하여 보행자가 승강기를 이용하는데 불편함이 없도록 적절한 유효폭을 확보하도록 함
평가방법	승강기 출입문 통과 유효폭 및 유효바닥면적 평가
배점	3점 (평가항목)

산출기준
- 평점 = 평가 등급에 해당하는 세부항목 점수의 합산으로 평가
- 세부항목 - 승강기 출입문 통과 유효폭

구분	승강기 출입문 통과 유효폭	평가항목 점수
최우수	폭 1.2m이상	1.5
우 수	폭 1.0m이상	1.2
일 반	폭 0.8m이상	1.0

- 자연지형 및 주변 건물을 이용한 입체 횡단일 경우 해당 승강기의 통과 유효폭을 그 평가 대상으로 함
- 입체횡단시설로 인하여 보행안전구역의 유효폭이 축소되어서는 아니됨

- 세부항목 - 내부 유효바닥면적

구분	내부 유효바닥면적	평가항목 점수
최우수	폭 1.4m이상, 깊이 1.4m이상	1.5
우 수	폭 1.1m이상, 깊이 1.4m이상	1.2

- 자연지형 및 주변 건물을 이용한 입체 횡단일 경우 해당 승강기의 유효바닥면적을 그 평가 대상으로 함
- 내부 유효바닥면적이 1.1m×1.4m인 경우 휠체어의 회전이 불가능하므로, 높이 0.85m의 우측 측면 조작기, 반사용 거울 등이 미설치 되었을 경우 등급외로 평가함

■ 평가 참고자료 및 제출서류

참고자료	- 교통약자의 이동편의증진법 - 도시계획시설의 결정·구조 및 설치기준에 관한 규칙	
제출서류	예비인증	- 횡단시설(승강기) 배치도 및 평면도 - 횡단시설(승강기) 설치 상세도 ※ 위 제출서류 중 평가항목의 조건을 만족하는 서류제출
	본인증	- 예비인증시와 동일

- 52 -

장애물 없는 생활환경 인증기준 - 왕복 6차로 이상 도로

평가부문	2	횡단시설	
평가범주	2.1	입체횡단방식	
평가항목	2.1.4	수직이동수단 - 승강기	
세부항목	2.1.4.2	이용자 조작설비	

■ 세부평가기준

평가목적	승강기 이용자 조작설비 및 손잡이를 평가하여 보행자가 승강기 이용자 조작설비 및 손잡이를 조작하는데 불편함이 없도록 함
평가방법	조작설비 형태 및 설치 위치, 손잡이 평가
배점	3점 (평가항목)

산출기준
- 평점 = 평가 등급에 해당하는 세부항목 점수의 합산으로 평가
- 세부항목 - 조작설비

조작설비	평가항목 점수
설치 높이 0.8m~1.2m, 점자 병기, 외부조작기 전면 0.3m에 점형블록 설치	1.0

- 승강기 외부조작전면 이외의 출입구 전면 등에 점형블록을 설치할 경우 등급외로 평가함

- 세부항목 - 내부측면조작설비

구분	내부측면조작설비	평가항목 점수
최우수	우수의 성능을 만족시키며, 밑면이 25°정도 들어올려진 형태	1.0
우 수	설치 높이 0.8m~1.2m, 돌출된 버튼식 혹은 점자 병기	0.8

- 승강기 내부 유효바닥면적을 1.4m×1.4m이상 확보하였을 경우 최상급으로 평가할 수 있음
- 단, 휠체어 회전공간이 확보되었더라도 기타 설치물 등으로 내부 조작설비로 접근이 불가하여 사용이 어렵다면 최상급으로 평가할 수 없음

- 세부항목 - 수평손잡이

구분	수평손잡이	평가항목 점수
최우수	우수에 해당하는 손잡이와 함께 승강기 내부 의자 설치	1.0
우 수	높이 0.85m±5cm, 벽과 손잡이 간격 5cm이하	0.8

■ 평가 참고자료 및 제출서류

참고자료	- 교통약자의 이동편의증진법 - 도시계획시설의 결정·구조 및 설치기준에 관한 규칙	
제출서류	예비인증	- 횡단시설(승강기) 배치도 및 평면도 - 횡단시설(승강기) 설치 상세도 ※ 위 제출서류 중 평가항목의 조건을 만족하는 서류제출
	본인증	- 예비인증시와 동일

- 53 -

장애물 없는 생활환경 인증기준 - 왕복 6차로 이상 도로

평가부문	2	횡단시설	
평가범주	2.1	입체횡단방식	
평가항목	2.1.4	수직이동수단 - 승강기	
세부항목	2.1.4.3	점멸등 및 음향신호장치	

■ 세부평가기준

평가목적	승강기 도착여부를 알리는 점멸등 및 음향신호장치 설치를 통하여 다양한 사용자의 편의를 도모함
평가방법	각 층의 승강장의 점멸등 및 음향신호장치 설치 여부로 평가
배점	2점 (평가항목)

산출기준
- 평점 = 평가 등급에 해당하는 세부항목 점수의 합산으로 평가
- 세부항목 - 점멸등 및 음향신호장치

점멸등 및 음향신호장치	평가항목 점수
승강기 도착여부를 점멸 및 음향, 음성으로 안내	1.0

- 음성은 영어 등의 외국어로 함께 안내하는 것을 원칙으로 함

- 세부항목 - 문자안내 및 음성안내장치

문자안내 및 음성안내장치	평가항목 점수
승강기의 진행방향, 현재의 위치를 문자 및 음성으로 안내	1.0

- 음성은 영어 등의 외국어로 함께 안내하는 것을 원칙으로 함

■ 평가 참고자료 및 제출서류

참고자료	- 교통약자의 이동편의증진법 - 도시계획시설의 결정·구조 및 설치기준에 관한 규칙	
제출서류	예비인증	- 횡단시설(승강기) 배치도 및 평면도 - 횡단시설(승강기) 설치 상세도 ※ 위 제출서류 중 평가항목의 조건을 만족하는 서류제출
	본인증	- 예비인증시와 동일

- 54 -

장애물 없는 생활환경 인증기준 - 왕복 6차로 이상 도로

평가부문	2	횡단시설
평가범주	2.2	보행섬식 횡단방식
평가항목	2.2.1	설치방법

■ 세부평가기준

평가목적	왕복 6차로 이상의 도로의 횡단 혹은 그 하위차로와의 교차지점에는 보행섬식 횡단방식을 적용하여 장애인 등 보행자가 안전하고 횡단할 수 있도록 함
평가방법	보행섬식 횡단보도의 설치유무 평가
배점	10점 (평가항목)

산출기준
- 평점 = 평가 등급에 해당하는 점수로 평가

보행섬식 횡단보도 설치	평가항목 점수
왕복 6차로 이상의 도로의 횡단은 보행섬식 횡단보도를 적용함	10.0

- 해당구간 모든 평면횡단방식의 평균점수를 평가점수로 산정함
- 해당구간에 평면횡단방식이 적용되지 않았을 경우 입체횡단방식의 평가비율을 적용하여 평면횡단방식의 평가점수를 산정함

보행섬식 횡단방식이 설치되지 않았을 경우 평가점수 $= A \times \left(\dfrac{b}{B}\right)$

A : 보행섬식횡단방식부문의 전체점수합계
B : 입체횡단방식부문의 전체점수합계
b : 입체횡단방식부문의 평가점수

■ 평가 참고자료 및 제출서류

참고자료	- 교통약자의 이동편의증진법	
제출서류	예비인증	- 해당구간 횡단시설 배치도 및 평면도 - 해당구간 횡단시설 횡단면도 ※ 위 제출서류 중 평가항목의 조건을 만족하는 서류제출
	본인증	- 예비인증시와 동일

- 55 -

〈 2. 도로 인증지표 및 기준 - 6차로〉

장애물 없는 생활환경 인증기준 - 왕복 6차로 이상 도로

평가부문	2	횡단시설
평가범주	2.2	보행섬식 횡단방식
평가항목	2.2.2	부분 경사로의 유효폭 및 기울기

■ 세부평가기준

평가목적	부분 경사로의 유효폭 및 기울기를 평가하여 시각장애인을 비롯하여 휠체어, 유모차 등 바퀴가 달린 이동수단을 이용하여 횡단할 경우 안전하고 편리하게 이동할 수 있도록 함
평가방법	부분 경사로의 유효폭 및 기울기 평가
배점	10점 (평가항목)

산출기준	• 평점 = 평가 등급에 해당하는 점수로 평가

구분	부분 경사로의 유효폭 및 기울기	평가항목 점수
최우수	부분 경사로의 유효폭 1.2m이상 기울기 1/18(5.56%/3.18°)이하, 경사로 양 끝에 휠체어 정지 및 회전공간(1.5m×1.5m)을 확보함	10.0
우수	부분 경사로의 유효폭 0.9m이상 기울기 1/18(5.56%/3.18°)이하, 경사로 양 끝에 휠체어 정지 및 회전공간(1.5m×1.5m)을 확보함	8.0
일반	부분 경사로의 유효폭 0.9m이상 기울기 1/12(8.33%/4.76°)이하, 경사로 양 끝에 휠체어 정지 및 회전공간(1.5m×1.5m)을 확보함	7.0

- 해당구간 모든 부분 경사로의 유효폭 및 기울기의 평균점수를 평가점수로 산정함
- 시각장애인이 보도경계를 명확하게 감지하기 위하여, 연석 경사로 방식의 턱낮추기는 실시하지 않는 것을 원칙으로 함
- 즉, 보도와 차도의 높이차는 그대로 유지하여 시각장애인 등의 안전한 횡단을 보장하고, 휠체어, 유모차 등 바퀴가 달린 이동수단은 부분 경사로를 이용하여 횡단하는 것을 원칙으로 함
- 단, 보도의 폭(보행안전구역, 장애물 구역 등을 포함하는 보도의 전체 폭)이 1.5m 이하의 좁은 도로의 경우에는 제한적으로 연석 경사로 설치를 인정함
- 보도의 폭이 1.5m이하의 좁은 도로의 경우, 보도전체를 차도와 나란하게 경사지게 설치하여야 하며, 경사로 기울기 1/18(5.56%/3.18°)이하, 보도와 차도 경계의 바닥 높이차가 2cm이하일 경우를 최상급으로 인정함(보도는 좌우 기울기 없이 평탄하게 설치하여야 하며, 그 외의 기울기 및 바닥 높이차의 경우 등급외로 평가함)
- 보행섬에서는 휠체어, 유모차 등의 바퀴달린 이동수단이 통행할 수 있는 공간은 부분 경사로의 유효폭을 그대로 유지하여 차도와 보행섬이 높이차 없이 진입할 수 있도록 하고 그 이외의 부분은 보도와 동일한 방법으로 시각장애인을 위한 높이차 그대로 유지하여 설치하는 것으로 함

■ 평가 참고자료 및 제출서류

참고자료	- 교통약자의 이동편의증진법 - 행정중심복합도시의 장애물 없는 도시·건축설계 매뉴얼
제출서류	예비인증	- 해당구간 횡단시설의 배치도 및 평면도 - 해당구간 횡단시설의 횡단면도 ※ 위 제출서류 중 평가항목의 조건을 만족하는 서류제출
	본인증	- 예비인증시와 동일

장애물 없는 생활환경 인증기준 - 왕복 6차로 이상 도로

평가부문	2	횡단시설
평가범주	2.2	보행섬식 횡단방식
평가항목	2.2.3	횡단보도 진입부의 경고방식

■ 세부평가기준

평가목적	시각장애인이 명확하게 횡단보도 위치를 감지할 수 있으며, 휠체어 등 바퀴를 사용하는 장애인이 불편 없이 횡단보도로의 접근이 가능하도록 함
평가방법	횡단보도 진입부의 경고방식 평가
배점	7점 (평가항목)

산출기준	• 평점 = 평가 등급에 해당하는 점수로 평가

구분	횡단보도 진입부의 경고방식	평가항목 점수
최우수	우수의 조건을 만족하며, 대기공간(해당 보행안전구역 포함)의 재질 및 색상을 달리하여 노면에 눈부심 없는 고휘도 반사재료(발색도료)를 사용	7.0
우수	횡단보도 진입부분에 점형블록을 설치	5.6

- 해당구간 모든 보행섬식 횡단보도 진입부 경고방식의 평균점수를 평가점수로 산정함
- 횡단보도에 접한 보행안전구역은 재질 및 색상을 달리하여 시각장애인 등이 횡단보도 위치를 감지할 수 있도록 하여야 함

■ 평가 참고자료 및 제출서류

참고자료	- 교통약자의 이동편의증진법 - 행정중심복합도시의 장애물 없는 도시·건축설계 매뉴얼
제출서류	예비인증	- 해당구간 횡단시설의 배치도 및 평면도 - 해당구간 횡단시설의 횡단면도 ※ 위 제출서류 중 평가항목의 조건을 만족하는 서류제출
	본인증	- 예비인증시와 동일

장애물 없는 생활환경 인증기준 - 왕복 6차로 이상 도로

평가부문	2	횡단시설
평가범주	2.2	보행섬식 횡단방식
평가항목	2.2.4	보행섬의 폭 및 방호울타리

■ 세부평가기준

평가목적	보행자의 대기공간(보행섬)은 충분한 공간을 확보하고 보행자를 차량으로부터 보호하여 보행자 등이 안전하게 횡단할 수 있도록 함
평가방법	보행섬의 폭 및 방호울타리 적절성 평가
배점	3점 (평가항목)

산출기준	• 평점 = 평가 등급에 해당하는 점수로 평가

구분	보행섬의 폭 및 방호울타리	평가항목 점수
최우수	보행섬 유효 폭 2.5m이상, 보행섬의 시작과 끝지점 부분의 도로에 보행안전지대 노면표시, 차량 진입억제용 가드레일 설치	3.0
우수	보행섬 유효 폭 2.5m이상, 보행섬의 시작과 끝지점 부분의 도로에 보행안전지대 노면표시	2.4
일반	보행섬 유효 폭 1.5m이상, 보행섬의 시작과 끝지점 부분의 도로에 보행안전지대 노면표시	2.1

- 해당구간 모든 보행섬의 폭 및 방호울타리의 평균점수를 평가점수로 산정함
- 보행섬식 횡단보도의 전후 차도의 색상을 달리하여 운전자에게 횡단보도의 위치를 경고할 경우 한 등급 상향 평가함

■ 평가 참고자료 및 제출서류

참고자료	- 교통약자의 이동편의증진법 - 행정중심복합도시의 장애물 없는 도시·건축설계 매뉴얼
제출서류	예비인증	- 해당구간 횡단시설의 배치도 및 평면도 - 해당구간 횡단시설의 횡단면도 ※ 위 제출서류 중 평가항목의 조건을 만족하는 서류제출
	본인증	- 예비인증시와 동일

장애물 없는 생활환경 인증기준 - 왕복 6차로 이상 도로

평가부문	2	횡단시설
평가범주	2.2	보행섬식 횡단방식
평가항목	2.2.5	조명의 조도

■ 세부평가기준

평가목적	횡단시설 주변의 가로등은 충분한 조도로 설치하여 보행자의 안전한 횡단이 가능하도록 함
평가방법	횡단시설 조명의 조도를 평가
배점	3점 (평가항목)

산출기준	• 평점 = 평가 등급에 해당하는 점수로 평가

구분	횡단시설 조명의 조도	평가항목 점수
최우수	눈부심이 없고, 500lux이상의 조도를 가진 가로등	3.0
우수	눈부심이 없고, 100lux이상의 조도를 가진 가로등	2.4
일반	눈부심이 없고, 20lux이상의 조도를 가진 가로등	2.1

- 해당구간 모든 횡단시설 조도의 평균점수를 평가점수로 산정함
- 운전자의 횡단시설 인지성을 높이기 위하여 횡단 시설 조명의 조도를 주변과 다르게 설치할 경우 한 등급 높게 평가하여 점수를 산정함

■ 평가 참고자료 및 제출서류

참고자료	- 교통약자의 이동편의증진법 제10조 제2항 - 교통약자의 이동편의증진법 시행규칙 제2조 제1항 - 교통약자의 이동편의증진법 시행규칙 별표1 - 도로조명기준 KS A3701 - 조명기준 KS A3011
제출서류	예비인증	- 해당구간 횡단시설 조명시설 및 주변 조명시설 설치도 ※ 위 제출서류 중 평가항목의 조건을 만족하는 서류제출
	본인증	- 예비인증시와 동일

〈 2. 도로 인증지표 및 기준 – 6차로〉

장애물 없는 생활환경 인증기준 – 왕복 6차로 이상 도로

평가부문	2 횡단시설
평가범주	2.3 교통신호기
평가항목	2.3.1 설치 위치

■ 세부평가기준

평가목적	교통신호기 설치 위치를 평가하여 안전한 보행자의 횡단을 보장함
평가방법	횡단시설 교통신호기 설치 위치 평가
배 점	9점 (평가항목)

- 평점 = 평가 등급에 해당하는 점수로 평가

교통신호기 설치 위치	평가항목 점수
횡단보도 대기공간에 위치하여, 차량을 위한 신호와 보행자를 위한 신호가 같은 위치에 설치	9.0

산출기준
- 해당구간 모든 교통신호기 설치 위치의 평균점수를 평가점수로 산정함
- 차량용 신호기를 교차로 및 횡단시설 건너편 등에 설치하지 아니하고 보행자용 신호기를 같은 위치에 설치하는 것은 차량을 자발적으로 횡단시설 전면에 설치된 정지선에 정지시키기 위함임
- 왕복 6차로 이상의 도로에서와 같이 차도의 폭이 넓을 경우 차량용 신호기를 보행자용 신호기 보다 높게 설치 할 수 있음
- 교통신호기 주변 가로수 등이 운전자 및 보행자의 시야를 막아서는 아니 되며, 가로수 및 기타 설치물 등으로 교통신호기가 보이지 않을 경우 등급외로 평가함

■ 평가 참고자료 및 제출서류

참고자료	행정중심복합도시의 장애물 없는 도시·건축설계 매뉴얼
제출서류	예비인증	해당구간 횡단보도의 배치도 ※ 위 제출서류 중 평가항목의 조건을 만족하는 서류제출
	본인증	예비인증시와 동일

장애물 없는 생활환경 인증기준 – 왕복 6차로 이상 도로

평가부문	2 횡단시설
평가범주	2.3 교통신호기
평가항목	2.3.2 잔여시간 표시기

■ 세부평가기준

평가목적	교통신호 잔여시간 표시기를 평가하여 보행자의 안전한 횡단을 보장함
평가방법	횡단시설 교통신호 잔여시간 표시기 평가
배 점	5점 (평가항목)

- 평점 = 평가 등급에 해당하는 점수로 평가

구분	교통신호 잔여시간 표시기	평가항목 점수
최우수	기호로 표기	5.0
우 수	숫자로 표기	4.0

산출기준
- 해당구간 모든 잔여시간 표시기의 평균점수를 평가점수로 산정함
- 잔여시간 표시기는 보행자 횡단용 교통신호와 한눈에 같이 볼 수 있는 위치에 설치하여야 함
- 잔여시간 표시기의 기호는 시간의 흐름에 따라 그 기호의 표시량이 순차적으로 줄어드는 형식으로 보행자의 횡단시 잔여시간을 한눈에 확인할 수 있는 형태로 설치하여야 하며, 숫자의 경우 멀리서도 명확히 그 숫자를 인지 할 수 있는 글씨체로 하여야 함
- 잔여시간 표시기는 숫자를 인식할 수 없는 사람도 감지할 수 있도록 기호로 설치하는 것을 권장하며 이를 최상급으로 평가함

■ 평가 참고자료 및 제출서류

참고자료	교통약자의 이동편의증진법 제10조 제2항 교통약자의 이동편의증진법 시행규칙 제2조 제1항 교통약자의 이동편의증진법 시행규칙 별표1 제3호
제출서류	예비인증	해당구간 횡단보도의 신호등 설치 상세도 ※ 위 제출서류 중 평가항목의 조건을 만족하는 서류제출
	본인증	예비인증시와 동일

장애물 없는 생활환경 인증기준 – 왕복 6차로 이상 도로

평가부문	2 횡단시설
평가범주	2.3 교통신호기
평가항목	2.3.3 음향(진동)신호기

■ 세부평가기준

평가목적	음향(진동)신호기의 횡단가능시간 및 잔여시간 안내를 통하여 시각장애인 등의 안전한 보행가능 여부를 평가함
평가방법	음향(진동)신호기의 안내 방법 평가
배 점	5점 (평가항목)

- 평점 = 평가 등급에 해당하는 점수로 평가

구분	음향(진동)신호기의 안내 방법	평가항목 점수
최우수	진동신호기가 설치되어 있으며, 시각장애인 개인이 소지하고 있는 리모콘의 음향신호기를 통해 횡단가능시간 및 잔여시간을 안내할 수 있도록 함	5.0
우 수	진동신호기는 녹색신호로 바뀔 때 해당 횡단시설의 진동기를 진동하여 횡단가능시간을 안내	4.0
일 반	음향신호기는 녹색신호로 바뀔 때 음향으로 안내를 하며, 녹색신호가 켜져 있는 동안에는 계속 균일한 신호	3.5

산출기준
- 해당구간 모든 음향(진동)신호기의 평균점수를 평가점수로 산정함
- 음향신호기는 교차로 등에서 다른 위치에 설치된 음향신호기와 혼동이 발생될 우려가 있기 때문에, 소음 공해가 없으며 혼동의 우려가 없는 진동신호기를 보다 우수한 것으로 평가함
- 교차로 등의 횡단보도가 많이 설치되어 있는 곳의 음향신호기를 다른 횡단보도의 횡단가능시간 안내와 혼동되지 않도록 지향성 스피커 등을 사용할 경우 일반에서 우수로 상향 평가함

■ 평가 참고자료 및 제출서류

참고자료	교통약자의 이동편의증진법 제10조 제2항 교통약자의 이동편의증진법 시행규칙 제2조 제1항 교통약자의 이동편의증진법 시행규칙 별표1 제3호
제출서류	예비인증	해당구간 횡단보도의 신호등 설치 상세도 ※ 위 제출서류 중 평가항목의 조건을 만족하는 서류제출
	본인증	예비인증시와 동일

장애물 없는 생활환경 인증기준 – 왕복 6차로 이상 도로

평가부문	2 횡단시설
평가범주	2.3 교통신호기
평가항목	2.3.4 수동식 신호조작기 설치 위치

■ 세부평가기준

평가목적	횡단가능시간 및 잔여시간을 안내하는 신호조작기(음향, 진동 신호기)의 조작기 설치 위치를 평가하여 시각장애인이 혼동없이 손쉽게 수동식 신호조작기를 사용할 수 있도록 함
평가방법	수동식 신호조작기 설치 위치 평가
배 점	3점 (평가항목)

- 평점 = 평가 등급에 해당하는 점수로 평가

구분	수동식 신호조작기 설치 위치	평가항목 점수
최우수	횡단보도 대기선의 중심에 위치한 교통신호기 하부에 높이 1.5m내외 설치	3.0
우 수	횡단보도로부터 1m이내의 지점, 높이는 바닥면으로부터 1.5m내외 설치	2.4

산출기준
- 해당구간 모든 수동식 신호조작기의 설치 위치 평균점수를 평가점수로 산정함
- 수동식 신호조작기는 교통신호기의 아래 높이 1.5m내외에 설치하는 것을 원칙으로 하며, 수동식 신호조작기를 설치하기 위하여 새로운 지지대 등을 설치할 경우 보행장애물이 되지 않도록 하여야 함
- 수동식 신호조작기로의 접근을 막는 각종 장애물(도로의 각종 설치물, 노점, 간판 등)이 설치되어 있을 경우 등급외로 평가함

■ 평가 참고자료 및 제출서류

참고자료	교통약자의 이동편의증진법 제10조 제2항 교통약자의 이동편의증진법 시행규칙 제2조 제1항 교통약자의 이동편의증진법 시행규칙 별표1 제3호 행정중심복합도시의 장애물 없는 도시·건축설계 매뉴얼
제출서류	예비인증	해당구간 횡단보도의 신호등 설치 상세도 ※ 위 제출서류 중 평가항목의 조건을 만족하는 서류제출
	본인증	예비인증시와 동일

⟨ 2. 도로 인증지표 및 기준 – 6차로⟩

장애물 없는 생활환경 인증기준 – 왕복 6차로 이상 도로

평가부문	3	기타시설
평가범주	3.1	승하차시설
평가항목	3.1.1	설치방법

■ 세부평가기준

평가목적	휠체어사용자 등을 포함하는 모든 보행자 등이 교통수단을 이용하기 위하여 대기하는 공간에 불편 없이 진입하고 우천시 등 기후변화에 관계없이 편안하게 사용할 수 있도록 함
평가방법	대기공간 설치방법 평가
배점	6점 (평가항목)

산출기준	평점 = 평가 등급에 해당하는 점수로 평가

구분	대기공간 설치방법	평가항목 점수
최우수	우수의 성능을 만족시키며, 대기 공간 상부에 지붕을 설치하여 우천시 등 기후변화에도 편리하게 사용할 수 있도록 함	6.0
우수	대기공간이 보행로와 분리되어 보행자의 통행에 불편을 주지 않음	4.8

- 해당구간 모든 대기공간 설치방법의 평균점수를 평가점수로 산정함
- 해당구간에 승하차시설이 계획되지 않을 경우의 점수산정은 승하차시설(3.1항목전체)을 제외한 전체평가수비율을 승하차시설의 점수에 적용, 이를 평가점수로 산정함

승하차시설부문의 평가점수 $= B \times \left(\dfrac{C}{A-B} \right)$

A : 왕복 6차로 이상 도로 전체점수합계
B : 승하차시설부문 전체점수합계
C : 승하차시설부문을 제외한 전체평가점수

- 보행안전구역과 승하차 없이 수평이동이 가능한 대기공간의 설치를 원칙으로 하며, 대기공간 진입시 바닥높이차가 2cm이상일 경우 등급외로 평가함
- 자전거 도로가 설치되어 있는 도로구조일 경우 대기공간과 면한 해당 부분의 자전거 도로는 끊어지게 되며, 보행자가 우선하게 되는 것을 원칙으로 함

■ 평가 참고자료 및 제출서류

참고자료	- 교통약자의 이동편의증진법 제10조 제2항 - 교통약자의 이동편의증진법 시행규칙 제2조 제1항 - 교통약자의 이동편의증진법 시행규칙 별표1 제3호 - 행복중심복합도시의 장애물 없는 도시·건축설계 매뉴얼
제출서류	예비인증	- 해당구간 승하차시설의 평면도 - 해당구간 승하차시설의 횡단면도 ※ 위 제출서류 중 평가항목의 조건을 만족하는 서류제출
	본인증	- 예비인증시와 동일

장애물 없는 생활환경 인증기준 – 왕복 6차로 이상 도로

평가부문	3	기타시설
평가범주	3.1	승하차시설
평가항목	3.1.2	연석 높이 및 부분 경사로

■ 세부평가기준

평가목적	연석 높이 및 부분 경사로를 평가하여 휠체어를 사용하는 장애인 등의 교통시설 등으로 옮겨 타기 편리하도록 함
평가방법	연석 높이 및 부분 경사로 평가
배점	3점 (평가항목)

- 평점 = 평가 등급에 해당하는 세부항목 점수의 합산으로 평가
- 세부항목 – 연석 높이

구분	연석 높이	평가항목 점수
최우수	0.15m이상 0.2m미만	1.5
우수	0.2m이상 0.25m미만	1.2

- 해당구간 모든 대기공간 연석 높이의 평균점수를 평가점수로 산정함
- 연석 높이는 저상버스를 기준으로 휠체어 사용자가 저상버스로 옮겨 탈 수 있는 높이로 하여야 함
- 세부항목 – 부분 경사로

부분 경사로	평가항목 점수
대기공간 내부에 경사로 기울기 1/18(5.56%/3.18°)이하 유효폭 0.9m 이상, 경사로 시작과 끝 지점의 대기공간 1.5m×1.5m이상 확보	1.5

- 해당구간 모든 부분 경사로의 평균점수를 평가점수로 산정함
- 버스 및 택시 등은 차도로 내려서 승하차하지 않고 대기공간에서 승하차하는 것을 원칙으로 하며, 기존의 연석이 매우 높아(0.3m이상 등)으로 차량의 문이 열리지 않는 경우 차량으로 옮겨타기 불가능할 경우 경사로를 설치하는 것으로 평가
- 휠체어사용자가 차량으로 옮겨타기 용이한 높이로 연석이 설치되어 부분 경사로를 설치하지 않을 경우 최상점수로 평가함
※ 해당구간에 승하차시설이 계획되지 않을 경우의 점수산정은 승하차시설(3.1항목전체)을 제외한 전체평가수비율을 승하차시설의 점수에 적용, 이를 평가점수로 산정함

승하차시설부문의 평가점수 $= B \times \left(\dfrac{C}{A-B} \right)$

A : 왕복 6차로 이상 도로 전체점수합계
B : 승하차시설부문 전체점수합계
C : 승하차시설부문을 제외한 전체평가점수

■ 평가 참고자료 및 제출서류

참고자료	- 교통약자의 이동편의증진법 제10조 제2항, 시행규칙 제2조 제1항 및 별표1 제3호열
제출서류	예비인증	- 해당구간 승하차시설의 평면도 - 해당구간 승하차시설의 횡단면도 ※ 위 제출서류 중 평가항목의 조건을 만족하는 서류제출
	본인증	- 예비인증시와 동일

장애물 없는 생활환경 인증기준 – 왕복 6차로 이상 도로

평가부문	3	기타시설
평가범주	3.1	승하차시설
평가항목	3.1.3	경고방식

■ 세부평가기준

평가목적	승하차시설의 경고시설을 평가하여 시각장애인이 혼동 없이 승하차시설의 위치를 감지할 수 있도록 함
평가방법	경고방식을 평가
배점	3점 (평가항목)

- 평점 = 평가 등급에 해당하는 점수로 평가

구분	경고방식	평가항목 점수
최우수	대기공간과 면한 보행안전구역을 다른 색상 및 다른 재질로 설치	3.0
우수	차도와 면한 대기공간에 경고블록을 사용하여 대기공간의 경계를 감지할 수 있도록 설치	2.4

- 해당구간 모든 대기공간 경고방식의 평균점수를 평가점수로 산정함
- 휠체어 등 바퀴달린 이동수단의 이동에 불편이 없도록 바닥의 요철은 0.5cm이하로 설치하여야 하며, 기존의 선형블록 등을 이용하여 유도하는 방식은 사용하지 않는 것을 원칙으로 함
- 해당구간에 승하차시설이 계획되지 않을 경우의 점수산정은 승하차시설(3.1항목전체)을 제외한 전체평가수비율을 승하차시설의 점수에 적용, 이를 평가점수로 산정함

승하차시설부문의 평가점수 $= B \times \left(\dfrac{C}{A-B} \right)$

A : 왕복 6차로 이상 도로 전체점수합계
B : 승하차시설부문 전체점수합계
C : 승하차시설부문을 제외한 전체평가점수

■ 평가 참고자료 및 제출서류

참고자료	- 교통약자의 이동편의증진법 제10조 제2항 - 교통약자의 이동편의증진법 시행규칙 제2조 제1항 - 교통약자의 이동편의증진법 시행규칙 별표1 제2호
제출서류	예비인증	- 해당구간 승하차시설의 평면도 - 해당구간 승하차시설의 횡단면도 ※ 위 제출서류 중 평가항목의 조건을 만족하는 서류제출
	본인증	- 예비인증시와 동일

장애물 없는 생활환경 인증기준 – 왕복 6차로 이상 도로

평가부문	3	기타시설
평가범주	3.1	승하차시설
평가항목	3.1.4	안내시설

■ 세부평가기준

평가목적	승하차시설의 안내시설을 평가하여 장애인 및 노약자, 어린이, 외국인 등이 행선지·시간표 등 운행에 관한 정확한 정보를 습득할 수 있도록 함
평가방법	안내시설의 안내방법을 평가
배점	3점 (평가항목)

- 평점 = 평가 등급에 해당하는 점수로 평가

구분	안내시설	평가항목 점수
최우수	우수의 성능을 지닌 안내표시와 함께 버스 도착시 음성으로 안내함	3.0
우수	일반의 성능을 지닌 안내표시와 함께 휠체어사용자가 접근할 수 있는 위치에 높이 1.2m이하의 화면 등을 통하여 전자식 음성 및 시각안내시설 설치	2.4
일반	대기공간내부에 입식표지판을 이용한 안내시설을 높이 1.5m이하로 점자안내를 병기하여 설치	2.1

- 해당구간 모든 대기공간 안내시설의 평균점수를 평가점수로 산정함
- 안내시설은 명확하게 알아볼 수 있는 글씨체를 사용하며(고딕체 등), 영어 등 외국어를 병기하는 것을 원칙으로 함
- 휠체어 사용자가 접근할 수 있는 위치의 조작기라 함은, 기기의 전면에 평탄한 활동공간(1.5m×1.5m)을 확보하고, 조작기의 높이는 1.2m이하, 화면은 1.2m이하(그 이상일 경우 상단이 15°정도 기울어져 휠체어 사용자가 확인할 수 있도록 하여야 함)로 된 조작기기를 말함
- 해당구간에 승하차시설이 계획되지 않을 경우의 점수산정은 승하차시설(3.1항목전체)을 제외한 전체평가수비율을 승하차시설의 점수에 적용, 이를 평가점수로 산정함

승하차시설부문의 평가점수 $= B \times \left(\dfrac{C}{A-B} \right)$

A : 왕복 6차로 이상 도로 전체점수합계
B : 승하차시설부문 전체점수합계
C : 승하차시설부문을 제외한 전체평가점수

■ 평가 참고자료 및 제출서류

참고자료	- 교통약자의 이동편의증진법 제10조 제2항 - 교통약자의 이동편의증진법 시행규칙 제2조 제1항 - 교통약자의 이동편의증진법 시행규칙 별표1 제2호
제출서류	예비인증	- 해당구간 승하차시설의 입면도 - 승하차시설 안내시설 설치상세도 ※ 위 제출서류 중 평가항목의 조건을 만족하는 서류제출
	본인증	- 예비인증시와 동일

< 2. 도로 인증지표 및 기준 - 4차로 >

장애물 없는 생활환경 인증기준 - 왕복 6차로 이상 도로

평가부문	4	종합평가
평가범주		
평가항목		

■ 세부평가기준

평가목적	해당 시설의 편의시설 설치현황을 평가하여 장애인 및 노약자 등 다양한 사용자가 해당시설에 접근하여 이용하는데 불편함이 없도록 함
평가방법	편의시설 설치의 종합적 평가
배 점	5% (평가항목의 총점기준)

산출기준	• 평점 = 편의시설의 평가등급에 해당하는 평가항목 점수로 평가
	구분 / 편의시설 평가 / 평가항목 점수
	등급 구분 없음
	※ 심사위원의 평가내용을 자필로 기입

■ 평가 참고자료 및 제출서류

참고자료	○ 가산항목 - 여성휴게실(모유수유실 등) 설치 - 다목적 화장실 설치 - 해당 없음 항목을 적합하게 설치 - 그 외 추가 시설을 설치한 경우 · 시각장애인을 위한 핸드레일조명등 설치 · 안내표시가 경로를 따라 찾기 쉽게 설치 등
제출서류	예비인증	해당 없음
	본인증	해당 없음

2.왕복 4차로 이상 도로

범주		평가항목		평가기준	분류번호	배점
1. 보도	1.1 장애물 구역	1.1.1	설치 위치 및 방법	장애물 구역의 설치 위치 및 보행안전구역과의 분리 평가	4R1-01-01	8
		1.1.2	유효폭	보도의 각종 설치물 설치공간으로서의 유효폭의 적절성 평가	4R1-01-02	8
	1.2 자전거 도로	1.2.1	설치방법	자전거 도로의 위치 및 보행안전구역과 분리, 통행방향 평가	4R1-02-01	5
		1.2.2	유효폭	안전한 자전거통행을 위한 자전거 도로 유효폭의 적절성 평가	4R1-02-02	2
		1.2.3	기울기 및 휴식참	안전하고 편리한 자전거 통행을 위한 자전거 도로 기울기 및 휴식참 적절성 평가	4R1-02-03	1
		1.2.4	바닥 재질 및 색상, 설치물	안전한 자전거 통행을 위한 바닥 재질 및 색상, 기타 도로와의 구별 가능 평가	4R1-02-04	1
		1.2.5	통행방향 및 표시	자전거 도로의 통행방향 및 표시 설치 평가	4R1-02-05	1
	1.3 보행안전구역	1.3.1	설치방법	안전하고 편리한 보행을 위한 보행안전구역의 위치 및 보행장애물 설치 평가	4R1-03-01	9
		1.3.2	유효폭 및 교행구간	보행자의 불편 없고 쾌적한 통행로서의 유효폭의 적절성 평가 및 휠체어 등의 교행가능 설치 평가	4R1-03-02	8
		1.3.3	기울기 및 휴식참	안전하고 불편 없는 보행안전구역의 기울기 정도 및 휴식참 설치 평가	4R1-03-03	8
		1.3.4	연속성	안전한 보행을 위한 보행안전구역의 연속성 평가	4R1-03-04	5
		1.3.5	유효안전 높이	안전한 보행을 위한 보행안전구역의 수직적 공간 확보 평가	4R1-03-05	2
		1.3.6	바닥 재질 및 색상	안전한 보행안전구역의 재질 및 기타 도로와의 구별 가능 평가	4R1-03-06	2
		1.3.7	바닥 설치물	안전한 보행을 위하여 배수구 덮개, 맨홀 등 바닥 설치물의 설치 평가	4R1-03-07	2
	1.4 유도방식	1.4.1	설치방법	휠체어 등 바퀴 달린 이동수단사용자 및 다양한 보행자의 보행 쾌적성, 시각장애인 등의 감지 가능성 평가	4R1-04-01	7
		1.4.2	재질 및 색상	시각장애인 등의 보행안전구역 경계 명확한 감지 가능성 평가	4R1-04-02	3
	1.5 차량 진출입부	1.5.1	설치방법	보행안전성을 위하여 차량이 보도를 가로지르는 차량 진출입부에서 보행자를 우선시 평가	4R1-05-01	7
		1.5.2	재질 및 색상	보행자 및 운전자가 차량 진출입부의 위치를 감지할 수 있도록 설치된 각종 경고방식 평가	4R1-05-02	3
	1.6 보행지원시설	1.6.1	안내시설	주요시설물, 목적지 등을 안내하는 시설물의 안내 명확성 평가	4R1-06-01	4
		1.6.2	휴게시설	노인, 어린이, 휠체어 등 바퀴달린 이동수단의 휴게공간으로의 접근성과 차별정도, 사용편리성 평가	4R1-06-02	7
		1.6.3	이용편의시설	공중전화 등 보도의 각종 이용편의시설의 접근성 및 사용성 평가	4R1-06-03	2
2. 횡단	2.1 보행섬식	2.1.1	설치방법	보행섬식 횡단보도의 적용 여부 평가	4R2-01-01	9

장애물 없는 생활환경 인증기준 - 왕복 4차로 이상 도로

평가부문	1	보도
평가범주	1.1	장애물 구역
평가항목	1.1.1	설치 위치 및 방법

■ 세부평가기준

평가목적	장애물 구역의 설치 적절성을 평가하여 장애인 및 노약자 등 다양한 사용자가 보행시 장애물의 간섭 없이 안전하고 편리하게 보행이 가능하도록 함
평가방법	장애물 구역의 설치 위치 및 방법 평가
배 점	8점 (평가항목)

산출기준	• 평점 = 평가 등급에 해당하는 점수로 평가
	구분 / 장애물 구역의 설치 위치 및 방법 / 평가항목 점수
	최우수 / 장애물 구역이 식재대·녹지대 등으로 활용되어 보도미관 증진에 도움됨 / 8.0
	우수 / 장애물 구역이 경계석이나 색상, 띠 등으로 구분되어 설치 / 6.4
	일반 / 장애물 구역이 경계의 구분 없이 설치 / 5.6
	- 장애물 구역은 차도와 연접하여, 차도-장애물 구역-(자전거 도로)-유도 및 경고윰띠-보행안전구역-유도 및 경고윰띠 순서로 설치하는 것을 원칙으로 함 - 위 순서에 따르지 아니할 경우 우 수 이상으로 평가하지 아니함 - 장애물 구역은 보도의 각종 설치물의 설치장소로 보도상의 각종 설치물이 장애물 구역이외의 구역(자전거 도로, 보행안전구역 등)에 설치 될 경우 등급외로 평가함

■ 평가 참고자료 및 제출서류

참고자료	- 교통약자의 이동편의증진법 - 행정중심복합도시의 장애물 없는 도시·건축설계 매뉴얼
제출서류	예비인증	- 해당구간 보도의 배치도 - 해당구간 보도의 횡단면도 ※ 위 제출서류 중 평가항목의 조건을 만족하는 서류제출
	본인증	- 예비인증시와 동일

범주		평가항목		평가기준	분류번호	배점
단시설	횡단보도	2.1.2	부분 경사로 유효폭 및 기울기	휠체어 등 바퀴달린 이동수단의 이동성 확보를 위한 횡단보도의 부분 경사로의 유효폭 및 기울기의 적절성 평가	4R2-01-02	9
		2.1.3	횡단보도 진입부의 경고방식	시각장애인 등이 횡단보도 진입부 위치의 명확한 감지 가능성 평가	4R2-01-03	6
		2.1.4	보행섬의 폭 및 방호 울타리	보행자의 보행섬에서의 활동성 및 차량으로부터의 보호 가능성 평가	4R2-01-04	3
		2.1.5	조명의 조도	운전자 및 보행자의 명확한 횡단보도 위치 감지 가능성 평가	4R2-01-05	3
	2.2 고원식 횡단보도	2.2.1	설치방법	고원식 횡단보도의 적용여부 평가	4R2-02-01	7
		2.2.2	색상 및 재질, 배수설비	보행자 및 운전자의 고원식 횡단방식의 위치 확인 및 감지 방법 평가와 안전한 보행을 위하여 배수설비 설치 적절성 평가	4R2-02-02	3
		2.2.3	평탄부 길이	차량 및 시설물 보호를 위하여 고원식 횡단보도의 평탄부 길이 적절성 평가	4R2-02-03	3
		2.2.4	조명의 조도 및 색도	운전자 및 보행자의 명확한 횡단보도 위치 감지 가능성 평가	4R2-02-04	3
	2.3 교통신호기	2.3.1	설치 위치	차량으로부터 보행자 보호 가능성 평가	4R2-03-01	8
		2.3.2	잔여시간 표시기	보행자의 횡단잔여시간의 명확한 확인 가능성 평가	4R2-03-02	5
		2.3.3	음향(진동) 신호기	시각장애인 등이 횡단가능시간 확인 및 안내 가능성 평가	4R2-03-03	4
		2.3.4	수동식 신호 조작기 설치 위치	수동식 신호조작기 설치 위치 감지 가능성 평가	4R2-03-04	3
	2.4 차량진입억제용 말뚝	2.4.1	설치 위치 및 간격	차량 진입억제용 말뚝의 보행장애 정도 평가	4R2-04-01	5
		2.4.2	형태 및 재질	시각장애인, 운전자 등의 차량 진입억제용 말뚝의 감지 가능성 평가	4R2-04-02	5
3. 기타시설	3.1 승하차 시설	3.1.1	설치방법	장애인 등이 대중교통 이용 가능성 평가	4R3-01-01	6
		3.1.2	연석 높이 및 부분 경사로	장애인 등이 차량으로 편리하게 옮겨 탈 수 있는 연석 높이 평가	4R3-01-02	5
		3.1.3	경고방식	장애인 등이 대중교통이용 및 대기공간으로의 유도 가능성 평가	4R3-01-03	5
		3.1.4	안내시설	장애인 등이 대중교통수단에 대한 정보 습득 가능성 및 편리성 평가	4R3-01-04	4
	3.2 장애안전용주차구역	3.2.1	설치규모 및 안내	장애인 등이 노상주차장을 이용할 수 있도록 그 설치규모와 안내시설 적절성 평가	4R3-02-01	5
		3.2.2	주차구역 및 안전통로	장애인 등이 노상주차장을 이용할 수 있도록 주차공간 규모와 안전통로 설치 적절성 평가	4R3-02-02	5
4. 종합평가				5% (평가항목의 총점기준)	4R4-01-01	
총 지표수	42			총 배점		200

〈 2. 도로 인증지표 및 기준 - 4차로〉

장애물 없는 생활환경 인증기준 - 왕복 4차로 이상 도로

평가부문	1	보도	
평가범주	1.1	장애물 구역	
평가항목	1.1.2	유효폭	

■ 세부평가기준

평가목적	장애물 구역의 유효폭을 평가하여 도로의 각종 설치물의 충분한 설치장소를 확보하도록 하며, 장애인 및 노약자 등 다양한 사용자의 보행시 장애물의 간섭 없이 안전하고 편리하게 보행이 가능하도록 함
평가방법	장애물 구역의 유효폭 평가
배 점	8점 (평가항목)

산출기준	• 평점 = 평가 등급에 해당하는 점수로 평가

구분	장애물 구역의 유효폭	평가항목 점수
최우수	장애물 구역 유효폭 1.5m이상	8.0
우 수	장애물 구역 유효폭 0.9m이상	6.4

- 장애물 구역은 일정한 유효폭을 유지하여야 하며, 해당평가구간의 장애물 구역의 최소 유효폭으로 등급을 평가함
- 기존 도시내 도로 및 신규 계획 도시 단독주택지역내 2차로의 경우 장애물구역의 폭 원이 0.9m이하라도 해당 도로 구간에 설치된 장애물의 최대폭을 기준으로 장애물구역을 설치한 경우 일반으로 평가함

■ 평가 참고자료 및 제출서류

참고자료	- 교통약자의 이동편의증진법 - 행정중심복합도시의 장애물 없는 도시·건축설계 매뉴얼
제출서류	예비인증	- 해당구간 보도의 배치도 - 해당구간 보도의 횡단면도 ※ 위 제출서류 중 평가항목의 조건을 만족하는 서류제출
	본인증	- 예비인증시와 동일

장애물 없는 생활환경 인증기준 - 왕복 4차로 이상 도로

평가부문	1	보도	
평가범주	1.2	자전거 도로	
평가항목	1.2.1	설치방법	

■ 세부평가기준

평가목적	자전거 도로의 설치방법을 평가하여 장애인 및 노약자 등 다양한 사용자의 보행시 장애물의 간섭 없이 안전하고 편리하게 보행이 가능하도록 함
평가방법	자전거 도로 설치방법 평가
배 점	5점 (평가항목)

산출기준	• 평점 = 평가 등급에 해당하는 점수로 평가

구분	자전거 도로 설치방법	평가항목 점수
최우수	장애물 구역에 연접하여 일방통행으로 설치	5.0
우 수	장애물 구역에 연접하여 양방통행으로 설치	4.0

- 자전거 도로를 보도에 설치하지 아니하고 별도로 계획할 경우(차도-자전거 도로-장애물 구역-유도 및 경고융띠-보행안전구역-유도 및 경고융띠 순서 등) 최상급으로 평가함
- 자전거 도로를 설치하지 않을 경우의 점수산정은 자전거 도로(1.2항목전체)를 제외한 보도부문 평가점수비율을 자전거 도로의 점수에 적용, 이를 평가점수로 산정함

$$\text{자전거 도로부문의 평가점수} = B \times \left(\frac{C}{A-B}\right)$$

A : 보도부문 전체점수합계
B : 자전거 도로부문 전체점수합계
C : 자전거 도로부문을 제외한 보도부문평가점수

- 자전거의 일방통행 방향은 차량 소통의 방향과 같은 방향으로 계획되어야 하며, 이를 따르지 않을 경우의 일방통행은 안전하지 아니함

■ 평가 참고자료 및 제출서류

참고자료	- 교통약자의 이동편의증진법 - 자전거이용 활성화에 관한 법률
제출서류	예비인증	- 해당구간 보도의 배치도 - 해당구간 보도의 횡단면도 - 해당구간의 자전거 도로 계획도 ※ 위 제출서류 중 평가항목의 조건을 만족하는 서류제출
	본인증	- 예비인증시와 동일

장애물 없는 생활환경 인증기준 - 왕복 4차로 이상 도로

평가부문	1	보도	
평가범주	1.2	자전거 도로	
평가항목	1.2.2	유효폭	

■ 세부평가기준

평가목적	자전거 도로의 유효폭을 평가하여 장애인 및 노약자 등 다양한 사용자의 보행과 자전거의 통행이 안전하고 편리하도록 함
평가방법	자전거 도로의 유효폭 평가
배 점	2점 (평가항목)

산출기준	• 평점 = 평가 등급에 해당하는 점수로 평가

구분	자전거 도로의 설치 유효폭	평가항목 점수
최우수	양방향통행일 경우 유효폭 1.3m이상 일방향통행일 경우 유효폭 0.9m이상	2.0
우 수	자전거 도로 유효폭 1.1m이상	1.6
일 반	자전거 도로 유효폭 0.9m이상	1.4

- 평가 대상 구역 중 가장 좁은 자전거 도로의 유효폭을 기준으로 해당 구역의 자전거 도로 유효폭을 평가함

■ 평가 참고자료 및 제출서류

참고자료	- 교통약자의 이동편의증진법 - 자전거이용시설의 구조·시설기준에관한규칙 제4조 - 행정중심복합도시의 장애물 없는 도시·건축설계 매뉴얼
제출서류	예비인증	- 해당구간 보도의 배치도 - 해당구간 보도의 횡단면도 - 해당구간의 자전거 도로 계획도 ※ 위 제출서류 중 평가항목의 조건을 만족하는 서류제출
	본인증	- 예비인증시와 동일

장애물 없는 생활환경 인증기준 - 왕복 4차로 이상 도로

평가부문	1	보도	
평가범주	1.2	자전거 도로	
평가항목	1.2.3	기울기 및 휴식참	

■ 세부평가기준

평가목적	자전거 도로의 기울기 및 휴식참을 평가하여 자전거의 통행이 안전하고 편리하도록 함
평가방법	자전거 도로의 기울기 및 휴식참 평가
배 점	1점 (평가항목)

산출기준	• 평점 = 평가 등급에 해당하는 점수로 평가

구분	자전거 도로의 기울기 및 휴식참	평가항목 점수
최우수	자전거 도로의 좌우 기울기는 1/50(2%/1.15°)이하이며, 진행방향 기울기는 1/24(4.17%/2.39°)이하	1.0
우 수	자전거 도로의 좌우 기울기는 1/24(4.17%/2.39°)이하이며, 진행방향 기울기 1/18(5.56%/3.18°)이하	0.8
일 반	자전거 도로의 좌우 기울기는 1/24(4%)이하이며, 진행방향 기울기 1/12(8.33%/4.76°)하이며, 30m마다 휴식참이 설치되어 있음	0.7

- 평가 대상 구역 중 가장 가파른 경사도를 기준으로 해당 구역의 자전거 도로의 기울기를 평가함

■ 평가 참고자료 및 제출서류

참고자료	- 교통약자의 이동편의증진법 제10조 제2항 - 교통약자의 이동편의증진법 시행규칙 제2조 제1항 - 교통약자의 이동편의증진법 시행규칙 별표1 제3호 - 자전거이용 활성화에 관한법 - 행정중심복합도시의 장애물 없는 도시·건축설계 매뉴얼
제출서류	예비인증	- 해당구간 보도의 배치도 - 해당구간 보도의 횡단면도 - 해당구간의 자전거 도로 계획도 ※ 위 제출서류 중 평가항목의 조건을 만족하는 서류제출
	본인증	- 예비인증시와 동일

⟨ 2. 도로 인증지표 및 기준 – 4차로⟩

장애물 없는 생활환경 인증기준 – 왕복 4차로 이상 도로

평가부문	1	보도
평가범주	1.2	자전거 도로
평가항목	1.2.4	바닥 재질 및 색상, 설치물

■ 세부평가기준

평가목적	자전거 도로의 바닥 재질 및 색상, 설치물을 평가하여 자전거의 통행이 안전하고 편리하도록 함
평가방법	자전거 도로의 바닥 재질 및 색상, 설치물을 평가
배 점	1점 (평가항목)

산출기준
- 평점 = 평가 등급에 해당하는 점수로 평가

구분	자전거 도로의 바닥 재질 및 색상, 설치물	평가항목 점수
최우수	우수의 조건을 만족시키며 배수가 잘되는 재질로 설치함	1.0
우 수	일반의 조건을 만족시키며, 맨홀, 배수구 덮개 등 바닥 설치물이 없음	0.8
일 반	틈이 없고 평탄한 재질의 마감으로 주변과 색상으로 그 경계를 명확히 감지 가능하며 배수구 덮개 간격이 1cm 이하(진행방향), 높이차 없음	0.7

- 자전거 도로에 블록 등의 바닥 마감재를 사용할 경우 블록의 높이차는 없어야 하며, 그 이외의 경우 평가하지 아니함
- 배수가 잘 되는 자전거 도로의 바닥 마감재는 자전거가 원활하게 이동할 수 있는 충분한 경도를 가지고 있어야 하며, 그 이외의 경우 평가하지 아니함

■ 평가 참고자료 및 제출서류

참고자료	- 교통약자의 이동편의증진법 제10조 제2항 - 교통약자의 이동편의증진법 시행규칙 제2조 제1항 - 교통약자의 이동편의증진법 시행규칙 별표1 제3호
제출서류	예비인증	- 해당구간 보도의 배치도 - 해당구간 보도의 횡단면도 - 해당구간의 자전거 도로 계획도 ※ 위 제출서류 중 평가항목의 조건을 만족하는 서류제출
	본인증	- 예비인증시와 동일

장애물 없는 생활환경 인증기준 – 왕복 4차로 이상 도로

평가부문	1	보도
평가범주	1.2	자전거 도로
평가항목	1.2.5	통행방향 및 표시

■ 세부평가기준

평가목적	자전거 도로의 통행방향 및 표시를 평가하여 자전거와 보행자의 통행이 안전하고 편리하도록 함
평가방법	자전거 도로의 통행방향 및 표시 평가
배 점	1점 (평가항목)

산출기준
- 평점 = 평가 등급에 해당하는 점수로 평가

구분	자전거 도로의 통행방향 및 표시	평가항목 점수
최우수	바닥, 입식으로 자전거 도로임을 표시하고, 통행방향을 함께 표시	1.0
우 수	바닥, 입식으로 자전거 도로임을 표시	0.8
일 반	바닥에 자전거 도로임을 표시	0.7

- 양방통행의 자전거 도로 소통방향을 표시할 경우 보행안전구역에 면한 자전거 도로의 통행방향은 차량 소통 방향과 동일한 방향으로 표시하여야 함

■ 평가 참고자료 및 제출서류

참고자료	- 자전거이용시설의 구조·시설기준에 관한 규칙 제11조 - 도로교통법 시행규칙 별표6
제출서류	예비인증	- 해당구간 보도의 배치도 - 해당구간 보도의 횡단면도 - 해당구간의 자전거 도로 계획도 ※ 위 제출서류 중 평가항목의 조건을 만족하는 서류제출
	본인증	- 예비인증시와 동일

장애물 없는 생활환경 인증기준 – 왕복 4차로 이상 도로

평가부문	1	보도
평가범주	1.3	보행안전구역
평가항목	1.3.1	설치방법

■ 세부평가기준

평가목적	보행안전구역과 기타 도로 설치물의 분리 여부를 평가하여 장애인 및 노약자 등 다양한 보행자의 이동 및 접근시 장애물의 간섭 없이 안전하고 편리한 보행이 가능하도록 함
평가방법	보행안전구역의 설치방법 평가
배 점	9점 (평가항목)

산출기준
- 평점 = 평가 등급에 해당하는 점수로 평가

구분	보행안전구역의 설치방법	평가항목 점수
최우수	우수의 성능을 만족시키며 맨홀뚜껑, 배수구덮개 등을 포함하는 어떠한 보행장애물도 설치되어 있지 않음	9.0
우 수	일반의 성능을 만족시키며 보행안전구역의 설치순서원칙에 적합함	7.2
일 반	보행안전구역은 차도, 자전거 도로와 분리되며, 규정에 적합한 바닥 설치물을 제외한 다른 보행장애물이 설치되어 있지 않음	6.3

- 보행안전구역은 차도-장애물 구역-(자전거 도로) 및 경고블띠-보행안전구역-유도 및 경고블띠 순서로 설치하는 것을 원칙으로 함(단, 자전거 도로와 보행안전구역의 설치 위치가 바뀔 경우 보행자의 안전성이 확보되지 않으므로 일반으로 평가함)
- 보행장애물이라 함은 보행자의 보행을 방해하는 설치물로 보행안전구역에 설치된 차량 진입억제용 말뚝, 가로등, 가로수, 벤치, 각종 전기 등의 단자함, 쓰레기통, 소화전 등 도로에 설치되는 각종 설치물을 말함
- 차량 진입억제용 말뚝은 보행자의 보행을 방해하지 않는 위치에, 필요한 장소에만 설치하고 그 이외의 장소에는 설치하지 않는 것을 원칙으로 함
- 보행자의 진행방향과 직각으로 차량 진입억제용 말뚝을 설치할 경우에는 보행장애물로 취급하며, 차도와의 분리 등을 위하여 보행안전구역과 나란하게 설치하여 보행자의 보행에 큰 지장을 주지 않을 경우 보행장애물로 취급하지 아니함
- 규정에 적합한 바닥 설치물이라 함은 높이차 없이 설치되어 보행시 불편 혹은 위험요소가 없는 맨홀뚜껑, 배수구 덮개 등을 말함 (평가 항목 1.3.7 참조)

■ 평가 참고자료 및 제출서류

참고자료	- 교통약자의 이동편의증진법 제10조 제2항 - 교통약자의 이동편의증진법 시행규칙 제2조 제1항 - 교통약자의 이동편의증진법 시행규칙 별표1 제3호 - 행정중심복합도시의 장애물 없는 도시·건축설계 매뉴얼
제출서류	예비인증	- 해당구간 보도의 배치도 - 해당구간 보도의 횡단면도 ※ 위 제출서류 중 평가항목의 조건을 만족하는 서류제출
	본인증	- 예비인증시와 동일

장애물 없는 생활환경 인증기준 – 왕복 4차로 이상 도로

평가부문	1	보도
평가범주	1.3	보행안전구역
평가항목	1.3.2	유효폭 및 교행구간

■ 세부평가기준

평가목적	보행안전구역의 유효폭 및 교행구간을 평가하여 장애인 및 노약자 등 다양한 보행자의 보행이 불편 없이 안전한 보행이 가능하도록 함
평가방법	보행안전구역의 유효폭 및 교행구간 평가
배 점	8점 (평가항목)

산출기준
- 평점 = 평가 등급에 해당하는 점수로 평가

구분	보행안전구역의 유효폭 및 교행구간	평가항목 점수
최우수	보행안전구역의 유효폭 2.0m이상	8.0
우 수	보행안전구역의 유효폭 1.5m이상	6.4
일 반	보행안전구역의 유효폭 1.2m이상	5.6

- 평가 대상 구역 중 가장 좁은 보행안전구역의 유효폭을 기준으로 해당 구역의 보행안전구역의 유효폭을 평가함
- 입체횡단시설, 도시철도 및 광역전철 출입구 등으로 인하여 보행안전구역의 유효폭이 축소되어서는 아니됨
- 기존도시에서 도시철도 및 광역 전철 출입구 등으로 보도의 폭이 제한될 경우에도 보행안전구역은 최소 1.2m이상을 유지하여야 함

■ 평가 참고자료 및 제출서류

참고자료	- 교통약자의 이동편의증진법 제10조 제2항 - 교통약자의 이동편의증진법 시행규칙 제2조 제1항 - 교통약자의 이동편의증진법 시행규칙 별표1 제3호
제출서류	예비인증	- 해당구간 보도의 배치도 - 해당구간 보도의 횡단면도 ※ 위 제출서류 중 평가항목의 조건을 만족하는 서류제출
	본인증	- 예비인증시와 동일

〈 2. 도로 인증지표 및 기준 – 4차로〉

장애물 없는 생활환경 인증기준 - 왕복 4차로 이상 도로

평가부문	1	보도
평가범주	1.3	보행안전구역
평가항목	1.3.3	기울기 및 휴식참

■ 세부평가기준

평가목적	보행안전구역의 기울기 및 휴식참을 평가하여 장애인 및 노약자 등 다양한 보행자가 자력으로 안전한 보행이 가능하도록 함
평가방법	보행안전구역의 기울기 및 휴식참 평가
배 점	8점 (평가항목)

- 평점 = 평가 등급에 해당하는 점수로 평가

구분	보행안전구역의 기울기 및 휴식참	평가항목 점수
최우수	보행안전구역은 단차없이 진행방향 기울기 1/24(4.17%/2.39°)이하	8.0
우 수	보행안전구역은 단차없이 진행방향 기울기 1/18(5.56%/3.18°)이하, 50m마다 1.5m×1.5m의 수평 휴식참 설치	6.4
일 반	단차 2cm이하, 진행방향 기울기 1/12(8.33%/4.76°)이하이며, 30m마다 1.5m×1.5m의 수평 휴식참 설치	5.6

산출기준:
- 평가 대상 구역 중 가장 가파른 경사도를 기준으로 해당 구역의 보행안전구역 기울기를 평가함
- 보행안전구역의 좌우기울기는 없는 것을 원칙으로 하며, 지형지물상 불가피할 경우 혹은 배수 등을 위한 경우에는 1/50(2%/1.15°)이하를 유지하여야 함

■ 평가 참고자료 및 제출서류

참고자료	- 교통약자의 이동편의증진법 제10조 제2항 - 교통약자의 이동편의증진법 시행규칙 제2조 제1항 - 교통약자의 이동편의증진법 시행규칙 별표 1 제3호
제출서류	예비인증	- 해당구간 보도의 배치도 - 해당구간 보도의 횡단면도 ※ 위 제출서류 중 평가항목의 조건을 만족하는 서류제출
	본인증	- 예비인증시와 동일

장애물 없는 생활환경 인증기준 - 왕복 4차로 이상 도로

평가부문	1	보도
평가범주	1.3	보행안전구역
평가항목	1.3.4	연속성

■ 세부평가기준

평가목적	보행안전구역의 연속된 설치를 평가하여 장애인 및 노약자 등 다양한 보행자의 보행시 차량 및 기타 장애물의 간섭 없이 안전하고 편리한 보행이 가능하도록 함
평가방법	보행안전구역의 연속성 평가
배 점	5점 (평가항목)

- 평점 = 평가 등급에 해당하는 점수로 평가

보행안전구역의 연속성	평가항목 점수
보행안전구역은 진행방향으로 연속되게 설치	5.0

산출기준:
- 보행안전구역의 연속된 설치란 진행방향으로 기울기 1/18(5.56%/3.18°)이하로 바닥 높이차가 없이(혹은 2cm이하) 설치됨을 말함
- 교차로 및 차량 진출입구 등의 계획을 차량의 소통보다 보행자의 안전을 우선하도록 설치할 경우(규정에 적합한 보행섬식횡단방식 설치, 보행안전구역의 평탄성 유지 등) 보행안전구역은 연속하게 설치된 것으로 평가하며, 그 이외의 경우는 등급외로 평가함

■ 평가 참고자료 및 제출서류

참고자료	- 교통약자의 이동편의증진법 제10조 제2항 - 교통약자의 이동편의증진법 시행규칙 제2조 제1항 - 교통약자의 이동편의증진법 시행규칙 별표 1 제3호 - 행정중심복합도시의 장애물 없는 도시·건축설계 매뉴얼
제출서류	예비인증	- 해당구간 보도의 배치도 - 해당구간 보도의 횡단면도 ※ 위 제출서류 중 평가항목의 조건을 만족하는 서류제출
	본인증	- 예비인증시와 동일

장애물 없는 생활환경 인증기준 - 왕복 4차로 이상 도로

평가부문	1	보도
평가범주	1.3	보행안전구역
평가항목	1.3.5	유효안전높이

■ 세부평가기준

평가목적	보행안전구역의 유효안전높이를 평가하여 장애인 및 노약자 등 다양한 보행자의 보행시 불편 없이 안전한 보행이 가능하도록 함
평가방법	보행안전구역의 유효안전높이 평가
배 점	2점 (평가항목)

- 평점 = 평가 등급에 해당하는 점수로 평가

구분	보행안전구역의 유효안전높이	평가항목 점수
최우수	높이 2.5m의 유효안전높이 확보	2.0
우 수	높이 2.1m의 유효안전높이 확보	1.6

산출기준:
- 가로수의 가지치기도 평가 대상에 포함되어 2.5m이하로 뻗어 나온 가로수는 가지치기를 실시하여야 함
- 보행안전구역의 공간은 어떠한 상황에서도 비워져 있어야 하며, 상점의 입간판 설치 등 보도의 관리가 적절하게 이루어지지 않을 경우에도 등급외로 평가하며, 보행자를 위한 안내시설 등을 설치할 경우에도 보행안전구역을 침범하지 않도록 고려하여야 함

■ 평가 참고자료 및 제출서류

참고자료	- 교통약자의 이동편의증진법 제10조 제2항 - 교통약자의 이동편의증진법 시행규칙 제2조 제1항 - 교통약자의 이동편의증진법 시행규칙 별표 1 제3호
제출서류	예비인증	- 해당구간 보도의 배치도 - 해당구간 보도의 횡단면도 ※ 위 제출서류 중 평가항목의 조건을 만족하는 서류제출
	본인증	- 예비인증시와 동일

장애물 없는 생활환경 인증기준 - 왕복 4차로 이상 도로

평가부문	1	보도
평가범주	1.3	보행안전구역
평가항목	1.3.6	바닥 재질 및 색상

■ 세부평가기준

평가목적	보행안전구역의 바닥 재질 및 색상을 평가하여 장애인 및 노약자 등 다양한 보행자의 보행시 불편 없이 안전한 보행이 가능하도록 함
평가방법	보행안전구역의 바닥 재질 및 색상 평가
배 점	2점 (평가항목)

- 평점 = 평가 등급에 해당하는 점수로 평가

구분	보행안전구역의 바닥 재질 및 색상	평가항목 점수
최우수	우수의 성능을 만족시키며, 배수가 잘되는 도로구조 및 재질로 설치함	2.0
우 수	일반의 성능을 만족시키며, 색상 및 질감 등으로 주변과 명확한 구별이 가능함	1.6
일 반	젖은 상태에서 휠체어 바퀴 등이 미끄러지지 않고, 틈이 없는 평탄한 바닥 마감	1.4

산출기준:
- 보행안전구역에 블록 등의 바닥 마감재를 사용할 경우 블록의 높이차는 없어야 하며, 그 이외의 경우 인정하지 아니함
- 배수가 잘 되는 보행안전구역의 바닥 마감재는 휠체어가 원활하게 이동할 수 있는 충분한 강도를 가지고 있어야 하며, 그 이외의 경우 인정하지 아니함

■ 평가 참고자료 및 제출서류

참고자료	- 교통약자의 이동편의증진법 제10조 제2항 - 교통약자의 이동편의증진법 시행규칙 제2조 제1항 - 교통약자의 이동편의증진법 시행규칙 별표 1 제3호
제출서류	예비인증	- 해당구간 보도의 배치도 - 해당구간 보도의 횡단면도 ※ 위 제출서류 중 평가항목의 조건을 만족하는 서류제출
	본인증	- 예비인증시와 동일

〈 2. 도로 인증지표 및 기준 – 4차로〉

장애물 없는 생활환경 인증기준 - 왕복 4차로 이상 도로

평가부문	1	보도
평가범주	1.3	보행안전구역
평가항목	1.3.7	바닥 설치물

■ 세부평가기준

평가목적	보행안전구역의 바닥 설치물을 평가하여 장애인 및 노약자 등 다양한 보행자의 보행이 불편 없이 안전한 보행이 가능하도록 함
평가방법	보행안전구역의 바닥 설치물 평가
배 점	2점 (평가항목)

산출기준	• 평점 = 평가 등급에 해당하는 점수로 평가

구분	보행안전구역의 바닥 설치물	평가항목 점수
최우수	보행안전구역의 배수구 덮개는 높이차가 없으며, 배수구 틈새 간격이 1cm이하	2.0
우 수	보행안전구역의 배수구 덮개는 높이차가 없으며, 진행 방향의 배수구 틈새 간격이 1cm이하	1.6

■ 평가 참고자료 및 제출서류

참고자료	- 교통약자의 이동편의증진법 제10조 제2항 - 교통약자의 이동편의증진법 시행규칙 제2조 제1항 - 교통약자의 이동편의증진법 시행규칙 별표1 제3호 - 행정중심복합도시의 장애물 없는 도시·건축설계 매뉴얼
제출서류 예비인증	- 해당구간 보도의 배치도 - 해당구간 보도의 횡단면도 ※ 위 제출서류 중 평가항목의 조건을 만족하는 서류제출
제출서류 본인증	- 예비인증시와 동일

장애물 없는 생활환경 인증기준 - 왕복 4차로 이상 도로

평가부문	1	보도
평가범주	1.4	유도방식
평가항목	1.4.1	설치방법

■ 세부평가기준

평가목적	유도방식을 평가하여 시각장애인을 비롯한 장애인 및 노약자 등 다양한 보행자의 보행시 정확한 유도 및 안내로 안전한 단독보행이 가능하도록 함
평가방법	유도 및 경고용띠 설치방법
배 점	7점 (평가항목)

산출기준	• 평점 = 평가 등급에 해당하는 점수로 평가

구분	유도 및 경고용띠 설치방법	평가항목 점수
최우수	보행안전구역을 벗어나지 않도록 양쪽 경계에 폭 30cm 이상의 유도 및 경고용띠를 사용하여 유도	7.0
우 수	유도 및 경고용띠의 경계가 명확하고 도로 설치물 등을 설치하여 장애인 보행안전구역의 역할을 하고 있는 경우	5.6

- 유도 및 경고용띠는 보행안전구역의 경계면에 설치하여, 차도-장애물 구역-(자전거 도로)-유도 및 경고용띠-보행안전구역-유도 및 경고용띠 순서로 설치하는 것을 원칙으로 함
- 보도의 중심에 선형블록을 사용하여 유도하는 방식을 사용하지 않는 것을 원칙으로 한다.
- 보행안전구역의 양쪽 경계에 유도 기능을 가진 일정한 형태가 연속되게 설치되어 시각장애인 등이 그 경계면을 명확하게 감지 할 수 있을 경우 최상급으로 평가함
  (예 : 보행안전구역 경계에 돌출물 없이 연속되게 설치된 담장, 흰 지팡이로 감지할 수 있는 일정 높이의 설치물, 안전보행구역을 침범하지 않는 일정높이의 식재대 등이 설치된 경우 등)

■ 평가 참고자료 및 제출서류

참고자료	- 교통약자의 이동편의증진법 - 행정중심복합도시의 장애물 없는 도시·건축설계 매뉴얼
제출서류 예비인증	- 해당구간 보도의 배치도 ※ 위 제출서류 중 평가항목의 조건을 만족하는 서류제출
제출서류 본인증	- 예비인증시와 동일

장애물 없는 생활환경 인증기준 - 왕복 4차로 이상 도로

평가부문	1	보도
평가범주	1.4	유도방식
평가항목	1.4.2	재질 및 색상

■ 세부평가기준

평가목적	유도방식의 재질 및 색상을 평가하여 시각장애인을 비롯한 장애인 및 노약자 등 다양한 보행자의 보행시 정확한 유도 및 안내로 안전한 단독보행이 가능하도록 함
평가방법	유도 및 경고용띠의 재질 및 색상
배 점	3점 (평가항목)

산출기준	• 평점 = 평가 등급에 해당하는 점수로 평가

유도 및 경고용띠 재질 및 색상	평가항목 점수
흰지팡이 등으로 경계를 구분할 수 있는 요철을 사용하여 경관을 해치지 않고, 보행안전구역 및 자전거 도로 등과 명확하게 구분되는 색상으로 끊어짐 없이 설치	3.0

- 유도 및 경고용띠에 요철을 사용하여 그 경계를 구분할 경우 휠체어, 유모차 등 바퀴달린 이동수단의 이동이 불편하지 않도록 요철 높이차가 0.5cm이하로 하여야 하며, 그 이상으로 설치할 경우 등급외로 평가함

■ 평가 참고자료 및 제출서류

참고자료	- 교통약자의 이동편의증진법 제10조 제2항 - 교통약자의 이동편의증진법 시행규칙 제2조 제1항 - 교통약자의 이동편의증진법 시행규칙 별표1 제3호 - 행정중심복합도시의 장애물 없는 도시·건축설계 매뉴얼
제출서류 예비인증	- 해당구간 보도의 배치도 및 평면도 ※ 위 제출서류 중 평가항목의 조건을 만족하는 서류제출
제출서류 본인증	- 예비인증시와 동일

장애물 없는 생활환경 인증기준 - 왕복 4차로 이상 도로

평가부문	1	보도
평가범주	1.5	차량 진출입부
평가항목	1.5.1	설치방법

■ 세부평가기준

평가목적	차량이 보도를 가로지르는 차량 진출입부의 설치방법을 평가하여 휠체어사용자, 시각장애인, 노인, 어린이 등 모든 보행자의 안전한 보행을 확보함
평가방법	차량 진출입부의 설치방법 평가
배 점	7점 (평가항목)

산출기준	• 평점 = 평가 등급에 해당하는 점수로 평가

차량 진출입부 설치방법	평가항목 점수
보행안전구역의 높이는 일정하게 유지함	7.0

- 해당구간의 모든 차량 진출입부의 설치방법의 평균점수를 평가점수로 산정함
- 해당구간에 차량 진출입부가 설치되지 않을 경우 최상급으로 평가함
- 차량이 보도를 가로지를 경우 항시 보행자가 우선되어야 하는 것을 원칙으로 하여 보행안전구역의 좌우기울기는 일정하게 유지되어야 함
- 보도와 차도와의 경계부분에서 턱낮추기의 경사 부분은 장애물 구역 내에서 이루어져야 하며, 장애물 구역을 넘어서 자전거 도로 혹은 보행안전구역 등의 좌우기울기를 변경시킬 경우 등급외로 평가함
- 그 폭이 1.5m이하인 협소한 보도의 차량 진출입부는 보행안전구역 등을 포함하는 보도 전체를 차도와 나란하게 기울여서 설치할 수 있음[기울기는 1/18(5.56%/3.18°)이하를 유지하고, 보행안전구역은 좌우기울기 없이 설치될 경우 최상급으로 평가함, 그 이외는 등급외로 평가함]
- 차량의 보행안전구역으로의 진입을 막기 위하여 차량 진입억제용 말뚝은 가급적 설치하지 않는 것을 원칙으로 하고, 차량 진입억제용 말뚝이 반드시 필요하다고 고려되는 상황일 경우 유도 및 경고용띠의 영역에 설치할 수 있으며 그 말뚝의 간격은 1.5m이상으로 하여야 함

■ 평가 참고자료 및 제출서류

참고자료	- 교통약자의 이동편의증진법 제10조 제2항 - 교통약자의 이동편의증진법 시행규칙 제2조 제1항 - 교통약자의 이동편의증진법 시행규칙 별표1 제3호 - 행정중심복합도시의 장애물 없는 도시·건축설계 매뉴얼
제출서류 예비인증	- 해당구간 보도의 평면도 - 해당구간 보도의 횡단면도 ※ 위 제출서류 중 평가항목의 조건을 만족하는 서류제출
제출서류 본인증	- 예비인증시와 동일

⟨ 2. 도로 인증지표 및 기준 – 4차로⟩

장애물 없는 생활환경 인증기준 – 왕복 4차로 이상 도로

평가부문	1	보도	
평가범주	1.5	차량 진출입부	
평가항목	1.5.2	재질 및 색상	

■ 세부평가기준

평가목적	휠체어사용자, 시각장애인, 노인, 어린이 등 모든 보행자의 차량 진출입부의 위치 확인을 위하여 차량 진출입부의 재질 및 색상을 평가함
평가방법	차량 진출입부 재질 및 색상 평가
배 점	3점 (평가항목)

산출기준	• 평점 = 평가 등급에 해당하는 점수로 평가

구분	차량 진출입부 재질 및 색상	평가항목 점수
최우수	우수의 성능을 만족하고 차도부분 차량 진출입부에 운전자가 감지할 수 있는 경고표시를 설치	3.0
우 수	보행로와 차량 진출입부의 경계에 시각장애인 등이 감지할 수 있는 재질 및 색상을 사용하여 경고	2.4

- 해당구간의 모든 차량 진출입부의 설치방법의 평균점수를 평가점수로 산정함
- 해당구간에 차량 진출입부가 설치되지 않을 경우 최상급으로 평가함
- 보도부분 차량 진출입부의 경계 및 그 영역에 시각장애인 등이 감지할 수 있는 요철을 설치할 경우, 그 요철은 0.5cm이하로 설치하여야 하며, 이상인 경우 보행자의 쾌적한 보행을 고려하여 등급외로 평가함
- 차도부분 차량 진출입부의 진입부 및 경계에 운전자 등이 감지할 수 있는 경고표시는 오철바닥 등 운전자에게 경고를 할 수 있도록 하는 표시임
- 차량 진출입부의 색상은 주변과 대비가 강한 색상으로, 눈부심이 없도록 설치하여야 함

■ 평가 참고자료 및 제출서류

참고자료	- 교통약자의 이동편의증진법 제10조 제2항 - 교통약자의 이동편의증진법 시행규칙 제2조 제1항 - 교통약자의 이동편의증진법 시행규칙 별표 제3호 - 행정복지도시의 장애물 없는 도시·건축설계 매뉴얼
제출서류	예비인증	- 해당구간 보도의 평면도 - 해당구간 보도의 횡단면도 ※ 위 제출서류 중 평가항목의 조건을 만족하는 서류제출
	본인증	- 예비인증시와 동일

장애물 없는 생활환경 인증기준 – 왕복 4차로 이상 도로

평가부문	1	보도	
평가범주	1.6	보행지원시설	
평가항목	1.6.1	안내시설	

■ 세부평가기준

평가목적	보도의 안내시설을 평가하여 보행자가 주변의 주요시설물 혹은 지역정보, 목적지를 명확하게 알 수 있도록 함
평가방법	안내시설의 설치 위치 및 접근성
배 점	4점 (평가항목)

산출기준	• 평점 = 평가 등급에 해당하는 점수로 평가

구분	안내시설의 설치 위치 및 접근성	평가항목 점수
최우수	우수의 성능을 가진 표지판에 보도 현황을 안내	4.0
우 수	입식표지판(안내 표시 중심부 높이 1.5m이하, 첨자병기) 등을 이용한 안내와 함께 휠체어사용자가 접근할 수 있는 위치에 높이 1.2m이하의 화면 등을 통하여 전자식 음성 및 시각안내시설 설치	3.2
일 반	안내 표시 중심부 높이 1.5m이하로 점자안내를 병기하여 설치	2.8

- 보행안전구역에 안내시설이 설치되어 보행에 방해가 될 경우 등급외로 평가함
- 표지판의 상부를 15°가량 기울여 설치할 경우 입식 표지판을 1.5m이하에 설치한 것으로 평가함
- 휠체어사용자가 접근할 수 있는 위치라 함은, 전면에 평탄한 활동공간 (1.5m×1.5m)을 확보하고 조작키의 높이는 1.2m이하, 화면은 1.2m이하로 된 안내시설을 말하며, 바닥 높이차가 2cm이상 있을 경우 접근 불가능한 것으로 평가함
- 보도 현황이라 함은 장애인 등이 자신의 장애정도에 따라 목적지로의 접근로를 선택할 수 있도록 보도의 유효폭 및 기울기정도, 바닥높이차 정도 등 보도설치현황과 각종 안내시설 설치현황을 말함
- 안내시설은 명확하게 알아 볼 수 있는 글씨체(고딕체 또는 이와 유사한 글자체)로 그 크기는 1.5cm이상으로, 바탕과 명확히 구분되는 색상표기를 하며, 영어 등 외국어를 함께 병기하는 것을 원칙으로 함
- 야간에도 식별이 가능하도록 전체 혹은 국부 조명을 설치하여 그 식별성을 높일 수 있음
- 전자식 안내시설의 조작키는 조작이 명확한 버튼식으로 설치하는 것을 원칙으로 하며, 시각장애인 등이 사용하기 어려운 터치스크린 등을 이용한 조작키는 설치하지 않는 것을 원칙으로 함

■ 평가 참고자료 및 제출서류

참고자료	- 교통약자의 이동편의증진법 제10조 제2항 - 교통약자의 이동편의증진법 시행규칙 제2조 제1항 - 교통약자의 이동편의증진법 시행규칙 별표1
제출서류	예비인증	- 안내시설 배치도 - 안내시설 입·측면도 ※ 위 제출서류 중 평가항목의 조건을 만족하는 서류제출
	본인증	- 예비인증시와 동일

장애물 없는 생활환경 인증기준 – 왕복 4차로 이상 도로

평가부문	1	보도	
평가범주	1.6	보행지원시설	
평가항목	1.6.2	휴게시설	

■ 세부평가기준

평가목적	휴게시설에서 장애인 등이 안전하고 편안하게 휴식할 수 있도록 함
평가방법	휴게시설의 설치방법 및 형태평가
배 점	7점 (평가항목)

산출기준	• 평점 = 평가 등급에 해당하는 세부항목 점수의 합산으로 평가 • 세부항목 – 휴게시설의 설치방법

구분	휴게시설의 설치방법	평가항목 점수
최우수	우수의 성능을 만족시키며 휴식할 수 있는 공간을 200m마다 설치하고 상부에까지 지붕 등을 설치함	5.0
우 수	일반의 성능을 만족시키며, 휠체어사용자와 비장애인의 휴식공간을 분리하지 않고 함께 휴식할 수 있는 공간을 200m~400m마다 설치함	4.0
일 반	휠체어의 진입이 가능하며, 휴식공간 내부에서 휠체어가 회전할 수 있는 공간을 400m마다 설치함	3.5

- 해당구간 모든 휴게시설의 평균점수를 최종 평가점수로 산정함
- 해당구간에 휴게시설이 없을 경우 최하 등급으로 평가함
- 장애물 구역이외의 공간에 설치되어 보행자의 통행에 방해가 될 경우, 휴게시설은 보행장애물 중 하나로 취급되어, 등급외로 평가함
- 해당구간 모든 설치물의 평균점수를 평가점수로 산정하며, 휴게시설 진입 시 그 바닥 높이차가 2cm이상일 경우 휠체어의 진입이 불가한 것으로 평가 함
- 휴게시설의 바닥 재질은 젖은 상태에서도 미끄러지지 않는 재질로 하여야 하며, 휠체어의 이동이 원활한 틈이 없고 평탄한 재질로 설치하여야 함
- 휴게시설의 설치간격은 노인 및 교통약자 등을 고려하여 200m내외의 간격으로 설치하는 것을 최상급으로 함
- 세부항목 – 휴게의자의 형태

구분	휴게의자 형태	평가항목 점수
최우수	등받이가 설치되어 있으며, 일어나기 편하도록 손잡이가 설치	2.0
우 수	등받이가 설치	1.6

- 해당구간 모든 휴게의자의 평균점수를 최종 평가점수로 산정함
- 해당구간에 휴게의자가 없을 경우 최하 등급으로 평가함

■ 평가 참고자료 및 제출서류

참고자료	- 교통약자의 이동편의증진법 - 이영아, 진영환, 사회적 약자를 위한 도시시설확충방안 연구, 국토연구원, 2000 - 성기창, Planungsgrundlagen Für Behindertenspezifische Sport-Und Schwimmhallenbauten, 2000, p48
제출서류	예비인증	- 해당구간 보도의 휴게시설 배치도 - 휴게의자의 입·측면도 ※ 위 제출서류 중 평가항목의 조건을 만족하는 서류제출
	본인증	- 예비인증시와 동일

장애물 없는 생활환경 인증기준 – 왕복 4차로 이상 도로

평가부문	1	보도	
평가범주	1.6	보행지원시설	
평가항목	1.6.3	이용편의시설	

■ 세부평가기준

평가목적	보도에 이용편의시설(공중전화 등)을 설치할 경우 교통약자의 이용에 편리하도록 함
평가방법	이용편의시설의 접근 가능성 평가
배 점	2점 (평가항목)

산출기준	• 평점 = 평가 등급에 해당하는 점수로 평가

구분	이용편의시설의 접근 가능성 평가	평가항목 점수
최우수	휠체어사용자가 접근할 수 있는 위치에 높이차 없도록 설치	2.0
우 수	휠체어사용자가 접근할 수 있는 위치에 2cm이하의 높이차로 설치	1.6

- 평가대상은 보행 및 횡단에 직접적으로 관련되지 아니하며 공중전화, 휴지통, 우체통 등 보행자가 보도에서 이용할 수 있는 시설물로 보도의 설치에 따라 다양할 수 있음
- 해당구간에 해당시설이 없을 경우 최하 등급으로 평가함
- 해당구간 모든 설치물의 평균점수를 평가점수로 산정함
- 장애물 구역이외의 공간에 설치되어 보행자의 통행에 방해가 될 경우, 이용편의시설은 보행장애물 중 하나로 취급되어 등급외로 평가함
- 공중전화, 휴지통, 우체통 등의 설치 위치는 보행안전구역에서 명확하게 보이는 위치에 설치하여야 하며 가로수 등 그 설치물을 가리거나 접근을 방해하지 않도록 가지치기 등 실시하여야 하며, 기타 설치물로 접근 및 시야 확보가 이루어지지 않을 경우 등급외로 평가함
- 장애물 구역에 이용편의시설을 설치할 경우 그 바닥 재질은 보행안전구역의 바닥 재질과 같이 젖은 상태에서도 미끄러지지 않는 재질로 하여야 하며, 그 색상은 보행중심부역과 달리 설치할 수 있음(보행안전구역의 바닥 재질 및 색상 참조 : 평가 항목 1.3.6)

■ 평가 참고자료 및 제출서류

참고자료	- 교통약자의 이동편의증진법 제10조 제2항 - 교통약자의 이동편의증진법 시행규칙 제2조 제1항 - 교통약자의 이동편의증진법 시행규칙 별표1 제3호
제출서류	예비인증	- 해당구간 보도의 이용편의시설 설치 배치도 - 휴게의자의 입·측면도 ※ 위 제출서류 중 평가항목의 조건을 만족하는 서류제출
	본인증	- 예비인증시와 동일

< 2. 도로 인증지표 및 기준 - 4차로 >

장애물 없는 생활환경 인증기준 - 왕복 4차로 이상 도로

평가부문	2	횡단시설
평가범주	2.1	보행섬식 횡단보도
평가항목	2.1.1	설치방법

■ 세부평가기준

평가목적	왕복 4차로 도로의 횡단지점에는 보행섬식 횡단보도를 적용하여 장애인 등의 보행자가 안전하게 횡단할 수 있도록 함
평가방법	보행섬식 횡단보도의 적용유무 평가
배 점	9점 (평가항목)

산출기준	• 평점 = 평가 등급에 해당하는 점수로 평가

보행섬식 횡단보도 설치	평가항목 점수
왕복 4차로의 도로의 횡단은 보행섬식 횡단보도를 적용함	9.0

- 해당구간의 횡단지점의 모든 평면횡단방식 평균점수를 평가점수로 산정함

■ 평가 참고자료 및 제출서류

참고자료		교통약자의 이동편의증진법
제출서류	예비인증	- 해당구간 보도의 평면도 - 해당구간 보도의 횡단면도 ※ 위 제출서류 중 평가항목의 조건을 만족하는 서류제출
	본인증	예비인증시와 동일

장애물 없는 생활환경 인증기준 - 왕복 4차로 이상 도로

평가부문	2	횡단시설
평가범주	2.1	보행섬식 횡단보도
평가항목	2.1.2	부분 경사로의 유효폭 및 기울기

■ 세부평가기준

평가목적	부분 경사로의 유효폭 및 기울기를 평가하여 시각장애인을 비롯하여 휠체어, 유모차 등 바퀴가 달린 이동수단을 이용하여 횡단할 경우 안전하고 편리하게 이동할 수 있도록 함
평가방법	부분 경사로의 유효폭 및 기울기 평가
배 점	9점 (평가항목)

산출기준	• 평점 = 평가 등급에 해당하는 점수로 평가

구분	부분 경사로의 유효폭 및 기울기	평가항목 점수
최우수	부분 경사로의 유효폭 1.2m이상 기울기 1/18 (5.56%/3.18°)이하, 경사로 양 끝에 휠체어 정지 및 회전공간(1.5m×1.5m)확보함	9.0
우수	부분 경사로의 유효폭 0.9m이상 기울기 1/18 (5.56%/3.18°)이하, 경사로 양 끝에 휠체어 정지 및 회전공간(1.5m×1.5m)확보함	7.2
일반	부분 경사로의 유효폭 0.9m이상 기울기 1/12 (8.33%/4.76°)이하, 경사로 양 끝에 휠체어 정지 및 회전공간(1.5m×1.5m)확보함	6.3

- 해당구간 모든 부분 경사로의 유효폭 및 기울기의 평균점수를 평가점수로 산정함
- 시각장애인이 보도경계를 명확하게 감지하기 위하여, 횡단시설을 연석 경사로 방식의 턱낮추기는 실시하지 않는 것을 원칙으로 함
- 즉, 보도와 차도의 높이차는 그대로 유지하여 시각장애인의 안전한 횡단을 보장하고, 휠체어, 유모차 등 바퀴가 달린 이동수단은 부분 경사로를 이용하여 횡단하는 것을 원칙으로 함
- 단, 보도의 폭(보행안전구역, 장애물 구역 등을 포함하는 보도의 전체 폭)이 1.5m 이하의 좁은 도로의 경우에는 제한적으로 연석 경사로 설치는 인정함
- 보도의 폭이 1.5m이하의 협소한 도로의 경우, 보도전체를 차도와 나란하게 경사지게 설치하여야 하며, 경사로 기울기 1/18(5.56%/3.18°), 보도와 경계의 바닥 높이차가 2cm이하일 경우를 최상급으로 인정함(보도는 좌우 기울기 없이 평탄하게 설치하여야 한. 그 외의 기울기 및 바닥 높이차의 경우 등급외로 평가함)
- 보행섬에서 휠체어, 유모차 등의 바퀴달린 이동수단이 통행할 수 있는 공간은 부분 경사로의 유효폭을 그대로 유지하여 차도와 보행섬이 높이차 없이 진입할 수 있도록 하고 그 이외의 부분은 보도와 동일한 방법으로 시각장애인을 위한 높이차 그대로 유지하여 설치하는 것으로 함

■ 평가 참고자료 및 제출서류

참고자료		교통약자의 이동편의증진법
제출서류	예비인증	- 해당 횡단시설의 배치도 - 해당 횡단시설의 횡단면도 ※ 위 제출서류 중 평가항목의 조건을 만족하는 서류제출
	본인증	예비인증시와 동일

장애물 없는 생활환경 인증기준 - 왕복 4차로 이상 도로

평가부문	2	횡단시설
평가범주	2.1	보행섬식 횡단보도
평가항목	2.1.3	횡단보도 진입부의 경고방식

■ 세부평가기준

평가목적	시각장애인이 명확하게 횡단보도의 위치를 감지할 수 있으며, 휠체어 등 바퀴를 사용하는 장애인이 불편 없이 횡단보도의 접근이 가능하도록 함
평가방법	횡단보도 진입부의 경고방식 평가
배 점	6점 (평가항목)

산출기준	• 평점 = 평가 등급에 해당하는 점수로 평가

구분	횡단보도 진입부의 경고방식	평가항목 점수
최우수	우수의 조건을 만족하며, 대기공간(해당 보행안전구역 포함)의 재질 및 색상을 달리하여 노면에 눈부심 없는 고휘도 반사재료(발색도료)를 사용	6.0
우수	횡단보도 진입부분에 점형블록을 설치	4.8

- 해당구간 모든 횡단보도 진입부 경고방식의 평균점수를 평가점수로 산정함
- 횡단보도에 접한 보행안전구역은 재질 및 색상을 달리하여 시각장애인 등이 횡단보도 위치를 감지할 수 있도록 하여야 함

■ 평가 참고자료 및 제출서류

참고자료		교통약자의 이동편의증진법
제출서류	예비인증	- 해당구간 보도의 평면도 - 해당구간 보도의 횡단면도 ※ 위 제출서류 중 평가항목의 조건을 만족하는 서류제출
	본인증	예비인증시와 동일

장애물 없는 생활환경 인증기준 - 왕복 4차로 이상 도로

평가부문	2	횡단시설
평가범주	2.1	보행섬식 횡단보도
평가항목	2.1.4	보행섬의 폭 및 방호 울타리

■ 세부평가기준

평가목적	보행자의 대기공간(보행섬)은 충분한 공간을 확보하고 보행자를 차량으로부터 보호하여 보행자 등이 안전하게 횡단할 수 있도록 함
평가방법	보행섬의 폭 및 방호 울타리 적절성 평가
배 점	3점 (평가항목)

산출기준	• 평점 = 평가 등급에 해당하는 점수로 평가

구분	보행섬의 폭 및 방호울타리	평가항목 점수
최우수	보행섬 유효 폭 2.5m이상, 보행섬의 시작과 끝지점 부분의 도로에 보행안전지대 노면표시, 차량 진입억제용 가드레일 설치	3.0
우수	보행섬 유효 폭 2.5m이상, 보행섬의 시작과 끝지점 부분의 도로에 보행안전지대 노면표시	2.4
일반	보행섬 유효 폭 1.5m이상, 보행섬의 시작과 끝지점 부분의 도로에 보행안전지대 노면표시	2.1

- 해당구간 모든 보행섬의 폭 및 방호울타리의 평균점수를 평가점수로 산정함
- 보행섬식 횡단보도의 전후면 차도의 색상을 달리하여 운전자에게 횡단보도의 위치를 경고할 경우 한 등급 상향 평가함

■ 평가 참고자료 및 제출서류

참고자료		교통약자의 이동편의증진법
제출서류	예비인증	- 해당구간 보도의 평면도 - 해당구간 보도의 횡단면도 ※ 위 제출서류 중 평가항목의 조건을 만족하는 서류제출
	본인증	예비인증시와 동일

〈 2. 도로 인증지표 및 기준 - 4차로〉

장애물 없는 생활환경 인증기준 - 왕복 4차로 이상 도로

평가부문	2	횡단시설
평가범주	2.1	보행섬식 횡단보도
평가항목	2.1.5	조명의 조도

■ 세부평가기준

평가목적	횡단시설 주변의 가로등은 충분한 조도로 설치하여 보행자의 안전한 횡단을 확보함
평가방법	횡단시설 조명의 조도를 평가
배 점	3점 (평가항목)

산출기준
- 평점 = 평가 등급에 해당하는 점수로 평가

구분	횡단시설 조명의 조도	평가항목 점수
최우수	눈부심이 없고, 500lux이상의 조도를 가진 가로등	3.0
우 수	눈부심이 없고, 100lux이상의 조도를 가진 가로등	2.4
일 반	눈부심이 없고, 20lux이상의 조도를 가진 가로등	2.1

- 해당구간 모든 횡단시설 조명의 조도의 평균점수를 평가점수로 산정함
- 운전자의 횡단시설 인지성을 높이기 위하여 횡단시설 조명의 조도 및 색도를 주변과 다르게 설치할 경우 한 등급 높게 평가하여 점수를 산정함

■ 평가 참고자료 및 제출서류

참고자료	- 교통약자의 이동편의증진법 제10조 제2항 - 교통약자의 이동편의증진법 시행규칙 제2조 제1항 - 교통약자의 이동편의증진법 시행규칙 별표1 - 도로조명기준 KS A3701 - 조명기준 KS A3011
제출서류	예비인증	- 해당구간 횡단시설 조명시설 및 주변 조명시설 설치도 ※ 위 제출서류 중 평가항목의 조건을 만족하는 서류제출
	본인증	- 예비인증시와 동일

장애물 없는 생활환경 인증기준 - 왕복 4차로 이상 도로

평가부문	2	횡단시설
평가범주	2.2	고원식 횡단보도
평가항목	2.2.1	설치방법

■ 세부평가기준

평가목적	왕복 4차로의 도로와 그 하위차로와의 교차지점에는 고원식 횡단보도를 적용하여 장애인 등의 보행자가 안전하고 편안히 횡단할 수 있도록 함
평가방법	고원식 횡단방식의 적용여부 평가
배 점	9점 (평가항목)

산출기준
- 평점 = 평가 등급에 해당하는 점수로 평가

고원식 횡단보도 적용성	평가항목 점수
왕복 4차로 도로와 그 하위도로의 교차지점에는 고원식 횡단보도를 적용함	9.0

- 해당구간에 고원식 횡단보도가 설치되지 않을 경우 보행섬식 횡단방식(2.1)의 평가비율을 고원식횡단보도의 평가점수에 적용하여 산정함
  고원식횡단보도가 설치되지 않았을 경우 = $A \times \left(\frac{b}{B} \right)$
  A : 고원식 횡단보도부문의 전체점수합계
  B : 보행섬식 횡단보도부문의 전체점수합계
  b : 보행섬식 횡단보도부문의 평가점수
- 해당구간 모든 왕복 4차로의 횡단지점의 평균점수를 평가점수로 산정함
- 고원식 횡단보도는 차도노면에 설치한 사다리꼴 모양의 횡단면 구조로서 횡단보도와 보행안전구역(횡단대기공간)의 높이차가 없는 횡단보도를 말함
- 고원식 횡단보도와 보행안전구역(횡단대기공간)은 높이차 없이 설치되는 것을 원칙으로 하며, 그 높이차가 2cm이상일 경우 고원식 횡단방식이 적용되지 않은 것으로 평가함

■ 평가 참고자료 및 제출서류

참고자료	- 교통약자의 이동편의증진법 제10조 제2항 - 교통약자의 이동편의증진법 시행규칙 제2조 제1항 - 교통약자의 이동편의증진법 시행규칙 별표2
제출서류	예비인증	- 해당 횡단시설의 배치도 - 해당 횡단시설의 횡단면도 ※ 위 제출서류 중 평가항목의 조건을 만족하는 서류제출
	본인증	- 예비인증시와 동일

장애물 없는 생활환경 인증기준 - 왕복 4차로 이상 도로

평가부문	2	횡단시설
평가범주	2.2	고원식 횡단보도
평가항목	2.2.2	색상 및 재질, 배수설비

■ 세부평가기준

평가목적	운전자 및 보행자가 그 위치를 감지할 수 있도록 고원식 횡단보도의 색상 및 재질을 평가하고 보행시 불편이 없도록 설비를 평가함
평가방법	고원식 횡단보도의 색상 및 재질, 배수설비를 평가
배 점	5점 (평가항목)

산출기준
- 평점 = 평가 등급에 해당하는 세부항목 점수의 합산으로 평가
- 세부항목 - 고원식 횡단보도의 색상 및 재질

구분	고원식 횡단보도의 색상 및 재질	평가항목 점수
최우수	우수의 성능을 만족시키고, 운전자의 횡단보도 위치 감지를 돕도록 경사부분에 눈부심이 없는 인식장치를 설치함	4.0
우 수	고원식 횡단보도의 경사부분은 차도와 대비가 명확한 다른 색상으로 설치하였으며, 평탄부 및 횡단보도와 면한 보행안전구역은 주변 보행안전구역과 다른 색상 및 재질로 설치	3.2

- 해당구간 모든 고원식 횡단보도의 평가점수로 산정함
- 바닥 재질을 달리할 경우 휠체어, 유모차 등 바퀴 달린 이동수단을 이용하는 보행자의 보행성을 위하여 틈이 없는 평탄한 재질로 하여야 하며, 요철을 설치할 경우 그 요철은 0.5cm이하로 설치하여야 함
- 시각장애인의 횡단보도 위치 감지를 위하여 횡단보도에 면한 보행안전구역의 색상과 재질은 주변 보행안전구역의 색상과 재질을 달리 설치하여야 함

- 세부항목 - 고원식 횡단보도의 배수설비

고원식 횡단보도의 배수설비	평가항목 점수
강설, 강우 등을 위하여 경계부분에 배수설비 설치	1.0

- 배수설비를 설치하였으나, 평탄부에 물이 고여 휠체어 등의 바퀴 달린 이동수단이 미끄러질 위험이 있을 경우 등급외로 평가함

■ 평가 참고자료 및 제출서류

참고자료	- 교통약자의 이동편의증진법 제10조 제2항 - 교통약자의 이동편의증진법 시행규칙 제2조 제1항 - 교통약자의 이동편의증진법 시행규칙 별표2 - 행정중심복합도시의 장애물 없는 도시·건축설계 매뉴얼
제출서류	예비인증	- 해당 횡단시설의 평면도 - 해당 횡단시설의 횡단면도 ※ 위 제출서류 중 평가항목의 조건을 만족하는 서류제출
	본인증	- 예비인증시와 동일

장애물 없는 생활환경 인증기준 - 왕복 4차로 이상 도로

평가부문	2	횡단시설
평가범주	2.2	고원식 횡단보도
평가항목	2.2.3	평탄부 길이

■ 세부평가기준

평가목적	차량의 고원식 횡단보도 통과시 차량 및 횡단시설의 파손을 방지하기 위하여 고원식 횡단보도 평탄부 길이를 평가
평가방법	고원식 횡단보도의 평탄부 길이 평가
배 점	3점 (평가항목)

산출기준
- 평점 = 평가 등급에 해당하는 점수로 평가

고원식 횡단보도 평탄부 길이	평가항목 점수
고원식 횡단보도의 평탄부 길이 2.5m이상	3.0

- 평탄부 길이를 2.5m이상으로 하는 것은 고원식 횡단보도로 인하여 차량이 손상되는 것을 방지하기 위함이며, 해당구간 모든 고원식 횡단보도 평탄부 길이의 평균점수를 평가점수로 산정함

■ 평가 참고자료 및 제출서류

참고자료	- 교통약자의 이동편의증진법 제10조 제2항 - 교통약자의 이동편의증진법 시행규칙 제2조 제1항 - 교통약자의 이동편의증진법 시행규칙 별표2
제출서류	예비인증	- 해당 횡단시설의 횡단면도 ※ 위 제출서류 중 평가항목의 조건을 만족하는 서류제출
	본인증	- 예비인증시와 동일

〈 2. 도로 인증지표 및 기준 – 4차로 〉

장애물 없는 생활환경 인증기준 – 왕복 4차로 이상 도로

평가부문	2	횡단시설
평가범주	2.2	고원식 횡단보도
평가항목	2.2.4	조명의 조도

■ 세부평가기준

평가목적	횡단시설 주변의 가로등은 충분한 조도와 색도로 설치하여 보행자의 안전한 횡단이 가능하도록 함
평가방법	횡단시설 조명의 조도와 색도를 평가
배 점	3점 (평가항목)
산출기준	• 평점 = 평가 등급에 해당하는 점수로 평가 <table><tr><th>구분</th><th>횡단시설 조명의 조도</th><th>평가항목 점수</th></tr><tr><td>최우수</td><td>눈부심이 없고, 500lux이상의 조도를 가진 가로등</td><td>3.0</td></tr><tr><td>우 수</td><td>눈부심이 없고, 100lux이상의 조도를 가진 가로등</td><td>2.4</td></tr><tr><td>일 반</td><td>눈부심이 없고, 20lux이상의 조도를 가진 가로등</td><td>2.1</td></tr></table>- 해당구간 모든 고원식 횡단보도 조도의 평균점수를 평가점수로 산정함 - 운전자의 횡단시설 인지성을 높이기 위하여 횡단시설 조명 색도를 주변과 다르게 설치할 경우 한 등급 상향 평가하여 점수를 산정함

■ 평가 참고자료 및 제출서류

참고자료	- 교통약자의 이동편의증진법 제10조 제2항 - 교통약자의 이동편의증진법 시행규칙 제2조 제1항 - 교통약자의 이동편의증진법 시행규칙 별표1 - 도로조명기준 KS A3701 - 조명기준 KS A3011
제출서류 예비인증	- 해당구간 횡단시설 조명시설 및 주변 조명시설 설치도 ※ 위 제출서류 중 평가항목의 조건을 만족하는 서류제출
본인증	- 예비인증시와 동일

- 100 -

장애물 없는 생활환경 인증기준 – 왕복 4차로 이상 도로

평가부문	2	횡단시설
평가범주	2.3	교통신호기
평가항목	2.3.1	설치 위치

■ 세부평가기준

평가목적	교통신호기 설치 위치를 평가하여 안전한 보행자의 횡단을 보장함
평가방법	횡단시설 교통신호기 설치 위치 평가
배 점	8점 (평가항목)
산출기준	• 평점 = 평가 등급에 해당하는 점수로 평가 <table><tr><th>교통신호기 설치 위치</th><th>평가항목 점수</th></tr><tr><td>횡단보도 대기공간에 위치하여, 차량을 위한 신호와 보행자를 위한 신호가 같은 위치에 설치</td><td>8.0</td></tr></table>- 해당구간 모든 교통신호기 설치 위치의 평균점수를 평가점수로 산정함 - 차량용 신호기를 교차로 및 횡단시설 건너편 등에 설치하지 아니하고 보행자용 신호기를 같은 위치에 설치하는 것은 차량을 자발적으로 횡단시설 전면 정지선에 정지시키기 위함임 - 교통신호기 주변 가로수 등이 운전자 및 보행자의 시야를 막아서는 아니 되며, 가로수 및 기타 설치물 등으로 교통신호가 보이지 않을 경우 등급외로 평가함

■ 평가 참고자료 및 제출서류

참고자료	- 행정중심복합도시의 장애물 없는 도시·건축설계 매뉴얼
제출서류 예비인증	- 해당구간 횡단보도의 배치도(교통신호기 설치 위치도) ※ 위 제출서류 중 평가항목의 조건을 만족하는 서류제출
본인증	- 예비인증시와 동일

- 101 -

장애물 없는 생활환경 인증기준 – 왕복 4차로 이상 도로

평가부문	2	횡단시설
평가범주	2.3	교통신호기
평가항목	2.3.2	잔여시간 표시기

■ 세부평가기준

평가목적	교통신호 잔여시간 표시기를 평가하여 보행자의 안전한 횡단을 보장함
평가방법	횡단시설 교통신호 잔여시간 표시기 평가
배 점	5점 (평가항목)
산출기준	• 평점 = 평가 등급에 해당하는 점수로 평가 <table><tr><th>구분</th><th>교통신호 잔여시간 표시기</th><th>평가항목 점수</th></tr><tr><td>최우수</td><td>기호로 표기</td><td>5.0</td></tr><tr><td>우 수</td><td>숫자로 표기</td><td>4.0</td></tr></table>- 해당구간 모든 잔여시간 표시기의 평균점수를 평가점수로 산정함 - 잔여시간 표시기는 보행자 횡단용 교통신호기와 한눈에 같이 볼 수 있는 위치에 설치하여야 함 - 잔여시간 표시기의 기호는 시간의 흐름에 따라 그 기호의 표시량이 순차적으로 줄어드는 형식으로 보행자가 잔여시간을 한눈에 확인할 수 있는 형태로 설치하여야 하며, 숫자의 경우 멀리서도 명확히 그 숫자를 인지 할 수 있는 글씨체로 설치하여야 함 - 잔여시간 표시기는 숫자를 인식할 수 없는 사람도 감지할 수 있도록 기호로 설치하는 것을 권장하며 이를 최상급으로 평가함

■ 평가 참고자료 및 제출서류

참고자료	- 교통약자의 이동편의증진법 제10조 제2항 - 교통약자의 이동편의증진법 시행규칙 제2조 제1항 - 교통약자의 이동편의증진법 시행규칙 별표1 제3호
제출서류 예비인증	- 해당구간 횡단보도의 신호등 설치 상세도 ※ 위 제출서류 중 평가항목의 조건을 만족하는 서류제출
본인증	- 예비인증시와 동일

- 102 -

장애물 없는 생활환경 인증기준 – 왕복 4차로 이상 도로

평가부문	2	횡단시설
평가범주	2.3	교통신호기
평가항목	2.3.3	음향(진동)신호기

■ 세부평가기준

평가목적	음향(진동)신호기의 횡단가능시간 및 잔여시간 안내를 통하여 시각장애인 등의 안전한 보행가능 여부를 평가함
평가방법	음향(진동)신호기의 안내 방법 평가
배 점	4점 (평가항목)
산출기준	• 평점 = 평가 등급에 해당하는 점수로 평가 <table><tr><th>구분</th><th>음향(진동)신호기의 안내 방법</th><th>평가항목 점수</th></tr><tr><td>최우수</td><td>진동신호기가 설치되어 있으며, 시각장애인 개인이 소지하고 있는 리모콘식 음향신호기를 통해 횡단가능시간 및 잔여시간을 안내할 수 있도록 함</td><td>4.0</td></tr><tr><td>우 수</td><td>진동신호기는 녹색신호로 바뀔 때 해당 횡단시설의 진동기를 진동하여 횡단가능시간을 안내</td><td>3.2</td></tr><tr><td>일 반</td><td>음향신호기는 녹색신호로 바뀔 때 음향으로 안내하며, 녹색신호가 켜져 있는 동안에는 계속 균일한 신호음</td><td>2.8</td></tr></table>- 해당구간 모든 음향(진동)신호기의 평균점수를 평가점수로 산정함 - 음향신호기는 교차로 등에서 다른 위치에 설치된 횡단보도신호와 혼동이 발생될 우려가 있기 때문에, 소음 공해가 없으며 혼동의 우려가 없는 진동신호기를 보다 우수한 것으로 평가함 - 교차로 등의 횡단보도가 많이 설치되어 있는 곳의 음향신호기를 다른 횡단보도의 횡단가능시간 안내와 혼동되지 않도록 지향성 스피커 등을 사용할 경우 일반에서 우수로 상향 평가함

■ 평가 참고자료 및 제출서류

참고자료	- 교통약자의 이동편의증진법 제10조 제2항 - 교통약자의 이동편의증진법 시행규칙 제2조 제1항 - 교통약자의 이동편의증진법 시행규칙 별표1 제3호
제출서류 예비인증	- 해당구간 횡단보도의 신호등 설치 상세도 ※ 위 제출서류 중 평가항목의 조건을 만족하는 서류제출
본인증	- 예비인증시와 동일

- 103 -

〈 2. 도로 인증지표 및 기준 - 4차로〉

장애물 없는 생활환경 인증기준 - 왕복 4차로 이상 도로

평가부문	2	횡단시설
평가범주	2.3	교통신호기
평가항목	2.3.4	수동식 신호조작기 설치 위치

■ 세부평가기준

평가목적	횡단가능시간 및 잔여시간을 안내하는 수동식 신호조작기(음향, 진동 신호기)의 설치 위치를 평가하여 시각장애인이 혼동 없이 손쉽게 수동식 신호조작기를 사용할 수 있도록 함
평가방법	수동식 신호조작기 설치 위치 평가
배 점	3점 (평가항목)

산출기준	• 평점 = 평가 등급에 해당하는 점수로 평가

구분	신호조작기 설치 위치	평가항목 점수
최우수	횡단보도 대기선의 중심에 위치한 교통신호기 하부에 높이 1.5m내외 설치	3.0
우 수	횡단보도로부터 1m이내의 지점, 높이는 바닥면으로 부터 1.5m내외 설치	2.4

- 해당구간 모든 수동식 신호조작기의 설치 위치 평균점수를 평가점수로 산정함
- 수동식 신호조작기는 교통신호기의 아래 높이 1.5m내외에 설치하는 것을 원칙으로 하여, 수동식 신호조작기를 설치하기 위하여 새로운 지지대 등을 설치할 경우 보행 행정심복합도의 장애물 없는 도시·건축설계 매뉴얼
- 수동식 신호조작기로의 접근을 막는 각종 장애물(도로의 각종 설치물, 노점, 간판 등)이 설치되어 있을 경우 등급외로 평가함

■ 평가 참고자료 및 제출서류

참고자료	- 교통약자의 이동편의증진법 제10조 제2항 - 교통약자의 이동편의증진법 시행규칙 제2조 제1항 - 교통약자의 이동편의증진법 시행규칙 별표1 제3호 - 행정중심복합도시의 장애물 없는 도시·건축설계 매뉴얼
제출서류	예비인증	- 해당구간 횡단보도의 신호등 설치 상세도 ※ 위 제출서류 중 평가항목의 조건을 만족하는 서류제출
	본인증	- 예비인증시와 동일

장애물 없는 생활환경 인증기준 - 왕복 4차로 이상 도로

평가부문	2	횡단시설
평가범주	2.4	차량 진입억제용 말뚝
평가항목	2.4.1	설치 위치 및 간격

■ 세부평가기준

평가목적	차량 진입억제용 말뚝의 설치 위치 및 그 간격을 평가하여 말뚝의 보행장애 정도를 평가함
평가방법	차량 진입억제용 말뚝 설치 위치 및 간격 평가
배 점	5점 (평가항목)

산출기준	• 평점 = 평가 등급에 해당하는 점수로 평가

차량 진입억제용 말뚝 설치 위치 및 간격	평가항목 점수
횡단보도의 보행자 대기공간의 경계에 간격 1.5m이상으로 설치	5.0

- 횡단보도에 설치된 차량 진입억제용 말뚝만이 2.4.1의 평가 대상에 포함됨
- 차량 진입억제용 말뚝은 고원식 횡단보도에서 차량의 진입을 억제하기 위하여 최소한으로 설치하는 것을 원칙으로 하며, 교통신호기 등의 설치 위치 조정 등으로 가급적 차량 진입억제용 말뚝을 설치하지 않는 방식으로 하여야 함
- 교통신호기가 고원식 횡단보도 대기공간의 중앙에 위치하여 자동차의 진입이 불가능하여 차량 진입억제용 말뚝을 설치하지 않을 경우 최상급으로 평가함

■ 평가 참고자료 및 제출서류

참고자료	- 교통약자의 이동편의증진법 제10조 제2항 - 교통약자의 이동편의증진법 시행규칙 제2조 제1항 - 교통약자의 이동편의증진법 시행규칙 별표2
제출서류	예비인증	- 해당구간 횡단보도의 평면도 ※ 위 제출서류 중 평가항목의 조건을 만족하는 서류제출
	본인증	- 예비인증시와 동일

장애물 없는 생활환경 인증기준 - 왕복 4차로 이상 도로

평가부문	2	횡단시설
평가범주	2.4	차량 진입억제용 말뚝
평가항목	2.4.2	형태 및 재질

■ 세부평가기준

평가목적	보행자의 충돌을 사전에 방지하고 충돌시 충격을 흡수할 수 있도록 차량 진입억제용 말뚝의 형태 및 재질 평가
평가방법	차량 진입억제용 말뚝 형태 및 재질 평가
배 점	5점 (평가항목)

산출기준	• 평점 = 평가 등급에 해당하는 점수로 평가

차량 진입억제용 말뚝 형태 및 재질	평가항목 점수
높이 0.8~1.0m내외, 지름은 0.1m~0.2m, 보행자 혹은 속도가 낮은 차량의 충돌시 충격을 흡수할 수 있는 재질, 밝은 색의 반사 도료 등으로 채색	5.0

- 횡단보도에 설치된 차량 진입억제용 말뚝만이 2.4.2의 평가 대상에 포함됨
- 차량 진입억제용 말뚝은 시각장애인 등 보행자의 충돌이 예상되는 구조물로 반드시 보행자의 충격을 흡수할 수 있는 재질로 설치하여야 함

■ 평가 참고자료 및 제출서류

참고자료	- 교통약자의 이동편의증진법 제10조 제2항 - 교통약자의 이동편의증진법 시행규칙 제2조 제1항 - 교통약자의 이동편의증진법 시행규칙 별표2
제출서류	예비인증	- 차량 진입억제용 말뚝 설치 상세도 ※ 위 제출서류 중 평가항목의 조건을 만족하는 서류제출
	본인증	- 예비인증시와 동일

장애물 없는 생활환경 인증기준 - 왕복 4차로 이상 도로

평가부문	3	기타시설
평가범주	3.1	승하차시설
평가항목	3.1.1	설치방법

■ 세부평가기준

평가목적	휠체어사용자 등을 포함하는 모든 보행자 등이 교통수단을 이용하기 위하여 대기하는 공간에 불편 없이 진입하고 우천시 등 기후변화에 관계없이 편안하게 사용할 수 있도록 함
평가방법	대기공간의 설치방법 평가
배 점	6점 (평가항목)

산출기준	• 평점 = 평가 등급에 해당하는 점수로 평가

구분	대기공간 설치방법	평가항목 점수
최우수	우수의 성능을 만족시키며, 대기 공간 상부에 지붕을 설치하여 우천시 등의 기후변화에도 편리하게 사용할 수 있도록 함	6.0
우 수	대기공간이 보행로와 분리되어 보행자의 통행에 불편을 주지 않음	4.8

- 해당구간 모든 대기공간 설치방법의 평균점수를 평가점수로 산정함
- 보행안전구역과 높이차 없이 수평이동이 가능한 대기공간의 설치를 원칙으로 하며, 대기공간 진입시 바닥높이차가 2cm이상일 경우 등급외로 평가함
- 자전거 도로가 설치되어 있는 도로구조일 경우 대기공간과 면한 해당 부분의 자전거 도로는 끊어지게 되며, 보행자가 우선하게 되는 것을 원칙으로 함
- 해당구간에 승하차시설이 계획되지 않을 경우의 점수산정은 승하차시설(3.1항목전제)을 제외한 전체평가점수비율을 승하차시설의 점수에 적용, 이를 평가점수로 산정함

$$\text{승하차시설부문의 평가점수} = B \times \left(\frac{C}{A - B} \right)$$

A : 왕복 4차로 도로 전체점수합계
B : 승하차시설부문 전체점수합계
C : 승하차시설부문을 제외한 전체평가점수

■ 평가 참고자료 및 제출서류

참고자료	- 교통약자의 이동편의증진법 제10조 제2항 - 교통약자의 이동편의증진법 시행규칙 제2조 제1항 - 교통약자의 이동편의증진법 시행규칙 별표1 제3호 - 행정중심복합도시의 장애물 없는 도시·건축설계 매뉴얼
제출서류	예비인증	- 해당구간 승하차시설의 평면도 - 해당구간 승하차시설의 횡단면도 ※ 위 제출서류 중 평가항목의 조건을 만족하는 서류제출
	본인증	- 예비인증시와 동일

< 2. 도로 인증지표 및 기준 - 4차로 >

장애물 없는 생활환경 인증기준 - 왕복 4차로 이상 도로

평가부문	3	기타시설
평가범주	3.1	승하차시설
평가항목	3.1.2	연석 높이 및 부분 경사로

■ 세부평가기준

평가목적	연석 높이 및 부분 경사로를 평가하여 휠체어를 사용하는 장애인 등의 교통시설으로 옮겨 타기 편리하게 함
평가방법	연석 높이 및 부분 경사로 평가
배 점	3점 (평가항목)

산출기준	• 평점 = 평가 등급에 해당하는 세부항목 점수의 합산으로 평가 • 세부항목 - 연석 높이

구분	연석 높이	평가항목 점수
최우수	0.15m이상 0.2m미만	1.5
우 수	0.2m이상 0.25m미만	1.2

- 해당구간 모든 승하차 연석 높이의 평균점수를 평가점수로 산정함
- 연석 높이는 저상버스를 기준으로 휠체어사용자가 지상버스로 옮겨 탈 수 있는 높이로 하여야 함
• 세부항목 - 부분 경사로

부분 경사로	평가항목 점수
대기공간 내부에 경사로 기울기 1/18(5.56%/3.18°)이하 유효폭 0.9m이상, 경사로 시작과 끝 지점의 대기공간 1.5m×1.5m이상 확보	1.5

- 해당구간 모든 대기공간 부분 경사로의 평균점수를 평가점수로 산정함
- 버스 및 택시 등은 차도로 내려가서 승하차하지 않고 대기공간에서 승하차하는 것을 원칙으로 하며, 기존의 연석의 매우 낮아(0.3m이상 등)으로 차량의 문이 열리지 않는 경우) 차량으로 옮겨타기 불가능할 경우에 부분 경사로를 설치하는 것으로 함
- 휠체어사용자가 차량으로 옮겨타기 용이한 높이로 연석이 설치되어 부분 경사로를 설치하지 않을 경우 예상등급으로 평가함
※ 해당구간에 승하차시설이 계획되지 않을 경우의 점수산정은 승하차시설(3.1항목전체)를 제외한 전체평가점수비율을 승하차시설의 점수에 적용, 이를 평가점수로 산정함

승하차시설부문의 평가점수 = $B × (\dfrac{C}{A-B})$

A : 왕복 4차로 도로 전체점수합계
B : 승하차시설부문 전체점수합계
C : 승하차시설부문을 제외한 전체평가점수

■ 평가 참고자료 및 제출서류

참고자료	- 교통약자의 이동편의증진법 제10조 제2항 - 교통약자의 이동편의증진법 시행규칙 제2조 제1항 - 교통약자의 이동편의증진법 시행규칙 별표1 제3호
제출 서류	예비 인증	- 해당구간 승하차시설의 입면도 - 해당구간 승하차시설의 횡단면도 ※ 위 제출서류 중 평가항목의 조건을 만족하는 서류제출
	본인증	- 예비인증시와 동일

장애물 없는 생활환경 인증기준 - 왕복 4차로 이상 도로

평가부문	3	기타시설
평가범주	3.1	승하차시설
평가항목	3.1.3	경고방식

■ 세부평가기준

평가목적	승하차시설의 경고시설을 평가하여 시각장애인이 혼동 없이 승하차시설의 위치를 감지할 수 있도록 함
평가방법	경고방식을 평가
배 점	3점 (평가항목)

산출기준	• 평점 = 평가 등급에 해당하는 점수로 평가

구분	경고방식	평가항목 점수
최우수	대기공간과 면한 보행안전구역을 다른 색상 및 다른 재질로 설치	3.0
우 수	차도와 면한 대기공간에 경고블록을 사용하여 대기공간의 경계를 감지할 수 있도록 설치	2.4

- 해당구간 모든 대기공간 경고방식의 평균점수를 평가점수로 산정함
- 휠체어 등 바퀴달린 이동수단의 이동에 불편이 없도록 바닥의 요철은 0.5cm이하로 설치하여야 하며, 기존의 경고블록 등을 이용하여 유도하는 방식은 사용하지 않는 것을 원칙으로 함
- 해당구간에 승하차시설이 계획되지 않을 경우의 점수산정은 승하차시설(3.1항목전체)를 제외한 전체평가점수비율을 승하차시설의 점수에 적용, 이를 평가점수로 산정함

승하차시설부문의 평가점수 = $B × (\dfrac{C}{A-B})$

A : 왕복 4차로 도로 전체점수합계
B : 승하차시설부문 전체점수합계
C : 승하차시설부문을 제외한 전체평가점수

■ 평가 참고자료 및 제출서류

참고자료	- 교통약자의 이동편의증진법 제10조 제2항 - 교통약자의 이동편의증진법 시행규칙 제2조 제1항 - 교통약자의 이동편의증진법 시행규칙 별표1 제2호
제출 서류	예비 인증	- 해당구간 승하차시설의 평면도 - 해당구간 승하차시설의 횡단면도 ※ 위 제출서류 중 평가항목의 조건을 만족하는 서류제출
	본인증	- 예비인증시와 동일

장애물 없는 생활환경 인증기준 - 왕복 4차로 이상 도로

평가부문	3	기타시설
평가범주	3.1	승하차시설
평가항목	3.1.4	안내시설

■ 세부평가기준

평가목적	승하차시설의 안내시설을 평가하여 장애인 및 노약자, 어린이, 외국인 등이 행선지·시간표 등 운행에 관한 정확한 정보를 습득할 수 있도록 함
평가방법	안내시설의 안내방법을 평가
배 점	3점 (평가항목)

산출기준	• 평점 = 평가 등급에 해당하는 점수로 평가

구분	안내시설 안내방법	평가항목 점수
최우수	우수의 성능을 지닌 안내표시와 함께 버스 도착시 음성으로 안내함	3.0
우 수	일반의 성능을 지닌 안내표시와 함께 휠체어사용자가 접근할 수 있는 위치에 높이 1.2m이하의 화면 등을 통하여 전자식 음성 및 시각안내설을 설치	2.4
일 반	대기공간내부에 입식표지판을 이용한 안내시설을 높이 1.5m이하로 점자안내를 병기하여 설치	2.1

- 해당구간 모든 대기공간 안내시설의 안내방법 평균점수를 평가점수로 산정함
- 안내시설은 명확하게 알아볼 수 있는 글씨체를 사용하여(고딕체 등), 영어 외국어를 병기하는 것을 원칙으로 함
- 휠체어사용자가 접근할 수 있는 위치의 조작기라 함은, 기기의 전면에 평탄한 활동공간(1.5m×1.5m)을 확보하고 조작기의 높이는 1.2m이하, 화면은 1.2m이하(그 이상일 경우 상단이 15°정도 기울어져 휠체어사용자가 확인할 수 있도록 하여야 함)로 된 조작기기를 말함
- 해당구간에 승하차시설이 계획되지 않을 경우의 점수산정은 승하차시설(3.1항목전체)를 제외한 전체평가점수비율을 승하차시설의 점수에 적용, 이를 평가점수로 산정함

승하차시설부문의 평가점수 = $B × (\dfrac{C}{A-B})$

A : 왕복 4차로 도로 전체점수합계
B : 승하차시설부문 전체점수합계
C : 승하차시설부문을 제외한 전체평가점수

■ 평가 참고자료 및 제출서류

참고자료	- 교통약자의 이동편의증진법 제10조 제2항 - 교통약자의 이동편의증진법 시행규칙 제2조 제1항 - 교통약자의 이동편의증진법 시행규칙 별표1 제2호
제출 서류	예비 인증	- 해당구간 승하차시설의 입면도 - 승하차시설 안내시설 설치상세도 ※ 위 제출서류 중 평가항목의 조건을 만족하는 서류제출
	본인증	- 예비인증시와 동일

장애물 없는 생활환경 인증기준 - 왕복 4차로 이상 도로

평가부문	3	기타시설
평가범주	3.2	장애인전용주차구역
평가항목	3.2.1	설치규모 및 안내

■ 세부평가기준

평가목적	노상주차장에서의 장애인전용주차구역을 확보와 그 위치의 정확한 안내를 평가하여 장애인 등이 편리하게 차량을 이용할 수 있도록 함
평가방법	장애인전용주차구역 설치규모 및 안내 평가
배 점	5점 (평가항목)

산출기준	• 평점 = 평가 등급에 해당하는 점수로 평가

구분	설치규모 및 안내표시	평가항목 점수
최우수	우수의 성능을 만족시키며 장애인전용주차구역의 바닥색상을 달리하여 식별성을 높임	5.0
우 수	주차구역이 20면 이상일 경우 1면이상 장애인전용주차구역 확보, 노면과 입식표지판(중심 부분높이 1.5m~1.8m)으로 장애인전용주차구역임을 표시	4.0

- 해당구간에 주차구역이 설치되지 않아 평가 대상이 없을 경우 최하 등급으로 평가함
- 장애인 등 이동약자인에서 하차하여도 도로로 접근할 수 있는(안전한 접근로 미확보, 높은 높이차로 인하여 이동 불가능 등) 장애인전용주차구역은 설치되지 않은 것으로 평가하여 등급외로 평가함
- 장애인전용주차구역의 바닥 재질은 젖은 상태에서도 미끄러지지 않는 재질로, 휠체어의 통행에 불편함이 없도록 틈이 없고 평탄하게 마감하여야 함(평가항목 1.3.6 참조)
- 주차구역을 계획하였으나, 20대 미만으로 계획하였을 경우의 점수산정은 장애인전용주차구역(3.2항목전체)을 제외한 전체평가점수비율을 장애인전용주차구역의 점수에 적용, 이를 평가점수로 산정함

장애인전용주차구역부문의 평가점수 = $B × (\dfrac{C}{A-B})$

A : 왕복 4차로 도로 전체점수합계
B : 장애인전용주차구역부문 전체점수합계
C : 장애인전용주차구역부문을 제외한 전체평가점수

■ 평가 참고자료 및 제출서류

참고자료	- 교통약자의 이동편의증진법 제10조 제2항 - 교통약자의 이동편의증진법 시행규칙 제2조 제1항 - 교통약자의 이동편의증진법 시행규칙 별표1 제2호 - 주차장법 제6조 제1항 - 주차장법 시행규칙 제4조
제출 서류	예비 인증	- 노상 주차장 배치도 - 장애인전용주차구역 및 접근로 평면도·단면도 ※ 위 제출서류 중 평가항목의 조건을 만족하는 서류제출
	본인증	- 예비인증시와 동일

〈 2. 도로 인증지표 및 기준 - 2차로 〉

장애물 없는 생활환경 인증기준 - 왕복 4차로 이상 도로

평가부문	3	기타시설
평가범주	3.2	장애인전용주차구역
평가항목	3.2.2	주차공간 및 안전통로

■ 세부평가기준

평가목적	노상주차장에서의 장애인전용주차공간과 안전통로를 평가하여 장애인 등이 편리하게 차량을 이용하고 보도 등으로 이동할 수 있도록 함
평가방법	장애인전용주차구역 및 안전통로 평가
배 점	5점 (평가항목)

- 평ום = 평가 등급에 해당하는 점수로 평가

구분	장애인전용주차구역 및 안전통로	평가항목 점수
최우수	우수의 성능을 만족하고, 차량주차구역과 측면 휠체어 등의 통행로(폭 1.0m)를 구분하여 표시함	5.0
우 수	차량주차구역과 측면 휠체어 진입로의 구분 표시 없이 평행주차의 경우 폭 2.0m, 길이 6.0m이상, 직각주차의 경우 폭 3.3m, 길이 5.0m이상 설치, 휠체어의 이동이 가능한 접근로가 보도로 연속적으로 연결	4.0

산출기준
- 해당구간에 주차구역이 설치되지 않아 평가 대상이 없을 경우 최하 등급으로 평가함
- 휠체어의 이동이 가능한 접근로라 함은, 젖은 상태에서 미끄러지지 않는 재질로 틈이 없고 평탄하게 마감된 접근로로, 진행방향 기울기 1/18(5.56%/3.18°)이하인 접근로를 말함
- 차량주차구역과 측면 휠체어 진입로를 구분하여 설치할 경우 휠체어 진입로는 주차구역과 다른 색상 혹은 다른 재질로 설치하여야 하며, 주차구역과 바닥 높이차 없이 설치하여야 함
- 주차구역을 계획하였으나, 20대 미만으로 계획하였을 경우의 점수산정은 장애인전용주차구역(3.2항목전체)를 제외한 전체평가점수비율을 장애인전용주차구역의 점수에 적용, 이를 평가점수로 산정함

장애인전용주차구역부문의 평가점수 = $B \times \left(\dfrac{C}{A-B} \right)$

A : 왕복 4차로 도로 전체점수합계
B : 장애인전용주차구역부문 전체점수합계
C : 장애인전용주차구역부문을 제외한 전체평가점수

■ 평가 참고자료 및 제출서류

참고자료	- 교통약자의 이동편의증진법 제10조 제2항 - 교통약자의 이동편의증진법 시행규칙 제2조 제1항 - 교통약자의 이동편의증진법 시행규칙 별표1 제2호 - 주차장법 제6조 제1항 - 주차장법 시행규칙 제3조
제출서류	예비인증	- 장애인전용주차구역 및 접근로 평면도·단면도 ※ 위 제출서류 중 평가항목의 조건을 만족하는 서류제출
	본인증	- 예비인증시와 동일

장애물 없는 생활환경 인증기준 - 왕복 4차로 이상 도로

평가부문	4	종합평가
평가범주		
평가항목		

■ 세부평가기준

평가목적	해당 시설의 편의시설 설치현황을 평가하여 장애인 및 노약자 등 다양한 사용자가 해당시설에 접근하여 이용하는데 불편함이 없도록 함
평가방법	편의시설 설치의 종합적 평가
배 점	5% (평가항목의 총점기준)

- 평점 = 편의시설의 평가등급에 해당하는 평가항목 점수로 평가

구분	편의시설 평가	평가항목 점수
등급 구분 없음	※ 심사위원의 평가내용을 자필로 기입	

■ 평가 참고자료 및 제출서류

참고자료	○ 가산항목 - 여성휴게실(모유수유실 등) 설치 - 다목적 화장실 설치 - 해당 없음 항목을 적합하게 설치 - 그 외 추가 시설을 설치한 경우 · 시각장애인을 위한 핸드레일조명등 설치 · 안내표시가 경로를 따라 찾기 쉽게 설치 등
제출서류	예비인증	- 해당 없음
	본인증	- 해당 없음

3. 왕복 2차로 이상 도로

범주		평가항목	평가기준	분류번호	배점
1. 보도	1.1 장애물 구역	1.1.1 설치 위치 및 방법	장애물 구역의 설치 위치 및 보행안전구역과의 분리 평가	2R1-01-01	7
		1.1.2 유효폭	보도의 각종 설치물 설치공간으로서의 유효폭의 적절성 평가	2R1-01-02	7
	1.2 자전거 도로	1.2.1 설치방법	자전거 도로의 위치 및 보행안전구역과 분리, 통행방향 평가	2R1-02-01	4
		1.2.2 유효폭	안전한 자전거통행을 위한 자전거 도로 유효폭의 적절성 평가	2R1-02-02	4
		1.2.3 기울기 및 휴식참	안전하고 편리한 자전거 통행을 위한 자전거 도로 기울기 정도 및 휴식참 적절성 평가	2R1-02-03	4
		1.2.4 바닥 재질 및 색상, 설치물	안전한 자전거 통행을 위한 바닥 재질 및 설치물 평가, 기타 도로와의 구별 가능 평가	2R1-02-04	4
		1.2.5 통행방향 및 표식	자전거 도로의 통행방향 및 표식설치 평가	2R1-02-05	2
	1.3 보행안전구역	1.3.1 설치방법	안전하고 편리한 보행을 위한 보행안전구역의 위치 및 보행장애물 설치 여부 평가	2R1-03-01	10
		1.3.2 유효폭 및 교행구간	보행자의 불편 없고 쾌적한 통행로로서의 유효폭의 적절성 평가 및 휠체어 등의 교행가능 구간 설치 평가	2R1-03-02	7
		1.3.3 기울기 및 휴식참	장애물 없는 보행안전구역의 기울기 정도 및 휴식참 설치 평가	2R1-03-03	4
		1.3.4 연속성	안전한 보행을 위한 보행안전구역의 연속성 평가	2R1-03-04	6
		1.3.5 유효안전높이	안전한 보행을 위한 보행안전구역의 수직적 공간 확보 평가	2R1-03-05	2
		1.3.6 바닥 재질 및 색상	안전한 보행안전구역의 재질 및 기타 도로와의 구별 가능 평가	2R1-03-06	2
		1.3.7 바닥 설치물	장애물 없는 보행을 위한 배수구 덮개, 맨홀 등 바닥 설치물의 설치 평가	2R1-03-07	2
	1.4 유도방식	1.4.1 설치방법	휠체어 등 바퀴 달린 이동수단사용자 등 다양한 보행자의 보행 쾌적성, 시각장애인 등의 감지 가능성 평가	2R1-04-01	6
		1.4.2 재질 및 색상	시각장애인 등이 보행안전구역 경계 명확한 감지 가능성 평가	2R1-04-02	2
	1.5 차량진출입부	1.5.1 설치방법	보행안전성을 위하여 차량이 보도를 가로지르는 차량 진출입부에서 보행자를 우선시 평가	2R1-05-01	8
		1.5.2 재질 및 색상	보행자 및 운전자가 차량 진출입부의 위치를 감지할 수 있도록 설치된 각종 경고방식	2R1-05-02	4

범주		평가항목	평가기준	분류번호	배점
	1.6 보행 지원시설	1.6.1 안내시설	주요시설물, 목적지 등을 안내하는 시설물의 안내 명확성 평가	2R1-06-01	5
		1.6.2 휴게시설	노인, 어린이, 휠체어 등 바퀴달린 이동수단의 휴게공간으로의 접근성과 차별적도, 사용편리성 평가	2R1-06-02	9
		1.6.3 이용편의시설	공중전화 등 보도의 각종 이용편의시설의 접근성 및 사용성 평가	2R1-06-03	2
2. 횡단시설	2.1 고원식 횡단보도	2.1.1 설치방법	고원식 횡단방식의 적용여부 평가	2R2-01-01	10
		2.1.2 재질, 색상, 배수설비	보행자 및 운전자가의 고원식 횡단방식의 위치 확인 및 경고 방법 평가와 안전한 보행을 위한 배수설비 설치 적절성 평가	2R2-01-02	7
		2.1.3 평탄부 길이	차량 및 시설물 보호를 위하여 고원식 횡단보도의 평탄부 길이가 적절성 평가	2R2-01-03	3
		2.1.4 조명의 조도 및 색도	운전자 및 보행자의 명확한 횡단보도 감지 가능성 평가	2R2-01-04	5
	2.2 평면 횡단보도	2.2.1 부분 경사로 유효폭 및 기울기	휠체어 등 운전자의 이동성 확보를 위한 횡단보도의 부분 경사로의 유효폭 및 기울기 적절성 평가	2R2-02-01	10
		2.2.2 횡단보도 진입부의 경고 방식	시각장애인 등의 횡단보도 진입부 위치의 명확한 감지 가능성 평가	2R2-02-02	7
		2.2.3 조명의 조도	운전자 및 보행자의 명확한 횡단보도 감지 가능성 평가	2R2-02-03	5
	2.3 교통신호기	2.3.1 설치 위치	차량으로부터 보행자 보호 가능성 평가	2R2-03-01	6
		2.3.2 잔여시간 표시기	보행자의 횡단잔여시간의 명확한 확인 가능성 평가	2R2-03-02	7
		2.3.3 음향(진동)신호기	시각장애인 등이 횡단가능시간 확인 및 안내 가능성 평가	2R2-03-03	4
		2.3.4 보행자 우선 신호기	교통량이 적은 횡단시설에서 보행자를 우선적으로 통행 가능하게 하는 보행자 우선 신호기 설치 평가	2R2-03-04	3
		2.3.5 수동식 신호조작기 설치 위치	수동식 신호조작기 설치 위치 감지 가능성 평가	2R2-03-05	3
	2.4 차량 진입억제용 말뚝	2.4.1 설치 위치 및 간격	차량 진입억제용 말뚝의 보행장애 평가	2R2-04-01	4
		2.4.2 형태 및 재질	시각장애인, 운전자 등의 차량 진입억제용 말뚝의 감지 가능성 평가	2R2-04-02	6
3.	3.1	3.1.1 설치방법	장애인 등의 대중교통 이용 가능성 평가	2R3-01-	3

< 2. 도로 인증지표 및 기준 – 2차로 >

범주	평가항목		평가기준	분류번호	배점
기타시설	승하차시설			2R3-01-01	
	3.1.2 연석 높이 및 부분 경사로		장애인 등이 차량으로 편리하게 오르고 탈 수 있는 연석 높이 평가	2R3-01-02	3
	3.1.3 경고방식		장애인 등의 대중교통이용 및 대기공간으로의 유도 가능성 평가	2R3-01-03	2
	3.1.4 안내시설		장애인의 대중교통수단에 대한 정보 습득 가능성 및 편리성 평가	2R3-01-04	2
	3.2 장애인전용주차구역	3.2.1 설치규모 및 안내	장애인이 노상주차장을 이용할 수 있도록 그 설치규모와 안내시설 적절성 평가	2R3-02-01	5
		3.2.2 주차구역 및 안전통로	장애인이 노상주차장을 이용할 수 있도록 주차공간 규모와 안전통로 설치 적절성 평가	2R3-02-02	5
	3.3 속도저감시설	3.3.1 고원식 교차로	차량을 감속시키기 위하여 설치된 고원식 교차로 설치방법 적절성 평가	2R3-03-01	5
		3.3.2 속도저감시설	차량을 감속시키기 위하여 설치된 속도저감시설 설치방법 적절성 평가	2R3-03-02	3
	3.4 보행우선지역	3.4.1 보행우선지역 설정 및 표시	보행우선지역의 표시 방법 적절성 평가	2R3-04-01	2
4. 종합평가			5% (평가항목의 총점기준)	2R4-01-01	
총 지표수	44		총 배점		200

장애물 없는 생활환경 인증기준 – 왕복 2차로 이상 도로

평가부문	1	보도
평가범주	1.1	장애물 구역
평가항목	1.1.1	설치 위치 및 방법

■ 세부평가기준

평가목적	장애물 구역의 설치 적절성을 평가하여 장애인 및 노약자 등 다양한 사용자가 보행시 장애물의 간섭 없이 안전하고 편리하게 보행이 가능하도록 함
평가방법	장애물 구역의 설치 위치 및 방법 평가
배 점	7점 (평가항목)

• 평점 = 평가 등급에 해당하는 점수로 평가

구분	장애물 구역의 설치 위치 및 방법	평가항목 점수
최우수	장애물 구역이 식재대·녹지대 등으로 활용되어 보도미관 증진에 기여	7.0
우 수	장애물 구역이 경계석이나 색상, 띠 등으로 구분되어 설치	5.6
일 반	장애물 구역과 경계의 구분없이 설치	4.9

산출기준
- 장애물 구역은 차도와 연접하여, 차도-장애물 구역-(자전거 도로)-유도 및 경고용띠-보행안전구역-유도 및 경고용띠 순서로 설치하는 것을 원칙으로 함
- 위 순서에 따르지 아니할 경우 우수 이상으로 평가하지 아니함
- 장애물 구역은 보도의 각종 설치물의 설치장소로 보도상의 각종 설치물이 장애물 구역이외의 구역(자전거 도로, 보행안전구역 등)에 설치 될 경우 등급외로 평가함

■ 평가 참고자료 및 제출서류

참고자료	- 교통약자의 이동편의증진법 - 행정중심복합도시의 장애물 없는 도시·건축설계 매뉴얼
제출서류	예비인증	- 해당구간 보도의 배치도 - 해당구간 보도의 횡단면도 ※ 위 제출서류 중 평가항목의 조건을 만족하는 서류제출
	본인증	- 예비인증시와 동일

장애물 없는 생활환경 인증기준 – 왕복 2차로 이상 도로

평가부문	1	보도
평가범주	1.1	장애물 구역
평가항목	1.1.2	유효폭

■ 세부평가기준

평가목적	장애물 구역의 유효폭을 평가하여 도로의 각종 설치물의 충분한 설치장소를 확보하도록 하여, 장애인 및 노약자 등 다양한 사용자의 보행시 장애물의 간섭 없이 안전하고 편리하게 보행이 가능하도록 함
평가방법	장애물 구역의 유효폭 평가
배 점	7점 (평가항목)

• 평점 = 평가 등급에 해당하는 점수로 평가

구분	장애물 구역의 유효폭	평가항목 점수
최우수	장애물 구역 유효폭 1.5m이상	7.0
우 수	장애물 구역 유효폭 0.9m이상	5.6

산출기준
- 장애물 구역은 일정한 유효폭을 유지하여야 하며, 해당평가구간의 장애물 구역의 최소 유효폭으로 등급을 평가함
- 기존 도시내 도로 및 신규 계획 도시 단독주택지역내 2차로의 경우 장애물 구역의 폭원이 0.9m이하라도 해당 도로 구간에 설치된 장애물의 최대폭을 기준으로 장애물구역을 설치한 경우 최하등급으로 평가함

■ 평가 참고자료 및 제출서류

참고자료	- 교통약자의 이동편의증진법 - 행정중심복합도시의 장애물 없는 도시·건축설계 매뉴얼
제출서류	예비인증	- 해당구간 보도의 배치도 - 해당구간 보도의 횡단면도 ※ 위 제출서류 중 평가항목의 조건을 만족하는 서류제출
	본인증	- 예비인증시와 동일

장애물 없는 생활환경 인증기준 – 왕복 2차로 이상 도로

평가부문	1	보도
평가범주	1.2	자전거 도로
평가항목	1.2.1	설치방법

■ 세부평가기준

평가목적	자전거 도로의 설치방법을 평가하여 장애인 및 노약자 등 다양한 사용자의 보행시 장애물의 간섭 없이 안전하고 편리하게 보행이 가능하도록 함
평가방법	자전거 도로 설치방법 평가
배 점	2점 (평가항목)

• 평점 = 평가 등급에 해당하는 점수로 평가

구분	자전거 도로 설치방법	평가항목 점수
최우수	장애물 구역에 연접하여 일방통행으로 설치	2.0
우 수	장애물 구역에 연접하여 양방통행으로 설치	1.6

산출기준
- 자전거 도로를 보도에 설치하지 아니하며 별도로 계획할 경우(차도-자전거 도로-장애물 구역-유도 및 경고용띠-보행안전구역-유도 및 경고용띠 순서 등) 최상급으로 평가함
- 자전거 도로를 설치하지 않을 경우의 점수산정은 자전거 도로(1.2항목전체)를 제외한 보도부문 평가점수비율을 자전거 도로의 점수에 적용, 이를 평가점수로 산정함

자전거 도로부문의 평가점수 = $B \times \left(\dfrac{C}{A-B} \right)$

A : 보도부문 전체점수합계
B : 자전거 도로부문 전체점수합계
C : 자전거 도로부문을 제외한 보도부문평가점수

- 자전거의 일방통행 방향은 차량 소통의 방향과 같은 방향으로 계획되어야 하며, 이를 따르지 않을 경우의 일방통행은 인정하지 아니함

■ 평가 참고자료 및 제출서류

참고자료	- 교통약자의 이동편의증진법 - 자전거이용 활성화에 관한 법률
제출서류	예비인증	- 해당구간 보도의 배치도 - 해당구간 보도의 횡단면도 - 해당구간의 자전거 도로 계획도 ※ 위 제출서류 중 평가항목의 조건을 만족하는 서류제출
	본인증	- 예비인증시와 동일

〈 2. 도로 인증지표 및 기준 - 2차로 〉

장애물 없는 생활환경 인증기준 - 왕복 2차로 이상 도로

평가부문	1	보도
평가범주	1.2	자전거 도로
평가항목	1.2.2	유효폭

■ 세부평가기준

평가목적	자전거 도로의 유효폭을 평가하여 장애인 및 노약자 등 다양한 사용자의 보행과 자전거의 통행이 안전하고 편리하도록 함
평가방법	자전거 도로의 설치 유효폭 평가
배 점	2점 (평가항목)

	구분	자전거 도로 유효폭	평가항목 점수
산출기준	최우수	양방통행일 경우 유효폭 1.3m이상 일방통행일 경우 유효폭 0.9m이상	2.0
	우 수	자전거 도로 유효폭 1.1m이상	1.6
	일 반	자전거 도로 유효폭 0.9m이상	1.4

- 평점 = 평가 등급에 해당하는 점수로 평가
- 평가 대상 구역 중 가장 좁은 자전거 도로의 유효폭을 기준으로 해당 구역의 자전거 도로 유효폭을 평가함

■ 평가 참고자료 및 제출서류

참고자료	- 교통약자의 이동편의증진법 - 자전거이용시설의 구조·시설기준에 관한규칙 제4조 - 행정중심복합도시의 장애물 없는 도시·건축설계 매뉴얼
제출서류	예비인증	- 해당구간 보도의 배치도 - 해당구간 보도의 횡단면도 - 해당구간의 자전거 도로 계획도 ※ 위 제출서류 중 평가항목의 조건을 만족하는 서류제출
	본인증	- 예비인증시와 동일

장애물 없는 생활환경 인증기준 - 왕복 2차로 이상 도로

평가부문	1	보도
평가범주	1.2	자전거 도로
평가항목	1.2.3	기울기 및 휴식참

■ 세부평가기준

평가목적	자전거 도로의 기울기 및 휴식참을 평가하여 자전거의 통행이 안전하고 편리하도록 함
평가방법	자전거 도로의 기울기 및 휴식참 평가
배 점	1점 (평가항목)

	구분	자전거 도로의 기울기 및 휴식참	평가항목 점수
산출기준	최우수	자전거 도로의 좌우 기울기는 1/50(2%/1.15°)이하이며, 진행방향 기울기는 1/24(4.17%/2.39°)이하	1.0
	우 수	자전거 도로의 좌우 기울기는 1/24(4.17%/2.39°)이하이며, 진행방향 기울기 1/18(5.56%/3.18°)이하	0.8
	일 반	자전거 도로의 좌우 기울기는 1/24(4.17%/2.39°)이하이며, 진행방향 기울기 1/12(8.33%/4.76°)이하이며, 30m마다 휴식참이 설치되어 있음	0.7

- 평점 = 평가 등급에 해당하는 점수로 평가
- 평가 대상 구역 중 가장 가파른 경사도를 기준으로 해당 구역의 자전거 도로의 기울기를 평가함

■ 평가 참고자료 및 제출서류

참고자료	- 교통약자의 이동편의증진법 제10조 제2항 - 교통약자의 이동편의증진법 시행규칙 제2조 제1항 - 교통약자의 이동편의증진법 시행규칙 별표1 제3호 - 자전거이용 활성화에 관한 법률 - 행정중심복합도시의 장애물 없는 도시·건축설계 매뉴얼
제출서류	예비인증	- 해당구간 보도의 배치도 - 해당구간 보도의 횡단면도 - 해당구간의 자전거 도로 계획도 ※ 위 제출서류 중 평가항목의 조건을 만족하는 서류제출
	본인증	- 예비인증시와 동일

장애물 없는 생활환경 인증기준 - 왕복 2차로 이상 도로

평가부문	1	보도
평가범주	1.2	자전거 도로
평가항목	1.2.4	바닥 재질 및 색상, 설치물

■ 세부평가기준

평가목적	자전거 도로의 바닥 재질 및 색상, 설치물을 평가하여 자전거의 통행이 안전하고 편리하도록 함
평가방법	자전거 도로 바닥 재질 및 색상, 설치물을 평가
배 점	1점 (평가항목)

	구분	자전거 도로의 바닥 재질 및 색상, 설치물	평가항목 점수
산출기준	최우수	우수의 조건을 만족시키며 배수가 잘되는 재질로 설치함	1.0
	우 수	일반의 조건을 만족시키며, 맨홀, 배수구 덮개 등 바닥 설치물이 없음	0.8
	일 반	틈이 없고 평탄한 재질의 마감으로 주변과 색상으로 그 경계를 명확히 감지 가능하며 배수구 덮개 간격이 1cm이하 (진행방향), 높이차 없음	0.7

- 자전거 도로에 블록 등의 바닥 마감재를 사용할 경우 블록의 높이차는 없어야 하며, 그 이외의 경우 평가하지 아니함
- 배수가 잘 되는 자전거 도로의 바닥 마감재는 자전거가 원활히 이동할 수 있는 충분한 경도를 가지고 있어야 하며, 그 이외의 경우 평가하지 아니함

■ 평가 참고자료 및 제출서류

참고자료	- 교통약자의 이동편의증진법 제10조 제2항 - 교통약자의 이동편의증진법 시행규칙 제2조 제1항 - 교통약자의 이동편의증진법 시행규칙 별표1 제3호
제출서류	예비인증	- 해당구간 보도의 배치도 - 해당구간 보도의 횡단면도 - 해당구간의 자전거 도로 계획도 ※ 위 제출서류 중 평가항목의 조건을 만족하는 서류제출
	본인증	- 예비인증시와 동일

장애물 없는 생활환경 인증기준 - 왕복 2차로 이상 도로

평가부문	1	보도
평가범주	1.2	자전거 도로
평가항목	1.2.5	통행방향 및 표시

■ 세부평가기준

평가목적	자전거 도로의 통행방향 및 표식을 평가하여 자전거와 보행자의 통행이 안전하고 편리하도록 함
평가방법	자전거 도로의 통행방향 및 표식 평가
배 점	1점 (평가항목)

	구분	자전거 도로의 통행방향 및 표식	평가항목 점수
산출기준	최우수	바닥, 입식으로 자전거 도로임을 표시하고, 통행방향을 함께 표시	1.0
	우 수	바닥, 입식으로 자전거 도로임을 표시	0.8
	일 반	바닥에 자전거 도로임을 표시	0.7

- 양방통행의 자전거 도로 소통방향을 표시할 경우 보행안전구역에 면한 자전거 도로의 통행방향은 차량 소통 방향과 동일한 방향으로 표시하여야 함

■ 평가 참고자료 및 제출서류

참고자료	- 자전거이용시설의 구조·시설기준에 관한 규칙 제11조 - 도로교통법 시행규칙 별표6
제출서류	예비인증	- 해당구간 보도의 배치도 - 해당구간 보도의 횡단면도 - 해당구간의 자전거 도로 계획도 ※ 위 제출서류 중 평가항목의 조건을 만족하는 서류제출
	본인증	- 예비인증시와 동일

〈 2. 도로 인증지표 및 기준 – 2차로〉

장애물 없는 생활환경 인증기준 – 왕복 2차로 이상 도로

평가부문	1	보도
평가범주	1.3	보행안전구역
평가항목	1.3.1	설치방법

■ 세부평가기준

평가목적	보행안전구역의 기타 도로 설치물과의 분리를 평가하여 장애인 및 노약자 등 다양한 보행자의 이동 및 접근시 장애물의 간섭 없이 안전하고 편리한 보행이 가능하도록 함
평가방법	보행안전구역의 설치방법 평가
배 점	7점 (평가항목)
산출기준	• 평점 = 평가 등급에 해당하는 점수로 평가 | 구분 | 보행안전구역의 설치방법 | 평가항목 점수 | | 최우수 | 우수의 성능을 만족시키며 맨홀뚜껑, 배수구덮개 등을 포함하는 어떠한 보행장애물도 설치되어 있지 않음 | 7.0 | | 우 수 | 일반의 성능을 만족시키며 보행안전구역의 설치순서원칙에 적합함 | 5.6 | | 일 반 | 보행안전구역은 차도, 자전거 도로와 분리되며, 규정에 적합한 바닥 설치물을 제외한 다른 보행장애물이 설치되어 있지 않음 | 4.9 | - 보행안전구역은 - 차도-장애물 구역-(자전거 도로)-유도 및 경고융띠-보행안전구역-유도 및 경고융띠 순서로 설치하는 것을 원칙으로 함(단, 자전거 도로와 보행안전구역의 설치 위치가 바뀔 경우 보행자의 안전성이 확보되지 않으므로 일반으로 평가함) - 보행장애물이라 함은 보행자의 보행을 방해하는 설치물로 보행안전구역에 설치된 차량 진입억제용 말뚝, 가로등, 가로수, 벤치, 각종 전기 등의 단자함, 쓰레기통, 소화전 등 도로에 설치되는 각종 설치물을 말함 - 차량 진입억제용 말뚝은 보행자의 보행을 방해하지 않는 위치에, 필요한 장소에만 설치하고 그 이외의 장소에는 설치하지 않는 것을 원칙으로 함 - 보행자의 진행방향과 직각으로 차량 진입억제용 말뚝을 설치할 경우에는 보행장애물로 취급하여, 차도와의 분리 등을 위하여 보행안전구역과 나란하게 설치하여 보행자의 보행에 큰 지장을 주지 않을 경우 보행장애물로 취급하지 아니함 - 규정에 적합한 바닥 설치물이라 함은 높이차 없이 설치되어 보행시 불편 혹은 위험 요소가 없는 맨홀뚜껑, 배수구 덮개 등을 말함(평가 항목 1.3.7 참조)

■ 평가 참고자료 및 제출서류

참고자료		– 교통약자의 이동편의증진법 제10조 제2항 – 교통약자의 이동편의증진법 시행규칙 제2조 제1항 – 교통약자의 이동편의증진법 시행규칙 별표1 제3호 – 행정중심복합도시의 장애물 없는 도시·건축설계 매뉴얼
제출서류	예비인증	– 해당구간 보도의 배치도 – 해당구간 보도의 횡단면도 ※ 위 제출서류 중 평가항목의 조건을 만족하는 서류제출
	본인증	– 예비인증시와 동일

장애물 없는 생활환경 인증기준 – 왕복 2차로 이상 도로

평가부문	1	보도
평가범주	1.3	보행안전구역
평가항목	1.3.2	유효폭 및 교행구간

■ 세부평가기준

평가목적	보행안전구역의 유효폭 및 교행구간을 평가하여 장애인 및 노약자 등 다양한 보행자의 보행시 불편 없이 안전한 보행이 가능하도록 함
평가방법	보행안전구역의 유효폭 및 교행구간 평가
배 점	7점 (평가항목)
산출기준	• 평점 = 평가 등급에 해당하는 점수로 평가 | 구분 | 보행안전구역의 유효폭 및 교행구간 | 평가항목 점수 | | 최우수 | 보행안전구역의 유효폭 2.0m이상 | 7.0 | | 우 수 | 보행안전구역의 유효폭 1.5m이상 | 5.6 | | 일 반 | 보행안전구역의 유효폭 1.2m이상 | 4.9 | - 평가 대상 구역 중 가장 좁은 보행안전구역의 유효폭을 기준으로 해당 구역의 보행안전구역의 유효폭을 평가함 - 입체횡단시설, 도시철도 및 광역전철 출입구 등으로 인하여 보행안전구역의 유효폭이 축소되어서는 아니됨 - 기존도시에서 도시철도 및 광역 전철 출입구 등으로 보도의 폭이 제한될 경우에도 보행안전구역은 최소 1.2m이상을 유지하여야 함

■ 평가 참고자료 및 제출서류

참고자료		– 교통약자의 이동편의증진법 제10조 제2항 – 교통약자의 이동편의증진법 시행규칙 제2조 제1항 – 교통약자의 이동편의증진법 시행규칙 별표1 제3호
제출서류	예비인증	– 해당구간 보도의 배치도 – 해당구간 보도의 횡단면도 ※ 위 제출서류 중 평가항목의 조건을 만족하는 서류제출
	본인증	– 예비인증시와 동일

장애물 없는 생활환경 인증기준 – 왕복 2차로 이상 도로

평가부문	1	보도
평가범주	1.3	보행안전구역
평가항목	1.3.3	기울기 및 휴식참

■ 세부평가기준

평가목적	보행안전구역의 기울기 및 휴식참을 평가하여 장애인 및 노약자 등 다양한 보행자가 자력으로 안전한 보행이 가능하도록 함
평가방법	보행안전구역의 기울기 및 휴식참 평가
배 점	7점 (평가항목)
산출기준	• 평점 = 평가 등급에 해당하는 점수로 평가 | 구분 | 보행안전구역의 기울기 및 휴식참 | 평가항목 점수 | | 최우수 | 보행안전구역은 단차없이 진행방향 기울기 1/24(4.17%/2.39°)이하 | 7.0 | | 우 수 | 보행안전구역은 단차없이 진행방향 기울기 1/18(5.56%/3.18°)이하, 50m마다 1.5m×1.5m의 수평 휴식참 설치 | 5.6 | | 일 반 | 단차 2cm이하, 진행방향 기울기 1/12(8.33%/4.76°)이하이며, 30m마다 1.5m×1.5m의 수평 휴식참 설치 | 4.9 | - 평가 대상 구역 중 가장 가파른 경사도를 기준으로 해당 구역의 보행안전구역 기울기를 평가함 - 보행안전구역의 좌우기울기는 없는 것을 원칙으로 하며, 지형지물상 불가피한 경우 혹은 배수 등을 위한 경우에는 1/50(2%/1.15°)이하를 유지하여야 함

■ 평가 참고자료 및 제출서류

참고자료		– 교통약자의 이동편의증진법 제10조 제2항 – 교통약자의 이동편의증진법 시행규칙 제2조 제1항 – 교통약자의 이동편의증진법 시행규칙 별표1 제3호
제출서류	예비인증	– 해당구간 보도의 배치도 – 해당구간 보도의 횡단면도 ※ 위 제출서류 중 평가항목의 조건을 만족하는 서류제출
	본인증	– 예비인증시와 동일

장애물 없는 생활환경 인증기준 – 왕복 2차로 이상 도로

평가부문	1	보도
평가범주	1.3	보행안전구역
평가항목	1.3.4	연속성

■ 세부평가기준

평가목적	보행안전구역의 연속된 설치를 평가하여 장애인 및 노약자 등 다양한 보행자의 보행시 차량 및 기타 장애물의 간섭 없이 안전하고 편리한 보행이 가능하도록 함
평가방법	보행안전구역의 연속성 평가
배 점	6점 (평가항목)
산출기준	• 평점 = 평가 등급에 해당하는 점수로 평가 | 보행안전구역의 연속성 | 평가항목 점수 | | 보행안전구역은 진행방향으로 연속되게 설치 | 6.0 | - 보행안전구역의 연속된 설치란 진행방향으로 기울기 1/18(5.56%/3.18°)이하로 바닥 높이차가 없이(혹은 2cm이하) 설치됨을 말함 - 교차로 및 차량 진출입구 등의 계획은 차량의 소통보다 보행자의 안전을 우선하도록 설치할 경우(규정에 적합한 보행섬식 횡단방식 설치, 보행안전구역의 평탄성 유지 등) 보행안전구역은 연속하게 설치한 것으로 평가하며, 그 이외의 경우는 등급외로 평가함

■ 평가 참고자료 및 제출서류

참고자료		– 교통약자의 이동편의증진법 제10조 제2항 – 교통약자의 이동편의증진법 시행규칙 제2조 제1항 – 교통약자의 이동편의증진법 시행규칙 별표1 제3호 – 행정중심복합도시의 장애물 없는 도시·건축설계 매뉴얼
제출서류	예비인증	– 해당구간 보도의 배치도 – 해당구간 보도의 횡단면도 ※ 위 제출서류 중 평가항목의 조건을 만족하는 서류제출
	본인증	– 예비인증시와 동일

⟨ 2. 도로 인증지표 및 기준 - 2차로⟩

장애물 없는 생활환경 인증기준 - 왕복 2차로 이상 도로

평가부문	1	보도
평가범주	1.3	보행안전구역
평가항목	1.3.5	유효안전높이

■ 세부평가기준

평가목적	보행안전구역의 유효안전높이를 평가하여 장애인 및 노약자 등 다양한 보행자의 보행시 불편 없이 안전한 보행이 가능하도록 함
평가방법	보행안전구역의 유효안전높이 평가
배 점	2점 (평가항목)
산출기준	• 평점 = 평가 등급에 해당하는 점수로 평가 | 구분 | 보행안전구역의 유효안전높이 | 평가항목 점수 | |---|---|---| | 최우수 | 높이 2.5m의 유효안전높이 확보 | 2.0 | | 우 수 | 높이 2.1m의 유효안전높이 확보 | 1.6 | - 가로수의 가지치기도 평가 대상에 포함되어 2.5m이하로 뻗어 나온 가로수는 가지치기를 실시하여야 함 - 보행안전구역의 공간은 어떠한 상황에서도 비워져 있어야 하며, 상점의 입간판 설치 등 보도의 관리가 적절하게 이루어지지 않을 경우에도 등급외로 평가하며, 보행자를 위한 안내시설 등을 설치할 경우에도 보행안전구역을 침범하지 않도록 고려하여야 함

■ 평가 참고자료 및 제출서류

참고자료	- 교통약자의 이동편의증진법 제10조 제2항 - 교통약자의 이동편의증진법 시행규칙 제2조 제1항 - 교통약자의 이동편의증진법 시행규칙 별표1 제3호
제출서류	예비인증	- 해당구간 보도의 배치도 - 해당구간 보도의 횡단면도 ※ 위 제출서류 중 평가항목의 조건을 만족하는 서류제출
	본인증	- 예비인증시와 동일

장애물 없는 생활환경 인증기준 - 왕복 2차로 이상 도로

평가부문	1	보도
평가범주	1.3	보행안전구역
평가항목	1.3.6	바닥 재질 및 색상

■ 세부평가기준

평가목적	보행안전구역의 바닥 재질 및 색상을 평가하여 장애인 및 노약자 등 다양한 보행자의 보행시 불편 없이 안전한 보행이 가능하도록 함
평가방법	보행안전구역의 바닥 재질 및 색상 평가
배 점	2점 (평가항목)
산출기준	• 평점 = 평가 등급에 해당하는 점수로 평가 | 구분 | 보행안전구역의 바닥 재질 및 색상 | 평가항목 점수 | |---|---|---| | 최우수 | 우수의 성능을 만족시키며, 배수가 잘되는 도로구조 및 재질로 설치함 | 2.0 | | 우 수 | 일반의 성능을 만족시키며, 색상 및 질감 등으로 주변과 명확한 구별이 가능함 | 1.6 | | 일 반 | 젖은 상태에서 휠체어 바퀴 등이 미끄러지지 않고, 틈이 없는 평탄한 바닥 마감 | 1.4 | - 보행안전구역의 블록 등의 바닥 마감재를 사용할 경우 블록의 높이차는 없어야 하며, 그 이외의 경우 인정하지 아니함 - 배수가 잘 되는 보행안전구역의 바닥 마감재는 휠체어가 원활하게 이동할 수 있는 충분한 경도를 가지고 있어야 하며, 그 이외의 경우 인정하지 아니함

■ 평가 참고자료 및 제출서류

참고자료	- 교통약자의 이동편의증진법 제10조 제2항 - 교통약자의 이동편의증진법 시행규칙 제2조 제1항 - 교통약자의 이동편의증진법 시행규칙 별표1 3호
제출서류	예비인증	- 해당구간 보도의 배치도 - 해당구간 보도의 횡단면도 ※ 위 제출서류 중 평가항목의 조건을 만족하는 서류제출
	본인증	- 예비인증시와 동일

장애물 없는 생활환경 인증기준 - 왕복 2차로 이상 도로

평가부문	1	보도
평가범주	1.3	보행안전구역
평가항목	1.3.7	바닥 설치물

■ 세부평가기준

평가목적	보행안전구역의 바닥 설치물을 평가하여 장애인 및 노약자 등 다양한 보행자의 보행시 불편 없이 안전한 보행이 가능하도록 함
평가방법	보행안전구역의 바닥 설치물 평가
배 점	2점 (평가항목)
산출기준	• 평점 = 평가 등급에 해당하는 점수로 평가 | 구분 | 보행안전구역의 바닥 설치물 | 평가항목 점수 | |---|---|---| | 최우수 | 보행안전구역의 배수구 덮개는 높이차가 없으며, 배수구 틈새 간격이 1cm이하 | 2.0 | | 우 수 | 보행안전구역의 배수구 덮개는 높이차가 없으며, 진행방향의 배수구 틈새 간격이 1cm이하 | 1.6 |

■ 평가 참고자료 및 제출서류

참고자료	- 교통약자의 이동편의증진법 제10조 제2항 - 교통약자의 이동편의증진법 시행규칙 제2조 제1항 - 교통약자의 이동편의증진법 시행규칙 별표1 제3호 - 행정중심복합도시의 장애물 없는 도시·건축설계 매뉴얼
제출서류	예비인증	- 해당구간 보도의 배치도 - 해당구간 보도의 횡단면도 ※ 위 제출서류 중 평가항목의 조건을 만족하는 서류제출
	본인증	- 예비인증시와 동일

장애물 없는 생활환경 인증기준 - 왕복 2차로 이상 도로

평가부문	1	보도
평가범주	1.4	유도방식
평가항목	1.4.1	설치방법

■ 세부평가기준

평가목적	유도방식을 평가하여 시각장애인을 비롯한 장애인 및 노약자 등 다양한 보행자의 보행시 정확한 유도 및 안내로 안전한 단독보행이 가능하도록 함
평가방법	유도 및 경고용띠 설치방법
배 점	6점 (평가항목)
산출기준	• 평점 = 평가 등급에 해당하는 점수로 평가 | 구분 | 유도 및 경고용띠 설치방법 | 평가항목 점수 | |---|---|---| | 최우수 | 보행안전구역을 벗어나지 않도록 양쪽 경계에 폭 0.3m 이상의 유도 및 경고용띠를 사용하여 유도 | 6.0 | | 우 수 | 유도 및 경고용띠의 경계가 명확하고 도로 설치물 등을 설치하여 장애물 구역의 역할을 하고 있는 경우 | 4.8 | - 유도 및 경고띠는 보행안전구역의 경계에 설치하여, 차도-장애물 구역-(자전거 도로)-유도 및 경고용띠-보행안전구역-유도 및 경고용띠 순서로 설치하는 것을 원칙으로 함 - 보도의 중심에 선형블록을 사용하여 유도하는 방식을 사용하지 않는 것을 원칙으로 한다. - 보행안전구역의 양쪽 경계에 유도 기능을 가진 일정한 형태가 연속되게 설치되어 시각장애인 등이 그 경계를 명확히 감지 할 수 있을 경우 최상급으로 평가함 (예 : 보행안전구역 경계에 돌출물 같이 연속되게 설치된 담장, 흰 지팡이로 감지할 수 있는 일정 높이의 설치물, 안전보행구역을 침범하지 않는 일정높이의 식재대 등이 설치된 경우 등)

■ 평가 참고자료 및 제출서류

참고자료	- 교통약자의 이동편의증진법 - 행정중심복합도시의 장애물 없는 도시·건축설계 매뉴얼
제출서류	예비인증	- 해당구간 보도의 배치도 - 해당구간 보도의 횡단면도 ※ 위 제출서류 중 평가항목의 조건을 만족하는 서류제출
	본인증	- 예비인증시와 동일

〈 2. 도로 인증지표 및 기준 – 2차로 〉

장애물 없는 생활환경 인증기준 – 왕복 2차로 이상 도로

평가부문	1	보도
평가범주	1.4	유도방식
평가항목	1.4.2	재질 및 색상

■ 세부평가기준

평가목적	유도방식의 재질 및 색상을 평가하여 시각장애인을 비롯한 장애인 및 노약자 등 다양한 보행자의 보행시 정확한 유도 및 안내로 안전한 단독보행이 가능하도록 함
평가방법	유도 및 경고용띠의 재질 및 색상
배 점	3점 (평가항목)

산출기준	• 평점 = 평가 등급에 해당하는 점수로 평가

유도 및 경고용띠의 재질 및 색상	평가항목 점수
흰지팡이 등으로 경계를 구분할 수 있는 요철을 사용하여 경관을 해치지 않고, 보행안전구역 및 자전거 도로 등과 명확하게 구분되는 색상으로 끊어짐 없이 설치	3.0

- 유도 및 경고용띠에 요철을 사용하여 그 경계를 구분할 경우 휠체어, 유모차 등 바퀴달린 이동수단의 이동시 불편하지 않도록 요철 높이차가 0.5cm이하로 하여야 하며, 그 이상으로 설치할 경우 등급외로 평가함

■ 평가 참고자료 및 제출서류

참고자료	– 교통약자의 이동편의증진법 제10조 제2항 – 교통약자의 이동편의증진법 시행규칙 제2조 제1항 – 교통약자의 이동편의증진법 시행규칙 별표1 제3호 – 행정중심복합도시의 장애물 없는 도시·건축설계 매뉴얼
제출서류 예비인증	– 해당구간 보도의 배치도 및 평면도 ※ 위 제출서류 중 평가항목의 조건을 만족하는 서류제출
본인증	– 예비인증시와 동일

장애물 없는 생활환경 인증기준 – 왕복 2차로 이상 도로

평가부문	1	보도
평가범주	1.5	차량 진출입부
평가항목	1.5.1	설치방법

■ 세부평가기준

평가목적	차량이 보도를 가로지르는 차량 진출입부의 설치방법을 평가하여 휠체어사용자, 시각장애인, 노인, 어린이 등 모든 보행자의 안전한 보행을 확보함
평가방법	차량 진출입부의 설치방법 평가
배 점	7점 (평가항목)

산출기준	• 평점 = 평가 등급에 해당하는 점수로 평가

차량 진출입부 설치방법	평가항목 점수
보행안전구역의 높이는 일정하게 유지함	7.0

- 해당구간의 모든 차량 진출입부의 설치방법의 평균점수로 평가점수로 산정함
- 해당구간에 차량 진출입부가 설치되지 않을 경우 최상급으로 평가함
- 차량이 보도를 가로지를 경우 항시 보행자가 우선되어야 하고 보행안전구역의 좌우기울기는 일정하게 유지되어야 함
- 보도와 차도와의 경계부분에서 턱낮추기를 실시할 경우, 턱낮추기의 경사 부분은 장애물 구역 내에서 이루어져야 하며, 장애물 구역을 넘어서 자전거 도로 혹은 보행안전구역 등을 좌우기울기로 변형시킬 경우 등급외로 평가함
- 그 폭이 1.5m이하인 협소한 보도의 차량 진출입부는 보행안전구역 등을 포함하는 보도 전체를 차도와 나란하게 기울여서 설치할 수 있음(기울기는 1/18(5.56%/3.18°)이하를 유지하고, 보행안전구역은 좌우기울기 없이 설치될 경우 최상급으로 평가하고, 그 이외는 등급외로 평가함)
- 차량의 보행안전구역으로의 진입을 막기 위하여 차량 진입억제용 말뚝은 가급적 설치하지 않는 것을 원칙으로 하고, 차량 진입억제용 말뚝이 반드시 필요하다고 고려되는 상황일 경우 유도 및 경고용띠의 영역에 설치할 수 있으며 그 말뚝의 간격은 1.5m이상으로 하여야 함

■ 평가 참고자료 및 제출서류

참고자료	– 교통약자의 이동편의증진법 제10조 제2항 – 교통약자의 이동편의증진법 시행규칙 제2조 제1항 – 교통약자의 이동편의증진법 시행규칙 별표3 – 행정중심복합도시의 장애물 없는 도시·건축설계 매뉴얼
제출서류 예비인증	– 해당구간 보도의 횡단면도 ※ 위 제출서류 중 평가항목의 조건을 만족하는 서류제출
본인증	– 예비인증시와 동일

장애물 없는 생활환경 인증기준 – 왕복 2차로 이상 도로

평가부문	1	보도
평가범주	1.5	차량 진출입부
평가항목	1.5.2	재질 및 색상

■ 세부평가기준

평가목적	휠체어사용자, 시각장애인, 노인, 어린이 등 모든 보행자의 차량 진출입부의 위치 확인을 위하여 차량 진출입부의 재질 및 색상을 평가함
평가방법	차량 진출입부 재질 및 색상 평가
배 점	4점 (평가항목)

산출기준	• 평점 = 평가 등급에 해당하는 점수로 평가

구분	차량 진출입부 재질 및 색상	평가항목 점수
최우수	우수의 성능을 만족하고 차도부분 차량 진출입부에 운전자가 감지할 수 있는 경고표시를 설치	4.0
우 수	보행로와 차량 진출입부의 경계부에 시각장애인이 감지할 수 있는 재질 및 색상을 사용하여 경고	3.2

- 해당구간의 모든 차량 진출입부의 설치방법의 평균점수로 산출함
- 해당구간에 차량 진출입부가 설치되지 않을 경우 최상급으로 평가함
- 보도부분 차량 진출입부의 경계 및 그 영역에 시각장애인이 감지할 수 있는 요철을 설치할 경우, 그 요철은 0.5cm이하로 설치하여야 하며, 그 이상인 경우 보행자의 쾌적한 보행성을 고려하여 등급외로 평가함
- 차도부분 차량 진출입부 진입부 및 경계에 운전자가 감지할 수 있는 요철바닥 등 운전자에게 경고를 할 수 있도록 하는 표시임
- 차량 진출입부의 색상은 주변과 대비가 강한 색상으로, 눈부심이 없도록 설치하여야 함

■ 평가 참고자료 및 제출서류

참고자료	– 교통약자의 이동편의증진법 제10조 제2항 – 교통약자의 이동편의증진법 시행규칙 제2조 제1항 – 교통약자의 이동편의증진법 시행규칙 별표1 제3호 – 행정중심복합도시의 장애물 없는 도시·건축설계 매뉴얼
제출서류 예비인증	– 해당구간 보도의 평면도 – 해당구간 보도의 횡단면도 ※ 위 제출서류 중 평가항목의 조건을 만족하는 서류제출
본인증	– 예비인증시와 동일

장애물 없는 생활환경 인증기준 – 왕복 2차로 이상 도로

평가부문	1	보도
평가범주	1.6	보행지원시설
평가항목	1.6.1	안내시설

■ 세부평가기준

평가목적	보도의 안내시설을 평가하여 보행자가 주변의 주요시설물 혹은 지역정보, 목적지를 명확하게 알 수 있도록 함
평가방법	안내시설의 설치 위치 및 접근성
배 점	5점 (평가항목)

산출기준	• 평점 = 평가 등급에 해당하는 점수로 평가

구분	안내시설의 설치 위치 및 접근성	평가항목 점수
최우수	우수의 성능을 가진 표지판에 보도 현황을 안내	5.0
우 수	입식표지판(안내 표시 중심부 높이 1.5m이하, 점자병기) 등을 이용한 안내와 함께 휠체어사용자가 접근할 수 있는 위치에 높이 1.2m이하, 화면은 1.2m이하로 된 안내시설 및 시각안내시설 설치	4.0
일 반	안내 표시 중심부 높이 1.5m이하로 점자안내를 병기하여 설치	3.5

- 보행안전구역에 안내시설이 설치되어 보행에 방해가 될 경우 등급외로 평가함
- 표지판의 상부를 15°가량 기울여 설치할 경우 입식 표지판은 1.5m이하에 설치한 것으로 평가함
- 휠체어사용자가 접근할 수 있는 위치라 함은, 전면에 평탄한 활동공간 (1.5m×1.5m)을 확보하고 조작기의 높이는 1.2m이하, 화면은 1.2m이하로 된 안내시설 및 바닥 높이차가 2cm이상 있을 경우 접근 불가능한 것으로 평가함
- 보도 현황이라 함은 장애인 등이 자신의 장애정도에 따라 목적지로의 접근로를 선택할 수 있도록 보도의 유효폭 및 기울기정도, 바닥높이차 등 보도설치현황과 각종 편의시설 설치현황을 말함
- 안내시설은 명확하게 많이 볼 수 있는 글씨체(고딕체 또는 이와 유사한 글자체)이며 그 크기는 1.5cm이상으로, 바탕과 명확히 구분되는 색상표기를 하며, 영어 등 외국어를 함께 병기하는 것을 원칙으로 함
- 야간에도 식별이 가능하도록 전체 혹은 국부 조명을 설치하여 그 식별성을 높일 수 있음
- 전자식 안내시설의 조작기는 조작이 명확한 버튼식으로 설치하는 것을 원칙으로 하며, 시각장애인 등이 사용하기 어려운 터치스크린 등을 이용한 조작기는 설치하지 않는 것을 원칙으로 함

■ 평가 참고자료 및 제출서류

참고자료	– 교통약자의 이동편의증진법 제10조 제2항 – 교통약자의 이동편의증진법 시행규칙 제2조 제1항 – 교통약자의 이동편의증진법 시행규칙 별표1
제출서류 예비인증	– 안내시설 배치도 – 안내시설 입·측면도 ※ 위 제출서류 중 평가항목의 조건을 만족하는 서류제출
본인증	– 예비인증시와 동일

〈 2. 도로 인증지표 및 기준 – 2차로 〉

장애물 없는 생활환경 인증기준 – 왕복 2차로 이상 도로

평가부문	1	보도
평가범주	1.6	보행지원시설
평가항목	1.6.2	휴게시설

■ 세부평가기준

평가목적	휴게시설에서 장애인 등이 안전하고 편안하게 휴식할 수 있도록 함
평가방법	휴게시설의 설치방법 및 형태평가
배 점	9점 (평가항목)

산출기준	• 평점 = 평가 등급에 해당하는 세부항목 점수의 합산으로 평가 • 세부항목 – 휴게시설의 설치방법

구분	휴게시설의 설치방법	평가항목 점수
최우수	우수의 성능을 만족시키며 휴식할 수 있는 공간을 200m마다 설치하고 상부에 지붕 등을 설치함	7.0
우 수	일반의 성능을 만족시키며, 휠체어사용자와 비장애인의 휴식공간을 분리하지 않고 함께 휴식할 수 있는 공간을 200m~400m마다 설치함	5.6
일 반	휠체어의 진입이 가능하며, 휴식공간 내부에서 휠체어가 회전할 수 있는 공간이 가능하며 400m마다 설치함	4.9

- 해당구간 모든 휴게시설의 평균점수를 최종 평가점수로 산정함
- 해당구간에 휴게시설이 없을 경우 최하 등급으로 평가함
- 장애물 구역이외의 공간에 설치되어 보행자의 통행에 방해가 될 경우, 휴게시설은 보행장애물 중 하나로 취급되며, 등급외로 평가함
- 휠체어의 진입 및 회전이 가능한 공간이라 함은 진입시 바닥 높이차가 없거나 2cm 이하에는 평탄한 활동공간(1.5m×1.5m)을 확보한 것을 말하며, 휴게시설 진입시 그 바닥 높이차가 2cm이상일 경우 휠체어의 진입이 불가한 것으로 보고 평가함
- 휴게시설의 바닥 재질은 젖은 상태에서도 미끄러지지 않는 재질로 하여야 하며, 휠체어의 이동이 원활한 틈이 없고 평탄한 재질로 설치하여야 함
- 휴게시설의 설치간격은 노인 및 교통약자 등을 고려하여 200m 내외의 간격으로 설치하는 것을 최상등급으로 함
- 세부항목 – 휴게의자의 형태

구분	휴게의자 형태	평가항목 점수
최우수	등받이가 설치되어 있으며, 일어나기 편하도록 손잡이가 설치	2.0
우 수	등받이가 설치	1.6

- 해당구간 모든 휴게의자의 평균점수를 최종 평가점수로 산정함
- 해당구간에 휴게의자가 없을 경우 최하 등급으로 평가함

■ 평가 참고자료 및 제출서류

참고자료	– 교통약자의 이동편의증진법 – 이영아, 진영환, 사회적 약자를 위한 도시시설확충방안 연구, 국토연구원, 2000 – 성기창, Planungsgrundlage Für Behindertenspezifische Sport-Und Schwimmhallenbauten, 2000, p48
제출서류	예비인증	– 해당구간 보도의 휴게시설 배치도 – 휴게의자의 입·측면도 ※ 위 제출서류 중 평가항목의 조건을 만족하는 서류제출
	본인증	– 예비인증시와 동일

장애물 없는 생활환경 인증기준 – 왕복 2차로 이상 도로

평가부문	1	보도
평가범주	1.6	보행지원시설
평가항목	1.6.3	이용편의시설

■ 세부평가기준

평가목적	보도에 이용편의시설(공중전화 등)을 설치할 경우 교통약자의 이용에 편리하도록 함
평가방법	이용편의시설의 접근 가능성 평가
배 점	2점 (평가항목)

산출기준	• 평점 = 평가 등급에 해당하는 점수로 평가

구분	이용편의시설의 접근 가능성 평가	평가항목 점수
최우수	휠체어사용자가 접근할 수 있는 위치에 높이차 없도록 설치	2.0
우 수	휠체어사용자가 접근할 수 있는 위치에 2cm이하의 높이차로 설치	1.6

- 평가대상은 보행 및 휴단에 직접적으로 관련되지 아니하며 공중전화, 휴지통, 우체통 등 보행자가 보도에서 이용할 수 있는 시설물로 보도의 설치물에 따라 다양할 수 있음
- 해당구간에 해당시설이 없을 경우 최하 등급으로 평가함
- 해당구간 모든 설치물의 평균점수를 최종 평가점수로 산정함
- 장애물 구역이외의 공간에 설치되어 보행자의 통행에 방해가 될 경우, 이용편의시설은 보행장애물 중 하나로 취급되며, 등급외로 평가함
- 공중전화, 휴지통, 우체통 등의 설치 위치는 보행안전구역에서 명확하게 보이는 위치에 설치하여야 하며 가로수 등이 그 설치물을 가리거나 접근을 방해하지 않도록 가지치기 등을 실시하여야 하며, 기타 설치물 등으로 접근 및 시야 확보가 이루어지지 않을 경우 등급외로 평가함
- 장애물 구역에 이용편의시설을 설치할 경우 그 바닥 재질은 보행안전구역의 바닥재질과 같이 젖은 상태에서도 미끄러지지 않는 재질로 하여야 하며, 그 색상은 보행안전구역과 달리 설치할 수 있음(보행안전구역의 바닥 재질 및 색상 참조 : 평가항목 1.3.6)

■ 평가 참고자료 및 제출서류

참고자료	– 교통약자의 이동편의증진법 제10조 제2항 – 교통약자의 이동편의증진법 시행규칙 제2조 제1항 – 교통약자의 이동편의증진법 시행규칙 별표1 제3호
제출서류	예비인증	– 해당구간 보도의 이용편의시설 설치 배치도 ※ 위 제출서류 중 평가항목의 조건을 만족하는 서류제출
	본인증	– 예비인증시와 동일

장애물 없는 생활환경 인증기준 – 왕복 2차로 이상 도로

평가부문	2	횡단시설
평가범주	2.1	고원식 횡단보도
평가항목	2.1.1	설치방법

■ 세부평가기준

평가목적	왕복 2차로 이상의 도로의 교차지점에는 고원식 횡단보도를 적용하여 장애인 등의 보행자가 안전하게 횡단할 수 있도록 함
평가방법	고원식 횡단방식의 적용여부 평가
배 점	10점 (평가항목)

산출기준	• 평점 = 평가 등급에 해당하는 점수로 평가

고원식 횡단방식 적용성	평가항목 점수
왕복 2차로의 도로의 횡단시에는 고원식 횡단보도를 적용함	10.0

- 해당구간에 고원식 횡단보도가 설치되지 않을 경우 평면형 횡단보도(2.2)의 평가 비율을 고원식횡단보도의 평가점수에 적용하여 산정함

고원식횡단보도가 설치되지 않았을 경우 $= A \times \left(\dfrac{b}{B}\right)$

A : 고원식 횡단보도부문의 전체점수합계
B : 평면형 횡단보도부문의 전체점수합계
b : 평면형 횡단보도부문의 평가점수

- 해당구간 모든 왕복 2차로의 횡단지점의 평균점수를 평가점수로 산정함
- 고원식 횡단보도는 차도노면에 설치한 사다리꼴 모양의 횡단면 구조물로 횡단보도와 보행안전구역(횡단기공간)의 높이차가 없는 횡단보도를 말함
- 고원식 횡단보도와 보행안전구역(횡단기공간)은 높이 없이 설치되는 것을 원칙으로 하며, 그 높이차가 2cm이상일 경우 고원식 횡단보도 방식이 적용되지 않은 것으로 평가함

■ 평가 참고자료 및 제출서류

참고자료	– 교통약자의 이동편의증진법 제10조 제2항 – 교통약자의 이동편의증진법 시행규칙 제2조 제1항 – 교통약자의 이동편의증진법 시행규칙 별표2
제출서류	예비인증	– 해당 횡단시설의 배치도 – 해당 횡단시설의 횡단면도 ※ 위 제출서류 중 평가항목의 조건을 만족하는 서류제출
	본인증	– 예비인증시와 동일

장애물 없는 생활환경 인증기준 – 왕복 2차로 이상 도로

평가부문	2	횡단시설
평가범주	2.1	고원식 횡단보도
평가항목	2.1.2	재질 및 색상, 배수설비

■ 세부평가기준

평가목적	운전자 및 보행자가 그 위치를 감지할 수 있도록 고원식 횡단보도의 재질 및 색상을 평가하고 보행시 불편이 없도록 배수설비를 평가함
평가방법	고원식 횡단방식의 재질 및 색상, 배수설비 평가
배 점	7점 (평가항목)

산출기준	• 평점 = 평가 등급에 해당하는 세부항목 점수의 합산으로 평가 • 세부항목 – 고원식 횡단보도의 재질 및 색상

구분	고원식 횡단보도의 재질 및 색상	평가항목 점수
최우수	우수의 성능을 만족시키고, 운전자의 횡단보도 위치 감지를 돕도록 경사부분에 눈부심이 없는 인식장치를 설치함	6.0
우 수	고원식 횡단보도의 경사부분은 차도와 대비가 명확한 다른 색상으로 설치하였으며, 평탄부 및 횡단보도와 면한 보행안전구역은 주변 보행안전구역과 다른 재질 및 색상으로 설치함	4.8

- 해당구간 모든 고원식 횡단보도의 평가점수로 산정함
- 바닥 재질을 달리할 경우 휠체어, 유모차 등의 바퀴 달린 이동수단을 이용하는 보행자의 보행성을 위하여 틈이 없는 평탄한 재질로 하여야 하며, 요철을 설치할 경우 그 요철은 0.5cm이하로 설치하여야 함
- 시각장애인의 횡단보도 위치 감지를 위하여 횡단보도에 면한 보행안전구역의 재질 및 색상은 주변 보행안전구역의 재질 및 색상을 달리 설치하여야 함
- 세부항목 – 고원식 횡단보도의 배수설비

고원식 횡단보도의 배수설비	평가항목 점수
강설, 강우 등을 위하여 경계부분에 배수설비 설치	1.0

- 배수설비를 설치하였으나, 평탄부에 물이 고여 휠체어 등의 바퀴 달린 이동수단, 크러치 등이 미끄러질 위험이 있을 경우 등급외로 평가함

■ 평가 참고자료 및 제출서류

참고자료	– 교통약자의 이동편의증진법 제10조 제2항 – 교통약자의 이동편의증진법 시행규칙 제2조 제1항 – 교통약자의 이동편의증진법 시행규칙 별표2 – 행중심복합도시의 장애물 없는 도시·건축설계 매뉴얼
제출서류	예비인증	– 해당 횡단시설의 평면도 – 해당 횡단시설의 횡단면도 ※ 위 제출서류 중 평가항목의 조건을 만족하는 서류제출
	본인증	– 예비인증시와 동일

〈2. 도로 인증지표 및 기준 - 2차로〉

장애물 없는 생활환경 인증기준 - 왕복 2차로 이상 도로

평가부문	2	횡단시설
평가범주	2.1	고원식 횡단보도
평가항목	2.1.3	평탄부 길이

■ 세부평가기준

평가목적	차량의 고원식 횡단보도 통과시 차량 및 횡단시설의 파손을 방지하기 위하여 고원식 횡단보도 평탄부 길이를 평가함
평가방법	고원식 횡단방식의 평탄부 길이 평가
배 점	3점 (평가항목)

산출기준
- 평점 = 평가 등급에 해당하는 점수로 평가

고원식 횡단보도 평탄부 길이	평가항목 점수
고원식 횡단보도의 평탄부 길이 2.5m이상	3.0

- 평탄부 길이를 2.5m이상으로 하는 것은 고원식횡단보도로 인하여 차량이 손상되는 것을 방지하기 위함이며, 해당구간 모든 고원식 횡단보도 평탄부 길이의 평균점수를 평가점수로 산정함

■ 평가 참고자료 및 제출서류

참고자료	- 교통약자의 이동편의증진법 제10조 제2항 - 교통약자의 이동편의증진법 시행규칙 제2조 제1항 - 교통약자의 이동편의증진법 시행규칙 별표2
제출서류 예비인증	- 해당 횡단시설의 횡단도 ※ 위 제출서류 중 평가항목의 조건을 만족하는 서류제출
본인증	- 예비인증시와 동일

장애물 없는 생활환경 인증기준 - 왕복 2차로 이상 도로

평가부문	2	횡단시설
평가범주	2.1	고원식 횡단보도
평가항목	2.1.4	조명의 조도

■ 세부평가기준

평가목적	고원식 횡단시설 주변의 가로등은 충분한 조도로 설치하여 보행자의 안전한 횡단을 확보함
평가방법	횡단시설 조명의 조도를 평가
배 점	5점 (평가항목)

산출기준
- 평점 = 평가 등급에 해당하는 점수로 평가

구분	횡단시설 조명의 조도	평가항목 점수
최우수	눈부심이 없고, 500lux이상의 조도를 가진 가로등	5.0
우 수	눈부심이 없고, 100lux이상의 조도를 가진 가로등	4.0
일 반	눈부심이 없고, 20lux이상의 조도를 가진 가로등	3.5

- 해당구간 모든 고원식 횡단보도 조도의 평균점수를 평가점수로 산정함
- 운전자의 횡단시설 인지성을 높이기 위하여 횡단시설 조명의 조도 및 색도를 주변과 다르게 설치할 경우 한 등급 상향 평가하여 점수를 산정함

■ 평가 참고자료 및 제출서류

참고자료	- 교통약자의 이동편의증진법 제10조 제2항 - 교통약자의 이동편의증진법 시행규칙 제2조 제1항 - 교통약자의 이동편의증진법 시행규칙 별표1 - 도로조명기준 KS A3701 - 조명기준 KS A3011
제출서류 예비인증	- 해당구간 횡단시설 조명시설 및 주변 조명시설 설치도 ※ 위 제출서류 중 평가항목의 조건을 만족하는 서류제출
본인증	- 예비인증시와 동일

장애물 없는 생활환경 인증기준 - 왕복 2차로 이상 도로

평가부문	2	횡단시설
평가범주	2.2	평면형 횡단보도
평가항목	2.2.1	부분 경사로 유효폭 및 기울기

■ 세부평가기준

평가목적	부분 경사로의 유효폭 및 기울기를 평가하여 시각장애인을 비롯하여 휠체어, 유모차 등 바퀴가 달린 이동수단을 이용한 횡단 안전하고 편리하게 이동할 수 있도록 함
평가방법	부분 경사로의 유효폭 및 기울기 평가
배 점	10점 (평가항목)

산출기준
- 평점 = 평가 등급에 해당하는 점수로 평가

구분	부분 경사로 유효폭 및 기울기	평가항목 점수
최우수	우수의 기울기, 정지공간 및 회전공간을 만족시키며, 경사로의 유효폭 1.2m이상을 확보함	10.0
우 수	일반의 유효폭, 정지 및 회전공간을 만족시키며, 그 기울기는 1/18(5.56%/3.18°)이하를 확보함	8.0
일 반	부분 경사로의 유효폭 0.9m이상 기울기 1/12 (8.33%/4.76°)이하, 경사로 양 끝에 휠체어 정지 및 회전공간(1.5m×1.5m)을 확보함	7.0

- 해당구간에 평면형 횡단보도가 설치되지 않을 경우 고원식횡단보도(2.1)의 평가 비율을 평면형 횡단보도의 평가점수에 적용하여 산정함

  평면형횡단보도가 설치되지 않을 경우 $= B \times \left(\frac{a}{A}\right)$

  A : 고원식 횡단보도부문의 전체점수합계
  a : 고원식 횡단보도부문의 평가점수
  B : 평면형 횡단보도부문의 전체점수합계

- 해당구간 모든 부분 경사로 유효폭 및 기울기의 평균점수를 평가점수로 산정함
- 시각장애인이 보도경계를 명확하게 감지하도록 연석 경사로 방식의 턱낮추기는 실시하지 않는 것을 원칙으로 함
- 즉, 보도와 차도의 높이차는 그대로 유지하여 시각장애인 등의 안전한 횡단을 보장하고, 휠체어, 유모차 등 바퀴가 달린 이동수단은 부분 경사로를 이용하여 횡단하는 것을 원칙으로 함
- 단, 보도의 폭(보행안전구역, 장애물 구역 등을 포함하는 보도의 전체 폭)이 1.5m이하의 좁은 도로의 경우에는 제한적으로 연석 경사로 설치를 인정함
- 왕복 2차로의 도로와 같이 차도와 보도의 높이차가 있는 횡단보도에서는 부분 경사로 시스템의 적용으로 차량 진입억제용 말뚝 등 보행장애물 설치를 사전에 방지할 수 있음
- 보도의 폭이 1.5m이하의 협소한 도로 혹은 부분 경사로를 설치할 수 없을 경우, 보도전체를 차로와 나란하게 경사지게 설치하여야 하며, 경사로 기울기 1/18(5.56%/3.18°), 보·차도 경계의 바닥 높이차가 2cm이하일 경우를 최상급으로 인정함(보도는 좌우 기울기 없이 평탄하게 설치하여야 한다. 그 외의 기울기 및 바닥 높이차의 경우 등급외로 평가함)

■ 평가 참고자료 및 제출서류

참고자료	- 교통약자의 이동편의증진법 제10조 제2항 - 교통약자의 이동편의증진법 시행규칙 제2조 제1항 - 교통약자의 이동편의증진법 시행규칙 별표1 제3호
제출서류 예비인증	- 해당 횡단시설의 배치도 - 해당 횡단시설의 횡단면도 ※ 위 제출서류 중 평가항목의 조건을 만족하는 서류제출
본인증	- 예비인증시와 동일

장애물 없는 생활환경 인증기준 - 왕복 2차로 이상 도로

평가부문	2	횡단시설
평가범주	2.2	평면형 횡단보도
평가항목	2.2.2	횡단보도의 진입부의 경고방식

■ 세부평가기준

평가목적	시각장애인이 횡단보도 위치를 명확하게 감지할수 있으며, 휠체어 등 바퀴를 사용하는 장애인, 유모차 등 사용이 불편 없이 횡단보도로의 접근이 가능하도록 함
평가방법	횡단보도 진입부의 경고방식의 평가
배 점	5점 (평가항목)

산출기준
- 평점 = 평가 등급에 해당하는 점수로 평가

구분	횡단보도 진입부의 경고방식	평가항목 점수
최우수	우수의 조건을 만족하며, 대기공간(해당 보행안전구역 포함)의 재질 및 색상을 달리하여 노면에 눈부심 없는 고휘도 반사재료(발색도료)를 사용	5.0
우 수	횡단보도 진입부분에 점형블록을 설치	4.0

- 해당구간 모든 횡단보도의 경고방식의 평균점수를 평가점수로 산정함
- 횡단보도에 접한 보행안전구역에 재질 및 색상을 달리하여 시각장애인 등이 횡단보도 위치를 감지할 수 있도록 하여야 함

■ 평가 참고자료 및 제출서류

참고자료	- 교통약자의 이동편의증진법 제10조 제2항 - 교통약자의 이동편의증진법 시행규칙 제2조 제1항 - 교통약자의 이동편의증진법 시행규칙 별표1 제3호 - 행정중심복합도시의 장애물 없는 도시·건축설계 매뉴얼
제출서류 예비인증	- 해당 횡단시설의 평면도 - 해당 횡단시설의 횡단면도 ※ 위 제출서류 중 평가항목의 조건을 만족하는 서류제출
본인증	- 예비인증시와 동일

〈 2. 도로 인증지표 및 기준 – 2차로〉

장애물 없는 생활환경 인증기준 – 왕복 2차로 이상 도로

평가부문	2	횡단시설
평가범주	2.2	평면형 횡단보도
평가항목	2.2.3	조명의 조도

■ 세부평가기준

평가목적	횡단시설 주변의 가로등은 충분한 조도로 설치하여 보행자의 안전한 횡단이 가능하도록 함
평가방법	횡단시설 조명의 조도를 평가
배 점	5점 (평가항목)
산출기준	• 평점 = 평가 등급에 해당하는 점수로 평가 | 구분 | 횡단시설 조명의 조도 | 평가항목 점수 | |---|---|---| | 최우수 | 눈부심이 없고, 500lux이상의 조도를 가진 가로등 | 5.0 | | 우 수 | 눈부심이 없고, 100lux이상의 조도를 가진 가로등 | 4.0 | | 일 반 | 눈부심이 없고, 20lux이상의 조도를 가진 가로등 | 3.5 | - 해당구간 모든 횡단시설 조도의 평균점수를 평가점수로 산정함 - 운전자의 횡단시설 인지성을 높이기 위하여 횡단시설 조명의 조도 및 색도를 주변과 다르게 설치할 경우 한 등급 상향 평가 함

■ 평가 참고자료 및 제출서류

참고자료	- 교통약자의 이동편의증진법 - 도로조명기준 KS A3701 - 조명기준 KS A3011
제출서류	예비인증	- 해당구간 횡단시설 조명시설 및 주변 조명시설 설치도 ※ 위 제출서류 중 평가항목의 조건을 만족하는 서류제출
	본인증	- 예비인증시와 동일

장애물 없는 생활환경 인증기준 – 왕복 2차로 이상 도로

평가부문	2	횡단시설
평가범주	2.3	교통신호기
평가항목	2.3.1	설치 위치

■ 세부평가기준

평가목적	교통신호기 설치 위치를 평가하여 안전한 보행자의 횡단을 보장함
평가방법	횡단시설 교통신호기 설치 위치 평가
배 점	6점 (평가항목)
산출기준	• 평점 = 평가 등급에 해당하는 점수로 평가 | 구분 | 교통신호기 설치 위치 | 평가항목 점수 | |---|---|---| | | 횡단보도 대기공간에 위치하여, 차량을 위한 신호와 보행자를 위한 신호가 같은 위치에 설치 | 6.0 | - 해당구간 모든 교통신호기 설치 위치의 평균점수를 평가점수로 산정함 - 차량용 신호기를 교차로 및 횡단시설 건너편 등에 설치하지 아니하고 보행자용 신호기를 같은 위치에 설치하는 것은 차량을 자발적으로 횡단시설 전면 정지선에 정지시키기 위함임 - 교통신호기 주변 가로수 등이 운전자 및 보행자의 시야를 막아서는 아니 되며, 가로수 및 기타 설치물 등으로 교통신호가 보이지 않을 경우 등급외로 평가함

■ 평가 참고자료 및 제출서류

참고자료	- 행정중심복합도시의 장애물 없는 도시·건축설계 매뉴얼
제출서류	예비인증	- 해당구간 횡단보도의 배치도(교통신호기 설치 위치도) ※ 위 제출서류 중 평가항목의 조건을 만족하는 서류제출
	본인증	- 예비인증시와 동일

장애물 없는 생활환경 인증기준 – 왕복 2차로 이상 도로

평가부문	2	횡단시설
평가범주	2.3	교통신호기
평가항목	2.3.2	잔여시간 표시기

■ 세부평가기준

평가목적	교통신호 잔여시간 표시기를 평가하여 보행자의 안전한 횡단을 보장함
평가방법	횡단시설 교통신호 잔여시간 표시기 평가
배 점	7점 (평가항목)
산출기준	• 평점 = 평가 등급에 해당하는 점수로 평가 | 구분 | 교통신호 잔여시간 표시기 | 평가항목 점수 | |---|---|---| | 최우수 | 기호로 표기 | 7.0 | | 우 수 | 숫자로 표기 | 5.6 | - 해당구간 모든 잔여시간표시기의 평균점수를 평가점수로 산정함 - 잔여시간 표시기는 보행자 횡단용 교통신호기와 한눈에 같이 볼 수 있는 위치에 설치하여야 함 - 잔여시간 표시기의 기호는 시간의 흐름에 따라 그 기호의 표시량이 순차적으로 줄어드는 형식으로 보행자의 횡단 잔여시간을 한눈에 확인할 수 있는 형태로 설치하여야 하며, 숫자의 경우 멀리서도 명확하고 그 숫자를 인지 할 수 있는 글씨체로 하여야 함 - 잔여시간 표시기는 숫자를 인식할 수 없는 사람도 감지할 수 있도록 기호로 설치하는 것을 권장하며 이를 최상급으로 평가함

■ 평가 참고자료 및 제출서류

참고자료	- 교통약자의 이동편의증진법 제10조 제2항 - 교통약자의 이동편의증진법 시행규칙 제2조 제1항 - 교통약자의 이동편의증진법 시행규칙 별표1 제3호
제출서류	예비인증	- 해당구간 횡단보도의 신호등 설치 상세도 ※ 위 제출서류 중 평가항목의 조건을 만족하는 서류제출
	본인증	- 예비인증시와 동일

장애물 없는 생활환경 인증기준 – 왕복 2차로 이상 도로

평가부문	2	횡단시설
평가범주	2.3	교통신호기
평가항목	2.3.3	음향(진동)신호기

■ 세부평가기준

평가목적	음향(진동)신호기의 횡단가능시간 및 잔여시간 안내를 통하여 시각장애인 등의 안전한 보행가능 여부를 평가함
평가방법	음향(진동)신호기의 안내 방법 평가
배 점	4점 (평가항목)
산출기준	• 평점 = 평가 등급에 해당하는 점수로 평가 | 구분 | 음향(진동)신호기 안내 방법 | 평가항목 점수 | |---|---|---| | 최우수 | 진동신호기가 설치되어 있으며, 시각장애인 개인이 소지하고 있는 리모콘식 음향신호기를 통해 횡단가능시간 및 잔여시간을 안내할 수 있도록 함 | 4.0 | | 우 수 | 진동신호기는 녹색신호로 바뀔 때 해당 횡단시설의 진동기를 진동하여 횡단가능시간을 안내 | 3.2 | | 일 반 | 음향신호기는 녹색신호로 바뀔 때 음향으로 안내하며, 녹색신호가 켜져 있는 동안에는 계속 균일한 신호음 | 2.8 | - 해당구간 모든 음향(진동)신호기의 평균점수를 평가점수로 산정함 - 음향신호기는 교차로 등에서 다른 위치에 설치된 횡단보도신호와 혼동이 발생될 우려가 있기 때문에, 소음 공해가 없으며 혼동의 우려가 없는 진동신호기를 보다 우수한 것으로 평가함 - 교차로 등의 횡단보도가 많이 설치되어 있는 곳의 음향신호기는 다른 횡단보도의 횡단가능시간 안내와 혼동되지 않도록 지향성 스피커 등을 사용할 경우 일반에서 우수로 상향 평가함

■ 평가 참고자료 및 제출서류

참고자료	- 교통약자의 이동편의증진법 제10조 제2항 - 교통약자의 이동편의증진법 시행규칙 제2조 제1항 - 교통약자의 이동편의증진법 시행규칙 별표1 제3호
제출서류	예비인증	- 해당구간 횡단보도의 신호등 설치 상세도 ※ 위 제출서류 중 평가항목의 조건을 만족하는 서류제출
	본인증	- 예비인증시와 동일

〈 2. 도로 인증지표 및 기준 – 2차로〉

장애물 없는 생활환경 인증기준 – 왕복 2차로 이상 도로

평가부문	2	횡단시설
평가범주	2.3	교통신호기
평가항목	2.3.4	보행자 우선 신호기

■ 세부평가기준

평가목적	차량 소통이 적은 도로의 횡단보도에서 보행자를 우선 횡단시킬 수 있도록 교통신호를 바꿀 수 있는 신호기 설치를 평가하여 보행자의 대기시간을 줄여 무단횡단 등을 방지하고 안전한 횡단을 확보함
평가방법	보행자 우선 신호기 설치방법 평가
배점	3점 (평가항목)

산출기준	• 평점 = 평가 등급에 해당하는 점수로 평가

구분	보행자 우선 신호기 설치방법	평가항목 점수
최우수	음향(진동)신호기와 연동하여 조작 스위치 설치	3.0
우수	교통신호기의 아래 높이 1.5m내외에 설치	2.4

- 보행자 우선 신호기라 함은 도로 횡단지점에서 보행자의 횡단대기시간 간격을 줄일 수 있는 조작기가 달린 신호기를 말함(차량 소통이 적은 도로 등에서 적용되어 보행자 무단횡단을 방지하고 안전한 보행자의 횡단에 기여할 수 있음)
- 해당구간이 통행량이 많아 보행자 임의로 교통신호를 바꾸지 못할 경우 설치하지 않아도 무방함, 이 경우 최하등급으로 평가함
- 보행자 우선 신호기는 도로 신호체계를 고려하여 교차지점에는 설치하지 아니하는 것으로 함
- 음향(진동)신호기와 연동된 조작 시스템이라 함은, 보행자 우선 신호기의 조작기를 누르면 음향(진동)신호와 함께 일정 시간 후 교통신호를 보행자 횡단 신호로 바꾸는 것을 말함
- 조작 스위치는 교통신호기의 아래 높이 1.5m내외에 설치하는 것을 원칙으로 하며, 조작 스위치를 설치하기 위하여 새로운 지지대 설치할 경우 장애물이 되지 않도록 하여야 함
- 조작 스위치로의 접근을 막는 각종 장애물(도로의 각종 설치물, 노점, 간판 등)이 설치되어 있을 경우 등급외로 평가함

■ 평가 참고자료 및 제출서류

참고자료	- 교통약자의 이동편의증진법 제10조 제2항 - 교통약자의 이동편의증진법 시행규칙 제2조 제1항 - 교통약자의 이동편의증진법 시행규칙 별표1 제3호
제출서류	예비인증	- 해당구간 횡단보도의 신호등 설치 상세도 ※ 위 제출서류 중 평가항목의 조건을 만족하는 서류제출
	본인증	- 예비인증시와 동일

장애물 없는 생활환경 인증기준 – 왕복 2차로 이상 도로

평가부문	2	횡단시설
평가범주	2.3	교통신호기
평가항목	2.3.5	수동식 신호조작기 설치 위치

■ 세부평가기준

평가목적	횡단가능시간 및 잔여시간을 안내하는 수동식 신호조작기(음향, 진동 신호기, 보행자 우선 신호기)의 설치 위치를 평가하여 시각장애인이 혼동없이 손쉽게 수동식 신호기를 사용할 수 있도록 함
평가방법	수동식 신호조작기 설치 위치 평가
배점	3점 (평가항목)

산출기준	• 평점 = 평가 등급에 해당하는 점수로 평가

구분	수동식 신호조작기 설치 위치	평가항목 점수
최우수	횡단보도 대기선의 중심에 위치한 교통신호기 하부에 높이 1.5m내외 설치	3.0
우수	횡단보도로부터 1.0m이내 지점, 높이는 바닥면으로부터 1.5m내외 설치	2.4

- 해당구간 모든 수동식 신호조작기의 설치 위치 평균점수를 평가점수로 산정함
- 수동식 신호조작기는 교통신호기의 아래 높이 1.5m내외에 설치하는 것을 원칙으로 하며, 수동식 신호조작기를 설치하기 위하여 새로운 지지대 설치할 경우 보행 시 장애물이 되지 않도록 하여야 함
- 수동식 신호조작기로의 접근을 막는 각종 장애물(도로의 각종 설치물, 노점, 간판 등)이 설치되어 있을 경우 등급외로 평가함

■ 평가 참고자료 및 제출서류

참고자료	- 교통약자의 이동편의증진법 제10조 제2항 - 교통약자의 이동편의증진법 시행규칙 제2조 제1항 - 교통약자의 이동편의증진법 시행규칙 별표1 제3호 - 행정중심복합도시의 장애물 없는 도시·건축설계 매뉴얼
제출서류	예비인증	- 해당구간 횡단보도의 신호등 설치 상세도 ※ 위 제출서류 중 평가항목의 조건을 만족하는 서류제출
	본인증	- 예비인증시와 동일

장애물 없는 생활환경 인증기준 – 왕복 2차로 이상 도로

평가부문	2	횡단시설
평가범주	2.4	차량 진입억제용 말뚝
평가항목	2.4.1	설치 위치 및 간격

■ 세부평가기준

평가목적	차량 진입억제용 말뚝의 설치 위치 및 그 간격을 평가하여 말뚝의 보행장애 정도를 평가함
평가방법	차량 진입억제용 말뚝 설치 위치 및 간격 평가
배점	6점 (평가항목)

산출기준	• 평점 = 평가 등급에 해당하는 점수로 평가

차량 진입억제용 말뚝 설치 위치 및 간격	평가항목 점수
횡단보도의 보행자 대기공간의 경계에 간격 1.5m이상으로 설치	6.0

- 횡단보도에 설치된 차량 진입억제용 말뚝만이 2.4.1의 평가 대상에 포함됨
- 차량 진입억제용 말뚝은 고원식 횡단보도 등에서 차량의 진입을 억제하기 위하여 최소한으로 설치하는 것을 원칙으로 하여, 교통신호 등의 설치 위치 조정 등으로 가급적 차량 진입억제용 말뚝을 설치하지 않는 방식으로 하여야 함
- 교통신호기가 고원식 횡단보도 대기공간의 중앙에 위치하여 차량의 진입이 불가능하여 차량 진입억제용 말뚝을 설치하지 않을 경우 최상급으로 평가함

■ 평가 참고자료 및 제출서류

참고자료	- 교통약자의 이동편의증진법 제10조 제2항 - 교통약자의 이동편의증진법 시행규칙 제2조 제1항 - 교통약자의 이동편의증진법 시행규칙 별표2
제출서류	예비인증	- 해당구간 횡단보도의 평면도 ※ 위 제출서류 중 평가항목의 조건을 만족하는 서류제출
	본인증	- 예비인증시와 동일

장애물 없는 생활환경 인증기준 – 왕복 2차로 이상 도로

평가부문	2	횡단시설
평가범주	2.4	차량 진입억제용 말뚝
평가항목	2.4.2	형태 및 재질

■ 세부평가기준

평가목적	보행자의 충돌을 사전에 방지하고 충돌시 충격을 흡수할 수 있도록 차량 진입억제용 말뚝의 형태 및 재질을 평가함
평가방법	차량 진입억제용 말뚝 형태 및 재질 평가
배점	6점 (평가항목)

산출기준	• 평점 = 평가 등급에 해당하는 점수로 평가

차량 진입억제용 말뚝 형태 및 재질	평가항목 점수
높이 0.8~1.0m내외, 지름은 0.1~0.2cm, 보행자·속도수 낮은 차량의 충돌시 충격을 흡수할 수 있는 재질, 밝은 색의 반사 도료 등으로 채색	6.0

- 횡단보도에 설치된 차량 진입억제용 말뚝만이 2.4.2의 평가 대상에 포함됨
- 차량 진입억제용 말뚝은 시각장애인 등 보행자의 충돌이 예상되는 구조물로 반드시 보행자의 충격을 흡수할 수 있는 재질로 설치하여야 함

■ 평가 참고자료 및 제출서류

참고자료	- 교통약자의 이동편의증진법 제10조 제2항 - 교통약자의 이동편의증진법 시행규칙 제2조 제1항 - 교통약자의 이동편의증진법 시행규칙 별표2
제출서류	예비인증	- 차량 진입억제용 말뚝 설치 상세도 ※ 위 제출서류 중 평가항목의 조건을 만족하는 서류제출
	본인증	- 예비인증시와 동일

⟨ 2. 도로 인증지표 및 기준 – 2차로 ⟩

장애물 없는 생활환경 인증기준 – 왕복 2차로 이상 도로

평가부문	3	기타시설
평가범주	3.1	승하차시설
평가항목	3.1.1	설치방법

■ 세부평가기준

평가목적	휠체어사용자 등을 포함하는 모든 보행자 등이 교통수단을 이용하기 위하여 대기하는 공간을 불편 없이 진입하고 우천시 등 기후변화에 관계없이 편안하게 사용할 수 있도록 함
평가방법	대기공간의 설치방법 평가
배점	3점 (평가항목)

산출기준	• 평점 = 평가 등급에 해당하는 점수로 평가
	<table><tr><th>구분</th><th>대기공간 설치방법</th><th>평가항목 점수</th></tr><tr><td>최우수</td><td>우수의 성능을 만족시키며, 대기공간 상부에 지붕을 설치하여 우천시 등의 기후변화에도 편리하게 사용할 수 있도록 함</td><td>3.0</td></tr><tr><td>우 수</td><td>대기공간이 보행로와 분리되어 보행자의 통행에 불편을 주지 않음</td><td>2.4</td></tr></table>
	– 해당구간 모든 대기공간 설치방법의 평균점수를 평가점수로 산정함
	– 해당구간에 승하차시설이 계획되지 않을 경우의 점수산정은 승하차시설(3.1항목전체)을 제외한 전체평가점수비율을 승하차시설의 점수에 적용, 이를 평가점수로 산정함
	    승하차시설부문의 평가점수 $= B \times \left(\dfrac{C}{A-B}\right)$
	    A : 왕복 2차로 도로 전체점수합계
	    B : 승하차시설부문 전체점수합계
	    C : 승하차시설부문을 제외한 전체평가점수
	– 보행안전구역과 높이차 없이 수평이동이 가능한 대기공간과 면한 해당 부분의 자전거 도로는 끊어지게 되며, 보행자가 우선하게 되는 것을 원칙으로 함
	– 자전거 도로가 설치되어 있는 도로구조일 경우 대기공간과 면한 해당 부분의 자전거 도로는 끊어지게 되며, 보행자가 우선하게 되는 것을 원칙으로 함

■ 평가 참고자료 및 제출서류

참고자료	– 교통약자의 이동편의증진법 제10조 제2항 – 교통약자의 이동편의증진법 시행규칙 제2조 제1항 – 교통약자의 이동편의증진법 시행규칙 별표1 제3호 – 행정중심복합도시의 장애 없는 도시·건축설계 매뉴얼
제출서류 예비인증	– 해당구간 승하차시설의 평면도 – 해당구간 승하차시설의 횡단면도 ※ 위 제출서류 중 평가항목의 조건을 만족하는 서류제출
제출서류 본인증	– 예비인증시와 동일

장애물 없는 생활환경 인증기준 – 왕복 2차로 이상 도로

평가부문	3	기타시설
평가범주	3.1	승하차시설
평가항목	3.1.2	연석 높이 및 부분 경사로

■ 세부평가기준

평가목적	연석 높이 및 부분 경사로를 평가하여 휠체어를 사용하는 장애인 등의 교통시설 등으로 옮겨 타기 편리하도록 함
평가방법	연석 높이 및 부분 경사로평가
배점	3점 (평가항목)

산출기준	• 평점 = 평가 등급에 해당하는 세부항목 점수의 합산으로 평가
	• 세부항목 – 연석 높이
	<table><tr><th>구분</th><th>연석 높이</th><th>평가항목 점수</th></tr><tr><td>최우수</td><td>0.15m이상 0.2m미만</td><td>1.5</td></tr><tr><td>우 수</td><td>0.2m이상 0.25m미만</td><td>1.2</td></tr></table>
	– 해당구간 모든 대기공간 연석 높이의 평균점수를 평가점수로 산정함
	– 연석 높이는 저상버스를 기준으로 휠체어사용자가 저상버스로 옮겨 탈 수 있는 높이로 하여야 함
	• 세부항목 – 부분 경사로
	<table><tr><th>부분 경사로</th><th>평가항목 점수</th></tr><tr><td>대기공간 내부에 경사로 기울기 1/18(5.56%/3.18°)이하 유효폭 0.9m이상, 경사로 시작점 끝 지점의 대기공간 1.5m×1.5m이상 확보</td><td>1.5</td></tr></table>
	– 해당구간 모든 대기공간 부분 경사로의 평균점수를 평가점수로 산정함
	– 버스 및 택시 등은 차도로 내려가서 승하차하지 않고 대기공간에서 승차하는 것을 원칙으로 하며, 기존의 연석이 매우 높아(0.3m이상 등으로 차량의 문이 열리지 않는 경우) 차량으로 옮겨타기 불가능할 경우에 부분 경사로를 설치하는 것으로 함
	– 휠체어사용자가 차량으로 옮겨타기 용이한 높이로 연석이 설치되어 부분 경사로를 설치하지 않을 경우 연석 높이에 가중치 2배를 적용하여 점수로 산정함
	※ 해당구간에 승하차시설이 계획되지 않을 경우의 점수산정은 승하차시설(3.1항목전체)을 제외한 전체평가점수비율을 승하차시설의 점수에 적용, 이를 평가점수로 산정함
	    승하차시설부문의 평가점수 $= B \times \left(\dfrac{C}{A-B}\right)$
	    A : 왕복 2차로 도로 전체점수합계
	    B : 승하차시설부문 전체점수합계
	    C : 승하차시설부문을 제외한 전체평가점수

■ 평가 참고자료 및 제출서류

참고자료	– 교통약자의 이동편의증진법 제10조 제2항 – 교통약자의 이동편의증진법 시행규칙 제2조 제1항 – 교통약자의 이동편의증진법 시행규칙 별표1 제3호
제출서류 예비인증	– 해당구간 승하차시설의 평면도 – 해당구간 승하차시설의 횡단면도 ※ 위 제출서류 중 평가항목의 조건을 만족하는 서류제출
제출서류 본인증	– 예비인증시와 동일

장애물 없는 생활환경 인증기준 – 왕복 2차로 이상 도로

평가부문	3	기타시설
평가범주	3.1	승하차시설
평가항목	3.1.3	경고방식

■ 세부평가기준

평가목적	승하차시설의 경고시설을 평가하여 시각장애인이 혼동 없이 승하차시설의 위치를 감지할 수 있도록 함
평가방법	경고방식을 평가
배점	2점 (평가항목)

산출기준	• 평점 = 평가 등급에 해당하는 점수로 평가
	<table><tr><th>구분</th><th>경고방식</th><th>평가항목 점수</th></tr><tr><td>최우수</td><td>대기공간과 면한 보행안전구역을 다른 색상 및 다른 재료로 설치</td><td>2.0</td></tr><tr><td>우 수</td><td>차도와 면한 대기공간에 경고블록을 사용하여 대기공간의 경계를 감지할 수 있도록 설치</td><td>1.6</td></tr></table>
	– 해당구간 모든 대기공간 경고방식의 평균점수를 평가점수로 산정함
	– 휠체어 등 바퀴달린 이동수단의 이동에 불편이 없도록 바닥의 요철은 0.5cm이하로 설치하여야 하며, 기존의 선형블록 등을 이용하여 유도하는 방식은 사용하지 않는 것을 원칙으로 함
	– 해당구간에 승하차시설이 계획되지 않을 경우의 점수산정은 승하차시설(3.1항목전체)을 제외한 전체평가점수비율을 승하차시설의 점수에 적용, 이를 평가점수로 산정함
	    승하차시설부문의 평가점수 $= B \times \left(\dfrac{C}{A-B}\right)$
	    A : 왕복 2차로 도로 전체점수합계
	    B : 승하차시설부문 전체점수합계
	    C : 승하차시설부문을 제외한 전체평가점수

■ 평가 참고자료 및 제출서류

참고자료	– 교통약자의 이동편의증진법 제10조 제2항 – 교통약자의 이동편의증진법 시행규칙 제2조 제1항 – 교통약자의 이동편의증진법 시행규칙 별표1 제2호
제출서류 예비인증	– 해당구간 승하차시설의 평면도 – 해당구간 승하차시설의 횡단면도 ※ 위 제출서류 중 평가항목의 조건을 만족하는 서류제출
제출서류 본인증	– 예비인증시와 동일

장애물 없는 생활환경 인증기준 – 왕복 2차로 이상 도로

평가부문	3	기타시설
평가범주	3.1	승하차시설
평가항목	3.1.4	안내시설

■ 세부평가기준

평가목적	승하차시설의 안내시설을 평가하여 장애인 및 노약자, 어린이, 외국인 등이 행선지·시간 등 운행에 관한 정확한 정보를 습득할 수 있도록 함
평가방법	안내시설의 안내방법을 평가
배점	2점 (평가항목)

산출기준	• 평점 = 평가 등급에 해당하는 점수로 평가
	<table><tr><th>구분</th><th>안내시설</th><th>평가항목 점수</th></tr><tr><td>최우수</td><td>우수의 성능을 지닌 안내표시와 함께 버스 도착시 음성으로 안내함</td><td>2.0</td></tr><tr><td>우 수</td><td>일반의 성능을 지닌 안내표시와 함께 휠체어사용자가 접근할 수 있는 위치에 높이 1.2m이하의 화면을 통하여 전자식 음성 및 시각안내시설 설치</td><td>1.6</td></tr><tr><td>일 반</td><td>대기공간내부에 입식표지판을 이용한 안내시설을 높이 1.5m 이하로 점자안내를 병기하여 설치</td><td>1.4</td></tr></table>
	– 해당구간 모든 대기공간 안내시설의 안내방법 평균점수를 평가점수로 산정함
	– 안내시설은 명확하게 알아볼 수 있는 글씨체를 사용하며(고딕체 등), 한글과 영어 외국어를 병기하는 것을 원칙으로 함
	– 휠체어사용자가 접근할 수 있는 위치의 조작기라 함은, 기기의 전면에 평탄한 활동공간(1.5m×1.5m)을 확보하고 조작기의 높이는 1.2m이하, 화면은 1.2m이하(그 이상일 경우 상단이 15°정도 기울어져 휠체어사용자가 확인할 수 있도록 하여야 함)로 된 조작기기를 말함
	– 해당구간에 승하차시설이 계획되지 않을 경우의 점수산정은 승하차시설(3.1항목전체)을 제외한 전체평가점수비율을 승하차시설의 점수에 적용, 이를 평가점수로 산정함
	    승하차시설부문의 평가점수 $= B \times \left(\dfrac{C}{A-B}\right)$
	    A : 왕복 2차로 도로 전체점수합계
	    B : 승하차시설부문 전체점수합계
	    C : 승하차시설부문을 제외한 전체평가점수

■ 평가 참고자료 및 제출서류

참고자료	– 교통약자의 이동편의증진법 제10조 제2항 – 교통약자의 이동편의증진법 시행규칙 제2조 제1항 – 교통약자의 이동편의증진법 시행규칙 별표1 제2호
제출서류 예비인증	– 해당구간 승하차시설의 입면도 – 승하차시설 안내시설 설치상세도 ※ 위 제출서류 중 평가항목의 조건을 만족하는 서류제출
제출서류 본인증	– 예비인증시와 동일

〈 2. 도로 인증지표 및 기준 - 2차로〉

장애물 없는 생활환경 인증기준 - 왕복 2차로 이상 도로

평가부문	3	기타시설
평가범주	3.2	장애인전용주차구역
평가항목	3.2.1	설치규모 및 안내

■ 세부평가기준

평가목적	노상주차장에서의 장애인전용주차구역 확보와 그 위치의 정확한 안내를 평가하여 장애인 등이 편리하게 차량을 이용할 수 있도록 함
평가방법	장애인전용주차구역 설치규모 및 안내 평가
배 점	5점 (평가항목)
산출기준	• 평점 = 평가 등급에 해당하는 점수로 평가

구분	설치 규모 및 안내	평가항목 점수
최우수	우수의 성능을 만족시키며 장애인전용주차구역의 바닥색상을 달리하여 식별성을 높임	5.0
우 수	주차구역 20면 이상일 경우 1면이상 장애인전용주차구역 확보, 노면과 입식표지판(중심 부분높이 1.5m~1.8m)으로 장애인전용주차구역임 표시	4.0

- 해당구간에 주차구역이 설치되지 않아 평가 대상이 없을 경우 최하 등급으로 평가함
- 장애인 등이 주차구역에서 하차하여 보도로 접근할 수 없을 경우(안전한 접근로 미확보, 높은 높이차로 인하여 이동 불가능 등) 장애인전용주차구역은 설치되지 않은 것으로 평가하여 등급외로 평가함
- 장애인전용주차구역의 바닥 재질은 젖은 상태에서도 미끄러지지 않는 재질로, 휠체어의 통행에 불편함이 없도록 평탄하게 마감하여야 함(평가항목1.3.6 참조)
- 주차구역을 계획하였으나, 20대 미만으로 계획하였을 경우의 점수산정은 장애인전용주차구역(3.2항목전체)을 제외한 전체평가점수비를 장애인전용주차구역의 점수에 적용, 이를 평가점수로 산정함

장애인전용주차구역부문의 평가점수 = $B \times \left(\dfrac{C}{A-B}\right)$

A : 왕복 2차로 도로 전체점수합계
B : 장애인전용주차구역부문 전체점수합계
C : 장애인전용주차구역부문을 제외한 전체평가점수

■ 평가 참고자료 및 제출서류

참고자료	- 교통약자의 이동편의증진법 제10조 제2항 - 교통약자의 이동편의증진법 시행규칙 제2조 제1항 - 교통약자의 이동편의증진법 시행규칙 별표1 제2호 - 주차장법 제6조 제1항 - 주차장법 시행규칙 제4조
제출서류 예비인증	- 노상주차장 배치도 - 장애인전용주차구역 및 접근로 평면도·단면도 ※ 위 제출서류 중 평가항목의 조건을 만족하는 서류제출
본인증	- 예비인증시와 동일

장애물 없는 생활환경 인증기준 - 왕복 2차로 이상 도로

평가부문	3	기타시설
평가범주	3.2	장애인전용주차구역
평가항목	3.2.2	주차구역 및 안전통로

■ 세부평가기준

평가목적	노상주차장에서의 장애인 전용주차구역과 안전통로를 평가하여 장애인 등이 편리하게 차량을 이용하고 보도 등으로 이동할 수 있도록 함
평가방법	장애인전용주차구역 및 안전통로 평가
배 점	5점 (평가항목)
산출기준	• 평점 = 평가 등급에 해당하는 점수로 평가

구분	장애인전용주차구역 및 안전통로	평가항목 점수
최우수	우수의 성능을 만족하고 장애인 측면 휠체어 등의 통행로(폭 1.0m)를 구분하여 표시함	5.0
우 수	차량주차구역과 측면 휠체어 진입로의 구분 표시 없이 평행주차의 경우 폭 2.0m, 길이 6.0m이상, 직각주차의 경우 폭 3.3m 길이 5.0m이상 설치, 휠체어의 이동이 가능한 접근로가 보도에 연속적으로 연결	4.0

- 해당구간에 주차구역이 설치되지 않아 평가 대상이 없을 경우 최하 등급으로 평가함
- 휠체어의 이동이 가능한 접근로라 함은, 젖은 상태에서 미끄러지지 않는 재질로 틈이 없고 평탄하게 마감한 접근로로, 진행방향 기울기 1/18(5.56%/3.18°)이하인 접근로를 말함
- 차량주차구역과 측면 휠체어 진입로를 구분하여 설치할 경우 휠체어 진입로는 주차구역과 다른 색상 혹은 다른 재질로 설치하여야 하며, 주차구역과 바닥 높이차 없이 설치하여야 함
- 주차구역을 계획하였으나, 20대 미만으로 계획하였을 경우의 점수산정은 장애인전용주차구역(3.2항목전체)을 제외한 전체평가점수비를 장애인전용주차구역의 점수에 적용, 이를 평가점수로 산정함

장애인전용주차구역부문의 평가점수 = $B \times \left(\dfrac{C}{A-B}\right)$

A : 왕복 2차로 도로 전체점수합계
B : 장애인전용주차구역부문 전체점수합계
C : 장애인전용주차구역부문을 제외한 전체평가점수

■ 평가 참고자료 및 제출서류

참고자료	- 교통약자의 이동편의증진법 제10조 제2항 - 교통약자의 이동편의증진법 시행규칙 제2조 제1항 - 교통약자의 이동편의증진법 시행규칙 별표1 제2호 - 주차장법 제6조 제1항 - 주차장법 시행규칙 제3조
제출서류 예비인증	- 장애인전용주차구역 및 접근로 평면도·단면도 ※ 위 제출서류 중 평가항목의 조건을 만족하는 서류제출
본인증	- 예비인증시와 동일

장애물 없는 생활환경 인증기준 - 왕복 2차로 이상 도로

평가부문	3	기타시설
평가범주	3.3	속도저감시설
평가항목	3.3.1	고원식 교차로
세부항목	3.3.1.1	고원식 교차로 적용

■ 세부평가기준

평가목적	신호등 없는 왕복 2차로 이상 도로의 교차지점에서 고원식 교차로의 적용여부를 평가하여 보행자의 안전한 보행 및 횡단을 확보함
평가방법	고원식 교차로의 적용성 평가
배 점	3점 (평가항목)
산출기준	• 평점 = 평가 등급에 해당하는 점수로 평가

고원식 교차로 적용	평가항목 점수
신호등 없는 도로의 교차지점에는 고원식 횡단방식을 적용함	3.0

- 해당구간 모든 시설의 평균점수를 평가점수로 산정함
- 신호등이 설치된 교차지점은 평가대상에서 제외하며, 해당구간의 모든 교차지점에 신호등이 설치된 경우는 최상등급으로 평가함
- 고원식 교차로는 보행자 통행을 우선하여 교차지점의 차도높이를 일부두구간의 높이와 동일하게 높여 보행안전구역(대기공간)과 교차로의 높이차가 없는 구조물로 함
- 고원식 교차로와 보행안전구역(대기공간)은 높이차 없이 설치되는 것을 원칙으로 하며, 그 높이차가 2cm이상일 경우 고원식 횡단보도 방식이 적용되지 않은 것으로 평가함

■ 평가 참고자료 및 제출서류

참고자료	- 교통약자의 이동편의증진법 제10조 제2항 - 교통약자의 이동편의증진법 시행규칙 제3조 제1항 - 교통약자의 이동편의증진법 시행규칙 별표2
제출서류 예비인증	- 해당구간 보도의 평면도 - 해당구간 보도의 횡단면도 ※ 위 제출서류 중 평가항목의 조건을 만족하는 서류제출
본인증	- 예비인증시와 동일

장애물 없는 생활환경 인증기준 - 왕복 2차로 이상 도로

평가부문	3	기타시설
평가범주	3.3	속도저감시설
평가항목	3.3.1	고원식 교차로
세부항목	3.3.1.2	고원식 교차로 설치방법

■ 세부평가기준

평가목적	신호등 없는 왕복 2차로 이상 도로의 교차지점에서 고원식 교차로의 설치방법을 평가하여 보행의 안전한 보행 및 횡단을 확보함
평가방법	고원식 교차로의 설치방법 평가
배 점	2점 (평가항목)
산출기준	• 평점 = 평가 등급에 해당하는 세부항목 점수의 합산으로 평가 • 세부항목 - 고원식 교차로의 재질 및 색상

고원식 교차로의 재질 및 색상	평가항목 점수
고원식 교차로의 경사부분은 차도와 대비가 명확한 다른 색상으로 설치하였으며, 평탄부 및 교차로와 면한 횡단구역은 주변 보행안전구역과 다른 색상과 다른 재질로 설치	1.0

- 해당구간 모든 고원식 교차로의 평가점수로 산정함
- 해당구간의 모든 교차지점에 신호등이 설치된 경우는 최상등급으로 평가함
- 바닥 재질을 달리할 경우 휠체어, 유모차 등 바퀴 달린 이동수단을 이용하는 보행자의 보행성을 위하여 틈이 없는 평탄한 재질로 하여야 하며, 요철을 설치할 경우 그 요철은 0.5cm이하여야 함
- 시각장애인의 횡단보도 위치 감지를 위하여 횡단보도에 면한 보행안전구역의 재질 및 색상은 주변 보행안전구역의 재질과 색상을 달리 설치하여야 함

• 세부항목 - 고원식 교차로의 배수설비

고원식 교차로의 배수설비	평가항목 점수
강설, 강우 등을 위하여 경사부분에 배수설비 설치	1.0

- 평탄부에 물이 고여 휠체어 등의 바퀴 달린 이동수단이 미끄러질 위험이 있을 경우 등급외로 평가함
- 해당구간의 모든 교차지점에 신호등이 설치된 경우는 최상등급으로 평가함

■ 평가 참고자료 및 제출서류

참고자료	- 교통약자의 이동편의증진법 제10조 제2항 - 교통약자의 이동편의증진법 시행규칙 제2조 제1항 - 교통약자의 이동편의증진법 시행규칙 별표2
제출서류 예비인증	- 해당구간 보도의 평면도 - 해당구간 보도의 횡단면도 ※ 위 제출서류 중 평가항목의 조건을 만족하는 서류제출
본인증	- 예비인증시와 동일

〈 2. 도로 인증지표 및 기준 - 2차로〉

장애물 없는 생활환경 인증기준 - 왕복 2차로 이상 도로

평가부문	3	기타시설
평가범주	3.3	속도저감시설
평가항목	3.3.2	속도저감시설 - 개요

■ 세부평가기준

평가목적	차량의 속도를 낮추도록 유도하여 보행자의 보행 및 횡단시 안전성을 높일 수 있도록 속도저감시설을 평가함
평가방법	각 속도저감시설(지그재그형태의 도로, 차도 폭 좁힘, 요철포장, 과속방지턱)의 세부항목을 평가
배점	

산출기준	• 평점 = 세부항목(지그재그형태의 도로, 차도 폭 좁힘, 요철포장, 과속방지턱) 평가 등급에 해당하는 점수를 적용하여 평가
	- 해당구간에 지그재그형태의 도로, 차도 폭 좁힘, 요철포장, 과속방지턱 중 설치된 방법의 각 평가점수를 속도저감시설의 점수로 산정함
	- 해당구간 모든 속도저감시설의 평균점수를 평가점수로 산정함
	- 속도저감시설은 보행자의 안전과 생활환경을 보호하기위해 도로관리청이 필요하다고 판단되는 장소에 한하여 설치함
	  • 학교앞, 유치원, 어린이놀이터, 근린공원, 마을통과지점 등으로 차량의 속도를 저속으로 규제할 필요가 있는 구간
	  • 공동주택, 근린상업시설, 학교, 병원, 종교시설 등 차량의 출입이 많아 속도규제가 필요하다고 판단되는 구간
	  • 차량의 통행속도를 30㎞/시 이하로 제한할 필요가 있다고 인정되는 도로
	- 속도저감시설의 설치장소가 아닐 경우 속도저감시설(3.3.2항목)은 최상등급으로 평가
	- 해당구간에 지그재그형태의 도로, 차도 폭 좁힘, 요철포장, 과속방지턱 중 2개 이상의 방법이 적용되었을 경우, 각각의 점수를 산정하여 평균점수로 속도저감시설의 점수로 산정함

장애물 없는 생활환경 인증기준 - 왕복 2차로 이상 도로

평가부문	3	기타시설
평가범주	3.3	속도저감시설
평가항목	3.3.2	속도저감시설 - 지그재그형태 도로

■ 세부평가기준

평가목적	안전하고 쾌적한 보행을 위하여 차량 소통이 적은 도로에서의 속도저감시설(지그재그형태의 도로)의 적용여부 및 그 설치방법을 평가함
평가방법	지그재그 형태 도로의 적용성 및 설치방법
배점	3점 (평가항목)

산출기준	• 평점 = 평가 등급에 해당하는 점수로 평가 | 지그재그형태 도로	평가항목 점수
도로의 형태를 지그재그 형태로 하여 차량의 속도를 감속시킴	3.0 | - 속도저감시설이 설치된 구역의 진입부분에는 운전자가 속도저감시설의 설치 여부와 그 종류를 확인할 수 있도록 입식표지판, 바닥 표시 등으로 안내 및 경고를 하여야 함 - 지그재그 형태의 도로를 적용할 경우 충분한 도로 폭과 길이를 확보하여 차량이 정체 없이 운행할 수 있도록 하여야 함 - 보행안전통로는 지그재그 형태의 도로와 관계없이 직선의 형태를 유지하여야 함

■ 평가 참고자료 및 제출서류

참고자료	- 교통약자의 이동편의증진법 제10조 제2항 - 교통약자의 이동편의증진법 시행규칙 제2조 제1항 - 교통약자의 이동편의증진법 시행규칙 별표2
제출서류	예비인증	- 해당구간 보도의 평면도 ※ 위 제출서류 중 평가항목의 조건을 만족하는 서류제출
	본인증	- 예비인증시와 동일

장애물 없는 생활환경 인증기준 - 왕복 2차로 이상 도로

평가부문	3	기타시설
평가범주	3.3	속도저감시설
평가항목	3.3.2	속도저감시설 - 차도 폭 좁힘

■ 세부평가기준

평가목적	안전하고 쾌적한 보행을 위하여 차량 소통이 적은 도로에서의 속도저감시설(차도 폭 좁힘)의 적용여부 및 그 설치방법을 평가함
평가방법	차도 폭 좁힘 방식의 적용성 및 설치방법
배점	3점 (평가항목)

산출기준	• 평점 = 평가 등급에 해당하는 점수로 평가 | 차도 폭 좁힘	평가항목 점수
일정 구간 마다 한 개 차로를 좁혀 차량의 속도를 좁힘	3.0 | - 속도저감시설이 설치된 구역의 진입부분에는 운전자가 속도저감시설의 설치 여부와 그 종류를 확인할 수 있도록 입식표지판, 바닥 표시 등으로 안내 및 경고를 하여야 함 - 야간, 짙은 안개 등 시야 확보가 어려운 경우에도 운전자가 차도 폭이 좁혀진 위치를 사전에 정확히 감지할 수 있도록 차도 폭이 좁혀진 위치에 고휘도의 발색도료 등을 이용하여 안내 및 경고 표시를 하여야 함 - 차량이 정해진 차로로만 운행을 하도록 차도 폭이 좁혀진 구역이외의 차도에는 중앙분리대 등을 설치할 수 있음

■ 평가 참고자료 및 제출서류

참고자료	- 교통약자의 이동편의증진법 제10조 제2항 - 교통약자의 이동편의증진법 시행규칙 제2조 제1항 - 교통약자의 이동편의증진법 시행규칙 별표2
제출서류	예비인증	- 해당구간 보도의 평면도 ※ 위 제출서류 중 평가항목의 조건을 만족하는 서류제출
	본인증	- 예비인증시와 동일

장애물 없는 생활환경 인증기준 - 왕복 2차로 이상 도로

평가부문	3	기타시설
평가범주	3.3	속도저감시설
평가항목	3.3.2	속도저감시설 - 요철 포장

■ 세부평가기준

평가목적	안전하고 쾌적한 보행을 위하여 차량 소통이 적은 도로에서의 속도저감시설(요철 포장)의 적용여부 및 그 설치방법을 평가함
평가방법	요철 포장 방식의 적용성 및 설치방법
배점	3점 (평가항목)

산출기준	• 평점 = 평가 등급에 해당하는 점수로 평가 | 요철 포장	평가항목 점수
일정구간에 바닥을 요철이는 재질로 설치하여 차량의 속도를 감속시킴	3.0 | - 속도저감시설이 설치된 구역의 진입부분에는 운전자가 속도저감시설의 설치 여부와 그 종류를 확인할 수 있도록 입식표지판, 바닥 표시 등으로 안내 및 경고를 하여야 함 - 요철포장을 할 경우 차량의 승차감을 위하여 그 요철 높이는 0.5cm이하로 설치하여야 함

■ 평가 참고자료 및 제출서류

참고자료	- 교통약자의 이동편의증진법 제10조 제2항 - 교통약자의 이동편의증진법 시행규칙 제2조 제1항 - 교통약자의 이동편의증진법 시행규칙 별표2
제출서류	예비인증	- 해당구간 보도의 평면도 - 해당구간 보도의 횡단면도 ※ 위 제출서류 중 평가항목의 조건을 만족하는 서류제출
	본인증	- 예비인증시와 동일

< 2. 도로 인증지표 및 기준 - 보·차공존 >

장애물 없는 생활환경 인증기준 - 왕복 2차로 이상 도로

평가부문	3	기타시설
평가범주	3.3	속도저감시설
평가항목	3.3.2	속도저감시설 - 과속방지턱

■ 세부평가기준

평가목적	안전하고 쾌적한 보행을 위하여 차량 소통이 적은 도로에서의 속도저감시설(과속방지턱)의 적용여부 및 그 설치방법을 평가함
평가방법	과속방지턱 설치방법
배 점	3점 (평가항목)
산출기준	• 평점 = 평가 등급에 해당하는 점수로 평가

과속방지턱	평가항목 점수
길이 3.6m, 높이 1.0m의 원호형태로 차도폭의 여유공간이 발생하지 않도록 설치	3.0

- 속도저감시설이 설치된 구역의 진입부분에는 운전자가 속도저감시설의 설치 여부와 그 종류를 확인할 수 있도록 입식표지판, 바닥 표시 등으로 안내 및 경고를 하여야 함
- 차도에 차량이 과속방지턱을 피해갈 수 있는 여유공간이 확보되면 해당구간은 과속방지턱이 설치되지 않은 것으로 평가함
- 고원식 횡단보도가 설치된 경우 과속방지턱이 설치된 것으로 평가함

■ 평가 참고자료 및 제출서류

참고자료	- 교통약자의 이동편의증진법 제10조 제2항 - 교통약자의 이동편의증진법 시행규칙 제2조 제1항 - 교통약자의 이동편의증진법 시행규칙 별표2
제출서류 예비인증	- 해당구간 보도의 평면도 - 해당구간 보도의 횡단면도 ※ 위 제출서류 중 평가항목의 조건을 만족하는 서류제출
본인증	- 예비인증시와 동일

장애물 없는 생활환경 인증기준 - 왕복 2차로 이상 도로

평가부문	3	기타시설
평가범주	3.4	보행우선지역
평가항목	3.4.1	보행우선지역 설정 및 표시

■ 세부평가기준

평가목적	학교주변지역, 보행자의 통행량이 많은 도로 등 보행우선지역으로 선정된 구역의 안내방식을 평가하여 차량의 감속 등 안전운행을 유도함
평가방법	보행우선지역 안내방식 평가
배 점	2점 (평가항목)
산출기준	• 평점 = 평가 등급에 해당하는 점수로 평가

구분	보행우선지역 설정 및 표시	평가항목 점수
최우수	일반의 성능을 만족시키고, 해당 구역 차도의 색상을 달리하여 설치	2.0
우 수	일반의 성능을 만족시키고, 해당 구역의 차로를 지그재그 형태로 표시	1.6
일 반	해당 구역 진입부에 입식표지판 설치 및 바닥표시	1.4

■ 평가 참고자료 및 제출서류

참고자료	- 교통약자의 이동편의증진법 제10조 제2항 - 교통약자의 이동편의증진법 시행규칙 제2조 제1항 - 교통약자의 이동편의증진법 시행규칙 별표2
제출서류 예비인증	- 해당구간 보도의 배치도 - 해당구간 보도의 안내표지등 설치도 ※ 위 제출서류 중 평가항목의 조건을 만족하는 서류제출
본인증	- 예비인증시와 동일

장애물 없는 생활환경 인증기준 - 왕복 2차로 이상 도로

평가부문	4	종합평가
평가범주		
평가항목		

■ 세부평가기준

평가목적	해당 시설의 편의시설 설치현황을 평가하여 장애인 및 노약자 등 다양한 사용자가 해당시설에 접근하여 이용하는데 불편함이 없도록 함
평가방법	편의시설 설치의 종합적 평가
배 점	5% (평가항목의 총점기준)
산출기준	• 평점 = 편의시설의 평가등급에 해당하는 평가항목 점수로 평가

구분	편의시설 평가	평가항목 점수
등급 구분 없음	※ 심사위원의 평가내용을 자필로 기입	

■ 평가 참고자료 및 제출서류

참고자료	○ 가산항목 · 여성휴게실(모유수유실 등) 설치 · 다목적 화장실 적합하게 설치 · 해당 없는 항목을 적합하게 설치 · 그 외 추가 시설을 설치한 경우 · 시각장애인을 위한 핸드레일점멸등 설치 · 안내표시가 경로를 따라 찾기 쉽게 설치 등
제출서류 예비인증	- 해당 없음
본인증	- 해당 없음

---

4. 보·차 공존도로

범주		평가항목	평가기준	분류번호	배점
1. 보도	1.1 장애물 구역	1.1.1 설치 위치 및 방법	장애물 구역의 설치 위치 및 보행안전구역과의 분리 평가	CR1-01-01	8
		1.1.2 유효폭	보도의 각종 설치물 설치공간으로서의 유효폭의 적절성 평가	CR1-01-02	8
	1.2 자전거 도로	1.2.1 설치방법	자전거 도로의 위치 및 보행안전구역과 분리, 통행방향 평가	CR1-02-01	2
		1.2.2 유효폭	안전한 자전거통행을 위한 자전거 도로 유효폭의 적절성 평가	CR1-02-02	2
		1.2.3 기울기 및 휴식참	안전하고 편리한 자전거 통행을 위한 자전거 도로 기울기 정도 및 휴식참 적절성 평가	CR1-02-03	1
		1.2.4 바닥 재질 및 색상, 설치물	안전한 자전거 통행을 위한 바닥 재질 및 설치물 평가, 기타 도로와의 구별 가능 평가	CR1-02-04	1
		1.2.5 통행방향 및 표시	자전거 도로의 안내 및 통행방향 및 표시 설치 평가	CR1-02-05	1
	1.3 보행 안전구역	1.3.1 설치방법	안전하고 편리한 보행을 위한 보행안전구역의 위치 및 보행장애물 설치 평가	CR1-03-01	9
		1.3.2 유효폭 및 교행구간	보행자의 불편 없고 쾌적한 통행로로서의 유효폭의 적절성 평가 및 휠체어 등의 교행이 가능 구간 설치 평가	CR1-03-02	8
		1.3.3 기울기 및 휴식참	안전하고 불편 없는 보행안전구역의 기울기 정도 및 휴식참 설치 평가	CR1-03-03	8
		1.3.4 연속성	안전한 보행을 위한 보행안전구역의 연속성 평가	CR1-03-04	7
		1.3.5 유효안전 높이	안전한 보행을 위한 보행안전구역의 수직적 공간 확보 평가	CR1-03-05	2
		1.3.6 바닥 재질 및 색상	안전한 보행안전구역의 재질 및 기타 도로와의 구별 가능 평가	CR1-03-06	2
		1.3.7 바닥 설치물	안전한 보행을 위하여 배수구 덮개, 맨홀 등 바닥 설치물 설치 평가	CR1-03-07	2
	1.4 유도방식	1.4.1 설치방법	휠체어 등 바퀴 달린 이동수단사용자 등 다양한 보행자의 보행쾌적성, 시각장애인 등의 감지 가능성 평가	CR1-04-01	7
		1.4.2 재질 및 색상	시각장애인 등의 보행안전구역 경계 명확한 감지 가능성 평가	CR1-04-02	5
	1.5 차량 진출입부	1.5.1 재질 및 색상	보행자 및 운전자가 차량 진출입부의 위치를 감지할 수 있도록 설치된 각종 경고방식	CR1-05-01	9
	1.6	1.6.1 안내시설	주요시설물, 목적지 등을 안내하는 시설물의	CR1-06	7

〈 2. 도로 인증지표 및 기준 - 보·차공존〉

범주	평가항목	평가기준	분류번호	배점
	보행지원시설		-01	
	1.6.2 휴게시설	노인, 어린이, 휠체어 등 바퀴달린 이동수단의 휴게공간으로의 접근성과 차별정도, 사용편리성 평가	CR1-06-02	9
	1.6.3 이용편의시설	공중전화 등 보도의 각종 이용편의시설의 접근성 및 사용성 평가	CR2-06-03	
2. 횡단시설	2.1 횡단보도	2.1.1 진입부의 경고방식	시각장애인 등의 횡단보도 진입부 위치의 명확한 감지 가능성 평가	CR2-01-01	12
		2.1.2 조명의 조도	운전자 및 보행자의 명확한 횡단보도 위치 감지 가능성 평가	CR2-01-02	6
	2.2 교통신호기	2.2.1 설치 위치	차로로부터 보행자 보호 가능성 평가	CR2-02-01	10
		2.2.2 잔여시간 표시기	보행자의 횡단잔여시간의 명확한 확인 가능성 평가	CR2-02-02	8
		2.2.3 음향(진동)신호기	시각장애인 등이 횡단가능 여부 확인 및 안내 가능성 평가	CR2-02-03	7
		2.2.4 보행자 우선 신호기	교통량이 적은 횡단시설에서 보행자를 우선적으로 횡단가능하게 하는 보행자 우선 신호기 설치 평가	CR2-02-04	7
		2.2.5 수동식 신호 조작기 설치 위치	수동식 신호조작기 설치 위치 감지 가능성 평가	CR2-02-05	6
	2.3 차량진입억제용 말뚝	2.3.1 설치 위치 및 간격	차량 진입억제용 말뚝의 보행장애 평가	CR2-03-01	8
		2.3.2 형태 및 재질	시각장애인, 운전자 등의 차량 진입억제용 말뚝의 감지 가능성 평가	CR2-03-02	7
3. 기타시설	3.1 승하차시설	3.1.1 설치방법	장애인 등의 대중교통 이용 가능성 평가	CR3-01-01	5
		3.1.2 경고방식	장애인 등의 대중교통이용 및 대기공간으로의 유도 가능성 평가	CR3-01-02	4
		3.1.3 안내시설	장애인 등의 대중교통수단에 대한 정보 습득 가능성 및 편리성 평가	CR3-01-03	4
	3.2 장애인전용주차구역	3.2.1 설치규모 및 안내	장애인이 노상주차장을 이용할 수 있도록 그 설치규모와 안내시설 적절성 평가	CR3-02-01	5
		3.2.2 주차구역 및 안전통로	장애인이 노상주차장을 이용할 수 있도록 주차공간 규모와 안전통로 설치 적절성 평가	CR3-02-02	7
	3.3 속도저감시설	3.3.1 속도저감시설	차량을 감속시키기 위하여 설치된 속도저감시설 설치방법 적절성 평가	CR3-03-01	5
4. 종합평가		5% (평가항목의 총점기준)	CR4-01-01	
총 지표수	**35**	**총 배점**		**200**

장애물 없는 생활환경 인증기준 - 보·차 공존도로

평가부문	1	보도
평가범주	1.1	장애물 구역
평가항목	1.1.1	설치 위치 및 방법

■ 세부평가기준

평가목적	장애물 구역의 설치 적절성을 평가하여 장애인 및 노약자 등 다양한 사용자가 보행시 장애물의 간섭 없이 안전하고 편리하게 보행이 가능하도록 함
평가방법	장애물 구역의 설치 위치 및 방법의 평가
배 점	8점 (평가항목)

• 평점 = 평가 등급에 해당하는 점수로 평가

구분	장애물 구역의 설치 위치 및 방법	평가항목점수
최우수	장애물 구역은 식재대·녹지대 등으로 활용되어 보도미관 증진에 도움이 되며, 도로의 각종 설치물의 설치장소로 활용됨	8.0
우수	장애물 구역은 차도와 연접하게 설치되고 경계석이나 색상, 띠 등으로 구분되어 도로의 각종 설치물의 설치장소로 활용됨	6.4
일반	장애물 구역은 차도와 연접하게 설치되고, 경계의 구분없이 설치되어 도로의 각종 설치물의 설치장소로 활용됨	5.6

산출기준
- 장애물 구역은 차도와 연접하여, 차도-장애물 구역-(자전거 도로)-유도 및 경고용띠-보행안전구역-유도 및 경고용띠 순서로 설치하는 것을 원칙으로 함
- 위 순서에 따르지 아니할 경우 우수 이상으로 평가하지 아니함
- 장애물 구역은 보도의 각종 설치물의 설치장소로 보도의 각종 설치물이 장애물 구역이외의 구역(자전거 도로, 보행안전구역 등)에 설치 될 경우 등급외로 평가함

■ 평가 참고자료 및 제출서류

참고자료	- 교통약자의 이동편의증진법 - 행정중심복합도시의 장애물 없는 도시·건축설계 매뉴얼
제출서류	예비인증	- 해당구간 보도의 배치도 - 해당구간 보도의 횡단면도 ※ 위 제출서류 중 평가항목의 조건을 만족하는 서류제출
	본인증	- 예비인증시와 동일

장애물 없는 생활환경 인증기준 - 보·차 공존도로

평가부문	1	보도
평가범주	1.1	장애물 구역
평가항목	1.1.2	유효폭

■ 세부평가기준

평가목적	장애물 구역의 유효폭을 평가하여 도로의 각종 설치물의 충분한 설치장소를 확보하도록 하며, 장애인 및 노약자 등 다양한 사용자의 보행시 장애물의 간섭 없이 안전하고 편리하게 보행이 가능하도록 함
평가방법	장애물 구역의 유효폭 평가
배 점	8점 (평가항목)

• 평점 = 평가 등급에 해당하는 점수로 평가

구분	장애물 구역의 유효폭	평가항목점수
최우수	장애물 구역 유효폭 1.5m이상	8.0
우수	장애물 구역 유효폭 0.9m이상	6.4

산출기준
- 장애물 구역은 일정한 유효폭을 유지하여야 하며, 해당평가구간의 장애물 구역의 최소 유효폭으로 등급을 평가함
- 기존 도시내 도로 및 신규 계획 도시 단독주택지역내 2차로의 경우 장애물 구역의 폭원이 0.9m이하라도 해당 도로 구간에 설치된 장애물의 최대폭을 기준으로 장애물 구역을 설치한 경우 우수로 평가함

■ 평가 참고자료 및 제출서류

참고자료	- 교통약자의 이동편의증진법 - 행정중심복합도시의 장애물 없는 도시·건축설계 매뉴얼
제출서류	예비인증	- 해당구간 보도의 배치도 - 해당구간 보도의 횡단면도 ※ 위 제출서류 중 평가항목의 조건을 만족하는 서류제출
	본인증	- 예비인증시와 동일

장애물 없는 생활환경 인증기준 - 보·차 공존도로

평가부문	1	보도
평가범주	1.2	자전거 도로
평가항목	1.2.1	설치방법

■ 세부평가기준

평가목적	자전거 도로의 설치방법을 평가하여 장애인 및 노약자 등 다양한 사용자의 보행시 장애물의 간섭 없이 안전하고 편리하게 보행이 가능하도록 함
평가방법	자전거 도로 설치방법 평가
배 점	2점 (평가항목)

• 평점 = 평가 등급에 해당하는 점수로 평가

구분	자전거 도로 설치방법	평가항목점수
최우수	장애물 구역에 연접하여 일방통행으로 설치	2.0
우수	장애물 구역에 연접하여 양방통행으로 설치	1.6

- 자전거 도로를 보도에 설치하지 아니하고 별도로 계획할 경우(차도-자전거 도로-장애물 구역-유도 및 경고용띠-보행안전구역-유도 및 경고용띠 순서 등) 최상급으로 평가함
- 자전거 도로를 설치하지 않을 경우의 평가 점수산정은 자전거 도로(1.2항목전체)를 제외한 보도부문 평가점수비율을 자전거 도로의 점수에 적용, 이를 평가점수로 산정함

$$자전거 도로부분의 평가점수 = B × \left(\frac{C}{A-B}\right)$$

A : 보도부문 전체점수합계
B : 자전거 도로부문 전체점수합계
C : 자전거 도로부문을 제외한 보도부문평가점수

- 자전거의 일방통행 방향은 차량 소통의 방향과 같은 방향으로 계획되어야 하며, 이를 따르지 않을 경우의 일방통행은 인정하지 아니함

■ 평가 참고자료 및 제출서류

참고자료	- 교통약자의 이동편의증진법 - 자전거이용 활성화에 관한 법률
제출서류	예비인증	- 해당구간 보도의 배치도 - 해당구간 보도의 횡단면도 - 해당구간의 자전거 도로 계획도 ※ 위 제출서류 중 평가항목의 조건을 만족하는 서류제출
	본인증	- 예비인증시와 동일

〈 2. 도로 인증지표 및 기준 - 보·차공존〉

장애물 없는 생활환경 인증기준 - 보·차 공존도로

평가부문	1	보도
평가범주	1.2	자전거 도로
평가항목	1.2.2	유효폭

■ 세부평가기준

평가목적	자전거 도로의 유효폭을 평가하여 장애인 및 노약자 등 다양한 사용자의 보행과 자전거의 통행이 안전하고 편리하도록 함
평가방법	자전거 도로 유효폭 평가
배점	2점 (평가항목)

산출기준

- 평점 = 평가 등급에 해당하는 점수로 평가

구분	자전거 도로 유효폭	평가항목 점수
최우수	양방향통행일 경우 유효폭 1.3m이상 일방향통행일 경우 유효폭 0.9m이상	2.0
우수	자전거 도로 유효폭 1.1m이상	1.6
일반	자전거 도로 유효폭 0.9m이상	1.4

- 평가 대상 구역 중 가장 좁은 자전거 도로 유효폭을 기준으로 해당 구역의 자전거 도로 유효폭을 평가함

■ 평가 참고자료 및 제출서류

참고자료	- 교통약자의 이동편의증진법 제10조 - 자전거이용시설의 구조·시설기준에 관한규칙 제4조 - 행정중심복합도시의 장애물 없는 도시·건축설계 매뉴얼
제출서류	예비인증: - 해당구간 보도의 배치도 - 해당구간 보도의 횡단면도 - 해당구간의 자전거 도로 계획도 ※ 위 제출서류 중 평가항목의 조건을 만족하는 서류제출
	본인증: - 예비인증시와 동일

장애물 없는 생활환경 인증기준 - 보·차 공존도로

평가부문	1	보도
평가범주	1.2	자전거 도로
평가항목	1.2.3	기울기 및 휴식참

■ 세부평가기준

평가목적	자전거 도로의 기울기 및 휴식참을 평가하여 자전거의 통행이 안전하고 편리하도록 함
평가방법	자전거 도로의 기울기 및 휴식참 평가
배점	1점 (평가항목)

산출기준

- 평점 = 평가 등급에 해당하는 점수로 평가

구분	자전거 도로의 기울기 및 휴식참	평가항목 점수
최우수	자전거 도로의 좌우 기울기는 1/50(2%/1.15°)이하이며, 진행방향 기울기 1/24(4.17%/2.39°)이하	1.0
우수	자전거 도로의 좌우 기울기는 1/24(4.17%/2.39°)이하이며, 진행방향 기울기 1/18(5.56%/3.18°)이하	0.8
일반	자전거 도로의 좌우 기울기는 1/24(4.17%/2.39°)이하이며, 진행방향 기울기 1/12(8.33%/4.76°)이하며, 30m마다 휴식참이 설치되어 있음	0.7

- 평가 대상 구역 중 가장 가파른 경사도를 기준으로 해당 구역의 자전거 도로의 기울기를 평가함

■ 평가 참고자료 및 제출서류

참고자료	- 교통약자의 이동편의증진법 제10조 제2항 - 교통약자의 이동편의증진법 시행규칙 제2조 제1항 - 교통약자의 이동편의증진법 시행규칙 별표1 제3호 - 자전거이용 활성화에 관한 법률 - 행정중심복합도시의 장애물 없는 도시·건축설계 매뉴얼
제출서류	예비인증: - 해당구간 보도의 배치도 - 해당구간 보도의 횡단면도 - 해당구간의 자전거 도로 계획도 ※ 위 제출서류 중 평가항목의 조건을 만족하는 서류제출
	본인증: - 예비인증시와 동일

장애물 없는 생활환경 인증기준 - 보·차 공존도로

평가부문	1	보도
평가범주	1.2	자전거 도로
평가항목	1.2.4	바닥 재질 및 색상, 설치물

■ 세부평가기준

평가목적	자전거 도로의 바닥 재질 및 색상, 설치물을 평가하여 자전거의 통행이 안전하고 편리하도록 함
평가방법	자전거 도로의 바닥 재질 및 색상, 설치물을 평가
배점	1점 (평가항목)

산출기준

- 평점 = 평가 등급에 해당하는 점수로 평가

구분	자전거 도로의 바닥 재질 및 색상, 설치물	평가항목 점수
최우수	우수의 조건을 만족시키며 배수가 잘되는 재질로 설치함	1.0
우수	일반의 조건을 만족시키며, 맨홀, 배수구 덮개 등 바닥 설치물이 없음	0.8
일반	틈이 없고 평탄한 재질의 마감으로 주변과 색상으로 그 경계를 명확히 감지 가능하며 배수구 덮개 간격이 1cm이하(진행방향), 높이차 없음	0.7

- 자전거 도로에 블록 등의 바닥 마감재를 사용할 경우 블록의 높이차는 없어야 하며, 그 이외의 경우 평가하지 아니함
- 배수가 잘 되는 자전거 도로의 바닥 마감재는 자전거가 원활하게 이동할 수 있는 충분한 경도를 가지고 있어야 하며, 그 이외의 경우 평가하지 아니함

■ 평가 참고자료 및 제출서류

참고자료	- 교통약자의 이동편의증진법 제10조 제2항 - 교통약자의 이동편의증진법 시행규칙 제2조 제1항 - 교통약자의 이동편의증진법 시행규칙 별표1 제3호
제출서류	예비인증: - 해당구간 보도의 배치도 - 해당구간 보도의 횡단면도 - 해당구간의 자전거 도로 계획도 ※ 위 제출서류 중 평가항목의 조건을 만족하는 서류제출
	본인증: - 예비인증시와 동일

장애물 없는 생활환경 인증기준 - 보·차 공존도로

평가부문	1	보도
평가범주	1.2	자전거 도로
평가항목	1.2.5	통행방향 및 표식

■ 세부평가기준

평가목적	자전거 도로의 통행방향 및 표식을 평가하여 자전거와 보행자의 통행이 안전하고 편리하도록 함
평가방법	자전거 도로의 통행방향 및 표식 평가
배점	1점 (평가항목)

산출기준

- 평점 = 평가 등급에 해당하는 점수로 평가

구분	자전거 도로의 통행방향 및 표식	평가항목 점수
최우수	바닥, 입식으로 자전거 도로임을 표시하고, 통행방향을 함께 표시	1.0
우수	바닥, 입식으로 자전거 도로임을 표시	0.8
일반	바닥에 자전거 도로임을 표시	0.7

- 양방통행의 자전거 도로 소통방향을 표시할 경우 보행안전구역에 면한 자전거 도로의 통행방향은 차량 소통 방향과 동일한 방향으로 표시하여야 함

■ 평가 참고자료 및 제출서류

참고자료	- 자전거이용시설의 구조·시설기준에 관한 규칙 제11조 - 도로교통법 시행규칙 별표6
제출서류	예비인증: - 해당구간 보도의 배치도 - 해당구간 보도의 횡단면도 - 해당구간의 자전거 도로 계획도 ※ 위 제출서류 중 평가항목의 조건을 만족하는 서류제출
	본인증: - 예비인증시와 동일

〈 2. 도로 인증지표 및 기준 - 보·차공존〉

장애물 없는 생활환경 인증기준 - 보·차 공존도로

평가부문	1	보도
평가범주	1.3	보행안전구역
평가항목	1.3.1	설치방법

■ 세부평가기준

평가목적	보행안전구역의 기타 도로 설치물과의 분리를 평가하여 장애인 및 노약자 등 다양한 보행자의 이동 및 접근시 장애물의 간섭 없이 안전하고 편리한 보행이 가능하도록 함
평가방법	보행안전구역의 설치방법 평가
배 점	9점 (평가항목)

산출기준:
- 평점 = 평가 등급에 해당하는 점수로 평가

구분	보행안전구역의 설치방법	평가항목 점수
최우수	우수의 성능을 만족시키며 맨홀뚜껑, 배수구덮개 등을 포함하는 어떠한 보행장애물도 설치되어 있지 않음	9.0
우 수	일반의 성능을 만족시키며 보행안전구역의 설치순서원칙에 적합함	7.2
일 반	보행안전구역은 차도, 자전거 도로와 분리되며, 규정에 적합한 바닥 설치물을 제외한 다른 보행장애물이 설치되어 있지 않음	6.3

- 보행안전구역은 차도-장애물 구역-(자전거 도로)-유도 및 경고용띠-보행안전구역-유도 및 경고용띠 순서로 설치하는 것을 원칙으로 함(단, 자전거 도로와 보행안전구역의 설치 위치가 바뀔 경우 보행자의 안전성이 확보되지 않으므로 일반으로 평가함)
- 보행장애물이라 함은 보행자의 보행을 방해하는 설치물들로 보행안전구역에 설치된 차량 진입제어용 말뚝, 가로등, 가로수, 벤치, 각종 전기 등의 단자함, 쓰레기통, 소화전 등 도로에 설치되는 각종 설치물을 말함
- 차량 진입억제용 말뚝은 보행자의 보행을 방해하지 않는 위치에, 필요한 장소에만 설치하고 그 이외의 장소에는 설치하지 않는 것을 원칙으로 함
- 보행자의 진행방향과 직각으로 차량 진입억제용 말뚝을 설치할 경우에는 보행장애물로 취급하며, 차도와의 분리 등을 위하여 보행안전구역과 나란히 설치하여 보행자의 보행에 큰 지장을 주지 않을 경우 보행장애물로 취급하지 아니함
- 규정에 적합한 바닥 설치물이라 함은 높이차 없이 설치되어 불편 혹은 위험 요소가 없는 맨홀뚜껑, 배수구 덮개 등을 말함(평가 항목 1.3.7 참조)

■ 평가 참고자료 및 제출서류

참고자료	- 교통약자의 이동편의증진법 제10조 제2항 - 교통약자의 이동편의증진법 시행규칙 제2조 제1항 - 교통약자의 이동편의증진법 시행규칙 별표1 제3호 - 행정중심복합도시의 장애물 없는 도시·건축설계 매뉴얼
제출서류 예비인증	- 해당구간 보도의 배치도 - 해당구간 보도의 횡단면도 ※ 위 제출서류 중 평가항목의 조건을 만족하는 서류제출
제출서류 본인증	- 예비인증시와 동일

장애물 없는 생활환경 인증기준 - 보·차 공존도로

평가부문	1	보도
평가범주	1.3	보행안전구역
평가항목	1.3.2	유효폭 및 교행구간

■ 세부평가기준

평가목적	보행안전구역의 유효폭 및 교행구간을 평가하여 장애인 및 노약자 등 다양한 보행자의 보행시 불편 없이 안전한 보행이 가능하도록 함
평가방법	보행안전구역의 유효폭 및 교행구간 평가
배 점	8점 (평가항목)

산출기준:
- 평점 = 평가 등급에 해당하는 점수로 평가

구분	보행안전구역의 유효폭 및 교행구간	평가항목 점수
최우수	보행안전구역의 유효폭 2.0m이상	8.0
우 수	보행안전구역의 유효폭 1.5m이상	6.4
일 반	보행안전구역의 유효폭 1.2m이상	5.6

- 평가 대상 구역 중 가장 좁은 보행안전구역의 유효폭을 기준으로 해당 구역의 보행안전구역의 유효폭을 평가함
- 입체횡단시설, 도시철도 및 광역전철 출입구 등으로 인하여 보행안전구역의 유효폭이 축소되어서는 아니됨
- 기존도시에서 도시철도 및 광역 전철 출입구 등으로 보도의 폭이 제한될 경우에도 보행안전구역은 최소 1.2m이상을 유지하여야 함

■ 평가 참고자료 및 제출서류

참고자료	- 교통약자의 이동편의증진법 제10조 제2항 - 교통약자의 이동편의증진법 시행규칙 제2조 제1항 - 교통약자의 이동편의증진법 시행규칙 별표1 제3호
제출서류 예비인증	- 해당구간 보도의 배치도 - 해당구간 보도의 횡단면도 ※ 위 제출서류 중 평가항목의 조건을 만족하는 서류제출
제출서류 본인증	- 예비인증시와 동일

장애물 없는 생활환경 인증기준 - 보·차 공존도로

평가부문	1	보도
평가범주	1.3	보행안전구역
평가항목	1.3.3	기울기 및 휴식참

■ 세부평가기준

평가목적	보행안전구역의 기울기 및 휴식참을 평가하여 장애인 및 노약자 등 다양한 보행자 자력으로 안전한 보행이 가능하도록 함
평가방법	보행안전구역의 기울기 및 휴식참 평가
배 점	8점 (평가항목)

산출기준:
- 평점 = 평가 등급에 해당하는 점수로 평가

구분	보행안전구역의 기울기 및 휴식참	평가항목 점수
최우수	보행안전구역은 단차없이 진행방향 기울기 1/24 (4.17%/2.39°)이하	8.0
우 수	보행안전구역은 단차없이 진행방향 기울기 1/18 (5.56%/3.18°)이하, 50m마다 1.5m×1.5m의 수평 휴식참 설치	6.4
일 반	단차 2cm이하, 진행방향 기울기 1/12(8.33%/4.76°)이하, 30m마다 1.5m×1.5m의 수평 휴식참 설치	5.6

- 평가 대상 구역 중 가장 가파른 경사도를 기준으로 해당 구역의 보행안전구역 기울기를 평가함
- 보행안전구역의 좌우기울기는 없는 것을 원칙으로 하며, 지형지물상 불가피할 경우 혹은 배수 등을 위한 경우에는 1/50(2%/1.15°)이하를 유지하여야 함

■ 평가 참고자료 및 제출서류

참고자료	- 교통약자의 이동편의증진법 제10조 제2항 - 교통약자의 이동편의증진법 시행규칙 제2조 제1항 - 교통약자의 이동편의증진법 시행규칙 별표1 제3호
제출서류 예비인증	- 해당구간 보도의 배치도 - 해당구간 보도의 횡단면도 ※ 위 제출서류 중 평가항목의 조건을 만족하는 서류제출
제출서류 본인증	- 예비인증시와 동일

장애물 없는 생활환경 인증기준 - 보·차 공존도로

평가부문	1	보도
평가범주	1.3	보행안전구역
평가항목	1.3.4	연속성

■ 세부평가기준

평가목적	보행안전구역의 연속된 설치를 평가하여 장애인 및 노약자 등 다양한 보행자의 보행시 차량 및 기타 장애물의 간섭 없이 안전하고 편리한 보행이 가능하도록 함
평가방법	보행안전구역의 연속성 평가
배 점	7점 (평가항목)

산출기준:
- 평점 = 평가 등급에 해당하는 점수로 평가

보행안전구역의 연속성	평가항목 점수
보행안전구역은 진행방향으로 연속되게 설치	7.0

- 보행안전구역의 연속된 설치란 진행방향으로 기울기 1/18(5.56%/3.18°)이하로 바닥 높이차가 없이(혹은 2cm이하) 설치됨을 말함
- 교차로 및 차량 진출입구 등의 계획을 차량의 소통보다 보행자의 안전을 우선하도록 설치할 경우(규정에 적합한 보행성식횡단방식 설치, 보행안전구역의 평탄성 유지 등) 보행안전구역은 연속하게 설치된 것으로 평가하며, 그 이외의 경우는 등급 외로 평가함

■ 평가 참고자료 및 제출서류

참고자료	- 교통약자의 이동편의증진법 제10조 제2항 - 교통약자의 이동편의증진법 시행규칙 제2조 제1항 - 교통약자의 이동편의증진법 시행규칙 별표1 제3호 - 행정중심복합도시의 장애물 없는 도시·건축설계 매뉴얼
제출서류 예비인증	- 해당구간 보도의 배치도 - 해당구간 보도의 횡단면도 ※ 위 제출서류 중 평가항목의 조건을 만족하는 서류제출
제출서류 본인증	- 예비인증시와 동일

〈 2. 도로 인증지표 및 기준 - 보·차공존 〉

장애물 없는 생활환경 인증기준 - 보·차 공존도로

평가부문	1	보도
평가범주	1.3	보행안전구역
평가항목	1.3.5	유효안전높이

■ 세부평가기준

평가목적	보행안전구역의 유효안전높이를 평가하여 장애인 및 노약자 등 다양한 보행자의 보행시 불편 없이 안전한 보행이 가능하도록 함
평가방법	보행안전구역의 유효안전높이 평가
배 점	2점 (평가항목)

산출기준

- 평점 = 평가 등급에 해당하는 점수로 평가

구분	보행안전구역의 유효안전높이	평가항목점수
최우수	높이 2.5m의 유효안전높이 확보	2.0
우 수	높이 2.1m의 유효안전높이 확보	1.6

- 가로수의 가지치기도 평가 대상에 포함되어 2.5m이하로 뻗어 나온 가로수는 가지치기를 실시하여야 함
- 보행안전구역의 공간은 어떠한 상황에서도 비워져 있어야 하며, 상점의 입간판 설치 등 보도의 관리가 적절하게 이루어지지 않을 경우에도 등급외로 평가하며, 보행자를 위한 안내시설 등을 설치할 경우에도 보행안전구역을 침범하지 않도록 고려하여야 함

■ 평가 참고자료 및 제출서류

참고자료	- 교통약자의 이동편의증진법 제10조 제2항 - 교통약자의 이동편의증진법 시행규칙 제2조 제1항 - 교통약자의 이동편의증진법 시행규칙 별표1 제3호
제출서류	예비인증	- 해당구간 보도의 배치도 - 해당구간 보도의 횡단면도 ※ 위 제출서류 중 평가항목의 조건을 만족하는 서류제출
	본인증	- 예비인증시와 동일

장애물 없는 생활환경 인증기준 - 보·차 공존도로

평가부문	1	보도
평가범주	1.3	보행안전구역
평가항목	1.3.6	바닥 재질 및 색상

■ 세부평가기준

평가목적	보행안전구역의 바닥 재질 및 색상을 평가하여 장애인 및 노약자 등 다양한 보행자의 보행시 불편 없이 안전한 보행이 가능하도록 함
평가방법	보행안전구역의 바닥 재질 및 색상 평가
배 점	2점 (평가항목)

산출기준

- 평점 = 평가 등급에 해당하는 점수로 평가

구분	보행안전구역의 바닥 재질 및 색상	평가항목점수
최우수	우수의 성능을 만족시키며, 배수가 잘되는 도로구조 및 재질로 설치함	2.0
우 수	일반의 성능을 만족시키며, 색상 및 질감 등으로 주변과 명확한 구별이 가능함	1.6
일 반	젖은 상태에서 휠체어 바퀴 등이 미끄러지지 않고, 틈이 없는 평탄한 바닥 마감	1.4

- 보행안전구역에 블록 등의 바닥 마감재를 사용할 경우 블록의 높이차는 없어야 하며, 그 이외의 경우 인정하지 아니함
- 배수가 잘 되는 보행안전구역의 바닥 마감재는 휠체어가 원활하게 이동할 수 있는 충분한 강도를 가지고 있어야 하며, 그 이외의 경우 인정하지 아니함

■ 평가 참고자료 및 제출서류

참고자료	- 교통약자의 이동편의증진법 제10조 제2항 - 교통약자의 이동편의증진법 시행규칙 제2조 제1항 - 교통약자의 이동편의증진법 시행규칙 별표1 제3호
제출서류	예비인증	- 해당구간 보도의 배치도 - 해당구간 보도의 횡단면도 ※ 위 제출서류 중 평가항목의 조건을 만족하는 서류제출
	본인증	- 예비인증시와 동일

장애물 없는 생활환경 인증기준 - 보·차 공존도로

평가부문	1	보도
평가범주	1.3	보행안전구역
평가항목	1.3.7	바닥 설치물

■ 세부평가기준

평가목적	보행안전구역의 바닥 설치물을 평가하여 장애인 및 노약자 등 다양한 보행자의 보행시 불편 없이 안전한 보행이 가능하도록 함
평가방법	보행안전구역의 바닥 설치물 평가
배 점	2점 (평가항목)

산출기준

- 평점 = 평가 등급에 해당하는 점수로 평가

구분	보행안전구역의 바닥 설치물	평가항목점수
최우수	보행안전구역의 배수구 덮개는 높이차가 없으며, 배수구 틈새 간격이 1cm이하	2.0
우 수	보행안전구역의 배수구 덮개는 높이차가 없으며, 진행방향의 배수구 틈새 간격이 1cm이하	1.6

■ 평가 참고자료 및 제출서류

참고자료	- 교통약자의 이동편의증진법 제10조 제2항 - 교통약자의 이동편의증진법 시행규칙 제2조 제1항 - 교통약자의 이동편의증진법 시행규칙 별표1 제3호 - 행정중심복합도시의 장애물 없는 도시·건축설계 매뉴얼
제출서류	예비인증	- 해당구간 보도의 배치도 - 해당구간 보도의 횡단면도 ※ 위 제출서류 중 평가항목의 조건을 만족하는 서류제출
	본인증	- 예비인증시와 동일

장애물 없는 생활환경 인증기준 - 보·차 공존도로

평가부문	1	보도
평가범주	1.4	유도방식
평가항목	1.4.1	설치방법

■ 세부평가기준

평가목적	유도방식을 평가하여 시각장애인을 비롯한 장애인 및 노약자 등 다양한 보행자의 보행시 정확한 유도 및 안내로 안전한 단독보행이 가능하도록 함
평가방법	유도 및 경고용띠 설치방법
배 점	7점 (평가항목)

산출기준

- 평점 = 평가 등급에 해당하는 점수로 평가

구분	유도 및 경고용띠 설치방법	평가항목점수
최우수	보행안전구역을 벗어나지 않도록 양쪽 경계에 폭 0.3m이상의 유도 및 경고용띠를 사용하여 유도	7.0
우 수	유도 및 경고용띠의 경계가 명확하고 도로 설치물 등을 설치하여 장애물 구역의 역할을 하고 있는 경우	5.6

- 유도 및 경고용띠는 보행안전구역의 경계에 설치하여, 차도-장애물 구역-(자전거 도로)-유도 및 경고용띠-보행안전구역-유도 및 경고용띠 순서로 설치하는 것을 원칙으로 함
- 기존 방식인 보도의 중심에 선형블록을 사용하여 유도하는 방식을 사용하지 않는 것을 원칙으로 한다.
- 보행안전구역의 양쪽 경계에 유도 기능을 가진 일정한 형태가 연속되게 설치되어 시각장애인 등이 그 경계를 명확히 감지 할 수 있을 경우 최상급으로 평가함
  (예 : 보행안전구역 경계에 돌출물 없이 연속되게 설치된 담장, 흰 지팡이로 감지할 수 있는 일정 높이의 설치물, 안전보행구역을 침범하지 않는 일정높이의 식재대 등이 설치된 경우 등)

■ 평가 참고자료 및 제출서류

참고자료	- 교통약자의 이동편의증진법 - 행정중심복합도시의 장애물 없는 도시·건축설계 매뉴얼
제출서류	예비인증	- 해당구간 보도의 배치도 - 해당구간 보도의 횡단면도 ※ 위 제출서류 중 평가항목의 조건을 만족하는 서류제출
	본인증	- 예비인증시와 동일

⟨ 2. 도로 인증지표 및 기준 - 보·차공존⟩

장애물 없는 생활환경 인증기준 - 보·차 공존도로

평가부문	1	보도
평가범주	1.4	유도방식
평가항목	1.4.2	재질 및 색상

■ 세부평가기준

평가목적	유도방식의 재질 및 색상을 평가하여 시각장애인을 비롯한 장애인 및 노약자 등 다양한 보행자의 보행시 정확한 유도 및 안내로 안전한 단독보행이 가능하도록 함
평가방법	유도 및 경고용띠의 재질 및 색상
배점	5점 (평가항목)

산출기준
- 평점 = 평가 등급에 해당하는 점수로 평가

유도 및 경고용띠 재질 및 색상	평가항목 점수
흰지팡이 등으로 경계를 구분할 수 있는 요철을 사용하여 경관을 해치지 않고, 보행안전구역 및 자전거 도로 등과 명확하게 구분되는 색상으로 끊어짐 없이 설치	5.0

- 유도 및 경고용띠에 요철을 사용하여 그 경계를 구분할 경우 휠체어, 유모차 등 바퀴달린 이동수단의 이동이 불편하지 않도록 요철 높이차가 0.5cm이하로 하여야 하며, 이 이상으로 설치할 경우 등급외로 평가함

■ 평가 참고자료 및 제출서류

참고자료	- 교통약자의 이동편의증진법 제10조 제2항 - 교통약자의 이동편의증진법 시행규칙 제2조 제1항 - 교통약자의 이동편의증진법 시행규칙 별표1 제3호 - 행정중심복합도시의 장애물 없는 도시·건축설계 매뉴얼
제출서류 예비인증	- 해당구간 보도의 배치도 ※ 위 제출서류 중 평가항목의 조건을 만족하는 서류제출
본인증	- 예비인증시와 동일

장애물 없는 생활환경 인증기준 - 보·차 공존도로

평가부문	1	보도
평가범주	1.5	차량 진출입부
평가항목	1.5.1	재질 및 색상

■ 세부평가기준

평가목적	휠체어사용자, 시각장애인, 노인, 어린이 등 모든 보행자의 차량 진출입부의 위치 확인을 위하여 차량 진출입부의 재질 및 색상을 평가함
평가방법	차량 진출입부 재질 및 색상 평가
배점	9점 (평가항목)

산출기준
- 평점 = 평가 등급에 해당하는 점수로 평가

구분	차량 진출입부 재질 및 색상	평가항목 점수
최우수	우수의 성능을 만족하고 차도부분 차량 진출입부에 운전자가 감지할 수 있는 경고표시를 설치	9.0
우수	보행로와 차량 진출입부의 경계에 시각장애인 등이 감지할 수 있는 재질 및 색상을 사용하여 경고	7.2

- 해당구간의 모든 차량 진출입부의 설치방법의 평균점수를 평가점수로 산정함
- 해당구간에 차량 진출입부가 설치되지 않을 경우 최상급으로 평가함
- 보도부분 차량 진출입부의 경계 및 그 영역에서 시각장애인 등이 감지할 수 있는 요철을 설치할 경우, 그 요철은 0.5cm이하로 설치하여야 하며, 그 이상인 경우 보행자의 쾌적한 보행성을 고려하여 등급외로 평가함
- 차도부 차량 진출입부의 진입부 및 경계에 운전자 등이 감지할 수 있는 경고표시는 요철바닥 등 운전자에게 경고를 할 수 있도록 하는 표시임
- 차량 진출입부의 색상은 주변과 대비가 강한 색상으로, 눈부심이 없도록 설치하여야 함
- 차량의 보행안전구역으로의 진입을 막기 위하여 차량 진입억제용 말뚝은 가급적 설치하지 않는 것을 원칙으로 하고, 차량 진입억제용 말뚝이 반드시 필요하다고 고려되는 상황일 경우 유도 및 경고용띠의 영역에 설치할 수 있으므로 그 말뚝의 간격은 1.5m이상으로 하여야 함(항목 1.3.1의 차량 진입억제용 말뚝 설명 참조)

■ 평가 참고자료 및 제출서류

참고자료	- 교통약자의 이동편의증진법 제10조 제2항 - 교통약자의 이동편의증진법 시행규칙 제2조 제1항 - 교통약자의 이동편의증진법 시행규칙 별표1 제3호 - 행정중심복합도시의 장애물 없는 도시·건축설계 매뉴얼
제출서류 예비인증	- 해당구간 보도의 평면도 - 해당구간 보도의 횡단면도 ※ 위 제출서류 중 평가항목의 조건을 만족하는 서류제출
본인증	- 예비인증시와 동일

장애물 없는 생활환경 인증기준 - 보·차 공존도로

평가부문	1	보도
평가범주	1.6	보행지원시설
평가항목	1.6.1	안내시설

■ 세부평가기준

평가목적	보도의 안내시설을 평가하여 보행자가 주변의 주요시설부 혹은 지역정보, 목적지를 명확하게 알 수 있도록 함
평가방법	안내시설의 설치 위치 및 접근성
배점	7점 (평가항목)

산출기준
- 평점 = 평가 등급에 해당하는 점수로 평가

구분	안내시설의 설치 위치 및 접근성	평가항목 점수
최우수	우수의 성능을 가진 표지판에 보도 현황도 안내	7.0
우수	입식표지판(안내 표시 중심부 높이 1.5m이하, 점자병기) 등을 이용한 안내와 함께 휠체어사용자가 접근할 수 있는 위치에 높이 1.2m이하의 화면 등을 통하여 전자식 음성 및 시각안내시설 설치	5.6
일반	안내 표시 중심부 높이 1.5m이하로 점자안내를 병기하여 설치	4.9

- 보행안전구역에 안내시설이 설치되어 보행에 방해가 될 경우 등급외로 평가함
- 표지판의 상부를 15°가량 기울여 설치할 경우 입식 표지판을 1.5m이하에 설치한 것으로 평가함
- 휠체어사용자가 접근할 수 있는 위치라 함은, 전면에 평탄한 활동공간 (1.5m×1.5m)을 확보하고 조작기의 높이가 1.2m이하이며, 화면은 1.2m이하로 된 안내시설을 말하며, 바닥 높이차가 2cm이상 있을 경우 접근 불가능한 것으로 평가함
- 보도 현황이라 함은 장애인 등이 자신의 장애정도에 따라 목적지로의 접근로를 선택할 수 있도록 보도의 유효폭 및 기울기정도, 바닥높이차 정도 등 보도설치현황과 각종 편의시설 설치현황을 말함
- 안내시설은 명확하게 알아 볼 수 있는 글씨체(고딕체 또는 이와 유사한 글자체)로 그 크기는 1.5cm이상으로, 바탕과 명확히 구분되는 색상표기를 하며, 점자 등 외국어를 함께 병기하는 것을 원칙으로 함
- 야간에도 식별이 가능하도록 전체 혹은 국부 조명을 설치하여 그 식별성을 높일 수 있음
- 전자식 안내시설의 조작기는 조작이 명확한 버튼식으로 설치하는 것을 원칙으로 하며, 시각장애인 등이 사용하기 어려운 터치스크린 등을 이용한 조작기는 설치하지 않는 것을 원칙으로 함

■ 평가 참고자료 및 제출서류

참고자료	- 교통약자의 이동편의증진법 제10조 제2항 - 교통약자의 이동편의증진법 시행규칙 제2조 제1항 - 교통약자의 이동편의증진법 시행규칙 별표1
제출서류 예비인증	- 안내시설 배치도 - 안내시설 입·측면도 ※ 위 제출서류 중 평가항목의 조건을 만족하는 서류제출
본인증	- 예비인증시와 동일

장애물 없는 생활환경 인증기준 - 보·차 공존도로

평가부문	1	보도
평가범주	1.6	보행지원시설
평가항목	1.6.2	휴게시설

■ 세부평가기준

평가목적	휴게시설에서 장애인 등이 안전하고 편안하게 휴식할 수 있도록 함
평가방법	휴게시설의 설치방법 및 형태평가
배점	9점 (평가항목)

- 평점 = 평가 등급에 해당하는 세부항목 점수의 합산으로 평가
- 세부항목 - 휴게시설의 설치방법

구분	휴게시설의 설치방법	평가항목 점수
최우수	우수의 성능을 만족시키며 휴식할 수 있는 공간을 200m마다 설치하고 상부에 지붕 등을 설치함	7.0
우수	일반의 성능을 만족시키며, 휠체어사용자와 비장애인의 휴식공간을 분리하지 않고, 함께 휴식할 수 있는 공간을 200m~400m마다 설치함	5.6
일반	휠체어의 진입이 가능하고, 휴식공간 내부에서 휠체어가 회전할 수 있는 공간을 400m마다 설치함	4.9

산출기준
- 해당구간 모든 휴게시설의 평균점수를 최종 평가점수로 산정함
- 해당구간에 휴게시설이 없을 경우 최하 등급으로 평가함
- 장애인 구역이외의 공간에 휴게시설이 설치되어 보행자의 통행에 방해가 될 경우, 휴게시설은 보행장애 중 하나로 취급되며, 등급외로 평가함
- 휠체어의 진입 및 회전이 가능한 공간이 휴게시설 진입시 바닥 높이차가 없거나 2cm이하로 내부에는 평탄한 활동공간(1.5m×1.5m)을 확보하는 것을 말하며, 휴게시설 진입이 가능하지 않으면 일반 등급 휠체어의 진입이 불가한 것으로 평가함
- 휴게시설의 바닥 재질은 젖은 상태에서도 미끄러지지 않는 재질로 하여야 하며, 휠체어의 이동이 원활한 평탄한 재질로 설치하여야 함
- 휴게시설의 설치간격은 노인 및 교통약자 등을 고려하여 200m내외의 간격으로 설치하는 것을 최상등급으로 함
- 세부항목 - 휴게의자의 형태

구분	휴게의자 형태	평가항목 점수
최우수	등받이가 설치되어 있으며, 일어나기 편하도록 손잡이가 설치	2.0
우수	등받이가 설치	1.6

- 해당구간 모든 휴게의자의 평균점수를 최종 평가점수로 산정함
- 해당구간에 휴게의자가 없을 경우 최하 등급으로 평가함

■ 평가 참고자료 및 제출서류

참고자료	- 장애인·노인·임산부 등의 편의증진보장에 관한 법률 - 교통약자의 이동편의증진법 - 이영아, 진영란, 사회적 약자를 위한 도시시설확충방안 연구, 국토연구원, 2000 - 성기ения, Planungsgrundlagen Für Behindertenspezifische Sport-Und Schwimmhallenbauten, 2000, p48
제출서류 예비인증	- 해당구간 보도 휴게시설 배치도 - 휴게의자의 입·측면도 ※ 위 제출서류 중 평가항목의 조건을 만족하는 서류제출
본인증	- 예비인증시와 동일

< 2. 도로 인증지표 및 기준 - 보·차공존 >

장애물 없는 생활환경 인증기준 - 보·차 공존도로

평가부문	1	보도
평가범주	1.6	보행지원시설
평가항목	1.6.3	이용편의시설

■ 세부평가기준

평가목적	보도에 이용편의시설(공중전화 등)을 설치할 경우 교통약자의 이용에 편리하도록 함
평가방법	이용편의시설의 접근 가능성 평가
배 점	2점 (평가항목)

산출기준	• 평점 = 평가 등급에 해당하는 점수로 평가

구분	접근 가능성 평가	평가항목 점수
최우수	휠체어사용자가 접근할 수 있는 위치에 높이차 없도록 설치	2.0
우수	휠체어사용자가 접근할 수 있는 위치에 2cm이하의 높이차로 설치	1.6

- 평가대상은 보행 및 횡단에 직접적으로 관련되지 아니하고 공중전화, 휴지통, 우체통 등 보행자가 보도에서 이용할 수 있는 시설물로 보도의 설치물에 따라 다양할 수 있음
- 해당구간에 해당시설이 없을 경우 최하 등급으로 평가함
- 해당구간 모든 설치물의 평균점수를 최종 평가점수로 산정함
- 해당구간에 해당시설이 보행장애물 중 하나로 취급되며 등급외로 평가함
- 공중전화, 휴지통, 우체통 등의 설치 위치는 보행안전구역에서 명확하게 보이는 위치에 설치하여야 하며 가로수의 가지 등이 그 설치물을 가리거나 접근을 방해하지 않도록 가지치기를 실시하여야 하며, 기타 설치물로 접근 및 시야 확보가 이루어지지 않을 경우 등급외로 평가함
- 장애물 구역에 이용편의시설을 설치할 경우 그 바닥 재질은 보행안전구역의 바닥재질과 같이 젖은 상태에서도 미끄러지지 않는 재질로 하여야 하며, 그 색상은 보행안전구역과 달리 설치할 수 있음(보행안전구역의 바닥 재질 및 색상 참조 : 평가항목 1.3.6)

■ 평가 참고자료 및 제출서류

참고자료	- 교통약자의 이동편의증진법 제10조 제2항 - 교통약자의 이동편의증진법 시행규칙 제2조 제1항 - 교통약자의 이동편의증진법 시행규칙 별표1 제3호
제출서류	예비인증	- 해당구간 보도의 이용편의시설 설치 배치도 - 휴게의자의 입·측면도 ※ 위 제출서류 중 평가항목의 조건을 만족하는 서류제출
	본인증	- 예비인증시와 동일

장애물 없는 생활환경 인증기준 - 보·차 공존도로

평가부문	2	횡단시설
평가범주	2.1	횡단보도
평가항목	2.1.1	진입부의 경고방식

■ 세부평가기준

평가목적	시각장애인이 횡단보도 위치를 명확하게 감지할 수 있으며, 휠체어 등 바퀴를 사용하는 장애인, 유모차 등이 불편 없이 횡단보도로의 접근이 가능하도록 함
평가방법	횡단보도 진입부 경고방식의 평가
배 점	12점 (평가항목)

산출기준	• 평점 = 평가 등급에 해당하는 점수로 평가

구분	횡단보도 진입부 경고방식	평가항목 점수
최우수	우수의 조건을 만족하며, 대기공간(해당 보행안전구역 포함)의 재질 및 색상을 달리하여 노면에 눈부심 없는 고휘도 반사재료(발색도)를 사용	12.0
우수	횡단보도 진입부분에 점형블록을 설치	9.6

- 해당구간 모든 횡단보도의 경고방식의 평균점수를 평가점수로 산정함
- 횡단보도에 접한 보행안전구역에 재질 및 색상을 달리하여 시각장애인 등이 횡단로도 위치를 감지할 수 있도록 하여야 함
- 보도와 차도의 높이차가 있는 보차공존 도로는 시각장애인의 감지를 위하여 보도와 차도의 경계에 반드시 재질 및 색상을 달리하여야 하며, 요철을 사용할 경우에는 휠체어 등 바퀴달린 이동수단의 이동성을 위하여 그 요철 높이차는 0.5cm이하로 하여야 함

■ 평가 참고자료 및 제출서류

참고자료	- 교통약자의 이동편의증진법 제10조 제2항 - 교통약자의 이동편의증진법 시행규칙 제2조 제1항 - 교통약자의 이동편의증진법 시행규칙 별표1 제3호 - 행정중심복합도시의 장애 없는 도시·건축설계 매뉴얼
제출서류	예비인증	- 해당 횡단시설의 평면도 - 해당 횡단시설의 횡단면도 ※ 위 제출서류 중 평가항목의 조건을 만족하는 서류제출
	본인증	- 예비인증시와 동일

장애물 없는 생활환경 인증기준 - 보·차 공존도로

평가부문	2	횡단시설
평가범주	2.1	횡단보도
평가항목	2.1.2	조명의 조도

■ 세부평가기준

평가목적	횡단시설 주변의 가로등은 충분한 조도로 설치하여 보행자의 안전한 횡단이 가능하도록 함
평가방법	횡단시설 조명의 조도를 평가
배 점	6점 (평가항목)

산출기준	• 평점 = 평가 등급에 해당하는 점수로 평가

구분	조도	평가항목 점수
최우수	눈부심이 없고, 500lux이상의 조도를 가진 가로등	6.0
우수	눈부심이 없고, 100lux이상의 조도를 가진 가로등	4.8
일반	눈부심이 없고, 20lux이상의 조도를 가진 가로등	4.2

- 해당구간 모든 횡단시설 조도의 평균점수를 평가점수로 산정함
- 운전자의 횡단시설 인지성을 높이기 위하여 횡단시설 조명의 조도 및 색도를 주변과 다르게 설치할 경우 한 등급 상향 평가 함

■ 평가 참고자료 및 제출서류

참고자료	- 교통약자의 이동편의증진법 제10조 제2항 - 교통약자의 이동편의증진법 시행규칙 제2조 제1항 - 교통약자의 이동편의증진법 시행규칙 별표1 - 도로조명기준 KS A3701 - 조명기준 KS A3011
제출서류	예비인증	- 해당구간 횡단시설 조명시설 및 주변 조명시설 설치도 ※ 위 제출서류 중 평가항목의 조건을 만족하는 서류제출
	본인증	- 예비인증시와 동일

장애물 없는 생활환경 인증기준 - 보·차 공존도로

평가부문	2	횡단시설
평가범주	2.2	교통신호기
평가항목	2.2.1	설치 위치

■ 세부평가기준

평가목적	교통신호기 설치 위치를 평가하여 안전한 보행자의 횡단을 보장함
평가방법	횡단시설 교통신호기 설치 위치 평가
배 점	10점 (평가항목)

산출기준	• 평점 = 평가 등급에 해당하는 점수로 평가

교통신호기 설치 위치	평가항목 점수
횡단보도 대기공간에 위치하여, 차량을 위한 신호와 보행자를 위한 신호가 같은 위치에 설치	10.0

- 해당구간 모든 교통신호기 설치 위치의 평균점수를 평가점수로 산정함
- 차량용 신호기를 교차로 및 횡단시설 건너편 등에 설치하지 아니하고 보행자용 신호기를 같은 위치에 설치하는 것은 차량을 자발적으로 횡단시설 전면 정지선에 정지시키기 위함임
- 교통신호기 주변 가로수 등이 운전자 및 보행자의 시야를 막아서는 아니 되며, 가로수 및 기타 설치물 등으로 교통신호가 보이지 않을 경우 등급외로 평가함

■ 평가 참고자료 및 제출서류

참고자료	- 행정중심복합도시의 장애 없는 도시·건축설계 매뉴얼
제출서류	예비인증	- 해당구간 횡단보도의 배치도(교통신호기 설치 위치도) ※ 위 제출서류 중 평가항목의 조건을 만족하는 서류제출
	본인증	- 예비인증시와 동일

⟨ 2. 도로 인증지표 및 기준 – 보·차공존⟩

장애물 없는 생활환경 인증기준 - 보·차 공존도로

평가부문	2	횡단시설
평가범주	2.2	교통신호기
평가항목	2.2.2	잔여시간 표시기

■ 세부평가기준

평가목적	교통신호 옆 잔여시간 표시기를 평가하여 보행자의 안전한 횡단을 보장함
평가방법	횡단시설 교통신호 옆 잔여시간 표시기 평가
배 점	8점 (평가항목)

산출기준:
- 평점 = 평가 등급에 해당하는 점수로 평가

구분	교통신호 잔여시간 표시기	평가항목 점수
최우수	기호로 표기	8.0
우 수	숫자로 표기	6.4

- 해당구간 모든 잔여시간 표시기의 평균점수를 평가점수로 산정함
- 잔여시간 표시기는 보행자 횡단용 교통신호기와 한눈에 같이 볼 수 있는 위치에 설치하여야 함
- 잔여시간 표시기의 기호는 시간의 흐름에 따라 그 기호의 표시량이 순차적으로 줄어드는 형식으로 보행자의 횡단시 잔여시간을 한눈에 확인할 수 있는 형태로 설치하여야 하며, 숫자의 경우 멀리서도 명확히 그 숫자를 인지 할 수 있는 글씨체로 하여야 함
- 잔여시간 표시기는 숫자를 인식할 수 없는 사람도 감지할 수 있도록 기호로 설치하는 것을 권장하며 이를 최상급으로 평가함

■ 평가 참고자료 및 제출서류

참고자료	- 교통약자의 이동편의증진법 제10조 제2항 - 교통약자의 이동편의증진법 시행규칙 제2조 제1항 - 교통약자의 이동편의증진법 시행규칙 별표1 제3호
제출서류	예비인증	- 해당구간 횡단보도의 신호등 설치 상세도 ※ 위 제출서류 중 평가항목의 조건을 만족하는 서류제출
	본인증	- 예비인증시와 동일

장애물 없는 생활환경 인증기준 - 보·차 공존도로

평가부문	2	횡단시설
평가범주	2.2	교통신호기
평가항목	2.2.3	음향(진동)신호기

■ 세부평가기준

평가목적	음향(진동)신호기의 횡단가능시간 및 잔여시간 안내를 통하여 시각장애인 등의 안전한 보행가능 여부를 평가함
평가방법	음향(진동)신호기의 안내 방법 평가
배 점	7점 (평가항목)

산출기준:
- 평점 = 평가 등급에 해당하는 점수로 평가

구분	음향(진동)신호기 안내 방법	평가항목 점수
최우수	진동신호기가 설치되어 있으며, 시각장애인 개인이 소지하고 있는 리모콘식 음향신호기를 통해 횡단가능시간 및 잔여시간을 안내할 수 있도록 함	7.0
우 수	진동신호기는 녹색신호로 바뀔 때 해당 횡단시설의 진동기를 진동하여 횡단가능시간을 안내	5.6
일 반	음향신호기는 녹색신호로 바뀔 때 음향으로 안내를 하며, 녹색신호가 커져 있는 동안에는 계속 규일한 신호음	4.9

- 해당구간 모든 음향(진동)신호기의 평균점수를 평가점수로 산정함
- 음향신호기는 교차로 등에서 다른 위치에 설치된 횡단보도신호와 혼돈이 발생될 우려가 있기 때문에, 소음 공해가 되지 않으며 혼동의 우려가 없는 진동신호기를 보다 우수한 것으로 평가함
- 교차로 등의 횡단보도가 많이 설치되어 있는 곳의 음향신호기는 다른 횡단보도의 횡단가능시간 안내와 혼동되지 않도록 지향성 스피커 등을 사용할 경우 일반에서 우수로 상향 평가함

■ 평가 참고자료 및 제출서류

참고자료	- 교통약자의 이동편의증진법 제10조 제2항 - 교통약자의 이동편의증진법 시행규칙 제2조 제1항 - 교통약자의 이동편의증진법 시행규칙 별표1 제3호
제출서류	예비인증	- 해당구간 횡단보도의 신호등 설치 상세도 ※ 위 제출서류 중 평가항목의 조건을 만족하는 서류제출
	본인증	- 예비인증시와 동일

장애물 없는 생활환경 인증기준 - 보·차 공존도로

평가부문	2	횡단시설
평가범주	2.2	교통신호기
평가항목	2.2.4	보행자 우선 신호기

■ 세부평가기준

평가목적	차량 소통이 적은 도로의 횡단보도에서 보행자를 우선 횡단시킬 수 있도록 교통신호를 바꿀 수 있는 신호기 설치를 평가하여 보행자의 대기시간을 줄여 무단횡단 등을 방지하고 안전한 횡단을 확보함
평가방법	보행자 우선 신호기 설치방법 평가
배 점	7점 (평가항목)

산출기준:
- 평점 = 평가 등급에 해당하는 점수로 평가

구분	보행자 우선 신호기 설치방법	평가항목 점수
최우수	음향(진동)신호와 연동하여 조작 스위치 설치	7.0
우 수	교통신호기의 아래 높이 1.5m내외에 설치	5.6

- 보행자 우선 신호기라 함은 도로 횡단지점에서 보행자의 횡단대기시간 간격을 줄일 수 있는 조작기가 달린 신호기를 말함(차량 소통이 적은 도로 등에서 적용되어 보행자의 무단횡단을 방지하고 안전한 보행자의 횡단에 기여할 수 있음)
- 해당구간이 통행량이 보행자 임의의 교통신호를 바꾸지 못할 경우 설치하지 않아도 무방하며, 이 경우 최하급으로 평가함
- 보행자우선 신호기는 도로 신호체계를 고려하여 교차지점에는 설치하지 아니하는 것으로 함
- 음향(진동)신호와 연동된 조작 시스템이라 함은, 보행자 우선 신호기의 조작기를 누르면 음향(진동)신호와 함께 일정 시간 후 교통신호를 보행자 횡단 신호로 바꾸는 것을 말함
- 조작 스위치는 교통신호기의 아래 높이 1.5m내외에 설치하는 것을 원칙으로 하며, 조작 스위치를 설치하기 위하여 새로운 지지대 등을 설치할 경우 보행장애물이 되지 않도록 하여야 함
- 조작 스위치로의 접근을 막는 각종 장애물(도로의 각종 설치물, 노점, 간판 등)이 설치되어 있을 경우 등급외로 평가함

■ 평가 참고자료 및 제출서류

참고자료	- 교통약자의 이동편의증진법 제10조 제2항 - 교통약자의 이동편의증진법 시행규칙 제2조 제1항 - 교통약자의 이동편의증진법 시행규칙 별표1 제3호
제출서류	예비인증	- 해당구간 횡단보도의 신호등 설치 상세도 ※ 위 제출서류 중 평가항목의 조건을 만족하는 서류제출
	본인증	- 예비인증시와 동일

장애물 없는 생활환경 인증기준 - 보·차 공존도로

평가부문	2	횡단시설
평가범주	2.2	교통신호기
평가항목	2.2.5	수동식 신호조작기 설치 위치

■ 세부평가기준

평가목적	횡단가능시간 및 잔여시간을 안내하는 수동식 신호조작기(음향, 진동 신호기)의 설치 위치를 평가하여 시각장애인이 혼동없이 손쉽게 수동식 신호조작기를 사용할 수 있도록 함
평가방법	수동식 신호조작기 설치 위치 평가
배 점	6점 (평가항목)

산출기준:
- 평점 = 평가 등급에 해당하는 점수로 평가

구분	수동식 신호조작기 설치 위치	평가항목 점수
최우수	횡단보도 중심선에 위치한 교통신호기 하부에 높이 1.5m내외 설치	6.0
우 수	횡단보도로부터 1.0m이내의 지점, 높이는 바닥면으로부터 1.5m내외 설치	4.8

- 해당구간 모든 수동식 신호조작기의 설치 위치 평균점수를 평가점수로 산정함
- 수동식 신호조작기는 교통신호기의 아래 높이 1.5m내외에 설치하는 것을 원칙으로 하며, 수동식 신호기를 설치하기 위하여 새로운 지지대 등을 설치할 경우 보행장애물이 되지 않아야 함
- 수동식 신호조작기로의 접근을 막는 각종 장애물(도로의 각종 설치물, 노점, 간판 등)이 설치되어 있을 경우 등급외로 평가함

■ 평가 참고자료 및 제출서류

참고자료	- 교통약자의 이동편의증진법 제10조 제2항 - 교통약자의 이동편의증진법 시행규칙 제2조 제1항 - 교통약자의 이동편의증진법 시행규칙 별표1 제3호 - 행정중심복합도시의 장애없는 도시·건축설계 매뉴얼
제출서류	예비인증	- 해당구간 횡단보도의 신호등 설치 상세도 ※ 위 제출서류 중 평가항목의 조건을 만족하는 서류제출
	본인증	- 예비인증시와 동일

⟨ 2. 도로 인증지표 및 기준 – 보·차공존⟩

[페이지 196]

장애물 없는 생활환경 인증기준 – 보·차 공존도로

평가부문	2	횡단시설
평가범주	2.3	차량 진입억제용 말뚝
평가항목	2.3.1	설치 위치 및 간격

■ 세부평가기준

평가목적	차량 진입억제용 말뚝의 설치 위치 및 그 간격을 평가하여 말뚝의 보행장애 정도를 평가함
평가방법	차량 진입억제용 말뚝 설치 위치 및 간격 평가
배점	8점 (평가항목)

- 평점 = 평가 등급에 해당하는 점수로 평가

차량 진입억제용 말뚝 설치 위치 및 간격	평가항목 점수
차도와 횡단보도의 보행자 대기공간의 경계에 간격 1.5m이상으로 설치	8.0

- 횡단보도에 설치된 차량 진입억제용 말뚝만이 2.3.1의 평가 대상에 포함됨
- 차량 진입억제용 말뚝은 횡단보도에서 자동차의 진입을 억제하기 위하여 최소한으로 설치하는 것을 원칙으로 하여, 교통신호기 등의 설치 위치 조정 등으로 가급적 차량 진입억제용 말뚝을 설치하지 않는 방식으로 하여야 함
- 교통신호기가 횡단보도 대기공간의 중앙에 위치하여 자동차의 진입이 불가능하여 차량 진입억제용 말뚝을 설치하지 않을 경우 최상급으로 평가함

산출기준

■ 평가 참고자료 및 제출서류

참고자료	- 교통약자의 이동편의증진법 제10조 제2항 - 교통약자의 이동편의증진법 시행규칙 제2조 제1항 - 교통약자의 이동편의증진법 시행규칙 별표2
제출서류	예비인증	- 해당구간 횡단보도의 평면도 ※ 위 제출서류 중 평가항목의 조건을 만족하는 서류제출
	본인증	- 예비인증시와 동일

[페이지 197]

장애물 없는 생활환경 인증기준 – 보·차 공존도로

평가부문	2	횡단시설
평가범주	2.3	차량 진입억제용 말뚝
평가항목	2.3.2	형태 및 재질

■ 세부평가기준

평가목적	보행자의 충돌을 사전에 방지하고 충돌시 충격을 흡수할 수 있도록 차량 진입억제용 말뚝의 형태 및 재질을 평가함
평가방법	차량 진입억제용 말뚝 형태 및 재질 평가
배점	6점 (평가항목)

- 평점 = 평가 등급에 해당하는 점수로 평가

차량 진입억제용 말뚝 형태 및 재질	평가항목 점수
높이 0.8~1.0m내외, 지름은 0.1m~0.2m, 보행자·속도가 낮은 자동차의 충돌시 충격을 흡수할 수 있는 재질, 밝은 색의 반사 도료 등으로 채색	6.0

- 횡단보도에 설치된 차량 진입억제용 말뚝만이 2.3.2의 평가 대상에 포함함
- 차량 진입억제용 말뚝은 시각장애인 등 보행자의 충돌이 예상되는 구조로서 반드시 보행자의 충격을 흡수할 수 있는 재질로 설치하여야 함

산출기준

■ 평가 참고자료 및 제출서류

참고자료	- 교통약자의 이동편의증진법 제10조 제2항 - 교통약자의 이동편의증진법 시행규칙 제2조 제1항 - 교통약자의 이동편의증진법 시행규칙 별표2
제출서류	예비인증	- 차량 진입억제용 말뚝 설치 상세도 ※ 위 제출서류 중 평가항목의 조건을 만족하는 서류제출
	본인증	- 예비인증시와 동일

[페이지 198]

장애물 없는 생활환경 인증기준 – 보·차 공존도로

평가부문	3	기타시설
평가범주	3.1	승하차시설
평가항목	3.1.1	설치방법

■ 세부평가기준

평가목적	휠체어사용자 등을 포함하는 모든 보행자 등이 교통수단을 이용하기 위하여 대기하는 공간을 불편 없이 진입하고 우천 등 기후변화에 관계없이 편안하게 사용할 수 있도록 함
평가방법	대기공간의 설치방법 평가
배점	5점 (평가항목)

- 평점 = 평가 등급에 해당하는 점수로 평가

구분	대기공간 설치방법	평가항목 점수
최우수	우 수의 성능을 만족시키며, 대기 공간 상부에 지붕을 설치하여 우천시 등의 기후변화에도 편리하게 사용할 수 있도록 함	5.0
우수	대기공간이 보행로와 분리되어 보행자의 통행에 불편을 주지 않음	4.0

- 해당구간 모든 대기공간 설치방법의 평균점수를 평가점수로 산정함
- 보행안전구역과 높이차 없이 수평이동이 가능한 대기공간의 설치를 원칙으로 하며, 대기공간 진입시 바닥높이차가 2cm이상일 경우 등급외로 평가함
- 자전거 도로가 설치되어 있는 도로구조일 경우 대기공간과 면한 해당 부분의 자전거 도로는 끊어지게 되어, 보행자가 우선하게 되는 것을 원칙으로 함
- 해당구간 승하차시설이 계획되지 않을 경우의 점수산정은 승하차시설(3.1항목전체)을 제외한 전체평가점수비율을 승하차시설의 점수에 적용, 이를 평가점수로 산정함

승하차시설부문의 평가점수 $= B \times \left(\dfrac{C}{A-B}\right)$

A : 보차공존 도로 전체점수합계
B : 승하차시설부문 전체점수합계
C : 승하차시설부문을 제외한 전체평가점수

산출기준

■ 평가 참고자료 및 제출서류

참고자료	- 교통약자의 이동편의증진법 제10조 제2항 - 교통약자의 이동편의증진법 시행규칙 제2조 제1항 - 교통약자의 이동편의증진법 시행규칙 별표1 제3호 - 행정중심복합도시의 장애물 없는 도시·건축설계 매뉴얼
제출서류	예비인증	- 해당구간 승하차시설의 평면도 - 해당구간 승하차시설의 횡단면도 ※ 위 제출서류 중 평가항목의 조건을 만족하는 서류제출
	본인증	- 예비인증시와 동일

[페이지 199]

장애물 없는 생활환경 인증기준 – 보·차 공존도로

평가부문	3	기타시설
평가범주	3.1	승하차시설
평가항목	3.1.2	경고방식

■ 세부평가기준

평가목적	승하차시설의 경고시설을 평가하여 시각장애인이 혼동 없이 승하차시설의 위치를 감지할 수 있도록 함
평가방법	경고방식을 평가
배점	4점 (평가항목)

- 평점 = 평가 등급에 해당하는 점수로 평가

구분	경고방식	평가항목 점수
최우수	대기공간과 면한 보행안전구역을 다른 색상 및 다른 재질로 설치	4.0
우수	차도와 면한 대기공간에 경고블록을 사용하여 대기공간의 경계를 감지할 수 있도록 설치	3.2

- 해당구간 모든 대기공간 경고방식의 평균점수를 평가점수로 산정함
- 휠체어 등 바퀴달린 이동수단의 이동에 불편이 없도록 바닥의 요철은 5mm이하로 설치하여야 하며, 기존의 선형블록 등을 이용하여 유도하는 방식은 사용하지 않는 것을 원칙으로 함
- 해당구간에 승하차시설이 계획되지 않을 경우의 점수산정은 승하차시설(3.1항목전체)을 제외한 전체평가점수비율을 승하차시설의 점수에 적용, 이를 평가점수로 산정함

승하차시설부문의 평가점수 $= B \times \left(\dfrac{C}{A-B}\right)$

A : 보차공존 도로 전체점수합계
B : 승하차시설부문 전체점수합계
C : 승하차시설부문을 제외한 전체평가점수

산출기준

■ 평가 참고자료 및 제출서류

참고자료	- 교통약자의 이동편의증진법 제10조 제2항 - 교통약자의 이동편의증진법 시행규칙 제2조 제1항 - 교통약자의 이동편의증진법 시행규칙 별표1 제2호
제출서류	예비인증	- 해당구간 승하차시설의 평면도 - 해당구간 승하차시설의 횡단면도 ※ 위 제출서류 중 평가항목의 조건을 만족하는 서류제출
	본인증	- 예비인증시와 동일

〈 2. 도로 인증지표 및 기준 – 보·차공존 〉

장애물 없는 생활환경 인증기준 – 보·차 공존도로

평가부문	3	기타시설
평가범주	3.1	승하차시설
평가항목	3.1.3	안내시설

■ 세부평가기준

평가목적	승하차시설의 안내시설을 평가하여 장애인 및 노약자, 어린이, 외국인 등이 행선지·시간표 등 운행에 관한 정확한 정보를 습득할 수 있도록 함
평가방법	안내시설의 안내방법을 평가
배점	4점 (평가항목)

산출기준
- 평점 = 평가 등급에 해당하는 점수로 평가

구분	안내시설	평가항목 점수
최우수	우수의 성능을 지닌 안내표시와 함께 버스 도착시 음성으로 안내함	4.0
우수	일반의 성능을 지닌 안내표시와 함께 휠체어사용자가 접근할 수 있는 위치에 높이 1.2m이하의 화면 등을 통하여 전자식 음성 및 시각안내시설 설치	3.2
일반	대기공간내부에 입식표지판을 이용한 안내시설을 높이 1.5m이하로 점자안내를 병기하여 설치	2.8

- 해당구간 모든 대기공간 안내시설의 안내방법 평균점수를 평가점수로 산정함
- 안내시설은 명확하게 알아볼 수 있는 글씨체를 사용하며(고딕체 등), 영어 등 외국어를 병기하는 것을 원칙으로 함
- 휠체어사용자가 접근할 수 있는 위치의 조작기라 함은, 기기의 전면에 평탄한 활동공간(1.5m×1.5m)을 확보하고 조작기의 높이는 1.2m이하, 화면은 1.2m이하(그 이상일 경우 상단이 15°정도 기울어져 휠체어사용자가 확인할 수 있도록 하여야 함)로 된 조작기기를 말함
- 해당구간에 승하차시설이 계획되지 않을 경우의 점수산정은 승하차시설(3.1항목전체)을 제외한 전체평가점수비율을 적용, 이를 평가점수로 산정함

승하차시설부문의 평가점수 = $B \times \left(\dfrac{C}{A-B}\right)$

A : 보차공존 도로 전체점수합계
B : 승하차시설부문 전체점수합계
C : 승하차시설부문을 제외한 전체평가점수

■ 평가 참고자료 및 제출서류

참고자료	- 교통약자의 이동편의증진법 제10조 제2항 - 교통약자의 이동편의증진법 시행규칙 제2조 제1항 - 교통약자의 이동편의증진법 시행규칙 별표1 제2호
제출서류	예비인증	- 해당구간 승하차시설의 입면도 - 승하차시설 안내시설 설치상세도 ※ 위 제출서류 중 평가항목의 조건을 만족하는 서류제출
	본인증	- 예비인증시와 동일

장애물 없는 생활환경 인증기준 – 보·차 공존도로

평가부문	3	기타시설
평가범주	3.2	장애인전용주차구역
평가항목	3.2.1	설치규모 및 안내

■ 세부평가기준

평가목적	노상주차장에서의 장애인전용주차구역 확보와 그 위치의 정확한 안내를 평가하여 장애인 등이 편리하게 차량을 이용할 수 있도록 함
평가방법	장애인전용주차구역 설치규모 및 안내 평가
배점	5점 (평가항목)

산출기준
- 평점 = 평가 등급에 해당하는 점수로 평가

구분	설치규모 및 안내	평가항목 점수
최우수	우수의 성능을 만족시키며 장애인전용주차구역의 바닥색상을 달리하여 식별성을 높임	5.0
우수	주차구역 20면 이상일 경우 1면이상 장애인전용주차구역 확보, 노면과 입식표지판(중심 부분높이 1.5m~1.8m)으로 장애인전용주차구역임을 표시	4.0

- 해당구간에 주차구역이 설치되지 않아 평가 대상이 없을 경우 최하 등급으로 평가함
- 장애인 등이 주차구역에서 하차하여 보도로 접근할 수 없을 경우(안전한 접근로 미확보, 높은 높이차로 인하여 이동 불가능 등) 장애인 전용주차 구역은 설치되지 않은 것으로 평가하여야 함
- 장애인전용주차구역의 바닥 재질은 젖은 상태에서도 미끄러지지 않는 재질로, 휠체어의 통행에 불편함이 없도록 틈이 없고 평탄하게 마감하여야 함(평가항목1.3.6 참조)
- 주차구역을 계획하였으나, 20대 미만으로 계획하였을 경우의 점수산정은 장애인전용주차구역(3.2항목전체)을 제외한 전체평가점수비율을 장애인전용주차구역의 점수에 적용, 이를 평가점수로 산정함

장애인전용주차구역부문의 평가점수 = $B \times \left(\dfrac{C}{A-B}\right)$

A : 보차공존 도로 전체점수합계
B : 장애인전용주차구역부문 전체점수합계
C : 장애인전용주차구역부문을 제외한 전체평가점수

■ 평가 참고자료 및 제출서류

참고자료	- 교통약자의 이동편의증진법 제10조 제2항 - 교통약자의 이동편의증진법 시행규칙 제2조 제1항 - 교통약자의 이동편의증진법 시행규칙 별표1 제2호 - 주차장법 제6조 제1항 - 주차장법 시행규칙 제4조
제출서류	예비인증	- 노상 주차장 배치도 - 장애인전용주차구역 및 접근로 평면도·단면도 ※ 위 제출서류 중 평가항목의 조건을 만족하는 서류제출
	본인증	- 예비인증시와 동일

장애물 없는 생활환경 인증기준 – 보·차 공존도로

평가부문	3	기타시설
평가범주	3.2	장애인전용주차구역
평가항목	3.2.2	주차구역 및 안전통로

■ 세부평가기준

평가목적	노상주차장에서의 장애인 전용주차공간과 안전통로를 평가하여 장애인 등이 편리하게 차량을 이용하고 보도 등으로 이동할 수 있도록 함
평가방법	장애인전용주차구역 및 안전통로 평가
배점	7점 (평가항목)

산출기준
- 평점 = 평가 등급에 해당하는 점수로 평가

구분	장애인전용주차구역 및 안전통로	평가항목 점수
최우수	우수의 성능을 만족하고 주차구역과 측면 휠체어 등의 통행로(폭 1.0m)를 구분하여 표시함	7.0
우수	차량주차구역과 측면 휠체어 진입로의 구분 표시 없이 평행주차의 경우 폭 2.0m, 길이 6.0m이상, 직각주차의 경우 폭 3.3m 길이 5.0m이상 설치, 휠체어의 이동이 가능한 접근로가 보도로 연속적으로 연결	5.6

- 해당구간에 주차구역이 설치되지 않아 평가 대상이 없을 경우 최하 등급으로 평가함
- 휠체어의 이동이 가능한 접근로라 함은, 젖은 상태에서 미끄러지지 않는 재질로 틈이 없고 평탄하게 마감된 접근로로, 진행방향 기울기 1/18(5.56%/3.18°)이하인 접근로를 말함
- 차량주차구역과 측면 휠체어 진입로를 구분하여 설치할 경우 휠체어 진입로는 주차구역과 다른 색상 혹은 다른 재질로 설치하여야 하며, 주차구역과 바닥 높이차 없이 설치하여야 함
- 주차구역을 계획하였으나, 20대 미만으로 계획하였을 경우의 점수산정은 장애인전용주차구역(3.2항목전체)을 제외한 전체평가점수비율을 장애인전용주차구역의 점수에 적용, 이를 평가점수로 산정함

장애인전용주차구역부문의 평가점수 = $B \times \left(\dfrac{C}{A-B}\right)$

A : 보차공존 도로 전체점수합계
B : 장애인전용주차구역부문 전체점수합계
C : 장애인전용주차구역부문을 제외한 전체평가점수

■ 평가 참고자료 및 제출서류

참고자료	- 교통약자의 이동편의증진법 제10조 제2항 - 교통약자의 이동편의증진법 시행규칙 제2조 제1항 - 교통약자의 이동편의증진법 시행규칙 별표1 제2호 - 주차장법 제6조 제1항 - 주차장 시행규칙 제3조
제출서류	예비인증	- 장애인전용주차구역 및 접근로 평면도·단면도 ※ 위 제출서류 중 평가항목의 조건을 만족하는 서류제출
	본인증	- 예비인증시와 동일

장애물 없는 생활환경 인증기준 – 보·차 공존도로

평가부문	3	기타시설
평가범주	3.3	속도저감시설
평가항목	3.3.1	속도저감시설 – 개요

■ 세부평가기준

평가목적	자동차의 속도를 낮추도록 유도하여 보행자의 보행 및 횡단시 안전성을 높일 수 있도록 속도저감시설을 평가함
평가방법	각 속도저감시설(지그재그형태의 도로, 차도 폭 좁힘, 요철포장, 과속방지턱)의 세부항목을 평가
배점	

산출기준
- 평점 = 세부항목(지그재그형태의 도로, 차도 폭 좁힘, 요철포장, 과속방지턱) 평가 등급에 해당하는 점수를 적용하여 평가
- 해당구간에 지그재그형태의 도로, 차도 폭 좁힘, 요철포장, 과속방지턱 중 설치된 방법의 각 평가 점수를 속도저감시설의 점수로 산정함
- 해당구간 모든 속도저감시설의 평균점수를 평가점수로 산정함
- 속도저감시설은 보행자의 안전과 관련하여 도로관리청이 필요하다고 판단되는 장소에 한하여 설치함
  • 학교앞, 유치원, 어린이놀이터, 근린공원, 마을통과지점 등으로 차량의 속도를 저속으로 규제할 필요가 있는 구간
  • 공동주택, 근린상업시설, 학교, 병원, 종교시설 등 차량의 출입이 많아 속도규제가 필요하다고 판단되는 도로
  • 차량의 통행속도를 30km/h이하로 제한할 필요가 있다고 인정되는 도로
- 속도저감시설의 설치장소가 아닐 경우 속도저감시설(3.3.2항목)은 최상등급으로 평가함
- 해당구간에 지그재그형태의 도로, 차도 폭 좁힘, 요철포장, 과속방지턱 중 2개 이상의 방법이 적용되었을 경우, 각각의 점수를 산정하여 평균점수로 속도저감시설의 점수로 산정함

〈 2. 도로 인증지표 및 기준 - 보·차공존〉

장애물 없는 생활환경 인증기준 - 보·차 공존도로

평가부문	3	기타시설
평가범주	3.3	속도저감시설
평가항목	3.3.1	속도저감시설 - 지그재그형태 도로

■ 세부평가기준

평가목적	안전하고 쾌적한 보행을 위하여 차량 소통이 적은 도로에서의 속도저감시설(지그재그 형태의 도로)의 적용여부 및 그 설치방법을 평가함
평가방법	지그재그 형태 도로의 적용성 및 설치방법
배점	5점 (평가항목)
산출기준	• 평점 = 평가 등급에 해당하는 점수로 평가 | 지그재그형태 도로	평가항목 점수
도로의 형태를 지그재그 형태로 하여 차량의 속도를 감속시킴	5.0 | - 속도저감시설이 설치된 구역의 진입부분에는 운전자가 속도저감시설의 설치 여부와 그 종류를 확인할 수 있도록 입식표지판, 바닥 표시 등으로 안내 및 경고를 하여야 함 - 지그재그 형태의 도로를 적용할 경우 충분한 도로 폭과 길이를 확보하여 차량이 정체 없이 운행할 수 있도록 하여야 함 - 보행안전로는 지그재그 형태의 도로와 관계없이 직선의 형태를 유지하여야 함

■ 평가 참고자료 및 제출서류

참고자료	- 교통약자의 이동편의증진법 제10조 제2항 - 교통약자의 이동편의증진법 시행규칙 제2조 제1항 - 교통약자의 이동편의증진법 시행규칙 별표2
제출서류	예비인증	- 해당구간 보도의 평면도 ※ 위 제출서류 중 평가항목의 조건을 만족하는 서류제출
	본인증	- 예비인증시와 동일

장애물 없는 생활환경 인증기준 - 보·차 공존도로

평가부문	3	기타시설
평가범주	3.3	속도저감시설
평가항목	3.3.1	속도저감시설 - 차도 폭 좁힘

■ 세부평가기준

평가목적	안전하고 쾌적한 보행을 위하여 차량 소통이 적은 도로에서의 속도저감시설(차도 폭 좁힘)의 적용여부 및 그 설치방법을 평가함
평가방법	차도 폭 좁힘 방식의 적용성 및 설치방법
배점	5점 (평가항목)
산출기준	• 평점 = 평가 등급에 해당하는 점수로 평가 | 차도 폭 좁힘	평가항목 점수
일정 구간 마다 한 개 차로를 좁혀 차량의 속도를 좁힘	5.0 | - 속도저감시설이 설치된 구역의 진입부분에는 운전자가 속도저감시설의 설치 여부와 그 종류를 확인할 수 있도록 입식표지판, 바닥 표시 등으로 안내 및 경고를 하여야 함 - 야간, 짙은 안개 등 시야 확보가 어려운 경우에도 운전자가 차도 폭이 좁혀진 위치를 사전에 정확히 감지할 수 있도록 차도 폭이 좁혀진 위치에 고휘도의 발색도료 등을 이용하여 안내 및 경고 표시를 하여야 함 - 차량이 정해진 차로로만 운행을 하도록 차도 폭이 좁혀진 구역이외의 차도에는 중앙분리대 등을 설치할 수 있음

■ 평가 참고자료 및 제출서류

참고자료	- 교통약자의 이동편의증진법 제10조 제2항 - 교통약자의 이동편의증진법 시행규칙 제2조 제1항 - 교통약자의 이동편의증진법 시행규칙 별표2
제출서류	예비인증	- 해당구간 보도의 평면도 ※ 위 제출서류 중 평가항목의 조건을 만족하는 서류제출
	본인증	- 예비인증시와 동일

장애물 없는 생활환경 인증기준 - 보·차 공존도로

평가부문	3	기타시설
평가범주	3.3	속도저감시설
평가항목	3.3.1	속도저감시설 - 요철 포장

■ 세부평가기준

평가목적	안전하고 쾌적한 보행을 위하여 차량 소통이 적은 도로에서의 속도저감시설(요철 포장)의 적용여부 및 그 설치방법을 평가함
평가방법	요철 포장 방식의 적용성 및 설치방법
배점	5점 (평가항목)
산출기준	• 평점 = 평가 등급에 해당하는 점수로 평가 | 요철 포장	평가항목 점수
일정구간에 바닥을 요철있는 재질로 설치하여 차량의 속도를 감속시킴	5.0 | - 속도저감시설이 설치된 구역의 진입부분에는 운전자가 속도저감시설의 설치 여부와 그 종류를 확인할 수 있도록 입식표지판, 바닥 표시 등으로 안내 및 경고를 하여야 함 - 요철포장을 할 경우 차량의 승차감을 위하여 그 요철 높이차는 0.5cm이하로 설치하여야 함

■ 평가 참고자료 및 제출서류

참고자료	- 교통약자의 이동편의증진법 제10조 제2항 - 교통약자의 이동편의증진법 시행규칙 제2조 제1항 - 교통약자의 이동편의증진법 시행규칙 별표2
제출서류	예비인증	- 해당구간 보도의 평면도 - 해당구간 보도의 횡단면도 ※ 위 제출서류 중 평가항목의 조건을 만족하는 서류제출
	본인증	- 예비인증시와 동일

장애물 없는 생활환경 인증기준 - 보·차 공존도로

평가부문	3	기타시설
평가범주	3.3	속도저감시설
평가항목	3.3.1	속도저감시설 - 과속방지턱

■ 세부평가기준

평가목적	안전하고 쾌적한 보행을 위하여 차량 소통이 적은 도로에서의 속도저감시설(과속방지턱)의 적용여부 및 그 설치방법을 평가함
평가방법	과속방지턱 설치방법
배점	5점 (평가항목)
산출기준	• 평점 = 평가 등급에 해당하는 점수로 평가 | 과속 방지턱	평가항목 점수
길이 3.6m, 높이 0.1m의 원호형태로 차도폭의 여유공간이 발생하지 않도록 설치	5.0 | - 속도저감시설이 설치된 구역의 진입부분에는 운전자가 속도저감시설의 설치 여부와 그 종류를 확인할 수 있도록 입식표지판, 바닥 표시 등으로 안내 및 경고를 하여야 함 - 차도에 차량이 과속방지턱을 피해갈 수 있는 여유공간이 확보되면 해당구간은 과속방지턱이 설치되지 않은 것으로 평가함

■ 평가 참고자료 및 제출서류

참고자료	- 교통약자의 이동편의증진법 제10조 제2항 - 교통약자의 이동편의증진법 시행규칙 제2조 제1항 - 교통약자의 이동편의증진법 시행규칙 별표2 - 도로 관리 지침
제출서류	예비인증	- 해당구간 보도의 평면도 - 해당구간 보도의 횡단면도 ※ 위 제출서류 중 평가항목의 조건을 만족하는 서류제출
	본인증	- 예비인증시와 동일

⟨ 2. 도로 인증지표 및 기준 - 보행자전용⟩

장애물 없는 생활환경 인증기준 - 보·차 공존도로

평가부문	4	종합평가
평가범주		
평가항목		

■ 세부평가기준

평가목적	해당 시설의 편의시설 설치현황을 평가하여 장애인 및 노약자 등 다양한 사용자가 해당시설에 접근하여 이용하는데 불편함이 없도록 함
평가방법	편의시설 설치의 종합적 평가
배점	5% (평가항목의 총점기준)
산출기준	• 평점 = 편의시설의 평가등급에 해당하는 평가항목 점수로 평가 | 구분	편의시설 평가	평가항목 점수
---	---	---
등급 구분 없음	※ 심사위원의 평가내용을 자필로 기입		

■ 평가 참고자료 및 제출서류

참고자료	○ 가산항목 - 여성휴게실(모유수유실 등) 설치 - 다목적 화장실 설치 - 해당없음 항목을 적합하게 설치 - 그 외 추가 시설을 설치한 경우 · 시각장애인을 위한 핸드레일조명등 설치 · 안내표시가 경로를 따라 찾기 쉽게 설치 등
제출서류	예비인증	- 해당 없음
	본인증	- 해당 없음

---

5. 보행자전용 도로

범주		평가항목	평가기준	분류번호	배점
1. 보도	1.1 장애물 구역	1.1.1 설치 위치 및 방법	장애물 구역의 설치 위치 및 보행안전구역과의 분리 평가	PR1-01-01	10
		1.1.2 유효폭	보도의 각종 편의시설 설치공간으로서의 유효폭의 적절성 평가	PR1-01-02	10
	1.2 보행 안전구역	1.2.1 설치방법	안전하고 편리한 보행을 위한 보행안전구역의 위치 및 보행장애물 설치 여부 평가	PR1-02-01	10
		1.2.2 유효폭 및 교행구간	보행자의 불편 없고 쾌적한 통행로로서의 유효폭의 적절성 평가 및 휠체어 등의 교행가능 구간 설치 여부 평가	PR1-02-02	10
		1.2.3 기울기 및 휴식참	안전하고 불편 없는 보행안전구역의 기울기 정도 및 휴식참 설치 여부 평가	PR1-02-03	10
		1.2.4 연속성	안전한 보행을 위한 보행안전구역의 연속성 평가	PR1-02-04	8
		1.2.5 유효안전높이	안전한 보행을 위한 보행안전구역의 수직적 공간 확보 정도 평가	PR1-02-05	3
		1.2.6 바닥 재질 및 색상	안전한 보행안전구역의 재질 및 기타 도로와의 구별 가능 정도 평가	PR1-02-06	3
		1.2.7 바닥 설치물	안전한 보행을 위하여 배수구 덮개, 맨홀 등 바닥 설치물의 설치 정도 평가	PR1-02-07	3
	1.3 유도방식	1.3.1 설치방법	휠체어 등 바퀴 달린 이동수단사용자 등 다양한 보행자의 보행쾌적성, 시각장애인 등의 감지 가능성 평가	PR1-03-01	8
		1.3.2 재질 및 색상	시각장애인 등의 보행안전구역 경계 명확한 감지 가능성 평가	PR1-03-02	5
	1.4 보행 지원시설	1.4.1 안내시설	주요시설물, 목적지를 안내하는 시설물의 안내 명확성 평가	PR1-04-01	6
		1.4.2 휴게시설	노인, 어린이, 휠체어 등 바퀴달린 이동수단의 휴게공간으로의 접근성과 차별정도, 사용편리성 평가	PR1-04-02	12
		1.4.3 이용편의시설	공중전화 등 보도의 각종 이용편의시설의 접근성 및 사용성 평가	PR1-04-03	2
2. 종합평가			5% (평가항목의 총점기준)	PR2-01-01	
총 지표수		14	총 배점		100

장애물 없는 생활환경 인증기준 - 보행자 전용도로

평가부문	1	보도
평가범주	1.1	장애물 구역
평가항목	1.1.1	설치 위치 및 방법

■ 세부평가기준

평가목적	장애물 구역의 설치 적절성을 평가하여 장애인 및 노약자 등 다양한 사용자가 보행시 장애물의 간섭 없이 안전하고 편리하게 보행이 가능하도록 함
평가방법	장애물 구역의 설치 위치 및 방법 평가
배점	10점 (평가항목)
산출기준	• 평점 = 평가 등급에 해당하는 점수로 평가 | 구분	장애물 구역의 설치 위치 및 방법	평가항목 점수
---	---	---
최우수	장애물 구역이 식재대·녹지대 등으로 활용되어 보도미관 증진에 도움됨	10.0
우수	장애물 구역이 경계석이나 색상, 띠 등으로 구분되어 설치	8.0
일반	장애물 구역이 경계의 구분없이 설치	7.0	 - 장애물 구역은 차도와 연접하여, 차도-장애물 구역-(자전거 도로)-유도 및 경고용 띠-보행안전구역-유도 및 경고용띠 순서로 설치하는 것을 원칙으로 함 - 위 순서에 따르지 아니할 경우 우수 이상으로 평가하지 아니함 - 장애물 구역은 보도의 각종 설치물의 설치장소로 보도상의 각종 설치물이 장애물 구역이외의 구역(자전거 도로, 보행안전구역 등)에 설치 될 경우 등급외로 평가함

■ 평가 참고자료 및 제출서류

참고자료	- 교통약자의 이동편의증진법 - 행정중심복합도시의 장애물 없는 도시·건축설계 매뉴얼
제출서류	예비인증	- 해당구간 보도의 배치도 - 해당구간 보도의 횡단면도 ※ 위 제출서류 중 평가항목의 조건을 만족하는 서류제출
	본인증	- 예비인증시와 동일

장애물 없는 생활환경 인증기준 - 보행자 전용도로

평가부문	1	보도
평가범주	1.1	장애물 구역
평가항목	1.1.2	유효폭

■ 세부평가기준

평가목적	장애물 구역의 유효폭을 평가하여 도로의 각종 설치물의 충분한 설치장소를 확보하도록 하며, 장애인 및 노약자 등 다양한 사용자의 보행시 장애물의 간섭 없이 안전하고 편리하게 보행이 가능하도록 함
평가방법	장애물 구역의 유효폭 평가
배점	10점 (평가항목)
산출기준	• 평점 = 평가 등급에 해당하는 점수로 평가 | 구분	장애물 구역의 유효폭	평가항목 점수
---	---	---
최우수	장애물 구역 유효폭 2.0m이상	10.0
우수	장애물 구역 유효폭 1.5m이상	8.0
일반	장애물 구역 유효폭 0.9m이상	7.0	 - 장애물 구역은 일정한 유효폭을 유지하여야 하며, 해당평가구간의 장애물 구역의 최소 유효폭으로 등급을 평가 - 기존 도시내 도로 및 신규 계획 도시 단독주택지역내 2차로의 경우 장애물 구역의 폭원이 0.9m이하라도 보행 가능 도로 구간에 설치된 장애물의 최대폭을 기준으로 장애물 구역을 설치한 경우 일반으로 평가함

■ 평가 참고자료 및 제출서류

참고자료	- 교통약자의 이동편의증진법 - 행정중심복합도시의 장애물 없는 도시·건축설계 매뉴얼
제출서류	예비인증	- 해당구간 보도의 배치도 - 해당구간 보도의 횡단면도 ※ 위 제출서류 중 평가항목의 조건을 만족하는 서류제출
	본인증	- 예비인증시와 동일

⟨ 2. 도로 인증지표 및 기준 - 보행자전용⟩

장애물 없는 생활환경 인증기준 - 보행자 전용도로

평가부문	1	보도
평가범주	1.2	보행안전구역
평가항목	1.2.1	설치방법

■ 세부평가기준

평가목적	보행안전구역의 기타 도로 설치물과의 분리를 평가하여 장애인 및 노약자 등 다양한 보행자의 이동 및 접근시 장애물의 간섭 없이 안전하고 편리한 보행이 가능하도록 함
평가방법	보행안전구역의 설치방법 평가
배점	10점 (평가항목)

- 평점 = 평가 등급에 해당하는 점수로 평가

구분	보행안전구역의 설치방법	평가항목 점수
최우수	우 수의 성능을 만족시키며 맨홀뚜껑, 배수구덮개 등을 포함하는 어떠한 보행장애물도 설치되어 있지 않음	10.0
우 수	일 반의 성능을 만족하며 보행안전구역의 설치순서원칙에 적합함	8.0
일 반	보행안전구역은 차도, 자전거 도로와 분리되며, 규정에 적합한 바닥 설치물을 제외한 다른 보행장애물이 설치되어 있지 않음	7.0

산출기준	- 보행안전구역은 차도-장애물 구역-(자전거 도로)-유도 및 경고용띠 순서로 설치하는 것을 원칙으로 함(단, 자전거 도로와 보행안전구역의 설치 위치가 바뀔 경우 보행자의 안전성이 확보되지 않으므로 일반으로 평가함) - 보행장애물이라 함은 보행자의 보행을 방해하는 설치물로 보행안전구역에 설치된 차량억제용 말뚝, 가로등, 가로수, 벤치, 각종 전기 등의 단자함, 쓰레기통, 소화전 등 도로에 설치되는 각종 설치물을 말함 - 차량 진입억제용 말뚝은 보행자의 보행을 방해하지 않는 위치에, 필요한 장소에만 설치하고 그 이외의 장소에는 설치하지 않는 것을 원칙으로 함 - 보행자의 진행방향과 직각으로 차량 진입억제용 말뚝을 설치할 경우에는 보행장애물로 취급하며, 차도와의 분리 등을 위하여 보행안전구역과 나란하게 설치하여 보행자의 보행에 큰 지장을 주지 않을 경우 보행장애물로 취급하지 아니함 - 규정에 적합한 바닥 설치물이라 함은 높이차 없이 설치되어 보행시 불편 혹은 위험 요소가 없는 맨홀뚜껑, 배수구 덮개 등을 말함(평가 항목 1.2.7 참조)

■ 평가 참고자료 및 제출서류

참고자료	- 교통약자의 이동편의증진법 제10조 제2항 - 교통약자의 이동편의증진법 시행규칙 제2조 제1항 - 교통약자의 이동편의증진법 시행규칙 별표1 제3호 - 행정중심복합도시의 장애물 없는 도시·건축설계 매뉴얼
제출서류 예비인증	- 해당구간 보도의 배치도 - 해당구간 보도의 횡단면도 ※ 위 제출서류 중 평가항목의 조건을 만족하는 서류제출
본인증	- 예비인증시와 동일

장애물 없는 생활환경 인증기준 - 보행자 전용도로

평가부문	1	보도
평가범주	1.2	보행안전구역
평가항목	1.2.2	유효폭 및 교행구간

■ 세부평가기준

평가목적	보행안전구역의 유효폭 및 교행구간을 평가하여 장애인 및 노약자 등 다양한 보행자의 보행시 불편 없이 안전한 보행이 가능하도록 함
평가방법	보행안전구역의 유효폭 및 교행구간 평가
배점	10점 (평가항목)

- 평점 = 평가 등급에 해당하는 점수로 평가

구분	보행안전구역의 유효폭 및 교행구간	평가항목 점수
최우수	보행안전구역 유효폭 2.0m이상	10.0
우 수	보행안전구역 유효폭 1.5m이상	8.0
일 반	보행안전구역 유효폭 1.2m이상	7.0

산출기준	- 평가 대상 구역 중 가장 좁은 보행안전구역의 유효폭을 기준으로 해당 구역의 보행안전구역의 유효폭을 평가함 - 입체횡단시설, 도시철도 및 광역전철 출입구 등으로 인하여 보행안전구역의 유효폭이 축소되어서는 아니됨 - 기존도시에서 도시철도 및 광역 전철 출입구 등으로 보도의 폭이 제한될 경우에도 보행안전구역은 최소 1.2m이상을 유지하여야 함

■ 평가 참고자료 및 제출서류

참고자료	- 교통약자의 이동편의증진법 제10조 제2항 - 교통약자의 이동편의증진법 시행규칙 제2조 제1항 - 교통약자의 이동편의증진법 시행규칙 별표1 제3호
제출서류 예비인증	- 해당구간 보도의 배치도 - 해당구간 보도의 횡단면도 ※ 위 제출서류 중 평가항목의 조건을 만족하는 서류제출
본인증	- 예비인증시와 동일

장애물 없는 생활환경 인증기준 - 보행자 전용도로

평가부문	1	보도
평가범주	1.2	보행안전구역
평가항목	1.2.3	기울기 및 휴식참

■ 세부평가기준

평가목적	보행안전구역의 기울기 및 휴식참을 평가하여 장애인 및 노약자 등 다양한 보행자가 자력으로 안전한 보행이 가능하도록 함
평가방법	보행안전구역의 기울기 및 휴식참 평가
배점	10점 (평가항목)

- 평점 = 평가 등급에 해당하는 점수로 평가

구분	보행안전구역의 기울기 및 휴식참	평가항목 점수
최우수	보행안전구역은 단차없이 진행방향 기울기 1/24 (4.17%/2.39°)이하	10.0
우 수	보행안전구역은 단차없이 진행방향 기울기 1/18 (5.56%/3.18°)이하, 50m마다 1.5m×1.5m의 수평 휴식참 설치	8.0
일 반	단차 2cm이하, 진행방향 기울기 1/12(8.33%/4.76°)이하이며, 30m마다 1.5m×1.5m의 수평 휴식참 설치	7.0

산출기준	- 평가 대상 구역 중 가장 가파른 경사도를 기준으로 해당 구역의 보행안전구역 기울기를 평가함 - 보행안전구역의 좌우기울기는 없는 것을 원칙으로 하며, 지형지물상 불가피할 경우 혹은 배수 등을 위한 경우에는 1/50(2%/1.15°)이하를 유지하여야 함

■ 평가 참고자료 및 제출서류

참고자료	- 교통약자의 이동편의증진법 제10조 제2항 - 교통약자의 이동편의증진법 시행규칙 제2조 제1항 - 교통약자의 이동편의증진법 시행규칙 별표1 제3호
제출서류 예비인증	- 해당구간 보도의 배치도 - 해당구간 보도의 횡단면도 ※ 위 제출서류 중 평가항목의 조건을 만족하는 서류제출
본인증	- 예비인증시와 동일

장애물 없는 생활환경 인증기준 - 보행자 전용도로

평가부문	1	보도
평가범주	1.2	보행안전구역
평가항목	1.2.4	연속성

■ 세부평가기준

평가목적	보행안전구역의 연속된 설치를 평가하여 장애인 및 노약자 등 다양한 보행자의 보행시 차량 및 기타 장애물의 간섭 없이 안전하고 편리한 보행이 가능하도록 함
평가방법	보행안전구역의 연속성 평가
배점	8점 (평가항목)

- 평점 = 평가 등급에 해당하는 점수로 평가

구분	보행안전구역의 연속성	평가항목 점수
	보행안전구역은 진행방향으로 연속되게 설치	8.0

산출기준	- 보행안전구역의 연속된 설치란 진행방향으로 기울기 1/18(5.56%/3.18°)이하로 바닥 높이차가 없이(혹은 2cm이하) 설치됨을 말함 - 교차로 및 차량 진출입구 등의 계획을 차량의 소통보다 보행자의 안전을 우선하도록 설치할 경우(규정에 적합한 보행섬식횡단방식 설치, 보행안전구역의 평탄성 유지 등) 보행안전구역은 연속하게 설치한 것으로 평가하며, 그 이외의 경우는 등급외로 평가함

■ 평가 참고자료 및 제출서류

참고자료	- 교통약자의 이동편의증진법 제10조 제2항 - 교통약자의 이동편의증진법 시행규칙 제2조 제1항 - 교통약자의 이동편의증진법 시행규칙 별표1 제3호 - 행정중심복합도시의 장애물 없는 도시·건축설계 매뉴얼
제출서류 예비인증	- 해당구간 보도의 배치도 - 해당구간 보도의 횡단면도 ※ 위 제출서류 중 평가항목의 조건을 만족하는 서류제출
본인증	- 예비인증시와 동일

< 2. 도로 인증지표 및 기준 – 보행자전용>

[표 1]

장애물 없는 생활환경 인증기준 – 보행자 전용도로		
평가부문	1	보도
평가범주	1.2	보행안전구역
평가항목	1.2.5	유효안전높이

■ 세부평가기준

평가목적	보행안전구역의 유효안전높이를 평가하여 장애인 및 노약자 등 다양한 보행자의 보행시 불편 없이 안전한 보행이 가능하도록 함
평가방법	보행안전구역의 유효안전높이 평가
배 점	3점 (평가항목)

산출기준
- 평점 = 평가 등급에 해당하는 점수로 평가

구분	보행안전구역의 유효안전높이	평가항목 점수
최우수	높이 2.5m의 유효안전높이 확보	3.0
우 수	높이 2.1m의 유효안전높이 확보	2.4

- 가로수의 가지치기도 평가 대상에 포함되어 2.5m이하로 뻗어 나온 가로수는 가지치기를 실시하여야 함
- 보행안전구역의 공간은 어떠한 상황에서도 비워져 있어야 하며, 상점의 입간판 설치 등 보도의 관리가 적절하게 이루어지지 않을 경우에도 등급으로 평가하여, 보행자를 위한 안내시설 등을 설치할 경우에도 보행안전구역을 침범하지 않도록 고려하여야 함

■ 평가 참고자료 및 제출서류

참고자료	- 교통약자의 이동편의증진법 제10조 제2항 - 교통약자의 이동편의증진법 시행규칙 제2조 제1항 - 교통약자의 이동편의증진법 시행규칙 별표1 제3호
제출서류	예비인증	- 해당구간 보도의 배치도 - 해당구간 보도의 횡단면도 ※ 위 제출서류 중 평가항목의 조건을 만족하는 서류제출
	본인증	- 예비인증시와 동일

[표 2]

장애물 없는 생활환경 인증기준 – 보행자 전용도로		
평가부문	1	보도
평가범주	1.2	보행안전구역
평가항목	1.2.6	바닥 재질 및 색상

■ 세부평가기준

평가목적	보행안전구역의 바닥 재질 및 색상을 평가하여 장애인 및 노약자 등 다양한 보행자의 보행시 불편 없이 안전한 보행이 가능하도록 함
평가방법	보행안전구역의 바닥 재질 및 색상 평가
배 점	3점 (평가항목)

산출기준
- 평점 = 평가 등급에 해당하는 점수로 평가

구분	보행안전구역의 바닥 재질 및 색상	평가항목 점수
최우수	우수의 성능을 만족시키며, 배수가 잘되는 도로구조 및 재질로 설치함	3.0
우 수	일반의 성능을 만족시키며, 색상 및 질감 등으로 주변과 명확한 구별이 가능함	2.4
일 반	젖은 상태에서 휠체어 바퀴 등이 미끄러지지 않고, 틈이 없는 평탄한 바닥 마감	2.1

- 보행안전구역에 블록 등의 바닥 마감재를 사용할 경우 블록의 높이차는 없어야 하며, 그 이외의 경우 인정하지 아니함
- 배수가 잘 되는 보행안전구역의 바닥 마감재는 휠체어가 원활하게 이동할 수 있는 충분한 경도를 가지고 있어야 하며, 그 이외의 경우 인정하지 아니함

■ 평가 참고자료 및 제출서류

참고자료	- 교통약자의 이동편의증진법 제10조 제2항 - 교통약자의 이동편의증진법 시행규칙 제2조 제1항 - 교통약자의 이동편의증진법 시행규칙 별표1 제3호
제출서류	예비인증	- 해당구간 보도의 배치도 - 해당구간 보도의 횡단면도 ※ 위 제출서류 중 평가항목의 조건을 만족하는 서류제출
	본인증	- 예비인증시와 동일

[표 3]

장애물 없는 생활환경 인증기준 – 보행자 전용도로		
평가부문	1	보도
평가범주	1.2	보행안전구역
평가항목	1.2.7	바닥 설치물

■ 세부평가기준

평가목적	보행안전구역의 바닥 설치물을 평가하여 장애인 및 노약자 등 다양한 보행자의 보행시 불편 없이 안전한 보행이 가능하도록 함
평가방법	보행안전구역의 바닥 설치물 평가
배 점	3점 (평가항목)

산출기준
- 평점 = 평가 등급에 해당하는 점수로 평가

구분	보행안전구역의 바닥 설치물	평가항목 점수
최우수	보행안전구역의 배수구 덮개는 높이차가 없으며, 배수구 틈새 간격이 1cm이하	3.0
우 수	보행안전구역의 배수구 덮개는 높이차가 없으며, 진행방향의 배수구 틈새 간격이 1cm이하	2.4

■ 평가 참고자료 및 제출서류

참고자료	- 교통약자의 이동편의증진법 제10조 제2항 - 교통약자의 이동편의증진법 시행규칙 제2조 제1항 - 교통약자의 이동편의증진법 시행규칙 별표1 제3호
제출서류	예비인증	- 해당구간 보도의 배치도 - 해당구간 보도의 횡단면도 ※ 위 제출서류 중 평가항목의 조건을 만족하는 서류제출
	본인증	- 예비인증시와 동일

[표 4]

장애물 없는 생활환경 인증기준 – 보행자 전용도로		
평가부문	1	보도
평가범주	1.3	유도방식
평가항목	1.3.1	설치방법

■ 세부평가기준

평가목적	유도방식을 평가하여 시각장애인을 비롯한 장애인 및 노약자 등 다양한 보행자의 보행시 정확한 유도 및 안내로 안전한 단독보행이 가능하도록 함
평가방법	유도 및 경고용띠 설치방법
배 점	8점 (평가항목)

산출기준
- 평점 = 평가 등급에 해당하는 점수로 평가

구분	유도 및 경고용띠 설치방법	평가항목 점수
최우수	보행안전구역을 벗어나지 않도록 양쪽 경계에 폭 0.3m 이상의 유도 및 경고용띠를 사용하여 유도	8.0
우 수	유도 및 경고용띠의 경계가 명확하고 도로 설치물 등을 설치하여 보행안전구역의 역할을 하고 있는 경우	6.4

- 유도 및 경고용띠는 보행안전구역의 경계에 설치하여, 차도-장애물 구역-(자전거도로)-유도 및 경고용띠-보행안전구역-유도 및 경고용띠 순서로 설치하는 것을 원칙으로 함
- 보도의 중심에 선형블록을 사용하여 유도하는 방식을 사용하지 않는 것을 원칙으로 한다.
- 보행안전구역의 양쪽 경계에 유도 기능을 가진 일정한 형태가 연속되게 설치되어 시각장애인 등이 그 경계를 명확히 감지 할 수 있을 경우 최상급으로 평가함
(예 : 보행안전구역 경계에 돌출물 없이 연속되게 설치된 담장, 흰 지팡이로 감지할 수 있는 일정 높이의 설치물, 안전보행구역을 침범하지 않는 일정높이의 식재대 등이 설치된 경우 등)

■ 평가 참고자료 및 제출서류

참고자료	- 교통약자의 이동편의증진법 - 행정중심복합도시의 장애물 없는 도시・건축설계 매뉴얼
제출서류	예비인증	- 해당구간 보도의 배치도 - 해당구간 보도의 횡단면도 ※ 위 제출서류 중 평가항목의 조건을 만족하는 서류제출
	본인증	- 예비인증시와 동일

⟨ 2. 도로 인증지표 및 기준 – 보행자전용⟩

장애물 없는 생활환경 인증기준 – 보행자 전용도로

평가부문	1	보도
평가범주	1.3	유도방식
평가항목	1.3.2	재질 및 색상

■ 세부평가기준

평가목적	유도방식의 재질 및 색상을 평가하여 시각장애인을 비롯한 장애인 및 노약자 등 다양한 보행자의 보행시 정확한 유도 및 안내로 안전한 단독보행이 가능하도록 함
평가방법	유도 및 경고용띠의 재질 및 색상
배 점	5점 (평가항목)

산출기준

- 평점 = 평가 등급에 해당하는 점수로 평가

유도 방식 재질 및 색상	평가항목 점수
흰지팡이 등으로 경계를 구분할 수 있는 요철을 사용하여 경관을 해치지 않고, 보행안전구역 및 자전거 도로 등과 명확하게 구분되는 색상으로 끊어짐 없이 설치	5.0

- 유도 및 경고용띠에 요철을 사용하여 그 경계를 구분할 경우 휠체어, 유모차 등 바퀴달린 이동수단의 이동이 불편하지 않도록 요철 높이차가 0.5cm이하로 하여야 하며, 그 이상으로 설치할 경우 등급외로 평가함

■ 평가 참고자료 및 제출서류

참고자료	- 교통약자의 이동편의증진법 제10조 제2항 - 교통약자의 이동편의증진법 시행규칙 제2조 제1항 - 교통약자의 이동편의증진법 시행규칙 별표1 제3호 - 행정중심복합도시의 장애물 없는 도시·건축설계 매뉴얼
제출 서류	예비 인증	- 해당구간 보도의 배치도 및 평면도 ※ 위 제출서류 중 평가항목의 조건을 만족하는 서류제출
	본인증	- 예비인증시와 동일

장애물 없는 생활환경 인증기준 – 보행자 전용도로

평가부문	1	보도
평가범주	1.4	보행지원시설
평가항목	1.4.1	안내시설

■ 세부평가기준

평가목적	보도의 안내시설을 평가하여 보행자가 주변의 주요시설물 혹은 지역정보, 목적지를 명확하게 알 수 있도록 함
평가방법	안내시설의 설치 위치 및 접근성
배 점	6점 (평가항목)

산출기준

- 평점 = 평가 등급에 해당하는 점수로 평가

구분	안내시설의 설치 위치 및 접근성	평가항목 점수
최우수	우수의 성능을 가진 표지판에 보도 현황을 안내	6.0
우수	입식표지판(안내 표시 중심부 높이 1.5m이하, 점자병기) 등을 이용한 안내와 함께 휠체어사용자가 접근할 수 있는 위치에 높이 1.2m이하의 화면 등을 통하여 전자식 음성 및 시각안내시설 설치	4.8
일반	안내 표시 중심부 높이 1.5m이하로 점자안내를 병기하여 설치	4.2

- 보행안전구역에 안내시설이 설치되어 보행에 방해가 될 경우 등급외로 평가함
- 표지판의 상부를 15˚가량 기울여 설치할 경우 입식 표지판을 1.5m이하에 설치한 것으로 평가함
- 휠체어사용자가 접근할 수 있는 위치라 함은, 전면에 평탄한 활동공간(1.5m×1.5m)을 확보하고 조작기의 높이는 1.2m이하, 화면은 1.2m이하로 된 안내시설을 말하며, 바닥 높이차가 2cm이상 있을 경우 접근 불가능한 것으로 평가함
- 보도 현황이라 함은 장애인 등이 자신의 장애정도에 따라 목적지로의 접근로를 선택할 수 있도록 보도의 유효폭 및 기울기정도, 바닥높이차 정도 등 보도설치현황과 각종 편의시설 설치현황을 말함
- 안내시설은 명확하게 알아 볼 수 있는 글씨체(고딕체 또는 이와 유사한 글자체)에 그 크기는 1.5cm이상으로, 바탕에 명확히 구분되는 색상표기를 하며, 영어 등 외국어를 함께 병기하는 것을 원칙으로 함
- 야간에도 식별이 가능하도록 전체 혹은 국부 조명을 설치하여 그 식별성을 높일 수 있음
- 전자식 안내시설의 조작기는 조작이 명확한 버튼식으로 설치하는 것을 원칙으로 하며, 시각장애인 등이 사용하기 어려운 터치스크린 등을 이용한 조작기는 설치하지 않는 것을 원칙으로 함

■ 평가 참고자료 및 제출서류

참고자료	- 교통약자의 이동편의증진법 제10조 제2항 - 교통약자의 이동편의증진법 시행규칙 제2조 제1항 - 교통약자의 이동편의증진법 시행규칙 별표1
제출 서류	예비 인증	- 안내시설 배치도 - 안내시설 입·측면도 ※ 위 제출서류 중 평가항목의 조건을 만족하는 서류제출
	본인증	- 예비인증시와 동일

장애물 없는 생활환경 인증기준 – 보행자 전용도로

평가부문	1	보도
평가범주	1.4	보행지원시설
평가항목	1.4.2	휴게시설

■ 세부평가기준

평가목적	휴게시설에서 장애인 등이 안전하고 편안하게 휴식할 수 있도록 함
평가방법	휴게시설의 설치방법 및 형태평가
배 점	12점 (평가항목)

산출기준

- 평점 = 평가 등급에 해당하는 세부항목 점수의 합산으로 평가
- 세부항목 – 휴게시설의 설치방법

구분	휴게시설의 설치방법	평가항목 점수
최우수	우수의 성능을 만족시키며 휴식할 수 있는 공간을 200m마다 설치하고 상부에 지붕 등을 설치	10.0
우수	일반의 성능을 만족시키며, 휠체어사용자와 비장애인의 휴식공간이 분리가 되며, 함께 사용할 수 있는 휠체어의 진입이 불가능한 공간이라 200m~400m마다 설치	8.0
일반	휠체어의 진입이 가능하고, 휴게공간 내부에서 휠체어가 회전할 수 있는 공간을 400m마다 설치	7.0

- 해당구간 모든 휴게시설의 평균점수를 최종 평가점수로 산정함
- 해당구간에 휴게시설이 없을 경우 최하 등급으로 평가함
- 장애물 구역이외의 공간에 설치하여 보행자의 통행에 방해가 될 경우, 휴게시설은 보행장애물 중 하나로 취급되며, 등급외로 평가함
- 휴게시설의 진입 및 회전이 가능한 공간이라 함은 진입시 바닥 높이차가 없거나 2cm 이하로 내부에는 평탄한 활동공간(1.5m×1.5m)을 확보하는 것을 말하며, 휴게시설 진입시 그 바닥 높이차가 2cm이상일 경우 휠체어의 진입이 불가능한 것으로 평가함
- 휴게시설의 바닥 재질은 젖은 상태에서도 미끄러지지 않는 재질로 하여야 하며, 휠체어의 이동이 원활한 틈이 없고 평탄한 재질로 하여야 함
- 휴게시설의 설치간격은 노인 및 교통약자 등을 고려하여 200m내외의 간격으로 설치하는 것을 최상등급으로 함
- 세부항목 – 휴게의자의 형태

구분	휴게의자 형태	평가항목 점수
최우수	등받이가 설치되어 있으며, 일어나기 편하도록 손잡이가 설치	2.0
우수	등받이가 설치	1.6

- 해당구간 모든 휴게의자의 평균점수를 최종 평가점수로 산정함
- 해당구간에 휴게의자가 없을 경우 최하 등급으로 평가함

■ 평가 참고자료 및 제출서류

참고자료	- 교통약자의 이동편의증진법 - 이영아, 진영환, 사회적 약자를 위한 도시시설확충방안 연구, 국토연구원, 2000 - 성기창, Planungsgrundlagen Für Behindertenspezifische Sport-Und Schwimmhallenbauten, 2000, p48
제출 서류	예비 인증	- 해당구간 보도의 휴게시설 배치도 - 휴게의자의 입·측면도 ※ 위 제출서류 중 평가항목의 조건을 만족하는 서류제출
	본인증	- 예비인증시와 동일

장애물 없는 생활환경 인증기준 – 보행자 전용도로

평가부문	1	보도
평가범주	1.4	보행지원시설
평가항목	1.4.3	이용편의시설

■ 세부평가기준

평가목적	보도에 이용편의시설(공중전화 등)을 설치할 경우 교통약자의 이용에 편리하도록 함
평가방법	이용편의시설의 접근 가능성 평가
배 점	2점 (평가항목)

산출기준

- 평점 = 평가 등급에 해당하는 점수로 평가

구분	접근 가능성 평가	평가항목 점수
최우수	휠체어사용자가 접근할 수 있는 위치에 높이차 없도록 설치	2.0
우수	휠체어사용자가 접근할 수 있는 위치에 2cm이하의 높이차로 설치	1.6

- 평가대상은 보행 및 횡단에 직접적으로 관련되지 아니하고 공중전화, 휴지통, 우체통 등 보행자가 보도에서 이용할 수 있는 시설물로 보도의 설치물에 따라 다양할 수 있음
- 해당구간 모든 설치물의 평균점수를 최종 평가점수로 산정함
- 장애물 구역이외의 공간에 설치하여 보행자의 통행에 방해가 될 경우, 이용편의시설은 보행장애물 중 하나로 취급되어 등급외로 평가함
- 공중전화, 휴지통, 우체통 등이 보행안전구역에서 명확하게 보이는 위치에 설치하여야 하며 가로수의 가지 등이 그 설치물을 가리거나 접근을 방해하지 않도록 가지치기 등을 실시하여야 하며, 기타 설치물 등으로 접근 및 시야 확보가 이루어지지 않을 경우 등급외로 평가함
- 장애물 구역에 이용편의시설을 설치할 경우 그 바닥 재질은 보행안전구역의 바닥 재질과 같이 젖은 상태에서도 미끄러지지 않는 재질로 하여야 하며, 그 색상은 보행안전구역과 달리 설치할 수 있음(보행안전구역의 바닥 재질 및 색상 참조 : 평가항목 1.2.6)

■ 평가 참고자료 및 제출서류

참고자료	- 교통약자의 이동편의증진법 제10조 제2항 - 교통약자의 이동편의증진법 시행규칙 제2조 제1항 - 교통약자의 이동편의증진법 시행규칙 별표1 제3호
제출 서류	예비 인증	- 해당구간 보도의 이용편의시설 설치 배치도 - 휴게의자의 입·측면도 ※ 위 제출서류 중 평가항목의 조건을 만족하는 서류제출
	본인증	- 예비인증시와 동일

〈 2. 도로 인증지표 및 기준 – 보행자전용〉

장애물 없는 생활환경 인증기준 – 보행자 전용도로

평가부문	2 종합평가
평가범주	
평가항목	

■ 세부평가기준

평가목적	해당 시설의 편의시설 설치현황을 평가하여 장애인 및 노약자 등 다양한 사용자가 해당시설에 접근하여 이용하는데 불편함이 없도록 함
평가방법	편의시설 설치의 종합적 평가
배 점	5% (평가항목의 총점기준)
산출기준	• 평점 = 편의시설의 평가등급에 해당하는 평가항목 점수로 평가 **구분 / 편의시설 평가 / 평가항목 점수** 등급 구분 없음 ※ 심사위원의 평가내용을 자필로 기입

■ 평가 참고자료 및 제출서류

참고자료	○ 가산항목
	 - 여성휴게실(모유수유실 등) 설치
	 - 다목적 화장실 설치
	 - 해당없음 항목을 적합하게 설치
	 - 그 외 추가 시설을 설치한 경우
	   · 시각장애인을 위한 핸드레일조명등 설치
	   · 안내표시가 경로를 따라 찾기 쉽게 설치 등

제출서류	예비인증	- 해당 없음
	본인증	- 해당 없음

〈 3. 공원 인증지표 및 기준 〉

[별표3] 공원 인증지표 및 기준(제2조 관련)

[별표3]

III. 공원 인증지표 및 기준
(제2조 관련)

범주		평가항목		평가기준	분류번호	배점
1 매개시설	1.1 접근로	1.1.1	주출입구까지의 접근로	보도에서 주출입구까지의 접근로에서 보차가 분리된 안전보행로의 확보 평가	P1-01-01	1
		1.1.2	유효폭	휠체어사용자가 통행 할 수 있는 보행로 또는 접근로의 유효폭 확보 평가	P1-01-02	2
		1.1.3	단차	공원까지의 모든 보행로 및 접근로의 단차 평가	P1-01-03	1
		1.1.4	기울기	접근로의 진행방향 및 좌우기울기 평가	P1-01-04	2
		1.1.5	바닥마감	미끄럽지 않은 바닥 재질 및 이음새 그리고 마감 평가	P1-01-05	1
		1.1.6	보행장애물	접근로의 보행장애물이 제거되어 보행안전 통로로서의 연속성 확보와 차도와의 경계부분에 차도와 분리할 수 있는 공작물 설치 평가	P1-01-06	2
		1.1.7	덮개	빠질 위험이 있는 곳에 표면 높이가 동일하고 격자구멍 또는 틈새가 없는 덮개 설치 평가	P1-01-07	1
	1.2 장애인전용주차구역	1.2.1	주차장에서 출입구까지의 경로	장애인전용주차구역을 장애인 등의 출입이 가능한 공원의 출입구 또는 장애인용 승강설비 근접 설치 평가	P1-02-01	1
		1.2.2	주차면 수 확보	장애인전용주차구역의 적정 주차면수 평가	P1-02-02	1
		1.2.3	주차면	장애인전용주차구역이 규정에 적합 정도 평가	P1-02-03	1
		1.2.4	보행 안전통로	장애인전용주차구역에서 공원의 출입구 또는 장애인용 승강설비에 이르기까지 장애인안전통행로의 폭 및 연속성 평가	P1-02-04	1
		1.2.5	안내 및 유도표시	장애인전용주차구역의 바닥에 장애인전용주차장 표시 및 입식안내표시, 주차구역까지 적정 유도표시의 연속성 평가	P1-02-05	1
	1.3 출입구	1.3.1	진출입통제계획	공원 출입구에서 자전거 및 오토바이 등의 진출입 통제 및 휠체어사용자의 진입을 가능하게 하는 장치 등의 설치 평가	P1-03-01	5
		1.3.2	공원입구와 보도와의 경계	공원의 출입구와 보행로의 경계에서 보행자가 안전하고 편리하게 진입가능한지 평가	P1-03-02	1
2 유도 및 안내시설	2.1 안내설비	2.1.1	안내판 설치	해당시설의 주요시설 위치 등에 대한 장애인 등이 쉽게 이용 가능한 안내판 설치 평가	P2-01-01	2
		2.1.2	안내판의 정보	안내판에 장애인 등이 이용할 수 있는 시설 혹은 BF산책로의 정보 제공 유무 및 비장애인뿐만 아니라 시각·청각 장애인 등도 쉽게 인지할 수 있는지에 대해 평가	P2-01-02	2
		2.1.3	통합안내 설비	해당시설의 주요시설 위치 등에 대한 음성안내장치의 설치 여부 및 주출입구부터 주요시설까지 시각장애인용 유도안내시설(점자블록 등)의 연속적인 설치 정도 및 적절성 평가	P2-01-03	2

범주		평가항목	평가기준	분류번호	배점
		2.1.4 경고시설	위험지역에 적절한 경고시설의 설치 평가	P2-01-04	1
3 위생시설	3.1 장애인이 이용 가능한 화장실	3.1.1 장애유형별 대응 방법	평면구성의 장애유형별 대응 방법 평가	P3-01-01	5
		3.1.2 안내표지판	장애인 등이 이용 가능한 화장실 이용 안내표지판 설치 평가	P3-01-02	2
	3.2 화장실 접근	3.2.1 유효폭 및 단차	화장실로 접근하는 하기 위한 모든 통로의 유효폭 및 단차 평가	P3-02-01	3
		3.2.2 바닥 마감	화장실 바닥 마감의 평탄함 및 미끄러지는 정도 평가	P3-02-02	2
		3.2.3 출입구(문)	출입구(문)의 형태 및 유효폭의 휠체어 접근 가능 정도와 화장실 입구에 점자블록 및 점자표지판 설치 평가	P3-02-03	2
	3.3 대변기	3.3.1 칸막이 출입문	칸막이의 출입문 유효폭의 휠체어의 접근 가능성 평가	P3-03-01	3
			장애인이 사용하기 편리한 출입문 형태 평가		
			칸막이 사용여부를 알 수 있는 시각설비 설치 정도 평가		
			누구나 사용하기 쉬운 손잡이 및 잠금장치 설치 정도 평가		
		3.3.2 활동공간	대변기 내부 유효 바닥면의 크기 평가	P3-03-02	2
		3.3.3 형태	대변기의 형태 및 설치 높이 평가	P3-03-03	2
		3.3.4 손잡이	대변기 수평 및 수직손잡이 재질과 굵기, 설치 높이 평가	P3-03-04	2
		3.3.5 기타설비	세정장치의 설치 형태 및 기타설비 평가	P3-03-05	2
	3.4 소변기	3.4.1 형태 및 손잡이	소변기의 형태 및 수평·수직손잡이 굵기, 설치 높이 평가	P3-04-01	1
	3.5 세면대	3.5.1 형태	세면대의 형태 평가	P3-05-01	1
		3.5.2 거울	세면대 거울의 휠체어사용자의 사용 가능 평가	P3-05-02	1
		3.5.3 수도꼭지	세면대 수도꼭지 형태 평가	P3-05-03	1
4 편의시설	4.1 접근 및 이용성	4.1.1 시설까지의 접근로	공원 내 시설의 접근하기 쉬운 위치 평가	P4-01-01	1
		4.1.2 시설의 주출입	공원시설의 주출입구로 안전하고 편리하게 접근하여 진입 가능 한지 정도를 주출입구의 높이 차	P4-01-02	2

범주		평가항목	평가기준	분류번호	배점
			이와 기울기 평가		
	4.2 공원시설	4.2.1 장애인을 배려한 공원(놀이공간)	장애인 등이 이용할 수 있는 화단 혹은 놀이공간 등의 공원 시설 설치 평가	P4-02-01	8
	4.3 기타설비	4.3.1 휴식공간	장애인 등이 접근 가능한 위치에 휴식공간 설치 평가	P4-03-01	1
		4.3.2 매점, 판매기, 음료대	장애인 등이 이용 가능한 매점, 판매기, 음료대의 적정 구조 평가	P4-03-02	2
5 BF보행의 연속성	5.1 공원 내부 보행로	5.1.1 BF보행로의 지정	내부 산책로 중 출입구-공원시설 간을 연결하는 주요보행로를 BF보행로의 지정 평가	P5-01-01	2
		5.1.2 보행안전 공간	내부 보행로에서 수직 수평의 3차원적인 무장애 보행공간의 확보 평가	P5-01-02	6
		5.1.3 단차	공원 내의 모든 보행로 및 접근로의 단차 평가	P5-01-03	1
		5.1.4 기울기	보행로 등의 진행 방향 및 좌우기울기의 경사 평가	P5-01-04	5
		5.1.5 바닥 마감	미끄럽지 않은 바닥 재질 및 마감의 평탄한 정도와 미끄럼방지설비 설치 평가	P5-01-05	2
		5.1.6 자전거도로와의 접점	자전거와의 접점 없이 연속적인 안전보행로의 확보 평가	P5-01-06	2
		5.1.7 보행유도의 연속성	시각장애인 등을 배려한 보행유도의 연속성을 위한 장치나 시설계획 평가	P5-01-07	10
6. 종합평가			5% (평가항목의 총점기준)	P6-01-01	
총 지표수		44	총 배 점		100

부록 6 : 장애물 없는 생활환경 인증지표 및 기준

< 3. 공원 인증지표 및 기준 >

장애물 없는 생활환경 인증기준 - 공원

평가부문	1	매개시설
평가범주	1.1	접근로
평가항목	1.1.1	주출입구까지의 접근로

■ 세부평가기준

평가목적	모든 이용자가 보도에서 공원의 주출입구까지 안전하게 이동·접근할 수 있어야 하며, 보행에 장애물이 될 수 있는 것이 없어야 함
평가방법	보도에서 주출입구까지의 접근로에서 보차가 분리된 안전보행로가 확보되있는지에 대해 평가
배 점	1점 (평가항목)

산출기준	• 평점 = 평가 등급에 해당하는 점수로 평가

구분	접근로와 차도의 분리 여부	평가항목 점수
최우수	차도와 완전히 분리된 접근로	1.0
우 수	보행자 차량의 교행이 포함된 전용 접근로	0.8
일 반	보차혼용 접근로	0.7

- 차도와 완전히 분리된 접근로라 함은 계획 단계부터 보행자와 차량 동선을 완전히 분리하여, 보행자가 공원입구까지 차량의 간섭을 받지 않고 진입하는 것을 말함
- 공원과의 보행로의 간섭에 의한 위험이 전혀 없는 경우 최우수로 보며, 차량과의 간섭부분이 생길 지라도 보행자 우선의 접점계획이 있을 경우 최우수로 봄
- 공원이 대지선에 인접하여 있어 주출입구가 보도에 직접 연결된 경우 대지 내에서 주출입구 활동공간을 확보하고 주차 등으로 인해 주출입구 이용에 불편함이 없는 경우 최우수로 평가하며, 보도의 공간을 활용하여 활동공간을 확보하고 주차 등으로 인해 주출입구 이용에 불편함이 없는 경우 우수로 평가함

■ 평가 참고자료 및 제출서류

참고자료	- 장애인·노인·임산부 등의 편의증진보장에 관한 법률 시행령 별표2 제2호 - 장애인·노인·임산부 등의 편의증진보장에 관한 법률 시행규칙 별표1 제1호 - 일본 동경도 복지마을 만들기 조례 - 독일 편의증진 관련법규(DIN 18024 Blatt 1) - 스위스 편의증진 관련법규(Norm SN 521 500)
제출서류	예비인증	- 배치도(차량 출입 및 보행 출입구 표시) - 차량 및 보행자 동선 계획 - 바닥 마감 계획 상세도 ※ 위 제출서류 중 평가항목의 조건을 만족하는 서류제출
	본인증	- 예비인증시와 동일

장애물 없는 생활환경 인증기준 - 공원

평가부문	1	매개시설
평가범주	1.1	접근로
평가항목	1.1.2	유효폭

■ 세부평가기준

평가목적	접근로의 유효폭을 평가하여 장애인 등 다양한 사용자가 이동하는데 불편함이 없는 적절한 유효폭을 확보하도록 함
평가방법	휠체어사용자가 통행할 수 있도록 보행로 또는 접근로의 적정 유효폭 확보 여부 평가
배 점	2점 (평가항목)

산출기준	• 평점 = 접근로의 유효폭 평가등급에 해당하는 평가항목 점수로 평가

구분	접근로의 유효폭	평가항목 점수
최우수	전체구간의 접근로 유효폭이 1.8m이상	2.0
우 수	전체구간의 접근로 유효폭이 1.5m이상	1.6
일 반	전체구간의 접근로 유효폭이 1.2m이상	1.4

- 접근로의 유효폭은 대지내의 접근로 전체 유효폭 중 가장 좁은 부분을 기준으로 측정함
- 공원이 대지선에 인접하여 있어 보도로부터 직접 주출입구가 연결된 경우 확보된 대지내의 주출입구 활동공간 또는 주출입구 전면 보도의 공간을 평가 대상으로 봄

■ 평가 참고자료 및 제출서류

참고자료	- 장애인·노인·임산부 등의 편의증진보장에 관한 법률 시행령 별표2 제2호 - 장애인·노인·임산부 등의 편의증진보장에 관한 법률 시행규칙 별표1 제1호 - 일본 동경도 복지마을 만들기 조례 - 독일 편의증진 관련법규(DIN 18024 Blatt 1) - 스위스 편의증진 관련법규(Norm SN 521 500)
제출서류	예비인증	- 배치도(차량 출입 및 보행 출입구 표시) - 접근보행로 단면도 ※ 위 제출서류 중 평가항목의 조건을 만족하는 서류제출
	본인증	- 예비인증시와 동일

장애물 없는 생활환경 인증기준 - 공원

평가부문	1	매개시설
평가범주	1.1	접근로
평가항목	1.1.3	단차

■ 세부평가기준

평가목적	접근로의 단차를 평가하여 휠체어사용자의 통행을 어렵게 만들고, 노인이나 임산부 등 다양한 사용자가 걸려 넘어질 위험이 있는 단차를 두지 않도록 함
평가방법	공원 주출입구까지의 모든 보행로 및 접근로의 진행방향상의 단차 평가
배 점	1점 (평가항목)

산출기준	• 평점 = 접근로의 단차 평가등급에 해당하는 평가항목 점수로 평가

구분	접근로의 단차	평가항목 점수
최우수	전체구간에 단차 없음	1.0
우 수	전체구간에 단차 2cm이하	0.8

- 접근로의 단차는, 대지내의 접근로에 단차가 있는 경우 단차가 제일 큰 곳을 기준으로 평가함
- 공원이 대지선에 인접하여 있어 보도로부터 직접 주출입구가 연결된 경우 확보된 대지내의 주출입구 활동공간 또는 주출입구 전면 보도의 공간을 평가 대상으로 봄

■ 평가 참고자료 및 제출서류

참고자료	- 장애인·노인·임산부 등의 편의증진보장에 관한 법률 시행령 별표2 제2호 - 장애인·노인·임산부 등의 편의증진보장에 관한 법률 시행규칙 별표1 제1호 - 일본 동경도 복지마을 만들기 조례 - 독일 편의증진 관련법규(DIN 18024 Teil 2) - 스위스 편의증진 관련법규(Norm SN 521 500)
제출서류	예비인증	- 배치도(차량 출입 및 보행 출입구 표시) - 접근보행로 단면도 - 바닥 마감 계획 상세도 ※ 위 제출서류 중 평가항목의 조건을 만족하는 서류제출
	본인증	- 예비인증시와 동일

장애물 없는 생활환경 인증기준 - 공원

평가부문	1	매개시설
평가범주	1.1	접근로
평가항목	1.1.4	기울기

■ 세부평가기준

평가목적	접근로의 기울기를 평가하여 휠체어사용자가 안전하게 주출입구로 접근 가능하도록 하며, 노인이나 임산부 등 다양한 이용자가 편리하게 접근 가능하도록 함
평가방법	접근로의 진행방향 및 좌우기울기의 정도 평가
배 점	2점 (평가항목)

산출기준	• 평점 = 접근로의 기울기 평가등급에 해당하는 평가항목 점수로 평가

구분	접근로의 진행방향 기울기 정도	평가항목 점수
최우수	접근로 전체구간 좌우기울기 1/50(2%/1.15°)이하 접근로 전체구간 기울기 1/24(4.17%/2.39°)이하	2.0
우 수	접근로 전체구간 좌우기울기 1/24(4.17%/2.39°)이하 접근로 전체구간 기울기 1/18(5.56%/3.18°)이하	1.6

- 접근로의 기울기는 대지내의 접근로에 기울기가 있는 경우 경사가 제일 급한 곳을 기준으로 평가함
- 공원이 대지선에 인접하여 있어 보도로부터 직접 주출입구가 연결된 경우 확보된 대지내의 주출입구 활동공간 또는 주출입구 전면 보도의 공간을 평가 대상으로 봄

■ 평가 참고자료 및 제출서류

참고자료	- 장애인·노인·임산부 등의 편의증진보장에 관한 법률 시행령 별표2 제2호 - 장애인·노인·임산부 등의 편의증진보장에 관한 법률 시행규칙 별표1 제1호 - 일본 동경도 복지마을 만들기 조례 - 독일 편의증진 관련법규(DIN 18024 Blatt 1) - 스위스 편의증진 관련법규(Norm SN 521 500)
제출서류	예비인증	- 배치도(차량 출입 및 보행 출입구 표시) - 접근보행로 단면도 - 바닥 마감 계획 상세도 ※ 위 제출서류 중 평가항목의 조건을 만족하는 서류제출
	본인증	- 예비인증시와 동일

< 3. 공원 인증지표 및 기준 >

장애물 없는 생활환경 인증기준 - 공원

평가부문	1 매개시설	
평가범주	1.1	접근로
평가항목	1.1.5	바닥 마감

■ 세부평가기준

평가목적	접근로의 마감 정도를 평가하여 장애인 및 노약자 등 다양한 사용자가 미끄러지거나 걸려 넘어지지 않고 안전하게 주출입구로 접근이 가능하도록 함
평가방법	미끄럽지 않은 바닥 재질 및 이음새 그리고 마감정도의 평탄한 정도에 따른 평가
배 점	1점 (평가항목)
산출기준	• 평점 = 접근로의 바닥 마감 평가등급에 해당하는 평가항목 점수로 평가

구분	바닥 재질 마감	평가항목 점수
최우수	우수의 조건을 만족하며, 넘어져도 충격이 적은재료로 마감	1.0
우 수	일반의 조건을 만족하며, 줄눈이 있는 경우 0.5cm이하로 함	0.8
일 반	물이 묻어도 전혀 미끄럽지 않으며, 걸려 넘어질 염려 없이 평탄하게 마감하며 줄눈이 있는 경우 1cm이하로 함(보도블록 등)	0.7

- 접근로의 바닥이 여러 재료로 마감되어 있는 경우 그 마감 정도가 가장 미비한 곳을 기준으로 평가함
- 공원이 대지선에 인접하여 있어 보도로부터 직접 주출입구가 연결된 경우 확보된 대지내의 주출입구 활동공간 또는 주출입구 전면 보도의 공간을 평가 대상으로 봄

■ 평가 참고자료 및 제출서류

참고자료	- 장애인·노인·임산부 등의 편의증진보장에 관한 법률 시행령 별표2 제2호 - 장애인·노인·임산부 등의 편의증진보장에 관한 법률 시행규칙 별표1 제1호 - 일본 동경도 복지마을 만들기 조례 - 독일 편의증진 관련법규(DIN 18024 Blatt 1) - 스위스 편의증진 관련법규(Norm SN 521 500)
제출서류	예비인증	- 배치도(차량 출입 및 보행 출입구 표시) - 접근보행로 단면도 - 바닥 마감 계획 상세도 ※ 위 제출서류 중 평가항목의 조건을 만족하는 서류제출
	본인증	- 예비인증시와 동일

- 233 -

장애물 없는 생활환경 인증기준 - 공원

평가부문	1 매개시설	
평가범주	1.1	접근로
평가항목	1.1.6	보행장애물

■ 세부평가기준

평가목적	접근로의 보행장애물을 평가하여 장애인 등 다양한 이용자가 차량 및 장애물 등으로 인한 위험 없이 주출입구로 접근이 가능하도록 함
평가방법	접근로의 보행장애물이 제거되어 보행안전 통로로서 연속성이 확보되고, 차도와의 경계구분의 이하여 차도와 분리할 수 있는 공작물의 설치 정도로 평가
배 점	2점 (평가항목)
산출기준	• 평점 = 접근로의 보행장애물 및 접근로와 차도의 경계 평가등급에 해당하는 평가항목 점수로 평가 • 세부항목 - 보행장애물

구분	보행장애물	평가항목 점수
최우수	우수의 조건을 만족하며 명확하게 장애물 구역이 설치	1.0
우 수	가로등, 가로수 등이 보행에 장애물로 인식되지 않도록 설치	0.8

- 장애물 구역은 일정구역을 지정하여 보도의 각종설치물의 설치장소로 활용하는 것을 말함
- 세부항목 - 접근로와 차도의 경계

구분	접근로와 차도의 경계	평가항목 점수
최우수	차도와 구분되는 울타리 등 공작물 설치	1.0
우 수	보행통로와 차도에 경계석이 설치되고, 재질과 색상 모두 구분됨	0.8

- 접근로와 차량 동선을 분리하여 차량의 간섭을 전혀 받지 않는 경우는 접근로와 차도의 경계분리 항목은 최우수로 평가함

■ 평가 참고자료 및 제출서류

참고자료	- 장애인·노인·임산부 등의 편의증진보장에 관한 법률 시행령 별표2 제2호 - 장애인·노인·임산부 등의 편의증진보장에 관한 법률 시행규칙 별표1 제1호 - 일본 동경도 복지마을 만들기 조례 - 독일 편의증진 관련법규(DIN 18024 Blatt 1) - 스위스 편의증진 관련법규(Norm SN 521 500)
제출서류	예비인증	- 배치도(차량 출입 및 보행 출입구 표시) - 접근보행로 단면도 - 바닥 마감 계획 상세도 - 접근보행로 상에 보행지원시설 및 설치물 설치 상세도 ※ 위 제출서류 중 평가항목의 조건을 만족하는 서류제출
	본인증	- 예비인증시와 동일

- 234 -

장애물 없는 생활환경 인증기준 - 공원

평가부문	1 매개시설	
평가범주	1.1	접근로
평가항목	1.1.7	덮개

■ 세부평가기준

평가목적	접근로의 배수로 덮개를 평가하여 배수로 덮개에 의해 발생하는 위험이나 격자구멍 또는 틈새에 발생하는 위험 요소들이 없이 주출입구로 접근 가능하도록 함
평가방법	빠질 위험이 있는 곳에 표면 높이가 동일하고, 격자구멍 또는 틈새가 없는 덮개를 설치하였는지 평가
배 점	1점 (평가항목)
산출기준	• 평점 = 접근로의 배수로 덮개 평가등급에 해당하는 평가항목 점수로 평가

구분	배수로 덮개	평가항목 점수
최우수	높이차 전혀 없으며, 구멍이 없는 덮개를 사용	1.0
우 수	높이차 전혀 없으며, 격자구멍(틈새) 등이 양방향 모두 2cm이하	0.8

- 접근로 상에 배수로 등과 같은 빠질 위험이 있는 부분이 전혀 없어 덮개 설치가 불필요한 경우 최우수로 평가함
- 공원이 대지선에 인접하여 있어 보도로부터 직접 주출입구가 연결된 경우 확보된 대지내의 주출입구 활동공간 또는 주출입구 전면 보도의 공간을 평가 대상으로 봄

■ 평가 참고자료 및 제출서류

참고자료	- 장애인·노인·임산부 등의 편의증진보장에 관한 법률 시행령 별표2 제2호 - 장애인·노인·임산부 등의 편의증진보장에 관한 법률 시행규칙 별표1 제1호 - 일본 동경도 복지마을 만들기 조례 - 독일 편의증진 관련법규(DIN 18024 Blatt 1) - 스위스 편의증진 관련법규(Norm SN 521 500)
제출서류	예비인증	- 배치도(차량 출입 및 보행 출입구 표시) - 접근보행로 단면도 - 바닥 마감 계획 상세도 - 배수로 덮개 설치 상세도 ※ 위 제출서류 중 평가항목의 조건을 만족하는 서류제출
	본인증	- 예비인증시와 동일

- 235 -

장애물 없는 생활환경 인증기준 - 공원

평가부문	1 매개시설	
평가범주	1.2	장애인전용주차구역
평가항목	1.2.1	주차장에서 출입구까지의 경로

■ 세부평가기준

평가목적	주차장에서 출입구까지의 경로를 평가하여 장애인 또는 노약자 등의 이용자가 장애인 주차구역에 주차 후 안전하게 주출입구 또는 승강설비로 접근이 가능하도록 함
평가방법	장애인전용주차구역을 장애인 등의 출입이 가능한 건축물의 출입구 또는 장애인용 승강설비 가까운 곳에 설치하였는지 평가
배 점	1점 (평가항목)
산출기준	• 평점 = 주차장에서 주출입구 경로의 평가 등급에 해당하는 점수

구분	주차장에서 출입구까지의 경로	평가항목 점수
최우수	외부주차장의 경우 지붕이 설치되거나, 실내주차장의 경우 승강설비와 가장 가까운 장소에서 수평접근이 가능	1.0
우 수	경사로 없이 접근 가능	0.8
일 반	경사로를 이용하여 접근 가능하며, 기울기가 1/12(8.33%/4.76°)이하로 설치	0.7

- 주차장에서 주출입구까지의 경로는 차량의 간섭이 전혀 없어야 하며, 접근로의 기준(1.1평가항목)을 준수하여야 하며, 접근로의 기준(1.1항목)을 준수하지 아니할 경우 평가등급을 받을 수 없음
- 불가피하게 대지 내에 주차장을 설치하지 못하여 인근 주차장을 이용하여야 하는 경우, 인근주차장 이용에 대한 정확한 안내 및 유도표시와 인근주차장에서 주출입구까지의 접근로의 정비가 이루어진 경우에 한하여, 그로 평가받을 수 있음
- 기울기 1/24(4.17%/2.39°) 이하는 수평접근과 동일한 것으로 인정함
- 주차장시설이 없는 경우에도 주차장산정은 장애인전용주차구역(1.2 항목전체)을 제외한 공원까지의 접근성 평가점수비율을 1.2 항목의 점수에 적용, 이를 평가점수로 산정함

$$장애인전용주차구역의 평가점수 = B \times \left(\frac{C}{A-B}\right)$$

A : 공원까지의 접근성 전체점수합계
B : 공원내 장애인전용주차구역부문 전체점수합계
C : 장애인전용주차구역을 제외한 공원까지의 접근성 부문평가점수

■ 평가 참고자료 및 제출서류

참고자료	- 장애인·노인·임산부 등의 편의증진보장에 관한 법률 시행령 별표2 제2호 - 장애인·노인·임산부 등의 편의증진보장에 관한 법률 시행규칙 별표1 제4호, 제12호 - 일본 동경도 복지마을 만들기 조례 - 독일 편의증진 관련법규(DIN 18024 Blatt 1) - 스위스 편의증진 관련법규(Norm SN 521 500)
제출서류	예비인증	- 1층 평면 및 배치도(주출입구까지의 보행안전 통로로 계획) - 주차장 안내 및 유도 계획 - 주차면 설계 상세도 - 주차장에서 주출입구까지의 접근로 계획 ※ 위 제출서류 중 평가항목의 조건을 만족하는 서류제출
	본인증	- 예비인증시와 동일

- 236 -

〈 3. 공원 인증지표 및 기준 〉

장애물 없는 생활환경 인증기준 – 공원

평가부문	1 매개시설
평가범주	1.2 장애인전용주차구역
평가항목	1.2.2 주차면수 확보

■ 세부평가기준

평가목적	장애인전용주차구역의 주차면수를 평가하여 적절한 장애인전용 주차면수를 확보하도록 함
평가방법	장애인전용주차구역의 적정 주차면수 확보정도 평가
배점	1점 (평가항목)
산출기준	• 평점 = 장애인전용주차구역의 주차면수 평가등급에 해당하는 평가항목 점수로 평가 | 구분	주차면수 확보	평가항목 점수
---	---	---
최우수	규정비율의 100%초과 확보	1.0
우수	규정비율의 100%확보(최소 1면 이상 의무 설치)	0.8	 - 장애인전용주차구역의 주차면수 확보는 지방자치단체의 조례를 따름 - 불가피하게 대지 내에 주차장을 설치하지 못하여 인근 주차장을 이용하여야 하는 경우, 인근주차장 이용에 대한 정확한 안내 및 유도표시와 인근주차장에서 주출입구까지의 접근로의 정비가 이루어진 경우에 한하여, 그로 평가받을 수 있음

■ 평가 참고자료 및 제출서류

참고자료	- 장애인·노인·임산부 등의 편의증진보장에 관한 법률 시행령 별표2 제2호 - 일본 동경도 복지마을 만들기 조례 - 독일 편의증진 관련법규(DIN 18024 Blatt 1) - 스위스 편의증진 관련법규(Norm SN 521 500)
제출서류	예비인증	- 1층 평면 및 배치도(주출입구까지의 보행안전 통로 계획) - 장애인주차구역 설치 계획 ※ 위 제출서류 중 평가항목의 조건을 만족하는 서류제출
	본인증	- 예비인증시와 동일

장애물 없는 생활환경 인증기준 – 공원

평가부문	1 매개시설
평가범주	1.2 장애인전용주차구역
평가항목	1.2.3 주차면

■ 세부평가기준

평가목적	장애인전용주차구역의 주차면을 평가하여 적절한 장애인주차구역 면적을 확보하도록 함
평가방법	장애인전용주차구역의 주차면 크기 평가
배점	1점 (평가항목)
산출기준	• 평점 = 장애인전용주차구역의 주차면 평가등급에 해당하는 평가항목 점수 | 구분	주차면 크기	평가항목 점수
---	---	---
최우수	폭 3.5m, 길이 5.0m, 휠체어 활동공간 노면표시	1.0
우수	폭 3.3m, 길이 5.0m, 휠체어 활동공간 노면표시	0.8	 - 장애인전용주차구역의 주차면은 휠체어 활동공간을 포함한 주차면의 치수로 평가함 - 불가피하게 대지 내에 주차장을 설치하지 못하여 인근 주차장을 이용하여야 하는 경우, 인근주차장 이용에 대한 정확한 안내 및 유도표시와 인근주차장에서 주출입구까지의 접근로의 정비가 이루어진 경우에 한하여, 그로 평가받을 수 있음

■ 평가 참고자료 및 제출서류

참고자료	- 장애인·노인·임산부 등의 편의증진보장에 관한 법률 시행령 별표2 제2호 - 장애인·노인·임산부 등의 편의증진보장에 관한 법률 시행규칙 별표1 제4호 - 일본 동경도 복지마을 만들기 조례 - 독일 편의증진 관련법규(DIN 18024 Blatt 1) - 스위스 편의증진 관련법규(Norm SN 521 500)
제출서류	예비인증	- 1층 평면 및 배치도(주출입구까지의 보행안전 통로 계획) - 주차장 안내 및 유도 계획 - 주차면 설계 상세도 ※ 위 제출서류 중 평가항목의 조건을 만족하는 서류제출
	본인증	- 예비인증시와 동일

장애물 없는 생활환경 인증기준 – 공원

평가부문	1 매개시설
평가범주	1.2 장애인전용주차구역
평가항목	1.2.4 보행안전통로

■ 세부평가기준

평가목적	장애인전용주차구역에서 주출입구까지의 접근로를 평가하여 장애인전용주차장에서 주출입구까지 안전한 접근이 가능하도록 보행안전통로를 확보하도록 함
평가방법	장애인전용주차구역의 출입구 또는 산책로에 이르기까지 장애인안전통행로의 폭 및 연속성 정도 평가
배점	1점 (평가항목)
산출기준	• 평점 = 장애인전용주차구역의 보행안전통행로의 평가등급에 해당하는 평가항목 점수로 평가 | 구분	보행안전통로	평가항목 점수
---	---	---
최우수	모든 구간에 보행안전통로(폭 1.8m이상)가 연속적으로 설치	1.0
우수	모든 구간에 보행안전통로(폭 1.5m이상)가 연속적으로 설치	0.8
일반	모든 구간에 보행안전통로(폭 1.2m이상)가 연속적으로 설치	0.7	 - 장애인전용주차구역의 보행안전통로는 차량의 간섭이 전혀 없어야 하며, 보도 및 접근로의 기준(1.1항목)을 준수하여야 하며, 보도 및 접근로의 기준을 준수하지 아니할 경우 평가등급을 받을 수 없음 - 장애인전용주차구역의 보행안전통로는 주차면의 활동공간에서 단차 및 차량간섭 없이 연속되어야 하며, 단차(2cm이상) 또는 차량우선의 간섭이 있는 경우 평가등급을 받을 수 없음 - 불가피하게 대지 내에 주차장을 설치하지 못하여 인근 주차장을 이용하여야 하는 경우, 인근주차장 이용에 대한 정확한 안내 및 유도표시와 인근주차장에서 주출입구까지의 접근로의 정비가 이루어진 경우에 한하여, 그로 평가받을 수 있음

■ 평가 참고자료 및 제출서류

참고자료	- 장애인·노인·임산부 등의 편의증진보장에 관한 법률 시행령 별표2 제2호 - 장애인·노인·임산부 등의 편의증진보장에 관한 법률 시행규칙 별표1 제4호 - 일본 동경도 복지마을 만들기 조례 - 독일 편의증진 관련법규(DIN 18024 Blatt 1) - 스위스 편의증진 관련법규(Norm SN 521 500)
제출서류	예비인증	- 1층 평면 및 배치도(주출입구까지의 보행안전 통로 계획) - 주차장 안내 및 유도 계획 - 주차면 설계 상세도 ※ 위 제출서류 중 평가항목의 조건을 만족하는 서류제출
	본인증	- 예비인증시와 동일

장애물 없는 생활환경 인증기준 – 공원

평가부문	1 매개시설
평가범주	1.2 장애인전용주차구역
평가항목	1.2.5 안내 및 유도표시

■ 세부평가기준

평가목적	장애인전용주차구역의 안내 및 유도표시를 평가하여 장애인이 쉽게 장애인주차구역을 찾을 수 있도록 유도하고, 장애인이 쉽게 주차전용구역을 알아 볼 수 있도록 함
평가방법	주차장의 입구에 장애인전용 안내표시를 식별하기 쉬운 장소에 부착 또는 설치하고, 주차구역까지의 적정 유도표시의 연속성 정도와 장애인전용주차구역의 바닥에 장애인전용주차표시 및 입식안내표시의 적정 설치 정도 평가
배점	1점 (평가항목)
산출기준	• 평점 = 장애인전용주차구역의 안내 및 유도표시 평가등급에 해당하는 평가항목 점수 | 구분	안내 및 유도표시	평가항목 점수
---	---	---
최우수	우수의 기준을 만족하며, 연속적인 유도표시 설치	1.0
우수	일반의 기준을 만족하며, 바닥 색상 등을 통한 식별성 확보	0.8
일반	주차장입구에서 장애인전용주차 안내표시가 바로 보이며(별도 표시 없음) 바닥 및 입식 안내표시 설치	0.7	 - 일반주차구역과 장애인전용주차구역이 분리되어 있는 경우, 대지 입구부터의 장애인주차구역 유도표시 연속성 정도로 평가 - 불가피하게 대지 내에 주차장을 설치하지 못하여 인근 주차장을 이용하여야 하는 경우, 인근주차장 이용에 대한 정확한 안내 및 유도표시와 인근주차장에서 주출입구까지의 접근로의 정비가 이루어진 경우에 한하여, 그로 평가받을 수 있음 - 입식 안내표시는 주차시 차량, 과태료(주차방해 포함) 및 신고전화번호, 도움이 필요한 경우 해당 전화번호를 포함하여야 함 - 장애인전용표시의 규격은 가로 1.3m, 세로 1.5m이며, 주차구역선에 설치되는 장애인전용표시는 가로 50cm, 세로 58cm로 함

■ 평가 참고자료 및 제출서류

참고자료	- 장애인·노인·임산부 등의 편의증진보장에 관한 법률 시행령 별표2 제2호 - 장애인·노인·임산부 등의 편의증진보장에 관한 법률 시행규칙 별표1 제4호 - 일본 동경도 복지마을 만들기 조례 - 독일 편의증진 관련법규(DIN 18024 Blatt 1) - 스위스 편의증진 관련법규(Norm SN 521 500)
제출서류	예비인증	- 1층 평면 및 배치도(주출입구까지의 보행안전 통로 계획) - 주차장 안내 및 유도 계획 - 주차면 설계 상세도 ※ 위 제출서류 중 평가항목의 조건을 만족하는 서류제출
	본인증	- 예비인증시와 동일

< 3. 공원 인증지표 및 기준 >

장애물 없는 생활환경 인증기준 - 공원

평가부문	1	매개시설
평가범주	1.3	출입구
평가항목	1.3.1	진출입 통제 계획

■ 세부평가기준

평가목적	자전거 및 오토바이 등의 진출입을 통제하도록 하여 휠체어사용자 및 보행자가 안전하게 진출입할 수 있도록 함
평가방법	공원 출입구에서 자전거 및 오토바이 등의 진출입 통제 계획 및 휠체어사용자의 진입을 가능하게 하는 장치의 설치 여부 평가
배 점	5점 (평가목)
산출기준	• 평점 = 공원 출입구의 자전거 및 오토바이 등의 통제 계획 및 휠체어 진출입 계획 평가 등급에 해당하는 점수

구분	자전거 및 오토바이 등의 진출입 통제 계획	평가항목 점수
최우수	자전거 및 오토바이의 속도 저감 효과를 가져올 수 있도록 1.5m이상의 유효폭으로 지그재그, 반원, 곡선 형태 등으로 출입구 계획	5.0
우 수	0.75m정도의 간격으로 차량 진입억제 말뚝 설치하여 자전거 및 오토바이의 속도저감 효과를 가져오며 일부의 경우 휠체어 통과가 가능하도록 출입구 계획	4.0

- 차량 진입억제 말뚝의 경우 높이 0.8~1.0m, 지름 0.1m~0.2m이내로 설치되어야 함
- 밝은 색의 반사도료 띠 등을 사용하여 쉽게 식별할 수 있도록 설치해야 함
- 재질의 경우 보행자의 충격을 흡수할 수 있는 재료를 사용해야 함(이 규정대로 설치하지 않은 채 무릎정도의 높이의 어두운 색의 볼라드 등으로 설치할 경우 등급 미부여)
- 차량 진입억제 말뚝을 0.75m정도의 간격으로 설치하는 것은 자전거 등의 속도 저감 효과를 내기 위함이며, 아울러 휠체어의 통과를 위해 출입구 일부는 휠체어만 통과할 수 있는 시설계획이 필요함
- 출입구에서 자전거 및 오토바이 등의 진출입 동선이 휠체어사용자 및 보행자 동선과 분리될 경우 최우수로 평가함

■ 평가 참고자료 및 제출서류

참고자료	- 일본 녹지공간의 유니버설디자인 매뉴얼 - 일본 동경도 복지마을 만들기 조례 - 독일 편의증진 관련법규(DIN 18024 Teil 2) - 스위스 편의증진 관련법규(Norm SN 521 500)
제출서류	예비인증: - 출입구 평면도 - 출입구 단면도 - 출입구 상세도 - 바닥 마감 계획 상세도 ※ 위 제출서류 중 평가항목의 조건을 만족하는 서류제출
	본인증: - 예비인증시와 동일

장애물 없는 생활환경 인증기준 - 공원

평가부문	1	매개시설
평가범주	1.3	출입구
평가항목	1.3.2	공원입구와 보도와의 경계

■ 세부평가기준

평가목적	출입구의 높이차이를 평가하여 장애인 등 다양한 이용자가 안전하고 편리하게 진입이 가능하도록 함
평가방법	공원의 출입구와 보행로의 경계에서 보행자가 안전하고 편리하게 진입가능한지 여부 평가
배 점	1점 (평가목)
산출기준	• 평점 = 출입구 높이차이 및 경사로의 평가등급에 해당하는 평가항목 점수로 평가

• 세부항목 - 보도와 공원 출입구의 단차

구분	보도와 출입구경계의 단차	평가항목 점수
최우수	단차 없이 수평접근	0.5
우 수	0.75m이하 단차(경사로설치)	0.4
일 반	0.75m이상 단차(경사로설치)	0.35

• 세부항목 - 출입구 경사로 기울기

구분	출입구 경사로 기울기	평가항목 점수
최우수	단차없이 수평접근	0.5
우 수	기울기 1/18(5.56%/3.18°)이하	0.4
일 반	기울기 1/12(8.33%/4.76°)이하	0.35

- 단, 공원의 진출입을 위해 승강기가 설치되어 이를 이용하여 진출입이 가능하면 우수로 평가

■ 평가 참고자료 및 제출서류

참고자료	- 장애인·노인·임산부 등의 편의증진보장에 관한 법률 시행령 별표2 제2호 - 장애인·노인·임산부 등의 편의증진보장에 관한 법률 시행규칙 별표1 제5호 - 일본 동경도 복지마을 만들기 조례 - 독일 편의증진 관련법규(DIN 18024 Teil 2) - 스위스 편의증진 관련법규(Norm SN 521 500)
제출서류	예비인증: - 출입구 평면도 - 출입구 단면도 - 출입구 상세도 - 바닥 마감 계획 상세도 ※ 위 제출서류 중 평가항목의 조건을 만족하는 서류제출
	본인증: - 예비인증시와 동일

장애물 없는 생활환경 인증기준 - 공원

평가부문	2	유도 및 안내시설
평가범주	2.1	안내설비
평가항목	2.1.1	안내판 설치

■ 세부평가기준

평가목적	촉지식 안내판을 평가하여 시각장애인에게 공원 내의 위치 및 시설의 기능에 대한 적절한 정보를 제공하는 안내판 설치하도록 함
평가방법	해당시설의 주요시설 위치 등에 대한 장애인 등이 쉽게 이용 가능한 안내판 설치 여부 평가
배 점	2점 (평가목)
산출기준	• 평점 = 촉지식 안내판의 평가등급에 해당하는 평가항목 점수로 평가

구분	안내판 설치	평가항목 점수
최우수	장애인 등이 쉽게 이용가능한 안내판에 촉지식 안내판과 음성 안내장치를 함께 설치	2.0
우 수	장애인 등이 쉽게 이용가능한 안내판에 촉지식 안내판을 함께 설치	1.6
일 반	장애인 등이 쉽게 이용가능한 안내판 설치	1.4

- 장애인 등이 쉽게 이용가능한 안내판은 읽기 좋은 글자체(고딕체 또는 이와 유사한 글자체로, 글자크기는 최소 1.5cm이상으로 하고, 바탕과 명확히 대조되는 색상을 이용한 양각 글자체를 사용, 바닥면으로부터 1.0m~1.2m 범위 안에 설치하고, 야간에도 식별할 수 있도록 조명을 설치하여야 한다

■ 평가 참고자료 및 제출서류

참고자료	- 장애인·노인·임산부 등의 편의증진보장에 관한 법률 시행령 별표2 제2호 - 장애인·노인·임산부 등의 편의증진보장에 관한 법률 시행규칙 별표1 제17호 - 일본 동경도 복지마을 만들기 조례 - 독일 편의증진 관련법규(DIN 18024 Teil 2) - 스위스 편의증진 관련법규(Norm SN 521 500)
제출서류	예비인증: - 배치도(안내판 위치 및 시각장애인 음성안내시설 표기) - 촉지식 안내판 상세도 ※ 위 제출서류 중 평가항목의 조건을 만족하는 서류제출
	본인증: - 예비인증시와 동일

장애물 없는 생활환경 인증기준 - 공원

평가부문	2	유도 및 안내시설
평가범주	2.1	안내설비
평가항목	2.1.2	안내판의 정보

■ 세부평가기준

평가목적	안내판에 휠체어 장애인 등이 다닐 수 있는 시설 정보 혹은 BF산책로에 대한 위치에 대한 정보를 제공하여 안내판 정보의 질적인 부분을 평가 함
평가방법	안내판에 장애인이 이용할 수 있는 시설 혹은 BF산책로의 정보제공 유무 및 비장애인뿐만 아니라 시각·청각 장애인 등도 쉽게 인지할 수 있는지에 대해 평가
배 점	2점 (평가목)
산출기준	• 평점 = 촉지식 안내판의 평가등급에 해당하는 평가항목 점수로 평가

구분	안내판의 정보	평가항목 점수
최우수	우수의 조건을 만족하며 경사진 산책로의 경우 경사 정도를 표시	2.0
우 수	일반에 조건을 만족하며 이용 가능한 산책로를 표시	1.6
일 반	장애인 등이 이용 가능한 시설에 대한 정보제공	1.4

- 공원 내 산책로로 BF산책로가 지정되어있을 경우 이에 대한 위치정보를 포함하고 있어야 하며, 시각적으로 뿐 아니라 청각이 쉬워야 할뿐만 아니라 시각장애인 등을 배려하여 촉지도식 혹은 점자 안내 및 음성안내가 함께 제공되는 통합 안내판을 설치하여야 함
- 안내판에는 기본적으로 장애인 등이 이용 가능한 화장실, 주차장, 시설물 등에 대한 정보를 갖고 있어야 하며, 이에 대한 표시가 없을시 등급을 얻지 못함

■ 평가 참고자료 및 제출서류

참고자료	- 일본 동경도 복지마을 만들기 조례 - 독일 편의증진 관련법규(DIN 18024 Teil 2) - 스위스 편의증진 관련법규(Norm SN 521 500) - 일본 녹지공간의 유니버설 디자인 매뉴얼
제출서류	예비인증: - 배치도(안내판 위치 및 시각장애인 음성안내시설 표기) - 안내판 내용 - 안내판 시설 상세도 ※ 위 제출서류 중 평가항목의 조건을 만족하는 서류제출
	본인증: - 예비인증시와 동일

< 3. 공원 인증지표 및 기준 >

장애물 없는 생활환경 인증기준 - 공원

평가부문	2	유도 및 안내시설
평가범주	2.1	안내설비
평가항목	2.1.3	통합안내설비

■ 세부평가기준

평가목적	안내설비는 비장애인뿐만 아니라 시각·청각 장애인에게도 정확한 정보를 제공해야 한다
평가방법	해당시설의 주요시설 위치 등에 대한 음성안내 장치의 설치 여부 및 주출입구부터 주요시설까지 시각장애인용 유도용시설(점자블록 등)의 연속적인 설치 정도 와 적절성 평가
배 점	2점 (평가항목)

산출기준

- 평점 = 각 평가등급에 해당하는 평가항목 점수로 평가
- 세부항목 - 음성안내 장치 및 연속된 유도용 시설(점자블록 등) 설치

구분	음성안내 장치 및 연속된 점자블록 설치	평가항목 점수
최우수	우수의 조건을 만족하며, 대지경계선에 접근 시 시각장애인이 소지한 리모콘에 의해 작동되는 음성안내장치 설치	1.0
우 수	재질과 마감을 달리하고, 색 대비를 통해 점자블록의 기능을 확보	0.8
일 반	점자블록을 연속 설치	0.7

- 세부항목 - 청각장애인 안내설비

구분	청각장애인 안내설비	평가항목 점수
최우수	우수의 조건을 만족하며, 그림을 병용하여 표시	1.0
우 수	일반의 조건을 만족하며, 외국어를 병용하여 표시	0.8
일 반	안내표시를 읽기 좋은 글자체(고딕체 또는 이와 유사한 글자체)를 사용하였으며, 주변과 명확히 대조되는 색상을 이용하여 문자 표시	0.7

■ 평가 참고자료 및 제출서류

참고자료	- 장애인·노인·임산부 등의 편의증진보장에 관한 법률 시행령 별표2 제2호 - 장애인·노인·임산부 등의 편의증진보장에 관한 법률 시행규칙 별표1 제16호, 제17호 - 일본 동경도 복지마을 만들기 조례 - 독일 편의증진 관련법규(DIN 18024 Teil 2) - 스위스 편의증진 관련법규(Norm SN 521 500)
제출서류	예비인증	- 배치도(안내판 위치 및 시각장애인 음성안내시설 표기) ※ 위 제출서류 중 평가항목의 조건을 만족하는 서류제출
	본인증	- 예비인증시와 동일

장애물 없는 생활환경 인증기준 - 공원

평가부문	2	유도 및 안내시설
평가범주	2.1	안내설비
평가항목	2.1.4	경고시설

■ 세부평가기준

평가목적	위험지역에 대한 경고시설을 설치함으로써 장애인 등이 공원 내에서 안전하게 시설을 이용할 수 있어야 함
평가방법	위험지역에 적절한 경고시설을 설치
배 점	1점 (평가항목)

산출기준

- 평점 = 경고시설의 평가등급에 해당하는 평가항목 점수로 평가

구분	경고시설	평가항목 점수
최우수	주요 위험지역에 색상, 질감적으로 다른 마감재를 이용하여 점자블록을 확보하여 경고시설 설치	1.0
우 수	주요 위험지역에 규정에 적합한 점자블록을 이용하여 주의경고시설 설치	0.8

- 주변과 조화된 환경을 만들어 모두가 함께 공원을 이용한다는 관점에서 점형블록의 사용보다는 질감적, 색상적으로 명확히 구분되는 마감재 사용

■ 평가 참고자료 및 제출서류

참고자료	- 장애인·노인·임산부 등의 편의증진보장에 관한 법률 시행규칙 별표1 제16호 - 일본 동경도 복지마을 만들기 조례 - 독일 편의증진 관련법규(DIN 18024 Teil 2) - 스위스 편의증진 관련법규(Norm SN 521 500) - 일본 녹지공간의 유니버설 디자인 매뉴얼
제출서류	예비인증	- 배치도(안내판 위치 및 시각장애인 음성안내시설 표기) - 바닥 마감 계획 상세도 ※ 위 제출서류 중 평가항목의 조건을 만족하는 서류제출
	본인증	- 예비인증시와 동일

장애물 없는 생활환경 인증기준 - 공원

평가부문	3	위생시설
평가범주	3.1	장애인 등이 이용 가능한 화장실
평가항목	3.1.1	장애유형별 대응 방법

■ 세부평가기준

평가목적	장애인 등이 이용 가능한 화장실의 다양한 장애유형에 대한 대응 방법을 평가하여 장애인 등 모든 사용자가 다양한 상황에 대응할 수 있는 다목적 화장실을 설치하도록 함
평가방법	평면구성의 장애유형별 대응 방법 여부
배 점	5점

산출기준

- 평점 = 장애인 등이 이용 가능한 화장실의 평가등급에 해당하는 평가항목 점수로 평가

구분	장애유형별 대응 방법	평가항목 점수
최우수	일반의 조건을 만족하며 최소 2개소 이상이 다목적 화장실	5.0
우 수	일반의 조건을 만족하며 최소1개 이상의 다목적 화장실 설치	4.0
일 반	최소 1개 이상 장애인 등이 이용 가능한 화장실 설치 (장애인 대변기는 남자용 및 여자용 각1개 이상 설치, 공원 내 2개소 이상 화장실이 있는 경우 전체 개수의 50%이상 적용)	3.5

- 다목적 화장실이라함은 남녀 구분없이 설치하여 장애인뿐만 아니라 가족 혹은 보호자와 함께 사용가능한 화장실을 말함

■ 평가 참고자료 및 제출서류

참고자료	- 장애인·노인·임산부 등의 편의증진보장에 관한 법률 시행령 별표2 제2호 - 장애인·노인·임산부 등의 편의증진보장에 관한 법률 시행규칙 별표1 제13호 - 도시공원 및 녹지 등에 관한 법률 시행규칙 별표 3 - 일본 동경도 복지마을 만들기 조례 - 독일 편의증진 관련법규(DIN 18024 Teil 2) - 스위스 편의증진 관련법규(Norm SN 521 500)
제출서류	예비인증	- 화장실 층별 평면도 - 화장실 층별 단면도 - 대변기·소변기·세면대 상세도 ※ 위 제출서류 중 평가항목의 조건을 만족하는 서류제출
	본인증	- 예비인증시와 동일

장애물 없는 생활환경 인증기준 - 공원

평가부문	3	위생시설
평가범주	3.1	장애인 등이 이용 가능한 화장실
평가항목	3.1.2	안내표지판

■ 세부평가기준

평가목적	장애인 등이 이용 가능한 화장실의 안내표지판을 평가하여 장애인 등 다양한 사용자가 화장실 내부의 위치 및 기능을 인지할 수 있도록 함
평가방법	장애인등의 이용이 가능한 화장실 이용 안내표지판 설치 유무 평가
배 점	2점 (평가항목)

산출기준

- 평점 = 장애인 등이 이용 가능한 화장실의 안내표지판 평가등급에 해당하는 평가항목 점수로 평가

구분	안내표지판	평가항목 점수
최우수	우수의 조건을 만족하며, 다기능에 대한 안내표지 있음	2.0
우 수	일반의 기준을 만족하며, 화장실 내부의 위치 및 기능을 안내할 수 있는 촉지식 안내표지가 있음	1.6
일 반	화장실 출입문 옆 벽면의 1.5m 높이에 점자표기를 포함한 남여 구분 안내표지 있음 점자표지 0.3m 전면에 점형블록 설치	1.4

- 1,500㎡미만의 공원에 화장실이 설치되지 않는 경우의 점수산정은 위생시설(3.항목 전체)을 제외한 공원 전체의 평가점수 비율을 3.항목에 적용, 이를 평가점수로 산정함

■ 평가 참고자료 및 제출서류

참고자료	- 장애인·노인·임산부 등의 편의증진보장에 관한 법률 시행령 별표2 제2호 - 장애인·노인·임산부 등의 편의증진보장에 관한 법률 시행규칙 별표1 제13호 - 일본 동경도 복지마을 만들기 조례 - 독일 편의증진 관련법규(DIN 18024 Teil 2) - 스위스 편의증진 관련법규(Norm SN 521 500)
제출서류	예비인증	- 화장실 층별 평면도 - 화장실 층별 단면도 - 대변기·소변기·세면대 상세도 - 화장실 안내표지판 상세도 - 배치도(장애인 화장실 및 안내표지판의 위치 표시) ※ 위 제출서류 중 평가항목의 조건을 만족하는 서류제출
	본인증	- 예비인증시와 동일

〈 3. 공원 인증지표 및 기준 〉

장애물 없는 생활환경 인증기준 - 공원

평가부문	3	위생시설
평가범주	3.2	화장실의 접근
평가항목	3.2.1	유효폭 및 단차

■ 세부평가기준

평가목적	화장실로 접근하기 위한 통로를 평가하여 화장실로 접근하기 위한 모든 통로가 장애인 등 다양한 사용자가 이용하는데 불편함이 없도록 적절한 유효폭을 확보하고, 단차 없이 진입할 수 있도록 함
평가방법	화장실로 접근하기 위한 모든 통로의 유효폭 및 단차 정도 평가
배점	3점 (평가항목)

산출기준	• 평점 = 화장실로 접근하기 위한 통로의 유효폭 및 단차 평가등급에 해당하는 평가항목 점수로 평가

• 세부항목 - 유효폭

구분	유효폭	평가항목 점수
최우수	1.5m이상 통로폭 확보	1.5
우수	1.2m이상 통로폭 확보	1.2
일반	0.9m이상 통로폭 확보	1.05

• 세부항목 - 단차

구분	단차	평가항목 점수
최우수	전혀 단차 없음	1.5
우수	단차가 있으며, 기울기 1/18(5.56%/3.18°) 이하의 경사로 설치	1.2
일반	단차가 있으며, 기울기 1/12(8.33%/4.76°) 이하의 경사로 설치	1.05

- 1,500㎡ 미만의 공원에 화장실이 설치되지 않는 경우의 점수산정은 위생시설(3.항목 전체)을 제외한 공원 전체의 평가점수 비율을 3.항목에 적용, 이를 평가점수로 산정함

■ 평가 참고자료 및 제출서류

참고자료	- 장애인·노인·임산부 등의 편의증진보장에 관한 법률 시행령 별표2 제2호 - 장애인·노인·임산부 등의 편의증진보장에 관한 법률 시행규칙 별표1 제13호 - 일본 동경도 복지마을 만들기 조례 - 독일 편의증진 관련법규(DIN 18024 Teil 2) - 스위스 편의증진 관련법규(Norm SN 521 500)
제출서류	예비인증	- 화장실 층별 평면도 - 화장실 층별 단면도 - 바닥 마감 계획 상세도 ※ 위 제출서류 중 평가항목의 조건을 만족하는 서류제출
	본인증	- 예비인증시와 동일

장애물 없는 생활환경 인증기준 - 공원

평가부문	3	위생시설
평가범주	3.2	화장실의 접근
평가항목	3.2.2	바닥 마감

■ 세부평가기준

평가목적	화장실 접근로의 마감 상태를 평가하여 장애인 및 노약자 등 다양한 사용자가 미끄러지거나 걸려 넘어지지 않고 안전하게 화장실로 접근 가능하도록 함
평가방법	화장실 바닥 마감의 평탄함 및 미끄럽지 않는 정도 평가
배점	2점 (평가항목)

산출기준	• 평점 = 화장실 바닥 마감의 평가등급에 해당하는 평가항목 점수로 평가

구분	바닥 마감	평가항목 점수
최우수	우수의 조건을 만족하며, 충격을 흡수할 수 있는 재료로 마감	2.0
우수	일반의 조건을 만족하며, 걸려 넘어질 염려가 없음	1.6
일반	물이 묻어도 미끄럽지 않음	1.4

- 1,500㎡ 미만의 공원에 화장실이 설치되지 않는 경우의 점수산정은 위생시설(3.항목 전체)을 제외한 공원 전체의 평가점수 비율을 3.항목에 적용, 이를 평가점수로 산정함

■ 평가 참고자료 및 제출서류

참고자료	- 장애인·노인·임산부 등의 편의증진보장에 관한 법률 시행령 별표2 제2호 - 장애인·노인·임산부 등의 편의증진보장에 관한 법률 시행규칙 별표1 제13호 - 일본 동경도 복지마을 만들기 조례 - 독일 편의증진 관련법규(DIN 18024 Teil 2) - 스위스 편의증진 관련법규(Norm SN 521 500)
제출서류	예비인증	- 화장실 층별 평면도 - 화장실 층별 단면도 - 바닥 마감 계획 상세도 ※ 위 제출서류 중 평가항목의 조건을 만족하는 서류제출
	본인증	- 예비인증시와 동일

장애물 없는 생활환경 인증기준 - 공원

평가부문	3	위생시설
평가범주	3.2	화장실의 접근
평가항목	3.2.3	출입구(문)

■ 세부평가기준

평가목적	화장실의 출입구(문)를 평가하여 장애인 등 다양한 사용자가 화장실로 접근하는데 불편함이 없도록 적절한 형태의 출입문 및 적절한 폭을 확보하고, 시각장애인이 실의 기능을 알 수 있도록 출입구(문) 옆에 점자표지판을 설치하도록 함
평가방법	휠체어의 접근이 가능한 출입구(문)의 형태 및 유효폭의 확보 여부 평가
배점	3점 (평가항목)

산출기준	• 평점 = 화장실의 출입구(문) 평가등급에 해당하는 평가항목 점수로 평가

구분	형태 및 유효폭	평가항목 점수
최우수	우수의 조건을 만족하며, 출입구(문) 유효폭 1.2m이상 확보	3.0
우수	일반의 조건을 만족하며, 출입구(문) 유효폭 1.0m이상 확보	2.4
일반	유효폭 0.9m이상의 여닫이, 미닫이의 출입문 형태로 설치	2.1

- 화장실의 출입문의 유효폭은 문틀 내부 폭에서 경첩의 내민 거리와 문의두께를 뺀 나머지 폭으로 측정함
- 화장실의 출입문이 없는 경우 출입문 형태는 자동문을 설치한 것과 동일하게 평가하고, 유효폭만으로 평가등급을 부여함
- 1,500㎡ 미만의 공원에 화장실이 설치되지 않는 경우의 점수산정은 위생시설(3.항목 전체)을 제외한 공원 전체의 평가점수 비율을 3.항목에 적용, 이를 평가점수로 산정함

■ 평가 참고자료 및 제출서류

참고자료	- 장애인·노인·임산부 등의 편의증진보장에 관한 법률 시행령 별표2 제2호 - 장애인·노인·임산부 등의 편의증진보장에 관한 법률 시행규칙 별표1 제13호 - 일본 동경도 복지마을 만들기 조례 - 독일 편의증진 관련법규(DIN 18024 Teil 2) - 스위스 편의증진 관련법규(Norm SN 521 500)
제출서류	예비인증	- 화장실 층별 평면도 - 화장실 층별 단면도 - 화장실 출입문 입면도 및 상세도 - 화장실 출입문 점자표지판 및 점형블록 설치 상세도 ※ 위 제출서류 중 평가항목의 조건을 만족하는 서류제출
	본인증	- 예비인증시와 동일

장애물 없는 생활환경 인증기준 - 공원

평가부문	3	위생시설
평가범주	3.3	대변기
평가항목	3.3.1	칸막이 출입문

■ 세부평가기준

평가목적	대변기의 칸막이 출입문을 평가하여 대변기 칸막이 출입문이 장애인 등 다양한 사용자가 대변기로 접근하는데 불편함이 없도록 적절한 형태 및 유효폭을 확보하도록 함
평가방법	휠체어의 접근이 가능한 출입구(문)의 유효폭 및 형태, 기타 설비 설치 평가
배점	2점 (평가항목)

산출기준	• 평점 = 대변기의 칸막이 출입문 평가등급에 해당하는 평가항목 점수로 평가

• 세부항목 - 유효폭

구분	유효폭	평가항목 점수
최우수	유효폭 1.0m이상	0.5
우수	유효폭 0.9m이상	0.4

• 세부항목 - 형태

구분	형태	평가항목 점수
최우수	자동문	0.5
우수	내부공간이 확보된 밖여닫이 또는 미닫이 형태	0.4

• 세부항목 - 사용여부 설비

구분	사용여부 설비	평가항목 점수
최우수	불이 켜지며 문자 시각설비 설치	0.5
우수	색상과 문자로 사용여부 알 수 있음	0.4
일반	색상으로 사용 여부를 알 수 있음	0.35

• 세부항목 - 잠금장치

구분	잠금장치	평가항목 점수
최우수	누구나 사용이 편리한 형태의 잠금장치를 설치함	0.5
우수	잠금장치를 설치함	0.4

- 화장실 사용여부 설비는 장애인이 이용가능한 화장실 칸막이 뿐 아니라 일반 칸막이에도 모두 설치하여야 함
- 대변기 칸막이의 유효폭은 문틀 내부 폭에서 경첩의 내민 거리와 문의두께를 뺀 나머지 폭으로 측정함
- 1,500㎡ 미만의 공원에 화장실이 설치되지 않는 경우의 점수산정은 위생시설(3.항목 전체)을 제외한 공원 전체의 평가점수 비율을 3.항목에 적용, 이를 평가점수로 산정함

■ 평가 참고자료 및 제출서류

참고자료	- 장애인·노인·임산부 등의 편의증진보장에 관한 법률 시행령 별표2 제2호 - 장애인·노인·임산부 등의 편의증진보장에 관한 법률 시행규칙 별표1 제13호 - 일본 동경도 복지마을 만들기 조례 - 독일 편의증진 관련법규(DIN 18024 Teil 2) - 스위스 편의증진 관련법규(Norm SN 521 500)
제출서류	예비인증	- 화장실 층별 평면도 - 화장실 층별 단면도 - 화장실 칸막이 입면도 ※ 위 제출서류 중 평가항목의 조건을 만족하는 서류제출
	본인증	- 예비인증시와 동일

< 3. 공원 인증지표 및 기준 >

장애물 없는 생활환경 인증기준 - 공원		
평가부문	3	위생시설
평가범주	3.3	대변기
평가항목	3.3.2	활동공간

■ 세부평가기준

평가목적	대변기 내부의 활동공간을 평가하여 장애인 등 다양한 사용자가 이용하는데 불편함이 없도록 적절한 활동공간을 확보하도록 함
평가방법	대변기 내부 유효 바닥면의 크기로 평가
배 점	2점 (평가항목)

산출기준	• 평점 = 대변기 칸막이의 평가등급에 해당하는 평가항목 점수로 평가

구분	활동공간	평가항목 점수
최우수	우수의 조건을 만족하며, 대변기 유효바닥면적이 폭 2.0m이상, 길이 2.1m이상이 되도록 설치	2.0
우수	대변기 유효바닥면적이 폭 1.6m이상, 길이 2.0m이상이 되도록 설치하여야 하며, 대변기 측면 활동공간 0.75m 이상 확보 및 대변기 전면 활동공간 1.4m × 1.4m 이상 확보	1.6

- 장애인 등이 이용 가능한 화장실 내 설치된 칸막이의 활동공간으로 평가함
- 1,500㎡미만의 공원에 화장실이 설치되지 않는 경우의 점수산정은 위생시설(3.항목 전체)을 제외한 공원 전체의 평가점수 비율을 3.항목에 적용, 이를 평가점수로 산정함

■ 평가 참고자료 및 제출서류

참고자료	- 장애인·노인·임산부 등의 편의증진보장에 관한 법률 시행령 별표2 제2호 - 장애인·노인·임산부 등의 편의증진보장에 관한 법률 시행규칙 별표1 제13호 - 일본 동경도 복지마을 만들기 조례 - 독일 편의증진 관련법규 (DIN 18024 Teil 2) - 스위스 편의증진 관련법규 (Norm SN 521 500)
제출서류	예비인증	- 화장실 층별 평면도 - 화장실 층별 단면도 - 대변기 칸막이 상세도 - 바닥 마감 계획 상세도 ※ 위 제출서류 중 평가항목의 조건을 만족하는 서류제출
	본인증	- 예비인증시와 동일

장애물 없는 생활환경 인증기준 - 공원		
평가부문	3	위생시설
평가범주	3.3	대변기
평가항목	3.3.3	형태

■ 세부평가기준

평가목적	대변기의 형태 및 설치 높이를 평가하여 장애인 등 다양한 사용자가 이용하는데 불편함이 없도록 적절한 형태 및 높이로 설치되도록 함
평가방법	대변기의 형태 및 설치 높이 평가
배 점	2점 (평가항목)

산출기준	• 평점 = 대변기 형태의 평가등급에 해당하는 평가항목 점수로 평가

구분	형태	평가항목 점수
최우수	우수의 조건을 만족하며, 비데설치	2.0
우수	일반의 조건을 만족하며, 대변기는 벽걸이형으로 설치	1.6
일반	대변기는 양변기로 설치하고, 좌대의 높이는 바닥면으로부터 0.4m~0.45m	1.4

- 1,500㎡미만의 공원에 화장실이 설치되지 않는 경우의 점수산정은 위생시설(3.항목 전체)을 제외한 공원 전체의 평가점수 비율을 3.항목에 적용, 이를 평가점수로 산정함

■ 평가 참고자료 및 제출서류

참고자료	- 장애인·노인·임산부 등의 편의증진보장에 관한 법률 시행령 별표2 제2호 - 장애인·노인·임산부 등의 편의증진보장에 관한 법률 시행규칙 별표1 제13호 - 일본 동경도 복지마을 만들기 조례 - 독일 편의증진 관련법규 (DIN 18024 Teil 2) - 스위스 편의증진 관련법규 (Norm SN 521 500)
제출서류	예비인증	- 화장실 층별 평면도 - 화장실 층별 단면도 - 대변기 상세도 - 바닥 마감 계획 상세도 ※ 위 제출서류 중 평가항목의 조건을 만족하는 서류제출
	본인증	- 예비인증시와 동일

장애물 없는 생활환경 인증기준 - 공원		
평가부문	3	위생시설
평가범주	3.3	대변기
평가항목	3.3.4	손잡이

■ 세부평가기준

평가목적	대변기 손잡이를 평가하여 장애인 등 다양한 사용자가 대변기를 이용하는데 불편함이 없도록 적절한 재질과 굵기의 손잡이가 적절한 높이에 설치되도록 함
평가방법	대변기 수평 및 수직손잡이 재질과 굵기, 설치 높이로 평가
배 점	2점 (평가항목)

산출기준	• 평점 = 대변기 손잡이의 평가등급에 해당하는 평가항목 점수로 평가

구분	손잡이	평가항목 점수
최우수	우수의 조건을 만족하며, 손잡이는 차갑거나 미끄럽지 않은 재질의 손잡이 설치	2.0
우수	대변기 양옆에 수평손잡이는 높이 0.6m~0.7m위치에 설치 변기중심에서 0.4m내외의 지점에 고정하여 설치 다른 쪽 손잡이는 0.6m 내외의 길이로 회전식으로 설치하여야 하며 손잡이간의 간격은 0.7m내외로 설치할 수 있음 수직손잡이는 수평손잡이와 연결하여 0.9m이상의 길이로 설치 손잡이 두께는 지름 3.2cm~3.8cm가 되도록 설치	1.6

- 1,500㎡미만의 공원에 화장실이 설치되지 않는 경우의 점수산정은 위생시설(3.항목 전체)을 제외한 공원 전체의 평가점수 비율을 3.항목에 적용, 이를 평가점수로 산정함

■ 평가 참고자료 및 제출서류

참고자료	- 장애인·노인·임산부 등의 편의증진보장에 관한 법률 시행령 별표2 제2호 - 장애인·노인·임산부 등의 편의증진보장에 관한 법률 시행규칙 별표1 제7호, 제13호 - 일본 동경도 복지마을 만들기 조례 - 독일 편의증진 관련법규 (DIN 18024 Teil 2) - 스위스 편의증진 관련법규 (Norm SN 521 500)
제출서류	예비인증	- 화장실 층별 평면도 - 화장실 층별 단면도 - 대변기 손잡이 상세도 ※ 위 제출서류 중 평가항목의 조건을 만족하는 서류제출
	본인증	- 예비인증시와 동일

장애물 없는 생활환경 인증기준 - 공원		
평가부문	3	위생시설
평가범주	3.3	대변기
평가항목	3.3.5	기타설비

■ 세부평가기준

평가목적	대변기에 세정장치를 평가하여 장애인 등 다양한 사용자가 대변기 세정장치를 이용하는데 불편함이 없도록 적절한 형태의 세정장치가 설치되도록 함
평가방법	세정장치의 설치 형태 및 기타설비 평가
배 점	2점 (평가항목)

산출기준	• 평점 = 대변기 기타설비의 평가등급에 해당하는 평가항목 점수로 평가

구분	기타설비	평가항목 점수
최우수	우수 조건을 만족하고 세정장치는 광감지식(또는 자동 물내림 장치) 및 누름 버튼(바닥 또는 벽면) 설치	2.0
우수	대변기에 비상호출벨 및 등받이를 설치하여야 하며, 앉은 상태에서 화장지걸이 등의 기타설비가 이용 가능하도록 설치 세정장치는 광감지식(또는 자동 물내림 장치) 또는 바닥+벽면 누름 버튼 장치 설치	1.6

- 유아용 거치대는 장애인이 사용 가능한 화장실에는 일반화장실에 설치한 것을 평가함
- 조명스위치 및 화장지걸이는 바닥면에서 0.8m ~ 1.2m이내에 설치하여야 함
- 출입문을 자동으로 설치할 경우 자동문버튼은 바닥면에서 0.8m ~ 0.9m 높이에 설치하여야 하며 코너로부터 0.4m ~ 0.5m 이격하여 설치하여야 함
- 1,500㎡미만의 공원에 화장실이 설치되지 않는 경우의 점수산정은 위생시설(3.항목 전체)을 제외한 공원 전체의 평가점수 비율을 3.항목에 적용, 이를 평가점수로 산정함
- 비상용 벨은 대변기 가까운 곳에 바닥면으로부터 0.6미터와 0.9미터 사이의 높이에 설치하되, 바닥면으로부터 0.2미터 내외의 높이에서도 이용이 가능하도록 하여야 함

■ 평가 참고자료 및 제출서류

참고자료	- 장애인·노인·임산부 등의 편의증진보장에 관한 법률 시행령 별표2 제2호 - 장애인·노인·임산부 등의 편의증진보장에 관한 법률 시행규칙 별표1 제13호 - 일본 동경도 복지마을 만들기 조례 - 독일 편의증진 관련법규 (DIN 18024 Teil 2) - 스위스 편의증진 관련법규 (Norm SN 521 500)
제출서류	예비인증	- 화장실 층별 평면도 - 화장실 층별 단면도 - 대변기 세정장치 상세도 ※ 위 제출서류 중 평가항목의 조건을 만족하는 서류제출
	본인증	- 예비인증시와 동일

〈 3. 공원 인증지표 및 기준 〉

장애물 없는 생활환경 인증기준 - 공원

평가부문	3	위생시설
평가범주	3.4	소변기
평가항목	3.4.1	형태 및 손잡이

■ 세부평가기준

평가목적	소변기의 형태 및 손잡이를 평가하여 장애인 또는 노약자 등의 지탱하는 힘이 부족한 다양한 사용자가 소변기를 이용하는데 불편함이 없도록 적절한 형태의 소변기와 손잡이가 설치되도록 함
평가방법	소변기의 형태 및 수평·수직손잡이 굵기, 설치 높이 평가
배 점	2점 (평가항목)
산출기준	• 평점 = 소변기의 평가등급에 해당하는 평가항목점수로 평가 | 구분	형태 및 손잡이	평가항목 점수
---	---	---
최우수	우수의 기준을 만족하며, 손잡이의 재질이 차갑지 않은 손잡이 설치	2.0
우 수	일반의 기준을 만족하며, 바닥부착형의 소변기 설치	1.6
일 반	수평손잡이는 높이 0.8m~0.9m, 길이는 벽면으로부터 0.55m내외로 설치 좌우손잡이 간격은 0.6m내외로 설치 수직손잡이는 높이 1.1m~1.2m, 돌출폭 벽면으로부터 0.25m내외, 하단부가 휠체어의 이동에 방해가 되지 않도록 설치 손잡이 두께는 지름 3.2cm~3.8cm이 되도록 설치	1.4	 - 1,500㎡ 미만의 공원에 화장실이 설치되지 않는 경우의 점수산정은 위생시설(3.항목 전체)을 제외한 공원 전체의 평가점수 비율을 3.항목에 적용, 이를 평가점수로 산정함

■ 평가 참고자료 및 제출서류

참고자료	- 장애인·노인·임산부 등의 편의증진보장에 관한 법률 시행령 별표2 제2호 - 장애인·노인·임산부 등의 편의증진보장에 관한 법률 시행규칙 별표1 제13호 - 일본 동경도 복지마을 만들기 조례 - 독일 편의증진 관련법규(DIN 18024 Teil 2) - 스위스 편의증진 관련법규(Norm SN 521 500)
제출서류	예비인증	- 화장실 층별 평면도 - 화장실 층별 단면도 - 소변기 상세도 - 소변기 손잡이 상세도 ※ 위 제출서류 중 평가항목의 조건을 만족하는 서류제출
	본인증	- 예비인증시와 동일

장애물 없는 생활환경 인증기준 - 공원

평가부문	3	위생시설
평가범주	3.5	세면대
평가항목	3.5.1	형태

■ 세부평가기준

평가목적	세면대 형태를 평가하여 장애인 등 다양한 사용자가 세면대를 이용하는데 불편함이 없도록 적절한 형태의 세면대가 설치되도록 함
평가방법	세면대의 형태 평가
배 점	1점 (평가항목)
산출기준	• 평점 = 세면대 형태의 평가등급에 해당하는 평가항목 점수로 평가 | 구분	세면대 형태	평가항목 점수
---	---	---
최우수	우수의 조건을 만족하며, 대변기 칸막이 내부에 대변기 사용에 전혀 방해가 되지 않는 세면대 설치	1.0
우 수	일반의 조건을 만족하며, 카운터형 혹은 단독형 세면대 설치	0.8
일 반	세면대의 상단높이는 바닥면으로부터 0.85m 하단은 깊이 0.45m, 높이 0.65m이 확보	0.7	 - 대변기 칸막이 내부에 단독형으로 설치할 경우 세면대 양측면에 회전형 손잡이를 설치 - 세부 세면대로 적용할 경우, 단독형이면 반드시 양쪽손잡이를 설치하여야하며 카운터형일 경우에는 양쪽손잡이 없어도 평가가 가능함 - 1,500㎡ 미만의 공원에 화장실이 설치되지 않는 경우의 점수산정은 위생시설(3.항목 전체)을 제외한 공원 전체의 평가점수 비율을 3.항목에 적용, 이를 평가점수로 산정함

■ 평가 참고자료 및 제출서류

참고자료	- 장애인·노인·임산부 등의 편의증진보장에 관한 법률 시행령 별표2 제2호 - 장애인·노인·임산부 등의 편의증진보장에 관한 법률 시행규칙 별표1 제13호 - 일본 동경도 복지마을 만들기 조례 - 독일 편의증진 관련법규(DIN 18024 Teil 2) - 스위스 편의증진 관련법규(Norm SN 521 500)
제출서류	예비인증	- 화장실 층별 평면도 - 화장실 층별 단면도 - 세면대 상세도 ※ 위 제출서류 중 평가항목의 조건을 만족하는 서류제출
	본인증	- 예비인증시와 동일

장애물 없는 생활환경 인증기준 - 공원

평가부문	3	위생시설
평가범주	3.5	세면대
평가항목	3.5.2	거울

■ 세부평가기준

평가목적	세면대 거울을 평가하여 휠체어사용자 또는 어린이뿐만 아니라 다양한 사용자가 세면대 거울을 이용하는데 불편함이 없도록 적절한 형태의 세면대 거울을 설치하도록 함
평가방법	세면대 거울의 휠체어사용자의 사용 가능 여부 평가
배 점	1점 (평가항목)
산출기준	• 평점 = 세면대 거울의 평가등급에 해당하는 평가항목 점수로 평가 | 구분	거울	평가항목 점수
---	---	---
최우수	우수의 조건을 만족하며, 확대경 설치	1.0
우 수	일반의 조건을 만족하며, 전면 거울 설치	0.8
일 반	세로길이 0.65m이상, 하단높이 바닥면으로부터 0.9m 내외, 거울상단부분이 15˚정도 앞으로 경사진 경사형 거울 설치	0.7	 - 1,500㎡ 미만의 공원에 화장실이 설치되지 않는 경우의 점수산정은 위생시설(3.항목 전체)을 제외한 공원 전체의 평가점수 비율을 3.항목에 적용, 이를 평가점수로 산정함

■ 평가 참고자료 및 제출서류

참고자료	- 장애인·노인·임산부 등의 편의증진보장에 관한 법률 시행령 별표2 제2호 - 장애인·노인·임산부 등의 편의증진보장에 관한 법률 시행규칙 별표1 제13호 - 일본 동경도 복지마을 만들기 조례 - 독일 편의증진 관련법규(DIN 18024 Teil 2) - 스위스 편의증진 관련법규(Norm SN 521 500)
제출서류	예비인증	- 화장실 층별 평면도 - 화장실 층별 단면도 - 세면대 거울 설치상세도 ※ 위 제출서류 중 평가항목의 조건을 만족하는 서류제출
	본인증	- 예비인증시와 동일

장애물 없는 생활환경 인증기준 - 공원

평가부문	3	위생시설
평가범주	3.5	세면대
평가항목	3.5.3	수도꼭지

■ 세부평가기준

평가목적	세면대의 수도꼭지를 평가하여 장애인 등 다양한 사용자가 이용하는데 불편함이 없도록 적절한 형태의 수도꼭지가 설치되도록 함
평가방법	세면대 수도꼭지 형태 평가
배 점	1점 (평가항목)
산출기준	• 평점 = 세면대의 수도꼭지 평가등급에 해당하는 평가항목 점수로 평가 | 구분	수도꼭지	평가항목 점수
---	---	---
최우수	광감지식 설치	1.0
우 수	누름버튼식 레버식 등 사용하기 쉬운 형태로 설치하며, 냉수·온수 점자표시	0.8	 - 1,500㎡ 미만의 공원에 화장실이 설치되지 않는 경우의 점수산정은 위생시설(3.항목 전체)을 제외한 공원 전체의 평가점수 비율을 3.항목에 적용, 이를 평가점수로 산정함

■ 평가 참고자료 및 제출서류

참고자료	- 장애인·노인·임산부 등의 편의증진보장에 관한 법률 시행령 별표2 제2호 - 장애인·노인·임산부 등의 편의증진보장에 관한 법률 시행규칙 별표1 제13호 - 일본 동경도 복지마을 만들기 조례 - 독일 편의증진 관련법규(DIN 18024 Teil 2) - 스위스 편의증진 관련법규(Norm SN 521 500)
제출서류	예비인증	- 화장실 층별 평면도 - 화장실 층별 단면도 - 세면대 수도꼭지 상세도 ※ 위 제출서류 중 평가항목의 조건을 만족하는 서류제출
	본인증	- 예비인증시와 동일

〈 3. 공원 인증지표 및 기준 〉

장애물 없는 생활환경 인증기준 - 공원

평가부문	4	편의시설
평가범주	4.1	접근 및 이용성
평가항목	4.1.1	시설까지의 접근로

■ 세부평가기준

평가목적	공원 내 시설은 장애인 등의 접근 및 이용이 가능하여 모두가 함께 공원을 즐길 수 있도록 계획되어야 함
평가방법	공원 내 시설의 접근로가 쉬운 위치에 있는지에 대한 평가
배 점	1점 (평가항목)
산출기준	• 평점 = 시설위치의 평가등급에 해당하는 평가항목 점수로 평가

구분	시설까지의 접근로	평가항목 점수
최우수	주 산책로에서 눈에 잘 띄도록 위치와 유도 안내 표시가 설치되어 있으며 안전보행로로 연결	1.0
우 수	주 산책로와 이격되어 있으나 유도안내 표시가 설치되어 있으며 안전보행로로 연결	0.8
일 반	주 산책로와 이격되어 있으나 안전보행로로 연결	0.7

- 주 산책로와 인접해 있다함은 주 산책로에서 시설의 입구가 바로 보임일 말함
- 주 산책로에서 따로 접근로를 두어 시설로 접근할 경우 접근로는 '1.1 보도 및 접근로' 일반 이상의 기준을 따르며 일반 미만일 경우 등급 미부여
- 공원시설이 없는 경우의 점수산정은 접근 및 이용성(4.1항목전체)을 제외한 공원시설의 편의성- 공원시설 평가점수비율을 4.1 항목의 점수에 적용, 이를 평가점수로 산정함

시설까지의 접근로부문의 평가점수 $= B \times \left(\dfrac{C}{A-B} \right)$

A : 공원시설의 편의성-공원시설 전체점수합계
B : 공원내 시설로의 접근 및 이용성부문 점수합계
C : 공원내 시설로의 접근 및 이용성을 제외한 공원시설의 편의성-공원시설 부문평가점수

■ 평가 참고자료 및 제출서류

참고자료	- 장애인·노인·임산부 등의 편의증진보장에 관한 법률 시행령 별표2 제2호 - 장애인·노인·임산부 등의 편의증진보장에 관한 법률 시행규칙 별표1 제1호 - 일본 동경도 복지마을 만들기 조례 - 독일 편의증진 관련법규(DIN 18024 Blatt 1) - 스위스 편의증진 관련법규(Norm SN 521 500)
제출서류	예비인증	- 공원 배치도 - 공원내 주요 보행로 상세도 - 경사로 상세도 - 바닥 마감 계획 상세도 ※ 위 제출서류 중 평가항목의 조건을 만족하는 서류제출
	본인증	- 예비인증시와 동일

장애물 없는 생활환경 인증기준 - 공원

평가부문	4	편의시설
평가범주	4.1	접근 및 이용성
평가항목	4.1.2	공원시설의 주출입구

■ 세부평가기준

평가목적	공원 내 시설은 장애인 등의 접근 및 이용이 가능하여 모두가 함께 공원을 즐길 수 있도록 계획되어야 함
평가방법	공원 시설의 주출입구로 안전하고 편리하게 접근하여 진입 가능한지 정도를 주출입구의 높이 차이와 기울기로 평가
배 점	2점 (평가항목)

- 평점 = 주출입구 높이차이 및 경사로의 평가등급에 해당하는 평가항목 점수로 평가
- 세부항목 - 주출입구 높이차이

구분	주출입구 높이차이	평가항목 점수
최우수	단차없이 수평접근	1.0
우 수	0.75m이하 단차(경사로 설치)	0.8
일 반	0.75m이상 단차(경사로 설치)	0.7

- 세부항목 - 주출입구 경사로 기울기

구분	주출입구 경사로 기울기	평가항목 점수
최우수	단차없이 수평접근	1.0
우 수	기울기 1/18(5.56%/3.18°)이하	0.8
일 반	기울기 1/12(8.33%/4.76°)이하	0.7

- 주출입구에 높이차이가 있으나 불가피하게 경사로를 설치하지 못하고, 부출입구로 출입구 가능한 경우, 부출입구 이용에 대한 연속적인 안내 및 유도 표시가 마련된 경우에 한하여서 부출입구로 대체하여 평가가 가능함
- 공원시설이 여러 개일 경우 등급이 가장 낮은 것으로 평가

■ 평가 참고자료 및 제출서류

참고자료	- 장애인·노인·임산부 등의 편의증진보장에 관한 법률 시행령 별표2 제2호 - 장애인·노인·임산부 등의 편의증진보장에 관한 법률 시행규칙 별표1 제5호 - 일본 동경도 복지마을 만들기 조례 - 독일 편의증진 관련법규(DIN 18024 Blatt 1) - 스위스 편의증진 관련법규(Norm SN 521 500)
제출서류	예비인증	- 공원 배치도 - 공원시설 주출입구 평면도 - 주출입구 단면도 - 주출입구상세도 - 바닥 마감 계획 상세도 ※ 위 제출서류 중 평가항목의 조건을 만족하는 서류제출
	본인증	- 예비인증시와 동일

장애물 없는 생활환경 인증기준 - 공원

평가부문	4	편의시설
평가범주	4.2	공원 시설
평가항목	4.2.1	장애인을 배려한 공원(놀이공간)

■ 세부평가기준

평가목적	공원 내 시설은 장애인 등의 접근 및 이용이 가능하여 모두가 함께 공원을 즐길 수 있도록 계획되어야 함
평가방법	장애인 등이 이용할 수 있는 화단 혹은 놀이 공간 등의 공원 시설 설치 여부
배 점	8점 (평가항목)

- 평점 = 장애인을 배려한 공원시설에 대한 평가등급에 해당하는 평가항목 점수로 평가

구분	통합 혹은 장애인 전용 공원 놀이시설 등의 설치 여부	평가항목 점수
최우수	통합시설로 설치	8.0
우 수	부분적인 통합시설로 설치	6.4

- 통합시설이라 함은 장애인 비장애인의 구분 없이 모두가 이용하는데 차별이 없는 시설을 말함
- 장애인 안전하게 이용 가능하다 함은 위험지역의 난간설치 계획, 위험지역에 대한 경고시설 설치가 포함되어 이는 모든 시설에 기본이 되어야 함
- 장애인 등이 접근하기 쉬운 시설은 시설의 이용에 있어 이동(수직 이동 포함)에 어려움이 없음을 말함

■ 평가 참고자료 및 제출서류

참고자료	- 일본 동경도 복지마을 만들기 조례 - 독일 편의증진 관련법규(DIN 18024 Blatt 1) - 스위스 편의증진 관련법규(Norm SN 521 500) - 일본 녹지공간의 유니버설디자인 매뉴얼
제출서류	예비인증	- 공원 배치도 - 공원시설 평면도(배치도) - 장애인 배려 계획 상세도 - 바닥 마감 계획 상세도 ※ 위 제출서류 중 평가항목의 조건을 만족하는 서류제출
	본인증	- 예비인증시와 동일

장애물 없는 생활환경 인증기준 - 공원

평가부문	4	편의시설
평가범주	4.3	기타설비
평가항목	4.3.1	휴식공간

■ 세부평가기준

평가목적	적절한 간격마다 휴식공간을 제공하여 휠체어사용자 등 모두가 함께 휴식을 할 수 있는 공원이 되어야 함
평가방법	장애인 등의 접근이 가능한 위치에 휴식공간 설치 여부
배 점	1점 (평가항목)

- 평점 = 휴식공간에 대한 평가등급에 해당하는 평가항목 점수로 평가
- 세부항목 - 휴게시설의 설치방법

구분	휴게시설의 설치방법	평가항목 점수
최우수	우수의 조건을 만족하며, 상부에 지붕 등을 설치함	0.6
우 수	일반의 조건을 만족하며, 휠체어사용자와 비장애인의 휴식 공간을 분리하지 않고 함께 휴식할 수 있는 공간	0.48
일 반	휠체어의 진입이 가능하고, 휴식공간 내부에서 휠체어가 회전할 수 있는 공간 확보	0.42

- 보행자의 통행에 방해가 될 경우, 휴게시설은 보행장애물 중 하나로 취급되며, 평가 등급을 얻지 못함
- BF보행로가 지정되어 있을 경우 구간 내 휴게시설의 평균으로 평가하며, 지정되어 있지 않을 경우 공원전체 휴게시설의 평균으로 평가함

- 세부항목 - 휴게의자의 구조

구분	휴게의자의 구조	평가항목 점수
최우수	등받이가 설치되어 있으며, 일어나기 편하도록 손잡이가 설치	0.4
우 수	등받이가 설치	0.32

- BF보행로가 지정되어 있을 경우 구간 내 휴게의자의 평균으로 평가하며, 지정되어 있지 않을 경우 공원전체 휴게의자의 평균으로 평가함

■ 평가 참고자료 및 제출서류

참고자료	- 일본 동경도 복지마을 만들기 조례 - 독일 편의증진 관련법규(DIN 18024 Blatt 1) - 스위스 편의증진 관련법규(Norm SN 521 500) - 일본 녹지공간의 유니버설디자인 매뉴얼
제출서류	예비인증	- 공원 배치도 - 벤치 상세도 - 벤치 주변 접근로 상세도 - 바닥 마감 계획 상세도 ※ 위 제출서류 중 평가항목의 조건을 만족하는 서류제출
	본인증	- 예비인증시와 동일

⟨ 3. 공원 인증지표 및 기준 ⟩

장애물 없는 생활환경 인증기준 - 공원

평가부문	4	편의시설
평가범주	4.3	기타설비
평가항목	4.3.2	매표소, 판매기, 음료대

■ 세부평가기준

평가목적	매표소, 판매기, 음료대 등은 장애인 등이 이용하기에 적정한 구조로 되어 있어야 함
평가방법	장애인 등이 이용 가능한 매표소, 판매기, 음료대의 적정 구조 여부
배 점	2점 (평가항목)
산출기준	• 평점 = 매표소, 판매기, 음료대에 대한 평가등급에 해당하는 평가항목 점수로 평가 | 구분	매표소	평가항목 점수
---	---	---
최우수	우수의 조건을 만족하며 시설까지 유도 안내시설 설치	2.0
우 수	일반의 조건을 만족하며 매표소 앞 점형블록 설치	1.6
일 반	상단높이 0.7m~0.9m, 하부높이 0.65m이상, 깊이 0.45m이상 확보	1.4	 - 매표소, 판매기, 음료대 3개 시설 평가 중 최하 등급인 시설로 4.3.2 항목 평가

■ 평가 참고자료 및 제출서류

참고자료	- 장애인·노인·임산부 등의 편의증진보장에 관한 법률 시행령 별표2 제2호 - 장애인·노인·임산부 등의 편의증진보장에 관한 법률 시행규칙 별표1 제22호 - 일본 동경도 복지마을 만들기 조례 - 독일 편의증진 관련법규(DIN 18024 Teil 2) - 스위스 편의증진 관련법규(Norm SN 521 500)
제출서류	예비인증	- 공원 배치도 - 매표소 상세도 ※ 위 제출서류 중 평가항목의 조건을 만족하는 서류제출
	본인증	- 예비인증시와 동일

장애물 없는 생활환경 인증기준 - 공원

평가부문	4	편의시설
평가범주	4.3	기타설비
평가항목	4.3.2	매표소, 판매기, 음료대

■ 세부평가기준

평가목적	매표소, 판매기, 음료대 등은 장애인 등이 이용하기에 적정한 구조로 되어 있어야 함
평가방법	장애인 등이 이용 가능한 매표소, 판매기, 음료대의 적정 구조 여부
배 점	2점 (평가항목)
산출기준	• 평점 = 매표소, 판매기, 음료대에 대한 평가등급에 해당하는 평가항목 점수로 평가 | 구분	판매기	평가항목 점수
---	---	---
최우수	판매기의 동전투입구·조작버튼·상품출구의 높이는 0.4m~1.2m로 하며, 0.3m 전면에는 점형블록을 설치하거나 바닥재의 질감을 달리하고, 조작버튼에는 품목·금액·목적지 등을 점자로 표시함	2.0	 - 매표소, 판매기, 음료대 3개 시설 평가 중 최하 등급인 시설로 4.3.2 항목 평가

■ 평가 참고자료 및 제출서류

참고자료	- 장애인·노인·임산부 등의 편의증진보장에 관한 법률 시행령 별표2 제2호 - 장애인·노인·임산부 등의 편의증진보장에 관한 법률 시행규칙 별표1 제22호 - 일본 동경도 복지마을 만들기 조례 - 독일 편의증진 관련법규(DIN 18024 Teil 2) - 스위스 편의증진 관련법규(Norm SN 521 500)
제출서류	예비인증	- 공원 배치도 - 자동판매기 또는 자동발매기 상세도 ※ 위 제출서류 중 평가항목의 조건을 만족하는 서류제출
	본인증	- 예비인증시와 동일

장애물 없는 생활환경 인증기준 - 공원

평가부문	4	편의시설
평가범주	4.3	기타설비
평가항목	4.3.2	매표소, 판매기, 음료대

■ 세부평가기준

평가목적	매표소, 판매기, 음료대 등은 장애인 등이 이용하기에 적정한 구조로 되어 있어야 함
평가방법	장애인 등이 이용 가능한 매표소, 판매기, 음료대의 적정 구조 여부
배 점	2점 (평가항목)
산출기준	• 평점 = 매표소, 판매기, 음료대에 대한 평가등급에 해당하는 평가항목 점수로 평가 | 구분	음료대	평가항목 점수
---	---	---
최우수	우수의 조건을 만족하며 음료대 주변구역의 바닥 재질을 달리 마감하여 위치 안내	2.0
우 수	일반의 조건을 만족하며 광감지식 조작기 설치	1.6
일 반	휠체어의 접근이 가능한 위치에 설치 분출구의 높이는 0.7m~0.8m이내에 설치 휠체어바퀴가 들어갈 수 있는 하부공간 확보 레버식 조작기 설치	1.4	 - 매표소, 판매기, 음료대 3개 시설 평가 중 최하 등급인 시설로 4.3.2 항목 평가

■ 평가 참고자료 및 제출서류

참고자료	- 장애인·노인·임산부 등의 편의증진보장에 관한 법률 시행령 별표2 제2호 - 장애인·노인·임산부 등의 편의증진보장에 관한 법률 시행규칙 별표1 제22호 - 일본 동경도 복지마을 만들기 조례 - 독일 편의증진 관련법규(DIN 18024 Teil 2) - 스위스 편의증진 관련법규(Norm SN 521 500)
제출서류	예비인증	- 공원 배치도 - 음료대 상세도 ※ 위 제출서류 중 평가항목의 조건을 만족하는 서류제출
	본인증	- 예비인증시와 동일

장애물 없는 생활환경 인증기준 - 공원

평가부문	5	BF보행의 연속성
평가범주	5.1	공원내부보행로
평가항목	5.1.1	BF보행로의 지정

■ 세부평가기준

평가목적	보행로의 안전성과 연속성을 확보하도록 함
평가방법	내부 산책로 중 출입구-공원시설 간을 연결하는 주요보행로를 BF보행로의 지정여부
배 점	2점 (평가항목)
산출기준	• 평점 = 공원 내 BF보행로의 지정여부 평가 등급에 해당하는 평가항목 점수로 평가 | 구분	BF보행로의 지정	평가항목 점수
---	---	---
최우수	우수의 조건을 만족하며 유도 안내의 연속성도 확보	2.0
우 수	주출입구에서부터 공원내부 및 주요공원시설(화장실 등)간을 연결하여 돌아 나올 수 있는 연속된 BF보행로 지정	1.6
일 반	주출입구에서부터 공원내부를 돌아 나올 수 있는 하나의 연속된 BF보행로 지정	1.4	 - 주요 산책로 등을 BF보행로로 지정하고 이외의 다른 보행로는 경사도 및 재질 등을 평가하지 않게 함으로 인하여 보행로의 선택이 가능하도록 하여 좀 더 다양한 공원을 만들기 위한 배려임 - 최우수에서 말하는 유도 안내의 연속성의 확보는 BF보행유도의 연속성 및 주요 BF보행로 상에 위치한 시설의 안내 및 주출입구에서부터 안내(시각장애인 및 청각장애인 배려한 음성안내, 촉지도식 안내판, 눈에 잘 띄게 디자인된 표지판의 연속된 설치 등)가 되어 사람들이 쉽게 인지할 수 있어야 함 - BF보행로의 지정 여부에 대해 주출입구에서는 시각장애인 등이 인지할 수 있도록 안내표시가 되어야 함

■ 평가 참고자료 및 제출서류

참고자료	- 일본 동경도 복지마을 만들기 조례 - 독일 편의증진 관련법규(DIN 18024 Teil 2) - 스위스 편의증진 관련법규(Norm SN 521 500) - 일본 녹지공간의 유니버설디자인 매뉴얼
제출서류	예비인증	- 공원 배치도 - 공원내 주요 보행로 상세도 - 바닥 마감 계획 상세도 ※ 위 제출서류 중 평가항목의 조건을 만족하는 서류제출
	본인증	- 예비인증시와 동일

< 3. 공원 인증지표 및 기준 >

장애물 없는 생활환경 인증기준 - 공원

평가부문	5	BF보행의 연속성
평가범주	5.1	공원내부보행로
평가항목	5.1.2	보행안전공간

■ 세부평가기준

평가목적	보행로의 유효폭과 높이를 평가하여 장애물 없는 안전한 보행로를 확보하도록 하기위함
평가방법	내부 보행로에서 수직 수평의 3차원적인 무장애 보행공간의 확보여부
배 점	6점 (평가항목)

산출기준	• 평점 = 보행로 폭과 높이의 평가 등급에 해당하는 평가항목 점수로 평가

구분	보행안전 공간	평가항목 점수
최우수	우수의 조건을 만족하며 보행로 유효폭 1.8m이상	6.0
우수	일반의 조건을 만족하며 보행로 유효폭 1.5m이상	4.8
일반	주요 산책로에 높이 2.5m이상, 유효폭 1.2m이상의 무장애 공간확보	4.2

- 지정된 BF보행로를 평가하며, 보행로 미지정시 전체 보행로를 평가
- 보행로의 유효폭은, 대지내 보행로 중에 가장 유효폭이 좁은 곳을 기준으로 평가함
- 보행로 유효폭 1.5m미만의 보행로가 50m이상 연속될 경우 1.5m×1.5m이상의 교행구간을 50m이내마다 설치하여야 함 (교행구간 미설치시 등급 미부여)

■ 평가 참고자료 및 제출서류

참고자료	- 장애인·노인·임산부 등의 편의증진보장에 관한 법률 시행령 별표2 제2호 - 장애인·노인·임산부 등의 편의증진보장에 관한 법률 시행규칙 별표1 제1호 - 일본 동경도 복지마을 만들기 조례 - 독일 편의증진 관련법규(DIN 18024 Blatt 1) - 스위스 편의증진 관련법규(Norm SN 521 500)
제출서류	예비인증	- 공원 배치도 - 공원내 주요 보행로 상세도 - 바닥 마감 계획 상세도 ※ 위 제출서류 중 평가항목의 조건을 만족하는 서류제출
	본인증	- 예비인증시와 동일

장애물 없는 생활환경 인증기준 - 공원

평가부문	5	BF보행의 연속성
평가범주	5.1	공원내부보행로
평가항목	5.1.3	단차

■ 세부평가기준

평가목적	공원의 산책로는 장애인 등에게 있어 안전보행로가 되어야 하며, 그 보행로는 BF연속성을 가져야 함
평가방법	공원 내의 모든 보행로 및 접근로의 단차 여부
배 점	1점 (평가항목)

산출기준	• 평점 = 보행로 단차의 평가등급에 해당하는 평가항목 점수로 평가

구분	단차	평가항목 점수
최우수	모든 보행로에 단차 전혀 없음	1.0
우수	모든 보행로에 단차 2cm이하	0.8

- 지정된 BF보행로를 평가하며, 보행로 미지정시 전체 보행로를 평가
- 보행로의 단차는, 대지내의 보행로에 단차가 있는 경우 단차가 제일 큰 곳을 기준으로 평가함
- 보행로에 2cm이상의 단차가 있으나 턱낮추기를 통하여 단차를 극복한 경우 최하등급으로 평가함

■ 평가 참고자료 및 제출서류

참고자료	- 장애인·노인·임산부 등의 편의증진보장에 관한 법률 시행령 별표2 제2호 - 장애인·노인·임산부 등의 편의증진보장에 관한 법률 시행규칙 별표1 제1호 - 일본 동경도 복지마을 만들기 조례 - 독일 편의증진 관련법규(DIN 18024 Blatt 1) - 스위스 편의증진 관련법규(Norm SN 521 500)
제출서류	예비인증	- 공원 배치도 - 공원내 주요 보행로 상세도 - 바닥 마감 계획 상세도 ※ 위 제출서류 중 평가항목의 조건을 만족하는 서류제출
	본인증	- 예비인증시와 동일

장애물 없는 생활환경 인증기준 - 공원

평가부문	5	BF보행의 연속성
평가범주	5.1	공원내부보행로
평가항목	5.1.4	기울기

■ 세부평가기준

평가목적	공원의 산책로는 장애인 등에게 있어 안전보행로가 되어야 하며, 그 보행로는 BF연속성을 가져야 함
평가방법	보행로 등의 진행 방향 및 좌우 기울기의 경사정도
배 점	5점 (평가항목)

산출기준	• 평점 = 보행로 기울기 평가등급에 해당하는 평가항목 점수로 평가

구분	기울기	평가항목 점수
최우수	좌우 1/50(2%/1.15°)이하, 진행방향 기울기 1/24(4.17%/2.39°)이하	5.0
우수	좌우 1/24(4.17%/2.39°)이하, 진행방향 기울기 1/18(5.56%/3.18°)이하	4.0

- 지정된 BF보행로를 평가하며, 보행로 미지정시 전체 보행로를 평가
- 보행로의 기울기는 대지내의 보행로에 경사가 있는 경우 경사가 제일 급한 곳을 기준으로 평가함

■ 평가 참고자료 및 제출서류

참고자료	- 장애인·노인·임산부 등의 편의증진보장에 관한 법률 시행령 별표2 제2호 - 장애인·노인·임산부 등의 편의증진보장에 관한 법률 시행규칙 별표1 제1호 - 일본 동경도 복지마을 만들기 조례 - 독일 편의증진 관련법규(DIN 18024 Blatt 1) - 스위스 편의증진 관련법규(Norm SN 521 500)
제출서류	예비인증	- 공원 배치도 - 공원내 주요 보행로 상세도 - 경사로 상세도 - 바닥 마감 계획 상세도 ※ 위 제출서류 중 평가항목의 조건을 만족하는 서류제출
	본인증	- 예비인증시와 동일

장애물 없는 생활환경 인증기준 - 공원

평가부문	5	BF보행의 연속성
평가범주	5.1	공원내부보행로
평가항목	5.1.5	바닥 마감

■ 세부평가기준

평가목적	공원의 산책로는 장애인 등에게 있어 안전보행로가 되어야 하며, 그 보행로는 BF연속성을 가져야 함
평가방법	미끄럽지 않은 바닥 재질 및 마감의 평탄한 정도와 미끄럼방지설비 설치 여부 평가
배 점	2점 (평가항목)

산출기준	• 평점 = 보행로 바닥 마감의 평가등급에 해당하는 평가항목 점수로 평가

구분	바닥 마감	평가항목 점수
최우수	우수의 조건을 만족하며, 넘어져도 충격이 적은재료로 마감	2.0
우수	일반의 조건을 만족하며, 틈새가 전혀 없이 평탄하게 마감	1.6
일반	물이 묻어도 전혀 미끄럽지 않고 걸려 넘어질 염려 없으며 틈새가 없이 평탄하게 마감	1.4

- 지정된 BF보행로를 평가하며, 보행로 미지정시 전체 보행로를 평가
- 보행로의 바닥이 여러 재료로 마감되어 있는 경우 그 마감 정도가 가장 미비한 곳을 기준으로 평가함

■ 평가 참고자료 및 제출서류

참고자료	- 장애인·노인·임산부 등의 편의증진보장에 관한 법률 시행령 별표2 제2호 - 장애인·노인·임산부 등의 편의증진보장에 관한 법률 시행규칙 별표1 제1호 - 일본 동경도 복지마을 만들기 조례 - 독일 편의증진 관련법규(DIN 18024 Blatt 1) - 스위스 편의증진 관련법규(Norm SN 521 500)
제출서류	예비인증	- 공원 배치도 - 공원내 주요 보행로 상세도 - 경사로 상세도 - 바닥 마감 계획 상세도 ※ 위 제출서류 중 평가항목의 조건을 만족하는 서류제출
	본인증	- 예비인증시와 동일

부록 6 : 장애물 없는 생활환경 인증지표 및 기준

< 3. 공원 인증지표 및 기준 >

장애물 없는 생활환경 인증기준 – 공원		
평가부문	5	BF보행의 연속성
평가범주	5.1	공원내부보행로
평가항목	5.1.6	자전거도로와의 접점

■ 세부평가기준

평가목적	공원의 산책로는 장애인 등에게 있어 안전보행로가 되어야 하며, 그 보행로는 BF연속성을 가져야 함
평가방법	자전거도로와의 접점 없이 연속적인 안전보행로의 확보여부
배 점	2점 (평가항목)
산출기준	• 평점 = 자전거와의 접점 여부의 평가등급에 해당하는 평가항목 점수로 평가 <table><tr><th>구분</th><th>보행로와 자전거도로와의 접점</th><th>평가항목 점수</th></tr><tr><td>최우수</td><td>전체 보행구간에 자전거도로와의 교행 없음</td><td>2.0</td></tr><tr><td>우 수</td><td>보행구간에 자전거도로와의 교행 있을시 적절한 경고와 보행자 우선(고원식 횡단보도)의 계획수립</td><td>1.6</td></tr><tr><td>일 반</td><td>보행구간에 자전거도로와의 교행 있을시 위험에 대한 경고시설 설치</td><td>1.4</td></tr></table> - 지정된 BF보행로를 평가하며, 보행로 미지정시 전체 보행로를 평가함 - 자전거도로와의 교행에서 위험에 대한 경고는 보행자(시각장애인)가 명확히 인지 가능하도록 다른 마감 재질 혹은 색상의 구별이 가능한 재질로 설치

■ 평가 참고자료 및 제출서류

참고자료	- 일본 동경도 복지마을 만들기 조례 - 독일 편의증진 관련법규 (DIN 18024 Blatt 1) - 스위스 편의증진 관련법규 (Norm SN 521 500)
제출서류	예비인증	- 공원 배치도 - 공원내 주요 보행로 상세도 - 경사로 상세도 - 바닥 마감 계획 상세도 ※ 위 제출서류 중 평가항목의 조건을 만족하는 서류제출
	본인증	- 예비인증시와 동일

장애물 없는 생활환경 인증기준 – 공원		
평가부문	5	BF보행의 연속성
평가범주	5.1	공원내부보행로
평가항목	5.1.7	보행유도의 연속성

■ 세부평가기준

평가목적	공원의 산책로는 장애인 등에게 있어 안전보행로가 되어야 하며, 그 보행로는 BF연속성을 가져야 함
평가방법	시각장애인 등을 배려한 보행유도의 연속성을 위한 장치나 시설계획 여부
배 점	10점 (평가항목)
산출기준	• 평점 = 보행유도의 연속성을 위한 장치나 시설계획 평가등급에 해당하는 평가항목 점수로 평가 <table><tr><th>구분</th><th>보행유도의 연속성</th><th>평가항목 점수</th></tr><tr><td>최우수</td><td>시각장애인 및 일반인의 보행유도를 위해 연속적인 물길, 보행로와 어울리는 유도레일 등을 설치하여 보행유도</td><td>10.0</td></tr><tr><td>우 수</td><td>시각장애인의 보행유도 및 시설안내를 위해 전자식 신호장치를 설치</td><td>8.0</td></tr><tr><td>일 반</td><td>시각장애인의 유도 및 경고를 위하여 전체구간 보도의 양 옆으로 보행 유도존을 설치</td><td>7.0</td></tr></table> - 지정된 BF보행로를 평가하며, 보행로 미지정시 전체 보행로를 평가함 - 유도용 선형블록을 이용한 보행유도 지양함 - 보행 유도존이라 함은 보행안전공간 양 측에 경계용 공간을 두어 시각장애인의 보행을 유도하는 존을 말함 - 공원 주출입구에서의 길 찾기를 최우선으로 검토(공원내에서 주출입구까지 들어갔다 나가는 동선의 유도 연속성 확보여부)

■ 평가 참고자료 및 제출서류

참고자료	- 장애인·노인·임산부 등의 편의증진보장에 관한 법률 시행령 별표2 제2호 - 장애인·노인·임산부 등의 편의증진보장에 관한 법률 시행규칙 별표1 제17호 - 일본 동경도 복지마을 만들기 조례 - 독일 편의증진 관련법규 (DIN 18024 Blatt 1) - 스위스 편의증진 관련법규 (Norm SN 521 500) - 일본 녹지공간의 유니버설디자인 매뉴얼
제출서류	예비인증	- 공원 배치도 - 공원내 주요 보행로 상세도 - 경사로 상세도 - 바닥 마감 계획 상세도 ※ 위 제출서류 중 평가항목의 조건을 만족하는 서류제출
	본인증	- 예비인증시와 동일

장애물 없는 생활환경 인증기준 – 공원		
평가부문	6	종합평가
평가범주		
평가항목		

■ 세부평가기준

평가목적	해당 시설의 편의시설 설치현황을 평가하여 장애인 및 노약자 등 다양한 사용자가 해당시설에 접근하여 이용하는데 불편함이 없도록 함
평가방법	편의시설 설치의 종합적 평가
배 점	5% (평가항목의 총점기준)
산출기준	• 평점 = 편의시설의 평가등급에 해당하는 평가항목 점수로 평가 <table><tr><th>구분</th><th>편의시설 평가</th><th>평가항목 점수</th></tr><tr><td>등급 구분 없음</td><td>※ 심사위원의 평가내용을 자필로 기입</td><td></td></tr></table>

■ 평가 참고자료 및 제출서류

참고자료	○ 가산항목 - 여성휴게실(모유수유실 등) 설치 - 해당없음 항목을 적합하게 설치 - 그 외 추가 시설을 설치한 경우 · 시각장애인을 위한 핸드레일조명 등 설치 등
제출서류	예비인증	- 해당 없음
	본인증	- 해당 없음

⟨ 4. 여객시설 인증지표 및 기준 ⟩

[별표4] [별표4] 여객시설 인증지표 및 기준(제2조 관련)

IV. 여객시설 인증지표 및 기준
(제2조 관련)

범주		평가항목	평가기준	분류번호	배점
1. 매개시설	1.1 접근로	1.1.1 보도에서 주출입구까지의 접근로	보도와 차도의 분리 평가	F1-01-01	3
		1.1.2 종합안내소로의 접근	종합안내소로의 접근을 유도하기 위한 다양한 동선 및 안내시설의 설치 평가, 종합안내소의 설치 위치 평가	F1-01-02	2
		1.1.3 유효폭	휠체어사용자가 통행 할 수 있는 보도 또는 접근로의 유효폭 확보 평가	F1-01-03	2
		1.1.4 단차	대지 내를 연결하는 모든 보도 및 접근로에 단차가 있을 경우, 진행방향상의 단차 평가	F1-01-04	2
		1.1.5 기울기	보도 등의 진행방향 기울기 평가	F1-01-05	2
		1.1.6 바닥 마감	미끄럽지 않은 바닥 재질 및 이음새, 그리고 마감정도의 평탄함 평가	F1-01-06	2
		1.1.7 보행장애물	접근보행통로 상에 보행장애물이 제거되어 보행안전 통로로서 연속성이 확보 되고, 차도와의 경계구분에 차도와 분리할 수 있는 공작물 설치 평가	F1-01-07	2
		1.1.8 배수로 덮개	빠질 위험이 있는 곳에 표면 높이가 동일하고, 격자구멍 또는 틈새가 없는 덮개 설치 평가	F1-01-08	1
		1.1.9 차량 진출입부	차량이 보도 등을 통과하는 차량 진출입부의 턱 낮추기 및 바닥 마감 평가	F1-01-09	2
		1.1.10 턱 낮추기	횡단보도와 접하는 보도와 차도의 경계구간의 턱 낮추기 및 경사로 설치 평가	F1-01-10	2
	1.2 장애인전용주차구역	1.2.1 주차장에서 출입구까지의 경로	장애인전용주차구역을 장애인 등이 출입 가능한 건축물의 출입구 또는 장애인용 승강설비에 근접 설치 평가	F1-02-01	3
		1.2.2 주차면수 확보	장애인전용주차구역의 적정 주차면수 확보 평가	F1-02-02	2
		1.2.3 주차장	장애인전용주차구역이 규정에 적합 평가	F1-02-03	2
		1.2.4 보행안전통로	장애인전용주차구역에서 건축물의 출입구 또는 장애인용 승강설비에 이르기까지 장애인안전통행로의 폭 및 연속성 평가	F1-02-04	2
		1.2.5 안내 및 유도표시	장애인전용주차구역의 안내 및 유도표시를 평가하여 바닥에 장애인이 쉽게 전용주차장표시 및 입식안내표시의 설치 평가 주차장의 입구에서 장애인전용주차구역 안내표지를 식별하기 쉬운 장소에 부착 또는 설치 및 주차구역까지 적정 유도표시의 연속성 평가	F1-02-05	2
	1.3 주출입구(문)	1.3.1 주출입구(문)의 높이차이	주출입구(문)로 안전하고 편리하게 접근하여 진입 가능 한지 정도를 주출입구의 높이 차이와 기울기 평가	F1-03-01	3
		1.3.2 주출입문의 형태	해당시설의 주출입문의 형태 평가	F1-03-02	2
		1.3.3 유효폭	주출입문의 통과 유효폭 확보 평가	F1-03-03	2

범주		평가항목	평가기준	분류번호	배점
		1.3.4 단차	주출입문 턱의 높이 차이 평가	F1-03-04	2
		1.3.5 전면 유효거리	주출입문의 전면 유효거리 확보 평가	F1-03-05	2
		1.3.6 손잡이 및 점자표지판	주출입문의 손잡이 형태 및 적정 높이 평가	F1-03-06	2
		1.3.7 경고블록	시각장애인에게 위험을 알려주는 경고표지의 설치 평가	F1-03-07	2
2. 내부시설	2.1 통로	2.1.1 유효폭	복도의 유효폭 평가	F2-01-01	2
		2.1.2 단차	복도의 바닥면 단차 평가	F2-01-02	2
		2.1.3 바닥 마감	미끄럽지 않은 바닥 재질 및 마감의 평탄함 평가	F2-01-03	2
		2.1.4 보행장애물	복도의 벽면을 따라 보행하기에 부적격한 벽면 돌출물 제거 평가	F2-01-04	2
		2.1.5 손잡이	복도측면에 연속손잡이 설치 및 손잡이 규격 확보 평가	F2-01-05	2
	2.2 계단	2.2.1 계단의 형태 및 유효폭	계단의 형태 및 유효폭 정도 및 난간하부에 추락방지턱 설치 평가	F2-02-01	2
		2.2.2 챌면 및 디딤판	계단의 챌면 및 디딤판 설치와 식별 평가	F2-02-02	2
		2.2.3 바닥 마감	미끄럽지 않은 바닥 재질 및 마감의 평탄한 정도와 계단코의 미끄럼방지설비 설치 평가	F2-02-03	2
		2.2.4 손잡이	계단 측면 연속손잡이의 높이 및 굵기 평가	F2-02-04	2
		2.2.5 점형블록	계단의 시작과 끝지점의 점형블록 설치 및 손잡이 점자표지판 설치 평가	F2-02-05	2
	2.3 경사로	2.3.1 유효폭	경사로 유효폭 확보 평가	F2-03-01	2
		2.3.2 기울기	경사로의 기울기 평가	F2-03-02	2
		2.3.3 바닥 마감	미끄럽지 않은 바닥 재질 및 마감의 평탄한 정도와 계단코의 미끄럼방지설비 설치 평가	F2-03-03	2
		2.3.4 활동공간 및 휴식참	경사로의 시작과 끝, 굴절부분 및 휴식참에 활동공간 확보, 높이 0.75m이내 마다 휴식참 설치 평가	F2-03-04	2
		2.3.5 손잡이	경사로의 양측면 손잡이 높이 및 굵기 평가	F2-03-05	2
	2.4 승강기	2.4.1 설치장소	승강기의 설치장소 평가	F2-04-01	2
		2.4.2 전면 활동공간	승강기 전면 활동공간 확보 평가	F2-04-02	2
		2.4.3 크기	승강기 출입문의 유효통과폭 평가	F2-04-03	2
		2.4.4 이용자 조작설비	외부 조작설비 형태 및 설치 높이 평가	F2-04-04	1
		2.4.5 수평손잡이	승강기 내부에 연속된 수평손잡이 설치 평가	F2-04-05	1

범주		평가항목	평가기준	분류번호	배점
		2.4.6 시각 및 청각장애인 안내설비	승강기 및 각 층의 승강장의 시각 및 청각장애인의 안내장치 설치 여부로 평가	F2-04-06	1
		2.4.7 점자블록	승강기 내부에 연속된 수평손잡이 설치 여부 평가	F2-04-07	1
3. 위생시설	3.1 장애인 등이 이용 가능한 화장실	3.1.1 장애인 유형별 대응 방법	화장실 평면구성의 장애유형별 대응 방법에 따른 평가	F3-01-01	5
		3.1.2 안내표지판 설치	장애인 등이 이용 가능한 화장실 이용 안내표지판 설치 평가	F3-01-02	5
	3.2 화장실의 접근	3.2.1 접근	화장실로 접근하기 위한 모든 통로의 유효폭 및 단차 평가	F3-02-01	3
		3.2.2 바닥 마감	바닥 마감의 평탄함 및 미끄러지는 정도 평가	F3-02-02	2
		3.2.3 출입구(문)	출입구(문)의 형태 및 유효폭의 휠체어 접근 가능 청도와 화장실 입구에 점자블록 및 점자표지판 설치 평가	F3-02-03	3
	3.3 대변기	3.3.1 칸막이 출입문	칸막이의 출입문 유효폭의 휠체어 접근 가능 정도 및 출입문의 형태 평가 칸막이 사용여부 시각설비 여부와 손잡이 및 잠금장치 형태 평가	F3-03-01	2
		3.3.2 활동공간	대변기 내부 유효 바닥면의 크기 평가	F3-03-02	2
		3.3.3 형태	대변기의 형태 및 설치 높이 평가	F3-03-03	2
		3.3.4 손잡이	대변기 수평 및 수직손잡이 재질과 굵기, 설치 높이 평가	F3-03-04	2
		3.3.5 기타설비	대변기의 기타설비 평가	F3-03-05	2
	3.4 소변기	3.4.1 소변기 형태 및 손잡이설치	소변기의 형태 및 수평·수직손잡이 굵기, 설치 높이 평가	F3-04-01	2
	3.5 세면대	3.5.1 형태	세면대의 형태 평가	F3-05-01	2
		3.5.2 거울	세면대 거울의 휠체어사용자의 사용 가능 평가	F3-05-02	2
		3.5.3 수도꼭지	세면대 수도꼭지 형태 평가	F3-05-03	2
4. 안내시설	4.1 점자블록	4.1.1 설치 위치	해당시설의 주요시설 위치 등에 대한 점자블록의 설치 평가	F4-01-01	5
	4.2 안내설비	4.2.1 안내판 설치	해당시설의 주요시설 위치 등에 대한 점자 또는 축지도식 안내판 설치 평가	F4-02-01	4
		4.2.2 시각장애인 안내설비	해당시설의 주요시설 위치 등에 대한 안내장치의 설치 여부 및 대지경계선으로부터 주출입구까지 시각장애인용 점자블록의 연속적인 설치 평가	F4-02-02	3
		4.2.3 청각장애인 안내설비	해당시설의 주요시설 위치 등에 대한 안내표시 설치의 적정성 평가	F4-02-03	3
	4.3 경보 및	4.3.1 시각청각장애인 경보 및 피	비상시 시각청각장애인이 대피할 수 있도록 비상벨 또는 음성안내 등 시각경보시스템 및 경광등 또는 문자안내 등 청각경보시스템의 설치	F4-03-01	5

〈 4. 여객시설 인증지표 및 기준 〉

범주		평가항목	평가기준	분류번호	배점
	피난설비	난설비	평가		
	4.4 접수대 및 안내소	4.4.1 설치장소	접수대 및 안내소의 접근 통로의 단차와 지지 난간 설치 평가	F4-04-01	2
		4.4.2 설치 높이 및 하부공간	접수대 및 안내소 설치 높이와 하부공간 확보 평가	F4-04-02	2
5. 기타시설	5.1 매표소 및 판매기	5.1.1 매표소	휠체어사용자가 사용하는데 편리한 매표소 높이와 하부공간 확보의 평가	F5-01-01	2
		5.1.2 자동매 매기 및 자동발매기	자동매매기 및 자동발매기의 동전투입구, 조작버튼, 상품출구 이용 가능한 범위 및 시각장애인을 위한 점자기기 등의 평가	F5-01-02	2
	5.2 개찰구	5.2.1 통과 가능한 별도의 개찰구	자동개찰구인 경우 장애인 이용 가능한 위치에 설치 평가	F5-02-01	3
		5.2.2 통과 유효폭	휠체어 통과 가능한 유효폭 평가	F5-02-02	3
	5.3 승강장	5.3.1 기울기	완만한 승강장 바닥 기울기 정도 평가	F5-03-01	2
		5.3.2 바닥마감	미끄럽지 않은 바닥 재질 및 마감의 평탄함 평가	F5-03-02	2
		5.3.3 점형블록	승강장의 가장자리에 위험방지용 점형블록 설치유무 평가	F5-03-03	2
		5.3.4 승강장과 차량간격	누구나 이용 가능하도록 승강장과 차량간격을 유지하거나 어려운 경우 승·하차를 도울 수 있는 설비 평가	F5-03-04	2
		5.3.5 스크린도어	추락의 위험이 있는 시각장애인 및 노인·어린이를 위한 설비 평가	F5-03-05	2
		5.3.6 휠체어사용자의 승차위치 표시	차량에 휠체어사용자의 전용좌석을 안내하는 승차위치 안내판 설치 평가	F5-03-06	2
6. 종합평가			5% (평가항목의 총점기준)	F6-01-01	
총 지표 수		75	총 배점		168

장애물 없는 생활환경 인증기준 - 여객시설

평가부문	1	매개시설
평가범주	1.1	접근로
평가항목	1.1.1	보도에서 주출입구까지의 접근로

■ 세부평가기준

평가목적	보도와 차도의 분리를 평가하여 장애인 및 노약자 등 다양한 사용자가 차량과의 간섭 없이 안전하게 주출입구로 접근이 가능하도록 함
평가방법	보도와 차도의 분리 여부 평가
배점	3점 (평가항목)
산출기준	• 평점 = 평가 등급에 해당하는 점수로 평가 | 구분 | 보도에서 주출입구까지의 접근로 | 평가항목 점수 | | 최우수 | 모든 출입구 중에서 50%이상 차도와 완전히 분리된 접근로 | 3.0 | | 우 수 | 모든 출입구 중에서 50%이상 보행자와 차량의 교행이 포함된 전용 접근로 | 2.4 | | 일 반 | 주출입구 접근로만 보행자와 차량의 교행이 포함된 전용 접근로 | 2.1 | - 차도와 완전히 분리된 접근로는 계획 단계부터 보행자 차량 동선을 완전히 분리하여, 보행자가 대지내에 진입한 이후에 차량과의 간섭을 전혀 받지 않고 주출입구까지 진입 가능하도록 계획한 경우에 해당함 - 보행자와 차량의 교행이 포함된 전용 접근로는 보행자 우선을 위한 재질과 색상을 달리 하여함 - 지형구조상 부출입구가 주출입구를 대신할 경우, 부출입구를 주출입구로 평가함

■ 평가 참고자료 및 제출서류

참고자료	- 장애인·노인·임산부 등의 편의증진보장에 관한 법률 시행규칙 별표1 제1호 - 일본 동경도 복지마을 만들기 조례 - 독일 편의증진 관련법규(DIN 18024 Blatt 1) - 스위스 편의증진 관련법규(Norm SN 521 500)
제출서류	예비인증	- 배치도(차량 출입 및 보행 출입구 표시) - 차량 및 보행자 동선 계획 - 바닥 마감 계획 상세도 ※ 위 제출서류 중 평가항목의 조건을 만족하는 서류제출
	본인증	- 예비인증시와 동일

장애물 없는 생활환경 인증기준 - 여객시설

평가부문	1	매개시설
평가범주	1.1	접근로
평가항목	1.1.2	종합안내소로의 접근

■ 세부평가기준

평가목적	보도 및 주출입구까지의 보행로에 종합안내소로의 접근을 유도하기 위한 다양한 동선 및 안내시설의 설치를 통해 여객시설 이용자의 편의를 도모함
평가방법	종합안내소로의 접근을 유도하기 위한 다양한 동선 및 안내시설의 설치 여부 평가
배점	2점 (평가항목)
산출기준	• 평점 = 종합안내소로의 접근 및 설치 위치 평가 등급에 해당하는 점수로 평가 • 세부항목 - 종합안내소로의 접근 | 구분 | 종합안내소로의 접근 | 평가항목 점수 | | 최우수 | 여객시설에 이르는 모든 보행로가 우수의 규정을 만족함 | 1.0 | | 우 수 | 주 보행로에 축지도식 입식안내판 및 음성안내 서비스 제공 | 0.8 | | 일 반 | 주 보행로에 입식안내판 설치 | 0.7 | • 세부항목 - 종합안내소의 설치 위치 | 구분 | 종합안내소의 설치 위치 | 평가항목 점수 | | 최우수 | 우수의 조건을 만족하며, 음성안내 서비스를 제공함 | 1.0 | | 우 수 | 주출입구에서 시야에 들어오는 위치에 설치 | 0.8 | - 모든 보행로라 함은 주출입구까지 접근하는 보행자전용 도로 및 기타 대중교통수단 (버스 정류장, 택시정류장, 주차장에서 건물로 진입하는 보행안전구역 등)을 이용하여 여객시설을 이용하는 모든 시설이용자의 다양한 동선을 고려한 보행자 길을 의미함

■ 평가 참고자료 및 제출서류

참고자료	- 장애인·노인·임산부 등의 편의증진보장에 관한 법률 시행규칙 별표1 제1호 - 일본 동경도 복지마을 만들기 조례 - 독일 편의증진 관련법규(DIN 18024 Blatt 1) - 스위스 편의증진 관련법규(Norm SN 521 500)
제출서류	예비인증	- 배치도(차량 출입 및 보행 출입구 표시) - 차량 및 보행자 동선 계획 - 바닥 마감 계획 상세도 ※ 위 제출서류 중 평가항목의 조건을 만족하는 서류제출
	본인증	- 예비인증시와 동일

장애물 없는 생활환경 인증기준 - 여객시설

평가부문	1	매개시설
평가범주	1.1	접근로
평가항목	1.1.3	유효폭

■ 세부평가기준

평가목적	접근로의 유효폭을 평가하여 휠체어사용자 등 다양한 사용자가 이동하는데 불편함이 없는 적절한 유효폭을 확보하도록 함
평가방법	휠체어사용자가 통행 할 수 있는 접근로의 유효폭 확보 정도로 평가
배점	2점 (평가항목)
산출기준	• 평점 = 접근로의 유효폭 평가등급에 해당하는 평가항목 점수로 평가 | 구분 | 유효폭 | 평가항목 점수 | | 최우수 | 전체구간의 접근로 유효폭 1.8m이상 | 2.0 | | 우 수 | 전체구간의 접근로 유효폭 1.5m이상 | 1.6 | | 일 반 | 전체구간의 접근로 유효폭 1.2m이상 | 1.4 | - 접근로의 유효폭은 대지내의 출입구 접근로 전체 유효 중 가장 좁은 부분을 기준으로 측정함 - 접근로의 유효폭이 1.2m이상일 경우 휠체어와 사람의 교행이 가능하고, 1.5m이상일 경우 휠체어의 회전이 가능하며, 1.8m이상일 경우 휠체어끼리의 교행이 가능함 - 여객시설이 대지내에 인접하여 있어 보도로부터 직접 주출입구가 연결된 경우 대지내에서나 보도의 공간을 활용하여 주출입구 활동공간을 확보하고 활동공간의 폭이 1.8m이상인 경우 최우수로, 폭이 1.5m이상인 경우 우수로 평가하여, 폭이 1.2m이상 확보한 경우는 일반으로 평가함

■ 평가 참고자료 및 제출서류

참고자료	- 교통약자의 이동편의증진법 시행규칙 별표1 제3호 - 장애인·노인·임산부 등의 편의증진보장에 관한 법률 시행규칙 별표1 제1호 - 일본 동경도 복지마을 만들기 조례 - 독일 편의증진 관련법규(DIN 18024 Blatt 1) - 스위스 편의증진 관련법규(Norm SN 521 500)
제출서류	예비인증	- 배치도(차량 출입 및 보행 출입구 표시) - 접근보행로 단면도 ※ 위 제출서류 중 평가항목의 조건을 만족하는 서류제출
	본인증	- 예비인증시와 동일

< 4. 여객시설 인증지표 및 기준 >

장애물 없는 생활환경 인증기준 - 여객시설

평가부문	1 매개시설
평가범주	1.1 접근로
평가항목	1.1.4 단차

■ 세부평가기준

평가목적	접근로의 단차를 평가하여 휠체어사용자의 통행을 어렵게 만들고, 노인이나 임산부 등 다양한 사용자가 걸려 넘어질 위험이 있는 단차를 두지 않도록 함
평가방법	대지내를 연결하는 모든 접근로에 단차가 있을 경우, 진행방향 단차이 정도로 평가
배 점	2점 (평가항목)

산출기준	• 평점 = 접근로의 단차 평가등급에 해당하는 평가항목 점수로 평가

구분	단차	평가항목 점수
최우수	전체구간에 단차 없음	2.0
우 수	전체구간에 단차 2cm이하	1.6

- 접근로의 단차는, 대지내의 출입구 접근로에 단차가 있는 경우 단차가 제일 큰 곳을 기준으로 평가함
- 접근로에 2cm이상(계단 등)의 단차가 있으나 높이차이 제거[경사로 1/18 (5.56%/3.18˚) ~ 1/12(8.33%/4.76˚) 혹은 리프트]를 통하여 단차를 극복한 경우 최하등급으로 평가함
- 여객시설이 대지선에 인접하여 있어 보도로부터 직접 출입구가 연결된 경우 대지내에서나 보도의 공간을 활용하여 출입구 활동공간을 확보하고 활동공간에 단차가 없는 경우 최우수로, 활동공간에 단차가 2cm이하인 경우는 우수로 평가함

■ 평가 참고자료 및 제출서류

참고자료	- 장애인·노인·임산부 등의 편의증진보장에 관한 법률 시행규칙 별표1 제1호 - 일본 동경도 복지마을 만들기 조례 - 독일 편의증진 관련법규(DIN 18024 Blatt 1) - 스위스 편의증진 관련법규(Norm SN 521 500)
제출서류	예비인증	- 배치도(차량 출입 및 보행 출입구 표시) - 접근보행로 단면도 - 바닥 마감 계획 상세도 ※ 위 제출서류 중 평가항목의 조건을 만족하는 서류제출
	본인증	- 예비인증시와 동일

장애물 없는 생활환경 인증기준 - 여객시설

평가부문	1 매개시설
평가범주	1.1 접근로
평가항목	1.1.5 기울기

■ 세부평가기준

평가목적	접근로의 기울기를 평가하여 휠체어사용자가 안전하게 출입구로 접근 가능하도록 하며, 노약자나 임산부 등 다양한 이용자가 편리하게 접근 가능하도록 함
평가방법	접근로의 진행방향 기울기의 정도 평가
배 점	2점 (평가항목)

산출기준	• 평점 = 접근로의 기울기 평가등급에 해당하는 평가항목 점수로 평가

구분	기울기	평가항목 점수
최우수	접근로 전체구간 기울기 1/24(4.17%/2.39˚) 이하	2.0
우 수	접근로 전체구간 기울기 1/18 (5.56%/3.18˚) 이하	1.6

- 접근로의 기울기는 대지내의 접근로에 경사가 있는 경우 경사가 제일 급한 곳을 기준으로 평가함
- 여객시설이 대지선에 인접하여 있어 보도로부터 직접 출입구가 연결된 경우 대지내에서나 보도의 공간을 활용하여 출입구 활동공간을 확보하고 활동공간에 기울기가 1/18(5.56%/3.18˚)이하인 경우 최우수로 평가하며, 기울기가 1/12(8.33%/4.76˚)이하인 경우는 우수로 평가함

■ 평가 참고자료 및 제출서류

참고자료	- 교통약자의 이동편의증진법 시행규칙 별표1 제3호 - 일본 동경도 복지마을 만들기 조례 - 독일 편의증진 관련법규(DIN 18024 Blatt 1) - 스위스 편의증진 관련법규(Norm SN 521 500)
제출서류	예비인증	- 배치도(차량 출입 및 보행 출입구 표시) - 접근보행로 단면도 - 바닥 마감 계획 상세도 ※ 위 제출서류 중 평가항목의 조건을 만족하는 서류제출
	본인증	- 예비인증시와 동일

장애물 없는 생활환경 인증기준 - 여객시설

평가부문	1 매개시설
평가범주	1.1 접근로
평가항목	1.1.6 바닥 마감

■ 세부평가기준

평가목적	접근로의 마감 정도를 평가하여 장애인 및 노약자 등 다양한 사용자가 미끄러지거나 걸려 넘어지지 않고 안전하게 출입구로 접근이 가능하도록 함
평가방법	미끄럽지 않은 바닥 재질 및 이음새 그리고 마감 정도의 평탄한 정도에 따른 평가
배 점	2점 (평가항목)

산출기준	• 평점 = 접근로의 바닥 마감 평가등급에 해당하는 평가항목 점수로 평가

구분	바닥 마감	평가항목 점수
최우수	모든 출입 접근로 중에서 50%이상이 걸려 넘어지거나 미끄러질 염려가 없는 재질, 줄눈이 있는 경우 0.5cm이하인 경우임	2.0
우 수	모든 출입 접근로 중에서 50%이상이 걸려 넘어지거나 미끄러질 염려가 없는 재질, 줄눈이 있는 경우 1cm이하인 경우임	1.6

- 접근로의 바닥이 여러 재료로 마감되어 있는 경우 그 마감 정도가 가장 미비한 곳을 기준으로 평가함
- 평탄하고 단단하게 고정된 표면처리는 모든 사람들을 보다 안전하고 편안하게 걸어다닐 수 있도록 함
- 교통약자가 빠질 위험이 있는 곳에는 덮개를 설치하되, 덮개 표면은 보도 와 동일한 높이가 되도록 하고, 덮개에 격자구멍 또는 틈새가 있는 경우에는 그 간격이 1cm 미만이 되도록 하여야 함

■ 평가 참고자료 및 제출서류

참고자료	- 교통약자의 이동편의증진법 시행규칙 별표1 제3호 - 일본 동경도 복지마을 만들기 조례 - 독일 편의증진 관련법규(DIN 18024 Blatt 1) - 스위스 편의증진 관련법규(Norm SN 521 500)
제출서류	예비인증	- 배치도(차량 출입 및 보행 출입구 표시) - 접근보행로 단면도 - 바닥 마감 계획 상세도 ※ 위 제출서류 중 평가항목의 조건을 만족하는 서류제출
	본인증	- 예비인증시와 동일

장애물 없는 생활환경 인증기준 - 여객시설

평가부문	1 매개시설
평가범주	1.1 접근로
평가항목	1.1.7 보행장애물

■ 세부평가기준

평가목적	접근로의 보행장애물을 평가하여 장애인 등 다양한 이용자가 차량 및 장애물등으로 인한 위험 없이 출입구로 접근이 가능하도록 함
평가방법	접근로의 보행장애물이 제거되어 보행안전 통로로서 연속성이 확보 되고, 차도와의 경계부분에 차도와 분리할 수 있는 공작물 설치 정도로 평가
배 점	2점 (평가항목)

산출기준	• 평점 = 접근로의 보행장애물 및 접근로와 차도의 경계 평가등급에 해당하는 평가항목 점수로 평가

• 세부항목 - 보행안전지대

구분	보행장애물	평가항목 점수
최우수	보행자의 안전하고 원활한 통행을 위해 바닥면으로부터 2.1m이하의 보행안전지대 확보	1.0
우 수	접근로에 가로등, 간판 등이 설치되어 있으나 접근방지볼난간 또는 보호벽을 설치하여 보행자의 안전한 접근이 연속적으로 가능함	0.8

- 가로수가 있는 경우 높이 2.1m까지 가지치기 되어야함

• 세부항목 - 접근로와 차도의 경계

구분	접근로와 차도의 경계	평가항목 점수
최우수	차도와 보도의 분리를 위해 연석의 높이 0.25m이하, 연석의 색상은 보도 등의 색상과 구분됨	1.0
우 수	보행통로와 차도에 경계석이 설치되고, 재질과 색상 모두 구분됨	0.8
일 반	보행통로와 차도에 경계석이 설치되나 색상으로만 구분됨	0.7

- 접근로와 차량 동선을 분리하여 차량의 간섭을 전혀 받지 않는 경우는 접근로와 차도의 경계분리 항목은 최우수로 평가함
- 여객시설이 대지선에 인접하여 있어 보도로부터 직접 출입구가 연결된 경우 대지내에서 출입구 활동공간을 확보한 경우 최우수로 평가함. 단, 보도의 일부분 과 완전분리된 경우는 최우수로 평가하나 완전 분리되지 않은 경우는 우수로 평가함

■ 평가 참고자료 및 제출서류

참고자료	- 교통약자의 이동편의증진법 시행규칙 별표1 제3호 - 일본 동경도 복지마을 만들기 조례 - 독일 편의증진 관련법규(DIN 18024 Blatt 1) - 스위스 편의증진 관련법규(Norm SN 521 500)
제출서류	예비인증	- 배치도(차량 출입 및 보행 출입구 표시) - 접근보행로 단면도 - 바닥 마감 계획 상세도 - 접근보행로 상에 보행지원시설 및 설치물 설치 상세도 ※ 위 제출서류 중 평가항목의 조건을 만족하는 서류제출
	본인증	- 예비인증시와 동일

< 4. 여객시설 인증지표 및 기준 >

장애물 없는 생활환경 인증기준 - 여객시설

평가부문	1	매개시설
평가범주	1.1	접근로
평가항목	1.1.8	덮개

■ 세부평가기준

평가목적	접근로의 배수로 덮개를 평가하여 배수로 덮개에 걸려 넘어질 위험이 없고, 배수로 격자구멍 또는 틈새에 휠체어바퀴나 지팡이가 빠질 위험 없이 주출입구로 접근 가능하도록 함
평가방법	빠질 위험이 있는 곳에 표면 높이가 동일하고, 격자구멍 또는 틈새가 없는 덮개를 설치하였는지 평가
배 점	1점 (평가항목)

산출기준	• 평점 = 접근로의 배수로 덮개 평가등급에 해당하는 평가항목 점수로 평가

구분	배수로 덮개	평가항목 점수
최우수	높이차 전혀 없으며, 구멍이 없는 덮개를 사용	1.0
우 수	높이차 전혀 없으며, 격자구멍(틈새) 등이 양방향 모두 2cm이하	0.8

• 출입구 접근로 상에 배수로 등과 같은 빠질 위험이 있는 부분이 전혀 없어 덮개 설치가 불필요한 경우 최우수로 평가함
• 여객시설이 대지선에 인접하여 보도로부터 직접 주출입구 연결된 경우 대지 내에서는 보도의 공간을 활용하여 주출입구 활동공간을 확보하고 빠질 위험이 전혀 없는 경우 최우수로 평가하며, 빠질 위험이 있는 곳에 덮개를 설치하고 격자 구멍 등이 양방향으로 2cm이하인 경우는 우수로 평가함

■ 평가 참고자료 및 제출서류

참고자료	- 교통약자의 이동편의증진법 시행규칙 별표1 제3호 - 일본 동경도 복지마을 만들기 조례 - 독일 편의증진 관련법규(DIN 18024 Blatt 1) - 스위스 편의증진 관련법규(Norm SN 521 500)
제출서류	예비인증	- 배치도(차량 출입 및 보행 출입구 표시) - 접근보행로 단면도 - 바닥 마감 계획 상세도 - 배수로 덮개 설치 상세도 ※ 위 제출서류 중 평가항목의 조건을 만족하는 서류제출
	본인증	- 예비인증시와 동일

장애물 없는 생활환경 인증기준 - 여객시설

평가부문	1	매개시설
평가범주	1.1	접근로
평가항목	1.1.9	차량 진출입부

■ 세부평가기준

평가목적	교통약자의 안전한 시설로의 접근 및 이동을 위해 차량이 보도 등을 통과할 수 있는 차량 진출입부의 턱 낮추기 또는 바닥 마감재의 색상 및 질감을 달리함
평가방법	차량이 보도 등을 통과하는 차량 진출입부의 턱 낮추기 및 바닥 마감 정도 평가
배 점	2점 (평가항목)

산출기준	• 평점 = 차량 진출입부의 평가등급에 해당하는 평가항목 점수로 평가

구분	차량 진출입부	평가항목 점수
최우수	우수의 조건을 만족하며, 보도와 차도의 교행구간의 바닥 마감은 색상과 질감을 달리함	2.0
우 수	차량 진출입부의 높이는 보도와 동일한 높이를 유지하며, 차도의 경계부분은 턱 낮추기를 함	1.6

• 차량이 보도 등을 통과할 수 있는 차량 진출입부의 경우에는 보도 등의 높이를 유지하고 차도의 경계부분은 턱 낮추기를 하여야 함
• 보도와 차도가 교행하는 구간의 바닥 마감재는 색상 및 질감 등을 달리하여야 함

■ 평가 참고자료 및 제출서류

참고자료	- 교통약자의 이동편의증진법 시행규칙 별표1 제3호 - 일본 동경도 복지마을 만들기 조례 - 독일 편의증진 관련법규(DIN 18024 Blatt 1) - 스위스 편의증진 관련법규(Norm SN 521 500)
제출서류	예비인증	- 배치도(차량 출입 및 보행 출입구 표시) - 접근보행로 단면도 - 바닥 마감 계획 상세도 ※ 위 제출서류 중 평가항목의 조건을 만족하는 서류제출
	본인증	- 예비인증시와 동일

장애물 없는 생활환경 인증기준 - 여객시설

평가부문	1	매개시설
평가범주	1.1	접근로
평가항목	1.1.10	턱 낮추기

■ 세부평가기준

평가목적	횡단보도와 접하는 보도와 차도의 경계구간에는 턱 낮추기를 하거나 연석경사로, 부분 경사로를 설치하여 교통약자의 이동편의를 증진함
평가방법	횡단보도와 접하는 보도와 차도의 경계구간의 턱 낮추기 및 경사로 설치정도 평가
배 점	2점 (평가항목)

산출기준	• 평점 = 턱 낮추기 평가등급에 해당하는 평가항목 점수로 평가

구분	턱 낮추기	평가항목 점수
최우수	우수의 조건을 만족하며, 연석경사로의 유효폭 0.9m이상이며 기울기 1/12(8.33%/4.76°)이하	2.0
우 수	일반의 조건을 만족하며, 보도와 차도의 경계구간의 높이 차이 2cm이하	1.6
일 반	턱 낮추기를 하거나 연석경사로 또는 부분 경사로 설치	1.4

• 횡단보도와 접하는 보도와 차도 경계구간에는 턱 낮추기를 하거나 연석경사로 또는 부분 경사로를 설치하여야 함(다만, 주택가나 학교 주변의 펜도 폭원 2차로 이하인 도로의 경우에는 횡단보도에 접하는 보도와 차도의 높이를 같게 할 수 있음
• 보도와 차도의 경계구간은 높이차이 2cm이하가 되도록 설치하되, 연석을 낮추어 시공하여서는 아니 됨
• 연석경사로의 유효폭 0.9m이상으로 하고 기울기 1/12(8.33%/4.76°), 경사로 옆면의 기울기 1/10(10%/5.71°)이하로 함
• 보도 전체를 턱 낮추기를 할 수 없거나, 유효폭 2.0m이하인 보도와 연결된 횡단보도에서는 유효폭 0.9m이상인 부분 경사로를 설치할 수 있음

■ 평가 참고자료 및 제출서류

참고자료	- 교통약자의 이동편의증진법 시행규칙 별표1 제3호 - 일본 동경도 복지마을 만들기 조례 - 독일 편의증진 관련법규(DIN 18024 Blatt 1) - 스위스 편의증진 관련법규(Norm SN 521 500)
제출서류	예비인증	- 배치도(차량 출입 및 보행 출입구 표시) - 접근보행로 단면도 - 바닥 마감 계획 상세도 ※ 위 제출서류 중 평가항목의 조건을 만족하는 서류제출
	본인증	- 예비인증시와 동일

장애물 없는 생활환경 인증기준 - 여객시설

평가부문	1	매개시설
평가범주	1.2	장애인전용주차구역
평가항목	1.2.1	주차장에서 출입구까지의 경로

■ 세부평가기준

평가목적	주차장에서 출입구까지의 경로를 평가하여 장애인 또는 노약자 등의 이용자가 장애인 주차구역에 주차 후 안전하게 주출입구 또는 승강설비로 접근이 가능하도록 함
평가방법	장애인전용주차구역을 장애인 등의 출입이 가능한 건축물의 출입구 또는 장애인용 승강설비에 가까운 곳에 설치하였는지 평가
배 점	3점 (평가항목)

산출기준	• 평점 = 주차장에서 주출입구 경로의 평가등급에 해당하는 평가항목 점수로 평가

구분	주차장에서 출입구까지의 경로	평가항목 점수
최우수	외부주차장의 경우 지붕이 설치되거나, 실내주차장의 경우 승강설비와 가장 가까운 장소에서 수평접근이 가능	3.0
우 수	40m이내에 경사로 없이 수평접근	2.4
일 반	경사로를 이용하여 접근 가능하며, 경사로의 기울기 1/12(8.33%/4.76°)이하임	2.1

• 주차장에서 주출입구까지의 경로는 차량의 간섭이 전혀 없어야 하며, 접근로의 기준을 준수하여야 하며, 접근로의 기준을 준수하지 아니할 경우 평가등급을 받을 수 없음
• 불가피하게 대지 내에 주차장을 설치하지 못하여 인근 주차장을 이용하여야 하는 경우, 인근주차장 이용에 대한 정확한 안내 및 유도표시와 인근주차장에서 주출입구까지의 접근로의 정비가 이루어진 경우에 한하여, 그로 평가받을 수 있음
• 기울기 1/24(4.17%/2.39°) 이하는 수평접근과 동일한 것으로 인정함

■ 평가 참고자료 및 제출서류

참고자료	- 장애인·노인·임산부 등의 편의증진보장에 관한 법률 시행규칙 별표1 제4호, 제12호 - 일본 동경도 복지마을 만들기 조례 - 독일 편의증진 관련법규(DIN 18024 Blatt 1) - 스위스 편의증진 관련법규(Norm SN 521 500)
제출서류	예비인증	- 1층 평면 및 배치도(주출입구까지의 보행안전 통로 계획) - 주차장 안내 및 유도 계획 - 주차면 설계 상세도 - 주차장에서 주출입구까지의 접근로 계획 ※ 위 제출서류 중 평가항목의 조건을 만족하는 서류제출
	본인증	- 예비인증시와 동일

⟨ 4. 여객시설 인증지표 및 기준 ⟩

장애물 없는 생활환경 인증기준 – 여객시설

평가부문	1	매개시설
평가범주	1.2	장애인전용주차구역
평가항목	1.2.2	주차면수 확보

■ 세부평가기준

평가목적	장애인전용주차구역의 주차면수를 평가하여 적절한 장애인전용 주차면수를 확보하도록 함
평가방법	장애인전용주차구역의 적정 주차면수 확보정도 평가
배 점	2점 (평가항목)

산출기준	• 평점 = 장애인전용주차구역의 주차면수 평가등급에 해당하는 평가항목 점수로 평가

구분	주차면수 확보	평가항목 점수
최우수	규정비율 100%초과 확보	2.0
우수	규정비율 100%확보(최소 1면 이상 의무 설치)	1.6

- 장애인전용주차구역의 주차면수 확보 비율은 지방자치단체의 조례를 따름
- 불가피하게 대지 내에 주차장을 설치하지 못하여 인근 주차장을 이용하여야 하는 경우, 인근주차장 이용에 대한 정확한 안내 및 유도표시와 인근주차장에서 주출입구까지의 접근로의 정비가 이루어진 경우에 한하여, 그로 평가받을 수 있음

■ 평가 참고자료 및 제출서류

참고자료	- 교통약자의 이동편의증진법 시행규칙 별표1 제2호 - 일본 동경도 복지마을 만들기 조례 - 독일 편의증진 관련법규(DIN 18024 Blatt 1) - 스위스 편의증진 관련법규(Norm SN 521 500)
제출서류	예비인증	- 1층 평면 및 배치도(주출입구까지의 보행안전 통로로 계획) - 장애인주차구역 설치 계획 ※ 위 제출서류 중 평가항목의 조건을 만족하는 서류제출
	본인증	- 예비인증시와 동일

장애물 없는 생활환경 인증기준 – 여객시설

평가부문	1	매개시설
평가범주	1.2	장애인전용주차구역
평가항목	1.2.3	주차면

■ 세부평가기준

평가목적	장애인전용주차구역의 주차면을 평가하여 적절한 장애인주차구역 면적을 확보하도록 함
평가방법	장애인전용주차구역의 주차면 크기 평가
배 점	2점 (평가항목)

산출기준	• 평점 = 장애인전용주차구역의 주차면 평가등급에 해당하는 평가항목 점수로 평가

구분	주차면 크기	평가항목 점수
최우수	폭 3.5m, 길이 5.0m, 휠체어 활동공간 노면표시	2.0
우수	폭 3.3m, 길이 5.0m, 휠체어 활동공간 노면표시	1.6

- 장애인전용주차구역의 주차면은 휠체어 활동공간을 포함한 주차면의 치수로 평가함
- 장애인전용주차구역의 크기는 주차대수 1대에 폭 3.3m이상, 길이 5.0m이상으로 하여야 함(단, 평행주차형식인 경우에는 주차대수 1대에 대하여 폭 2.0m이상, 길이 6.0m이상으로 하여야 함)
- 불가피하게 대지 내에 주차장을 설치하지 못하여 인근 주차장을 이용하여야 하는 경우, 인근주차장 이용에 대한 정확한 안내 및 유도표시와 인근주차장에서 주출입구까지의 접근로의 정비가 이루어진 경우에 한하여, 그로 평가함

■ 평가 참고자료 및 제출서류

참고자료	- 교통약자의 이동편의증진법 시행규칙 별표1 제2호 - 일본 동경도 복지마을 만들기 조례 - 독일 편의증진 관련법규(DIN 18024 Blatt 1) - 스위스 편의증진 관련법규(Norm SN 521 500)
제출서류	예비인증	- 1층 평면 및 배치도(주출입구까지의 보행안전 통로로 계획) - 주차장 안내 및 유도 계획 - 주차면 설계 상세도 ※ 위 제출서류 중 평가항목의 조건을 만족하는 서류제출
	본인증	- 예비인증시와 동일

장애물 없는 생활환경 인증기준 – 여객시설

평가부문	1	매개시설
평가범주	1.2	장애인전용주차구역
평가항목	1.2.4	보행안전통로

■ 세부평가기준

평가목적	장애인전용주차구역에서 주출입구까지의 접근로를 평가하여 장애인전용주차장에서 주출입구까지 안전한 접근이 가능하도록 보행안전통로를 확보하도록 함
평가방법	장애인전용주차구역에서 건축물의 출입구 또는 장애인용 승강설비에 이르기까지 장애인전용통로의 폭 및 연속성 정도 평가
배 점	2점 (평가항목)

산출기준	• 평점 = 장애인전용주차구역의 보행안전통로의 평가등급에 해당하는 평가항목 점수로 평가

구분	보행안전통로	평가항목 점수
최우수	모든 구간에 보행안전통로(폭 1.8m이상)가 연속적으로 설치	2.0
우수	모든 구간에 보행안전통로(폭 1.5m이상)가 연속적으로 설치	1.6
일반	모든 구간에 보행안전통로(폭 1.2m이상)가 연속적으로 설치	1.4

- 장애인전용주차구역의 보행안전통로는 차량의 간섭이 전혀 없어야 하고, 보도 및 접근로의 기준을 준수하여야 함
- 보도 및 접근로의 기준을 준수하지 아니할 경우 평가등급을 받을 수 없음
- 장애인전용주차구역에서 주차면의 활동공간에서부터 단지 내 보행 주출입구 및 차량간섭 없이 연속되어야 하며, 차량과의 간섭부분은 생길지라도 보행우선의 접점계획이 있을 경우 평가등급을 받을 수 있음
- 불가피하게 대지 내에 주차장을 설치하지 못하여 인근 주차장을 이용하여야 하는 경우, 인근주차장 이용에 대한 정확한 안내 및 유도표시와 인근주차장에서 주출입구까지의 접근로의 정비가 이루어진 경우에 한하여, 그로 평가받을 수 있음

■ 평가 참고자료 및 제출서류

참고자료	- 교통약자의 이동편의증진법 시행규칙 별표1 제2호 - 일본 동경도 복지마을 만들기 조례 - 독일 편의증진 관련법규(DIN 18024 Blatt 1) - 스위스 편의증진 관련법규(Norm SN 521 500)
제출서류	예비인증	- 1층 평면 및 배치도(주출입구까지의 보행안전 통로로 계획) - 주차장 안내 및 유도 계획 - 주차면 설계 상세도 ※ 위 제출서류 중 평가항목의 조건을 만족하는 서류제출
	본인증	- 예비인증시와 동일

장애물 없는 생활환경 인증기준 – 여객시설

평가부문	1	매개시설
평가범주	1.2	장애인전용주차구역
평가항목	1.2.5	안내 및 유도표시

■ 세부평가기준

평가목적	장애인전용주차구역의 안내 및 유도표시를 평가하여 장애인이 쉽게 장애인주차구역을 찾을 수 있도록 하고, 장애인이 쉽게 주차전용구역을 인식할 수 있도록 함
평가방법	주차장의 입구에 장애인전용주차구역 안내표지를 식별하기 쉬운 장소에 부착 또는 설치 및 주차구역까지 적정 유도표시의 연속성 정도와 장애인전용주차구역의 바닥 장애인전용주차표시 및 입식안내표시의 적정 설치 정도 평가
배 점	2점 (평가항목)

산출기준	• 평점 = 장애인전용주차구역의 안내 및 유도표시 평가등급에 해당하는 평가항목 점수로 평가

구분	안내 및 유도표시	평가항목 점수
최우수	우수의 기준을 만족하며, 연속적인 유도표시 설치	2.0
우수	일반의 기준을 만족하며, 바닥 색상을 통한 식별성 확보	1.6
일반	주차장입구에서 장애인전용주차구역이 바로 보이며(별도표시 없음) 바닥 및 입식 안내표시 설치	1.4

- 일반주차구역과 장애인전용주차구역이 분리되어 있는 경우, 대지 입구부터의 장애인주차구역 유도표시 연속성 정도로 평가함
- 불가피하게 대지 내에 주차장을 설치하지 못하여 인근 주차장을 이용하여야 하는 경우, 인근주차장 이용에 대한 정확한 안내 및 유도표시와 인근주차장에서 주출입구까지의 접근로의 정비가 이루어진 경우에 한하여, 그로 평가받을 수 있음
- 입식 안내표시는 주차능 차량, 과태료, 및 신고전화번호를 포함하여야 함

■ 평가 참고자료 및 제출서류

참고자료	- 교통약자의 이동편의증진법 시행규칙 별표1 제2호 - 일본 동경도 복지마을 만들기 조례 - 독일 편의증진 관련법규(DIN 18024 Blatt 1) - 스위스 편의증진 관련법규(Norm SN 521 500)
제출서류	예비인증	- 1층 평면 및 배치도(주출입구까지의 보행안전 통로로 계획) - 주차장 안내 및 유도 계획 - 주차면 설계 상세도 ※ 위 제출서류 중 평가항목의 조건을 만족하는 서류제출
	본인증	- 예비인증시와 동일

〈 4. 여객시설 인증지표 및 기준 〉

장애물 없는 생활환경 인증기준 - 여객시설

평가부문	1 매개시설
평가범주	1.3 주출입구(문)
평가항목	1.3.1 주출입구(문)의 높이차이

■ 세부평가기준

평가목적	주출입구(문)의 높이 차이를 평가하여 장애인 등 다양한 이용자가 안전하고 편리하게 진입이 가능하도록 함
평가방법	주출입구(문)로 안전하고 편리하게 접근하여 진입 가능한 정도를 주출입구의 높이 차이와 기울기로 평가
배 점	3점 (평가항목)
산출기준	• 평점 = 주출입구(문) 높이차이 및 경사로 기울기의 평가등급에 해당하는 평가항목 점수로 평가 • 세부항목 - 주출입구(문) 높이차이 	구분	주출입구(문) 높이차이	평가항목 점수
---	---	---
최우수	단차없이 수평접근	1.5
우 수	0.75m이하 단차 (1.2m이상 유효폭의 경사로 설치)	1.2
일 반	0.75m이상 단차 (1.2m이상 유효폭의 경사로 설치)	1.0 | • 세부항목 - 주출입구 경사로 기울기 | 구분	주출입구(문) 경사로 기울기	평가항목 점수
---	---	---
최우수	단차 없이 수평접근	1.5
우 수	기울기 1/18(5.56%/3.18°)이하	1.2
일 반	기울기 1/12(8.33%/4.76°)이하	1.0	 - 주출입구(문)에 높이차이가 있으나 불가피하게 경사로를 설치하지 못하고, 부출입구(문)로 출입이 가능한 경우, 부출입구(문) 이용에 대한 연속적인 안내 및 유도 표시가 마련된 경우에 한하여 부출입구(문)를 주출입구(문)로 대신하여 평가가 가능함 - 길이가 1.8m 이상이거나 0.15m이상 높이의 경사로 설치 시 규정에 적합한 손잡이 설치

■ 평가 참고자료 및 제출서류

참고자료	- 장애인·노인·임산부 등의 편의증진보장에 관한 법률 시행규칙 별표1 제5호, 제12호 - 일본 동경도 복지마을 만들기 조례 - 독일 편의증진 관련법규 (DIN 18024 Teil 2) - 스위스 편의증진 관련법규 (Norm SN 521 500)
제출서류	예비인증	- 주출입구 평면도 - 주출입구 단면도 - 주출입구 상세도 - 바닥 마감 계획 상세도 ※ 위 제출서류 중 평가항목의 조건을 만족하는 서류제출
	본인증	- 예비인증시와 동일

장애물 없는 생활환경 인증기준 - 여객시설

평가부문	1 매개시설
평가범주	1.3 주출입구(문)
평가항목	1.3.2 주출입문의 형태

■ 세부평가기준

평가목적	주출입문의 형태를 평가하여 장애인 등 다양한 이용자들이 출입하는데 어려움이 없도록 적절한 형태의 문을 설치하도록 함
평가방법	해당시설의 주출입문의 형태로 평가
배 점	2점 (평가항목)
산출기준	• 평점 = 주출입문 형태의 평가등급에 해당하는 평가항목 점수로 평가 | 구분	주출입문의 형태	평가항목 점수
---	---	---
최우수	자동문 설치	2.0
우 수	자동닫힘 기능이 있는 (도어체크 등) 여닫이문 설치	1.6
일 반	회전문 또는 양방향 개폐식문이 아닌 문 설치	1.4	 - 주출입문에 높이차이가 있으나 불가피하게 경사로를 설치하지 못하고, 부출입문으로 출입이 가능한 경우, 부출입문 이용에 대한 연속적인 안내 및 유도 표시가 마련된 경우에 한하여 부출입문을 주출입문으로 대신하여 평가가 가능함

■ 평가 참고자료 및 제출서류

참고자료	- 교통약자의 이동편의증진법 시행규칙 별표1 제2호 - 일본 동경도 복지마을 만들기 조례 - 독일 편의증진 관련법규 (DIN 18024 Teil 2) - 스위스 편의증진 관련법규 (Norm SN 521 500)
제출서류	예비인증	- 주출입구 평면도 - 주출입구 단면도 - 주출입구상세도 - 바닥 마감 계획 상세도 ※ 위 제출서류 중 평가항목의 조건을 만족하는 서류제출
	본인증	- 예비인증시와 동일

장애물 없는 생활환경 인증기준 - 여객시설

평가부문	1 매개시설
평가범주	1.3 주출입구(문)
평가항목	1.3.3 유효폭

■ 세부평가기준

평가목적	주출입문의 유효폭을 평가하여 장애인 및 노약자 등 이용자가 문을 출입하는데 어려움이 없도록 적절한 유효폭을 확보하도록 함
평가방법	주출입문의 통과 유효폭 확보 정도 평가
배 점	2점 (평가항목)
산출기준	• 평점 = 주출입문 유효폭의 평가등급에 해당하는 평가항목 점수로 평가 | 구분	유효폭	평가항목 점수
---	---	---
최우수	주출입구(문)의 유효폭 1.2m이상	2.0
우 수	주출입구(문)의 유효폭 1.0m이상	1.6
일 반	주출입구(문)의 유효폭 0.9m이상	1.4	 - 주출입문의 유효폭은 문틀 내부 폭에서 경첩의 내민 거리와 문두께를 뺀 나머지 폭으로 측정함 - 주출입문에 높이차이가 있으나 불가피하게 경사로를 설치하지 못하고, 부출입구로 출입이 가능한 경우, 부출입구 이용에 대한 연속적인 안내 및 유도 표시가 마련된 경우에 한하여서 부출입구로 대체하여 평가가 가능함

■ 평가 참고자료 및 제출서류

참고자료	- 교통약자의 이동편의증진법 시행규칙 별표1 제2호 - 일본 동경도 복지마을 만들기 조례 - 독일 편의증진 관련법규 (DIN 18024 Teil 2) - 스위스 편의증진 관련법규 (Norm SN 521 500)
제출서류	예비인증	- 주출입구 평면도 - 주출입구 단면도 - 주출입구상세도 - 바닥 마감 계획 상세도 ※ 위 제출서류 중 평가항목의 조건을 만족하는 서류제출
	본인증	- 예비인증시와 동일

장애물 없는 생활환경 인증기준 - 여객시설

평가부문	1 매개시설
평가범주	1.3 주출입구(문)
평가항목	1.3.4 단차

■ 세부평가기준

평가목적	주출입구(문)의 단차를 평가하여 휠체어사용자가 문을 출입하는데 어려움이 없도록 하고, 노인 및 임산부 등 다양한 이용자들이 걸려 넘어질 위험이 없도록 함
평가방법	주출입구(문) 턱의 높이 차이 정도 평가
배 점	2점 (평가항목)
산출기준	• 평점 = 주출입문 단차의 평가등급에 해당하는 평가항목 점수로 평가 | 구분	단 차	평가항목 점수
---	---	---
최우수	주출입구(문) 단차 전혀 없음	2.0
우 수	주출입구(문) 단차 2cm이하	1.6	 - 주출입구(문)에 문턱 등으로 인한 2cm이상의 단차가 있으나, 턱낮추기를 통하여 단차를 극복한 경우 우수로 평가함 - 주출입구(문)에 높이차이가 있으나 불가피하게 경사로를 설치하지 못하고, 부출입구(문) 출입이 가능한 경우, 부출입구(문) 이용에 대한 연속적인 안내 및 유도 표시가 마련된 경우에 한하여 부출입구(문)를 주출입구(문)로 대신하여 평가가 가능함

■ 평가 참고자료 및 제출서류

참고자료	- 교통약자의 이동편의증진법 시행규칙 별표1 제2호 - 일본 동경도 복지마을 만들기 조례 - 독일 편의증진 관련법규 (DIN 18024 Teil 2) - 스위스 편의증진 관련법규 (Norm SN 521 500)
제출서류	예비인증	- 주출입구 평면도 - 주출입구 단면도 - 주출입구상세도 - 바닥 마감 계획 상세도 ※ 위 제출서류 중 평가항목의 조건을 만족하는 서류제출
	본인증	- 예비인증시와 동일

< 4. 여객시설 인증지표 및 기준 >

장애물 없는 생활환경 인증기준 - 여객시설

평가부문	1	매개시설
평가범주	1.3	주출입구(문)
평가항목	1.3.5	전면 유효거리

■ 세부평가기준

평가목적	주출입문의 전면 유효거리를 평가하여 휠체어사용자가 문을 여닫고 회전하는데 어려움이 없도록 적절한 전면 유효거리를 확보하도록 함
평가방법	주출입문의 전면 유효거리 확보 정도 평가
배 점	2점 (평가항목)

산출기준	• 평점 = 주출입문 전면 유효거리의 평가등급에 해당하는 평가항목 점수로 평가

구분	전면 유효거리	평가항목 점수
최우수	주출입문의 전면 유효거리 1.8m이상	2.0
우 수	주출입문의 전면 유효거리 1.5m이상	1.6
일 반	주출입문의 전면 유효거리 1.2m이상	1.4

- 주출입문의 전면 유효거리라 함은 문을 여닫는데 필요한 소요거리를 제외한 유효거리를 지칭함
- 출입문이 연속된 경우 두 문의 개폐에 필요한 소요거리를 모두 제외한 유효거리로 평가함
- 주출입문에 놓이차이가 있거나 불가피하여 경사로를 설치하지 못하여, 부출입문을 출입구로 출입이 가능한 경우, 부출입문 이용에 대한 연속적인 안내 및 유도 표시가 마련된 경우에 한하여 부출입문을 주출입문으로 대신하여 평가가 가능함

■ 평가 참고자료 및 제출서류

참고자료	- 교통약자의 이동편의증진법 시행규칙 별표1 제2호 - 일본 동경도 복지마을 만들기 조례 - 독일 편의증진 관련법규(DIN 18024 Teil 2) - 스위스 편의증진 관련법규(Norm SN 521 500)
제출서류	예비인증	- 주출입구 평면도 - 주출입구 단면도 - 주출입구상세도 ※ 위 제출서류 중 평가항목의 조건을 만족하는 서류제출
	본인증	- 예비인증시와 동일

장애물 없는 생활환경 인증기준 - 여객시설

평가부문	1	매개시설
평가범주	1.3	주출입구(문)
평가항목	1.3.6	손잡이 및 점자표지판

■ 세부평가기준

평가목적	주출입구(문)의 손잡이 형태 및 설치 높이를 평가하여 잡는 힘이 약한 장애인 등의 이용자가 손잡이를 잡고 문을 여는데 어려움이 없는 형태의 손잡이를 설치하도록 하며, 장애인 등이 손잡이를 잡을 수 있는 적절한 높이에 손잡이를 설치하도록 함
평가방법	주출입구(문)의 손잡이 형태 및 점자표지판의 설치 여부 평가
배 점	2점 (평가항목)

산출기준	• 평점 = 주출입구(문) 손잡이 평가등급에 해당하는 평가항목 점수로 평가

구분	손잡이 및 점자표지판	평가항목 점수
최우수	자동문 설치	2.0
우 수	일반의 조건을 만족하며, 출입구 옆 벽면의 1.5m 높이에 점자표지판 부착	1.6
일 반	손잡이는 0.8m ~ 0.9m사이에 위치하여 레버형, 수평 또는 수직막대형 중 한 종류	1.4

- 문을 당길때는 수직막대형, 문을 밀때는 수평막대형 손잡이가 유리함

■ 평가 참고자료 및 제출서류

참고자료	- 교통약자의 이동편의증진법 시행규칙 별표1 제2호 - 일본 동경도 복지마을 만들기 조례 - 독일 편의증진 관련법규(DIN 18024 Teil 2) - 스위스 편의증진 관련법규(Norm SN 521 500)
제출서류	예비인증	- 주출입구 평면도 - 주출입구 단면도 - 주출입구상세도 ※ 위 제출서류 중 평가항목의 조건을 만족하는 서류제출
	본인증	- 예비인증시와 동일

장애물 없는 생활환경 인증기준 - 여객시설

평가부문	1	매개시설
평가범주	1.3	주출입구(문)
평가항목	1.3.7	경고블럭

■ 세부평가기준

평가목적	주출입구(문)의 전후면에 시각장애인 및 노인 등 시력에 어려움을 겪는 사용자들이 발바닥 촉감으로 문이 있음을 감지할 수 있도록 적절한 경고표시를 갖추도록 함
평가방법	시각장애인에게 위험을 알려주는 경고표시의 설치 여부 평가
배 점	2점 (평가항목)

산출기준	• 평점 = 주출입구(문)의 경고블럭 평가등급에 해당하는 평가항목 점수로 평가

구분	경고블럭	평가항목 점수
최우수	우수의 조건을 만족하며, 손끼임 방지설비 설치	2.0
우 수	주출입구(문) 0.3m 전후면에 표준형 점형블록 설치	1.6
일 반	주출입구(문) 0.3m 전후면에 바닥 색상 및 재질의 변화를 통하여 경고 표시	1.4

- 바닥재의 질감 등을 달리한 경우, 적용되는 여객시설내에서는 통일성을 유지하여야 함

■ 평가 참고자료 및 제출서류

참고자료	- 교통약자의 이동편의증진법 시행규칙 별표1 제2호 - 일본 동경도 복지마을 만들기 조례 - 독일 편의증진 관련법규(DIN 18024 Teil 2) - 스위스 편의증진 관련법규(Norm SN 521 500)
제출서류	예비인증	- 주출입구 평면도 - 주출입구 단면도 - 바닥 마감 계획 상세도 ※ 위 제출서류 중 평가항목의 조건을 만족하는 서류제출
	본인증	- 예비인증시와 동일

장애물 없는 생활환경 인증기준 - 여객시설

평가부문	2	내부시설
평가범주	2.1	통로
평가항목	2.1.1	유효폭

■ 세부평가기준

평가목적	통로의 유효폭을 평가하여 장애인 등 다양한 사용자가 이동하는데 불편함이 없는 적절한 유효폭을 확보하도록 함
평가방법	통로의 유효폭 정도로 평가
배 점	2점 (평가항목)

산출기준	• 평점 = 통로의 유효폭 평가등급에 해당하는 평가항목 점수로 평가

구분	유효폭	평가항목 점수
최우수	모든 통로의 유효폭 3.0m이상, 우수의 조건을 만족	2.0
우 수	모든 통로의 유효폭 2.5m이상, 일반의 조건을 만족	1.6
일 반	모든 통로의 유효폭 2.0m이상, 통로 끝 부분의 넓이를 휠체어 교행이 가능한 넓이(1.8m×1.8m) 확보	1.4

- 여객시설 내에서의 통로란 측면에 경계벽이 있어 주출입구나 승강장, 화장실 등 목적지까지 유도가 가능한 길을 말함
- 통로는 주출입구 현관부터 탑승장까지 이동하는 통로를 의미하며, 유효폭 1.8m는 휠체어사용자가 서로 교행할 수 있는 최소폭이고, 복도의 유효폭 1.5m는 휠체어 2대 중 1대가 정지한 채로 교행할 수 있는 최소 치수임
- 한 개의 실로 이루어진 건물로, 통로라 볼 수 있는 부분이 없는 경우 최우수로 평가함

■ 평가 참고자료 및 제출서류

참고자료	- 교통약자의 이동편의증진법 시행규칙 별표1 제2호 - 일본 동경도 복지마을 만들기 조례 - 독일 편의증진 관련법규(DIN 18024 Teil 2) - 스위스 편의증진 관련법규(Norm SN 521 500)
제출서류	예비인증	- 각층 평면도 - 복도 입면도 - 복도 단면도 - 손잡이 상세도 ※ 위 제출서류 중 평가항목의 조건을 만족하는 서류제출
	본인증	- 예비인증시와 동일

〈 4. 여객시설 인증지표 및 기준 〉

[1] 장애물 없는 생활환경 인증기준 - 여객시설

평가부문	2	내부시설
평가범주	2.1	통로
평가항목	2.1.2	단차

■ 세부평가기준

평가목적	통로의 단차를 평가하여 휠체어사용자의 통행을 어렵게 만들고, 노약자나 임산부 등 다양한 사용자가 걸려 넘어질 위험이 있는 단차를 두지 않도록 함
평가방법	통로의 바닥면 단차 정도로 평가
배 점	2점 (평가항목)
산출기준	• 평점 = 통로 단차의 평가등급에 해당하는 평가항목 점수로 평가 | 구분	단차	평가항목 점수
---	---	---
최우수	모든 문에 단차 전혀 없음	2.0
우 수	모든 문에 단차 2cm이하	1.6	 - 일반 출입문에 문턱 등으로 인한 2cm이상의 단차가 있으나, 턱낮추기를 통하여 단차를 극복한 경우 최하등급으로 평가함

■ 평가 참고자료 및 제출서류

참고자료	- 교통약자의 이동편의증진법 시행규칙 별표1 제2호 - 일본 동경도 복지마을 만들기 조례 - 독일 편의증진 관련법규(DIN 18024 Teil 2) - 스위스 편의증진 관련법규(Norm SN 521 500)
제출서류	예비인증	- 각층 평면도 - 복도 입면도 - 복도 단면도 ※ 위 제출서류 중 평가항목의 조건을 만족하는 서류제출
	본인증	- 예비인증시와 동일

- 304 -

[2] 장애물 없는 생활환경 인증기준 - 여객시설

평가부문	2	내부시설
평가범주	2.1	통로
평가항목	2.1.3	바닥 마감

■ 세부평가기준

평가목적	통로의 바닥 마감을 평가하여 장애인 및 노약자 등 다양한 사용자가 미끄러지거나 걸려 넘어지지 않고 안전하게 주출입구로 접근이 가능하도록 함
평가방법	미끄럽지 않은 바닥 재질 및 마감의 평탄한 정도에 따른 평가
배 점	2점 (평가항목)
산출기준	• 평점 = 통로 바닥 마감의 평가등급에 해당하는 평가항목 점수로 평가 | 구분	바닥 마감	평가항목 점수
---	---	---
최우수	우수의 조건을 만족하며, 충격을 흡수하고 울림이 적은 재료 사용	2.0
우 수	일반의 조건을 만족하며, 색상 및 재질 변화로 유도	1.6
일 반	미끄럽지 않으며, 걸려 넘어질 염려 없음	1.4	 - 시각장애인의 유도는 복도 벽면의 핸드레일과 바닥 재질 또는 색상 변화로 이루어지도록 함 - 건축물이 한 개의 실로 구성되어 복도라고 볼 수 있는 부분이 없는 경우, 홀 등의 내부 바닥 마감으로 복도의 바닥 마감 항목을 평가함

■ 평가 참고자료 및 제출서류

참고자료	- 교통약자의 이동편의증진법 시행규칙 별표1 제2호 - 일본 동경도 복지마을 만들기 조례 - 독일 편의증진 관련법규(DIN 18024 Teil 2) - 스위스 편의증진 관련법규(Norm SN 521 500)
제출서류	예비인증	- 각층 평면도 - 복도 입면도 - 복도 단면도 - 손잡이 상세도 ※ 위 제출서류 중 평가항목의 조건을 만족하는 서류제출
	본인증	- 예비인증시와 동일

- 305 -

[3] 장애물 없는 생활환경 인증기준 - 여객시설

평가부문	2	내부시설
평가범주	2.1	통로
평가항목	2.1.4	보행장애물

■ 세부평가기준

평가목적	통로의 보행장애물을 평가하여 장애인 등 다양한 이용자가 복도의 설치물 또는 장애물로 인해 부딪히는 위험 없이 복도를 이동할 수 있도록 함
평가방법	통로의 벽면을 따라 보행하기에 부적절한 벽면 돌출물 제거 여부 평가
배 점	2점 (평가항목)
산출기준	• 평점 = 통로의 보행장애물 평가등급에 해당하는 평가항목 점수로 평가 | 구분	보행장애물	평가항목점수
---	---	---
최우수	우수의 기준을 만족하며, 휠체어사용자의 안전을 위하여 복도의 벽면에는 바닥면으로부터 0.15m에서 0.35m까지 킥플레이트를 설치하고 복도의 모서리 부분은 둥글게 마감	2.0
우 수	일반의 기준을 만족하며, 벽면에 부적절한 돌출물 및 충돌 위험이 있는 설치물이 전혀 없고 바닥면에 이동장애물이 전혀 없음	1.6
일 반	벽면에 돌출물이 있으나 0.1m이내로 설치	1.4	 - 통로의 보행장애물은 높이 2.1m이내에 있는 장애물만 평가함 - 여객시설 내부에서 여러 출입문이 있을 경우 그 돌출폭이 가장 큰 장애물을 기준으로 측정함 - 여객시설이 한 개의 실로 구성되어 복도라고 볼 수 있는 부분이 없는 경우 보행장애물 항목은 최우수로 평가함

■ 평가 참고자료 및 제출서류

참고자료	- 교통약자의 이동편의증진법 시행규칙 별표1 제2호 - 일본 동경도 복지마을 만들기 조례 - 독일 편의증진 관련법규(DIN 18024 Teil 2) - 스위스 편의증진 관련법규(Norm SN 521 500)
제출서류	예비인증	- 각층 평면도 - 복도 입면도 - 복도 단면도 - 복도 설치물 설치 상세도 ※ 위 제출서류 중 평가항목의 조건을 만족하는 서류제출
	본인증	- 예비인증시와 동일

- 306 -

[4] 장애물 없는 생활환경 인증기준 - 여객시설

평가부문	2	내부시설
평가범주	2.1	통로
평가항목	2.1.5	손잡이

■ 세부평가기준

평가목적	복도의 손잡이를 평가하여 지탱하는 힘이 약한 장애인 등 다양한 이용자가 손잡이에 지탱하여 이동하거나, 시각장애인이 손잡이를 잡고 이동할 수 있도록 손잡이가 적절한 높이 및 형태로 설치되도록 함
평가방법	복도측면에 손잡이 설치 여부 평가
배 점	2점 (평가항목)
산출기준	• 평점 = 복도의 연속손잡이 평가등급에 해당하는 평가항목 점수로 평가 | 구분	손잡이	평가항목 점수
---	---	---
최우수	우수의 기준을 만족하며 차갑거나 미끄럽지 않은 재질 사용	2.0
우 수	연속손잡이 설치(1단 설치 및 손잡이 끝부분에 점자표기)	1.6
일 반	연속손잡이 설치(1단 설치)	1.4	 - 통로의 측면에는 손잡이를 연속하여 설치하여야 함(다만, 구조물·방화물 등의 설치로 손잡이를 연속하여 설치할 수 없는 경우에는 구조물·방화문 등의 설치에 소요되는 부분에 한하여 손잡이를 설치하지 아니할 수 있음) - 실내에서는 연속되는 손잡이를 통해 시각장애인을 계단, 승강기, 화장실 등으로 유도가 가능함 - 한 개의 실로 이루어진 건물로, 통로라 볼 수 있는 부분이 없는 경우 최우수로 평가함

■ 평가 참고자료 및 제출서류

참고자료	- 교통약자의 이동편의증진법 시행규칙 별표1 제2호 - 일본 동경도 복지마을 만들기 조례 - 독일 편의증진 관련법규(DIN 18024 Teil 2) - 스위스 편의증진 관련법규(Norm SN 521 500)
제출서류	예비인증	- 각층 평면도 - 복도 입면도 - 복도 단면도 - 손잡이 설치 상세도 ※ 위 제출서류 중 평가항목의 조건을 만족하는 서류제출
	본인증	- 예비인증시와 동일

- 307 -

〈 4. 여객시설 인증지표 및 기준 〉

장애물 없는 생활환경 인증기준 - 여객시설

평가부문	2	내부시설
평가범주	2.2	계단
평가항목	2.2.1	형태 및 유효폭

■ 세부평가기준

평가목적	계단의 형태 및 유효폭을 평가하여 장애인 등 다양한 사용자가 이동하는데 불편함이 없는 적절한 유효폭을 확보하도록 하고, 지팡이가 빠지지 않도록 적절한 높이의 추락 방지턱을 설치하도록 함
평가방법	계단의 형태 및 유효폭 정도, 난간하부에 추락 방지턱 설치 여부평가
배 점	2점 (평가항목)
산출기준	• 평점 = 계단의 형태 및 유효폭 평가등급에 해당하는 평가항목 점수로 평가 | 구분	계단의 형태 및 유효폭	평가항목 점수
---	---	---
최우수	우수의 조건을 만족하며, 2cm이상의 추락 방지턱 설치	2.0
우 수	일반의 조건을 만족하며 계단참의 유효폭은 2.5m이상	1.6
일 반	직선 또는 꺾임형태로 설치하고, 계단참의 유효폭은 2.0m이상	1.4	 • 계단참을 중심으로 상하 계단디딤판 단수를 반드시 동일하게 하여야 시각장애인에게 안전하고 화재 등 비상시 대피에 유리함 • 통로의 유효폭 2.0m이 일관성 있게 유지되도록 계단 및 참의 유효폭은 2.0m이상으로 함(단, 원형참일 경우에는 반지름 2.0m로 유지함)

■ 평가 참고자료 및 제출서류

참고자료	- 교통약자의 이동편의증진법 시행규칙 별표 제1호, 제2호 - 일본 동경도 복지마을 만들기 조례 - 독일 편의증진 관련법규(DIN 18024 Teil 2) - 스위스 편의증진 관련법규(Norm SN 521 500)
제출서류	예비인증	- 기준층 평면도 - 계단 상세도 - 바닥 마감 계획 상세도 ※ 위 제출서류 중 평가항목의 조건을 만족하는 서류제출
	본인증	- 예비인증시와 동일

장애물 없는 생활환경 인증기준 - 여객시설

평가부문	2	내부시설
평가범주	2.2	계단
평가항목	2.2.2	챌면 및 디딤판

■ 세부평가기준

평가목적	계단의 챌면 및 디딤판을 평가하여 비상시나 시각장애인이 계단으로 이동할 때 일정한 높이의 계단을 딛고 이동할 수 있도록 적절한 높이와 너비의 챌면 및 디딤판을 설치하도록 함
평가방법	계단에 챌면 및 디딤판 설치와 식별정도 평가
배 점	2점 (평가항목)
산출기준	• 평점 = 계단의 챌면 및 디딤판 평가등급에 해당하는 평가항목 점수로 평가 | 구분	챌면 및 디딤판	평가항목 점수
---	---	---
최우수	우수의 기준을 만족하며, 조명 및 색상을 달리하여 챌면과 디딤판의 명확한 식별 가능	2.0
우 수	일반의 기준을 만족하며, 1.8m이내마다 휴식참 설치	1.6
일 반	모든 계단에 챌면 설치 챌면 0.18m이하, 디딤판 0.28m이상, 챌면의 기울기는 디딤판의 수평면으로부터 60°이상으로 설치 계단코는 3cm미만으로 설치	1.4	 - (단의 높이×2)+단의 너비=0.63m가 되도록 단의 높이와 너비를 정할 수 있음 - 챌면의 기울기를 디딤판의 수평면으로부터 60°이상으로 하여야 하는 것은 발을 끌고 다니는 고령자의 보행특성과 목발사용자들의 목발 끝이 계단에 걸리는 것을 방지하기 위한 것으로 가급적 90°로 함 - 챌면 및 디딤판 규격, 휴식참 설치 높이의 기준을 모두 만족하고, 챌면과 디딤판을 재질 또는 색상을 달리 하여 별다른 조명 설비 없이도 명확히 구분되는 경우 최우수로 평가함

■ 평가 참고자료 및 제출서류

참고자료	- 교통약자의 이동편의증진법 시행규칙 별표1 제2호 - 일본 동경도 복지마을 만들기 조례 - 독일 편의증진 관련법규(DIN 18024 Teil 2) - 스위스 편의증진 관련법규(Norm SN 521 500)
제출서류	예비인증	- 기준층 평면도 - 계단 상세도 ※ 위 제출서류 중 평가항목의 조건을 만족하는 서류제출
	본인증	- 예비인증시와 동일

장애물 없는 생활환경 인증기준 - 여객시설

평가부문	2	내부시설
평가범주	2.2	계단
평가항목	2.2.3	바닥 마감

■ 세부평가기준

평가목적	계단의 바닥 마감을 평가하여 장애인 및 노약자 등 다양한 사용자가 미끄러지거나 걸려 넘어지지 않고 안전하게 계단의 이동이 가능하도록 함
평가방법	미끄럽지 않은 바닥 재질 및 마감의 평탄한 정도와 계단코의 미끄럼방지설비 설치 여부 평가
배 점	2점 (평가항목)
산출기준	• 평점 = 계단의 바닥 마감 평가등급에 해당하는 평가항목 점수로 평가 | 구분	바닥 마감	평가항목 점수
---	---	---
최우수	계단 전체의 바닥표면이 전혀 미끄럽지 않은 재질로 평탄하게 마감 발디딤 부분은 촉각적인 재료를 사용하여 잘 인지될 수 있는 것을 사용	2.0
우 수	계단코에 경질고무류, 줄눈 등의 미끄럼방지설비를 설치하고, 걸려 넘어질 염려 없음	1.6	 - 계단의 계단코에 경질고무류 등으로 미끄럼방지설비를 설치한 경우 물이 묻어도 미끄럽지 않은 재질로 마감되어 있는 것으로 평가함

■ 평가 참고자료 및 제출서류

참고자료	- 교통약자의 이동편의증진법 시행규칙 별표1 제2호 - 일본 동경도 복지마을 만들기 조례 - 독일 편의증진 관련법규(DIN 18024 Teil 2) - 스위스 편의증진 관련법규(Norm SN 521 500)
제출서류	예비인증	- 기준층 평면도 - 계단 상세도 - 바닥 마감 계획 상세도 - 미끄럼방지설비 설치 상세도 ※ 위 제출서류 중 평가항목의 조건을 만족하는 서류제출
	본인증	- 예비인증시와 동일

장애물 없는 생활환경 인증기준 - 여객시설

평가부문	2	내부시설
평가범주	2.2	계단
평가항목	2.2.4	손잡이

■ 세부평가기준

평가목적	계단 손잡이를 평가하여 장애인 등 다양한 이용자가 손잡이에 의지하여 계단을 이동하거나, 시각장애인이 손잡이를 잡고 이동할 수 있도록 손잡이가 적절한 높이 및 형태로 설치되도록 함
평가방법	계단 측면 연속된 손잡이의 높이 및 굵기로 평가
배 점	2점 (평가항목)
산출기준	• 평점 = 계단 손잡이의 평가등급에 해당하는 평가항목 점수로 평가 | 구분	손잡이	평가항목 점수
---	---	---
최우수	우수의 조건을 만족하며, 차갑지 않고 미끄럽지 않은 재질 사용	2.0
우 수	연속손잡이 1단 설치 주변으로부터 쉽게 구분 가능 손잡이의 양끝부분 및 굴절부분에는 층수·위치 등을 나타내는 점자표지판을 부착	1.6	 - 계단의 손잡이는 설치 높이 0.8m~0.9m, 지름 3.2cm~3.8cm 규정에 적합한 손잡이를 설치하여야 함 - 2중으로 설치하는 경우에는 위쪽 손잡이는 0.85m내외, 아래쪽 손잡이는 0.65m내외로 하여야 함 - 계단의 손잡이는 가능한 양측에 연속되도록 설치하여야 함(손잡이가 끊어지면 시각장애인은 계단이 끝난 것으로 인식하므로 매우 위험한 상황에 처할 수 있음) - 계단의 손잡이는 보행 장애인에게 몸의 균형을 유지해 주는 지팡이가 되고 시각장애인에게는 재난 시 생명선이 됨

■ 평가 참고자료 및 제출서류

참고자료	- 교통약자의 이동편의증진법 시행규칙 별표1 제2호 - 일본 동경도 복지마을 만들기 조례 - 독일 편의증진 관련법규(DIN 18024 Teil 2) - 스위스 편의증진 관련법규(Norm SN 521 500)
제출서류	예비인증	- 기준층 평면도 - 계단 상세도 - 계단 손잡이 설치 상세도 ※ 위 제출서류 중 평가항목의 조건을 만족하는 서류제출
	본인증	- 예비인증시와 동일

< 4. 여객시설 인증지표 및 기준 >

장애물 없는 생활환경 인증기준 – 여객시설

평가부문	2	내부시설
평가범주	2.2	계단
평가항목	2.2.5	점형블록

■ 세부평가기준

평가목적	시각장애인이 발바닥 촉감으로 계단이 시작과 끝을 감지할 수 있도록 적절한 경고블록을 설치하도록 함
평가방법	계단의 시작과 끝 지점의 점형블록 설치 및 손잡이 점자표기 여부 평가
배점	2점 (평가항목)

산출기준
- 평점 = 계단의 점형블록 평가등급에 해당하는 평가항목 점수로 평가

구분	점형블록	평가항목 점수
최우수	계단참을 포함하여 계단의 시작과 끝 지점에 바닥 재질 변화를 통한 경고표시 설치	2.0
우수	계단참을 포함하여 계단의 시작과 끝 지점의 0.3m전면에 점형블록 설치	1.6

■ 평가 참고자료 및 제출서류

참고자료	- 교통약자의 이동편의증진법 시행규칙 별표1 제2호 - 일본 동경도 복지마을 만들기 조례 - 독일 편의증진 관련법규(DIN 18024 Teil 2) - 스위스 편의증진 관련법규(Norm SN 521 500)
제출서류	예비인증	- 기준층 평면도 - 계단 상세도 - 바닥 마감 계획 상세도 - 계단 경고블록 설치 상세도 ※ 위 제출서류 중 평가항목의 조건을 만족하는 서류제출
	본인증	- 예비인증시와 동일

장애물 없는 생활환경 인증기준 – 여객시설

평가부문	2	내부시설
평가범주	2.3	경사로
평가항목	2.3.1	유효폭

■ 세부평가기준

평가목적	경사로의 유효폭을 평가하여 장애인 등 다양한 사용자가 경사로를 이동하는데 불편함이 없는 적절한 유효폭을 확보하도록 함
평가방법	경사로 유효폭 확보 정도 평가
배점	2점 (평가항목)

산출기준
- 평점 = 경사로 유효폭의 평가등급에 해당하는 평가항목 점수로 평가

구분	유효폭	평가항목 점수
	경사로의 유효폭이 2m이상	2.0

- 경사로의 유효폭 2m이상은 휠체어가 교행할 수 있는 통로폭과 일관성을 유지하기 위함이며, 통로폭이 2m인 경우에 부분적으로 경사로가 설치되면 통로폭이 작아짐으로 통행의 흐름을 방해하는 병목현상이 나타날 수 있기 때문임
- 규정에 적합한 승강기를 설치한 경우 경사로의 유효폭 항목은 기준을 만족하는 것으로 평가함

■ 평가 참고자료 및 제출서류

참고자료	- 교통약자의 이동편의증진법 시행규칙 별표1 제2호 - 일본 동경도 복지마을 만들기 조례 - 독일 편의증진 관련법규(DIN 18024 Teil 2) - 스위스 편의증진 관련법규(Norm SN 521 500)
제출서류	예비인증	- 경사로 상세도 - 바닥 마감 계획 상세도 - 경사로 손잡이 상세도 ※ 위 제출서류 중 평가항목의 조건을 만족하는 서류제출
	본인증	- 예비인증시와 동일

장애물 없는 생활환경 인증기준 – 여객시설

평가부문	2	내부시설
평가범주	2.3	경사로
평가항목	2.3.2	기울기

■ 세부평가기준

평가목적	경사로의 기울기를 평가하여 휠체어사용자가 안전하게 층간 이동이 가능하도록 하며, 노인이나 임산부 등 다양한 이용자가 편리하게 이동 가능하도록 함
평가방법	경사로의 기울기 정도 평가
배점	2점 (평가항목)

산출기준
- 평점 = 경사로의 기울기 평가등급에 해당하는 평가항목 점수로 평가

구분	기울기	평가항목 점수
최우수	1/18(5.56%/3.18°)이하로 설치하고, 횡단구배가 없음	2.0
우수	1/12(8.33%/4.76°)이하로 설치하고, 횡단구배가 없음	1.6

■ 평가 참고자료 및 제출서류

참고자료	- 교통약자의 이동편의증진법 시행규칙 별표1 제2호 - 일본 동경도 복지마을 만들기 조례 - 독일 편의증진 관련법규(DIN 18024 Teil 2) - 스위스 편의증진 관련법규(Norm SN 521 500)
제출서류	예비인증	- 경사로 상세도 - 바닥 마감 계획 상세도 - 경사로 손잡이 상세도 ※ 위 제출서류 중 평가항목의 조건을 만족하는 서류제출
	본인증	- 예비인증시와 동일

장애물 없는 생활환경 인증기준 – 여객시설

평가부문	2	내부시설
평가범주	2.3	경사로
평가항목	2.3.3	바닥 마감

■ 세부평가기준

평가목적	경사로의 마감 상태를 평가하여 장애인 및 노약자 등 다양한 사용자가 미끄러지거나 걸려 넘어지지 않고 안전하게 경사로를 이용하여 층간 이동이 가능하도록 함
평가방법	미끄럽지 않은 바닥 재질 및 마감의 평탄한 정도와 미끄럼방지설비 설치 여부 평가
배점	2점 (평가항목)

산출기준
- 평점 = 경사로 바닥 마감의 평가등급에 해당하는 평가항목 점수로 평가

구분	바닥 마감	평가항목 점수
최우수	우수의 조건을 만족하며, 충격은 흡수하고 울림이 적은 재료 사용	2.0
우수	미끄럼 방지용 타일을 사용하고, 걸려 넘어질 염려 없음	1.6

■ 평가 참고자료 및 제출서류

참고자료	- 교통약자의 이동편의증진법 시행규칙 별표1 제2호 - 일본 동경도 복지마을 만들기 조례 - 독일 편의증진 관련법규(DIN 18024 Teil 2) - 스위스 편의증진 관련법규(Norm SN 521 500)
제출서류	예비인증	- 경사로 상세도 - 바닥 마감 계획 상세도 - 경사로 손잡이 상세도 ※ 위 제출서류 중 평가항목의 조건을 만족하는 서류제출
	본인증	- 예비인증시와 동일

〈 4. 여객시설 인증지표 및 기준 〉

장애물 없는 생활환경 인증기준 – 여객시설

평가부문	2	내부시설
평가범주	2.3	경사로
평가항목	2.3.4	활동공간 및 휴식참

■ 세부평가기준

평가목적	경사로의 활동공간을 평가하여 휠체어사용자가 이동하고 회전하는데 어려움이 없도록 적절한 전면 활동공간을 확보하도록 함
평가방법	경사로의 시작과 끝, 굴절부분 및 휴식참에 활동공간 확보 여부 평가
배 점	2점 (평가항목)

산출기준	• 평점 = 경사로 활동공간 및 휴식참의 평가등급에 해당하는 평가항목 점수로 평가

구분	활동공간 및 휴식참	평가항목 점수
최우수	우수의 조건을 만족하며, 휠체어의 벽면충돌에 따른 충격을 완화하기 위하여 벽에 매트를 부착	2.0
우 수	일반의 조건을 만족하며, 양측면에 휠체어바퀴 경사로 밖으로 미끄러져 나가지 아니하도록 5cm이상의 추락방지 턱 또는 측벽 설치	1.6
일 반	바닥면으로부터 높이 0.75m이내마다 수평면으로 된 1.5m이상을 휴식참 설치, 경사로의 시작과 끝, 굴절부분 및 참에는 1.5m×1.5m이상의 활동공간 확보	1.4

- 경사로의 굴절부분 및 참에 1.5m×1.5m이상의 수평면으로 된 활동공간을 두는 것은 휴식공간이자 상행과 하행의 휠체어가 교행할 수 있도록 방향전환하기 위함
- 규정에 적합한 승강기를 설치한 경우 경사로의 활동공간 및 휴식참 항목은 최우수로 평가

■ 평가 참고자료 및 제출서류

참고자료	- 교통약자의 이동편의증진법 시행규칙 별표1 제2호 - 일본 동경도 복지마을 만들기 조례 - 독일 편의증진 관련법규(DIN 18024 Teil 2) - 스위스 편의증진 관련법규(Norm SN 521 500)
제출서류	예비인증	- 경사로 상세도 - 바닥 마감 계획 상세도 - 경사로 손잡이 상세도 ※ 위 제출서류 중 평가항목의 조건을 만족하는 서류제출
	본인증	- 예비인증시와 동일

장애물 없는 생활환경 인증기준 – 여객시설

평가부문	2	내부시설
평가범주	2.3	경사로
평가항목	2.3.5	손잡이

■ 세부평가기준

평가목적	경사로 손잡이를 평가하여 지행하는 힘이 약한 장애인 등 다양한 이용자가 손잡이에 지행하여 경사로를 이동하거나, 시각장애인이 손잡이를 잡고 이동할 수 있도록 손잡이가 적절한 높이 및 형태로 설치되도록 함
평가방법	경사로의 양측면 손잡이 높이 및 굵기로 평가
배 점	2점 (평가항목)

산출기준	• 평점 = 경사로 손잡이의 평가등급에 해당하는 평가항목 점수로 평가

구분	손잡이	평가항목 점수
최우수	우수의 기준을 만족하며, 연속손잡이 2단 설치	2.0
우 수	일반의 기준을 만족하며, 차갑고 미끄럽지 않은 재질 사용	1.6
일 반	연속손잡이 1단 설치 색상 및 명도차이가 명확해서 주변으로부터 쉽게 구분 가능 손잡이의 양끝부분 및 굴절부분에는 층수 위치 등을 나타내는 점자표지판을 부착	1.4

- 경사로의 손잡이는 설치 높이 0.8m~0.9m, 굵기 3.2cm~3.8cm 규정에 적합한 손잡이를 설치하여야 함
- 2중으로 설치하는 경우에는 위쪽 손잡이는 0.85m내외, 아래쪽 손잡이는 0.65m내외로 하여야 함
- 손잡이를 설치하더라도 규정에 적합하지 않으면 평가등급을 받을 수 없음

■ 평가 참고자료 및 제출서류

참고자료	- 교통약자의 이동편의증진법 시행규칙 별표1 제2호 - 일본 동경도 복지마을 만들기 조례 - 독일 편의증진 관련법규(DIN 18024 Teil 2) - 스위스 편의증진 관련법규(Norm SN 521 500)
제출서류	예비인증	- 경사로 상세도 - 바닥 마감 계획 상세도 - 경사로 손잡이 상세도 ※ 위 제출서류 중 평가항목의 조건을 만족하는 서류제출
	본인증	- 예비인증시와 동일

장애물 없는 생활환경 인증기준 – 여객시설

평가부문	2	내부시설
평가범주	2.4	승강기
평가항목	2.4.1	설치장소

■ 세부평가기준

평가목적	승강기 설치장소를 평가하여 승강기를 이용하여 휠체어사용자 및 교통약자가 여객시설내에서 승강장으로 이동하는데 불편함이 없도록 함
평가방법	승강기의 설치장소 평가
배 점	2점 (평가항목)

산출기준	• 평점 = 승강기의 설치장소의 평가등급에 해당하는 평가항목 점수로 평가

구분	설치장소	평가항목 점수
최우수	주출입구에서 시야에 들어오는 곳에 설치	2.0
우 수	주출입구와 가까운 곳에 설치, 이를 안내하는 안내설비가 별도로 설치되어 있음	1.6
일 반	주출입구와 가까운 곳에 설치	1.4

- 지상에서 대합실까지는 도로 양측에 1개소씩 설치하되, 지상횡단이 가능한 곳에서는 도로편측에 1개소만 설치
- 승강장이 양방향식인 경우에는 대합실에서 승강장까지 각각의 승강장에 1개소씩 설치하되, 승강장이 중앙식인 경우에는 대합실에서 승강장까지 1개소만 설치

■ 평가 참고자료 및 제출서류

참고자료	- 교통약자의 이동편의증진법 시행규칙 별표1 제2호 - 일본 동경도 복지마을 만들기 조례 - 독일 편의증진 관련법규(DIN 18024 Teil 2) - 스위스 편의증진 관련법규(Norm SN 521 500)
제출서류	예비인증	- 승강기 상세도 - 기준층 평면도 ※ 위 제출서류 중 평가항목의 조건을 만족하는 서류제출
	본인증	- 예비인증시와 동일

장애물 없는 생활환경 인증기준 – 여객시설

평가부문	2	내부시설
평가범주	2.4	승강기
평가항목	2.4.2	전면 활동공간

■ 세부평가기준

평가목적	승강기 전면 활동공간을 평가하여 승강기를 이용하는데 휠체어사용자가 회전하거나 이동하는데 어려움이 없도록 적절한 전면 활동공간을 확보하여 불편함이 없도록 함
평가방법	승강기 전면 활동공간 확보 정도 평가
배 점	2점 (평가항목)

산출기준	• 평점 = 승강기의 전면 활동공간 평가등급에 해당하는 평가항목 점수로 평가

구분	전면 활동공간	평가항목 점수
최우수	전면에 2.1m×2.1m이상 전면 활동공간 확보	2.0
우 수	전면에 1.8m×1.8m이상 전면 활동공간 확보	1.6
일 반	전면에 1.5m×1.5m이상 전면 활동공간 확보	1.4

- 지하철에서의 접근 시, 승강기의 설치 위치는 계단 및 경사로와 인접하여 설치되 보행의 혼잡을 고려하여 승강기 전면공간의 확보가 가능한 곳에 설치
- 승강기 전면의 1.5m×1.5m이상의 활동공간을 휠체어사용자가 90°방향전환을 보장받을 수 있는 최소규모의 소요공간임

■ 평가 참고자료 및 제출서류

참고자료	- 교통약자의 이동편의증진법 시행규칙 별표1 제2호 - 일본 동경도 복지마을 만들기 조례 - 독일 편의증진 관련법규(DIN 18024 Teil 2) - 스위스 편의증진 관련법규(Norm SN 521 500)
제출서류	예비인증	- 승강기 상세도 - 기준층 평면도 ※ 위 제출서류 중 평가항목의 조건을 만족하는 서류제출
	본인증	- 예비인증시와 동일

< 4. 여객시설 인증지표 및 기준 >

장애물 없는 생활환경 인증기준 - 여객시설

평가부문	2	내부시설
평가범주	2.4	승강기
평가항목	2.4.3	크기

■ 세부평가기준

평가목적	승강기 크기를 평가하여 장애인 및 노약자 등 다양한 사용자가 승강기를 이용하는데 불편함이 없도록 적절한 크기를 확보하도록 함
평가방법	승강기 출입문의 규격 및 내부바닥면적, 통과 유효폭 정도 평가
배 점	2점 (평가항목)
산출기준	• 평점 = 승강기 크기의 평가등급에 해당하는 평가항목 점수로 평가

구분	크 기	평가항목 점수
최우수	수송능력 및 규격은 24인승이상, 내부바닥면적은 폭 1.7m이상, 깊이 1.8m이상, 출입문 통과 유효폭 1.1m 이상	2.0
우 수	수송능력 및 규격은 20인승이상, 내부바닥면적은 폭 1.5m이상, 깊이 1.5m이상, 출입문 통과 유효폭 1m이상	1.6
일 반	수송능력 및 규격은 15인승이상, 내부바닥면적은 폭 1.1m이상, 깊이 1.4m이상, 출입문 통과 유효폭 0.8m 이상	1.4

- 승강기 출입문의 유효 통과폭 0.8m는 휠체어사용자가 통과할 수 있는 최소폭이며, 승강기 내부의 유효바닥면적 폭 1.1m, 깊이 1.4m는 휠체어 한 대가 수평방향으로 진입하여 타고 올라갈 수 있는 최소공간이다. 따라서 출입문의 상황을 인지할 수 있기 위하여 전면 거울설치가 필수적임

■ 평가 참고자료 및 제출서류

참고자료	- 교통약자의 이동편의증진법 시행규칙 별표1 제2호 - 일본 동경도 복지마을 만들기 조례 - 독일 편의증진 관련법규 (DIN 18024 Teil 2) - 스위스 편의증진 관련법규 (Norm SN 521 500)
제출서류	예비인증	- 승강기 상세도 - 기준층 평면도 ※ 위 제출서류 중 평가항목의 조건을 만족하는 서류제출
	본인증	- 예비인증시와 동일

장애물 없는 생활환경 인증기준 - 여객시설

평가부문	2	내부시설
평가범주	2.4	승강기
평가항목	2.4.4	이용자 조작설비

■ 세부평가기준

평가목적	승강기의 이용자 조작설비를 평가하여 장애인 등 다양한 사용자가 불편함없이 사용 가능하도록 함
평가방법	이용자 조작설비 높이 및 형태로 평가
배 점	1점 (평가항목)
산출기준	• 평점 = 승강기의 이용자 조작설비 평가등급에 해당하는 평가항목 점수로 평가

• 세부항목 - 스위치 높이

구분	스위치 높이	평가항목 점수
최우수	안팎에 설치되어 있는 모든 스위치는 성인용 1.5m, 어린이용 0.85m±5cm으로 구분하여 설치, 버튼식 형태, 점자표지판 부착	0.5
우 수	승강기 안팎에 설치되어 있는 모든 스위치는 0.8m~1.2m, 버튼식 형태에 불이 들어옴, 점자표지판 부착	0.4
일 반	호출버튼·조작반동작표시등 등 승강기의 안팎에 설치되는 모든 스위치의 높이는 바닥면으로부터 0.8m~1.2m이하로 설치, 버튼식 형태, 점자표지판 부착	0.3

• 세부항목 - 내부 조작반

구분	내부조작반	평가항목 점수
최우수	우수의 조건을 만족하며, 버튼은 양각 및 그림문자(pictograph)를 병행하고 불이 들어옴, 점자표지판 부착	0.5
우 수	일반의 조건을 만족하며, 버튼은 양각으로 표시하고 불이 들어옴, 점자표지판 부착	0.4
일 반	진입방향 우측면에 가로형으로 설치, 높이는 바닥면으로부터 0.85m내외, 버튼식 형태, 점자표지판 부착	0.3

- 승강기 조작기는 고령자·어린이·시각장애인등에게 이용이 편리한 버튼식으로 하되 돌출된 버튼식이 바람직함
- 터치식 디지털 조작기는 식별이 어려워 장애인, 고령자에게 오작동의 원인제공이 되는 경우가 많으므로 가급적 설치를 피하는 것이 바람직함
- 조작기의 문자는 양각하며, 그림문자(pictograph)를 병행하는 것이 바람직함
- 조작반, 통화장치 등에 점자시트를 부착할 경우에는 반드시 일반적인 조작기에 부착을 하여야 함

■ 평가 참고자료 및 제출서류

참고자료	- 교통약자의 이동편의증진법 시행규칙 별표1 제2호 - 일본 동경도 복지마을 만들기 조례 - 독일 편의증진 관련법규 (DIN 18024 Teil 2) - 스위스 편의증진 관련법규 (Norm SN 521 500)
제출서류	예비인증	- 승강기 상세도 - 승강기 내외부 입면도 - 승강기 이용자 조작설비 상세도 ※ 위 제출서류 중 평가항목의 조건을 만족하는 서류제출
	본인증	- 예비인증시와 동일

장애물 없는 생활환경 인증기준 - 여객시설

평가부문	2	내부시설
평가범주	2.4	승강기
평가항목	2.4.5	수평손잡이

■ 세부평가기준

평가목적	승강기 수평손잡이를 평가하여 지탱하는 힘이 부족한 장애인 등 다양한 사용자가 승강기 내부에서 연속된 수평손잡이를 잡고 승강기를 이용할 수 있도록 적절한 높이에 수평손잡이를 설치할 수 있도록 함
평가방법	승강기 내부에 연속된 수평손잡이 설치 여부 평가
배 점	1점 (평가항목)
산출기준	• 평점 = 승강기의 수평손잡이 평가등급에 해당하는 평가항목 점수로 평가

구분	수평손잡이	평가항목 점수
최우수	우수의 조건을 만족하며, 차갑거나 미끄럽지 않은 재질을 사용	1.0
우 수	수평손잡이 높이 0.85m±5cm, 지름 3.2cm~3.8cm로 벽과 손잡이 간격 5cm내외로 설치	0.8

■ 평가 참고자료 및 제출서류

참고자료	- 교통약자의 이동편의증진법 시행규칙 별표1 제2호 - 일본 동경도 복지마을 만들기 조례 - 독일 편의증진 관련법규 (DIN 18024 Teil 2) - 스위스 편의증진 관련법규 (Norm SN 521 500)
제출서류	예비인증	- 승강기 상세도 - 승강기 입면도 - 승강기 내부 연속 손잡이 설치 상세도 ※ 위 제출서류 중 평가항목의 조건을 만족하는 서류제출
	본인증	- 예비인증시와 동일

장애물 없는 생활환경 인증기준 - 여객시설

평가부문	2	내부시설
평가범주	2.4	승강기
평가항목	2.4.6	시각 및 청각장애인 안내시설

■ 세부평가기준

평가목적	승강기 내에 설치되어 있는 기타시설의 설치를 통하여 장애인 등 다양한 사용자가 승강기를 이용하는데 편의를 도모함
평가방법	승강기 내부에 이동의 편의를 높이기 위한 기타시설의 설치 여부로 평가
배 점	1점 (평가항목)
산출기준	• 평점 = 승강기의 기타시설에 해당하는 평가항목 점수로 평가

구분	기타시설	평가항목 점수
최우수	승강장에 승강기 도착여부를 점멸등과 음성으로 안내하고, 승강기의 내부에는 승강기의 운행상황, 도착층을 표시하는 표시등 및 음성으로 안내	1.0
우 수	승강장에 승강기 도착여부를 점멸등과 음향으로 안내하고, 승강기의 내부에는 승강기의 운행상황, 도착층을 표시하는 표시등 및 음성으로 안내	0.8

- 음향신호는 일정한 음을 말하며 음성은 육성으로 층수를 알려주는 것을 말함

■ 평가 참고자료 및 제출서류

참고자료	- 교통약자의 이동편의증진법 시행규칙 별표1 제2호 - 일본 동경도 복지마을 만들기 조례 - 독일 편의증진 관련법규 (DIN 18024 Teil 2) - 스위스 편의증진 관련법규 (Norm SN 521 500)
제출서류	예비인증	- 승강기 상세도 - 승강기 입면도 - 승강기 점멸등 및 음향신호장치 설치 계획 ※ 위 제출서류 중 평가항목의 조건을 만족하는 서류제출
	본인증	- 예비인증시와 동일

< 4. 여객시설 인증지표 및 기준 >

장애물 없는 생활환경 인증기준 - 여객시설

평가부문	2	내부시설
평가범주	2.4	승강기
평가항목	2.4.7	점자블록

■ 세부평가기준

평가목적	승강기의 점형블록을 평가하여 시각장애인 및 노인 등 시력에 어려움을 겪는 사용자들이 승강기 버튼의 위치를 알 수 있도록 적절한 승강기 버튼 앞 바닥에 점형블록을 설치하도록 함
평가방법	승강기 버튼 앞 바닥의 점형블록 설치 평가
배 점	1점 (평가항목)
산출기준	• 평점 = 승강기의 점형블록 평가등급에 해당하는 평가항목 점수로 평가 | 구분	점형블록	평가항목 점수
---	---	---
최우수	승강기 버튼앞 바닥에 표준형 점형블록 설치	1.0
우 수	승강기 버튼앞 바닥 재질 변화를 통한 경고표시 설치	0.8	

■ 평가 참고자료 및 제출서류

참고자료	- 장애인·노인·임산부 등의 편의증진보장에 관한 법률 시행규칙 별표1 제8호 - 일본 동경도 복지마을 만들기 조례 - 독일 편의증진 관련법규(DIN 18024 Teil 2) - 스위스 편의증진 관련법규(Norm SN 521 500)
제출서류	예비인증	- 기준층 평면도 - 승강기 상세도 - 승강기 경고블록 설치 상세도 ※ 위 제출서류 중 평가항목의 조건을 만족하는 서류제출
	본인증	- 예비인증시와 동일(해당부분 사진 첨부)

장애물 없는 생활환경 인증기준 - 여객시설

평가부문	3	위생시설
평가범주	3.1	장애인 등이 이용 가능한 화장실
평가항목	3.1.1	장애유형별 대응 방법

■ 세부평가기준

평가목적	장애인 등이 이용 가능한 화장실의 다양한 장애유형에 대한 대응 방법을 평가하여 장애인 등 다양한 사용자의 다양한 상황에 대응할 수 있는 다목적 화장실을 설치하도록 함
평가방법	화장실 평면구성의 장애유형별 대응 방법에 따른 평가
배 점	5점 (평가항목)
산출기준	• 평점 = 장애인 등이 이용 가능한 화장실의 평가등급에 해당하는 평가항목 점수로 평가 | 구분	장애유형별 대응 방법	평가항목 점수
---	---	---
최우수	장애인 등이 이용 가능한 화장실이 1층에 설치되고 전체 층수의 50%이상 설치(장애인대변기는 남자용 및 여자용 각1개 이상 설치)	5.0
우 수	장애인 등이 이용 가능한 화장실이 1층에 설치되고 전체 층수의 30%이상 설치(장애인대변기는 남자용 및 여자용 각1개 이상 설치)	4.0
일 반	최소 1개 이상의 장애인 등이 이용 가능한 화장실(장애인대변기는 남자용 및 여자용 각1개 이상 설치)	3.5	 - 다목적화장실(가족화장실)을 설치한 경우에는 심사단의 가산 평가시 추가배점함 ※ 전체층수는 불특정다수가 이용할 수 있는 시설이 있는 층수의 합을 말함 ※ 다목적 화장실이라함은 남녀 구분없이 설치하여 장애인 뿐만 아니라 가족 혹은 보호자와 함께 사용가능한 화장실을 말함

■ 평가 참고자료 및 제출서류

참고자료	- 교통약자의 이동편의증진법 시행규칙 별표1 제2호 - 일본 동경도 복지마을 만들기 조례 - 독일 편의증진 관련법규(DIN 18024 Teil 2) - 스위스 편의증진 관련법규(Norm SN 521 500)
제출서류	예비인증	- 화장실 층별 평면도 - 화장실 층별 단면도 - 대변기·소변기·세면대 상세도 ※ 위 제출서류 중 평가항목의 조건을 만족하는 서류제출
	본인증	- 예비인증시와 동일

장애물 없는 생활환경 인증기준 - 여객시설

평가부문	3	위생시설
평가범주	3.1	장애인 등이 이용 가능한 화장실
평가항목	3.1.2	안내표지판

■ 세부평가기준

평가목적	장애인 등이 이용 가능한 화장실의 안내표지판을 평가하여 장애인 등 다양한 사용자에게 화장실 내부의 위치 및 기능을 안내할 수 있도록 함
평가방법	장애인 등이 이용 가능한 화장실 이용 안내표지판 설치 유무 평가
배 점	5점 (평가항목)
산출기준	• 평점 = 장애인 등이 이용 가능한 화장실의 안내표지판 설치 평가등급에 해당하는 평가항목 점수로 평가 | 구분	안내표지판 설치	평가항목 점수
---	---	---
최우수	우수의 기준을 만족하며, 화장실 내부의 위치 및 기능을 안내할 수 있는 촉지도식 안내표지가 있음	5.0
우 수	일반의 기준을 만족하며, 점자표지 0.3m 전면에 표준형 점형블록 설치	4.0
일 반	화장실 출입구(문) 옆 벽면의 1.5m 높이에 점자표기를 포함한 남여 구분 안내표지 있음 점자표지 0.3m 전면에 바닥재질 변화를 통한 경고 표시 설치	3.5	

■ 평가 참고자료 및 제출서류

참고자료	- 교통약자의 이동편의증진법 시행규칙 별표1 제2호 - 일본 동경도 복지마을 만들기 조례 - 독일 편의증진 관련법규(DIN 18024 Teil 2) - 스위스 편의증진 관련법규(Norm SN 521 500)
제출서류	예비인증	- 화장실 층별 평면도 - 화장실 층별 단면도 - 대변기·소변기·세면대 상세도 - 화장실 안내표지판 상세도 - 배치도(장애인 화장실 및 안내표지판의 위치 표시) ※ 위 제출서류 중 평가항목의 조건을 만족하는 서류제출
	본인증	- 예비인증시와 동일

장애물 없는 생활환경 인증기준 - 여객시설

평가부문	3	위생시설
평가범주	3.2	화장실의 접근
평가항목	3.2.1	접근

■ 세부평가기준

평가목적	화장실의 접근로를 위한 일반사항을 평가하여 화장실로 접근하기 위한 모든 통로가 장애인 등 다양한 사용자가 이용하는데 불편함이 없도록 적절한 유효폭을 확보하고, 단차 없이 진입이 할 수 있도록 함
평가방법	화장실로 접근하기 위한 단차 및 점형블록 설치 정도 평가
배 점	3점 (평가항목)
산출기준	• 평점 = 화장실로 접근하기 위한 단차 및 경고를 위한 점형블록 평가등급에 해당하는 평가항목 점수로 평가 • 세부항목 - 단차 	구분	단차	평가항목 점수
---	---	---
최우수	전혀 단차 없음	1.5 | • 세부항목 - 점형블록 | 구분	점형블록	평가항목 점수
---	---	---
최우수	핸드레일이나 출입구 벽면에 점자안내표시 설치	1.5
우 수	우수의 조건을 만족하며, 시각장애인이 감지할 수 있도록 바닥재의 질감으로 달리함	1.2
일 반	화장실 0.3m 전면에 점형블록 설치	1.0	

■ 평가 참고자료 및 제출서류

참고자료	- 교통약자의 이동편의증진법 시행규칙 별표1 제2호 - 일본 동경도 복지마을 만들기 조례 - 독일 편의증진 관련법규(DIN 18024 Teil 2) - 스위스 편의증진 관련법규(Norm SN 521 500)
제출서류	예비인증	- 화장실 층별 평면도 - 화장실 층별 단면도 - 바닥 마감 계획 상세도 ※ 위 제출서류 중 평가항목의 조건을 만족하는 서류제출
	본인증	- 예비인증시와 동일

〈 4. 여객시설 인증지표 및 기준 〉

장애물 없는 생활환경 인증기준 - 여객시설

평가부문	3	위생시설
평가범주	3.2	화장실의 접근
평가항목	3.2.2	바닥 마감

■ 세부평가기준

평가목적	화장실 접근로의 마감 상태를 평가하여 장애인 및 노약자 등 다양한 사용자가 미끄러지거나 걸려 넘어지지 않고 안전하게 화장실로 접근이 가능하도록 함
평가방법	화장실 바닥 마감의 평탄함 및 미끄러지는 정도 평가
배점	2점 (평가항목)

산출기준	평점 = 화장실 바닥 마감의 평가등급에 해당하는 평가항목 점수로 평가

구분	바닥 마감	평가항목 점수
최우수	우수의 조건을 만족하며, 충격을 흡수할 수 있는 재료로 마감	2.0
우 수	일반의 조건을 만족하며, 걸려 넘어질 염려가 없음	1.6
일 반	물이 묻어도 미끄럽지 않음	1.4

■ 평가 참고자료 및 제출서류

참고자료	- 교통약자의 이동편의증진법 시행규칙 별표1 제2호 - 일본 동경도 복지마을 만들기 조례 - 독일 편의증진 관련법규(DIN 18024 Teil 2) - 스위스 편의증진 관련법규(Norm SN 521 500)
제출서류	예비인증	- 화장실 층별 평면도 - 화장실 층별 단면도 - 바닥 마감 계획 상세도 ※ 위 제출서류 중 평가항목의 조건을 만족하는 서류제출
	본인증	- 예비인증시와 동일

장애물 없는 생활환경 인증기준 - 여객시설

평가부문	3	위생시설
평가범주	3.2	화장실의 접근
평가항목	3.2.3	출입구(문)

■ 세부평가기준

평가목적	화장실의 출입구(문)를 평가하여 장애인 등 다양한 사용자가 화장실로 접근하는데 불편함이 없도록 적절한 형태의 출입구 및 적절한 폭을 확보하여 설치하도록 함
평가방법	출입구(문)의 형태 및 유효폭의 휠체어 접근 가능성 평가
배점	3점 (평가항목)

산출기준	평점 = 화장실의 출입구(문) 평가등급에 해당하는 평가항목 점수로 평가

구분	출입구(문)	평가항목 점수
최우수	우수의 조건을 만족하며, 출입구(문) 유효폭 1.2m이상 확보	3.0
우 수	일반의 조건을 만족하며, 출입구(문) 유효폭 1.0m이상 확보	2.4
일 반	유효폭 0.8m이상의 여닫이, 미닫이 등의 출입문 형태	2.1

- 화장실의 출입문의 유효폭은 문틀 내부 폭에서 경첩의 내민 거리와 문의두께를 뺀 나머지 폭으로 측정함
- 출입문을 안여닫이로 설치하는 경우는 휠체어의 활동에 지장을 주기 때문에 삼가야 함
- 화장실의 출입구가 없는 경우 화장실 출입구 형태는 자동문을 설치한 것과 동일하게 평가하고, 유효폭만으로 평가등급을 부여함

■ 평가 참고자료 및 제출서류

참고자료	- 교통약자의 이동편의증진법 시행규칙 별표1 제2호 - 일본 동경도 복지마을 만들기 조례 - 독일 편의증진 관련법규(DIN 18024 Teil 2) - 스위스 편의증진 관련법규(Norm SN 521 500)
제출서류	예비인증	- 화장실 층별 평면도 - 화장실 층별 단면도 - 화장실 출입문 입면도 및 상세도 - 화장실 출입문 점자표지판 및 점형블록 설치 상세도 ※ 위 제출서류 중 평가항목의 조건을 만족하는 서류제출
	본인증	- 예비인증시와 동일

장애물 없는 생활환경 인증기준 - 여객시설

평가부문	3	위생시설
평가범주	3.3	대변기
평가항목	3.3.1	칸막이 출입문

■ 세부평가기준

평가목적	대변기의 칸막이 출입문을 평가하여 대변기 칸막이 출입문이 장애인 등 다양한 사용자가 대변기로 접근하는데 불편함이 없도록 적절한 형태 및 유효폭을 확보하도록 함
평가방법	칸막이의 출입문 유효폭의 휠체어 접근 가능 정도 및 출입문의 형태로 평가 칸막이에 사용여부 시각설비 설치와 손잡이 및 잠금장치 형태로 평가
배점	2점 (평가항목)

산출기준	평점 = 대변기의 칸막이 출입문 평가등급에 해당하는 평가항목 점수로 평가

- 세부항목 - 유효폭

구분	유효폭	평가항목 점수
최우수	유효폭 1.0m이상	0.5
우 수	유효폭 0.9m이상	0.4
일 반	유효폭 0.8m이상	0.3

- 세부항목 - 형태

구분	형 태	평가항목 점수
최우수	자동문	0.5
우 수	내부공간이 확보된 밖여닫이 또는 미닫이 형태	0.4

- 세부항목 - 사용여부 설비

구분	사용여부	평가항목 점수
최우수	불이 켜지는 문자 시각설비 설치	0.5
우 수	색상과 문자로 사용여부 알 수 있음	0.4
일 반	색상으로 사용 여부를 알 수 있음	0.3

- 세부항목 - 잠금장치

구분	잠금장치	평가항목 점수
최우수	누구나 사용이 편리한 형태의 잠금장치 설치	0.5
우 수	잠금장치 설치함	0.4

- 화장실 사용여부 설비는 장애인등의 이용이 가능한 화장실 칸막이 뿐 아니라 일반 칸막이에도 모두 설치하여야 함
- 대변기 칸막이의 유효폭은 문틀 내부 폭에서 경첩의 내민 거리와 문의두께를 뺀 나머지 폭을 측정함

■ 평가 참고자료 및 제출서류

참고자료	- 교통약자의 이동편의증진법 시행규칙 별표1 제2호 - 일본 동경도 복지마을 만들기 조례 - 독일 편의증진 관련법규(DIN 18024 Teil 2) - 스위스 편의증진 관련법규(Norm SN 521 500)
제출서류	예비인증	- 화장실 층별 평면도 - 화장실 층별 단면도 - 화장실 칸막이 입면도 ※ 위 제출서류 중 평가항목의 조건을 만족하는 서류제출
	본인증	- 예비인증시와 동일

장애물 없는 생활환경 인증기준 - 여객시설

평가부문	3	위생시설
평가범주	3.3	대변기
평가항목	3.3.2	활동공간

■ 세부평가기준

평가목적	대변기 내부의 활동공간을 평가하여 장애인 등 다양한 사용자가 이용하는데 불편함이 없도록 적절한 활동공간을 확보하도록 함
평가방법	대변기 내부 유효 바닥면의 크기로 평가
배점	2점 (평가항목)

산출기준	평점 = 대변기 칸막이의 활동공간 평가등급에 해당하는 평가항목 점수로 평가

구분	활동공간	평가항목 점수
최우수	우수의 조건을 만족하며, 대변기 유효바닥면적이 폭 2.0m이상, 깊이 2.1m이상이 되도록 설치	2.0
우 수	일반의 조건을 만족하며, 대변기 전면 활동공간 1.4m×1.4m이상 확보	1.6
일 반	대변기 유효바닥면적이 폭 1.4m이상, 깊이 1.8m이상이 되도록 설치하여야 하며, 대변기 측면 활동공간 0.75m 이상 확보	1.4

- 대변기의 칸막이 유효바닥면적 1.4m, 깊이 1.8m는 휠체어사용자가 대변기에 전면으로 접근하여 대변기를 사용할 때 필요한 최소공간을 상정한 것이며, 출입문의 통과 유효폭 0.8m는 휠체어가 통과할 수 있는 최소폭임
- 장애인등의 이용이 가능한 화장실 칸막이로 설치된 칸막이의 활동공간으로 평가함

■ 평가 참고자료 및 제출서류

참고자료	- 교통약자의 이동편의증진법 시행규칙 별표1 제2호 - 일본 동경도 복지마을 만들기 조례 - 독일 편의증진 관련법규(DIN 18024 Teil 2) - 스위스 편의증진 관련법규(Norm SN 521 500)
제출서류	예비인증	- 화장실 층별 평면도 - 화장실 층별 단면도 - 대변기 칸막이 상세도 - 바닥 마감 계획 상세도 ※ 위 제출서류 중 평가항목의 조건을 만족하는 서류제출
	본인증	- 예비인증시와 동일

〈 4. 여객시설 인증지표 및 기준 〉

장애물 없는 생활환경 인증기준 - 여객시설

평가부문	3	위생시설
평가범주	3.3	대변기
평가항목	3.3.3	형태

■ 세부평가기준

평가목적	대변기의 형태 및 설치 높이를 평가하여 장애인 등 다양한 사용자가 이용하는데 불편함이 없도록 적절한 형태 및 높이로 설치되도록 함
평가방법	대변기의 형태 및 설치 높이로 평가
배 점	2점 (평가항목)

산출기준	• 평점 = 대변기 형태의 평가등급에 해당하는 평가항목 점수로 평가

구분	형태	평가항목 점수
최우수	우수의 조건을 만족하며, 비데설치	2.0
우수	일반의 조건을 만족하며, 대변기는 벽걸이형으로 설치	1.6
일반	대변기는 양변기로 설치하고, 좌대의 높이는 바닥면으로부터 0.4m~0.45m로 설치	1.4

- 대변기 전면에 활동공간이 1.4m×1.4m이상 확보 될 경우 우수의 벽걸이형과 동일하게 평가함
- 대변기 전면에 활동공간이 확보되지 않을 경우 반드시 벽걸이형으로 설치함

■ 평가 참고자료 및 제출서류

참고자료	- 교통약자의 이동편의증진법 시행규칙 별표1 제2호 - 일본 동경도 복지마을 만들기 조례 - 독일 편의증진 관련법규(DIN 18024 Teil 2) - 스위스 편의증진 관련법규(Norm SN 521 500)
제출서류 (예비인증)	- 화장실 층별 평면도 - 화장실 층별 단면도 - 대변기 상세도 - 바닥 마감 계획 상세도 ※ 위 제출서류 중 평가항목의 조건을 만족하는 서류제출
본인증	- 예비인증시와 동일

- 332 -

장애물 없는 생활환경 인증기준 - 여객시설

평가부문	3	위생시설
평가범주	3.3	대변기
평가항목	3.3.4	손잡이

■ 세부평가기준

평가목적	대변기 손잡이를 평가하여 장애인 등 다양한 사용자가 대변기를 이용하는데 불편함이 없도록 적절한 재질과 굵기의 손잡이가 적절한 높이에 설치되도록 함
평가방법	대변기 수평 및 수직손잡이 재질과 굵기, 설치 높이로 평가
배 점	2점 (평가항목)

산출기준	• 평점 = 대변기 손잡이의 평가등급에 해당하는 평가항목 점수로 평가

구분	손잡이	평가항목 점수
최우수	우수의 조건을 만족하며, 손잡이는 차갑거나 미끄럽지 않는 재질의 손잡이 설치	2.0
우수	대변기 양옆에 수평손잡이는 높이 0.6m~0.7m위치에 설치 변기중심에서 0.4m이내의 지점에 고정하여 설치하며 다른 쪽 손잡이는 0.6m 내외의 길이로 회전식으로 설치하여야 하며 손잡이간의 간격은 0.7m내외로 설치할 수 있음 수직손잡이는 수평손잡이와 연결하여 0.9m이상의 길이로 설치 손잡이 두께는 지름 3.2cm~3.8cm가 되도록 설치	1.6

■ 평가 참고자료 및 제출서류

참고자료	- 교통약자의 이동편의증진법 시행규칙 별표1 제2호 - 일본 동경도 복지마을 만들기 조례 - 독일 편의증진 관련법규(DIN 18024 Teil 2) - 스위스 편의증진 관련법규(Norm SN 521 500)
제출서류 (예비인증)	- 화장실 층별 평면도 - 화장실 층별 단면도 - 대변기 손잡이 상세도 ※ 위 제출서류 중 평가항목의 조건을 만족하는 서류제출
본인증	- 예비인증시와 동일

- 333 -

장애물 없는 생활환경 인증기준 - 여객시설

평가부문	3	위생시설
평가범주	3.3	대변기
평가항목	3.3.5	기타설비

■ 세부평가기준

평가목적	대변기의 기타설비를 평가하여 장애인 등 다양한 사용자가 대변기 세정장치를 이용하는데 불편함이 없도록 적절한 형태의 세정장치가 설치되도록 함
평가방법	대변기의 기타설비 평가
배 점	2점 (평가항목)

산출기준	• 평점 = 대변기 기타설비의 평가등급에 해당하는 평가항목 점수로 평가

구분	기타설비	평가항목 점수
최우수	우수의 조건을 만족하며, 비상호출 별 및 등받이 설치	2.0
우수	광감지식 및 누름 버튼 세정장치 설치	1.6
일반	대변기에 앉은 상태에서 화장지걸이 등의 기타설비가 이용 가능하도록 설치 세정장치는 바닥 및 벽면 누름 버튼 장치 설치	1.4

- 조명스위치 및 화장지걸이는 바닥면에서 0.8m ~ 1.2m이내에 설치하여야 함
- 출입문을 자동문으로 설치할 경우 자동문버튼은 바닥면에서 0.8m ~ 0.9m 높이로 설치하여야 하며 코너로부터 0.4m 이상 이격하여 설치하여야 함

■ 평가 참고자료 및 제출서류

참고자료	- 교통약자의 이동편의증진법 시행규칙 별표1 제2호 - 일본 동경도 복지마을 만들기 조례 - 독일 편의증진 관련법규(DIN 18024 Teil 2) - 스위스 편의증진 관련법규(Norm SN 521 500)
제출서류 (예비인증)	- 화장실 층별 평면도 - 화장실 층별 단면도 - 대변기 세정장치 상세도 ※ 위 제출서류 중 평가항목의 조건을 만족하는 서류제출
본인증	- 예비인증시와 동일

- 334 -

장애물 없는 생활환경 인증기준 - 여객시설

평가부문	3	위생시설
평가범주	3.4	소변기
평가항목	3.4.1	소변기 형태 및 손잡이 설치

■ 세부평가기준

평가목적	소변기의 형태 및 손잡이를 평가하여 장애인 또는 노약자 등 지탱하는 힘이 부족한 다양한 사용자가 소변기를 이용하는데 불편함이 없도록 적절한 형태의 소변기와 손잡이가 설치되도록 함
평가방법	소변기의 형태 및 수평·수직손잡이 굵기, 설치 높이 평가
배 점	2점 (평가항목)

산출기준	• 평점 = 소변기의 평가등급에 해당하는 평가항목 점수로 평가

구분	소변기 형태 & 손잡이	평가항목 점수
최우수	우수의 조건을 만족하며, 손잡이의 재질이 차갑지 않은 손잡이 설치	2.0
우수	일반의 기준을 만족하며, 바닥부착형 소변기 설치	1.6
일반	수평손잡이는 높이 0.8m~0.9m, 길이는 벽면으로부터 0.55m내외로 설치 좌우손잡이 간격은 0.6m내외로 설치 수직손잡이는 높이 1.1m~1.2m, 돌출폭 벽면으로부터 0.25m내외, 하단부가 휠체어의 이동에 방해가 되지 않도록 설치 손잡이 두께는 지름 3.2cm~3.8cm가 되도록 설치	1.4

- 소변기의 양옆에 수평 및 수직손잡이를 설치하는 것은 보행 장애인을 배려한 것임
- 소변기를 바닥 부착형으로 설치하는 것은 어린이, 성인 등 다양한 사용자를 배려하는 것으로 최소한 1개는 바닥 부착형으로 설치하는 것이 바람직함

■ 평가 참고자료 및 제출서류

참고자료	- 교통약자의 이동편의증진법 시행규칙 별표1 제2호 - 일본 동경도 복지마을 만들기 조례 - 독일 편의증진 관련법규(DIN 18024 Teil 2) - 스위스 편의증진 관련법규(Norm SN 521 500)
제출서류 (예비인증)	- 화장실 층별 평면도 - 화장실 층별 단면도 - 소변기 상세도 - 소변기 손잡이 상세도 ※ 위 제출서류 중 평가항목의 조건을 만족하는 서류제출
본인증	- 예비인증시와 동일

- 335 -

< 4. 여객시설 인증지표 및 기준 >

[표 3.5.1]

장애물 없는 생활환경 인증기준 – 여객시설	
평가부문	3 위생시설
평가범주	3.5 세면대
평가항목	3.5.1 형태

■ 세부평가기준

평가목적	세면대 형태를 평가하여 장애인 등 다양한 사용자가 세면대를 이용하는데 불편함이 없도록 적절한 형태의 세면대가 설치되도록 함
평가방법	세면대의 형태 평가
배점	2점 (평가항목)

산출기준
- 평점 = 세면대 형태의 평가등급에 해당하는 평가항목 점수로 평가

구분	세면대 형태	평가항목 점수
최우수	우수의 조건을 만족하며, 대변기 칸막이 내부에 대변기 사용에 전혀 방해가 되지 않는 세면대 설치	2.0
우수	일반의 조건을 만족하며, 카운터형 혹은 단독형 세면대 설치	1.6
일반	세면대의 상단높이는 바닥면으로부터 0.85m 하단은 깊이 0.45m, 높이 0.65m이 확보	1.4

- 목발사용자 등 보행이 불편한 이용자를 위하여 세면대의 양옆에는 수평손잡이를 설치할 수 있으나, 이 경우 다른 사용자에게 불편을 초래할 가능성이 있으므로 모든 사람의 편의를 위해 가급적이면 카운터식 세면대를 설치하도록 함
- 카운터식 세면대는 상판이 평탄하고, 세면기 아래로 휠체어가 들어갈 수 있어야 하며 P-트랩, 전면 물 흐름 방지턱 등이 고려되어야 함

■ 평가 참고자료 및 제출서류

참고자료	- 교통약자의 이동편의증진법 시행규칙 별표1 제2호 - 일본 동경도 복지마을 만들기 조례 - 독일 편의증진 관련법규(DIN 18024 Teil 2) - 스위스 편의증진 관련법규(Norm SN 521 500)
제출서류 예비인증	- 화장실 층별 평면도 - 화장실 층별 단면도 - 세면대 상세도 ※ 위 제출서류 중 평가항목의 조건을 만족하는 서류제출
본인증	- 예비인증시와 동일

[표 3.5.2]

장애물 없는 생활환경 인증기준 – 여객시설	
평가부문	3 위생시설
평가범주	3.5 세면대
평가항목	3.5.2 거울

■ 세부평가기준

평가목적	세면대 거울을 평가하여 휠체어사용자 또는 어린이뿐만 아니라 다양한 사용자가 세면대 거울을 이용하는데 불편함이 없도록 적절한 형태의 세면대 거울을 설치하도록 함
평가방법	휠체어사용자의 세면대 거울 사용 가능 여부 평가
배점	2점 (평가항목)

산출기준
- 평점 = 세면대 거울의 평가등급에 해당하는 평가항목 점수로 평가

구분	거울	평가항목 점수
최우수	우수의 조건을 만족하며, 전면 거울 설치	2.0
우수	세로길이 0.65m이상, 하단높이가 바닥면으로부터 0.9m내외, 거울상단부분이 15°정도 앞으로 경사진 경사형 거울 설치	1.6

- 각도조절이 가능한 거울은 전면거울설치와 동일하게 평가함

■ 평가 참고자료 및 제출서류

참고자료	- 교통약자의 이동편의증진법 시행규칙 별표1 제2호 - 일본 동경도 복지마을 만들기 조례 - 독일 편의증진 관련법규(DIN 18024 Teil 2) - 스위스 편의증진 관련법규(Norm SN 521 500)
제출서류 예비인증	- 화장실 층별 평면도 - 화장실 층별 단면도 - 세면대 거울 설치상세도 ※ 위 제출서류 중 평가항목의 조건을 만족하는 서류제출
본인증	- 예비인증시와 동일

[표 3.5.3]

장애물 없는 생활환경 인증기준 – 여객시설	
평가부문	3 위생시설
평가범주	3.5 세면대
평가항목	3.5.3 수도꼭지

■ 세부평가기준

평가목적	세면대의 수도꼭지를 평가하여 장애인 등 다양한 사용자가 이용하는데 불편함이 없도록 적절한 형태의 수도꼭지가 설치되도록 함
평가방법	세면대 수도꼭지 형태 평가
배점	2점 (평가항목)

산출기준
- 평점 = 세면대의 수도꼭지 평가등급에 해당하는 평가항목 점수로 평가

구분	수도꼭지	평가항목 점수
최우수	광감지식 설치	2.0
우수	누름버튼식·레버식 등 사용하기 쉬운 형태로 설치하며, 냉·온수 점자표시	1.6

- 광감지식일 경우 적당한 수온이므로 냉·온수 점자표시를 설치한 최우수로 평가함

■ 평가 참고자료 및 제출서류

참고자료	- 교통약자의 이동편의증진법 시행규칙 별표1 제2호 - 일본 동경도 복지마을 만들기 조례 - 독일 편의증진 관련법규(DIN 18024 Teil 2) - 스위스 편의증진 관련법규(Norm SN 521 500)
제출서류 예비인증	- 화장실 층별 평면도 - 화장실 층별 단면도 - 세면대 수도꼭지 상세도 ※ 위 제출서류 중 평가항목의 조건을 만족하는 서류제출
본인증	- 예비인증시와 동일

[표 4.1.1]

장애물 없는 생활환경 인증기준 – 여객시설	
평가부문	4 안내시설
평가범주	4.1 점자블록
평가항목	4.1.1 설치 위치

■ 세부평가기준

평가목적	점자블록의 설치방법을 평가하여 시각장애인의 접근 및 이동에 도움을 줄 수 있도록 올바른 장소에 적절하게 설치하도록 함
평가방법	여객시설 내에 시각장애인에게 정보를 제공하거나, 위험을 경고할 장소의 점자블록 적정 설치 정도 평가
배점	5점 (평가항목)

산출기준
- 평점 = 점자블록의 설치방법 평가등급에 해당하는 평가항목 점수로 평가

구분	설치 위치	평가항목 점수
최우수	표준형 점자블록을 사용 또는 재질과 마감을 달리하여 명확한 색대비를 통해 점자블록 기능이상의 수준인 경우	5.0
우수	점자블록의 크기는 (0.3m×0.3m)로 하며, 색상은 황색이나 바닥재의 색상과 구별하기 쉬운색으로 하며, 재질은 반사되지 않고 미끄럽지 않은 재질을 사용	4.0

- 점형블록은 매표소 같이 정보제공이 필요한 장소 또는 위험을 경고할 장소의 0.3m전면과 선형블록이 시작·교차되는 굴절되는 지점에 설치함
- 선형블록은 유도방향에 따라 평행하게 연속하여 설치함
- 점자블록의 색상은 원칙적으로 황색을 사용하되, 상황에 따라 다른 바닥재의 색상과 구별하기 쉬운 것을 사용할 수 있음
- 장애인 종합안내서비스를 위한 별도의 장소를 설치하고 종합안내서비스를 실시하는 경우에는 당해 장소까지만 점자블록을 설치할 수 있음

■ 평가 참고자료 및 제출서류

참고자료	- 교통약자의 이동편의증진법 시행규칙 별표1 제2호 - 일본 동경도 복지마을 만들기 조례 - 독일 편의증진 관련법규(DIN 18024 Teil 2) - 스위스 편의증진 관련법규(Norm SN 521 500)
제출서류 예비인증	- 배치도(주출입구 까지의 점자블록 계획) - 바닥 마감 계획 상세도 - 점자블록 설치 계획도 ※ 위 제출서류 중 평가항목의 조건을 만족하는 서류제출
본인증	- 예비인증시와 동일

< 4. 여객시설 인증지표 및 기준 >

장애물 없는 생활환경 인증기준 - 여객시설

평가부문	4	안내시설
평가범주	4.2	안내설비
평가항목	4.2.1	안내판 설치

■ 세부평가기준

평가목적	안내판을 평가하여 장애인 등이 건축물 내부의 위치 및 실의 기능에 대한 적절한 정보를 제공 받을 수 있도록 하는 안내판을 설치하도록 함
평가방법	해당시설의 주요시설 위치 등에 대한 장애인 등이 쉽게 이용가능한 안내판 설치 여부 평가
배점	4점 (평가항목)

산출기준	• 평점 = 장애인등이 쉽게 이용가능한 안내판 설치의 평가등급에 해당하는 평가항목 점수로 평가

구분	안내판 설치	평가항목 점수
최우수	장애인 등이 쉽게 이용가능한 안내판에 촉지도식 안내판과 음성 안내 장치를 함께 설치	4.0
우수	장애인 등이 쉽게 이용가능한 안내판에 촉지도식 안내판을 함께 설치	3.2
일반	장애인 등이 쉽게 이용가능한 안내판 설치	2.8

- 장애인 등이 쉽게 이용가능한 안내판은 읽기 좋은 글자체(고딕체 또는 이와 유사한 글자체)로, 글자크기는 최소 0.15cm이상으로 하고, 바탕면과 명확히 대조되는 색상을 이용한 양각 글자체를 사용, 바닥면으로부터 1.0m~1.2m범위 안에 설치하고, 야간에도 식별할 수 있도록 조명을 설치하여야 함

■ 평가 참고자료 및 제출서류

참고자료	- 교통약자의 이동편의증진법 시행규칙 별표1 제2호 - 일본 동경도 복지마을 조례 - 독일 편의증진 관련법규(DIN 18024 Teil 2) - 스위스 편의증진 관련법규(Norm SN 521 500)
제출서류	예비인증	- 배치도(안내판 위치 및 시각장애인 음성안내시설 표기) - 촉지도식 안내판 상세도 ※ 위 제출서류 중 평가항목의 조건을 만족하는 서류제출
	본인증	- 예비인증시와 동일

장애물 없는 생활환경 인증기준 - 여객시설

평가부문	4	안내시설
평가범주	4.2	안내설비
평가항목	4.2.2	시각장애인 안내설비

■ 세부평가기준

평가목적	음성안내장치, 점자블록을 평가하여 시각장애인에게 건축물의 주요시설 위치 등에 대한 정보의 음성제공 장치 설치와 접근 및 이동에 도움을 줄 수 있는 적절한 형태의 점자블록을 연속적으로 설치하도록 함
평가방법	해당시설의 주요시설 위치 등에 대한 안내장치의 설치 여부 및 대지경계선으로부터 주출입구까지 시각장애인용 점자블록의 연속적인 설치 정도 평가
배점	3점 (평가항목)

산출기준	• 평점 = 시각장애인 안내설비 평가등급에 해당하는 평가항목 점수로 평가

구분	시각장애인 안내설비	평가항목 점수
최우수	우수의 조건을 만족하며, 대지경계선에 접근시 시각장애인이 소지한 리모콘에 의해 작동되는 음성안내장치 설치	3.0
우수	재질과 마감을 달리하고, 색 대비를 통해 점자블록의 기능을 확보	2.4
일반	점자블록을 연속 설치	2.1

- 점형블록은 위험한 장소의 0.3m전면과, 선형블록이 시작·교차·굴절되는 지점에 설치되었는지 평가
- 선형블록은 주출입구접근로의 유도방향에 따라 평행하게 연속해서 설치되었는지 평가
- 음성안내장치는 소리 증폭이 385.0(dB)로 제작되어야 시각장애인이 쉽게 인지할 수 있음

■ 평가 참고자료 및 제출서류

참고자료	- 교통약자의 이동편의증진법 시행규칙 별표1 제2호 - 장애인·노인·임산부 등의 편의증진보장에 관한 법률 시행규칙 별표1 제17호 - 장애인·노인·임산부 등의 편의증진보장에 관한 법률 시행령 별표2 3호 - 일본 동경도 복지마을 만들기 조례 - 독일 편의증진 관련법규(DIN 18024 Teil 2) - 스위스 편의증진 관련법규(Norm SN 521 500)
제출서류	예비인증	- 배치도(주출입구 까지의 점자블록 계획) - 바닥 마감 계획 상세도 - 점자블록 설치 계획도 ※ 위 제출서류 중 평가항목의 조건을 만족하는 서류제출
	본인증	- 예비인증시와 동일

장애물 없는 생활환경 인증기준 - 여객시설

평가부문	4	안내시설
평가범주	4.2	안내설비
평가항목	4.2.3	청각장애인 안내설비

■ 세부평가기준

평가목적	청각장애인 안내설비를 평가하여 청각장애인에게 건축물의 주요시설 위치 등에 대한 정보를 제공할 수 있도록 함
평가방법	해당시설의 주요시설 위치 등에 대한 안내표시 설치의 적정성 여부 평가
배점	3점 (평가항목)

산출기준	• 평점 = 청각장애인 안내설비 평가등급에 해당하는 평가항목 점수로 평가

구분	청각장애인 안내설비	평가항목 점수
최우수	우수의 조건을 만족하며, 그림을 병용하여 표시	3.0
우수	일반의 조건을 만족하며, 외국어를 병용하여 표시	2.4
일반	안내표시를 읽기 좋은 글자체(고딕체 또는 이와 유사한 글자체)를 사용하였으며, 주변과 명확히 대조되는 색상을 이용하여 문자 표시	2.1

■ 평가 참고자료 및 제출서류

참고자료	- 일본 동경도 복지마을 만들기 조례 - 독일 편의증진 관련법규(DIN 18024 Teil 2) - 스위스 편의증진 관련법규(Norm SN 521 500)
제출서류	예비인증	- 배치도(안내판 위치 및 시각장애인 음성안내시설 표기) ※ 위 제출서류 중 평가항목의 조건을 만족하는 서류제출
	본인증	- 예비인증시와 동일

장애물 없는 생활환경 인증기준 - 여객시설

평가부문	4	안내시설
평가범주	4.3	경보 및 피난설비
평가항목	4.3.1	시각·청각장애인 경보 및 피난설비

■ 세부평가기준

평가목적	경보 및 피난설비의 시각·청각장애인 설비를 평가하여 비상시 시각·청각장애인이 대피할 수 있도록 비상벨 또는 음성안내 등의 청각경보시스템 및 경광등 또는 문자안내 등의 시각경보시스템이 연속적으로 설치되도록 함
평가방법	시각·청각장애인을 위한 경보·피난설비의 연속적인 설치 여부 평가
배점	5점 (평가항목)

산출기준	• 평점 = 시각·청각장애인 경보 및 피난설비의 평가등급에 해당하는 평가항목 점수로 평가

구분	시각·청각장애인 경보 및 피난 설비	평가항목 점수
최우수	시각장애인 대피용 청각경보시스템으로 비상벨 및 음성안내 시스템 연속적으로 설치 청각장애인 대피용 시각경보시스템(경광등)과 조명이 포함된 문자안내설비를 연속적으로 설치	5.0
우수	시각장애인 대피용 청각경보시스템(비상벨) 연속적으로 설치 청각장애인 대피용 시각경보시스템(경광등)을 연속적으로 설치	4.0

- 시각경보기(경광등)는 남·여 화장실 내부(장애인화장실 포함)에 반드시 설치하여야 함

■ 평가 참고자료 및 제출서류

참고자료	- 교통약자의 이동편의증진법 시행규칙 별표1 제2호 - 장애인·노인·임산부 등의 편의증진보장에 관한 법률 시행규칙 별표1 제18호 - 일본 동경도 복지마을 만들기 조례 - 독일 편의증진 관련법규(DIN 18024 Teil 2) - 스위스 편의증진 관련법규(Norm SN 521 500)
제출서류	예비인증	- 각 층별 경보 및 피난 계획 - 청각장애인 경보 및 피난 설비 계획 상세도 ※ 위 제출서류 중 평가항목의 조건을 만족하는 서류제출
	본인증	- 예비인증시와 동일

〈 4. 여객시설 인증지표 및 기준 〉

장애물 없는 생활환경 인증기준 - 여객시설

평가부문	4	안내시설
평가범주	4.4	접수대 및 안내소 이와 유사한 기능을 가지는 설비
평가항목	4.4.1	설치장소

■ 세부평가기준

평가목적	접수대 및 안내소의 설치장소를 평가하여 장애인 및 노약자 등 다양한 사용자가 접수대로 접근하여 이용하는데 불편함이 없도록 출입문 가까운 곳에 단차 없이 접근 가능하도록 함
평가방법	접수대 및 안내소의 접근 통로의 단차와 지지난간 설치 여부 평가
배 점	2점 (평가항목)

산출기준	・평점 = 접수대 및 안내소의 설치장소 평가등급에 해당하는 평가항목 점수로 평가

구분	설치장소	평가항목 점수
최우수	우수의 조건을 만족하며, 기립자세에서 사용할 수 있는 카운터 등에 몸을 지지할 수 있는 난간 또는 의자를 설치	2.0
우 수	접수대는 출입구 옆에 설치, 접근로상 단차 없음	1.6
일 반	접수대는 출입구에서 보이는 곳에 설치, 접근로상 단차 없음	1.4

- 접수대 및 안내데스크가 설치되지 않은 시설의 경우 이와 유사한 기능(관리실 등)을 평가대상으로 함

■ 평가 참고자료 및 제출서류

참고자료	- 장애인·노인·임산부 등의 편의증진보장에 관한 법률 시행규칙 별표1 제21호 - 일본 동경도 복지마을 만들기 조례 - 독일 편의증진 관련법규(DIN 18024 Teil 2) - 스위스 편의증진 관련법규(Norm SN 521 500)
제출서류	예비인증	- 배치도(접수대 위치표기) - 접수대 상세도 ※ 위 제출서류 중 평가항목의 조건을 만족하는 서류제출
	본인증	- 예비인증시와 동일

장애물 없는 생활환경 인증기준 - 여객시설

평가부문	4	안내시설
평가범주	4.4	접수대 및 안내소 이와 유사한 기능을 가지는 설비
평가항목	4.4.2	설치 높이 및 하부공간

■ 세부평가기준

평가목적	접수대의 하부공간을 평가하여 휠체어사용자가 접수대를 이용하는데 불편함이 없도록 적절한 높이 및 하부공간을 확보하도록 함
평가방법	접수대 설치 높이와 하부공간 확보 정도 평가
배 점	2점 (평가항목)

산출기준	・평점 = 접수대의 설치 높이 및 하부공간 평가등급에 해당하는 평가항목 점수로 평가

구분	설치 높이 및 하부공간	평가항목 점수
최우수	우수의 조건을 만족하며, 높이가 자유롭게 조정 가능한 형태나 서서 이용하는 사용자 및 휠체어사용자를 고려한 접수대 등을 모두 설치	2.0
우 수	일반의 조건을 만족하며, 짐을 내려놓을 수 있는 의자 및 지팡이 세우는 곳을 설치	1.6
일 반	높이 0.8~0.9m, 하부 높이 0.65m이상, 깊이 0.45m이상 공간 확보	1.4

- 접수대 및 안내데스크가 설치되지 않은 시설의 경우 이와 유사한 기능(관리실 등)을 평가대상으로 함

■ 평가 참고자료 및 제출서류

참고자료	- 장애인·노인·임산부 등의 편의증진보장에 관한 법률 시행규칙 별표1 제21호 - 일본 동경도 복지마을 만들기 조례 - 독일 편의증진 관련법규(DIN 18024 Teil 2) - 스위스 편의증진 관련법규(Norm SN 521 500)
제출서류	예비인증	- 배치도(접수대 위치표기) - 접수대 상세도 ※ 위 제출서류 중 평가항목의 조건을 만족하는 서류제출
	본인증	- 예비인증시와 동일

장애물 없는 생활환경 인증기준 - 여객시설

평가부문	5	기타시설
평가범주	5.1	매표소 및 판매기
평가항목	5.1.1	매표소

■ 세부평가기준

평가목적	휠체어사용자가 사용하는데 편리한 매표소 높이와 하부공간을 확보하도록 함
평가방법	매표소 높이와 하부공간 확보 정도 평가
배 점	2점 (평가항목)

산출기준	・평점 = 매표소의 설치 높이 및 하부공간 평가등급에 해당하는 평가항목 점수로 평가

구분	매표소	평가항목 점수
최우수	우수의 조건을 만족하며, 매표소의 위치정보를 안내함	2.0
우 수	일반의 조건을 만족하며, 매표소 전면에 점형블록 설치	1.6
일 반	높이 0.7m~0.9m, 하부 높이 0.65m이상, 깊이 0.45m이상 공간 확보	1.4

- 매표소는 휠체어를 탄 채 접근할 수 있는 활동공간을 확보하여야 함
- 매표소의 0.3m 전면(前面)에는 점형블록을 설치하거나 시각장애인이 감지할 수 있도록 바닥재의 질감 등을 달리하여야 함

■ 평가 참고자료 및 제출서류

참고자료	- 교통약자의 이동편의증진법 시행규칙 별표1 제2호 - 일본 동경도 복지마을 만들기 조례 - 독일 편의증진 관련법규(DIN 18024 Teil 2) - 스위스 편의증진 관련법규(Norm SN 521 500)
제출서류	예비인증	- 배치도(매표소 위치표기) - 매표소 상세도 ※ 위 제출서류 중 평가항목의 조건을 만족하는 서류제출
	본인증	- 예비인증시와 동일

장애물 없는 생활환경 인증기준 - 여객시설

평가부문	5	기타시설
평가범주	5.1	매표소 및 판매기
평가항목	5.1.2	자동판매기 및 자동발매기

■ 세부평가기준

평가목적	자동판매기 및 자동발매기의 동전투입구, 조작버튼, 상품출구 등의 이용가능 정도 및 시각장애인을 위해 점자를 표기함
평가방법	동전투입구, 조작버튼, 상품출구 등의 이용가능 정도 평가
배 점	2점 (평가항목)

산출기준	・평점 = 자동판매기 및 자동발매기의 평가등급에 해당하는 평가항목 점수로 평가

구분	자동판매기 및 자동발매기	평가항목 점수
최우수	우수의 조건을 만족하며, 색상과 질감을 달리한 점형블록의 기능 확보	2.0
우 수	일반의 조건을 만족하며, 자동판매기 및 자동발매기 전면에 점형블록 설치	1.6
일 반	조작버튼 높이는 0.4m~1.2m이내에 설치, 점자표시 된 누름버튼식 형태	1.4

- 자동판매기 및 자동발매기의 조작버튼에는 품목·금액 및 행선지 등을 점자로 표시해야 함

■ 평가 참고자료 및 제출서류

참고자료	- 교통약자의 이동편의증진법 시행규칙 별표1 제2호 - 일본 동경도 복지마을 만들기 조례 - 독일 편의증진 관련법규(DIN 18024 Teil 2) - 스위스 편의증진 관련법규(Norm SN 521 500)
제출서류	예비인증	- 배치도(자동판매기 및 자동발매기 표기) - 자동판매기 및 자동발매기 상세도 ※ 위 제출서류 중 평가항목의 조건을 만족하는 서류제출
	본인증	- 예비인증시와 동일

〈 4. 여객시설 인증지표 및 기준 〉

장애물 없는 생활환경 인증기준 - 여객시설

평가부문	5	기타시설
평가범주	5.2	개찰구
평가항목	5.2.1	통과 가능한 별도의 개찰구

■ 세부평가기준

평가목적	자동개찰구인 경우 장애인 등이 이용 가능한 위치에 설치함
평가방법	일반자동개찰구와 분리된 별도의 개찰구의 설치 여부 평가
배 점	3점 (평가항목)

산출기준	• 평점 = 장애유형별 통과 가능한 별도의 개찰구 평가등급에 해당하는 평가항목 점수로 평가

구분	통과 가능한 별도의 개찰구	평가항목 점수
최우수	우수의 조건을 만족하며, 시각장애인 유도 표시는 휠체어사용자의 개찰구와 분리 설치	3.0
우 수	일반의 조건을 만족하며, 역무원을 호출할 수 있는 호출벨이 별도로 설치	2.4
일 반	일반자동개찰구 이외에 휠체어가 통과 가능한 자동개찰구가 별도로 설치	2.1

- 개찰구의 1개 이상은 자동개폐식으로 함
- 자동개찰구인 경우 어린이, 고령자, 임산부, 휠체어사용자 등의 이용이 어려운 경우가 많으므로 역무원이 가까운 쪽에 휠체어가 통과 가능한 개찰구를 별도로 배치함
- 시각장애인 유도표시는 휠체어사용자의 개찰구와 분리하여 승강장 탑승구까지 연속되도록 설치하여야 함
- 통행량이 많은 주 보행동선과 교차하지 않도록 시각장애인 유도로를 설치함

■ 평가 참고자료 및 제출서류

참고자료	- 교통약자의 이동편의증진법 시행규칙 별표1 제2호 - 일본 동경도 복지마을 만들기 조례 - 독일 편의증진 관련법규(DIN 18024 Teil 2) - 스위스 편의증진 관련법규(Norm SN 521 500)
제출서류	예비인증	- 배치도(개찰구 위치 표기) - 개찰구 상세도 ※ 위 제출서류 중 평가항목의 조건을 만족하는 서류제출
	본인증	- 예비인증시와 동일

장애물 없는 생활환경 인증기준 - 여객시설

평가부문	5	기타시설
평가범주	5.2	개찰구
평가항목	5.2.2	통과 유효폭

■ 세부평가기준

평가목적	휠체어 사용자가 이용 가능하도록 개찰구의 유효폭을 휠체어가 통과 가능하도록 확보함
평가방법	휠체어 통과 가능한 유효폭 평가
배 점	3점 (평가목)

산출기준	• 평점 = 휠체어가 통과 가능한 개찰구의 유효폭 평가등급에 해당하는 평가항목 점수로 평가

구분	통과 유효폭	평가항목 점수
최우수	휠체어사용자가 통과 가능하도록 개찰구의 유효폭 1.2m이상 확보	3.0
우 수	휠체어사용자가 통과 가능하도록 개찰구의 유효폭 1.0m이상 확보	2.4
일 반	휠체어사용자가 통과 가능하도록 개찰구의 유효폭 0.8m이상 확보	2.1

■ 평가 참고자료 및 제출서류

참고자료	- 교통약자의 이동편의증진법 시행규칙 별표1 제2호 - 일본 동경도 복지마을 만들기 조례 - 독일 편의증진 관련법규(DIN 18024 Teil 2) - 스위스 편의증진 관련법규(Norm SN 521 500)
제출서류	예비인증	- 배치도(개찰구 위치 표기) - 개찰구 상세도 ※ 위 제출서류 중 평가항목의 조건을 만족하는 서류제출
	본인증	- 예비인증시와 동일

장애물 없는 생활환경 인증기준 - 여객시설

평가부문	5	기타시설
평가범주	5.3	승강장
평가항목	5.3.1	기울기

■ 세부평가기준

평가목적	승강장은 휠체어사용자, 노인, 어린이, 임산부 등이 이용하는데 어려움이 없도록 완만해야 함
평가방법	완만한 승강장 바닥 기울기 정도 평가
배 점	2점 (평가항목)

산출기준	• 평점 = 완만한 승강장 바닥 기울기 평가등급에 해당하는 평가항목 점수로 평가

구분	승강장 기울기	평가항목 점수
최우수	승강장 바닥 기울기 1/100(1%/0.57°)이하, 바닥은 미끄럽지 않는 재질로 마감, 상시 안내서비스가 제공	2.0
우 수	승강장 바닥 기울기 1/100(1%/0.57°)이하, 바닥은 미끄럽지 않는 재질로 마감	1.6
일 반	승강장 바닥 기울기 1/100(1%/0.57°)이하	1.4

- 승강장에서 이동편의시설 설치요점은 최대한 안전한 승·하차가 이루어지도록 하는 것임

■ 평가 참고자료 및 제출서류

참고자료	- 교통약자의 이동편의증진법 시행규칙 별표1 제2호 - 일본 동경도 복지마을 만들기 조례 - 독일 편의증진 관련법규(DIN 18024 Teil 2) - 스위스 편의증진 관련법규(Norm SN 521 500)
제출서류	예비인증	- 승강장 평면 및 배치도 - 바닥 마감 계획 상세도 ※ 위 제출서류 중 평가항목의 조건을 만족하는 서류제출
	본인증	- 예비인증시와 동일

장애물 없는 생활환경 인증기준 - 여객시설

평가부문	5	기타시설
평가범주	5.3	승강장
평가항목	5.3.2	바닥 마감

■ 세부평가기준

평가목적	승강장 바닥은 휠체어사용자, 노인, 어린이, 임산부 등이 이용하는데 어려움이 없도록 미끄럽지 않은 바닥 재질 및 평탄해야 함
평가방법	미끄럽지 않는 바닥 재질 및 마감의 평탄한 정도에 따른 평가
배 점	2점 (평가항목)

산출기준	• 평점 = 미끄럽지 않은 바닥 재질 및 마감의 평탄한 정도를 평가등급에 해당하는 평가항목 점수로 평가

구분	바닥 마감	평가항목 점수
최우수	우수의 조건을 만족하며, 충격을 흡수하고 울림이 적은 재료 사용	2.0
우 수	일반의 조건을 만족하며, 색상 및 재질 변화로 유도	1.6
일 반	미끄럽지 않으며, 걸려 넘어질 염려 없음	1.4

- 바닥표면은 미끄러지지 않은 재질로 평탄하게 마감하여야 함

■ 평가 참고자료 및 제출서류

참고자료	- 교통약자의 이동편의증진법 시행규칙 별표1 제2호 - 일본 동경도 복지마을 만들기 조례 - 독일 편의증진 관련법규(DIN 18024 Teil 2) - 스위스 편의증진 관련법규(Norm SN 521 500)
제출서류	예비인증	- 승강장 평면 및 배치도 - 바닥 마감 계획 상세도 ※ 위 제출서류 중 평가항목의 조건을 만족하는 서류제출
	본인증	- 예비인증시와 동일

〈 4. 여객시설 인증지표 및 기준 〉

장애물 없는 생활환경 인증기준 - 여객시설		
평가부문	5	기타시설
평가범주	5.3	승강장
평가항목	5.3.3	점형블록

■ 세부평가기준

평가목적	승강장에서 시각장애인 및 노인 등 시력에 어려움을 겪는 사용자들의 안전을 위하여 승강장의 가장자리에 점형블록을 설치하여 추락 및 사고를 예방함
평가방법	승강장의 가장자리에 위험방지용 점형블록 설치유무 평가
배 점	2점 (평가항목)
산출기준	• 평점 = 점형블록 평가등급에 해당하는 평가항목 점수로 평가

구분	점형블록	평가항목 점수
최우수	일반의 조건을 만족하며, 추락방지용 난간 설치 및 음성안내 장치 설치	2.0
우수	일반의 조건을 만족하며, 추락방지용 난간 설치	1.6
일반	승강장의 가장자리로부터 0.3m~0.9m안에는 위험방지를 위하여 점형블록 설치	1.4

- 승강장은 교통수단의 접근이므로 안전이 최우선으로 고려되어야 함
- 이동과 승차가 원활히 이루어지도록 고려되어야 하며, 스크린도어 등 추락방지에 대한 고려가 우선되어야 함
- 스크린도어가 설치되어 있는 경우 최우수등급으로 평가함

■ 평가 참고자료 및 제출서류

참고자료	- 교통약자의 이동편의증진법 시행규칙 별표1 제2호 - 일본 동경도 복지마을 만들기 조례 - 독일 편의증진 관련법규(DIN 18024 Teil 2) - 스위스 편의증진 관련법규(Norm SN 521 500)
제출서류	예비인증	- 배치도 - 바닥 마감 계획 상세도 - 승강장 경고블록 설치 상세도 - 승강장 추락방지용 난간 상세도 ※ 위 제출서류 중 평가항목의 조건을 만족하는 서류제출
	본인증	- 예비인증시와 동일

- 352 -

장애물 없는 생활환경 인증기준 - 여객시설		
평가부문	5	기타시설
평가범주	5.3	승강장
평가항목	5.3.4	승강장과 차량간격

■ 세부평가기준

평가목적	승강장에서 차량으로의 접근이 가능하도록 승강장과 차량간격을 유지하거나 어려울 경우 승·하차를 도울 수 있는 설비를 갖추어야 함
평가방법	누구나가 이용 가능하도록 승강장과 차량간격을 유지하거나 어려울 경우 승·하차를 도울 수 있는 설비를 갖추고 있는 지를 평가
배 점	2점 (평가항목)
산출기준	• 평점 = 승강장과 차량간격 평가등급에 해당하는 평가항목 점수로 평가

구분	승강장과 차량간격	평가항목 점수
최우수	일반의 조건을 만족하며, 승강장이 곡선인 경우는 가장 간격이 좁은 곳에 장애인용 승강장 설치 및 휠체어사용자의 원활한 승·하차를 도울 수 있는 승강설비를 갖춤	2.0
우수	일반의 조건을 만족하며, 승강장이 곡선인 경우는 가장 간격이 좁은 곳에 장애인용 승강장 설치	1.6
일반	장애인용 승강장과 차량의 간격은 5cm내외	1.4

- 장애인용 승강장과 차량의 간격은 5cm이내로 하여야 하며, 흠이 곡선인 경우에는 가장 간격이 좁은 위치에 장애인용 승강장을 설치하여야 함(다만, 별도의 서비스가 상시적으로 제공되는 경우에는 그러하지 아니하며, 구조상의 이유로 간격이 넓은 경우에는 이에 대한 경고를 위한 설비를 갖추어야 함)
- 차량과 승강장 사이의 간격은 어린이 발목 등이 빠지거나 휠체어의 바퀴, 시각장애인의 흰지팡이 등이 틈에 끼지 않도록 안전발판 설치 등도 고려해야 함

■ 평가 참고자료 및 제출서류

참고자료	- 교통약자의 이동편의증진법 시행규칙 별표1 제2호 - 일본 동경도 복지마을 만들기 조례 - 독일 편의증진 관련법규(DIN 18024 Teil 2) - 스위스 편의증진 관련법규(Norm SN 521 500)
제출서류	예비인증	- 배치도 - 승강장 상세도 ※ 위 제출서류 중 평가항목의 조건을 만족하는 서류제출
	본인증	- 예비인증시와 동일

- 353 -

장애물 없는 생활환경 인증기준 - 여객시설		
평가부문	5	기타시설
평가범주	5.3	승강장
평가항목	5.3.5	스크린도어

■ 세부평가기준

평가목적	시각장애인 및 노인·어린이 등 추락의 위험이 있는 이용자를 위해 스크린도어를 설치함
평가방법	추락의 위험이 있는 시각장애인 및 노인·어린이 등을 위한 설비유무 평가
배 점	2점 (평가항목)
산출기준	• 평점 = 스크린도어 평가등급에 해당하는 평가항목 점수로 평가

구분	스크린도어	평가항목 점수
최우수	스크린도어 설치	2.0
우수	1.1m~1.5m이하의 추락방지용 난간이 설치되거나 또는 승강장의 차량접근을 경고하는 음성안내설비를 갖춤	1.6
일반	위험을 경고하는 점형블록 설치	1.4

- 승강장에는 스크린도어, 난간식 스크린도어 또는 안전펜스 등을 설치하여야 함

■ 평가 참고자료 및 제출서류

참고자료	- 교통약자의 이동편의증진법 시행규칙 별표1 제2호 - 일본 동경도 복지마을 만들기 조례 - 독일 편의증진 관련법규(DIN 18024 Teil 2) - 스위스 편의증진 관련법규(Norm SN 521 500)
제출서류	예비인증	- 배치도 - 승강장 상세도(스크린도어 설치) ※ 위 제출서류 중 평가항목의 조건을 만족하는 서류제출
	본인증	- 예비인증시와 동일

- 354 -

장애물 없는 생활환경 인증기준 - 여객시설		
평가부문	5	기타시설
평가범주	5.3	승강장
평가항목	5.3.6	휠체어사용자의 승차위치 표시

■ 세부평가기준

평가목적	차량 내부에 설치된 휠체어사용자를 위한 전용좌석으로 통하는 승강장에 휠체어사용자의 승차위치를 표기함
평가방법	차량에 휠체어사용자의 전용좌석을 안내하는 승차위치 안내판 설치유무 평가
배 점	2점 (평가항목)
산출기준	• 평점 = 휠체어사용자의 승차위치 표시 평가등급에 해당하는 평가항목 점수로 평가

휠체어사용자의 승차위치 표시	평가항목 점수
휠체어사용자의 전용좌석을 안내하는 안내판 설치	2.0

- 차량 안에 설치된 휠체어사용자를 위한 전용공간에 통하는 승강구와 접하는 승강장에는 휠체어사용자의 승차위치를 표시하여야 함

■ 평가 참고자료 및 제출서류

참고자료	- 교통약자의 이동편의증진법 시행규칙 별표1 제2호 - 일본 동경도 복지마을 만들기 조례 - 독일 편의증진 관련법규(DIN 18024 Teil 2) - 스위스 편의증진 관련법규(Norm SN 521 500)
제출서류	예비인증	- 승강장 배치도(휠체어사용자 승차위치 표기) ※ 위 제출서류 중 평가항목의 조건을 만족하는 서류제출
	본인증	- 예비인증시와 동일

- 355 -

〈 4. 여객시설 인증지표 및 기준 〉

장애물 없는 생활환경 인증기준 – 여객시설

평가부문	6 종합평가
평가범주	
평가항목	

■ 세부평가기준

평가목적	해당 시설의 여객시설 설치현황을 평가하여 장애인 및 노약자 등 다양한 사용자가 해당시설에 접근하여 이용하는데 불편함이 없도록 함
평가방법	여객시설 설치의 종합적 평가
배 점	5% (평가항목의 총점기준)
산출기준	• 평점 = 편의시설의 평가등급에 해당하는 평가항목 점수로 평가 <table><tr><th>구분</th><th>여객시설 평가</th><th>평가항목 점수</th></tr><tr><td>등급 구분 없음</td><td>※ 심사위원의 평가내용을 자필로 기입</td><td></td></tr></table>

■ 평가 참고자료 및 제출서류

참고자료	○ 가산항목 - 여성휴게실(모유수유실 등) 설치 - 다목적 화장실 설치 - 해당 없음 항목을 적합하게 설치 - 그 외 추가 시설을 설치한 경우 　· 시각장애인을 위한 핸드레일조명등 설치 　· 안내표시가 경로따라 찾기 쉽게 설치 등
제출서류	예비인증 - 해당 없음
	본인증 - 해당 없음

⟨ 5. 건축물 인증지표 및 기준 ⟩

[별표5] [별표5] 건축물 인증지표 및 기준(제2조 관련)

V. 건축물 인증지표 및 기준
(제2조 관련)

범주		평가항목	평가기준	분류번호	배점
1. 매개시설	1.1 접근로	1.1.1 보도에서 주출입구까지 접근	접근로와 차도의 분리 여부 평가	B1-01-01	6
		1.1.2 유효폭	휠체어사용자가 통행 할 수 있는 접근로의 유효폭 확보 정도로 평가	B1-01-02	3
		1.1.3 단차	대지 내를 연결하는 모든 접근로에 단차가 있을 경우, 진행방향상의 단의 높이차이 정도로 평가	B1-01-03	3
		1.1.4 기울기	접근로의 진행방향 기울기의 정도 평가	B1-01-04	3
		1.1.5 바닥 마감	미끄럽지 않은 바닥 재질 및 이음새, 그리고 마감정도의 평탄한 정도에 따른 평가	B1-01-05	3
		1.1.6 보행장애물	접근로의 보행장애물이 제거되어 보행안전로로서 연속성이 확보 되고, 차도와의 경계부분에 차도와 분리할 수 있는 공작물 설치 정도로 평가	B1-01-06	2
		1.1.7 덮개	빠질 위험이 있는 곳에 표면 높이가 동일하고, 격자구멍 또는 틈새가 없는 덮개를 설치하였는지 평가	B1-01-07	2
	1.2 장애인전용주차구역	1.2.1 주차장에서 출입구까지의 경로	장애인전용주차구역을 장애인 등의 출입이 가능한 건축물의 출입구 또는 장애인용 승강설비에 가까운 곳에 설치하였는지 평가	B1-01-08	6
		1.2.2 주차면수 확보	장애인전용주차구역의 적정 주차면수 확보정도 평가	B1-01-09	4
		1.2.3 주차구역 크기	장애인전용주차구역의 크기 평가	B1-01-10	4
		1.2.4 보행안전통로	장애인전용주차구역에서 건축물의 출입구 또는 장애인용 승강설비에 이르기까지 보행안전통로의 폭 및 연속성 정도 평가	B1-01-11	4
		1.2.5 안내 및 유도표시	주차장의 입구에 장애인전용주차구역 안내표지판을 식별하기 쉬운 장소에 부착 또는 설치 및 주차구역까지 적정 유도표시의 연속성 정도와 장애인전용주차구역의 바닥 장애인전용주차표시 및 입식안내표시의 적정 설치 정도 평가	B1-01-12	3
	1.3 출입구(문)	1.3.1 출입구(문)의 높이차이	출입구(문)의 안전하고 편리한 진입여부를 출입구(문)의 높이 차이와 기울기로 평가	B1-01-13	6
		1.3.2 출입문의 형태	해당시설의 출입문의 형태로 평가	B1-01-14	2
		1.3.3 유효폭	출입구(문)의 통과 유효폭 확보 정도 평가	B1-01-15	3
		1.3.4 단차	출입구(문) 턱의 높이 차이 정도 평가	B1-01-16	3
		1.3.5 전면 유효거리	출입문의 전면 유효거리 확보 정도 평가	B1-01-17	2
		1.3.6 손잡이	출입문의 손잡이 형태 및 적정 높이 평가	B1-01-18	2

범주		평가항목	평가기준	분류번호	배점
		1.3.7 경고블록	시각장애인에게 위험을 알려주는 경고블록의 설치 여부 평가	B1-01-19	2
2. 내부시설	2.1 일반출입문	2.1.1 단차	일반 출입문의 단차로 평가	B1-02-01	3
		2.1.2 유효폭	일반 출입문의 통과 가능한 유효폭 평가	B1-02-02	3
		2.1.3 전면 유효거리	일반 출입문의 전·후면 유효거리 평가	B1-02-03	3
		2.1.4 손잡이 및 점자표지판	손잡이의 위치 및 형태가 규정에 적합한지 여부 및 출입구 점자표지판 부착 여부로 평가	B1-02-04	3
	2.2. 복도	2.2.1 유효폭	복도의 유효폭 정도로 평가	B1-02-05	3
		2.2.2 단차	복도의 바닥면 단차 여부 평가	B1-02-06	3
		2.2.3 바닥 마감	미끄럽지 않은 바닥 재질 및 마감의 평탄한 정도에 따른 평가	B1-02-07	3
		2.2.4 보행장애물	복도의 벽면을 따라 보행하기에 부적절한 벽면 돌출물의 제거 여부 평가	B1-02-08	3
		2.2.5 연속손잡이	복도 양측면에 연속손잡이 설치 및 손잡이 규격 확보 정도 평가	B1-02-09	3
	2.3 계단	2.3.1 형태 및 유효폭	계단의 형태 및 유효폭 정도, 난간하부에 추락방지턱 설치 여부 평가	B1-02-10	3
		2.3.2 챌면 및 디딤판	계단에 챌면 및 디딤판 설치와 식별 정도 평가	B1-02-11	3
		2.3.3 바닥 마감	미끄럽지 않은 바닥 재질 및 마감의 평탄한 정도와 계단코의 미끄럼방지설비 설치 여부 평가	B1-02-12	3
		2.3.4 손잡이	계단 양측에 연속된 손잡이의 높이 및 굵기로 평가	B1-02-13	3
		2.3.5 점형블록	계단의 시작과 끝지점의 점형블록 설치 여부 평가	B1-02-14	3
	2.4 경사로	2.4.1 유효폭	경사로 유효폭 확보 정도 평가	B1-02-15	3
		2.4.2 기울기	경사로의 기울기 정도 평가	B1-02-16	3
		2.4.3 바닥 마감	미끄럽지 않은 바닥 재질 및 마감의 평탄한 정도와 미끄럼 정도의 평가	B1-02-17	3
		2.4.4 활동공간 및 휴식참	경사로의 시작과 끝, 굴절부분 및 휴식참 활동공간 확보 여부 평가	B1-02-18	3
		2.4.5 손잡이	경사로의 양측면 손잡이 높이 및 굵기로 평가	B1-02-19	3
	2.5 승강기	2.5.1 전면활동공간	승강기 및 리프트 전면 활동공간 확보 정도 평가	B1-02-20	3
		2.5.2 통과 유효폭	승강기 출입문의 유효폭과 정도 평가	B1-02-21	3
		2.5.3 유효 바닥면적	승강기 내부의 유효바닥면적 정도 평가	B1-02-22	3
		2.5.4 이용자 조작설비	내·외부 조작설비 형태 및 설치 높이로 평가	B1-02-23	3
		2.5.5 시각 및 청각 장애인 안내장치	승강기 및 각 층의 승강장의 시각 및 청각장애인의 안내장치 설치 여부 평가	B1-02-24	3

범주		평가항목	평가기준	분류번호	배점
		2.5.6 수평손잡이	승강기 내부에 연속된 수평손잡이 설치 여부 평가	B1-02-25	2
		2.5.7 점자블록	승강기 버튼 앞 바닥의 점형블록 설치 평가	B1-02-26	2
3. 위생시설	3.1 장애인등이 이용가능한 화장실	3.1.1 장애유형별 대응방법	화장실 평면구성의 장애유형별 대응 방법에 따른 평가	B1-03-01	10
		3.1.2 안내표지판	장애인 등이 이용 가능한 화장실 이용 안내표지판 설치 유무 평가	B1-03-02	5
	3.2 화장실의 접근	3.2.1 유효폭 및 단차	화장실로 접근하기 위한 모든 통로의 유효폭 및 단차 정도 평가	B1-03-03	6
		3.2.2 바닥 마감	화장실 바닥 마감의 평탄함과 미끄러지는 정도 평가	B1-03-04	4
		3.2.3 출입구(문)	출입구(문)의 형태 및 유효폭의 휠체어 접근 가능 정도와 화장실 입구에 점자블록 및 점자표지판 설치 여부 평가	B1-03-05	3
	3.3 대변기	3.3.1 칸막이 출입문	칸막이의 출입문 유효폭의 휠체어 접근 가능 정도 및 출입문의 형태로 평가 칸막이 사용여부 시각장애인 여부와 손잡이 및 잠금장치 형태로 평가	B1-03-06	5
		3.3.2 활동공간	대변기 내부 유효 바닥면의 크기로 평가	B1-03-07	3
		3.3.3 형태	대변기의 형태 및 설치 높이로 평가	B1-03-08	3
		3.3.4 손잡이	대변기 수평 및 수직손잡이 재질과 굵기, 설치 높이로 평가	B1-03-09	3
		3.3.5 기타설비	세정장치의 설치 형태 및 기타설비 평가	B1-03-10	3
	3.4 소변기	3.4.1 소변기 형태 및 손잡이	소변기의 형태 및 수평·수직손잡이 굵기, 설치 높이 평가	B1-03-11	6
	3.5 세면대	3.5.1 형태	세면대의 형태 평가	B1-03-12	3
		3.5.2 거울	세면대 거울의 휠체어사용자의 사용 가능 여부 평가	B1-03-13	3
		3.5.3 수도꼭지	세면대 수도꼭지 형태 평가	B1-03-14	3
	3.6 욕실	3.6.1 구조 및 마감	욕실의 구조와 바닥 마감의 미끄러지는 정도 평가	B1-03-15	3
		3.6.2 기타설비	수도꼭지와 샤워기 및 비상용 벨 설치 평가	B1-03-16	3
	3.7 샤워기	3.7.1 구조 및 마감	샤워실의 구조와 바닥 마감의 미끄러지는 정도 평가	B1-03-17	3
		3.7.2 기타설비	수도꼭지와 샤워기 및 비상용 벨 설치 평가	B1-03-18	3
4. 안내설비	4.1 안내설비	4.1.1 안내판	해당시설의 주요시설 위치 등에 대한 장애인 등이 쉽게 이용가능한 안내판 설치 여부 평가	B1-04-01	4
		4.1.2 점자블록	점자블록의 규격과 재질 평가	B1-04-02	3

< 5. 건축물 인증지표 및 기준 >

범주	평가항목	평가기준	분류번호	배점
시설	4.1.3 시각장애인 안내설비	해당시설의 주요시설 위치 등에 대한 음성안내 장치의 설치 여부 및 대지경계선으로부터 주출입구까지 시각장애인용 안내설비의 연속적인 설치 정도 평가	B1-04-03	3
	4.1.4 청각장애인 안내설비	해당시설의 주요시설 위치 등에 대한 안내표시 설치의 적정성 여부 평가	B1-04-04	3
4.2 경보 및 피난설비	4.2.1 시각청각 장애인용 경보 및 피난 설비	시각·청각장애인을 위한 경보 및 피난설비의 연속 설치 평가	B1-04-05	3
5. 기타시설	5.1.1 설치율	전체 침실 또는 객실 중 휠체어사용자 등이 이용 가능한 객실의 확보정도 평가	B1-05-01	5
5.1 객실 및 침실	5.1.2 설치위치	객실 및 침실의 위치가 공용공간에서 접근이 가능한 곳에 설치되었는지, 공용공간으로 단차가 없이 접근이 가능한지를 평가함	B1-05-02	5
	5.1.3 통과유효폭	객실 및 침실의 출입문 통과 유효폭 정도 평가	B1-05-03	3
	5.1.4 활동공간	객실 및 침실 내부 활동공간의 확보정도 평가	B1-05-04	3
	5.1.5 침대구조	객실 및 침실 내부 침대구조의 확보정도 평가	B1-05-05	2
	5.1.6 객실바닥	미끄럽지 않은 재질로 평탄하게 마감하는 정도에 따른 평가	B1-05-06	2
	5.1.7 유효폭 및 단차(화장실)	화장실 이용이 가능하도록 출입문 통과 유효폭 및 단차 정도 평가	B1-05-07	3
	5.1.8 유효 바닥면적 (화장실)	화장실 내부 유효 바닥면적의 크기로 평가	B1-05-08	3
	5.1.9 손잡이(화장실)	화장실 대변기 수평 및 수직손잡이 재질과 굵기, 설치 높이로 평가	B1-05-09	3
	5.1.10 점자표지판 (기타설비)	객실 및 침실의 점자표지판 부착 여부 평가	B1-05-10	2
	5.1.11 설치높이(기타설비)	객실 및 침실에 설치된 콘센트, 스위치 등의 설치 높이로 평가	B1-05-11	2
	5.1.12 초인등 (기타설비)	객실등·화장실 및 욕실 초인등 설치 여부 평가	B1-05-12	2
5.2 관람석 및 열람석	5.2.1 설치율	전체 관람석 및 열람석의 일정비율이상 좌석의 확보 정도 평가	B1-05-13	4
	5.2.2 설치위치	좌석 위치가 출입구 및 피난통로로 접근하기 쉬운 위치에 설치되었는지 평가	B1-05-14	3
	5.2.3 관람석의 구조	관람석의 및 무대(혹은 강단)의 구조 평가	B1-05-15	4
	5.2.4 열람석의 구조	열람석의 구조 평가	B1-05-16	2
5.3 접수대 및 안내데스크	5.3.1 설치위치	접수대 및 안내데스크의 접근 통로의 단차와 지 지난간 설치 여부 평가	B1-05-17	2
	5.3.2 설치높이 및 하부공간	접수대 및 안내데스크의 높이와 하부공간 확보 정도 평가	B1-05-18	3

범주	평가항목	평가기준	분류번호	배점
5.4 매표소·판매기·음료대	5.4.1 매표소의 구조 및 설비	매표소의 적정구조 설치 여부 평가	B1-05-19	2
	5.4.2 판매기의 구조 및 설비	판매기의 적정구조 설치 여부 평가	B1-05-20	2
	5.4.3 음료대의 구조 및 설비	음료대의 적정구조 설치 여부 평가	B1-05-21	2
5.5 피난구 설치	5.5.1 피난방법 및 설치위치	피난방법에 대한 시스템이 구축되고 피난구의 위치가 위급상황시 접근이 가능한 곳에 설치되었는지, 피난구까지 연속적으로 안내되고 있는지에 대한 부분을 평가함	B1-05-22	3
	5.5.2 피난구의 구조	피난구의 구조 평가	B1-05-23	3
5.6 임산부 휴게시설	5.6.1 접근유효폭	임산부 휴게시설로 접근하기 위한 모든 통로의 유효폭 및 단차 정도 평가	B1-05-24	2
	5.6.2 내부구조	임산부 휴게시설 내부에 설치하여야 하는 각종 설비 설치여부와 휠체어사용자의 이용 가능여부로 평가	B1-05-25	3
6. 기타설비	6.1.1 비치하여야 할 용품	해당시설에 비치하여야 하는 각종 비치용품에 대해 비치여부를 평가	B1-06-01	3
7. 종합평가		5%(평가항목의 총점기준)	B1-07-01	
총 지표수	94		총 배점	288

※ 파출소, 지구대, 보건지소 및 보건진료소 등 2층으로된 건축물로서 1층만이 불특정 다수가 이용하는 것이 명백한 경우, 승강기 및 경사로를 평가에서 제외할 수 있다.

장애물 없는 생활환경 인증기준 – 건축물		
평가부문	1	매개시설
평가범주	1.1	접근로
평가항목	1.1.1	보도에서 주출입구까지 접근

■ 세부평가기준

평가목적	접근로와 차도의 분리를 평가하여 장애인 및 노약자 등 다양한 사용자가 차량과의 간섭 없이 안전하게 주출입구 접근이 가능하도록 함
평가방법	접근로와 차도의 분리 여부 평가
배 점	6점 (평가항목)
산출기준	• 평점 = 평가 등급에 해당하는 점수로 평가 | 구분	보행로에서 주출입구까지 접근로	평가항목 점수
---	---	---
최우수	모든 출입구 중에서 50%이상 차도와 완전히 분리된 접근로	6.0
우수	모든 출입구 중에서 50%이상 보행자와 차량의 교행이 포함된 전용 접근로	4.8
일반	주출입구 접근로만 보행자와 차량의 교행이 포함된 전용 접근로	4.2	 - 차도와 완전히 분리된 접근로는 계획 단계부터 보행자 및 차량 동선을 완전히 분리하여, 보행자가 대지내로 진입한 이후에 차량과의 간섭을 전혀 받지 않고 주출입구까지 진입 가능하도록 계획한 경우에 해당함 - 보행자와 차량의 교행이 포함된 전용 접근로는 보행자 우선을 위한 재질과 색상을 달리 하여야 함 - 지형구조상 부출입구가 주출입구를 대신할 경우, 부출입구를 주출입구로 평가함

■ 평가 참고자료 및 제출서류

참고자료	- 장애인·노인·임산부 등의 편의증진보장에 관한 법률 시행규칙 별표1 제1호 - 일본 동경도 복지마을 만들기 조례 - 독일 편의증진 관련법규(DIN 18024 Blatt 1) - 스위스 편의증진 관련법규(Norm SN 521 500)
제출서류	예비인증	- 배치도(차량 출입 및 보행 출입구 표시) - 차량 및 보행자 동선 계획 - 바닥 마감 계획 상세도 ※ 위 제출서류 중 평가항목의 조건을 만족하는 서류제출
	본인증	- 예비인증시와 동일(다만, 바닥 마감 계획 상세도는 사진으로 대체 가능)

장애물 없는 생활환경 인증기준 – 건축물		
평가부문	1	매개시설
평가범주	1.1	접근로
평가항목	1.1.2	유효폭

■ 세부평가기준

평가목적	접근로의 유효폭을 평가하여 장애인 등 다양한 사용자가 이동하는데 불편함이 없는 적절한 유효폭을 확보하도록 함
평가방법	휠체어사용자가 통행 할 수 있는 접근로의 유효폭 확보 정도로 평가
배 점	3점 (평가항목)
산출기준	• 평점 = 접근로의 유효폭 평가등급에 해당하는 평가항목 점수로 평가 | 구분	접근로의 유효폭	평가항목 점수
---	---	---
최우수	전체구간의 접근로 유효폭이 1.8m이상	3.0
우수	전체구간의 접근로 유효폭이 1.5m이상	2.4
일반	전체구간의 접근로 유효폭이 1.2m이상	2.1	 - 접근로의 유효폭은 대지내의 출입구 접근로 전체 유효폭 중 가장 좁은 부분을 기준으로 측정함 - 접근로의 유효폭이 1.2m이상일 경우 휠체어와 사람의 교행이 가능하고, 1.5m이상일 경우 휠체어의 회전이 가능하며, 1.8m이상일 경우 휠체어끼리의 교행이 가능함 - 건축물이 대지선에 인접하여 있어 보도로부터 직접 주출입구가 연결된 경우 대지내에서나 보도의 공간을 활용하여 주출입구 활동공간을 확보하고 활동공간의 폭이 1.8m이상인 경우 최우수로, 폭이 1.5m이상인 경우 우수로 평가하며, 폭이 1.2m이상 확보한 경우는 일반으로 평가함

■ 평가 참고자료 및 제출서류

참고자료	- 장애인·노인·임산부 등의 편의증진보장에 관한 법률 시행규칙 별표1 제1호 - 일본 동경도 복지마을 만들기 조례 - 독일 편의증진 관련법규(DIN 18024 Blatt 1) - 스위스 편의증진 관련법규(Norm SN 521 500)
제출서류	예비인증	- 배치도(차량 출입 및 보행 출입구 표시) - 접근보행로 단면도 ※ 위 제출서류 중 평가항목의 조건을 만족하는 서류제출
	본인증	- 보행로 폭을 알 수 있는 사진

〈 5. 건축물 인증지표 및 기준 〉

장애물 없는 생활환경 인증기준 - 건축물

평가부문	1	매개시설
평가범주	1.1	접근로
평가항목	1.1.3	단차

■ 세부평가기준

평가목적	접근로의 단차를 평가하여 휠체어사용자의 통행을 어렵게 만들고, 노인이나 임산부 등 다양한 사용자가 걸려 넘어질 위험이 있는 단차를 두지 않도록 함
평가방법	대지 내 연결하는 모든 접근로에 단차가 있을 경우, 진행방향상의 단의 높이차이 정도로 평가
배 점	3점 (평가항목)
산출기준	• 평점 = 접근로의 단차 평가등급에 해당하는 평가항목 점수로 평가 <table><tr><td>구분</td><td>접근로의 단차</td><td>평가항목 점수</td></tr><tr><td>최우수</td><td>전체구간에 단차 없음</td><td>3.0</td></tr><tr><td>우 수</td><td>전체구간 중 일부에 단차 2cm이하</td><td>2.4</td></tr></table> - 접근로의 단차는, 대지내의 출입구 접근로에 단차가 있는 경우 단차가 제일 큰 곳을 기준으로 평가함 - 건축물이 대지선에 인접하여 있어 보도로부터 직접 주출입구 연결된 경우 대지 내에서나 보도의 공간을 활용하여 주출입구 활동공간을 확보하고 활동공간에 단차가 없는 경우 최우수로, 활동공간에 단차가 2cm이하인 경우를 우수로 평가함

■ 평가 참고자료 및 제출서류

참고자료	- 장애인·노인·임산부 등의 편의증진보장에 관한 법률 시행규칙 별표1 제1호 - 일본 동경도 복지마을 만들기 조례 - 독일 편의증진 관련법규(DIN 18024 Teil 2) - 스위스 편의증진 관련법규(Norm SN 521 500)
제출서류	예비인증	- 배치도(차량 출입 및 보행 출입구 표시) - 접근보행로 단면도 - 바닥 마감 계획 상세도(레벨표시) ※ 위 제출서류 중 평가항목의 조건을 만족하는 서류제출
	본인증	- 예비인증시와 동일

장애물 없는 생활환경 인증기준 - 건축물

평가부문	1	매개시설
평가범주	1.1	접근로
평가항목	1.1.4	기울기

■ 세부평가기준

평가목적	접근로의 기울기를 평가하여 휠체어사용자가 안전하게 주출입구로 접근 가능하도록 하며, 노인이나 임산부 등 다양한 이용자가 편리하게 접근 가능하도록 함
평가방법	접근로의 진행방향 기울기의 정도 평가
배 점	3점 (평가항목)
산출기준	• 평점 = 접근로의 기울기 평가등급에 해당하는 평가항목 점수로 평가 <table><tr><td>구분</td><td>접근로의 기울기</td><td>평가항목 점수</td></tr><tr><td>최우수</td><td>접근로 전체구간 기울기가 1/24(4.17%/2.39°)이하</td><td>3.0</td></tr><tr><td>우 수</td><td>접근로 전체구간 기울기가 1/18(5.56%/3.18°)이하</td><td>2.4</td></tr></table> - 접근로의 기울기는 대지내의 출입구 접근로에 경사가 있는 경우 경사가 제일 급한 곳을 기준으로 평가함 - 건축물이 대지선에 인접하여 있어 보도로부터 직접 주출입구 연결된 경우 대지 내에서나 보도의 공간을 활용하여 주출입구 활동공간을 확보하고 활동공간에 기울기가 1/18(5.56%/3.18°)이하인 경우 최우수로 평가하며, 기울기가 1/12(8.33%/4.76°)이하인 경우를 우수로 평가함

■ 평가 참고자료 및 제출서류

참고자료	- 장애인·노인·임산부 등의 편의증진보장에 관한 법률 시행규칙 별표1 제1호 - 일본 동경도 복지마을 만들기 조례 - 독일 편의증진 관련법규(DIN 18024 Blatt 1) - 스위스 편의증진 관련법규(Norm SN 521 500)
제출서류	예비인증	- 배치도(차량 출입 및 보행 출입구 표시) - 접근보행로 단면도 - 바닥 마감 계획 상세도(레벨표시) ※ 위 제출서류 중 평가항목의 조건을 만족하는 서류제출
	본인증	- 예비인증시와 동일

장애물 없는 생활환경 인증기준 - 건축물

평가부문	1	매개시설
평가범주	1.1	접근로
평가항목	1.1.5	바닥 마감

■ 세부평가기준

평가목적	접근로의 마감 정도를 평가하여 장애인 및 노약자 등 다양한 사용자가 미끄러지거나 걸려 넘어지지 않고 안전하게 주출입구로 접근이 가능하도록 함
평가방법	미끄럽지 않은 바닥 재질 및 이음새 그리고 마감정도의 평탄한 정도에 따른 평가
배 점	3점 (평가항목)
산출기준	• 평점 = 접근로의 바닥 마감 평가등급에 해당하는 평가항목 점수로 평가 <table><tr><td>구분</td><td>접근로의 바닥 마감</td><td>평가항목 점수</td></tr><tr><td>최우수</td><td>모든 출입 접근로 중에서 50%이상이 걸려 넘어지거나 미끄러질 염려가 없는 재질, 줄눈이 있는 경우 0.5cm이하인 경우임</td><td>3.0</td></tr><tr><td>우 수</td><td>모든 출입 접근로 중에서 50%이상이 걸려 넘어지거나 미끄러질 염려가 없는 재질, 줄눈이 있는 경우 1cm이하인 경우임</td><td>2.4</td></tr></table> - 출입구 접근로의 바닥이 여러 재료로 마감되어 있는 경우 그 마감 정도가 가장 미비한 곳을 기준으로 평가함 - 건축물이 대지선에 인접하여 있어 보도로부터 직접 주출입구 연결된 경우 대지 내에서나 보도의 공간을 활용하여 주출입구 활동공간을 확보하고, 줄눈이 0.5cm이하이며 미끄럽지 않은 평탄한 재료로 마감된 경우 최우수로 평가하며, 줄눈이 1cm이하이며 미끄럽지 않은 평탄한 재료로 마감된 경우 우수로 평가함

■ 평가 참고자료 및 제출서류

참고자료	- 장애인·노인·임산부 등의 편의증진보장에 관한 법률 시행규칙 별표1 제1호 - 일본 동경도 복지마을 만들기 조례 - 독일 편의증진 관련법규(DIN 18024 Blatt 1) - 스위스 편의증진 관련법규(Norm SN 521 500)
제출서류	예비인증	- 배치도(차량 출입 및 보행 출입구 표시) - 바닥 마감 시공 평면 및 단면 상세도 (레벨표시, 재료마감 상세포함) ※유형이 다른 바닥재 사용시 유형별로 제출
	본인증	- 예비인증시와 동일 (해당부분 사진 첨부)

장애물 없는 생활환경 인증기준 - 건축물

평가부문	1	매개시설
평가범주	1.1	접근로
평가항목	1.1.6	보행장애물

■ 세부평가기준

평가목적	접근로의 보행장애물을 평가하여 장애인 등 다양한 이용자가 차량 및 장애물 등으로 인한 위험 없이 주출입구로 접근이 가능하도록 함
평가방법	접근로의 보행장애물이 제거되어 보행안전 요소로서 연속성이 확보 되고, 차도와의 경계부분에 차도와 분리할 수 있는 공작물 설치 정도로 평가
배 점	2점 (평가항목)
산출기준	• 평점 = 접근로의 보행장애물 및 접근로와 차도의 경계 평가등급에 해당하는 평가항목 점수로 평가 • 세부항목 - 보행장애물 <table><tr><td>구분</td><td>보행장애물</td><td>평가항목 점수</td></tr><tr><td>최우수</td><td>접근로에 가로수, 간판, 이동식 화분 등의 장애물이 전혀 설치되어 있지 않음</td><td>1.0</td></tr><tr><td>우 수</td><td>접근로에 가로수, 간판 등이 설치되어 있으나 접근방지용난간 또는 보호벽을 설치하여 보행자의 안전한 접근이 연속적으로 가능함</td><td>0.8</td></tr></table> - 가로수가 있는 경우 높이 2.1m까지 가지치기 되어야함 • 세부항목 - 접근로와 차도의 경계 <table><tr><td>구분</td><td>접근로와 차도의 경계</td><td>평가항목 점수</td></tr><tr><td>최우수</td><td>차도와 구분되는 울타리 등 공작물을 설치하거나 차량과 보도가 완전히 분리된 접근로 확보</td><td>1.0</td></tr><tr><td>우 수</td><td>보행통로와 차도에 경계석이 설치되고, 재질과 색상 모두 구분됨</td><td>0.8</td></tr></table> - 접근로와 차량 동선을 분리하여 차량의 간섭을 전혀 받지 않는 경우는 접근로와 차도의 경계분리 항목은 최우수로 평가함 - 건축물이 대지선에 인접하여 있어 보도로부터 직접 주출입구가 연결된 경우 대지내에서 주출입구 활동공간을 확보한 경우 최우수로 평가함. 단, 보도의 일부를 차량과 완전분리한 경우는 최우수로 평가하나 완전 분리되지 않은 경우는 우수로 평가함

■ 평가 참고자료 및 제출서류

참고자료	- 장애인·노인·임산부 등의 편의증진보장에 관한 법률 시행규칙 별표1 제1호 - 일본 동경도 복지마을 만들기 조례 - 독일 편의증진 관련법규(DIN 18024 Blatt 1) - 스위스 편의증진 관련법규(Norm SN 521 500)
제출서류	예비인증	- 배치도(차량 출입 및 보행 출입구 표시) - 접근보행로 단면도 - 바닥 마감 계획 상세도 - 접근보행로 상에 보행지원시설 및 설치물 설치 상세도 ※ 위 제출서류 중 평가항목의 조건을 만족하는 서류제출
	본인증	- 예비인증시와 동일(보행접근로 사진 첨부)

〈 5. 건축물 인증지표 및 기준 〉

장애물 없는 생활환경 인증기준 - 건축물

평가부문	1	매개시설
평가범주	1.1	접근로
평가항목	1.1.7	덮개

■ 세부평가기준

평가목적	접근로의 배수로 덮개를 평가하여 배수로 덮개에 의해 발생하는 위험이나 배수로 격자구멍 또는 틈새에 발생하는 위험요소들이 없이 주출입구로 접근 가능하도록 함
평가방법	빠질 위험이 있는 곳에 표면 높이가 동일하고, 격자구멍 또는 틈새가 없는 덮개를 설치하였는지 평가
배점	2점 (평가항목)
산출기준	• 평점 = 접근로의 배수로 덮개 평가등급에 해당하는 평가항목 점수로 평가 | 구분	배수로 덮개	평가항목 점수
---	---	---
최우수	높이차 전혀 없으며, 구멍이 없는 덮개를 사용	2.0
우수	높이차 전혀 없으며, 격자구멍(틈새)이 양방향 모두 2cm이하	1.6	 - 출입구 접근로 배수로 등과 같은 빠질 위험이 있는 부분이 전혀 없어 덮개 설치가 불필요한 경우 최우수로 평가함 - 건축물이 대지선에 인접하여 있어 보도로부터 직접 주출입구가 연결된 경우 대지 내에서나 보도의 공간을 활용하여 주출입구 활동공간을 확보하고 빠질 위험이 전혀 없는 경우 최우수로 평가하며, 빠질 위험이 있는 곳에 덮개를 설치하고 격자 구멍 등이 양방향으로 2cm이하인 경우는 우수로 평가함

■ 평가 참고자료 및 제출서류

참고자료	- 장애인·노인·임산부 등의 편의증진보장에 관한 법률 시행규칙 별표1 제1호 - 일본 동경도 복지마을 만들기 조례 - 독일 편의증진 관련법규(DIN 18024 Blatt 1) - 스위스 편의증진 관련법규(Norm SN 521 500)
제출서류 (예비인증)	- 배치도(차량 출입 및 보행 출입구 표시) - 접근보행로 단면도 - 바닥 마감 계획 상세도 - 배수로 덮개 설치 상세도 ※ 위 제출서류 중 평가항목의 조건을 만족하는 서류제출
제출서류 (본인증)	- 예비인증시와 동일(덮개 관련 사진 첨부)

장애물 없는 생활환경 인증기준 - 건축물

평가부문	1	매개시설
평가범주	1.2	장애인전용주차구역
평가항목	1.2.1	주차장에서 출입구까지의 경로

■ 세부평가기준

평가목적	주차장에서 출입구까지의 경로를 평가하여 장애인 또는 노약자 등의 이용자가 장애인주차구역에 주차 후 안전하게 주출입구 또는 승강설비로 접근이 가능하도록 함
평가방법	장애인전용주차구역을 장애인 등의 출입이 가능한 건축물의 출입구 또는 장애인용 승강설비에 가까운 곳에 설치하였는지 평가
배점	6점 (평가항목)
산출기준	• 평점 = 주차장에서 주출입구 경로의 평가등급에 해당하는 점수로 평가 | 구분	주차장에서 출입구까지의 경로	평가항목 점수
---	---	---
최우수	외부주차장의 경우 지붕이 설치되거나, 실내주차장의 경우 승강설비와 가장 가까운 장소에서 수평접근이 가능	6.0
우수	경사로 없이 접근 가능	4.8
일반	경사로를 이용하여 접근 가능하며, 기울기 1/12(8.33%/4.76°) 이하로 설치	4.2	 - 주차장에서 주출입구까지의 경로는 차량의 간섭이 전혀 없어야 하며, 접근로의 기준(1.1평가범주)을 준수하여야 함 - 접근로의 기준을 준수하지 아니할 경우 평가등급을 받을 수 없음 - 불가피하게 대지 내에 주차장을 설치하지 못하여 인근 주차장을 이용하여야 하는 경우, 인근주차장 이용에 대한 정확한 안내 및 유도표시와 인근주차장에서 주출입구까지의 접근로의 정비가 이루어진 경우에 다른 요건이 만족되면 일반으로 평가함 - 기울기 1/24(4.17%/2.39°) 이하는 수평접근과 동일한 것으로 인정함

■ 평가 참고자료 및 제출서류

참고자료	- 장애인·노인·임산부 등의 편의증진보장에 관한 법률 시행규칙 별표1 제4호, 제12호 - 일본 동경도 복지마을 만들기 조례 - 독일 편의증진 관련법규(DIN 18024 Blatt 1) - 스위스 편의증진 관련법규(Norm SN 521 500)
제출서류 (예비인증)	- 1층 평면 및 배치도(주출입구까지의 보행안전도로 계획) - 주차장 안내 및 유도 계획 - 주차면 설계 상세도 - 주차장에서 주출입구까지의 접근로 계획 ※ 위 제출서류 중 평가항목의 조건을 만족하는 서류제출
제출서류 (본인증)	- 예비인증시와 동일(주차장 사진 첨부)

장애물 없는 생활환경 인증기준 - 건축물

평가부문	1	매개시설
평가범주	1.2	장애인전용주차구역
평가항목	1.2.2	주차면수 확보

■ 세부평가기준

평가목적	장애인전용주차구역의 주차면수를 평가하여 적절한 장애인전용 주차면수를 확보하도록 함
평가방법	장애인전용주차구역의 적정 주차면수 확보정도 평가
배점	4점 (평가항목)
산출기준	• 평점 = 장애인전용주차구역의 주차면수 평가등급에 해당하는 평가항목 점수로 평가 | 구분	주차면수 확보	평가항목 점수
---	---	---
최우수	규정비율의 100%초과 확보	4.0
우수	규정비율의 100%확보(최소 1면 이상 의무 설치)	3.2	 - 장애인전용주차구역의 주차면수 확보 비율은 지방자치단체의 조례를 따름 - 불가피하게 대지 내에 주차장을 설치하지 못하여 인근 주차장을 이용하여야 하는 경우, 인근주차장 이용에 대한 정확한 안내 및 유도표시와 인근주차장에서 주출입구까지의 접근로의 정비가 이루어진 경우에 한하여, 그로 평가받을 수 있음

■ 평가 참고자료 및 제출서류

참고자료	- 장애인·노인·임산부 등의 편의증진보장에 관한 법률 시행령 별표2 제3호 - 주차장법 시행령 별표1 - 일본 동경도 복지마을 만들기 조례 - 독일 편의증진 관련법규(DIN 18024 Blatt 1) - 스위스 편의증진 관련법규(Norm SN 521 500)
제출서류 (예비인증)	- 1층 평면 및 배치도(주출입구까지의 보행안전 통로 계획) - 장애인주차구역 설치 계획 ※ 위 제출서류 중 평가항목의 조건을 만족하는 서류제출
제출서류 (본인증)	- 예비인증시와 동일(주차장 사진 첨부)

장애물 없는 생활환경 인증기준 - 건축물

평가부문	1	매개시설
평가범주	1.2	장애인전용주차구역
평가항목	1.2.3	주차구역 크기

■ 세부평가기준

평가목적	장애인전용주차구역의 주차면을 평가하여 적절한 장애인주차구역 면적을 확보하도록 함
평가방법	장애인전용주차구역의 크기 평가
배점	4점 (평가항목)
산출기준	• 평점 = 주차구역 크기의 주차면 평가등급에 해당하는 평가항목 점수로 평가 | 구분	주차구역 크기	평가항목 점수
---	---	---
최우수	폭 3.5m, 길이 5.0m, 휠체어 활동공간 노면표시	4.0
우수	폭 3.3m, 길이 5.0m, 휠체어 활동공간 노면표시	3.2	 - 장애인전용주차구역의 크기는 휠체어 활동공간을 포함한 주차구역 크기로 평가함 - 불가피하게 대지 내에 주차장을 설치하지 못하여 인근 주차장을 이용하여야 하는 경우, 인근주차장 이용에 대한 정확한 안내 및 유도표시와 인근주차장에서 주출입구까지의 접근로의 정비가 이루어진 경우에 한하여, 그로 평가받을 수 있음

■ 평가 참고자료 및 제출서류

참고자료	- 장애인·노인·임산부 등의 편의증진보장에 관한 법률 시행규칙 별표1 제4호 - 일본 동경도 복지마을 만들기 조례 - 독일 편의증진 관련법규(DIN 18024 Blatt 1) - 스위스 편의증진 관련법규(Norm SN 521 500)
제출서류 (예비인증)	- 1층 평면 및 배치도(주출입구까지의 보행안전 통로 계획) - 주차장 안내 및 유도 계획 - 주차면 설계 상세도 ※ 위 제출서류 중 평가항목의 조건을 만족하는 서류제출
제출서류 (본인증)	- 예비인증시와 동일(주차장 사진 첨부)

< 5. 건축물 인증지표 및 기준 >

장애물 없는 생활환경 인증기준 - 건축물

평가부문	1	매개시설
평가범주	1.2	장애인전용주차구역
평가항목	1.2.4	보행안전통로

■ 세부평가기준

평가목적	장애인전용주차구역에서 주출입구까지의 접근로를 평가하여 장애인전용주차장에서 주출입구까지 안전한 접근이 가능하도록 보행안전통로를 확보하도록 함
평가방법	장애인전용주차구역에서 건축물의 출입구 또는 장애인용 승강설비에 이르기까지 보행안전통로의 폭 및 연속성 정도 평가
배 점	4점 (평가항목)
산출기준	• 평점 = 장애인전용주차구역의 보행안전통행로 평가등급에 해당하는 평가항목 점수로 평가

구분	보행안전통로	평가항목 점수
최우수	모든 구간에 보행안전통로(폭 1.8m이상)가 연속적으로 설치	4.0
우 수	모든 구간에 보행안전통로(폭 1.5m이상)가 연속적으로 설치	3.2
일 반	모든 구간에 보행안전통로(폭 1.2m이상)가 연속적으로 설치	2.8

- 장애인전용주차구역의 보행안전통로는 차량의 간섭이 전혀 없어야 하고, 보도 및 접근로의 기준을 준수하여야 함
- 보도 및 접근로의 기준을 준수하지 아니할 경우 평가등급을 받을 수 없음
- 장애인전용주차구역의 보행안전통로는 주차면의 활동공간에서 단차 및 차량간섭 없이 연속되어야 하며, 차량의 간섭부분이 생길지라도 보행우선의 접점계획이 있을 경우 평가등급을 부여함
- 불가피하게 대지 내에 주차장을 설치하지 못하여 인근 주차장을 이용하여야 하는 경우, 인근주차장 이용에 대한 정확한 안내 및 유도표시와 주출입구까지의 접근로의 정비가 이루어진 경우에 한하여, 그로 평가받을 수 있음

■ 평가 참고자료 및 제출서류

참고자료	- 장애인·노인·임산부 등의 편의증진보장에 관한 법률 시행규칙 별표1 제4호 - 일본 동경도 복지마을 만들기 조례 - 독일 편의증진 관련법규(DIN 18024 Blatt 1) - 스위스 편의증진 관련법규(Norm SN 521 500)
제출서류	예비인증	- 1층 평면 및 배치도(주출입구까지의 보행안전 통로 계획) - 주차장 안내 및 유도 계획 - 주차면 설계 상세도 ※ 위 제출서류 중 평가항목의 조건을 만족하는 서류제출
	본인증	- 예비인증시와 동일(주차장 보행안전 통로 사진 첨부)

- 373 -

장애물 없는 생활환경 인증기준 - 건축물

평가부문	1	매개시설
평가범주	1.2	장애인전용주차구역
평가항목	1.2.5	안내 및 유도표시

■ 세부평가기준

평가목적	장애인전용주차구역의 안내 및 유도표시를 평가하여 장애인이 쉽게 장애인주차구역을 찾을 수 있도록 하고, 장애인이 쉽게 주차전용구역을 인식할 수 있도록 함
평가방법	주차장의 입구에 장애인전용주차구역 안내표지를 식별하기 쉬운 장소에 부착 또는 설치 및 주차장까지 적정 유도표시의 연속성 정도와 장애인전용주차구역의 바닥 장애인전용주차장표시 및 입식안내표시의 적정 설치 정도 평가
배 점	3점 (평가항목)
산출기준	• 평점 = 장애인전용주차구역의 안내 및 유도표시 평가등급에 해당하는 평가항목 점수로 평가

구분	안내 및 유도표시	평가항목 점수
최우수	우수의 기준을 만족하며, 연속적인 유도표시 설치	3.0
우 수	일반의 기준을 만족하며, 바닥 색상 등을 통한 식별성 확보	2.4
일 반	주차장입구에서 장애인전용주차구역이 바로 보이며(별도표시 없음) 바닥 및 입식 안내표시 설치	2.1

- 일반주차구역과 장애인전용주차구역이 분리되어 있는 경우, 대지 입구부터의 장애인주차구역 유도표시 연속성 정도로 평가함
- 불가피하게 대지 내에 주차장을 설치하지 못하여 인근 주차장을 이용하여야 하는 경우, 인근주차장 이용에 대한 정확한 안내 및 유도표시와 주출입구까지의 접근로의 정비가 이루어진 경우에 한하여, 그로 평가받을 수 있음
- 입식 안내표시는 주차가능 차량, 과태료(주차방해 포함) 및 신고전화번호, 도움이 필요한 경우 해당 전화번호를 포함하여야 함
- 장애인전용표시의 규격은 가로 1.3m, 세로 1.5m이며, 주차구획선에 설치되는 장애인전용표시는 가로 50cm, 세로 58cm로 함

■ 평가 참고자료 및 제출서류

참고자료	- 장애인·노인·임산부 등의 편의증진보장에 관한 법률 시행규칙 별표1 제4호 - 일본 동경도 복지마을 만들기 조례 - 독일 편의증진 관련법규(DIN 18024 Blatt 1) - 스위스 편의증진 관련법규(Norm SN 521 500)
제출서류	예비인증	- 1층 평면 및 배치도(주출입구까지의 보행안전 통로 계획) - 주차장 안내 및 유도 계획 - 주차면 설계 상세도 ※ 위 제출서류 중 평가항목의 조건을 만족하는 서류제출
	본인증	- 예비인증시와 동일(유도 표시 사진 첨부)

- 374 -

장애물 없는 생활환경 인증기준 - 건축물

평가부문	1	매개시설
평가범주	1.3	출입구(문)
평가항목	1.3.1	출입구(문)의 높이 차이

■ 세부평가기준

평가목적	출입구(문)의 높이 차이를 평가하여 장애인 등 다양한 이용자가 안전하고 편리하게 진입이 가능하도록 함
평가방법	출입구(문)의 안전하고 편리한 진입여부를 출입구(문)의 높이 차이와 기울기로 평가
배 점	6점 (평가항목)
산출기준	• 평점 = 출입구(문) 높이차이 및 경사로의 평가등급에 해당하는 평가항목 점수로 평가 • 세부항목 - 출입구(문) 높이차이

구분	출입구(문) 높이 차이	평가항목 점수
최우수	단차없이 수평접근	3.0
우 수	0.75m이하 단차(1.2m이상 유효폭의 경사로 설치)	2.4
일 반	0.75m이상 단차(1.2m이상 유효폭의 경사로 설치)	2.1

• 세부항목 - 출입구 경사로 기울기

구분	출입구(문) 경사로 기울기	평가항목 점수
최우수	단차없이 수평접근	3.0
우 수	기울기 1/18(5.56%/3.18°)이하	2.4
일 반	기울기 1/12(8.33%/4.76°)이하	2.1

- 출입구(문)에 높이차이가 있으나 불가피하게 경사로를 설치하지 못하고, 부출입구(문)로 출입이 가능한 경우, 부출입구(문) 이용에 대한 연속적인 안내 및 유도 표시가 마련된 경우에 한하여 부출입구(문)을 출입구(문)로 대신하여 평가가 가능함
- 길이가 1.8m 이상이거나 0.15m이상 높이의 경사로 설치 시 규정에 적합한 손잡이 설치
- 경사로 위에 지붕이나 차양을 설치한 경우 한 등급 높은 등급으로 평가

■ 평가 참고자료 및 제출서류

참고자료	- 장애인·노인·임산부 등의 편의증진보장에 관한 법률 시행규칙 별표1 제5호, 제12호 - 일본 동경도 복지마을 만들기 조례 - 독일 편의증진 관련법규(DIN 18024 Teil 2) - 스위스 편의증진 관련법규(Norm SN 521 500)
제출서류	예비인증	- 1층 평면도 - 출입구 평면도 - 출입구 단면도 - 바닥 마감 계획 상세도 ※ 위 제출서류 중 평가항목의 조건을 만족하는 서류제출
	본인증	- 예비인증시와 동일(출입구 사진 첨부)

- 375 -

장애물 없는 생활환경 인증기준 - 건축물

평가부문	1	매개시설
평가범주	1.3	출입구(문)
평가항목	1.3.2	출입문의 형태

■ 세부평가기준

평가목적	출입구(문)의 형태를 평가하여 장애인 등 다양한 이용자들이 출입하는데 어려움이 없도록 적절한 형태의 문을 설치하도록 함
평가방법	해당시설의 출입구(문)의 형태로 평가
배 점	3점 (평가항목)
산출기준	• 평점 = 출입구(문) 형태의 평가등급에 해당하는 평가항목 점수로 평가

구분	주출입문의 형태	평가항목 점수
최우수	출입구(문)를 포함하여 모든 출입구의 출입문 중 60%이상 자동문 설치	3.0
우 수	자동문 설치	2.4
일 반	자동 닫힘 기능이 있는(도어체크 등) 여닫이문 설치	2.1

- 단, 회전문은 휠체어 사용자의 이용이 가능한 크기이며 속도조절 장치가 내장된 회전문으로 다른 형태의 출입문을 병행하여 설치 할 경우 최하등급을 부여

■ 평가 참고자료 및 제출서류

참고자료	- 장애인·노인·임산부 등의 편의증진보장에 관한 법률 시행규칙 별표1 제6호 - 일본 동경도 복지마을 만들기 조례 - 독일 편의증진 관련법규(DIN 18024 Teil 2) - 스위스 편의증진 관련법규(Norm SN 521 500)
제출서류	예비인증	- 1층 평면도 - 출입구 평면도 - 출입구 단면도 - 창호 상세도 ※ 위 제출서류 중 평가항목의 조건을 만족하는 서류제출
	본인증	- 예비인증시와 동일(출입구 사진 첨부)

- 376 -

580　**부록 6** : 장애물 없는 생활환경 인증지표 및 기준

〈 5. 건축물 인증지표 및 기준 〉

장애물 없는 생활환경 인증기준 - 건축물

평가부문	1	매개시설
평가범주	1.3	출입구(문)
평가항목	1.3.3	유효폭

■ 세부평가기준

평가목적	출입구(문)의 유효폭을 평가하여 장애인 및 노약자 등 이용자들이 출입하는데 어려움이 없도록 적절한 유효폭을 확보하도록 함
평가방법	출입구(문)의 통과 유효폭 확보 정도 평가
배 점	3점 (평가항목)
산출기준	• 평점 = 출입구(문) 유효폭의 평가등급에 해당하는 평가항목 점수로 평가 | 구분	유효폭	평가항목 점수
---	---	---
최우수	출입구(문)의 유효폭 1.2m이상	3.0
우 수	출입구(문)의 유효폭 1.0m이상	2.4
일 반	출입구(문)의 유효폭 0.9m이상	2.1	 - 출입문의 유효폭은 문틀 내부 폭에서 경첩의 내민 거리와 문의 두께를 뺀 나머지 폭으로 측정함 - 주출입구(문)에 높이차이가 있으나 불가피하게 경사로를 설치하지 못하고, 부출입구(문)로 출입이 가능한 경우, 부출입구(문) 이용에 대한 연속적인 안내 및 유도 표시가 마련된 경우에 한하여 부출입구(문)를 주출입구(문)로 대신하여 평가가 가능함

■ 평가 참고자료 및 제출서류

참고자료	- 장애인·노인·임산부 등의 편의증진보장에 관한 법률 시행규칙 별표1 제6호 - 일본 동경도 복지마을 만들기 조례 - 독일 편의증진 관련법규(DIN 18024 Teil 2) - 스위스 편의증진 관련법규(Norm SN 521 500)
제출서류	예비인증	- 1층 평면도 - 출입구 평면도 - 출입구 단면도 - 출입구 상세도 - 창호 상세도 ※ 위 제출서류 중 평가항목의 조건을 만족하는 서류제출
	본인증	- 예비인증시와 동일(출입구 사진 첨부)

장애물 없는 생활환경 인증기준 - 건축물

평가부문	1	매개시설
평가범주	1.3	출입구(문)
평가항목	1.3.4	단차

■ 세부평가기준

평가목적	출입구(문)의 단차를 평가하여 휠체어사용자가 출입하는데 어려움이 없도록 하고, 노인 및 임산부 등 다양한 이용자들이 걸려 넘어질 위험이 없도록 함
평가방법	출입구(문) 턱의 높이 차이 정도 평가
배 점	3점 (평가항목)
산출기준	• 평점 = 주출입문 단차의 평가등급에 해당하는 평가항목 점수로 평가 | 구분	단차	평가항목 점수
---	---	---
최우수	출입구(문) 단차 전혀 없음	3.0
우 수	출입구(문) 단차 2cm이하	2.4	 - 출입구(문)에 문턱 등으로 인한 2cm이상의 단차가 있으나, 턱낮추기를 통하여 단차를 극복한 경우 우 수로 평가함 - 주출입구(문)에 높이차이가 있으나 불가피하게 경사로를 설치하지 못하고, 부출입구(문)로 출입이 가능한 경우, 부출입구(문) 이용에 대한 연속적인 안내 및 유도 표시가 마련된 경우에 한하여 부출입구(문)를 주출입구(문)로 대신하여 평가가 가능함

■ 평가 참고자료 및 제출서류

참고자료	- 장애인·노인·임산부 등의 편의증진보장에 관한 법률 시행규칙 별표1 제6호 - 일본 동경도 복지마을 만들기 조례 - 독일 편의증진 관련법규(DIN 18024 Teil 2) - 스위스 편의증진 관련법규(Norm SN 521 500)
제출서류	예비인증	- 1층 평면도 - 출입구 평면도 - 출입구 단면도 - 창호 상세도 ※ 위 제출서류 중 평가항목의 조건을 만족하는 서류제출
	본인증	- 예비인증시와 동일(출입구 사진 첨부)

장애물 없는 생활환경 인증기준 - 건축물

평가부문	1	매개시설
평가범주	1.3	출입구(문)
평가항목	1.3.5	전면 유효거리

■ 세부평가기준

평가목적	출입구(문)의 전면 유효거리를 평가하여 휠체어사용자가 문을 여닫고 회전하는데 어려움이 없도록 적절한 전면 유효거리를 확보하도록 함
평가방법	출입구(문)의 전면 유효거리 확보 정도 평가
배 점	2점 (평가항목)
산출기준	• 평점 = 출입구(문) 전면 유효거리의 평가등급에 해당하는 평가항목 점수로 평가 | 구분	전면 유효거리	평가항목 점수
---	---	---
최우수	출입구(문)의 전면 유효거리 1.8m이상	2.0
우 수	출입구(문)의 전면 유효거리 1.5m이상	1.6
일 반	출입구(문)의 전면 유효거리 1.2m이상	1.4	 - 출입구(문)의 전면 유효거리라 함은 문을 여는데 필요한 소요거리를 제외한 유효거리를 지칭함 - 출입구(문)이 연속된 경우 두 문의 개폐에 필요한 소요거리를 모두 제외한 유효거리로 측정함

■ 평가 참고자료 및 제출서류

참고자료	- 장애인·노인·임산부 등의 편의증진보장에 관한 법률 시행규칙 별표1 제6호 - 일본 동경도 복지마을 만들기 조례 - 독일 편의증진 관련법규(DIN 18024 Teil 2) - 스위스 편의증진 관련법규(Norm SN 521 500)
제출서류	예비인증	- 1층 평면도 - 출입구 평면도 - 출입구 단면도 ※ 위 제출서류 중 평가항목의 조건을 만족하는 서류제출
	본인증	- 예비인증시와 동일

장애물 없는 생활환경 인증기준 - 건축물

평가부문	1	매개시설
평가범주	1.3	출입구(문)
평가항목	1.3.6	손잡이

■ 세부평가기준

평가목적	출입구(문)의 손잡이 형태 및 설치 높이를 평가하여 잡는 힘이 약한 장애인 또는 노약자 등의 이용자가 손잡이를 잡고 문을 여는데 어려움이 없는 형태의 손잡이를 설치하도록 하며, 휠체어사용자 또는 어린이 등이 잡을 수 있는 적절한 높이에 손잡이를 설치하도록 함
평가방법	출입구(문)의 손잡이 형태 및 적정 높이 평가
배 점	2점 (평가항목)
산출기준	• 평점 = 출입구(문) 손잡이 평가등급에 해당하는 평가항목 점수로 평가 | 구분	손잡이	평가항목 점수
---	---	---
최우수	자동문	2.0
우 수	손잡이는 0.8m~0.9m에 위치 수평 또는 수직막대형	1.6
일 반	손잡이는 0.8m~0.9m에 위치 레버형, 수평 또는 수직막대형 중 한 종류	1.4	 - 주출입문에 높이차이가 있으나 불가피하게 경사로를 설치하지 못하고, 부출입문으로 출입이 가능한 경우, 부출입문 이용에 대한 연속적인 안내 및 유도 표시가 마련된 경우에 한하여 부출입문을 주출입문으로 대신하여 평가가 가능함

■ 평가 참고자료 및 제출서류

참고자료	- 장애인·노인·임산부 등의 편의증진보장에 관한 법률 시행규칙 별표1 제6호 - 일본 동경도 복지마을 만들기 조례 - 독일 편의증진 관련법규(DIN 18024 Teil 2) - 스위스 편의증진 관련법규(Norm SN 521 500)
제출서류	예비인증	- 1층 평면도 - 출입구 평면도 - 출입구 단면도 ※ 위 제출서류 중 평가항목의 조건을 만족하는 서류제출
	본인증	- 예비인증시와 동일(출입구 사진 첨부)

〈 5. 건축물 인증지표 및 기준 〉

장애물 없는 생활환경 인증기준 - 건축물

평가부문	1	매개시설
평가범주	1.3	출입구(문)
평가항목	1.3.7	경고블록

■ 세부평가기준

평가목적	출입구(문)의 경고블록을 평가하여 시각장애인 및 노인 등 시력에 어려움을 겪는 사용자들이 발바닥 촉감으로 문이 있음을 감지할 수 있도록 적절한 경고블록을 설치하도록 함
평가방법	시각장애인에게 위험을 알려주는 경고블록의 설치 여부 평가
배 점	2점 (평가항목)
산출기준	• 평점 = 출입구(문)의 경고블록 평가등급에 해당하는 평가항목 점수로 평가 <table><tr><th>구분</th><th>경고블록</th><th>평가항목 점수</th></tr><tr><td>최우수</td><td>우수의 조건을 만족하며, 손끼임 방지설비 설치</td><td>2.0</td></tr><tr><td>우 수</td><td>출입구(문) 0.3m 전후면에 문의 폭만큼 표준형 점형블록 설치</td><td>1.6</td></tr><tr><td>일 반</td><td>출입구(문) 0.3m 전후면에 문의 폭만큼 바닥 색상 및 재질의 변화를 통하여 경고 표시</td><td>1.4</td></tr></table> - 주출입구(문)에 높이차이가 있으나 불가피하게 경사로를 설치하지 못하고, 부출입구(문)로 출입이 가능한 경우, 부출입구(문) 이용에 대한 연속적인 안내 및 유도 표시가 마련된 경우에 한하여 부출입구(문)를 주출입구(문)로 대신하여 평가가 가능함 - 자동문인 경우에는 자동센서 영역내에 점형블록이 설치되어야 함

■ 평가 참고자료 및 제출서류

참고자료	- 장애인·노인·임산부 등의 편의증진보장에 관한 법률 시행규칙 별표1 제6호 - 일본 동경도 복지마을 만들기 조례 - 독일 편의증진 관련법규(DIN 18024 Teil 2) - 스위스 편의증진 관련법규(Norm SN 521 500)
제출서류	예비인증	- 1층 평면도 - 출입구 평면도 - 출입구 단면도 ※ 위 제출서류 중 평가항목의 조건을 만족하는 서류제출
	본인증	- 예비인증시와 동일(출입구 사진 첨부)

장애물 없는 생활환경 인증기준 - 건축물

평가부문	2	내부시설
평가범주	2.1	일반 출입문
평가항목	2.1.1	단차

■ 세부평가기준

평가목적	일반 출입문의 단차를 평가하여 휠체어사용자가 문을 출입하는데 어려움이 없도록 하고, 노인 및 임산부 등 다양한 이용자들이 걸려 넘어질 위험이 없도록 함
평가방법	일반 출입문의 단차로 평가
배 점	3점 (평가항목)
산출기준	• 평점 = 일반 출입문 단차의 평가등급에 해당하는 평가항목 점수로 평가 <table><tr><th>구분</th><th>단차</th><th>평가항목 점수</th></tr><tr><td>최우수</td><td>모든 문에 단차 전혀 없음</td><td>3.0</td></tr><tr><td>우 수</td><td>모든 문에 단차 2cm이하</td><td>2.4</td></tr></table> - 일반 출입문에 문턱 등으로 인한 2cm이상의 단차가 있으나, 턱낮추기를 통하여 단차를 극복한 경우 최하등급으로 평가함

■ 평가 참고자료 및 제출서류

참고자료	- 장애인·노인·임산부 등의 편의증진보장에 관한 법률 시행규칙 별표1 제6호 - 일본 동경도 복지마을 만들기 조례 - 독일 편의증진 관련법규(DIN 18024 Teil 2) - 스위스 편의증진 관련법규(Norm SN 521 500)
제출서류	예비인증	- 각층 평면도 - 창호 상세도 ※ 위 제출서류 중 평가항목의 조건을 만족하는 서류제출
	본인증	- 예비인증시와 동일(일반 출입문 종류별 사진 첨부)

장애물 없는 생활환경 인증기준 - 건축물

평가부문	2	내부시설
평가범주	2.1	일반 출입문
평가항목	2.1.2	유효폭

■ 세부평가기준

평가목적	일반 출입문의 유효폭을 평가하여 장애인 및 노약자 등 이동자가 문을 출입하는데 어려움이 없도록 적절한 유효폭을 확보하도록 함
평가방법	일반 출입문의 통과 가능한 유효폭 평가
배 점	3점 (평가항목)
산출기준	• 평점 = 일반 출입문 유효폭의 평가등급에 해당하는 평가항목 점수로 평가 <table><tr><th>구분</th><th>유효폭</th><th>평가항목 점수</th></tr><tr><td>최우수</td><td>모든 문의 유효폭 1.0m이상</td><td>3.0</td></tr><tr><td>우 수</td><td>모든 문의 유효폭 0.9m이상</td><td>2.4</td></tr></table> - 일반 출입문의 유효폭은 문틀 내부 폭에서 경첩의 내민 거리와 문의 두께를 뺀 나머지 폭으로 측정함

■ 평가 참고자료 및 제출서류

참고자료	- 장애인·노인·임산부 등의 편의증진보장에 관한 법률 시행규칙 별표1 제6호 - 일본 동경도 복지마을 만들기 조례 - 독일 편의증진 관련법규(DIN 18024 Teil 2) - 스위스 편의증진 관련법규(Norm SN 521 500)
제출서류	예비인증	- 각층 평면도 - 창호 상세도 ※ 위 제출서류 중 평가항목의 조건을 만족하는 서류제출
	본인증	- 예비인증시와 동일

장애물 없는 생활환경 인증기준 - 건축물

평가부문	2	내부시설
평가범주	2.1	일반 출입문
평가항목	2.1.3	전·후면 유효거리

■ 세부평가기준

평가목적	일반 출입문의 전·후면 유효거리를 평가하여 휠체어사용자가 문을 여닫고 회전하는데 어려움이 없도록 적절한 전·후면 유효거리를 확보하도록 함
평가방법	일반 출입문의 전·후면 유효거리 평가
배 점	3점 (평가항목)
산출기준	• 평점 = 일반 출입문 전·후면 유효거리의 평가등급에 해당하는 평가항목 점수로 평가 <table><tr><th>구분</th><th>전면 유효거리</th><th>평가항목 점수</th></tr><tr><td>최우수</td><td>모든 문의 전·후면 유효거리 1.8m이상</td><td>3.0</td></tr><tr><td>우 수</td><td>모든 문의 전·후면 유효거리 1.5m이상</td><td>2.4</td></tr><tr><td>일 반</td><td>모든 문의 전·후면 유효거리 1.2m이상</td><td>2.1</td></tr></table> - 일반 출입문의 전·후면 유효거리라 함은 문을 여닫는데 필요한 소요거리를 제외 유효거리를 지칭함 - 출입문이 연속된 경우 두 문의 개폐에 필요한 소요거리를 모두 제외한 유효거리로 측정함

■ 평가 참고자료 및 제출서류

참고자료	- 장애인·노인·임산부 등의 편의증진보장에 관한 법률 시행규칙 별표1 제6호 - 일본 동경도 복지마을 만들기 조례 - 독일 편의증진 관련법규(DIN 18024 Teil 2) - 스위스 편의증진 관련법규(Norm SN 521 500)
제출서류	예비인증	- 각층 평면도 - 창호 상세도 ※ 위 제출서류 중 평가항목의 조건을 만족하는 서류제출
	본인증	- 예비인증시와 동일

< 5. 건축물 인증지표 및 기준 >

장애물 없는 생활환경 인증기준 - 건축물

평가부문	2	내부시설
평가범주	2.1	일반 출입문
평가항목	2.1.4	손잡이 및 점자표지판

■ 세부평가기준

평가목적	일반출입문의 손잡이 형태 및 설치 높이, 점자표지판을 평가하여 잡는 힘이 약한 장애인 또는 노약자 등의 이용자가 손잡이를 잡고 문을 여는데 어려움이 없는 형태의 손잡이를 설치하도록 하며, 휠체어사용자 또는 어린이 등이 잡을 수 있는 적절한 높이에 손잡이를 설치하도록 하고, 시각장애인이 각 실의 용도를 알 수 있도록 적절한 높이에 점자표지판을 설치하도록 함
평가방법	손잡이의 위치 및 형태가 규정에 적합한지 여부 및 출입구 점자표지판 부착 여부로 평가
배 점	3점 (평가항목)

산출기준	• 평점 = 일반 출입구(문) 손잡이 및 점자표지판 평가등급에 해당하는 평가항목 점수로 평가

구분	손잡이 및 점자표지판	평가항목 점수
최우수	우수의 조건을 만족하며, 미닫이문 또는 자동문	3.0
우 수	출입구 옆 벽면의 1.5m 높이에 점자표지판 부착 손잡이 높이는 중앙지점이 바닥면으로부터 0.8m~0.9m에 위치하도록 설치 손잡이의 형태는 레버형이나 수평 또는 수직막대형 출입문은 여닫이형태로 출입문 옆에 0.6m이상의 활동공간을 확보	2.4

- 전시장 등 문이 없을 경우 최우수로 평가함
- 복도 손잡이가 설치된 경우에는 손잡이에 점자 표지판을 부착한 것도 출입구 옆 벽면 점자표지판과 동일시 평가함
- 미닫이 형태의 문인 경우 옆에 0.6m이상의 활동공간을 확보하거나 그에 유사한 기능의 문 (반자동문 등) 형태로 설치하여야 함

■ 평가 참고자료 및 제출서류

참고자료	- 장애인·노인·임산부 등의 편의증진보장에 관한 법률 시행규칙 별표1 제6호 - 일본 동경도 복지마을 만들기 조례 - 독일 편의증진 관련법규(DIN 18024 Teil 2) - 스위스 편의증진 관련법규(Norm SN 521 500)
제출서류	예비인증	- 각층 평면도 - 창호 상세도(일반 출입문 점자표지판 설치 상세도 포함) ※ 위 제출서류 중 평가항목의 조건을 만족하는 서류제출
	본인증	- 예비인증시와 동일(일반 출입문 종류별 사진 첨부)

장애물 없는 생활환경 인증기준 - 건축물

평가부문	2	내부시설
평가범주	2.2	복도
평가항목	2.2.1	유효폭

■ 세부평가기준

평가목적	복도의 유효폭을 평가하여 장애인 등 다양한 사용자가 이동하는데 불편함이 없는 적절한 유효폭을 확보하도록 함
평가방법	복도의 유효폭 정도로 평가
배 점	3점 (평가항목)

산출기준	• 평점 = 복도의 유효폭 평가등급에 해당하는 평가항목 점수로 평가

구분	유효폭	평가항목 점수
최우수	모든 복도의 유효폭 1.5m이상	3.0
우 수	모든 복도의 유효폭 1.2m이상	2.4

- 복도에 고정된 장애물이 있는 경우 장애물 끝에서 반대편 복도 벽까지의 거리로 복도의 유효폭을 측정함
- 건물의 전체 복도 중 폭이 가장 좁은 부분을 기준으로 복도의 유효폭을 측정함

■ 평가 참고자료 및 제출서류

참고자료	- 장애인·노인·임산부 등의 편의증진보장에 관한 법률 시행규칙 별표1 제7호 - 일본 동경도 복지마을 만들기 조례 - 독일 편의증진 관련법규(DIN 18024 Teil 2) - 스위스 편의증진 관련법규(Norm SN 521 500)
제출서류	예비인증	- 각층 평면도 - 복도 입면도 - 복도 단면도 ※ 위 제출서류 중 평가항목의 조건을 만족하는 서류제출
	본인증	- 예비인증시와 동일(복도 사진 첨부)

장애물 없는 생활환경 인증기준 - 건축물

평가부문	2	내부시설
평가범주	2.2	복도
평가항목	2.2.2	단차

■ 세부평가기준

평가목적	복도의 단차를 평가하여 휠체어사용자의 통행을 어렵게 만들고, 노약자나 임산부 등 다양한 사용자가 걸려 넘어질 위험이 있는 단차를 두지 않도록 함
평가방법	복도의 바닥면 단차 정도로 평가
배 점	3점 (평가항목)

산출기준	• 평점 = 복도 단차의 평가등급에 해당하는 평가항목 점수로 평가

구분	단차	평가항목 점수
최우수	복도에 단차가 전혀 없음	3.0
우 수	부분적으로 단차가 있으며, 기울기 1/18(5.56%/3.18°) 이하의 경사로 설치	2.4
일 반	부분적으로 단차가 있으며, 기울기 1/12(8.33%/4.76°) 이하의 경사로 설치	2.1

- 복도에 여러 부분에서 단차 발생시, 단차 중 그 높이가 가장 높은 것을 기준으로 복도의 바닥면 단차를 측정함

■ 평가 참고자료 및 제출서류

참고자료	- 장애인·노인·임산부 등의 편의증진보장에 관한 법률 시행규칙 별표1 제7호 - 일본 동경도 복지마을 만들기 조례 - 독일 편의증진 관련법규(DIN 18024 Teil 2) - 스위스 편의증진 관련법규(Norm SN 521 500)
제출서류	예비인증	- 각층 평면도 - 복도 입면도 - 복도 단면도 ※ 위 제출서류 중 평가항목의 조건을 만족하는 서류제출
	본인증	- 예비인증시와 동일(복도 혹은 홀 사진 첨부. 단, 단차가 있는 경우는 해당 부분 사진 포함)

장애물 없는 생활환경 인증기준 - 건축물

평가부문	2	내부시설
평가범주	2.2	복도
평가항목	2.2.3	바닥 마감

■ 세부평가기준

평가목적	복도의 마감을 평가하여 장애인 및 노약자 등 다양한 사용자가 미끄러지거나 걸려 넘어지지 않고 안전하게 이동이 가능하도록 함
평가방법	미끄럽지 않은 바닥 재질 및 마감의 평탄한 정도에 따른 평가
배 점	2점 (평가항목)

산출기준	• 평점 = 복도 마감의 평가등급에 해당하는 평가항목 점수로 평가

구분	바닥 마감	평가항목 점수
최우수	우수의 조건을 만족하며, 충격을 흡수하고 울림이 적은 재료 사용	2.0
우 수	일반의 조건을 만족하며, 색상 및 재질 변화로 유도	1.6
일 반	미끄럽지 않으며, 걸려 넘어질 염려 없음	1.4

- 시각장애인의 유도는 복도 벽면의 핸드레일과 바닥 재질 및 색상 변화로 이루어지도록 함
- 건축물이 한 개의 실로 구성되어 복도라고 볼 수 있는 부분이 없는 경우, 홀 등의 내부 바닥 마감으로 복도의 바닥 마감 항목을 평가함

■ 평가 참고자료 및 제출서류

참고자료	- 장애인·노인·임산부 등의 편의증진보장에 관한 법률 시행규칙 별표1 제7호 - 일본 동경도 복지마을 만들기 조례 - 독일 편의증진 관련법규(DIN 18024 Teil 2) - 스위스 편의증진 관련법규(Norm SN 521 500)
제출서류	예비인증	- 각층 평면도 - 바닥 재질 마감표 ※ 위 제출서류 중 평가항목의 조건을 만족하는 서류제출
	본인증	- 예비인증시와 동일(홀 또는 복도 바닥 등의 사진 첨부. 단, 재질이 다를 경우는 해당부분 사진 포함)

〈 5. 건축물 인증지표 및 기준 〉

장애물 없는 생활환경 인증기준 – 건축물

평가부문	2	내부시설
평가범주	2.2	복도
평가항목	2.2.4	보행장애물

■ 세부평가기준

평가목적	복도의 보행장애물을 평가하여 장애인 등 다양한 이용자가 복도의 설치물 또는 장애물로 인해 부딪히는 위험 없이 복도를 이동할 수 있도록 함
평가방법	복도의 벽면을 따라 보행하기에 부적절한 벽면 돌출물의 제거 여부 평가
배점	2점 (평가항목)

산출기준

- 평점 = 복도의 보행장애물 평가등급에 해당하는 평가항목 점수로 평가

구분	보행장애물	평가항목 점수
최우수	우수의 기준을 만족하며, 휠체어사용자의 안전을 위하여 복도의 벽면에는 바닥면으로부터 0.15m에서 0.35m까지 킥플레이트를 설치하고 복도의 모서리 부분은 둥글게 마감	2.0
우수	일반의 기준을 만족하며, 벽면에 부적절한 돌출물 및 충돌 위험이 있는 설치물이 전혀 없고 바닥면에 이동장애물이 전혀 없음	1.6
일반	벽면에 돌출물이 있으나 0.1m이내로 설치	1.4

- 복도의 보행장애물은 높이 2.1m이내에 있는 장애물만 평가함
- 건축물 내부에 여러 장애물이 있을 경우 그 돌출폭이 가장 큰 장애물을 기준으로 측정함

■ 평가 참고자료 및 제출서류

참고자료	- 장애인·노인·임산부 등의 편의증진보장에 관한 법률 시행규칙 별표1 제7호 - 일본 동경도 복지마을 만들기 조례 - 독일 편의증진 관련법규(DIN 18024 Teil 2) - 스위스 편의증진 관련법규(Norm SN 521 500)
제출서류	예비인증	- 각층 평면도 - 복도 입면도 - 복도 단면도 - 복도 설치물 설치 상세도(해당되는 경우에 한함) ※ 위 제출서류 중 평가항목의 조건을 만족하는 서류제출
	본인증	- 예비인증시와 동일(복도 사진-해당되는 부분이 있는 경우 사진 첨부)

장애물 없는 생활환경 인증기준 – 건축물

평가부문	2	내부시설
평가범주	2.2	복도
평가항목	2.2.5	연속손잡이

■ 세부평가기준

평가목적	복도의 연속손잡이를 평가하여 시설 이용자의 다수가 보행 및 시각장애인인 경우와 노인 등으로 구성된 시설의 주이동 경로상에 적절한 높이 및 형태로 손잡이를 설치하도록 함
평가방법	복도 양측면에 연속손잡이 설치 및 손잡이 규격 확보 정도 평가
배점	2점 (평가항목)

산출기준

- 평점 = 복도의 연속손잡이 평가등급에 해당하는 평가항목 점수로 평가

구분	연속손잡이	평가항목 점수
최우수	우수의 기준을 만족하며 차갑거나 미끄럽지 않은 재질 사용	2.0
우수	연속손잡이 설치(1단 설치) 및 손잡이 끝부분에 점자 표기)	1.6
일반	연속손잡이 설치(1단 설치)	1.4

- 복도의 손잡이는 설치 높이 0.8m~0.9m, 굵기 3.2cm~3.8cm 규정에 적합한 손잡이를 연속되게 설치하여야 하며, 손잡이를 설치하더라도 규정에 적합하지 않으면 평가등급을 받을 수 없음
- 어린이관련시설인 경우에는 연속손잡이 높이가 0.65m 내외에 있어야 동일하게 평가함

■ 평가 참고자료 및 제출서류

참고자료	- 장애인·노인·임산부 등의 편의증진보장에 관한 법률 시행규칙 별표1 제7호 - 일본 동경도 복지마을 만들기 조례 - 독일 편의증진 관련법규(DIN 18024 Teil 2) - 스위스 편의증진 관련법규(Norm SN 521 500)
제출서류	예비인증	- 각층 평면도 - 복도 입면도 - 손잡이 설치 상세도 ※ 위 제출서류 중 평가항목의 조건을 만족하는 서류제출
	본인증	- 예비인증시와 동일

장애물 없는 생활환경 인증기준 – 건축물

평가부문	2	내부시설
평가범주	2.3	계단
평가항목	2.3.1	형태 및 유효폭

■ 세부평가기준

평가목적	계단의 형태 및 유효폭을 평가하여 장애인 등 다양한 사용자가 이동하는데 불편함이 없는 적절한 유효폭을 확보하도록 하고, 지팡이가 빠지지 않도록 적절한 높이의 추락방지턱을 설치하도록 함
평가방법	계단의 형태 및 유효폭 정도, 난간하부에 추락방지턱 설치 여부평가
배점	3점 (평가항목)

산출기준

- 평점 = 계단의 형태 및 유효폭 평가등급에 해당하는 평가항목 점수로 평가

구분	계단 형태 및 유효폭	평가항목 점수
최우수	우수의 기준을 만족하며, 계단 및 참의 유효폭 1.5m이상 확보	3.0
우수	일반의 기준을 만족하며, 계단은 직선 또는 꺾임형태로 설치하고, 2cm이상의 추락방지턱 설치	2.4
일반	모든 계단 및 참의 유효폭 1.2m이상 확보	2.1

- 계단 및 참의 유효폭은 추락방지턱부터 반대편 계단 벽면까지의 폭을 측정하며, 건축물 내 여러 개의 계단이 있는 경우 주계단을 평가대상으로 함

■ 평가 참고자료 및 제출서류

참고자료	- 장애인·노인·임산부 등의 편의증진보장에 관한 법률 시행규칙 별표1 제8호 - 일본 동경도 복지마을 만들기 조례 - 독일 편의증진 관련법규(DIN 18024 Teil 2) - 스위스 편의증진 관련법규(Norm SN 521 500)
제출서류	예비인증	- 기준층 평면도 - 계단 상세도 ※ 위 제출서류 중 평가항목의 조건을 만족하는 서류제출
	본인증	- 예비인증시와 동일(계단 사진 첨부)

장애물 없는 생활환경 인증기준 – 건축물

평가부문	2	내부시설
평가범주	2.3	계단
평가항목	2.3.2	챌면 및 디딤판

■ 세부평가기준

평가목적	계단의 챌면 및 디딤판을 평가하여 비상시나 시각장애인이 계단으로 이동할 때 일정한 높이의 계단을 딛고 이동할 수 있도록 적절한 높이와 너비의 챌면 및 디딤판을 설치하도록 함
평가방법	계단에 챌면 및 디딤판 설치와 식별정도 평가
배점	3점 (평가항목)

산출기준

- 평점 = 계단의 챌면 및 디딤판 평가등급에 해당하는 평가항목 점수로 평가

구분	챌면 및 디딤판	평가항목 점수
최우수	우수의 기준을 만족하며, 조명 및 색상을 달리하여 챌면과 디딤판의 명확한 식별 가능	3.0
우수	일반의 기준을 만족하며, 1.8m이내마다 휴식참 설치	2.4
일반	모든 계단에 챌면 설치 챌면 0.18m이하, 디딤판 0.28m이상, 챌면의 기울기는 디딤판의 수평면으로부터 60°이상으로 설치 계단코는 3cm미만으로 설치	2.1

- 챌면을 수직으로 설치하는 경우에는 계단코의 색상 및 재질을 달리하면 기울기가 있는 것과 동일하게 평가함

■ 평가 참고자료 및 제출서류

참고자료	- 장애인·노인·임산부 등의 편의증진보장에 관한 법률 시행규칙 별표1 제8호 - 일본 동경도 복지마을 만들기 조례 - 독일 편의증진 관련법규(DIN 18024 Teil 2) - 스위스 편의증진 관련법규(Norm SN 521 500)
제출서류	예비인증	- 기준층 평면도 - 계단 상세도 ※ 위 제출서류 중 평가항목의 조건을 만족하는 서류제출
	본인증	- 예비인증시와 동일(계단 디딤판 사진 첨부)

〈 5. 건축물 인증지표 및 기준 〉

장애물 없는 생활환경 인증기준 – 건축물

평가부문	2	내부시설
평가범주	2.3	계단
평가항목	2.3.3	바닥 마감

■ 세부평가기준

평가목적	계단의 마감을 평가하여 장애인 및 노약자 등 다양한 사용자가 미끄러지거나 걸려 넘어지지 않고 안전하게 계단의 이동이 가능하도록 함
평가방법	미끄럽지 않은 바닥 재질 및 마감의 평탄한 정도와 계단코의 미끄럼방지설비 설치 여부 평가
배 점	2점 (평가항목)

산출기준	• 평점 = 계단의 마감 평가등급에 해당하는 평가항목 점수로 평가

구분	바닥 마감	평가항목 점수
최우수	계단 전체의 바닥표면이 전혀 미끄럽지 않은 재질로 평탄하게 마감 발디딤 부분은 촉각 혹은 시각적인 재료를 사용하여 잘 인지될 수 있는 것을 사용	2.0
우 수	계단코에 경질고무류, 줄눈 등의 미끄럼방지설비를 설치하고, 걸려 넘어질 염려 없음	1.6

■ 평가 참고자료 및 제출서류

참고자료	- 장애인·노인·임산부 등의 편의증진보장에 관한 법률 시행규칙 별표1 제8호 - 일본 동경도 복지마을 만들기 조례 - 독일 편의증진 관련법규(DIN 18024 Teil 2) - 스위스 편의증진 관련법규(Norm SN 521 500)
제출서류	예비인증	- 기준층 평면도 - 계단 상세도(미끄럼방지설비 설치 상세도 포함) ※ 위 제출서류 중 평가항목의 조건을 만족하는 서류제출
	본인증	- 예비인증시와 동일

장애물 없는 생활환경 인증기준 – 건축물

평가부문	2	내부시설
평가범주	2.3	계단
평가항목	2.3.4	손잡이

■ 세부평가기준

평가목적	계단 손잡이를 평가하여 지탱하는 힘이 약한 장애인 등 다양한 이용자가 손잡이에 지탱하여 계단을 이동하거나, 시각장애인이 손잡이를 잡고 이동할 수 있도록 적절한 높이 및 형태로 손잡이를 설치하도록 함
평가방법	계단 양측면 연속된 손잡이의 높이 및 굵기로 평가
배 점	2점 (평가항목)

산출기준	• 평점 = 계단 손잡이의 평가등급에 해당하는 평가항목 점수로 평가

구분	손잡이	평가항목 점수
최우수	우수의 조건을 만족하며, 차갑지 않고 미끄럽지 않은 재질 사용	2.0
우 수	연속손잡이 1단 설치 주변으로부터 쉽게 구분 가능 손잡이의 양끝부분 및 굴절부분에는 층수·위치 등을 나타내는 점자표지판을 부착	1.6

- 계단의 손잡이는 설치 높이 0.8m~0.9m, 굵기 3.2cm~3.8cm 규정에 적합한 손잡이를 설치하여야 함
- 2중으로 설치하는 경우에는 위쪽 손잡이는 0.85m내외, 아래쪽 손잡이는 0.65m내외로 하여야 함
- 손잡이를 설치하더라도 규정에 적합하지 않으면 평가등급을 받을 수 없음
- 어린이관련시설인 경우에는 연속손잡이 설치 높이는 0.65m내외에 설치되어야만 최우수로 평가함

■ 평가 참고자료 및 제출서류

참고자료	- 장애인·노인·임산부 등의 편의증진보장에 관한 법률 시행규칙 별표1 제7호, 제8호 - 일본 동경도 복지마을 만들기 조례 - 독일 편의증진 관련법규(DIN 18024 Teil 2) - 스위스 편의증진 관련법규(Norm SN 521 500)
제출서류	예비인증	- 기준층 평면도 - 계단 상세도 - 계단 손잡이 설치 상세도 ※ 위 제출서류 중 평가항목의 조건을 만족하는 서류제출
	본인증	- 예비인증시와 동일

장애물 없는 생활환경 인증기준 – 건축물

평가부문	2	내부시설
평가범주	2.3	계단
평가항목	2.3.5	점형블록

■ 세부평가기준

평가목적	계단의 점형블록을 평가하여 시각장애인 및 노인 등 시력에 어려움을 겪는 사용자들이 발바닥 촉감으로 계단이 시작되고 끝지점을 인지할 수 있도록 적절한 경고블록을 설치하도록 함
평가방법	계단의 시작과 끝지점의 점형블록 설치 평가
배 점	2점 (평가항목)

산출기준	• 평점 = 계단의 점형블록 평가등급에 해당하는 평가항목 점수로 평가

구분	점형블록	평가항목 점수
최우수	계단참을 포함하여 계단의 시작과 끝지점에 표준형 점형블록 설치	2.0
우 수	계단참을 포함하여 계단의 시작과 끝지점에 바닥 재질 변화를 통한 경고표시 설치	1.6

■ 평가 참고자료 및 제출서류

참고자료	- 장애인·노인·임산부 등의 편의증진보장에 관한 법률 시행규칙 별표1 제8호 - 일본 동경도 복지마을 만들기 조례 - 독일 편의증진 관련법규(DIN 18024 Teil 2) - 스위스 편의증진 관련법규(Norm SN 521 500)
제출서류	예비인증	- 기준층 평면도 - 계단 상세도 - 계단 경고블록 설치 상세도 ※ 위 제출서류 중 평가항목의 조건을 만족하는 서류제출
	본인증	- 예비인증시와 동일(계단 점형블록 설치 사진 첨부)

장애물 없는 생활환경 인증기준 – 건축물

평가부문	2	내부시설
평가범주	2.4	경사로
평가항목	2.4.1	유효폭

■ 세부평가기준

평가목적	경사로의 유효폭을 평가하여 장애인 등 다양한 사용자가 경사로를 이동하는데 불편함이 없는 적절한 유효폭을 확보하도록 함
평가방법	경사로 유효폭 확보 정도 평가
배 점	3점 (평가항목)

산출기준	• 평점 = 경사로 유효폭의 평가등급에 해당하는 평가항목 점수로 평가

구분	유효폭	평가항목 점수
최우수	우수의 조건을 만족하며, 경사로의 유효폭이 1.5m이상 확보	3.0
우 수	일반의 조건을 만족하며, 5cm이상의 추락방지턱 또는 측벽을 설치	2.4
일 반	경사로의 유효폭이 1.2m이상	2.1

- 경사로의 유효폭은 추락방지턱으로부터 반대편 벽면까지의 거리로 측정함

■ 평가 참고자료 및 제출서류

참고자료	- 장애인·노인·임산부 등의 편의증진보장에 관한 법률 시행규칙 별표1 제12호 - 일본 동경도 복지마을 만들기 조례 - 독일 편의증진 관련법규(DIN 18024 Teil 2) - 스위스 편의증진 관련법규(Norm SN 521 500)
제출서류	예비인증	- 기준층 평면도 - 경사로 상세도 ※ 위 제출서류 중 평가항목의 조건을 만족하는 서류제출
	본인증	- 예비인증시와 동일(경사로 사진 첨부)

〈 5. 건축물 인증지표 및 기준 〉

장애물 없는 생활환경 인증기준 – 건축물

평가부문	2 내부시설
평가범주	2.4 경사로
평가항목	2.4.2 기울기

■ 세부평가기준

평가목적	경사로의 기울기를 평가하여 휠체어사용자가 안전하게 층간 이동이 가능하도록 하며, 노약자나 임산부 등 다양한 이용자가 편리하게 이동 가능하도록 함
평가방법	경사로의 기울기 정도 평가
배점	3점 (평가항목)

산출기준	• 평점 = 경사로의 기울기 평가등급에 해당하는 평가항목 점수로 평가

구분	기울기	평가항목 점수
최우수	1/18(5.56%/3.18°)이하로 설치하고, 횡단구배가 없음	3.0
우수	1/12(8.33%/4.76°)이하로 설치하고, 횡단구배가 없음	2.4

■ 평가 참고자료 및 제출서류

참고자료	- 장애인·노인·임산부 등의 편의증진보장에 관한 법률 시행규칙 별표1 제12호 - 일본 동경도 복지마을 만들기 조례 - 독일 편의증진 관련법규(DIN 18024 Teil 2) - 스위스 편의증진 관련법규(Norm SN 521 500)
제출서류 (예비인증)	- 경사로 상세도(단면도 포함) ※ 위 제출서류 중 평가항목의 조건을 만족하는 서류제출
제출서류 (본인증)	- 예비인증시와 동일

장애물 없는 생활환경 인증기준 – 건축물

평가부문	2 내부시설
평가범주	2.4 경사로
평가항목	2.4.3 바닥 마감

■ 세부평가기준

평가목적	경사로의 마감 상태를 평가하여 장애인 및 노약자 등 다양한 사용자가 미끄러지거나 걸려 넘어지지 않고 안전하게 경사로를 이용하여 층간 이동이 가능하도록 함
평가방법	미끄럽지 않은 바닥 재질 및 마감의 평탄한 정도와 미끄럼 정도의 평가
배점	2점 (평가항목)

산출기준	• 평점 = 경사로 마감의 평가등급에 해당하는 평가항목 점수로 평가

구분	바닥 마감	평가항목 점수
최우수	우수의 조건을 만족하며, 충격은 흡수하고 울림이 적은 재료 사용	2.0
우수	미끄럼 방지용 타일을 사용하고, 걸려 넘어질 염려 없음	1.6

■ 평가 참고자료 및 제출서류

참고자료	- 장애인·노인·임산부 등의 편의증진보장에 관한 법률 시행규칙 별표1 제12호 - 일본 동경도 복지마을 만들기 조례 - 독일 편의증진 관련법규(DIN 18024 Teil 2) - 스위스 편의증진 관련법규(Norm SN 521 500)
제출서류 (예비인증)	- 경사로 상세도 - 바닥 마감 계획 상세도 ※ 위 제출서류 중 평가항목의 조건을 만족하는 서류제출
제출서류 (본인증)	- 예비인증시와 동일(경사로 바닥 사진 첨부)

장애물 없는 생활환경 인증기준 – 건축물

평가부문	2 내부시설
평가범주	2.4 경사로
평가항목	2.4.4 활동공간 및 휴식참

■ 세부평가기준

평가목적	경사로의 활동공간을 평가하여 휠체어사용자가 이동하고 회전하는데 어려움이 없도록 적절한 전면 활동공간을 확보하도록 함
평가방법	경사로의 시작과 끝, 굴절부분 및 휴식참에 활동공간 확보 여부 평가
배점	2점 (평가항목)

산출기준	• 평점 = 경사로 활동공간 및 휴식참의 평가등급에 해당하는 평가항목 점수로 평가

구분	활동공간 및 휴식참	평가항목 점수
최우수	우수의 조건을 만족하며, 휠체어충돌에 따른 충격을 완화하기 위하여 벽에 충격방지용 매트를 부착	2.0
우수	일반의 조건을 만족하며, 양측면에 휠체어바퀴가 경사로 밖으로 미끄러져 나가지 아니하도록 5cm이상의 추락방지턱 또는 측벽 설치	1.6
일반	바닥면으로부터 높이0.75m 이내마다 수평면으로 된 1.5m이상의 휴식참 설치, 경사로의 시작과 끝, 굴절부분에는 1.5m×1.5m이상의 활동공간 확보	1.4

- 경사로의 굴절부분과 참에 1.5m×1.5m이상의 수평면으로 된 활동공간을 두는 것은 휴식공간이지 상행과 하행의 휠체어가 교행할 수 있도록 방향전환하기 위함
- 단, 직선형 경사로 참의 폭은 경사로 폭으로 평가 가능함

■ 평가 참고자료 및 제출서류

참고자료	- 장애인·노인·임산부 등의 편의증진보장에 관한 법률 시행규칙 별표1 제12호 - 일본 동경도 복지마을 만들기 조례 - 독일 편의증진 관련법규(DIN 18024 Teil 2) - 스위스 편의증진 관련법규(Norm SN 521 500)
제출서류 (예비인증)	- 경사로 상세도 ※ 위 제출서류 중 평가항목의 조건을 만족하는 서류제출
제출서류 (본인증)	- 예비인증시와 동일

장애물 없는 생활환경 인증기준 – 건축물

평가부문	2 내부시설
평가범주	2.4 경사로
평가항목	2.4.5 손잡이

■ 세부평가기준

평가목적	경사로 손잡이를 평가하여 지탱하는 힘이 약한 장애인 등 다양한 이용자가 손잡이에 지탱하여 경사로를 이동하거나, 시각장애인이 손잡이를 잡고 이동할 수 있도록 적절한 높이 및 형태로 손잡이를 설치하도록 함
평가방법	경사로의 양측면 손잡이 높이 및 굵기로 평가
배점	2점 (평가항목)

산출기준	• 평점 = 경사로 손잡이의 평가등급에 해당하는 평가항목 점수로 평가

구분	손잡이	평가항목 점수
최우수	우수의 기준을 만족하며, 연속손잡이 2단 설치	2.0
우수	일반의 기준을 만족하며, 차갑고 미끄럽지 않은 재질 사용	1.6
일반	연속손잡이 1단 설치 색상 및 명도차이가 명확해서 주변으로부터 쉽게 구분 가능 손잡이의 양끝부분 및 굴절부분에는 층수·위치 등을 나타내는 점자표지판을 부착	1.4

- 경사로의 손잡이는 설치 높이 0.8m~0.9m, 굵기 3.2cm~3.8cm 규정에 적합한 손잡이를 설치하여야 함
- 2중으로 설치하는 경우에는 위쪽 손잡이는 0.85m내외, 아래쪽 손잡이는 0.65m내외로 하여야 함
- 손잡이를 설치하더라도 규정에 적합하지 않으면 평가등급을 받을 수 없음

■ 평가 참고자료 및 제출서류

참고자료	- 장애인·노인·임산부 등의 편의증진보장에 관한 법률 시행규칙 별표1 제7호, 제12호 - 일본 동경도 복지마을 만들기 조례 - 독일 편의증진 관련법규(DIN 18024 Teil 2) - 스위스 편의증진 관련법규(Norm SN 521 500)
제출서류 (예비인증)	- 경사로 상세도 - 경사로 손잡이 상세도 ※ 위 제출서류 중 평가항목의 조건을 만족하는 서류제출
제출서류 (본인증)	- 예비인증시와 동일(경사로 사진 첨부)

< 5. 건축물 인증지표 및 기준 >

장애물 없는 생활환경 인증기준 - 건축물	
평가부문	2 내부시설
평가범주	2.5 승강기
평가항목	2.5.1 전면활동공간

■ 세부평가기준

평가목적	승강기 전면활동공간을 평가하여 승강기를 이용하는데 휠체어사용자가 회전하거나 이동하는데 어려움이 없도록 적절한 전면 활동공간을 확보하여 불편함이 없도록 함
평가방법	승강기 및 리프트 전면공간 확보 정도 평가
배점	2점 (평가항목)
산출기준	• 평점 = 승강기의 전면활동공간 평가등급에 해당하는 평가항목 점수로 평가

구분	전면활동공간	평가항목 점수
최우수	전면에 1.5m×1.5m이상의 활동공간 확보	2.0
우수	전면에 1.4m×1.4m이상의 활동공간 확보	1.6

■ 평가 참고자료 및 제출서류

참고자료	- 장애인·노인·임산부 등의 편의증진보장에 관한 법률 시행규칙 별표1 제9호 - 일본 동경도 복지마을 만들기 조례 - 독일 편의증진 관련법규(DIN 18024 Teil 2) - 스위스 편의증진 관련법규(Norm SN 521 500)
제출서류	예비인증	- 기준층 평면도 - 승강기 상세도 ※ 위 제출서류 중 평가항목의 조건을 만족하는 서류제출
	본인증	- 예비인증시와 동일(승강기 사진 첨부)

장애물 없는 생활환경 인증기준 - 건축물	
평가부문	2 내부시설
평가범주	2.5 승강기
평가항목	2.5.2 통과 유효폭

■ 세부평가기준

평가목적	승강기 통과 유효폭을 평가하여 장애인 및 노약자 등 다양한 사용자가 승강기를 이용하는데 불편함이 없도록 적절한 유효폭을 확보하도록 함
평가방법	승강기 출입문의 유효통과폭 정도 평가
배점	2점 (평가항목)
산출기준	• 평점 = 승강기 통과 유효폭의 평가등급에 해당하는 평가항목 점수로 평가

구분	통과 유효폭	평가항목 점수
최우수	우수의 조건을 만족하며, 통과 유효폭 1.2m이상	2.0
우수	일반의 조건을 만족하며, 통과 유효폭 1.0m이상	1.6
일반	통과 유효폭 0.8m이상, 승강장바닥과 승강기바닥의 틈은 3cm이하, 되열림장치를 설치	1.4

■ 평가 참고자료 및 제출서류

참고자료	- 장애인·노인·임산부 등의 편의증진보장에 관한 법률 시행규칙 별표1 제9호 - 일본 동경도 복지마을 만들기 조례 - 독일 편의증진 관련법규(DIN 18024 Teil 2) - 스위스 편의증진 관련법규(Norm SN 521 500)
제출서류	예비인증	- 기준층 평면도 - 승강기 상세도 ※ 위 제출서류 중 평가항목의 조건을 만족하는 서류제출
	본인증	- 예비인증시와 동일(승강기 사진 첨부)

장애물 없는 생활환경 인증기준 - 건축물	
평가부문	2 내부시설
평가범주	2.5 승강기
평가항목	2.5.3 유효바닥면적

■ 세부평가기준

평가목적	승강기 내부 유효바닥면적을 평가하여 휠체어사용자가 승강기 내부에서 회전하거나 승강기를 이용하는데 불편함이 없도록 승강기 내부의 적절한 유효바닥면적을 확보하도록 함
평가방법	승강기 내부의 유효바닥면적 정도 평가
배점	2점 (평가항목)
산출기준	• 평점 = 승강기의 유효바닥면적 평가등급에 해당하는 평가항목 점수로 평가

구분	유효바닥면적	평가항목 점수
최우수	폭 1.6m이상, 깊이 1.4m이상	2.0
우수	폭 1.6m이상, 깊이 1.35m이상	1.6

- 다만, 기존 건축물 인증의 경우 구조상의 사유로 승강기 폭 1.1m이상, 깊이 1.35m 이상이며 승강기내부의 후면에는 출입문의 개폐부를 확인할 수 있는 견고한 재질의 거울 등을 부착할 경우 우수로 평가 가능함

■ 평가 참고자료 및 제출서류

참고자료	- 장애인·노인·임산부 등의 편의증진보장에 관한 법률 시행규칙 별표1 제9호 - 일본 동경도 복지마을 만들기 조례 - 독일 편의증진 관련법규(DIN 18024 Teil 2) - 스위스 편의증진 관련법규(Norm SN 521 500)
제출서류	예비인증	- 기준층 평면도 - 승강기 상세도 ※ 위 제출서류 중 평가항목의 조건을 만족하는 서류제출
	본인증	- 예비인증시와 동일

장애물 없는 생활환경 인증기준 - 건축물	
평가부문	2 내부시설
평가범주	2.5 승강기
평가항목	2.5.4 이용자 조작설비

■ 세부평가기준

평가목적	승강기 이용자 조작설비를 평가하여 장애인 또는 노약자 등 다양한 사용자가 승강기 이용을 위해 조작설비를 사용하는데 불편함이 없도록 적절한 형태의 이용자 조작설비를 적절한 높이에 설치하도록 함
평가방법	내·외부 조작설비 형태 및 설치 높이로 평가
배점	3점 (평가항목)
산출기준	• 평점 = 승강기의 이용자 조작설비 평가등급에 해당하는 평가항목 점수로 평가 • 세부항목 - 외부 조작설비

구분	외부 조작설비	평가항목점수
최우수	우수의 조건을 만족하며, 성인 및 시각장애인용(1.5m, 점자표시 포함), 어린이 및 휠체어사용자용(0.85m±5cm)로 구분하여 설치하고, 버튼의 크기는 최소 2cm이상으로 함	1.0
우수	일반의 조건을 만족하며, 양각형태의 버튼식을 설치하고, 버튼을 누르면 표등이 커짐	0.8
일반	설치 높이 0.8m~1.2m, 점자표시(고정식), 조작버튼전면 0.3cm전방에 점형블록 설치	0.7

• 세부항목 - 내부 가로 조작설비

구분	가로 조작설비	평가항목점수
최우수	우수의 조건을 만족하며, 밑면이 25°정도 들어올려지거나 손잡이에 연결하여 설치된 형태	1.0
우수	양각형태의 버튼식을 설치하고, 버튼을 누르면 점멸등이 커지고 음성으로 층수를 안내함 버튼 크기는 최소 2cm이상으로 함 수평손잡이와 겹치지 않도록 설치 높이 0.85m내외로 점자표시(고정식)하고 내부 모서리로부터 최소 0.4m 떨어져서 설치	0.8

• 세부항목 - 내부 세로 조작설비

구분	세로 조작설비	평가항목점수
최우수	우수의 조건을 만족하며, 버튼의 크기는 최소 2cm이상으로 함	1.0
우수	양각형태의 버튼식을 설치하고, 버튼을 누르면 점멸등이 커지고 음성으로 층수를 안내함 버튼 크기는 최소 2cm이상으로 함 설치 높이 1.5m의 범위내 설치, 점자표시(고정식) 함	0.8

- 조작설비의 버튼을 센서식으로 사용하면 평가등급을 받을 수 없음
- 토글방식의 조작설비를 설치한 경우 두 번째 눌러 취소하는 경우 취소에 대한 음성 안내가 제공되어야 함
- 통화장치 등에는 점자표시(고정식)를 하여야 함

■ 평가 참고자료 및 제출서류

참고자료	- 장애인·노인·임산부 등의 편의증진보장에 관한 법률 시행규칙 별표1 제9호 - 일본 동경도 복지마을 만들기 조례 - 독일 편의증진 관련법규(DIN 18024 Teil 2) - 스위스 편의증진 관련법규(Norm SN 521 500)
제출서류	예비인증	- 승강기 상세도 - 승강기 내외부 입면도 - 승강기 이용자 조작설비 상세도(승강기 사양서 포함) ※ 위 제출서류 중 평가항목의 조건을 만족하는 서류제출
	본인증	- 예비인증시와 동일(해당부분 사진 첨부)

< 5. 건축물 인증지표 및 기준 >

[페이지 405]

장애물 없는 생활환경 인증기준 - 건축물	
평가부문	2 내부시설
평가범주	2.5 승강기
평가항목	2.5.5 시각 및 청각장애인 안내장치

■ 세부평가기준

평가목적	승강기 도착여부를 알리는 점멸등 및 음향신호장치 설치를 통하여 장애인 등 다양한 사용자가 승강기를 이용하는데 편의를 도모하고, 승강기 문자안내 및 음성안내장치를 평가하여 시각장애인 또는 청각장애인이 승강기의 진행방향, 정지 예정층, 현재의 위치 등에 관한 적절한 안내를 받을 수 있도록 함
평가방법	승강기 및 각 층의 승강장의 시각 및 청각장애인의 안내장치 설치 여부로 평가
배 점	2점 (평가항목)
산출기준	• 평점 = 승강기의 시각 및 청각장애인 안내장치 평가등급에 해당하는 평가항목 점수로 평가 | 구분	시각 및 청각장애인 안내장치	평가항목 점수
---	---	---
최우수	승강장에 승강기 도착여부를 점멸등과 음성으로 안내하고, 승강기의 내부에는 승강기의 운행상황, 도착층을 표시하는 표시등 및 음성으로 안내	2.0
우 수	승강장에 승강기 도착여부를 점멸등과 음향으로 안내하고, 승강기의 내부에는 승강기의 운행상황, 도착층을 표시하는 표시등 및 음성으로 안내	1.6	 - 음향신호는 일정한 음을 말하며 음성을 육성으로 층수를 알려주는 것을 말함

■ 평가 참고자료 및 제출서류

참고자료	- 장애인·노인·임산부 등의 편의증진보장에 관한 법률 시행규칙 별표1 제9호 - 일본 동경도 복지마을 만들기 조례 - 독일 편의증진 관련법규 (DIN 18024 Teil 2) - 스위스 편의증진 관련법규 (Norm SN 521 500)
제출서류	예비인증	- 승강기 상세도 - 승강기 입면도 - 승강기 점멸 및 음향신호장치 설치 계획(승강기 사양서 포함) ※ 위 제출서류 중 평가항목의 조건을 만족하는 서류제출
	본인증	- 예비인증시와 동일

[페이지 406]

장애물 없는 생활환경 인증기준 - 건축물	
평가부문	2 내부시설
평가범주	2.5 승강기
평가항목	2.5.6 수평손잡이

■ 세부평가기준

평가목적	승강기 수평손잡이를 평가하여 지탱하는 힘이 부족한 장애인 등 다양한 사용자가 승강기 내부에 연속된 수평손잡이를 잡고 승강기를 이용할 수 있도록 적절한 높이에 수평손잡이를 설치할 수 있도록 함
평가방법	승강기 내부에 연속된 수평손잡이 설치 여부 평가
배 점	2점 (평가항목)
산출기준	• 평점 = 승강기의 수평손잡이 평가등급에 해당하는 평가항목 점수로 평가 | 구분	수평손잡이	평가항목 점수
---	---	---
최우수	우수의 조건을 만족하며, 차갑거나 미끄럽지 않은 재질을 사용	2.0
우 수	수평손잡이가 높이 0.85m±5cm, 지름 3.2cm~3.8cm로 벽과 손잡이 간격 5cm내외로 설치	1.6	

■ 평가 참고자료 및 제출서류

참고자료	- 장애인·노인·임산부 등의 편의증진보장에 관한 법률 시행규칙 별표1 제7호, 제9호 - 일본 동경도 복지마을 만들기 조례 - 독일 편의증진 관련법규 (DIN 18024 Teil 2) - 스위스 편의증진 관련법규 (Norm SN 521 500)
제출서류	예비인증	- 승강기 상세도 - 승강기 내부 연속 손잡이 설치 상세도 ※ 위 제출서류 중 평가항목의 조건을 만족하는 서류제출
	본인증	- 예비인증시와 동일(해당부분 사진 첨부)

[페이지 407]

장애물 없는 생활환경 인증기준 - 건축물	
평가부문	2 내부시설
평가범주	2.5 승강기
평가항목	2.5.7 점자블록

■ 세부평가기준

평가목적	승강기의 점형블록을 평가하여 시각장애인 및 노인 등 시력에 어려움을 겪는 사용자들이 승강기 버튼의 위치를 알 수 있도록 적절한 승강기 버튼 앞 바닥에 점형블록을 설치하도록 함
평가방법	승강기 버튼 앞 바닥의 점형블록 설치 평가
배 점	2점 (평가항목)
산출기준	• 평점 = 승강기의 점형블록 평가등급에 해당하는 평가항목 점수로 평가 | 구분	점형블록	평가항목 점수
---	---	---
최우수	승강기 버튼 앞 바닥에 표준형 점형블록 설치	2.0
우 수	승강기 버튼앞 바닥 재질 변화를 통한 경고표시 설치	1.6	

■ 평가 참고자료 및 제출서류

참고자료	- 장애인·노인·임산부 등의 편의증진보장에 관한 법률 시행규칙 별표1 제9호 - 일본 동경도 복지마을 만들기 조례 - 독일 편의증진 관련법규 (DIN 18024 Teil 2) - 스위스 편의증진 관련법규 (Norm SN 521 500)
제출서류	예비인증	- 기준층 평면도 - 승강기 상세도 - 승강기 경고블록 설치 상세도 ※ 위 제출서류 중 평가항목의 조건을 만족하는 서류제출
	본인증	- 예비인증시와 동일(해당부분 사진 첨부)

[페이지 408]

장애물 없는 생활환경 인증기준 - 건축물	
평가부문	3 위생시설
평가범주	3.1 장애인 등이 이용 가능한 화장실
평가항목	3.1.1 장애유형별 대응 방법

■ 세부평가기준

평가목적	장애인 등이 이용 가능한 화장실의 다양한 장애유형에 대한 대응 방법을 평가하여 장애인 등 다양한 사용자의 다양한 상황에 대응할 수 있는 다목적 화장실을 설치하도록 함
평가방법	화장실 평면구성의 장애유형별 대응 방법에 따른 평가
배 점	10점 (평가항목)
산출기준	• 평점 = 장애인 등이 이용 가능한 화장실의 평가등급에 해당하는 평가항목 점수로 평가 | 구분	장애유형별 대응 방법	평가항목 점수
---	---	---
최우수	장애인 등이 이용 가능한 화장실이 1층에 설치되고 전체층수의 50%이상 설치(장애인대변기는 남자용 및 여자용 각1개 이상 설치)	10.0
우 수	장애인 등이 이용 가능한 화장실이 1층에 설치되고 전체층수의 30%이상 설치(장애인대변기는 남자용 및 여자용 각1개 이상 설치)	8.0
일 반	최소 1개 이상의 장애인 등이 이용 가능한 화장실(장애인대변기는 남자용 및 여자용 각1개 이상 설치)	7.0	 - 다목적화장실(가족화장실)을 설치한 경우에는 심사단의 가산 평가시 추가 배점함 ※ 전체층수는 불특정다수가 이용할 수 있는 시설이 있는 층수의 합을 말함 ※ 다목적 화장실이라함은 남녀 구분없이 설치하여 장애인뿐만 아니라 가족 혹은 보호자와 함께 사용가능한 화장실을 말함

■ 평가 참고자료 및 제출서류

참고자료	- 장애인·노인·임산부 등의 편의증진보장에 관한 법률 시행규칙 별표1 제13호 - 일본 동경도 복지마을 만들기 조례 - 독일 편의증진 관련법규 (DIN 18024 Teil 2) - 스위스 편의증진 관련법규 (Norm SN 521 500)
제출서류	예비인증	- 화장실 층별 평면도 ※ 위 제출서류 중 평가항목의 조건을 만족하는 서류제출
	본인증	- 예비인증시와 동일

< 5. 건축물 인증지표 및 기준 >

장애물 없는 생활환경 인증기준 - 건축물

평가부문	3	위생시설	
평가범주	3.1	장애인 등이 이용 가능한 화장실	
평가항목	3.1.2	안내표지판	

■ 세부평가기준

평가목적	장애인 등이 이용 가능한 화장실의 안내표지판을 평가하여 장애인 등 다양한 사용자에게 화장실 내부의 위치 및 기능을 안내할 수 있도록 하고, 시각장애인이 실의 기능을 알 수 있도록 출입구(문) 옆에 점자표지판을 설치하도록 함
평가방법	장애인 등이 이용 가능한 화장실 이용 안내표지판 설치 유무 평가
배 점	5점 (평가항목)
산출기준	• 평점 = 장애인 등이 이용 가능한 화장실의 안내표지판 평가등급에 해당하는 평가항목 점수로 평가

구분	안내표지판	평가항목 점수
최우수	우수의 기준을 만족하며, 화장실 내부의 위치 및 기능을 안내할 수 있는 촉지도식 안내표지가 있음	5.0
우수	일반의 기준을 만족하며, 점자표지 0.3m 전면에 표준형 점형블록 설치	4.0
일반	화장실 출입구(문) 옆 벽면에서 1.5m 높이에 점자표지를 포함한 남여 구분 안내표지 있음 점자표지 0.3m 전면에 바닥재질 변화를 통한 경고표시 설치	3.5

- 장애인복지시설은 시각장애인이 화장실의 위치를 쉽게 알 수 있도록 하기 위하여 안내표시와 함께 음성유도장치를 설치

■ 평가 참고자료 및 제출서류

참고자료	- 장애인·노인·임산부 등의 편의증진보장에 관한 법률 시행규칙 별표1 제13호 - 일본 동경도 복지마을 만들기 조례 - 독일 편의증진 관련법규(DIN 18024 Teil 2) - 스위스 편의증진 관련법규(Norm SN 521 500)
제출서류	예비인증	- 화장실 층별 평면도 - 화장실 안내표지판 상세도 ※ 위 제출서류 중 평가항목의 조건을 만족하는 서류제출
	본인증	- 예비인증시와 동일(해당부분 사진 첨부)

장애물 없는 생활환경 인증기준 - 건축물

평가부문	3	위생시설	
평가범주	3.2	화장실의 접근	
평가항목	3.2.1	유효폭 및 단차	

■ 세부평가기준

평가목적	화장실로 접근하기 위한 통로를 평가하여 화장실로 접근하기 위한 모든 통로가 장애인 등 다양한 사용자가 이용하는데 불편함이 없도록 적절한 유효폭을 확보하고, 단차 없이 진입이 가능할 수 있도록 함
평가방법	화장실로 접근하기 위한 모든 통로의 유효폭 및 단차 정도 평가
배 점	6점 (평가항목)
산출기준	• 평점 = 화장실로 접근하기 위한 모든 통로의 유효폭 및 단차 평가등급에 해당하는 평가항목 점수로 평가 • 세부항목 - 유효폭

구분	유효폭	평가항목 점수
최우수	1.5m이상 통로폭 확보	3.0
우 수	1.2m이상 통로폭 확보	2.4
일 반	0.9m이상 통로폭 확보	2.1

• 세부항목 - 단차

구분	단차	평가항목 점수
최우수	전혀 단차 없음	3.0
우 수	단차가 있으며, 기울기 1/18(5.56%/3.18°) 이하의 경사로 설치	2.4
일 반	단차가 있으며, 기울기 1/12(8.33%/4.76°) 이하의 경사로 설치	2.1

■ 평가 참고자료 및 제출서류

참고자료	- 장애인·노인·임산부 등의 편의증진보장에 관한 법률 시행규칙 별표1 제13호 - 일본 동경도 복지마을 만들기 조례 - 독일 편의증진 관련법규(DIN 18024 Teil 2) - 스위스 편의증진 관련법규(Norm SN 521 500)
제출서류	예비인증	- 화장실 층별 평면도 ※ 위 제출서류 중 평가항목의 조건을 만족하는 서류제출
	본인증	- 예비인증시와 동일

장애물 없는 생활환경 인증기준 - 건축물

평가부문	3	위생시설	
평가범주	3.2	화장실의 접근	
평가항목	3.2.2	바닥 마감	

■ 세부평가기준

평가목적	화장실 접근로의 바닥 마감 상태를 평가하여 장애인 및 노약자 등 다양한 사용자가 미끄러지거나 걸려 넘어지지 않고 안전하게 화장실로 접근이 가능하도록 함
평가방법	화장실 바닥 마감의 평탄함 및 미끄러지는 정도 평가
배 점	4점 (평가항목)
산출기준	• 평점 = 화장실 바닥 마감의 평가등급에 해당하는 평가항목 점수로 평가

구분	바닥 마감	평가항목 점수
최우수	우수의 조건을 만족하며, 걸려 넘어질 염려가 없는 타일이나 판석마감인 경우로 줄눈이 0.5cm이하인 경우	4.0
우 수	물이 묻어도 미끄럽지 않은 타일 혹은 판석마감인 경우로 줄눈이 1cm이하인 경우임	3.2

■ 평가 참고자료 및 제출서류

참고자료	- 장애인·노인·임산부 등의 편의증진보장에 관한 법률 시행규칙 별표1 제13호 - 일본 동경도 복지마을 만들기 조례 - 독일 편의증진 관련법규(DIN 18024 Teil 2) - 스위스 편의증진 관련법규(Norm SN 521 500)
제출서류	예비인증	- 화장실 층별 평면도 - 바닥 마감 계획 상세도 ※ 위 제출서류 중 평가항목의 조건을 만족하는 서류제출
	본인증	- 예비인증시와 동일(해당부분 사진 첨부)

장애물 없는 생활환경 인증기준 - 건축물

평가부문	3	위생시설	
평가범주	3.2	화장실의 접근	
평가항목	3.2.3	출입구(문)	

■ 세부평가기준

평가목적	화장실의 출입구(문)을 평가하여 장애인 등 다양한 사용자가 화장실로 접근하는데 불편함이 없도록 적절한 형태의 출입구(문) 및 적절한 폭을 확보하도록 함
평가방법	휠체어의 접근이 가능한 출입구(문)의 형태 및 유효폭의 확보여부 평가
배 점	3점 (평가항목)
산출기준	• 평점 = 화장실의 출입구(문) 평가등급에 해당하는 평가항목 점수로 평가

구분	형태 및 유효폭	평가항목 점수
최우수	우수의 조건을 만족하며, 출입구(문) 유효폭을 1.2m이상 확보	3.0
우 수	일반의 조건을 만족하며, 출입구(문) 유효폭을 1.0m이상 확보	2.4
일 반	유효폭 0.9m이상의 여닫이, 미닫이 등의 출입문 형태로 설치	2.1

- 화장실의 출입문의 유효폭은 문틀 내부 폭에서 경첩의 내민 거리와 문의두께를 뺀 나머지 폭으로 측정함
- 화장실의 출입문이 없는 경우 화장실 출입문 형태는 자동문을 설치한 것과 동일하게 평가하고, 유효폭만으로 평가등급을 부여함

■ 평가 참고자료 및 제출서류

참고자료	- 장애인·노인·임산부 등의 편의증진보장에 관한 법률 시행규칙 별표1 제13호 - 일본 동경도 복지마을 만들기 조례 - 독일 편의증진 관련법규(DIN 18024 Teil 2) - 스위스 편의증진 관련법규(Norm SN 521 500)
제출서류	예비인증	- 화장실 층별 평면도 - 창호 상세도 - 화장실 출입문 점자표지판 및 점형블록 설치 상세도 ※ 위 제출서류 중 평가항목의 조건을 만족하는 서류제출
	본인증	- 예비인증시와 동일

< 5. 건축물 인증지표 및 기준 >

장애물 없는 생활환경 인증기준 - 건축물

평가부문	3	위생시설
평가범주	3.3	대변기
평가항목	3.3.1	칸막이 출입문

■ 세부평가기준

평가목적	대변기의 칸막이 출입문을 평가하여 대변기 칸막이 출입문이 장애인 등 다양한 사용자가 대변기로 접근하는데 불편함이 없도록 적절한 형태 및 유효폭을 확보하도록 함
평가방법	칸막이 출입문 유효폭의 휠체어 접근 가능 정도 및 출입문의 형태로 평가 칸막이 사용여부 시각설비 여부와 손잡이 및 잠금장치 형태로 평가
배점	5점 (평가항목)

산출기준	• 평점 = 대변기의 칸막이 출입문 평가등급에 해당하는 평가항목 점수로 평가
	• 세부항목 - 유효폭
	    구분 / 유효폭 / 평가항목 점수
	    최우수 / 유효폭 1.0m이상 / 2.0
	    우수 / 유효폭 0.9m이상 / 1.6
	• 세부항목 - 형태
	    구분 / 형태 / 평가항목 점수
	    최우수 / 자동문 / 1.0
	    우수 / 내부공간이 확보된 밖여닫이 또는 미닫이 형태 / 0.8
	• 세부항목 - 사용여부 설비
	    구분 / 사용여부 설비 / 평가항목 점수
	    최우수 / 불이 커지는 문자 시각설비 설치 / 1.0
	    우수 / 색상과 문자로 사용여부 알 수 있음 / 0.8
	    일반 / 색상으로 사용 여부를 알 수 있음 / 0.7
	• 세부항목 - 잠금장치
	    구분 / 잠금장치 / 평가항목 점수
	    최우수 / 누구나 사용이 편리한 버튼식 형태의 잠금장치를 설치함 / 1.0
	    우수 / 잠금장치를 설치함 / 0.8
	- 화장실 사용여부 설비는 장애인 등이 이용 가능한 화장실 칸막이 뿐 아니라 일반 칸막이에도 모두 설치하여야 함
	- 대변기 칸막이의 유효폭은 문들 내부폭에서 점힘의 내민거리와 문의 두께를 뺀 나머지 폭으로 측정함

■ 평가 참고자료 및 제출서류

참고자료	- 장애인·노인·임산부 등의 편의증진보장에 관한 법률 시행규칙 별표1 제13호 - 일본 동경도 복지마을 만들기 조례 - 독일 편의증진 관련법규(DIN 18024 Teil 2) - 스위스 편의증진 관련법규(Norm SN 521 500)
제출서류 예비인증	- 화장실 상세도(타입이 다른 경우 타입별) - 화장실 칸막이 입면도 ※ 위 제출서류 중 평가항목의 조건을 만족하는 서류제출
본인증	- 예비인증시 동일 - 해당부분 사진 첨부

장애물 없는 생활환경 인증기준 - 건축물

평가부문	3	위생시설
평가범주	3.3	대변기
평가항목	3.3.2	활동공간

■ 세부평가기준

평가목적	대변기 내부의 활동공간을 평가하여 장애인 등 다양한 사용자가 이용하는데 불편함이 없도록 적절한 활동공간을 확보하도록 함
평가방법	대변기 내부 유효 바닥면의 크기로 평가
배점	3점 (평가항목)

산출기준	• 평점 = 대변기 활동공간의 평가등급에 해당하는 평가항목 점수로 평가
	    구분 / 활동공간 / 평가항목 점수
	    최우수 / 우수의 조건을 만족하며, 대변기 유효바닥면적이 폭 2.0m이상, 깊이 2.1m이상이 되도록 설치 / 3.0
	    우수 / 대변기 유효바닥면적이 폭 1.6m이상, 깊이 2.0m이상이 되도록 설치하여야 하며, 대변기 측면 활동공간 0.75m이상 확보 및 대변기 전면 활동공간 1.4m × 1.4m 이상 확보 / 2.7
	- 장애인이 이용 가능한 화장실 칸막이의 활동공간으로 평가함

■ 평가 참고자료 및 제출서류

참고자료	- 장애인·노인·임산부 등의 편의증진보장에 관한 법률 시행규칙 별표1 제13호 - 일본 동경도 복지마을 만들기 조례 - 독일 편의증진 관련법규(DIN 18024 Teil 2) - 스위스 편의증진 관련법규(Norm SN 521 500)
제출서류 예비인증	- 화장실 상세도(타입이 다른 경우 타입별) ※ 위 제출서류 중 평가항목의 조건을 만족하는 서류제출
본인증	- 예비인증시 동일(해당부분 사진 첨부)

장애물 없는 생활환경 인증기준 - 건축물

평가부문	3	위생시설
평가범주	3.3	대변기
평가항목	3.3.3	형태

■ 세부평가기준

평가목적	대변기의 형태 및 설치 높이를 평가하여 장애인 등 다양한 사용자가 이용하는데 불편함이 없도록 적절한 형태 및 높이로 설치되도록 함
평가방법	대변기의 형태 및 설치 높이로 평가
배점	3점 (평가항목)

산출기준	• 평점 = 대변기 형태의 평가등급에 해당하는 평가항목 점수로 평가
	    구분 / 형태 / 평가항목 점수
	    최우수 / 우수의 조건을 만족하며, 비데설치 / 3.0
	    우수 / 일반의 조건을 만족하며, 대변기는 벽걸이형으로 설치 / 2.4
	    일반 / 대변기는 양변기로 설치하고, 좌대의 높이는 바닥면으로부터 0.4m~0.45m / 2.1
	- 대변기 전면에 활동공간이 1.4m×1.4m이상 확보 될 경우 우수의 벽걸이형과 동일하게 평가함
	- 대변기 전면에 활동공간이 확보되지 않을 경우 반드시 벽걸이형으로 설치함

■ 평가 참고자료 및 제출서류

참고자료	- 장애인·노인·임산부 등의 편의증진보장에 관한 법률 시행규칙 별표1 제13호 - 일본 동경도 복지마을 만들기 조례 - 독일 편의증진 관련법규(DIN 18024 Teil 2) - 스위스 편의증진 관련법규(Norm SN 521 500)
제출서류 예비인증	- 화장실 상세도(타입이 다른 경우 타입별) ※ 위 제출서류 중 평가항목의 조건을 만족하는 서류제출
본인증	- 예비인증시 동일

장애물 없는 생활환경 인증기준 - 건축물

평가부문	3	위생시설
평가범주	3.3	대변기
평가항목	3.3.4	손잡이

■ 세부평가기준

평가목적	대변기 손잡이를 평가하여 장애인 등 다양한 사용자가 대변기를 이용하는데 불편함이 없도록 적절한 재질과 굵기의 손잡이가 적절한 높이에 설치되도록 함
평가방법	대변기 수평 및 수직손잡이 재질과 굵기, 설치 높이로 평가
배점	3점 (평가항목)

산출기준	• 평점 = 대변기 손잡이의 평가등급에 해당하는 평가항목 점수로 평가
	    구분 / 손잡이 / 평가항목 점수
	    최우수 / 우수의 조건을 만족하며, 손잡이는 차갑거나 미끄럽지 않은 재질의 손잡이 설치 / 3.0
	    우수 / 대변기 양옆에 수평손잡이는 높이 0.6m~0.7m위치에 설치 변기중심에서 0.4m내외의 지점에 고정하여 설치 다른 쪽 손잡이는 0.6m 내외의 길이로 회전식으로 설치하여야 하며 손잡이간의 간격은 0.7m내외로 설치할 수 있음 수직손잡이는 수평손잡이와 연결하여 0.9m 이상의 길이로 설치 손잡이 두께는 지름 3.2cm~3.8cm이 되도록 설치 / 2.4

■ 평가 참고자료 및 제출서류

참고자료	- 장애인·노인·임산부 등의 편의증진보장에 관한 법률 시행규칙 별표1 제7호, 제13호 - 일본 동경도 복지마을 만들기 조례 - 독일 편의증진 관련법규(DIN 18024 Teil 2) - 스위스 편의증진 관련법규(Norm SN 521 500)
제출서류 예비인증	- 화장실 상세도(타입이 다른 경우 타입별) ※ 위 제출서류 중 평가항목의 조건을 만족하는 서류제출
본인증	- 예비인증시 동일(해당부분 사진 첨부)

⟨ 5. 건축물 인증지표 및 기준 ⟩

장애물 없는 생활환경 인증기준 - 건축물

평가부문	3	위생시설
평가범주	3.3	대변기
평가항목	3.3.5	기타설비

■ 세부평가기준

평가목적	대변기에 세정장치를 평가하여 장애인 등 다양한 사용자가 대변기 세정장치를 이용하는데 불편함이 없도록 적절한 형태의 세정장치가 설치되도록 함
평가방법	세정장치의 설치 형태 및 기타설비 평가
배 점	3점 (평가항목)

산출기준	• 평점 = 대변기 기타설비의 평가등급에 해당하는 평가항목 점수로 평가

구분	기타설비	평가항목 점수
최우수	우수 조건을 만족하고 세정장치는 광감지식(또는 자동 물내림 장치) 및 누름 버튼(바닥 또는 벽면) 설치	3.0
우수	대변기에 비상호출벨 및 등받이를 설치하여야 하며, 앉은 상태에서 화장걸이 등의 기타설비가 이용 가능하도록 설치 세정장치는 광감지식(또는 자동 물내림 장치) 또는 바닥 및 벽면 누름 버튼 장치 설치	2.4

• 유아용 거치대는 장애인 사용 가능한 화장실 또는 일반화장실에 설치한 것을 평가함
• 조명스위치 및 화장걸이는 바닥면에서 0.8m ~ 1.2m이내에 설치하여야 함
• 출입문을 자동문으로 설치할 경우 자동문버튼은 바닥면에서 0.8m ~ 0.9m 높이로 설치하여야 하며 코너로부터 0.4m 이상 이격하여 설치하여야 함
• 비상용 벨은 대변기 가까운 곳에 바닥면으로부터 0.6미터와 0.9미터 사이의 높이에 설치하되, 바닥면으로부터 0.2미터 내외의 높이에서도 이용이 가능하도록 하여야 함

■ 평가 참고자료 및 제출서류

참고자료	- 장애인·노인·임산부 등의 편의증진보장에 관한 법률 시행규칙 별표1 제13호 - 일본 동경도 복지마을 만들기 조례 - 독일 편의증진 관련법규(DIN 18024 Teil 2) - 스위스 편의증진 관련법규(Norm SN 521 500)
제출서류	예비인증	- 화장실 상세도(타입이 다른 경우 타입별) ※ 위 제출서류 중 평가항목의 조건을 만족하는 서류제출
	본인증	- 예비인증시와 동일(해당부분 사진 첨부)

장애물 없는 생활환경 인증기준 - 건축물

평가부문	3	위생시설
평가범주	3.4	소변기
평가항목	3.4.1	소변기 형태 및 손잡이

■ 세부평가기준

평가목적	소변기의 형태 및 손잡이를 평가하여 장애인 또는 노약자 등의 지탱하는 힘이 부족한 다양한 사용자가 소변기를 이용하는데 불편함이 없도록 적절한 형태의 소변기와 손잡이가 설치되도록 함
평가방법	소변기의 형태 및 수평·수직손잡이 굵기, 설치 높이 평가
배 점	6점 (평가항목)

산출기준	• 평점 = 소변기형태 및 손잡이의 평가등급에 해당하는 평가항목점수로 평가

구분	소변기 형태 및 손잡이	평가항목 점수
최우수	우수의 기준을 만족하며, 손잡이의 재질이 차갑지 않은 손잡이 설치	6.0
우수	일반의 기준을 만족하며, 바닥부착형의 소변기 설치	4.8
일반	수평손잡이는 높이 0.8m~0.9m, 길이는 벽면으로부터 0.55m내외로 설치 좌우 손잡이 간격은 0.6m내외로 설치 수직 손잡이는 높이 1.1m~1.2m, 돌출형 벽면으로부터 0.25m내외, 하단부가 휠체어의 이동에 방해가 되지 않도록 설치 손잡이 두께는 지름 3.2cm~3.8cm가 되도록 설치	4.2

■ 평가 참고자료 및 제출서류

참고자료	- 장애인·노인·임산부 등의 편의증진보장에 관한 법률 시행규칙 별표1 제13호 - 일본 동경도 복지마을 만들기 조례 - 독일 편의증진 관련법규(DIN 18024 Teil 2) - 스위스 편의증진 관련법규(Norm SN 521 500)
제출서류	예비인증	- 소변기 상세도 - 소변기 손잡이 상세도 ※ 위 제출서류 중 평가항목의 조건을 만족하는 서류제출
	본인증	- 예비인증시와 동일(해당부분 사진 첨부)

장애물 없는 생활환경 인증기준 - 건축물

평가부문	3	위생시설
평가범주	3.5	세면대
평가항목	3.5.1	형태

■ 세부평가기준

평가목적	세면대 형태를 평가하여 장애인 등 다양한 사용자가 세면대를 이용하는데 불편함이 없도록 적절한 형태의 세면대가 설치되도록 함
평가방법	세면대의 형태 평가
배 점	3점 (평가항목)

산출기준	• 평점 = 세면대 형태의 평가등급에 해당하는 평가항목 점수로 평가

구분	세면대 형태	평가항목 점수
최우수	우수의 조건을 만족하며, 대변기 칸막이 내부에 대변기 사용에 전혀 방해가 되지 않는 세면대 설치	3.0
우수	일반의 조건을 만족하며, 카운터형 혹은 단독형 세면대 설치	2.4
일반	세면대의 상단높이는 바닥면으로부터 0.85m 하단 깊이 0.45m, 높이 0.65m이 확보	2.1

• 대변기 칸막이 내부에 단독형으로 설치할 경우 세면대 양측면에 회전형 손잡이를 설치
• 외부 세면대로 적용할 경우, 단독형이면 반드시 양쪽손잡이를 설치하여야 하며 카운터형일 경우에는 양쪽손잡이 없어도 평가 가능함

■ 평가 참고자료 및 제출서류

참고자료	- 장애인·노인·임산부 등의 편의증진보장에 관한 법률 시행규칙 별표1 제13호 - 일본 동경도 복지마을 만들기 조례 - 독일 편의증진 관련법규(DIN 18024 Teil 2) - 스위스 편의증진 관련법규(Norm SN 521 500)
제출서류	예비인증	- 세면대 상세도 ※ 위 제출서류 중 평가항목의 조건을 만족하는 서류제출
	본인증	- 예비인증시와 동일(해당부분 사진 첨부)

장애물 없는 생활환경 인증기준 - 건축물

평가부문	3	위생시설
평가범주	3.5	세면대
평가항목	3.5.2	거울

■ 세부평가기준

평가목적	세면대 거울을 평가하여 장애인 등 다양한 사용자가 세면대 거울을 이용하는데 불편함이 없도록 적절한 형태의 세면대 거울을 설치하도록 함
평가방법	세면대 거울의 휠체어사용자의 사용 가능 여부 평가
배 점	3점 (평가항목)

산출기준	• 평점 = 세면대 거울의 평가등급에 해당하는 평가항목 점수로 평가

구분	거울	평가항목 점수
최우수	우수의 조건을 만족하며, 전면 거울 설치	3.0
우수	세로길이 0.65m이상, 하단높이가 바닥면으로부터 0.9m 내외, 거울상단부는 15°정도 앞으로 경사진 경사형 거울 설치	2.4

• 각도조절이 가능한 거울은 전면거울설치와 동일하게 평가함

■ 평가 참고자료 및 제출서류

참고자료	- 장애인·노인·임산부 등의 편의증진보장에 관한 법률 시행규칙 별표1 제13호 - 일본 동경도 복지마을 만들기 조례 - 독일 편의증진 관련법규(DIN 18024 Teil 2) - 스위스 편의증진 관련법규(Norm SN 521 500)
제출서류	예비인증	- 세면대 거울 설치상세도 ※ 위 제출서류 중 평가항목의 조건을 만족하는 서류제출
	본인증	- 예비인증시와 동일(해당부분 사진 첨부)

〈 5. 건축물 인증지표 및 기준 〉

장애물 없는 생활환경 인증기준 - 건축물

평가부문	3 위생시설
평가범주	3.5 세면대
평가항목	3.5.3 수도꼭지

■ 세부평가기준

평가목적	세면대의 수도꼭지를 평가하여 장애인 등 다양한 사용자가 이용하는데 불편함이 없도록 적절한 형태의 수도꼭지가 설치되도록 함
평가방법	세면대 수도꼭지 형태 평가
배점	3점 (평가항목)
산출기준	• 평점 = 세면대의 수도꼭지 평가등급에 해당하는 평가항목 점수로 평가

구분	수도꼭지	평가항목 점수
최우수	광감지식 설치	3.0
우수	누름버튼식·레버식 등 사용하기 쉬운 형태로 설치하며, 냉·온수 점자표시	2.4

- 광감지식일 경우 적당한 수온이므로 냉·온수 점자표시를 설치한 최우수로 평가함

■ 평가 참고자료 및 제출서류

참고자료	- 장애인·노인·임산부 등의 편의증진보장에 관한 법률 시행규칙 별표1 제13호 - 일본 동경도 복지마을 만들기 조례 - 독일 편의증진 관련법규(DIN 18024 Teil 2) - 스위스 편의증진 관련법규(Norm SN 521 500)
제출서류 예비인증	- 세면대 수도꼭지 상세도 ※ 위 제출서류 중 평가항목의 조건을 만족하는 서류제출
본인증	- 예비인증시와 동일(해당부분 사진 첨부)

장애물 없는 생활환경 인증기준 - 건축물

평가부문	3 위생시설
평가범주	3.6 욕실
평가항목	3.6.1 구조 및 마감

■ 세부평가기준

평가목적	욕실의 구조 및 마감상태를 평가하여 장애인 등 다양한 사용자가 안전하게 욕실을 이용할 수 있도록 함
평가방법	욕실의 구조와 바닥 마감의 미끄러지는 정도 평가
배점	3점 (평가항목)
산출기준	• 평점 = 욕실의 구조 평가등급에 해당하는 평가항목 점수로 평가

구분	구조 및 마감	평가항목 점수
최우수	우수의 조건을 만족하며, 탈의실 등의 바닥면 높이와 동일하게 설치	3.0
우수	내부 욕조전면의 휠체어 활동공간을 확보하며, 욕조의 높이는 바닥면으로부터 0.4~0.45m로 설치하고, 바닥표면은 물이 묻어도 미끄럽지 않음	2.4

■ 평가 참고자료 및 제출서류

참고자료	- 장애인·노인·임산부 등의 편의증진보장에 관한 법률 시행규칙 별표1 제14호 - 일본 동경도 복지마을 만들기 조례 - 독일 편의증진 관련법규(DIN 18024 Teil 2) - 스위스 편의증진 관련법규(Norm SN 521 500)
제출서류 예비인증	- 욕실 평면도 ※ 위 제출서류 중 평가항목의 조건을 만족하는 서류제출
본인증	- 예비인증시와 동일(해당부분 사진 첨부)

장애물 없는 생활환경 인증기준 - 건축물

평가부문	3 위생시설
평가범주	3.6 욕실
평가항목	3.6.2 기타설비

■ 세부평가기준

평가목적	욕실의 수도꼭지나 샤워기 등 여러 설비를 평가하여 이용이 편리한 위치 및 구조로 설치되도록 함
평가방법	수도꼭지와 샤워기 및 비상용 벨 설치 평가
배점	3점 (평가항목)
산출기준	• 평점 = 욕실의 수도꼭지 형태 평가등급에 해당하는 평가항목 점수로 평가

구분	수도꼭지 형태 및 비상용 벨	평가항목 점수
최우수	우수의 조건을 만족하며, 휠체어에서 옮겨 앉을 수 있는 좌대를 욕조와 동일한 높이로 설치	3.0
우수	일반의 조건을 만족하며, 욕조주위에 수평·수직손잡이를 설치	2.4
일반	수도꼭지와 샤워기는 레버식 등 사용하기 쉬운 형태로 설치하며, 비상용 벨을 욕조로부터 손이 쉽게 닿는 위치에 설치	2.1

- 수도꼭지에 냉·온수 점자표시를 설치

■ 평가 참고자료 및 제출서류

참고자료	- 장애인·노인·임산부 등의 편의증진보장에 관한 법률 시행규칙 별표1 제14호 - 일본 동경도 복지마을 만들기 조례 - 독일 편의증진 관련법규(DIN 18024 Teil 2) - 스위스 편의증진 관련법규(Norm SN 521 500)
제출서류 예비인증	- 욕실 평면도 - 욕실 입면도 ※ 위 제출서류 중 평가항목의 조건을 만족하는 서류제출
본인증	- 예비인증시와 동일(해당부분 사진 첨부)

장애물 없는 생활환경 인증기준 - 건축물

평가부문	3 위생시설
평가범주	3.7 샤워실 및 탈의실
평가항목	3.7.1 구조 및 마감

■ 세부평가기준

평가목적	샤워실의 구조 및 마감상태를 평가하여 장애인 등 다양한 사용자가 안전하게 샤워실을 이용할 수 있도록 함
평가방법	샤워실의 구조와 바닥 마감의 미끄러지는 정도 평가
배점	3점 (평가항목)
산출기준	• 평점 = 샤워실의 구조 평가등급에 해당하는 평가항목 점수로 평가

구분	구조 및 마감	평가항목 점수
최우수	우수의 조건을 만족하되 샤워실 입구에 단차없고, 걸려 넘어질 염려가 없음	3.0
우수	샤워실 입구에 단차 2cm 이하이면서 샤워실 유효바닥면적이 0.9m×0.9m 또는 0.75m×1.3m이상이며, 물이 묻어도 미끄럽지 않음	2.4

- 바닥타일은 미끄럼방지용 타일로 마감 시 걸려 넘어질 염려가 없음에 해당함

■ 평가 참고자료 및 제출서류

참고자료	- 장애인·노인·임산부 등의 편의증진보장에 관한 법률 시행규칙 별표1 제15호 - 일본 동경도 복지마을 만들기 조례 - 독일 편의증진 관련법규(DIN 18024 Teil 2) - 스위스 편의증진 관련법규(Norm SN 521 500)
제출서류 예비인증	- 샤워실 평면도 - 샤워실 단면도 ※ 위 제출서류 중 평가항목의 조건을 만족하는 서류제출
본인증	- 예비인증시와 동일(해당부분 사진 첨부)

⟨ 5. 건축물 인증지표 및 기준 ⟩

장애물 없는 생활환경 인증기준 - 건축물

평가부문	3	위생시설
평가범주	3.7	샤워실 및 탈의실
평가항목	3.7.2	기타설비

■ 세부평가기준

평가목적	샤워실의 수도꼭지나 샤워기 등 여러설비를 평가하여 이용이 편리한 위치 및 구조로 설치되도록 함
평가방법	수도꼭지와 샤워기 및 비상용 벨 설치 평가
배 점	3점 (평가항목)
산출기준	• 평점 = 샤워실의 수도꼭지 평가등급에 해당하는 평가항목 점수로 평가

구분	수도꼭지 형태 및 비상용 별	평가항목 점수
최우수	우수의 조건을 만족하며, 샤워수전을 높낮이 조절형으로 설치, 비상호출별 설치	3.0
우 수	일반의 조건을 만족하며, 샤워실에 수평·수직손잡이를 설치	2.4
일 반	수도꼭지와 샤워기는 레버식 등 사용하기 쉬운 형태로 설치하며, 샤워용 접이식의자를 설치	2.1

- 샤워용 접이식 의자는 바닥면으로부터 0.4m~0.45m로 높이로 설치
- 탈의실의 수납공간 높이는 바닥면으로부터 0.4m~1.2m로 설치, 그 하부는 무릎 및 휠체어 발판이 들어갈 수 있도록 설치
- 수도꼭지에 냉·온수 점자표시를 설치

■ 평가 참고자료 및 제출서류

참고자료	- 장애인·노인·임산부 등의 편의증진보장에 관한 법률 시행규칙 별표1 제15호 - 일본 동경도 복지마을 만들기 조례 - 독일 편의증진 관련법규(DIN 18024 Teil 2) - 스위스 편의증진 관련법규(Norm SN 521 500)
제출서류	예비인증	- 샤워실 평면도 - 샤워실 단면도 - 바닥 마감 계획 상세도 ※ 위 제출서류 중 평가항목의 조건을 만족하는 서류제출
	본인증	- 예비인증시와 동일(해당부분 사진 첨부)

장애물 없는 생활환경 인증기준 - 건축물

평가부문	4	안내시설
평가범주	4.1	안내설비
평가항목	4.1.1	안내판

■ 세부평가기준

평가목적	안내판을 평가하여 장애인 등이 건축물 내부의 위치 및 실의 기능에 대한 적절한 정보를 제공 받을 수 있도록 하는 안내판을 설치하도록 함
평가방법	해당시설의 주요시설 위치 등에 대한 장애인 등이 쉽게 이용가능한 안내판 설치 여부 평가
배 점	4점 (평가항목)
산출기준	• 평점 = 촉지도식 안내판의 평가등급에 해당하는 평가항목 점수로 평가

구분	안내판	평가항목 점수
최우수	우수 조건을 만족하며 음성 안내장치를 함께 설치	4.0
우 수	일반 조건을 만족하며 촉지도식 안내판을 함께 설치	3.2
일 반	장애인 등이 쉽게 인지가능한 안내판은 이동 동선을 고려하여 연속적으로 설치	2.8

- 장애인 등이 쉽게 이용가능한 안내판은 읽기 좋은 글자체(고딕체 또는 이와 유사한 글자체)로, 글자크기는 최소 1.5cm이상으로 하고, 바탕과 명확히 대조되는 색상을 이용한 글자체를 사용, 바닥면으로부터 1.0m~1.2m 범위 안에 설치하며, 야간에도 식별할 수 있도록 조명을 설치하여야 함
- 점자는 반구형으로 제작되어 시각장애인이 쉽게 인지할 수 있음

■ 평가 참고자료 및 제출서류

참고자료	- 장애인·노인·임산부 등의 편의증진보장에 관한 법률 시행규칙 별표1 제17호 - 일본 동경도 복지마을 만들기 조례 - 독일 편의증진 관련법규(DIN 18024 Teil 2) - 스위스 편의증진 관련법규(Norm SN 521 500) - 보건복지부 장애인 편의시설 상세표준도
제출서류	예비인증	- 배치도(안내판 위치 및 시각장애인 음성안내시설 표기) - 촉지도식 안내판 상세도 ※ 위 제출서류 중 평가항목의 조건을 만족하는 서류제출
	본인증	- 예비인증시와 동일(해당부분 사진 첨부)

장애물 없는 생활환경 인증기준 - 건축물

평가부문	4	안내시설
평가범주	4.1	안내설비
평가항목	4.1.2	점자블록

■ 세부평가기준

평가목적	시각장애인에게 건축물로의 접근 및 이동에 도움을 줄 수 있는 점자블록을 감지하기 쉬운 형태로 설치하도록 함
평가방법	점자블록의 규격과 재질 평가
배 점	3점 (평가항목)
산출기준	• 평점 = 점자블록의 평가등급에 해당하는 평가항목 점수로 평가

구분	시각장애인 안내설비	평가항목 점수
최우수	점자블록 기능이상의 수준인 경우	3.0
우 수	점자블록의 크기는 (0.3m×0.3m)로 하며, 색상은 황색이나 바닥재의 색상과 구별하기 쉬운 색으로 하며, 재질은 반사되지 않고 미끄럽지 않은 재질을 사용하여 매립식으로 설치하여야 함	2.4

- 최우수 수준은 사감 즉 청각(음향, 음성), 시각(색상대비 등), 후각(향기 등), 촉각(재질감 등)으로 감지할 수 있는 기능의 수준을 의미함

■ 평가 참고자료 및 제출서류

참고자료	- 장애인·노인·임산부 등의 편의증진보장에 관한 법률 시행규칙 별표1 제16호 - 장애인·노인·임산등의 편의증진보장에 관한 법률 시행령 별표2 제3호 - 일본 동경도 복지마을 만들기 조례 - 독일 편의증진 관련법규(DIN 18024 Teil 2) - 스위스 편의증진 관련법규(Norm SN 521 500)
제출서류	예비인증	- 점자블록 설치 계획도 ※ 위 제출서류 중 평가항목의 조건을 만족하는 서류제출
	본인증	- 예비인증시와 동일(해당부분 사진 첨부)

장애물 없는 생활환경 인증기준 - 건축물

평가부문	4	안내시설
평가범주	4.1	안내설비
평가항목	4.1.3	시각장애인 안내설비

■ 세부평가기준

평가목적	시각장애인에게 건축물의 주요시설 위치 등에 대한 정보의 음성제공 장치 설치와 접근 및 이동에 도움을 줄 수 있는 안내설비를 연속적으로 설치하도록 함
평가방법	해당시설의 주요시설 위치 등에 대한 음성안내 장치의 설치 여부 및 대지경계선으로부터 주출입구까지 시각장애인용 안내설비의 연속적인 설치 정도 평가
배 점	3점 (평가항목)
산출기준	• 평점 = 시각장애인 안내설비의 평가등급에 해당하는 평가항목 점수로 평가

구분	시각장애인 안내설비	평가항목 점수
최우수	우수의 조건을 만족하며, 대지경계선에 접근 시 시각장애인이 소지한 리모콘에 의해 작동되는 음성안내장치 설치	3.0
우 수	재질과 마감을 달리하여, 색 대비를 통해 점자블록의 기능을 확보	2.4
일 반	점자블록을 연속 설치	2.1

- 점형블록은 위험한 장소의 0.3m전면에, 선형블록이 시작·교차·굴절되는 지점에 설치되었는지 평가
- 선형블록은 주출입구접근로에 따라 평행하게 연속해서 설치되었는지 평가
- 건축물의 규모에 따라 내부 안내시설까지 시각장애인들을 위하여 유도블록을 설치하는 것이 필요하다고 판단될 경우(인증심사) 설치할 수 있음
- 음성안내장치는 소리 증폭이 실내외 90(dB)이하로(한국정보통신표준) 현장상황에 따라 시각장애인이 쉽게 인지할 수 있도록 음량 조절해야 함

■ 평가 참고자료 및 제출서류

참고자료	- 장애인·노인·임산부 등의 편의증진보장에 관한 법률 시행규칙 별표1 제17호 - 장애인·노인·임산부 등의 편의증진보장에 관한 법률 시행령 별표2 제3호 - 일본 동경도 복지마을 만들기 조례 - 독일 편의증진 관련법규(DIN 18024 Teil 2) - 스위스 편의증진 관련법규(Norm SN 521 500)
제출서류	예비인증	- 배치도(주출입구 까지의 점자블록 설치 계획 포함) - 점자블록 설치 계획도 - 음성안내 장치 등 각종 설비 계획도 ※ 위 제출서류 중 평가항목의 조건을 만족하는 서류제출
	본인증	- 예비인증시와 동일(해당부분 사진 첨부)

< 5. 건축물 인증지표 및 기준 >

장애물 없는 생활환경 인증기준 - 건축물

평가부문	4	안내시설
평가범주	4.1	안내설비
평가항목	4.1.4	청각장애인 안내설비

■ 세부평가기준

평가목적	청각장애인 안내설비를 평가하여 청각장애인에게 건축물의 주요시설 위치 등에 대한 정보를 제공할 수 있도록 함
평가방법	해당시설의 주요시설 위치 등에 대한 안내표시 설치의 적정성 여부 평가
배점	3점 (평가항목)

산출기준	• 평점 = 청각장애인 안내설비의 평가등급에 해당하는 평가항목 점수로 평가

구분	청각장애인 안내설비	평가항목 점수
최우수	우수의 조건을 만족하며, 외국어를 병용하여 표시	3.0
우수	일반의 조건을 만족하며, 그림을 병용하여 표시	2.4
일반	안내표시를 읽기 좋은 글자체(고딕체 또는 이와 유사한 글자체)를 사용하였으며, 주변과 명확히 대조되는 색상을 이용하여 문자 표시	2.1

- 청각장애인 안내설비는 승강기, 화장실, 주차장, 경사로, 에스컬레이터, 계단, 접수대, 주요실 등 청각장애인 및 시설이용자들이 주로 이용할 수 있는 장소를 알려줄 수 있도록 설치하여야 함

■ 평가 참고자료 및 제출서류

참고자료	- 일본 동경도 복지마을 만들기 조례 - 독일 편의증진 관련법규(DIN 18024 Teil 2) - 스위스 편의증진 관련법규(Norm SN 521 500)
제출서류	예비인증	- 배치도(안내판 위치 및 시각장애인 음성안내시설 표기 포함) - 각종 설비 계획도 ※ 위 제출서류 중 평가항목의 조건을 만족하는 서류제출
	본인증	- 예비인증시와 동일(해당부분 사진 첨부)

장애물 없는 생활환경 인증기준 - 건축물

평가부문	4	안내시설
평가범주	4.2	경보 및 피난설비
평가항목	4.2.1	시각·청각장애인용 경보 및 피난 설비

■ 세부평가기준

평가목적	시각·청각장애인이 비상시 대피할 수 있도록 비상벨 또는 음성안내 등의 시각경보시스템과 경광등 또는 문자안내 등의 청각경보시스템이 연속적으로 설치되도록 함
평가방법	시각·청각장애인을 위한 경보 및 피난설비의 연속설치 평가
배점	3점 (평가항목)

산출기준	• 평점 = 시·청각장애인 경보 및 피난설비의 평가등급에 해당하는 평가항목 점수로 평가

구분	시각 청각장애인용 경보 및 피난 설비	평가항목 점수
최우수	시각장애인 대피용 청각경보시스템으로 비상벨 및 음성안내 시스템을 연속적으로 설치 청각장애인 대피용 시각경보시스템(경광등)과 조명이 포함된 문자안내설비를 연속적으로 설치	3.0
우수	시각장애인 대피용 청각경보시스템(비상벨)을 연속적으로 설치 청각장애인 대피용 시각경보시스템(경광등)을 연속적으로 설치	2.4

- 시각경보기(경광등)는 남·여 화장실내부(장애인화장실 포함), 탈의실(샤워실에서 확인이 가능한 위치)에 반드시 설치하여야 함
- 시설 이용자의 다수가 청각장애인인 경우 모든 실에 시각경보기를 반드시 설치하여야 함
- 시각 및 청각 장애인용 피난구유도등은 화재발생 시 점멸과 동시에 음성으로 출력될 수 있도록 설치하여야 함

■ 평가 참고자료 및 제출서류

참고자료	- 장애인·노인·임산부 등의 편의증진보장에 관한 법률 시행규칙 별표1 제18호 - 일본 동경도 복지마을 만들기 조례 - 독일 편의증진 관련법규(DIN 18024 Teil 2) - 스위스 편의증진 관련법규(Norm SN 521 500)
제출서류	예비인증	- 각 층별 경보 및 피난 계획 - 청각장애인 경보 및 피난 설비 계획도 ※ 위 제출서류 중 평가항목의 조건을 만족하는 서류제출
	본인증	- 예비인증시와 동일(해당부분 사진 첨부)

장애물 없는 생활환경 인증기준 - 건축물

평가부문	5	기타시설
평가범주	5.1	객실 및 침실
평가항목	5.1.1	설치율

■ 세부평가기준

평가목적	숙박시설 등의 해당시설에는 휠체어사용자 등이 이용 가능하도록 객실·침실 등을 일정비율 이상 설치하도록 함
평가방법	전체 침실 또는 객실 중 휠체어사용자 등이 이용가능한 객실의 확보율 평가
배점	5점 (평가항목)

산출기준	• 평점 = 객실의 설치율 평가등급에 해당하는 평가항목 점수로 평가

구분	설치율	평가항목 점수
최우수	전체 침실수 또는 객실의 2%이상 설치(관광숙박시설의 경우 4%이상 설치)	5.0
우수	전체 침실수 또는 객실의 1%이상 설치(관광숙박시설의 경우 3%이상 설치)	4.0

■ 평가 참고자료 및 제출서류

참고자료	- 장애인·노인·임산부 등의 편의증진보장에 관한 법률 시행규칙 별표1 제19호 - 일본 동경도 복지마을 만들기 조례 - 독일 편의증진 관련법규(DIN 18024 Teil 2) - 스위스 편의증진 관련법규(Norm SN 521 500)
제출서류	예비인증	- 건물 개요도 (전체객실수와 휠체어사용자 등이 이용 가능한 침실 및 객실수 표시) ※ 위 제출서류 중 평가항목의 조건을 만족하는 서류제출
	본인증	- 예비인증시와 동일

장애물 없는 생활환경 인증기준 - 건축물

평가부문	5	기타시설
평가범주	5.1	객실 및 침실
평가항목	5.1.2	설치위치

■ 세부평가기준

평가목적	식당, 로비, 승강기 등 공용공간에 접근하기 쉬운 곳에 설치하여 이용자의 접근이 가능하도록 하며, 승강기가 가동되지 아니할 때에도 접근이 가능하도록 주출입층에 설치하도록 함
평가방법	객실 및 침실의 위치가 공용공간에 접근이 가능한 곳에 설치되었는지, 공용공간으로 단차없이 접근이 가능한지를 평가함
배점	5점 (평가항목)

산출기준	• 평점 = 객실 및 침실의 설치위치 평가등급에 해당하는 평가항목 점수로 평가

구분	설치위치	평가항목 점수
최우수	주출입층에 설치되어 공용공간으로 단차없이 접근가능	5.0
우수	주출입층에 설치되지 않았으나 승강기가 설치되어 있으며, 공용공간으로 이동이 용이함	4.0

■ 평가 참고자료 및 제출서류

참고자료	- 장애인·노인·임산부 등의 편의증진보장에 관한 법률 시행규칙 별표1 제19호 - 일본 동경도 복지마을 만들기 조례 - 독일 편의증진 관련법규(DIN 18024 Teil 2) - 스위스 편의증진 관련법규(Norm SN 521 500)
제출서류	예비인증	- 평면도 (휠체어사용자 등이 이용가능한 침실 및 객실이 있는 층) - 평면도 (식당, 로비 등 공용공간이 있는 층) - 1층 평면도 ※ 위 제출서류 중 평가항목의 조건을 만족하는 서류제출
	본인증	- 예비인증시와 동일(해당부분 사진 첨부)

〈 5. 건축물 인증지표 및 기준 〉

장애물 없는 생활환경 인증기준 - 건축물

평가부문	5 기타시설
평가범주	5.1 객실 및 침실
평가항목	5.1.3 통과유효폭

■ 세부평가기준

평가목적	객실 및 침실의 출입문 통과 유효폭을 평가하여 휠체어사용자 등의 다양한 사용자가 출입문을 이용하는데 불편함이 없도록 적절한 유효폭을 확보하도록 함
평가방법	객실 및 침실의 출입문 통과 유효폭 정도 평가
배 점	3점 (평가항목)
산출기준	• 평점 = 객실 및 침실의 출입문 통과 유효폭 평가등급에 해당하는 평가항목 점수로 평가

구분	통과 유효폭	평가항목 점수
최우수	객실 및 침실의 출입문 통과 유효폭 1m이상 확보	3.0
우수	객실 및 침실의 출입문 통과 유효폭 0.9m이상 확보	2.4

■ 평가 참고자료 및 제출서류

참고자료	- 장애인·노인·임산부 등의 편의증진보장에 관한 법률 시행규칙 별표1 제19호 - 일본 동경도 복지마을 만들기 조례 - 독일 편의증진 관련법규(DIN 18024 Teil 2) - 스위스 편의증진 관련법규(Norm SN 521 500)
제출서류 예비인증	- 객실 단위평면도 (휠체어사용자 등이 이용가능한 침실 및 객실) ※ 위 제출서류 중 평가항목의 조건을 만족하는 서류제출
본인증	- 예비인증시와 동일

장애물 없는 생활환경 인증기준 - 건축물

평가부문	5 기타시설
평가범주	5.1 객실 및 침실
평가항목	5.1.4 활동공간

■ 세부평가기준

평가목적	객실 및 침실 내부 유효바닥면적을 평가하여 휠체어사용자 등의 다양한 사용자들이 내부에서 회전하거나 시설을 이용하는데 불편함이 없도록 적절한 활동공간을 확보하도록 함
평가방법	객실 및 침실 내부 활동공간의 확보정도 평가
배 점	3점 (평가항목)
산출기준	• 평점 = 객실 및 침실 내부 활동공간 평가등급에 해당하는 평가항목 점수로 평가

구분	활동공간	평가항목 점수
최우수	객실 및 침실 내부에서 휠체어가 회전할 수 있도록 1.4m 이상 활동공간 확보	3.0
우수	객실 및 침실 내부에서 휠체어가 회전할 수 있도록 1.2m 이상 활동공간 확보	2.4

■ 평가 참고자료 및 제출서류

참고자료	- 장애인·노인·임산부 등의 편의증진보장에 관한 법률 시행규칙 별표1 제19호 - 일본 동경도 복지마을 만들기 조례 - 독일 편의증진 관련법규(DIN 18024 Teil 2) - 스위스 편의증진 관련법규(Norm SN 521 500)
제출서류 예비인증	- 객실 단위평면도 (휠체어사용자 등이 이용가능한 침실 및 객실) ※ 위 제출서류 중 평가항목의 조건을 만족하는 서류제출
본인증	- 예비인증시와 동일

장애물 없는 생활환경 인증기준 - 건축물

평가부문	5 기타시설
평가범주	5.1 객실 및 침실
평가항목	5.1.5 침대구조

■ 세부평가기준

평가목적	객실 및 침실 내부 침대의 구조를 평가하여 휠체어사용자 등의 다양한 사용자들이 시설을 이용하는데 불편함이 없도록 침대구조를 확보함
평가방법	객실 및 침실 내부 침대구조의 확보정도 평가
배 점	2점 (평가항목)
산출기준	• 평점 = 침대구조 평가등급에 해당하는 평가항목 점수로 평가

구분	침대구조	평가항목 점수
최우수	객실 침대 모두의 높이 0.4~0.45m이고, 측면 활동공간 1.4m 이상 확보하며, 보조손잡이 설치	2.0
우수	객실 침대 모두의 높이 0.4~0.45m이고, 측면 활동공간 1.2m 이상 확보	1.6
일반	객실 침대 중 1개 이상의 높이가 0.4~0.45m이고, 측면 활동공간 1.2m 이상 확보	1.4

■ 평가 참고자료 및 제출서류

참고자료	- 장애인·노인·임산부 등의 편의증진보장에 관한 법률 시행규칙 별표1 제19호 - 일본 동경도 복지마을 만들기 조례 - 독일 편의증진 관련법규(DIN 18024 Teil 2) - 스위스 편의증진 관련법규(Norm SN 521 500)
제출서류 예비인증	- 객실 단위평면도 (휠체어사용자 등이 이용가능한 침실 및 객실) ※ 위 제출서류 중 평가항목의 조건을 만족하는 서류제출
본인증	- 예비인증시와 동일(해당부분 사진 첨부)

장애물 없는 생활환경 인증기준 - 건축물

평가부문	5 기타시설
평가범주	5.1 객실 및 침실
평가항목	5.1.6 객실바닥

■ 세부평가기준

평가목적	객실 및 침실 내부의 바닥 마감정도를 평가하여 휠체어사용자 등의 다양한 사용자들이 미끄러지거나 걸려 넘어지지 않고 안전하게 이용이 가능하도록 함
평가방법	미끄럽지 않는 재질로 평탄하게 마감하는 정도에 따른 평가
배 점	2점 (평가항목)
산출기준	• 평점 = 객실 및 침실 내부 객실바닥 평가등급에 해당하는 평가항목 점수로 평가

구분	객실 및 침실 바닥	평가항목 점수
최우수	우수의 조건을 만족하며, 카펫 등 넘어져도 충격이 적은 재료로 마감	2.0
우수	바닥면에 높이차이를 두지 않으며, 표면은 미끄럽지 않은 재질로 평탄하게 마감	1.6

- 카펫은 목발 등이 걸려 넘어지지 않도록 길게 설치되지 않도록 함

■ 평가 참고자료 및 제출서류

참고자료	- 장애인·노인·임산부 등의 편의증진보장에 관한 법률 시행규칙 별표1 제19호 - 일본 동경도 복지마을 만들기 조례 - 독일 편의증진 관련법규(DIN 18024 Teil 2) - 스위스 편의증진 관련법규(Norm SN 521 500)
제출서류 예비인증	- 객실 단위평면도 (휠체어사용자 등이 이용가능한 침실 및 객실) - 바닥 마감 계획 상세도 ※ 위 제출서류 중 평가항목의 조건을 만족하는 서류제출
본인증	- 예비인증시와 동일

⟨ 5. 건축물 인증지표 및 기준 ⟩

장애물 없는 생활환경 인증기준 - 건축물

평가부문	5	기타시설
평가범주	5.1	객실 및 침실 (화장실)
평가항목	5.1.7	유효폭 및 단차

■ 세부평가기준

평가목적	객실 및 침실 내부의 화장실 출입문 통과 유효폭을 확보하고, 단차 정도를 평가하여 휠체어사용자 등의 다양한 사용자가 이용하도록 함
평가방법	화장실 이용이 가능하도록 출입문 통과 유효폭 및 단차 정도 평가
배점	3점 (평가항목)

산출기준	• 평점 = 객실 화장실 유효폭 평가등급에 해당하는 평가항목 점수로 평가

구분	객실 화장실 유효폭	평가항목 점수
최우수	출입문 통과 유효폭 1m이상, 출입문 단차 없음	3.0
우수	출입문 통과 유효폭 0.9m이상, 출입문 단차 없음	2.4
일반	출입문 통과 유효폭 0.9m이상, 출입문 단차 2cm이하	2.1

■ 평가 참고자료 및 제출서류

참고자료	- 장애인·노인·임산부 등의 편의증진보장에 관한 법률 시행규칙 별표1 제19호 - 일본 동경도 복지마을 만들기 조례 - 독일 편의증진 관련법규 (DIN 18024 Teil 2) - 스위스 편의증진 관련법규 (Norm SN 521 500)
제출서류	예비인증	- 객실 단위평면도 (휠체어사용자 등이 이용가능한 침실 및 객실) ※ 위 제출서류 중 평가항목의 조건을 만족하는 서류제출
	본인증	- 예비인증시와 동일

장애물 없는 생활환경 인증기준 - 건축물

평가부문	5	기타시설
평가범주	5.1	객실 및 침실 (화장실)
평가항목	5.1.8	유효 바닥면

■ 세부평가기준

평가목적	객실 및 침실 내부의 화장실의 활동공간을 평가하여 휠체어사용자 등의 다양한 사용자들이 이용하는데 불편함이 없도록 적절한 활동공간을 확보하도록 함
평가방법	화장실 내부 유효 바닥면의 크기로 평가
배점	3점 (평가항목)

산출기준	• 평점 = 객실 화장실 유효 바닥면 평가등급에 해당하는 평가항목 점수로 평가

구분	객실 및 침실 바닥	평가항목 점수
최우수	우수의 조건을 만족하며, 대변기 유효바닥면적이 폭 2.0m 이상, 깊이 2.1m이상이 되도록 설치	3.0
우수	일반의 조건을 만족하며, 대변기 전면 활동공간 1.4m × 1.4m이상 확보	2.7
일반	대변기 유효 바닥면적이 폭 1.6m이상, 깊이 2.0m이상이 되도록 설치하여야 하며, 대변기 측면 활동공간 0.75m이상 확보 및 대변기 전면 활동공간 1.4m × 1.4m 이상 확보	2.1

■ 평가 참고자료 및 제출서류

참고자료	- 장애인·노인·임산부 등의 편의증진보장에 관한 법률 시행규칙 별표1 제19호 - 일본 동경도 복지마을 만들기 조례 - 독일 편의증진 관련법규 (DIN 18024 Teil 2) - 스위스 편의증진 관련법규 (Norm SN 521 500)
제출서류	예비인증	- 객실 단위평면도 (휠체어사용자 등이 이용가능한 침실 및 객실) ※ 위 제출서류 중 평가항목의 조건을 만족하는 서류제출
	본인증	- 예비인증시와 동일

장애물 없는 생활환경 인증기준 - 건축물

평가부문	5	기타시설
평가범주	5.1	객실 및 침실 (화장실)
평가항목	5.1.9	손잡이

■ 세부평가기준

평가목적	객실 및 침실의 화장실 대변기 손잡이를 평가하여 휠체어사용자 등의 다양한 사용자들이 이용하는데 불편함이 없도록 적절한 재질과 굵기의 손잡이가 적절한 높이에 설치되도록 함
평가방법	화장실 대변기 수평 및 수직손잡이 재질과 굵기, 설치 높이로 평가
배점	2점 (평가항목)

산출기준	• 평점 = 객실 및 침실의 화장실 손잡이 평가등급에 해당하는 평가항목 점수로 평가

구분	객실 및 침실 바닥	평가항목 점수
최우수	우수의 조건을 만족하며, 손잡이는 차갑거나 미끄럽지 않은 재질의 손잡이 설치	2.0
우수	대변기 양옆에 수평손잡이는 높이 0.6m~0.7m위치에 설치 변기중심에서 0.4m이내의 지점에 고정하여 설치 다른 쪽 손잡이는 0.6m 내외의 길이로 회전식으로 설치하여야 하며 손잡이간의 간격은 0.7m내외로 설치할 수 있음 수직손잡이는 수평손잡이와 연결하여 0.9m이상의 길이로 설치 손잡이 두께는 지름 3.2cm~3.8cm가 되도록 설치	1.6

■ 평가 참고자료 및 제출서류

참고자료	- 장애인·노인·임산부 등의 편의증진보장에 관한 법률 시행규칙 별표1 제7호, 제19호 - 일본 동경도 복지마을 만들기 조례 - 독일 편의증진 관련법규 (DIN 18024 Teil 2) - 스위스 편의증진 관련법규 (Norm SN 521 500)
제출서류	예비인증	- 객실 단위평면도 (휠체어사용자 등이 이용가능한 침실 및 객실) - 객실 화장실 입면도 (휠체어사용자 등이 이용가능한 침실 및 객실) ※ 위 제출서류 중 평가항목의 조건을 만족하는 서류제출
	본인증	- 예비인증시와 동일

장애물 없는 생활환경 인증기준 - 건축물

평가부문	5	기타시설
평가범주	5.1	객실 및 침실 (기타설비)
평가항목	5.1.10	점자표지판

■ 세부평가기준

평가목적	객실 및 침실의 점자표지판을 평가하여 시각장애인 등의 다양한 사용자에게 객실 및 침실의 위치 및 호수를 안내할 수 있도록 함
평가방법	객실 및 침실의 점자표지판 부착 여부로 평가
배점	3점 (평가항목)

산출기준	• 평점 = 객실 및 침실의 점자표지판 평가등급에 해당하는 평가항목 점수로 평가

구분	점자표지판	평가항목 점수
최우수	우수의 조건을 만족하며, 점자표지판 0.3m 전면에 점형블록 설치	3.0
우수	출입문 열 벽면에 바닥면으로부터 1.5m 높이에 점자표지판 부착	2.4

- 복도 손잡이가 설치된 경우에는 우수로 평가함

■ 평가 참고자료 및 제출서류

참고자료	- 장애인·노인·임산부 등의 편의증진보장에 관한 법률 시행규칙 별표1 제19호 - 일본 동경도 복지마을 만들기 조례 - 독일 편의증진 관련법규 (DIN 18024 Teil 2) - 스위스 편의증진 관련법규 (Norm SN 521 500)
제출서류	예비인증	- 출입문 상세도 (점자표지판 위치 표시) - 창호 상세도 ※ 위 제출서류 중 평가항목의 조건을 만족하는 서류제출
	본인증	- 예비인증시와 동일

< 5. 건축물 인증지표 및 기준 >

장애물 없는 생활환경 인증기준 – 건축물

평가부문	5	기타시설
평가범주	5.1	객실 및 침실 (기타설비)
평가항목	5.1.11	설치높이

■ 세부평가기준

평가목적	객실 및 침실에 설치된 콘센트, 스위치 등의 설치높이를 평가하여 휠체어사용자 등의 다양한 사용자가 이용하는데 불편함이 없도록 적절한 높이에 설치되도록 함
평가방법	객실 및 침실에 설치된 콘센트, 스위치 등의 설치 높이로 평가
배 점	2점 (평가항목)

산출기준	• 평점 = 객실 및 침실 기타설비 설치높이 평가등급에 해당하는 평가항목 점수로 평가

구분	설치높이	평가항목 점수
최우수	우수의 조건을 만족하며, 수납선반·옷걸이 등의 수납방식을 상·하 이동이 가능한 가변형으로 설치	2.0
우수	콘센트·스위치·수납선반·옷걸이 등의 설치 높이는 바닥면으로부터 0.8m~1.2m 이하로 설치	1.6

■ 평가 참고자료 및 제출서류

참고자료	- 장애인·노인·임산부 등의 편의증진보장에 관한 법률 시행규칙 별표1 제19호 - 일본 동경도 복지마을 만들기 조례 - 독일 편의증진 관련법규(DIN 18024 Teil 2) - 스위스 편의증진 관련법규(Norm SN 521 500)
제출서류	예비인증	- 가구 상세도(휠체어사용자 등이 이용가능한 침실 및 객실) ※ 위 제출서류 중 평가항목의 조건을 만족하는 서류제출
	본인증	- 예비인증시와 동일(해당부분 사진 첨부)

장애물 없는 생활환경 인증기준 – 건축물

평가부문	5	기타시설
평가범주	5.1	객실 및 침실 (기타설비)
평가항목	5.1.12	초인등

■ 세부평가기준

평가목적	객실 및 침실 내부에 초인등 설치여부를 평가하여 청각장애인 등의 다양한 사용자가 이용하는데 불편함이 없도록 객실 등·화장실 및 욕실에 설치되어야 함
평가방법	객실 등·화장실 및 욕실 초인등 설치 여부로 평가
배 점	2점 (평가항목)

산출기준	• 평점 = 객실 및 침실 초인등 평가등급에 해당하는 평가항목 점수로 평가

구분	설치높이	평가항목 점수
최우수	우수의 조건을 만족하며, 청각장애인 경보설비 설치	2.0
우수	객실 등·화장실 및 욕실에는 초인종과 함께 청각장애인 초인등 설치	1.6

■ 평가 참고자료 및 제출서류

참고자료	- 장애인·노인·임산부 등의 편의증진보장에 관한 법률 시행규칙 별표1 제19호 - 일본 동경도 복지마을 만들기 조례 - 독일 편의증진 관련법규(DIN 18024 Teil 2) - 스위스 편의증진 관련법규(Norm SN 521 500)
제출서류	예비인증	- 객실 평면도 (휠체어사용자 등이 이용가능한 침실 및 객실) - 청각장애인 경보 및 피난 설비 계획 상세도 ※ 위 제출서류 중 평가항목의 조건을 만족하는 서류제출
	본인증	- 예비인증시와 동일(해당부분 사진 첨부)

장애물 없는 생활환경 인증기준 – 건축물

평가부문	5	기타시설
평가범주	5.2	관람석 및 열람석
평가항목	5.2.1	설치율

■ 세부평가기준

평가목적	관람석 및 열람석의 설치율을 평가하여 휠체어사용자 등의 다양한 사용자가 이용 가능하도록 함
평가방법	전체 관람석 및 열람석의 일정비율이상 좌석의 확보정도 평가
배 점	4점 (평가항목)

산출기준	• 평점 = 좌석의 설치율 평가등급에 해당하는 평가항목 점수로 평가

구분	설치율	평가항목 점수
최우수	전체 관람석 및 열람석의 2%이상 설치	4.0
우수	전체 관람석 및 열람석의 1%이상 설치	3.2

■ 평가 참고자료 및 제출서류

참고자료	- 장애인·노인·임산부 등의 편의증진보장에 관한 법률 시행령 별표2 제3호 - 일본 동경도 복지마을 만들기 조례 - 독일 편의증진 관련법규(DIN 18024 Teil 2) - 스위스 편의증진 관련법규(Norm SN 521 500)
제출서류	예비인증	- 개요도 (전체 관람석 및 열람석과 휠체어사용자 등의 다양한 사용자가 이용 가능한 좌석수 표시) ※ 위 제출서류 중 평가항목의 조건을 만족하는 서류제출
	본인증	- 예비인증시와 동일

장애물 없는 생활환경 인증기준 – 건축물

평가부문	5	기타시설
평가범주	5.2	관람석 및 열람석
평가항목	5.2.2	설치위치

■ 세부평가기준

평가목적	출입구 및 피난통로에 접근하기 쉬운 곳에 설치하였는지를 평가하여 휠체어사용자 등의 다양한 사용자가 이용이 쉽도록 좌석의 위치를 설치하도록 함
평가방법	좌석 위치가 출입구 및 피난통로로 접근하기 쉬운 위치에 설치되었는지 평가
배 점	3점 (평가항목)

산출기준	• 평점 = 좌석의 설치위치 평가등급에 해당하는 평가항목 점수로 평가

구분	설치위치	평가항목 점수
최우수	우수의 조건을 만족하며, 2곳 이상 분산배치를 하여야함	3.0
우수	좌석 위치가 출입구 및 피난통로로 접근하기 쉬운 위치에 설치	2.4

- 보호자, 활동보조인 등 휠체어 사용자와 함께 동반하는 이용자를 고려하여 좌석을 함께 배치하는 것을 원칙으로함
- 영화관의 휠체어사용자를 위한 관람석은 스크린 기준으로 중간 줄 또는 제일 뒷줄에 설치하여야 함
- 공연장의 휠체어사용자를 위한 관람석은 무대 기준으로 중간 줄 또는 제일 앞 줄 등 무대가 잘 보이는 곳에 설치하여야 함

■ 평가 참고자료 및 제출서류

참고자료	- 장애인·노인·임산부 등의 편의증진보장에 관한 법률 시행규칙 별표1 제20호 - 일본 동경도 복지마을 만들기 조례 - 독일 편의증진 관련법규(DIN 18024 Teil 2) - 스위스 편의증진 관련법규(Norm SN 521 500)
제출서류	예비인증	- 관람석 좌석배치 계획 - 평면도 (좌석 위치가 표시된 도면) - 각 층별 경보 및 피난계획 ※ 위 제출서류 중 평가항목의 조건을 만족하는 서류제출
	본인증	- 예비인증시와 동일

< 5. 건축물 인증지표 및 기준 >

장애물 없는 생활환경 인증기준 - 건축물

평가부문	5	기타시설
평가범주	5.2	관람석 및 열람석
평가항목	5.2.3	관람석 및 무대의 구조

■ 세부평가기준

평가목적	관람석의 구조를 평가하여 휠체어사용자 등의 다양한 사용자가 이용이 쉽도록 좌석을 설치하도록 함 무대(혹은 강단)의 구조 및 설비를 평가하여 장애인 및 노약자 등 다양한 사용자가 무대 및 강단을 이용하는데 불편함이 없도록 함
평가방법	관람석 및 무대(혹은 강단)의 구조 평가
배점	4점 (평가항목)
산출기준	• 평점 = 관람석 및 무대(혹은 강단)의 구조 평가등급에 해당하는 평가 • 세부항목 - 관람석 <table><tr><th>구분</th><th>관람석의 구조</th><th>평가항목 점수</th></tr><tr><td>최우수</td><td>우수의 조건을 만족하며, FM수신기 또는 자기루프시스템 등 집단보청장치 설치</td><td>2.0</td></tr><tr><td>우 수</td><td>일반의 조건을 만족하며, 1.2m이상의 통로와 구분하여 좌석설치</td><td>1.6</td></tr><tr><td>일 반</td><td>관람석의 구조는 유효바닥면적이 1석당 폭0.9m이상, 깊이 1.3m이상</td><td>1.4</td></tr></table>- 휠체어사용자를 위한 관람석은 비장애인 동행인과 함께 앉을 수 있는 형태로 설치하여야 함 - 휠체어사용자를 위한 관람석은 시야가 확보될 수 있도록 관람석 앞에 기둥이나 시야를 가리는 장애물 등을 두어서는 아니 되며, 안전을 위한 손잡이는 바닥에서 0.8미터 이하의 높이에 설치하여야 함 - 휠체어사용자를 위한 관람석이 중간 또는 제일 뒷 줄에 설치되어 있을 경우 앞 좌석과의 거리는 일반 좌석의 1.5배 이상으로 하여 시야를 가리지 않도록 설치하여야 함 • 세부항목 - 무대(혹은 강단) <table><tr><th>구분</th><th>무대의 구조</th><th>평가항목 점수</th></tr><tr><td>최우수</td><td>무대(혹은 강단)에 단차없이 접근</td><td>2.0</td></tr><tr><td>우 수</td><td>무대(혹은 강단)에 단차가 있는 경우 유효폭 0.9m이상 기울기 1/12(8.33%/4.76°) 이하의 고정형 경사로를 설치하거나 수직홈 리프트를 설치</td><td>1.6</td></tr><tr><td>일 반</td><td>무대(혹은 강단)에 단차가 있는 경우 유효폭 0.9m이상 기울기 1/12(8.33%/4.76°)이하의 고정형 경사로를 설치하되, 구조적으로 설치가 어려운 경우에만 이동식으로 설치할 수 있다</td><td>1.4</td></tr></table>

■ 평가 참고자료 및 제출서류

참고자료	- 장애인·노인·임산부 등의 편의증진보장에 관한 법률 시행규칙 별표1 제20호 - 일본 동경도 복지마을 만들기 조례 - 독일 편의증진 관련법규(DIN 18024 Teil 2) - 스위스 편의증진 관련법규(Norm SN 521 500)
제출서류	예비인증	- 관람석 상세도 (세부치수기입) - 집단보청장치 설치 계획 (사양서 포함, 해당시설에 한함)
	본인증	- 예비인증시와 동일 (해당부분 사진 첨부)

장애물 없는 생활환경 인증기준 - 건축물

평가부문	5	기타시설
평가범주	5.2	관람석 및 열람석
평가항목	5.2.4	열람석의 구조

■ 세부평가기준

평가목적	열람석의 구조를 평가하여 휠체어사용자 등의 다양한 사용자가 이용이 쉽도록 좌석을 설치하도록 함
평가방법	열람석의 구조 평가
배점	2점 (평가항목)
산출기준	• 평점 = 열람석의 구조 평가등급에 해당하는 평가항목 점수로 평가 <table><tr><th>구분</th><th>열람석의 구조</th><th>평가항목 점수</th></tr><tr><td>최우수</td><td>우수의 조건을 만족하며, 높이 조절형 열람석 설치</td><td>2.0</td></tr><tr><td>우 수</td><td>상단높이는 바닥으로부터 0.7m~0.9m, 하부공간은 높이 0.65m이상, 깊이 0.45m이상 공간 확보</td><td>1.6</td></tr></table>

■ 평가 참고자료 및 제출서류

참고자료	- 장애인·노인·임산부 등의 편의증진보장에 관한 법률 시행규칙 별표1 제20호 - 일본 동경도 복지마을 만들기 조례 - 독일 편의증진 관련법규(DIN 18024 Teil 2) - 스위스 편의증진 관련법규(Norm SN 521 500)
제출서류	예비인증	- 열람석 상세도 - 평면도 (좌석 위치가 표시된 도면) ※ 위 제출서류 중 평가항목의 조건을 만족하는 서류제출
	본인증	- 예비인증시와 동일

장애물 없는 생활환경 인증기준 - 건축물

평가부문	5	기타시설
평가범주	5.3	접수대 및 안내데스크
평가항목	5.3.1	설치 위치

■ 세부평가기준

평가목적	접수대 및 안내데스크의 설치 위치를 평가하여 장애인 및 노약자 등 다양한 사용자가 접수대로 접근하여 이용하는데 불편함이 없도록 출입문 가까운 곳에 단차 없이 접근 가능하도록 함
평가방법	접수대 및 안내데스크의 접근 통로의 단차와 지지난간 설치 여부 평가
배점	2점 (평가항목)
산출기준	• 평점 = 접수대 및 안내데스크의 설치 위치 평가등급에 해당하는 평가항목 점수로 평가 <table><tr><th>구분</th><th>설치 위치</th><th>평가항목 점수</th></tr><tr><td>최우수</td><td>접수대는 출입문 옆 혹은 전면에 설치, 접근로상 단차 없음</td><td>2.0</td></tr><tr><td>우 수</td><td>접수대는 출입문에서 보이는 곳에 설치, 접근로상 단차가 없으며 안내표시가 되어 있어야함</td><td>1.6</td></tr></table>- 접수대 및 안내데스크가 설치되지 않은 시설의 경우 이와 유사한 기능(관리실 등)을 평가대상으로 함 - 안내데스크의 위치가 출입구영 혹은 전면에 설치되지 않아 안내데스크 위치표시가 인지할 수 있게 설치되었으면 우수로 평가함

■ 평가 참고자료 및 제출서류

참고자료	- 장애인·노인·임산부 등의 편의증진보장에 관한 법률 시행규칙 별표1 제21호 - 일본 동경도 복지마을 만들기 조례 - 독일 편의증진 관련법규(DIN 18024 Teil 2) - 스위스 편의증진 관련법규(Norm SN 521 500)
제출서류	예비인증	- 배치도(접수대 위치표기) - 접수대 상세도 ※ 위 제출서류 중 평가항목의 조건을 만족하는 서류제출
	본인증	- 예비인증시와 동일

장애물 없는 생활환경 인증기준 - 건축물

평가부문	5	기타시설
평가범주	5.3	접수대 및 안내데스크
평가항목	5.3.2	설치 높이 및 하부공간

■ 세부평가기준

평가목적	접수대 및 안내데스크의 하부공간을 평가하여 휠체어사용자가 접수대를 이용하는데 불편함이 없도록 적절한 높이 및 하부공간을 확보하도록 함
평가방법	접수대 및 안내데스크의 높이와 하부공간 확보 정도 평가
배점	3점 (평가항목)
산출기준	• 평점 = 접수대 및 안내데스크의 설치 높이 및 하부공간의 평가등급에 해당하는 평가항목 점수로 평가 <table><tr><th>구분</th><th>설치 높이 및 하부공간</th><th>평가항목 점수</th></tr><tr><td>최우수</td><td>우수의 조건을 만족하며, 높이가 자유롭게 조절 가능한 형태나 서서 이용하는 사용자 및 휠체어사용자를 고려한 접수대 등을 모두 설치</td><td>3.0</td></tr><tr><td>우 수</td><td>높이 0.8m~0.9m, 하부 높이 0.65m이상, 깊이 0.45m이상 공간 확보</td><td>2.4</td></tr></table>- 접수대 및 안내데스크가 설치되지 않은 시설의 경우 이와 유사한 기능(관리실 등)을 평가대상으로 함

■ 평가 참고자료 및 제출서류

참고자료	- 장애인·노인·임산부 등의 편의증진보장에 관한 법률 시행규칙 별표1 제21호 - 일본 동경도 복지마을 만들기 조례 - 독일 편의증진 관련법규(DIN 18024 Teil 2) - 스위스 편의증진 관련법규(Norm SN 521 500)
제출서류	예비인증	- 배치도(접수대 위치표기) - 접수대 상세도 ※ 위 제출서류 중 평가항목의 조건을 만족하는 서류제출
	본인증	- 예비인증시와 동일

〈 5. 건축물 인증지표 및 기준 〉

장애물 없는 생활환경 인증기준 - 건축물

평가부문	5	기타시설
평가범주	5.4	매표소·판매기·음료대
평가항목	5.4.1	매표소의 구조 및 설비

■ 세부평가기준

평가목적	매표소의 구조 및 설비를 평가하여 장애인 및 노약자 등 다양한 사용자가 매표소로 접근하여 이용하는데 불편함이 없도록 함
평가방법	매표소의 적정구조 설치 여부 평가
배 점	2점 (평가항목)

산출기준
- 평점 = 매표소의 구조 평가등급에 해당하는 평가항목 점수로 평가

구분	매표소의 구조	평가항목 점수
최우수	우수의 조건을 만족하며, 매표소의 0.3m전면에 점형블록 설치하거나 바닥재의 질감을 달리함	2.0
우 수	매표소의 높이는 0.7m~0.9m로 하고, 하부에는 무릎 및 휠체어의 발판이 들어갈 수 있는 공간확보	1.6

■ 평가 참고자료 및 제출서류

참고자료	- 장애인·노인·임산부 등의 편의증진보장에 관한 법률 시행규칙 별표1 제22호 - 일본 동경도 복지마을 만들기 조례 - 독일 편의증진 관련법규(DIN 18024 Teil 2) - 스위스 편의증진 관련법규(Norm SN 521 500)
제출서류	예비인증	- 배치도(매표소 위치표기) - 매표소 상세도 ※ 위 제출서류 중 평가항목의 조건을 만족하는 서류제출
	본인증	- 예비인증시와 동일

장애물 없는 생활환경 인증기준 - 건축물

평가부문	5	기타시설
평가범주	5.4	매표소·판매기·음료대
평가항목	5.4.2	판매기의 구조 및 설비

■ 세부평가기준

평가목적	판매기의 구조 및 설비를 평가하여 장애인 및 노약자 등 다양한 사용자가 판매기로 접근하여 이용하는데 불편함이 없도록 함
평가방법	판매기의 적정구조 설치 여부 평가
배 점	2점 (평가항목)

산출기준
- 평점 = 판매기의 구조 평가등급에 해당하는 평가항목 점수로 평가

구분	판매기의 구조	평가항목 점수
최우수	판매기의 동전투입구·조작버튼·상품출구의 높이는 0.4m~1.2m로 하며, 0.3m 전면에는 점형블록을 설치하거나 바닥재의 질감을 달리하고, 조작버튼에는 품목·금액·목적지 등을 점자로 표시함	2.0

■ 평가 참고자료 및 제출서류

참고자료	- 장애인·노인·임산부 등의 편의증진보장에 관한 법률 시행규칙 별표1 제22호 - 일본 동경도 복지마을 만들기 조례 - 독일 편의증진 관련법규(DIN 18024 Teil 2) - 스위스 편의증진 관련법규(Norm SN 521 500)
제출서류	예비인증	- 배치도(판매기 위치표기) - 판매기 상세도 ※ 위 제출서류 중 평가항목의 조건을 만족하는 서류제출
	본인증	- 예비인증시와 동일

장애물 없는 생활환경 인증기준 - 건축물

평가부문	5	기타시설
평가범주	5.4	매표소·판매기·음료대
평가항목	5.4.3	음료대의 구조 및 설비

■ 세부평가기준

평가목적	음료대의 구조 및 설비를 평가하여 장애인 및 노약자 등 다양한 사용자가 음료대로 접근하여 이용하는데 불편함이 없도록 함
평가방법	음료대의 적정구조 설치 여부 평가
배 점	2점 (평가항목)

산출기준
- 평점 = 음료대의 구조 평가등급에 해당하는 평가항목 점수로 평가

구분	음료대의 구조	평가항목 점수
최우수	우수의 조건을 만족하며, 음료대의 0.3m전면에 점형블록 설치하거나 바닥재의 질감을 달리함	2.0
우 수	음료대의 분출구 높이는 0.7m~0.8m로 하며, 조작기는 광감지식·누름버튼식·레버식 등 사용하기 쉬운 형태로 설치	1.6

■ 평가 참고자료 및 제출서류

참고자료	- 장애인·노인·임산부 등의 편의증진보장에 관한 법률 시행규칙 별표1 제22호 - 일본 동경도 복지마을 만들기 조례 - 독일 편의증진 관련법규(DIN 18024 Teil 2) - 스위스 편의증진 관련법규(Norm SN 521 500)
제출서류	예비인증	- 배치도(음료대 위치표기) - 음료대 상세도 ※ 위 제출서류 중 평가항목의 조건을 만족하는 서류제출
	본인증	- 예비인증시와 동일

장애물 없는 생활환경 인증기준 - 건축물

평가부문	5	기타시설
평가범주	5.5	피난구 설치
평가항목	5.5.1	피난방법 및 설치위치

■ 세부평가기준

평가목적	시설 이용자의 다수가 보행 및 시각장애인경우와 노인 등으로 구성된 시설은 비상시 피난에 불리한 이용자들이 피난구를 이용하여 건물 외부로 대피할 수 있도록 함
평가방법	피난방법에 대한 시스템이 구축되고 피난구의 위치가 위급상황 시 접근이 가능한 곳에 설치되었는지, 피난구까지 연속적으로 안내되고 있는지에 대한 부분을 평가함
배 점	3점 (평가항목)

산출기준
- 평점 = 피난구의 설치위치 등에 해당하는 평가항목 점수로 평가
- 세부항목 – 피난방법

구분	피난방법	평가항목 점수
최우수	우수조건을 만족하고 피난훈련시행을 위한 매뉴얼 구비	1.0
우 수	정기적인 피난 훈련에 대한 시행 계획 구비	0.8

- 피난훈련은 관련 소방서 등과 연계하여 시행하는 계획에 한함
- 문화집회시설 중 관람석이 있는 경우 비상시 장애인 이용자 대피에 대한 책임자 구성(최우수 등급에 한함)

- 세부항목 – 피난구의 위치

구분	피난구의 위치	평가항목 점수
최우수	각 실에 대피가 가능한 피난구를 각각 설치	1.0
우 수	공용공간에 피난구 설치	0.8

- 세부항목 – 피난구까지의 안내시설

구분	피난 안내시설	평가항목 점수
최우수	연기 등에도 확인이 가능한 안내시설 설치	1.0
우 수	피난구까지 안내시설 연속 설치	0.8

■ 평가 참고자료 및 제출서류

참고자료	- 일본 동경도 복지마을 만들기 조례 - 독일 편의증진 관련법규(DIN 18024 Teil 2) - 스위스 편의증진 관련법규(Norm SN 521 500)
제출서류	예비인증	- 피난, 소방관련 도면
	본인증	- 예비인증시와 동일 (해당부분 사진 첨부)

< 5. 건축물 인증지표 및 기준 >

장애물 없는 생활환경 인증기준 - 건축물

평가부문	5	기타시설
평가범주	5.5	피난구 설치
평가항목	5.5.2	피난의 구조

■ 세부평가기준

평가목적	시설 이용자의 다수가 보행 및 시각장애인경우와 노인 등으로 구성된 시설은 비상시 피난에 불리한 이용자들이 피난구를 이용하여 건물 외부로 대피할 수 있도록 함
평가방법	피난구의 구조 평가
배 점	3점 (평가항목)

산출기준	• 평점 = 피난구의 구조 평가등급에 해당하는 평가항목 점수로 평가 • 세부항목 – 피난 시설의 구조

구분	피난 시설 구조	평가항목 점수
최우수	우수 기준을 만족하며 모든 층의 피난이 직접 지상까지 피난이 가능한 구조임	3.0
우수	피난층을 제외한 층 중에서 장애인 및 노약자 등이 주로 이용하는 실이 있는 해당 층에는 주요실별로 외부 피난이 가능한 발코니 등이 휠체어사용자 등의 이용이 가능한 구조로 설치되어 있음	2.4
일반	피난층을 제외한 층 중에서 장애인 및 노약자 등이 주로 이용하는 실이 있는 해당 층에는 층별로 외부 피난이 가능한 옥외 공간이 휠체어사용자 등의 이용이 가능한 구조로 설치되어 있음	2.1

- 단, 기존시설인 경우에는 피난 공간이 반드시 외부에 설치되지 않더라도 즉각적으로 소방차 등의 구조가 가능하다고 판단되는 경우는 일반수준인 것으로 봄

■ 평가 참고자료 및 제출서류

참고자료	- 일본 동경도 복지마을 만들기 조례 - 독일 편의증진 관련법규 (DIN 18024 Teil 2) - 스위스 편의증진 관련법규 (Norm SN 521 500)
제출서류	예비인증	- 피난, 소방관련 도면
	본인증	- 예비인증시와 동일 (해당부분 사진 첨부)

장애물 없는 생활환경 인증기준 - 건축물

평가부문	5	기타시설
평가범주	5.6	임산부 휴게시설
평가항목	5.6.1	접근 유효폭 및 단차

■ 세부평가기준

평가목적	임산부 휴게시설로 접근하기 위한 통로를 평가하여 휴게시설로 접근하기 위한 모든 통로가 장애인 등 다양한 사용자가 이용하는데 불편함이 없도록 적절한 유효폭을 확보하고, 단차 없이 진입 할 수 있도록 함
평가방법	임산부 휴게시설로 접근하기 위한 모든 통로의 유효폭 및 단차 정도 평가
배 점	2점 (평가항목)

산출기준	• 평점 = 임산부 휴게시설로 접근하기 위한 통로의 유효폭 및 단차 평가등급에 해당하는 평가항목 점수로 평가 • 세부항목 – 유효폭

구분	유효폭	평가항목 점수
최우수	1.5m이상 통로폭 확보	1.0
우수	1.2m이상 통로폭 확보	0.8

• 세부항목 – 단차

구분	단차	평가항목 점수
최우수	전혀 단차 없음	1.0
우수	단차가 있으며, 기울기 1/18(5.56%/3.18°) 이하의 경사로 설치	0.8
일반	단차가 있으며, 기울기 1/12(8.33%/4.76°) 이하의 경사로 설치	0.7

■ 평가 참고자료 및 제출서류

참고자료	- 장애인·노인·임산부 등의 편의증진보장에 관한 법률 시행규칙 별표1 제29호 - 일본 동경도 복지마을 만들기 조례 - 독일 편의증진 관련법규 (DIN 18024 Teil 2) - 스위스 편의증진 관련법규 (Norm SN 521 500)
제출서류	예비인증	- 임산부 휴게실 설치층 평면도 (접근복도 혹은 통로 세부치수기입) - 임산부 휴게실 설치부분 단면도 (접근복도 혹은 통로 레벨표시 및 세부치수기입)
	본인증	- 예비인증시와 동일 (해당부분 사진 첨부)

장애물 없는 생활환경 인증기준 - 건축물

평가부문	5	기타시설
평가범주	5.6	임산부 휴게시설
평가항목	5.6.2	내부 구조

■ 세부평가기준

평가목적	임산부 휴게시설의 내부에 기본적으로 갖추어야 하는 설비와 휠체어사용자 등의 이용을 고려한 활동공간을 확보하도록 함
평가방법	임산부 휴게시설 내부에 설치하여야 하는 각종 설비 설치여부와 휠체어사용자의 이용가능여부로 평가
배 점	3점 (평가항목)

산출기준	• 평점 = 휴게시설 내 활동공간의 평가등급에 해당하는 평가항목 점수로 평가

구분	내부설비 및 활동공간	평가항목 점수
최우수	우수의 조건을 만족하며, 수유에 편리하도록 전기 콘센트와 포트 등을 설치	3.0
우수	일반의 조건을 만족하며, 수유할 수 있는 공간에는 의자 등이 설치되어 있으며 의자 주변에는 휠체어사용자가 접근 가능하도록 전면 혹은 측면에 활동공간이 1.4m×1.4m이상 확보	2.4
일반	휴게시설 내부 공간에 수유할 수 있는 공간 마련 및 상단 높이는 바닥면으로 0.85미터 이하 하단 높이는 0.65미터 이상인 기저귀교환대와 세면대를 설치	2.1

■ 평가 참고자료 및 제출서류

참고자료	- 장애인·노인·임산부 등의 편의증진보장에 관한 법률 시행규칙 별표1 제13호 - 일본 동경도 복지마을 만들기 조례 - 독일 편의증진 관련법규 (DIN 18024 Teil 2) - 스위스 편의증진 관련법규 (Norm SN 521 500)
제출서류	예비인증	- 임산부 휴게공간 상세도 (내부 공간 및 설치물간의 거리 등 세부치수기입)
	본인증	- 예비인증시와 동일 (해당부분 사진 첨부)

장애물 없는 생활환경 인증기준 - 건축물

평가부문	6	기타설비
평가범주	6.1	비치용품
평가항목	6.1.1	비치하여야 할 용품

■ 세부평가기준

평가목적	공중이용시설에서 휠체어사용자나 청각장애인, 시각장애인 등을 위해 휠체어 등을 비치하도록 하여 시설 이용자가 좀 더 편리하게 시설을 이용할 수 있도록 하고자 함
평가방법	해당시설에 비치하여야 하는 각종 비치용품에 대해 비치여부를 평가
배 점	3점 (평가항목)

산출기준	• 평점 = 휴게시설내 활동공간의 평가등급에 해당하는 평가항목 점수로 평가

구분	내부설비 및 활동공간	평가항목 점수
최우수	우수의 조건을 만족하며, 통신중계서비스 등 수화통역사와 연계할 수 있는 시스템 구비	3.0
우수	일반의 조건을 만족하며, 음성계산기 저시력용 독서기 등 권장 비치용품을 해당시설별 비치용품 규정(편의증진법 시행규칙 제6조관련 별표3)에 맞추어 비치	2.4
일반	시각장애인을 위한 점자업무안내책자, 8배율이상의 확대경, 보청기기, 휠체어 등 비치용품을 해당시설별 비치용품 규정(편의증진법 시행규칙 제6조관련 별표3)에 맞추어 비치	2.1

■ 평가 참고자료 및 제출서류

참고자료	- 장애인·노인·임산부 등의 편의증진보장에 관한 법률 시행규칙 별표1 제13호 - 일본 동경도 복지마을 만들기 조례 - 독일 편의증진 관련법규 (DIN 18024 Teil 2) - 스위스 편의증진 관련법규 (Norm SN 521 500)
제출서류	예비인증	- 비치용품 리스트
	본인증	- 예비인증시와 동일 (해당부분 사진 첨부)

〈 5. 건축물 인증지표 및 기준 〉

장애물 없는 생활환경 인증기준 - 건축물		
평가부문	7	종합평가
평가범주		
평가항목		
■ 세부평가기준		
평가목적	해당 시설의 편의시설 설치현황을 평가하여 장애인 및 노약자 등 다양한 사용자가 해당시설에 접근하여 이용하는데 불편함이 없도록 함	
평가방법	편의시설 설치의 종합적 평가	
배 점	5% (평가항목의 총점기준)	
산출기준	• 평점 = 편의시설의 평가등급에 해당하는 평가항목 점수로 평가 구분 | 편의시설 평가 | 평가항목 점수 등급 구분 없음 | ※ 심사위원의 평가내용을 자필로 기입 |	
■ 평가 참고자료 및 제출서류		
참고자료	○ 가산항목 - 다목적 화장실 설치 - 그 외 추가 시설을 설치한 경우 · 시각장애인을 위한 핸드레일조명등 설치 · 안내표시가 경로에 따라 찾기 쉽게 설치 등	
제출 서류	예비 인증	- 해당없음
	본인증	- 해당없음

〈 6. 교통수단 인증지표 및 기준 〉

[별표6] [별표6] 교통수단 인증지표 및 기준(제2조 관련)

VI. 교통수단 인증지표 및 기준
(제2조 관련)

범주	평가항목		평가기준	분류번호	배점
1. 버스	1.1 승강구	1.1.1 휠체어 승강설비	교통약자가 접근 가능한 버스의 승강구 형태 평가	T1-01-01	15
		1.1.2 승강구 유효폭	휠체어 사용자 통과 가능 평가	T1-01-02	5
		1.1.3 승강구 바닥 마감	미끄럽지 않은 바닥 재질 평가	T1-01-03	5
		1.1.4 승강구 계단 디딤판	색상과 재질을 달리한 계단의 디딤판 평가	T1-01-04	5
	1.2 차내 설비	1.2.1 교통약자가 사용가능 공간 확보	휠체어 및 유모차를 이용하는 교통약자가 사용가능한 공간 확보 및 승강구의 접근 가능 평가	T1-02-01	5
		1.2.2 교통약자용 좌석확보	승강구 부근의 앉기 편리한 위치에 교통약자용 좌석의 확보 평가	T1-02-02	5
		1.2.3 안내판 설치	교통약자용 좌석 옆에 안내판 부착 평가	T1-02-03	6
		1.2.4 정차신호 스위치	차량내부에서 크게 이동하지 않고 교통약자용 좌석 부근에 사용가능한 정차신호 스위치 설치에 대한 평가	T1-02-04	6
		1.2.5 휠체어 사용자를 위한 공간	휠체어사용자를 위한 전용공간 확보 평가	T1-02-05	6
		1.2.6 수직손 잡이	교통약자의 안전을 위한 손잡이 설치 평가	T1-02-06	12
			승강구에 승강용 수직손잡이 설치 평가		
	1.3 정보 설비	1.3.1 장애인 접근 가능 표시	휠체어사용자를 위한 전용좌석 및 전용공간이 설치된 차량의 출입문에 장애인 접근 가능표지 부착 평가	T1-03-01	9
		1.3.2 자동안내 방송시설	도착정류장의 이름 등을 명확한 음량과 음색 안내 평가	T1-03-02	6
			한글과 영문으로 안내방송 실시 평가		
		1.3.3 전자문자 안내판	교통약자가 쉽게 식별 가능한 위치에 전자문자안내판 설치 평가	T1-03-03	9
			전자문자안내판 식별 평가		
			한글과 영문으로 전자문자안내 표기 평가		
		1.3.4 행선지 표시	행선지 표시의 위치 평가	T1-03-04	6
			야간에도 식별 가능한 소재의 사용 평가		
총 지표수	14		총 배점		100

범주	평가항목		평가기준	분류번호	배점
2. 철도	2.1 승강구	2.1.1 승강구 형태	교통약자가 접근 가능한 철도의 승강구 형태 평가	T2-01-01	10
	2.2 차내 설비	2.2.1 전용좌석 확보	휠체어사용자를 위한 전용좌석의 설치 평가	T2-02-01	6
		2.2.2 휠체어 보관함 설치	휠체어사용자를 위한 전용좌석 부근에 휠체어 보관함 설치 평가	T2-02-02	6
		2.2.3 접근 가능한 전용좌석의 위치	휠체어사용자를 위한 전용좌석 및 전용공간은 출입문으로부터 접근하기 쉬운 위치에 설치 평가	T2-02-03	6
		2.2.4 전용좌석의 크기	휠체어사용자를 위한 전용좌석의 폭 및 고정설비의 설치 평가	T2-02-04	6
		2.2.5 안내판 부착	휠체어사용자 전용좌석 및 전용공간에 안내판 부착 평가	T2-02-05	6
		2.2.6 통로의 유효폭	휠체어사용자 전용좌석 및 전용공간에서 장애인 등이 이용 가능한 화장실에 이르는 통로의 유효폭 확보 평가	T2-02-06	8
			1객차에 1곳 이상의 승강구 유효폭 평가		
		2.2.7 바닥 마감	미끄러지지 않는 재질의 바닥 마감 평가	T2-02-07	2
		2.2.8 장애인 등이 이용 가능한 화장실의 위치	휠체어사용자를 위한 전용좌석 및 전용공간과 가까운 위치에 장애인 등이 이용 가능한 화장실의 설치 평가	T2-02-08	5
		2.2.9 대변기의 설치	장애인용 대변기의 설치 평가	T2-02-09	5
		2.2.10 문의 형태	장애인용화장실의 문은 조작이 용이한 형태의 문 설치 평가	T2-02-10	5
		2.2.11 점자표지	시각장애인이 사용하기 용이하도록 출입문 옆에 점자표지판 부착 평가	T2-02-11	5
	2.3 정보 설비	2.3.1 장애인 접근 가능 표시	휠체어사용자를 위한 전용좌석 및 전용공간이 설치된 차량의 출입문에 장애인 접근 가능표지 부착	T2-03-01	9
		2.3.2 자동안내 방송시설	도착정류장의 이름 등을 명확한 음량과 음색 안내 평가	T2-03-02	6
			한글과 영문으로 안내방송 평가		
		2.3.3 전자문자 안내판	출입구 부근에 전자문자안내판 설치 평가	T2-03-03	3
			전자문자안내판의 식별 평가		3
			한글과 영문으로 전자문자안내 표기 평가		3
		2.3.4 행선지 표시	행선지는 차량외부 측면 표기 평가	T2-03-04	3
			야간에도 식별 가능한 소재 사용 평가		3
총 지표수	16		총 배점		100

범주	평가항목		평가기준	분류번호	배점
3. 도시철도 및 광역전철	3.1 승강구	3.1.1 출입구 통로	휠체어사용자가 휠체어를 탄 채 승차할 수 있는 도시철도 및 광역전철의 유효폭 평가	T3-01-01	20
	3.2 차내 설비	3.2.1 교통약자용 좌석	승강구 부근의 앉기 편리한 위치에 교통약자용 좌석의 설치 평가	T3-02-01	10
			교통약자용 좌석 옆에 안내판 부착 평가	T3-02-01	10
			휠체어사용자를 위한 전용공간 확보 평가		
		3.2.2 수직손 잡이 설치	교통약자의 안전을 위하여 수직손잡이 설치 평가	T3-02-02	10
			손잡이 지름 평가	T3-02-02	10
	3.3 정보 설비	3.3.1 장애인 접근 가능표시	휠체어사용자를 위한 전용좌석 및 전용공간이 설치된 차량의 출입문에 장애인 접근 가능 표지 부착	T3-03-01	9
		3.3.2 자동안내 방송시설	도착정류장의 이름 등을 명확한 음량과 음색 안내 평가	T3-03-02	3
			한글과 영문으로 안내방송 평가	T3-03-02	3
		3.3.3 전자문자 안내판	출입구 부근에 전자문자안내판 설치 평가	T3-03-03	3
			전자문자안내판의 식별 평가	T3-03-03	3
			한글과 영문으로 전자문자안내 표기 평가		
		3.3.4 행선지 표시	행선지는 차량외부 측면에 표기 평가	T3-03-04	3
			야간에도 식별 가능한 소재 사용 평가	T3-03-04	3
총 지표수	7		총 배점		100

< 6. 교통수단 인증지표 및 기준 >

장애물 없는 생활환경 인증기준-교통수단

평가부문	1	버스
평가범주	1.1	승강구
평가항목	1.1.1	휠체어 승강설비

■ 세부평가기준

평가목적	교통약자가 보도에서 차량으로 안전하고 원활하게 접근이 가능하도록 함
평가방법	버스의 승강구 형태 평가
배 점	15점 (평가항목)
산출기준	• 평점 = 버스 승강구 형태의 평가 등급에 해당하는 점수로 평가 | 구분	휠체어 승강설비	평가항목 점수
---	---	---
최우수	Non-Step Bus	15.0
우 수	Kneeling-System Bus	12.0
일 반	Lift 장착 Bus	10.5	 - 교통약자의 이동편의를 위해서는 저상형 버스 보급이 우선시 되어야 하나, 차령(車齡)이 적은 기존의 시내버스차량과 시외·고속버스와 같이 계단이 있는 버스의 경우 교통약자의 승·하차를 위해 정류장의 높이를 기준으로 승강구 첫 번째 계단높이를 가능한 한 낮추도록 해야 함 - 휠체어리프트나 경사판과 같은 승강설비를 갖추는 것이 바람직함

■ 평가 참고자료 및 제출서류

참고자료	- 교통약자의 이동편의증진법 시행규칙 별표1 제1호 - 일본 동경도 복지마을 만들기 조례 - 독일 편의증진 관련법규(DIN 18024 Blatt 1) - 스위스 편의증진 관련법규(Norm SN 521 500)
제출서류	예비인증	- 버스차량의 설계도(평면 및 입면 포함) ※ 위 제출서류 중 평가항목의 조건을 만족하는 서류제출
	본인증	- 예비인증시와 동일

장애물 없는 생활환경 인증기준-교통수단

평가부문	1	버스
평가범주	1.1	승강구
평가항목	1.1.2	승강구 유효폭

■ 세부평가기준

평가목적	휠체어사용자가 버스 승강구를 통과하기에 적합한 승강구의 유효폭 확보가 가능해야 함
평가방법	휠체어사용자 통과 가능 승강구 유효폭 여부 평가
배 점	5점 (평가항목)
산출기준	• 평점 = 버스 승강구의 평가 등급에 해당하는 점수로 평가 | 구분	승강구 유효폭	평가항목 점수
---	---	---
최우수	1.2m확보	5.0
우 수	1.0m확보	4.0
일 반	0.8m확보	3.5	 - 휠체어사용자의 탑승이 가능한 승강설비를 갖춘 버스의 경우 휠체어사용자의 이동에 불편함을 주지 않도록 승강구의 폭원을 확보하여야 함 - 일반적으로 휠체어사용자가 통과하는 최소 유효폭은 0.8m로, 출입문이 열렸을 때 승강구의 유효폭이 0.8m이상은 확보되어야 함

■ 평가 참고자료 및 제출서류

참고자료	- 교통약자의 이동편의증진법 시행규칙 별표1 제1호 - 일본 동경도 복지마을 만들기 조례 - 독일 편의증진 관련법규(DIN 18024 Blatt 1) - 스위스 편의증진 관련법규(Norm SN 521 500)
제출서류	예비인증	- 버스차량의 설계도(평면 및 입면 포함) ※ 위 제출서류 중 평가항목의 조건을 만족하는 서류제출
	본인증	- 예비인증시와 동일

장애물 없는 생활환경 인증기준-교통수단

평가부문	1	버스
평가범주	1.1	승강구
평가항목	1.1.3	승강구 바닥 마감

■ 세부평가기준

평가목적	휠체어사용자 및 교통약자 등 보행에 지장이 있는 이들을 위하여 차체 내 바닥 재질은 안전해야 함
평가방법	미끄럽지 않은 바닥 재질의 승강구 바닥 마감 정도 평가
배 점	5점 (평가항목)
산출기준	• 평점 = 버스 승강구 바닥 마감의 평가등급에 해당하는 평가항목 점수로 평가 | 구분	승강구 바닥 마감	평가항목 점수
---	---	---
최우수	미끄럼방지재로 마감하여 전혀 걸려 넘어질 염려 없음	5.0
우 수	물이 묻어도 미끄럽지 않으며, 걸려 넘어질 염려 없음	4.0	 - 승강구의 바닥면은 탑승시 미끄러지지 않는 재질을 사용하여야 하며 이때 승강구 바닥재의 마찰력은 우천(雨天)시를 고려하여 안전하게 승·하차 할 수 있도록 해야 함

■ 평가 참고자료 및 제출서류

참고자료	- 교통약자의 이동편의증진법 시행규칙 별표1 제1호 - 일본 동경도 복지마을 만들기 조례 - 독일 편의증진 관련법규(DIN 18024 Blatt 1) - 스위스 편의증진 관련법규(Norm SN 521 500)
제출서류	예비인증	- 버스차량의 설계도(평면 및 입면 포함) ※ 위 제출서류 중 평가항목의 조건을 만족하는 서류제출
	본인증	- 예비인증시와 동일

장애물 없는 생활환경 인증기준-교통수단

평가부문	1	버스
평가범주	1.1	승강구
평가항목	1.1.4	승강구 계단 디딤판

■ 세부평가기준

평가목적	승강구 계단은 식별이 가능한 색상과 명도차로 안전을 확보해야 함
평가방법	색상과 재질을 달리한 계단의 디딤판의 정도 평가
배 점	5점 (평가항목)
산출기준	• 평점 = 승강구 계단 디딤판 평가등급에 해당하는 평가항목 점수로 평가 | 구분	승강구 계단 디딤판	평가항목 점수
---	---	---
최우수	계단코와 계단의 색상과 재질을 달리함	5.0
우 수	계단코와 계단의 색상을 달리함	4.0
일 반	계단코와 계단의 재질을 달리함	3.5	 - 승강구의 계단코는 계단의 바탕색과 그 색상과 명도차를 달리하여 시력에 문제가 있는 교통약자가 버스를 승·하차 할 때 계단임을 알 수 있도록 하는 것이 바람직함

■ 평가 참고자료 및 제출서류

참고자료	- 교통약자의 이동편의증진법 시행규칙 별표1 제1호 - 일본 동경도 복지마을 만들기 조례 - 독일 편의증진 관련법규(DIN 18024 Blatt 1) - 스위스 편의증진 관련법규(Norm SN 521 500)
제출서류	예비인증	- 버스차량의 설계도(평면 및 입면 포함) ※ 위 제출서류 중 평가항목의 조건을 만족하는 서류제출
	본인증	- 예비인증시와 동일

⟨ 6. 교통수단 인증지표 및 기준 ⟩

장애물 없는 생활환경 인증기준-교통수단

평가부문	1	버스
평가범주	1.2	차내설비
평가항목	1.2.1	교통약자가 사용가능한 공간 확보

■ 세부평가기준

평가목적	버스내부에 휠체어사용자 및 기타 교통약자가 사용가능한 공간을 확보해야 함
평가방법	휠체어 및 유모차를 이용하는 교통약자가 사용가능한 공간 확보 및 승강구의 접근 가능 정도 평가
배 점	5점 (평가항목)
산출기준	• 평점 = 교통약자가 사용가능한 공간 확보의 평가 등급에 해당하는 평가항목 점수로 평가 | 구분	교통약자가 사용가능한 공간확보	평가항목 점수
---	---	---
최우수	좌석공간을 제외한 차실바닥면적의 45%이상이 승강구의 첫 번째 발판과 동일한 면	5.0
우수	좌석공간을 제외한 차실바닥면적의 40%이상이 승강구의 첫 번째 발판과 동일한 면	4.0
일반	좌석공간을 제외한 차실바닥면적의 35%이상이 승강구의 첫 번째 발판과 동일한 면	3.5	 - 출입구의 높이(지면에서 차량바닥까지의 높이 : 약 0.3cm~0.35cm)가 버스차량의 바닥높이와 동일한 저상버스의 장점은 노약자와 장애인 등 교통약자에게 뿐만 아니라, 버스이용자 모두에게 승하차시의 신체적 부담을 덜어 주는데 있다고 할 수 있음 - 따라서, 저상버스의 바닥높이까지 휠체어 및 유모차 이용자가 편안하게 승차할 수 있도록 저상버스의 승강보조설비가 반드시 갖추어져야 함

■ 평가 참고자료 및 제출서류

참고자료	- 교통약자의 이동편의증진법 시행규칙 별표1 제1호 - 일본 동경도 복지마을 만들기 조례 - 독일 편의증진 관련법규(DIN 18024 Blatt 1) - 스위스 편의증진 관련법규(Norm SN 521 500)
제출서류 예비인증	- 버스차량의 설계도(평면 및 입면 포함) ※ 위 제출서류 중 평가항목의 조건을 만족하는 서류제출
본인증	- 예비인증시와 동일

장애물 없는 생활환경 인증기준-교통수단

평가부문	1	버스
평가범주	1.2	차내설비
평가항목	1.2.2	교통약자용 좌석확보

■ 세부평가기준

평가목적	버스 승강구 부근에 교통약자가 쉽게 이용 가능한 좌석을 확보해야 함
평가방법	승강구 부근의 앉기 편리한 위치에 교통약자용 좌석의 확보 여부 평가
배 점	5점 (평가항목)
산출기준	• 평점 = 교통약자용 좌석의 평가등급에 해당하는 평가항목 점수로 평가 | 교통약자용 좌석확보	평가항목 점수
승강구 부근의 앉기 편리한 위치에 전체좌석의 1/3이상 확보	5.0 | - 교통약자용 좌석은 승강구에서의 이동거리가 짧은 승강구 주변에 지정하고, 교통약자용 좌석임을 알 수 있도록 해야 함 - 이를 위해 안내판을 부착하거나 노란색과 같이 시인성이 높은 색상의 좌석 커버를 이용할 수 있음

■ 평가 참고자료 및 제출서류

참고자료	- 교통약자의 이동편의증진법 시행규칙 별표1 제1호 - 일본 동경도 복지마을 만들기 조례 - 독일 편의증진 관련법규(DIN 18024 Blatt 1) - 스위스 편의증진 관련법규(Norm SN 521 500)
제출서류 예비인증	- 버스차량의 설계도(평면 및 입면 포함) ※ 위 제출서류 중 평가항목의 조건을 만족하는 서류제출
본인증	- 예비인증시와 동일

장애물 없는 생활환경 인증기준-교통수단

평가부문	1	버스
평가범주	1.2	차내설비
평가항목	1.2.3	안내판 설치

■ 세부평가기준

평가목적	교통약자의 좌석 부근에 안내판을 설치하여 사용이 용이하도록 함
평가방법	교통약자용 좌석 옆에 안내판 부착 여부 평가
배 점	6점 (평가항목)
산출기준	• 평점 = 안내판의 설치를 평가등급에 해당하는 평가항목 점수로 평가 | 구분	안내판 설치	평가항목 점수
---	---	---
최우수	좌석 옆에 시인성이 높은 색상의 안내표지판과 좌석커버 부착	6.0
우수	좌석 옆에 시인성이 높은 색상의 안내표지판 부착	4.8
일반	좌석 옆에 안내판 부착	4.2	 - 교통약자용 좌석은 승강구에서의 이동거리가 짧은 승강구 주변에 지정하고, 교통약자용 좌석임을 알 수 있도록 해야 함 - 이를 위해 안내판을 부착하거나 노란색과 같이 시인성이 높은 색상의 좌석 커버를 이용할 수 있음

■ 평가 참고자료 및 제출서류

참고자료	- 교통약자의 이동편의증진법 시행규칙 별표1 제1호 - 일본 동경도 복지마을 만들기 조례 - 독일 편의증진 관련법규(DIN 18024 Blatt 1) - 스위스 편의증진 관련법규(Norm SN 521 500)
제출서류 예비인증	- 버스차량의 설계도(평면 및 입면 포함) ※ 위 제출서류 중 평가항목의 조건을 만족하는 서류제출
본인증	- 예비인증시와 동일

장애물 없는 생활환경 인증기준-교통수단

평가부문	1	버스
평가범주	1.2	차내설비
평가항목	1.2.4	정차신호 스위치

■ 세부평가기준

평가목적	정차신호를 알리는 장치를 작동시킬 수 있는 스위치를 교통약자가 좌석에 앉은 상태에서 사용할 수 있는 위치에 설치해야 함
평가방법	차량내부에서 크게 이동하지 않고 교통약자용 좌석 부근에 사용가능한 정차신호 스위치 설치에 대한 평가
배 점	6점 (평가항목)
산출기준	• 평점 = 정차신호 스위치의 평가등급에 해당하는 평가항목 점수로 평가 | 정차신호 스위치	평가항목 점수
좌석 옆에 손이 닿을 만한 위치에 정차신호 스위치 부착	6.0 | - 버스의 경우에는 운행 시 차량 흔들림이 심해 교통약자의 안전에 문제가 생길 수 있으므로 교통약자가 정류소에서 하차하기 위하여 정차신호 장치를 작동할 때에는 차량내부에서 크게 이동하지 않고 사용할 수 있도록 스위치를 교통약자용 좌석근처에 설치하여 앉은 상태에서 이용할 수 있어야 함

■ 평가 참고자료 및 제출서류

참고자료	- 교통약자의 이동편의증진법 시행규칙 별표1 제1호 - 일본 동경도 복지마을 만들기 조례 - 독일 편의증진 관련법규(DIN 18024 Blatt 1) - 스위스 편의증진 관련법규(Norm SN 521 500)
제출서류 예비인증	- 버스차량의 설계도(평면 및 입면 포함) ※ 위 제출서류 중 평가항목의 조건을 만족하는 서류제출
본인증	- 예비인증시와 동일

< 6. 교통수단 인증지표 및 기준 >

장애물 없는 생활환경 인증기준 – 교통수단

평가부문	1	버스
평가범주	1.2	차내설비
평가항목	1.2.5	휠체어사용자를 위한 공간

■ 세부평가기준

평가목적	휠체어사용자가 승차할 수 있는 버스차량은 운행중에 휠체어사용자가 안전하고 편리하게 목적지까지 이동할 수 있도록 휠체어사용자 전용공간을 마련하고, 고정설비를 갖추어야 함
평가방법	휠체어사용자를 위한 전용공간 확보 정도 평가
배점	6점 (평가항목)
산출기준	• 평점 = 휠체어사용자 전용공간 확보 평가등급에 해당하는 평가항목 점수로 평가

구분	휠체어사용자를 위한 공간	평가항목 점수
최우수	일반의 조건을 만족하며, 지지대 및 휠체어고정설비 및 접이식 좌석 설치	6.0
우수	일반의 조건을 만족하며, 지지대 및 휠체어고정설비 설치	4.8
일반	길이1.3m×폭0.75m이상	4.2

• 휠체어 승강설비가 설치된 버스에는 휠체어사용자를 위한 전용공간을 길이 1.3m이상, 폭 0.75m이상 확보하여야 하며, 지지대 등 휠체어를 고정할 수 있는 설비를 갖추어야 함
• 휠체어 사용자용 전용공간이 확보된 버스차량의 경우, 유모차나 일반인을 위하여 휠체어 사용자용 전용공간에 접이식 좌석을 설치할 수 있음

■ 평가 참고자료 및 제출서류

참고자료	- 교통약자의 이동편의증진법 시행규칙 별표1 제1호 - 일본 동경도 복지마을 만들기 조례 - 독일 편의증진 관련법규(DIN 18024 Blatt 1) - 스위스 편의증진 관련법규(Norm SN 521 500)
제출서류 예비인증	- 버스차량의 설계도(평면 및 입면 포함) ※ 위 제출서류 중 평가항목의 조건을 만족하는 서류제출
본인증	- 예비인증시와 동일

장애물 없는 생활환경 인증기준 – 교통수단

평가부문	1	버스
평가범주	1.2	차내설비
평가항목	1.2.6	수직손잡이

■ 세부평가기준

평가목적	수직손잡이는 버스의 입석(立席)승객의 안전뿐만 아니라 교통약자의 차량 내 이동을 위한 보조수단으로 사용되어야 함
평가방법	교통약자의 안전을 위한 수직손잡이 설치 여부 및 방법 평가
배점	12점 (평가항목)
산출기준	• 평점 = 수직손잡이의 평가등급에 해당하는 평가항목 점수로 평가 • 세부항목 - 수직손잡이 설치

구분	수직손잡이 설치방법	평가항목 점수
최우수	좌석을 기준으로 2열 또는 3열마다 설치하며, 지름은 3cm내외 따뜻한 재질로 마감된 손잡이 설치	6.0
우수	좌석을 기준으로 2열 또는 3열마다 설치하며, 지름은 3cm내외	4.8

• 세부항목 - 수직손잡이 규격

구분	수직손잡이 설치 여부	평가항목 점수
최우수	승강구에 수직손잡이 설치	6.0

■ 평가 참고자료 및 제출서류

참고자료	- 교통약자의 이동편의증진법 시행규칙 별표1 제1호 - 일본 동경도 복지마을 만들기 조례 - 독일 편의증진 관련법규(DIN 18024 Blatt 1) - 스위스 편의증진 관련법규(Norm SN 521 500)
제출서류 예비인증	- 버스차량의 설계도(평면 및 입면 포함) ※ 위 제출서류 중 평가항목의 조건을 만족하는 서류제출
본인증	- 예비인증시와 동일

장애물 없는 생활환경 인증기준 – 교통수단

평가부문	1	버스
평가범주	1.3	정보설비
평가항목	1.3.1	장애인 접근 가능 표시

■ 세부평가기준

평가목적	휠체어사용자가 정류소에서 대기할 때, 탑승하고자 하는 버스가 정류소로 들어오는 동안 휠체어탑승이 가능한지를 확인하고 탑승을 준비할 수 있어야 함
평가방법	휠체어사용자를 위한 전용좌석 및 전용공간이 설치된 차량의 출입문에 장애인 접근 가능표시 부착 여부 평가
배점	9점 (평가항목)
산출기준	• 평점 = 장애인 접근 가능 표시의 평가등급에 해당하는 평가항목 점수로 평가

구분	장애인 접근 가능 표시	평가항목 점수
최우수	멀리서도 식별 가능하도록 조명설비가 추가된 접근 가능 표시 부착	9.0
우수	차량전면 우측의 위쪽, 측면은 출입문 옆에 접근 가능 표시 부착	7.2
일반	휠체어탑승이 가능한 버스임을 안내하는 접근 가능 표시 부착	6.3

• 휠체어사용자를 위한 전용공간이 설치된 버스의 승강구에는 장애인이 이용할 수 있음을 나타내는 그림 표지를 부착하여야 함

■ 평가 참고자료 및 제출서류

참고자료	- 교통약자의 이동편의증진법 시행규칙 별표1 제1호 - 일본 동경도 복지마을 만들기 조례 - 독일 편의증진 관련법규(DIN 18024 Blatt 1) - 스위스 편의증진 관련법규(Norm SN 521 500)
제출서류 예비인증	- 버스차량의 설계도(평면 및 입면 포함) ※ 위 제출서류 중 평가항목의 조건을 만족하는 서류제출
본인증	- 예비인증시와 동일

장애물 없는 생활환경 인증기준 – 교통수단

평가부문	1	버스
평가범주	1.3	정보설비
평가항목	1.3.2	자동안내방송시설

■ 세부평가기준

평가목적	자동안내방송은 버스차량 내에서 도착정류장의 정보를 시각적으로 확인하기 어려운 장애인을 비롯한 고령자를 위하여 명확한 음량과 음색으로 도착정류장의 정보를 제공해야 함, 또한 교통약자의 범주가 장애인과 고령자뿐만 아니라 교통시설을 이용하는 데 어려움을 겪는 집단을 포함하고 있으므로, 한국어로 전달이 어려운 재외국인을 위한 교통정보 제공 서비스를 해야 함
평가방법	교통약자를 위한 자동안내방송시설의 음량과 음색, 문자서비스의 정도 평가
배점	6점 (평가항목)
산출기준	• 평점 = 자동안내방송시설의 평가등급에 해당하는 평가항목 점수로 평가 • 세부항목 - 자동안내방송시설의 음량과 음색

음량과 음색	평가항목 점수
명확한 음량과 음색으로 도착정류장의 정보를 제공	3.0

• 세부항목 - 자동안내방송시설의 문자서비스

문자서비스	평가항목 점수
한국어로 전달이 어려운 재외국인을 위한 교통정보제공 서비스	3.0

■ 평가 참고자료 및 제출서류

참고자료	- 교통약자의 이동편의증진법 시행규칙 별표1 제1호 - 일본 동경도 복지마을 만들기 조례 - 독일 편의증진 관련법규(DIN 18024 Blatt 1) - 스위스 편의증진 관련법규(Norm SN 521 500)
제출서류 예비인증	- 버스차량의 설계도(평면 및 입면 포함) ※ 위 제출서류 중 평가항목의 조건을 만족하는 서류제출
본인증	- 예비인증시와 동일

⟨ 6. 교통수단 인증지표 및 기준 ⟩

장애물 없는 생활환경 인증기준-교통수단

평가부문	1	버스
평가범주	1.3	정보설비
평가항목	1.3.3	전자문자안내판

■ 세부평가기준

평가목적	전자문자안내판은 탑승객이 버스의 행선지와 다음 도착정류장의 정보를 알 수 있도록 적정한 위치에 식별 가능하도록 설치해야 함
평가방법	교통약자가 쉽게 식별 가능한 위치에 전자문자안내판 설치 및 식별, 문자서비스 여부 평가
배점	9점 (평가항목)
산출기준	• 평점 = 전자문자안내판의 평가등급에 해당하는 평가항목 점수로 평가 • 세부항목 - 전자문자안내판의 설치 위치 | 설치 위치	평가항목 점수
버스안의 전면(前面) 뒷부분 또는 중간문 부근에 전자문자안내판 설치	3.0 | • 세부항목 - 전자문자안내판의 식별 | 식별	평가항목 점수
문자와 기호는 두터운 글씨체로 표기하고, 바탕색과 구별하기 쉬운 색 사용	3.0 | • 세부항목 - 전자문자안내판의 문자서비스 | 문자서비스	평가항목 점수
한국어로 전달이 어려운 재외국인을 위한 교통정보제공 서비스	3.0	

■ 평가 참고자료 및 제출서류

참고자료	- 교통약자의 이동편의증진법 시행규칙 별표1 제1호 - 일본 동경도 복지마을 만들기 조례 - 독일 편의증진 관련법규(DIN 18024 Blatt 1) - 스위스 편의증진 관련법규(Norm SN 521 500)
제출서류	예비인증	- 버스차량의 설계도(평면 및 입면 포함) ※ 위 제출서류 중 평가항목의 조건을 만족하는 서류제출
	본인증	- 예비인증시와 동일

장애물 없는 생활환경 인증기준-교통수단

평가부문	1	버스
평가범주	1.3	정보설비
평가항목	1.3.4	행선지 표시

■ 세부평가기준

평가목적	버스의 행선지는 정류장에서 탑승을 위해 대기하고 있는 승객이 멀리서도 버스의 노선정보와 행선지를 알 수 있도록 외부조도에 상관없이 명확히 인식이 가능한 소재를 사용하여 알아보기 쉽도록 설치해야 함
평가방법	원활히 이용가능한 행선지의 설치 위치 및 식별가능한 행선지 표시의 소재의 정도 평가
배점	6점 (평가항목)
산출기준	• 평점 = 행선지 표시의 평가등급에 해당하는 평가항목 점수로 평가 • 세부항목 - 행선지 표시의 설치 위치 | 설치 위치	평가항목 점수
버스의 정면·후면 및 측면에 행선지 표시	3.0 | • 세부항목 - 식별가능한 행선지 표시의 소재 | 소재	평가항목 점수
야간 및 강한 햇빛에서도 쉽게 확인할 수 있는 소재 사용	3.0	

■ 평가 참고자료 및 제출서류

참고자료	- 교통약자의 이동편의증진법 시행규칙 별표1 제1호 - 일본 동경도 복지마을 만들기 조례 - 독일 편의증진 관련법규(DIN 18024 Blatt 1) - 스위스 편의증진 관련법규(Norm SN 521 500)
제출서류	예비인증	- 버스차량의 설계도(평면 및 입면 포함) ※ 위 제출서류 중 평가항목의 조건을 만족하는 서류제출
	본인증	- 예비인증시와 동일

장애물 없는 생활환경 인증기준-교통수단

평가부문	2	철도
평가범주	2.1	승강구
평가항목	2.1.1	승강구 형태

■ 세부평가기준

평가목적	휠체어 승강설비는 휠체어사용자가 휠체어를 탄 채 승차할 수 있도록 안전한 구조와 강도를 가져야 함
평가방법	교통약자가 접근 가능한 철도차량의 승강구 형태 평가
배점	10점 (평가항목)
산출기준	• 평점 = 승강구 형태의 평가등급에 해당하는 평가항목 점수로 평가 | 구분	승강구 형태	평가항목 점수
---	---	---
최우수	차량에 리프트 장착 및 안내인 도움	10.0
우수	차량에 리프트 장착	8.0
일반	이동식 간이 리프트 비치	7.0	 - 휠체어 승강설비는 차량에 직접 리프트를 장착한 경우와 이동식 간이 리프트를 승강장에 비치하여 필요시 차량에 연결하여 사용하는 두 가지 방식이 있음

■ 평가 참고자료 및 제출서류

참고자료	- 교통약자의 이동편의증진법 시행규칙 별표1 제1호 - 일본 동경도 복지마을 만들기 조례 - 독일 편의증진 관련법규(DIN 18024 Blatt 1) - 스위스 편의증진 관련법규(Norm SN 521 500)
제출서류	예비인증	- 철도차량의 설계도(평면 및 입면 포함) ※ 위 제출서류 중 평가항목의 조건을 만족하는 서류제출
	본인증	- 예비인증시와 동일

장애물 없는 생활환경 인증기준-교통수단

평가부문	2	철도
평가범주	2.2	차내설비
평가항목	2.2.1	전용좌석 확보

■ 세부평가기준

평가목적	휠체어사용자가 탑승하여 사용가능한 일반철도 내 전용좌석이 확보되어야 함
평가방법	휠체어사용자를 위한 전용좌석의 설치 여부 평가
배점	6점 (평가항목)
산출기준	• 평점 = 전용좌석 설치의 평가등급에 해당하는 평가항목 점수로 평가 (일반철도와 고속철도 평가 기준 별도) • 세부항목 - 전용좌석(일반철도) 	구분	전용좌석 확보	평가항목 점수
---	---	---
최우수	6개	6.0
우수	5개	4.8
일반	4개	4.2 | • 세부항목 - 전용좌석 확보(고속철도) | 구분	전용좌석 확보	평가항목 점수
---	---	---
최우수	수동휠체어 5개, 전동휠체어 4개	6.0
우수	수동휠체어 4개, 전동휠체어 3개	4.8
일반	수동휠체어 3개, 전동휠체어 2개	4.2	 - 휠체어 사용자를 위한 전용좌석은 휠체어사용자를 위해 지정된 전용의 좌석이고, 휠체어 전용공간은 휠체어사용자가 승무원의 도움을 받아 직접 휠체어에 탑승한 채 여행할 수 있도록 하는 공간임

■ 평가 참고자료 및 제출서류

참고자료	- 교통약자의 이동편의증진법 시행규칙 별표1 제1호 - 일본 동경도 복지마을 만들기 조례 - 독일 편의증진 관련법규(DIN 18024 Blatt 1) - 스위스 편의증진 관련법규(Norm SN 521 500)
제출서류	예비인증	- 철도차량의 설계도(평면 및 입면 포함) ※ 위 제출서류 중 평가항목의 조건을 만족하는 서류제출
	본인증	- 예비인증시와 동일

< 6. 교통수단 인증지표 및 기준 >

장애물 없는 생활환경 인증기준-교통수단

평가부문	2 철도
평가범주	2.2 차내설비
평가항목	2.2.2 휠체어 보관함 설치

■ 세부평가기준

평가목적	휠체어 사용자를 위한 전용좌석 부근에는 휠체어를 보관할 수 있는 장치를 설치하여야 함
평가방법	휠체어 사용자를 위한 전용좌석 부근에 휠체어 보관함 설치 여부 평가
배점	6점 (평가항목)
산출기준	• 평점 = 휠체어 보관함 설치의 평가등급에 해당하는 평가항목 점수로 평가

구분	휠체어 보관함 설치	평가항목 점수
최우수	휠체어 사용자를 위한 전용좌석 부근에 보관함 설치	6.0
우수	휠체어 사용자를 위한 보관함 설치	4.8

■ 평가 참고자료 및 제출서류

참고자료	- 교통약자의 이동편의증진법 시행규칙 별표1 제1호 - 일본 동경도 복지마을 만들기 조례 - 독일 편의증진 관련법규(DIN 18024 Blatt 1) - 스위스 편의증진 관련법규(Norm SN 521 500)
제출서류 예비인증	- 철도차량의 설계도(평면 및 입면 포함) ※ 위 제출서류 중 평가항목의 조건을 만족하는 서류제출
본인증	- 예비인증시와 동일

장애물 없는 생활환경 인증기준-교통수단

평가부문	2 철도
평가범주	2.2 차내설비
평가항목	2.2.3 접근 가능한 전용좌석의 설치 위치

■ 세부평가기준

평가목적	휠체어 사용자를 위한 전용좌석 및 전용공간은 차량의 출입문으로부터 접근하기 쉬운 위치에 설치하여 이동의 편의를 높임
평가방법	휠체어 사용자를 위한 전용좌석 및 전용공간은 출입문으로부터 접근하기 쉬운 위치에 설치 여부 평가
배점	6점 (평가항목)
산출기준	• 평점 = 접근 가능한 전용좌석의 평가등급에 해당하는 평가항목 점수로 평가

구분	전용좌석의 설치 위치	평가항목 점수
최우수	승·하차시 이동거리를 줄이기 위하여 출입문 가까이에 지정하고 이를 알리는 안내판 부착	6.0
우수	승·하차시 이동거리를 줄이기 위하여 출입문 가까이에 지정	4.8

- 휠체어 사용자를 위한 전용좌석은 승·하차시 이동거리를 줄이기 위하여 차량의 출입문 가까이에 지정하고, 이를 알리는 안내판을 부착하여야 함

■ 평가 참고자료 및 제출서류

참고자료	- 교통약자의 이동편의증진법 시행규칙 별표1 제1호 - 일본 동경도 복지마을 만들기 조례 - 독일 편의증진 관련법규(DIN 18024 Blatt 1) - 스위스 편의증진 관련법규(Norm SN 521 500)
제출서류 예비인증	- 철도차량의 설계도(평면 및 입면 포함) ※ 위 제출서류 중 평가항목의 조건을 만족하는 서류제출
본인증	- 예비인증시와 동일

장애물 없는 생활환경 인증기준-교통수단

평가부문	2 철도
평가범주	2.2 차내설비
평가항목	2.2.4 전용좌석의 크기

■ 세부평가기준

평가목적	휠체어 사용자를 위한 전용좌석 및 전용공간이 설치되어 있는 차량 안에는 지지대 등 휠체어를 고정할 수 있는 설비를 갖추어야 함
평가방법	휠체어 사용자를 위한 전용좌석의 크기 및 고정설비의 설치 여부 평가
배점	6점 (평가항목)
산출기준	• 평점 = 전용좌석 크기의 평가등급에 해당하는 평가항목 점수로 평가

구분	전용좌석의 크기	평가항목 점수
최우수	전용공간은 길이 1.2m×폭 0.7m이상 확보, 이를 고정하는 고정설비를 갖출 것	6.0
우수	전용공간은 길이 1.2m×폭 0.7m이상 확보	4.8

- 휠체어 전용공간은 다른 철도차량 이용자의 통행에 장애가 되지 않도록 길이 1.2m 이상, 폭 0.7m이상을 확보하도록 하고, 휠체어가 철도차량의 흔들림 등에 견딜 수 있도록 휠체어를 고정하는 설비를 갖추도록 함

■ 평가 참고자료 및 제출서류

참고자료	- 교통약자의 이동편의증진법 시행규칙 별표1 제1호 - 일본 동경도 복지마을 만들기 조례 - 독일 편의증진 관련법규(DIN 18024 Blatt 1) - 스위스 편의증진 관련법규(Norm SN 521 500)
제출서류 예비인증	- 철도차량의 설계도(평면 및 입면 포함) ※ 위 제출서류 중 평가항목의 조건을 만족하는 서류제출
본인증	- 예비인증시와 동일

장애물 없는 생활환경 인증기준-교통수단

평가부문	2 철도
평가범주	2.2 차내설비
평가항목	2.2.5 안내판 부착

■ 세부평가기준

평가목적	휠체어 사용자를 위한 전용좌석 및 전용공간의 옆에는 휠체어 사용자용임을 나타내는 안내판을 부착하여야 함
평가방법	휠체어 사용자 전용좌석 및 전용공간에 안내판 부착 위치 정도 평가
배점	6점 (평가항목)
산출기준	• 평점 = 안내판 부착의 평가등급에 해당하는 평가항목 점수로 평가

구분	안내판 부착	평가항목 점수
최우수	좌석 옆에 시인성이 높은 색상의 안내표지판 부착	6.0
우수	좌석 옆에 안내판 부착	4.8

■ 평가 참고자료 및 제출서류

참고자료	- 교통약자의 이동편의증진법 시행규칙 별표1 제1호 - 일본 동경도 복지마을 만들기 조례 - 독일 편의증진 관련법규(DIN 18024 Blatt 1) - 스위스 편의증진 관련법규(Norm SN 521 500)
제출서류 예비인증	- 철도차량의 설계도(평면 및 입면 포함) ※ 위 제출서류 중 평가항목의 조건을 만족하는 서류제출
본인증	- 예비인증시와 동일

< 6. 교통수단 인증지표 및 기준 >

장애물 없는 생활환경 인증기준-교통수단

평가부문	2 철도
평가범주	2.2 차내설비
평가항목	2.2.6 통로의 유효폭

■ 세부평가기준

평가목적	휠체어 사용자가 객차 내에서 원활하게 이동하여 이동의 편의를 높임
평가방법	휠체어 사용자 전용좌석 및 전용공간에서 장애인 등이 이용 가능한 화장실에 이르는 통로의 유효폭 및 승강구 폭 확보 정도 평가
배 점	8점 (평가항목)
산출기준	• 평점 = 통로 유효폭, 승강구 폭의 평가등급에 해당하는 평가항목 점수로 평가 • 세부항목 - 객차 내 유효폭 	구분	객차 내 유효폭	평가항목 점수
---	---	---
최우수	1.0m이상	4.0
우 수	0.9m이상	3.2
일 반	0.8m이상	2.8 | - 휠체어 사용자의 탑승이 가능한 객차는 휠체어사용자가 승강구부터 좌석까지, 좌석에서 장애인전용화장실까지, 좌석에서 휠체어 전용공간까지 이동을 원활히 할 수 있도록 통로의 유효폭을 확보하여야 함 • 세부항목 - 1객차에 1곳 이상의 승강구 폭 | 구분	승강구 폭	평가항목 점수
---	---	---
최우수	1.1m이상	4.0
우 수	1.0m이상	3.2
일 반	0.9m이상	2.8	

■ 평가 참고자료 및 제출서류

참고자료	- 교통약자의 이동편의증진법 시행규칙 별표1 제1호 - 일본 동경도 복지마을 만들기 조례 - 독일 편의증진 관련법규(DIN 18024 Blatt 1) - 스위스 편의증진 관련법규(Norm SN 521 500)
제출서류	예비인증	- 철도차량의 설계도(평면 및 입면 포함) ※ 위 제출서류 중 평가항목의 조건을 만족하는 서류제출
	본인증	- 예비인증시와 동일

장애물 없는 생활환경 인증기준-교통수단

평가부문	2 철도
평가범주	2.2 차내설비
평가항목	2.2.7 바닥 마감

■ 세부평가기준

평가목적	휠체어 사용자 및 교통약자 등 보행에 지장이 있는 이들을 위하여 차체 내 바닥 재질은 안전해야 함
평가방법	미끄러지지 않는 재질의 바닥 마감 정도 평가
배 점	2점 (평가항목)
산출기준	• 평점 = 바닥 마감의 평가등급에 해당하는 평가항목 점수로 평가 | 구분	바닥 마감	평가항목 점수
---	---	---
최우수	미끄럼방지재로 마감하여 전혀 걸려 넘어질 염려 없음	2.0
우 수	물이 묻어도 미끄럽지 않으며, 걸려 넘어질 염려 없음	1.6	 - 승강구의 바닥면은 탑승시 미끄러지지 않는 재질을 사용하여야 하며 이때 승강구 바닥재의 마찰력은 우천(雨天)시를 고려하여 안전하게 승·하차할 수 있도록 해야 함

■ 평가 참고자료 및 제출서류

참고자료	- 교통약자의 이동편의증진법 시행규칙 별표1 제1호 - 일본 동경도 복지마을 만들기 조례 - 독일 편의증진 관련법규(DIN 18024 Blatt 1) - 스위스 편의증진 관련법규(Norm SN 521 500)
제출서류	예비인증	- 철도차량의 설계도(평면 및 입면 포함) ※ 위 제출서류 중 평가항목의 조건을 만족하는 서류제출
	본인증	- 예비인증시와 동일

장애물 없는 생활환경 인증기준-교통수단

평가부문	2 철도
평가범주	2.2 차내설비
평가항목	2.2.8 장애인 등이 이용 가능한 화장실의 위치

■ 세부평가기준

평가목적	휠체어사용자 및 기타 보행 장애인의 편의를 위하여 장애인전용화장실은 적합하게 설치되어야 함
평가방법	휠체어사용자를 위한 전용좌석 및 전용공간과 가까운 위치에 장애인전용화장실의 설치 여부 평가
배 점	5점 (평가항목)
산출기준	• 평점 = 장애인 등이 이용 가능한 화장실의 평가등급에 해당하는 평가항목 점수로 평가 | 구분	장애인 등이 이용 가능한 화장실 위치	평가항목 점수
---	---	---
최우수	휠체어사용자 전용좌석 가까운 곳에 전용화장실 설치	5.0
우 수	휠체어사용자를 위한 전용화장실 설치	4.0	 - 장애인 등이 이용 가능한 화장실은 장애인이 접근할 수 있는 통로에 연결되어 설치하여야 함

■ 평가 참고자료 및 제출서류

참고자료	- 교통약자의 이동편의증진법 시행규칙 별표1 제1호 - 일본 동경도 복지마을 만들기 조례 - 독일 편의증진 관련법규(DIN 18024 Blatt 1) - 스위스 편의증진 관련법규(Norm SN 521 500)
제출서류	예비인증	- 철도차량의 설계도(평면 및 입면 포함) ※ 위 제출서류 중 평가항목의 조건을 만족하는 서류제출
	본인증	- 예비인증시와 동일

장애물 없는 생활환경 인증기준-교통수단

평가부문	2 철도
평가범주	2.2 차내설비
평가항목	2.2.9 대변기의 설치

■ 세부평가기준

평가목적	철도에 탑승한 교통약자가 이용 가능한 화장실 내 설비가 필요함
평가방법	장애인용 대변기의 설치 여부 평가
배 점	5점 (평가항목)
산출기준	• 평점 = 장애인용 대변기의 평가등급에 해당하는 평가항목 점수로 평가 | 대변기 설치	평가항목 점수
1개	5.0 | - 장애인전용화장실에는 장애인용 대변기를 1개 이상 설치하여야 함 - 대변기의 칸막이 유효바닥면적 폭 1.4m, 깊이 1.8m는 휠체어사용자가 대변기에 전면으로 접근하여 대변기를 사용하는 것을 상정한 것이며, 출입문의 통과 유효폭 0.8m는 휠체어가 통과할 수 있는 최소공간임 - 일반적으로 휠체어 사용자가 변기에 접근하기 쉬운 방법은 측면에서 접근하는 방법이므로 활동공간이 많이 필요할지라도 이를 적극 유도할 필요가 있음

■ 평가 참고자료 및 제출서류

참고자료	- 교통약자의 이동편의증진법 시행규칙 별표1 제1호 - 일본 동경도 복지마을 만들기 조례 - 독일 편의증진 관련법규(DIN 18024 Blatt 1) - 스위스 편의증진 관련법규(Norm SN 521 500)
제출서류	예비인증	- 철도차량의 설계도(평면 및 입면 포함) ※ 위 제출서류 중 평가항목의 조건을 만족하는 서류제출
	본인증	- 예비인증시와 동일

⟨ 6. 교통수단 인증지표 및 기준 ⟩

장애물 없는 생활환경 인증기준-교통수단

평가부문	2	철도
평가범주	2.2	차내설비
평가항목	2.2.10	문의 형태

■ 세부평가기준

평가목적	철도에 탑승한 교통약자가 이용 가능한 화장실 내 설비가 필요함
평가방법	장애인용화장실의 문은 조작이 용이한 형태의 문 설치 정도 평가
배점	5점 (평가항목)

산출기준	• 평점 = 문의 평가등급에 해당하는 평가항목 점수로 평가

문의 형태	평가항목 점수
미닫이문	5.0

- 휠체어 사용자의 이용을 배려하여 문의 형태 조정과 장애인용 대변기를 설치하도록 함
- 출입문의 형태는 미닫이문으로 할 수 있으며, 여닫이문을 설치하는 경우에는 바깥쪽으로 개폐되도록 하여야 함
- 다만, 휠체어 사용자를 위하여 충분한 활동공간을 확보한 경우에는 안쪽으로 개폐되도록 할 수 있음

■ 평가 참고자료 및 제출서류

참고자료	- 교통약자의 이동편의증진법 시행규칙 별표1 제1호 - 일본 동경도 복지마을 만들기 조례 - 독일 편의증진 관련법규(DIN 18024 Blatt 1) - 스위스 편의증진 관련법규(Norm SN 521 500)
제출서류	예비인증	- 철도차량의 설계도(평면 및 입면 포함) ※ 위 제출서류 중 평가항목의 조건을 만족하는 서류제출
	본인증	- 예비인증시와 동일

장애물 없는 생활환경 인증기준-교통수단

평가부문	2	철도
평가범주	2.2	차내설비
평가항목	2.2.11	점자표기

■ 세부평가기준

평가목적	철도에 탑승한 교통약자가 이용 가능한 화장실 내 설비가 필요함
평가방법	시각장애인이 사용하기 용이하도록 출입문 옆에 점자표지판 부착 여부 평가
배점	5점 (평가항목)

산출기준	• 평점 = 점자표지판의 평가등급에 해당하는 평가항목 점수로 평가

점자표기	평가항목 점수
점자표지판 부착	5.0

- 장애인등의 이용이 가능한 화장실은 철도차량을 통해 이동하는 동안 시각장애인의 이용을 위해 점자를 통해 화장실 문의 위치를 확인할 수 있도록 함

■ 평가 참고자료 및 제출서류

참고자료	- 교통약자의 이동편의증진법 시행규칙 별표1 제1호 - 일본 동경도 복지마을 만들기 조례 - 독일 편의증진 관련법규(DIN 18024 Blatt 1) - 스위스 편의증진 관련법규(Norm SN 521 500)
제출서류	예비인증	- 철도차량의 설계도(평면 및 입면 포함) ※ 위 제출서류 중 평가항목의 조건을 만족하는 서류제출
	본인증	- 예비인증시와 동일

장애물 없는 생활환경 인증기준-교통수단

평가부문	2	철도
평가범주	2.3	정보설비
평가항목	2.3.1	장애인 접근 가능 표시

■ 세부평가기준

평가목적	휠체어사용자가 보행약자가 이용가능한 좌석 및 전용공간이 확보됨을 안내하는 설비를 갖추어야 함
평가방법	휠체어사용자를 위한 전용좌석 및 전용공간이 설치된 차량의 출입문에 장애인 접근 가능 표지 부착 여부 평가
배점	9점 (평가항목)

산출기준	• 평점 = 장애인 접근 가능 표시의 평가등급에 해당하는 평가항목 점수로 평가

장애인 접근 가능 표시	평가항목 점수
그림표지 부착	9.0

- 승강장에서 휠체어사용자가 이용할 수 있음을 알 수 있도록 하고, 승무원은 휠체어 사용자의 착석과 휠체어 보관에 어려움이 없도록 서비스를 제공하는 것이 바람직함

■ 평가 참고자료 및 제출서류

참고자료	- 교통약자의 이동편의증진법 시행규칙 별표1 제1호 - 일본 동경도 복지마을 만들기 조례 - 독일 편의증진 관련법규(DIN 18024 Blatt 1) - 스위스 편의증진 관련법규(Norm SN 521 500)
제출서류	예비인증	- 철도차량의 설계도(평면 및 입면 포함) ※ 위 제출서류 중 평가항목의 조건을 만족하는 서류제출
	본인증	- 예비인증시와 동일

장애물 없는 생활환경 인증기준-교통수단

평가부문	2	철도
평가범주	2.3	정보설비
평가항목	2.3.2	자동안내방송시설

■ 세부평가기준

평가목적	자동안내방송은 차량 내에서 도착정류장의 정보를 시각적으로 확인하기 어려운 장애인을 비롯한 고령자를 위하여 명확한 음량과 음색으로 도착정류장의 정보를 제공하여야 함. 또한 교통약자의 범주가 장애인과 고령자뿐만 아니라 교통시설을 이용하는데 어려움을 겪는 집단을 포함하고 있으므로, 한국어로 전달이 어려운 재외국인을 위한 교통정보 제공 서비스를 할 수 있어야 함
평가방법	도착정류장의 이름 등을 명확한 음량과 음색, 문자서비스로 안내 여부 평가
배점	6점 (평가항목)

산출기준	• 평점 = 자동안내방송시설의 평가등급에 해당하는 평가항목 점수로 평가 • 세부항목 - 자동안내방송시설의 음량과 음색

음량과 음색	평가항목 점수
명확한 음량과 음색으로 도착정류장의 정보를 제공	3.0

• 세부항목 - 자동안내방송시설의 문자서비스

문자서비스	평가항목 점수
한글로 전달이 어려운 재외국인을 위한 교통정보제공 서비스	3.0

■ 평가 참고자료 및 제출서류

참고자료	- 교통약자의 이동편의증진법 시행규칙 별표1 제1호 - 일본 동경도 복지마을 만들기 조례 - 독일 편의증진 관련법규(DIN 18024 Blatt 1) - 스위스 편의증진 관련법규(Norm SN 521 500)
제출서류	예비인증	- 철도차량의 설계도(평면 및 입면 포함) ※ 위 제출서류 중 평가항목의 조건을 만족하는 서류제출
	본인증	- 예비인증시와 동일

⟨ 6. 교통수단 인증지표 및 기준 ⟩

장애물 없는 생활환경 인증기준 - 교통수단

평가부문	2 철도
평가범주	2.3 정보설비
평가항목	2.3.3 전자문자안내판

■ 세부평가기준

평가목적	전자문자안내판은 탑승객이 철도의 행선지와 다음 도착정류장의 정보를 알 수 있도록 적절한 위치에 식별 가능하도록 설치해야 함
평가방법	출입구 부근에 전자문자안내판 설치 위치, 식별, 문자서비스 제공 여부 평가
배 점	9점 (평가항목)
산출기준	• 평점 = 전자문자안내판의 평가등급에 해당하는 평가항목 점수로 평가 • 세부항목 - 전자문자안내판의 위치 | 위치	평가항목 점수
버스안의 전면(前面) 윗부분 또는 중간문 부근에 전자문자안내판 설치	3.0 | • 세부항목 - 전자문자안내판의 식별 | 식별	평가항목 점수
문자와 기호는 두터운 글씨체로 표기하고, 바탕색과 구별하기 쉬운 색 사용	3.0 | • 세부항목 - 전자문자안내판의 문자서비스 | 문자서비스	평가항목 점수
한국어로 전달이 어려운 재외국인을 위한 교통정보제공 서비스	3.0	

■ 평가 참고자료 및 제출서류

참고자료	- 교통약자의 이동편의증진법 시행규칙 별표1 제1호 - 일본 동경도 복지마을 만들기 조례 - 독일 편의증진 관련법규(DIN 18024 Blatt 1) - 스위스 편의증진 관련법규(Norm SN 521 500)
제출서류 예비인증	- 철도차량의 설계도(평면 및 입면 포함) ※ 위 제출서류 중 평가항목의 조건을 만족하는 서류제출
제출서류 본인증	- 예비인증시와 동일

장애물 없는 생활환경 인증기준 - 교통수단

평가부문	2 철도
평가범주	2.3 정보설비
평가항목	2.3.4 행선지 표시

■ 세부평가기준

평가목적	철도의 행선지는 정류장에서 탑승을 위해 대기하고 있는 승객이 밀려서도 철도의 정보와 행선지를 알 수 있도록 외부조도에 상관없이 명확하게 인식이 가능한 소재를 사용하여 알아보기 쉽도록 해야 함
평가방법	차량외부 측면에 행선지 표시 설치 위치 및 식별가능한 행선지 표시의 소재 정도 평가
배 점	6점 (평가항목)
산출기준	• 평점 = 행선지 표기의 평가등급에 해당하는 평가항목 점수로 평가 • 세부항목 - 행선지 표시 설치 위치 | 설치 위치	평가항목 점수
철도안의 전면·후면 및 측면에 행선지 표시	3.0 | • 세부항목 - 식별가능한 행선지 표시의 소재 | 소재	평가항목 점수
야간 및 강한 햇빛에서도 쉽게 확인할 수 있는 소재 사용	3.0	

■ 평가 참고자료 및 제출서류

참고자료	- 교통약자의 이동편의증진법 시행규칙 별표1 제1호 - 일본 동경도 복지마을 만들기 조례 - 독일 편의증진 관련법규(DIN 18024 Blatt 1) - 스위스 편의증진 관련법규(Norm SN 521 500)
제출서류 예비인증	- 철도차량의 설계도(평면 및 입면 포함) ※ 위 제출서류 중 평가항목의 조건을 만족하는 서류제출
제출서류 본인증	- 예비인증시와 동일

장애물 없는 생활환경 인증기준 - 교통수단

평가부문	3 도시철도 및 광역전철
평가범주	3.1 승강구
평가항목	3.1.1 출입구 통로

■ 세부평가기준

평가목적	도시철도 및 광역전철 객차 내 출입구 통로는 휠체어사용자 및 보행약자가 통행하기에 적합한 통과 유효폭을 확보해야 함
평가방법	휠체어 사용자가 휠체어를 탄 채 승차할 수 있는 도시철도 및 광역전철의 출입구 유효폭 정도 평가
배 점	20점 (평가항목)
산출기준	• 평점 = 출입구 유효폭 확보의 평가등급에 해당하는 평가항목 점수로 평가 | 구분	출입구 유효폭	평가항목 점수
---	---	---
최우수	1.2m확보	20.0
우 수	1.0m확보	16.0
일 반	0.8m확보	14.0	 - 광역철도 및 도시철도 차량의 내부 폭원은 휠체어 사용자가 차량내부에서 자유롭게 이동 및 회전이 가능하므로 휠체어 사용자가 승강장에서 승강구, 휠체어사용자 전용공간까지 자력(自力)으로 이동이 가능함 - 따라서 출입구의 통로는 휠체어 사용자의 이동 최소폭인 0.8m의 유효폭을 확보하여 휠체어사용자 뿐만 아니라 시각장애 및 고령자의 원활한 이동이 가능하도록 하여야 함

■ 평가 참고자료 및 제출서류

참고자료	- 교통약자의 이동편의증진법 시행규칙 별표1 제1호 - 일본 동경도 복지마을 만들기 조례 - 독일 편의증진 관련법규(DIN 18024 Blatt 1) - 스위스 편의증진 관련법규(Norm SN 521 500)
제출서류 예비인증	- 도시철도 및 광역전철차량의 설계도(평면 및 입면 포함) ※ 위 제출서류 중 평가항목의 조건을 만족하는 서류제출
제출서류 본인증	- 예비인증시와 동일

장애물 없는 생활환경 인증기준 - 교통수단

평가부문	3 도시철도 및 광역전철
평가범주	3.2 차내설비
평가항목	3.2.1 교통약자용 좌석

■ 세부평가기준

평가목적	일반적으로 도시철도 및 광역철도 차량은 1개 객차의 앞뒤 출입구에 있는 3인용좌석 4개를 교통약자용 좌석으로 지정하여 교통약자의 이동편의를 도움
평가방법	승강구 부근에 앉기 편리한 위치에 교통약자용 좌석의 확보, 안내판 부착, 전용공간의 규격 정도 평가
배 점	30점 (평가항목)
산출기준	• 평점 = 교통약자용 좌석의 평가등급에 해당하는 평가항목 점수로 평가 • 세부항목 - 교통약자용 좌석 확보 | 구분	교통약자용 좌석 확보	평가항목 점수
---	---	---
최우수	1개 차량당 16석	10.0
우 수	1개 차량당 14석	8.0
일 반	1개 차량당 12석	7.0 | • 세부항목 - 교통약자용 좌석의 안내판 부착 | 안내판 부착	평가항목 점수
장애인 및 노약자석 우선표시	10.0 | • 세부항목 - 교통약자용의 전용공간확보 | 전용공간확보	평가항목 점수
길이 1.2m×폭 0.7m이상 확보	10.0	

■ 평가 참고자료 및 제출서류

참고자료	- 교통약자의 이동편의증진법 시행규칙 별표1 제1호 - 일본 동경도 복지마을 만들기 조례 - 독일 편의증진 관련법규(DIN 18024 Blatt 1) - 스위스 편의증진 관련법규(Norm SN 521 500)
제출서류 예비인증	- 도시철도 및 광역전철차량의 설계도(평면 및 입면 포함) ※ 위 제출서류 중 평가항목의 조건을 만족하는 서류제출
제출서류 본인증	- 예비인증시와 동일

〈 6. 교통수단 인증지표 및 기준 〉

장애물 없는 생활환경 인증기준-교통수단

평가부문	3 도시철도 및 광역전철
평가범주	3.2 차내설비
평가항목	3.2.2 수직손잡이 설치

■ 세부평가기준

평가목적	수직손잡이는 도시철도 및 광역전철의 입석승객의 안전뿐만 아니라 교통약자의 차량 내 이동을 위한 보조수단으로 사용되어야 함
평가방법	교통약자의 안전을 위하여 수직손잡이 설치 및 규격 정도 평가
배 점	20점 (평가항목)
산출기준	• 평점 = 수직손잡이의 평가등급에 해당하는 평가항목 점수로 평가 • 세부항목 - 수직손잡이 설치 | 수직손잡이 설치	평가항목 점수
2열 또는 4열마다 하나씩 설치	10.0 | • 세부항목 - 수직손잡이 지름 | 수직손잡이 지름	평가항목 점수
3cm내외	10.0 | - 수직손잡이는 도시철도 및 광역철도차량 내 입석(立席)승객의 안전뿐만 아니라 교통약자의 차량 내 이동을 위한 보조수단으로 수직손잡이의 지름은 어린이의 손 크기를 고려하여 3cm내외로 함

■ 평가 참고자료 및 제출서류

참고자료	- 교통약자의 이동편의증진법 시행규칙 별표1 제1호 - 일본 동경도 복지마을 만들기 조례 - 독일 편의증진 관련법규(DIN 18024 Blatt 1) - 스위스 편의증진 관련법규(Norm SN 521 500)
제출서류	예비인증	- 도시철도 및 광역전철차량의 설계도(평면 및 입면 포함) ※ 위 제출서류 중 평가항목의 조건을 만족하는 서류제출
	본인증	- 예비인증시와 동일

장애물 없는 생활환경 인증기준-교통수단

평가부문	3 도시철도 및 광역전철
평가범주	3.3 정보설비
평가항목	3.3.1 장애인 접근 가능 표시

■ 세부평가기준

평가목적	휠체어사용자 및 보행약자가 이용 가능한 좌석 및 전용공간이 확보됨을 안내하는 설비를 갖추어야 함
평가방법	휠체어사용자를 위한 전용좌석 및 전용공간이 설치된 차량의 출입문에 장애인 접근 가능 표시 부착 여부 평가
배 점	9점 (평가항목)
산출기준	• 평점 = 장애인 접근 가능 표시의 평가등급에 해당하는 평가항목 점수로 평가 | 장애인 접근 가능 표시	평가항목 점수
그림표지 부착	9.0 | - 지하철 승강장에 스크린도어가 설치된 경우에는 휠체어사용자 전용공간이 확보된 객차의 스크린도어에 장애인 접근 가능 표시를 할 수 있음

■ 평가 참고자료 및 제출서류

참고자료	- 교통약자의 이동편의증진법 시행규칙 별표1 제1호 - 일본 동경도 복지마을 만들기 조례 - 독일 편의증진 관련법규(DIN 18024 Blatt 1) - 스위스 편의증진 관련법규(Norm SN 521 500)
제출서류	예비인증	- 도시철도 및 광역전철차량의 설계도(평면 및 입면 포함) ※ 위 제출서류 중 평가항목의 조건을 만족하는 서류제출
	본인증	- 예비인증시와 동일

장애물 없는 생활환경 인증기준-교통수단

평가부문	3 도시철도 및 광역전철
평가범주	3.3 정보설비
평가항목	3.3.2 자동안내방송시설

■ 세부평가기준

평가목적	자동안내방송은 차량 내에서 도착정류장의 정보를 시각적으로 확인하기 어려운 장애인을 비롯한 고령자를 위하여 명확한 음량과 음색으로 도착정류장의 정보를 제공하여야 함, 또한 교통약자의 범주가 장애인과 고령자뿐만 아니라 교통시설을 이용하는데 어려움을 겪는 집단을 포함하고 있으므로, 한국어로 전달이 어려운 재외국인을 위한 교통정보 제공 서비스를 할 수 있어야 함
평가방법	도착정류장의 이름 등을 명확한 음량과 음색, 문자서비스로 안내 여부 평가
배 점	6점 (평가항목)
산출기준	• 평점 = 자동안내방송시설의 평가등급에 해당하는 평가항목 점수로 평가 • 세부항목 - 자동안내방송시설의 음량과 음색 | 음량과 음색	평가항목 점수
명확한 음량과 음색으로 도착정류장의 정보를 제공	3.0 | • 세부항목 - 자동안내방송시설의 문자서비스 | 문자서비스	평가항목 점수
한국어로 전달이 어려운 재외국인을 위한 교통정보제공 서비스	3.0

■ 평가 참고자료 및 제출서류

참고자료	- 교통약자의 이동편의증진법 시행규칙 별표1 제1호 - 일본 동경도 복지마을 만들기 조례 - 독일 편의증진 관련법규(DIN 18024 Blatt 1) - 스위스 편의증진 관련법규(Norm SN 521 500)
제출서류	예비인증	- 도시철도 및 광역전철차량의 설계도(평면 및 입면 포함) ※ 위 제출서류 중 평가항목의 조건을 만족하는 서류제출
	본인증	- 예비인증시와 동일

장애물 없는 생활환경 인증기준-교통수단

평가부문	3 도시철도 및 광역전철
평가범주	3.3 정보설비
평가항목	3.3.3 전자문자안내판

■ 세부평가기준

평가목적	전자문자안내판은 탑승객이 도시철도 및 광역전철의 행선지와 다음 도착정류장의 정보를 알 수 있도록 적절한 위치에 식별 가능하도록 설치해야 함
평가방법	출입구 부근에 전자문자안내판 설치, 식별, 문자서비스 제공 여부 평가
배 점	9점 (평가항목)
산출기준	• 평점 = 전자문자안내판의 평가등급에 해당하는 평가항목 점수로 평가 • 세부항목 - 전자문자안내판의 설치 | 설치	평가항목 점수
철도안의 전면(前面) 윗부분 또는 중간문 부근에 전자문자안내판 설치	3.0 | • 세부항목 - 전자문자안내판의 식별 | 식별	평가항목 점수
문자와 기호는 두터운 글씨체로 표기하고, 바탕색과 구별하기 쉬운 색 사용	3.0 | • 세부항목 - 전자문자안내판의 문자서비스 | 문자서비스	평가항목 점수
한국어로 전달이 어려운 재외국인을 위한 교통정보제공 서비스	3.0

■ 평가 참고자료 및 제출서류

참고자료	- 교통약자의 이동편의증진법 시행규칙 별표1 제1호 - 일본 동경도 복지마을 만들기 조례 - 독일 편의증진 관련법규(DIN 18024 Blatt 1) - 스위스 편의증진 관련법규(Norm SN 521 500)
제출서류	예비인증	- 도시철도 및 광역전철차량의 설계도(평면 및 입면 포함) ※ 위 제출서류 중 평가항목의 조건을 만족하는 서류제출
	본인증	- 예비인증시와 동일

〈 6. 교통수단 인증지표 및 기준 〉

장애물 없는 생활환경 인증기준-교통수단	
평가부문	3 도시철도 및 광역전철
평가범주	3.3 정보설비
평가항목	3.3.4 행선지 표시

■ 세부평가기준

평가목적	철도의 행선지는 정류장에서 탑승을 위해 대기하고 있는 승객이 멀리서도 철도의 정보와 행선지를 알 수 있도록 외부조도에 상관없이 명확하게 인식이 가능한 소재를 사용하여 알아보기 쉽도록 해야 함
평가방법	차량외부 측면에 행선지 표시 설치 위치 및 식별가능한 행선지 표시의 소재 정도 평가
배 점	6점 (평가항목)
산출기준	• 평점 = 행선지 표시의 평가등급에 해당하는 평가항목 점수로 평가 • 세부항목 - 행선지 표시의 설치 위치 | 설치 위치	평가항목 점수
버스의 전면·후면 및 측면에 행선지 표시	3.0 | • 세부항목 - 식별가능한 행선지 표시의 소재 | 소재	평가항목 점수
야간 및 강한 햇빛에서도 쉽게 확인할 수 있는 소재 사용	3.0	

■ 평가 참고자료 및 제출서류

참고자료	- 교통약자의 이동편의증진법 시행규칙 별표1 제1호 - 일본 동경도 복지마을 만들기 조례 - 독일 편의증진 관련법규(DIN 18024 Blatt 1) - 스위스 편의증진 관련법규(Norm SN 521 500)	
제출서류	예비인증	- 도시철도 및 광역전철차량의 설계도(평면 및 입면 포함) ※ 위 제출서류 중 평가항목의 조건을 만족하는 서류제출
	본인증	- 예비인증시와 동일

장애물 없는 생활환경 인증기준-교통수단	
평가부문	4 종합평가
평가범주	
평가항목	

■ 세부평가기준

평가목적	해당 시설의 편의시설 설치현황을 평가하여 장애인 및 노약자 등 다양한 사용자가 해당시설에 접근하여 이용하는데 불편함이 없도록 함
평가방법	편의시설 설치의 종합적 평가
배 점	5% (평가항목의 총점기준)
산출기준	• 평점 = 편의시설의 평가등급에 해당하는 평가항목 점수로 평가 | 구분	편의시설 평가	평가항목 점수
---	---	---
등급 구분 없음	※ 심사위원의 평가내용을 자필로 기입		

■ 평가 참고자료 및 제출서류

참고자료	○ 가산항목 - 여성휴게실(모유수유실 등) 설치 - 다목적 화장실 설치 - 해당 없음 항목을 적합하게 설치 - 그 외 추가 시설을 설치한 경우 · 시각장애인을 위한 핸드레일조명등 설치 · 안내표지가 경로를 따라 찾기 쉽게 설치 등	
제출서류	예비인증	- 해당 없음
	본인증	- 해당 없음

색인 Index

1인당 점유 면적 64
30구역 134, 259, 286

ㄱ

가독성 55, 61, 77, 377, 436
가로등 66, 67, 130, 207, 218, 219, 229, 230, 231, 232, 244, 383
가상 과속방지턱 286
가지치기 128, 221, 229
간이 교량 360, 361
감각기관 55, 82
감리 118, 165, 174, 177, 180, 397
강행규정 192
개략공사비 115, 118, 168
개방감 63, 358, 372, 384
개별법 122, 124, 144, 205
건축물 부문 155, 208, 230, 299
건축물의 출입구 246, 257
건축물 인증 127, 146, 148, 155, 158, 161, 162, 164, 165, 244, 294, 327, 576
건축물 인증 지표 127, 148, 165
격자 구멍 84, 91, 229, 305
결빙 36, 102, 243, 245, 246, 256, 305, 312, 360, 384
경사로 50, 55, 84, 88, 91, 92, 129, 132, 134, 147, 148, 168, 208, 209, 210, 211, 212, 213, 214, 215, 217, 219, 223, 227, 228, 236, 239, 241, 242, 243, 245, 246, 247, 250, 253, 255, 256, 257, 287, 298, 299, 316, 325, 326, 327, 328, 330, 331, 349, 354, 362, 363, 372, 382
경사로 설계 시공 306, 325, 326, 328
경사로의 유형 328
경사진 광장 338
경사진 도로 168, 245, 246, 254, 366
경사진 벽체 221

경사진 지형 216, 217
경제성 40, 45, 49, 115, 168, 194, 204, 206, 207, 211
경제적 타당성 205
계단과 경사로 50, 97, 168, 201, 210, 245, 325, 330, 394
계단 손잡이 246, 319, 324
계단의 구성 요건 316
계단의 기본 치수 317
계단의 빗물 배수 322
계단의 유형 315
계단의 형태 315, 413
계단코 129, 313, 316, 318, 319, 322
계단 하부 222, 320, 322
계단 하부 공간 처리 322
계획고 117, 204, 209, 210, 214, 254, 255
고령사회 73, 74
고령자 42, 46, 52, 70, 71, 93, 121, 144, 194, 279, 373
고령화사회 73, 74
고수부지 362
고원식 교차로 128, 132, 230, 260, 261, 279, 283, 284, 286
고원식 보도 131, 134, 201, 207, 229, 230, 244, 261, 268, 278, 279, 280, 281, 282, 295, 296, 298, 394
고원식 보도의 구조 280
고원식 보도의 의의 278
고원식 횡단보도 128, 132, 134, 146, 207, 230, 259, 260, 261, 262, 276, 277, 279, 283, 284, 286, 307, 378,
고원식 횡단보도의 구조 276
고원식 횡단보도의 의의 276
공개공지 35, 209, 211, 215, 217, 236, 237, 239, 246, 257, 268, 269, 282, 337, 394, 396, 397
공공공지 128, 246, 333, 337, 394, 397
공공디자인 50
공사 준공 단계 119
공연무대 35, 201, 349
공연장 37, 74, 132, 139, 207, 227, 337, 349, 397

공용(公用)　43

공용(共用)　35, 43, 44, 238

공원　96, 98, 121, 128, 129, 130, 131, 132, 134, 139, 141, 143, 144, 145, 146, 147, 204, 205, 207, 208, 213, 224, 227, 230, 233, 238, 242, 244, 318, 332, 333, 335, 347, 365, 366, 367, 368, 369, 370, 377, 397, 542

공원계획　143, 201, 365

공원 부문　139, 155, 162, 230, 332, 335, 421

공원 산책로　335

공원시설　126, 129, 138, 139, 141, 146, 147, 158, 162, 335, 365

공원 인증　144, 145, 146, 147, 155, 166, 244, 366, 484

공원 인증 지표　146, 147

공중전화　67, 88, 129, 130, 132, 207, 218, 219, 227, 290, 338, 369, 370

공지의 산책로　333

공차　177, 178, 183

공항여객터미널　99, 101

과속방지턱　128, 129, 132, 133, 207, 230, 277, 284, 285, 286, 295, 298, 378

관리시설　128, 129, 130, 133, 139, 226, 227, 229, 365, 369

관목　207, 384

광역전철역사　99, 100, 101, 147, 239

광역철도　148

광장　62, 64, 69, 129, 132, 134, 162, 202, 207, 219, 221, 227, 233, 239, 240, 244, 251, 294, 304, 309, 332, 337, 338, 339, 345, 347, 349, 350, 358, 362, 365, 367, 370, 382, 383, 384, 397

광장의 보행 축　337

광장의 의의　337

교량　107, 109, 110, 130, 131, 168, 207, 212, 214, 224, 360, 361, 363

교목　297, 371, 384, 385

교통량　66, 134, 276, 382, 383, 388

교통사고　399

교통섬　230

교통수단　36, 79, 96, 99, 101, 122, 124, 126, 128, 129, 132, 133, 134, 137, 138, 140, 141, 143, 148, 150, 153, 155, 159, 160, 161, 162, 165, 193, 198, 348, 398, 602

교통수단 부문　161

교통수단 인증　148, 162, 602

교통수단 인증 지표　148

교통신호기　91, 129, 131, 132, 133, 146, 377, 381

교통안내 표지판　129

교통약자　35, 36, 38, 40, 64, 68, 73, 74, 95, 108, 110, 121, 122, 140, 141, 143, 153, 162, 165, 188, 207, 220, 222, 224, 225, 226, 229, 230, 233, 236, 238, 239, 240, 243, 257, 259, 260, 261, 262, 263, 264, 265, 266, 268, 270, 272, 274, 276, 278, 279, 282, 283, 284, 287, 289, 291, 296, 297, 298, 304, 305, 342, 345, 351, 352, 381, 387, 390

교통약자전용구역　404

교통영향평가　176, 292, 294

교행　87, 101, 130, 131, 133, 134, 207, 229, 234, 238, 241, 242, 243, 244, 247, 278, 279, 291, 298, 301, 307, 325, 327, 334, 335, 339, 345

교행구간　101, 131, 234, 301, 307

국립공원　70, 129, 147, 365, 368

국제장애분류　68, 71

국제접근성심볼　376, 380

국지도로　132, 224, 225, 263, 268, 286

그림문자　95, 379

근거리　62, 215, 377

글자의 높이　61

기능 상실　77

기능장애　69, 72

기본설계　38, 54, 115, 116, 117, 118, 153, 179, 189

기본설계 단계　115, 116, 117

기준적합성　96, 162, 165, 166

긴급차량　128, 207, 238, 339

긴장　78

길가장자리　126, 347, 363, 409

길어깨　104, 106, 113, 207, 225, 249, 258, 306, 307, 336

끝 마감　256, 306, 307, 353

ㄴ

난청   92

노상시설물   66, 130, 226

노외주차장   294, 299, 300

노인   35, 50, 58, 63, 68, 71, 73, 74, 93, 94, 96, 107, 110, 111, 113, 120, 121, 123, 129, 197, 203, 206, 207, 220, 222, 223, 227, 228, 238, 239, 240, 252, 316, 317, 320, 326, 342, 356, 357, 366, 370, 371, 373, 387, 390

노인 교통사고   110

노인보호구역   259, 405

노인복지법   46, 121, 122

노인의 변화 유형   93

노인의 행동 특성   94

녹도   122, 134, 144, 333

녹지   35, 50, 76, 117, 121, 126, 130, 141, 143, 144, 145, 146, 205, 207, 221, 227, 228, 230, 232, 235, 236, 243, 245, 246, 252, 254, 281, 297, 305, 307, 332, 333, 334, 336, 338, 346, 353, 355, 364, 370, 382, 383, 384, 385

놀이터   62, 70, 74, 148, 254, 256, 286, 355, 384

농   92

눈높이   60, 61, 85, 86

눈의 시각적 구조   61

능력장애   69

ㄷ

다리   78, 83, 91, 94, 128, 207, 252, 272, 276, 277, 316, 324, 334, 360, 363, 449

다섯 자 배수 법칙   302, 335

다양성   50, 56, 57, 197

단계별 인증   155, 156

단상   201, 354

단순하며 직관적 사용   55

단일인증   146, 154, 155

단차 2cm   253, 298

단차 3cm   253

단차 극복 수단   254

단차 발생 유형   254

대지경계석   236, 237, 262, 264, 265, 266, 390, 394

데시벨(decibel)   406

도로교통사고   96, 102, 103, 259

도로 부문   145, 155, 161, 162, 164, 165, 166, 230, 259, 260, 261, 263, 265, 268, 270, 272, 273, 279, 281, 283, 286, 287, 343, 347, 352, 383

도로상의 각종 부대시설   230

도로의 조명   130

도로 인증   144, 145, 156, 164, 165, 233, 244, 260, 484

도로 인증 지표   164, 165

도로표지판   67, 230, 231, 245

도시계획   43, 50, 66, 114, 116, 143, 144, 156, 190, 193, 194, 195, 204, 226, 299, 328, 396

도시공원   121, 122, 123, 124, 126, 129, 130, 132, 137, 138, 139, 143, 146, 147, 158, 162, 205, 207, 224, 365, 368

도시·군계획사업지역   140

도시·군관리계획   122, 144, 147, 406, 418

도시철도   99, 100, 101, 121, 126, 129, 141, 147, 148, 239, 348

독립기둥에 대한 경고   344

돌출 장애물   222

동등한 이용   53

동등한 편의   42, 43

동선계획   45, 115, 116, 149, 206, 217

둔치   362, 363

드롭존   250, 291, 292

등판 각도   86

디딤판 너비   129, 315, 317, 323

ㄹ

리모콘식 음향신호기   129, 133, 381

리프트(lift)   76

ㅁ

마운딩   207

매개시설   97, 100, 141, 143, 147, 148, 238, 239, 296

맨홀   207, 230, 231, 233, 253, 254, 259, 261, 263, 270, 272, 273, 274, 305, 306, 309, 310, 386, 390, 391, 394

맨홀 뚜껑   231, 253, 263, 270, 272, 273, 274, 306, 309, 310, 386
모두를 위한 설계   51, 68, 70, 202, 394
목발   34, 36, 40, 54, 83, 84, 241, 242, 252, 318, 322, 387
목재   76, 201, 257, 302, 303, 306, 311, 312, 313, 314, 318, 322, 326, 341, 349, 360, 386, 394
무장애 설계   51
문자의 크기   61
문화재   121, 138, 251, 348, 369, 379
물리적 규제   121, 122, 286
물리적 장애물   34, 75
미끄럼 방지   207, 303, 313, 318, 322, 342
미시공   81, 172, 173, 185, 190, 390, 391

ㅂ

바닥분수   201, 338, 350, 370
박탈   75, 76, 78, 79, 192, 207, 391
방해폭   66, 67
배수시설   88, 128, 132, 133, 229, 277, 308
배식   201, 221, 243, 297, 358, 367, 384
배식 및 식재계획   384
버스쉘터   64
버스승하차공간   64
버스 운행 정보 제공 안내판   132
버스정류장   36, 64, 99, 100, 101, 127, 130, 132, 133, 144, 147, 227, 236, 244, 291
범용(汎用)   43, 44
범죄 예방   382
법령 간 해석   123, 127
법정 주차대수   295
벤치   35, 41, 84, 88, 148, 207, 218, 219, 220, 223, 230, 231, 232, 236, 242, 245, 333, 334, 338, 339, 357, 358, 370, 371, 372
변경인증   156, 157
보도   34, 64, 65, 66, 67, 74, 99, 100, 101, 121, 126, 131, 141, 143, 145, 146, 184, 186, 193, 204, 207, 210, 211, 221, 224, 225, 233, 236, 239, 245, 252, 253, 254, 257, 258, 259, 260, 290, 292, 293, 295, 296, 298, 305, 306, 307, 309, 332, 338, 340, 341, 382, 383, 384, 390, 391, 394
보도교   134, 201, 360
보도 및 접근로   130, 131, 204, 229
보도용 방호울타리   131
보도의 결정 기준   225
보도의 구조 및 설치 기준   225
보도의 배수   235
보도의 정의   224
보도의 턱낮추기   131
보도의 횡단경사   235, 236, 260, 263, 264, 265
보도 종단 2단 경사로   270, 274
보도 폭원   65, 66, 217, 236, 243, 264, 265, 280
보도 폭원의 결정   65, 236, 243
보조간선도로   224, 285, 348
보조견   34, 36, 39, 40, 80, 82, 89, 91, 142, 376
보조기술   74, 198
보차공존   116, 131, 141, 143, 145, 146, 166, 228, 231, 233, 258, 261
보차공존도로   131, 141, 143, 145, 146, 166, 228, 231, 233, 258, 261
보차도경계석   204, 254, 261, 262, 263, 265, 266, 270, 272, 278, 394
보차분리   107, 116, 207, 230, 243, 244, 246, 295
보차혼용   106, 107, 113, 116, 209, 228, 238, 243, 244, 260, 286, 368
보차혼용도로   106, 107, 113, 209, 228, 260, 286
보차혼용도로에서의 사상자   107
보편적 설계   35, 198
보행교통량   66
보행교통류율   66, 383
보행권   47, 79, 125, 126, 128
보행권 보장   128
보행권의 박탈   79
보행 동작   63
보행량 추정   207
보행로   34, 64, 122, 134, 141, 146, 147, 212, 213, 224, 238, 239, 241, 246, 247, 252, 257, 292, 308, 309, 326, 328, 332, 333, 334, 335, 337, 340, 343, 357, 363, 364, 366, 382, 384, 385, 394

보행보조기기 36, 39, 40, 70, 73, 262
보행 사상자 104, 108
보행섬 129, 131, 134, 146, 201, 207, 230, 260, 261, 268, 269, 287, 289, 290
보행섬식 횡단보도 129, 134, 146, 201, 207, 260, 261, 268, 289
보행 속도 63, 64, 65, 84, 240, 241
보행속도 63, 65, 66, 93, 240
보행 시 밀도 64
보행시설물 131, 276, 284
보행 시 흰지팡이 91
보행안전구역 116, 131, 146, 207, 220, 221, 230, 232, 233, 234, 235, 236, 261, 277, 281, 290, 292, 298, 338, 343, 370, 394
보행안전및편의증진시설 121, 259, 276, 284
보행안전시설 132, 228
보행안전지대 128, 131, 220, 229, 233, 260
보행안전통로및안전시설의설치 121
보행 영역성 64, 241
보행우선구역 128, 129, 131, 132, 133
보행자 35, 38, 50, 61, 62, 63, 64, 65, 66, 79, 99, 102, 103, 104, 113, 116, 121, 125, 132, 143, 145, 146, 166, 207, 208, 209, 218, 219, 224, 225, 233, 236, 238, 240, 246, 247, 248, 257, 259, 260, 263, 272, 275, 276, 278, 279, 280, 283, 285, 286, 287, 289, 290, 295, 301, 307, 322, 324, 325, 333, 334, 339, 343, 344, 345, 346, 347, 348, 362, 363, 365, 369, 376, 377, 378, 381, 382, 383, 384, 391, 392, 394
보행자 교통사고 107, 225, 228, 259
보행자길 79, 126, 132, 239
보행자 사고 현황 106
보행자용 방호울타리 131
보행자우선도로 130, 131, 132, 145, 146, 224, 226, 228, 229, 258
보행자우선도로의 결정기준 228
보행자의 교통사고 104
보행자의 영역성 63, 65, 240
보행자전용길 125, 132
보행자전용도로 35, 36, 130, 132, 141, 143, 145, 146, 166, 207, 213, 219, 224, 227, 228, 231, 233, 244, 257, 261, 287, 383, 391

보행자전용도로의 결정기준 227
보행자전용도로의 구조 227
보행자 평균 이동 거리 64
보행장애물 48, 65, 66, 67, 75, 132, 133, 201, 218, 219, 221, 222, 223, 233, 236, 243, 244, 299, 305, 308, 315, 322, 325, 337, 338, 351, 353, 357, 370, 394
보행장애물의 회피 201, 218
보행장애인 84
보행장애인의 행동 특성 84
보행 적정 경사도 67
보행접근로 100, 132, 238, 239, 246
보행 중 교통사고 104, 105
보행 중 사상자 104
보행지원시설 146, 201, 290
보행 클러치 83
보행 평균 속도 315
보행 포장 경사 67
보행환경 39, 47, 99, 101, 125, 128, 132, 162, 165
보행 흐름 64, 225, 247, 357, 394
복합인증 155
복합환승센터설계및배치기준 121, 291
본넬프 145
본인증 45, 115, 118, 149, 152, 153, 154, 155, 157, 158, 159, 160, 165, 169, 172, 174, 177, 179, 185, 187, 189, 190, 204, 206
볼라드 132, 201, 207, 218, 219, 270, 273, 351, 352
부분경사로 131, 207, 229, 230, 231, 242, 244, 250, 258, 259, 260, 261, 262, 263, 266, 267, 268, 269, 270, 271, 272, 273, 274, 275, 289, 292, 293, 306, 352
부분경사로의 정의 262
부분시공 81
부분인증 146, 155
부설주차장 133, 294, 296, 299, 365
부실시공 117, 151, 165, 185, 190, 205, 253, 390
분할인증 155
불안 75, 76, 78, 79, 92, 93, 95, 134, 252, 382, 383

비건폐지　35, 406
비물리적 규제　121, 122, 286
비물리적 장애　75
비열　311, 312
비용편익　167, 211
비차별　39, 40, 42, 43, 44, 45, 53, 102, 114, 115, 125, 128, 142, 165, 166, 169, 189, 190, 203, 204, 206, 207, 296, 390, 394
비차별성(Non-discrimination)　203
비차별적 설계　45
빗물 배수시설　132, 133
빗물 역류　214, 325
빗물 유입　210, 214, 215, 236, 322
빙판길　76

ㅅ

사고유발　75
사업시행자　119, 136, 150, 161
사회·심리적 장애물　76
사회적 불리　69
사회적 합의　70, 192
산지형 지형　208
산책로　34, 36, 65, 70, 143, 146, 148, 201, 207, 208, 209, 213, 216, 219, 221, 224, 230, 233, 238, 241, 242, 247, 251, 252, 258, 288, 309, 318, 332, 333, 334, 335, 336, 339, 345, 347, 362, 363, 364, 365, 366, 367, 368, 370, 382, 383, 384, 385, 392, 394
산책로와 녹도　333
산책로 유형　336
산책로의 설계 시공　333
산책로의 의의　332
살얼음　76, 305, 312, 360
상대적 장애물　75
상실　68, 69, 71, 75, 76, 77, 78, 79, 84, 187, 303, 312, 390, 391, 411, 414, 415
상지장애인　89
상지장애인의 행동 특성　89
상하수도시설　230
색각이상자　373, 374
색상별 인지 특성　373

색채계획　115, 373
생애주기 설계　51
생활도로구역　121, 132, 134, 259, 286
생활형 하천　201, 362
선법(先法)　124
선형블록　101, 131, 229, 233, 234, 292, 334, 338, 340, 342, 343
선홈통　201, 207, 219, 235, 236, 245, 353
설계변경　115, 118, 172, 177, 178, 181, 182, 183, 185, 188, 190
설계 시공 관련 주요 법령　121, 125
설계의 접근법　43
세족시설　201, 355
소화전　67, 207, 219, 221, 230, 231, 232, 236, 245, 338, 370, 391
속도저감시설　131, 132, 146, 201, 229, 260, 283, 284, 298, 347
손쉬운 사용　54, 115
손쉬운 정보 제공　115
손잡이　41, 43, 52, 54, 55, 76, 82, 84, 86, 88, 89, 91, 92, 94, 97, 129, 134, 148, 207, 242, 243, 246, 256, 299, 305, 316, 319, 320, 321, 322, 323, 324, 325, 326, 327, 328, 349, 354, 357, 358, 360, 362, 369, 370, 372, 386, 394,
수경관시설　201, 364
수경시설　207
수관(樹冠)　385
수동식 음향신호기　129, 133, 381
수목　121, 128, 131, 207, 220, 221, 235, 253, 270, 294, 295, 305, 338, 358, 364, 370, 384, 386, 392
수목보호홀덮개　207
수평참　129, 130, 133, 202, 213, 223, 243, 245, 246, 264, 290, 319, 320, 323, 326, 327, 328, 334, 394
숙시각　61
스쿨존　109
스테인리스　76, 305, 322, 326, 350
스펀지 현상　307
스폰지(sponge)현상　281
승강기　36, 55, 75, 88, 97, 101, 103, 121, 133, 134, 147, 148, 168, 207, 208, 209, 211, 212,

213, 214, 215, 216, 217, 223, 230, 231, 234, 239, 245, 250, 254, 260, 261, 287, 288, 299, 316, 326, 328, 340, 342, 362, 376, 394

승하차시설   127, 132, 141, 146, 201, 207, 250, 291

시각디자인   114

시각장애인   48, 69, 87, 89, 90, 91, 100, 101, 121, 130, 131, 132, 148, 221, 232, 233, 235, 239, 247, 252, 253, 256, 259, 269, 271, 272, 273, 275, 281, 282, 288, 291, 292, 293, 295, 296, 298, 302, 303, 316, 318, 321, 323, 324, 326, 327, 328, 329, 334, 335, 338, 341, 342, 343, 345, 351, 352, 365, 366, 368, 375, 376, 377, 378, 381, 383, 384, 388

시각장애인의 행동 특성   91

시각적 구조   61

시각정보   82

시계황   93

시공 단계   118, 119, 172, 190, 204, 207

시공 오류   185

시공측량   115, 182, 185, 188, 390

시설제한구역   220, 221

시험성적서   117

신체적 상해   34, 75, 78, 79

실개천   207, 219, 231, 360, 361, 364, 382

실수 허용   55

실시설계   38, 54, 115, 116, 117, 118, 153, 175, 176, 179, 180, 181, 182, 185, 189, 190, 211, 390

실시설계 단계   115, 116, 117, 118

심리적 장애   76, 79

심볼   61, 62, 376, 377, 380

ㅇ

아동복지법   121, 122

악력   89

안내시설   41, 97, 115, 131, 132, 141, 147, 148, 230, 231, 242, 290, 292, 315, 365, 376, 377, 378

안내판   55, 61, 62, 69, 77, 82, 91, 95, 101, 130, 132, 147, 148, 207, 218, 222, 231, 245, 246, 290, 291, 292, 295, 297, 327, 338, 339, 340, 345, 363, 365, 366, 369, 370, 376, 377, 378, 380, 394

안내판 가독성   61

안전구역   45, 116, 131, 146, 206, 207, 220, 221, 230, 232, 233, 234, 235, 236, 258, 261, 277, 281, 290, 292, 298, 338, 343, 370, 394

안전노면표시   260

안전성(Safety)   203

앉음벽   207, 218, 219, 357, 370

알코브   207, 219, 334, 338, 367, 394

양각   61

애매한 단차   255, 256

약시   90, 91, 198, 340, 341, 383

약시장애인   90, 91

어깨높이   60

어린이   35, 36, 45, 46, 50, 58, 62, 63, 68, 71, 73, 74, 94, 95, 107, 108, 109, 111, 121, 123, 132, 206, 207, 227, 239, 247, 250, 252, 256, 259, 286, 304, 315, 320, 322, 326, 327, 345, 350, 355, 358, 359, 364, 376, 381, 384, 385, 390, 394, 397

어린이 교통사고   108, 109

어린이·노인및장애인보호구역의지정   121, 129, 132, 133

어린이유희시설   207, 397

어린이의 심리적·인지적 특징   95

여가시간   37, 38

여가활동   37, 38

여가활동 분석   37

여객선터미널   99, 100, 101

여객시설   42, 44, 46, 74, 79, 96, 99, 100, 101, 121, 122, 124, 126, 127, 128, 137, 138, 140, 141, 143, 147, 148, 153, 155, 161, 162, 165, 193, 208, 220, 222, 238, 239, 242, 243, 244, 291, 292, 294, 296, 333, 342, 398

여객시설 부문   407

여객시설 인증   147, 148, 244, 555,

여객시설 인증 지표   147

여객자동차운수사업법   121, 124, 127

여객자동차터미널   99, 100, 101, 147, 239

연석   67, 204, 216, 225, 226, 247, 267, 291, 292, 318, 319

연석경사로   89, 90, 105, 124, 131, 133, 207, 229,

색인 Index   619

230, 231, 244, 254, 259, 260, 261, 262, 263, 266, 270, 274, 276, 277, 278, 279, 282, 306, 351, 352, 389, 394

연석경사로의 문제점　263

열전도율　311, 312

열팽창　40, 312, 313

영구 음영지　313

영역성　62, 63, 64, 65, 240, 241

영역성의 충돌　64

영유아　35, 39, 41, 42, 43, 46, 70, 71, 73, 74, 94, 121, 123, 240

영유아거치대　41, 43, 483

영유아 동반자　68, 70, 73, 74, 95, 122, 141, 394

예비인증　45, 115, 118, 126, 139, 149, 152, 159, 161, 165, 169, 172, 174, 179, 180, 182, 187, 189, 190, 204, 206, 244

오류 수용　115

오차　81, 117, 152, 165, 172, 173, 177, 179, 185, 187, 189, 190, 192, 390

옥외 경사로　201, 325, 327

옥외 계단　201, 256, 315, 316, 318

외국인　36, 45, 53, 70, 73, 74, 77, 95, 206, 291, 376

외부 환경에 의한 장애　76

요철 포장　132, 285

우울　73, 75, 76, 79, 93, 94

우선(于先)　43

우체통　67, 133, 290

운동시설　35, 74, 98, 129, 133, 139, 201, 207, 215, 216, 218, 219, 239, 362, 363, 365, 369, 371, 382, 397

움직이는 보행자　63, 65, 240

유니버설디자인 조례　195

유도 및 경고용 띠　232, 233, 234, 281, 343

유도신호장치　133, 369, 377, 413, 416

유모차　34, 35, 36, 39, 40, 70, 73, 94, 117, 194, 247, 252, 259, 262, 266, 277, 292, 295, 299, 304, 308, 316, 336, 339, 341, 376, 385, 386

유비쿼터스　121, 205, 206, 207, 413

유원지　37, 38, 74, 133, 337, 359, 397

유효면적　86

유효폭　45, 66, 84, 85, 87, 91, 129, 130, 131, 132, 133, 148, 206, 207, 218, 219, 223, 225, 226, 229, 232, 234, 240, 241, 242, 243, 244, 245, 246, 248, 260, 263, 264, 268, 273, 298, 316, 317, 319, 326, 327, 333, 334, 338, 339, 347, 357

유희시설　129, 133, 139, 201, 207, 358, 359, 382, 397

의제(擬制)　126

음성안내장치　365, 369, 377

음성유도기　91, 365, 375

음수대　148, 201, 207, 218, 219, 355

음수전　35, 183, 201, 219, 338, 355, 369, 370

음향신호기　100, 129, 131, 133, 229, 342, 376, 377, 381

이동권　46, 53, 78, 79, 124, 125, 128

이동권 박탈　79

이동권 보장　128

이동편의시설　33, 71, 96, 101, 121, 124, 125, 126, 127, 169, 188, 207, 225, 239

이동편의시설 설치　99, 126, 128, 162, 165, 166

이동편의시설 설치 현황　99

이면도로　132, 224, 228

이용권　52, 78, 79

이용 및 관리 단계　115, 119

이중손잡이　129, 316, 326, 327

인간적 척도　62

인적 안내　116

인적 편의　41

인증 관련 법령　33, 120, 122

인증 등급　154, 159, 161

인증신청　149, 162, 164,

인증신청자　150, 174, 176, 177, 180, 181, 182, 185, 186, 187, 190

인증 심사　142, 149, 151, 175, 179, 181, 187, 190, 208

인증 심의　151, 153, 154, 181

인증 유효기간　119, 156

인증의 종류　152

인증 지표　127, 135, 142, 143, 144, 145, 146, 147, 148, 149, 151, 153, 156, 164, 165, 168,

169, 204, 208, 220, 221, 230, 238, 242, 259, 261, 262, 263, 272, 273, 283, 287, 292, 296, 332, 335, 342, 352

인지력 상실   78, 79

인지성 있는 정보   55

인체공학   33, 58, 81, 114, 193, 402

인체 규격   58

인체 치수   58, 59, 68

인허가   115, 118, 149, 151, 153, 156, 157, 173, 175, 176, 179, 182, 186, 189, 193, 430

인허가 단계   117, 155

일반도로   130, 132, 133, 224, 227, 229

일반법   123, 124, 125, 126, 428, 429

일시적인 장애인   70

일시적 정차   250

임산부   35, 41, 42, 43, 44, 45, 46, 50, 52, 58, 68, 71, 94, 96, 121, 122, 123, 130, 137, 138, 149, 169, 184, 188, 189, 206, 207, 220, 222, 223, 227, 228, 238, 239, 240, 242, 243, 252, 296, 297, 298, 300, 316, 317, 320, 326, 342, 370, 387, 390, 394

임산부의 생리적 변화   94

임의규정   192, 427

임의시공   190

ㅈ

자기결정권   80

자동차진입억제용 말뚝   99, 100, 128, 130, 131, 134, 201, 232, 233, 247, 248, 250, 261, 263, 267, 270, 271, 272, 273, 277, 281, 283, 284, 286, 289, 306, 340, 342, 351, 352

자연공원법   121, 126, 129, 143, 146, 147, 403

자전거   34, 36, 75, 102, 103, 105, 107, 109, 112, 113, 116, 121, 122, 131, 142, 146, 148, 183, 249, 250, 282, 286, 290, 294, 301, 311, 316, 344, 346, 370, 378, 383, 384, 386, 391, 392, 394

자전거 가해자 사고   249

자전거거치대   183, 201, 348, 415

자전거 교통사고   111, 345

자전거도로   64, 65, 75, 111, 130, 132, 133, 146, 147, 201, 207, 221, 224, 225, 226, 227, 230, 231, 232, 233, 235, 236, 242, 248, 258, 259, 281, 309, 312, 313, 333, 334, 335, 339, 343, 345, 347, 362, 363

자전거도로의 종류   348

자전거보관대   116, 148, 230, 231, 236, 248, 290, 338, 339, 345, 347, 348, 370

자전거 사고   111, 112, 248

자전거 사망자   105

자전거이용시설의구조·시설기준   121

자전거전용도로   36, 111, 133, 345, 346, 363, 383, 391, 392

자전거주차장   116, 133, 201, 248, 294, 345, 347, 348

자전거 피해자 사고   250

잔디광장   304, 337, 339

장거리   84, 88, 94

장벽   51, 69, 71, 74, 75, 114, 136, 197, 198, 199

장식벽   75, 207, 218, 219

장애등급   72, 73

장애물   34, 35, 51, 53, 65, 66, 67, 68, 73, 74, 75, 76, 125, 197, 224, 229, 231, 232, 236, 252, 253, 270, 302, 305,

장애물구역   116, 146, 207, 219, 220, 221, 230, 231, 232, 233, 236, 240, 245, 271, 280, 281, 282, 306, 338, 343, 370, 394

장애물의 유형   74, 218, 219

장애 발생 유형   219, 308

장애 부위   71, 72

장애 유발   34, 81, 82, 117, 169, 183, 185, 204, 205, 304, 308, 336, 386, 391, 394

장애 유발 원인   34, 81

장애 유형   34, 70, 72, 73, 77, 81, 83, 200

장애의 원인   50

장애인권리선언   196

장애인권리협약   191, 196, 200

장애인등   42, 43, 44, 47, 71, 123, 128, 129, 130, 131, 132, 133, 147, 148, 157, 194, 223, 238, 242, 247, 299, 368, 369

장애인보조기구   80, 82

장애인보호구역   121, 129, 132, 133, 259

장애인 분류   71

장애인 안전시설   133

장애인의권리에관한협약　42, 74, 121, 122, 123, 125, 126, 196
장애인인권선언　53
장애인전용주차구역　41, 44, 46, 99, 100, 101, 133, 146, 147, 148, 156, 207, 209, 212, 217, 222, 223, 242, 246, 247, 295, 296, 297, 298, 299, 365, 368, 380
장애인전용주차구역의 설계 시공　296, 298
장애인전용화장실　44, 402, 414, 416, 483
장애적 관점　79, 164, 171, 180, 182, 184, 186, 188, 189, 190, 391
재료공학　76, 81
재료분리대　207, 256, 390, 391
재료에 의한 장애　76
재인증　115, 152
재활치료　114
적응 설계　51
적정 규격과 공간　56, 115
적합성　96, 117, 154, 155, 162, 165, 166, 168
전기충전구역　300
전기통신시설　230, 231
전맹　69, 89, 90, 91, 340, 388
전맹장애인　89
전면 영역성　63, 64
전문 유희시설　359, 397
절대적 장애물　75
전용(專用)　43, 44, 46
점유 면적　64
점유 영역성　64
점자블록　91, 97, 99, 100, 101, 117, 130, 131, 132, 133, 147, 148, 201, 207, 229, 230, 231, 232, 233, 236, 240, 250, 259, 263, 269, 271, 272, 273, 274, 280, 283, 288, 291, 292, 293, 302, 303, 306, 313, 315, 321, 328, 340, 341, 342, 343, 352, 365, 369, 375, 377, 434
점자블록 사용　341, 435
점자블록의 종류　342
점자표시판　129, 316, 412
점형블록　90, 101, 129, 130, 131, 133, 184, 229, 261, 270, 271, 275, 280, 282, 292, 316, 319, 320, 321, 324, 327, 328, 340, 341, 342, 343, 352, 391, 434

접근권　44, 47, 52, 53, 78, 79, 124, 125, 128, 165, 296, 300
접근권 박탈　78
접근권 보장　128
접근로의 유형　243, 244
접근로의 유효폭　87, 240, 243
접근로의 의의　238
접근로의 적정 경사도　243
접근로의 조건　245
접근성(accessibility)　198, 209
접근성 및 이용성　51
접근성 설계　51
정보 누락에 의한 장애　77
정보 접근　47, 74, 95, 141, 142, 200
정보 제공 및 안내시설　201, 376
정성적 가치　162, 169
정자　35, 148, 177, 178, 183, 194, 201, 207, 218, 219, 223, 251, 338, 357, 370
정지계획고　117
정지 공간　62
제척인증　156
제한시설　220, 236, 394
조경시설　115, 129, 139, 142, 146, 230, 231, 236, 368, 370, 382
조명 등급　382, 383
조명시설　131, 134, 142, 201, 207, 360, 372, 377, 382, 383
조회대 및 단상　201, 354
종단경사　67, 130, 133, 207, 208, 234, 243, 245, 257, 260, 263, 264, 265, 271, 274, 280, 301, 304, 347
좌우경사　67, 207, 211, 217, 236, 237, 245, 246, 261, 301, 338
좌절　75, 76, 79, 207, 415
주간선도로　132, 134, 224, 276
주차장 계획　294, 295, 365
주출입구　50, 64, 75, 97, 116, 117, 129, 132, 133, 147, 148, 168, 181, 202, 208, 209, 212, 213, 214, 215, 217, 236, 238, 239, 243, 244, 245, 246, 247, 248, 257, 268, 296, 298, 299, 302, 325, 335, 342, 356

주출입구 계획고　117
준공　38, 115, 119, 149, 153, 165, 173, 182, 186, 188, 205, 207
준공측량　115, 182, 186
중간손잡이　316, 320, 321
중간참　320, 321, 323, 324, 325, 326, 327
중거리　62
지구단위계획　50, 122, 125, 126, 134, 138, 140, 141, 143, 144, 162, 166, 204, 206, 207, 246
지그재그도로　411
지역 부문　50, 122, 126, 143, 144, 162, 166
지역 부문 인증　122, 143, 162, 415
지역 인증　140, 143, 144, 145, 155, 163, 166, 204
지역 인증 지표　143, 144
지적장애인　92, 388
지적장애인의 행동 특성　92
지주목　207, 305, 385
지하고　72, 77, 95, 104, 134, 145, 161, 207, 221, 229, 258, 279, 281, 285, 318, 333, 392
지하철역　36, 55, 133, 144, 227
직관적 사용　55, 115
진동신호기　381
진입부 경고 방식　275
집산도로　132, 224, 286, 348
집중호우　210, 315

ㅊ

차도 입체 횡단시설　201, 287
차도 폭 좁힘　134, 284, 285
차도 횡단　201, 259, 261
차도 횡단 방식　259
차도 횡단 유형　261
차량속도저감시설　132, 229, 409
차량진출입부　101, 131, 134, 201, 207, 244, 261, 268, 278, 279, 282
차별감　75, 76, 78
차별금지　39, 42, 46, 48, 71, 72, 77, 78, 79, 80, 121, 122, 123, 124, 125, 126, 128, 142, 151, 188, 195, 196, 300

차별적 장애　77
차별판단　80
차별행위　78, 80, 126
차별화 발생　79
차양　67, 84, 88, 94, 129, 132, 207, 227, 298, 326, 327, 356
챌면　90, 129, 184, 252, 256, 257, 315, 316, 317, 318, 320, 323, 370, 382
챌면 높이　90, 129, 257, 315, 317, 323
철도역사　99, 100, 101, 147, 239, 292
청각　40, 45, 48, 55, 70, 72, 73, 82, 89, 90, 91, 92, 93, 94, 114, 148, 206, 207, 218, 340, 376, 377, 388, 394
청각장애인　48, 92, 218, 377
청각장애인의 행동 특성　92
청각정보　82
초고령사회　74, 419
초고령화사회　73, 402, 419
촉각정보　82, 412
촉지도식 안내판　207, 340, 365, 369, 377
최고수위(H.W.L.)　360
최소의 신체적 활동　56
최소 활동　86, 115
추락방지턱　84, 129, 207, 258, 299, 316, 320, 321, 326, 327, 349, 360
출입구의 단차　257

ㅋ

캠핑사이트　372
캠핑장　38, 201, 216, 372, 397
컨설팅　114, 174, 175, 176, 180, 181, 182, 183, 190
쾌적성(Amenity)　203
클러치　34, 83, 84
키 낮은 시설물　221

ㅌ

턱낮추기　90, 100, 101, 124, 131, 133, 134, 260, 282, 416
턱낮춤　89, 134, 229, 253, 258, 261, 263, 264, 265, 266, 268, 270, 272, 273, 274, 278, 279, 280, 347, 351, 352

턱낮춤 경계석   89, 253, 266, 270, 274
턱의 의의   252
토공 설계   201, 204, 208, 209, 210, 211, 212, 213, 214, 216, 217, 245, 254, 325, 328, 394
토지이용계획   115, 116, 209, 211, 215, 216, 225, 250, 332, 337, 366
통합디자인   50, 419
통행시설   230, 231
특기시방서   115, 180, 182, 185, 190, 207, 211, 397, 398
특별법   71, 72, 121, 122, 123, 124, 125, 126, 136, 140, 176, 279
틈과 구멍   201, 223, 386, 387

ㅍ

판석   256, 274, 302, 304, 309, 336, 350, 392
편견   35, 42, 50, 69, 71, 79, 81, 189, 192, 197, 203
편의성   39, 40, 41, 42, 102, 114, 115, 116, 141, 142, 148, 167, 203, 204, 209, 211, 214, 224, 230, 274, 278, 301, 321, 338, 365, 394
편의성(Convenience)   203
편의시설   33, 41, 43, 46, 69, 71, 80, 98, 101, 121, 136, 140, 142, 143, 165, 166, 169, 207, 223, 225, 229, 230, 231, 290, 317, 320, 342, 365, 368, 369, 396, 397
편의시설설치   97
편의시설 설치 현황   96, 99
편의시설 인증 의무 대상시설   139
평가항목   144, 145, 162, 164, 165, 169, 189, 190, 221, 243, 275, 294, 299
평균 인체 치수   58, 59
평균 키   58
평면형 횡단보도   260
폐쇄감   62, 63
포장면의 장애 요소   305
포장의 배수시설   308
포장재   48, 76, 88, 117, 201, 231, 239, 253, 256, 280, 285, 301, 302, 304, 305, 306, 311, 312, 313, 339, 344, 347, 350, 358, 386
프로젝트 창문   220
픽토그램   95, 300, 376

ㅎ

후법(後法)   71, 123, 124
하수관로   209
하자   50, 51, 52, 53, 68, 81, 117, 136, 142, 152, 156, 185, 312
하천   35, 36, 121, 132, 133, 201, 202, 207, 210, 227, 288, 346, 362, 363, 365
하천법   121, 362
한계 단차   253
합리적 편의   42, 197, 198
핵심 목표   39, 114, 203
행동 패턴   81
허용 단차   253
현황측량   117, 175, 176, 207
혼잡   64, 65, 92, 241, 315
혼잡도   65
혼잡 한계   64
홍수위   207, 210, 211
확장인증   156, 157
확정측량   182, 185
환경조각   236, 370
환승시설   99, 126, 147, 239, 291
활동공간   101, 130, 223, 242, 298, 385
회전 공간   86, 87, 88, 263
회전교차로   134, 201, 275, 284, 388, 389
회전교차로 문제점   388
회전교차로설계지침   134, 388
회전문   67
회전반경   268
횡단보도   63, 79, 92, 93, 105, 106, 107, 109, 110, 113, 126, 128, 129, 130, 131, 132, 133, 134, 146, 201, 207, 225, 229, 230, 236, 244, 259, 260, 261, 262, 263, 265, 268, 270, 271, 272, 273, 274, 275, 276, 277, 279, 283, 284, 285, 286, 289, 306, 307, 340, 342, 347, 351, 352, 376, 378, 381, 383, 388, 389, 394
횡단보도의 음향신호기   376
횡단보도의 조도   134
후각정보   82
후법우선원칙   428

휠체어보관대   207
휠체어 보관소   201, 356, 359
휠체어 사용자   54, 75, 85, 86, 87, 88, 89, 130, 132, 167, 245, 257, 265, 271, 273, 281, 291, 299, 325, 327, 328, 333, 334, 355, 367, 368, 371, 384
휠체어 사용자의 팔사용 거리   85
휠체어 사용자의 행동 특성   88
휠체어의 최소 활동 공간   86
휠체어 제원   85
휠체어 통과 유효폭   85
휠체어 표준 규격   86
휨강도   301, 308, 312, 313, 350
흰지팡이   34, 36, 89, 90, 91, 142, 253, 340, 386

A

Accessibility   39, 40, 51, 52, 195, 198, 203
Accessible and Usable   51, 52
Accessible Design   48, 51, 52, 53
Adaptive Design   51, 52, 53
ANSI   52, 195, 421, 422

B

Barrier Free   33, 38, 39, 45, 48, 50, 51, 52, 53, 56, 68, 198, 199, 202, 203, 233, 236, 338,
BF기본설계보고서   115
BF 디자인핵심목표   115
BF보행 네트워크   207
BF실시설계보고서   115
BF 특기시방서   115, 182, 211, 397
black ice   76, 305, 312, 313, 360, 421
BRT   291, 421
bus & ride   292

C

caster   86, 88, 253, 339
CCTV   358, 372, 382
chicane   284, 286, 421
choke   285, 419
crowding   64
CRPD   74, 121, 122, 123, 126, 191, 196

crutch   83
C.S.R.   235, 304

D

Design for All   51, 52, 68, 202
DIN   89, 194
disability   34, 68, 69, 71
drop zone   207, 250, 291, 292

E

E.T. Hall   62

F

Fair Access for All   51, 52
F.L.   117, 204, 209, 210, 236

G

G.L.   117, 209, 236, 394

H

Hall   52, 62, 202
Handicap   68, 69, 71, 327
human scale   62

I

ICF   69, 399
ICIDH   68, 71
ICIDH-2   69
Impairment   34, 68, 69, 71, 411, 422
Inclusive Design   51, 52, 202, 422
ISA   298, 300, 376, 380, 480
IT   45, 52, 77, 144, 193, 201, 206, 207, 375, 376, 448, 450
IT 시설   201, 375

J

James Joseph Pirkl   52

K

kiss & ride   207, 292

L

lift   76, 407, 421

P

park & ride   292
pictogram   95, 376, 377
Polly Welch   51

R

Ronald Mace   51, 53
Ruth Hall Lusher   52

S

spatial bubble   63, 64
stainless   76
Sten Jones   51

T

Thimothy Nugernt   52

U

Universal Design   33, 48, 50, 51, 52, 53, 56, 68, 115, 193, 198, 202
Universal Design 중점 요소   115
UN 장애인권리협약   191, 196